2025 개정신판

전기기사
실기
기출학습서

전기기사 실기
20개년 기출문제
+무료동영상강의

김대호 저
건축전기설비기술사

한솔아카데미

ON AIR

한솔아카데미 무료 강의

+ 최근 7개년 기출문제(2018~2024)
  100% 무료 동영상 강의 제공
+ 전기기사 실기 MIND MAP
+ 속성 암기법
+ 꼭 나오는 유형

한솔아카데미 홈페이지(www.inup.co.kr)

2025년 대비 학습플랜
전기기사 실기 완전학습 교재구성

7개년 동영상 강좌
100% 저자 직강
7개년 기출문제 제공

마인드 맵 동영상
100% 저자 직강
마인드 맵, 속성 암기법, 꼭 나오는 유형 무료 제공

1 동영상 강좌 **2** 20개년 기출문제 제공 **3** 마인드 맵 동영상

---

* 수험자 유의사항
1. 시험장 입실시 반드시 **신분증**(주민등록증, 운전자격증 등)을 지참하여야 한다.
2. 계산기는 「공학용 계산기 기종 허용군」 내에서
3. 시험 중에는 핸드폰 및 스마트워치 등을 지참
4. 시험문제 내용과 관련된 메모지 사용 등은 부
   - 당해시험을 중지하거나 무효처리된다.
   - 3년간 국가 기술자격 검정에 응시자격이

+

20개년 | 2004~2023

2004년 제1회 기출문제 2	**2009**	2009년
2004년 제2회 기출문제 24		2009년
2004년 제3회 기출문제 48		2009년
2005년 제1회 기출문제 68	**2010**	2010년
2005년 제2회 기출문제 63		2010
2005년 제3회 기출문제 113		201
...기출문제 137		
.... 154		

+

기출문제 해설
해당 답란에 답하시오.
출제년도 90.00.04.(7점/각 문항당)
로에 대해서 각 물음에 답하시오.
표시하시오.
멸 릴레이가 작동하고, 시간 t_s에서 수동으로 복
로 표시하시오.

수험자 유의사항

기출문제
20개년 기출문제의 연계성을 통해 전체의 흐름을 파악

고빈출 출제년도
고빈출 출제빈도를 통해 자기만의 별도의 노트에 기록하여 학습

한솔아카데미 학습 길잡이 **200% 학습법**

개념학습 총정리 마인드 맵 동영상

전기기사실기 개념학습 총정리를
전체적으로 한눈에 파악할 수 있도록 구성

시험에 꼭 나오는 유형 동영상

1988년부터 현재까지 시험에 꼭 나오는
유형문제 분석

4 개념학습 총정리 마인드 맵 동영상   **5** 단답형 학습 속성 암기법 동영상   **6** 시험에 꼭 나오는 유형 동영상

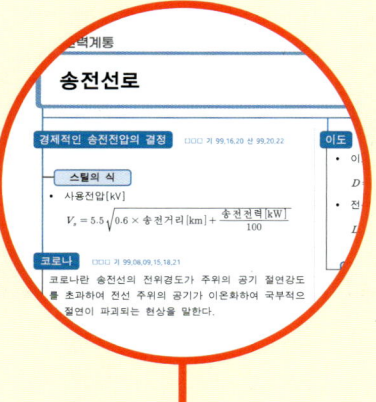 + 속성 암기법 +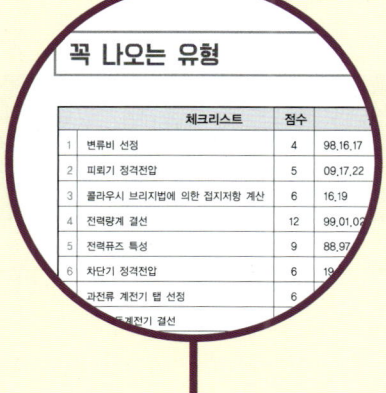

꼭 나오는 유형문제
시험에 꼭 나오는 유형
기출문제 수록

단답형 학습 속성 암기법 동영상
해당 키워드 속의 속성 암기법으로
기억에 도움

속성 암기법
작성답안 속성 암기법

교재 인증번호 등록을 통한 학습관리 시스템

전기기사 실기 한솔아카데미 동영상 무료 수강 방법
[한솔아카데미 홈페이지 ▶ 무료 제공 동영상 강의·한솔 TV ▶ 실기 대비 무료 강의]

 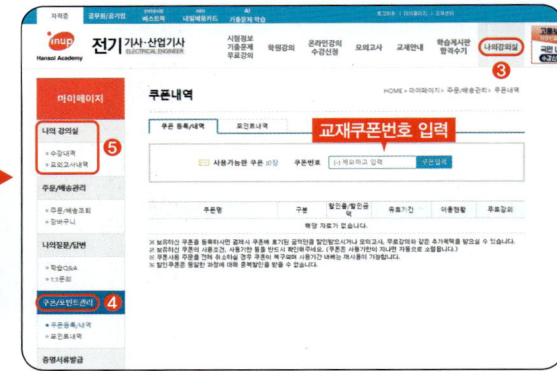

01 사이트 접속
인터넷 주소창에 https://www.inup.co.kr 을 입력하여 한솔아카데미 홈페이지에 접속합니다.

02 회원가입 로그인
홈페이지 우측 상단에 있는 **회원가입** 또는 아이디로 **로그인**을 한 후, **전기기사** 사이트로 접속을 합니다.

03 나의 강의실
나의강의실로 접속하여 왼쪽 메뉴에 있는 **[쿠폰/포인트관리]-[쿠폰등록/내역]**을 클릭합니다.

04 쿠폰 등록
도서에 기입된 **인증번호 12자리** 입력(−표시 제외)이 완료되면 **[무료 제공 동영상 강의]-[실기 대비 무료 강의]** 메뉴에서 강의 수강이 가능합니다.

■ 모바일 동영상 수강방법 안내

❶ QR코드를 스캔하여 한솔아카데미 홈페이지에 접속합니다.
❷ 회원가입 및 로그인 후, 쿠폰 인증번호를 입력합니다.
❸ 인증번호 입력이 완료되면 [무료 강의]-[실기 대비 무료 강의]에서 강의 수강이 가능합니다.

※ 인증번호는 표지 뒷면에서 확인하시길 바랍니다.
※ QR코드를 찍을 수 있는 앱을 다운받으신 후 진행하시길 바랍니다.

전기기사 실기
20개년 기출문제
+무료동영상강의

한솔아카데미

전기기사실기 머리말 — PREFACE

1. 새로운 가치의 창조

많은 사람들은 꿈을 꾸고 그 꿈을 위해 노력합니다. 꿈을 이루기 위해서는 여러 가지 노력을 합니다. 결국 꿈의 목적은 경제적으로 윤택한 삶을 살기 위한 것이 됩니다. 그것을 위해 주식, 재테크, 펀드, 복권 등 여러 가지 가치창조를 위한 노력을 합니다. 이와 같은 노력의 성공 확률은 극히 낮습니다.

현실적으로 자신의 가치를 높일 수 있는 가장 확률이 높은 방법은 자격증입니다. 특히 전기분야의 자격증은 여러분을 기술자로서 새로운 가치를 부여하게 될 것입니다. 전기는 국가산업 전반에 걸쳐 없어서는 안 되는 중요한 분야입니다.

전기기사, 전기공사기사, 전기산업기사, 전기공사산업기사 자격증을 취득한다는 것은 여러분을 한 단계 업그레이드 하는 새로운 가치를 창조하는 행위입니다. 더불어 전기분야 기술사를 취득할 경우 여러분은 전문직으로서 최고의 기술자가 될 수 있습니다.

스스로의 가치(Value)를 만들어가는 것은 작은 실천부터 시작됩니다. 지금 준비하는 자격증이 바로 여러분의 Name Value를 만들어가는 과정이며 결과입니다.

2. 인생의 패러다임

고등학교, 대학교 등을 통해 여러분은 많은 학습을 하였습니다. 그리고 새로운 학습에 도전하고 있습니다. 현대 사회는 학습하지 않으면 도태되는 평생교육의 사회입니다. 새로운 지식과 급변하는 지식에 맞춰 평생학습을 해야 합니다. 이것은 평생 직업을 갖질 수 있는 기회가 됩니다.

노력한 만큼 그 결실은 큽니다. 링컨은 자기가 노력한 만큼 행복해진다고 했습니다. 저자는 여러분에게 권합니다. 꿈과 목표를 설정하세요.

"꿈꾸는 자만이 꿈을 이룰 수 있습니다. 꿈이 없으면 절대 꿈을 이룰 수 없습니다."

3. 이 도서만의 특별한 구성

이 도서의 구성은

| 과년도문제와 답안지 | 작성답안 |
| 채점시 부분점수의 배점 | 동일문제 출제년도 |

으로 구성되어 있습니다.

과거의 수험서들은 해설 위주로 집필하였으므로 수험자 입장에서 보면 어느 부분까지 답안을 작성하여야 하는지 알 수 없는 형태였습니다. 따라서 필자는 작성답안을 필자가 수험자의 입장에서 시험을 본다는 생각으로 작성하였습니다. 즉, 불필요한 해설을 제거하여 앞부분에서 이론과 더불어 해설하며, 수험생은 실제 작성하는 모범답안을 수록 하였습니다. 또한 수험생이 직접 책에 답안을 작성할 수 있도록 공간을 배려해 두었습니다.

이 책은 부분점수의 배점을 두어 실제 득점을 확인할 수 있도록 하였으며, 동일 문제 출제년도를 수록하여, 문제의 중요도를 알 수 있도록 하였습니다.

4. 이 도서의 활용

> 학습은 다음의 방법으로 활용하여야 학습의 효과가 높습니다.
> ① 문제를 풀기 전에 핵심이론으로 사전학습을 합니다. 사전학습은 새로운 문제도 대비가 됩니다.
> ② 책에는 답안을 작성할 공간을 충분히 있습니다. 실전시험과 같이 직접 풀이 합니다. 답을 보고 풀이하는 것 보다 실제 시험 본다는 기분으로 풀이하는 것이 생각하는 연습을 돕습니다.
> ③ 작성답안을 확인하여 비교 합니다.
> ④ 틀린 부분을 체크 하고, 앞 분의 이론과 해설부분을 다시 참고하여 학습 합니다.
> ⑤ 이해된 것을 별도의 노트에 기록합니다.

위와 같이 반복하여 학습하게 되면 학습의 효과를 높이고, 실전감각을 익힐 수 있으며, 새로운 문제에 대한 대비 능력도 생깁니다.

끝으로 이 도서로 전기 분야 자격증을 준비하는 모든 분들에게 합격의 영광이 있기를 기원합니다.

이 도서를 출간하는 데 있어 먼저는 하나님께 영광을 돌리며, 수고하여 주신 출판사 임직원 여러분께 심심한 사의를 표합니다.

저자 씀

전기기사실기 시험안내 INFORMATION

■ 자격정보 및 출제경향

- **자격명**: 전기기사
- **영문명**: Engineer Electricity
- **관련부처**: 산업통상자원부
- **시행기관**: 한국산업인력공단

전기를 합리적으로 사용하는 것은 전력부문의 투자효율성을 높이는 것은 물론 국가경제의 효율성 측면에도 주요하다. 하지만 자칫 전기를 소홀하게 다룰 경우 큰 사고의 위험도 많다. 그러므로 전기설비의 운전 및 조작, 유지·보수에 관한 전문 자격제도를 실시해 전기로 인한 재해를 방지해 안전성을 높이고자 자격제도 제정.

■ 응시자격

- 산업기사 취득 후 + 실무능력 1년
- 대졸(관련학과)
- 3년제 전문대졸(관련학과) + 실무경력 1년
- 동일 및 유사직무분야의 다른 종목 기사등급 이상 취득자
- 기능사 취득 후 + 실무경력 3년
- 2년제 전문대졸(관련학과)후 실무경력 2년
- 실무경력 4년 등

■ 진로 및 전망

한국전력공사를 비롯한 전기기기제조업체, 전기공사업체, 전기설계전문업체, 전기기기 설비업체, 전기안전관리 대행업체, 환경시설업체 등에 취업할 수 있다. 또한 전기부품·장비·장치의 디자인 및 제조, 실험과 관련된 연구를 담당하기 위해 생산업체의 연구실 및 개발실에 종사하기도 한다. - 발전, 변전설비가 대형화되고 초고속·초저속 전기기기의 개발과 에너지 절약형, 저손실 변압기, 전동력 속도제어기, 프로그래머블콘트롤러 등 신소재 발달로 에너지 절약형 자동화기기의 개발, 또 내선설비의 고급화, 초고속 송전, 자연에너지 이용확대 등 신기술이 급격히 개발되고 있다. 이에 따라 안전하게 전기를 관리할 수 있는 전문인의 수요는 꾸준할 것으로 예상된다. 그리고 「전기사업법」 등 여러 법에서 전기의 이용과 설비 시공 등에서 안전관리를 위해 자격증 소지자를 고용하도록 하고 있어 자격증 취득 시 취업이 유리한 편이다.

■ 시험과목

구분	시험과목	검정방법	합격기준
필기	1. 전기자기학 2. 전력공학 3. 전기기기 4. 회로이론 및 제어공학 5. 전기설비기술기준	객관식 4지 택일형, 과목당 20문항 (과목당 30분)	100점을 만점으로 하여 과목당 40점 이상, 전과목 평균 60점 이상
실기	전기설비설계 및 관리	필답형(2시간 30분)	100점을 만점으로 하여 60점 이상

■ 전기기사실기 출제기준

실기과목명	주요항목	세부항목
전기설비설계 및 관리	1. 전기계획	1. 현장조사 및 분석하기
		2. 부하용량 산정하기
		3. 전기실 크기 산정하기
		4. 비상전원 및 무정전 전원 산정하기
		5. 에너지이용기술 계획하기
	2. 전기설계	1. 부하설비 설계하기
		2. 수변전 설비 설계하기
		3. 실용도별 설비 기준 적용하기
		4. 설계도서 작성하기
		5. 원가계산하기
		6. 에너지 절약 설계하기
	3. 자동제어 운용	1. 시퀀스제어 설계하기
		2. 논리회로 작성하기
		3. PLC프로그램 작성하기
		4. 제어시스템 설계 운용하기
	4. 전기설비 운용	1. 수·변전설비 운용하기
		2. 예비전원설비 운용하기
		3. 전동력설비 운용하기
		4. 부하설비 운용하기
	5. 전기설비 유지관리	1. 계측기 사용법 파악하기
		2. 수·변전기기 시험, 검사하기
		3. 조도, 휘도 측정하기
		4. 유지관리 및 계획수립하기
	6. 감리업무 수행계획	1. 인허가업무 검토하기
	7. 감리 여건제반조사	1. 설계도서 검토하기
	8. 감리행정업무	1. 착공신고서 검토하기
	9. 전기설비감리 안전관리	1. 안전관리계획서 검토하기
		2. 안전관리 지도하기
	10. 전기설비감리 기성준공관리	1. 기성 검사하기
		2. 예비준공검사하기
		3. 시설물 시운전하기
		4. 준공검사하기
	11. 전기설비 설계감리업무	1. 설계감리계획서 작성하기

전기기사 실기 차례

CONTENTS

20개년 | 2005~2024

2005
- 2005년 제1회 기출문제 ·········· 2
- 2005년 제2회 기출문제 ·········· 27
- 2005년 제3회 기출문제 ·········· 47

2006
- 2006년 제1회 기출문제 ·········· 71
- 2006년 제2회 기출문제 ·········· 88
- 2006년 제3회 기출문제 ·········· 110

2007
- 2007년 제1회 기출문제 ·········· 134
- 2007년 제2회 기출문제 ·········· 153
- 2007년 제3회 기출문제 ·········· 169

2008
- 2008년 제1회 기출문제 ·········· 192
- 2008년 제2회 기출문제 ·········· 213
- 2008년 제3회 기출문제 ·········· 230

2009
- 2009년 제1회 기출문제 ·········· 249
- 2009년 제2회 기출문제 ·········· 265
- 2009년 제3회 기출문제 ·········· 280

2010
- 2010년 제1회 기출문제 ·········· 296
- 2010년 제2회 기출문제 ·········· 314
- 2010년 제3회 기출문제 ·········· 332

2011
- 2011년 제1회 기출문제 ·········· 351
- 2011년 제2회 기출문제 ·········· 372
- 2011년 제3회 기출문제 ·········· 398

2012
- 2012년 제1회 기출문제 ·········· 419
- 2012년 제2회 기출문제 ·········· 444
- 2012년 제3회 기출문제 ·········· 466

2013
- 2013년 제1회 기출문제 ·········· 496
- 2013년 제2회 기출문제 ·········· 526
- 2013년 제3회 기출문제 ·········· 552

2014
- 2014년 제1회 기출문제 ·········· 572
- 2014년 제2회 기출문제 ·········· 596
- 2014년 제3회 기출문제 ·········· 619

2015
2015년 제1회 기출문제 ·················· 638
2015년 제2회 기출문제 ·················· 663
2015년 제3회 기출문제 ·················· 683

2016
2016년 제1회 기출문제 ·················· 704
2016년 제2회 기출문제 ·················· 731
2016년 제3회 기출문제 ·················· 758

2017
2017년 제1회 기출문제 ·················· 781
2017년 제2회 기출문제 ·················· 805
2017년 제3회 기출문제 ·················· 828

2018
2018년 제1회 기출문제 ·················· 853
2018년 제2회 기출문제 ·················· 875
2018년 제3회 기출문제 ·················· 893

2019
2019년 제1회 기출문제 ·················· 916
2019년 제2회 기출문제 ·················· 937
2019년 제3회 기출문제 ·················· 961

2020
2020년 제1회 기출문제 ·················· 978
2020년 제2회 기출문제 ·················· 1003
2020년 제3회 기출문제 ·················· 1031
2020년 제5회 기출문제 ·················· 1055

2021
2021년 제1회 기출문제 ·················· 1075
2021년 제2회 기출문제 ·················· 1095
2021년 제3회 기출문제 ·················· 1126

2022
2022년 제1회 기출문제 ·················· 1154
2022년 제2회 기출문제 ·················· 1172
2022년 제3회 기출문제 ·················· 1190

2023
2023년 제1회 기출문제 ·················· 1211
2023년 제2회 기출문제 ·················· 1229
2023년 제3회 기출문제 ·················· 1252

2024
2024년 제1회 기출문제 ·················· 1274
2024년 제2회 기출문제 ·················· 1291
2024년 제3회 기출문제 ·················· 1309

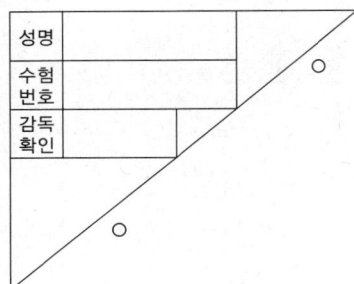

수험자 답안작성시 유의사항

*수험자 유의사항

1. 시험장 입실시 반드시 **신분증**(주민등록증, 운전면허증, 모바일 신분증, 여권, 한국산업인력공단 발행 자격증 등)을 지참하여야 한다.
2. 계산기는 **『공학용 계산기 기종 허용군』** 내에서 준비하여 사용한다.
3. 시험 중에는 핸드폰 및 스마트워치 등을 지참하거나 사용할 수 없다.
4. 시험문제 내용과 관련된 메모지 사용 등은 부정행위자로 처리된다.
   - 당해시험을 중지하거나 무효처리된다.
   - 3년간 국가 기술자격 검정에 응시자격이 정지된다.

**채점사항

1. 수험자 인적사항 및 계산식을 포함한 답안 작성은 **검은색** 필기구만 사용해야 하며, 그 외 연필류, 빨간색, 청색 등 필기구로 작성한 답항은 0점 처리 됩니다.
2. 답안과 관련 없는 특수한 표시를 하거나 특정임을 암시하는 경우 답안지 전체를 0점 처리된다.
3. 계산문제는 반드시 **『계산과정과 답란』**에 기재하여야 한다.
   - 계산과정이 틀리거나 없는 경우 0점 처리된다.
   - 정답도 반드시 답란에 기재하여야 한다.
4. 답에 단위가 없으면 오답으로 처리된다.
   - 문제에서 단위가 주어진 경우는 제외
5. 계산문제의 소수점처리는 최종결과값에서 요구사항을 따르면 된다.
   - 소수점 처리에 따라 최종답에서 오차범위 내에서 상이할 수 있다.
6. 문제에서 요구하는 가지 수(항수)는 요구하는 대로, 3가지를 요구하면 3가지만, 4가지를 요구하면 4가지만 기재하면 된다.
7. 단답형은 여러 가지를 기재해도 한 가지로 보며, 오답과 정답이 함께 기재되어 있으면 오답으로 처리된다.
8. 답안 정정 시에는 두 줄(=)로 그어 표시하거나, 수정테이프(수정액은 제외)로 답안을 정정하여야 합니다.
9. 수험자 유의사항 미준수로 인해 발생되는 채점상의 불이익은 본인에게 책임이 있다.
10. 답안지 및 채점기준표는 절대로 공개하지 않는다.

전기기사 실기
20개년 기출문제 해설

20개년 기출문제 해설(2005~2024년)

- 2024년 과년도 기출 문제해설
- 2023년 과년도 기출 문제해설
- 2022년 과년도 기출 문제해설
- 2021년 과년도 기출 문제해설
- 2020년 과년도 기출 문제해설
- 2019년 과년도 기출 문제해설
- 2018년 과년도 기출 문제해설
- 2017년 과년도 기출 문제해설
- 2016년 과년도 기출 문제해설
- 2015년 과년도 기출 문제해설
- 2014년 과년도 기출 문제해설
- 2013년 과년도 기출 문제해설
- 2012년 과년도 기출 문제해설
- 2011년 과년도 기출 문제해설
- 2010년 과년도 기출 문제해설
- 2009년 과년도 기출 문제해설
- 2008년 과년도 기출 문제해설
- 2007년 과년도 기출 문제해설
- 2006년 과년도 기출 문제해설
- 2005년 과년도 기출 문제해설

2005년 1회 기출문제 해설

※ 다음 물음에 답을 해당 답란에 답하시오.

1 출제년도 91.05.06.17.新規.(6점/각 문항당 3점, (1)(2) 소문항당 부분점수 없음)

특별고압 수전 설비에 대한 다음 각 물음에 답하시오.

(1) 동력용 변압기에 연결된 동력부하 설비용량이 350 [kW], 부하역률은 85 [%], 효율 85 [%], 수용률은 60 [%]라고 할때 동력용 3상 변압기의 용량은 몇 [kVA]인지를 산정하시오. (단, 변압기의 표준 정격용량은 다음 표에서 선정하도록 한다.)

전력용 3상 변압기 표준용량[kVA]

200	250	300	400	500	600

(2) 3상 농형 유도전동기에 전용 차단기를 설치할 때 전용 차단기의 정격전류는 몇 [A] 인가? (단, 전동기는 160 [kW]이고 정격전압은 3,300 [V], 역률은 85 [%], 효율은 85 [%]이며, 기동전류(전동기운전전류의 7배)에 10초 동안 차단되지 않도록 선정하여야 하며, 전동기용 간선의 허용전류는 200[A]로 가정한다. 기동돌입전류는 기동전류의 1.5배로 한다.)

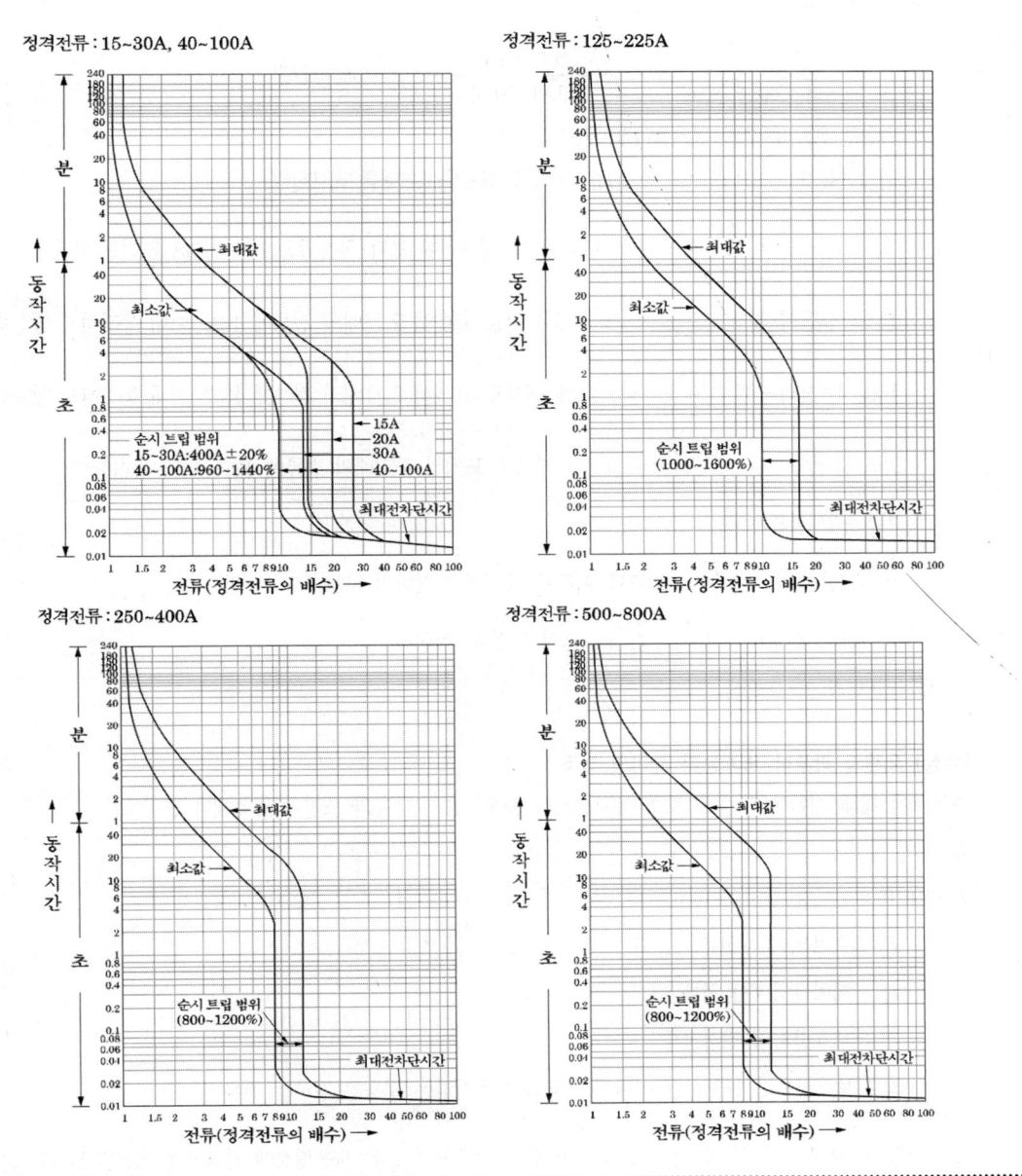

[작성답안]

(1) 계산 : 변압기 용량 $T_r = \dfrac{\text{설비용량} \times \text{수용률}}{\text{효율} \times \text{역률}} = \dfrac{350 \times 0.6}{0.85 \times 0.85} = 290.66\,[\text{kVA}]$

∴ 300 [kVA] 선정

답 : 300 [kVA]

(2) 계산 : 설계전류 I_B

$$I_B = \frac{P}{\sqrt{3}\,V\cos\theta \cdot \eta} = \frac{160 \times 10^3}{\sqrt{3} \times 3{,}300 \times 0.85 \times 0.85} = 38.74[A]$$

기동전류는 $38.74 \times 7 = 271.18[A]$

설계전류가 38.74[A]이므로 100A 이하를 적용하여 3배를 적용한다.

$$I_N > \frac{I_{ms}}{b} = \frac{271.18}{3} = 90.4[A]$$이므로 허용전류 보다 작은 75, 100, 125A를 검토한다.

125A 선정의 경우 $\frac{271.18}{125} = 2.17$배 이므로 표에서 2.17배의 전류에 10초 이내 동작하지 않는다.

100A 선정의 경우 $\frac{271.18}{100} = 2.71$배 이므로 표에서 2.71배의 전류에 10초 이내 동작하지 않는다.

75A 선정의 경우 $\frac{271.18}{75} = 3.62$배 이므로 표에서 3.62배의 전류에 10초 이내 동작한다.

기동돌입 전류는 406.77[A]이므로

100A 선정시 $\frac{406.77}{100} = 4.07$배 이므로 표에서 동작하지 않는다.

∴ 100A 선정하면 $I_B \leq I_m \leq I_Z$의 규정을 만족한다.

답 : 100[A]

[핵심] 도체와 과부하 보호장치 사이의 협조

과부하에 대해 케이블(전선)을 보호하는 장치의 동작특성은 다음의 조건을 충족해야 한다.

$I_B \leq I_n \leq I_Z$ .... ①

$I_2 \leq 1.45 \times I_Z$ .... ②

　　　I_B : 회로의 설계전류

　　　I_Z : 케이블의 허용전류

　　　I_n : 보호장치의 정격전류

　　　I_2 : 보호장치가 규약시간 이내에 유효하게 동작하는 것을 보장하는 전류

1. 조정할 수 있게 설계 및 제작된 보호장치의 경우, 정격전류 I_n은 사용현장에 적합하게 조정된 전류의 설정 값이다.
2. 보호장치의 유효한 동작을 보장하는 전류 I_2는 제조자로부터 제공되거나 제품 표준에 제시되어야 한다.
3. 식 2에 따른 보호는 조건에 따라서는 보호가 불확실한 경우가 발생할 수 있다. 이러한 경우에는 식 2에 따라 선정된 케이블 보다 단면적이 큰 케이블을 선정하여야 한다.
4. I_B는 선도체를 흐르는 설계전류이거나, 함유율이 높은 영상분 고조파(특히 제3고조파)가 지속적으로 흐르는 경우 중성선에 흐르는 전류이다.

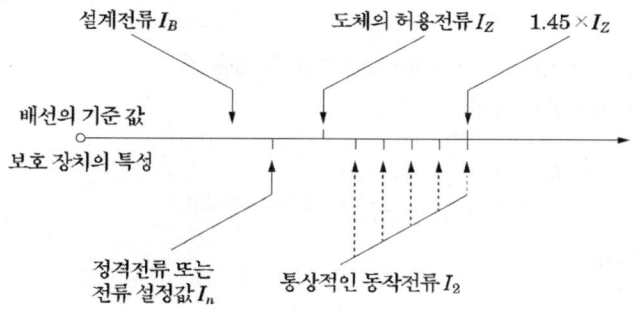

2

출제년도 03.05.09.(6점/각 문항당 3점)

도로의 조명설계에 관한 다음 각 물음에 답하시오.

(1) 도로 조명설계에 있어서 성능상 고려하여야 할 중요 사항을 5가지만 쓰시오.

(2) 도로의 너비가 40 [m]인 곳의 양쪽으로 30 [m]간격으로 지그재그식으로 등주를 배치하여 도로 위의 평균 조도를 5 [lx]가 되도록 하고자 한다. 도로면의 광속 이용률은 30 [%], 유지율은 75 [%]로 한다고 할 때 각 등주에 사용되는 수은등의 규격은 몇 [W]의 것을 사용하여야 하는가?

수은등의 규격표

크기 [W]	램프전류 [A]	전광속 [lm]
100	1.0	3,200 ~ 4,000
200	1.9	7,700 ~ 8,500
250	2.1	10,000 ~ 11,000
300	2.5	13,000 ~ 14,000
400	3.7	18,000 ~ 20,000

[작성답안]

(1) ① 조도(수평면) : 도로 양측의 보도, 건축물의 전면등이 높은 조도로 충분히 밝게 조명할 수 있을 것
② 노면휘도의 균일도 : 휘도 차이에 따른 균제도(최소, 최대) 확보
③ 글레어 : 조명기구 등의 Glare가 적을 것
④ 유도성
⑤ 조명방법

그외
⑥ 노면 전체에 가능한한 높은 평균휘도로 조명할 수 있을 것
⑦ 조명의 광색, 연색성이 적절할 것

(2) 계산 : $F = \dfrac{E \cdot \frac{1}{2}BS}{UM} = \dfrac{5 \times \frac{1}{2} \times 40 \times 30}{0.3 \times 0.75} = 13333.33$ [lm]

표에서 300 [W]선정

답 : 300 [W]

[핵심] 도로조명

$$E = \dfrac{FNUM}{BS} \text{ [lx]}$$

여기서, E : 노면평균조도 [lx], F : 광원 1개 광속 [lm], N : 광원의 열수
M : 보수율, 감광보상률 D의 역수, B : 도로의 폭 [m], S : 광원의 간격 [m]

U : 빔 이용률
- 50 [%] 이상, 피조면 도달 0.75
- 20 ~ 50 [%] 이상, 피조면 도달 0.5
- 25 [%] 이하, 피조면 도달 0.4

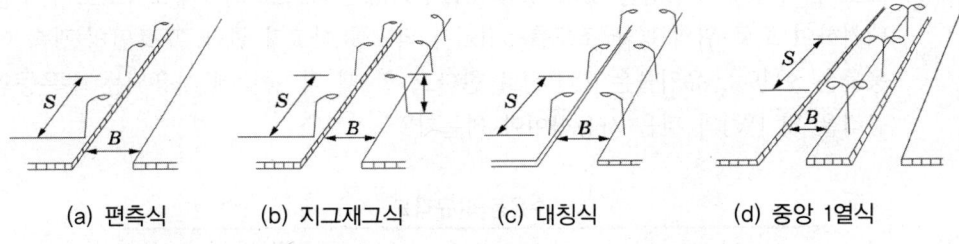

(a) 편측식   (b) 지그재그식   (c) 대칭식   (d) 중앙 1열식

3

출제년도 96.99.00.05.12.22.(10점/각 문항당 2점, 모두 맞으면 10점)

그림은 누전차단기를 적용하는 것으로 CVCF 출력단의 접지용 콘덴서 C_0는 6 [μF]이고, 부하측 라인필터의 대지 정전용량 $C_1 = C_2 = 0.1$ [μF], 누전차단기 ELB_1에서 지락점까지의 케이블의 대지정전용량 $C_{L1} = 0$ (ELB_1의 출력단에 지락 발생 예상), ELB_2에서 부하 2까지의 케이블의 대지정전용량은 $C_{L2} = 0.2$ [μF]이다. 지락저항은 무시하며, 사용 전압은 200 [V], 주파수가 60 [Hz]인 경우 다음 각 물음에 답하시오.

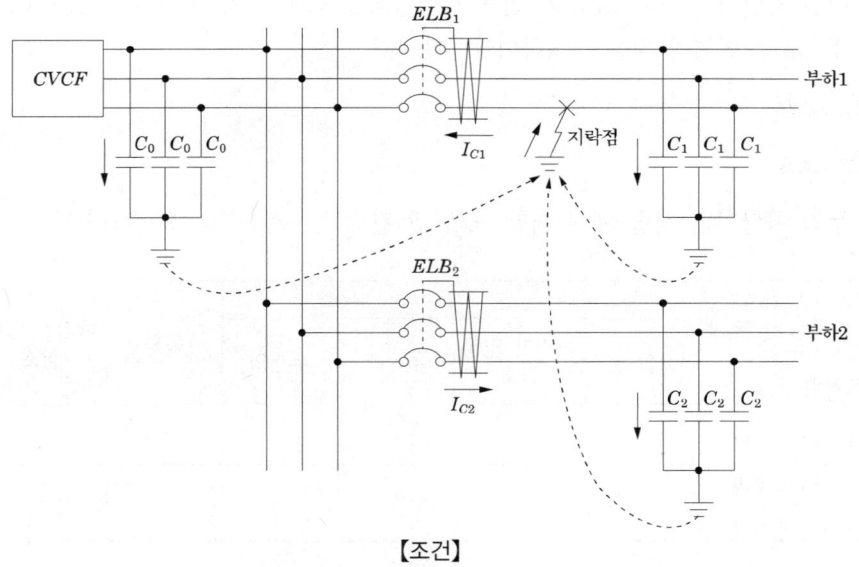

【조건】

- ELB_1에 흐르는 지락전류 I_{c1}은 약 796[mA]($I_{c1} = 3 \times 2\pi f \, CE$에 의하여 계산)이다.

- 누전차단기는 지락시의 지락전류의 $\frac{1}{3}$에 동작 가능하여야 하며, 부동작 전류는 건전 피더에 흐르는 지락전류의 2배 이상의 것으로 한다.

- 누전차단기의 시설 구분에 대한 표시 기호는 다음과 같다.

○ : 누전차단기를 시설할 것

△ : 주택에 기계기구를 시설하는 경우에는 누전차단기를 시설할 것

□ : 주택 구내 또는 도로에 접한 면에 룸에어컨디셔너, 아이스박스, 진열장, 자동판매기 등 전동기를 부품으로 한 기계기구를 시설하는 경우에는 누전차단기를 시설하는 것이 바람직하다.

※ 사람이 조작하고자 하는 기계기구를 시설한 장소보다 전기적인 조건이 나쁜 장소에서 접촉할 우려가 있는 경우에는 전기적 조건이 나쁜 장소에 시설된 것으로 취급한다.

(1) 도면에서 $CVCF$는 무엇인지 우리말로 그 명칭을 쓰시오.

(2) 건전 피더(Feeder) ELB_2에 흐르는 지락전류 I_{c2}는 몇 [mA]인가?

(3) 누전 차단기 ELB_1, ELB_2가 불필요한 동작을 하지 않기 위해서는 정격감도전류 몇 [mA] 범위의 것을 선정하여야 하는가?

① ELB_1

② ELB_2

(4) 누전 차단기의 시설 예에 대한 표의 빈 칸에 ○, △, □로 표현하시오.

전로의 대지전압	기계기구 시설장소	옥내		옥측		옥외	물기가 있는 장소
		건조한 장소	습기가 많은 장소	우선내	우선외		
150 [V] 이하		–	–	–			
150 [V] 초과 300 [V] 이하					–		

[작성답안]

(1) 정전압 정주파수 장치

(2) 계산 : 지락전류 $I_c = 3\omega CE$에서

$$I_{c2} = 3 \times 2\pi f(C_{L2} + C_2) \times \frac{V}{\sqrt{3}} = 3 \times 2\pi \times 60 \times (0.2+0.1) \times 10^{-6} \times \frac{200}{\sqrt{3}} = 0.039178 \text{ [A]}$$

답 : 39.18 [mA]

(3) ① ELB_1

계산 : $I_{c1} = 796$ [mA]

동작 전류 = 지락전류 $\times \frac{1}{3}$ 이므로 $ELB_1 = 796 \times \frac{1}{3} = 265.33$ [mA]

부하 2측 cable 지락시 건전피더의 전류

$$I_{c2} = 2\pi f \times 3(C_{L1} + C_1) \times \frac{V}{\sqrt{3}} = 2\pi \times 60 \times 3(0+0.1) \times 10^{-6} \times \frac{200}{\sqrt{3}} = 0.013059 \text{ [A]}$$

$= 13.06$ [mA]

부동작 전류 = 건전피더 지락전류 $\times 2$ 이므로 $ELB_1 = 13.06 \times 2 = 26.12$ [mA]

답 : ELB_1 정격감도전류 범위 26.12 ~ 265.33 [mA]

② ELB_2

계산 : $I_{c1} = 3 \times \omega CE = 3 \times 2\pi f(C_0 + C_{L1} + C_1 + C_{L2} + C_2) \times \dfrac{V}{\sqrt{3}}$

$= 3 \times 2\pi \times 60 \times (6 + 0 + 0.1 + 0.2 + 0.1) \times 10^{-6} \times \dfrac{200}{\sqrt{3}} = 0.835798 \,[\text{A}] = 835.8 \,[\text{mA}]$

동작 전류 = 지락전류 $\times \dfrac{1}{3}$ 이므로 $ELB_2 = 835.8 \times \dfrac{1}{3} = 278.6 \,[\text{mA}]$

부하 1측 cable 지락시 건전피더의 전류

$I_{c2} = 3 \times 2\pi f(C_{L2} + C_2) \times \dfrac{V}{\sqrt{3}} = 3 \times 2\pi \times 60 \times (0.2 + 0.1) \times 10^{-6} \times \dfrac{200}{\sqrt{3}} = 0.039178 \,[\text{A}]$

$= 39.18 \,[\text{mA}]$

부동작 전류 = 건전피더 지락전류 $\times 2$ 이므로 $ELB_2 = 39.18 \times 2 = 78.36 \,[\text{mA}]$

답 : ELB_2 정격감도전류 범위 78.36 ~ 278.6 [mA]

(4)

전로의 대지전압 \ 기계기구 시설장소	옥내		옥측		옥외	물기가 있는 장소
	건조한 장소	습기가 많은 장소	우선내	우선외		
150[V] 이하	—	—	—	□	□	○
150[V] 초과 300[V] 이하	△	○	—	○	○	○

그림과 같은 간이 수전 설비에 대한 결선도를 보고 다음 각 물음에 답하시오.

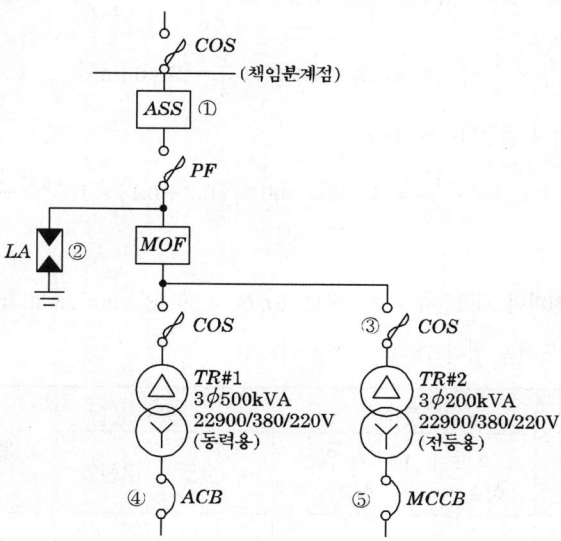

(1) 수전실의 형태를 Cubicle Type으로 할 경우 고압반(HV : High voltage) 4면과 저압반(LV : Low voltage)은 2개의 면으로 구성되어 있다. 수용되는 기기의 명칭을 쓰시오.

(2) 최대설계전압과 정격전류를 구하시오.

① ASS

② LA

③ COS

(3) ④, ⑤ 차단기의 용량(AF, AT)은 어느 것을 선정하면 되겠는가? (단, 역률은 100[%]로 계산하며, ④의 경우 설계전류는 500[A], ⑤의 경우는 전부하 전류를 기준으로 한다. 참고자료를 이용하여 한국전기설비규정에 의해 답하시오)

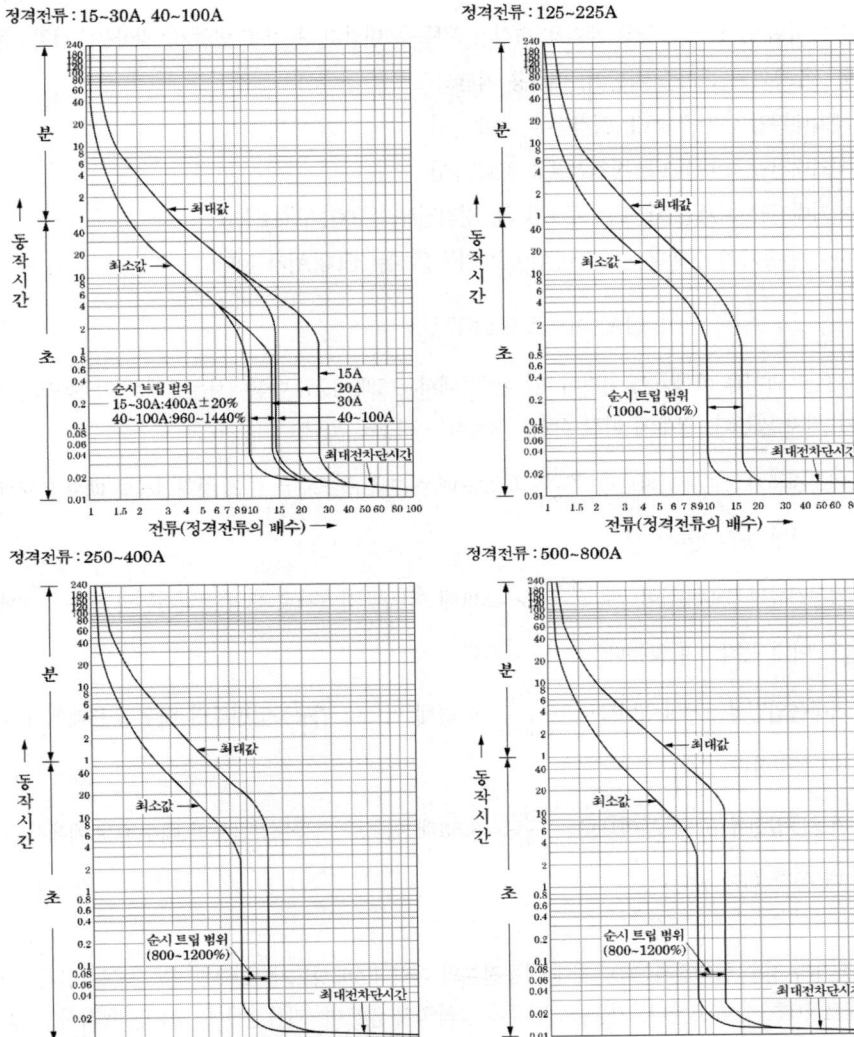

[작성답안]

(1) 고압반 : 피뢰기, 전력 수급용 계기용 변성기, 전등용 변압기, 동력용 변압기, 컷아웃스위치, 전력퓨즈
   저압반 : 수용기기 : 기중 차단기, 배선용 차단기

(2) ① 설계최대전압 : 25.8 [kV], 정격전류 : 200 [A]
   ② 설계최대전압 : 18 [kV], 정격전류 : 2,500 [A]
   ③ 설계최대전압 : 25 [kV] 또는 25.8 [kV], 정격전류 : 100 [AF], 8 [A]

(3) ④ 계산 : 전동기의 설계전류가 500[A]이고 기동전류는 3500[A]가 된다.

$$I_N > \frac{I_{ms}}{b} = \frac{3500}{5} = 700[A]$$ 이므로 800AT 선정

(일반적으로 과전류 차단기의 정격이 100A이하에서는 3배, 125A이상에서는 5배를 적용하면 일반적으로 문제가 되지 않는다. 경우에 따라 4배를 적용하는 경우도 있다.)

- 기동전류가 3500[A]이므로 $\frac{3500}{630} = 5.56$배 이므로 참고자료 표의 정격전류의 배수 5.56배에서 10초 이내 동작 한다.

- 기동전류가 3500[A]이므로 $\frac{3500}{800} = 4.38$배 이므로 참고자료 표의 정격전류의 배수 4.38배에서 10초 이내 동작하지 않는다.

- 기동돌입전류 5250[A]이므로 $\frac{5250}{630} = 8.33$배 이므로 기동돌입전류의 배수 8.33배에서 0.03초 이내 동작한다.

- 기동돌입전류 5250[A]이므로 $\frac{5250}{800} = 6.56$배 이므로 기동돌입전류의 배수 6.56배에서 0.03초 이내 동작 하지 않는다.

전동기의 경우 돌입전류는 0.3초에 기동전류의 대략 1.5배정도가 흐르며 기동전류는 설계전류의 대략 7배로 10초 정도 흐른다. 기동돌입전류에 동작하지 않으며, 기동전류에 10동안 동작하지 않으며 1.3배의 전류에 12분에 동작하므로 만족한다.

$$I_N > I_{ms} \times 1.5 \times \frac{1}{n} = 3500 \times 1.5 \times \frac{1}{8}$$ 만족한다.

∴ $I_B \leq I_n \leq I_Z$ 의해 800AT 800AF 선정한다.

답 : AF-800 [A], AT-800 [A]

⑤ 계산 : $I_1 = \dfrac{200 \times 10^3}{\sqrt{3} \times 380} = 303.87$ [A]

∴ AF : 400 [A], AT : 350 [A]

1.05배에 동작하지 않으며 1.3배의 전류에 12분에 동작하므로 120분 이내에 동작하여 만족한다.

답 : AF-400 [A], AT-350 [A]

[핵심] 도체와 과부하 보호장치 사이의 협조

과부하에 대해 케이블(전선)을 보호하는 장치의 동작특성은 다음의 조건을 충족해야 한다.

$I_B \leq I_n \leq I_Z$ .... ①

$I_2 \leq 1.45 \times I_Z$ .... ②

$\quad I_B$: 회로의 설계전류

$\quad I_Z$: 케이블의 허용전류

$\quad I_n$: 보호장치의 정격전류

$\quad I_2$: 보호장치가 규약시간 이내에 유효하게 동작하는 것을 보장하는 전류

1. 조정할 수 있게 설계 및 제작된 보호장치의 경우, 정격전류 I_n은 사용현장에 적합하게 조정된 전류의 설정값이다.
2. 보호장치의 유효한 동작을 보장하는 전류 I_2는 제조자로부터 제공되거나 제품 표준에 제시되어야 한다.
3. 식 2에 따른 보호는 조건에 따라서는 보호가 불확실한 경우가 발생할 수 있다. 이러한 경우에는 식 2에 따라 선정된 케이블 보다 단면적이 큰 케이블을 선정하여야 한다.
4. I_B는 선도체를 흐르는 설계전류이거나, 함유율이 높은 영상분 고조파(특히 제3고조파)가 지속적으로 흐르는 경우 중성선에 흐르는 전류이다.

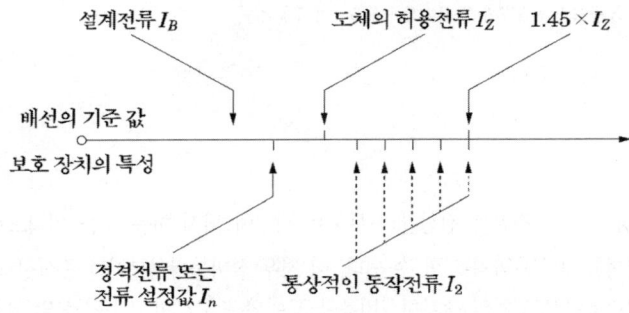

5

출제년도 98.99.00.04.05.09.11.(9점/각 문항당 3점)

불평형 부하의 제한에 관련된 다음 물음에 답하시오.

(1) 저압, 고압 및 특별 고압 수전의 3상 3선식 또는 3상 4선식에서 불평형 부하의 한도는 단상 접속 부하로 계산하여 설비 불평형률을 몇 [%] 이하로 하는 것을 원칙으로 하는가?

(2) "(1)"항 문제의 제한 원칙에 따르지 않아도 되는 경우를 2가지만 쓰시오.

(3) 부하 설비가 그림과 같을 때 설비 불평형률은 몇 [%]인가? (단, ⑪는 전열기 부하이고, ⑯은 전동기 부하이다.)

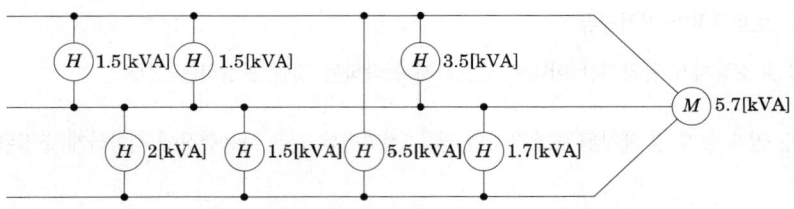

[작성답안]

(1) 30 [%] 이하

(2) ① 저압 수전에서 전용 변압기 등으로 수전하는 경우
    ② 고압 및 특별 고압 수전에서 100 [kVA] 이하의 단상 부하인 경우

(3) 계산 : 불평형률 = $\dfrac{(3.5+1.5+1.5)-(2+1.5+1.7)}{(1.5+1.5+3.5+5.7+2+1.5+5.5+1.7) \times \dfrac{1}{3}} \times 100 = 17.03\,[\%]$

답 : 17.03 [%]

[핵심] 설비불평형률

① 설비불평형 단상

저압수전의 단상 3선식에서 중성선과 각 전압측 전선간의 부하는 평형이 되게 하는 것을 원칙으로 한다.

[주1] 부득이한 경우는 설비불평형률 40 [%]까지로 할 수 있다. 이 경우 설비불평형률이란 중성선과 각전압측 전선간에 접속되는 부하설비용량 [VA]차와 총부하설비용량 [VA]의 평균값의 비 [%]를 말한다. 즉 다음 식으로 나타낸다.

설비불평형률 = $\dfrac{\text{중성선과 각 전압측 전선간에 접속되는 부하설비용량 [kVA]의 차}}{\text{총 부하설비용량 [kVA]의 1/2}} \times 100\,[\%]$

② 설비불평형 3상

저압, 고압 및 특고압수전의 3상 3선식 또는 3상 4선식에서 불평형부하의 한도는 단상 접속부하로 계산하여 설비불평형률을 30 [%] 이하로 하는 것을 원칙으로 한다. 다만, 다음 각 호의 경우는 이 제한에 따르지 않을 수 있다.

- 저압수전에서 전용변압기 등으로 수전하는 경우
- 고압 및 특고압수전에서 100 [kVA](kW) 이하의 단상부하인 경우
- 고압 및 특고압수전에서 단상부하용량의 최대와 최소의 차가 100 [kVA](kW) 이하인 경우
- 특고압수전에서 100 [kVA](kW) 이하의 단상변압기 2대로 역(逆)V결선하는 경우

[주] 이 경우의 설비불평형률이란 각 선간에 접속되는 단상부하 총설비용량 [VA]의 최대와 최소의 차와 총 부하설비용량 [VA] 평균값의 비 [%]를 말한다. 즉, 다음 식으로 나타낸다.

$$\text{설비불평형률} = \frac{\text{각 선간에 접속되는 단상 부하 총 설비용량 [kVA]의 최대와 최소의 차}}{\text{총 부하설비용량 [kVA]의 1/3}} \times 100\,[\%]$$

③ 특고압 및 고압수전에서 대용량의 단상전기로 등의 사용으로 제2항의 제한에 따르기가 어려울 경우 전기사업자와 협의하여 다음 각 호에 의하여 시설하는 것을 원칙으로 한다.
- 단상부하 1개의 경우는 2차 역V접속에 의할 것, 다만 300kVA를 초과하지 말 것
- 단상부하 2개의 경우는 스코트 접속에 의할 것, 다만, 1개의 용량이 200kVA 이하인 경우는 부득이한 경우에 한하여 보통의 변압기 2대를 사용하여 별개의 선간에 부하를 접속할 수 있다.
- 단상 부하 3개 이상인 경우는 가급적 선로전류가 평형이 되도록 각 선간에 부하를 접속할 것

---

6 출제년도 90.05.07.16.(4점/부분점수 없음)

콘덴서 회로에 고조파의 유입으로 인한 사고를 방지하기 위하여 콘덴서 용량의 13 [%]인 직렬 리액터를 설치하고자 한다. 이 경우 투입시의 전류는 콘덴서의 정격전류(정상시 전류)의 몇 배의 전류가 흐르게 되는지 구하시오.

[작성답안]

계산 : 콘덴서 투입시 돌입전류 $I = I_n\left(1 + \sqrt{\dfrac{X_C}{X_L}}\right) = I_n\left(1 + \sqrt{\dfrac{X_C}{0.13 X_C}}\right) = I_n\left(1 + \sqrt{\dfrac{1}{0.13}}\right) = 3.77 I_n$

답 : 3.77배

[핵심] 콘덴서 개폐시의 특이현상

정상전류의 수배의 돌입전류가 유입하여 차단기의 접점이 손상되고, 절연유가 오손되기 쉬우며, 개방시에는 이상전압이 발생하기 쉽다. 따라서 돌입전류와 이상전압을 제한하기 위하여 11KV 이상, 1000KVA 이상의 단위용량이 되면 보조접점을 가진 것이 사용되며 콘덴서 용량 리액턴스의 10~20% 정도의 억제저항을 개폐시에만 직렬로 삽입하여 이를 제한하고 있다.

억제저항을 사용하지 않는 경우에는 접점에 내호 금속을 사용하는 동시에 소호용 접점과 통전용 접점이 분리된 것을 사용한다. 콘덴서 투입시 주파수, 전류와의 관계는 다음과 같다.

$$I_{\max} = I_C \left(1 + \sqrt{\frac{X_C}{X_L}}\right)$$

$$f_1 = f\sqrt{\frac{X_c}{X_L}}$$

I_C : 콘덴서 정상전류, X_C : 콘덴서 리액턴스, X_L : 콘덴서회로 유도성 리액턴스, f : 상용주파수, f_1 : 과도주파수

7

출제년도 97.05.(6점/부분점수 없음)

답란의 그림은 농형 유도 전동기의 Y-△ 기동 회로도이다. 이중 미완성 부분인 ①~⑩까지 완성하시오.(단, 접점 등에는 접점 기호를 반드시 쓰도록 하며, $MC_\triangle$, MC_Y, MC_L은 전자접촉기, Ⓞ, Ⓡ, Ⓖ는 각 경우의 표시등이다.)

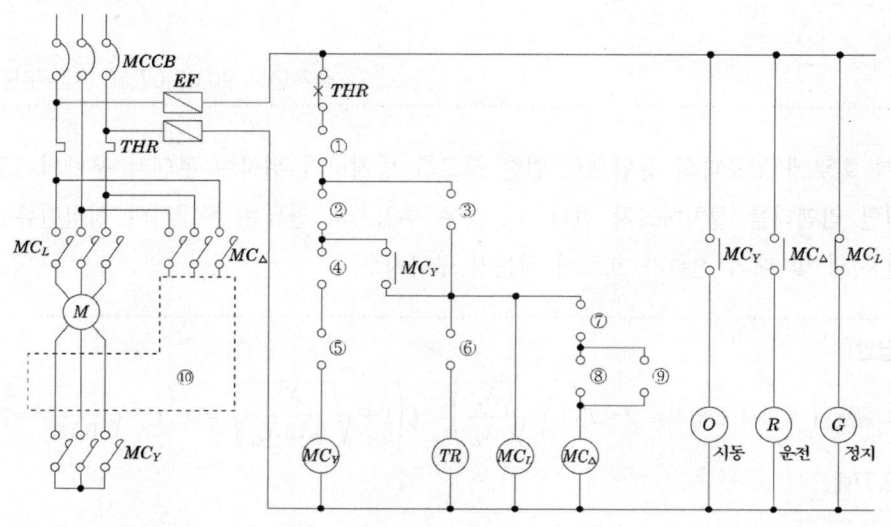

[작성답안]

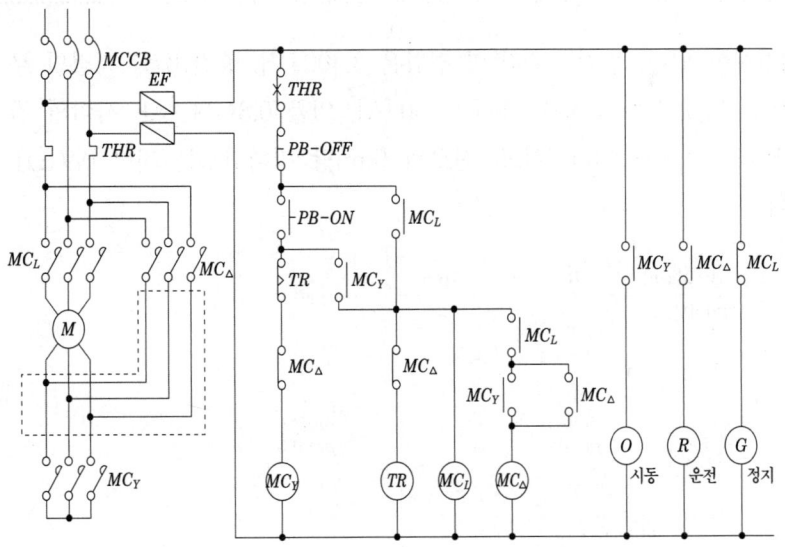

8

출제년도 05.17.(3점/각 항목당 1점)

배전선 전압을 조정하는 장치 3가지를 쓰시오.

[작성답안]
① 자동전압조정기
② 고정승압기 (또는 승압기)
③ 병렬콘덴서

그외
④ 선로전압강하보상기
⑤ 직렬콘덴서
⑥ 유도전압조정기
⑦ 부하시 탭절환변압기 (또는 주변압기의 탭조정)

출제년도 89.02.05.07.08.11.22.(9점/각 문항당 3점)

그림과 같은 3상 배전선이 있다. 변전소(A점)의 전압은 3,300 [V], 중간(B점) 지점의 부하는 50 [A], 역률 0.8(지상), 말단(C점)의 부하는 50 [A], 역률 0.8이다. AB 사이의 길이는 2 [km], BC 사이의 길이는 4 [km]이고, 선로의 [km]당 임피던스는 저항 0.9 [Ω], 리액턴스 0.4 [Ω]이다.

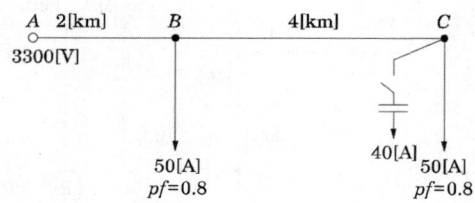

(1) 이 경우의 B점, C점의 전압은?

① B점

② C점

(2) C점에 전력용 콘덴서를 설치하여 진상 전류 40 [A]를 흘릴 때 B점, C점의 전압은?

① B점

② C점

(3) 전력용 콘덴서를 설치하기 전과 후의 선로의 전력 손실을 구하시오.

① 설치 전

② 설치 후

[작성답안]

(1) 콘덴서 설치전

① B점의 전압

계산 : $V_B = V_A - \sqrt{3}\, I_1 (R_1 \cos\theta + X_1 \sin\theta)$

$= 3300 - \sqrt{3} \times 100(1.8 \times 0.8 + 0.8 \times 0.6) = 2967.45$ [V]

답 : 2967.45 [V]

② C점의 전압

계산 : $V_C = V_B - \sqrt{3}\, I_2 (R_2\cos\theta + X_2\sin\theta)$
$= 2967.45 - \sqrt{3} \times 50(3.6 \times 0.8 + 1.6 \times 0.6) = 2634.9\ [\text{V}]$

답 : 2634.9 [V]

(2) 콘덴서 설치후

① B점의 전압

계산 : $V_B = V_A - \sqrt{3} \times [I_1\cos\theta \cdot R_1 + (I_1\sin\theta - I_C) \cdot X_1]$
$= 3300 - \sqrt{3} \times [100 \times 0.8 \times 1.8 + (100 \times 0.6 - 40) \times 0.8] = 3022.87\ [\text{V}]$

답 : 3022.87 [V]

② C점의 전압

계산 : $V_C = V_B - \sqrt{3} \times [I_2\cos\theta \cdot R_2 + (I_2\sin\theta - I_C) \cdot X_2]$
$= 3022.87 - \sqrt{3} \times [50 \times 0.8 \times 3.6 + (50 \times 0.6 - 40) \times 1.6] = 2801.17\ [\text{V}]$

답 : 2801.17 [V]

(3) 전력손실

① 설치 전

계산 : $P_{L1} = 3I_1^2 R_1 + 3I_2^2 R_2 = (3 \times 100^2 \times 1.8 + 3 \times 50^2 \times 3.6) \times 10^{-3} = 81\ [\text{kW}]$

답 : 81 [kW]

② 설치 후

계산 : $I_1 = 100(0.8 - j0.6) + j40 = 80 - j20 = 82.46\ [\text{A}]$
$I_2 = 50(0.8 - j0.6) + j40 = 40 + j10 = 41.23\ [\text{A}]$
$\therefore P_{L2} = (3 \times 82.46^2 \times 1.8 + 3 \times 41.23^2 \times 3.6) \times 10^{-3} = 55.08\ [\text{kW}]$

답 : 55.08 [kW]

[핵심]

① 저항 : $R_1 = 0.9 \times 2 = 1.8$, $R_2 = 0.9 \times 4 = 3.6$
② 리액턴스 : $X_1 = 0.4 \times 2 = 0.8$, $X_2 = 0.4 \times 4 = 1.6$

출제년도 95.05.13.17.(5점/부분점수 없음)

10

다음은 컴퓨터 등의 중요한 부하에 대한 무정전 전원공급을 위한 그림이다. "(가) ~ (마)"에 적당한 전기 시설물의 명칭을 쓰시오.

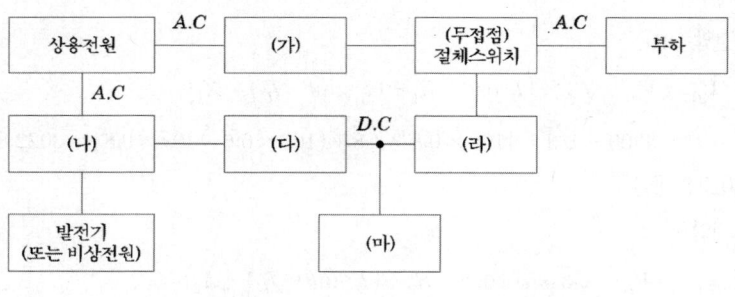

[작성답안]
(가) 자동전압조정기(AVR)
(나) 절체용 개폐기
(다) 정류기(컨버터)
(라) 인버터
(마) 축전지

[핵심] UPS

① 컨버터(정류기) : 교류전원이나 발전기의 전원을 공급받아 직류전원으로 변환하여 축전지를 충전하며, 인버터에 공급하는 장치
② 인버터 : 직류전원을 교류전원으로 바꾸어 부하에 공급하는 장치
③ 무접점 절환 스위치 : 인버터의 과부하 및 이상시 예비 상용전원으로(bypass line)절체시켜주는 장치
④ 축전지 : 정전시 인버터에 직류전원을 공급하여 부하에 일정 시간동안 무정전으로 전원을 공급하는데 필요한 장치

11 출제년도 94.03.05.07.11.13.20.(6점/부분점수 없음)

그림과 같은 송전계통 S점에서 3상 단락사고가 발생하였다. 주어진 도면과 조건을 참고하여 변압기(T_2)의 각각의 %리액턴스를 100 [MVA] 출력으로 환산하고, 1차(P), 2차(T), 3차(S)의 %리액턴스를 구하시오.

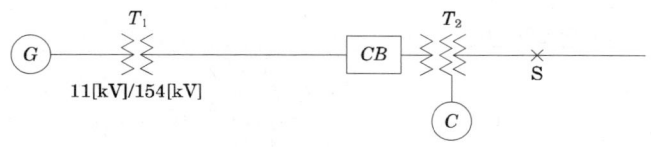

【조건】

번호	기기명	용량	전압	%X
1	G : 발전기	50,000 [kVA]	11 [kV]	30
2	T_1 : 변압기	50,000 [kVA]	11/154 [kV]	12
3	송전선		154 [kV]	10(10,000 [kVA])
4	T_2 : 변압기	1차 25,000 [kVA]	154 [kV]	12(25,000 [kVA], 1~2차)
		2차 30,000 [kVA]	77 [kV]	15(25,000 [kVA], 2~3차)
		3차 10,000 [kVA]	11 [kV]	10.8(10,000 [kVA], 3~1차)
5	C : 조상기	10,000 [kVA]	11 [kV]	20(10,000 [kVA])

- 1차
- 2차
- 3차

[작성답안]

1차~ 2차간 : $X_{P-T} = \dfrac{100}{25} \times 12 = 48 \, [\%]$

2차 ~ 3차간 : $X_{T-S} = \dfrac{100}{25} \times 15 = 60 \, [\%]$

3차 ~1차간 : $X_{S-P} = \dfrac{100}{10} \times 10.8 = 108 \, [\%]$

그러므로

1차 $X_P = \dfrac{48+108-60}{2} = 48\,[\%]$

2차 $X_T = \dfrac{48+60-108}{2} = 0\,[\%]$

3차 $X_S = \dfrac{60+108-48}{2} = 60\,[\%]$

[핵심] 3권선 변압기 임피던스의 환산

$Z_a + Z_b = Z_{ab}$

$Z_b + Z_c = Z_{bc}$

$Z_a + Z_c = Z_{ac}$

위 식을 모두 더하면 다음과 같이 된다.

$2(Z_a + Z_b + Z_c) = Z_{ab} + Z_{bc} + Z_{ca}$

$2(Z_a + Z_{bc}) = Z_{ab} + Z_{bc} + Z_{ca}$

$R_a = \dfrac{1}{2}(Z_{ab} + Z_{ca} - Z_{bc})\,[\Omega]$ $R_b = \dfrac{1}{2}(Z_{ab} + Z_{bc} - Z_{ca})\,[\Omega]$ $R_c = \dfrac{1}{2}(Z_{ca} + Z_{bc} - Z_{ab})\,[\Omega]$

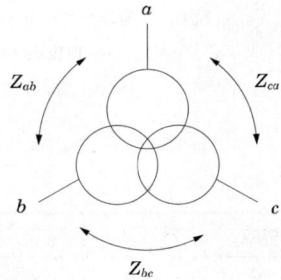

12

출제년도 05.11.14.17.19.22.(4점/각 문항당 2점)

그림과 같은 무접점의 논리 회로도를 보고 다음 각 물음에 답하시오.

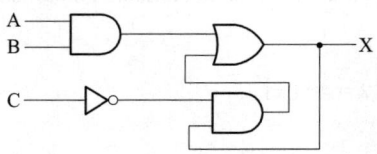

(1) 출력식을 나타내시오.

(2) 주어진 무접점 논리회로를 유접점 논리회로로 바꾸어 그리시오.

[작성답안]

(1) $X = AB + \overline{C}X$

(2)

13

출제년도 98.02.05.(5점/각 문항당 2점, 모두 맞으면5점)

그림은 제 1 공장과 제 2 공장의 2개 공장에 대한 어느 날의 일부하 곡선이다. 이 그림을 이용하여 다음 각 물음에 답하시오.

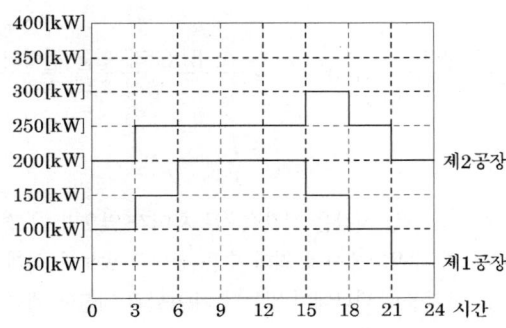

(1) 제2공장의 일 부하율은 몇 [%]인가?
(2) 각 공장 상호간의 부등률은 얼마인가?

[작성답안]

(1) 계산 : 일부하율 $= \dfrac{\text{평균 전력}}{\text{최대 전력}} \times 100\,[\%]$

$= \dfrac{200 \times 3 + 250 \times 12 + 300 \times 3 + 250 \times 3 + 200 \times 3}{24 \times 300} \times 100 = 81.25\,[\%]$

답 : 81.25 [%]

(2) 계산 : 부등률 $= \dfrac{\text{개개의 최대 전력의 합계}}{\text{합성 최대 전력}} = \dfrac{200 + 300}{450} = 1.11$

답 : 1.11

[핵심] 부하관계용어

① 부하율

공급 설비가 어느 정도 유효하게 사용되는가를 나타내며 부하율이 클수록 공급 설비가 유효하게 사용된다. 부하율은 다음 식에 의해 계산한다.

$$부하율 = \frac{평균\ 수요\ 전력\,[kW]}{최대\ 수요\ 전력\,[kW]} \times 100\,[\%]$$

부하율은 각 단위별(변압기, 전주, 수용가 등), 시기, 범위, 기간에 따라 달라지며, 부하율을 표시할 경우 기간, 범위를 반드시 명기한다. 예를 들어 일부하율, 월부하율 등으로 표시하여야 하며, 부하율은 기간이 길어질수록 작아진다. 부하율이 적다의 의미는 다음과 같다.

- 공급 설비를 유용하게 사용하지 못한다.
- 평균 수요 전력과 최대 수요 전력과의 차가 커지게 되므로 부하 설비의 가동률이 저하된다.

② 종합부하율

$$종합\ 부하율 = \frac{평균\ 전력}{합성\ 최대\ 전력} \times 100\,[\%] = \frac{A,\ B,\ C\ 각\ 평균\ 전력의\ 합계}{합성\ 최대\ 전력} \times 100\,[\%]$$

③ 부등률

각 수용가에서의 최대 수용 전력의 발생 시각은 시간적으로 차이가 있으며 이 경우에 배전 변압기 또는 간선에서의 합성 최대 수용 전력은 각 수용가에서의 최대 수용 전력의 합보다 적게 되는데 이 비를 부등률이라 하며 이 값은 항상 1보다 크고, 백분율로 나타내지 않는다. 수용률과 더불어 배전 변압기 또는 배전 간선 등의 공급 설비 계획 자료로 사용된다.

$$부등률 = \frac{개별\ 최대수용전력의\ 합}{합성\ 최대수용전력} = \frac{설비용량 \times 수용률}{합성최대수용전력}$$

④ 수용률

수용률은 시설되는 총 부하 설비용량에 대하여 실제로 사용하게 되는 부하의 최대 전력의 비를 나타내는 것으로서 다음 식에 의하여 구한다.

$$수용률 = \frac{최대수요전력\,[kW]}{부하설비용량\,[kW]} \times 100\,[\%]$$

14

출제년도 00.05.(6점/각 문항당 2점)

연축전지의 고장 현상이 다음과 같을 때 예상되는 이유가 무엇인지 쓰시오.

(1) 전 셀의 전압 불균일이 크고 비중이 낮다.

(2) 전 셀의 비중이 높다.

(3) 전해액 변색, 충전하지 않고 그냥 두어도 다량으로 가스가 발생한다.

[작성답안]
(1) 충전 부족으로 장시간 방치한 경우
(2) 증류수가 부족한 경우(액면 저하로 극판 노출)
(3) 전해액 불순물의 혼입

[핵심] 축전지 고장의 원인과 현상

	현 상	추정 원인
초기 고장	• 전체 셀 전압의 불균형이 크고 비중이 낮다.	• 사용 개시시의 충전 보충 부족
	• 단전지 전압의 비중 저하, 전압계의 역전	• 역접속
사용중 고장	• 전체 셀 전압의 불균형이 크고 비중이 낮다.	• 부동충전전압이 낮다. • 균등 충전의 부족 • 방전후의 회복충전 부족
	• 어떤 셀만의 전압, 비중이 극히 낮다.	• 국부단락
	• 전체 셀의 비중이 높다. • 전압은 정상	• 액면 저하 • 보수시 묽은 황산의 혼입
	• 충전 중 비중이 낮고 전압은 높다. • 방전 중 전압은 낮고 용량이 감퇴한다.	• 방전 상태에서 장기간 방치 • 충전 부족의 상태에서 장기간 사용 • 극판 노출 • 불순물 혼입
	• 전해액의 변색, 충전하지 않고 방치 중에도 다량으로 가스가 발생한다.	• 불순물 혼입
	• 전해액의 감소가 빠르다.	• 충전 전압이 높다. • 실온이 높다.
	• 축전지의 현저한 온도 상승, 또는 소손	• 충전장치의 고장 • 과충전 • 액면 저하로 인한 극판의 노출 • 교류 전류의 유입이 크다.

15 출제년도 94.00.05.18.(7점/(1)3점, (2)4점)

교류용 적산전력계에 대한 다음 각 물음에 답하시오.

(1) 잠동(creeping) 현상에 대하여 설명하고 잠동을 막기 위한 유효한 방법을 2가지만 쓰시오.
   - 잠동현상
   - 잠동을 방지하기 위한 방법
(2) 적산전력계가 구비해야 할 전기적, 기계적 및 기능상 특성을 4가지만 쓰시오.

[작성답안]

(1) ① 잠동 : 무부하 상태에서 정격 주파수, 정격 전압의 110 [%]를 인가하여 계기의 원판이 1회전 이상 회전하는 현상
   ② 방지대책
   - 원판에 작은 구멍을 뚫는다.
   - 원판에 작은 철편을 붙인다.

(2) 구비조건
   ① 온도나 주파수 변화에 보상이 되도록할 것
   ② 기계적 강도가 클 것
   ③ 부하특성이 좋을 것
   ④ 과부하 내량이 클 것

[핵심] 잠동 (Creeping)

잠동은 전력량계의 원판이 무부하에서 회전하는 현상이다. 정격주파수 및 정격의 110 [%] 전압 하에서 무부하로 하였을 때 계기의 회전자가 1회전 이상 회전하는 현상을 잠동이라 한다.

원판의 회전에 대한 축수의 마찰이나 계량장치의 저항 등이 원판의 회전속도가 늦어져도 거의 감소치 않으므로 경부하시 부(負)의 오차가 발생하는 원인이 되어 이를 보상하기 위해서 원판의 회전과 같은 방향의 이동자계를 만들어 마찰 Torque에 대항하는 구동 Torque를 줌으로써 경부하 특성을 개선토록 하고 있다. 그런데 이 조정장치가 지나치면 무부하시에도 원판이 회전하는데 이 현상이 잠동이다. 이 잠동 현상을 방지하기 위해서 원판의 한 곳에 작은 철편을 붙이거나, 조그만 구멍을 뚫어 무부하시 1회전 이상 원판이 회전하지 않도록 하고 있다.

2005년 2회 기출문제 해설

※ 다음 물음에 답을 해당 답란에 답하시오.

1 출제년도 05.(4점/부분점수 없음)

3상 3선식 200 [V] 회로에서 400 [A]의 부하를 전선의 길이 100 [m]인 곳에 사용할 경우 전압강하는 몇 [%]인가?(단, 사용 전선의 단면적은 300 [mm²]이다.)

[작성답안]

계산 : $e = \dfrac{30.8LI}{1,000A} = \dfrac{30.8 \times 100 \times 400}{1,000 \times 300} = 4.11$ [V]

$\epsilon = \dfrac{V_s - V_r}{V_r} \times 100 = \dfrac{e}{V_r} \times 100 = \dfrac{4.11}{200} \times 100 = 2.06$ [%]

답 : 2.06 [%]

[핵심] 전선의 굵기

① KSC IEC 전선규격

1.5, 2.5, 4, 6, 10, 16, 25, 35, 50, 70, 95, 120, 150, 185, 240, 300, 400, 500, 630 [mm²]

② 계산식

- 단상 2선식 : $A = \dfrac{35.6LI}{1,000e}$ ·· ①

- 3상 3선식 : $A = \dfrac{30.8LI}{1,000e}$ ·· ②

- 3상 4선식 : $A = \dfrac{17.8LI}{1,000e_1}$ ·· ③

여기서, L : 거리 I : 정격전류 A : 케이블의 굵기

이며 ③의 식은 1선과 중성선간의 전압강하를 말한다.

2

출제년도 00.05.(5점/각 항목당 1점, 모두 맞으면 5점)

차단기의 트립 방식을 4가지 쓰고 각 방식을 간단히 설명하시오.

[작성답안]
- 직류 전압 트립 방식 : 별도로 설치된 축전지 등의 제어용 직류 전원에 의해 트립되는 방식
- 과전류 트립 방식 : 차단기의 주회로에 접속된 변류기의 2차 전류에 의해 트립되는 방식
- 콘덴서 트립 방식 : 충전된 콘덴서의 에너지에 의해 트립되는 방식
- 부족 전압 트립 방식 : 부족 전압 트립 장치에 인가되어 있는 전압의 저하에 의해 트립되는 방식

[핵심] 차단기 트립방식

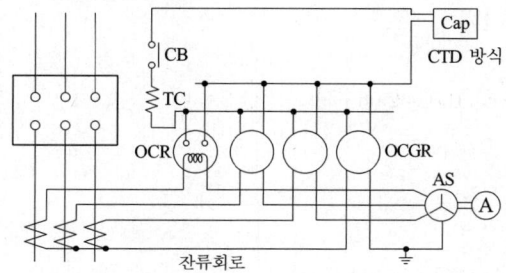

- 직류 전압 트립 방식 : 별도로 설치된 축전지 등의 제어용 직류 전원에 의해 트립되는 방식
- 과전류 트립 방식 : 차단기의 주회로에 접속된 변류기의 2차 전류에 의해 트립되는 방식
- 콘덴서 트립 방식 : 충전된 콘덴서의 에너지에 의해 트립되는 방식
- 부족 전압 트립 방식 : 부족 전압 트립 장치에 인가되어 있는 전압의 저하에 의해 트립되는 방식

컴퓨터나 마이크로프로세서에 사용하기 위하여 전원장치로 UPS를 구성하려고 한다. 주어진 그림을 보고 다음 각 물음에 답하시오.

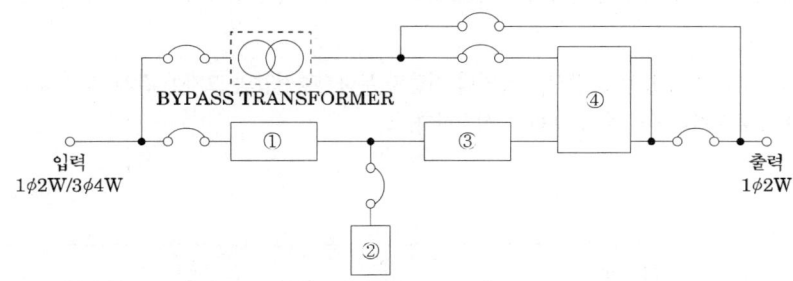

(1) 그림의 ①~④에 들어갈 기기 또는 명칭을 쓰고 그 역할에 대하여 간단히 설명하시오.
(2) Bypass Transformer를 설치하여 회로를 구성하는 이유를 설명하시오.
(3) 전원장치인 UPS, CVCF, VVVF 장치에 대한 비교표를 다음과 같이 구성할 때 빈칸을 채우시오.(단, 출력전원에 대하여서는 가능은 ○, 불가능은 ×로 표시하시오.)

구 분	장 치	UPS	CVCF	VVVF
우리말 명칭				
주회로 방식				
스위칭 방식	컨버터			
	인버터			
주회로 디바이스	컨버터			
	인버터			
출력 전압	무정전			
	정전압 정주파수			
	가변전압 가변주파수			

[작성답안]

(1) ① 컨버터 : 교류를 직류로 변환한다.
　② 축전지 : 컨버터에 변환된 직류전력을 저장한다.
　③ 인버터 : 직류를 교류로 변환한다.
　④ 절체스위치 : 사용전원 정전시 인버터회로로 절체하여 무정전으로 부하에 전력을 공급한다.

(2) UPS나 축전지의 점검 또는 고장시 교류입력 전압과 부하정격전압의 크기를 같게 하여 중요부하에 임시적으로 상용교류전력을 공급하기 위하여 설치한다.

(3)

구 분	장 치	UPS	CVCF	VVVF
우리말 명칭		무정전 전원공급 장치	정전압 정주파수 장치	가변전압 가변주파수장치
주회로 방식		전압형인버터	전압형인버터	전류형 인버터
스위칭 방식	컨버터	PWM제어 또는 위상제어	PWM제어	PWM제어 또는 위상제어
	인버터	PWM제어	PWM제어	PWM제어
주회로 디바이스	컨버터	IGBT	IGBT	IGBT
	인버터	IGBT	IGBT	IGBT
출력 전압	무정전	○	×	×
	정전압 정주파수	○	○	×
	가변전압 가변주파수	×	×	○

[핵심] UPS의 구성

① 컨버터(정류기) : 교류전원이나 발전기의 전원을 공급받아 직류전원으로 변환하여 축전지를 충전하며, 인버터에 공급하는 장치
② 인버터 : 직류전원을 교류전원으로 바꾸어 부하에 공급하는 장치
③ 무접점 절환 스위치 : 인버터의 과부하 및 이상시 예비 상용전원으로(bypass line)절체시켜주는 장치
④ 축전지 : 정전시 인버터에 직류전원을 공급하여 부하에 일정 시간동안 무정전으로 전원을 공급하는데 필요한 장치

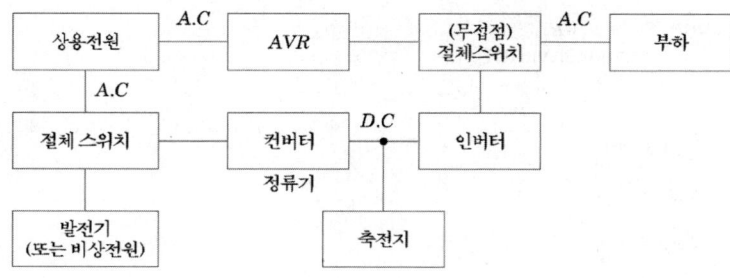

4

출제년도 90.99.00.05.14.18.(13점/각 문항당 1점)

도면은 어느 154[kV] 수용가의 수전 설비 단선 결선도의 일부분이다. 주어진 표와 도면을 이용하여 다음 각 물음에 답하시오.

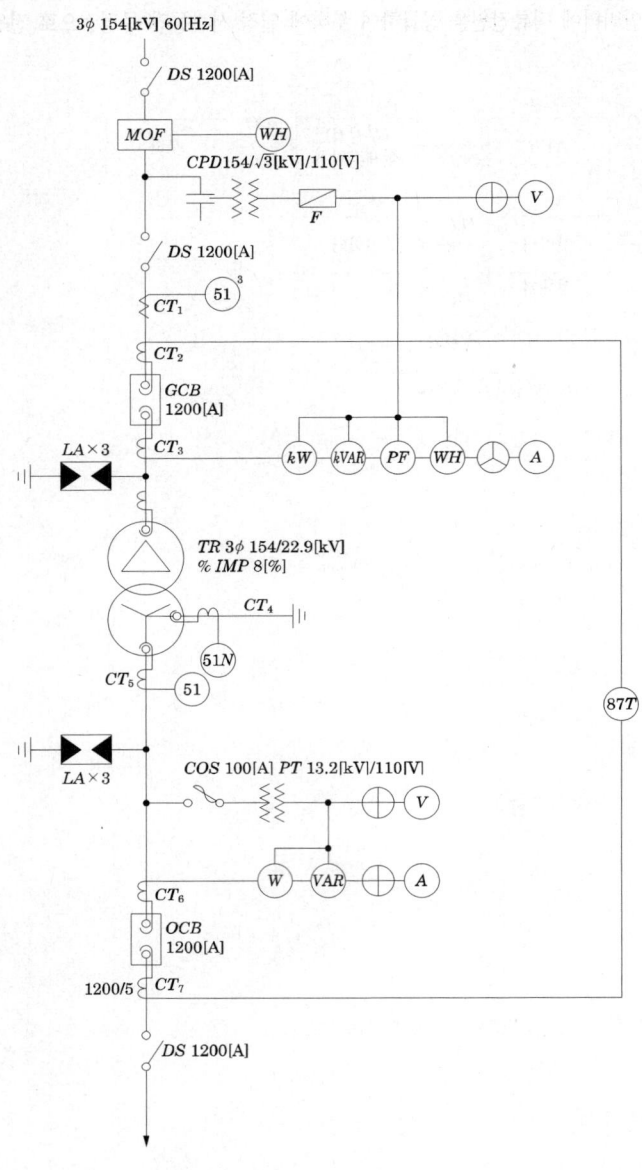

(1) 변압기 2차부하 설비용량이 51 [MW], 수용률이 70 [%], 부하역률이 90 [%]일 때 도면의 변압기 용량은 몇 [MVA]가 되는가?

(2) 변압기 1차측 DS의 정격전압은 몇 [kV]인가?

(3) CT_1의 비는 얼마인지를 계산하고 표에서 산정하시오.

(4) GCB의 정격전압은 몇 [kV]인가?

(5) 변압기 명판에 표시되어 있는 OA/FA의 뜻을 설명하시오.

(6) GCB내에 사용되는 가스는 주로 어떤 가스가 사용되는지 그 가스의 명칭을 쓰시오.

(7) 154 [kV] 측 LA의 정격전압은 몇 [kV]인가?

(8) ULTC의 구조상의 종류 2가지를 쓰시오.

(9) CT_5의 비는 얼마인지를 계산하고 표에서 선정하시오.

(10) OCB의 정격 차단전류가 23 [kA]일 때, 이 차단기의 차단용량은 몇 [MVA]인가?

(11) 변압기 2차측 DS의 정격전압은 몇 [kV]인가?

(12) 과전류 계전기의 정격부담이 9 [VA]일 때 이 계전기의 임피던스는 몇 [Ω]인가?

(13) CT_7 1차 전류가 600 [A]일 때 CT_7의 2차에서 비율 차동 계전기의 단자에 흐르는 전류는 몇 [A]인가?

1차 정격 전류 [A]	200	400	600	800	1,200	1,500
2차 정격 전류 [A]	5					

[작성답안]

(1) 계산 : 변압기용량 = $\dfrac{\text{설비용량} \times \text{수용률}}{\text{부등률} \times \text{역률}} = \dfrac{51 \times 0.7}{1 \times 0.9} = 39.666$ [MVA]

   답 : 39.67 [MVA]

(2) 170 [kV]

(3) 계산 : $I_1 = \dfrac{P}{\sqrt{3}\,V} \times (1.25 \sim 1.5) = \dfrac{39.67 \times 10^3}{\sqrt{3} \times 154} \times (1.25 \sim 1.5) = 185.9 \sim 223.08$ [A]

   ∴ 표에서 CT 정격 200/5 선정

   답 : 200/5

(4) 170 [kV]

(5) OA : 유입자냉식

　　FA : 유입풍냉식

(6) SF_6 (육불화황가스)

(7) 144 [kV]

(8) ① 병렬 구분식　② 단일 회로식

(9) 계산 : CT의 1차 전류 $= \dfrac{39.67 \times 10^6}{\sqrt{3} \times 22.9 \times 10^3} \times (1.25 \sim 1.5) = 1250.19 \sim 1500.23\,[A]$

　표에서 1,500/5 선정

　답 : 1,500/5

(10) 계산 : $P_s = \sqrt{3}\,V_n I_s\,[\text{MVA}] = \sqrt{3} \times 25.8 \times 23 = 1027.8\,[\text{MVA}]$

　　답 : 1027.8 [MVA]

(11) 25.8 [kV]

(12) 계산 : $P = I_n^2 \cdot Z\,[\text{VA}]$

　　$Z = \dfrac{P}{I_n^2} = \dfrac{9}{5^2} = 0.36\,[\Omega]$

　　답 : 0.36 [Ω]

(13) 계산 : $I_2 = I_1 \times \dfrac{1}{CT비} \times \sqrt{3} = 600 \times \dfrac{5}{1,200} \times \sqrt{3} = 4.33\,[A]$

　　답 : 4.33 [A]

출제년도 05.(6점/(1)2점, (2)4점)

폭 16 [m], 길이 22 [m], 천장높이 3.2 [m]인 사무실이 있다. 주어진 조건을 이용하여 이 사무실의 조명설계를 하고자 할 때 다음 각 물음에 답하시오.

【조건】
- 천장은 백색 텍스로, 벽면은 옅은 크림색으로 마감한다.
- 이 사무실의 평균조도는 550[lx]로 한다.
- 램프는 40[W]2등용(H형) 팬던트를 사용하되, 노출형을 기준으로 하여 설계한다.
- 펜던트의 길이는 0.5[m], 책상면의 높이는 0.85[m]로 한다.
- 램프의 광속은 형광등 한 등당 3500[lm]으로 한다.
- 보수율은 0.75를 사용한다.
- 조명률은 반사율 천장 50[%], 벽 30[%], 바닥 10[%]를 기준으로 하여 0.64로 한다.
- 기구 간격의 최대한도는 1.4H를 적용한다. 여기서, H[m]는 피조면에서 조명기구까지의 높이이다.
- 경제성과 실제 설계에 반영할 사항을 최적의 상태로 적용하여 설계한다.

(1) 이 사무실의 실지수를 구하시오.
(2) 이 사무실에 시설되어야 할 조명기구의 수를 계산하고 실제로 몇 열, 몇 행으로 하여 몇 조를 시설하는 것이 합리적인지를 쓰시오.

[작성답안]

(1) 계산 : 실지수 $K = \dfrac{XY}{H(X+Y)} = \dfrac{16 \times 22}{(3.2-0.5-0.85) \times (16+22)} = 5.01$

　　답 : 5.01

(2) 계산 : $N = \dfrac{EA}{FUM} = \dfrac{550 \times (16 \times 22)}{3,500 \times 2 \times 0.64 \times 0.75} = 57.62$ [조]

　　∴ 58 [조]

　　등기구 배치시 등간격 ≤ 1.4H 에서

　　등간격 ≤ 1.4 × 1.85

　　∴ 등간격 ≤ 2.59 [m]

$\dfrac{16}{2.59} = 6.18$ 이므로 7열

$\dfrac{22}{2.59} = 8.49$ 이므로 9행

배치에 필요한 등수 $7 \times 9 = 63$조

답 : 7열 9행 63조

6

출제년도 05.10.(9점/각 문항당 3점)

어떤 공장에 예비전원설비로 발전기를 설계하고자 한다. 이 공장의 조건을 이용하여 다음 각 물음에 답하시오.

【조건】

- 부하는 전동기 부하 150 [kW] 2대, 100 [kW] 3대, 50 [kW] 2대 이며, 전등 부하는 40 [kW]이다.
- 전동기 부하의 역률은 모두 0.9이고 전등 부하의 역률은 1이다.
- 동력부하의 수용률은 용량이 최대인 전동기 1대는 100 [%], 나머지 전동기는 그 용량의 합계를 80 [%]로 계산하며, 전등 부하는 100 [%]로 계산한다.
- 발전기 용량의 여유율은 10 [%]를 주도록 한다.
- 발전기 과도리액턴스는 25 [%]적용한다.
- 허용 전압강하는 20 [%]를 적용한다.
- 시동 용량은 750 [kVA]를 적용한다.
- 기타 주어지지 않은 조건은 무시하고 계산하도록 한다.

(1) 발전기에 걸리는 부하의 합계로부터 발전기 용량을 구하시오.

(2) 부하 중 가장 큰 전동기 시동시의 용량으로부터 발전기의 용량을 구하시오.

(3) 다음 "(1)"과 "(2)"에서 계산된 값 중 어느 쪽 값을 기준하여 발전기 용량을 정하는지 그 값을 쓰고 실제 필요한 발전기 용량을 정하시오.

[작성답안]

(1) 계산 : $P = \dfrac{\Sigma W_L \times L}{\cos\theta}$ [kVA]

$$P = \left(\dfrac{150 + (150 + 100 \times 3 + 50 \times 2) \times 0.8}{0.9} + \dfrac{40}{1}\right) \times 1.1 = 765.11 \text{ [kVA]}$$

답 : 765.11 [kVA]

(2) 계산 : 발전기 용량 [kVA] $\geq \left(\dfrac{1}{\text{허용 전압 강하}} - 1\right) \times$ 기동용량 [kVA] $\times$ 과도 리액턴스

$$P \geq \left(\dfrac{1}{0.2} - 1\right) \times 750 \times 0.25 \times 1.1 = 825 \text{ [kVA]}$$

답 : 825 [kVA]

(3) 발전기 용량은 825 [kVA]를 기준으로 표준용량 875 [kVA]를 적용한다.

답 : 875 [kVA]

[핵심] 발전기 용량

① 단순한 부하의 경우

전부하 정상 운전시의 소요 입력에 의한 용량에 의해 결정한다.

발전기 용량 [kVA] = 부하의 총 정격 입력 × 수용률 × 여유율

발전기 출력 $P = \dfrac{\Sigma W_L \times L}{\cos\theta}$ [kVA]

여기서, ΣW_L : 부하 입력 총계, L : 부하 수용률(비상용일 경우 1.0)

$\cos\theta$: 발전기의 역률(통상 0.8)

② 기동 용량이 큰 부하가 있을 경우, 전동기 시동에 대처하는 용량

자가 발전 설비에서 전동기를 기동할 때 큰 부하가 발전기에 갑자기 걸리게 됨으로 발전기의 단자 전압이 순간적으로 저하하여 개폐기의 개방 또는 엔진의 정지 등이 야기되는 수가 있다. 이런 경우 발전기의 정격 출력 [kVA]은 다음과 같다.

발전기 정격 출력 [kVA] $\geq \left(\dfrac{1}{\text{허용 전압 강하}} - 1\right) \times X_d \times$ 기동용량

여기서

X_d : 발전기의 과도 리액턴스(보통 20~25 [%]),

허용 전압 강하 : 20~30 [%]

기동 용량 : 2대 이상의 전동기가 동시에 기동하는 경우는 2개의 기동 용량을 합한 값과 1대의 기동 용량인 때를 비교하여 큰 값의 쪽을 택한다.

기동용량 = $\sqrt{3}$ × 정격전압 × 기동전류 × $\dfrac{1}{1,000}$ [kVA]

7

출제년도 05.(5점/각 항목당 1점, 모두 맞으면 5점)

전력계통의 발전기, 변압기 등의 증설이나 송전선의 신·증설로 인하여 단락·지락전류가 증가하여 송변전 기기에 손상이 증대되고, 부근에 있는 통신선의 유도장해가 증가하는 등의 문제점이 예상된다. 따라서 이러한 문제점을 해결하기 위하여 전력계통의 단락용량의 경감 대책을 세워야 한다. 이 대책을 3가지만 쓰시오.

[작성답안]
① 고임피던스 기기의 채용   ② 모선계통을 분리 운용   ③ 한류 리액터를 설치

그 외
④ 직류 연계   ⑤ 고장 전류 제한기 사용   ⑥ 캐스케이드 보호방식
⑦ 계통 연계기 사용   ⑧ 격상전압 도입에 의한 계통분할

[핵심] 단락전류
① 단락전류 억제대책
수전설비의 용량증가 또는 계통의 단락용량의 변화로 인해 단락전류를 억제할 필요가 있는 경우가 발생될 수 있다. 이를 방치할 경우 재해의 원인이 되므로 대책을 강구하여야 한다.

- 모선계통 계통분리 운용
- 한류리액터의 설치
- 직류연계
- 캐스케이드방식
- 한류퓨즈에 의한 백업차단
- 계통연계기
- 계통전압 격상
- 고장전류 제한기 사용
- 변압기 임피던스조정

② %임피던스

$$\%Z = \frac{I_n[\text{A}] \times Z[\Omega]}{E[\text{V}]} \times 100 [\%]$$

분모, 분자에 $\sqrt{3}\,V$를 곱하면

$$\%Z = \frac{\sqrt{3}\,V[\text{V}] \times I_n[\text{A}] \times Z[\Omega]}{\sqrt{3}\,V[\text{V}] \times E[\text{V}]} \times 100 [\%] = \frac{P[\text{VA}] \times Z[\Omega]}{V^2[\text{V}]} \times 100 [\%]$$

$$= \frac{P[\text{kVA}] \times 10^3 \times Z[\Omega]}{V^2 \times 10^6 [\text{kV}]} \times 100 [\%]$$

$$= \frac{P[\text{kVA}] \times Z[\Omega]}{10\,V^2[\text{kV}]} [\%]$$

접지 저항을 측정하고자 한다. 다음 각 물음에 답하시오.

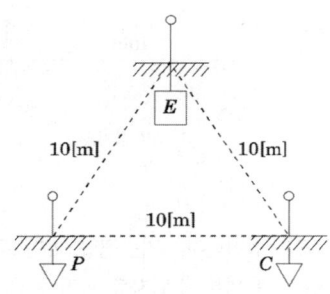

(1) 접지저항을 측정하기 위하여 사용되는 계기나 측정 방법을 2가지 쓰시오.

(2) 그림과 같이 본 접지 E에 제1보조접지 P, 제2보조접지 C를 설치하여 본 접지 E의 접지 저항은 몇 [Ω]인가? (단, 본접지와 P 사이의 저항값은 86 [Ω], 본접지와 C 사이의 접지저항값은 92 [Ω], P와 C 사이의 접지 저항값은 160 [Ω]이다.)

[작성답안]

(1) ① 콜라우시 브리지에 의한 3극 접지저항 측정법

　　② 어스테스터에 의한 접지저항 측정법

(2) 계산 : $R_E = \dfrac{1}{2}\{R_{EP} + R_{EC} - R_{PC}\} = \dfrac{1}{2}(86 + 92 - 160) = 9$ [Ω]

　　답 : 9 [Ω]

[핵심] 접지저항 측정

① 콜라우시 브리지법

콜라우시 브리지법은 미끄럼줄 브리지의 원리와 동일한 방법으로 사용하나 내부 전원으로 직류 전원과 배율기를 가지고 있어 측정 소자의 특성을 고려한 측정을 할 수 있다.

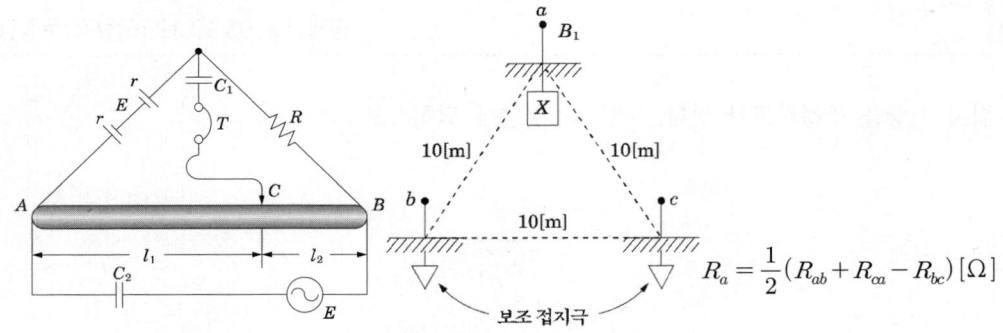

$$R_a = \frac{1}{2}(R_{ab} + R_{ca} - R_{bc})\,[\Omega]$$

② 접지저항계법

그림과 같이 접지저항계를 연결한다. E는 접지단자, P는 전압, C는 전류단자로 각각 연결하며, 보조접지전극은 10 [m] 거리에 이격하여 시설하고 누름버튼 스위치를 눌러 눈금으로 접지저항을 측정한다.

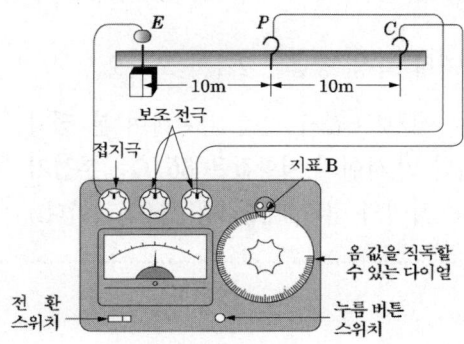

9

출제년도 05.(5점/부분점수 없음)

다음의 표와 같은 전력개폐장치의 정상전류와 이상전류시의 통전, 개 · 폐 등의 가능 유무를 빈칸에 표시하시오.(단, ○ : 가능, △ : 때에 따라 가능, × : 불가능)

기구 명칭	정상 전류			이상 전류		
	통전	개	폐	통전	투입	차단
차단기						
퓨즈						
단로기						
개폐기						

[작성답안]

기구 명칭	정상 전류			이상 전류		
	통전	개	폐	통전	투입	차단
차단기	○	○	○	○	○	○
퓨 즈	○	×	×	×	×	○
단로기	○	△	×	○	×	×
개폐기	○	○	○	○	△	×

10

출제년도 98.99.00.04.05.09.11.(9점/각 문항당 3점)

불평형 부하의 제한에 관련된 다음 물음에 답하시오.

(1) 저압 수전의 단상 3선식에서 중성선과 각 전압측 전선간의 부하는 불평형 부하를 제한 할 때 몇 [%]를 초과하지 않아야 하는가?

(2) 저압 및 고압, 특고압 수전의 3상 3선식 또는 3상 4선식에서 불평형 부하의 한도는 단상접속 부하로 계산하여 불평형률은 몇 [%] 이하로 하는 것을 원칙으로 하는가?

(3) 그림과 같은 3상 3선식 380 [V] 수전인 경우 설비 불평형률은 몇 [%]인가?(단, ⓗ는 전열기 부하이고, ⓜ은 전동기 부하이다.)

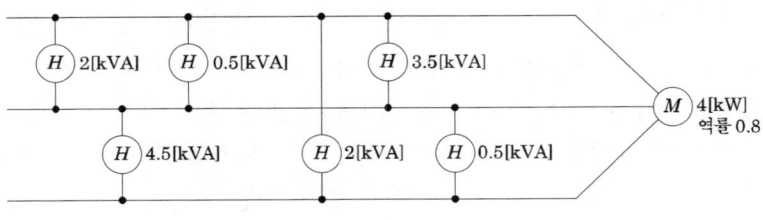

[작성답안]

(1) 40 [%] 이하

(2) 30 [%] 이하

(3) 계산 : 불평형률 $= \dfrac{(2+0.5+3.5)-2}{\left(2+0.5+3.5+4.5+0.5+2+\dfrac{4}{0.8}\right)\times\dfrac{1}{3}} \times 100 = 66.67\,[\%]$

답 : 66.67[%]

[핵심] 설비불평형률

① 설비불평형 단상

저압수전의 단상 3선식에서 중성선과 각 전압측 전선간의 부하는 평형이 되게 하는 것을 원칙으로 한다.

[주1] 부득이한 경우는 설비불평형률 40 [%]까지로 할 수 있다. 이 경우 설비불평형률이란 중성선과 각전압측 전선간에 접속되는 부하설비용량 [VA]차와 총부하설비용량 [VA]의 평균값의 비 [%]를 말한다. 즉 다음 식으로 나타낸다.

$$설비불평형률 = \frac{중성선과 \ 각 \ 전압측 \ 전선간에 \ 접속되는 \ 부하설비용량 \ [kVA]의 \ 차}{총 \ 부하설비용량 \ [kVA]의 \ 1/2} \times 100 \ [\%]$$

② 설비불평형 3상

저압, 고압 및 특고압수전의 3상 3선식 또는 3상 4선식에서 불평형부하의 한도는 단상 접속부하로 계산하여 설비불평형률을 30 [%] 이하로 하는 것을 원칙으로 한다. 다만, 다음 각 호의 경우는 이 제한에 따르지 않을 수 있다.

- 저압수전에서 전용변압기 등으로 수전하는 경우
- 고압 및 특고압수전에서 100 [kVA](kW) 이하의 단상부하인 경우
- 고압 및 특고압수전에서 단상부하용량의 최대와 최소의 차가 100 [kVA](kW) 이하인 경우
- 특고압수전에서 100 [kVA](kW) 이하의 단상변압기 2대로 역(逆)V결선하는 경우

[주] 이 경우의 설비불평형률이란 각 선간에 접속되는 단상부하 총설비용량 [VA]의 최대와 최소의 차와 총 부하설비용량 [VA] 평균값의 비 [%]를 말한다. 즉, 다음 식으로 나타낸다.

$$설비불평형률 = \frac{각 \ 선간에 \ 접속되는 \ 단상 \ 부하 \ 총 \ 설비용량 \ [kVA]의 \ 최대와 \ 최소의 \ 차}{총 \ 부하설비용량 \ [kVA]의 \ 1/3} \times 100 \ [\%]$$

③ 특고압 및 고압수전에서 대용량의 단상전기로 등의 사용으로 제2항의 제한에 따르기가 어려울 경우 전기사업자와 협의하여 다음 각 호에 의하여 시설하는 것을 원칙으로 한다.

- 단상부하 1개의 경우는 2차 역V접속에 의할 것, 다만 300kVA를 초과하지 말 것
- 단상부하 2개의 경우는 스코트 접속에 의할 것, 다만, 1개의 용량이 200kVA 이하인 경우는 부득이한 경우에 한하여 보통의 변압기 2대를 사용하여 별개의 선간에 부하를 접속할 수 있다.
- 단상 부하 3개 이상인 경우는 가급적 선로전류가 평형이 되도록 각 선간에 부하를 접속할 것

11

출제년도 95.96.00.02.05.(5점/각 항목당 1점, 모두 맞으면 5점)

그림은 콘센트의 종류를 표시한 옥내배선용 그림기호이다. 각 그림기호는 어떤 의미를 가지고 있는지 설명하시오.

(1) ⊙_ET (2) ⊙_E
(3) ⊙_WP (4) ⊙_H

[작성답안]

(1) ⊙_ET : 접지 단자붙이
(2) ⊙_E : 접지극붙이
(3) ⊙_WP : 방수형
(4) ⊙_H : 의료용

12

출제년도 95.05.15.20.(6점/각 문항당 2점)

변류기(CT)에 관한 다음 각 물음에 답하시오.

(1) Y-△로 결선한 주변압기의 보호로 비율차동계전기를 사용한다면 CT의 결선은 어떻게 하여야 하는지를 설명하시오.

(2) 통전 중에 있는 변류기의 2차측 기기를 교체하고자 할 때 가장 먼저 취하여야 할 조치를 설명하시오.

(3) 수전전압이 22.9 [kV], 수전 설비의 부하 전류가 40 [A]이다. 60/5 [A]의 변류기를 통하여 과부하 계전기를 시설하였다. 120 [%]의 과부하에서 차단시킨다면 과부하 트립 전류값은 몇 [A]로 설정해야 하는가?

[작성답안]

(1) 변압기 권선이 △접속 측에는 Y접속, Y접속 측에는 △접속하여 위상관계가 적정하게 하여야 한다.

(2) 변류기 2차측을 단락시킨다.

(3) 계산 : $I_{tap} = 40 \times \dfrac{5}{60} \times 1.2 = 4 \,[\text{A}]$

  답 : 4 [A]

13 출제년도 05.(9점/각 문항당 3점)

그림과 같은 로직 시퀀스 회로를 보고 다음 각 물음에 답하시오.

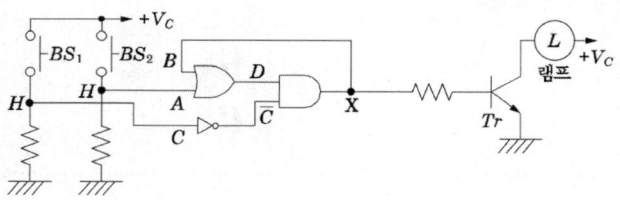

(1) 주어진 도면을 점선으로 구획하여 3단계로 구분하여 표시하되, 입력회로부분, 제어 회로부분, 출력회로 부분으로 구획하고 그 구획단 하단에 회로의 명칭을 쓰시오.
(2) 로직 시퀀스 회로에 대한 논리식을 쓰시오.
(3) 주어진 미완성 타임차트와 같이 버튼 스위치 BS_1과 BS_2를 ON하였을 때의 출력에 대한 타임 차트를 완성하시오.

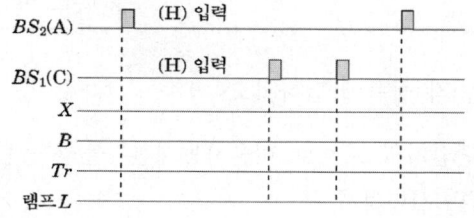

[작성답안]

(1)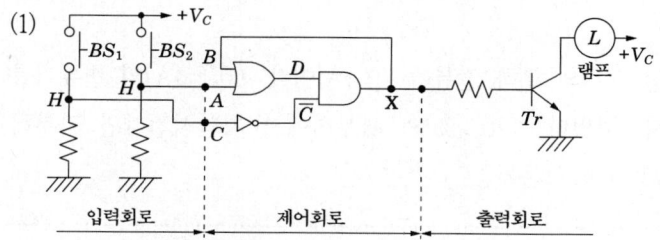

(2) $X = (BS_2 + X) \cdot \overline{BS_1}$

(3)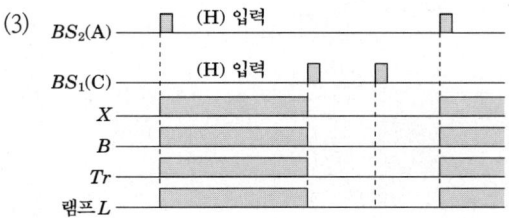

14

출제년도 04.05.08.(5점/부분점수 없음)

유도 전동기 IM을 정·역 운전하기 위한 시퀀스 도면을 작성하려고 한다. 주어진 조건을 이용하여 미완성 시퀀스 도면을 그리시오.

【기구】
- 기구는 누름 버튼 스위치 PBS ON용 2개, OFF용 1개, 정전용 전자접촉기 MCF 1개, 역전용 전자접촉기 MCR 1개, 열동계전기 THR 1개를 사용한다.
- 접점의 최소 수를 사용하여야 하며, 접점에는 반드시 접점의 명칭을 쓰도록 한다.
- 과전류가 발생할 경우 열동계전기가 동작하여 전동기가 정지하도록 한다.
- 정회전과 역회전의 방향은 고려하지 않는다.

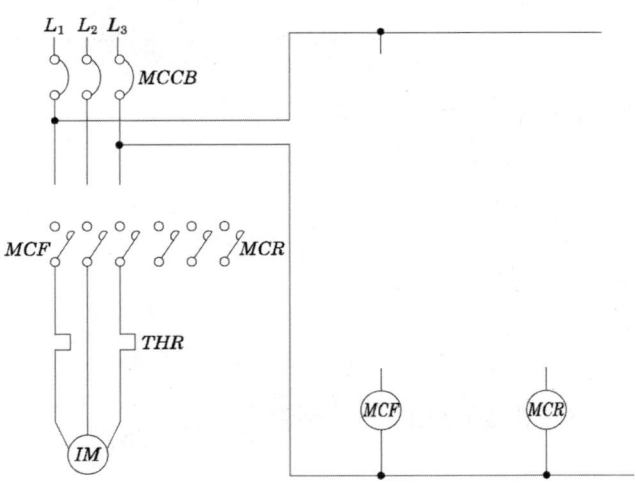

[작성답안]

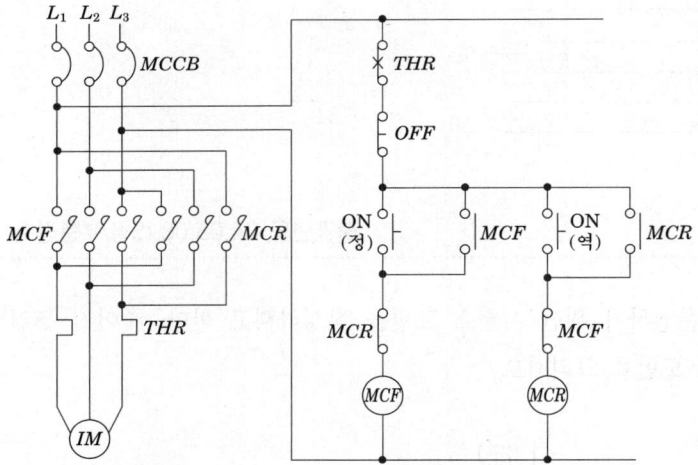

15
출제년도 97.05.15.(5점/부분점수 없음)

연면적 300 [m²]의 주택이 있다. 이 때 전등, 전열용 부하는 30 [VA/m²]이며, 5,000 [VA] 용량의 에어컨이 2대 가설되어 있으며, 사용하는 전압은 220 [V] 단상이고 예비 부하로 1,500 [VA]가 필요하다면 분전반의 분기회로수는 몇 회로인가? (단, 에어컨은 30 [A] 전용 회선으로 하고 기타는 16 [A] 분기 회로로 한다.)

[작성답안]

계산 : ① 소형 기계 기구 및 전등

상정 부하 = 300 × 30 + 1,500 = 10,500 [VA]

분기 회로수 $n = \dfrac{10,500}{16 \times 220} = 2.98$ 회로

∴ 16 [A] 분기 3회로 선정

② 에어컨 전용

30 [A] 분기 2회로 선정

답 : 16 [A] 분기 3회로, 에어컨 전용 30 [A] 분기 2회로

[핵심]

분기회로수는 소수 발생시 절상하며, 대형기계기구는 문제의 조건을 따르며 조건이 없을 경우 기준은 3[kW] 이상을 기준으로 함을 주의한다.

2005년 3회 기출문제 해설

※ 다음 물음에 답을 해당 답란에 답하시오.

1 출제년도 88.05.14.17.(3점/부분점수 없음)

다음 표에 나타낸 어느 수용가들 사이의 부등률을 1.1로 한다면 이들의 합성 최대전력은 몇 [kW]인가?

수용가	설비용량 [kW]	수용률 [%]
A	300	80
B	200	60
C	100	80

[작성답안]

계산 : 합성 최대 전력 = $\dfrac{(\text{설비 용량} \times \text{수용률})\text{의 합}}{\text{부등률}} = \dfrac{300 \times 0.8 + 200 \times 0.6 + 100 \times 0.8}{1.1} = 400\,[\text{kW}]$

답 : 400 [kW]

[핵심] 부하관계용어

① 부하율

공급 설비가 어느 정도 유효하게 사용되는가를 나타내며 부하율이 클수록 공급 설비가 유효하게 사용된다. 부하율은 다음 식에 의해 계산한다.

$$\text{부하율} = \dfrac{\text{평균 수요 전력 [kW]}}{\text{최대 수요 전력 [kW]}} \times 100\,[\%]$$

부하율은 각 단위별(변압기, 전주, 수용가 등), 시기, 범위, 기간에 따라 달라지며, 부하율을 표시할 경우 기간, 범위를 반드시 명기한다. 예를 들어 일부하율, 월부하율 등으로 표시하여야 하며, 부하율은 기간이 길어질수록 작아진다. 부하율이 적다의 의미는 다음과 같다.

• 공급 설비를 유용하게 사용하지 못한다.
• 평균 수요 전력과 최대 수요 전력과의 차가 커지게 되므로 부하 설비의 가동률이 저하된다.

② 종합부하율

$$\text{종합 부하율} = \frac{\text{평균 전력}}{\text{합성 최대 전력}} \times 100[\%] = \frac{\text{A, B, C 각 평균 전력의 합계}}{\text{합성 최대 전력}} \times 100[\%]$$

③ 부등률

각 수용가에서의 최대 수용 전력의 발생 시각은 시간적으로 차이가 있으며 이 경우에 배전 변압기 또는 간선에서의 합성 최대 수용 전력은 각 수용가에서의 최대 수용 전력의 합보다 적게 되는데 이 비를 부등률이라 하며 이 값은 항상 1보다 크고, 백분율로 나타내지 않는다. 수용률과 더불어 배전 변압기 또는 배전 간선 등의 공급 설비 계획 자료로 사용된다.

$$\text{부등률} = \frac{\text{개별 최대수용전력의 합}}{\text{합성 최대수용전력}} = \frac{\text{설비용량} \times \text{수용률}}{\text{합성최대수용전력}}$$

④ 수용률

수용률은 시설되는 총 부하 설비용량에 대하여 실제로 사용하게 되는 부하의 최대 전력의 비를 나타내는 것으로서 다음 식에 의하여 구한다.

$$\text{수용률} = \frac{\text{최대수요전력 [kW]}}{\text{부하설비용량 [kW]}} \times 100 \, [\%]$$

2

출제년도 03.05.11.19.(5점/각 문항당 2점, 모두 맞으면 5점)

주어진 논리회로의 출력을 입력변수로 나타내고, 이 식을 AND, OR, NOT 소자만의 논리회로로 변환하여 논리식과 논리회로를 그리시오.

(1) 논리식
(2) 등가회로

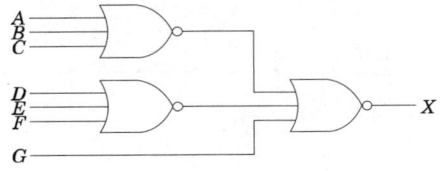

[작성답안]

① 논리식 : $X = \overline{\overline{A+B+C}+\overline{D+E+F}+G} = (A+B+C) \cdot (D+E+F) \cdot \overline{G}$

② 등가회로

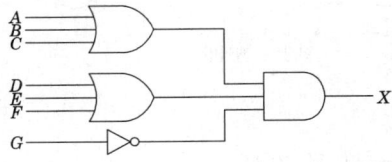

[핵심] 등가회로

AND회로는 OR로, OR회로는 AND로, NOT는 제거하며, NOT이 없으면 넣어주어 등가회로를 작성한다.

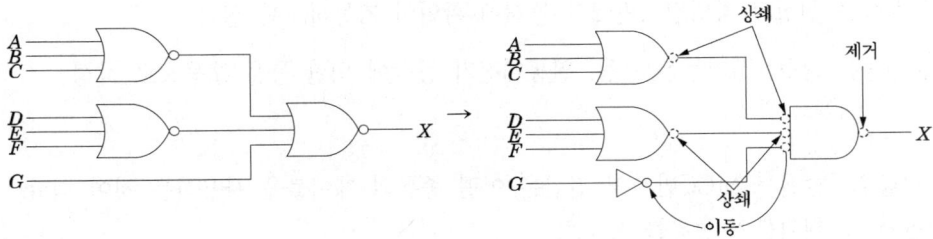

출제년도 03.05.(8점/(1)5점, (2)(3)1점)

다음은 수중 펌프용 전동기의 MCC(Moter Control Center)반 미완성 회로도이다. 다음 각 물음에 답하시오.

(1) 펌프를 현장과 중앙 감시반에서 조작하고자 한다. 다음 조건을 이용하여 미완성 회로도를 완성하시오.

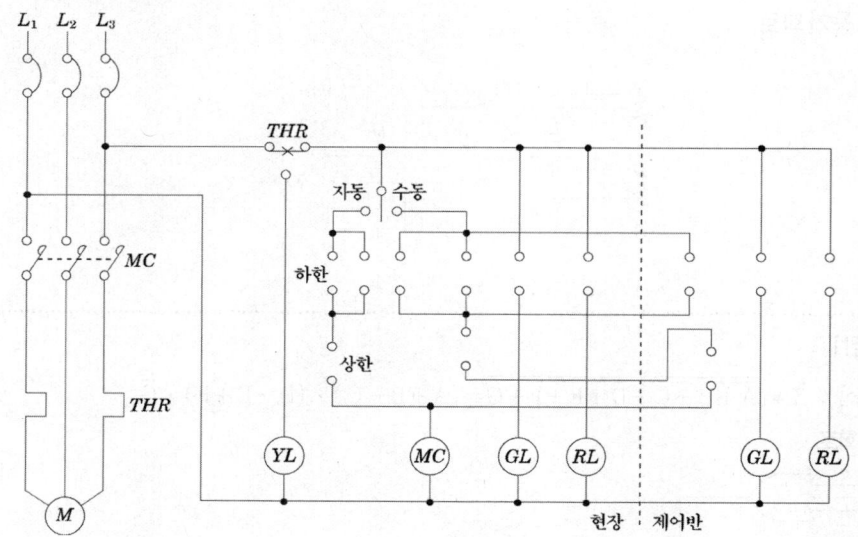

【조건】

① 절체 스위치에 의하여 자동, 수동 운전이 가능하도록 작성

② 자동운전을 리미트 스위치 또는 플로우트 스위치에 의하여 자동운전이 가능하도록 작성

③ 표시등은 현장과 중앙감시반에서 동시에 확인이 가능하도록 설치

④ 운전등은 ⓡ등, 정지등은 ⓖ등, 열동계전기 동작에 의한 등은 ⓨ등으로 작성

(2) 현장조작반에서 MCC반까지 전선은 어떤 종류의 케이블을 사용하는 것이 적합한지 그 케이블의 종류를 쓰시오.

(3) 차단기는 어떤 종류의 차단기를 사용하는 것이 가장 좋은지 그 차단기의 종류를 쓰시오.

[작성답안]

(1)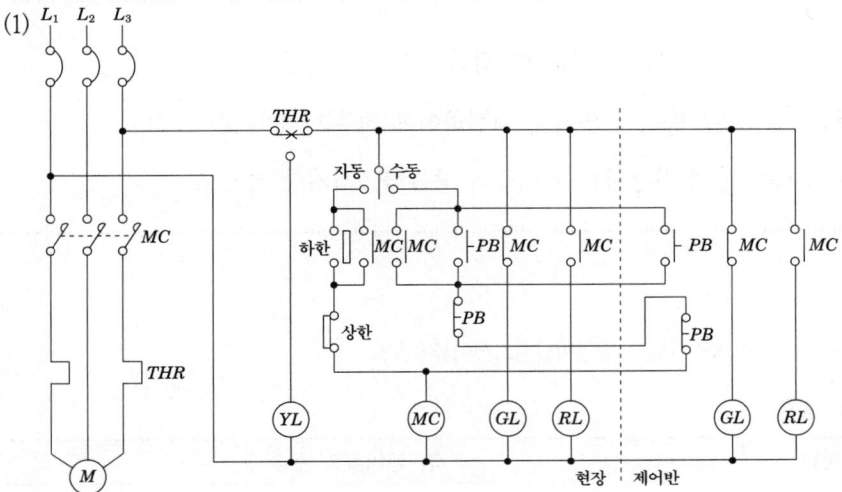

(2) CCV (0.6/1 [kV] 제어용 가교폴리에틸렌 절연 비닐시즈 케이블)

(3) 누전 차단기

---

4. 출제년도 05.(5점/각 문항당 1점, 무두 맞으면 5점)

조명 설비의 깜박임 현상을 줄일 수 있는 조치는 다음의 경우 어떻게 하여야 하는가?

(1) 백열전등의 경우

(2) 3상 전원인 경우

(3) 전구가 2개씩인 방전등 기구

[작성답안]

(1) 직류로 점등한다.

(2) 전체 램프를 1/3씩 3개의 군으로 나누고, 각 군에 위상이 120° 가 되도록 전원에 연결하여 점등후, 각 군의 빛을 혼합한다.

(3) 하나는 전등에는 콘덴서, 다른 하나는 전등에는 코일을 설치하여 위상차를 발생시켜 점등한다.

5

출제년도 99.00.03.04.05.13.(5점/각 문항당 2점, 모두 맞으면 5점)

지중 전선로의 시설에 관한 다음 각 물음에 답하시오.

(1) 지중 전선로는 어떤 방식에 의하여 시설하여야 하는지 3가지만 쓰시오.

(2) 특고압용 지중전선에 사용하는 케이블의 종류를 2가지만 쓰시오.

[작성답안]
(1) 직접매설식, 관로식, 암거식
(2) 알루미늄피케이블, 가교 폴리에틸렌 절연비닐시스케이블(CV)

[핵심] 지중전선의 종류

전압의 종류	지중케이블의 종류
저압	알루미늄피 케이블 클로로플랜 외장 케이블 비닐외장 케이블 폴리에틸렌 외장 케이블 미네랄 인슈레이션 케이블 상기 케이블에 보호피복을 한 케이블
고압	알루미늄피 케이블 클로로플랜 외장 케이블 비닐외장 케이블 폴리에틸렌 외장 케이블 콤바인덕트 케이블 상기 케이블에 보호피복을 한 케이블
특고압	알루미늄피 케이블 에틸렌 프로필렌 고무 혼합물 케이블 폴리에틸렌 혼합물 케이블 가교 폴리에틸렌 절연 비닐시즈 케이블 파이프형 압력 케이블 상기 케이블에 보호피복을 한 케이블

6

출제년도 96.05.06.08.(11점/(1)(4)4점, (2)2점, (3)1점)

그림은 특고압 수전 설비 표준 결선도의 미완성 도면이다. 이 도면에 대한 다음 각 물음에 답하시오.

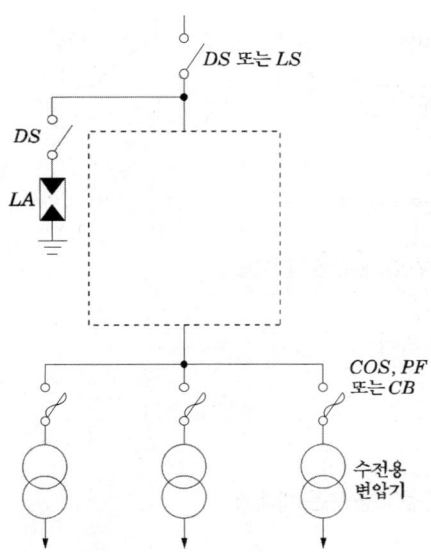

(1) 미완성 부분(점선내 부분)에 대한 결선도를 완성하시오.(단, 미완성인 부분만 작성하도록 하되, 미완성 부분에는 CB, GR, OCR×3, MOF, PT, CT, PF, COS, TC 등을 사용하도록 한다.)

(2) 사용 전압이 22.9 [kV]라고 할 때 차단기의 트립 전원은 어떤 방식이 바람직한가?

(3) 수전 전압이 66 [kV] 이상인 경우에는 DS 대신 어떤 것을 사용하여야 하는가?

(4) 22.9 [kV-Y] 1,000 [kVA] 이하인 경우에는 간이수전결선도에 의할 수 있다. 본 결선도에 대한 간이수전결선도를 그리시오.

[작성답안]

(1)

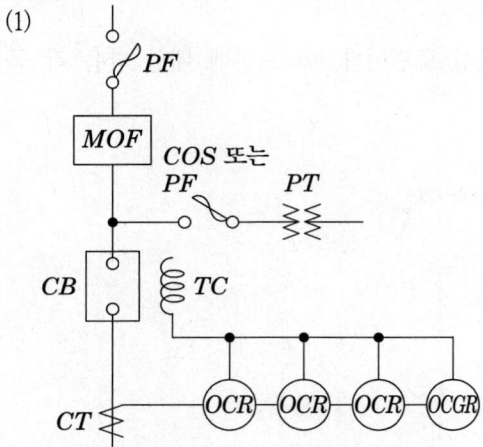

(2) ① DC 방식   ② CTD 방식

(3) LS

(4)

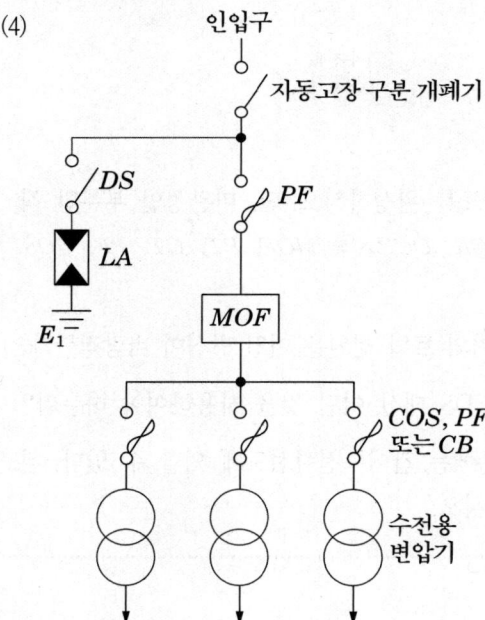

[핵심] 표준결선도

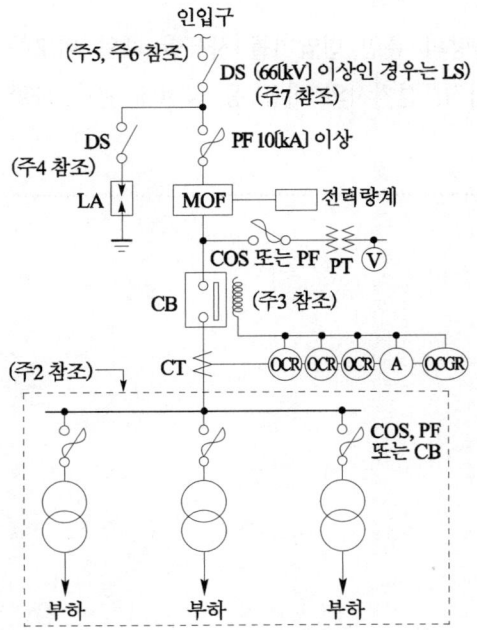

【주1】 22.9 [kV-Y], 1000 [kVA] 이하인 경우는 간이 수전설비를 할 수 있다.

【주2】 결선도 중 점선내의 부분은 참고용 예시이다.

【주3】 차단기의 트립 전원은 직류(DC) 또는 콘덴서 방식(CTD)이 바람직하며 66 [kV] 이상의 수전 설비에는 직류(DC)이어야 한다.

【주4】 LA용 DS는 생략할 수 있으며 22.9 [kV-Y]용의 LA는 Disconnector(또는 Isolator) 붙임형을 사용하여야 한다.

【주5】 인입선을 지중선으로 시설하는 경우에 공동주택 등 고장시 정전피해가 큰 경우는 예비 지중선을 포함하여 2회선으로 시설하는 것이 바람직하다.

【주6】 지중인입선의 경우에 22.9 [kV-Y] 계통은 CNCV-W 케이블(수밀형) 또는 TR CNCV-W(트리억제형)을 사용하여야 한다. 다만, 전력구·공동구·덕트·건물구내 등 화재의 우려가 있는 장소에서는 FR CNCO-W(난연) 케이블을 사용하는 것이 바람직하다.

【주7】 DS 대신 자동고장구분 개폐기(7000 [kVA] 초과시에는 Sectionalizer)를 사용할 수 있으며 66 [kV] 이상의 경우는 LS를 사용하여야 하다.

7

출제년도 99.03.05.(4점/각 항목당 1점)

H종 건식 변압기를 사용하려고 한다. 같은 용량의 유입 변압기를 사용할 때와 비교하여 그 이점을 4가지만 쓰시오.(단, 변압기의 가격, 설치시의 비용 등 금전에 관한 사항은 제외한다.)

[작성답안]
- 기름을 사용하지 않으므로 화재의 위험성이 없다.
- 내습성 내약품성이 우수하다.
- 소형 경량이다.
- 큐비클 내부에 설치하기 편리하다.

그 외
- 기름이 없으므로 보수 유지에 유리하다.

8

출제년도 99.01.04.05.09.18.(6점/각 항목당 2점)

인텔리전트 빌딩(Intelligent building)은 빌딩 자동화시스템, 사무자동화시스템, 정보통신시스템, 건축환경을 총 망라한 건설과 유지관리의 경제성을 추구하는 빌딩이라 할 수 있다. 이러한 빌딩의 전산시스템을 유지하기 위하여 비상전원으로 사용되고 있는 UPS에 대해서 다음 각 물음에 답하시오.

(1) UPS를 우리말로 표현 하시오.

(2) UPS에서 AC → DC부와 DC → AC부로 변환하는 부분의 명칭을 각각 무엇이라 부르는지 쓰시오.
  - AC → DC 변환부 :
  - DC → AC 변환부 :

(3) UPS가 동작되면 전력공급을 위한 축전지가 필요한데, 그 때의 축전지 용량을 구하는 공식을 쓰시오. 단, 기호를 사용할 경우, 사용 기호에 대한 의미를 설명하도록 한다.

[작성답안]

(1) 무정전 전원 공급 장치

(2) AC → DC : 컨버터
    DC → AC : 인버터

(3) $C = \dfrac{1}{L} KI$ [Ah]

여기서, C : 축전지의 용량 [Ah], L : 보수율(경년용량 저하율)
K : 용량환산시간 계수, I : 방전전류 [A]

[핵심] UPS의 구성

① 컨버터(정류기) : 교류전원이나 발전기의 전원을 공급받아 직류전원으로 변환하여 축전지를 충전하며, 인버터에 공급하는 장치
② 인버터 : 직류전원을 교류전원으로 바꾸어 부하에 공급하는 장치
③ 무접점 절환 스위치 : 인버터의 과부하 및 이상시 예비 상용전원으로(bypass line)절체시켜주는 장치
④ 축전지 : 정전시 인버터에 직류전원을 공급하여 부하에 일정 시간동안 무정전으로 전원을 공급하는데 필요한 장치.

9

출제년도 96.99.05.13.15.22.(6점/각 문항당 2점)

그림과 같은 사무실에서 평균조도를 200 [lx]로 할 때 다음 각 물음에 답하시오.

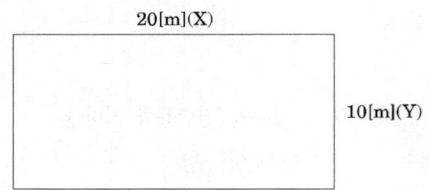

【조건】
- 40 [W]형광등이며 광속은 2,500 [lm]으로 한다.
- 조명률은 0.6, 감광보상률은 1.2로 한다.
- 사무실 내부에 기둥은 없다.
- 간격은 등기구 센터를 기준으로 한다.
- 등기구는 ○으로 표시한다.

(1) 이 사무실에 필요한 형광등의 수를 구하시오.

(2) 등기구를 답안지에 배치하시오.

(3) 등간격과 최외각에 설치된 등기구와 건물벽간의 간격(A, B, C, D)은 각각 몇 [m]인가?

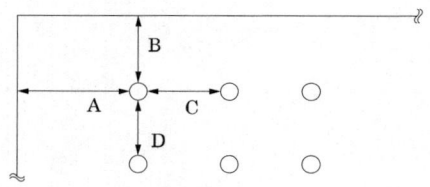

(4) 만일 주파수 60 [Hz]에 사용하는 형광방전등을 50 [Hz]에서 사용한다면 광속과 점등 시간은 어떻게 변화되는지를 설명하시오.
- 광속

• 시간

(5) 양호한 전반 조명이라면 등간격은 등높이의 몇 배 이하로 해야 하는가?

[작성답안]

(1) 계산 : $N = \dfrac{EAD}{FU} = \dfrac{200 \times 10 \times 20 \times 1.2}{2,500 \times 0.6} = 32$ [등]

답 : 32 [등]

(2)

```
        20[m](X)
┌─────────────────┐
│ ○ ○ ○ ○ ○ ○ ○ ○ │
│ ○ ○ ○ ○ ○ ○ ○ ○ │ 10[m](Y)
│ ○ ○ ○ ○ ○ ○ ○ ○ │
│ ○ ○ ○ ○ ○ ○ ○ ○ │
└─────────────────┘
```

(3) A : 1.25 [m]

　　B : 1.25 [m]

　　C : 2.5 [m]

　　D : 2.5 [m]

(4) • 광속 : 증가

　　• 점등시간 : 늦음

(5) 1.5배

[핵심] 조명설계

① 실지수

방의 면적이 같은 2개의 방에 같은 수의 광원을 설치하여도 방의 모양이 다른 경우에는 작업면상의 조도는 다르게 된다. 그래서 천정, 바닥이 장방형인 방은 가로 X, 세로 Y 두 변의 평균을 한 변으로 하는 정방형인 방과 동일하다고 하는 이론에 의해 실지수 $R.I$를 다음 식과 같이 결정한다.

$R.I = \dfrac{XY}{H(X+Y)}$

실지수와 분류 기호표

실지수	5.0	4.0	3.0	2.5	2.0	1.5	1.25	1.0	0.8	0.6
기호	A	B	C	D	E	F	G	H	I	J

② 조도계산

N개의 램프에서 방사되는 빛을 평면상의 면적 $A[m^2]$에 모두 집중 조사할 수 있다고 하고 램프 1개당 광속을 $F[lm]$이라 하면, 그 면의 평균조도를

$$E = \frac{F \cdot N}{A} \, [lx]$$

로 나타낸다. 이러한 평균조도 계산은 광속법과 설계여건에 따라 ZCM (Zonal Cavity Method)법을 채택할 수 있다.

$$E = \frac{F \cdot N \cdot U \cdot M}{A}$$

여기서, E : 평균조도 [lx] F : 램프 1개당 광속 [lm] N : 램프수량 [개]
  U : 조명률 M : 보수율, 감광보상률의 역수 A : 방의 면적 [m^2] (방의 폭×길이)

10

출제년도 87.99.00.04.05.13.20.(8점/각 문항당 2점)

그림은 변류기를 영상 접속시켜 그 잔류 회로에 지락 계전기 DG를 삽입시킨 것이다. 선로의 전압은 66 [kV], 중성점에 300[Ω]의 저항 접지로 하였고, 변류기의 변류비는 300/5 [A]이다. 송전 전력이 20,000 [kW], 역률이 0.8(지상)일 때 a상에 완전 지락 사고가 발생하였다. 물음에 답하시오.(단, 부하의 정상, 역상 임피던스 기타의 정수는 무시한다.)

(1) 지락 계전기 DG에 흐르는 전류 [A] 값은?

(2) a상 전류계 A_a에 흐르는 전류 [A] 값은?

(3) b상 전류계 A_b에 흐르는 전류 [A] 값은?

(4) c상 전류계 A_c에 흐르는 전류 [A] 값은?

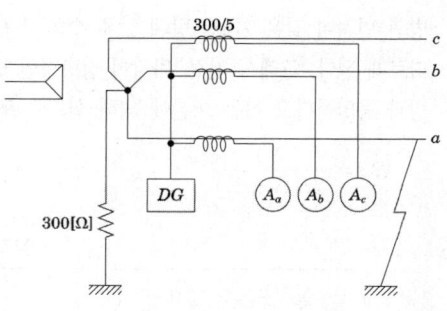

[작성답안]

(1) 계산 : 지락전류 $I_g = \dfrac{V_n}{R} = \dfrac{66,000}{\sqrt{3} \times 300} = 127.02\,[A]$

∴ $I_{DG} = I_g \times \dfrac{1}{CT비} = I_g \times \dfrac{5}{300} = 127.02 \times \dfrac{5}{300} = 2.117\,[A]$

답 : 2.12 [A]

(2) 계산 : 부하전류 $I_L = \dfrac{20,000}{\sqrt{3} \times 66 \times 0.8} \times (0.8 - j0.6) = 174.95 - j131.22$

a상의 전류 $I_a = I_L + I_g = 174.95 - j131.22 + 127.02 = \sqrt{(127.02 + 174.95)^2 + 131.22^2}$
$= 329.248\,[A]$

전류계 A의 전류 $i_a = I_a \times \dfrac{1}{CT비} = I_a \times \dfrac{5}{300} = 329.248 \times \dfrac{5}{300} = 5.487\,[A]$

답 : 5.49 [A]

(3) 계산 : 부하전류 $I_L = \dfrac{20,000}{\sqrt{3} \times 66 \times 0.8} = 218.693\,[A]$

$i_b = I_L \times \dfrac{5}{300} = 218.639 \times \dfrac{5}{300} = 3.644\,[A]$

답 : 3.64 [A]

(4) 계산 : 부하전류 $I_L = \dfrac{20,000}{\sqrt{3} \times 66 \times 0.8} = 218.693\,[A]$

$i_c = I_L \times \dfrac{5}{300} = 218.639 \times \dfrac{5}{300} = 3.644\,[A]$

답 : 3.64 [A]

[핵심] 지락전류의 흐름

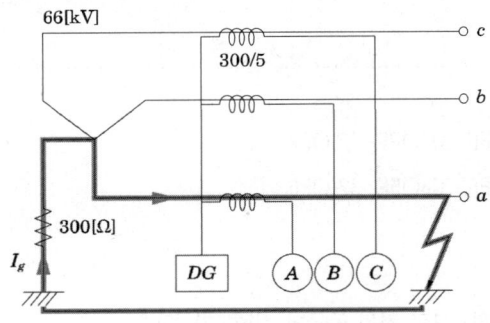

① 지락전류는 $I_g = \dfrac{V_n}{R}$ 이며, 지락 계전기에 흐르는 전류는 $I_{DG} = I_g \times \dfrac{1}{CT비}$ 가 된다.

② 부하전류는 $I_L = \dfrac{P}{\sqrt{3} \times V \times \cos\theta}$ 가 된다.

③ a상의 전류는 $\dot{I_a} = \dot{I_L} + \dot{I_g}$ 로 벡터계산 한다.

11

출제년도 90.97.02.03.05.11.(6점/각 문항당 1점, 모두 맞으면 6점)

2중 모선에서 평상시에 No.1 T/L은 A모선에서 No.2 T/L은 B 모선에서 공급하고 모선연락용 CB는 개방되어 있다.

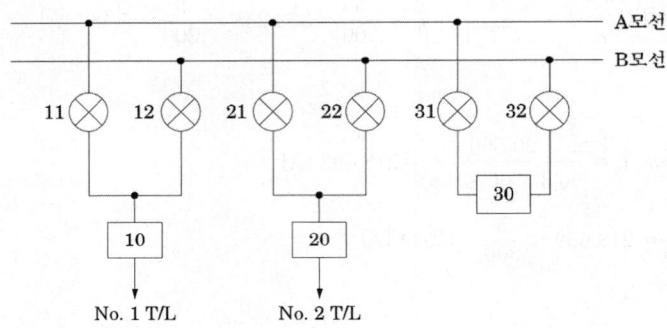

(1) B모선을 점검하기 위하여 절체하는 순서는?(단, 10-OFF, 20-ON 등으로 표시)

(2) B모선을 점검 후 원상 복구하는 조작 순서는?(단, 10-OFF, 20-ON 등으로 표시)

(3) 10, 20, 30에 대한 기기의 명칭은?

(4) 11, 21에 대한 기기의 명칭은?

(5) 2중 모선의 장점은?

[작성답안]

(1) 31-ON, 32-ON, 30-ON, 21-ON, 22-OFF, 30-OFF, 31-OFF, 32-OFF

(2) 31-ON, 32-ON, 30-ON, 22-ON, 21-OFF, 30-OFF, 31-OFF, 32-OFF

(3) 차단기

(4) 단로기

(5) 모선 점검시 부하의 운전을 무정전 상태로 할 수 있으므로 전원 공급의 신뢰도가 높다.

[핵심] 2중모선

B모선을 점검하기 위하여 절체하는 조작순서

B모선 점검이므로 A모선의 No.1 T/L은 조작이 수반되지 않는다.
따라서 B모선을 기준으로 보면 31 DS가 부하측 단로기에 해당한다.

- 31, 32(DS) on
- 30(Tie CB) on : A, B 모선 병렬운전
- 21(DS) on : No.2 T/L 병렬운전
- 22(DS) off : No.2 T/L A모선으로 부하 전환
- 30(Tie CB) off : B모선 사선
- 31, 32(DS) off : B모선 휴전작업을 위한 안전초치 (Tie CB측의 DS는 휴전 적업시 반드시 off해야 한다. 또 CB DS의 조작 순서에 유의해야 한다)

B모선 점검 후 원상복귀

- 31, 32(DS) on
- 30(Tie CB) on : B모선 가압
- 22(DS) on : No.2 T/L A, B모선 병렬운전
- 21(DS) off : No.2 T/L B모선으로 부하 전환
- 30(Tie CB) off
- 31, 32(DS) off

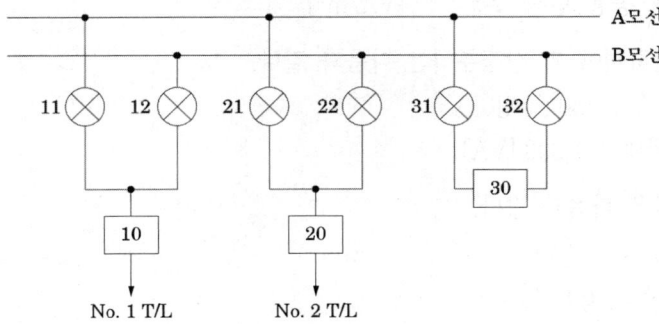

12

출제년도 86.95.04.05.08.12.20.(15점/각 문항당 3점)

다음과 같은 아파트 단지를 계획하고 있다. 주어진 규모 및 참고자료를 이용하여 다음 각 물음에 답하시오.

【규모】

- 아파트 동수 및 세대수 : 2개동, 300세대
- 세대당 면적과 세대수

동별	세대당 면적 [m^2]	세대수	동별	세대당 면적 [m^2]	세대수
1동	50	30	2동	50	50
	70	40		70	30
	90	50		90	40
	110	30		110	30

- 계단, 복도, 지하실 등의 공용면적 1동 : 1,700 [m^2], 2동 : 1,700 [m^2]

【조건】

- 면적의 [m^2]당 상정 부하는 다음과 같다.
  아파트 : 30 [VA/m^2], 공용 면적 부분 : 7 [VA/m^2]
- 세대당 추가로 가산하여야 할 상정부하는 다음과 같다.
  - 80 [m^2] 이하의 세대 : 750 [VA]
  - 150 [m^2] 이하의 세대 : 1,000 [VA]
- 아파트 동별 수용률은 다음과 같다.
  - 70세대 이하인 경우 : 65 [%]
  - 100세대 이하인 경우 : 60 [%]
  - 150세대 이하인 경우 : 55 [%]
  - 200세대 이하인 경우 : 50 [%]
- 모든 계산은 피상전력을 기준으로 한다.
- 역률은 100 [%]로 보고 계산한다.

- 주변전실로부터 1동까지는 150 [m]이며 동 내부의 전압 강하는 무시한다.
- 각 세대의 공급 방식은 110/220 [V]의 단상 3선식으로 한다.
- 변전실의 변압기는 단상 변압기 3대로 구성한다.
- 동간 부등률은 1.4로 본다.
- 공용 부분의 수용률은 100 [%]로 한다.
- 주변전실에서 각 동까지의 전압 강하는 3[%]로 한다.
- 간선의 후강 전선관 배선으로는 NR전선을 사용하며, 간선의 굵기는 300 [mm²]이하로 사용하여야 한다.
- 이 아파트 단지의 수전은 13,200/22,900 [V]의 Y상 3상 4선식의 계통에서 수전한다.
- 사용 설비에 의한 계약전력은 사용 설비의 개별 입력의 합계에 대하여 다음 표의 계약전력 환산율을 곱한 것으로 한다.

구분	계약전력환산율	비고
처음 75 [kW]에 대하여	100 [%]	계산의 합계치 단수가 1 [kW] 미만일 경우 소수점이하 첫째자리에서 반올림 한다.
다음 75 [kW]에 대하여	85 [%]	
다음 75 [kW]에 대하여	75 [%]	
다음 75 [kW]에 대하여	65 [%]	
300 [kW]초과분에 대하여	60 [%]	

(1) 1동의 상정 부하는 몇 [VA]인가?

(2) 2동의 수용 부하는 몇 [VA]인가?

(3) 이 단지의 변압기는 단상 몇 [kVA]짜리 3대를 설치하여야 하는가? (단, 변압기의 용량은 10 [%]의 여유율을 보며 단상 변압기의 표준 용량은 75, 100, 150, 200, 300 [kVA]등이다.)

(4) 한국전력공사와 변압기 설비에 의하여 계약한다면 몇 [kW]로 계약하여야 하는가?

(5) 한국전력공사와 사용설비에 의하여 계약한다면 몇 [kW]로 계약하여야 하는가?

[작성답안]

(1)

세대당 면적 [m²]	상정 부하 [VA/m²]	가산 부하 [VA]	세대수	상정 부하 [VA]
50	30	750	30	$[(50 \times 30) + 750] \times 30 = 67,500$
70	30	750	40	$[(70 \times 30) + 750] \times 40 = 114,000$
90	30	1,000	50	$[(90 \times 30) + 1,000] \times 50 = 185,000$
110	30	1,000	30	$[(110 \times 30) + 1,000] \times 30 = 129,000$
합 계				495,500 [VA]

∴ 공용 면적까지 고려한 상정 부하 = 495,500 + 1,700 × 7 = 507,400 [VA]

상정부하 합계 : 507,400 [VA]

(2)

세대당 면적 [m²]	상정 부하 [VA/m²]	가산 부하 [VA]	세대수	상정 부하 [VA]
50	30	750	50	$[(50 \times 30) + 750] \times 50 = 112,500$
70	30	750	30	$[(70 \times 30) + 750] \times 30 = 85,500$
90	30	1,000	40	$[(90 \times 30) + 1,000] \times 40 = 148,000$
110	30	1,000	30	$[(110 \times 30) + 1,000] \times 30 = 129,000$
합 계				475,000 [VA]

∴ 공용면적까지 고려한 수용 부하 = 475,000 × 0.55 + 1,700 × 7 = 273,150 [VA]

수용부하 합계 : 273,150 [VA]

(3) 변압기 용량 ≥ 합성 최대 전력 = $\dfrac{\text{최대 수용 전력}}{\text{부등률}} = \dfrac{\text{설비 용량} \times \text{수용률}}{\text{부등률}}$

$= \dfrac{495,500 \times 0.55 + 1,700 \times 7 + 273,150}{1.4} \times 10^{-3} = 398.27 \,[\text{kVA}]$

변압기 용량 = $\dfrac{398.27}{3} \times 1.1 = 146.03 \,[\text{kVA}]$

∴ 표준 용량 150 [kVA]를 선정

답 : 150 [kVA]

(4) 변압기 용량 150 [kVA] 3대 이므로 450 [kW]로 계약한다.

(5) 설비용량 = $(507,400 + 486,900) \times 10^{-3} = 994.3$ [kVA]

계약전력 = 75 + 75 × 0.85 + 75 × 0.75 + 75 × 0.65 + 694.3 × 0.6 = 660 [kW]

답 : 660 [kW]

13

출제년도 96.00.04.05.15.17.20.(6점/각 문항당 3점)

교류 발전기에 대한 다음 각 물음에 답하시오.

(1) 정격전압 6,000 [V], 용량 5,000 [kVA]인 3상 교류 발전기에서 여자전류가 300 [A], 무부하 단자전압은 6,000 [V], 단락전류 700 [A]라고 한다. 이 발전기의 단락비는 얼마인가?

(2) 단락비는 수차 발전기와 터빈 발전기중 일반적으로 어느 쪽이 더 큰가?

(3) "단락비가 큰 교류 발전기는 일반적으로 기계의 치수가 (①), 가격이 (②), 풍손, 마찰손, 철손이 (③), 효율은 (④), 전압변동률은 (⑤), 안정도는 (⑥)"에서 ( ) 안에 알맞은 말을 쓰되, ( ) 안의 내용은 크다(고), 낮다(고), 적다(고) 등으로 표현한다.

[작성답안]

(1) 계산 : $I_n = \dfrac{P_n}{\sqrt{3}\,V_n} = \dfrac{5,000 \times 10^3}{\sqrt{3} \times 6,000} = 481.13$ [A]

∴ 단락비$(K_s) = \dfrac{I_s}{I_n} = \dfrac{700}{481.13} = 1.45$

답 : 1.45

(2) 수차 발전기

(3) ① 크고　② 크고　③ 크고　④ 낮고　⑤ 적고　⑥ 크다

[핵심] 단락비

단락비가 큰 발전기는 전기자 권선의 권수가 적고 자속량이 (증가)하기 때문에 부피가 크고, 중량이 무거우며, 동이 비교적 적고 철을 많이 사용하여 이른바 철기계가 되며 효율은 (낮다), 안정도의 (크)고 선로 충전용량의 증대가 된다.

$K_s = \dfrac{\text{무부하에서 정격전압을 유기하는 데 필요한 계자전류}}{\text{정격전류와 같은 단락전류를 흘리는 데 필요한 계자전류}}$

14

출제년도 97.03.04.05.09.14.15.(4점/각 문항당 2점)

설비불평형률에 대한 다음 각 물음에 답하시오.

(1) 저압, 고압 및 특별고압 수전의 3상 3선식 또는 3상 4선식에서 불평형 부하의 한도는 단상 접속부하로 계산하여 설비불평형률을 몇 [%] 이하로 하는 것을 원칙으로 하는지 쓰시오.

(2) 그림과 같이 3상 4선식 380 [V] 수전인 경우의 설비불평형률을 구하시오. (단, 전열부하의 역률은 1이며, 전동기(M)의 출력 [kW]를 입력 [kVA]로 환산하면 5.2 [kVA] 이다.)

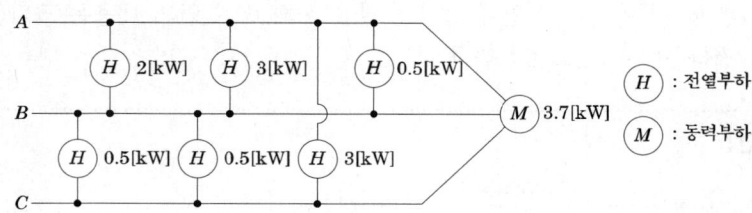

[작성답안]

(1) 30 [%] 이하

(2) 계산 :

$$설비불평형률 = \frac{각\ 선간에\ 접속되는\ 단상부하\ 총\ 설비용량의\ 최대와\ 최소의\ 차}{총\ 부하설비용량 \times \frac{1}{3}} \times 100[\%]$$

$$= \frac{(2+3+0.5)-(0.5+0.5)}{(2+3+0.5+0.5+0.5+3+5.2) \times \frac{1}{3}} \times 100 = 91.836\ [\%]$$

답 : 91.84 [%]

[핵심] 설비불평형률

① 설비불평형 단상

저압수전의 단상 3선식에서 중성선과 각 전압측 전선간의 부하는 평형이 되게 하는 것을 원칙으로 한다.

[주1] 부득이한 경우는 설비불평형률 40 [%]까지로 할 수 있다. 이 경우 설비불평형률이란 중성선과 각전압측 전선간에 접속되는 부하설비용량 [VA]차와 총부하설비용량 [VA]의 평균값의 비 [%]를 말한다. 즉 다음 식으로 나타낸다.

$$\text{설비불평형률} = \frac{\text{중성선과 각 전압측 전선간에 접속되는 부하설비용량 [kVA]의 차}}{\text{총 부하설비용량 [kVA]의 1/2}} \times 100 \, [\%]$$

② 설비불평형 3상

저압, 고압 및 특고압수전의 3상 3선식 또는 3상 4선식에서 불평형부하의 한도는 단상 접속부하로 계산하여 설비불평형률을 30 [%] 이하로 하는 것을 원칙으로 한다. 다만, 다음 각 호의 경우는 이 제한에 따르지 않을 수 있다.

- 저압수전에서 전용변압기 등으로 수전하는 경우
- 고압 및 특고압수전에서 100 [kVA](kW) 이하의 단상부하인 경우
- 고압 및 특고압수전에서 단상부하용량의 최대와 최소의 차가 100 [kVA](kW) 이하인 경우
- 특고압수전에서 100 [kVA](kW) 이하의 단상변압기 2대로 역(逆)V결선하는 경우

[주] 이 경우의 설비불평형률이란 각 선간에 접속되는 단상부하 총설비용량 [VA]의 최대와 최소의 차와 총 부하설비용량 [VA] 평균값의 비 [%]를 말한다. 즉, 다음 식으로 나타낸다.

$$\text{설비불평형률} = \frac{\text{각 선간에 접속되는 단상 부하 총 설비용량 [kVA]의 최대와 최소의 차}}{\text{총 부하설비용량 [kVA]의 1/3}} \times 100 \, [\%]$$

15 출제년도 94.00.05.18.(4점/각 문항당 2점)

교류용 적산전력계에 대한 다음 각 물음에 답하시오.

(1) 잠동(creeping) 현상에 대하여 설명하고 잠동을 막기 위한 유효한 방법을 2가지만 쓰시오.
- 잠동현상
- 잠동을 방지하기 위한 방법

(2) 적산전력계가 구비해야 할 전기적, 기계적 및 기능상 특성을 4가지만 쓰시오.

[작성답안]

(1) ① 잠동 : 무부하 상태에서 정격 주파수, 정격 전압의 110 [%]를 인가하여 계기의 원판이 1회전 이상 회전하는 현상

② 방지대책
- 원판에 작은 구멍을 뚫는다.
- 원판에 작은 철편을 붙인다.

(2) 구비조건
① 온도나 주파수 변화에 보상이 되도록할 것
③ 기계적 강도가 클 것
③ 부하특성이 좋을 것
④ 과부하 내량이 클 것

[핵심] 잠동 (Creeping)

잠동은 전력량계의 원판이 무부하에서 회전하는 현상이다. 정격주파수 및 정격의 110 [%] 전압 하에서 무부하로 하였을 때 계기의 회전자가 1회전 이상 회전하는 현상을 잠동이라 한다.

원판의 회전에 대한 축수의 마찰이나 계량장치의 저항 등이 원판의 회전속도가 늦어져도 거의 감소치 않으므로 경부하시 부(負)의 오차가 발생하는 원인이 되어 이를 보상하기 위해서 원판의 회전과 같은 방향의 이동자계를 만들어 마찰 Torque에 대항하는 구동 Torque를 줌으로써 경부하 특성을 개선토록 하고 있다. 그런데 이 조정장치가 지나치면 무부하시에도 원판이 회전하는데 이 현상이 잠동이다. 이 잠동 현상을 방지하기 위해서 원판의 한 곳에 작은 철편을 붙이거나, 조그만 구멍을 뚫어 무부하시 1회전 이상 원판이 회전하지 않도록 하고 있다.

2006년 1회 기출문제 해설

전기기사 실기 과년도

※ 다음 물음에 답을 해당 답란에 답하시오.

1 출제년도 88.91.94.95.03.06.(6점/각 문항당 3점)

HID Lamp에 대한 다음 각 물음에 답하시오.

(1) 이 램프는 어떠한 램프를 말하는가? (우리말 명칭 또는 이 램프의 의미에 대한 설명을 쓸 것)

(2) HID Lamp로서 가장 많이 사용되는 등기구의 종류를 3가지만 쓰시오.

[작성답안]
(1) 고휘도 방전램프
(2) 고압 수은등
   고압 나트륨등
   메탈 핼라이드 램프

[핵심] HID(High Intensity Discharge Lamp)
고압가스 또는 증기중의 방전에 의한 발광을 이용한 발광관의 관변부하가 3W/cm² 이상의 고휘도 방전램프를 의미한다.

2 출제년도 06.09.18.(9점/각 문항당 3점)

오실로스코프의 감쇄 probe는 입력 전압의 크기를 10배의 배율로 감소시키도록 설계되어 있다. 그림에서 오실로스코프의 입력 임피던스 R_s는 1 [MΩ]이고, probe의 내부 저항 R_p는 9 [MΩ]이다.

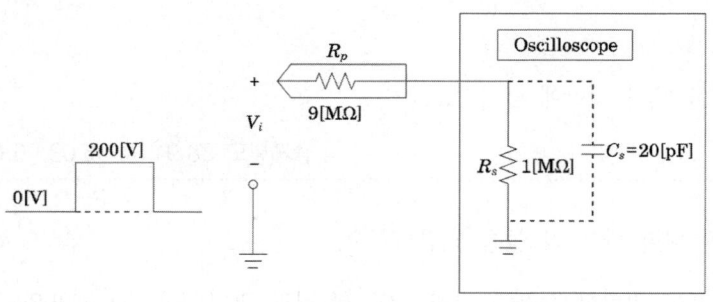

(1) Probe의 입력전압 $v_i = 200$이라면 Oscilloscope에 나타나는 전압은?

(2) 오실로스코프의 내부저항 $R_s = 1\,[\mathrm{M}\Omega]$과 $C_s = 20\,[\mathrm{pF}]$의 콘덴서가 병렬로 연결되어 있을 때 콘덴서 C_s에 대한 테브난의 등가회로가 다음과 같다면 시정수 τ와 $v_i = 200\,[\mathrm{V}]$일 때의 테브난의 등가전압 E_{th}를 구하시오.

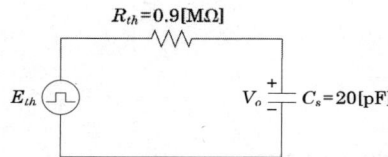

(3) 인가 주파수가 5 [kHz]일 때 주기는 몇 [msec]인가?

[작성답안]

(1) 계산 : $V_o = \dfrac{200}{10} = 20\,[\mathrm{V}]$

답 : 20 [V]

(2) 시정수 $\tau = R_{th} C_s = 0.9 \times 10^6 \times 20 \times 10^{-12} = 18 \times 10^{-6}\,[\mathrm{sec}] = 18\,[\mu\mathrm{sec}]$

등가전압 $E_{th} = \dfrac{R_s}{R_p + R_s} \times v_i = \dfrac{1}{9+1} \times 200 = 20\,[\mathrm{V}]$

답 : 시정수 : 18 [μsec], 등가전압 : 20 [V]

(3) 계산 : $T = \dfrac{1}{f} = \dfrac{1}{5 \times 10^3} = 0.2 \times 10^{-3}\,[\mathrm{sec}] = 0.2\,[\mathrm{msec}]$

답 : 0.2 [msec]

3   출제년도 06.(6점/각 항목당 1점, 모두 맞으면 5점)

수전설비에 있어서 계통의 각 점에 사고시 흐르는 단락 전류의 값을 정확하게 파악하는 것이 수전설비의 보호 방식을 검토하는 데 아주 중요하다. 단락 전류를 계산하는 것은 주로 어떤 요소에 적용하고자 하는 것인지 그 적용 요소에 대하여 3가지만 설명하시오.

[작성답안]
① 차단기의 정격차단용량 선정
② 보호계전기의 정정
③ 기기에 가해지는 전자력의 추정

4   출제년도 89.06.(6점/각 문항당 3점)

극수 변환식 3상 농형 유도 전동기가 있다. 고속측 4극이고 정격출력은 30 [kW]이다. 저속측은 고속측의 1/3 속도라면 저속측의 극수와 정격 출력은 얼마인가? (단, 슬립 및 정격 토크는 저속측과 고속측이 같다고 본다.)

   (1) 극수
   (2) 출력

[작성답안]

(1) 극수 $N = \dfrac{120f}{P}$에서 $P \propto \dfrac{1}{N}$이므로 $\dfrac{P}{4} = \dfrac{1}{\frac{3}{N}} = 3$

    ∴ $P = 12$ [극]

    답 : 12 [극]

(2) 출력 $W = 2\pi NT$에서 $W \propto N$이므로 $\dfrac{W}{30} = \dfrac{\frac{N}{3}}{N} = \dfrac{1}{3}$

    ∴ $W = 10$ [kW]

    답 : 10 [kW]

출제년도 92.93.99.06.(9점/각 문항당 3점)

그림과 같은 계통에서 6.6 [kV] 모선에서 본 전원측 % 리액턴스는 100 [MVA] 기준으로 110 [%]이고, 각 변압기의 % 리액턴스는 자기용량 기준으로 모두 3 [%]이다. 지금 6.6 [kV] 모선 F_1점, 380 [V] 모선 F_2점에 각각 3상 단락고장 및 110 [V]의 모선 F_3점에서 단락 고장이 발생하였을 경우 각각의 경우에 대한 고장 전력 및 고장 전류를 구하시오.

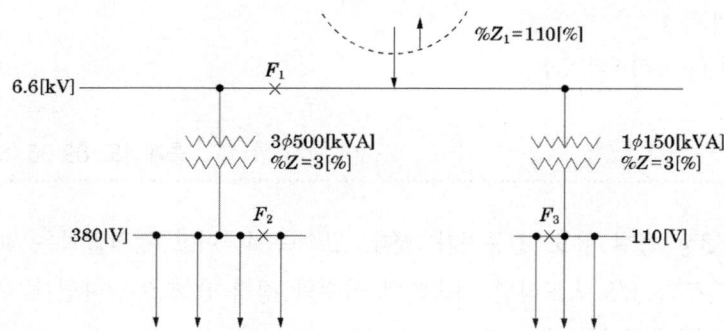

(1) F_1

(2) F_2

(3) F_3

[작성답안]

(1) F_1점

계산 : 100 [MVA]기준으로 하면

$$P_{S1} = \frac{100}{\%Z_1} P_n = \frac{100}{110} \times 100 = 90.91 \text{ [MVA]}$$

$$I_{S1} = \frac{100}{\%Z_1} I_n = \frac{100}{110} \times \frac{100 \times 10^3}{\sqrt{3} \times 6.6} = 7952.48 \text{ [A]}$$

답 : $P_{S1} = 90.91$ [MVA], $I_{S1} = 7952.48$ [A]

(2) F_2점

계산 : 100 [MVA]기준으로 하면

$$\%Z_T = 3 \text{ [\%]} \times \frac{100}{0.5} = 600 \text{ [\%]}$$

∴ 합성 $\%Z_2 = \%Z_1 + \%Z_T = 110 + 600 = 710\,[\%]$

$P_{S2} = \dfrac{100}{\%Z_2} P_n = \dfrac{100}{710} \times 100 = 14.08\,[\text{MVA}]$

$I_{S2} = \dfrac{100}{\%Z_2} I_n = \dfrac{100}{710} \times \dfrac{100 \times 10^6}{\sqrt{3} \times 380} = 21399.19\,[\text{A}]$

답 : $P_{S2} = 14.08\,[\text{MVA}]$, $I_{S2} = 21399.19\,[\text{A}]$

(3) F_3 점

계산 : 100 [MVA] 기준으로 하면

$\%Z_t = 3\,[\%] \times \dfrac{100}{0.15} = 2{,}000\,[\%]$

∴ 합성 $\%Z_3 = \%Z_1 + \%Z_t = 110 + 2{,}000 = 2{,}110\,[\%]$

$P_{S3} = \dfrac{100}{\%Z_3} P_n = \dfrac{100}{2{,}110} \times 100 = 4.74\,[\text{MVA}]$

$I_{S3} = \dfrac{100}{\%Z_3} I_n = \dfrac{100}{2{,}110} \times \dfrac{100 \times 10^6}{110} = 43084.88\,[\text{A}]$

답 : $P_{S3} = 4.74[\text{MVA}]$, $I_{S3} = 43084.88[\text{A}]$

---

6 출제년도 01.06.(9점/각 문항당 3점)

심야 전력용 기기의 전력요금을 종량제로 하는 경우 인입구 장치의 배선은 다음과 같다. 다음 각 물음에 답하시오.

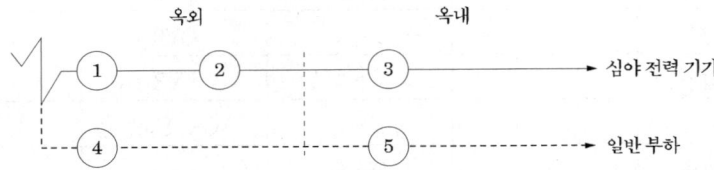

(1) ①~⑤에 해당되는 곳에는 어떤 기구를 사용하여야 하는가?

(2) 인입구 장치에서 심야 전력 기기의 배선 공사 방법으로는 어떤 방법이 사용될 수 있는지 그 가능한 방법을 4가지만 쓰시오.

(3) 심야 전력 기기로 보일러를 사용하며 부하 전류가 30 [A], 일반 부하 전류가 25 [A]이다. 오후 10시부터 오전 6시까지의 중첩률이 0.6이라고 할 때, 부하 공용 부분에 대한 전선의 허용 전류는 몇 [A] 이상이어야 하는가?

[작성답안]
(1) ① : 타임 스위치　　② : 전력량계　　③ : 배선용 차단기(인입구 장치)
　　④ : 전력량계　　⑤ : 인입구 장치
(2) ① 금속관 공사　　② 케이블 공사
　　③ 합성 수지관 공사　　④ 가요 전선관 공사

(3) 계산 : $I = I_1 + I_0 \times 중첩률 = 30 + 25 \times 0.6 = 45[A]$
　　답 : 45[A] 이상

7

출제년도 06.(3점/각 항목당 1점)

고압 회로용 진상콘덴서 설비의 보호장치에 사용되는 계전기를 3가지 쓰시오.

[작성답안]
① 과전압 계전기
② 저전압 계전기
③ 과전류 계전기

[핵심] 보호계전기의 적용

사고별	수전단	주변압기	배전선	전력콘덴서
과전류	OCR	OCR	OCR	OCR
과전압	-	-	OVR	OVR
저전압	-	-	UVR	UVR
접지	-	-	GR, SGR	-
변압기보호	-	Diff.R	-	-

그림은 유도 전동기의 기동 회로를 표시한 것이다. 이 도면을 보고 다음 각 물음에 답하시오.

(1) ①과 같이 화살표로 표시되어 있는 그림 기호의 명칭을 구체적으로 쓰시오.

(2) M_1, M_2의 전부하 전류가 각각 20 [A], 7 [A]이다. 간선의 과전류 차단기를 선정하기 위한 설계전류를 구하시오. (단, 수용률은 0.7이다.)

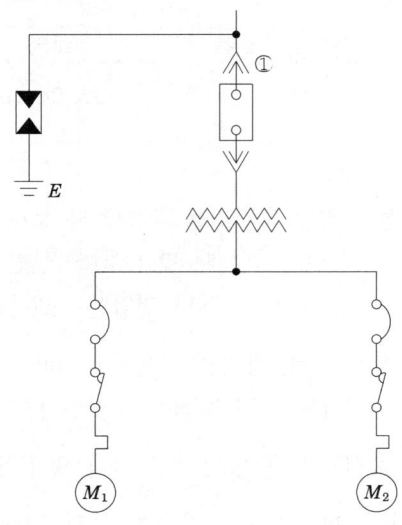

[작성답안]

(1) 인출형 (플러그인 타입) 차단기

(2) 계산 : $I_a = (20+7) \times 0.7 = 18.9$ [A]

  답 : 18.9 [A]

출제년도 93.97.06.11.(8점/각 문항당 2점)

예비 전원으로 이용되는 축전지에 대한 다음 각 물음에 답하시오.

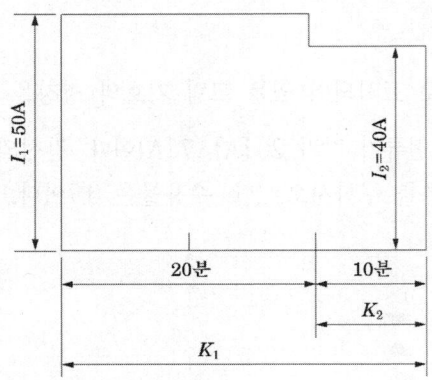

(1) 그림과 같은 부하 특성을 갖는 축전지를 사용할 때 보수율이 0.8, 최저 축전지 온도 5 [℃], 허용 최저 전압 90 [V]일 때 몇 [Ah] 이상인 축전지를 선정하여야 하는가? 단, $K_1 = 1.15$, $K_2 = 0.91$이고 셀당 전압은 1.06 [V/cell]이다.

(2) 축전지의 과방전 및 방치 상태, 가벼운 설페이션(Sulfation) 현상 등이 생겼을 때 기능 회복을 위하여 실시하는 충전 방식은 무엇인가?

(3) 연 축전지와 알칼리 축전지의 공칭 전압은 각각 몇 [V]인가?

(4) 축전지 설비를 하려고 한다. 그 구성 요소를 크게 4가지로 구분하시오.

[작성답안]

(1) 계산 : $C = \dfrac{1}{L}[K_1 I_1 + K_2(I_2 - I_1)] = \dfrac{1}{0.8}[1.15 \times 50 + 0.91(40 - 50)] = 60.5\ [Ah]$

∴ 60.5 [Ah]

답 : 60.5[Ah]

(2) 회복 충전

(3) • 연 축전지 : 2 [V]

• 알칼리 축전지 : 1.2 [V]

(4) ① 축전지　② 충전장치　③ 보안장치　④ 제어장치

[핵심] 회복충전

정전류 충전법에 의하여 약한 전류로 40~50 시간 충전시킨 후 방전시키고, 다시 충전시킨 후방전시킨다. 이와 같은 동작을 여러 번 반복하게 되면 본래의 출력 용량을 회복하게 되는데 이러한 충전 방법을 회복충전이라 한다.

10
출제년도 06.10.(5점/각 문항당 2점, 모두 맞으면 5점)

그림은 전자개폐기 MC에 의한 시퀀스 회로를 개략적으로 그린 것이다. 이 그림을 보고 다음 각 물음에 답하시오.

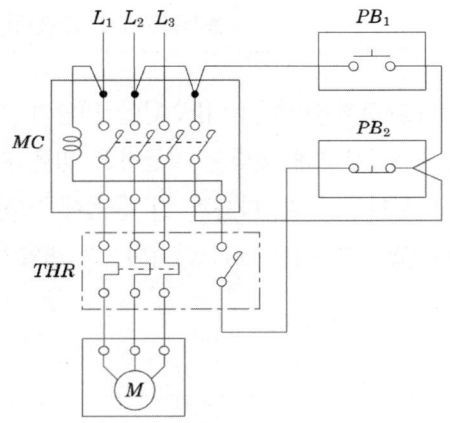

(1) 그림과 같은 회로용 전자개폐기 MC의 보조 접점을 사용하여 자기유지가 될 수 있는 일반적인 시퀀스 회로로 다시 작성하여 그리시오.

(2) 시간 t_3에 열동계전기가 작동하고, 시간 t_4에서 수동으로 복귀하였다. 이 때의 동작을 타임차트로 표시하시오.

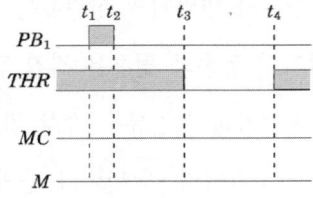

[작성답안]

(1)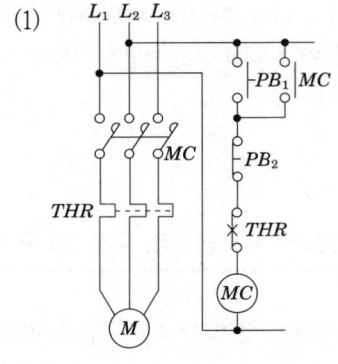

(2)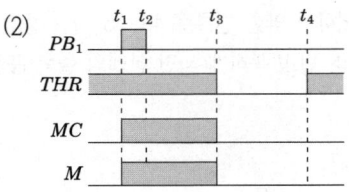

11

출제년도 06.(12점/각 문항당 2점, 모두 맞으면 12점)

변압비가 6,600/220 [V]이고, 정격용량이 50 [kVA]인 변압기 3대를 그림과 같이 △결선하여 100 [kVA]인 3상 평형 부하에 전력을 공급하고 있을 때, 변압기 1대가 소손되어 V결선하여 운전하려고 한다. 이 때 다음과 각 물음에 답하시오.(단, 변압기 1대당 정격 부하시의 동손은 500 [W], 철손은 150 [W]이며, 각 변압기는 120 [%]까지 과부하 운전할 수 있다고 한다.)

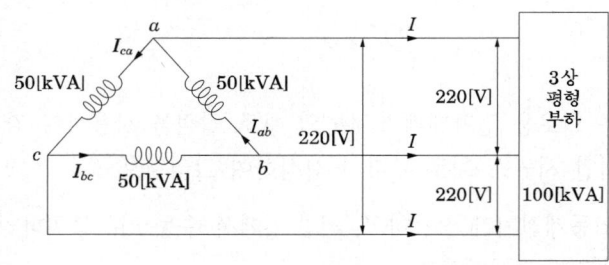

(1) 소손이 되기 전의 부하 전류와 변압기의 상전류는 몇 [A]인가?
(2) △결선 할 때 전체 변압기의 동손과 철손은 각각 몇 [W]인가?
(3) 소손 후의 부하 전류와 변압기의 상전류는 각각 몇 [A]인가?
(4) 변압기의 V결선 운전이 가능한지의 여부를 그 근거를 밝혀서 설명하시오.
(5) V결선 할 때 전체 변압기의 동손과 철손은 각각 몇 [W]인가?

[작성답안]

(1) 계산 : 부하전류 $I_l = \dfrac{P}{\sqrt{3}\,V} = \dfrac{100 \times 10^3}{\sqrt{3} \times 220} = 262.43\,[\text{A}]$

   상전류 $I_p = \dfrac{I_l}{\sqrt{3}} = \dfrac{262.43}{\sqrt{3}} = 151.51\,[\text{A}]$

   답 : 부하전류 : 262.43 [A], 변압기의 상전류 : 151.51 [A]

(2) 계산 :
   - 동손

     부하율 $L_F = \dfrac{100}{150} \times 100 = 66.67\,[\%]$

     동손 $P_C = 0.6667^2 \times 500 \times 3 = 666.73\,[\text{W}]$

   - 철손

     철손 $P_i = 150 \times 3 = 450\,[\text{W}]$

   답 : 동손 : 666.73 [W], 철손 : 450 [W]

(3) 계산 : 부하전류 $I = \dfrac{P}{\sqrt{3}\,V} = \dfrac{100 \times 10^3}{\sqrt{3} \times 220} = 262.43\,[\text{A}]$

   상전류는 선전류와 같으므로

   $I = \dfrac{P}{\sqrt{3}\,V} = \dfrac{100 \times 10^3}{\sqrt{3} \times 220} = 262.43\,[\text{A}]$

   답 : 부하전류 : 262.43 [A], 변압기의 상전류 : 262.43 [A]

(4) V결선으로 120 [%] 과부하시 V결선 출력 $P_V = \sqrt{3} \times 50 \times 1.2 = 103.92\,[\text{kVA}]$ 이므로

   100 [kVA] 부하에 전력을 공급할 수 있다.

   따라서, V결선 운전이 가능하다.

(5) 계산 :
   - 동손

     V결선시 변압기 1대에 인가되는 부하 $= \dfrac{100}{\sqrt{3}} = 57.74\,[\text{kVA}]$

     부하율 $L_F = \dfrac{57.74}{50} \times 100 = 115.48\,[\%]$

     동손은 부하율의 제곱에 비례하므로

     $P_C = 1.1548^2 \times 500 \times 2 = 1333.56\,[\text{W}]$

   - 철손

     철손은 부하전류와 무관하므로 $150 \times 2 = 300\,[\text{W}]$

   답 : 동손 : 1333.56 [W], 철손 : 300 [W]

12. 출제년도 91.05.06.17.新規(6점/각 문항당 3점, (1)(2) 소문항당 부분점수 없음)

특별고압 수전 설비에 대한 다음 각 물음에 답하시오.

(1) 동력용 변압기에 연결된 동력부하 설비용량이 350 [kW], 부하역률은 85 [%], 효율 85 [%], 수용률은 60 [%]라고 할때 동력용 3상 변압기의 용량은 몇 [kVA]인지를 산정하시오. (단, 변압기의 표준 정격용량은 다음 표에서 선정하도록 한다.)

전력용 3상 변압기 표준용량 [kVA]					
200	250	300	400	500	600

(2) 3상 농형 유도전동기에 전용 차단기를 설치할 때 전용 차단기의 정격전류는 몇 [A]인가? (단, 전동기는 160 [kW]이고 정격전압은 3,300 [V], 역률은 85 [%], 효율은 85 [%]이며, 기동전류(전동기운전전류의 7배)에 10초 동안 차단되지 않도록 선정하여야 하며, 전동기용 간선의 허용전류는 200[A]로 가정한다. 기동돌입전류는 기동전류의 1.5배로 한다.)

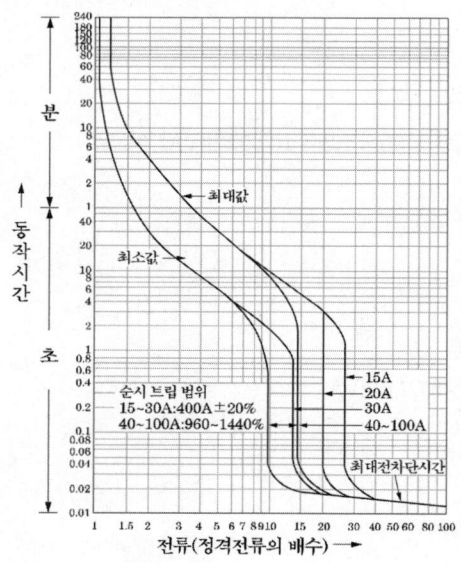
정격전류 : 15~30A, 40~100A

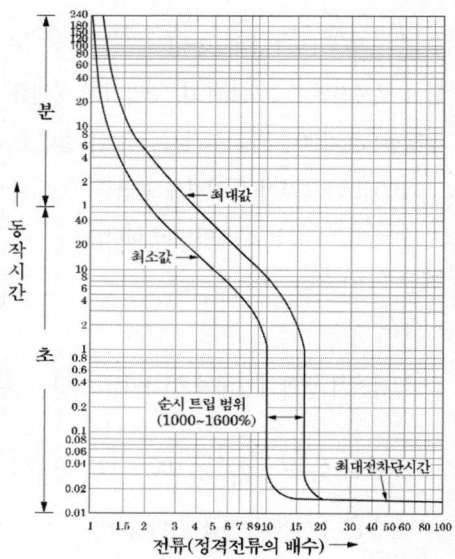
정격전류 : 125~225A

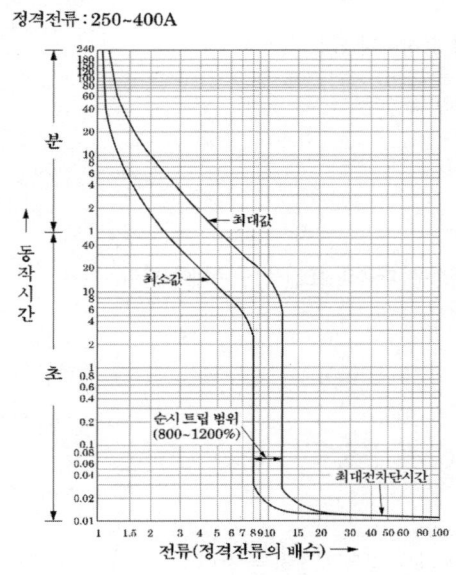
정격전류: 250~400A

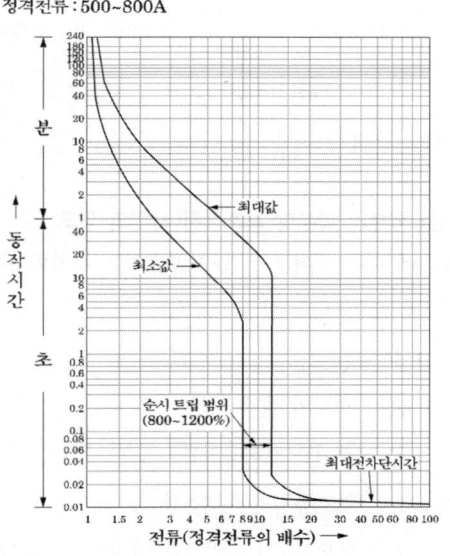
정격전류: 500~800A

[작성답안]

(1) 계산 : 변압기 용량 $T_r = \dfrac{\text{설비용량} \times \text{수용률}}{\text{효율} \times \text{역률}} = \dfrac{350 \times 0.6}{0.85 \times 0.85} = 290.66\,[\text{kVA}]$

∴ 300 [kVA] 선정

답 : 300 [kVA]

(2) 계산 : 설계전류 I_B

$$I_B = \dfrac{P}{\sqrt{3}\,V\cos\theta \cdot \eta} = \dfrac{160 \times 10^3}{\sqrt{3} \times 3{,}300 \times 0.85 \times 0.85} = 38.74\,[\text{A}]$$

기동전류는 $38.74 \times 7 = 271.18\,[\text{A}]$

설계전류가 38.74[A]이므로 100A 이하를 적용하여 3배를 적용한다.

$I_N > \dfrac{I_{ms}}{b} = \dfrac{271.18}{3} = 90.4\,[\text{A}]$ 이므로 허용전류 보다 작은 75, 100, 125A를 검토한다.

125A 선정의 경우 $\dfrac{271.18}{125} = 2.17$배 이므로 표에서 2.17배의 전류에 10초 이내 동작하지 않는다.

100A 선정의 경우 $\dfrac{271.18}{100} = 2.71$배 이므로 표에서 2.71배의 전류에 10초 이내 동작하지 않는다.

75A 선정의 경우 $\dfrac{271.18}{75} = 3.62$배 이므로 표에서 3.62배의 전류에 10초 이내 동작한다.

기동돌입 전류는 406.77[A]이므로

100A 선정시 $\frac{406.77}{100} = 4.07$배 이므로 표에서 동작하지 않는다.

∴ 100A 선정하면 $I_B \leq I_m \leq I_Z$의 규정을 만족한다.

답 : 100[A]

[핵심] 도체와 과부하 보호장치 사이의 협조

과부하에 대해 케이블(전선)을 보호하는 장치의 동작특성은 다음의 조건을 충족해야 한다.

$I_B \leq I_n \leq I_Z$ .... ①

$I_2 \leq 1.45 \times I_Z$ .... ②

I_B : 회로의 설계전류

I_Z : 케이블의 허용전류

I_n : 보호장치의 정격전류

I_2 : 보호장치가 규약시간 이내에 유효하게 동작하는 것을 보장하는 전류

1. 조정할 수 있게 설계 및 제작된 보호장치의 경우, 정격전류 I_n은 사용현장에 적합하게 조정된 전류의 설정값이다.
2. 보호장치의 유효한 동작을 보장하는 전류 I_2는 제조자로부터 제공되거나 제품 표준에 제시되어야 한다.
3. 식 2에 따른 보호는 조건에 따라서는 보호가 불확실한 경우가 발생할 수 있다. 이러한 경우에는 식 2에 따라 선정된 케이블 보다 단면적이 큰 케이블을 선정하여야 한다.
4. I_B는 선도체를 흐르는 설계전류이거나, 함유율이 높은 영상분 고조파(특히 제3고조파)가 지속적으로 흐르는 경우 중성선에 흐르는 전류이다.

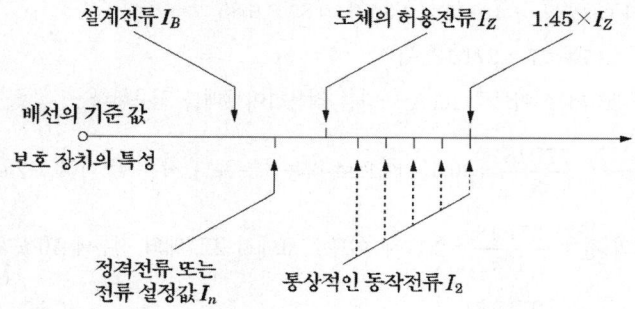

13

출제년도 84.87.98.02.06.(5점/부분점수 없음)

송전단 전압이 3,300 [V]인 변전소로부터 5.8 [km] 떨어진 곳에 있는 역률 0.9 (지상) 500 [kW]의 3상 동력 부하에 대하여 지중 송전선을 설치하여 전력을 공급코자 한다. 케이블의 허용 전류(또는 안전 전류) 범위 내에서 전압 강하가 10 [%]를 초과하지 않도록 심선의 굵기를 결정하시오.(단, 케이블의 허용 전류는 다음 표와 같으며 도체(동선)의 고유저항은 $\frac{1}{55}$ [Ω/mm²·m]로 하고 케이블의 정전 용량 및 리액턴스 등은 무시한다.)

심선의 굵기와 허용 전류

심선의 굵기[mm²]	16	25	35	50	70	95	120	150
허용 전류[A]	50	70	90	100	110	140	180	200

[작성답안]

계산 : 전압 강하율 $\epsilon = \frac{V_S - V_R}{V_R} \times 100 = 10$ [%]에서 $V_R = \frac{V_S}{1+\epsilon} = \frac{3,300}{1+0.1} = 3,000$ [V]

전압강하 $e = V_S - V_R = 3,300 - 3,000 = \sqrt{3}\,I\,(R\cos\theta + X\sin\theta)$에서

$I = \frac{P}{\sqrt{3}\,V\cos\theta} = \frac{500 \times 10^3}{\sqrt{3} \times 3,000 \times 0.9} = 106.92$ [A]

리액턴스를 무시하면 $e = \sqrt{3}\,IR\cos\theta$에서 $R = \frac{e}{\sqrt{3}\,I\cos\theta}$ [Ω]

$\therefore R = \frac{300}{\sqrt{3} \times 106.92 \times 0.9} = 1.8$ [Ω]

$R = \rho \frac{l}{A}$에서 $A = \rho \frac{l}{R} = \frac{1}{55} \times \frac{5,800}{1.8} = 58.59$ [mm²]

$\therefore$ 70 [mm²] 선정

답 : 70 [mm²] 선정

[핵심] KSC IEC 전선규격

1.5, 2.5, 4, 6, 10, 16, 25, 35, 50, 70, 95, 120, 150, 185, 240, 300, 400, 500, 630 [mm²]

14.

출제년도 95.99.00.06.17.20.(5점/부분점수 없음)

답안지의 그림은 3상 4선식 전력량계의 결선도를 나타낸 것이다. PT와 CT를 사용하여 미완성 부분의 결선도를 완성하시오. 단 접지종별은 적지 않는다.

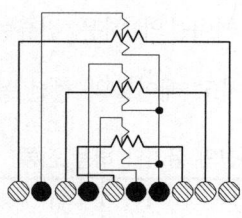

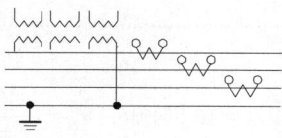

[작성답안]

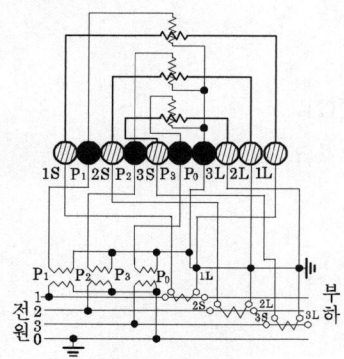

[핵심] 전력량계 결선

① 3상 3선식, 단상 3선식

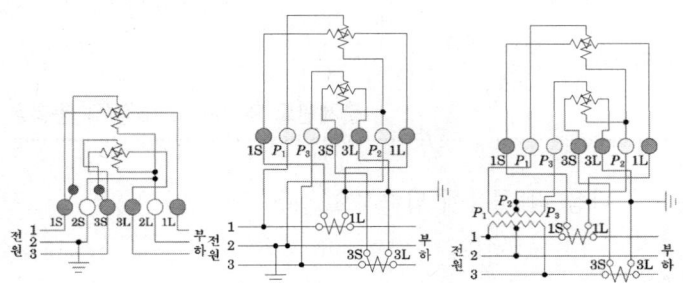

② 3상 4선식

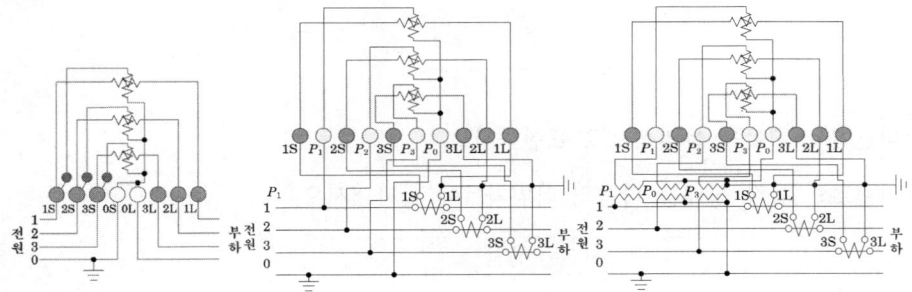

2006년 2회 기출문제 해설

※ 다음 물음에 답을 해당 답란에 답하시오.

1 출제년도 90.06.17.(6점/각 문항당 2점)

그림과 같은 논리회로를 이용하여 다음 각 물음에 답하시오.

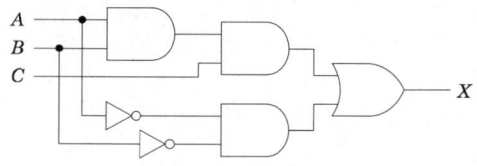

(1) 주어진 논리회로를 논리식으로 표현하시오.

(2) 논리회로의 동작 상태를 다음의 타임차트에 나타내시오.

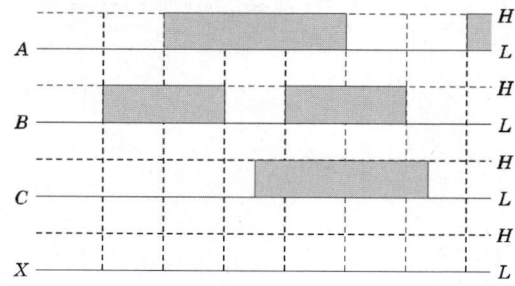

(3) 다음과 같은 진리표를 완성하시오. (단, L은 Low이고, H는 High 이다.)

A	L	L	L	L	H	H	H	H
B	L	L	H	H	L	L	H	H
C	L	H	L	H	L	H	L	H
X								

[작성답안]

(1) $X = A \cdot B \cdot C + \overline{A} \cdot \overline{B}$

(2)

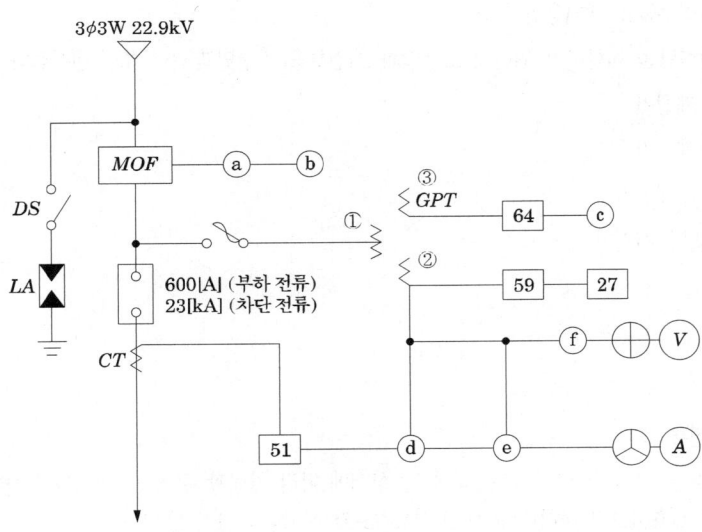

(3)

A	L	L	L	L	H	H	H	H
B	L	L	H	H	L	L	H	H
C	L	H	L	H	L	H	L	H
X	H	H	L	L	L	L	L	H

출제년도 06.(13점/각 문항당 2점, 모두 맞으면 13점)

2

그림과 같은 결선도를 보고 다음 각 물음에 답하시오.

(1) 그림에서 ⓐ~ⓒ까지의 계기의 명칭을 우리말로 쓰시오.
(2) VCB의 정격 전압과 차단 용량을 산정하시오.

① 정격 전압

② 차단 용량

(3) MOF의 우리말 명칭과 그 용도를 쓰시오.

(4) 그림에서 ☐ 속에 표시되어 있는 제어기구 번호에 대한 우리말 명칭을 쓰시오.

(5) 그림에서 ⓓ~ⓕ까지에 대한 계기의 약호를 쓰시오.

[작성답안]
(1) ⓐ 최대 수요 전력량계   ⓑ 무효 전력량계   ⓒ 영상 전압계
(2) ① 정격 전압

계산 : $22.9 \times \dfrac{1.2}{1.1} = 24.98$

답 : 25.8 [kV]

② 차단 용량

계산 : $P_s = \sqrt{3} \times 25.8 \times 23 = 1027.8$

답 : 1027.8 [MVA]

(3) ① 명칭 : 전력수급용 계기용변성기

② 용도 : 전력량을 적산하기 위하여 고전압과 대전류를 저전압과 소전류로 변성한다.

(4) 51 : 과전류 계전기

59 : 과전압 계전기

27 : 부족전압 계전기

64 : 지락과전압 계전기

(5) ⓓ : kW

ⓔ : PF

ⓕ : F

[핵심] 정격차단전류

규정의 회로 조건하에서 표준 동작 책무 및 동작 상태에 따라 차단할 수 있는 지역률의 차단 전류의 한도를 말하며 교류 전류 실효값으로 나타낸다. 대칭 실효값으로 표시한다. 1 [kA], 1.25 [kA], 1.6 [kA], 2 [kA], 3.15 [kA], 4 [kA], 5 [kA], 6.3 [kA], 8 [kA]이며, 이상인 경우에는 ×10배로 정한다.

그림은 한시 계전기를 사용한 유도 전동기의 $Y-\triangle$ 기동회로의 미완성 회로이다. 이 회로를 이용하여 다음 각 물음에 답하시오.

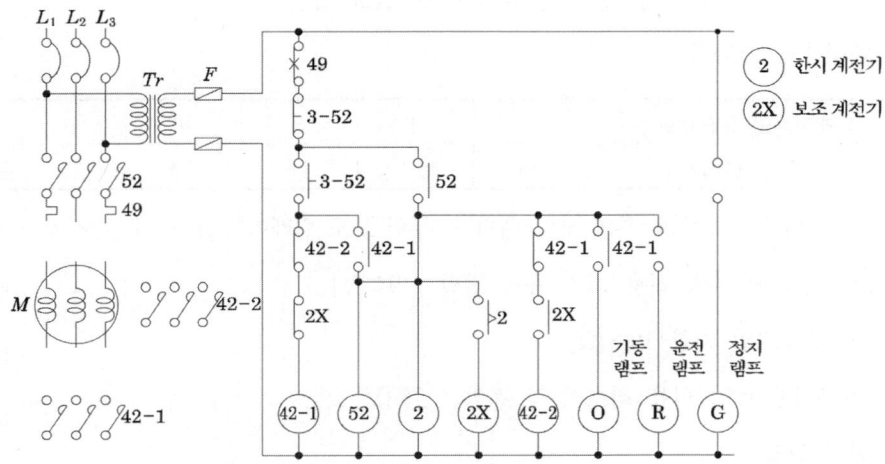

(1) 도면의 미완성 회로를 완성하시오.(단, 주회로 부분과 보조 회로 부분)

(2) 기동 완료시 열려(open)있는 접촉기를 모두 쓰시오.

(3) 기동 완료시 닫혀(close)있는 접촉기를 모두 쓰시오.

[작성답안]

(1)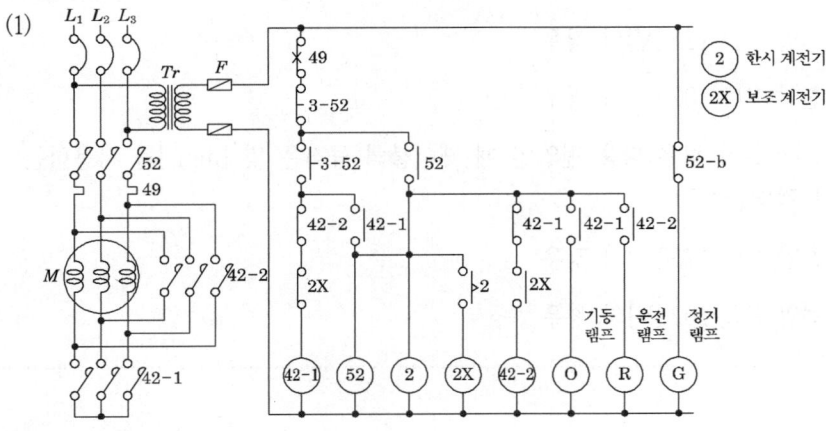

(2) 42-1   (3) 52, 42-2

4

출제년도 90.06.(6점/각 문항당 3점)

전자 블로우형 차단기(MBB) 조작 회로에 케이블을 사용할 때 다음 조건을 이용하여 물음에 답하시오.

【조건】

① 대상이 되는 제어 케이블의 길이 : 왕복 1,200 [m]

② 케이블의 저항치

케이블의 규격 [mm²]	2.5	4	6	10	16
저항치 [Ω/km]	9.4	5.3	3.4	2.4	1.4

③ • MBB의 조작회로(투입 코일 제외)의 투입 보조 릴레이(52X)의 코일 저항 66[Ω]
   • MBB의 투입 허용 최소 동작 전압 : 94 [V]
   • 트립코일 저항 19.8[Ω]
   • MBB 트립 허용 최소 동작 전압 : 75 [V]

④ 전원 전압
   • 정격 전압 : DC 125 [V]
   • 축전지의 방전 말기 전압 : DC 1.7 [V/cell], 102 [V]

(1) MBB 투입 회로(투입 코일은 제외)의 경우 다음 전압일 때 케이블의 규격은 몇 [mm²]를 사용하는 것이 가장 적당한가?

   ① 전원 전압 DC 125 [V]의 경우

   ② 전원 전압 DC 102 [V]의 경우

(2) MBB 트립 회로의 경우 다음 전압일 때 케이블의 규격은 몇 [mm²]를 사용하는 것이 가장 적당한가?

   ① 전원 전압 DC 125 [V]의 경우

   ② 전원 전압 DC 102 [V]의 경우

[작성답안]

(1) 투입 회로

   ① DC 125 [V]의 경우

   투입 코일의 허용 최저 전압이 94 [V]

   ∴전압강하 $e = 125 - 94 = 31$ [V]

   투입 코일에 흐르는 전류 $I = \dfrac{94}{66} = 1.42$ [A]

   ∴ $e = IR$에서 $R = \dfrac{e}{I} = \dfrac{31}{1.42} = 21.83$ [Ω]

   전선 1 [km]당 최대 허용 저항 $r = \dfrac{21.83}{1.2} = 18.19$ [Ω/km]

   ∴ 표에서 2.5 [mm²] 선정

   답 : 2.5 [mm²]

   ② DC 102 [V]의 경우

   전압 강하 $e = 102 - 94 = 8$ [V]

   ∴ $e = IR$에서 $R = \dfrac{e}{I} = \dfrac{8}{1.42} = 5.63$ [Ω]

   전선 1 [km]당 최대 허용 저항 $r = \dfrac{5.63}{1.2} = 4.69$ [Ω/km]

   ∴ 표에서 6 [mm²] 선정

   답 : 6 [mm²]

(2) 트립 회로

   ① 전원 전압 DC 125 [V]의 경우

   전압 강하 $e = 125 - 75 = 50$ [V]

   트립 코일에 흐르는 전류 $I = \dfrac{75}{19.8} = 3.79$ [A]

   ∴ $e = IR$에서 $R = \dfrac{e}{I} = \dfrac{50}{3.79} = 13.19$ [Ω]

   전선 1 [km]당 최대 허용 저항 $r = \dfrac{13.19}{1.2} = 10.99$ [Ω/km]

   표에서 2.5 [mm²] 선정

   답 : 2.5 [mm²]

   ② 전원 전압 DC 102 [V]의 경우

   전압 강하 $e = 102 - 75 = 27$ [V]

   트립 코일에 흐른 전류 $I = \dfrac{75}{19.8} = 3.79$ [A]

$$\therefore e = IR \text{에서 } R = \frac{e}{I} = \frac{27}{3.79} = 7.12\,[\Omega]$$

전선 1 [km]당 최대 허용 저항 $r = \dfrac{7.12}{1.2} = 5.93\,[\Omega/\text{km}]$

∴ 표에서 4 [mm²] 선정

답 : 4 [mm²]

[핵심] KSC IEC 전선규격

1.5, 2.5, 4, 6, 10, 16, 25, 35, 50, 70, 95, 120, 150, 185, 240, 300, 400, 500, 630 [mm²]

---

5 출제년도 89.98.01.06.(6점/각 문항당 3점)

210 [V], 10 [kW], 역률 $\sqrt{3}/2$(지상)인 3상 부하와 210 [V], 5 [kW], 역률 1.0인 단상 부하가 있다. 그림과 같이 단상 변압기 2대로 V결선하여 이들 부하에 전력을 공급하고자 한다. 다음 각 물음에 답하시오.

변압기의 표준 용량 [kVA]								
5	7.5	10	15	20	25	50	75	100

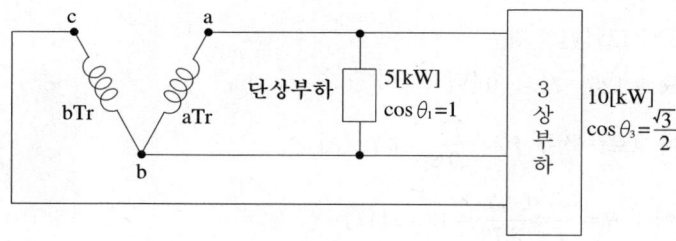

(1) 공용상과 전용상을 동일한 용량의 것으로 하는 경우에 변압기의 용량은 몇 [kVA]를 사용하여야 하는가?

(2) 공용상과 전용상을 각각 다른 용량의 것으로 하는 경우에 변압기의 용량은 각각 몇 [kVA]를 사용하여야 하는가?

[작성답안]

(1) ① 전용 변압기 부하

$$P_V = \sqrt{3}\,P_1 \text{ [kVA]에서}$$

$$P_1 = \frac{P_V}{\sqrt{3}} = \frac{1}{\sqrt{3}} \cdot \frac{10}{\frac{\sqrt{3}}{2}} = 6.67 \text{ [kVA]}$$

② 공용 변압기 부하

$P =$ 단상 부하 + 3상 부하중 공용 변압기에서 공급하는 전력

$$= \sqrt{\left(5 + 6.67 \times \frac{\sqrt{3}}{2}\right)^2 + \left(6.67 \times \frac{1}{2}\right)^2} = 11.28 \text{ [kVA]}$$

변압기 용량은 표에서 15 [kVA] 선정

답 : 15 [kVA]

(2) 공용상 15 [kVA], 전용상 7.5 [kVA]

[핵심] 공용상

공용상 : 단상과 3상을 공용으로 사용하는 변압기를 말한다. 따라서 큰 용량을 기준으로 선정한다.

전용상 : 3상 전용으로 사용하는 변압기를 말한다.

6

출제년도 06.(6점/부분점수 없음)

그림은 어떤 사무실의 조명설비 도면이다. 이 도면을 보고 다음 각 물음에 답하시오.
(단, 점멸기 A는 A 형광등, B는 B 형광등, C는 C 형광등만 점멸시키는 것으로 한다.)

① ~ ④ 부분의 전선 가닥 수는 각각 몇 가닥이 필요한가?

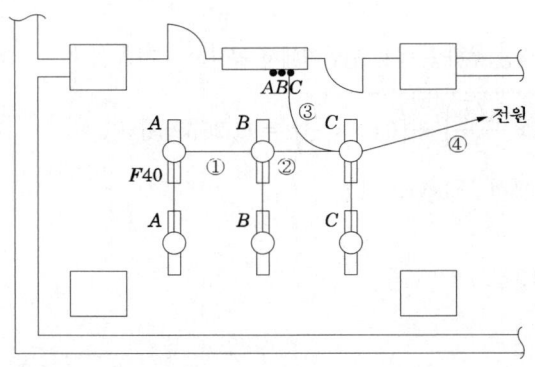

[작성답안]

① 2가닥　② 3가닥　③ 4가닥　④ 2가닥

7

출제년도 90.06.10.18(5점/각 문항당 2점, 모두 맞으면 5점)

어느 건물의 부하는 하루에 240 [kW]로 5시간, 100 [kW]로 8시간, 75 [kW]로 나머지 시간을 사용한다. 이에 따른 수전설비를 450 [kVA]로 하였을 때, 부하의 평균역률이 0.8인 경우 다음 각 물음에 답하시오.

　(1) 이 건물의 수용률 [%]을 구하시오.

　(2) 이 건물의 일부하율 [%]을 구하시오.

[작성답안]

(1) 수용률

계산 : 수용률 $= \dfrac{\text{최대 수용 전력}}{\text{설비 용량}} \times 100 = \dfrac{240}{450 \times 0.8} \times 100 = 66.67\,[\%]$

답 : 66.67 [%]

(2) 부하율

계산 : 부하율 = $\dfrac{\text{평균 전력}}{\text{최대 수용 전력}} \times 100 = \dfrac{240 \times 5 + 100 \times 8 + 75 \times 11}{240 \times 24} \times 100 = 49.05\,[\%]$

답 : 49.05 [%]

[핵심] 부하관계용어

① 부하율

공급 설비가 어느 정도 유효하게 사용되는가를 나타내며 부하율이 클수록 공급 설비가 유효하게 사용된다. 부하율은 다음 식에 의해 계산한다.

$$\text{부하율} = \dfrac{\text{평균 수요 전력 [kW]}}{\text{최대 수요 전력 [kW]}} \times 100\,[\%]$$

부하율은 각 단위별(변압기, 전주, 수용가 등), 시기, 범위, 기간에 따라 달라지며, 부하율을 표시할 경우 기간, 범위를 반드시 명기한다. 예를 들어 일부하율, 월부하율 등으로 표시하여야 하며, 부하율은 기간이 길어질수록 작아진다. 부하율이 적다의 의미는 다음과 같다.

- 공급 설비를 유용하게 사용하지 못한다.
- 평균 수요 전력과 최대 수요 전력과의 차가 커지게 되므로 부하 설비의 가동률이 저하된다.

② 수용률

수용률은 시설되는 총 부하 설비용량에 대하여 실제로 사용하게 되는 부하의 최대 전력의 비를 나타내는 것으로서 다음 식에 의하여 구한다.

$$\text{수용률} = \dfrac{\text{최대수요전력 [kW]}}{\text{부하설비용량 [kW]}} \times 100\,[\%]$$

출제년도 84.91.97.06.09.17.19.(4점/부분점수 없음)

고압 동력 부하의 사용 전력량을 측정하려고 한다. CT 및 PT 취부 3상 적산 전력량계를 그림과 같이 오결선(1S와 1L 및 P1과 P3가 바뀜)하였을 경우 어느 기간 동안 사용 전력량이 3,000 [kWh]였다면 그 기간 동안 실제 사용 전력량은 몇 [kWh]이겠는가? (단, 부하 역률은 0.8이라 한다.)

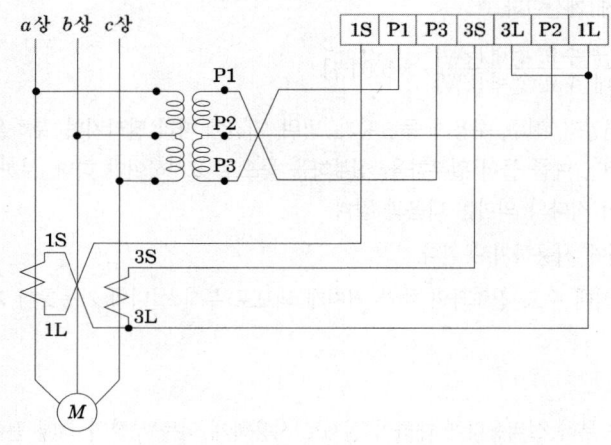

[작성답안]

계산 : $W = W_1 + W_2 = 2VI\sin\theta$ 이므로

$$VI = \frac{W_1 + W_2}{2\sin\theta} = \frac{3,000}{2 \times 0.6} = \frac{1,500}{0.6}$$

실제 전력량 $W' = \sqrt{3}\,VI\cos\theta = \sqrt{3} \times \frac{1,500}{0.6} \times 0.8 = 3,464.1$ [kWh]

답 : 3,464.1 [kWh]

[핵심]

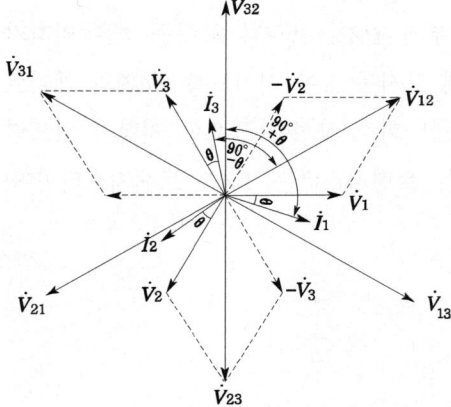

E : 상전압, I : 선전류, V : 선간 전압, $\cos\theta$: 역률이라 하면

$W_1 = V_{32} I_1 \cos(90-\theta) = VI\cos(90-\theta)$

$W_2 = V_{12} I_3 \cos(90-\theta) = VI\cos(90-\theta)$

$\therefore \ W = W_1 + W_2 = 2VI\cos(90-\theta) = 2VI\sin\theta$

9

출제년도 06.10.(4점/부분점수 없음)

그림에서 고장 표시 접점 F가 닫혀 있을 때는 부저 BZ가 울리나 표시등 L은 켜지지 않으며, 스위치 24에 의하여 벨이 멈추는 동시에 표시등 L이 켜지도록 SCR의 게이트와 스위치 등을 접속하여 회로를 완성하시오. 또한 회로 작성에 필요한 저항이 있으면 그것도 삽입하여 도면을 완성하도록 하시오. (단, 트랜지스터는 NPN 트랜지스터이며, SCR은 P게이트형을 사용한다.)

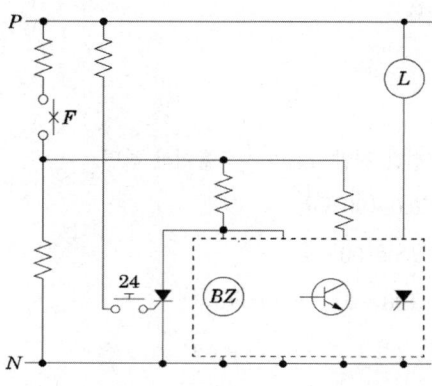

[작성답안]

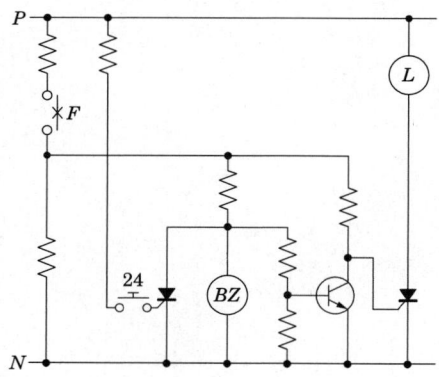

10

출제년도 89.95.00.04.06.10.11.15.16.17.18.19.21.(4점/부분점수 없음)

단상 2선식 220 [V], 40 [W] 2등용 형광등 기구 60대를 설치하려고 한다. 16 [A]의 분기 회로로 할 경우, 몇 회로로 하여야 하는가? (단, 형광등 역률은 80 [%]이고, 안정기의 손실은 고려하지 않으며, 1회로의 부하전류는 분기회로 용량의 80 [%]로 본다.)

[작성답안]

계산 : $P_a = \dfrac{40}{0.8} \times 2 \times 60 = 6,000$ [VA]

분기회로 수 $N = \dfrac{6,000}{220 \times 16 \times 0.8} = 2.13$ 회로

∴ 16 [A] 분기 3회로

답 : 3회로

[핵심] 분기회로수

분기회로 수 = $\dfrac{\text{상정 부하 설비의 합 [VA]}}{\text{전압[V]} \times \text{분기 회로 전류[A]}}$

11

출제년도 06.(6점/각 항목당 1점, 모두 맞으면 6점)

선로에서 발생하는 고조파가 전기설비에 미치는 장해를 4가지만 설명하시오.

[작성답안]
① 전력용콘덴서의 경우 고조파 전류에 대한 회로의 임피던스가 공진 현상 등으로 감소해서 과대한 전류가 흐름으로써 과열, 소손 또는 진동, 소음이 발생한다.
② 변압기의 경우 고조파 전류에 의한 철심의 자기적인 왜곡 현상으로 소음 발생한다.
③ 유도전동기의 경우 고조파 전류에 의한 정상 진동 토크의 발생으로 회전수의 주기적인 변동, 철손, 동손 등의 손실증가한다.
④ 케이블의 경우 3상4선식 회로의 중성선에 고조파 전류가 흐름에 따라 중성선이 과열된다.

그 외
⑤ 형광등의 경우 과대한 전류가 역률 개선용 콘덴서나 초크 코일에 흐름에 따라 과열, 소손이 발생한다.
⑥ 통신선의 경우 전자 유도에 의한 잡음 전압의 발생한다.
⑦ 전력량계의 경우 측정 오차 발생, 전류 코일의 소손이 발생한다.
⑧ 계전기는 고조파 전류·전압에 의한 설정 레벨의 초과 내지는 위상 변화에 의한 오 부동작한다.
⑨ 음향기기의 경우 트랜지스터, 다이오드, 콘덴서 등 부품의 고장, 수명저하, 성능열화, 잡음 발생한다.
⑩ 전력퓨즈의 경우 과대한 고조파 전류에 의한 용단한다.
⑪ 계기용 변성기의 경우 측정 정도의 악화된다.

[핵심] 고조파
전력계통에서 고조파는 대부분 전력변환용 전자장치(정류장치, 역변환장치, 화학용 전해설비의 정류기, 사이리스터 등)를 사용하는 기기에서 발생하고 있으며, 또한 이의 사용이 많아져 이로 인한 고조파 전류가 발생하여 전원의 질을 떨어뜨리고 과열 및 이상상태를 발생시키고 있다.

기 기	발 생 원 인	기 타
변압기	히스테리시스 현상에 의해 발생하며, 보통 제3고조파 성분이 주성분이고 제5고조파 이상은 무시된다. 제3고조파 성분은 변압기의 △결선으로 제거된다.	△결선으로 제거한다.
전력 변환소자	정현파를 구형파 형태로 사용하므로 고조파가 발생한다.	고조파 대책필요하다.
아크로 전기로	제3고조파가 현저하게 발생한다.	
회전기기	슬롯이 있기 때문에 발생하며 고조파는 슬롯 Harmonics 라 한다.	
형광등	점등회로에서 발생한다.	콘덴서로 제거한다.
과도현상	차단기 및 개폐기의 스위칭시 발생한다.	서지흡수기 설치한다.

12
출제년도 00.02.06.(6점/각 문항당 3점)

자가용 전기설비에 대한 각 물음에 답하시오.

(1) 자가용 전기설비의 중요검사(시험)사항을 3가지만 쓰시오.

(2) 예비용 자가발전설비를 시설하고자 한다. 조건에서 발전기의 정격용량은 최소 몇 [kVA]를 초과하여야 하는가?
- 부하 : 유도 전동기 부하로서 기동 용량은 1,500 [kVA]
- 기동시의 전압 강하 : 25 [%]
- 발전기의 과도 리액턴스 : 30 [%]

[작성답안]

(1) • 절연 저항 시험
- 접지 저항 시험
- 계전기 동작 시험

그 외
- 절연내력시험
- 계측장치 설치 및 동작상태
- 절연유 내압시험 및 산가측정

(2) 계산 : 발전기 용량[kVA] $\geq \left(\dfrac{1}{허용\ 전압\ 강하} - 1\right) \times X_d \times 기동용량[\text{kVA}]$

$$P \geq \left(\dfrac{1}{0.25} - 1\right) \times 1,500 \times 0.3 = 1,350\ [\text{kVA}]$$

답 : 1,350 [kVA]

[핵심] 발전기 용량

① 단순한 부하의 경우

전부하 정상 운전시의 소요 입력에 의한 용량에 의해 결정한다.

발전기 용량[kVA] = 부하의 총 정격 입력 × 수용률 × 여유율

발전기 출력 $P = \dfrac{\Sigma W_L \times L}{\cos\theta}$ [kVA]

여기서, ΣW_L : 부하 입력 총계, L : 부하 수용률(비상용일 경우 1.0)

$\cos\theta$: 발전기의 역률(통상 0.8)

② 기동 용량이 큰 부하가 있을 경우, 전동기 시동에 대처하는 용량

자가 발전 설비에서 전동기를 기동할 때 큰 부하가 발전기에 갑자기 걸리게 됨으로 발전기의 단자 전압이 순간적으로 저하하여 개폐기의 개방 또는 엔진의 정지 등이 야기되는 수가 있다. 이런 경우 발전기의 정격 출력 [kVA]은 다음과 같다.

발전기 정격 출력 [kVA] $\geq \left(\dfrac{1}{허용\ 전압\ 강하} - 1\right) \times X_d \times 기동용량$

X_d : 발전기의 과도 리액턴스(보통 20~25 [%]),

허용 전압 강하 : 20~30 [%]

기동 용량 : 2대 이상의 전동기가 동시에 기동하는 경우는 2개의 기동 용량을 합한 값과 1대의 기동 용량인 때를 비교하여 큰 값의 쪽을 택한다.

기동용량 = $\sqrt{3} \times 정격전압 \times 기동전류 \times \dfrac{1}{1,000}$ [kVA]

13 출제년도 98.06.10.(8점/각 문항당 2점)

답안지의 그림은 1, 2차 전압이 66/22 [kV]이고, $Y-\triangle$ 결선된 전력용 변압기이다. 1, 2차에 CT를 이용하여 변압기의 차동 계전기를 동작시키려고 한다. 주어진 도면을 이용하여 다음 각 물음에 답하시오.

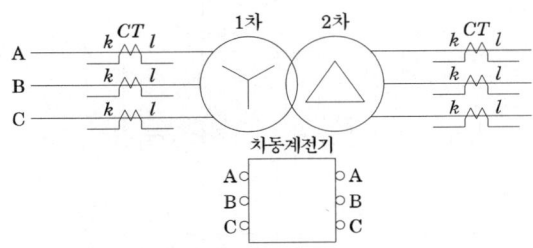

(1) CT와 차동 계전기의 결선을 주어진 도면에 완성하시오.

(2) 1차측 CT의 권수비를 200/5로 했을 때 2차측 CT의 권수비는 얼마가 좋은지를 쓰고, 그 이유를 설명하시오.

(3) 변압기를 전력 계통에 투입할 때 여자 돌입 전류에 의한 차동 계전기의 오동작을 방지하기 위하여 이용되는 차동 계전기의 종류(또는 방식)를 한 가지만 쓰시오.

(4) 우리 나라에서 사용되는 CT의 극성은 일반적으로 어떤 극성의 것을 사용하는가?

[작성답안]

(1)
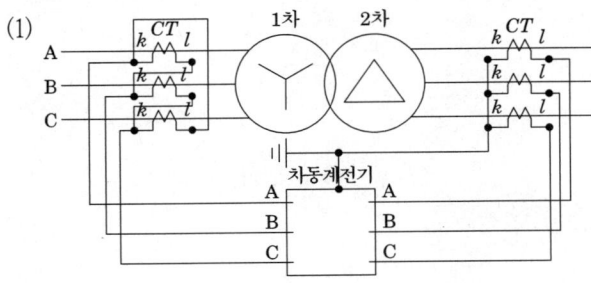

(2) 변류비 : 600/5

이유 : 변압기의 권수비 $= \dfrac{66}{22} = 3$ 이므로 2차측 CT의 권수비는 1차측 CT의 권수비의 3배이어야 한다.

2차측 CT의 권수비 $= \dfrac{200}{5} \times 3(배) = \dfrac{600}{5}$ 이므로 변류비는 600/5 가 적정하다.

(3) 감도저하법
(4) 감극성

[핵심] 비율차동계전기

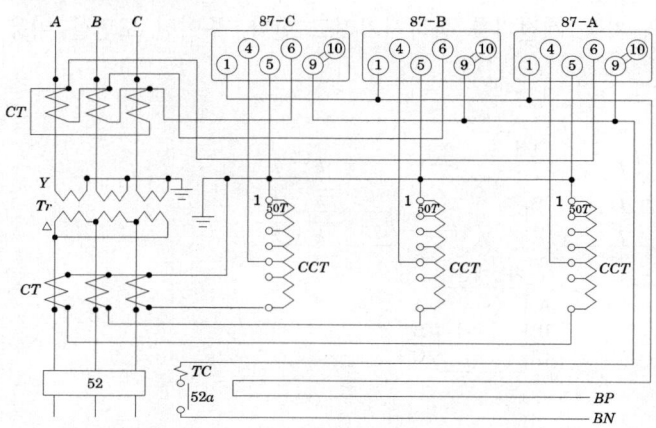

비율차동계전기는 변압기 투입시 여자 돌입 전류에 의한 오동작을 방지한 경우는 최소 35 [%]의 불평형 전류로 동작한다. 비율차동계전기 Tap선정은 차전류가 억제코일에 흐르는 전류에 대한 비율보다 계전기 비율을 크게 선정해야 한다.

14

출제년도 99.06.(10점/각 문항당 2점, 모두 맞으면 10점)

그림은 어느 인텔리전트 빌딩에 사용되는 컴퓨터 정보 설비 등 중요 부하에 대한 무정전 전원 공급을 하기 위한 블록다이어그램을 나타내었다. 이 블록 다이어그램을 보고 다음 각 물음에 답하시오.

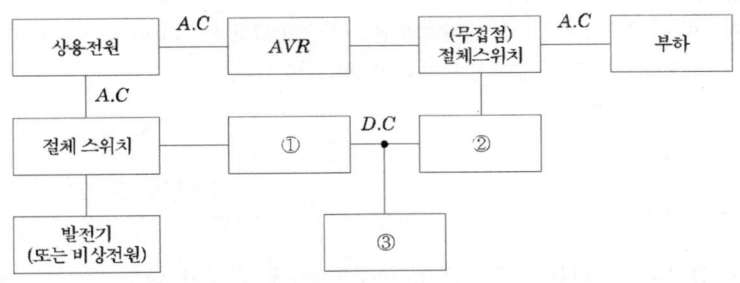

(1) ①~③에 알맞은 전기 시설물의 명칭을 쓰시오.

(2) ①, ②에 시설되는 것의 전력 변환 방식을 각각 1개씩만 쓰시오.

(3) 무정전 전원은 정전시 사용하지만 평상 운전시에는 예비전원으로 200 [Ah]의 연축전지 100개가 설치되었다고 한다. 충전시에 발생되는 가스와 충전이 부족할 경우 극판에 발생되는 현상 등에 대하여 설명하시오.

　　① 발생가스

　　② 현상

(4) 발전기(비상전원)에서 발생된 전압을 공급하기 위하여 부하에 이르는 전로에는 발전기 가까운 곳에 쉽게 개폐 및 점검을 할 수 있는 곳에 기기 및 기구들을 설치하여야 하는데 이 설치하여야 할 것들 4가지만 쓰시오.

[작성답안]

(1) ① 컨버터　　② 인버터　　③ 축전지

(2) ① AC를 DC로 변환

　　② DC를 AC로 변환

(3) ① 충전시 발생되는 가스 : 수소 가스

　　② 현상 : 설페이션 현상

(4) ① 개폐기
② 과전류 차단기
③ 전압계
④ 전류계

[핵심] 설페이션 현상

납 축전지를 방전 상태에서 오랫동안 방치하여 두면 극판의 황산 납이 회백색으로 변하며(황산화 현상) 내부 저항이 대단히 증가하여 충전시 전해액의 온도 상승이 크고 황산의 비중 상승이 낮으며 가스의 발생이 심하다. 그러므로, 전지의 용량이 감퇴하고 수명이 단축된다.

15
출제년도 00.02.06.(8점/각 문항당 2점)

수변전설비에 설치하고자하는 전력퓨즈(power fuse)에 대해서 다음 각 물음에 답하시오.

(1) 전력 퓨즈의 가장 큰 단점은 무엇인지를 설명하시오.

(2) 전력 퓨즈를 구입하고자 한다. 기능상 고려해야 할 주요 요소 3가지 쓰시오.

(3) 전력 퓨즈의 성능(특성) 3가지를 쓰시오.

(4) PF-S형 큐비클은 큐비클의 주차단 장치로서 어떤 종류의 전력 퓨즈와 무엇을 조합한 것인가?

- 전력 퓨즈의 종류
- 조합하여 설치하는 것

[작성답안]

(1) 재투입이 불가능

(2) ① 정격 전압
② 정격 전류
③ 정격 차단 전류
그 외
④ 사용 장소

(3) ① 용단 특성   ② 단시간 허용 특성   ③ 전차단 특성

(4) • 전력 퓨즈의 종류 : 한류형 퓨즈
• 조합하여 설치하는 것 : 고압개폐기

[핵심] 전력퓨즈

① 전력퓨즈

전력퓨즈는 고압 및 특고압의 선로에서 선로와 기기를 단락으로부터 보호하기 위해 사용되는 차단장치이다.
- 부하전류를 안전하게 통전한다.
- 일정치 이상의 과전류는 차단하여 선로나 기기를 보호한다.

② 전력퓨즈의 장·단점

장점	단점
① 가격이 싸다.	① 재투입을 할 수 없다.
② 소형 경량이다.	② 과도전류로 용단하기 쉽다.
③ 릴레이나 변성기가 필요 없다.	③ 동작시간-전류특성을 계전기처럼 자유로이 조정 할 수 없다.
④ 밀폐형 퓨즈는 차단시에 무소음 무방출이다.	④ 한류형 퓨즈에는 녹아도 차단하지 못하는 전류범위를 갖는 것이 있다.
⑤ 소형으로 큰 차단용량을 갖는다.	⑤ 비보호영역이 있으며, 사용 중에 열화하여 동작하면 결상을 일으킬 염려가 있다.
⑥ 보수가 간단하다.	
⑦ 고속도 차단한다.	⑥ 한류형은 차단시에 과전압을 발생한다.
⑧ 한류형 퓨즈는 한류효과가 대단히 크다.	⑦ 고 임피던스 접지계통의 접지보호는 할 수 없다.
⑨ 차지하는 공간이 적고 장치 전체가 싼 값에 소형으로 처리된다.	
⑩ 후비보호가 완벽하다.	

③ 기능비교

기구 명칭	정상 전류			이상 전류		
	통전	개	폐	통전	투입	차단
차단기	○	○	○	○	○	○
퓨 즈	○	×	×	×	×	○
단로기	○	△	×	○	×	×
개폐기	○	○	○	○	△	×

○ : 가능, △ : 때에 따라 가능, × : 불가능

2006년 3회 기출문제 해설

※ 다음 물음에 답을 해당 답란에 답하시오.

1 출제년도 95.00.96.08.(8점/각 문항당 4점))

스위치 S_1, S_2, S_3에 의하여 직접 제어되는 계전기 X, Y, Z가 있다. 전등 L_1, L_2, L_3, L_4가 진리표와 같이 점등된다고 할 경우 다음 각 물음에 답하시오.

진리표

X	Y	Z	L_1	L_2	L_3	L_4
0	0	0	0	0	0	1
0	0	1	0	0	1	0
0	1	0	0	0	1	0
0	1	1	0	1	0	0
1	0	0	0	0	1	0
1	0	1	0	1	0	0
1	1	0	0	1	0	0
1	1	1	1	0	0	0

【조건】

- 출력 램프 L_1에 대한 논리식 $L_1 = X \cdot Y \cdot Z$
- 출력 램프 L_2에 대한 논리식 $L_2 = \overline{X} \cdot Y \cdot Z + X \cdot \overline{Y} \cdot Z + X \cdot Y \cdot \overline{Z}$
- 출력 램프 L_3에 대한 논리식 $L_3 = \overline{X} \cdot \overline{Y} \cdot Z + \overline{X} \cdot Y \cdot \overline{Z} + X \cdot \overline{Y} \cdot \overline{Z}$
- 출력 램프 L_4에 대한 논리식 $L_4 = \overline{X} \cdot \overline{Y} \cdot \overline{Z}$

(1) 답안지의 유접점 회로에 대한 미완성 부분을 최소 접점수로 도면을 완성하시오.

【예】

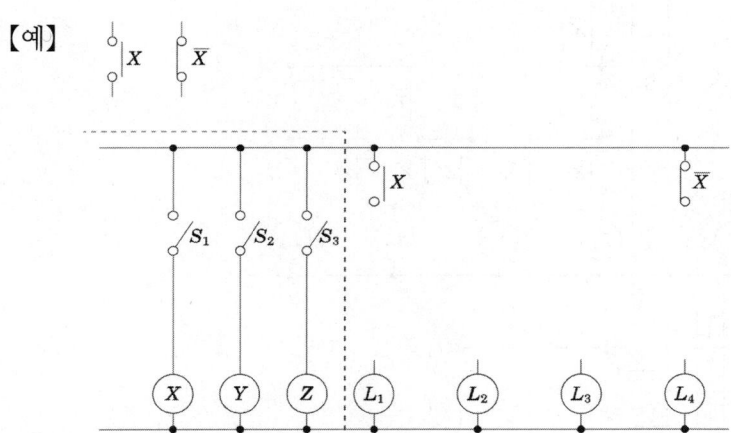

(2) 답안지의 무접점 회로에 대한 미완성 부분을 완성하고 출력을 표시하시오.
   (예 : 출력 L_1, L_2, L_3, L_4)

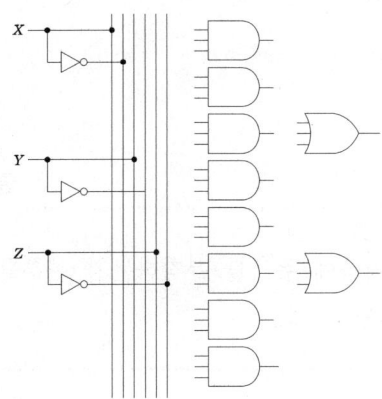

[작성답안]

(1) $L_2 = \overline{X} \cdot Y \cdot Z + X \cdot \overline{Y} \cdot Z + X \cdot Y \cdot \overline{Z} = \overline{X} \cdot Y \cdot Z + X \cdot (\overline{Y} \cdot Z + Y \cdot \overline{Z})$

   $L_3 = \overline{X} \cdot \overline{Y} \cdot Z + \overline{X} \cdot Y \cdot \overline{Z} + X \cdot \overline{Y} \cdot \overline{Z} = X \cdot \overline{Y} \cdot \overline{Z} + \overline{X} \cdot (Y \cdot \overline{Z} + \overline{Y} \cdot Z)$

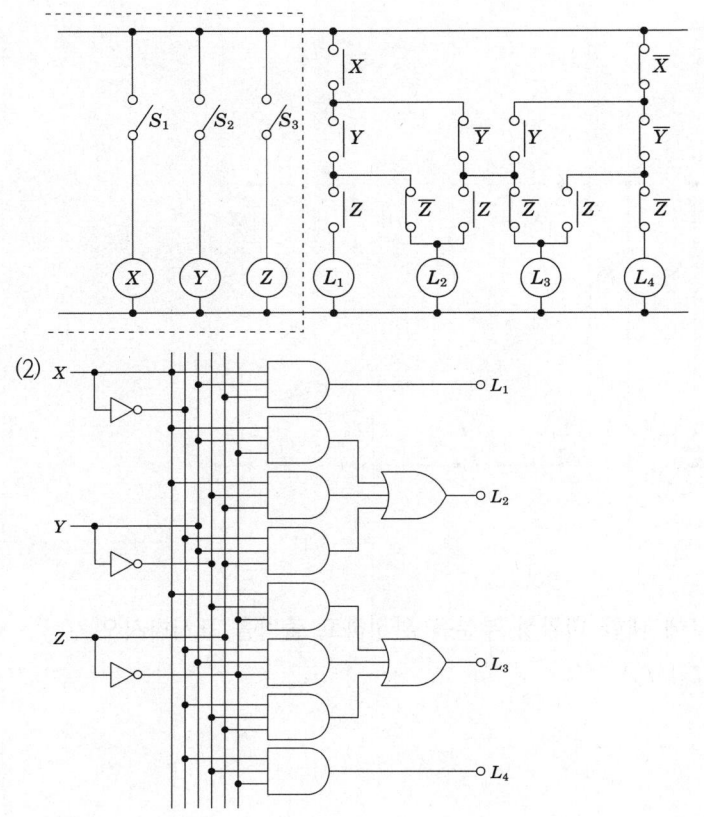

(2)

출제년도 98.01.(4점/각 항목당 2점)

2

계기용 변압기 1차측 및 2차측에 퓨즈를 부착하는지 여부를 밝히고, 퓨즈를 부착하는 경우에 그 이유를 간단히 설명하시오.

[작성답안]
- 여부 : 1차측 : 부착한다
  2차측 : 부착한다
- 이유 : 1차측 : PT의 고장이 선로에 파급되는 것을 방지
  2차측 : 부하의 고장 등으로 인한 2차측의 단락 발생시 1차측으로 사고파급을 방지

출제년도 00.04.06.17.18.20.22.新規.(11점/각 문항당 2점, 모두 맞으면 11점)

단상 3선식 110/220 [V]을 채용하고 있는 어떤 건물이 있다. 변압기가 설치된 수전실로부터 60 [m]되는 곳에 부하 집계표와 같은 분전반을 시설하고자 한다. 다음 표를 참고하여 전압 변동율 2 [%] 이하, 전압강하율 2 [%] 이하가 되도록 다음 사항을 구하시오. 공사방법 B1이며 전선은 PVC 절연전선이다.

(단, • 후강 전선관 공사로 한다.
 • 3선 모두 같은 선으로 한다.
 • 부하의 수용률은 100 [%]로 적용
 • 후강 전선관 내 전선의 점유율은 48 [%] 이내를 유지할 것
 • 간선선정시 부하 집계표의 부하는 모두 전열부하로 보고 계산하며, 주어진 자료를 이용하여 구한다.)

〈표1〉 부하 집계표

회로번호	부하명칭	부하 [VA]	부하 분담 [VA]		NFB 크기			비고
			A	B	극수	AF	AT	
1	전등	2,400	1,200	1,200	2	50	15	
2	전등	1,400	700	700	2	50	15	
3	콘센트	1,000	1,000	–	1	50	20	
4	콘센트	1,400	1,400	–	1	50	20	
5	콘센트	600	–	600	1	50	20	
6	콘센트	1,000	–	1,000	1	50	20	
7	팬코일	700	700	–	1	30	15	
8	팬코일	700	–	700	1	30	15	
합계		9,200	5,000	4,200				

〈표 2〉 전선의 허용전류표

단면적[mm^2]	허용전류[A]	전선관 3본 이하 수용시[A]	피복포함 단면적[mm^2]
6	54	48	32
10	75	66	43
16	100	88	58
25	133	117	88
35	164	144	104
50	198	175	163

[비고1] 전선의 단면적은 평균완성 바깥지름의 상한 값을 환산한 값이다.

[비고2] KS C IEC 60227-3의 450/750 [V] 일반용 단심 비닐절연전선(연선)을 기준한 것이다.

〈표 3〉 공사방법의 허용전류 [A]
PVC 절연, 3개 부하전선, 동 또는 알루미늄
전선온도 : 70 [℃], 주위온도 : 기중 30 [℃], 지중 20 [℃]

전선의 공칭단면적 [mm^2]	표 A. 52-1의 공사방법					
	A1	A2	B1	B2	C	D
1	2	3	4	5	6	7
동						
1.5	13.5	13	15.5	15	17.5	18
2.5	18	17.5	21	20	24	24
4	24	23	28	27	32	31
6	31	29	36	34	41	39
10	42	39	50	46	57	52
16	56	52	68	62	76	67
25	73	68	89	80	96	86
35	89	83	110	99	119	103
50	108	99	134	118	144	122
70	136	125	171	149	184	151
95	164	150	207	179	223	179
120	188	172	239	206	259	203
150	216	196	–	–	299	230
185	245	223	–	–	341	258

| 240 | 286 | 261 | – | – | 403 | 297 |
| 300 | 328 | 298 | – | – | 464 | 336 |

(1) 간선의 굵기를 구하고 주어진 자료를 이용 하여 간선용 차단기의 AT 및 AF를 구하시오.

정격전류 : 15~30A, 40~100A

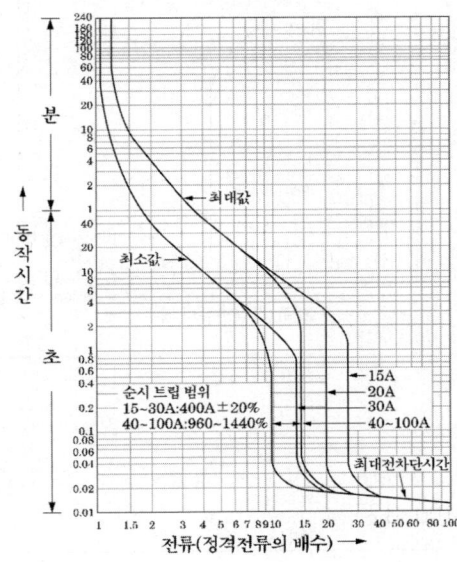

정격전류 : 125~225A

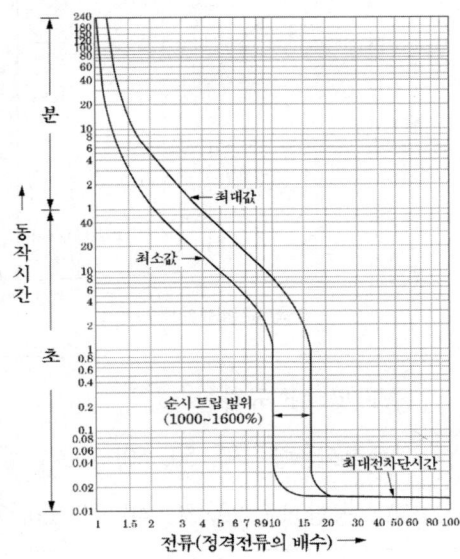

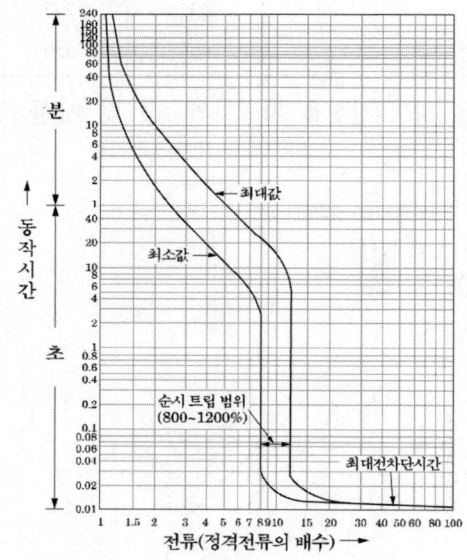
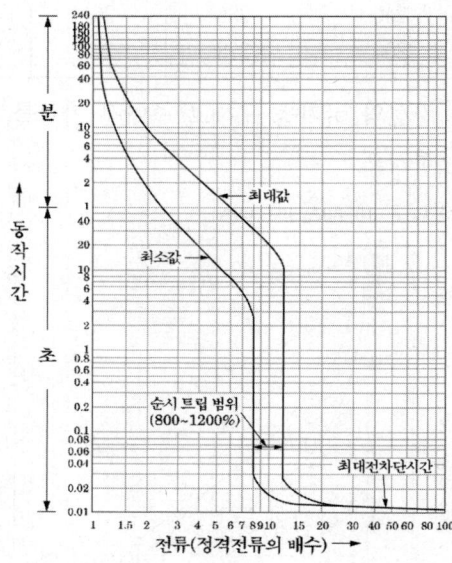

```
AT 및 AF 규격
Frame 용량  30, 50, 60, 100
AT 용량  15, 20, 30, 40, 50, 60, 75, 100, 125
```

(2) 후강 전선관의 굵기는?

(3) 분전반의 복선 결선도를 완성하시오.

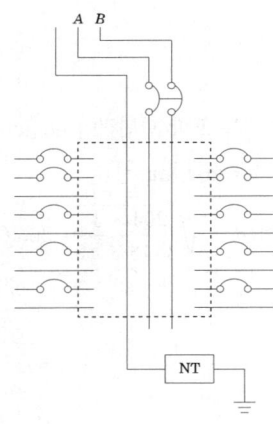

(4) 설비 불평형률은?

[작성답안]

(1) ① 간선의 굵기

계산 : A선의 전류 설계전류 $I_A = \dfrac{5,000}{110} = 45.45\,[\text{A}]$

B선의 설계전류 $I_B = \dfrac{4,200}{110} = 38.18\,[\text{A}]$

∴ I_A, I_B중 큰 값인 45.45 [A]를 기준으로 선정한다.

- 표 2에서 연속허용전류에 의한 전선의 굵기 48[A] : 6[mm²]
- 표 3에서 공사방법 B1의 허용전류 50[A]에 해당하는 전선의 굵기 : 10[mm²]
- 전압강하를 고려한 전선의 굵기

$A = \dfrac{17.8 LI}{1,000 e} = \dfrac{17.8 \times 60 \times 45.45}{1,000 \times 110 \times 0.02} = 22.06\,[\text{mm}^2]$: 25[mm²]

∴ 모두 만족하는 전선의 굵기 25 [mm²] 선정

답 : 25[mm²]

② AT 및 AF

$I_B \leq I_n \leq I_Z$에 의해 과전류 차단기의 정격은 회로의 설계전류 보다 크고 도체의 허용전류보다 작아야 한다.

- 표 2에서 25 [mm²] 란의 133[A]이므로 배선용 차단기 : 125 AT
- 표 3에서 25 [mm²] 란과 공사방법 B1의 교차하는 곳 89 [A]이므로 배선용 차단기 : 75 AT
- 배선용차단기의 특성곡선에서 75[A] 정격 전류의 과부하 특성을 고려하면 한국전기설비규정의 산업용 배선용 차단기의 경우 정격전류의 1.3배의 전류에 120분 이내 동작하여 한다.

∴ 모두 만족하는 배선용 차단기는 75AT가 적정하다.

답 : – AT : 75 AT
　　– AF : 100 AF

(2) 계산 : 표 2에서 25 [mm²] 전선의 피복 포함 단면적이 88 [mm²]

∴ 전선의 총 단면적 $A = 88 \times 3 = 264$ [mm²]

$A = \dfrac{1}{4}\pi d^2 \times 0.48 \geq 264$ 에서 $d = \sqrt{\dfrac{264 \times 4}{0.48 \times \pi}} = 26.46$ [mm]

∴ 28 [mm] 후강전선관 선정

답 : 28 [mm] 후강전선관

(3)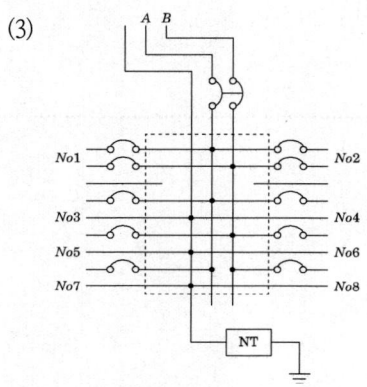

(4) 계산 : 설비 불평형률 $= \dfrac{3{,}100 - 2{,}300}{\dfrac{1}{2}(5{,}000 + 4{,}200)} \times 100 = 17.39$ [%]

답 : 17.39 [%]

출제년도 96.04.06.15.17.(6점/각 문항당 2점)

그림의 회로는 $Y-\triangle$ 기동 방식의 주회로 부분이다. 도면을 보고 다음 각 물음에 답하시오. 여기서 MS_1을 Y결선 MS_2를 $\triangle$ 결선으로 한다.

(1) 주회로 부분의 미완성 회로에 대한 결선을 완성하시오.

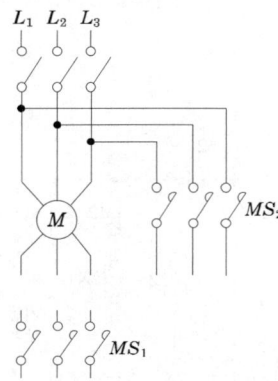

(2) $Y-\triangle$ 기동 시와 전전압 기동 시의 기동 전류를 수치를 이용해서 비교 설명하시오.

(3) $Y-\triangle$ 기동을 한다고 가정하고 기동순서를 순서대로 설명하시오. (단, 동시투입과 연관하여 설명 하시오.)

[작성답안]

(1)

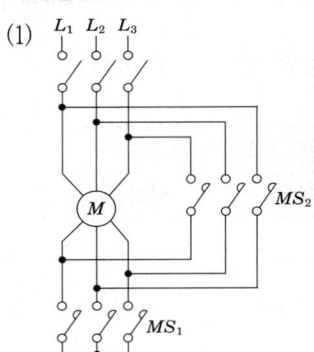

(2) $Y-\triangle$ 기동 전류는 전전압 기동 전류의 1/3배이다.

(3) ① 기동시 MS_1 여자되어 Y 결선으로 기동한다.
　② 타이머 설정 시간이 지나면 MS_1이 소자되고 MS_2가 여자되어 $\triangle$ 결선으로 운전한다.
　② Y와 $\triangle$ 는 인터록이 설치되어 동시 투입이 되지 않는다.

[핵심] Y-△ 기동법

- 기동시 MS_1, MS_2가 여자되어 Y결선으로 기동한다.
- 타이머 설정 시간이 지나면 MS_2이 소자되고 MS_3가 여자되어 △결선으로 운전한다.
- Y와 △는 동시투입이 되어서는 안된다.(인터록)

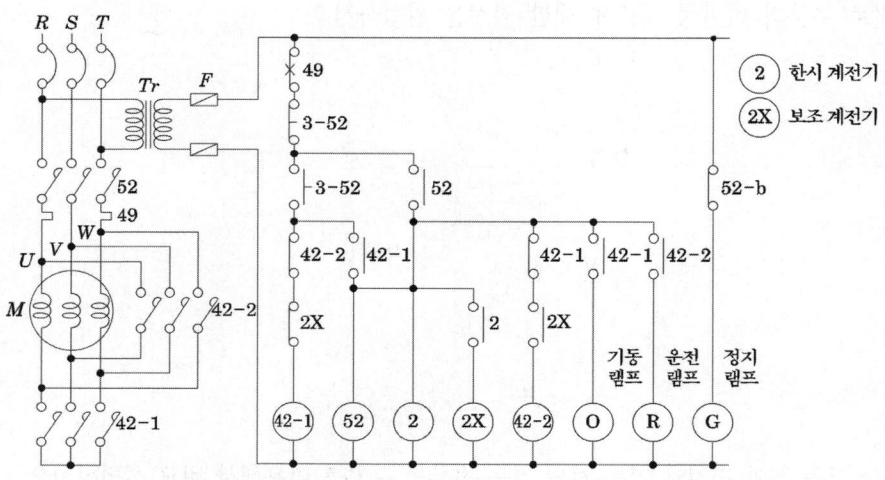

5

출제년도 89.97.98.99.02.03.06.(5점/부분점수 없음)

전력 퓨즈 및 각종 개폐기들의 능력을 비교할 때 능력이 가능한 곳에 ○표 하시오.

기능 \ 능력	회로 분리		사고 차단	
	무부하	부하	과부하	단락
퓨 즈				
차단기				
개폐기				
단로기				
전자 접촉기				

[작성답안]

기능＼능력	회로 분리		사고 차단	
	무부하	부하	과부하	단락
퓨 즈	○			○
차단기	○	○	○	○
개폐기	○	○	○	
단로기	○			
전자 접촉기	○	○	○	

[핵심] 전력퓨즈

① 전력퓨즈

전력퓨즈는 고압 및 특고압의 선로에서 선로와 기기를 단락으로부터 보호하기 위해 사용되는 차단장치이다.
- 부하전류를 안전하게 통전한다.
- 일정치 이상의 과전류는 차단하여 선로나 기기를 보호한다.

② 전력퓨즈의 장·단점

장점	단점
① 가격이 싸다.	① 재투입을 할 수 없다.
② 소형 경량이다.	② 과도전류로 용단하기 쉽다.
③ 릴레이나 변성기가 필요 없다.	③ 동작시간-전류특성을 계전기처럼 자유로이 조정 할 수 없다.
④ 밀폐형 퓨즈는 차단시에 무소음 무방출이다.	④ 한류형 퓨즈에는 녹아도 차단하지 못하는 전류범위를 갖는 것이 있다.
⑤ 소형으로 큰 차단용량을 갖는다.	⑤ 비보호영역이 있으며, 사용 중에 열화하여 동작하면 결상을 일으킬 염려가 있다.
⑥ 보수가 간단하다.	
⑦ 고속도 차단한다.	⑥ 한류형은 차단시에 과전압을 발생한다.
⑧ 한류형 퓨즈는 한류효과가 대단히 크다.	⑦ 고 임피던스 접지계통의 접지보호는 할 수 없다.
⑨ 차지하는 공간이 적고 장치 전체가 싼 값에 소형으로 처리된다.	
⑩ 후비보호가 완벽하다.	

③ 기능비교

기구 명칭	정상 전류			이상 전류		
	통전	개	폐	통전	투입	차단
차단기	○	○	○	○	○	○
퓨 즈	○	×	×	×	×	○
단로기	○	△	×	○	×	×
개폐기	○	○	○	○	△	×

○ : 가능, △ : 때에 따라 가능, × : 불가능

6

출제년도 00.02.04.06.09.10.12.16.18.20.(5점/부분점수 없음)

비상용 자가발전기를 구입하고자 한다. 부하는 단일 부하로서 유도전동기이며, 기동용량이 1,800 [kVA]이고, 기동시의 전압강하는 20 [%]까지 허용하며, 발전기의 과도 리액턴스는 26 [%]로 본다면 자가발전기의 용량은 이론(계산)상 몇 [kVA]이상의 것을 선정하여야 하는지 구하시오.

[작성답안]

계산 : 발전기용량 $\geq \left(\dfrac{1}{e}-1\right) \times x_d \times$ 기동용량 $= \left(\dfrac{1}{0.2}-1\right) \times 0.26 \times 1,800 = 1,872$ [kVA]

답 : 1,872 [kVA]

[핵심] 발전기 용량

① 단순한 부하의 경우

전부하 정상 운전시의 소요 입력에 의한 용량에 의해 결정한다.

발전기 용량[kVA] = 부하의 총 정격 입력 × 수용률 × 여유율

발전기 출력 $P = \dfrac{\Sigma W_L \times L}{\cos\theta}$ [kVA]

여기서, ΣW_L : 부하 입력 총계, L : 부하 수용률(비상용일 경우 1.0)

$\cos\theta$: 발전기의 역률(통상 0.8)

② 기동 용량이 큰 부하가 있을 경우, 전동기 시동에 대처하는 용량

자가 발전 설비에서 전동기를 기동할 때 큰 부하가 발전기에 갑자기 걸리게 됨으로 발전기의 단자 전압이 순간적으로 저하하여 개폐기의 개방 또는 엔진의 정지 등이 야기되는 수가 있다. 이런 경우 발전기의 정격 출력 [kVA]은 다음과 같다.

$$발전기\ 정격\ 출력[kVA] \geq \left(\frac{1}{허용\ 전압\ 강하} -1\right) \times X_d \times 기동용량$$

여기서

X_d : 발전기의 과도 리액턴스(보통 20~25 [%]),

허용 전압 강하 : 20~30 [%]

기동 용량 : 2대 이상의 전동기가 동시에 기동하는 경우는 2개의 기동 용량을 합한 값과 1대의 기동 용량인 때를 비교하여 큰 값의 쪽을 택한다.

$$기동용량 = \sqrt{3} \times 정격전압 \times 기동전류 \times \frac{1}{1,000}\ [kVA]$$

7

출제년도 98.06.13.(8점/각 문항당 3점, 모두 맞으면 8점)

UPS 장치 시스템의 중심부분을 구성하는 CVCF의 기본 회로를 보고 다음 각 물음에 답하시오.

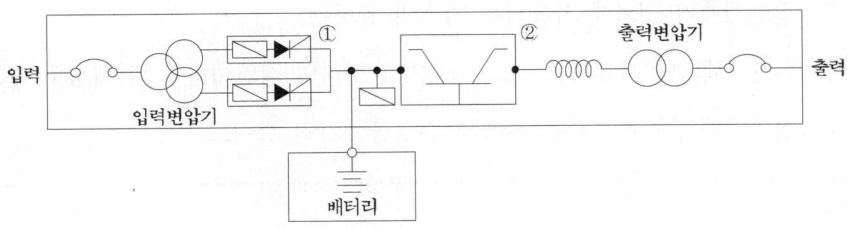

(1) UPS 장치는 어떤 장치인가?

(2) CVCF는 무엇을 뜻하는가?

(3) 도면의 ①, ②에 해당되는 것은 무엇인가?

[작성답안]

(1) 무정전 전원공급 장치

(2) 정전압 정주파수 장치

(3) ① 정류기(컨버터) ② 인버터

[핵심] UPS의 구성

① 컨버터(정류기) : 교류전원이나 발전기의 전원을 공급받아 직류전원으로 변환하여 축전지를 충전하며, 인버터에 공급하는 장치

② 인버터 : 직류전원을 교류전원으로 바꾸어 부하에 공급하는 장치

③ 무접점 절환 스위치 : 인버터의 과부하 및 이상시 예비 상용전원으로(bypass line)절체시켜주는 장치

④ 축전지 : 정전시 인버터에 직류전원을 공급하여 부하에 일정 시간동안 무정전으로 전원을 공급하는데 필요한 장치

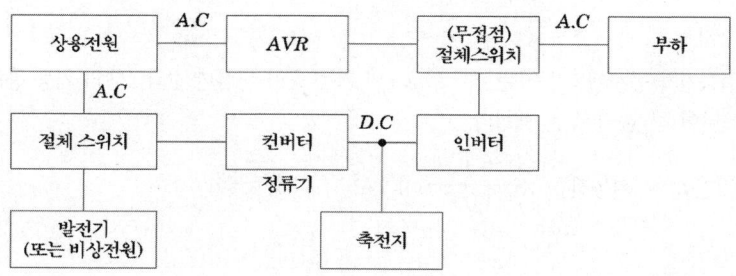

8

출제년도 06.10.(6점/각 항목당 1점, 모두 맞으면 6점)

가스절연개폐기(GIS)에 대하여 다음 물음에 답하시오.

(1) 가스절연개폐기(GIS)에 사용되는 가스의 종류는?

(2) 가스절연개폐기에 사용하는 가스는 공기에 비하여 절연내력이 몇 배정도 좋은가?

(3) 가스절연개폐기에 사용되는 가스의 장점을 3가지 쓰시오.

[작성답안]

(1) SF_6(육불화황) 가스

(2) 2~3배

(3) ① 절연내력이 높다.　　　　② 소호 능력이 우수하다.
　　③ 아크가 안정적이다.
　　그 외
　　④ 절연회복이 빠르다.　　　⑤ 열전달성이 우수하다.
　　⑥ 화학적으로 극히 안정된 무색, 무취, 무해, 불연성 가스이다.
　　⑦ 열적인 안정성이 뛰어나다.

9

출제년도 95.99.00.06.17.20.(4점/부분점수 없음)

답안지의 그림은 3상 4선식 전력량계의 결선도를 나타낸 것이다. PT와 CT를 사용하여 미완성 부분의 결선도를 완성하시오. 단 접지종별은 적지 않는다.

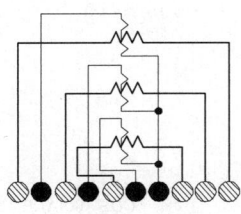

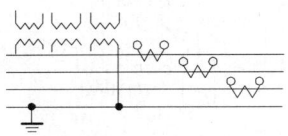

[작성답안]

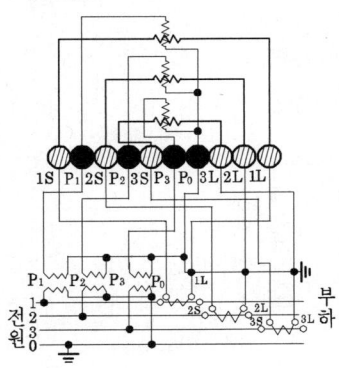

10

출제년도 96.06.(7점/(1)(5)2점, (2)(3)(4)1점)

수용가의 수전설비의 결선도이다. 다음 물음에 답하시오.

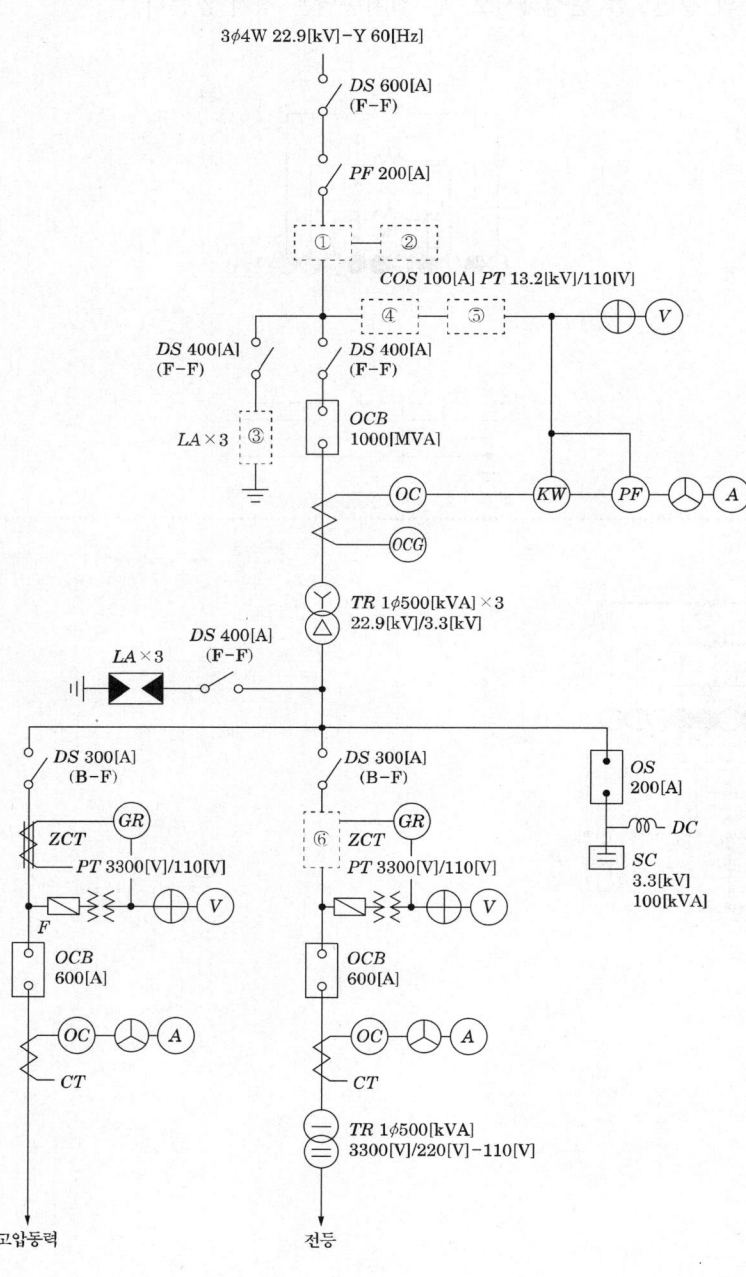

(1) 미완성 결선도에 심벌을 넣어 도면을 완성하시오.

(2) 22.9 [kV]측의 DS의 정격전압 [kV]은?

(3) 22.9 [kV]측의 LA의 정격전압 [kV]은?

(4) 3.3 [kV]측의 옥내용 PT는 주로 어떤 형을 사용하는가?

(5) 22.9 [kV]측 CT의 변류비는? (단, 1.25배 값으로 변류비를 결정한다.)

[작성답안]

(1) ①   ②   ③ 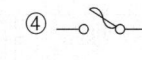 ④   ⑤   ⑥

(2) 25.8 [kV]

(3) 18 [kV]

(4) 몰드형

(5) 계산 : $I = \dfrac{500 \times 3}{\sqrt{3} \times 22.9} \times 1.25 = 47.27$ [A]

∴ 50/5 선정

답 : 50/5

11

출제년도 95.97.06.00.10.15.21.(4점/부분점수 없음)

머레이 루프(Murray loop)법으로 선로의 고장지점을 찾고자 한다. 길이가 4km(0.2 [Ω/km])인 선로가 그림과 같이 접지고장이 생겼을 때 고장점까지의 거리 X는 몇 [km]인지 구하시오. (단, G는 검류계이고, P = 270 [Ω], Q = 90 [Ω]에서 브리지가 평형 되었다고 한다.)

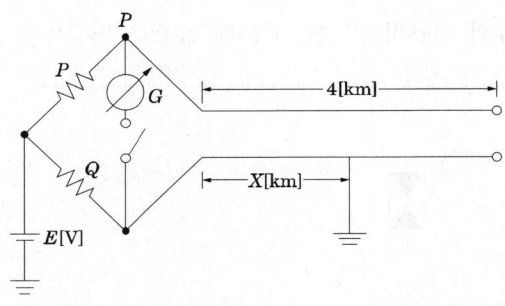

[작성답안]

계산 : $PX = Q(8-X)$

$PX = 8Q - XQ$

$X = \dfrac{Q}{P+Q} \times 8 = \dfrac{90}{270+90} \times 8 = 2$ [km]

답 : 2 [km]

다음 그림은 전지식 접지 저항계를 사용하여 접지극의 접지 저항을 측정하기 위한 배치도이다. 물음에 답하시오.

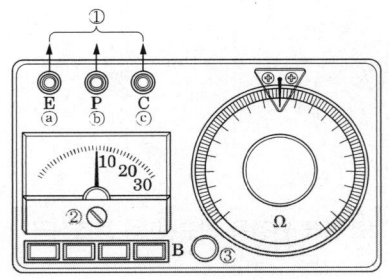 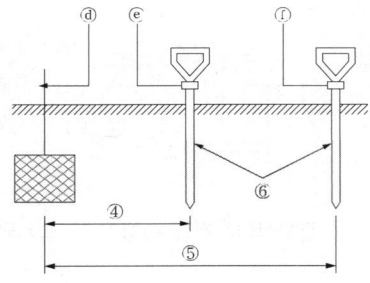

(1) 보조 접지극을 설치하는 이유는 무엇인가?

(2) ⑤와 ⑥의 설치 간격은 얼마인가?

(3) 그림에서 ①의 측정단자 접속은?

(4) 접지극의 매설 깊이는?

[작성답안]

(1) 전압과 전류를 공급하여 접지저항을 측정하기 위함

(2) ⑤ 20 [m]
    ⑥ 10 [m]

(3) ⓐ → ⓓ   ⓑ → ⓔ   ⓒ → ⓕ

(4) 0.75 [m] 이상

[핵심] 전지식 접지저항계

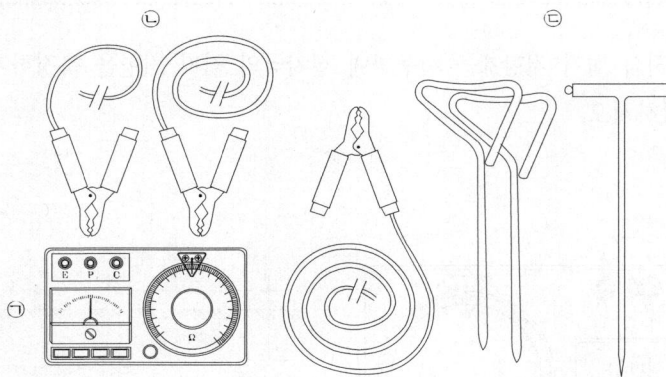

㉠ 전지식접지저항 측정기 ㉡ 접지극 및 보조전극 연결용 리드선 ㉢ 보조전극

- 접지저항 측정기를 수평으로 놓고 측정용 부속품을 확인한다.
- 보조 접지봉을 습기가 있는 곳에 직선으로 10m이상 간격을 두고 박는다.
- 측정기의 E 단자 Lead선을 접지극(접지도체)에 접속한다.
- 측정기의 P,C 단자 Lead선을 보조 접지극에 접속한다.
- 절환 S.W를 (B)점에 돌려 Push Button S.W를 눌러 지침이 눈금판의 청색대 내에 있는가 확인한다.(Battery Check)
- 절환 S.W를 [V]점에 돌려 지침이 10 [V]이하(적색대)로 되어 있는가 확인한다.(접지전압 Check)
- 절환 S.W를 [Ω]점에 돌려놓는다.
- Push Button S.W를 누르면서 다이얼을 돌려 검류계의 지침이 중앙(0점)에 지시할 때 다이얼의 값을 읽는다.

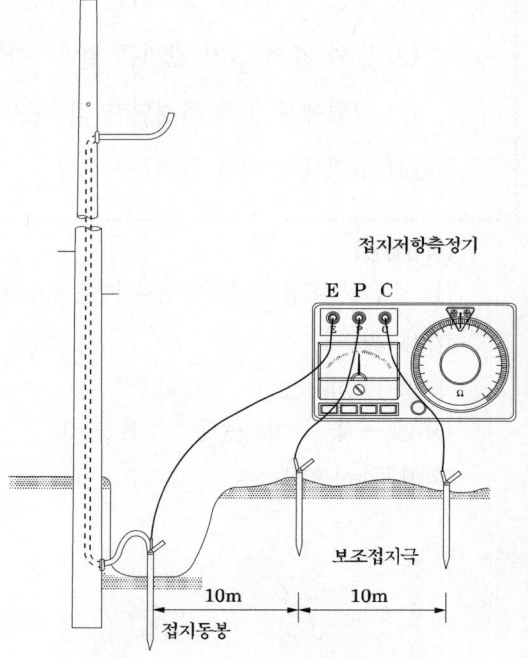

13

출제년도 94.01.06.11.12.20.22.(8점/각 문항당 2점, 모두 맞으면 8점)

가로 10 [m], 세로 16 [m], 천장 높이 3.85 [m], 작업면 높이 0.85 [m]인 사무실에 천장 직부 형광등 F32×2를 설치하려고 한다.

(1) F32×2의 심벌을 그리시오.

(2) 이 사무실의 실지수는 얼마인가?

(3) 이 사무실의 작업면 조도를 300 [lx], 천장 반사율 70 [%], 벽 반사율 50 [%], 바닥 반사율 10 [%], 40 [W] 형광등 1등의 광속 3150 [lm], 보수율 70 [%], 조명율 61 [%]로 한다면 이 사무실에 필요한 소요 등기구 수는 몇 등인가?

[작성답안]

(1) ⊏━●━⊐
    F32×2

(2) 계산 : 실지수$(R.I) = \dfrac{XY}{H(X+Y)} = \dfrac{10 \times 16}{(3.85-0.85) \times (10+16)} = 2.05$

답 : 2.05

(3) 계산 : $N = \dfrac{EAD}{FU} = \dfrac{300 \times (10 \times 16)}{(3150 \times 2) \times 0.61 \times 0.7} = 17.84$

답 : 18 [등]

[핵심] 조명설계

① 실지수

방의 면적이 같은 2개의 방에 같은 수의 광원을 설치하여도 방의 모양이 다른 경우에는 작업면상의 조도는 다르게 된다. 그래서 천정, 바닥이 장방형인 방은 가로 X, 세로 Y 두 변의 평균을 한 변으로 하는 정방형인 방과 동일하다고 하는 이론에 의해 실지수 $R.I$를 다음 식과 같이 결정한다.

$R.I = \dfrac{XY}{H(X+Y)}$

실지수	5.0	4.0	3.0	2.5	2.0	1.5	1.25	1.0	0.8	0.6
기호	A	B	C	D	E	F	G	H	I	J

② 조도계산

N개의 램프에서 방사되는 빛을 평면상의 면적 A[m²]에 모두 집중 조사할 수 있다고 하고 램프 1개당 광속을 F[lm]이라 하면, 그 면의 평균조도를

$$E = \frac{F \cdot N}{A} \text{ [lx]}$$

로 나타낸다. 이러한 평균조도 계산은 광속법과 설계여건에 따라 ZCM (Zonal Cavity Method)법을 채택할 수 있다.

$$E = \frac{F \cdot N \cdot U \cdot M}{A}$$

여기서, E : 평균조도 [lx] F : 램프 1개당 광속 [lm] N : 램프수량 [개]
U : 조명률 M : 보수율, 감광보상률의 역수 A : 방의 면적 [m²] (방의 폭×길이)

14

출제년도 89.94.01.06.10.(5점/부분점수 없음)

어떤 건물의 연면적이 420 [m²]이다. 이 건물에 표준부하를 적용하여 전등, 일반 동력 및 냉방 동력 공급용 변압기 용량은 각각 다음 표를 이용하여 구하시오. 단, 전등은 단상 부하로서 역률은 1이며, 일반 동력, 냉방 동력은 3상 부하로서 각 역률은 0.95, 0.9 이다.

표준 부하

부 하	표준부하 [W/m²]	수용률 [%]
전 등	30	75
일반 동력	50	65
냉방 동력	35	70

변압기 용량

상 별	용량 [kVA]
단상	3, 5, 7.5, 10, 15, 20, 30, 50
3상	3, 5, 7.5, 10, 15, 20, 30, 50

[작성답안]

① 전등 변압기 $Tr = 30 \times 420 \times 0.75 \times 10^{-3} = 9.45$ [kVA]

답 : 10 [kVA]

② 일반 동력 변압기 $Tr = \dfrac{50 \times 420 \times 0.65 \times 10^{-3}}{0.95} = 14.37$ [kVA]

답 : 15 [kVA]

③ 냉방 동력 변압기 $Tr = \dfrac{35 \times 420 \times 0.7 \times 10^{-3}}{0.9} = 11.43$ [kVA]

답 : 15 [kVA]

[핵심] 변압기 용량

① 변압기 용량

$$\text{변압기 용량}[kW] \geq \text{합성 최대 수용 전력} = \frac{\text{부하 설비 합계}[kW] \times \text{수용률}}{\text{부등률}}$$

역률을 적용하여 [kW]의 부하를 [kVA]의 부하로 환산하여 구한다.

② 표준용량

3, 5, 7.5, 10, 15, 30, 50, 75, 100, 150, 200, 300, 500, 750, 1000, 1500, 2000, 3000, 4500, (5000), 6000, 7500, 10000, 15000, 20000, 30000, 45000, (50000), 60000, 90000, 100000, (120000), 150000, 200000, 250000, 300000 ( )는 준표준 규격이다.

15

출제년도 86.87.92.93.95.06.08.10.(5점/부분점수 없음)

어느 수용가가 당초 역률(지상) 80 [%]로 100 [kW]의 부하를 사용하고 있었는데 새로 역률(지상) 60 [%], 80 [kW]의 부하를 증가하여 사용하게 되었다. 이 때 콘덴서로 합성 역률을 90 [%]로 개선하는데 필요한 용량은 몇 [kVA]인가?

[작성답안]

계산 : 무효 전력 $Q = \frac{100}{0.8} \times 0.6 + \frac{80}{0.6} \times 0.8 = 181.67 \,[\text{kVar}]$

유효 전력 $P = 100 + 80 = 180 \,[\text{kW}]$

합성 역률 $\cos\theta = \frac{P}{\sqrt{P^2 + Q^2}} = \frac{180}{\sqrt{180^2 + 181.67^2}} = 0.7038$

$\therefore Q_c = P(\tan\theta_1 - \tan\theta_2) = 180\left(\frac{\sqrt{1-0.7038^2}}{0.7038} - \frac{\sqrt{1-0.9^2}}{0.9}\right) = 94.51 \,[\text{kVA}]$

답 : 94.51 [kVA]

[핵심] 역률개선 콘덴서 용량

$$Q_c = P\tan\theta_1 - P\tan\theta_2 = P(\tan\theta_1 - \tan\theta_2) = P\left(\frac{\sin\theta_1}{\cos\theta_1} - \frac{\sin\theta_2}{\cos\theta_2}\right)$$

$$= P\left(\frac{\sqrt{1-\cos^2\theta_1}}{\cos\theta_1} - \frac{\sqrt{1-\cos^2\theta_2}}{\cos\theta_2}\right) [\text{kVA}]$$

여기서, $\cos\theta_1$: 개선 전 역률, $\cos\theta_2$: 개선 후 역률

2007년 1회 기출문제 해설

| 전기기사 실기 과년도

※ 다음 물음에 답을 해당 답란에 답하시오.

1 출제년도 07.08.17.(8점/각 문항당 4점)

전원에 고조파 성분이 포함되어 있는 경우 부하설비의 과열 및 이상현상이 발생하는 경우가 있다. 이러한 고조파 전류가 발생하는 주원인과 그 대책을 각각 3가지씩 쓰시오.

(1) 고조파 전류의 발생원인

(2) 대책

[작성답안]

(1) 고조파 전류의 발생원인

① 전기로, 아크로 등

② Converter, Inverter, Chopper 등의 전력 변환 장치

③ 전기용접기 등

그 외

④ 송전 선로의 코로나

⑤ 변압기, 전동기 등의 여자 전류

⑥ 전력용 콘덴서 등

(2) 대책

① 전력 변환 장치의 pulse 수를 크게 한다. (또는 변환장치의 펄스화)

② 고조파 필터를 사용하여 제거한다.

③ 변압기 결선에서 △결선을 채용하여 고조파 순환회로를 구성하여 외부에 고조파가 나타나지 않도록 한다.

그 외

④ 전원측에 교류 리액터 설치

⑤ 전원 단락용량의 증대

⑥ 고조파부하를 분리하여 전용화

⑦ 필터설치 (교류필터, 액티브필터)

⑧ 기기의 고조파 내량 증가

⑨ 고조파 성분 발생부하의 억제

⑩ 콘덴서 회로에 직렬리액터설치
⑪ 위상변위변압기에 의한 위상이동 (Phase Shift TR)
⑫ 영상전류 제거장치 NCE (Neutral Current Eliminator)
⑬ UHF (LINEATOR)설치 (Universal Harmonic Filter)

[핵심] 고조파

전력계통에서 고조파는 대부분 전력변환용 전자장치(정류장치, 역변환장치, 화학용 전해설비의 정류기, 사이리스터 등)를 사용하는 기기에서 발생하고 있으며, 또한 이의 사용이 많아져 이로 인한 고조파 전류가 발생하여 전원의 질을 떨어뜨리고 과열 및 이상상태를 발생시키고 있다.

기 기	발 생 원 인	기 타
변압기	히스테리시스 현상에 의해 발생하며, 보통 제3고조파 성분이 주성분이고 제5고조파 이상은 무시된다. 제3고조파 성분은 변압기의 △결선으로 제거된다.	△결선으로 제거한다.
전력 변환소자	정현파를 구형파 형태로 사용하므로 고조파가 발생한다.	고조파 대책필요하다.
아크로 전기로	제3고조파가 현저하게 발생한다.	
회전기기	슬롯이 있기 때문에 발생하며 고조파는 슬롯 Harmonics 라 한다.	
형광등	점등회로에서 발생한다.	콘덴서로 제거한다.
과도현상	차단기 및 개폐기의 스위칭시 발생한다.	서지흡수기 설치한다.

2 출제년도 07.13.(5점/각 항목당 1점)

옥외용 변전소내의 변압기 사고라고 생각할 수 있는 사고의 종류 5가지만 쓰시오.

[작성답안]
- 권선의 상간단락 및 층간단락
- 권선과 철심간의 절연파괴에 의한 지락고장
- 고·저압 권선의 혼촉
- 권선의 단선
- Bushing lead의 절연파괴

[핵심] 변압기 보호장치

변압기에서 발생되는 고장의 종류에는
- 권선의 상간단락 및 층간단락
- 권선과 철심간의 절연파괴에 의한 지락고장
- 고·저압 권선의 혼촉
- 권선의 단선
- Bushing lead의 절연파괴 등이 있으며 이중에서도 가장 많이 발생되는 고장은 권선의 층간단락 및 지락이다.

가. 전기적 보호장치

변압기의 고장시에 나타나는 전압, 전류의 변화에 따라 동작하는 보호장치이다.
- 전류비율차동계전기(87T, 내부단락과 지락 주보호)
- 방향거리계전기(21, 2단계, 단락후비보호, 345kV MTR)
- 과전류계전기(51, 단락, 지락 후비보호)
- 과전압계전기(64, 지락후비보호)
- 피뢰기(충격과전압 침입방지)

나. 기계적 보호장치

변압기의 내부에 고장이 발생하면 내부의 압력이나 온도가 상승되고, 가스압의 변화가 일어나며, 이때 상승된 압력은 변압기의 외함을 파손시키고 절연유를 유출시켜 화재를 유발하기도 한다. 기계적인 보호장치는 변압기 고장시에 발생되는 압력, 온도, 가스압 등의 변화에 따라 동작하는 보호장치이다.
- 방압관 방압안전장치 96D
- 충격압력계전기 96P
- 부흐홀쯔계전기 96B11 96B12
- OLTC보호계전기 96B2(96T)
- 가스검출계전기(Gas Detecter Ry) 96G
- 유온도계 26Q1, 26Q2
- 권선온도계 26W1, 26W2
- 압력계 63N 63F
- 유면계 33Q1 33Q2
- 유류지시계 69Q

3

출제년도 04.07.21.(6점/각 문항당 3점)

보조 릴레이 A, B, C 의 계전기로 출력(H레벨)이 생기는 유접점 회로와 무접점 회로를 그리시오. (단, 보조 릴레이의 접점을 모두 a접점만을 사용하도록 한다.)

(1) A와 B를 같이 ON하거나 C를 ON할 때 X_1출력

① 유접점 회로

② 무접점 회로

(2) A를 ON하고 B 또는 C를 ON할 때 X_2 출력

① 유접점 회로

② 무접점 회로

[작성답안]

(1) ① 유접점 회로
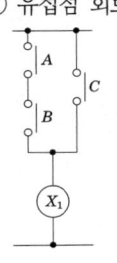

② 무접점 회로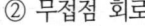
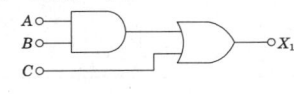

(2) ① 유접점 회로
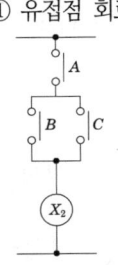

② 무접점 회로
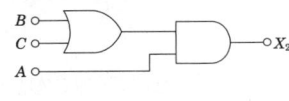

[핵심] 논리회로

① A와 B를 같이 ON하거나 C를 ON할 때 X_1 출력

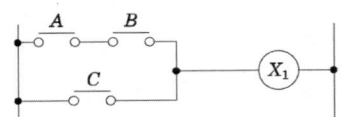
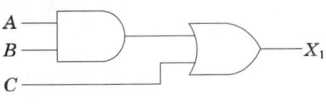

② A를 ON하고 B 또는 C를 ON할 때 X_2 출력

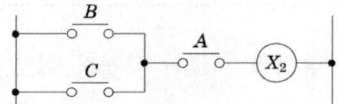 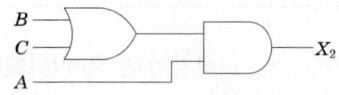

4

출제년도 93.07.12.17.(5점/부분점수 없음)

평형 3상 회로에 변류비 100/5인 변류기 2개를 그림과 같이 접속하였을 때 전류계에 3 [A]의 전류가 흘렀다. 1차 전류의 크기는 몇 [A]인가?

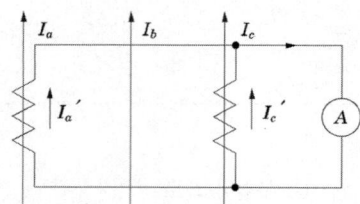

[작성답안]

계산 : 2차 전류 $I_a' = I_c' = I = 3$ [A]

1차 전류 $I_a = a I_a' = \dfrac{100}{5} \times 3 = 60$ [A]

답 : 60 [A]

[핵심] 변류기 접속

① 가동접속

$I_1 =$ 전류계 Ⓐ 지시값 $\times$ CT비

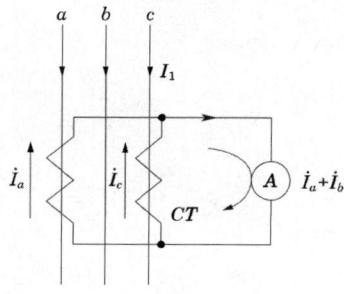

② 교차접속

$I_1 =$ 전류계 Ⓐ 지시값 $\times \dfrac{1}{\sqrt{3}} \times$ CT비

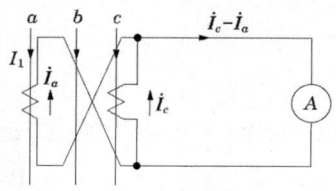

출제년도 07.(9점/각 항목당 1점, 모두 맞으면 9점)

그림과 같은 시퀀스도는 3상 농형 유도전동기의 정·역 및 $Y-\triangle$ 기동회로이다. 이 시퀀스도를 보고 다음 각 물음에 답하시오.(단, $MC_{1\sim 4}$: 전자접촉기, PB_0 : 누름버튼 스위치, PB_1 과 PB_2 : 1a와 1b 접점을 가지고 있는 누름버튼 스위치, $PL_{1\sim 3}$: 표시등, T : 한시동작 순시복귀 타이머이다.)

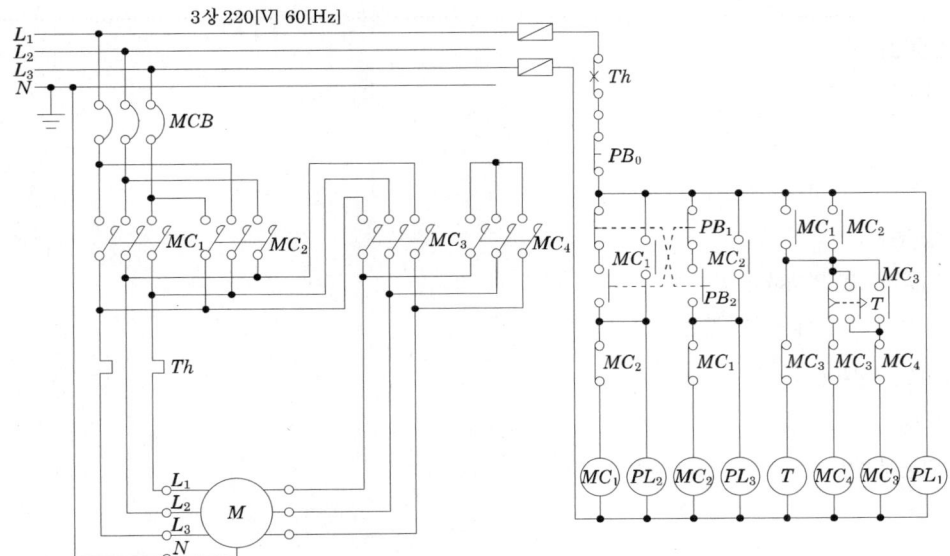

(1) MC_1을 정회전용 전자접촉기라고 가정하면 역회전용 전자접촉기는 어느 것인가?

(2) 유도전동기를 Y결선과 $\triangle$결선을 시키는 전자접촉기는 어느 것인가?

(3) 유도전동기를 정·역 운전할 때, 정회전 전자접촉기와 역회전 전자접촉기가 동시에 작동하지 못하도록 보조회로에서 전기적으로 안전하게 구성하는 것을 무엇이라 하는가?

(4) 유도전동기를 $Y-\triangle$로 기동하는 이유에 대하여 설명하시오.

(5) 유도전동기가 Y결선에서 $\triangle$결선으로 되는 것은 어느 기계기구의 어떤 접점에 의한 입력신호를 받아서 $\triangle$결선 전자접촉기가 작동하여 운전되는가?(단, 접점 명칭은 작동원리에 따른 우리말 용어로 답하도록 하시오.)

(6) MC_1을 정회전 전자접촉기로 가정할 경우, 유도전동기가 역회전 $Y-\triangle$로 운전할 때 작동(여자)되는 전자접촉기를 모두 쓰시오.

(7) MC_1을 정회전 전자접촉기로 가정할 경우, 유도전동기가 역회전할 경우만 점등되는 표시램프는 어떤 것인가?

(8) 주회로에서 Th는 무엇인가?

[작성답안]

(1) MC_2

(2) • Y결선 : MC_4
　　• $\triangle$결선 : MC_3

(3) 인터록

(4) 기동전류를 억제하기 위하여

(5) 한시 동작 순시 복귀 a접점

(6) MC_2, MC_3

(7) PL_3

(8) 열동계전기

6

출제년도 84.87.98.02.06.07.21.(5점/부분점수 없음)

송전단 전압이 3,300 [V]인 변전소로부터 6 [km] 떨어진 곳까지 지중으로 역률 0.9(지상) 600 [kW]의 3상 동력 부하에 전력을 공급할 때 케이블의 허용전류(또는 안전전류) 범위 내에서 전압강하가 10 [%]를 초과하지 않는 케이블을 다음 표에서 선정하시오.(단, 도체(동선)의 고유저항은 1/55 [$\Omega \cdot mm^2/m$]로 하고 케이블의 정전용량 및 리액턴스 등은 무시한다.)

심선의 굵기와 허용 전류

심선의 굵기 [mm²]	35	50	95	150	185
허용 전류 [A]	175	230	300	410	465

[작성답안]

계산 : $\epsilon = \dfrac{V_s - V_r}{V_r} \times 100$ 에서 $V_r = \dfrac{V_s}{1 + \dfrac{\epsilon}{100}} = \dfrac{3,300}{1 + \dfrac{10}{100}} = 3,000\,[\mathrm{V}]$

$$I = \dfrac{P}{\sqrt{3}\, V_r \cos\theta} = \dfrac{600 \times 10^3}{\sqrt{3} \times 3,000 \times 0.9} = 128.3\,[\mathrm{A}]$$

$e = V_s - V_r = 3,300 - 3,000 = 300\,[\mathrm{V}]$

∴ $e = \sqrt{3}\, I(R\cos\theta + X\sin\theta)$ 에서 정전용량 및 리액턴스 등을 무시하면 $e = \sqrt{3}\, IR\cos\theta$

∴ $R = \dfrac{e}{\sqrt{3}\, I\cos\theta} = \dfrac{300}{\sqrt{3} \times 128.3 \times 0.9} = 1.5\,[\Omega]$

$R = \rho \times \dfrac{l}{A}$ 에서 $A = \dfrac{\rho \times l}{R} = \dfrac{\dfrac{1}{55} \times 6,000}{1.5} = 72.73\,[\mathrm{mm}^2]$

∴ 95 [mm²] 선정

답 : 95 [mm²]

[핵심] 전압강하

① 전압강하 $e = \sqrt{3}\, I(R\cos\theta + X\sin\theta) = \dfrac{P}{V}(R + X\tan\theta)\,[\mathrm{V}]$

② 전압강하율 $\epsilon = \dfrac{e}{V} \times 100 = \dfrac{P}{V^2}(R + X\tan\theta) \times 100\,[\%]$

③ 전력손실 $P_L = \dfrac{P^2 R}{V^2 \cos^2\theta}\,[\mathrm{kW}]$

④ 전력손실률 $k = \dfrac{P_L}{P} \times 100 = \dfrac{PR}{V^2 \cos^2\theta} \times 100\,[\%]$

시퀀스도의 동작 원리에서 자동차 차고의 셔터에 라이트가 비치면 PHS에 의해 자동으로 열리고, 또한 PB_1를 조작해도 열린다. 셔터를 닫을 때는 PB_2를 조작하면 셔터는 닫힌다. 리밋 스위치 LS_1은 셔터의 상한이고, LS_2는 셔터의 하한이다.

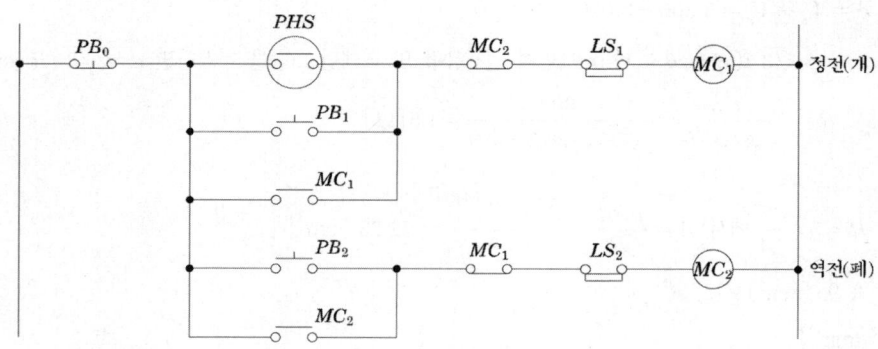

(1) MC_1, MC_2의 a접점은 어떤 역할을 하는 접점인가?

(2) MC_1, MC_2의 b접점은 어떤 역할을 하는가?

(3) LS_1, LS_2는 어떤 역할을 하는가?

(4) 시퀀스도에서 PHS(또는 PB_1)과 PB_2를 타임 차트와 같은 타이밍으로 ON 조작하였을 때의 타임 차트를 완성하여라.

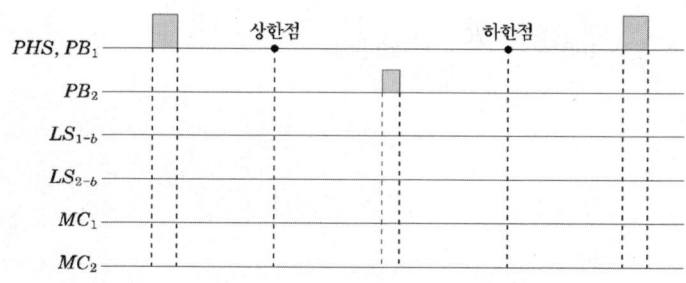

[작성답안]

(1) 자기 유지

(2) 인터록(동시 투입 방지)

(3) 셔터의 상·하한값을 감지하여 MC_1, MC_2를 소자시킨다.

(4)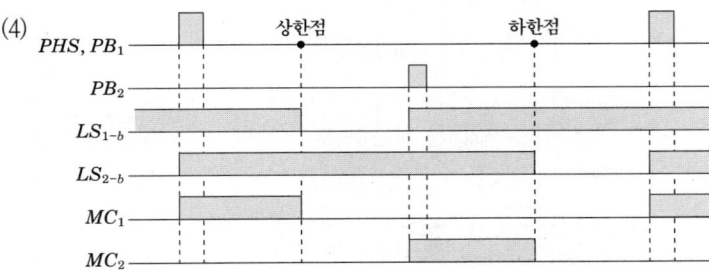

출제년도 07.11.(5점/부분점수 없음)

8

3상 200 [V], 20 [kW], 역률 80 [%]인 부하의 역률을 개선하기 위하여 15 [kVA]의 진상 콘덴서를 설치하는 경우 전류의 차(역률 개선 전과 역률 개선 후)는 몇 [A]가 되겠는가?

[작성답안]

계산 : 역률 개선 전 전류 $I_1 = \dfrac{P}{\sqrt{3}\,V\cos\theta_1} = \dfrac{20,000}{\sqrt{3}\times 200 \times 0.8} = 72.17\,[A]$

개선후 무효전력 $Q = \dfrac{P}{\cos\theta_1}\times \sin\theta_1 - Q_c = \dfrac{20}{0.8}\times 0.6 - 15 = 0\,[kVar]$

개선후 역률 $\cos\theta_2 = \dfrac{P}{\sqrt{P^2+Q^2}} = \dfrac{20}{\sqrt{20^2+0^2}} = 1$

개선후 전류 $I_2 = \dfrac{P}{\sqrt{3}\,V\cos\theta_2} = \dfrac{20,000}{\sqrt{3}\times 200\times 1} = 57.74\,[A]$

개선전과 개선후의 전류차 $I = I_1 - I_2 = 72.17 - 57.74 = 14.43\,[A]$

답 : 14.43 [A]

[핵심] 전류의 차

전류의 차를 벡터의 연산으로 계산할 수 없음을 주의해야 한다. 벡터 연산으로 계산할 경우는 두 전류가 시간과 공간적으로 같은 위치에서 합성이 될 경우에 가능하다. 그러나 이 경우는 시간적으로 같은 시간에 전류가 흐를 수 없으므로 벡터 연산이 불가능하다.

9

출제년도 07.14.21.(5점/각 문항당 2점, 모두 맞으면 5점)

그림과 같은 송전 철탑에서 등가 선간 거리 [cm]는? (단, 주어진 그림에서 단위는 [cm]이다.)

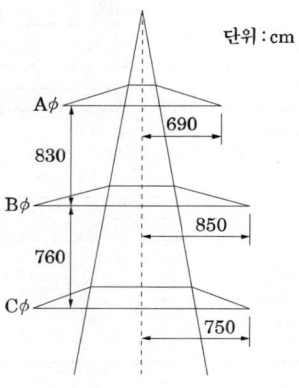

[작성답안]

계산 : $D_{AB} = \sqrt{830^2 + (850-690)^2} = 845.28$ [cm]

$D_{BC} = \sqrt{760^2 + (850-750)^2} = 766.55$ [cm]

$D_{CA} = \sqrt{(830+760)^2 + (750-690)^2} = 1591.13$ [cm]

$\therefore D_e = \sqrt[3]{D_{AB} \cdot D_{BC} \cdot D_{CA}}$

$= \sqrt[3]{845.28 \times 766.55 \times 1591.13} = 1010.22$ [cm]

답 : 1010.22 [cm]

[핵심] 등가 선간 거리

① 등가선간거리

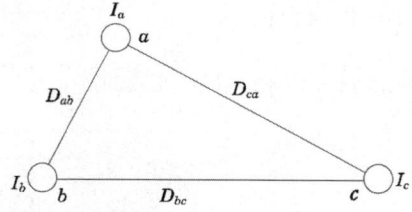

에서 기하학적 평균거리는 $D_e = \sqrt[3]{D_{ab} \cdot D_{bc} \cdot D_{ca}}$ [m] 가 된다.

② 소도체간의 등가평균거리

소도체가 정사각형 배치 된 경우 간격이 D일 때 소도체의 등가평균거리 $D_0 = \sqrt[6]{2} \times D$ [m]

그림은 특고압 수전설비 표준 결선도이다. 다음( )에 알맞은 내용을 쓰시오.

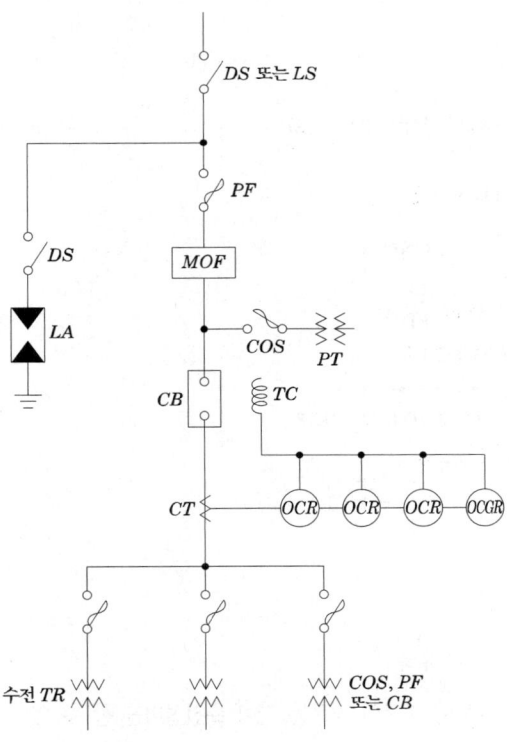

(1) 수전 전압이 154 [kV], 수전 전력이 2,000 [kVA]인 경우 차단기의 트립 전원은 ( ) 방식으로 한다.

(2) 아파트 및 공동 주택 등의 수전설비 인입선을 지중선으로 인입하는 경우, 수전전압이 22.9 [kV-Y]일 때, 지중선으로 사용할 케이블은 ( ) 케이블을 사용한다.

(3) 위의 "(2)"항에서 수전설비 인입선은 사고시 정전에 대비하기 위하여 ( )회선으로 인입하는 것이 바람직하다.

(4) 그림에서 수전 전압이 ( ) [kV] 이상인 경우에는 LS를 사용하여야 한다.

[작성답안]

(1) 직류(DC)
(2) $CNCV-W$(수밀형) 또는 $TR\ CNCV-W$(트리억제형)
(3) 2
(4) 66

[핵심] 표준결선도

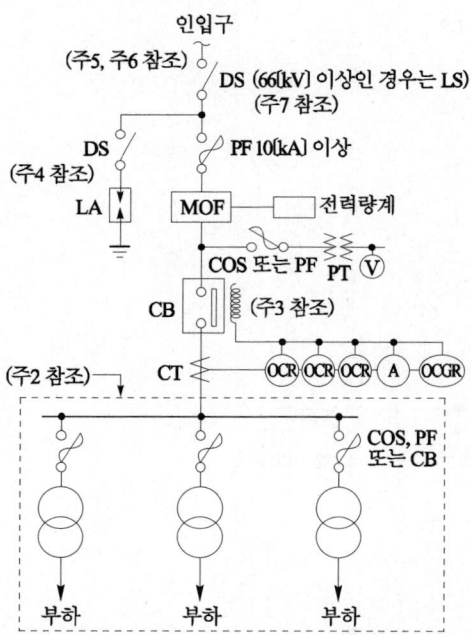

【주1】 22.9 [kV-Y], 1000 [kVA] 이하인 경우는 간이 수전설비를 할 수 있다.

【주2】 결선도 중 점선내의 부분은 참고용 예시이다.

【주3】 차단기의 트립 전원은 직류(DC) 또는 콘덴서 방식(CTD)이 바람직하며 66 [kV] 이상의 수전 설비에는 직류(DC)이어야 한다.

【주4】 LA용 DS는 생략할 수 있으며 22.9 [kV-Y]용의 LA는 Disconnector(또는 Isolator) 붙임형을 사용하여야 한다.

【주5】 인입선을 지중선으로 시설하는 경우에 공동주택 등 고장시 정전피해가 큰 경우는 예비 지중선을 포함하여 2회선으로 시설하는 것이 바람직하다.

【주6】 지중인입선의 경우에 22.9 [kV-Y] 계통은 CNCV-W 케이블(수밀형) 또는 TR CNCV-W(트리억제형)을 사용하여야 한다. 다만, 전력구·공동구·덕트·건물구내 등 화재의 우려가 있는 장소에서는 FR CNCO-W(난연) 케이블을 사용하는 것이 바람직하다.

【주7】 DS 대신 자동고장구분 개폐기(7000 [kVA] 초과시에는 Sectionalizer)를 사용할 수 있으며 66 [kV] 이상의 경우는 LS를 사용하여야 한다.

출제년도 07.21.(5점/부분점수 없음)

그림과 같은 회로에서 최대 눈금 15 [A]의 직류 전류계 2개를 접속하고 전류 20 [A]를 흘리면 각 전류계의 지시는 몇 [A]인가? (단, 전류계 최대 눈금의 전압강하는 A_1이 75 [mV], A_2가 50 [mV]임.)

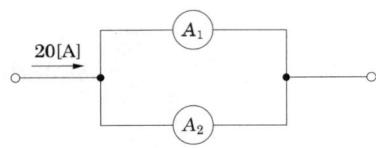

[작성답안]

계산 : 전류계 내부저항

$$R_1 = \frac{e_1}{I_1} = \frac{75 \times 10^{-3}}{15} = 5 \times 10^{-3} \, [\Omega]$$

$$R_2 = \frac{e_2}{I_2} = \frac{50 \times 10^{-3}}{15} = 3.33 \times 10^{-3} \, [\Omega]$$

$$\therefore A_1 = \frac{R_2}{R_1 + R_2} \times I = \frac{3.33 \times 10^{-3}}{5 \times 10^{-3} + 3.33 \times 10^{-3}} \times 20 = 8 \, [A]$$

$$A_2 = I - A_1 = 20 - 8 = 12 \, [A]$$

답 : $A_1 = 8$ [A], $A_2 = 12$ [A]

12

출제년도 92.99.02.07.09.11.(9점/각 문항당 3점)

다음 그림은 전력용 콘덴서 계통의 일부를 나타낸 것이다. 다음 물음에 답하시오.

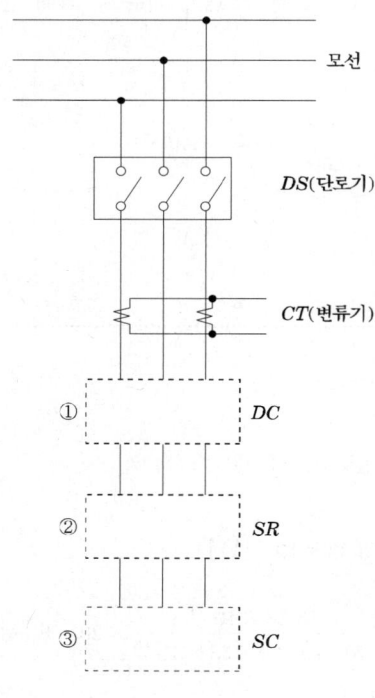

(1) ①, ②, ③의 명칭을 우리말로 쓰시오.

(2) ①, ②, ③의 설치 사유를 쓰시오.

(3) ①, ②, ③의 회로를 완성하시오.

[작성답안]

(1) ① 방전코일 ② 직렬 리액터 ③ 전력용 콘덴서

(2) ① 콘덴서에 축적된 잔류전하 방전

　　② 제5고조파 제거

　　③ 역률 개선

(3)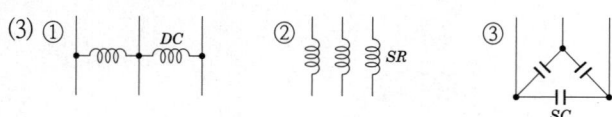

13

출제년도 89.99.00.07.(5점/부분점수 없음)

그림은 타이머 내부 결선도이다. * 표의 점선 부분에 대한 접점의 동작 설명을 하시오.

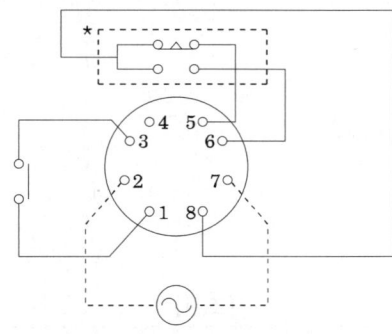

[작성답안]
타이머가 여자된 후 설정 시간 후에 동작하며, 소자되면 즉시 복구된다.

14

출제년도 07.(5점/각 항목당 1점)

아날로그형계전기에 비교할 때 디지털형계전기의 장점 5가지만 쓰시오.

[작성답안]
① 고성능, 다기능화가 가능하다.
② 소형화 가능하다.
③ 신뢰도가 높다.
④ 융통성이 높다.
⑤ 변성기의 부담이 작아진다.
그 외
⑥ 표준화가 가능하다.

15

출제년도 94.03.05.07.11.13.18(6점/각 문항당 3점)

그림과 같은 송전계통 S점에서 3상 단락사고가 발생하였다. 주어진 도면과 조건을 참고하여 다음 각 물음에 답하시오.

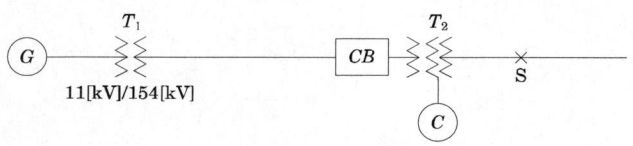

【조건】

번호	기기명	용량	전압	%X
1	발전기(G)	50,000 [kVA]	11 [kV]	30
2	변압기(T_1)	50,000 [kVA]	11/154 [kV]	12
3	송전선		154 [kV]	10(10,000 [kVA] 기준)
4	변압기(T_2)	1차 25,000 [kVA]	154 [kV]	12(25,000 [kVA] 기준, 1차~2차)
		2차 30,000 [kVA]	77 [kV]	15(25,000 [kVA] 기준, 2차~3차)
		3차 10,000 [kVA]	11 [kV]	10.8(10,000 [kVA] 기준, 3차~1차)
5	조상기(C)	10,000 [kVA]	11 [kV]	20

(1) 고장점의 단락전류
(2) 차단기의 단락전류

[작성답안]

(1) 고장점의 단락전류

계산 : 기준용량 100 [MVA] 기준 %Z 환산하면

- 발전기 : $\%X_G = \dfrac{100}{50} \times 30 = 60\,[\%]$

- 변압기(T_1) : $\%X_T = \dfrac{100}{50} \times 12 = 24\,[\%]$

- 송전선 : $\%X_l = \dfrac{100}{10} \times 10 = 100\,[\%]$

- 조상기 : $\%X_C = \dfrac{100}{10} \times 20 = 200\,[\%]$

- T_2 변압기

    1차 ~ 2차간 : $X_{P-S} = \dfrac{100}{25} \times 12 = 48\,[\%]$

    2차 ~ 3차간 : $X_{S-T} = \dfrac{100}{25} \times 15 = 60\,[\%]$

    3차 ~ 1차간 : $X_{T-P} = \dfrac{100}{10} \times 10.8 = 108\,[\%]$

그러므로

1차 $X_P = \dfrac{48+108-60}{2} = 48\,[\%]$

2차 $X_S = \dfrac{48+60-108}{2} = 0\,[\%]$

3차 $X_T = \dfrac{60+108-48}{2} = 60\,[\%]$

발전기에서 T_2 변압기 1차까지 $\%X_1 = 60+24+100+48 = 232\,[\%]$

조상기에서 T_2 변압기 3차까지 $\%X_2 = 200+60 = 260\,[\%]$

합성 $\%Z = \dfrac{\%X_1 \times \%X_2}{\%X_1 + \%X_2} + X_S = \dfrac{232 \times 260}{232+260} + 0 = 122.6\,[\%]$

$\therefore I_S = \dfrac{100}{\%Z} \times I_N = \dfrac{100}{122.6} \times \dfrac{100,000}{\sqrt{3} \times 77} = 611.59\,[A]$

답 : 611.59 [A]

(2) 차단기의 단락전류

계산 : $I_{S1} = I_S \times \dfrac{\%X_2}{\%X_1+\%X_2} = 611.59 \times \dfrac{260}{232+260} = 323.2\,[A]$

이를 154 [kV]로 환산하면

$I_{S10} = 323.2 \times \dfrac{77}{154} = 161.6\,[A]$

답 : 161.6 [A]

[핵심] 3권선 변압기 임피던스의 환산

$Z_a + Z_b = Z_{ab}$

$Z_b + Z_c = Z_{bc}$

$Z_a + Z_c = Z_{ac}$

위 식을 모두 더하면 다음과 같이 된다.

$2(Z_a + Z_b + Z_c) = Z_{ab} + Z_{bc} + Z_{ca}$

$2(Z_a + Z_{bc}) = Z_{ab} + Z_{bc} + Z_{ca}$

$R_a = \dfrac{1}{2}(Z_{ab} + Z_{ca} - Z_{bc})\ [\Omega]$

$R_b = \dfrac{1}{2}(Z_{ab} + Z_{bc} - Z_{ca})\ [\Omega]$

$R_c = \dfrac{1}{2}(Z_{ca} + Z_{bc} - Z_{ab})\ [\Omega]$

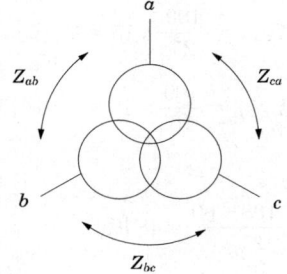

2007년 2회 기출문제 해설

전기기사 실기 과년도

※ 다음 물음에 답을 해당 답란에 답하시오.

1 출제년도 92.01.02.07.12.(9점/각 항목당 1점)

다음의 임피던스 맵(impedance map)과 조건을 보고 다음 각 물음에 답하시오.

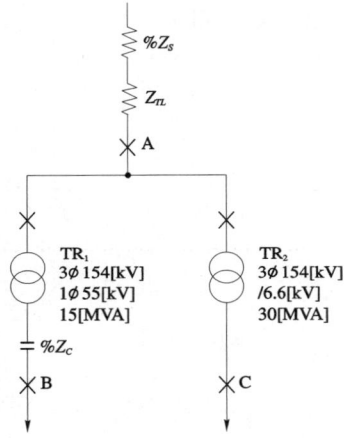

【조건】

$\%Z_S$: 한전 s/s의 154 [kV] 인출측의 전원측 정상 임피던스 1.2 [%] (100 [MVA] 기준)

Z_{TL} : 154 [kV] 송전 선로의 임피던스 1.83[Ω]

$\%Z_{TR1} = 10[\%]$ (15 [MVA] 기준)

$\%Z_{TR2} = 10[\%]$ (30 [MVA] 기준)

$\%Z_C = 50[\%]$ (100 [MVA] 기준)

(1) 다음 임피던스의 100 [MVA] 기준의 %임피던스를 구하시오.

① $\%Z_{TL}$

② $\%Z_{TR1}$

③ $\%Z_{TR2}$

(2) A, B, C 각 점에서의 합성 %임피던스를 구하시오.

① $\%Z_A$

② $\%Z_B$

③ $\%Z_C$

(3) A, B, C 각 점에서의 차단기의 소요 차단 전류는 몇 [kA]가 되겠는가? (단, 비대칭 분을 고려한 상승 계수는 1.6으로 한다.)

① I_A

② I_B

③ I_C

[작성답안]

(1) ① $\%Z_{TL} = \dfrac{Z \cdot P}{10\,V^2} = \dfrac{1.83 \times 100 \times 10^3}{10 \times 154^2} = 0.77\,[\%]$

② $\%Z_{TR1} = 10\,[\%] \times \dfrac{100}{15} = 66.67\,[\%]$

③ $\%Z_{TR2} = 10\,[\%] \times \dfrac{100}{30} = 33.33\,[\%]$

답 : $\%Z_{TL} = 0.77\,[\%]$, $\%Z_{TR1} = 66.67\,[\%]$, $\%Z_{TR2} = 33.33\,[\%]$

(2) ① $\%Z_A = \%Z_S + \%Z_{TL} = 1.2 + 0.77 = 1.97\,[\%]$

② $\%Z_B = \%Z_S + \%Z_{TL} + \%Z_{TR1} - \%Z_C = 1.2 + 0.77 + 66.67 - 50 = 18.64\,[\%]$

③ $\%Z_C = \%Z_S + \%Z_{TL} + \%Z_{TR2} = 1.2 + 0.77 + 33.33 = 35.3\,[\%]$

답 : $\%Z_A = 1.97\,[\%]$, $\%Z_B = 18.64\,[\%]$, $\%Z_C = 35.3\,[\%]$

(3) ① $I_A = \dfrac{100}{\%Z_A} I_n = \dfrac{100}{1.97} \times \dfrac{100 \times 10^3}{\sqrt{3} \times 154} \times 1.6 \times 10^{-3} = 30.45\,[kA]$

② $I_B = \dfrac{100}{\%Z_B} I_n = \dfrac{100}{18.64} \times \dfrac{100 \times 10^3}{55} \times 1.6 \times 10^{-3} = 15.61\,[kA]$

③ $I_C = \dfrac{100}{\%Z_C} I_n = \dfrac{100}{35.3} \times \dfrac{100 \times 10^3}{\sqrt{3} \times 6.6} \times 1.6 \times 10^{-3} = 39.65\,[kA]$

출제년도 07.16.(4점/부분점수 없음)

3상 3선식 배전선로의 각 선간의 전압강하의 근사값을 구하고자 하는 경우에 이용할 수 있는 약산식을 다음의 조건을 이용하여 구하시오.

【조건】
가. 배선선로의 길이 : L [m], 배전선의 굵기 : A[mm^2], 배전선의 전류 : I [A]
나. 표준연동선의 고유저항률 (20 [℃]) : $\dfrac{1}{58}$[Ω · mm^2/m], 동선의 도전율 : 97 [%]
다. 선로의 리액턴스를 무시하고 역률은 1로 간주해도 무방하다.

[작성답안]

계산 : 전압강하 $e = \sqrt{3}\,RI = \sqrt{3} \times \dfrac{1}{58} \times \dfrac{100}{97} \times \dfrac{L}{A} \times I = \dfrac{1}{32.48} \times \dfrac{LI}{A} = \dfrac{30.8}{1000} \times \dfrac{I \times L}{A}$ [V]

답 : $e = \dfrac{30.8LI}{1,000A}$ [V]

[핵심] 전압강하와 전선의 굵기

① KSC IEC 전선규격

1.5, 2.5, 4, 6, 10, 16, 25, 35, 50, 70, 95, 120, 150, 185, 240, 300, 400, 500, 630 [mm^2]

② 전압강하

- 단상 2선식 : $e = \dfrac{35.6LI}{1,000A}$ ·· ①

- 3상 3선식 : $e = \dfrac{30.8LI}{1,000A}$ ·· ②

- 3상 4선식 : $e_1 = \dfrac{17.8LI}{1,000A}$ ·· ③

여기서, L : 거리 I : 정격전류 A : 케이블의 굵기

이며 ③의 식은 1선과 중성선간의 전압강하를 말한다.

출제년도 07.(6점/각 문항당 3점)

3

그림과 같이 지상 역률 0.8인 부하와 유도성 리액턴스를 병렬로 접속한 회로에 교류전압 220 [V]를 인가할 때 각 전류계 A_1, A_2 및 A_3의 지시는 18 [A], 20 [A] 및 34 [A]이었다. 다음 물음에 답하시오.

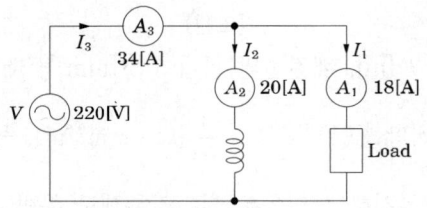

(1) 이 부하의 무효전력 Q는 약 몇 [kVar]인가?
(2) 이 부하의 소비전력 P는 약 몇 [kW]인가?

[작성답안]

(1) 계산 : $Q = VI_1 \sin\theta = 220 \times 18 \times 0.6 \times 10^{-3} = 2.38$ [kVar]

   답 : 2.38 [kVar]

(2) 계산 : $P = VI_1 \cos\theta = 220 \times 18 \times 0.8 \times 10^{-3} = 3.17$ [kW]

   답 : 3.17 [kW]

출제년도 90.05.07.16.19.(5점/부분점수 없음)

4

제3고조파의 유입으로 인한 사고를 방지하기 위하여 콘덴서 회로에 콘덴서 용량의 11 [%]인 직렬 리액터를 설치하였다. 이 경우에 콘덴서의 정격 전류(정상시 전류)가 10 [A]라면 콘덴서 투입시의 전류는 몇 [A]가 되겠는가?

[작성답안]

계산 : 콘덴서 투입시 돌입전류

$$I = I_n\left(1 + \sqrt{\frac{X_C}{X_L}}\right) = I_n\left(1 + \sqrt{\frac{X_C}{0.11 X_C}}\right) = 10 \times \left(1 + \sqrt{\frac{1}{0.11}}\right) = 40.15 \text{ [A]}$$

답 : 40.15 [A]

[핵심] 콘덴서 개폐시의 특이현상

정상전류의 수배의 돌입전류가 유입하여 차단기의 접점이 손상되고, 절연유가 오손되기 쉬우며, 개방시에는 이상전압이 발생하기 쉽다. 따라서 돌입전류와 이상전압을 제한하기 위하여 11KV 이상, 1000KVA 이상의 단위용량이 되면 보조접점을 가진 것이 사용되며 콘덴서 용량 리액턴스의 10~20% 정도의 억제저항을 개폐시에만 직렬로 삽입하여 이를 제한하고 있다.

억제저항을 사용하지 않는 경우에는 접점에 내호 금속을 사용하는 동시에 소호용 접점과 통전용 접점이 분리된 것을 사용한다. 콘덴서 투입시 주파수, 전류와의 관계는 다음과 같다.

$$I_{max} = I_C \left(1 + \sqrt{\frac{X_C}{X_L}}\right)$$

$$f_1 = f\sqrt{\frac{X_c}{X_L}}$$

I_C : 콘덴서 정상전류 X_C : 콘덴서 리액턴스
X_L : 콘덴서회로 유도성 리액턴스 f : 상용주파수
f_1 : 과도주파수

---

5 출제년도 07.(5점/부분점수 없음)

개폐기 중에서 다음 기호(심벌)가 의미하는 것은 무엇인지 모두 쓰시오.

 3P50A
f20A
A5

[작성답안]
3극 50 [A], 정격전류 5 [A]인 전류계 붙이 개폐기로서 퓨즈 정격 20 [A]

---

6 출제년도 01.07.22.(5점/부분점수 없음)

전기설비를 방폭화한 방폭기기의 구조에 따른 종류 4가지만 쓰시오.

[작성답안]
① 내압 방폭구조
② 유입 방폭구조
③ 안전증 방폭구조
④ 본질안전 방폭구조

[핵심] 방폭전기설비

① 본질(本質)안전방폭구조란 상시 운전 중이나 사고시(단락·지락·단선 등)에 발생하는 불꽃, 아크 또는 열에 의하여 폭발성가스에 점화가 되지 않는 것이 점화시험 또는 기타의 방법에 의하여 확인된 구조를 말한다.

② 내압방폭구조(內壓防爆構造)란 용기 내부에 보호기체, 예를 들면 신선한 공기 또는 불연성가스를 압입(壓入)하여 내압(內壓)을 유지함으로써 폭발성가스가 침입하는 것을 방지하는 구조를 말한다.

③ 내압방폭구조(耐壓防爆構造)란 전폐(全閉)구조로서 용기내부에 가스가 폭발하여도 용기가 그 압력에 견디고 또한 외부의 폭발성가스에 인화될 우려가 없는 구조를 말한다.

④ 안전증가방폭구조(安全增加防爆構造)란 상시운전 중에 불꽃, 아크 또는 과열이 발생되면 안 되는 부분에 이들이 발생되는 것을 방지하도록 구조상 또는 온도상승에 대하여 특히 안전도를 증가시킨 구조를 말한다.

⑤ 유입방폭구조(油入防爆構造)란 불꽃, 아크 또는 점화원(點火原)이 될 수 있는 고온 발생의 우려가 있는 부분의 유중(油中)에 넣어 유면상(油面上)에 존재하는 폭발성가스에 인화될 우려가 없도록 한 구조를 말한다.

---

7 출제년도 94.97.03.07.(4점/각 문항당 2점)

저압 전로 중에 개폐기를 시설하는 경우에는 부하 용량에 적합한 크기의 개폐기를 각 극에 설치하여야 한다. 그러나 분기 개폐기에는 생략하여도 되는 경우가 있는데, 다음 도면에서 생략하여도 되는 부분은 어느 개소인지를 모두 쓰시오. (단, 생략 가능한 개소는 영문자로 표기하도록 한다.)

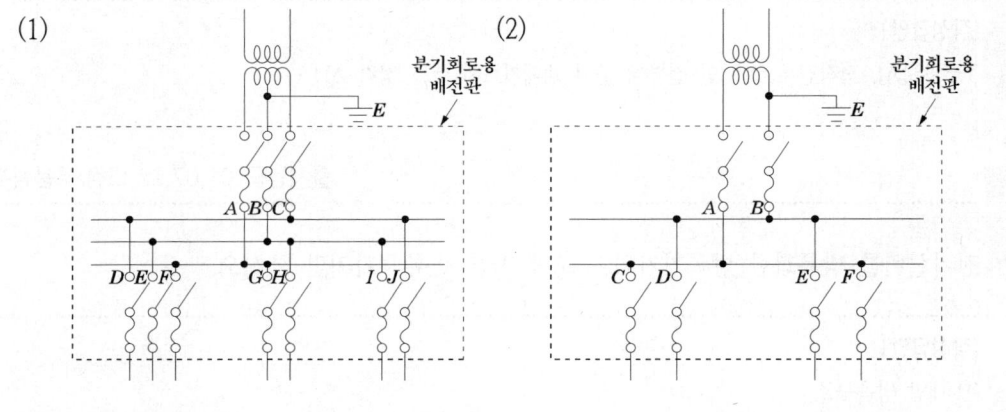

[작성답안]
(1) E, H, I　　　　(2) D, E

[핵심]
한국전기설비규정 341.11 과전류 차단기의 시설 제한

8　　　　　　　　　　　　　　출제년도 07.11.13.14.17.(5점/부분점수 없음)

변류비 160/5인 변류기 2대를 그림과 같이 접속하였을 때, 전류계에 2.5 [A]의 전류가 흘렀다. 1차 전류를 구하시오.

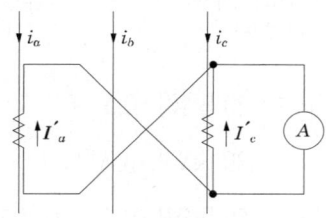

[작성답안]

계산 : $I = \sqrt{3}\,I'_a = \sqrt{3}\,I'_c = 2.5$ [A]

$\therefore I'_a = \dfrac{2.5}{\sqrt{3}}$ [A]

$\therefore$ 1차 전류 $i_a = a\,I'_a = \dfrac{160}{5} \times \dfrac{2.5}{\sqrt{3}} = 46.19$ [A]

답 : 46.19 [A]

[핵심] 변류기의 교차접속

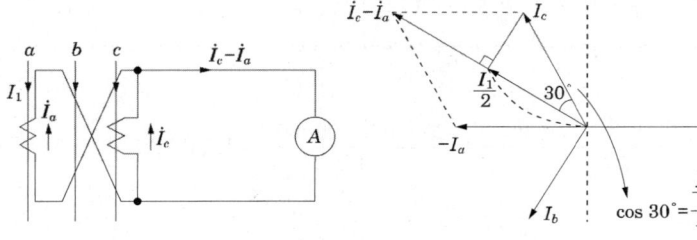

전류계에 흐르는 전류는 $\dot{I}_c - \dot{I}_a$ 이며, 이 전류는 벡터도와 같이 CT 2차 전류의 $\sqrt{3}$ 배 가 됨을 알 수 있다.

$I_1 =$ 전류계 Ⓐ 지시값 $\times \dfrac{1}{\sqrt{3}} \times CT$비

9

출제년도 07.(6점/각 문항당 2점)

부하의 종류가 전등뿐인 수용가에서 그림과 같이 변압기가 설치되어 있다. 도면과 조건을 이용하여 다음 각 물음에 답하시오.

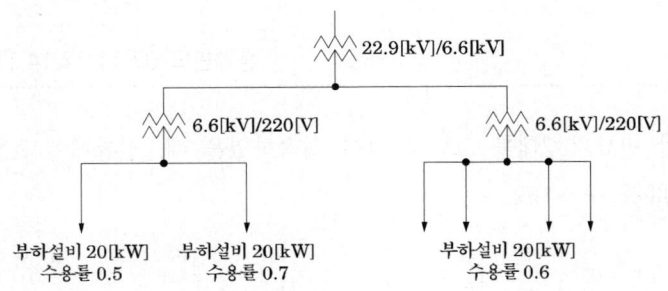

① 수용가의 수용률 A군 :   20 [kW], 0.5
　　　　　　　　　　　　 20 [kW], 0.7
　　　　　　　　　　B군 : 50 [kW], 0.6
② 수용가 상호간의 부등률 : 1.2
③ 변압기 상호간의 부등률 : 1.2
④ 변압기 표준용량 [kVA] : 5, 10, 15, 20, 25, 50, 75, 100

(1) A군에 필요한 표준 변압기 용량을 구하시오.
(2) B군에 필요한 표준 변압기 용량을 구하시오.
(3) 고압간선에 필요한 표준 변압기 용량을 구하시오.

[작성답안]

(1) 계산 : 변압기 용량 $= \dfrac{\text{설비 용량} \times \text{수용률}}{\text{부등률}} = \dfrac{20 \times 0.5 + 20 \times 0.7}{1.2} = 20$ [kVA]

　　답 : 20 [kVA]

(2) 계산 : 변압기 용량 $= \dfrac{\text{설비 용량} \times \text{수용률}}{\text{부등률}} = \dfrac{50 \times 0.6}{1.2} = 25$ [kVA]

　　답 : 25 [kVA]

(3) 계산 : 변압기 용량 = $\dfrac{\dfrac{20 \times 0.5 + 20 \times 0.7}{1.2} + \dfrac{50 \times 0.6}{1.2}}{1.2}$ = 37.5 [kVA]

답 : 50 [kVA]

[핵심] 변압기 용량

① 변압기 용량

변압기 용량[kW] ≥ 합성 최대 수용 전력 = $\dfrac{\text{부하 설비 합계[kW]} \times \text{수용률}}{\text{부등률}}$

역률을 적용하여 [kW]의 부하를 [kVA]의 부하로 환산하여 구한다.

② 표준용량

3, 5, 7.5, 10, 15, 30, 50, 75, 100, 150, 200, 300, 500, 750, 1000, 1500, 2000, 3000, 4500, (5000), 6000, 7500, 10000, 15000, 20000, 30000, 45000, (50000), 60000, 90000, 100000, (120000), 150000, 200000, 250000, 300000 ( )는 준표준 규격이다.

10

출제년도 04.07.08.(7점/각 문항당 1점, 모두 맞으면 7점)

그림과 같은 릴레이 시퀀스도를 이용하여 다음 각 물음에 답하시오.

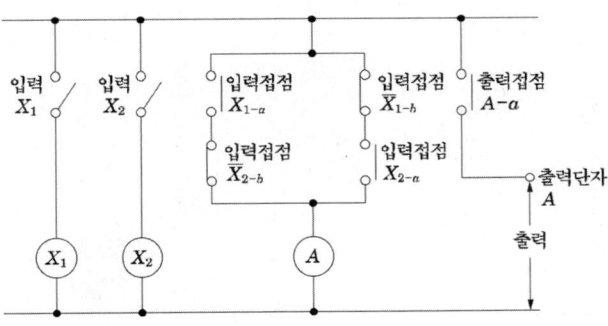

(1) AND, OR, NOT 등의 논리게이트를 이용하여 주어진 릴레이 시퀀스도를 논리회로로 바꾸어 그리시오.

(2) 물음 "(1)"에서 작성된 회로에 대한 논리식을 쓰시오.

(3) 논리식에 대한 진리표를 완성하시오.

입 력		출 력
X_1	X_2	A
0	0	
0	1	
1	0	
1	1	

(4) 진리표를 만족할 수 있는 로직회로(Logic circuit)를 간소화하여 그리시오.

(5) 주어진 타임차트를 완성하시오.

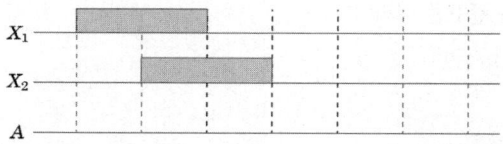

[작성답안]

(1)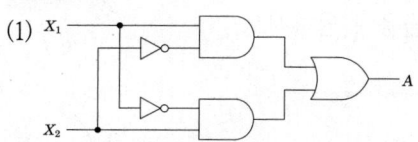

(2) $A = X_1 \overline{X_2} + \overline{X_1} X_2$

(3)
X_1	X_2	A
0	0	0
0	1	1
1	0	1
1	1	0

(4)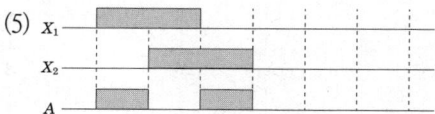

(5)

11 출제년도 07.11.(5점/각 항목당 1점)

유도 전동기는 농형과 권선형으로 구분되는데 각 형식별 기동법을 아래 빈칸에 쓰시오.

전동기 형식	기동법	기동법의 특징
농 형	①	전동기에 직접 전원을 접속하여 기동하는 방식으로 5 [kW] 이하의 소용량에 사용
	②	1차 권선을 Y접속으로 하여 전동기를 기동시 상전압을 감압하여 기동하고 속도가 상승되어 운전속도에 가깝게 도달하였을 때 △접속으로 바꿔 큰 기동전류를 흘리지 않고 기동하는 방식으로 보통 5.5~37 [kW] 정도의 용량에 사용
	③	기동전압을 떨어뜨려서 기동전류를 제한하는 기동방식으로 고전압 농형 유도 전동기를 기동할 때 사용
권선형	④	유도전동기의 비례추이 특성을 이용하여 기동하는 방법으로 회전자 회로에 슬립링을 통하여 가변저항을 접속하고 그의 저항을 속도의 상승과 더불어 순차적으로 바꾸어서 적게 하면서 기동하는 방법
	⑤	회전자 회로에 고정저항과 리액터를 병렬 접속한 것을 삽입하여 기동하는 방법

[작성답안]
① 직입기동법 ② Y-△기동법 ③ 기동보상기법
④ 2차 저항 기동법 ⑤ 2차 임피던스 기동법

12 출제년도 89.90.97.07.00.02.09.10.16.(5점/부분점수 없음)

가로 12 [m], 세로 24 [m]인 사무실 공간에 40 [W] 2등용 형광등 기구의 전광속이 5,600 [lm]이고 램프 전류 0.87 [A]인 조명기구를 설치하려고 한다. 이때 평균 조도를 400 [lx]로 할 경우, 이 사무실의 최소 분기회로 수는 얼마인가? (단, 조명률 61 [%], 감광보상률 1.3이며, 전기방식은 220 [V] 단상 2선식, 16 [A] 분기회로로 한다.)

[작성답안]

계산 : $N = \dfrac{EAD}{FU} = \dfrac{400 \times 12 \times 24 \times 1.3}{5,600 \times 0.61} = 43.84$ [등]

∴ 44등 선정

∴ $n = \dfrac{44 \times 0.87}{16} = 2.39$ [회로]

답 : 16 [A] 분기 3회로

13

출제년도 07.08.11.13.21.(8점/각 문항당 2점)

정격용량 500 [kVA]의 변압기에서 배전선의 전력손실은 40 [kW], 부하 L_1, L_2에 전력을 공급하고 있다. 지금 그림과 같이 전력용 콘덴서를 기존 부하와 병렬로 연결하여 합성 역률을 90[%]로 개선하고 새로운 부하를 증설하려고 할 때 다음 물음에 답하시오. (단, 여기서 부하 L_1은 역률 60 [%], 180 [kW]이고, 부하 L_2의 전력은 120 [kW], 160 [kVar]이다.)

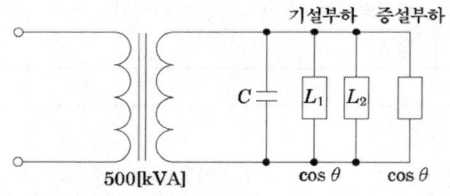

(1) 부하 L_1과 L_2의 합성용량 [kVA]과 합성역률은?

① 합성용량

② 합성역률

(2) 합성역률을 90 [%]로 개선하는데 필요한 콘덴서 용량(Q_c)는 몇 [kVA]인가?

(3) 역률 개선시 배전선의 전력손실은 몇 [kW]인가?

(4) 역률 개선시 변압기 용량의 한도까지 부하설비를 증설하고자 할 때 증설부하용량은 몇 [kVA]인가? (단, 증설부하의 역률은 기존부하의 합성역률과 같은 것으로 한다.)

[작성답안]

(1) ① 합성용량

계산 : $P = P_1 + P_2 = 180 + 120 = 300\,[\text{kW}]$

$Q = Q_1 + Q_2 = \dfrac{P_1}{\cos\theta_1} \times \sin\theta_1 + Q_2 = \dfrac{180}{0.6} \times 0.8 + 160 = 400\,[\text{kVar}]$

$\therefore P_a = \sqrt{P^2 + Q^2} = \sqrt{300^2 + 400^2} = 500\,[\text{kVA}]$

답 : 500 [kVA]

② 합성역률

계산 : $\cos\theta = \dfrac{P}{P_a} = \dfrac{300}{500} \times 100 = 60\,[\%]$

답 : 60 [%]

(2) 계산 : $Q_c = P(\tan\theta_1 - \tan\theta_2) = 300\left(\dfrac{0.8}{0.6} - \dfrac{\sqrt{1-0.9^2}}{0.9}\right) = 254.7\,[\text{kVA}]$

답 : 254.7 [kVA]

(3) 계산 : $P_l = \dfrac{RP^2}{V^2\cos^2\theta}$ 에서 $P_l \propto \dfrac{1}{\cos^2\theta}$

$\therefore P_l' = \dfrac{1}{\left(\dfrac{0.9}{0.6}\right)^2} \times 40 = 17.78\,[\text{kW}]$

답 : 17.78 [kW]

(4) 계산 : 역률 개선후

$P_a = \sqrt{(P+P_l)^2 + (Q-Q_c)^2} = \sqrt{(300+17.78)^2 + (400-254.7)^2} = 349.42\,[\text{kVA}]$

증설부하 용량 $P_a' = 500 - 349.42 = 150.58\,[\text{kVA}]$

답 : 150.58 [kVA]

[핵심] 역률개선

① 역률개선용 콘덴서 용량

$Q_c = P\tan\theta_1 - P\tan\theta_2 = P(\tan\theta_1 - \tan\theta_2) = P\left(\dfrac{\sin\theta_1}{\cos\theta_1} - \dfrac{\sin\theta_2}{\cos\theta_2}\right)$

$= P\left(\dfrac{\sqrt{1-\cos^2\theta_1}}{\cos\theta_1} - \dfrac{\sqrt{1-\cos^2\theta_2}}{\cos\theta_2}\right)\,[\text{kVA}]$

여기서, $\cos\theta_1$: 개선 전 역률, $\cos\theta_2$: 개선 후 역률

② 전력손실 $P_L = \dfrac{P^2 R}{V^2\cos^2\theta}$ 에서 $P_L \propto \dfrac{1}{\cos\theta^2}$ 가 된다.

14

출제년도 02.07.(14점/각 문항당 2점)

도면은 154 [kV]를 수전하는 어느 공장의 수전설비에 대한 단선도이다. 이 단선도를 보고 다음 각 물음에 답하시오.

(1) ①에 설치되어야 할 기기의 심벌을 그리고, 그 명칭을 쓰시오.
(2) ②에 설치되어야 할 기기의 심벌을 그리고, 그 명칭을 쓰시오.
(3) ③에 설치되어야 할 기기의 심벌을 그리고, 그 명칭을 쓰시오.
(4) ④에 설치되어야 할 기기의 심벌을 그리고, 그 명칭을 쓰시오.
(5) ⑤에 설치되어야 할 기기의 심벌을 그리고, 그 명칭을 쓰시오.
(6) ⑥에 설치되어야 할 기기의 심벌을 그리고, 그 명칭을 쓰시오.
(7) ⑦에 설치되어야 할 기기의 심벌을 그리고, 그 명칭을 쓰시오.

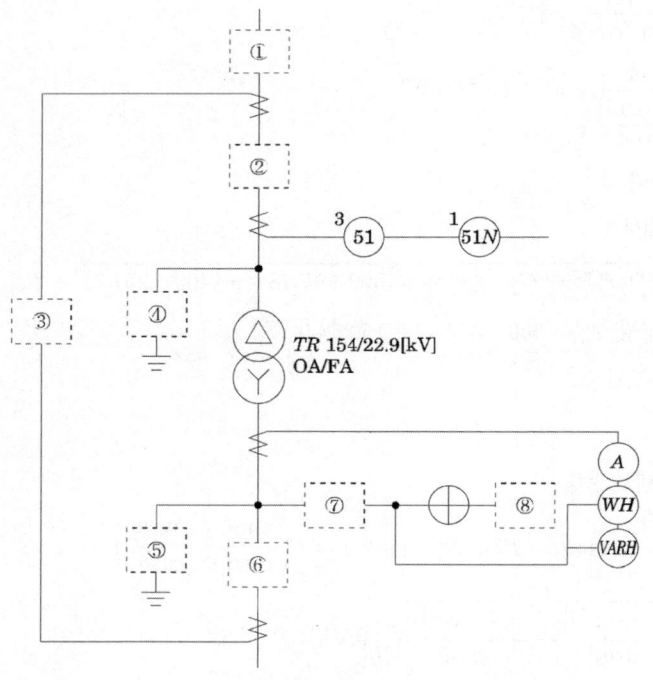

[작성답안]

(1) 심벌 : • 명칭 : 선로개폐기

(2) 심벌 : • 명칭 : 차단기

(3) 심벌 : 87T • 명칭 : 주변압기 차동계전기

(4) 심벌 : • 명칭 : 피뢰기

(5) 심벌 : • 명칭 : 피뢰기

(6) 심벌 : • 명칭 : 차단기

(7) 심벌 : • 명칭 : 계기용 변압기

15 출제년도 93.07.(10점/(1)4점, (2)(3)3점)

답안지의 그림은 리액터 시동, 정지 시퀀스제어의 미완성 회로 도면이다. 이 도면을 이용하여 다음 각 물음에 답하시오.

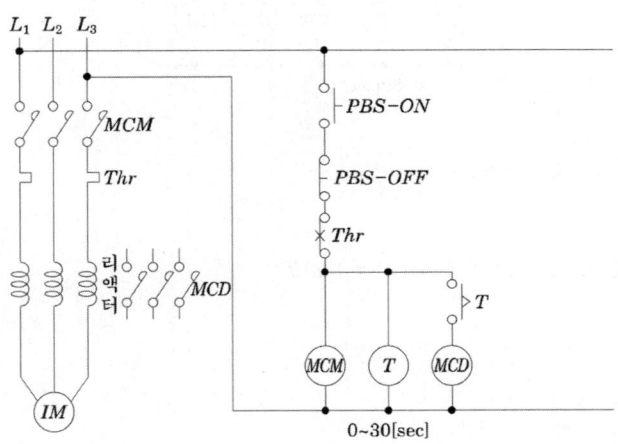

(1) 미완성 부분의 다음 회로를 완성하시오.

　① 리액터 단락용 전자접촉기 MCD와 주회로를 완성하시오.

　② $PBS-ON$ 스위치를 투입하였을 때 자기유지가 될 수 있는 회로를 구성하시오.

　③ 전동기 운전용 램프 RL과 정지용 램프 GL 회로를 구성하시오.

(2) 직입 시동시의 시동 전류가 정격 전류의 6배가 흐르는 전동기를 80 [%] 탭에서 리액터 시동한 경우의 시동 전류는 약 몇 배 정도가 되는가?

(3) 직입 시동시의 시동 토크가 정격 토크의 2배였다고 하면 80 [%] 탭에서 리액터 시동한 경우의 시동 토크는 약 몇 배로 되는가?

[작성답안]

(1)

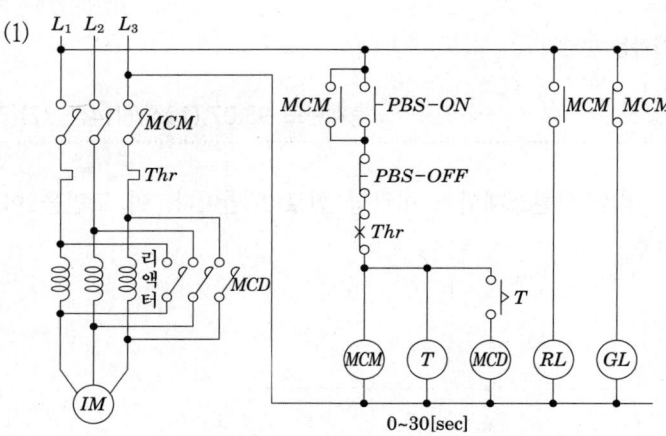

(2) 계산 : $I_S \propto V_1$ 이므로 $I_S = 6\,I \times 0.8 = 4.8 I$

　답 : 4.8배

(3) 계산 : $T_S \propto V_1^2$ 이므로 $T_S = 2\,T \times 0.8^2 = 1.28\,T$

　답 : 1.28배

2007년 3회 기출문제 해설

※ 다음 물음에 답을 해당 답란에 답하시오.

1 　　　　　　　　　　　　　　　　　　　출제년도 93.07.(5점/각 문항당 1점)

적외선 전구에 대한 내용이다. 다음 각 물음에 답하시오.

(1) 주로 어떤 용도에 사용되는가?

(2) 주로 몇 [W]정도의 크기로 사용되는가?

(3) 효율은 몇 [%]정도 되는가?

(4) 필라멘트의 온도는 절대 온도로 몇 [°K] 정도 되는가?

(5) 적외선전구에서 가장 많이 나오는 빛의 파장은 몇 [μm]인가?

[작성답안]

(1) 적외선에 의한 가열 및 건조

(2) 250 [W]　　　(3) 75 [%]　　　(4) 2,500 [°K]　　　(5) 1~3 [μm]

출제년도 91.07.13.14.(5점/부분점수 없음)

그림과 같은 배광 곡선을 갖는 반사갓형 수은등 400 [W](22,000 [lm])을 사용할 경우 기구 직하 7 [m]점으로부터 수평 5 [m] 떨어진 점의 수평면 조도를 구하시오.
(단, $\cos^{-1}0.814 = 35.5°$, $\cos^{-1}0.707 = 45°$, $\cos^{-1}0.583 = 54.3°$)

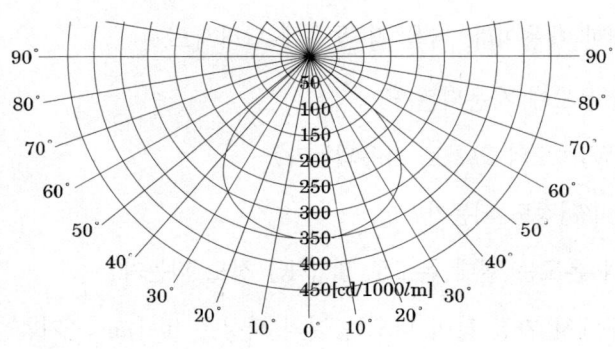

[작성답안]

계산 : $\ell = \sqrt{h^2 + W^2} = \sqrt{7^2 + 5^2}$

$\cos\theta = \dfrac{h}{\sqrt{h^2+W^2}} = \dfrac{7}{\sqrt{7^2+5^2}} = 0.814$

$\theta = \cos^{-1}0.814 = 35.5°$ 이므로 광도는 약 280 [cd/1,000lm]

수은등의 광도 $I = \dfrac{280}{1,000} \times 22,000 = 6,160$ [cd]이다.

수평면 조도 $E_h = \dfrac{I}{\ell^2} \times \cos\theta = \dfrac{6,160}{(\sqrt{7^2+5^2})^2} \times 0.814 = 67.76$ [lx]

답 : 67.76 [lx]

[핵심] 조도

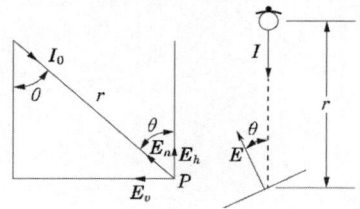

① 법선조도 $E_n = \dfrac{I}{r^2}$ [lx]

② 수평면 조도 $E_h = E_n \cos\theta = \dfrac{I}{r^2}\cos\theta = \dfrac{I}{h^2}\cos^3\theta$ [lx]

③ 수직면 조도 $E_v = E_n \sin\theta = \dfrac{I}{r^2}\sin\theta = \dfrac{I}{h^2}\sin\theta\cos^2\theta$ [lx]

---

3. 출제년도 02.05.07.12.21.(11점/각 문항당 3점, 모두 맞으면 11점)

어떤 인텔리전트 빌딩에 대한 등급별 추정 전원 용량에 대한 다음 표를 이용하여 각 물음에 답하시오.

등급별 추정 전원 용량 [VA/m²]

내용 \ 등급별	0등급	1등급	2등급	3등급
조 명	32	22	22	29
콘 센 트	–	13	5	5
사무자동화(OA) 기기	–	–	34	36
일반동력	38	45	45	45
냉방동력	40	43	43	43
사무자동화(OA)동력	–	2	8	8
합 계	110	125	157	166

(1) 연면적 10000 [m²]인 인텔리전트 2등급인 사무실 빌딩의 전력 설비 부하의 용량을 다음 표에 의하여 구하도록 하시오.

부하 내용	면적을 적용한 부하용량[kVA]
조 명	
콘 센 트	
OA 기기	
일반동력	
냉방동력	
OA 동력	
합 계	

(2) 물음 "(1)"에서 조명, 콘센트, 사무자동화기기의 적정 수용률은 0.7, 일반동력 및 사무자동화 동력의 적정 수용률은 0.5, 냉방동력의 적정 수용률은 0.8이고, 주변압기 부등률은 1.2로 적용한다. 이때 전압방식을 2단 강압 방식으로 채택할 경우 변압기의 용량에 따른 변전설비의 용량을 산출하시오. (단, 조명, 콘센트, 사무자동화 기기를 3상 변압기 1대로, 일반동력 및 사무자동화 동력을 3상 변압기 1대로, 냉방동력을 3상 변압기 1대로 구성하고, 상기 부하에 대한 주변압기 1대를 사용하도록 하며, 변압기 용량은 일반 규격 용량으로 정하도록 한다.)

계산 :

- 조명, 콘센트, 사무자동화 기기에 필요한 변압기 용량 산정
- 일반동력, 사무자동화동력에 필요한 변압기 용량 산정
- 냉방동력에 필요한 변압기 용량 산정
- 주변압기 용량 산정

변압기 용량표

50 75 100 150 200 300 400 500 750 1000

(3) 주변압기에서부터 각 부하에 이르는 변전설비의 단선 계통도를 간단하게 그리시오.

[작성답안]

(1)

부하 내용	면적을 적용한 부하용량 [kVA]
조 명	$22 \times 10000 \times 10^{-3} = 220$ [kVA]
콘 센 트	$5 \times 10000 \times 10^{-3} = 50$ [kVA]
OA 기기	$34 \times 10000 \times 10^{-3} = 340$ [kVA]
일반동력	$45 \times 10000 \times 10^{-3} = 450$ [kVA]
냉방동력	$43 \times 10000 \times 10^{-3} = 430$ [kVA]
OA 동력	$8 \times 10000 \times 10^{-3} = 80$ [kVA]
합 계	$157 \times 10000 \times 10^{-3} = 1570$ [kVA]

(2) • 조명, 콘센트, 사무자동화 기기에 필요한 변압기 용량 산정

$\mathrm{Tr}_1 = (220 + 50 + 340) \times 0.7 = 427$ [kVA]

∴ 500 [kVA]

• 일반동력, 사무자동화동력에 필요한 변압기 용량 산정

$\mathrm{Tr}_2 = (450 + 80) \times 0.5 = 265$ [kVA]

∴ 300 [kVA]

• 냉방동력에 필요한 변압기 용량 산정

$\mathrm{Tr}_3 = 430 \times 0.8 = 344$ [kVA]

∴ 400 [kVA]

• 주변압기 용량 산정

$\mathrm{STr} = \dfrac{427 + 265 + 344}{1.2} = 863.33$ [kVA]

∴ 1000 [kVA]

(3)

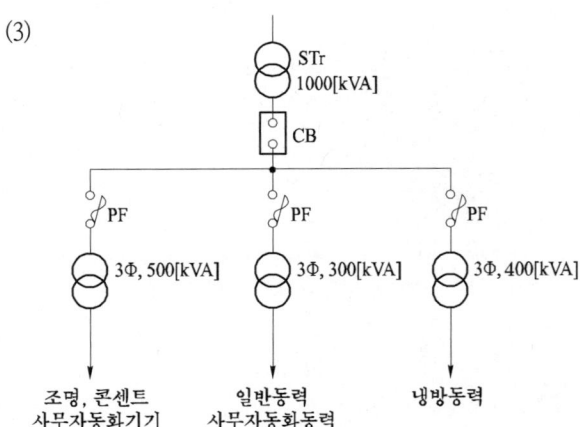

4. 출제년도 96.07.10.11.12.18.19.(5점/모두 맞으면 5점, 1~2개 틀리면 2점, 이외 0점)

다음은 유입변압기와 몰드형 변압기를 비교하였을 때 몰드형 변압기의 장점(5가지)과 단점(2가지)을 쓰시오.

[작성답안]

장점
- 자기 소화성이 우수 하므로 화재의 염려가 없다.
- 코로나 특성 및 임펄스 강도가 높다.
- 소형 경량화 할 수 있다.
- 습기, 가스, 염분 및 소손 등에 대해 안정하다.
- 보수 및 점검이 용이하다.

그 외
- 저진동 및 저소음
- 단시간 과부하 내량 크다.
- 전력손실이 감소

단점
- 서지에 대한 대책을 수립하여야 한다.(전압 성능이 낮으므로 VCB와 같은 고속도 차단기와 조합할 경우 서지흡수기(Surge Absorber)를 채용해야 한다)
- 옥외 설치 및 대용량 제작이 곤란하다.

그 외
- HV측이 표면에 위치 하므로 운전 중 일 때, Coil표면에 인체가 접촉될 경우 위험하다.

[핵심] 몰드변압기

고압 및 전압의 권선을 모두 에폭시 수지로 몰드한 고체 절연방식의 변압기를 몰드 변압기라 한다. 몰드 변압기는 난연성, 절연의 신뢰성, 보수 및 유지의 용이함을 위해 개발되었으며, 에너지 절약적인 측면은 유입변압기 보다 유리하다. 몰드변압기는 일반적으로 유입변압기보다 절연내력이 작으므로 VCB와 연결시 개폐서지에 대한 대책이 없으므로 SA(Surge Absorber)등을 설치하여 대책을 세워주어야 한다.

몰드 변압기를 유입 변압기와 비교하면 다음과 같은 특징이 있다.

① 난연성이 우수하다. 에폭시 수지에 무기물 충진제가 혼입된 구조로 되어 있으므로 자기 소호성이 우수하며, 불꽃 등에 착화하지 않는 특성이 있다.
② 신뢰성이 향상된다. 내코로나(Corona)특성, 임펄스 특성이 향상된다.
③ 소형, 경량화가 가능하다. 철심이 컴팩트화 되어 면적이 축소된다.
④ 무부하 손실이 줄어든다. 이것으로 인해 운전경비가 절감되고, 에너지가 절약이 된다.
⑤ 유지보수 점검이 용이하게 된다. 일반 유입변압기와 달리 절연유의 여과 및 교체가 없으며, 장기간 정지후 간단하게 재사용할 수 있으며, 먼지, 습기 등에 의한 절연내력이 영향을 받지 않는다.
⑥ 단시간 과부하 내량이 크다.
⑦ 소음이 적고 무공해운전이 가능하다.
⑧ 서지에 대한 대책을 수립하여야 한다. 사용장소는 건축전기설비, 병원, 지하상가나 주택이 근접하여 있는 공장이나 화학 플랜트 등의 특수 공장과 같이 재해가 인명에 직접 영향을 끼치는 장소에 좋으며, 특히 에너지절약 측면에서 적합하다.

출제년도 89.96.17.新規.(5점/각 문항당 2점, 모두 맞으면 0점)

5

단상 2선식 220[V]의 전원을 사용하는 간선에 24[A] 전동기 1대와 전등 부하전류의 합계가 8[A], 정격전류 5[A] 전열기 2대를 접속하는 부하설비가 있다. 다음 물음에 답하시오(단, 전동기의 기동 계급은 고려하지 않는다)

(1) 전원을 공급하는 간선의 설계전류는 몇 [A]인가?

(2) 도체의 허용전류가 설계전류의 2배의 경우 간선에 설치하는 과전류 차단기의 정격 전류를 다음 규격에서 최대값으로 선정하시오.

과전류 차단기 정격전류
50, 60, 75, 100, 125, 150, 175 [A]

[작성답안]

(1) 계산 : $I_a = 24 + (8 + 5 \times 2) = 42$[A]

　　답 : 42[A]

(2) 계산 : $I_B \leq I_n \leq I_Z$ 에서 $42 \leq I_n \leq 84$ 이므로 75[A] 선정

　　답 : 75[A]

[핵심] 도체와 과부하 보호장치 사이의 협조

과부하에 대해 케이블(전선)을 보호하는 장치의 동작특성은 다음의 조건을 충족해야 한다.

$I_B \leq I_n \leq I_Z$ .... ①

$I_2 \leq 1.45 \times I_Z$ .... ②

　　　　I_B : 회로의 설계전류

　　　　I_Z : 케이블의 허용전류

　　　　I_n : 보호장치의 정격전류

　　　　I_2 : 보호장치가 규약시간 이내에 유효하게 동작하는 것을 보장하는 전류

1. 조정할 수 있게 설계 및 제작된 보호장치의 경우, 정격전류 I_n은 사용현장에 적합하게 조정된 전류의 설정값이다.
2. 보호장치의 유효한 동작을 보장하는 전류 I_2는 제조자로부터 제공되거나 제품 표준에 제시되어야 한다.
3. 식 2에 따른 보호는 조건에 따라서는 보호가 불확실한 경우가 발생할 수 있다. 이러한 경우에는 식 2에 따라 선정된 케이블 보다 단면적이 큰 케이블을 선정하여야 한다.
4. I_B는 선도체를 흐르는 설계전류이거나, 함유율이 높은 영상분 고조파(특히 제3고조파)가 지속적으로 흐르는 경우 중성선에 흐르는 전류이다.

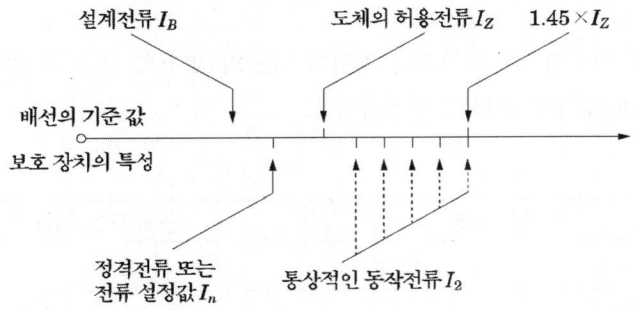

출제년도 91.94.95.00.01.05.07.新規.(13점/(1)5점, (2)8점)

다음 답안지의 미완성 도면을 보고 다음 각 물음에 답하시오.

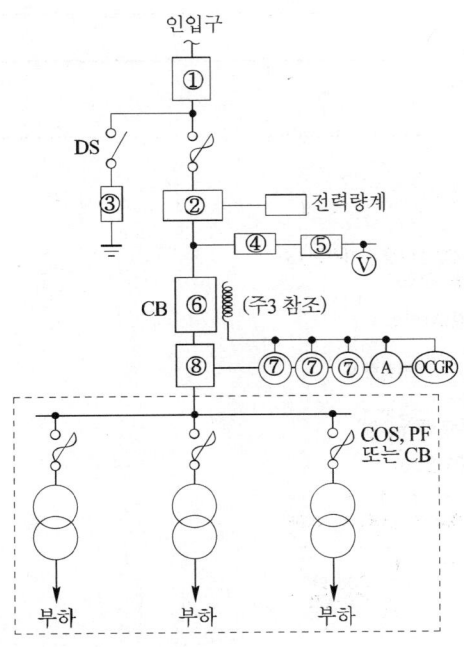

(1) 주어진 단선 결선도에서 □ 표시한 ①~⑧까지의 기기에 대하여 표준 심벌을 사용하여 단선 결선도를 완성하시오.

(2) 주어진 단선도의 ①~⑧까지의 기기의 약호와 명칭의 표를 작성하고 그 용도 또는 역할에 대하여 간단히 설명하시오.

번호	약호	명 칭	용도 또는 역할
①			
②			
③			
④			
⑤			
⑥			
⑦			
⑧			

[작성답안]

(1)

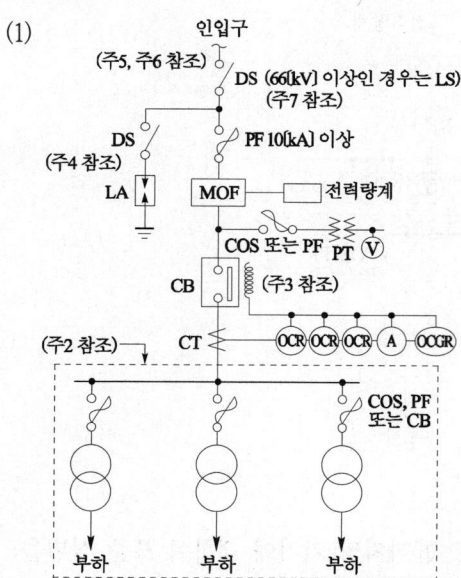

(2)

번호	약호	명칭	용도 또는 역할
①	DS	단로기	인입구용 단로기로서 기기를 전원으로부터 완전분리
②	MOF	전력수급용 계기용 변성기	전력량을 적산하기 위하여 고전압을 저전압(110 [V])으로 대전류를 저전류(5 [A])로 변성한다.
③	LA	피뢰기	이상 전압 침입시 이를 대지로 방전시키며 속류를 차단한다.
④	COS	컷아웃 스위치	계기용 변압기 및 부하측에 고장 발생시 이를 고압회로로부터 분리하여 사고의 확대를 방지한다.
⑤	PT	계기용 변압기	고전압을 저전압(정격 110 [V])로 변성한다.
⑥	CT	변류기	대전류를 소전류(정격 5 [A])로 변성한다.
⑦	OCR	과전류 계전기	변류기로부터 검출된 과전류에 의해 동작하며 차단기의 트립 코일을 여자시킨다.
⑧	CB	차단기	부하전류 개폐 및 고장전류 차단

[핵심] 표준결선도

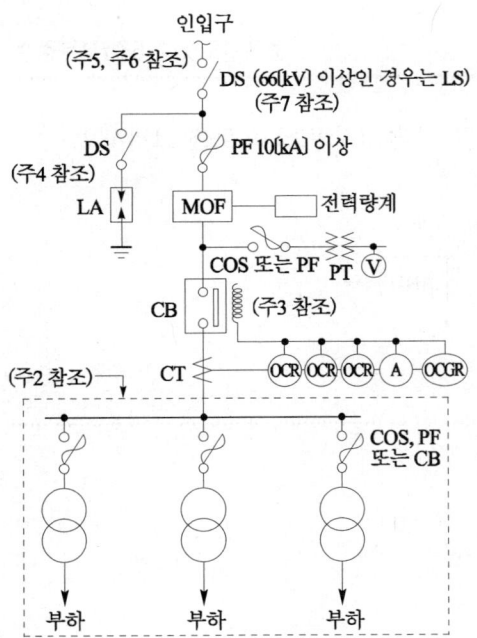

【주1】 22.9 [kV-Y], 1000 [kVA] 이하인 경우는 간이 수전설비를 할 수 있다.

【주2】 결선도 중 점선내의 부분은 참고용 예시이다.

【주3】 차단기의 트립 전원은 직류(DC) 또는 콘덴서 방식(CTD)이 바람직하며 66 [kV] 이상의 수전 설비에는 직류(DC)이어야 한다.

【주4】 LA용 DS는 생략할 수 있으며 22.9 [kV-Y]용의 LA는 Disconnector(또는 Isolator) 붙임형을 사용하여야 한다.

【주5】 인입선을 지중선으로 시설하는 경우에 공동주택 등 고장시 정전피해가 큰 경우는 예비 지중선을 포함하여 2회선으로 시설하는 것이 바람직하다.

【주6】 지중인입선의 경우에 22.9 [kV-Y] 계통은 CNCV-W 케이블(수밀형) 또는 TR CNCV-W(트리억제형)을 사용하여야 한다. 다만, 전력구·공동구·덕트·건물구내 등 화재의 우려가 있는 장소에서는 FR CNCO-W(난연) 케이블을 사용하는 것이 바람직하다.

【주7】 DS 대신 자동고장구분 개폐기(7000 [kVA] 초과시에는 Sectionalizer)를 사용할 수 있으며 66 [kV] 이상의 경우는 LS를 사용하여야 하다.

7

출제년도 07.(6점/부분점수 없음)

그림과 같은 무접점 논리회로에 대응하는 유접점 릴레이(시퀀스) 회로를 그리시오.

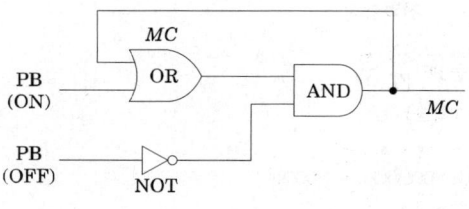

[작성답안]

8

출제년도 07.(5점/각 문항당 2점, 모두 맞으면 5점)

그림은 A, B 공장에 대한 일부하의 분포도이다. 다음 각 물음에 답하시오.

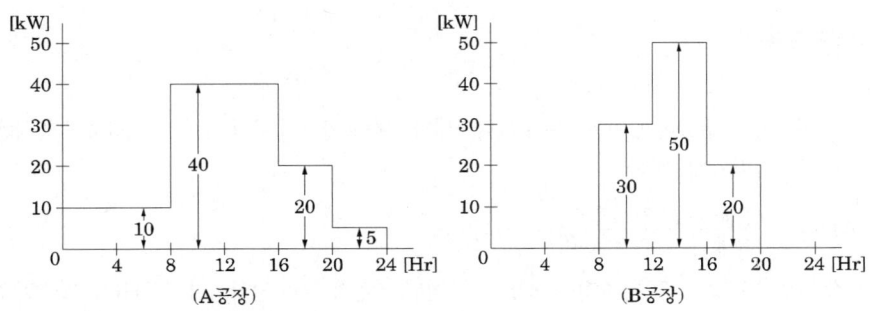

(1) A공장의 일부하율은 얼마인가?

(2) 변압기 1대로 A, B 공장에 전력을 공급할 경우의 종합부하율과 변압기 용량을 구하시오.

① 종합부하율

② 변압기 용량

[작성답안]

(1) 계산 : 평균 전력 $= \dfrac{10 \times 8 + 40 \times 8 + 20 \times 4 + 5 \times 4}{24} = 20.83$ [kW]

부하율 $= \dfrac{평균\ 전력}{최대\ 전력} \times 100 = \dfrac{20.83}{40} \times 100 = 52.08$ [%]

답 : 52.08 [%]

(2) ① 종합부하율

계산 : A공장의 평균전력 = 20.83 [kW]

B공장의 평균전력 $= \dfrac{30 \times 4 + 50 \times 4 + 20 \times 4}{24} = 16.67$ [kW]

∴ 평균전력 $= 20.83 + 16.67 = 37.5$ [kW]

종합 부하율 $= \dfrac{37.5}{40 + 50} \times 100 = 41.67$ [%]

답 : 41.67 [%]

② 변압기 용량

계산 : A, B 공장 합성최대 수용전력 발생시각 : 12시 ~ 16시

변압기 용량 ≥ 합성최대 수용전력 = 40 + 50 = 90 [kW]

답 : 90 [kVA]

[핵심] 부하관계용어

① 부하율

공급 설비가 어느 정도 유효하게 사용되는가를 나타내며 부하율이 클수록 공급 설비가 유효하게 사용된다. 부하율은 다음 식에 의해 계산한다.

$$부하율 = \frac{평균 \ 수요 \ 전력 \ [kW]}{최대 \ 수요 \ 전력 \ [kW]} \times 100 \ [\%]$$

부하율은 각 단위별(변압기, 전주, 수용가 등), 시기, 범위, 기간에 따라 달라지며, 부하율을 표시할 경우 기간, 범위를 반드시 명기한다. 예를 들어 일부하율, 월부하율 등으로 표시하여야 하며, 부하율은 기간이 길어질수록 작아진다. 부하율이 적다의 의미는 다음과 같다.

- 공급 설비를 유용하게 사용하지 못한다.
- 평균 수요 전력과 최대 수요 전력과의 차가 커지게 되므로 부하 설비의 가동률이 저하된다.

② 종합부하율

$$종합 \ 부하율 = \frac{평균 \ 전력}{합성 \ 최대 \ 전력} \times 100 \ [\%] = \frac{A, \ B, \ C \ 각 \ 평균 \ 전력의 \ 합계}{합성 \ 최대 \ 전력} \times 100 \ [\%]$$

③ 부등률

각 수용가에서의 최대 수용 전력의 발생 시각은 시간적으로 차이가 있으며 이 경우에 배전 변압기 또는 간선에서의 합성 최대 수용 전력은 각 수용가에서의 최대 수용 전력의 합보다 적게 되는데 이 비를 부등률이라 하며 이 값은 항상 1보다 크고, 백분율로 나타내지 않는다. 수용률과 더불어 배전 변압기 또는 배전 간선 등의 공급 설비 계획 자료로 사용된다.

$$부등률 = \frac{개별 \ 최대수용전력의 \ 합}{합성 \ 최대수용전력} = \frac{설비용량 \times 수용전력}{합성최대수용전력}$$

④ 수용률

수용률은 시설되는 총 부하 설비용량에 대하여 실제로 사용하게 되는 부하의 최대 전력의 비를 나타내는 것으로서 다음 식에 의하여 구한다.

$$수용률 = \frac{최대수요전력 \ [kW]}{부하설비용량 \ [kW]} \times 100 \ [\%]$$

출제년도 99.01.02.07(8점/각 문항당 1점, 모두 맞으면 8점)

그림과 같이 3상 농형유도 전동기 4대가 있다. 이에 대한 MCC반을 구성하고자 할 때 다음 각 물음에 답하시오.

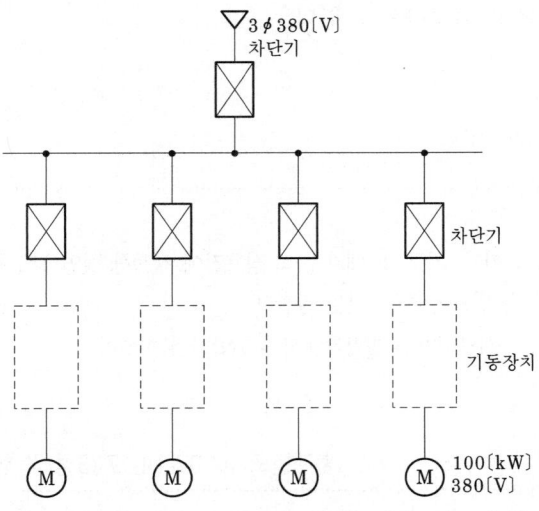

(1) MCC(Motor Control Center)의 기기 구성에 대한 대표적인 장치를 3가지만 쓰시오.

(2) 전동기 기동방식을 기기의 수명과 경제적인 면을 고려한다면 어떤 방식이 적합한가?

(3) 콘덴서 설치시 제5고조파를 제거하고자 한다. 그 대책에 대해 설명하시오.

(4) 차단기는 보호 계전기의 4가지 요소에 의해 동작되도록 하는 데 그 4가지 요소를 쓰시오.

[작성답안]

(1) ① 차단 장치　　② 기동 장치　　③ 제어 및 보호 장치

(2) 기동 보상 기법

(3) 콘덴서 용량의 6[%] 정도의 직렬 리액터를 설치한다.

(4) ① 단일 전류 요소　　② 단일 전압 요소
　　③ 전압, 전류 요소　　④ 2전류 요소

10 출제년도 99.03.07.(5점/각 항목당 2점, 모두 맞으면 5점)

전력계통의 절연협조에 대하여 설명하고 관련 기기에 대한 기준충격 절연강도를 비교하여 절연협조가 어떻게 되어야 하는지를 쓰시오. (단, 관련 기기는 선로애자, 결합콘덴서, 피뢰기, 변압기에 대하여 비교하도록 한다.)

- 절연협조
- 기준충격 절연강도 비교

[작성답안]
- 절연협조 : 계통 내의 각 기기, 기구 및 애자 등의 상호간에 적정한 절연 강도를 지니게 하여 계통 설계를 경제적, 합리적으로 할 수 있도록 하는 것을 말한다.
- 기준 충격절연강도비교 : 선로애자 > 결합콘덴서 > 변압기 > 피뢰기

11 출제년도 02.07.14.17.(5점/각 항목당 1점 모두 맞으면 5점)

고조파 전류는 각종 선로나 간선에 에너지 절약 기기나 무정전전원장치 등이 증가되면서 선로에 발생하여 전원의 질을 떨어뜨리고 과열 및 이상 상태를 발생시키는 원인이 되고 있다. 고조파 전류를 방지하기 위한 대책을 3가지만 쓰시오.

[작성답안]
① 전력 변환 장치의 pulse 수를 크게 한다.(또는 변환장치의 펄스화)
② 고조파 필터를 사용하여 제거한다.
③ 변압기 결선에서 △결선을 채용하여 고조파 순환회로를 구성하여 외부에 고조파가 나타나지 않도록 한다.
그외
④ 전원측에 교류 리액터 설치
⑤ 전원 단락용량의 증대
⑥ 고조파부하를 분리하여 전용화
⑦ 필터설치(교류필터, 액티브필터)
⑧ 기기의 고조파 내량 증가
⑨ 고조파 성분 발생부하의 억제
⑩ 콘덴서 회로에 직렬리액터설치
⑪ 위상변위변압기에 의한 위상이동(Phase Shift TR)

⑫ 영상전류 제거장치 NCE(Neutral Current Eliminator)
⑬ UHF(LINEATOR)설치 (Universal Harmonic Filter)

[핵심] 고조파

전력계통에서 고조파는 대부분 전력변환용 전자장치(정류장치, 역변환장치, 화학용 전해설비의 정류기, 사이리스터 등)를 사용하는 기기에서 발생하고 있으며, 또한 이의 사용이 많아져 이로 인한 고조파 전류가 발생하여 전원의 질을 떨어뜨리고 과열 및 이상상태를 발생시키고 있다.

기 기	발 생 원 인	기 타
변압기	히스테리시스 현상에 의해 발생하며, 보통 제3고조파 성분이 주성분이고 제5고조파 이상은 무시된다. 제3고조파 성분은 변압기의 △결선으로 제거된다.	△결선으로 제거한다.
전력 변환소자	정현파를 구형파 형태로 사용하므로 고조파가 발생한다.	고조파 대책필요하다.
아크로 전기로	제3고조파가 현저하게 발생한다.	
회전기기	슬롯이 있기 때문에 발생하며 고조파는 슬롯 Harmonics 라 한다.	
형광등	점등회로에서 발생한다.	콘덴서로 제거한다.
과도현상	차단기 및 개폐기의 스위칭시 발생한다.	서지흡수기 설치한다.

출제년도 97.04.07.14.(6점/각 항목당 1점)

12

변압기의 △-△ 결선 방식의 장점과 단점을 3가지씩 쓰시오.

[작성답안]

장점

- 제3고조파 전류가 △결선 내를 순환하므로 정현파 교류 전압을 유기하여 기전력의 파형이 왜곡되지 않는다.
- 1상분이 고장이 나면 나머지 2대로써 V결선 운전이 가능하다.
- 각 변압기의 상전류가 선전류의 $1/\sqrt{3}$ 이 되어 대전류에 적당하다.

단점
- 중성점을 접지할 수 없으므로 지락 사고의 검출이 곤란하다.
- 권수비가 다른 변압기를 결선 하면 순환 전류가 흐른다.
- 각 상의 임피던스가 다를 경우 3상 부하가 평형이 되어도 변압기의 부하 전류는 불평형이 된다.

[핵심] 변압기 결선

① △-△ 결선

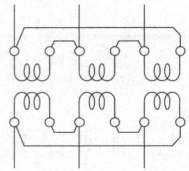

- 제3고조파 전류가 △결선 내를 순환하므로 정현파 교류 전압을 유기하여 기전력의 파형이 왜곡되지 않는다.
- 1상분이 고장이 나면 나머지 2대로써 V결선 운전이 가능하다.
- 각 변압기의 상전류가 선전류의 $1/\sqrt{3}$ 이 되어 대전류에 적당하다.
- 중성점을 접지할 수 없으므로 지락 사고의 검출이 곤란하다.
- 권수비가 다른 변압기를 결선 하면 순환 전류가 흐른다.
- 각 상의 임피던스가 다를 경우 3상 부하가 평형이 되어도 변압기의 부하 전류는 불평형이 된다.

② Y-Y 결선

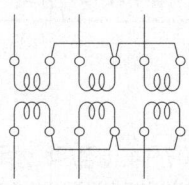

- 1차 전압, 2차 전압 사이에 위상차가 없다.
- 1차, 2차 모두 중성점을 접지할 수 있으며 고압의 경우 이상 전압을 감소시킬 수 있다.
- 상전압이 선간 전압의 $1/\sqrt{3}$ 배이므로 절연이 용이하여 고전압에 유리하다.
- 제3고조파 전류의 통로가 없으므로 기전력의 파형이 제3고조파를 포함한 왜형파가 된다.
- 중성점을 접지하면 제3고조파 전류가 흘러 통신선에 유도 장해를 일으킨다.
- 부하의 불평형에 의하여 중성점 전위가 변동하여 3상 전압이 불평형을 일으키므로 송, 배전 계통에 거의 사용하지 않는다.

③ △-Y 결선

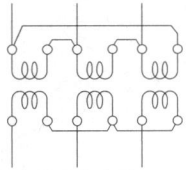

- 한 쪽 Y결선의 중성점을 접지 할 수 있다.
- Y결선의 상전압은 선간 전압의 $1/\sqrt{3}$ 이므로 절연이 용이하다.
- 1, 2차 중에 △결선이 있어 제3고조파의 장해가 적고, 기전력의 파형이 왜곡되지 않는다.
- Y-△ 결선은 강압용으로, △-Y 결선은 승압용으로 사용할 수 있어서 송전 계통에 융통성 있게 사용된다.
- 1, 2차 선간전압 사이에 30°의 위상차가 있다.
- 1상에 고장이 생기면 전원 공급이 불가능해진다.
- 중성점 접지로 인한 유도 장해를 초래한다.

13

출제년도 01.07.11.19.(5점/각 문항당 1점, 모두 맞으면 5점)

피뢰기에 흐르는 정격방전전류는 변전소의 차폐유무와 그 지방의 연간 뇌우(雷雨) 발생 일수와 관계되나 모든 요소를 고려한 경우 일반적인 시설장소별 적용할 피뢰기의 공칭 방전전류를 쓰시오.

공칭방전전류	설치장소	적 용 조 건
①	변전소	• 154 [kV] 이상의 계통 • 66 [kV] 및 그 이하의 계통에서 Bank 용량이 3,000 [kVA]를 초과하거나 특히 중요한 곳 • 장거리 송전케이블 (배전선로 인출용 단거리케이블은 제외) 및 정전축전기 Bank를 개폐하는 곳 • 배전선로 인출측 (배전 간선 인출용 장거리 케이블은 제외)
②	변전소	• 66 [kV] 및 그 이하의 계통에서 Bank 용량이 3,000 [kVA] 이하인 곳
③	선로	• 배전선로

[작성답안]
① 10,000 [A]   ② 5,000 [A]   ③ 2,500 [A]

[핵심] 피뢰기 공칭방전전류

공칭방전전류	설치장소	적 용 조 건
10,000 [A]	변전소	1. 154 [kV] 계통 이상 2. 66 [kV] 및 그 이하 계통에서 뱅크용량 3,000 [kVA]를 초과하거나 특히 중요한 곳 3. 장거리 송전선 케이블(배전선로 인출용 단거리 케이블은 제외) 및 정전축전기 뱅크를 개폐하는 곳 4. 배전선로 인출측(배전간선 인출용 장거리 케이블 제외)
5,000 [A]	변전소	66 [kV] 및 그 이하 계통에서 뱅크용량 3,000 [kVA]를 이하인 곳
2,500 [A]	선로	배전선로

14. 출제년도 07.(4점/부분점수 없음)

다음은 펌프용 유도전동기의 수동 및 자동절환 운전회로도이다. 그림에서 ①~⑦의 기기의 명칭을 쓰시오.

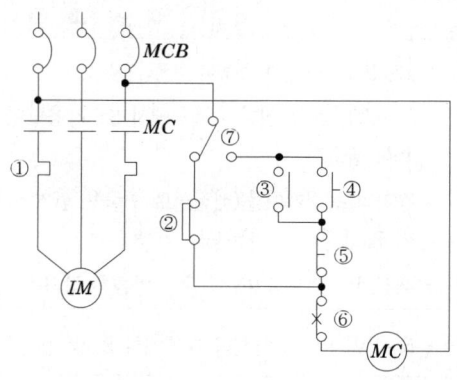

[작성답안]

① 열동계전기
② 플로우트 스위치
③ 전자접촉기 보조접점
④ 푸시버튼 스위치(ON)
⑤ 푸시버튼 스위치(OFF)
⑥ 수동복귀 b접점
⑦ 수동 및 자동전환 스위치

15

출제년도 07.(11점/각 항목당 1점)

변압기가 있는 회로에서 전류 I_1, I_2를 단위법(pu)으로 구하는 과정이다. 다음 조건을 이용하여 풀이 과정의 (①~⑪)안에 알맞은 내용을 쓰시오.

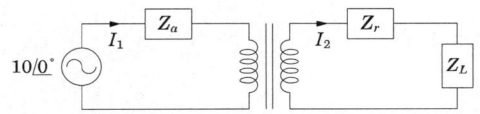

【조건】

① 단상발전기의 정격전압과 용량은 각각 $10∠0°$[kV], 100 [kVA]이고 pu 임피던스 $Z = j0.8$ [pu]이다.

② 변압기의 변압비는 5 : 1이고 정격용량 100 [kVA] 기준으로 %임피던스는 $j12$ [%]이고, 부하 임피던스 $Z_L = j120$ [Ω] 이다.

【풀이과정】

(1) 변압기 1차측의 전압 및 용량의 기준값을 10 [kV], 100 [kVA]로 하면 2차측의 전압 기준값은 (① [kV])로 된다.

(2) 그러므로 변압기 1, 2차측의 전압 pu 값은 각각 V1pu = (② [pu]), V2pu = (③ [pu])이다.

(3) 변압기 1, 2차측 전류의 기준값은 각각 I_{1b} = (④ [A]), I_{2b} = (⑤ [A])이고

(4) 변압기의 2차측 회로의 임피던스 기준값 Z_{2b} = (⑥ [Ω])이므로 부하의 임피던스 단위값 Z_{Lpu} = (⑦ [pu])로 됨으로 회로 전체의 임피던스 단위값 $Z_{pu} = Z_{Gpu} + Z_{Tpu} + Z_{Lpu}$ = (⑧ [pu])이다.

(5) 전류의 단위값은 $I_{1PU} = I_{2PU}$ = (⑨ [pu])로 되므로

(6) 회로의 실제 전류 I_1 = (⑩ [A]), I_2 = (⑪ [A])이다.

[작성답안]

(1) 계산 : $a = \dfrac{n_1}{n_2} = \dfrac{V_{1b}}{V_{2b}}$ 에서 $V_{2b} = \dfrac{n_2}{n_1} V_{1b} = \dfrac{1}{5} \times 10 = 2$ [kV]

　　답 : ① 2 [kV]

(2) 계산 : $V_{1pu} = \dfrac{V_1}{V_{1b}} = \dfrac{10}{10} = 1$ [pu]

　　　　　$V_{2pu} = \dfrac{V_2}{V_{2b}} = \dfrac{2}{2} = 1$ [pu]

　　답 : ② 1 [pu]　③ 1 [pu]

(3) 계산 : $I_{1b} = \dfrac{P_n}{V_{1b}} = \dfrac{100}{10} = 10$ [A]

　　　　　$I_{2b} = \dfrac{P_n}{V_{2b}} = \dfrac{100}{2} = 50$ [A]

　　답 : ④ 10 [A]　⑤ 50 [A]

(4) 계산 : $Z_{2b} = \dfrac{V_{2b}}{I_{2b}} = \dfrac{2,000}{50} = 40$ [Ω]

　　　　　$Z_{Lpu} = \dfrac{Z_2}{Z_{2b}} = \dfrac{120}{40} = 3$ [pu]

　　　　　$Z_{pu} = 0.8 + \dfrac{12}{100} + 3 = 3.92$ [pu]

　　답 : ⑥ 40 [Ω]　⑦ 3 [pu]　⑧ 3.92 [pu]

(5) 계산 : $I_{1pu} = \dfrac{V_{1pu}}{Z_{pu}} = \dfrac{1}{3.92} = 0.26$ [pu]

　　　　　$I_{2pu} = \dfrac{V_{2pu}}{Z_{pu}} = \dfrac{1}{3.92} = 0.26$ [pu]

　　답 : ⑨ 0.26 [pu]

(6) 계산 : $I_1 = I_{1pu} \times I_{1b} = 0.26 \times 10 = 2.6$ [A]

$I_2 = I_{2pu} \times I_{2b} = 0.26 \times 50 = 13$ [A]

답 : ⑩ 2.6 [A]   ⑪ 13 [A]

[핵심] 단위법[per unit system, 單位法]
여러 양(量)을 표시하는데 그 기준값을 1로 잡았을 때 이에 대한 비(比)로 나타내는 방법이다. 여러 양 사이의 번거로운 환산(換算)의 수고를 덜 수 있고, 기기(機器)의 성능을 즉시 알 수 있는 이점이 있어 전기회로 계산에서 자주 이용된다.

2008년 1회 기출문제 해설

※ 다음 물음에 답을 해당 답란에 답하시오.

출제년도 98.04.08.09.22.(6점/각 문항당 1점, 모두 맞으면 6점)

그림은 22.9 [kV-Y] 1,000 [kVA] 이하에 적용 가능한 특별고압 간이 수전설비 결선도이다. 각 물음에 답하시오.

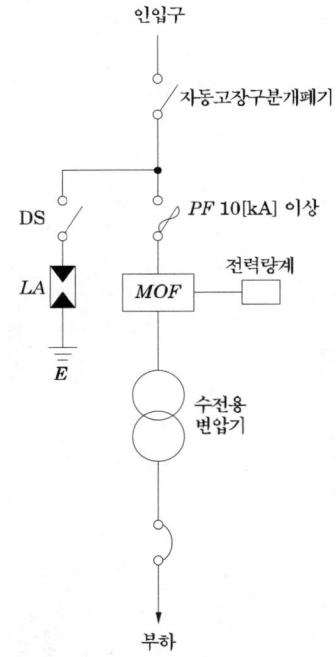

(1) 위 결선도에서 생략할 수 있는 것은?

(2) 22.9 [kV-Y]용의 LA는 어떤 것을 사용하여야 하는가?

(3) 인입선을 지중선으로 시설하는 경우로 공동주택 등 고장시 정전피해가 큰 경우에는 예비 지중선을 포함하여 몇 회선으로 시설하는 것이 바람직한가?

(4) 지중인입선의 경우에 22.9 [kV-Y] 계통은 $CNCV-W$ 케이블(수밀형) 또는 $TR\ CNCV-W$(트리억제형)을 사용하여야 한다. 다만, 전력구·공동구·덕트·건물구내 등 화재의 우려가 있는 장소에서는 어떤 케이블을 사용하는 것이 바람직한가?

(5) 300 [kVA] 이하인 경우는 *PF* 대신 어떤 것을 사용할 수 있는가?

[작성답안]
(1) *LA*용 *DS*   (2) Disconnector 또는 Isolator 붙임형   (3) 2회선
(4) *FR CNCO-W*(난연) 케이블   (5) *COS*(비대칭 차단 전류 10 [kA] 이상의 것)

[핵심] 간이수전설비 표준결선도

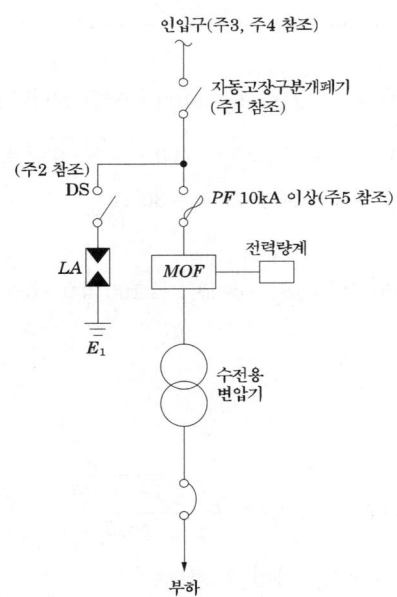

22.9 [kV-Y] 1,000 [kVA]이하를 시설하는 경우

[주1] *LA*용 *DS*는 생략할 수 있으며 22.9 [kV-Y]용의 *LA*는 Disconnector(또는 Isolator) 붙임형을 사용하여야 한다.

[주2] 인입선을 지중선으로 시설하는 경우로서 공동 주택 등 사고시 정전 피해가 큰 수전 설비 인입선은 예비선을 포함하여 2회선으로 시설하는 것이 바람직하다.

[주3] 지중인입선의 경우에 22.9 [kV-Y] 계통은 *CNCV-W* 케이블(수밀형) 또는 *TR CNCV-W*(트리억제형)을 사용하여야 한다. 다만, 전력구·공동구·덕트·건물구내 등 화재의 우려가 있는 장소에서는 *FR CNCO-W*(난연) 케이블을 사용하는 것이 바람직하다.

[주4] 300 [kVA] 이하인 경우 *PF* 대신 *COS*(비대칭 차단 전류 10 [kA] 이상의 것)을 사용할 수 있다.

[주5] 간이 수전 설비는 *PF*의 용단 등에 의한 결상 사고에 대한 대책이 없으므로 변압기 2차측에 설치되는 주차단기에는 결상 계전기 등을 설치하여 결상 사고에 대한 보호 능력이 있도록 함이 바람직하다.

2

출제년도 08.13.(5점/부분점수 없음)

정격 용량 100 [kVA]인 변압기에서 지상 역률 60 [%]의 부하에 100 [kVA]를 공급하고 있다. 역률 90 [%]로 개선하여 변압기의 전용량까지 부하에 공급하고자 한다. 다음 각 물음에 답하시오.

(1) 소요되는 전력용 콘덴서의 용량은 몇 [kVA]인가?
(2) 역률 개선에 따른 유효 전력의 증가분은 몇 [kW]인가?

[작성답안]

(1) 계산 : 역률 개선 전 무효전력 $P_{r1} = P_a \sin\theta_1 = 100 \times 0.8 = 80$ [kVar]

역률 개선 후 무효전력 $P_{r2} = P_a \sin\theta_2 = 100 \times \sqrt{1-0.9^2} = 43.59$ [kVar]

콘덴서 용량 $Q = P_{r1} - P_{r2} = 80 - 43.59 = 36.41$

답 : 36.41 [kVA]

(2) 계산 : 유효전력 증가분 $\Delta P = P_a(\cos\theta_2 - \cos\theta_1) = 100(0.9 - 0.6) = 30$ [kW]

답 : 30 [kW]

[핵심] 역률개선 콘덴서 용량

① 콘덴서 용량

$$Q_c = P\tan\theta_1 - P\tan\theta_2 = P(\tan\theta_1 - \tan\theta_2) = P\left(\frac{\sqrt{1-\cos^2\theta_1}}{\cos\theta_1} - \frac{\sqrt{1-\cos^2\theta_2}}{\cos\theta_2}\right) \text{ [kVA]}$$

여기서, $\cos\theta_1$: 개선 전 역률, $\cos\theta_2$: 개선 후 역률

② 역률개선시 증가 할수 있는 부하

역률 개선에 따른 유효전력의 증가분 $\Delta P = P_a(\cos\theta_2 - \cos\theta_1)$ [kW]

여기서, $\cos\theta_1$: 개선 전 역률 $\cos\theta_2$: 개선 후 역률

고압 선로에서의 접지사고 검출 및 경보장치를 그림과 같이 시설하였다. A선에 누전사고가 발생하였을 때 다음 각 물음에 답하시오.(단, 전원이 인가되고 경보벨의 스위치는 닫혀있는 상태라고 한다.)

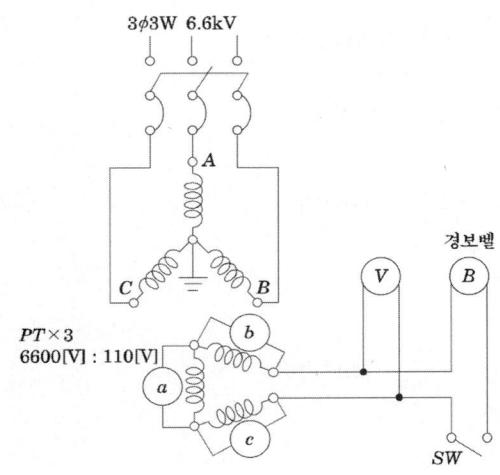

(1) 1차측 A선의 대지 전압이 0[V]인 경우 B선 및 C선의 대지 전압은 각각 몇 [V]인가?

  ① B선의 대지전압

  ② C선의 대지전압

(2) 2차측 전구 ⓐ의 전압이 0[V] 인 경우 ⓑ 및 ⓒ 전구의 전압과 전압계 Ⓥ의 지시 전압, 경보벨 Ⓑ에 걸리는 전압은 각각 몇 [V]인가?

  ① ⓑ 전구의 전압

  ② ⓒ 전구의 전압

  ③ 전압계 Ⓥ의 지시 전압

  ④ 경보벨 Ⓑ에 걸리는 전압

[작성답안]

(1) ① B선의 대지전압

계산 : $\dfrac{6,600}{\sqrt{3}} \times \sqrt{3} = 6,600$ [V]

답 : 6,600 [V]

② C선의 대지전압

계산 : $\dfrac{6,600}{\sqrt{3}} \times \sqrt{3} = 6,600$ [V]

답 : 6,600 [V]

(2) ① ⓑ 전구의 전압

계산 : $6,600 \times \dfrac{110}{6,600} = 110$ [V]

답 : 110 [V]

② ⓒ 전구의 전압

계산 : $6,600 \times \dfrac{110}{6,600} = 110$ [V]

답 : 110 [V]

③ 전압계 Ⓥ의 지시 전압

계산 : $110 \times \sqrt{3} = 190.53$ [V]

답 : 190.53 [V]

④ 경보벨 Ⓑ에 걸리는 전압

계산 : $110 \times \sqrt{3} = 190.53$ [V]

답 : 190.53 [V]

[핵심] GPT(접지형 계기용변압기)

접지형 계기용 변압기는 비접지 계통에서 지락 사고시의 영상전압을 검출한다. 아래 그림에서 접지형 계기용 변압기는 정상상태가 된다. 정상 운전시에는 영상전압이 평형상태가 된다. 이때 각상의 전압은 $110/\sqrt{3}$ [V]가 되고 120°의 위상 차이가 있기 때문에 평형이 되고 이들의 합은 0 [V]가 된다.

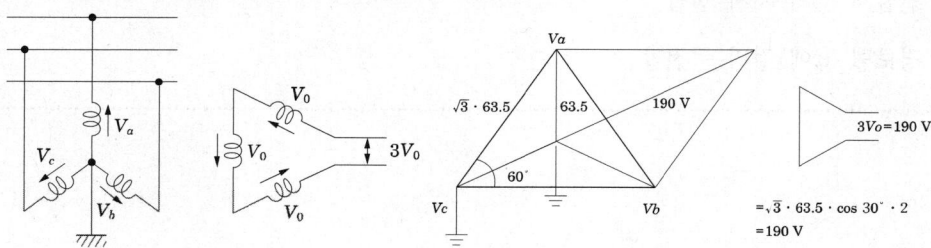

4

출제년도 08.12.16.(5점/각 항목당 1점)

접지공사에서 접지저항을 저감시키는 방법을 5가지만 쓰시오.

[작성답안]
① 접지극의 길이를 길게한다.
② 접지극을 병렬접속한다.
③ 접지봉의 매설깊이를 깊게한다.(또는 심타접지공법으로 시공한다)
④ 접지저항 저감제를 사용한다.
⑤ 메쉬(mesh)접지를 시행한다.

[핵심] 접지저항 저감방법
접지저항의 저감 방법은 물리적인 저감 방법과 화학적인 저감 방법으로 나눈다. 물리적인 저감방법은 다음과 같다.
- 접지봉의 병렬로 연결하며, 접지극의 면적을 증가시킨다.
- 접지극의 매설깊이를 깊게 한다. 심타공법, 보링공법 등이 있다.
- 매설지선을 설치한다. 매설지선은 철탑의 탑각접지항을 줄이는데 사용한다.
- 평판접지전극을 사용하여 병렬 또는 직렬로 시공하다.
- Mesh 접지공법을 사용한다.

화학적 접지저항 저감방법은 접지극 주변의 토양을 개량하여 ρ를 저감하는 방법으로 일시적이며, 1~2년이 경과하면 거의 효과가 없다. 일반적으로 염, 황산암모니아, 탄산소다, 카본분말, 벤젠나이트 등을 토양에 혼합 사용한다.

출제년도 95.00.96.08.(8점/각 문항당 4점))

스위치 S_1, S_2, S_3에 의하여 직접 제어되는 계전기 X, Y, Z가 있다. 전등 L_1, L_2, L_3, L_4가 진리표와 같이 점등된다고 할 경우 다음 각 물음에 답하시오.

진리표

X	Y	Z	L_1	L_2	L_3	L_4
0	0	0	0	0	0	1
0	0	1	0	0	1	0
0	1	0	0	0	1	0
0	1	1	0	1	0	0
1	0	0	0	0	1	0
1	0	1	0	1	0	0
1	1	0	0	1	0	0
1	1	1	1	0	0	0

【조건】

- 출력 램프 L_1에 대한 논리식 $L_1 = X \cdot Y \cdot Z$
- 출력 램프 L_2에 대한 논리식 $L_2 = \overline{X} \cdot Y \cdot Z + X \cdot \overline{Y} \cdot Z + X \cdot Y \cdot \overline{Z}$
- 출력 램프 L_3에 대한 논리식 $L_3 = \overline{X} \cdot \overline{Y} \cdot Z + \overline{X} \cdot Y \cdot \overline{Z} + X \cdot \overline{Y} \cdot \overline{Z}$
- 출력 램프 L_4에 대한 논리식 $L_4 = \overline{X} \cdot \overline{Y} \cdot \overline{Z}$

(1) 답안지의 유접점 회로에 대한 미완성 부분을 최소 접점수로 도면을 완성하시오.

【예】

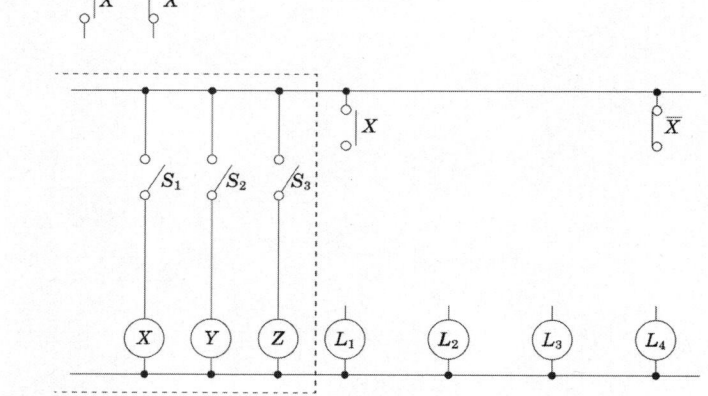

(2) 답안지의 무접점 회로에 대한 미완성 부분을 완성하고 출력을 표시하시오.
   (예 : 출력 L_1, L_2, L_3, L_4)

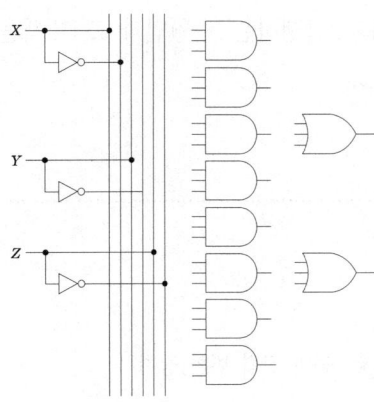

[작성답안]

(1) $L_2 = \overline{X} \cdot Y \cdot Z + X \cdot \overline{Y} \cdot Z + X \cdot Y \cdot \overline{Z} = \overline{X} \cdot Y \cdot Z + X \cdot (\overline{Y} \cdot Z + Y \cdot \overline{Z})$

$L_3 = \overline{X} \cdot \overline{Y} \cdot Z + \overline{X} \cdot Y \cdot \overline{Z} + X \cdot \overline{Y} \cdot \overline{Z} = X \cdot \overline{Y} \cdot \overline{Z} + \overline{X} \cdot (Y \cdot \overline{Z} + \overline{Y} \cdot Z)$

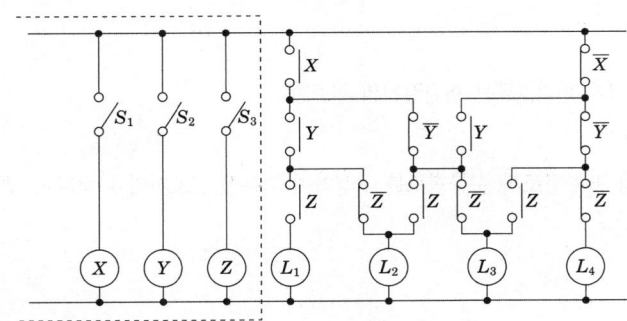

(2)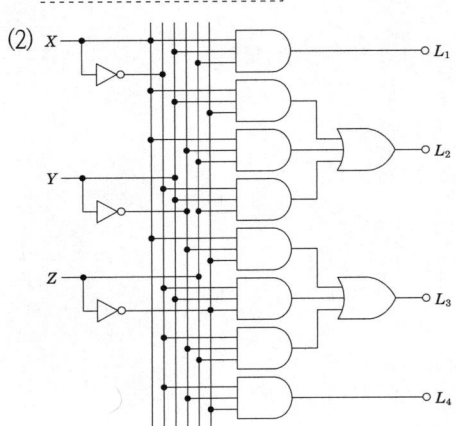

6

출제년도 07.08.17.(6점/각 문항당 3점)

전원에 고조파 성분이 포함되어 있는 경우 부하설비의 과열 및 이상현상이 발생하는 경우가 있다. 이러한 고조파 전류가 발생하는 주원인과 그 대책을 각각 3가지씩 쓰시오.

(1) 고조파 전류의 발생원인
(2) 대책

[작성답안]

(1) 고조파 전류의 발생원인
　① 전기로, 아크로 등
　② Converter, Inverter, Chopper 등의 전력 변환 장치
　③ 전기용접기 등
　그 외
　④ 송전 선로의 코로나
　⑤ 변압기, 전동기 등의 여자 전류
　⑥ 전력용 콘덴서 등

(2) 대책
　① 전력 변환 장치의 pulse 수를 크게 한다. (또는 변환장치의 펄스화)
　② 고조파 필터를 사용하여 제거한다.
　③ 변압기 결선에서 △결선을 채용하여 고조파 순환회로를 구성하여 외부에 고조파가 나타나지 않도록 한다.
　그 외
　④ 전원측에 교류 리액터 설치
　⑤ 전원 단락용량의 증대
　⑥ 고조파부하를 분리하여 전용화
　⑦ 필터설치 (교류필터, 액티브필터)
　⑧ 기기의 고조파 내량 증가
　⑨ 고조파 성분 발생부하의 억제
　⑩ 콘덴서 회로에 직렬리액터설치
　⑪ 위상변위변압기에 의한 위상이동 (Phase Shift TR)
　⑫ 영상전류 제거장치 NCE (Neutral Current Eliminator)
　⑬ UHF (LINEATOR)설치 (Universal Harmonic Filter)

[핵심] 고조파

전력계통에서 고조파는 대부분 전력변환용 전자장치(정류장치, 역변환장치, 화학용 전해설비의 정류기, 사이리스터 등)를 사용하는 기기에서 발생하고 있으며, 또한 이의 사용이 많아져 이로 인한 고조파 전류가 발생하여 전원의 질을 떨어뜨리고 과열 및 이상상태를 발생시키고 있다.

기 기	발 생 원 인	기 타
변압기	히스테리시스 현상에 의해 발생하며, 보통 제3고조파 성분이 주성분이고 제5고조파 이상은 무시된다. 제3고조파 성분은 변압기의 △결선으로 제거된다.	△결선으로 제거한다.
전력 변환소자	정현파를 구형파 형태로 사용하므로 고조파가 발생한다.	고조파 대책필요하다.
아크로 전기로	제3고조파가 현저하게 발생한다.	
회전기기	슬롯이 있기 때문에 발생하며 고조파는 슬롯 Harmonics 라 한다.	
형광등	점등회로에서 발생한다.	콘덴서로 제거한다.
과도현상	차단기 및 개폐기의 스위칭시 발생한다.	서지흡수기 설치한다.

---

7 출제년도 94.08.11.12.16.21.22.(5점/각 문항당 2점, 모두 맞으면 5점)

지표면상 10 [m] 높이에 수조가 있다. 이 수조에 초당 1 [m³]의 물을 양수하려고 한다. 여기에 사용되는 펌프 모터에 3상 전력을 공급하기 위하여 단상 변압기 2대를 사용하였다. 펌프 효율이 70 [%]이고, 펌프축 동력에 20 [%]의 여유를 두는 경우 다음 각 물음에 답하시오. (단, 펌프용 3상 농형 유도 전동기의 역률은 100 [%]로 가정한다.)

(1) 펌프용 전동기의 소요 동력은 몇 [kW]인가?

(2) 변압기 1대의 용량은 몇 [kVA]인가?

[작성답안]

(1) 계산 : $P = \dfrac{9.8QHK}{\eta} = \dfrac{9.8 \times 1 \times 10 \times 1.2}{0.7} = 168$ [kW]

　답 : 168 [kW]

(2) 계산 : $P_V = \sqrt{3}\, P_1$ [kVA]

　　　　$\sqrt{3}\, P_1 = \dfrac{168}{1}$ [kVA]

　　　　$P_1 = \dfrac{168}{\sqrt{3}} = 96.99$ [kVA]

　답 : 96.99 [kVA]

[핵심] 전동기용량

① 펌프용 전동기 용량

$$P = \dfrac{9.8Q'HK}{\eta} = \dfrac{KQH}{6.12\eta} \text{ [kW]}$$

여기서, P : 전동기의 용량 [kW]　　Q : 양수량 [m³/min]　　Q' : 양수량 [m³/sec]
　　　　H : 양정(낙차) [m]　η : 펌프의 효율 [%]　K : 여유계수 (1.1 ~ 1.2 정도)

② 권상용 전동기 용량

$$P = \dfrac{9.8\, W \cdot v'}{\eta} = \dfrac{W \cdot v}{6.12\eta} \text{ [kW]}$$

여기서, W : 권상 하중 [ton]　v : 권상 속도 [m/min]　　　v' : 권상 속도 [m/sec]
　　　　η : 권상기 효율 [%]

③ V결선

△-△ 결선에서 1대의 단상변압기가 단락, 또는 사고가 발생한 경우를 고장이 발생된 변압기를 제거시킨 결선법으로 즉, 2대의 단상변압기로서 3상 변압기와 같은 전력을 송배전하기 위한 방식을 V결선이라 한다.

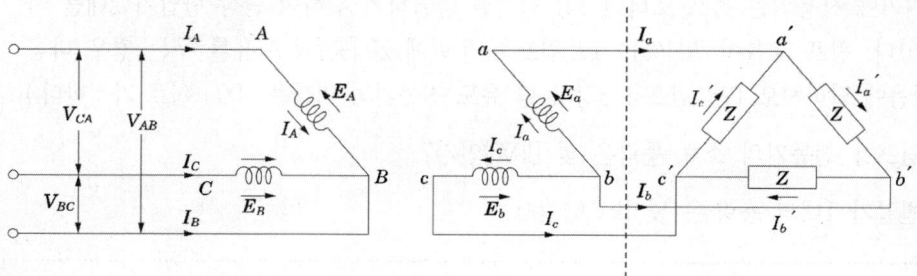

$$P_v = VI\cos\left(\frac{\pi}{6}+\phi\right) + VI\cos\left(\frac{\pi}{6}-\phi\right) = \sqrt{3}\,VI\cos\phi\,[\text{W}]$$

$$P_v = \sqrt{3}\,P_1$$

출력비 : $\dfrac{V}{\Delta} = \dfrac{\sqrt{3}\,VI\cos\phi}{3\,VI\cos\phi} ≒ 0.577$

이용률 : $\dfrac{\sqrt{3}\,VI}{2\,VI} = 0.866$

---

8 출제년도 08.21.(5점/부분점수 없음)

다음 고압 배전선의 구성과 관련된 미완성 환상(루프식)식 배전간선의 단선도를 완성하시오.

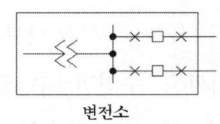
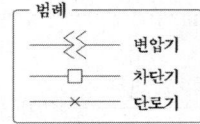
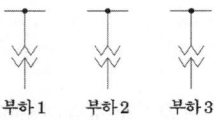

[작성답안]

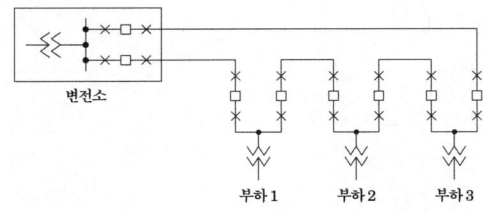

[핵심] 가지식과 루프식

① 가지식

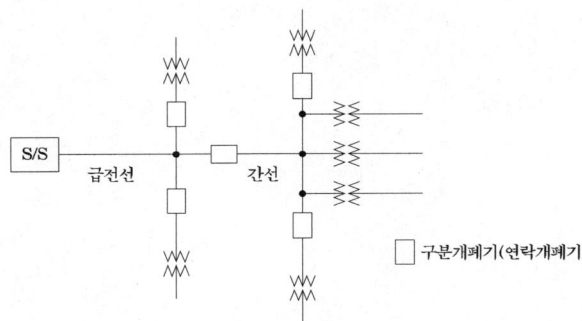

② 루프식

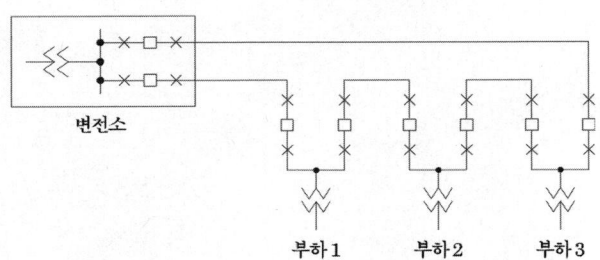

9

출제년도 08.09.(5점/부분점수 없음)

3상 3선식 송전선에서 수전단의 선간전압이 30 [kV], 부하 역률이 0.8인 경우 전압 강하율이 10 [%]라 하면 이 송전선은 몇 [kW]까지 수전할 수 있는가? (단, 전선 1선의 저항은 15 [Ω], 리액턴스는 20 [Ω]이라 하고, 기타의 선로 정수는 무시하는 것으로 한다.)

[작성답안]

계산 : 전압강하율 $\varepsilon = \dfrac{P}{V^2}(R+X\tan\theta)$ [%]에서 $P = \dfrac{\varepsilon V^2}{R+X\tan\theta} \times 10^{-3}$ [kW]

$$\therefore P = \dfrac{0.1 \times (30 \times 10^3)^2}{\left(15 + 20 \times \dfrac{0.6}{0.8}\right)} \times 10^{-3} = 3{,}000 \text{ [kW]}$$

답 : 3,000 [kW]

[핵심] 전압강하

① 전압강하 $e = \dfrac{P}{V}(R+X\tan\theta)$ [V]

② 전압강하율 $\epsilon = \dfrac{e}{V} \times 100 = \dfrac{P}{V^2}(R+X\tan\theta) \times 100$ [%]

③ 전력손실 $P_L = \dfrac{P^2 R}{V^2 \cos^2\theta}$ [kW]

④ 전력손실률 $k = \dfrac{P_L}{P} \times 100 = \dfrac{PR}{V^2 \cos^2\theta} \times 100$ [%]

10
출제년도 08.(5점/각 항목당 1점)

수변전설비를 설계할 경우 기본설계와 실시설계가 있다. 이때 기본설계에 있어서 검토할 주요 사항을 5가지만 쓰시오.

[작성답안]
① 필요한 전력의 추정 ② 수전전압 및 수전방식 ③ 주회로의 결선방식
④ 감시 및 제어방식 ⑤ 변전설비의 형식
그 외
- 변전실의 위치와 면적

[핵심] 기본설계 순서
① 주요 건축전기설비 및 기기의 형식, 방식 등을 정하고, 시설장소의 위치, 면적, 유효높이, 바닥 하중, 장비 반입경로 등을 검토해 건축설계자와 협의한다.
② 건축계획에 주요 건축전기설비 기기의 개략적인 배치를 반영하고, 건축전기설비 면적의 재확인과 추정공사비의 산출에 필요한 기본도면(계통도, 단선결선도 등)을 작성한다.
③ 주요 건축전기설비 기기의 추정용량, 시설면적, 종류, 방식, 건축주의 요망사항 등을 기본으로 하여 안전성, 신뢰성, 기능성, 유지보수성, 확장성, 경제성 등을 검토한다.
④ 공사비의 예산, 건축전기설비의 등급과 종류의 결정, 공사범위, 공사기간 등을 확인해 건축주와 협의한다.
⑤ 기본설계의 내용은 기본설계 성과물로서 기본설계도서를 정리하고 발주자에게 제출하여 승인을 받는다.

[핵심] KDS 31 10 20 : 2019 건축전기설비 일반사항

11
출제년도 91.98.08.09.10.13.16.(5점/각 항목당 1점)

공장 조명 설계시 에너지 절약대책을 5가지만 쓰시오

[작성답안]
① 고효율 등기구 채용 (LED 램프 채용, T5형광등 채용)
② 고조도 저휘도 반사갓 채용
③ 적절한 조광제어실시
④ 고역률 등기구 채용
⑤ 등기구의 적절한 보수 및 유지관리
그 외

⑥ 창측 조명기구 개별점등
⑦ 전반조명과 국부조명의 적절한 병용 (TAL조명)
⑧ 등기구의 격등제어 회로구성

[해설] 조명설비 에너지절약
① 적정 조도기준 : 작업장소별 적정 조도를 적용한다.
② 고효율 광원의 선정 : 할로겐램프, 3파장 형광등, HID램프, LED램프 등을 작업 목적과 대상에 적합하게 선정한다.
③ 고효율 조명기구의 선정 : 기구효율이 높은 조명기구를 선정한다.
④ 에너지 절감 조명설계 : 조명에너지 절약요소, 적정 조명설계, 공조용 조명기구 등을 검토하여 선정한다.
⑤ 에너지절감 조명시스템 적용 : 조명제어 시스템 기능, 종류, 용도, 감광 제어시스템, 조명제어용 기기, 조광 방식 등을 적용한다.

12

출제년도 08.19.(7점/각 문항당 2점, 모두 맞으면 7점)

차단기 명판(name plate)에 BIL 150 [kV], 정격 차단전류 20 [kA], 차단시간 5 사이클, 솔레노이드(solenoid)형 이라고 기재 되어 있다. 비유효 접지계에서 계산하는 것으로 할 경우 다음 각 물음에 답하시오.

(1) BIL이란 무엇인가?
(2) 이 차단기의 정격전압은 몇 [kV]인가?
(3) 이 차단기의 정격 차단 용량은 몇 [MVA] 인가?

[작성답안]
(1) 기준충격절연강도

(2) 계산 : BIL = 절연계급 × 5 + 50 [kV]에서 절연계급 $= \dfrac{BIL - 50}{5}$ [kV]

∴ 절연계급 $= \dfrac{150 - 50}{5} = 20$ [kV]

공칭전압 = 절연계급 × 1.1 = 20 × 1.1 = 22 [kV]

정격전압 $V_n = 22 \times \dfrac{1.2}{1.1} = 24$ [kV]

∴ 정격전압 24 [kV] 선정

답 : 24 [kV]

(3) 계산 : $P_s = \sqrt{3}\, V_n I_s = \sqrt{3} \times 24 \times 20 = 831.38$ [MVA]

답 : 831.38 [MVA]

[핵심] 기준충격절연강도

절연내력과 기준충격 절연강도 : BIL이란 Basic Impulse Insulation Level의 약자를 말한다. 뇌임펄스 내전압 시험값으로서 절연 레벨의 기준을 정하는 데 적용되며, BIL은 절연 계급 20호 이상의 비유효 접지계에 있어서는 다음과 같이 계산된다.

BIL = 절연계급 × 5 + 50[kV]

여기서, 절연계급은 전기기기의 절연강도를 표시하는 계급을 말하고, 공칭전압/1.1에 의해 계산된다.

차단기의 정격전압 [kV]	사용회로의 공칭 전압 [kV]	BIL [kV]
0.6	0.1, 0.2, 0.4	
3.6	3.3	45
7.2	6.6	60
24.0	22.0	150
72.0	66.0	350
168.0	154.0	750

13

출제년도 04.05.08.(7점/부분점수 없음)

유도 전동기 IM을 정·역 운전하기 위한 시퀀스 도면을 작성하려고 한다. 주어진 조건을 이용하여 미완성 시퀀스 도면을 그리시오.

【기구】

- 기구는 누름 버튼 스위치 PBS ON용 2개, OFF용 1개, 정전용 전자접촉기 MCF 1개, 역전용 전자접촉기 MCR 1개, 열동계전기 THR 1개를 사용한다.
- 접점의 최소 수를 사용하여야 하며, 접점에는 반드시 접점의 명칭을 쓰도록 한다.
- 과전류가 발생할 경우 열동계전기가 동작하여 전동기가 정지하도록 한다.
- 정회전과 역회전의 방향은 고려하지 않는다.

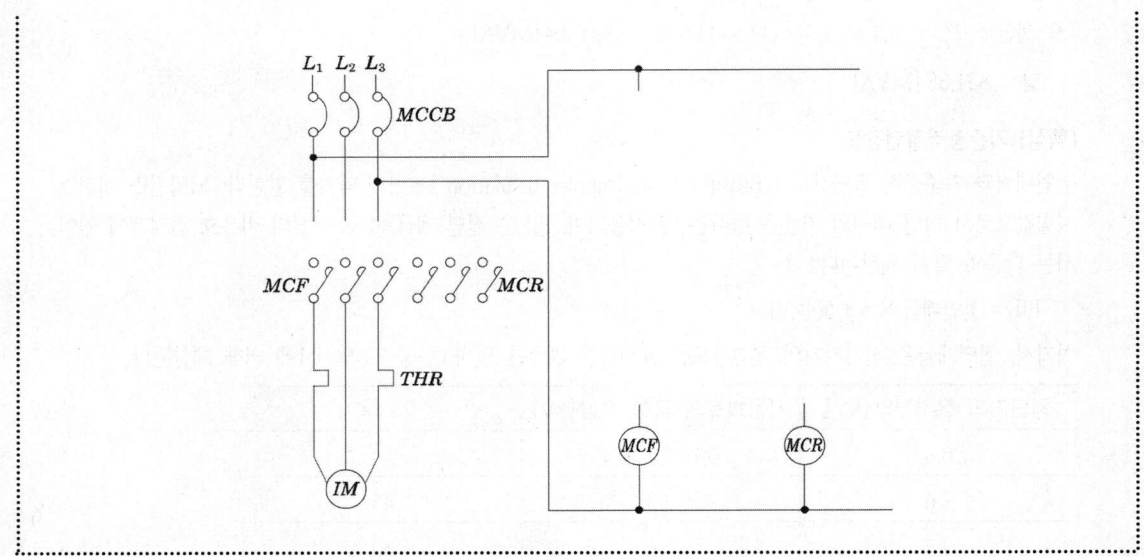

[작성답안]

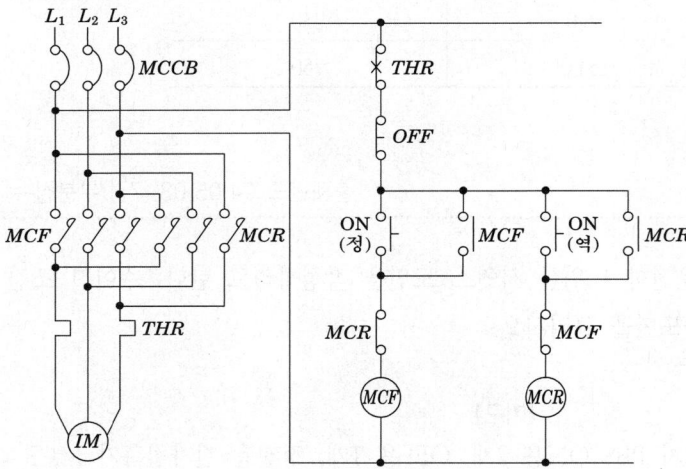

14.

출제년도 08.(5점/부분점수 없음)

20 [kVA] 단상 변압기가 있다. 역률이 1일 때 전부하 효율은 97 [%]이고 75 [%] 부하에서 최고효율이 되었다. 전부하시에 철손은 몇 [W]인가?

[작성답안]

계산 : 효율 $\eta = \dfrac{P_a \cos\theta}{P_a \cos\theta + P_i + P_c} \times 100 \ [\%]$

$\therefore P_i + P_c = \dfrac{P_a \cos\theta}{\eta} - P_a \cos\theta = \left(\dfrac{20 \times 1}{0.97} - 20 \times 1\right) \times 10^3 = 618.56 \ [\text{W}]$

$P_c = 618.56 - P_i \ [\text{W}]$

최대효율조건 $P_i = m^2 P_c$

$m = \sqrt{\dfrac{P_i}{P_c}} = 0.75$ 이므로 $P_i = 0.75^2 P_c$

$\therefore$ 철손 $P_i = 0.75^2 (618.56 - P_i)$

$P_i + 0.75^2 P_i = 0.75^2 \times 618.56$

$\therefore P_i = \dfrac{0.75^2 \times 618.56}{1 + 0.75^2} = 222.68 \ [\text{W}]$

답 : 222.68 [W]

[핵심] 변압기 효율 (efficiency)

① 전부하 효율 $\eta = \dfrac{P_n \cos\theta}{P_n \cos\theta + P_i + I^2 r} \times 100 \ [\%]$

전부하시 $I^2 r = P_i$ 의 조건이 만족되면 효율이 최대가 된다.

② m 부하시의 효율 $\eta = \dfrac{m V_{2n} I_{2n} \cos\theta}{m V_{2n} I_{2n} \cos\theta + P_i + m^2 I_{2n}^2 r_{21}} \times 100 \ [\%]$

$P_i = m^2 P_c$ 이 최대 효율조건이며, 최대 효율일 경우 부하율은 다음과 같다.

$m = \sqrt{\dfrac{P_i}{P_c}}$

③ 전일효율 $\eta_d = \dfrac{\sum h V_2 I_2 \cos\theta_2}{\sum h V_2 I_2 \cos\theta_2 + 24 P_i + \sum h r_2 I_2^2} \times 100 \ [\%]$

15

출제년도 89.02.05.07.08.11.22.(9점/각 문항당 3점)

그림과 같은 3상 배전선이 있다. 변전소(A점)의 전압은 3,300 [V], 중간(B점) 지점의 부하는 50 [A], 역률 0.8(지상), 말단(C점)의 부하는 50 [A], 역률 0.8이다. AB 사이의 길이는 2 [km], BC 사이의 길이는 4 [km]이고, 선로의 [km]당 임피던스는 저항 0.9 [Ω], 리액턴스 0.4 [Ω]이다.

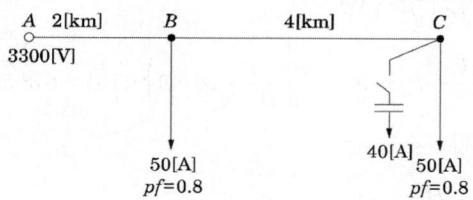

(1) 이 경우의 B점, C점의 전압은?

① B점

② C점

(2) C점에 전력용 콘덴서를 설치하여 진상 전류 40 [A]를 흘릴 때 B점, C점의 전압은?

① B점

② C점

(3) 전력용 콘덴서를 설치하기 전과 후의 선로의 전력 손실을 구하시오.

① 설치 전

② 설치 후

[작성답안]

(1) 콘덴서 설치전

① B점의 전압

계산 : $V_B = V_A - \sqrt{3}\, I_1 (R_1 \cos\theta + X_1 \sin\theta)$

$= 3300 - \sqrt{3} \times 100 (1.8 \times 0.8 + 0.8 \times 0.6) = 2967.45$ [V]

답 : 2967.45 [V]

② C점의 전압

계산 : $V_C = V_B - \sqrt{3}\,I_2\,(R_2\cos\theta + X_2\sin\theta)$
$= 2967.45 - \sqrt{3} \times 50(3.6 \times 0.8 + 1.6 \times 0.6) = 2634.9\,[V]$

답 : 2634.9 [V]

(2) 콘덴서 설치후

① B점의 전압

계산 : $V_B = V_A - \sqrt{3} \times [I_1\cos\theta \cdot R_1 + (I_1\sin\theta - I_C) \cdot X_1]$
$= 3300 - \sqrt{3} \times [100 \times 0.8 \times 1.8 + (100 \times 0.6 - 40) \times 0.8] = 3022.87\,[V]$

답 : 3022.87 [V]

② C점의 전압

계산 : $V_C = V_B - \sqrt{3} \times [I_2\cos\theta \cdot R_2 + (I_2\sin\theta - I_C) \cdot X_2]$
$= 3022.87 - \sqrt{3} \times [50 \times 0.8 \times 3.6 + (50 \times 0.6 - 40) \times 1.6] = 2801.17\,[V]$

답 : 2801.17 [V]

(3) 전력손실

① 설치 전

계산 : $P_{L1} = 3I_1^2 R_1 + 3I_2^2 R_2 = (3 \times 100^2 \times 1.8 + 3 \times 50^2 \times 3.6) \times 10^{-3} = 81\,[kW]$

답 : 81 [kW]

② 설치 후

계산 : $I_1 = 100(0.8 - j0.6) + j40 = 80 - j20 = 82.46\,[A]$
$I_2 = 50(0.8 - j0.6) + j40 = 40 + j10 = 41.23\,[A]$
∴ $P_{L2} = (3 \times 82.46^2 \times 1.8 + 3 \times 41.23^2 \times 3.6) \times 10^{-3} = 55.08\,[kW]$

답 : 55.08 [kW]

[핵심]

① 저항 : $R_1 = 0.9 \times 2 = 1.8,\ R_2 = 0.9 \times 4 = 3.6$
② 리액턴스 : $X_1 = 0.4 \times 2 = 0.8,\ X_2 = 0.4 \times 4 = 1.6$

16

출제년도 96.96.01.03.08.(6점/각 문항당 2점)

현장에서 시험용 변압기가 없을 경우 그림과 같이 주상 변압기 2대와 수저항기를 사용하여 변압기의 절연내력 시험을 할 수 있다. 이 때 다음 각 물음에 답하시오.(단, 최대 사용 전압 6,900 [V]의 변압기의 권선을 시험할 경우이며, $\dfrac{E_2}{E_1} = 105/6,300$ [V]임)

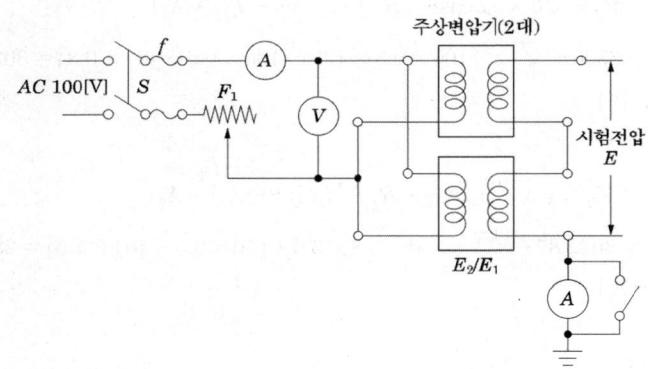

(1) 절연내력시험전압은 몇 [V]이며, 이 시험전압을 몇 분간 가하여 이에 견디어야 하는가?

   ① 절연내력시험전압

   ② 가하는 시간

(2) 시험시 전압계 Ⓥ로 측정되는 전압은 몇 [V]인가?

(3) 도면에서 오른쪽 하단의 접지되어 있는 전류계는 어떤 용도로 사용되는가?

[작성답안]

(1) ① 절연내력시험전압

      계산 : 절연 내력 시험 전압 $V = 6,900 \times 1.5 = 10,350$ [V]

      답 : 10,350 [V]

   ② 가하는 시간 : 10분

(2) 계산 : $V = 10,350 \times \dfrac{1}{2} \times \dfrac{105}{6,300} = 86.25$

   답 : 86.25 [V]

(3) 누설 전류를 측정한다.

2008년 2회 기출문제 해설

| 전기기사 실기 과년도

※ 다음 물음에 답을 해당 답란에 답하시오.

1.
출제년도 08.12.(5점/부분점수 없음)

저항 4 [Ω]과 정전용량 C [F]인 직렬 회로에 주파수 60 [Hz]의 전압을 인가한 경우 역률이 0.8이었다. 이 회로에 30 [Hz], 220 [V]의 교류 전압을 인가하면 소비전력은 몇 [W]가 되겠는가?

[작성답안]

계산 : 역률 $\cos\theta = \dfrac{R}{\sqrt{R^2+X_c^2}} = \dfrac{4}{\sqrt{4^2+X_c^2}} = 0.8$ 이므로 $X_c = \sqrt{\left(\dfrac{4}{0.8}\right)^2 - 4^2} = 3\,[\Omega]$

주파수가 30 [Hz]인 경우

$X_c = \dfrac{1}{2\pi f C}$ 에서 주파수에 반비례하므로 $X_c' = 6\,[\Omega]$

∴ 소비전력 $P = \dfrac{V^2 R}{R^2 + X_c'^2} = \dfrac{220^2 \times 4}{4^2 + 6^2} = 3723.08\,[W]$

답 : 3723.08 [W]

2.
출제년도 08.(5점/각 항목당 1점)

빌딩설비나 대규모 공장설비, 지하철 및 전기철도설비의 수배전설비에는 각각 전기적 특성을 감안한 몰드(Mold)변압기가 사용되고 있다. 몰드변압기의 특징을 5가지 쓰시오.

[작성답안]

① 난연성이 우수하다.
② 신뢰성이 향상된다. 내코로나(Corona)특성, 임펄스 특성이 향상된다.
③ 소형, 경량화 가능하다. 철심이 컴펙트화 되어 면적이 축소된다.
④ 무부하 손실이 줄어든다.
⑤ 유지보수 점검이 용이하게 된다.
그 외
⑥ 단시간 과부하 내량이 크다.

⑦ 소음이 적고 무공해운전 가능하다.
⑧ 서지에 대한 대책을 수립하여야 한다.

3

출제년도 08.(6점/모두 맞으면 5점 하나 1개 틀리면 3점, 2개 이상틀리면 0점)

상 4선식 Y 접속시 전등과 동력을 공급하는 옥내배선의 경우 상별 부하전류가 평형으로 유지되도록 상별로 결선하기 위하여 전압측 전선에 색별 배선을 하거나 색테이프를 감는 등의 방법으로 표시를 하여야 한다. 다음 그림의 A상, B상, N상, C상의 (   )안에 알맞은 색을 쓰시오.(단, 상별 색이 1가지 이상인 경우 해당 색을 모두 쓰시오.)

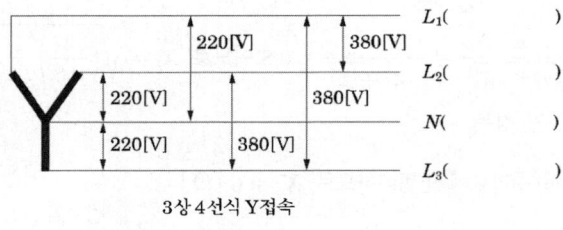

3상 4선식 Y접속

[작성답안]

L_1 : 갈색 L_2 : 흑색

L_3 : 회색 N : 청색

[핵심] 전선의 색별

상(문자)	색상
L1	갈색
L2	흑색
L3	회색
N	청색
보호도체	녹색-노란색

색상 식별이 종단 및 연결 지점에서만 이루어지는 나도체 등은 전선 종단부에 색상이 반영구적으로 유지될 수 있는 도색, 밴드, 색 테이프 등의 방법으로 표시해야 한다.

그림은 특별고압 수전설비 결선도의 미완성 도면이다. 이 도면을 보고 다음 각 물음에 답하시오.(단, CB 1차측에 CT를, CB 2차측에 PT를 시설하는 경우이다.)

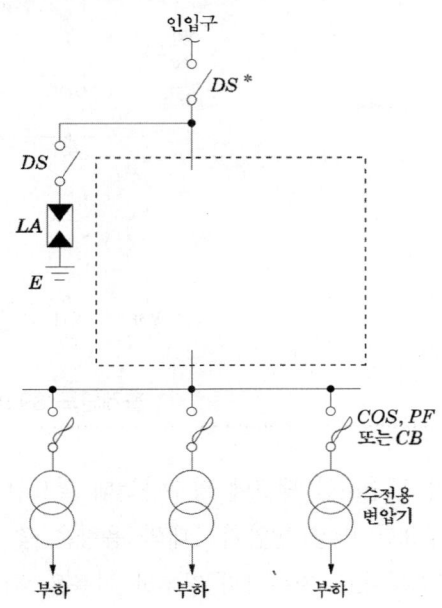

(1) 미완성 부분(점선내부 부분)에 대한 결선도를 그리시오.(단, 미완성 부분만 작성하되 미완성 부분에는 *CB*, *OCR* : 3개, *OCGR*, *MOF*, *PT*, *CT*, *PF*, *COS*, *TC*, *A*, *V*, 전력량계 등을 사용하도록 한다.)

(2) 사용전압이 22.9 [kV] 라고 할 때 차단기의 트립전원은 어떤 방식이 바람직한지 2가지를 쓰시오.

(3) 수전전압이 66 [kV] 이상인 경우 *표로 표시된 *DS* 대신 어떤 것을 사용하여야 하는가?

(4) 22.9 [kV-Y] 1,000 [kVA] 이하를 시설하는 경우 특별고압 간이수전설비 결선도에 의할 수 있다. 본 결선도에 대한 간이수전설비 결선도를 그리시오.

[작성답안]

(1)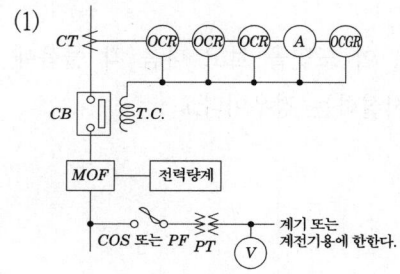

(4)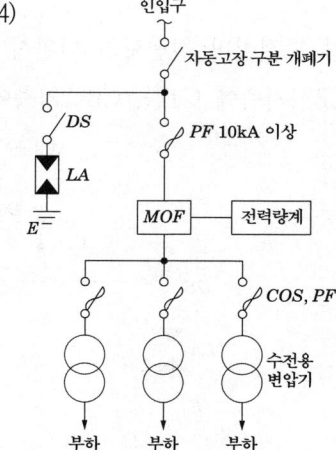

(2) ① 직류(DC)방식
② 콘덴서 방식(CTD)
(3) LS(선로 개폐기)

5

출제년도 89.94.08.10.12.(5점/부분점수 없음)

매분 10 [m³]의 물을 높이 15 [m]인 탱크에 양수하는데 필요한 전력을 V결선한 변압기로 공급한다면, 여기에 필요한 단상 변압기 1대의 용량은 몇 [kVA]인가? (단, 펌프와 전동기의 합성 효율은 65 [%]이고, 전동기의 전부하 역률은 90 [%]이며, 펌프의 축동력은 15 [%]의 여유를 본다고 한다.)

[작성답안]

계산 : $P = \dfrac{9.8HQK}{\eta} = \dfrac{9.8 \times 15 \times \dfrac{1}{60} \times 10 \times 1.15}{0.65} = 43.35$ [kW]

$\therefore P' = \dfrac{P}{\cos\theta} = \dfrac{43.35}{0.9} = 48.17$ [kVA]

$P_V = \sqrt{3}\, P_1$ 에서

$\therefore P_1 = \dfrac{P_V}{\sqrt{3}} = \dfrac{48.17}{\sqrt{3}} = 27.81$ [kVA]

답 : 27.81 [kVA]

[핵심] V결선과 전동기용량

① V결선

△-△ 결선에서 1대의 단상변압기가 단락, 또는 사고가 발생한 경우를 고장이 발생된 변압기를 제거시킨 결선법으로 즉, 2대의 단상변압기로서 3상 변압기와 같은 전력을 송배전하기 위한 방식을 V결선이라 한다.

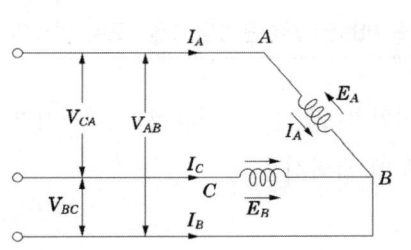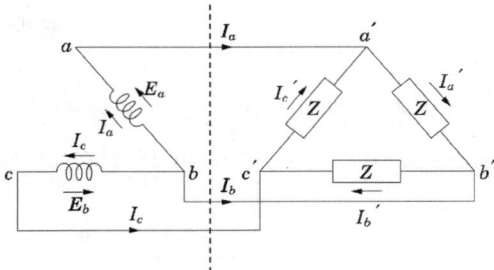

$$P_v = VI\cos\left(\frac{\pi}{6}+\phi\right) + VI\cos\left(\frac{\pi}{6}-\phi\right) = \sqrt{3}\,VI\cos\phi\ [\text{W}]$$

$$P_v = \sqrt{3}\,P_1$$

출력비 : $\dfrac{V}{\Delta} = \dfrac{\sqrt{3}\,VI\cos\phi}{3\,VI\cos\phi} ≒ 0.577$

이용률 : $\dfrac{\sqrt{3}\,VI}{2\,VI} = 0.866$

② 펌프용 전동기 용량

$$P = \frac{9.8\,Q'HK}{\eta} = \frac{KQH}{6.12\eta}\ [\text{kW}]$$

여기서, P : 전동기의 용량 [kW] Q : 양수량 [㎥/min] Q' : 양수량 [㎥/sec]
  H : 양정(낙차) [m] η : 펌프의 효율 [%] K : 여유계수 (1.1 ~ 1.2 정도)

---

6 출제년도 08.(5점/부분점수 없음)

연동선을 사용한 코일의 저항이 0 [℃]에서 4,000 [Ω]이었다. 이 코일에 전류를 흘렸더니 그 온도가 상승하여 코일의 저항이 4,500 [Ω]으로 되었다고 한다. 이 때 연동선의 온도를 구하시오.

[작성답안]

계산 : 0℃에서 연동선의 온도계수 $\alpha_o = \dfrac{1}{234.5}$

$$R_t = \{1 + \alpha_o(T-t)\}R_o\ [\Omega]$$

$$\therefore\ 4{,}500 = \left\{1 + \frac{1}{234.5}(T-0)\right\}4{,}000$$

$$\therefore\ T = \left(\frac{4{,}500}{4{,}000} - 1\right) \times 234.5 = 29.31\ [℃]$$

답 : 29.31 [℃]

평형 3상 회로에 그림과 같이 접속된 전압계의 지시치가 220 [V], 전류계의 지시치가 20 [A], 전력계의 지시치가 2 [kW]일 때 다음 각 물음에 답하시오.

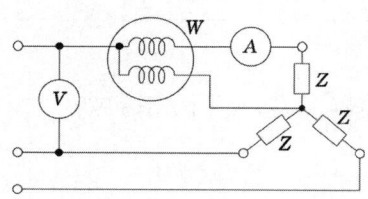

(1) 회로의 소비전력은 몇 [kW]인가?

(2) 부하의 저항은 몇 [Ω]인가?

(3) 부하의 리액턴스는 몇 [Ω]인가?

[작성답안]

(1) 계산 : 1상 유효전력 $W_1 = 2$ [kW]

3상 유효전력 $W_3 = 3W = 3 \times 2 = 6$ [kW]

답 : 6 [kW]

(2) 계산 : 1상의 전력 $W = I^2 R$ 에서 $R = \dfrac{W}{I^2} = \dfrac{2 \times 10^3}{20^2} = 5$ [Ω]

답 : 5 [Ω]

(3) 계산 : 임피던스 $Z = \dfrac{E}{I} = \dfrac{\frac{220}{\sqrt{3}}}{20} = \dfrac{11}{\sqrt{3}}$ [Ω]

리액턴스 $X = \sqrt{Z^2 - R^2} = \sqrt{\left(\dfrac{11}{\sqrt{3}}\right)^2 - 5^2} = 3.92$ [Ω]

답 : 3.92 [Ω]

출제년도 98.08.(8점/각 문항당 2점)

그림과 같은 전력계통의 모선 도면이다. 이 도면을 보고 다음 각 물음에 답하시오.(단, 도면에서 T/L은 송전선로, CB는 차단기, Tr은 변압기이다.)

(1) 이 모선 방식의 명칭을 구체적으로 쓰시오.
(2) T/L No4에서 지락 고장이 발생하였을 때 차단되는 차단기 2개를 쓰시오.
(3) T/L No1이 고장일 때 $CB-1$이 고장 상태이기 때문에 고장을 차단하지 못하였다. 이 때 차단기 고장 보호(Breaker failure protection)를 채택한 경우라면 차단되는 차단기는 어느 것인지 그 2가지를 쓰시오.(단, 상대 S/S, CB는 생략한다.)
(4) 유입 변압기 Tr은 도면의 그림 기호로 볼 때, 어떤 종류의 변압기인지 그 명칭을 쓰시오.

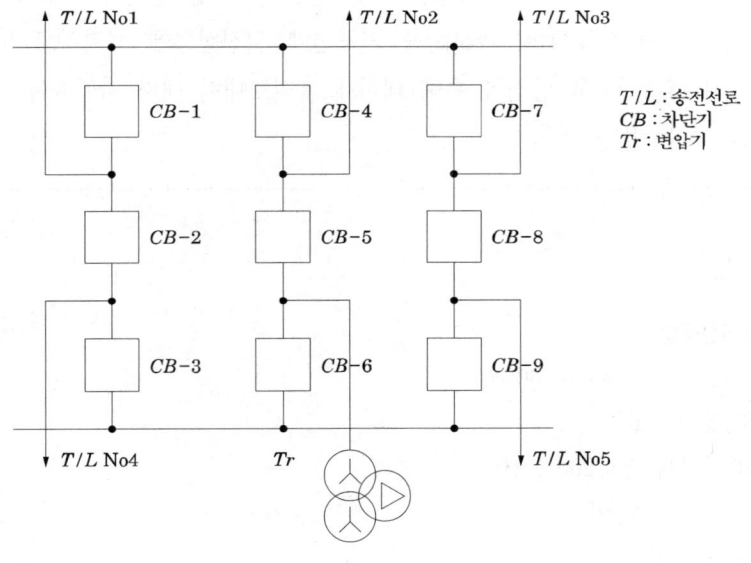

[작성답안]
(1) 2중 모선 방식의 1.5 차단 방식   (2) CB-2, CB-3
(3) CB-4, CB-7   (4) 3권선 변압기

9

출제년도 08.(5점/부분점수 없음)

154 [kV], 60 [Hz], 선로의 길이 200 [km]인 3상 송전선에 설치한 소호리액터의 공진탭의 용량은 몇 [kVA]인가?(단, 1선당 대지 정전용량은 0.0043 [μF/km]이다.)

[작성답안]

계산 : $P = 2\pi f C \ell V^2 \times 10^{-3}$ [kVA]

$= 2\pi \times 60 \times 0.0043 \times 10^{-6} \times 200 \times (154 \times 10^3)^2 \times 10^{-3} = 7689.02$ [kVA]

답 : 7689.02 [kVA]

10

출제년도 08.(5점/부분점수 없음)

접지시스템 설계에 가장 기본적인 과정은 시공 현장의 대지저항률을 측정하여 분석하는 것이다. 4개의 측정탐침(4-Test Probe)을 지표면에 일직선상에 등거리로 박아서 측정장비 내에서 저주파 전류를 탐침을 통해 대지에 흘려보내어 대지 저항률을 측정하는 방법을 무엇이라 하는가?

[작성답안]

웨너의 4전극법

[핵심] 웨너의 4전극법

① 대지저항 ρ [Ω·m] $= 2\pi a R = 40\pi d R$

  ρ : 흙의 저항율 [Ω·m]

  a : 전극간의 거리 (단 $a = 20d$ 조건)

  R : 저항 값 (V/I : 측정치)

  d : 전극의 매설 깊이

②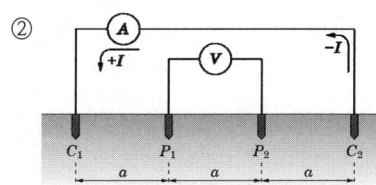

4개의 접지전극이 지표면에 설치되어 접지전극간에 흐르는 전류 I와 접지전극간에 걸리는 전압 V를 측정하여 대지저항률을 추정하는 방법으로, 외부측의 두 접지극 C_1과 C_2 사이에 전원을 연결해서 대지에 전류를 흘리고, 내부측 두 접지전극 P_1과 P_2 사이에 생기는 전위차를 측정하여 V/I 로부터 접지저항 $R\,[\Omega]$을 구하여 $2\pi a R$ 식으로부터 대지저항을 구한다.

11

출제년도 86.95.04.05.08.12.20.(11점/각 문항당 2점, 모두 맞으면 11점)

다음과 같은 아파트 단지를 계획하고 있다. 주어진 규모 및 참고자료를 이용하여 다음 각 물음에 답하시오.

【규모】

- 아파트 동수 및 세대수 : 2개동, 300세대
- 세대당 면적과 세대수

동별	세대당 면적[m^2]	세대수	동별	세대당 면적[m^2]	세대수
1동	50	30	2동	50	50
	70	40		70	30
	90	50		90	40
	110	30		110	30

- 계단, 복도, 지하실 등의 공용면적 1동 : 1,700 [m^2], 2동 : 1,700 [m^2]

【조건】

- 면적의 [m^2]당 상정 부하는 다음과 같다.
아파트 : 30 [VA/m^2], 공용 면적 부분 : 7 [VA/m^2]
- 세대당 추가로 가산하여야 할 상정부하는 다음과 같다.
- 80 [m^2] 이하의 세대 : 750 [VA]

- 150 [m²] 이하의 세대 : 1,000 [VA]
- 아파트 동별 수용률은 다음과 같다.
  - 70세대 이하인 경우 : 65 [%]
  - 100세대 이하인 경우 : 60 [%]
  - 150세대 이하인 경우 : 55 [%]
  - 200세대 이하인 경우 : 50 [%]
- 모든 계산은 피상전력을 기준으로 한다.
- 역률은 100 [%]로 보고 계산한다.
- 주변전실로부터 1동까지는 150 [m]이며 동 내부의 전압 강하는 무시한다.
- 각 세대의 공급 방식은 110/220 [V]의 단상 3선식으로 한다.
- 변전실의 변압기는 단상 변압기 3대로 구성한다.
- 동간 부등률은 1.4로 본다.
- 공용 부분의 수용률은 100 [%]로 한다.
- 주변전실에서 각 동까지의 전압 강하는 3[%]로 한다.
- 간선의 후강 전선관 배선으로는 NR전선을 사용하며, 간선의 굵기는 300 [mm²] 이하로 사용하여야 한다.
- 이 아파트 단지의 수전은 13,200/22,900 [V]의 Y상 3상 4선식의 계통에서 수전한다.
- 사용 설비에 의한 계약전력은 사용 설비의 개별 입력의 합계에 대하여 다음 표의 계약전력 환산율을 곱한 것으로 한다.

구분	계약전력환산율	비고
처음 75 [kW]에 대하여	100 [%]	
다음 75 [kW]에 대하여	85 [%]	계산의 합계치 단수가 1 [kW] 미만일 경우 소수점이하 첫째자리에서 반올림 한다.
다음 75 [kW]에 대하여	75 [%]	
다음 75 [kW]에 대하여	65 [%]	
300 [kW]초과분에 대하여	60 [%]	

(1) 1동의 상정 부하는 몇 [VA]인가?

(2) 2동의 수용 부하는 몇 [VA]인가?

(3) 이 단지의 변압기는 단상 몇 [kVA]짜리 3대를 설치하여야 하는가? (단, 변압기의 용량은 10 [%]의 여유율을 보며 단상 변압기의 표준 용량은 75, 100, 150, 200, 300 [kVA]등이다.)

(4) 한국전력공사와 변압기 설비에 의하여 계약한다면 몇 [kW]로 계약하여야 하는가?

(5) 한국전력공사와 사용설비에 의하여 계약한다면 몇 [kW]로 계약하여야 하는가?

[작성답안]

(1)

세대당 면적 [m^2]	상정 부하 [VA/m^2]	가산 부하 [VA]	세대수	상정 부하 [VA]
50	30	750	30	$[(50 \times 30) + 750] \times 30 = 67,500$
70	30	750	40	$[(70 \times 30) + 750] \times 40 = 114,000$
90	30	1,000	50	$[(90 \times 30) + 1,000] \times 50 = 185,000$
110	30	1,000	30	$[(110 \times 30) + 1,000] \times 30 = 129,000$
합 계				495,500 [VA]

∴ 공용 면적까지 고려한 상정 부하 = 495,500 + 1,700 × 7 = 507,400 [VA]

상정부하 합계 : 507,400 [VA]

(2)

세대당 면적 [m^2]	상정 부하 [VA/m^2]	가산 부하 [VA]	세대수	상정 부하 [VA]
50	30	750	50	$[(50 \times 30) + 750] \times 50 = 112,500$
70	30	750	30	$[(70 \times 30) + 750] \times 30 = 85,500$
90	30	1,000	40	$[(90 \times 30) + 1,000] \times 40 = 148,000$
110	30	1,000	30	$[(110 \times 30) + 1,000] \times 30 = 129,000$
합 계				475,000 [VA]

∴ 공용면적까지 고려한 수용 부하 = 475,000 × 0.55 + 1,700 × 7 = 273,150 [VA]

수용부하 합계 : 273,150 [VA]

(3) 변압기 용량 ≥ 합성 최대 전력 = $\dfrac{\text{최대 수용 전력}}{\text{부등률}}$ = $\dfrac{\text{설비 용량} \times \text{수용률}}{\text{부등률}}$

$$= \frac{495,500 \times 0.55 + 1,700 \times 7 + 273,150}{1.4} \times 10^{-3} = 398.27 [kVA]$$

변압기 용량 $= \frac{398.27}{3} \times 1.1 = 146.03 [kVA]$

∴ 표준 용량 150 [kVA]를 선정

답 : 150 [kVA]

(4) 변압기 용량 150 [kVA] 3대 이므로 450 [kW]로 계약한다.

(5) 설비용량 $= (507,400 + 486,900) \times 10^{-3} = 994.3 [kVA]$

계약전력 $= 75 + 75 \times 0.85 + 75 \times 0.75 + 75 \times 0.65 + 694.3 \times 0.6 = 660 [kW]$

답 : 660 [kW]

12

출제년도 08.20.(5점/부분점수 없음)

건물의 보수공사를 하는데 32 [W]×2 매입 하면 개방형 형광등 30등을 32 [W]×3 매입 루버형으로 교체하고, 20 [W]×2 펜던트형 형광등 20등을 20 [W]×2 직부 개방형으로 교체하였다. 철거되는 20 [W]×2 펜던트형 등기구는 재사용 할 것이다. 천장 구멍 뚫기 및 취부테 설치와 등기구 보강 작업은 계상하지 않으며, 공구손료 등을 제외한 직접 노무비만 계산하시오. 단, 인공계산은 소수점 셋째 자리까지 구하고, 내선전공의 노임은 225,408원으로 한다.

종 별	직부형	팬던트형	반매입 및 매입형
10 [W] 이하×1	0.123	0.150	0.182
20 [W] 이하×1	0.141	0.168	0.214
20 [W] 이하×2	0.177	0.215	0.273
20 [W] 이하×3	0.223	–	0.335
20 [W] 이하×4	0.323	–	0.489
30 [W] 이하×1	0.150	0.177	0.227
30 [W] 이하×2	0.189	–	0.310
40 [W] 이하×1	0.223	0.268	0.340
40 [W] 이하×2	0.277	0.332	0.415
40 [W] 이하×3	0.359	0.432	0.545
40 [W] 이하×4	0.468	–	0.710

| 110 [W] 이하×1 | 0.414 | 0.495 | 0.627 |
| 110 [W] 이하×2 | 0.505 | 0.601 | 0.764 |

【해설】

① 하면 개방형 기준임. 루버 또는 아크릴 커버 형일 경우 해당 등기구 설치 품의 110 [%]

② 등기구 조립·설치, 결선, 지지금구류 설치, 장내 소운반 및 잔재 정리포함.

③ 매입 또는 반매입 등기구의 천정 구멍 뚫기 및 취부테 설치 별도 가산

④ 매입 및 반매입 등기구에 등기구보강대를 별도로 설치할 경우 이 품의 20 [%] 별도 계상

⑤ 광천장 방식은 직부형 품 적용

⑥ 방폭형 200 [%]

⑦ 높이 1.5 [m] 이하의 Pole형 등기구는 직부형 품의 150 [%] 적용 (기초대 설치별도)

⑧ 형광등 안정기 교환은 해당 등기구 시설품의 110 [%]. 다만, 펜던트형은 90 [%]

⑨ 아크릴간판의 형광등 안정기 교환은 매입형 등기구 설치품의 120 [%]

⑩ 공동주택 및 교실 등과 같이 동일 반복 공정으로 비교적 쉬운 공사의 경우는 90 [%]

⑪ 형광램프만 교체시 해당 등기구 1등용 설치품의 10 [%]

⑫ T-5(28 [W]) 및 FLP(36 [W], 55 [W])는 FL 40 [W] 기준품 적용

⑬ 펜던트형은 파이프 펜던트형 기준, 체인 펜던트는 90[%]

⑭ 등의 증가시 매 증가 1등에 대하여 직부형은 0.005 [인], 매입 및 반매입형은 0.015 [인] 가산

⑮ 철거 30 [%], 재사용 철거 50 [%]

[작성답안]

계산 :

① 설치인공
- 32W×3 매입 루버형 : $0.545 \times 30 \times 1.1 = 17.985$[인]
- 20W×2 직부 개방형 : $0.177 \times 20 = 3.54$[인]

② 철거인공
- 32W×2 매입 하면 개방형 : $0.415 \times 30 \times 0.3 = 3.735$[인]
- 20W×2 팬던트형 : $0.215 \times 20 \times 0.5 = 2.15$[인]

③ 총 소요인공
- 내선전공 $= 17.985 + 3.54 + 3.735 + 2.15 = 27.41$[인]

④ 직접노무비
- 직접노부비 = 27.41×225,408=6,178,433.28[원]

답 : 6,178,433.28[원]

[핵심] 적산 요령
① 공사 수량 계산
- 집계 순위 결정
- 수량 산출 구분(수량의 종류별, 재료별, 위치별, 강도별 세분)
- 할증률
- 수량의 공제
② 시공의 결정
- 시공법 및 작업순위 결정
- 작업 기종 선정, 조합 결정
- 작업 능력 결정
③ 표준 품셈 및 단가 결정
- 단위 공종별 표준 품셈 결정
- 표준 단가 및 대가 결정(복합 단가)

※ 해설⑭는 동일 등기구내의 등개수 증가를 의미 한다. 따라서 동일 장소내 다른 등기구 설치와는 구분하여 적용하여야 한다.

13

출제년도 08.(6점/각 문항당 3점)

부하전력 및 역률을 일정하게 유지하고 전압의 2배로 승압하면 전압강하, 전압강하율, 선로 손실 및 선로손실율은 승압전과 비교하여 각각 어떻게 되는가?

(1) 전압강하

(2) 전압강하율

(3) 선로손실

(4) 선로손실율

[작성답안]

(1) 전압강하

계산 : $e \propto \dfrac{1}{V}$ 이므로 $e' \propto \dfrac{1}{\frac{V'}{V}} e$

$\therefore$ 전압강하 $e' = \dfrac{V}{V'} e = \dfrac{1}{2} e$

답 : $\dfrac{1}{2}$ 배

(2) 전압강하율

계산 : $e \propto \dfrac{1}{V^2}$ 이므로 $e' \propto \dfrac{1}{\left(\frac{V'}{V}\right)^2} e$

$\therefore$ 전압강하율 $e' = \left(\dfrac{V}{V'}\right)^2 e = \left(\dfrac{1}{2}\right)^2 e = \dfrac{1}{4} e$

답 : $\dfrac{1}{4}$ 배

(3) 선로손실

계산 : $P_L \propto \dfrac{1}{V^2}$ 이므로 $P_L' \propto \dfrac{1}{\left(\frac{V'}{V}\right)^2} P_L$

$\therefore$ 선로손실 $P_L' = \left(\dfrac{V}{V'}\right)^2 P_L = \left(\dfrac{1}{2}\right)^2 P_L = \dfrac{1}{4} P_L$

답 : $\dfrac{1}{4}$ 배

(4) 선로손실율

계산 : $k \propto \dfrac{1}{V^2}$ 이므로 $k' \propto \dfrac{1}{\left(\frac{V'}{V}\right)^2} k$

$\therefore$ 선로손실율 $k' = \left(\dfrac{V}{V'}\right)^2 k = \left(\dfrac{1}{2}\right)^2 k = \dfrac{1}{4} k$

답 : $\dfrac{1}{4}$ 배

14
출제년도 86.87.92.93.95.06.08.10.(5점/부분점수 없음)

어느 수용가가 당초 역률(지상) 80 [%]로 150 [kW]의 부하를 사용하고 있는데, 새로 역률(지상) 60 [%], 100 [kW]의 부하를 증가하여 사용하게 되었다. 이 때 콘덴서로 합성 역률을 90 [%]로 개선하는데 필요한 용량은 몇 [kVA]인가?

[작성답안]

계산 : 무효 전력 $Q = \dfrac{150}{0.8} \times 0.6 + \dfrac{100}{0.6} \times 0.8 = 245.83$ [kVar]

유효 전력 $P = 150 + 100 = 250$ [kW]

합성 역률 $\cos\theta = \dfrac{P}{\sqrt{P^2 + Q^2}} = \dfrac{250}{\sqrt{250^2 + 245.83^2}} = 0.713$

$\therefore Q_c = P(\tan\theta_1 - \tan\theta_2) = 250 \left(\dfrac{\sqrt{1 - 0.713^2}}{0.713} - \dfrac{\sqrt{1 - 0.9^2}}{0.9} \right) = 124.77$ [kVA]

답 : 124.77 [kVA]

15
출제년도 08.(5점/부분점수 없음)

다음 동작사항을 읽고 미완성 시퀀스 도를 완성하시오.

[동작사항]

① 3로 스위치 S_3가 OFF 상태에서 푸시버튼스위치 PB_1을 누르면 부저 B_1이 PB_2를 누르면 B_2가 울린다.

② 3로 스위치 S_3가 ON 상태에서 푸시버튼스위치 PB_1을 누르면 R_1이, PB_2를 누르면 R_2가 점등된다.

③ 콘센트에는 항상 전압이 걸린다.

[작성답안]

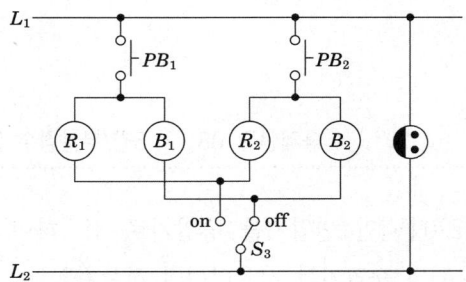

※ 한국전기설비규정의 적용으로 1문제 삭제되었습니다.

2008년 3회 기출문제 해설

※ 다음 물음에 답을 해당 답란에 답하시오.

출제년도 08.12.(5점/부분점수 없음)

1

단자전압 3,000 [V]인 선로에 전압비가 3,300/220 [V]인 변압기를 승압기로 접속하여 60 [kW], 역률 0.85의 부하에 공급할 때 몇 [kVA]의 승압기를 사용하여야 하는가?

[작성답안]

계산 : $V_2 = V_1 \left(1 + \dfrac{1}{a}\right) = 3,000 \left(1 + \dfrac{220}{3,300}\right) = 3,200$ [V]

$I_2 = \dfrac{P}{V_2 \cos\theta} = \dfrac{60 \times 10^3}{3,200 \times 0.85} = 22.06$ [A]

$P_a = e\, I_2 = 220 \times 22.06 \times 10^{-3} = 4.85$ [kVA]

답 : 5 [kVA] 승압기 선정

[핵심] 단권변압기

- 1권선 변압기이므로 동량을 줄일 수 있어 경제적이다.
- 동손이 감소하여 효율이 좋아진다.
- 부하 용량이 등가 용량에 비하여 커져 경제적이다.
- 누설자속 감소로 전압 변동률이 작다.
- 누설 임피던스가 적어 단락 전류가 크다.
- 1차측에 이상전압이 발생시 2차측에도 고전압이 걸려 위험하다.
- 단락전류가 크게 되므로 열적, 기계적 강도가 커야 된다.

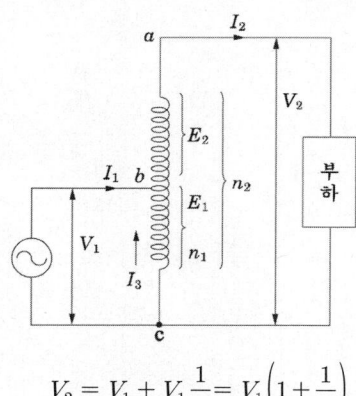

$V_2 = V_1 + V_1 \dfrac{1}{a} = V_1 \left(1 + \dfrac{1}{a}\right)$

$$\frac{\text{자기 용량}}{\text{부하 용량}} = \frac{(V_2 - V_1)I_2}{V_2 I_2} = 1 - \frac{V_1}{V_2} = 1 - \frac{\text{저압}}{\text{고압}}$$

$$\text{자기 용량}(P) = \text{부하 용량}(P_L) \times \frac{\text{고압}(V_2) - \text{저압}(V_1)}{\text{고압}(V_2)}$$

$$\text{부하 용량 } P_L = P \times \frac{V_2}{V_2 - V_1}$$

2

출제년도 98.00.02.03.08.(8점/(1)4점, (2)(3)2점)

도면은 전동기 A, B, C 3대를 기동시키는 제어 회로이다. 이 회로를 보고 다음 각 물음에 답하시오.(단, MA : 전동기 A의 기동 정지 개폐기, MB : 전동기 B의 기동 정지 개폐기, MC : 전동기 C의 기동 정지 개폐기이다.)

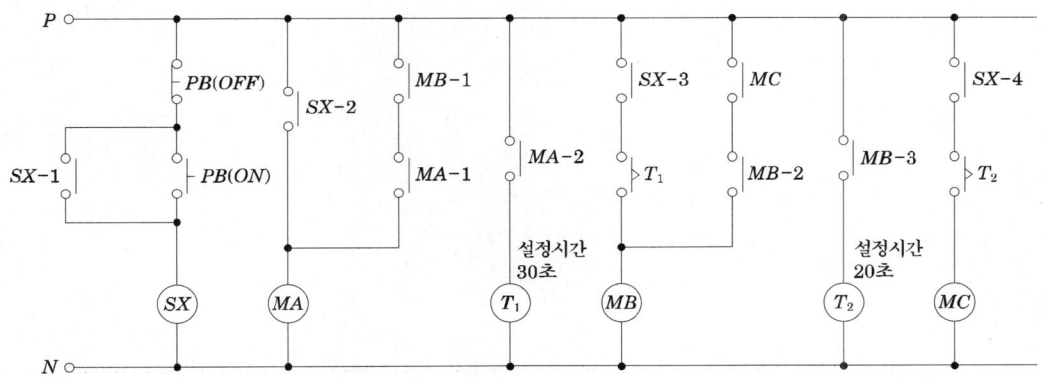

(1) 전동기를 기동시키기 위하여 PB(ON)을 누르면 전동기는 어떻게 기동되는지 그 기동 과정을 상세히 설명하시오.

(2) SX-1의 역할에 대한 접점 명칭은 무엇인가?

(3) 전동기(A, B, C)를 정지시키고자 PB(OFF)를 눌렀을 때, 전동기가 정지되는 순서는 어떻게 되는가?

[작성답안]

(1) ⓢⓧ가 동작되어 SX 접점에 의해 ⓜⒶ 동작

　　ⓣ₁이 여자되어 30초 후에 ⓜⒷ 동작

　　ⓣ₂가 여자되고 20초 후 ⓜⒸ 동작

(2) 자기 유지

(3) C → B → A

3   출제년도 08.(5점/부분점수 없음)

다음 그림은 변압기 1뱅크의 미완성 단선도이다. 이 단선도에 전기적으로 변압기 내부 고장을 보호하는 계전기(비율차동 계전기)회로를 주어진 그림에 그려 넣어 완성하시오.

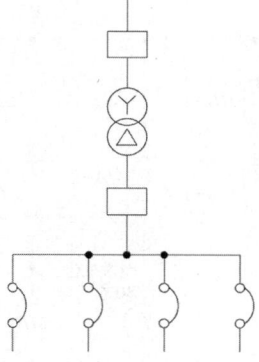

[작성답안]

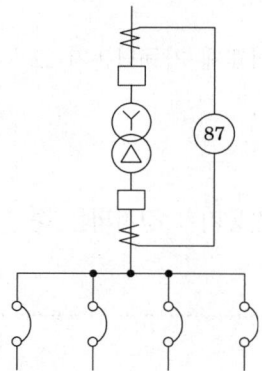

4.

출제년도 08.13.(4점/부분점수 없음)

계약부하 설비에 의한 계약최대 전력을 정하는 경우에 부하설비 용량이 900 [kW]인 경우 전력 회사와의 계약 최대전력은 몇 [kW]인가? (단, 계약최대전력 환산표는 다음과 같다.)

구분	승률	비고
처음 75 [kW]에 대하여	100 [%]	
다음 75 [kW]에 대하여	85 [%]	계산의 합계치 단수가 1 [kW] 미만일 경우에는 소수점 이하 첫째 자리에 4사 5입 합니다.
다음 75 [kW]에 대하여	75 [%]	
다음 75 [kW]에 대하여	65 [%]	
300 [kW] 초과분에 대하여	60 [%]	

[작성답안]

계산 : 계약전력 $= 75 + 75 \times 0.85 + 75 \times 0.75 + 75 \times 0.65 + (900 - 75 \times 4) \times 0.6 = 603.75$ [kW]

답 : 604 [kW]

5.

출제년도 97.02.08.(5점/각 항목당 2점, 모두 맞으면 5점)

비상전원으로 사용되는 UPS의 원리에 대해서 개략의 블록다이어그램을 그리고 설명하시오.

• 블록다이어그램

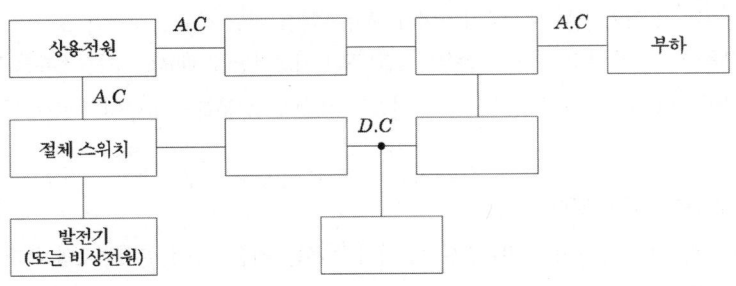

• 설명

[작성답안]

- 블록다이어그램

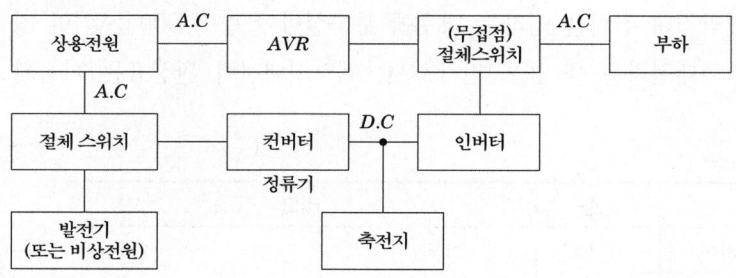

- 설명

UPS 설비는 직류 전원 장치와 사이리스터를 조합한 것으로 평상시에는 교류 전원을 정류기(컨버터)로써 직류로 변환하고 축전지에 충전한다. 이때 상용전원은 AVR과 무접점 절체 스위치를 통하여 부하에 전원을 공급한다. 상용전원이 정전시 축전지의 직류를 인버터에 의하여 안정된 교류로 역변환하여 부하에 전력을 공급한다. 비상발전기(또는 비상전원)는 축전지의 용량이 부족한 경우 운전한다.

6
출제년도 08.11.(5점/각 항목당 2점, 모두 맞으면 5점)

일반용 전기설비 및 자가용 전기설비에 있어서의 과전류 종류 2가지와 각각에 대한 용어의 정의를 쓰시오.

① 과부하전류(過負荷電流)

② 단락전류(短絡電流)

[작성답안]

① 기기에 대하여는 그 정격전류, 전선에 대하여 그 허용전류를 어느 정도 초과하여 그 계속되는 시간을 합하여 생각하였을 때, 기기 또는 전선의 손상방지를 위한 자동차단을 필요로 하는 전류를 말한다.

② 전로의 선간이 임피던스가 적은 상태로 접촉되었을 경우에 그 부분을 통하여 흐르는 큰 전류를 말한다.

[핵심] 용어

① 내선규정 1300-1 "ㄱ"에 관한 용어

- 간선(幹線)이란 인입구에서 분기과전류차단기에 이르는 배선으로서 분기회로의 분기점에서 전원측의 부분을 말한다.
- 개거(開渠)란 지표 또는 지상에 시설하는 철근콘크리트제의 견고한 배선구(덕트 또는 도랑이라고 한다)를 말한다.

- 고온장소(高溫場所)란 주위온도가 보통사용 상태에서 30℃를 초과하는 장소를 말한다.
- 과부하전류(過負荷電流)란 기기에 대하여는 그 정격전류, 전선에 대하여 그 허용전류를 어느 정도 초과하여 그 계속되는 시간을 합하여 생각하였을때, 기기 또는 전선의 손상방지를 위한 자동차단을 필요로 하는 전류를 말한다.
- 과전류(過電流)란 과부하 전류 및 단락전류를 말한다.
- 과전류차단기(過電流遮斷器)란 배선용차단기, 퓨즈, 기중차단기(ACB)와 같이 과부하전류 및 단락전류를 자동차단하는 기능을 가지는 기구를 말한다.

② 내선규정 1300-2 "ㄴ"에 관한 용어
- 내화성(耐火性)이란 사용 중 닿게 될지도 모르는 불꽃, 아크 또는 고열에 의하여 연소되는 일이 없고 또한 실용상 지장을 주는 변형 또는 변질을 하지 않는 성질을 말한다.
- 누전차단기(漏電遮斷器)란 누전차단장치를 하나로 하여 용기 속에 넣어서 제작한 것으로서 용기 밖에서 수동으로 전로를 개폐 및 자동차단 후에 복귀가 가능한 것을 말한다.
- 누전차단장치(漏電遮斷裝置)란 전로에 지락이 생겼을 경우에 부하기기, 금속제 외함 등에 발생하는 고장전압 또는 지락전류를 검출하는 부분과 차단기 부분을 조합하여 자동적으로 전로를 차단하는 장치를 말한다.

③ 내선규정 1330-3 "ㄷ"에 관한 용어
- 단락전류(短絡電流)란 전로의 선간이 임피던스가 적은 상태로 접촉되었을 경우에 그 부분을 통하여 흐르는 큰 전류를 말한다.
- 대지전압(對地電壓)이란 접지식 전로에서 전선과 대지 사이의 전압을 말하고 또 비접지식 전로에서 전선과 전로중 임의의 다른 전선 사이의 전압을 말한다.
- 대형전기기계기구(大形電氣機械器具)란 정격 소비전력 3 kW이상의 가정용 전기기계기구를 말한다.

④ 내선규정 1300-6 "ㅂ"에 관한 용어
- 배선기구(配線器具)란 개폐기, 과전류차단기, 접속기 기타 이와 유사한 기구를 말한다.
- 배선용차단기(配線用遮斷器)란 전자작용 또는 바이메탈의 작용에 의하여 과전류를 검출하고 자동으로 차단하는 과전류차단기로 그 최소동작전류(동작하고 안하는 전류한계)가 정격전류의 100%와 125%사이에 있고 또 외부에서 수동, 전자적 또는 전동적으로 조작할 수 있는 것을 말한다.
- 뱅크(bank)란 전로에 접속된 변압기 또는 콘덴서의 결선상 단위(結線上 單位)를 말한다.
- 버스덕트란 나모선(裸母線) 및 절연모선을 금속제의 함내(函內)에 넣은 것을 말한다.
- 보안공사란 저압 또는 고압의 가공전선이 다른 시설물과 접근교차하는 경우의 시설방법 중 일반적으로 규정되어 있는 시설방법보다도 강화하여야 할 점(전선의 굵기, 목주의 풍압하중에 대한 안전율, 말구(末口)의 굵기 및 지지물의 경간)을 규정한 공통의 공사방법을 말한다.
- 본질(本質)안전방폭구조란 상시 운전 중이나 사고시(단락·지락·단선 등)에 발생하는 불꽃, 아크 또는 열에 의하여 폭발성가스에 점화가 되지 않는 것이 점화시험 또는 기타의 방법에 의하여 확인된 구조를 말한다.

- 부식성가스 등이 있는 장소란 산류(酸類), 알칼리류, 염소산칼리, 표백분, 염료 혹은 인조비료의 제조공장, 동·아연 등의 제련소, 전기분동소(分銅所), 전기도금공장, 개방형 축전지실 또는 이들과 유사한 장소를 말한다.
- 분기개폐기(分岐開閉器)란 간선과 분기회로의 분기점에서 부하측으로 설치하는 개폐기 중 전원측에 가장 가깝게 설치한 개폐기(개폐기를 겸하는 배선용 차단기를 포함한다)를 말한다.
- 분기회로(分岐回路)란 간선에서 분기하여 분기과전류차단기를 거쳐서 부하에 이르는 사이의 배선을 말한다.
- 분전반(分電盤)이란 분기과전류차단기 및 분기개폐기를 집합하여 설치한 것(주개폐기나 인입구장치를 설치하는 경우도 포함한다)을 말한다.
- 분진위험장소(粉塵危險場所)란 폭연성분진·도전성분진·가연성분진 또는 타기 쉬운 섬유가 존재하기 때문에 전기설비가 점화원이 되어 폭발 또는 화재를 일으킬 우려가 있는 장소를 말한다.
- 불연성(不燃性)이란 사용 중 닿게 될지도 모르는 불꽃, 아크 또는 고열에 의하여 연소되지 않은 성질을 말한다.
- 비포장(非包裝)퓨즈란 포장퓨즈 이외의 퓨즈를 말하고 방출형퓨즈를 포함한다.

⑤ 1300-7 "ㅅ"에 관한 용어
- 사용전압(使用電壓)이란 보통의 사용상태에서 그 회로에 가하여지는 선간전압을 말한다.

⑥ 1300-8 "ㅇ"에 관한 용어
- 액세스플로어(Movable Floor 또는 OA Floor)란 주로 컴퓨터실, 통신기계실, 사무실 등에서 배선, 기타의 용도를 위한 2중 구조의 바닥을 말한다.
- 우선 내(雨線 內)란 옥측의 처마 또는 이와 유사한 것의 선단에서 연직선(鉛直線)에 대하여 45° 각도로 그은 선내의 옥측 부분으로 통상의 강우상태에서 비를 맞지 않는 부분을 말한다.

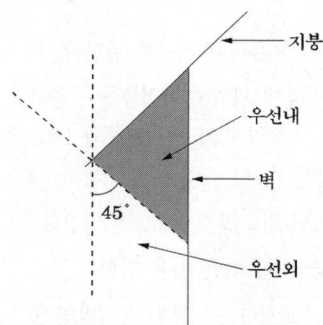

- 우선 외(雨線 外)란 옥측에서 우선 내 이외의 부분을 말한다.
- 이격거리란 떨어져야 할 물체의 표면간의 최단거리를 말한다.

⑦ 1300-9 "ㅈ"에 관한 용어
- 전기자동차란 접속식 하이브리드 전기 자동차를 포함하여 내장한 축전지부터 에너지의 전부 또는 일부를 얻는 모든 도로 자동차를 말한다.
- 절연전선(絶緣電線)이란 450/750V 이하 염화 비닐절연전선, 450/750V 이하 고무 절연전선, 고압 절연전선 및 특고압 절연전선을 말한다.
- 접지측전선(接地側電線)이란 저압전로에서 기술상의 필요에 따라 접지한 중성선 또는 접지된 전선을 말한다.
- 접촉전압(接觸電壓)이란 지락이 발생된 전기기계기구의 금속제 외함 등에 사람이나 가축이 닿을 때 생체에 가하여지는 전압을 말한다.
- 정격전압(定格電壓)이란 전기사용기계기구·배선기구 등에서 사용상 기준이 되는 전압을 말한다. 보통 명판에 기재되며 점멸기, 소켓, 고리퓨즈 등 명판이 없는 것은 각인(刻印), 형출(形出)문자 등으로 표시된다.
- 정격차단용량(定格遮斷容量)이란 과전류차단기가 어떤 정해진 조건에서 차단할 수 있는 차단용량의 한계를 말한다.
- 중성선(中性線)이란 다선식전로에서 전원의 중성극에 접속된 전선을 말한다.
- 지락전류(地絡電流)란 지락에 의하여 전로의 외부로 유출되어 화재, 사람이나 동물의 감전 또는 전로나 기기의 손상 등 사고를 일으킬 우려가 있는 전류를 말한다.
- 전기기계기구의 내압방폭구조(內壓防爆構造)란 용기 내부에 보호기체, 예를 들면 신선한 공기 또는 불연성가스를 압입(壓入)하여 내압(內壓)을 유지함으로써 폭발성가스가 침입하는 것을 방지하는 구조를 말한다.
- 전기기계기구의 내압방폭구조(耐壓防爆構造)란 전폐(全閉)구조로서 용기내부에 가스가 폭발하여도 용기가 그 압력에 견디고 또한 외부의 폭발성가스에 인화될 우려가 없는 구조를 말한다.
- 전기기계기구의 방폭(防爆)구조란 가스중기위험장소에서 사용에 적합하도록 특별히 고려한 구조를 말하며, 내압방폭구조(耐壓防爆構造), 내압방폭구조(內壓防爆構造), 유입(油入)방폭구조, 안전증가방폭구조, 본질(本質)안전방폭구조 및 특수방폭구조와 분진위험장소에서 사용에 적합하도록 고려한 분진방폭구조를 구별한다.
- 전기기계기구의 분진방폭방진구조란 분진위험장소에서 사용에 적합하도록 특별히 고려한 방진구조로서 외부의 분진에 점화되지 않도록 한 것을 말한다. 방진성의 정도에 따라서 보통방진구조와 특수방진구조의 2종류로 나누고, 이 중 분진방폭특수방진구조란 폭연성 분진이 존재하는 장소에서도 사용할 수 있도록 특히 방진성을 높인 구조의 것을 말한다.
- 전기기계기구의 안전증가방폭구조(安全增加防爆構造)란 상시운전 중에 불꽃, 아크 또는 과열이 발생되면 안 되는 부분에 이들이 발생되는 것을 방지하도록 구조상 또는 온도상승에 대하여 특히 안전도를 증기시킨 구조를 말한다.
- 전기기계기구의 유입방폭구조(油入防爆構造)란 불꽃, 아크 또는 점화원(點火原)이 될 수 있는 고온 발생의 우려가 있는 부분의 유중(油中)에 넣어 유면상(油面上)에 존재하는 폭발성가스에 인화될 우려가 없도록 한 구조를 말한다.

⑧ 1300-11 "ㅋ"에 관한 용어
- 큐비클이란 배전반·보안개폐장치 등을 집합체로 조합하여 금속제의 함내에 넣은 단위폐쇄형 수전장치를 말한다.

⑨ 1300-13 "ㅍ"에 관한 용어
- 포장(包裝)퓨즈란 가용체(可熔體)를 절연물 또는 금속으로 충분히 포장한 구조의 플러그퓨즈로서 정격 차단용량 이내의 전류를 용융금속 또는 아크를 방출하지 않고 안전하게 차단할 수 있는 것을 말한다.

⑩ 1300-14 "ㅎ"에 관한 용어
- 한류(限流)퓨즈란 단락전류를 신속히 차단하며 또한 흐르는 단락전류의 값을 제한하는 성질을 가지는 퓨즈로서 이 성질에 관하여 일정한 규격에 적합한 것을 말한다.

7

출제년도 08.(5점/각 항목당 1점, 모두 맞으면 5점)

발전기실의 위치 선정할 때 고려하여야 할 사항을 4가지만 쓰시오.

[작성답안]
① 엔진기초는 건물기초와 무관한 장소로 한다.
② 실내환기를 충분히 할 수 있는 장소이어야 하며, 온도상승을 억제해야 한다.
③ 발전기실의 구조는 중량물의 운반, 설치 및 보수유지가 용이한 장소이어야 한다.
④ 급배기가 용이하고 엔진 및 배기관의 소음 및 진동이 주위 환경에 영향을 주지 않아야 한다.

그 외
⑤ 급유 및 냉각수 공급이 가능한 장소이어야 한다.
⑥ 전기실과 가까운 장소이어야 한다.

8

출제년도 08.(5점/각 항목당 1점, 모두 맞으면 5점)

지중 배전선로에서 사용하는 대부분의 전력케이블은 합성수지의 절연체를 사용하고 있어 사용기간의 경과에 따라 충격전압 등의 영향으로 절연 성능이 떨어진다. 이러한 전력케이블의 고장점 측정을 위해 사용되는 방법을 3가지만 쓰시오.

[작성답안]
① 머레이루프(Murray loop)법
② 정전용량법
③ 펄스 레이더(Pulse radar method)법

그 외

④ 수색 코일법

⑤ 음향에 의한 방법

[핵심] 케이블의 고장점 검출방법

고장점 탐지법	사 용 용 도
머레이 루프법	1선지락
	2선지락
	3선지락
	2선단락
	3선단락
정전용량법	단락사고
펄스 레이더법	3선단락
	지락사고측정

그 외

④ 수색 코일법

⑤ 음향에 의한 방법 등이 있다.

* 사고점 측정법을 구분하면 나머지는 절연감시법이 된다.

9 출제년도 88.96.08.(5점/각 항목당 1점, 모두 맞으면 5점)

송전 계통에는 변압기, 차단기, 계기용 변압 변류기, 애자 등 많은 기기와 기구 등이 사용되고 있는데, 이들의 절연 강도는 서로 균형을 이루어야 한다. 만약, 대충 정해져 있다면 그다지 중요하지 않는 개소의 절연을 강화하였기 때문에, 중요한 기기의 절연이 파괴될 수도 있게 된다. 그러므로, 절연 설계에 있어 계통에서 발생하는 이상 전압, 기기 등의 절연 강도, 피뢰 장치로 저감된 전압쪽 보호 레벨(level)의 3자 사이의 관련을 합리적으로 해야 하는데, 이것을 절연 협조(insulation coordination)라 한다. 그림은 이와 같이 하여 정한 절연 협조의 보기를 든 것이다. 각 개소에 해당되는 것을 다음 보기에서 골라 쓰시오.

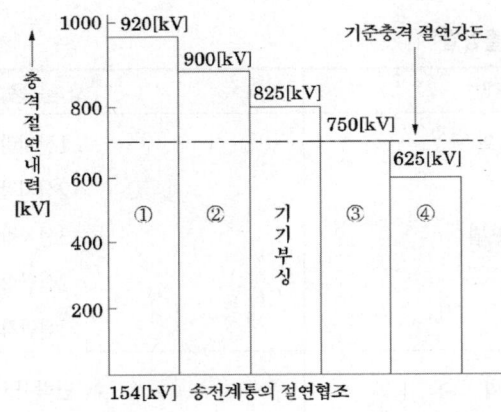

[작성답안]
① 선로 애자   ② 결합 콘덴서   ③ 변압기   ④ 피뢰기

10   출제년도 98.08.(8점/각 항목당 1점)

접지방식은 각기 다른 목적이나 종류의 접지를 상호 연접시키는 공용접지와 개별적으로 접지하되 상호 일정한 거리 이상 이격하는 독립접지(단독접지)로 구분할 수 있다. 독립접지와 비교하여 공용접지의 장점과 단점을 각각 3가지만 쓰시오.

[작성답안]
(1) 공용접지의 장점
　① 접지 저항 값이 감소한다.
　② 접지의 신뢰도가 향상된다.
　③ 접지극의 수량 감소
　그 외
　④ 접지선이 적어 접지계통이 단순해지기 때문에 보수 점검이 쉽다.
　⑤ 철근, 구조물 등을 연접하면 거대한 접지전극의 효과를 얻을 수 있다.

(2) 공용접지의 단점
　　① 계통의 이상전압 발생 시 유기전압 상승
　　② 다른 기기 계통으로부터 사고 파급
　　③ 피뢰침용과 공용하므로 뇌서지에 대한 영향을 받을 수 있다.

[핵심] 독립접지와 공용접지

구분	독립접지	공용접지
장점	• 인접 접지극의 전위간섭이 적다.	• 보수 점검이 쉽다. 　접지도체가 적어 접지계통이 단순해지기 때문에 보수 점검이 쉽다. • 접지의 신뢰도가 향상된다. 　접지극 중 하나가 불능이 되어도 타 접지극으로 보완이 될 수 있다. • 접지 저항 값이 감소한다. 　접지극이 복수일 경우 병렬접지의 효과로 합성 저항값이 감소한다. • 전원측 접지(2종)와 부하 접지(3종)의 공용에 있어서 지락보호, 부하기기에 대한 접촉전압의 관점에서 유리해 진다. • 접지저항이 극력 저하되므로 금속체에 접촉할 경우 감전의 우려가 적다.
단점	• 접지공사비가 많이 소요된다. • 접지신뢰도가 떨어진다. • 접지저항을 저하시키기가 어렵다.	• 전위상승 파급의 위험성 　접지극은 반드시 다소간 접지저항이 있으므로 접지점의 전위가 상승한다. 즉 공용접지의 경우에는 접지전류에 의한 전위상승이 접지를 공용하고 있는 설비 전체에 파급된다.

11

출제년도 08.19.21.22.(5점/부분점수 없음)

3상 배전선로의 말단에 늦은 역률 80 [%]인 평형 3상의 집중 부하가 있다. 변전소 인출구의 전압이 3,300 [V]인 경우 부하의 단자전압을 3,000 [V] 이하로 떨어뜨리지 않으려면 부하 전력[kW]은 얼마인가? 단, 전선 1선의 저항은 2[Ω], 리액턴스 1.8 [Ω]으로 하고 그 이외의 선로정수는 무시한다.

[답안적성]

계산 : $e = \dfrac{P}{V_r}(R + X\tan\theta)$ [V]에서 $P = \dfrac{eV_r}{R + X\tan\theta} \times 10^{-3}$ [kW]

$$P = \dfrac{300 \times 3{,}000}{2 + 1.8 \times \dfrac{0.6}{0.8}} \times 10^{-3} = 268.66 \text{ [kW]}$$

답 : 268.66 [kW]

[핵심] 전압강하율과 전압변동률

① 전압강하율

전압강하율은 수전전압에 대한 전압강하의 비를 백분율로 나타낸 것이다.

$$\varepsilon = \dfrac{e}{V_r} \times 100 = \dfrac{V_s - V_r}{V_r} \times 100 = \dfrac{\sqrt{3}\,I(R\cos\theta_r + X\sin\theta_r)}{V_r} \times 100 \text{ [%]}$$

$$\varepsilon = \dfrac{P}{V^2}(R + X\tan\theta) \times 100 \text{ [%]}$$

위 식에서 전압강하율은 전압의 제곱에 반비례함을 알 수 있다. 전압변동률은 수전전압에 대한 전압변동의 비를 백분율로 나타낸 것을 말한다.

② 전압변동률

$$\delta = \dfrac{V_{r_0} - V_r}{V_r} \times 100 \text{ [%]}$$

여기서, V_{r_0} : 무부하 상태에서의 수전단 전압 V_r : 정격부하 상태에서의 수전단 전압

δ : 전압변동률

출제년도 08.(9점/각 문항당 3점)

그림과 같이 수용가 인입구의 전압이 22.9 [kV], 주차단기의 차단 용량이 250 [MVA]이며, 10 [MVA], 22.9/3.3 [kV] 변압기의 임피던스가 5.5 [%]일 때 다음 각 물음에 답하시오.

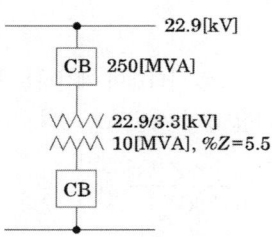

(1) 기준용량은 10 [MVA]로 정하고 임피던스 맵(Impedance Map)을 그리시오.
(2) 합성 %임피던스를 구하시오.
(3) 변압기 2차측에 필요한 차단기 용량을 구하여 제시된 표(차단기의 정격차단 용량표)를 참조하여 차단기 용량을 선정하시오.

차단기의 정격 차단용량 [MVA]											
10	20	30	50	75	100	150	250	300	400	500	750	1,000

[작성답안]
(1) 기준용량 10 [MVA]인 경우 전원측 임피던스

$$P_s = \frac{100}{\%Z_s} \times P_n$$

$$\%Z_s = \frac{100}{P_s} \times P_n = \frac{100}{250} \times 10 = 4 \, [\%]$$

변압기 임피던스 10 [MVA]기준 5.5 [%]

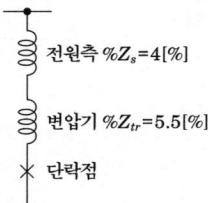
전원측 %Z_s=4[%]
변압기 %Z_{tr}=5.5[%]
단락점

(2) 계산 : 합성%임피던스 $\%Z = \%Z_s + \%Z_{tr} = 4 + 5.5 = 9.5\,[\%]$

답 : 9.5 [%]

(3) 계산 : $P_s = \dfrac{100}{\%Z} \times P_n = \dfrac{100}{9.5} \times 10 = 105.26\,[\text{MVA}]$

∴ 표에서 150 [MVA] 선정

답 : 150 [MVA]

[핵심] %임피던스법

임피던스의 크기를 옴[Ω] 값 대신에 %값으로 나타내어 계산하는 방법으로 옴[Ω]법과 달리 전압환산을 할 필요가 없어 계산이 용이하므로 현재 가장 많이 사용되고 있다.

$\%Z = \dfrac{I_n[\text{A}] \times Z[\Omega]}{E[\text{V}]} \times 100\,[\%] = \dfrac{P[\text{kVA}] \times Z[\Omega]}{10\,V^2[\text{kV}]}\,[\%]$

$P_S = \dfrac{100}{\%Z} P_N$

여기서 P_N은 %임피던스를 결정하는 기준용량을 의미 한다.

13
출제년도 99.08.(8점/각 문항당 2점, 모두 맞으면 8점)

전선로 부근이나 애자부근(애자와 전선의 접속 부근)에 임계전압 이상이 가해지면 전선로나 애자 부근에 발생하는 코로나 현상에 대하여 다음 각 물음에 답하시오.

(1) 코로나 현상이란?

(2) 코로나 현상이 미치는 영향에 대하여 4가지만 쓰시오.

(3) 코로나 방지 대책 중 2가지만 쓰시오.

[작성답안]

(1) 코로나 현상

코로나 임계전압 이상의 전압이 전선로 부근이나 애자 부근에 가해지면 주위의 공기의 절연이 부분적으로 파괴되는 현상을 말한다.

(2) 영향

① 코로나 손실

② 전선의 부식 촉진

③ 통신선 유도 장해

④ 코로나 잡음

(3) 방지책

① 다도체 방식을 채용한다.

② 굵은 도체를 사용한다.

그 외

③ 가선금구를 개량한다.

[핵심] 코로나

코로나란 송전선의 전위경도가 주위의 공기 절연강도를 초과하여 전선 주위의 공기가 이온화하여 국부적으로 절연이 파괴되는 현상을 말한다.

① 코로나 임계전압

$$E_0 = 24.3 m_0 m_1 \delta d \log_{10} \frac{2D}{d} \text{ [kV]}$$

여기서 m_0 : 전선표면의 상태계수, m_1 : 기후 계수, δ : 상대 공기밀도

② 상대공기밀도

$$\delta = \frac{b}{760} \times \frac{273+20}{273+t}$$

단, t : 기온 [℃], b : 기압 [mmHg]

③ 코로나 손실에 피크(F. W. Peek)의 실험식

$$P = \frac{241}{\delta}(f+25)\sqrt{\frac{d}{2D}}(E-E_0)^2 \times 10^{-5} \text{ [kw/km/1선]}$$

여기서 δ: 상대 공기밀도, f : 주파수, d : 전선의 지름 [cm], D : 선간거리 [cm], E: 전선의 대지전압 [kV], E_0 : 코로나 임계전압 [kV]

14

출제년도 04.07.08.(7점/각 문항당 1점, 모두 맞으면 7점)

그림과 같은 릴레이 시퀀스도를 이용하여 다음 각 물음에 답하시오.

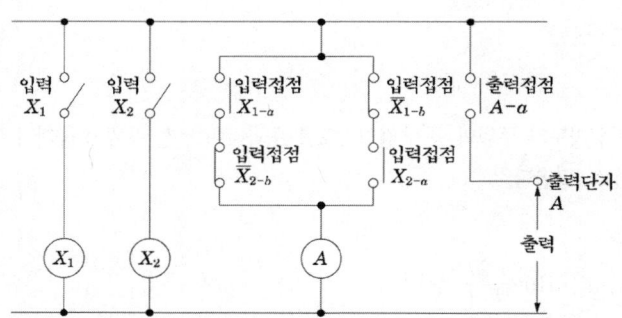

(1) AND, OR, NOT 등의 논리게이트를 이용하여 주어진 릴레이 시퀀스도를 논리회로로 바꾸어 그리시오.
(2) 물음 "(1)"에서 작성된 회로에 대한 논리식을 쓰시오.
(3) 논리식에 대한 진리표를 완성하시오.

입 력		출 력
X_1	X_2	A
0	0	
0	1	
1	0	
1	1	

(4) 진리표를 만족할 수 있는 로직회로(Logic circuit)를 간소화하여 그리시오.
(5) 주어진 타임차트를 완성하시오.

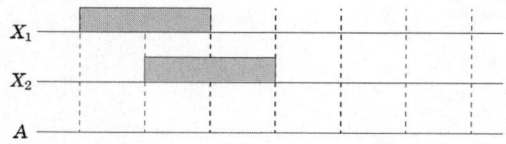

[작성답안]

(1)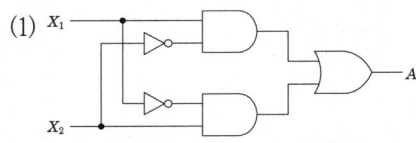

(2) $A = X_1 \overline{X_2} + \overline{X_1} X_2$

(3)
X_1	X_2	A
0	0	0
0	1	1
1	0	1
1	1	0

(4)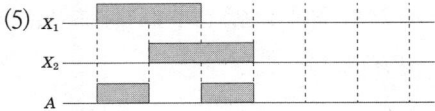

(5) (파형도: X_1, X_2, A)

---

15 출제년도 08.(5점/각 문항당 2점, 모두 맞으면 5점)

50,000 [kVA]의 변압기가 있다. 이 변압기의 손실은 80 [%] 부하율 일 때 53.4 [kW]이고, 60 [%] 부하율일 때 36.6 [kW]이다. 다음 각 물음에 답하시오.

(1) 이 변압기의 40 [%] 부하율 일 때의 손실을 구하시오.

(2) 최고효율은 몇 [%] 부하율 일 때인가?

[작성답안]

(1) 계산 : 손실 $P_l = P_i + m^2 P_c$ 에서

$m = 0.8$일 때 손실 $P_l = P_i + 0.8^2 P_c = 53.4$ [kW]

$m = 0.6$일 때 손실 $P_l = P_i + 0.6^2 P_c = 36.6$ [kW]

$\therefore 53.4 - 0.8^2 P_c = 36.6 - 0.6^2 P_c$

$53.4 - 36.6 = (0.8^2 - 0.6^2) P_c$

$\therefore P_c = \dfrac{53.4 - 36.6}{0.8^2 - 0.6^2} = 60$ [kW]

$\therefore P_i = 53.4 - 0.8^2 \times 60 = 15$ [kW]

$m = 0.4$일 때 손실 $P_l = 15 + 0.4^2 \times 60 = 24.6$ [kW]

답 : 24.6 [kW]

(2) 계산 : $m = \sqrt{\dfrac{P_i}{P_c}} \times 100 = \sqrt{\dfrac{15}{60}} \times 100 = 50$ [%]

답 : 50 [%]

[핵심] 변압기 효율 (efficiency)

① 전부하 효율 $\eta = \dfrac{P_n \cos\theta}{P_n \cos\theta + P_i + I^2 r} \times 100 \, [\%]$

전부하시 $I^2 r = P_i$ 의 조건이 만족되면 효율이 최대가 된다.

② m부하시의 효율 $\eta = \dfrac{m \, V_{2n} \, I_{2n} \cos\theta}{m \, V_{2n} \, I_{2n} \cos\theta + P_i + m^2 \, I_{2n}^{\,2} \, r_{21}} \times 100 \, [\%]$

$P_i = m^2 P_c$ 이 최대 효율조건이며, 최대 효율일 경우 부하율은 다음과 같다.

$m = \sqrt{\dfrac{P_i}{P_c}}$

③ 전일효율 $\eta_d = \dfrac{\sum h \, V_2 I_2 \cos\theta_2}{\sum h \, V_2 I_2 \cos\theta_2 + 24 P_i + \sum h \, r_2 I_2^{\,2}} \times 100 \, [\%]$

16

출제년도 08.(5점/부분점수 없음)

3상 4선식의 13,200/22,900 [V], 특별고압 수전설비를 시설하고자 한다. 책임 분계 개폐기로부터 주 변압기까지의 기기배치를 보기에서 골라 주어진 번호로 나열하시오.(단, CB 1차측에 CT를 CB 2차측에 PT를 시설하는 경우로 조작용 또는 비상전원용 10 [kVA] 이하인 용량의 변압기는 없는 것으로 하며 계전기류는 생략한다.)

① MOF　② 차단기(CB)　③ 피뢰기(LA)　④ 변압기(TR)
⑤ 변성기(PT)　⑥ 변류기(CT)　⑦ 단로기(DS)　⑧ 컷아웃스위치(COS)

[작성답안]

⑦ - ③ - ⑥ - ② - ① - ⑧ - ⑤ - ④

2009년 1회 기출문제 해설

※ 다음 물음에 답을 해당 답란에 답하시오.

1 출제년도 09.(5점/부분점수 없음)

전등만의 수용가를 두 군으로 나누어 각 군에 변압기 1대씩을 설치하여 각 군의 수용가의 총 설비용량을 각각 30 [kW], 40 [kW]라 한다. 각 수용가의 수용률을 0.6, 수용가 간의 부등률을 1.2, 변압기군의 부등률을 1.4라 하면 고압 간선에 대한 최대 부하 [kW]는?

[작성답안]

계산 : 부등률 = $\dfrac{\text{개별 최대수용전력의 합}}{\text{합성 최대수용전력}}$ = $\dfrac{\text{설비용량} \times \text{수용율}}{\text{합성최대수용전력}}$

최대수용전력 = $\dfrac{\dfrac{30 \times 0.6}{1.2} + \dfrac{40 \times 0.6}{1.2}}{1.4}$ = 25 [kW]

답 : 25 [kW]

[핵심] 부등률

각 수용가에서의 최대 수용 전력의 발생 시각은 시간적으로 차이가 있으며 이 경우에 배전 변압기 또는 간선에서의 합성 최대 수용 전력은 각 수용가에서의 최대 수용 전력의 합보다 적게 되는데 이 비를 부등률이라 하며 이 값은 항상 1보다 크고, 백분율로 나타내지 않는다. 수용률과 더불어 배전 변압기 또는 배전 간선 등의 공급 설비 계획 자료로 사용된다.

부등률 = $\dfrac{\text{개별 최대수용전력의 합}}{\text{합성 최대수용전력}}$ = $\dfrac{\text{설비용량} \times \text{수용전력}}{\text{합성최대수용전력}}$

출제년도 98.00.01.04.09.(6점/부분점수 없음)

그림과 같은 전자 릴레이 회로를 미완성 다이오드매트릭스 회로에 다이오드를 추가시켜 다이오드매트릭스로 바꾸어 그리시오.

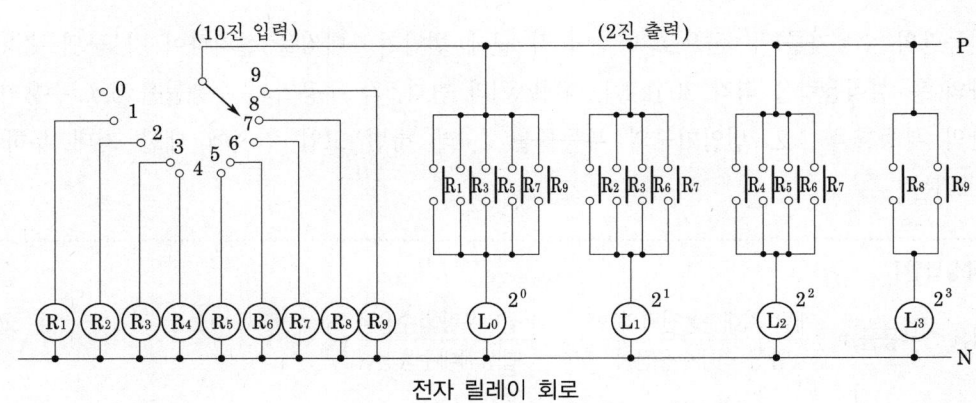

전자 릴레이 회로

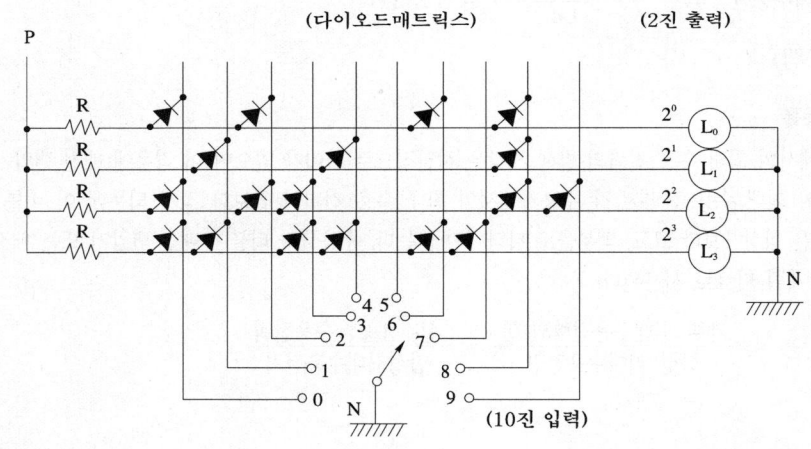

[작성답안]

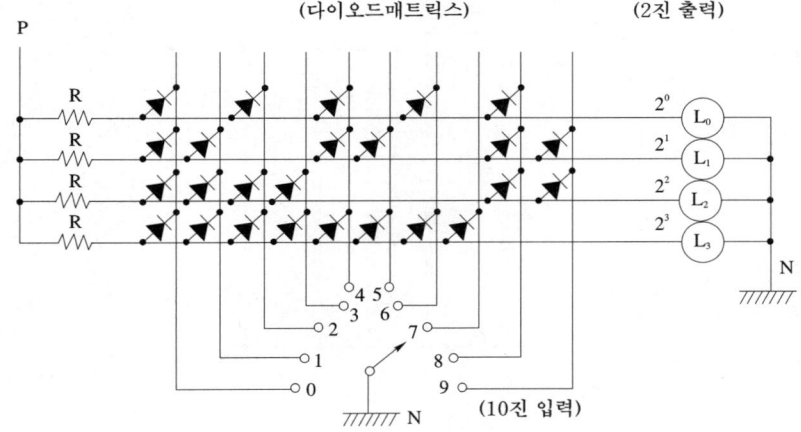

3

출제년도 96.98.09.(5점/부분점수 없음)

다음의 요구사항에 의하여 동작이 되도록 회로의 미완성된 부분(①~⑦)에 접점기호를 그리시오.

[요구사항]

- 전원이 투입되면 GL이 점등하도록 한다.
- 누름버튼스위치(PB-ON 스위치)를 누르면 MC에 전류가 흐름과 동시에 MC의 보조접점에 의하여 GL이 소등되고 RL이 점등되도록 한다. 이 때 전동기는 운전된다.
- 누름버튼스위치(PB-ON 스위치) ON에서 손을 떼어도 MC는 계속 동작하여 전동기의 운전은 계속된다.
- 타이머 T에 설정된 일정 시간이 지나면 MC에 전류가 끊기고 전동기는 정지, RL은 소등, GL은 점등된다.
- 타이머 T에 설정된 시간 전이라도 누름버튼스위치(PB-OFF 스위치)를 누르면 전동기는 정지되며, RL은 소등, GL은 점등된다.
- 전동기 운전 중 사고로 과전류가 흘러 열동계전기가 동작되면 모든 제어 회로의 전원이 차단된다.

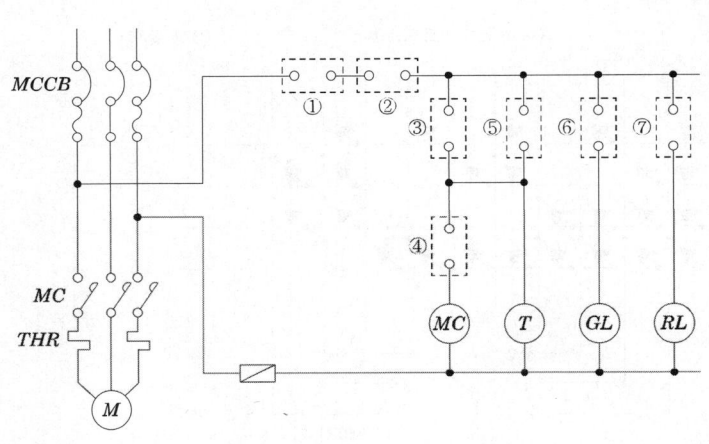

[작성답안]

① —o⨯o— THR   ② —o o— PB-OFF   ③ PB-ON   ④ T-b

⑤ MC-a   ⑥ MC-b   ⑦ MC-a

4

출제년도 09.15.(6점/각 항목당 1점, 모두 맞으면 6점)

발전소 및 변전소에 사용되는 다음 각 모선보호방식에 대하여 설명하시오.

(1) 전류 차동 계전 방식

(2) 전압 차동 계전 방식

(3) 위상 비교 계전 방식

(4) 방향 비교 계전 방식

[작성답안]

(1) 전류 차동 방식 : 각 모선에 설치된 CT의 2차 회로를 차동 접속하고 과전류 계전기를 설치한 것으로서, 모선내 고장의 경우 모선에 유입하는 전류의 총계와 유출하는 전류의 총계가 서로 다르게 되면 고장을 검출하는 방식을 말한다.

(2) 전압 차동 방식 : 각 모선에 설치된 CT의 2차 회로를 차동 접속하고 임피던스가 큰 전압계전기를 설치한 것으로서, 모선내 고장의 경우 계전기에 높은 전압이 인가되어서 동작하여 고장을 검출하는 방식을 말한다.

(3) 위상 비교 방식 : 모선에 접속된 각 회선의 전류 위상을 비교하여 모선 내부고장과 외부고장 여부를 판별하는 방식을 말한다.

(4) 방향 비교 방식 : 모선에 접속된 각 회선에 전력방향 계전기 또는 거리방향 계전기를 설치하여 모선으로부터 유출하는 고장 전류가 없을 경우, 어느 회선으로부터 모선 방향으로 고장전류가 유입이 있는지 파악하여 모선의 내부고장과 외부고장 여부를 판별하는 방식을 말한다.

5
출제년도 09.(5점/부분점수 없음)

에스컬레이터용 전동기의 용량 [kW]을 계산하시오.(단, 에스컬레이터 속도 : 30 [m/s], 경사각 : 30°, 에스컬레이터 적재하중 : 1,200 [kgf], 에스컬레이터 총효율 : 0.6, 승객 승입률 : 0.85이다.)

[작성답안]

계산 : $P = \dfrac{G \times V \times \sin\theta \times \beta}{6.12 \times \eta} = \dfrac{1200 \times 30 \times 60 \times 0.5 \times 0.85}{6120 \times 0.6} = 250 \,[\text{kW}]$

답 : 250 [kW]

[핵심] 전동기 용량이 결정

① 권상기

$$P = \dfrac{9.8 W \cdot v'}{\eta} = \dfrac{W \cdot v}{6.12\eta} \,[\text{kW}]$$

여기서, W : 권상 하중 [ton] v : 권상 속도 [m/min] v' : 권상 속도 [m/sec]
η : 권상기 효율 [%]

$v = \pi D N$

여기서 v : 권상 속도 [m/min] D : 회전체의 지름 [m] N : 회전 속도 [rpm]

② 에스컬레이터용 전동기의 용량

$$P = \dfrac{G \times V \times \sin\theta \times \beta}{6120 \times \eta}$$

G : 적재하중 [kg] V : 속도 [m/min] η : 종합효율 β : 승객유입율

③ 펌프용 전동기 용량

$$P = \dfrac{9.8 Q' H K}{\eta} = \dfrac{KQH}{6.12\eta} \,[\text{kW}]$$

여기서, P : 전동기의 용량 [kW] Q : 양수량 [m³/min] Q' : 양수량 [m³/sec]
H : 양정(낙차) [m] η : 펌프의 효율 [%] K : 여유계수(1.1 ~ 1.2 정도)

6

출제년도 09.(5점/각 항목당 1점, 모두 맞으면 5점)

다음은 고압 및 특별고압 진상용 콘덴서 관련 방전장치에 관한 사항이다. (①), (②) 에 알맞은 내용을 쓰시오.

"고압 및 특별고압 진상용 콘덴서 회로에 설치하는 방전장치는 콘덴서 회로에 직접 접속하거나 또는 콘덴서 회로를 개방하였을 경우 자동적으로 접속되도록 장치하고 또한 개로 후 (①)초 이내에 콘덴서의 잔류전하를 (②)[V] 이하로 저하 시킬 능력이 있는 것을 설치하는 것을 원칙으로 한다."

[작성답안]

① 5초 ② 50 [V]

7

출제년도 09.(5점/부분점수 없음)

그림의 회로에서 저항 R은 아는 값이다. 전압계 1개를 사용하여 부하의 역률을 구하는 방법에 대하여 쓰시오.

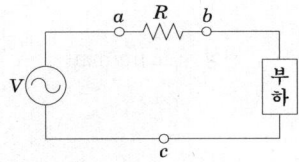

[작성답안]

ac 사이의 전압을 측정 : V_3

ab 사이의 전압을 측정 : V_2

bc 사이의 전압을 측정 : V_1

$V_3^2 = V_1^2 + V_2^2 + 2V_1V_2\cos\theta$ 이므로 $\cos\theta = \dfrac{V_3^2 - V_1^2 - V_2^2}{2V_1V_2}$ 가 된다.

[핵심] 3전압계법

다음 그림과 같은 3전압계법을 응용하여 한 개의 전압계를 세 번 사용하면 부하의 역률을 구할 수 있다.

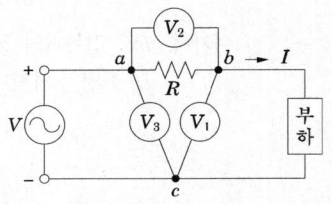

그림은 22.9 [kV-Y] 1,000 [kVA] 이하에 적용 가능한 특별고압 간이 수전설비 결선도이다. 각 물음에 답하시오.

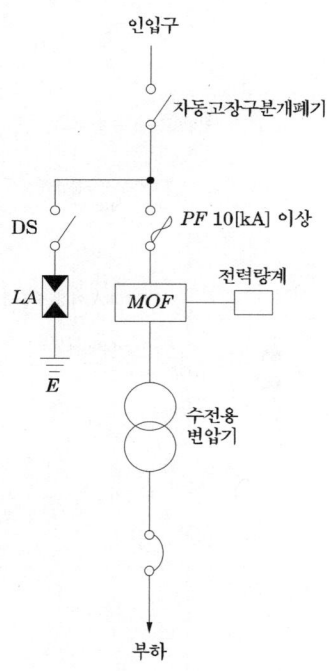

(1) 위 결선도에서 생략할 수 있는 것은?

(2) 22.9 [kV-Y]용의 LA는 어떤 것을 사용하여야 하는가?

(3) 인입선을 지중선으로 시설하는 경우로 공동주택 등 고장시 정전피해가 큰 경우에는 예비 지중선을 포함하여 몇 회선으로 시설하는 것이 바람직한가?

(4) 지중인입선의 경우에 22.9 [kV-Y] 계통은 $CNCV-W$ 케이블 (수밀형) 또는 $TR\ CNCV-W$ (트리억제형)을 사용하여야 한다. 다만, 전력구·공동구·덕트·건물구내 등 화재의 우려가 있는 장소에서는 어떤 케이블을 사용하는 것이 바람직한가?

(5) 300 [kVA] 이하인 경우는 PF 대신 어떤 것을 사용할 수 있는가?

[작성답안]
(1) LA용 DS 　　(2) Disconnector 또는 Isolator 붙임형 　　(3) 2회선
(4) $FR\ CNCO-W$(난연) 케이블
(5) COS(비대칭 차단 전류 10 [kA] 이상의 것)

[핵심] 간이수전설비 표준결선도

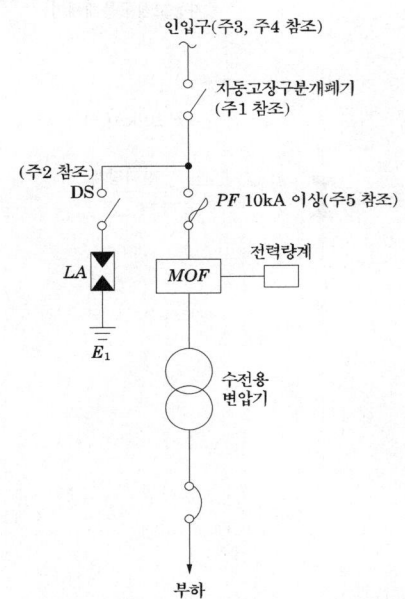

22.9 [kV-Y] 1,000 [kVA]이하를 시설하는 경우

[주1] LA용 DS는 생략할 수 있으며 22.9 [kV-Y]용의 LA는 Disconnector(또는 Isolator) 붙임형을 사용하여야 한다.

[주2] 인입선을 지중선으로 시설하는 경우로서 공동 주택 등 사고시 정전 피해가 큰 수전 설비 인입선은 예비선을 포함하여 2회선으로 시설하는 것이 바람직하다.

[주3] 지중인입선의 경우에 22.9 [kV-Y] 계통은 $CNCV-W$ 케이블(수밀형) 또는 $TR\ CNCV-W$(트리억제형)을 사용하여야 한다. 다만, 전력구·공동구·덕트·건물구내 등 화재의 우려가 있는 장소에서는 $FR\ CNCO-W$(난연) 케이블을 사용하는 것이 바람직하다.

[주4] 300 [kVA] 이하인 경우 PF 대신 COS(비대칭 차단 전류 10 [kA] 이상의 것)을 사용할 수 있다.

[주5] 간이 수전 설비는 PF의 용단 등에 의한 결상 사고에 대한 대책이 없으므로 변압기 2차측에 설치되는 주차단기에는 결상 계전기 등을 설치하여 결상 사고에 대한 보호 능력이 있도록 함이 바람직하다.

설비 불평형률에 관한 다음 각 물음에 답하시오.

(1) 저압, 고압 및 특고압 수전의 3상 3선식 또는 3상 4선식에서 불평형 부하의 한도는 단상 접속 부하로 계산하여 설비 불평형률을 몇 [%] 이하로 하는 것을 원칙으로 하는가?

(2) "(1)"항 문제의 제한 원칙에 따르지 않아도 되는 경우를 4가지만 쓰시오.

(3) 부하설비가 그림과 같을 때 설비불평형률은 몇 [%]인가? (단, ⓗ는 전열기 부하이고, ⓜ은 전동기 부하이다.)

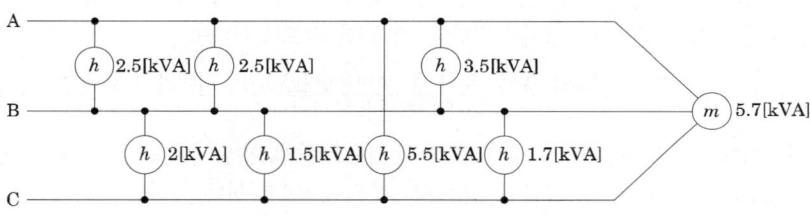

[작성답안]

(1) 30 [%] 이하

(2) ① 저압 수전에서 전용 변압기 등으로 수전하는 경우
② 고압 및 특고압 수전에서 100 [kVA] 이하의 단상 부하인 경우
③ 특고압 및 고압 수전에서는 단상부하 용량의 최대와 최소의 차가 100 [kVA] (kW) 이하인 경우
④ 특고압 수전에서는 100 [kVA](kW) 이하의 단상 변압기 2대로 역 V결선하는 경우

(3) 계산 : 불평형률 = $\dfrac{(2.5+2.5+3.5)-(2+1.5+1.7)}{(2.5+2.5+3.5+2+1.5+5.5+1.7+5.7) \times \dfrac{1}{3}} \times 100 = 39.76\,[\%]$

답 : 39.76 [%]

[핵심] 설비불평형률

① 설비불평형 단상

저압수전의 단상 3선식에서 중성선과 각 전압측 전선간의 부하는 평형이 되게 하는 것을 원칙으로 한다.

[주1] 부득이한 경우는 설비불평형률 40 [%]까지로 할 수 있다. 이 경우 설비불평형률이란 중성선과 각전압측 전선간에 접속되는 부하설비용량 [VA]차와 총부하설비용량 [VA]의 평균값의 비 [%]를 말한다.
즉, 다음 식으로 나타낸다.

$$\text{설비불평형률} = \frac{\text{중성선과 각 전압측 전선간에 접속되는 부하설비용량 [kVA]의 차}}{\text{총 부하설비용량 [kVA]의 1/2}} \times 100\,[\%]$$

② 설비불평형 3상

저압, 고압 및 특고압수전의 3상 3선식 또는 3상 4선식에서 불평형부하의 한도는 단상 접속부하로 계산하여 설비불평형률을 30 [%] 이하로 하는 것을 원칙으로 한다. 다만, 다음 각 호의 경우는 이 제한에 따르지 않을 수 있다.

- 저압수전에서 전용변압기 등으로 수전하는 경우
- 고압 및 특고압수전에서 100 [kVA](kW) 이하의 단상부하인 경우
- 고압 및 특고압수전에서 단상부하용량의 최대와 최소의 차가 100 [kVA](kW) 이하인 경우
- 특고압수전에서 100 [kVA](kW) 이하의 단상변압기 2대로 역(逆)V결선하는 경우

[주] 이 경우의 설비불평형률이란 각 선간에 접속되는 단상부하 총설비용량 [VA]의 최대와 최소의 차와 총 부하설비용량 [VA] 평균값의 비 [%]를 말한다. 즉, 다음 식으로 나타낸다.

$$\text{설비불평형률} = \frac{\text{각 선간에 접속되는 단상 부하 총 설비용량 [kVA]의 최대와 최소의 차}}{\text{총 부하설비용량 [kVA]의 1/3}} \times 100\,[\%]$$

③ 특고압 및 고압수전에서 대용량의 단상전기로 등의 사용으로 제2항의 제한에 따르기가 어려울 경우 전기사업자와 협의하여 다음 각 호에 의하여 시설하는 것을 원칙으로 한다.
- 단상부하 1개의 경우는 2차 역V접속에 의할 것, 다만 300kVA를 초과하지 말 것
- 단상부하 2개의 경우는 스코트 접속에 의할 것, 다만, 1개의 용량이 200kVA 이하인 경우는 부득이한 경우에 한하여 보통의 변압기 2대를 사용하여 별개의 선간에 부하를 접속할 수 있다.
- 단상 부하 3개 이상인 경우는 가급적 선로전류가 평형이 되도록 각 선간에 부하를 접속할 것

10

출제년도 92.94.97.04.09.20.(4점/부분점수 없음)

500 [kVA] 단상 변압기 3대를 - 결선의 1뱅크로 하여 사용하고 있는 변전소가 있다. 지금 부하의 증가로 1대의 단상 변압기를 증가하여 2뱅크로 하였을 때 최대 몇 [kVA]의 3상 부하에 대응할 수 있겠는가?

[작성답안]

계산 : 동일 변압기가 4대 이므로 V-V 2뱅크 운전이 된다.

$$P_v = 2\sqrt{3}\,P = 2\sqrt{3} \times 500 = 1732.05\,[\text{kVA}]$$

답 : 1732.05[kVA]

오실로스코프의 감쇄 probe는 입력 전압의 크기를 10배의 배율로 감소시키도록 설계되어 있다. 그림에서 오실로스코프의 입력 임피던스 R_s는 1 [MΩ]이고, probe의 내부 저항 R_p는 9 [MΩ]이다.

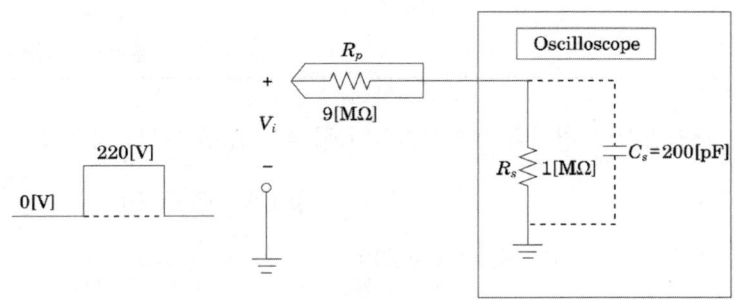

(1) 이 때 Probe의 입력전압을 $V_i = 220$ [V]라면 Oscilloscope에 나타나는 전압은?

(2) Oscilloscope의 내부저항 $R_s = 1$ [MΩ]과 $C_s = 200$ [pF]의 콘덴서가 병렬로 연결되어 있을 때 콘덴서 C_s에 대한 테브난의 등가회로가 다음과 같다면 시정수 τ와 $V_i = 220$ [V]일 때의 테브난의 등가전압 E_{th}를 구하시오.

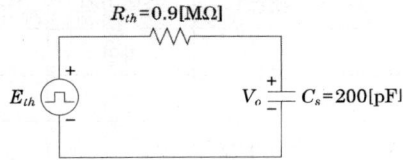

(3) 인가 주파수가 10 [kHz]일 때 주기는 몇 [ms]인가?

[작성답안]

(1) 계산 : $V_o = \dfrac{220}{10} = 22$ [V]

　답 : 22 [V]

(2) 시정수 : $\tau = R_{th} C_s = 0.9 \times 10^6 \times 200 \times 10^{-12} = 180 \times 10^{-6}$ [sec] = 180 [μsec]

　답 : 180 [μsec]

등가전압 $E_{th} = \dfrac{R_s}{R_p+R_s} \times V_i = \dfrac{1}{9+1} \times 220 = 22\ [\text{V}]$

답 : 22[V]

(3) 계산 : $T = \dfrac{1}{f} = \dfrac{1}{10 \times 10^3} = 0.1 \times 10^{-3}\ [\text{sec}] = 0.1\ [\text{msec}]$

답 : 0.1 [msec]

12

출제년도 09.(5점/각 항목당 1점)

다음 변압기 냉각방식의 명칭은 무엇인가? [예] AA (AN) : 건식자냉식

① OA (ONAN) ② FA (ONAF) ③ OW (ONWF)

④ FOA (OFAF) ⑤ FOW (OFWF)

[작성답안]
① 유입자냉식 ② 유입풍냉식 ③ 유입수냉식
④ 송유풍냉식 ⑤ 송유수냉식

[핵심] 변압기 냉각방식

IEC 76에 의한 냉각방식의 분류

냉각방식	표시기호	권선철심의 냉매체		주위의 냉각매체	
		종류	순환방식	종류	순환방식
건식자냉식	AN	공기	자연	-	-
건식풍냉식	AF		강제	-	-
건식밀폐자냉식	ANAN	공기(가스)	자연	공기(가스)	자연
유입자냉식	ONAN	유	자연	공기	
유입풍냉식	ONAF			공기	강제
유입수냉식	ONWF			냉각수	
송유자냉식	OFAN		강제	공기	자연
송유풍냉식	OFAF			공기	강제
송유수냉식	OFWF			냉각수	

ONAN : Natural oil cooling(ON) Natural air cooling(AN)
OFAF : Forced oil cooling(OF) Forced air cooling(AF)
OFWF : Forced oil cooling(OF) Forced water cooling(WF)
ODAF : Directed oil cooling(OD) Forced air cooling(AF)

ANSI C57 12.00, 12.01에 의한 냉각방식의 분류

냉각방식		약 호	내 용
유입식	유입자냉식	OA	Liquid-immersed, self-cooled
	유입풍냉식	FA	Liquid-immersed, forced air-cooled
	유입수냉식	OW	Liquid-immersed, water-cooled
	송유풍냉식	FOA	Liquid-immersed, forced liquid-cooled
	송유수냉식	FOW	Liquid-immersed, forced liquid-cooled, water-cooled

13

출제년도 09.(5점/부분점수 없음)

그림과 같이 환상 직류 배전 선로에서 각 구간의 왕복 저항은 0.1 [Ω], 급전점 A의 전압은 100 [V], 부하점 B, D의 부하전류는 각각 25 [A], 50 [A]라 할 때 부하점 B의 전압은 몇 [V]인가?

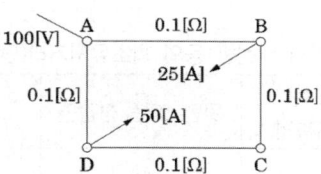

[작성답안]

계산 :

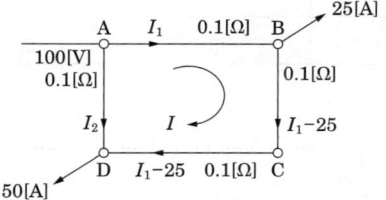

전류 방향을 가정하여 키르히호프의 전압법칙을 적용하면

$0.1I_1 + 0.1(I_1 - 25) + 0.1(I_1 - 25) - 0.1I_2 = 0$

$0.3I_1 - 0.1I_2 = 5$

$I_1 + I_2 = 75$ [A] 에서 $I_1 = 75 - I_2$ 이므로

$0.3(75 - I_2) - 0.1I_2 = 5$

$22.5 - 0.4I_2 = 5$

$$\therefore I_2 = \frac{22.5-5}{0.4} = 43.75 \, [A]$$

$$I_1 = 75 - I_2 = 75 - 43.75 = 31.25 \, [A]$$

B의 전압 $V_B = V_A - I_1 R = 100 - 31.25 \times 0.1 = 96.88 \, [V]$

답 : 96.88 [V]

14

출제년도 08.09.14.18.(6점/각 항목당 1점)

수전설비의 수전실 등의 시설에 있어서 변압기, 배전반 등 수전설비의 주요부분이 원칙적으로 유지하여야 할 거리 기준과 관련 수전설비의 배전반 등의 최소유지거리에 대하여 빈칸 ㉮~㉺에 알맞은 내용을 쓰시오.

수전설비의 배전반 등의 최소유지거리(단위 : m)

위치별 기기별	앞면 또는 조작·계측면	뒷면 또는 점검면	열상호간 (점검하는 면)	기타의 면
특고압 배전반	㉮	㉯	㉰	-
고압 배전반 저압 배전반	㉱	㉲	㉳	-
변압기 등	㉴	㉵	㉶	㉷

[작성답안]

위치별 기기별	앞면 또는 조작·계측면	뒷면 또는 점검면	열상호간 (점검하는 면)	기타의 면
특고압 배전반	1.7 [m]	0.8 [m]	1.4 [m]	-
고압 배전반 저압 배전반	1.5 [m]	0.6 [m]	1.2 [m]	-
변압기 등	0.6 [m]	0.6 [m]	1.2 [m]	0.3 [m]

[핵심] 수변전설비의 배전반 등의 최소유지거리

위치별 기기별	앞면 또는 조작·계측면	뒷면 또는 점검면	열상호간 (점검하는 면)	기타의 면
특고압 배전반	1.7 [m]	0.8 [m]	1.4 [m]	–
고압 배전반	1.5 [m]	0.6 [m]	1.2 [m]	–
저압 배전반	1.5 [m]	0.6 [m]	1.2 [m]	–
변압기 등	0.6 [m]	0.6 [m]	1.2 [m]	0.3 [m]

[비고 1] 앞면 또는 조작계측 면은 배전반 앞에서 계측기를 판독할 수 있거나 필요조작을 할 수 있는 최소거리임.

[비고 2] 뒷면 또는 점검 면은 사람이 통행할 수 있는 최소거리임. 무리 없이 편안히 통행하기 위하여 0.9[m] 이상으로 함이 좋다

[비고 3] 열상호간(점검하는 면)은 기기류를 2열 이상 설치하는 경우를 말하며 배전반류의 내부에 기기가 설치되는 경우는 이의 인출을 대비하여 내장기기의 최대 폭에 적절한 안전거리(통상 0.3[m] 이상)를 가산한 거리를 확보하는 것이 좋다.

[비고 4] 기타 면은 변압기 등을 벽 등에 연하여 설치하는 경우 최소 확보거리이다. 이 경우도 사람의 통행이 필요할 경우는 0.6[m] 이상으로 함이 바람직하다.

15

출제년도 09.(5점/부분점수 없음)

어떤 수용가에서 뒤진 역률 80 [%]로 60 [kW]의 부하를 사용하고 있었으나 새로이 뒤진 역률 60 [%], 40 [kW]의 부하를 증가하여 사용하게 되었다. 이 때 콘덴서를 이용하여 합성 역률을 90 [%]로 개선하려고 한다면 필요한 전력용 콘덴서 용량은 몇 [kVA]가 되겠는가?

[작성답안]

계산 : 무효 전력 $Q = \dfrac{60}{0.8} \times 0.6 + \dfrac{40}{0.6} \times 0.8 = 98.33$ [kVar]

유효 전력 $P = 60 + 40 = 100$ [kW]

합성 역률 $\cos\theta = \dfrac{P}{\sqrt{P^2 + Q^2}} = \dfrac{100}{\sqrt{100^2 + 98.33^2}} = 0.713$

∴ $Q_c = P(\tan\theta_1 - \tan\theta_2) = 100 \left(\dfrac{\sqrt{1-0.713^2}}{0.713} - \dfrac{\sqrt{1-0.9^2}}{0.9} \right) = 49.91$ [kVA]

답 : 49.91 [kVA]

[핵심] 역률개선 콘덴서 용량

$$Q_c = P\tan\theta_1 - P\tan\theta_2 = P(\tan\theta_1 - \tan\theta_2) = P\left(\frac{\sqrt{1-\cos^2\theta_1}}{\cos\theta_1} - \frac{\sqrt{1-\cos^2\theta_2}}{\cos\theta_2}\right) \text{ [kVA]}$$

여기서, $\cos\theta_1$: 개선 전 역률, $\cos\theta_2$: 개선 후 역률

16
출제년도 92.99.02.07.09.11.(5점/각 문항당 1점, 모두 맞으면 5점)

다음 그림은 전력용 콘덴서 계통의 일부를 나타낸 것이다. 그림에서 가, 나, 다 의 명칭과 역할에 대하여 쓰시오.

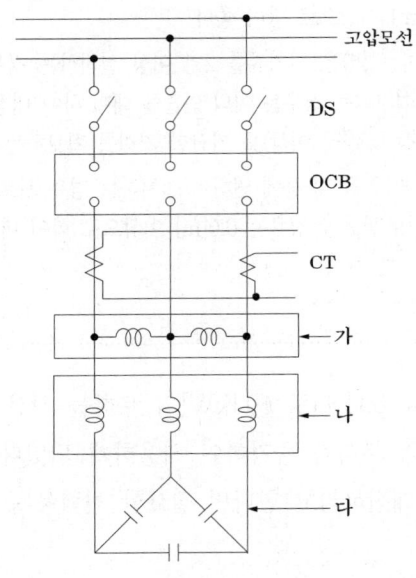

[작성답안]

번호	명칭	역할
가	방전 코일	전하가 잔류 함으로 일어나는 위험의 방지와 재투입할 때 콘덴서에 걸리는 과전압의 방지
나	직렬 리액터	제5고조파 또는 제3고조파를 제거하여 파형을 개선한다.
다	전력용 콘덴서	역률을 개선한다.

2009년 2회 기출문제 해설

| 전기기사 실기 과년도

※ 다음 물음에 답을 해당 답란에 답하시오.

1 출제년도 04.09.(6점/각 문항당 2점)

66 [kV]/6.6 [kV], 6,000 [kVA]의 3상 변압기 1대를 설치한 배전 변전소로부터 긍장 1.5 [km]의 1회선 고압 배전 선로에 의해 공급되는 수용가 인입구에서 3상 단락고장이 발생하였다. 선로의 전압강하를 고려하여 다음 물음에 답하시오.(단, 변압기 1상당의 리액턴스는 0.4 [Ω], 배전선 1선당의 저항은 0.9 [Ω/km], 리액턴스는 0.4 [Ω/km]라 하고 기타의 정수는 무시하는 것으로 한다.)

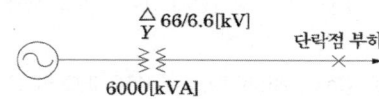

(1) 1상분의 단락회로를 그리시오.
(2) 수용가 인입구에서의 3상 단락 전류를 구하시오.
(3) 이 수용가에서 사용하는 차단기로서는 몇 [MVA] 것이 적당하겠는가?

[작성답안]
(1)

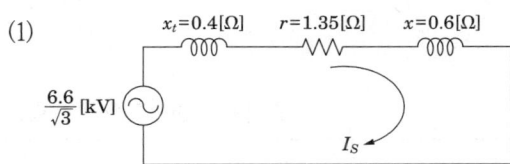

(2) 선로 임피던스는

$r = 0.9 \times 1.5 = 1.35\ [\Omega]$

$x = 0.4 \times 1.5 = 0.6\ [\Omega]$

변압기 리액턴스 $x_t = 0.4\ [\Omega]$

$$\therefore I_s = \frac{E}{\sqrt{r^2 + (x_t + x)^2}} = \frac{\frac{6.6 \times 10^3}{\sqrt{3}}}{\sqrt{1.35^2 + (0.4 + 0.6)^2}} = 2268.12\ [A]$$

답 : 2268.12 [A]

(3) 차단기 용량 $P_s = \sqrt{3}\,VI_s = \sqrt{3} \times 7{,}200 \times 2268.12 \times 10^{-6} = 28.29$ [MVA]

답 : 28.29 [MVA]

2
출제년도 96.09.(5점/부분점수 없음)

차단기 "동작책무"란?

[작성답안]
차단기에 부과된 1회 또는 2회 이상의 투입, 차단 동작을 일정 시간 간격을 두고 행하는 일련의 동작을 동작책무라 한다.

[핵심] 동작책무
동작책무란 1회 또는 2회 이상의 차단동작을 규정시간의 간격을 두고 반복하여 행하는 일련의 동작을 나타내는 책무를 말한다.

표준동작책무(IEC Calculation Type / KSC IEC 62271-100 Ed.2.1)

일 반 용	O-(3분)-CO-(3분)-CO
	CO-(15초)-CO
고 속 도 재투입용	O-(0.3초)-CO-(3분)-CO

O : 차단동작
CO : 투입동작에 이어 즉시 차단동작
t : 재투입시간

3
출제년도 09.(5점/각 문항당 1점)

다음과 같은 소형 변압기 심벌의 명칭을 쓰시오.

T_B T_R T_N T_F T_H

[작성답안]
T_B : 벨 변압기 T_R : 리모콘 변압기
T_N : 네온 변압기 T_F : 형광등용 안정기
T_H : HID 등(고효율 방전등)용 안정기

4.

출제년도 09.16.17.(5점/각 항목당 1점, 모두 맞으면 5점)

다음과 같은 충전방식에 대해 간단히 설명 하시오.

충전방식	설명
보통 충전	
세류 충전	
균등 충전	
부동 충전	
급속 충전	

[작성답안]

충전방식	설명
보통 충전	필요할 때마다 표준 시간율로 소정의 충전을 하는 방식
세류 충전	축전지의 자기 방전을 보충하기 위하여 부하를 off 한 상태에서 미소 전류로 항상 충전하는 방식
균등 충전	각 전해조에서 일어나는 전위차를 보정하기 위하여 1~3개월 마다 1회, 정전압 충전하여 각 전해조의 용량을 균일화하기 위하여 행하는 충전방식
부동 충전	축전지의 자기 방전을 보충함과 동시에 사용 부하에 대한 전력공급은 충전기가 부담하도록 하되 충전기가 부담하기 어려운 일시적인 대 전류의 부하는 축전지가 부담하도록 하는 방식
급속 충전	짧은 시간에 보통 충전 전류의 2~3배의 전류로 충전하는 방식

5

출제년도 04.09.(6점/각 문항당 3점)

권상기용 전동기의 출력이 50 [kW]이고 분당 회전속도가 950 [rpm]일 때 그림을 참고하여 물음에 답하시오.(단, 기중기의 기계 효율은 100 [%]이다.)

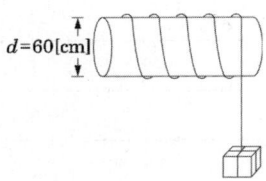

(1) 권상 속도는 몇 [m/min]인가?
(2) 권상기의 권상 중량은 몇 [kgf]인가?

[작성답안]

(1) 계산 : $v = \pi DN = \pi \times 0.6 \times 950 = 1790.71$ [m/min]

답 : 1790.71[m/min]

(2) 계산 : $P = \dfrac{Mv}{6.12\eta}$, $M = \dfrac{6.12P\eta}{v} = \dfrac{6.12 \times 50 \times 1}{1790.71} \times 1{,}000 = 170.88$ [kgf]

답 : 170.88[kgf]

[핵심] 권상기용 전동기용량

$$P = \dfrac{9.8 W \cdot v'}{\eta} = \dfrac{W \cdot v}{6.12\eta} \text{ [kW]}$$

여기서, W : 권상 하중 [ton] v : 권상 속도 [m/min] v' : 권상 속도 [m/sec]
η : 권상기 효율 [%]

6

출제년도 09.17.22.(5점/부분점수 없음)

154 [kV] 중성점 직접 접지 계통에서 접지계수가 0.75이고, 여유도가 1.1이라면 전력용 피뢰기의 정격전압은 피뢰기 정격전압 중 어느 것을 택하여야 하는가?

피뢰기 정격전압 (표준치 [kV])

126	144	154	168	182	196

[작성답안]

계산 : $V = \alpha\beta V_m = 0.75 \times 1.1 \times 170 = 140.25$ [kV]

∴ 144 [kV] 선정

답 : 144 [kV]

[핵심] 피뢰기 정격전압

전력계통		정격전압	
공칭전압	중성점 접지방식	송전선로	배전선로
345	유효접지	288	
154	유효접지	144	
66	소호 리액터 접지 또는 비접지	72	
22	소호 리액터 접지 또는 비접지	24	
22.9	중성점 다중 접지	21	18

7

출제년도 03.09.18.20.(7점/각 문항당 2점, 모두 맞으면 7점)

다음은 어느 계전기 회로의 논리식이다. 이 논리식을 이용하여 다음 각 물음에 답하시오.
(단, A, B, C는 입력이고 X는 출력이다.)

논리식 : $X = \overline{A}B + C$

(1) 이 논리식을 무접점 시퀀스도(논리회로)로 그리시오.

(2) 물음(1)번에서 무접점 시퀀스도로 표현된 것을 2입력 NAND만으로 등가 하여 그리시오.

(3) 물음 (1)에서 로직 시퀀스도로 표현된 것을 2입력 NOR gate만으로 등가 변환하시오.

[작성답안]

(1)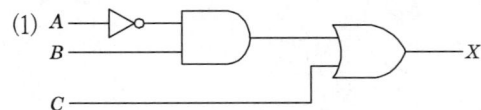

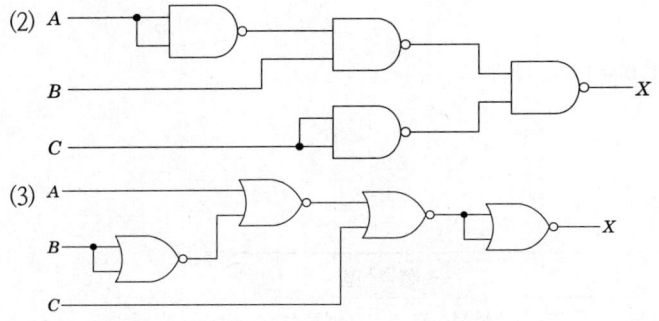

[핵심] NAND회로의 구성

아래의 원리를 이용하여 NAND회로로 구성할 수 있다.

출제년도 09.(5점/부분점수 없음)

8

변압기 본체 탱크 내에 발생한 가스 또는 이에 따른 유류를 검출하여 변압기 내부고장을 검출하는데 사용되는 계전기로서 본체와 콘서베이터 사이에 설치하는 계전기는?

[작성답안]

브흐홀쯔 계전기

[핵심] 브흐홀쯔 계전기

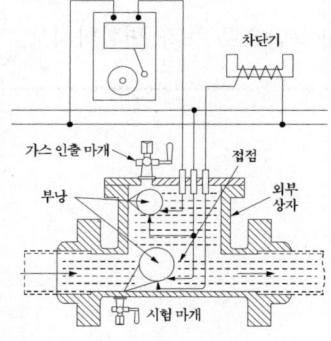

9

출제년도 91.97.04.09.19.(8점/각 문항당 4점)

도면은 유도 전동기 IM의 정회전 및 역회전용 운전의 단선 결선도이다. 이 도면을 이용하여 다음 각 물음에 답하시오.(단, $52F$는 정회전용 전자접촉기이고, $52R$은 역회전용 전자접촉기이다.)

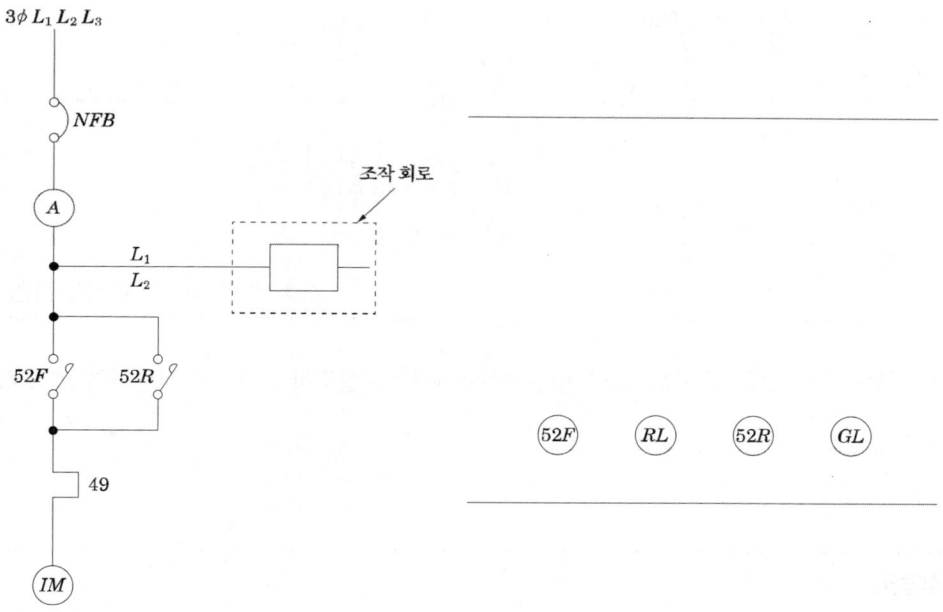

(1) 단선도를 이용하여 3선 결선도를 그리시오. (단, 점선내의 조작회로는 제외하도록 한다.)

(2) 주어진 단선 결선도를 이용하여 정·역회전을 할 수 있도록 조작 회로를 그리시오. (단, 누름버튼 스위치 OFF 버튼 2개, ON 버튼 2개 및 정회전 표시램프 RL, 역회전 표시램프 GL도 사용하도록 한다.)

[작성답안]

(1)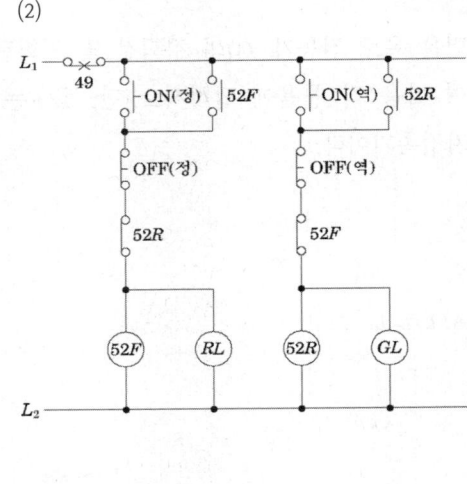

(2)

출제년도 09.15.(7점/(1)3점, (2)4점)

10

스폿 네트워크(SPOT NETWORK) 수전방식에 대하여 설명하고 특징을 4가지만 쓰시오.

(1) 설명

(2) 특징(4가지)

[작성답안]

(1) 전력회사 변전소에서 하나의 전기사용장소에 대하여 2회선 이상의 22.9 [kV-Y] 배전선로로 공급하고, 각각의 배전선로로 시설된 수전용 네트워크변압기의 2차측을 상시 병렬 운전하는 배전방식을 말한다.

(2) 특징
- 배전선 1회선, 변압기 뱅크 사고시에도 무정전 공급이 가능하다.
- 배전선 보수시 1회선이 정지하여도 구내 정전은 발생되지 않는다.
- 배전선 정지 및 복구시 변압기 2차측 차단기의 개방 및 투입이 자동적으로 이루어진다.
- 설비 중에서 고가인 1차측 차단기가 필요하지 않는다.

그 외
- 차단기 대신에 단로기로 대치한다.
- 1회선 정지시에도 나머지 변압기의 과부하 운전으로 최대수요전력 부담한다.
- 표준 3회선으로서 67 [%]까지 선로 이용률을 올릴 수 있다.

- 부하 증가와 같은 수용 변동의 탄력성이 좋다.
- 대도시 고부하밀도 지역에 적합하다.

[핵심] 스폿네트워크 배전방식

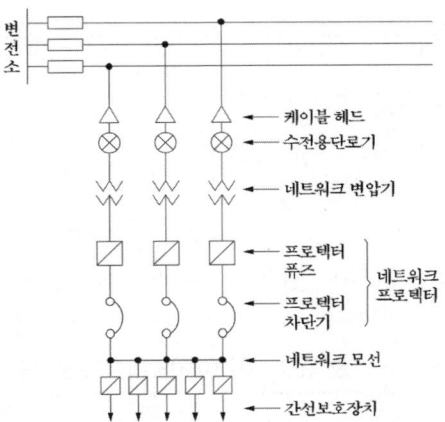

① 네트워크 변압기용량

- 네트워크 변압기용량 = $\dfrac{\text{최대수요전력 [kVA]}}{(\text{수전회선수} - 1)} \times \dfrac{1}{1.3}$

② 특징

- 배전선 1회선, 변압기 뱅크 사고시에도 무정전 공급이 가능하다.
- 배전선 보수시 1회선이 정지하여도 구내 정전은 발생되지 않는다.
- 배전선 정지 및 복구시 변압기 2차측 차단기의 개방 및 투입이 자동적으로 이루어진다.
- 설비 중에서 고가인 1차측 차단기가 필요하지 않는다.
- 차단기 대신에 단로기로 대치한다.
- 1회선 정지시에도 나머지 변압기의 과부하 운전으로 최대수요전력 부담한다.
- 표준 3회선으로서 67 [%]까지 선로 이용률을 올릴 수 있다.
- 부하 증가와 같은 수용 변동의 탄력성이 좋다.
- 대도시 고부하밀도 지역에 적합하다.

11

출제년도 09.(5점/각 항목당 1점, 모두 맞으면 5점)

인체가 전기설비에 접촉되어 감전재해가 발생하였을 때 감전피해의 위험도를 결정하는 요인 4가지를 쓰시오.

[작성답안]
① 통전전류의 크기
② 통전경로
③ 통전시간
④ 전원의 종류

12

출제년도 01.02.09.(6점/부분점수 없음)

PLC 래더 다이어그램이 그림과 같을 때 표(b)에 ①~⑥의 프로그램을 완성하시오.
(단, 회로 시작(STR), 출력(OUT), AND, OR, NOT 등의 명령어를 사용한다.)

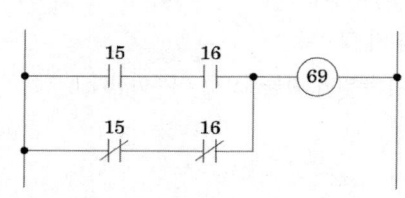

차 례	명 령	번 지
0	(①)	15
1	AND	16
2	(②)	(③)
3	(④)	16
4	OR STR	-
5	(⑤)	(⑥)

[작성답안]
① STR ② STR NOT ③ 15 ④ AND NOT ⑤ OUT ⑥ 69

13 출제년도 90.91.92.07.00.04.09.10.16.(5점/부분점수 없음)

> 면적 216 [m²]인 사무실의 조도를 200 [lx]로 할 경우에 램프 2개의 전광속 4,600 [lm], 램프 2개의 전류가 1 [A]인, 40W×2 형광등을 시설할 경우에 조명률 51 [%], 감광보상률 1.3으로 가정하고, 전기방식은 220 [V] 단상 2선식으로 할 때 이 사무실의 16 [A] 분기 회로수는? (단, 콘센트는 고려하지 않는다.)

[작성답안]

① 전등수 $N = \dfrac{EAD}{FU} = \dfrac{200 \times 216 \times 1.3}{4600 \times 0.51} = 23.94$ [등]

∴ 24 [등] 선정

② 분기회로수 $n = \dfrac{24 \times 1}{16} = 1.5$ 회로

답 : 16 [A] 분기 2회로

[핵심] 조명설계

① 실지수

방의 면적이 같은 2개의 방에 같은 수의 광원을 설치하여도 방의 모양이 다른 경우에는 작업면상의 조도는 다르게 된다. 그래서 천정, 바닥이 장방형인 방은 가로 X, 세로 Y 두 변의 평균을 한 변으로 하는 정방형인 방과 동일하다고 하는 이론에 의해 실지수 $R.I$를 다음 식과 같이 결정한다.

$$R.I = \dfrac{XY}{H(X+Y)}$$

실지수	5.0	4.0	3.0	2.5	2.0	1.5	1.25	1.0	0.8	0.6
기호	A	B	C	D	E	F	G	H	I	J

② 조도계산

N개의 램프에서 방사되는 빛을 평면상의 면적 A[m²]에 모두 집중 조사할 수 있다고 하고 램프 1개당 광속을 F[lm]이라 하면, 그 면의 평균조도를

$$E = \dfrac{F \cdot N}{A} \text{ [lx]}$$

로 나타낸다. 이러한 평균조도 계산은 광속법과 설계여건에 따라 ZCM (Zonal Cavity Method)법을 채택할 수 있다.

$$E = \dfrac{F \cdot N \cdot U \cdot M}{A}$$

여기서, E : 평균조도 [lx] F : 램프 1개당 광속 [lm] N : 램프수량 [개]
U : 조명률 M : 보수율, 감광보상률의 역수 A : 방의 면적 [m²] (방의 폭×길이)

출제년도 84.91.97.06.09.17.19.(5점/부분점수 없음)

고압 동력 부하의 사용 전력량을 측정하려고 한다. CT 및 PT 취부 3상 적산 전력량계를 그림과 같이 오결선(1S와 1L 및 P1과 P3가 바뀜)하였을 경우 어느 기간 동안 사용 전력량이 300 [kWh]였다면 그 기간 동안 실제 사용 전력량은 몇 [kWh]이겠는가? (단, 부하 역률은 0.8이라 한다.)

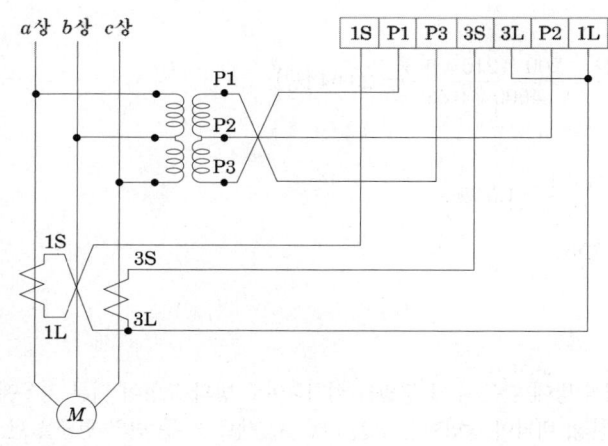

[작성답안]

계산 : $W = W_1 + W_2 = 2\,VI\sin\theta$ 이므로

$$VI = \frac{W_1 + W_2}{2\sin\theta} = \frac{300}{2 \times 0.6}$$

실제 전력량 $W' = \sqrt{3}\,VI\cos\theta = \sqrt{3} \times \dfrac{300}{2 \times 0.6} \times 0.8 = 346.41$ [kWh]

답 : 346.41 [kWh]

[핵심] 전력량계

E : 상전압, I : 선전류, V : 선간 전압, $\cos\theta$: 역률이라 하면

$W_1 = V_{32}\,I_1\cos(90-\theta) = VI\cos(90-\theta)$

$W_2 = V_{12}\,I_3\cos(90-\theta) = VI\cos(90-\theta)$

$\therefore\ W = W_1 + W_2 = 2\,VI\cos(90-\theta) = 2\,VI\sin\theta$

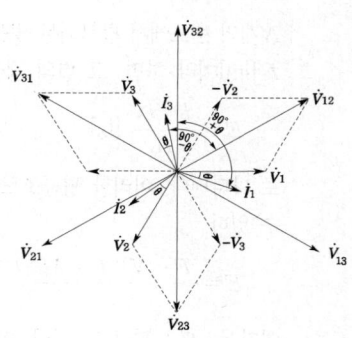

출제년도 09.11.12.新規(5점/각 항목당 1점)

다음 빈칸 ①~⑤에 알맞은 수치를 넣으시오.

그림과 같이 분기회로(S_2)의 보호장치(P_2)는 (P_2)의 전원 측에서 분기점(O) 사이에 다른 분기회로 또는 콘센트의 접속이 없고 ①의 위험과 ② 및 인체에 대한 위험성이 ③되도록 시설된 경우, 분기회로의 보호장치 (P_2)는 분기회로의 분기점(O)으로부터 ④까지 이동하여 설치할 수 있다.

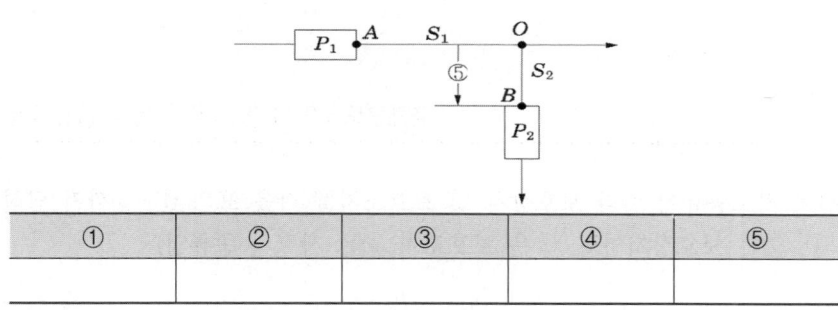

①	②	③	④	⑤

[작성답안]

①	②	③	④	⑤
단락	화재	최소화	3 [m]	3 [m]

[핵심] 한국전기설비규정 212.4.2 과부하 보호장치의 설치 위치

1. 설치위치

가. 과부하 보호장치는 전로 중 도체의 단면적, 특성, 설치방법, 구성의 변경으로 도체의 허용전류 값이 줄어드는 곳(이하 분기점이라 함)에 설치해야 한다.

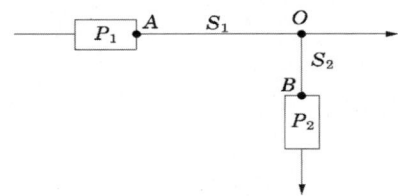

나. 분기회로 (S_2)의 보호장치 (P_2)는 (P_2)의 전원 측에서 분기점(O) 사이에 다른 분기회로 또는 콘센트의 접속이 없고, 단락의 위험과 화재 및 인체에 대한 위험성이 최소화 되도록 시설된 경우, 분기회로의 보호장치 (P_2)는 분기회로의 분기점(O)으로부터 3 m 까지 이동하여 설치할 수 있다.

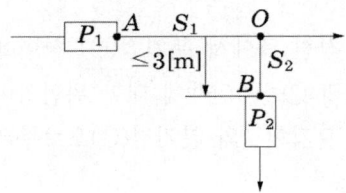

16

출제년도 09.11.(5점/각 항목당 1점, 모두 맞으면 5점)

배전선로 사고종류에 따라 보호장치 및 보호조치를 다음 표의 ①~③까지 답하시오.
(단, ①, ②는 보호장치이고, ③은 보호조치 ④는 사고의 종류임)

	사고의 종류	보호장치 및 보호조치
고압배전선	접지사고	①
	과부하, 단락사고	②
	뇌해사고	피뢰기, 가공지선
주상 변압기	④	고압 퓨즈
저압 배전선	고저압 혼촉	③
	과부하, 단락사고	저압 퓨즈

[작성답안]
① 접지 계전기
② 과전류 계전기
③ 중성점 접지공사
④ 과부하, 단락사고

17

출제년도 09.(5점/부분점수 없음)

변류비가 200/5인 CT의 1차 전류가 150 [A]일 때 CT 2차측 전류는 몇 [A]인가?

[작성답안]

계산 : 변류비 $a = \dfrac{I_1}{I_2}$

$\therefore I_2 = \dfrac{I_1}{a} = \dfrac{150}{200/5} = 3.75$ [A]

답 : 3.75 [A]

18

출제년도 09.(6점/부분점수 없음)

고압간선에 다음과 같은 A, B 수용가가 있다. A, B 각 수용가의 개별 부등률은 1.0이고 A, B간 합성 부등률은 1.2라고 할 때 고압간선에 걸리는 최대 부하용량은 몇 [kVA]인가?

회 선	부하 설비 [kW]	수용률 [%]	역 률 [%]
A	250	60	80
B	150	80	80

[작성답안]

계산 : A 수용가의 최대 부하 $= \dfrac{250 \times 0.6}{1.0} = 150$ [kW]

B 수용가의 최대 부하 $= \dfrac{150 \times 0.8}{1.0} = 120$ [kW]

고압간선에 걸리는 최대 부하용량 $P_a = \dfrac{150 + 120}{1.2 \times 0.8} = 281.25$ [kVA]

답 : 281.25 [kVA]

[핵심] 부등률

각 수용가에서의 최대 수용 전력의 발생 시각은 시간적으로 차이가 있으며 이 경우에 배전 변압기 또는 간선에서의 합성 최대 수용 전력은 각 수용가에서의 최대 수용 전력의 합보다 적게 되는데 이 비를 부등률이라 하며 이 값은 항상 1보다 크고, 백분율로 나타내지 않는다. 수용률과 더불어 배전 변압기 또는 배전 간선 등의 공급 설비 계획 자료로 사용된다.

2009년 3회 기출문제 해설

※ 다음 물음에 답을 해당 답란에 답하시오.

1 출제년도 09.16.(4점/부분점수 없음)

다음 그림과 같은 유접점 회로에 대한 주어진 미완성 PLC 래더 다이어그램을 완성하고, 표의 빈칸 ①~⑥에 해당하는 프로그램을 완성하시오.(단, 회로시작 LOAD, 출력 OUT, 직렬 AND, 병렬 OR, b접점 NOT, 그룹간 묶음 AND LOAD 이다.)

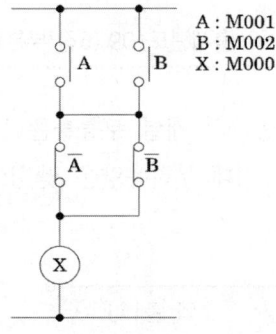

A : M001
B : M002
X : M000

• 프로그램

차례	명령	번지
0	LOAD	M001
1	①	M002
2	②	③
3	④	⑤
4	⑥	-
5	OUT	M000

• 래더 다이어그램

[작성답안]

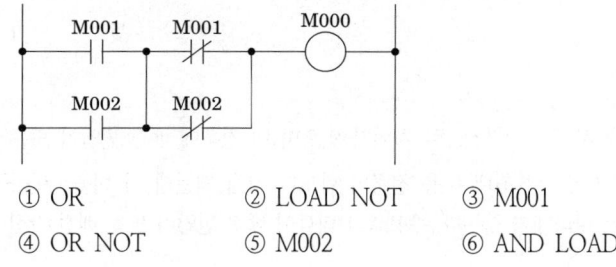

① OR ② LOAD NOT ③ M001
④ OR NOT ⑤ M002 ⑥ AND LOAD

2

출제년도 09.(5점/각 문항당 1점)

다음 그림 기호는 일반 옥내 배선의 전등·전력·통신·신호·재해방지·피뢰시설 등의 배선, 기기 및 부착위치, 부착방법을 표시하는 도면에 사용하는 그림 기호이다. 각 그림 기호의 명칭을 쓰시오.

(1) E   (2) B   (3) EC   (4) S   (5) ⊖G

[작성답안]
(1) 누전 차단기   (2) 배선용 차단기   (3) 접지 센터   (4) 개폐기   (5) 누전 경보기

3

출제년도 94.07.09.17.(10점/각 항목당 2점)

그림의 단선결선도를 보고 ①~⑤에 들어갈 기기에 대하여 표준심벌을 그리고 약호, 명칭, 용도 또는 역할에 대하여 쓰시오.

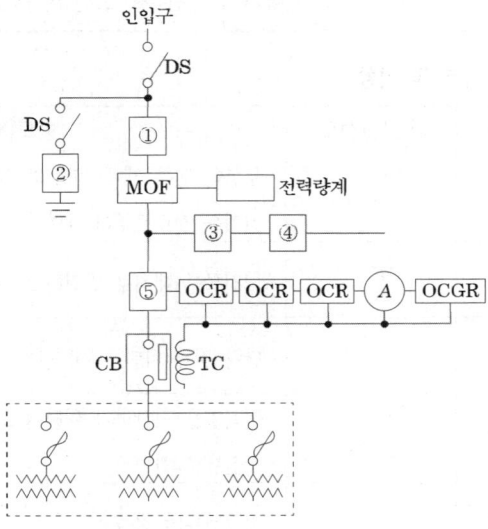

번호	심벌	약호	명칭	용도 및 역할
①				
②				
③				
④				
⑤				

[작성답안]

번호	심벌	약호	명칭	용도 및 역할
①		PF	전력용 퓨즈	단락 전류 및 고장 전류 차단
②		LA	피뢰기	이상 전압 침입시 이를 대지로 방전시키며 속류를 차단한다.
③		COS 또는 PF	컷아웃 스위치	계기용 변압기 고장 발생시 이를 고압회로로부터 분리하여 사고의 확대를 방지한다.
④		PT	계기용 변압기	고전압을 저전압(정격 110 [V])로 변성한다.
⑤		CT	계기용 변류기	대전류를 소전류(정격 5 [A])로 변성한다.

[핵심] 수변전기기의 심벌, 약호 및 역할

명칭	약호	심벌(단선도)	용도(역할)
단로기	DS		무부하 전류 개폐, 회로의 접속 변경, 기기를 전로로부터 개방
피뢰기	LA		뇌전류를 대지로 방전하고 속류 차단
전력 퓨즈	PF		단락 전류 차단, 부하 전류 통전
전력수급용 계기용변성기	MOF	MOF	전력량을 적산하기 위하여 고전압과 대전류를 저전압, 소전류로 변성
영상 변류기	ZCT		지락전류의 검출
계기용 변압기	PT		고전압을 저전압으로 변성

교류 차단기	CB		부하 전류 및 사고 전류의 차단
트립 코일	TC		보호 계전기 신호에 의해 차단기 개로
계기용 변류기	CT		대전류를 소전류로 변성
접지 계전기	GR	GR	영상 전류에 의해 동작하며, 차단기 트립 코일 여자
과전류 계전기	OCR	OCR	과전류에 의해 동작하며, 차단기 트립 코일 여자
전압계용 전환 개폐기	VS		1대의 전압계로 3상 전압을 측정하기 위하여 사용하는 전환 개폐기
전류계용 전환 개폐기	AS		1대의 전류계로 3상 전류를 측정하기 위하여 사용하는 전환 개폐기
직렬 리액터	SR		제5고조파 제거
컷아웃 스위치	COS		기계 기구(변압기)를 과전류로부터 보호

4

출제년도 09.(5점/각 항목당 1점, 모두 맞으면 5점)

다음은 인체에 전류가 흘러 감전된 정도를 설명한 것이다. ( )안에 알맞은 용어를 쓰시오.

(1) (　　　　)전류 : 인체에 흐르는 전류가 수 [mA]를 넘으면 자극으로서 느낄 수 있게 되는데 사람에 따라서는 1 [mA] 이하에서 느끼는 경우도 있다.

(2) (　　　　)전류 : 도체를 잡은 상태로 인체에 흐르는 전류를 증가시켜가면 5~20 [mA] 정도의 범위에서 근육이 수축 경련을 일으켜 사람 스스로 도체에서 손을 뗄 수 없는 상태로 된다.

(3) (　　　　)전류 : 인체 통과 전류가 수십 [mA]에 이르면 심장 근육이 경련을 일으켜 신체 내의 혈액공급이 정지되며 사망에 이르게 될 우려가 있으며, 단시간 내에 통전을 정지시키면 죽음을 면할 수 있다.

[작성답안]
(1) 감지전류   (2) 경련전류   (3) 심실세동전류

5 출제년도 09.19.(8점/각 문항당 2점)

전압 1.0183 [V]를 측정하는데 측정값이 1.0092 [V]이었다. 이 경우의 다음 각 물음에 답하시오. (단, 소수점 이하 넷째 자리까지 구하시오.)

(1) 오차

(2) 오차율

(3) 보정(값)

(4) 보정률

[작성답안]

(1) 계산 : 오차 = 측정값 − 참값 = 1.0092 − 1.0183 = −0.0091

  답 : −0.0091

(2) 계산 : 오차율 = $\dfrac{오차}{참값}$ = $\dfrac{-0.0091}{1.0183}$ = −0.0089

  답 : −0.0089

(3) 계산 : 보정값 = 참값 − 측정값 = 1.0183 − 1.0092 = 0.0091

  답 : 0.0091

(4) 계산 : 보정률 = $\dfrac{보정값}{측정값}$ = $\dfrac{0.0091}{1.0092}$ = 0.0090

  답 : 0.0090

[핵심]

문제의 조건에 의해 소수점으로 구하며, 소수점 이하 넷째 자리까지 구한다.

6

출제년도 09.20.(5점/각 항목당 1점)

퓨즈 정격사항에 대하여 주어진 표의 빈 칸에 쓰시오.

계통전압 [kV]	퓨즈 정격	
	퓨즈 정격전압 [kV]	최대 설계전압 [kV]
6.6	①	8.25
13.2	15	②
22 또는 22.9	③	25.8
66	69	④
154	⑤	169

[작성답안]
① 6.9 또는 7.5   ② 15.5   ③ 23
④ 72.5   ⑤ 161

[핵심] 퓨즈의 정격전압

3상회로에서 사용 가능한 전압의 한도를 표시한 것을 말한다. 퓨즈의 정격전압은 계통의 접지, 비접지에 무관하고 계통의 최대 선간전압에 의해 결정된다.

계통 전압 [kV]	퓨즈의 정격	
	퓨즈 정격전압 [kV]	최대설계전압 [kV]
6.6	6.9 또는 7.5	- 8.25
6.6/11.4 Y	11.5 또는 15.0	- 15.5
13.2	15.0	15.5
22 또는 22.9	23.0	25.8
66	69.0	72.5
154	161.0	169

7

출제년도 09.(3점/부분점수 없음)

발·변전소에는 전력의 집합, 융통, 분배 등을 위하여 모선을 설치한다. 무한대 모선 (Infinite Bus)이란 무엇인지 설명하시오.

[작성답안]
무한대 모선이란 내부 임피던스가 영이고 전압은 그 크기와 위상이 부하의 증감에 관계없이 전혀 변화하지 않고, 또 극히 큰 관성 정수를 가지고 있다고 생각되는 용량 무한대의 전원을 말한다.

8

출제년도 09.20.(6점/각 문항당 3점)

그림과 같은 2:1 로핑의 기어레스 엘리베이터에서 적재하중은 1000[kg], 속도는 140[m/min]이다. 구동 로프 바퀴의 직경은 760[mm]이며, 기체의 무게는 1500[kg]인 경우 다음 각 물음에 답하시오. (단, 평형율은 0.6, 엘리베이터의 효율은 기어레스에서 1 : 1 로핑인 경우는 85[%], 2 : 1 로핑인 경우는 80[%]이다.)

(1) 권상소요 동력은 몇 [kW]인지 계산하시오.

(2) 전동기의 회전수는 몇 [rpm]인지 계산하시오.

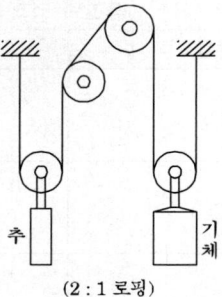

(2 : 1 로핑)

[작성답안]

(1) 계산 : $P = \dfrac{kWv}{6,120\eta} = \dfrac{0.6 \times 1,000 \times 140}{6,120 \times 0.8} = 17.16$ [kW]

답 : 17.16 [kW]

(2) 계산 : $N = \dfrac{v}{D\pi} = \dfrac{280}{0.76 \times \pi} = 117.27$ [rpm]

답 : 117.27 [rpm]

[핵심] 엘리베이터

① 로핑

2 : 1 로핑은 구조가 복잡하고, 로프의 길이가 1 : 1 로핑에 비해 2배의 길이가 필요하다. 그러나 권상기를 소형, 경량화 할 수 있는 장점이 크기 때문에 고속엘리베이터나 화물 엘리베이터에 사용된다.

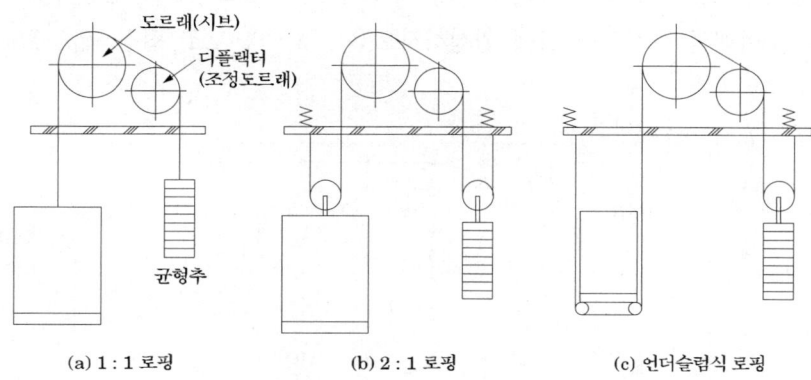

(a) 1 : 1 로핑   (b) 2 : 1 로핑   (c) 언더슬럼식 로핑

② 권상용 전동기 용량

$$P = \frac{9.8\,W \cdot v'}{\eta} = \frac{W \cdot v}{6.12\eta}\ [\text{kW}]$$

9
출제년도 08.09.(5점/부분점수 없음)

3상 3선식 송전선에서 수전단의 선간전압이 30 [kV], 부하 역률이 0.8인 경우 전압 강하율이 10 [%]라 하면 이 송전선은 몇 [kW]까지 수전할 수 있는가? (단, 전선 1선의 저항은 15 [Ω], 리액턴스는 20 [Ω]이라 하고, 기타의 선로 정수는 무시하는 것으로 한다.)

[작성답안]

계산 : 전압강하율 $\varepsilon = \dfrac{P}{V^2}(R + X\tan\theta)$ [%]에서 $P = \dfrac{\varepsilon V^2}{R + X\tan\theta} \times 10^{-3}$ [kW]

$$\therefore P = \frac{0.1 \times (30 \times 10^3)^2}{\left(15 + 20 \times \dfrac{0.6}{0.8}\right)} \times 10^{-3} = 3{,}000\ [\text{kW}]$$

답 : 3,000 [kW]

출제년도 09.(6점/부분점수 없음)

그림은 기동 입력 BS_1을 준 후 일정 시간이 지난 후에 전동기 M이 기동 운전되는 회로의 일부이다. 여기서 전동기 M이 기동하면 릴레이 X와 타이머 T가 복구되고 램프 RL이 점등되며 램프 GL은 소등되고, Thr이 트립되면 램프 OL이 점등하도록 회로의 점선 부분을 아래의 수정된 회로에 완성하시오.(단, MC의 보조 접점 ($2a$, $2b$)을 모두 사용한다.)

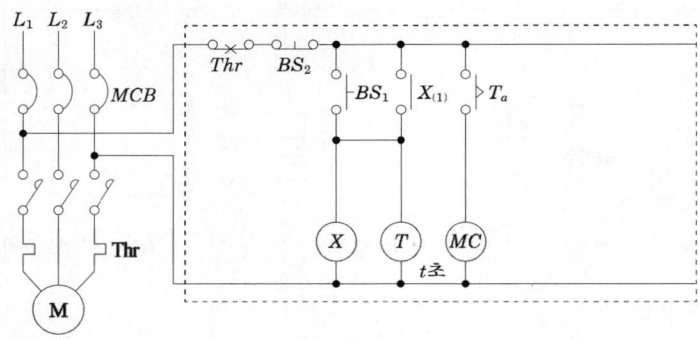

- 수정된 회로

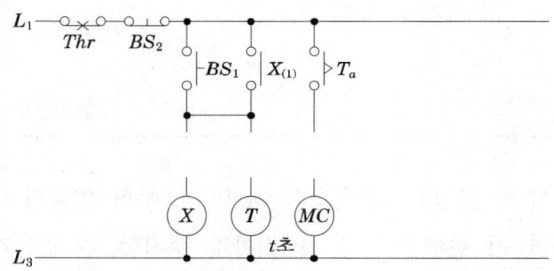

[작성답안]

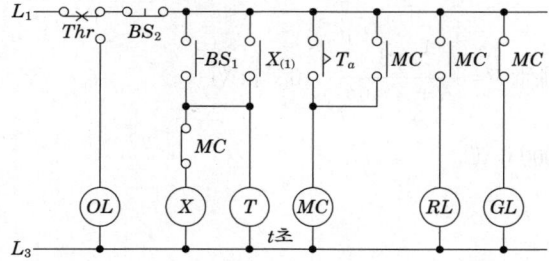

11

출제년도 09.18.(6점/각 문항당 1점/모두 맞으면 6점)

다음은 가공 송전선로의 코로나 임계전압을 나타낸 식이다. 이 식을 보고 다음 각 물음에 답하시오.

$$E_0 = 24.3 m_0 m_1 \delta d \log_{10} \frac{2D}{d} \text{ [kV]}$$

(1) 기온 t [℃]에서의 기압을 b [mmHg]라고 할 때 $\delta = \frac{0.386b}{273+t}$ 로 나타내는데 이 δ는 무엇을 의미하는지 쓰시오.

(2) m_1이 날씨에 의한 계수라면, m_0는 무엇에 의한 계수인지 쓰시오.

(3) 코로나에 의한 장해의 종류 2가지만 쓰시오.

(4) 코로나 발생을 방지하기 위한 주요 대책을 2가지만 쓰시오.

[작성답안]
(1) 상대 공기 밀도
(2) 전선표면의 상태계수
(3) • 코로나 손실
 • 통신선에의 유도 장해
(4) • 굵은 전선을 사용한다.
 • 복도체를 사용한다.

[핵심] 코로나

공기는 보통 절연물이라고 취급하고 있지만 실제에서는 그 절연내력에 한계가 있다. 즉, 기온 기압의 표준상태(20 [℃] 760 [mmHg])에 있어서는 직류에서 약 30 [kV/cm], 교류에서 약 21 [kV/cm]-실효값의 전위경도를 가하면 절연이 파괴되는데 이것을 파열극한 전위경도라 한다. 예를 들어 평면 전극간에 전압을 인가할 경우에는 평면전극이기 때문에 양극간의 전위경도가 균일하므로 인가전압이 상기의 한도를 초과하면 그 공간내의 절연성이 상실되어 불꽃방전이 발생한다. 송전선로의 전선표면의 근방에서처럼 전극간의 일부분에서만 전위의 경도가 위의 한계값을 넘을 때에는 그 부분에서만의 공기의 절연이 파괴되어 전체로서는 섬락에까지 이르지 않는다.

① 임계전압

$$E_0 = 24.3 m_0 m_1 \delta d \log_{10} \frac{2D}{d} \text{ [kV]}$$

여기서 m_0 : 전선표면의 상태계수, m_1 : 기후 계수, δ : 상대 공기밀도

② 상대공기밀도

$$\delta = \frac{0.386\,b}{273+t}$$

여기서 t : 기온[℃], b : 기압[mmHg]

구 분	임계전압이 받는 영향
전선의 굵기	전선이 굵을수록 코로나의 임계전압이 커져 코로나의 발생은 억제된다.
선간거리	선간거리가 커지면 코로나의 임계전압이 커져 코로나의 발생은 억제된다.
표고 [m]	표고가 높아짐에 따라 기압이 감소하게 되어 코로나 발생이 쉬워진다.
기온 [℃]	온도가 높아지면 상대공기 밀도가 낮아져 코로나 발생이 쉬워진다.

12   출제년도 09.15.(6점/각 항목당 2점)

동기발전기를 병렬로 접속하여 운전하는 경우에 발생하는 횡류의 종류 3가지를 쓰고, 각각의 작용에 대하여 설명하시오.

종 류	작 용
무효횡류	①
유효횡류	②
고조파 무효횡류	③

[작성답안]
① 양 발전기의 역률을 변화시켜 무효전력을 분담시킨다.
② 양 발전기 사이에 수수전력을 발생시켜 유효전력을 분담시킨다.
③ 전기자 권선의 저항손이 증가하여 과열의 원인이 된다.

[핵심] 발전기 병렬운전
① 발전기의 병렬운전 조건
  • 기전력의 크기가 같을 것
  • 기전력의 위상이 같을 것
  • 기전력의 주파수가 같을 것
  • 기전력의 파형이 같을 것
  이 외에도 3상 동기 발전기의 병렬 운전 시에는 상회전 방향이 같아야 한다.

② 병렬 운전 조건 불만족 시 현상
- 기전력의 크기가 같지 않은 경우(여자의 변화)

$$I_c = \frac{E_1 - E_2}{2Z_s} = \frac{E_r}{2Z_s} \text{ [A]}$$

$$\theta = \tan^{-1}\frac{2x_s}{2r_a} = \tan^{-1}\frac{x_s}{r_a} \fallingdotseq \frac{\pi}{2} \ (x_s \gg r_a \text{ 이므로})$$

기전력의 크기가 같지 않은 경우 무효 순환 전류가 흐른다. A, B 두 대의 발전기가 병렬 운전 중에 A기의 여자를 증대하면 A기의 역률이 저하 하며 B기의 역률이 향상된다.

- 기전력의 위상이 다른 경우(원동기 출력의 변화)
동기화 전류가 흘러 G_1 발전기의 기전력 E_1과 G_2 발전기의 기전력 E_2의 위상을 동일하게 한다.

동기화 전류 $I_s = \dfrac{E_1}{x_s}\sin\dfrac{\delta}{2}$

수수전력 $P_s = \dfrac{E_1^{\ 2}}{2x_s}\sin\delta$

- 기전력의 주파수가 다른 경우
동기화 전류가 교대로 주기적으로 흐른다. 즉 난조의 원인이 된다. 난조방지법으로는 제동권선이 사용된다.

- 기전력의 파형이 같지 않은 경우
각 순시의 기전력의 크기가 다르기 때문에 고조파 무효 순환 전류가 흐른다.

13

출제년도 09.(5점/부분점수 없음)

보호계전기의 기억 작용이란 무엇인지 설명하시오.

[작성답안]
계전기의 입력이 급변했을 때 변화 전의 전기량을 계전기에 일시적으로 잔류시키게 하는 것을 말하며 주로 Mho형 거리계전기에 사용한다.

14

출제년도 99.01.04.05.09.18.(6점/각 항목당 2점)

인텔리전트 빌딩(Intelligent building)은 빌딩 자동화시스템, 사무자동화시스템, 정보통신시스템, 건축환경을 총 망라한 건설과 유지관리의 경제성을 추구하는 빌딩이라 할 수 있다. 이러한 빌딩의 전산시스템을 유지하기 위하여 비상전원으로 사용되고 있는 UPS에 대해서 다음 각 물음에 답하시오.

(1) UPS를 우리말로 표현 하시오.

(2) UPS에서 AC → DC부와 DC → AC부로 변환하는 부분의 명칭을 각각 무엇이라 부르는지 쓰시오.
- AC → DC 변환부 :
- DC → AC 변환부 :

(3) UPS가 동작되면 전력공급을 위한 축전지가 필요한데, 그 때의 축전지 용량을 구하는 공식을 쓰시오. (단, 기호를 사용할 경우, 사용 기호에 대한 의미를 설명하도록 한다.)

[작성답안]

(1) 무정전 전원 공급 장치

(2) AC → DC : 컨버터
    DC → AC : 인버터

(3) $C = \dfrac{1}{L} KI$ [Ah]

여기서, C : 축전지의 용량 [Ah], L : 보수율(경년용량 저하율)
K : 용량환산시간 계수, I : 방전전류 [A]

[핵심] UPS의 구성

① 컨버터(정류기) : 교류전원이나 발전기의 전원을 공급받아 직류전원으로 변환하여 축전지를 충전하며, 인버터에 공급하는 장치
② 인버터 : 직류전원을 교류전원으로 바꾸어 부하에 공급하는 장치
③ 무접점 절환 스위치 : 인버터의 과부하 및 이상시 예비 상용전원으로(bypass line)절체시켜주는 장치
④ 축전지 : 정전시 인버터에 직류전원을 공급하여 부하에 일정 시간동안 무정전으로 전원을 공급하는데 필요한 장치

15

출제년도 03.05.09.(8점/각 문항당 4점)

도로의 조명설계에 관한 다음 각 물음에 답하시오.

(1) 도로 조명설계에 있어서 성능상 고려하여야 할 중요 사항을 5가지만 쓰시오.

(2) 도로의 너비가 40 [m]인 곳의 양쪽으로 35 [m] 간격으로 지그재그식으로 등주를 배치하여 도로 위의 평균 조도를 6 [lx]가 되도록 하고자 한다. 도로면의 광속 이용률은 30 [%], 유지율은 75 [%]로 한다고 할 때 각 등주에 사용되는 수은등의 규격은 몇 [W]의 것을 사용하여야 하는지, 전광속을 계산하고, 주어진 수은등 규격표에서 찾아 쓰시오.

수은등의 규격표

크기 [W]	램프전류 [A]	전광속 [lm]
100	1.0	3,200 ~ 4,000
200	1.9	7,700 ~ 8,500
250	2.1	10,000 ~ 11,000
300	2.5	13,000 ~ 14,000
400	3.7	18,000 ~ 20,000

[작성답안]

(1) ① 조도(수평면) : 도로 양측의 보도, 건축물의 전면등이 높은 조도로 충분히 밝게 조명할 수 있을 것

② 노면휘도의 균일도 : 휘도 차이에 따른 균제도(최소, 최대) 확보

③ 글레어 : 조명기구 등의 Glare가 적을 것

④ 유도성

⑤ 조명방법

그 외

⑥ 노면 전체에 가능한한 높은 평균휘도로 조명할 수 있을 것

⑦ 조명의 광색, 연색성이 적절할 것

(2) 계산 : $F = \dfrac{EBS}{2MU} = \dfrac{6 \times 40 \times 35}{2 \times 0.75 \times 0.3} = 18666.67$ [lm]

표에서 400 [W] 선정

답 : 400 [W]

16

출제년도 09.10.(5점/각 항목당 1점, 모두 맞으면 5점)

전동기에는 소손을 방지하기 위하여 전동기용 과부하 보호장치를 시설하여 자동적으로 회로를 차단하거나 과부하시에 경보를 내는 장치를 하여야 한다. 전동기 소손방지를 위한 과부하 보호장치의 종류를 4가지만 쓰시오.

[작성답안]
① 전동기용 퓨즈
② 열동계전기
③ 전동기 보호용 배선용 차단기
④ 정지형계전기(전자식계전기, 디지털식계전기 등)

17

출제년도 09.(6점/장점3점, 단점3점)

비접지 3상 3선식 배전방식과 비교하여, 3상 4선식 다중접지 배전방식의 장점 및 단점을 각각 4가지씩 쓰시오.

[작성답안]
- 장점
  ① 1선 지락 사고 시 건전상의 대지 전압은 거의 상승하지 않는다.
  ② 1선 지락 사고 시 보호 계전기의 동작이 확실하다.
  ③ 변압기의 단절연이 가능하고, 변압기 및 부속설비의 중량과 가격을 저하 시킬 수 있다.
  ④ 개폐서지의 값을 저감 시킬 수 있으므로 피뢰기의 책무를 경감 시키고 그 효과를 증대시킬 수 있다.
- 단점
  ① 계통사고의 70~80 [%]는 1선 지락 사고이므로 차단기가 대전류를 차단할 기회가 많아진다.
  ② 지락 사고 시 병행 통신선에 유도장해를 크게 미친다.
  ③ 지락전류가 매우 커서 기기에 대한 기계적 충격이 크므로 손상을 주기 쉽다.
  ④ 지락전류가 저역률의 대전류이기 때문에 과도 안정도가 나빠진다.

18 출제년도 09.(5점/부분점수 없음)

그림과 같이 △결선된 배전선로에 접지콘덴서 $C_s = 2\,[\mu F]$를 사용할 때 A상에 지락이 발생한 경우의 지락전류[mA]를 구하시오. (단, 주파수 60 [Hz]로 한다.)

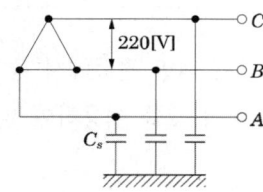

* 본 문제는 한국전기설비규정의 변경으로 문제가 성립되지 않아 유사문제로 변경하였습니다.

[작성답안]

계산 : $I_g = \sqrt{3}\,\omega C_s V = \sqrt{3} \times 2\pi \times 60 \times 2 \times 10^{-6} \times 220 \times 10^3 = 287.31\,[\text{mA}]$

답 : 287.31 [mA]

[핵심] 충전전류와 충전용량

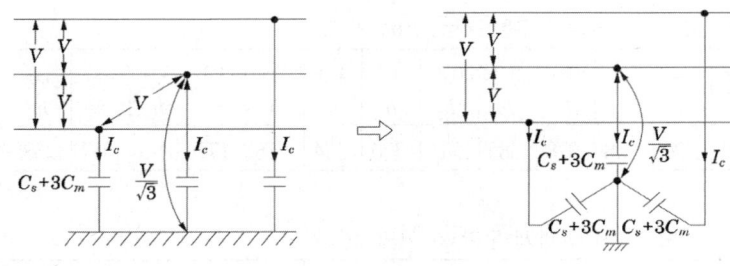

① 전선의 충전 전류 : $I_c = 2\pi f\, C \times \dfrac{V}{\sqrt{3}}\,[\text{A}]$

② 전선로의 충전 용량 : $P_c = \sqrt{3}\,VI_C = 2\pi f\, CV^2 \times 10^{-3}\,[\text{kVA}]$

여기서, C : 전선 1선당 정전 용량 [F], V : 선간 전압 [V], f : 주파수 [Hz]

※ 선로의 충전전류 계산 시 전압은 변압기 결선과 관계없이 상전압 $\left(\dfrac{V}{\sqrt{3}}\right)$를 적용하여야 한다.

2010년 1회 기출문제 해설

※ 다음 물음에 답을 해당 답란에 답하시오.

1 출제년도 96.10. 유 22.(6점/각 문항당 3점)

그림과 같이 높이 5 [m]의 점에 있는 백열 전등에서 광도 12,500 [cd]의 빛이 수평 거리 7.5 [m]의 점 P에 주어지고 있다. 표 1, 2를 이용하여 다음 각 물음에 답하시오.

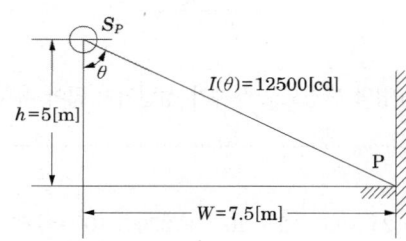

(1) P점의 수평면 조도를 구하시오.
(2) P점의 수직면 조도를 구하시오.

표 1. W/h에서 구한 $\cos^2\theta \sin\theta$의 값

$\dfrac{W}{h}$	$\dfrac{0.1}{h}$	$\dfrac{0.2}{h}$	$\dfrac{0.3}{h}$	$\dfrac{0.4}{h}$	$\dfrac{0.5}{h}$	$\dfrac{0.6}{h}$	$\dfrac{0.7}{h}$	$\dfrac{0.8}{h}$	$\dfrac{0.9}{h}$	$\dfrac{1.0}{h}$	$\dfrac{1.5}{h}$	$\dfrac{2.0}{h}$	$\dfrac{3.0}{h}$	$\dfrac{4.0}{h}$	$\dfrac{5.0}{h}$
$\cos^2\theta \sin\theta$	.099	.189	.264	.320	.358	.378	.385	.381	.370	.354	.256	.179	.095	.057	.038

표 2. W/h에서 구한 $\cos^3\theta$의 값

$\dfrac{W}{h}$	$\dfrac{0.1}{h}$	$\dfrac{0.2}{h}$	$\dfrac{0.3}{h}$	$\dfrac{0.4}{h}$	$\dfrac{0.5}{h}$	$\dfrac{0.6}{h}$	$\dfrac{0.7}{h}$	$\dfrac{0.8}{h}$	$\dfrac{0.9}{h}$	$\dfrac{1.0}{h}$	$\dfrac{1.5}{h}$	$\dfrac{2.0}{h}$	$\dfrac{3.0}{h}$	$\dfrac{4.0}{h}$	$\dfrac{5.0}{h}$
$\cos^3\theta$	.985	.943	.879	.800	.716	.631	.550	.476	.411	.354	.171	.089	.032	.014	.008

※ $\dfrac{0.1}{h}$, $\dfrac{0.2}{h}$ ……은 0.1h, 0.2h ……임

※ .099, .189 ……은 0.099, 0.189 ……임

[작성답안]

(1) 수평면 조도

$$\frac{W}{h} = \frac{7.5}{5} = 1.5$$

$$\therefore W = 1.5h$$

표 2에서 $1.5h$ 의 0.171 선정

$$E_h = \frac{I}{r^2}\cos\theta = \frac{I}{h^2}\cos^3\theta = \frac{12,500}{5^2} \times 0.171 = 85.5 \text{ [lx]}$$

답 : 85.5 [lx]

(2) 수직면 조도

$$\frac{W}{h} = \frac{7.5}{5} = 1.5$$

$$\therefore W = 1.5h$$

표 1에서 $1.5h$ 의 0.256 선정

$$E_v = \frac{I}{r^2}\sin\theta = \frac{I}{h^2}\cos^2\theta \cdot \sin\theta = \frac{12,500}{5^2} \times 0.256 = 128 \text{ [lx]}$$

답 : 128 [lx]

[핵심] 조도

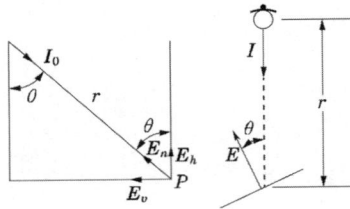

① 법선조도 $E_n = \dfrac{I}{r^2}$ [lx]

② 수평면 조도 $E_h = E_n\cos\theta = \dfrac{I}{r^2}\cos\theta = \dfrac{I}{h^2}\cos^3\theta$ [lx]

③ 수직면 조도 $E_v = E_n\sin\theta = \dfrac{I}{r^2}\sin\theta = \dfrac{I}{h^2}\sin\theta\cos^2\theta$ [lx]

출제년도 10.16.22.(5점/각 문항당 2점, 모두 맞으면 5점)

그림과 같이 전류계 3개를 가지고 부하전력을 측정하려고 한다. 전류가 $A_1 = 7[A]$, $A_2 = 4[A]$, $A_3 = 10[A]$이고, $R = 25[\Omega]$일 때 다음을 구하시오.

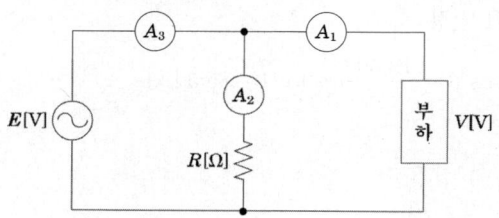

(1) 부하전력 [W]을 구하시오.

(2) 부하 역률을 구하시오.

[작성답안]

(1) 계산 : $P = \dfrac{R}{2}(A_3^2 - A_1^2 - A_2^2) = \dfrac{25}{2}(10^2 - 4^2 - 7^2) = 437.5[W]$

답 : 437.5 [W]

(2) 계산 : $\cos\theta = \dfrac{A_3^2 - A_1^2 - A_2^2}{2A_1 A_2} \times 100 = \dfrac{10^2 - 4^2 - 7^2}{2 \times 4 \times 7} \times 100 = 62.5[\%]$

답 : 62.5 [%]

[핵심] 3전류계법

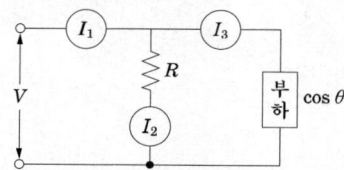

$$P = VI_3 \cos\theta = I_2 R I_3 \cos\theta = R \cdot I_2 \cdot I_3 \cdot \dfrac{I_1^2 - I_2^2 - I_3^2}{2I_2 \cdot I_3} = \dfrac{R}{2}(I_1^2 - I_2^2 - I_3^2)$$

$$\cos\theta = \dfrac{I_1^2 - I_2^2 - I_3^2}{2 I_2 I_3}$$

3

출제년도 89.94.95.08.10.12.(5점/부분점수 없음)

매분 12 [m³]의 물을 높이 15 [m]인 탱크에 양수하는데 필요한 전력을 V결선한 변압기로 공급한다면, 여기에 필요한 단상 변압기 1대의 용량은 몇 [kVA]인가? (단, 펌프와 전동기의 합성 효율은 65 [%]이고, 전동기의 전부하 역률은 80 [%]이며, 펌프의 축동력은 15 [%]의 여유를 본다고 한다.)

[작성답안]

계산 : $P = \dfrac{HQK}{6.12 \times \eta \times \cos\theta}$ [kVA]에서 $P = \dfrac{15 \times 12 \times 1.15}{6.12 \times 0.65} = 52.04$ [kW]

$P_V = \sqrt{3}\, P_1 = \dfrac{52.04}{0.8}$ [kVA]

단상 변압기 1대용량 $P_1 = \dfrac{\frac{52.04}{0.8}}{\sqrt{3}} = 37.56$ [kVA]

답 : 37.56 [kVA]

[핵심] V결선과 전동기용량

① V결선

△-△ 결선에서 1대의 단상변압기가 단락, 또는 사고가 발생한 경우를 고장이 발생된 변압기를 제거시킨 결선법으로 즉, 2대의 단상변압기로서 3상 변압기와 같은 전력을 송배전하기 위한 방식을 V결선이라 한다.

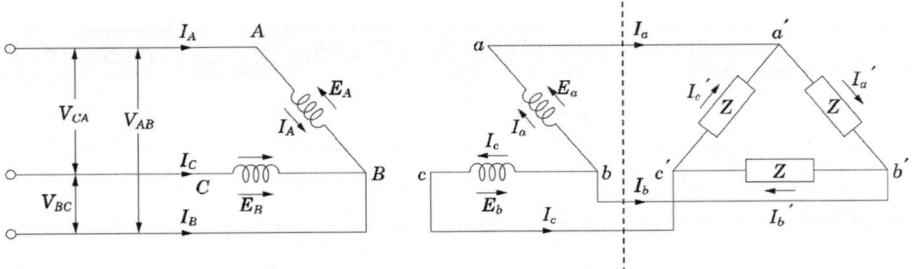

$P_v = VI\cos\left(\dfrac{\pi}{6}+\phi\right) + VI\cos\left(\dfrac{\pi}{6}-\phi\right) = \sqrt{3}\, VI\cos\phi$ [W]

$P_v = \sqrt{3}\, P_1$

출력비 : $\dfrac{V}{\triangle} = \dfrac{\sqrt{3}\, VI\cos\phi}{3\, VI\cos\phi} \fallingdotseq 0.577$

이용률 : $\dfrac{\sqrt{3}\, VI}{2\, VI} = 0.866$

② 펌프용 전동기 용량

$$P = \frac{9.8 Q' HK}{\eta} = \frac{KQH}{6.12\eta} \text{ [kW]}$$

여기서, P : 전동기의 용량 [kW] Q : 양수량 [m³/min] Q' : 양수량 [m³/sec]
H : 양정(낙차) [m] η : 펌프의 효율 [%] K : 여유계수 (1.1 ~ 1.2 정도)

4

출제년도 92.99.10.(5점/부분점수 없음)

전구를 수요자가 부담하는 종량 수용가에서 A, B 어느 전구를 사용하는 편이 유리한가를 다음 표를 이용하여 산정하시오.

전구의 종류	전구의 수명	1[cd]당 소비전력 [W] (수명 중의 평균)	평균 구면광도 [cd]	1[kWh]당 전력요금 [원]	전구의 값 [원]
A	1,500 시간	1.0	38	20	90
B	1,800 시간	1.1	40	20	100

전구	전력비 [원/시간]	전구비 [원/시간]	계 [원/시간]
A			
B			

[작성답안]

계산 :

전구	전력비 [원/시간]	전구비 [원/시간]	계 [원/시간]
A	$1 \times 38 \times 10^{-3} \times 20 = 0.76$	$\frac{90}{1,500} = 0.06$	0.82
B	$1.1 \times 40 \times 10^{-3} \times 20 = 0.88$	$\frac{100}{1,800} = 0.06$	0.94

답 : A 전구

출제년도 05.10.(5점/모두 맞으면 5점, 하나 틀리면 3점, 2개이상 틀리면 0점)

그림은 갭형 피뢰기와 갭레스형 피뢰기의 구조를 나타낸 것이다. 화살표로 표시된 각 부분의 명칭을 쓰시오.

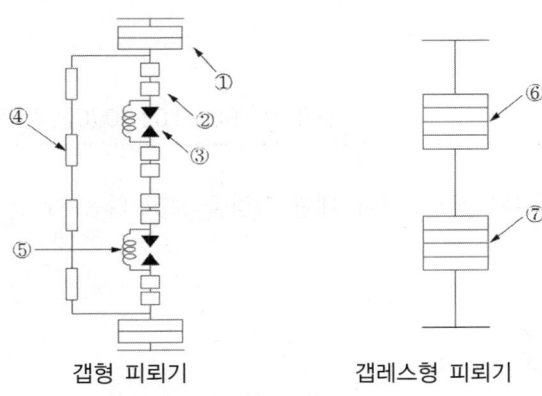

갭형 피뢰기   갭레스형 피뢰기

[작성답안]
① 특성요소   ② 주갭   ③ 측로갭   ④ 분로저항
⑤ 소호코일   ⑥ 특성요소   ⑦ 특성요소

출제년도 90.10.(5점/부분점수 없음)

전용 배전선에서 800 [kW] 역률 0.8의 한 부하에 공급할 경우 배전선 전력 손실은 90 [kW]이다. 지금 이 부하와 병렬로 300 [kVA]의 콘덴서를 시설할 때 배전선의 전력 손실은 몇 [kW]인가?

[작성답안]

계산 : 개선후 역률 $\cos\theta_2 = \dfrac{800}{\sqrt{800^2 + (600-300)^2}} = 0.94$

전력손실은 역률의 제곱에 반비례 하므로

∴ 손실비 $\dfrac{P_{l1}}{P_{l2}} = \dfrac{\left(\dfrac{1}{0.8}\right)^2}{\left(\dfrac{1}{0.94}\right)^2} = \left(\dfrac{0.94}{0.8}\right)^2$

$$\therefore P_{l2} = \left(\frac{0.8}{0.94}\right)^2 \times P_{l1} = \left(\frac{0.8}{0.94}\right)^2 \times 90 = 65.19 \, [\text{kW}]$$

답 : 65.19 [kW]

[핵심] 역률개선

전력손실 $P_L = \dfrac{P^2 R}{V^2 \cos^2 \theta}$ 에서 $P_L \propto \dfrac{1}{\cos \theta^2}$ 가 된다.

7

출제년도 96.99.02.10.(6점/각 문항당 1점, 모두 맞으면 6점)

DS 및 CB로 된 선로와 접지용구에 대한 그림을 보고 다음 각 물음에 답하시오.

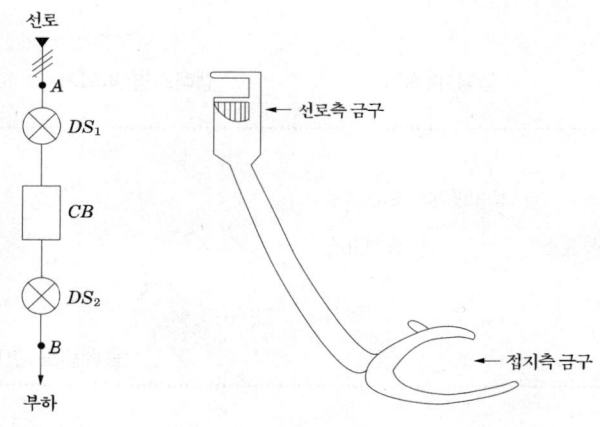

(1) 접지 용구를 사용하여 접지를 하고자 할 때 접지 순서 및 접지 개소에 대하여 설명하시오.

(2) 부하측에서 휴전 작업을 할 때의 조작 순서를 설명하시오.

(3) 휴전 작업이 끝난 후 부하측에 전력을 공급하는 조작 순서를 설명하시오.
 (단, 접지되지 않은 상태에서 작업한다고 가정한다.)

(4) 긴급할 때 DS로 개폐 가능한 전류의 종류를 2가지만 쓰시오.

[작성답안]

(1) 접지 순서 : 대지에 먼저 연결한 다음 선로에 연결한다.

　　접지 개소 : 선로측 A와 부하측 B 양측에 접지한다.

(2) CB(OFF) → DS_2(OFF) → DS_1(OFF)

(3) DS_2(ON) → DS_1(ON) → CB(ON)

(4) • 무부하 충전 전류
　　• 변압기 여자 전류

[핵심] 차단기와 단로기의 인터록

- 발생될 수 있는 문제점 : 차단기(CB)가 투입(ON)된 상태에서 단로기(DS_1, DS_2)를 투입(ON)하거나 개방(OFF)하면 위험(감전 및 전기화상)하다.
- 해소 방안 : 단로기(DS)와 차단기(CB)간에 인터록 장치를 한다. (부하 전류가 통전 중에는 회로의 개폐가 되지 않도록 시설한다.)

8　　　출제년도 87.93.10.(7점/각 문항당 2점, 모두 맞으면 7점)

다음 회로는 환기팬의 자동운전회로이다. 이 회로와 동작 개요를 보고 다음 각 물음에 답하시오.

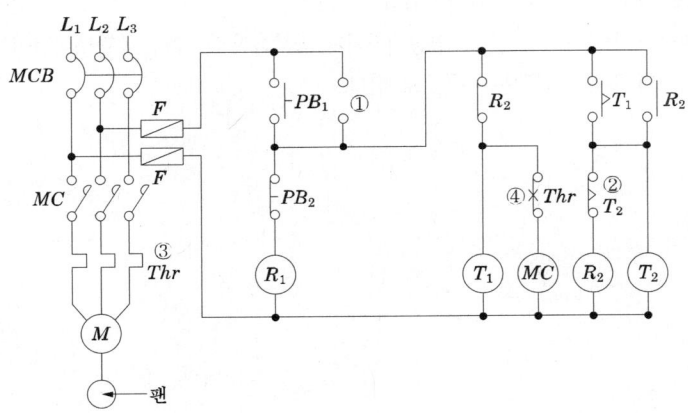

[동작 개요]

① 연속 운전을 할 필요가 없는 환기용 팬등의 운전 회로에서 기동 버튼에 의하여 운전을 개시하면 그 다음에는 자동적으로 운전 정지를 반복하는 회로이다.

② 기동 버튼 PB_1을 "ON" 조작하면 타이머 T_1의 설정 시간만 환기팬이 운전하고 자동적으로 정지한다. 그리고 타이머 T_2의 설정 시간에만 정지하고 재차 자동적으로 운전을 개시한다.

③ 운전 도중에 환기팬을 정지시키려고 할 경우에는 버튼 스위치 PB_2를 "ON" 조작하여 행한다.

(1) 위 시퀀스도에서 릴레이 R_1에 의하여 자기 유지될 수 있도록 ①로 표시된 곳에 접점 기호를 그려 넣으시오.

(2) ②로 표시된 접점 기호의 명칭과 동작을 간단히 설명하시오.

(3) Thr로 표시된 ③, ④의 명칭과 동작을 간단히 설명하시오.

[작성답안]

(1) (그림: R_1 a접점)

(2) 명칭 : 한시동작 순시복귀 b접점

동작 : 타이머 T_2가 여자되고 설정 시간후 개로되어 R_2와 T_2를 소자시킨다.

(3) 명칭 : ③ 열동 계전기 ④ 수동 복귀 b접점

동작 : 전동기에 과전류가 흐르면 ③ 열동계전기가 동작하여 ④ 수동 복귀 b접점이 개로되어 전동기를 정지시키며 접점의 복귀는 수동으로 한다.

출제년도 10.(10점/부분점수 없음)

다음 명령어를 참고하여 미완성 PLC 래더 다이어그램을 완성하시오.

STEP	명령어	번지
0	LOAD	P000
1	LOAD	P001
2	OR	P010
3	AND LOAD	–
4	AND NOT	P003
5	OUT	P010

[작성답안]

```
 ┌─┤P000├─┬─┤P001├─┬─┤/├P003─( P010 )─┐
          │        │
          └─┤P010├─┘
```

10

출제년도 10(7점/각 문항당 2점, 모두 맞으면 7점)

다음 릴레이 접점에 관한 다음 각 물음에 답하시오.

(1) 한시동작 순시복귀 a접점기호를 그리시오.

(2) 한시동작 순시복귀 a접점의 타임차트를 완성하시오.

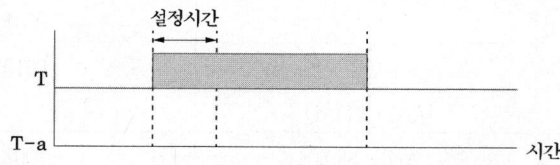

(3) 한시동작 순시복귀 a접점의 동작상황을 설명하시오.

[작성답안]

(1)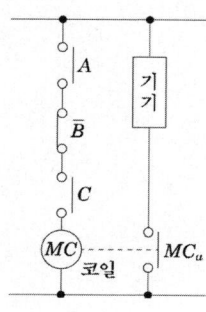

(2)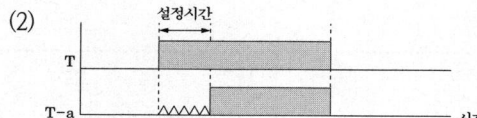

(3) 타이머 여자후 설정된 시간이 경과되면 a접점은 폐로되고 타이머가 소자되면 순시 복귀한다.

11

출제년도 96.10.(4점/부분점수 없음)

다음의 유접점 시퀀스 회로를 무접점 논리회로로 전환하여 그리시오.

[작성답안]

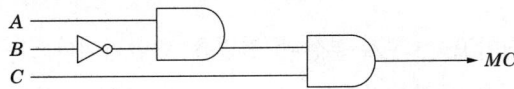

12 출제년도 06.10.(6점/각 항목당 1점, 모두 맞으면 6점)

가스절연 개폐장치(GIS)에 대한 다음 각 물음에 답하시오.

(1) 가스절연 개폐장치(GIS)의 장점 4가지를 쓰시오.

(2) 가스절연 개폐장치(GIS)에 사용되는 가스는 어떤 가스인가?

[작성답안]
(1) • 설치면적의 축소 및 소형화
   • 충전부가 완전히 밀폐되어 있어 안정성이 높다.
   • 대기 중의 오염물 영향을 받지 않아 신뢰성 확보할 수 있다.
   • 저소음이며, 환경조화를 기 할 수 있다.
(2) SF_6(육불화황) 가스

[핵심] GIS
GIS는 차단기, 단로기, 변성기, 피뢰기 등의 설비를 금속제 탱크 내에 일괄 수납하여 충전부는 고체절연물(스페이서)로 지지하고, 탱크내부에는 절연성능과 소호능력이 뛰어난 SF_6 가스를 일정한 압력으로 충전하고 밀봉한 시스템을 말한다.

출제년도 98.06.10.(6점/각 문항당 1점, 모두 맞으면 6점)

답안지의 그림은 1, 2차 전압이 66/22 [kV]이고, $Y-\triangle$ 결선된 전력용 변압기이다. 1, 2차에 CT를 이용하여 변압기의 차동 계전기를 동작시키려고 한다. 주어진 도면을 이용하여 다음 각 물음에 답하시오.

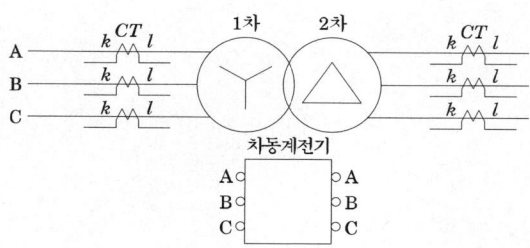

(1) CT와 차동 계전기의 결선을 주어진 도면에 완성하시오.

(2) 1차측 CT의 권수비를 200/5로 했을 때 2차측 CT의 권수비는 얼마가 좋은지를 쓰고, 그 이유를 설명하시오.

(3) 변압기를 전력 계통에 투입할 때 여자 돌입 전류에 의한 차동 계전기의 오동작을 방지하기 위하여 이용되는 차동 계전기의 종류(또는 방식)를 한 가지만 쓰시오.

(4) 우리 나라에서 사용되는 CT의 극성은 일반적으로 어떤 극성의 것을 사용하는가?

[작성답안]

(1)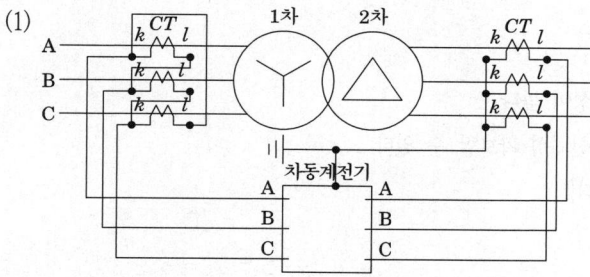

(2) 변류비 : 600/5

이유 : 변압기의 권수비 $= \dfrac{66}{22} = 3$ 이므로 2차측 CT의 권수비는 1차측 CT의 권수비의 3배이어야 한다. 2차측 CT의 권수비 $= \dfrac{200}{5} \times 3 (배) = \dfrac{600}{5}$ 이므로 변류비는 600/5 가 적정하다.

(3) 감도저하법

(4) 감극성

[핵심] 비율차동계전기

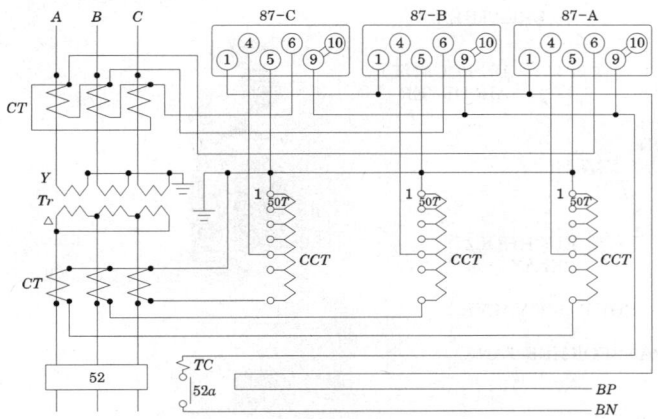

비율차동계전기는 변압기 투입시 여자 돌입 전류에 의한 오동작을 방지한 경우는 최소 35 [%]의 불평형 전류로 동작한다. 비율차동계전기 Tap선정은 차전류가 억제코일에 흐르는 전류에 대한 비율보다 계전기 비율을 크게 선정해야 한다.

14

출제년도 10.16.(5점/각 문항당 2점, 모두 맞으면 5점)

다음 물음에 답하시오.

(1) 변압기의 호흡작용이란 무엇인가?

(2) 호흡작용으로 인하여 발생되는 문제점을 쓰시오.

(3) 호흡작용으로 발생되는 문제점을 방지하기 위한 대책을 쓰시오.

[작성답안]

(1) 변압기는 온도 변화 및 부하변동에 의해 기름의 온도가 변화하고 부피가 수축, 팽창하므로 외부의 공기가 유입한다. 이것을 변압기의 호흡작용이라고 한다.

(2) 호흡작용으로 인해 수분 및 불순물이 혼입하여, 절연내력의 저하, 장기간 사용하면 화학적으로 변화가 일어나게 되어, 침전물이 생긴다.

(3) 콘서베이터를 설치한다.

[핵심] 콘서베이터와 흡습 호흡기

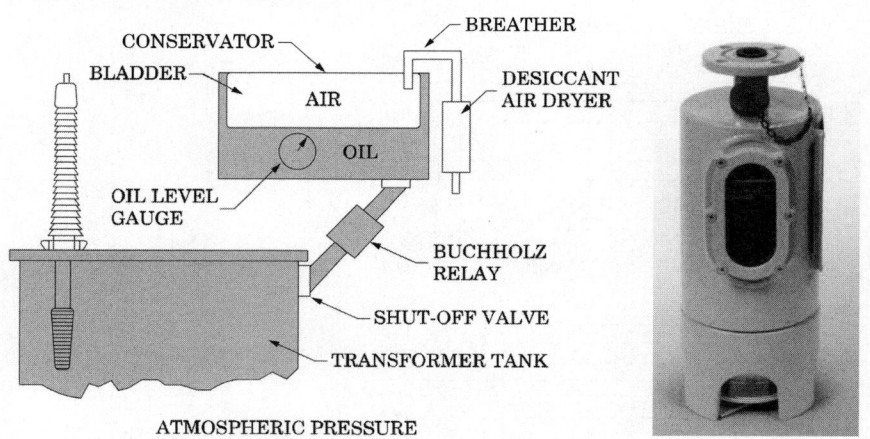

변압기는 온도 변화 및 부하변동에 의해 기름의 온도가 변화하고 부피가 수축, 팽창하므로 외부의 공기가 유입한다. 이것을 변압기의 호흡작용이라고 한다. 호흡작용으로 인해 수분 및 불순물이 혼입하여, 절연내력의 저하, 장기간 사용하면 화학적으로 변화가 일어나게 되어, 침전물이 생긴다. 이를 변압기유의 열화라 한다. 변압기의 열화방지를 위한 컨서베이터(conservator)를 변압기 상부에 설치하여 열화방지한다.

15

출제년도 10.(5점/각 항목당 1점, 모두 맞으면 5점)

수변전 설비에서 에너지 절감 방안 4가지를 쓰시오.

[작성답안]

① 수·변전설비의 적정위치 선정 : 전압강하, 전력손실, 건설비, 보수성에 영향을 미치는 전원의 위치를 적정 장소에 선정

② 변압기 종류와 용도 : 유입형, H종 건식, 가스절연, 몰드변압기 중에서 에너지절약 측면의 용도에 적합한 변압기를 선정한다.

③ 변압기 손실과 효율 : 변압기는 연중 운전되므로 무부하손, 부하손을 검토하여 고효율 변압기를 채택한다.

④ 변압기 적정용량 산정 : 적정용량 산정으로 손실을 저감한다.

그 외

⑤ 변압기 운전방식 : 전력부하곡선에 따른 운전 대수제어, 소용량 변압기로 교체 등을 고려한다.

⑥ 수전전압 강압방식 : 2단 강압방식 보다는 직강식을 채택한다.

[핵심] 에너지절약

① 대형 건축물의 에너지절약에 대한 검토사항

에너지절약은 전기설비측면만이 아닌 기계설비, 건축적 측면 등 종합적으로 검토되어 유기적으로 시행되어야 효과적이다.

- 전력관리 측면 : 부하관리, 역률관리, 전압관리
- 전원설비 측면 : 수·변전설비 에너지절약
- 배전설비 측면 : 에너지절약 배전방식, 적정 배전전압
- 조명설비 측면 : 적정 조도기준, 고효율 광원, 고효율 조명기구, 에너지절감 조명설계, 에너지절약 조명시스템
- 동력설비 측면 : 에너지절약형 전동기, 전동기제어시스템
- 심야전력 활용 측면 : 부하관리, 심야전력 활용의 실제
- 열병합 발전(Cogeneration)

② 전력관리 측면

- 부하관리 : 최대전력과 평균전력의 차를 줄이는 부하율 개선과 최대전력을 억제하는 최대전력관리로 구분되며, 설비비 절감, 전력요금 절감, 손실경감, 설비여유도 발생효과
- 역률관리 : 설비의 무효전력을 보상하는 역률관리는 손실경감, 전력요금 경감, 설비 여유도 발생, 전압강하 개선효과
- 전압관리 : 전압이 1[%] 감소하면, 광속은 백열전구 3[%] 저하, 형광등은 2[%]가 저하되며, 유도전동기의 토크 2[%] 감소, 전열기의 열량은 2[%] 내외가 감소된다. 따라서 적정전압 유지, 전압변동 최소화, 불평형 전압의 시정이 필요하다.

③ 전원설비 측면

- 수·변전설비의 적정위치 선정 : 전압강하, 전력손실, 건설비, 보수성에 영향을미치는 전원의 위치를 적정장소에 선정
- 변압기 종류와 용도 : 유입형, H종 건식, 가스절연, 몰드변압기 중에서 에너지절 약 측면의 용도에 적합한 변압기를 선정한다.
- 변압기 손실과 효율 : 변압기는 연중 운전되므로 무부하손, 부하손을 검토하여 고효율 변압기를 채택한다.
- 변압기 적정용량 산정 : 적정용량 산정으로 손실을 저감한다.
- 변압기 운전방식 : 전력부하곡선에 따른 운전 대수제어, 소용량 변압기로 교체 등을 고려한다.
- 수전전압 강압방식 : 2단 강압방식 보다는 직강식을 채택한다.

④ 배전설비 측면
- 적정 배전방식 : 동일부하 조건의 배전방식은 단상3선식, 3상4선식이 에너지 절감 측면에서 유리하다.
- 적정 배선방식 : 전력손실 줄일 수 있는 루프방식, 네트워크방식, 뱅킹방식 채용
- 적정 배전선 굵기 : 전압강하, 전력손실 경감효과를 기대한다.
- 배전 전압 적정화 : 전압강하 및 전압변동 대책, 전압 및 부하 불 평형 대책의 문제점 등을 고려한다.

⑤ 조명설비 측면
- 적정 조도기준 : 작업장소별 적정 조도를 적용한다.
- 고효율 광원의 선정 : 할로겐램프, 3파장 형광등, HID램프 등을 작업 목적과 대상에 적합하게 선정한다.
- 고효율 조명기구의 선정 : 기구효율이 높은 조명기구를 선정한다.
- 에너지 절감 조명설계 : 조명에너지 절약요소, 적정 조명설계, 공조용 조명기구 등을 검토하여 선정한다.
- 에너지절감 조명시스템 적용 : 조명제어 시스템 기능, 종류, 용도, 감광 제어시스템, 조명제어용 기기, 조광방식 등을 적용한다.

⑥ 동력설비 측면
- 에너지 절약형 전동기 : 고효율 전동기, 극수변환 전동기, 고저항 농형전동기, 권선형 전동기, 클러치 모터, 콘덴서 모터, 가변주파수 인버터 등이 있다.
- 에너지절약 전동기설비 계획 : 전동기 소비전력 특성, 부하특성, 효율, 정격전압, 동력 결합방식, 역률, 시퀀스제어와 대수제어, 가변속전동기 등을 검토·적용한다.
- 적정 전동기 용량을 결정한다.
- 전동기 제어시스템, 1차 주파수제어, 와전류 커플링제어, 유체 커플링제어, 극수변환 제어 등의 회전속도 제어를 검토한다.

⑦ 심야전력 활용측면
- 부하관리 : 최대부하 억제, 심야부하 창출, 최대부하 이동, 전략적 소비절약, 전략적 부하증대, 가변부하 조성
- 심야부하 활용 : 축열식 온수기, 축열식 히트펌프, 충전활용, 공기압축, 양수, 배수 등의 부하에 심야전력 활용으로 에너지절감 및 전력요금 경감효과 기대

16

출제년도 09.10.(5점/각 항목당 1점, 모두 맞으면 5점)

전동기에는 소손을 방지하기 위하여 전동기용 과부하 보호장치를 시설하여 자동적으로 회로를 차단하거나 과부하시에 경보를 내는 장치를 하여야 한다. 전동기 소손방지를 위한 과부하 보호장치의 종류를 4가지만 쓰시오.

[작성답안]
① 전동기용 퓨즈
② 열동계전기
③ 전동기 보호용 배선용 차단기
④ 정지형계전기(전자식계전기, 디지털식계전기 등)

17

출제년도 90.08.10.11.12.(5점/부분점수 없음)

디젤 발전기를 5시간 전부하로 운전할 때 중유의 소비량이 287 [kg]이었다. 이 발전기의 정격 출력을 계산하시오.(단, 중유의 열량은 10^4 [kcal/kg], 기관효율 35.3 [%], 발전기효율 85.7 [%], 전부하시 발전기역률 85 [%]이다.)

[작성답안]
계산 : $P = \dfrac{BH\eta_g\eta_t}{860\,T\cos\theta} = \dfrac{287 \times 10^4 \times 0.353 \times 0.857}{860 \times 5 \times 0.85} = 237.547$ [kVA]

답 : 237.55 [kVA]

[핵심] 디젤 발전기의 출력

$$P = \dfrac{BH\eta_g\eta_t}{860\,T\cos\theta}\ [\text{kVA}]$$

여기서 η_g : 발전기효율 η_t : 엔진효율 T : 운전시간 [h] B : 연료소비량 [kg]

　　　　H : 연료의 열량 [kcal/kg], 1 [kWh] = 860 [kcal]

2010년 2회 기출문제 해설

※ 다음 물음에 답을 해당 답란에 답하시오.

1 출제년도 91.92.02.10.(5점/각 문항당 1점, 모두 맞으면 5점)

어떤 전기 설비에서 3,300 [V]의 고압 3상 회로에 변압비 33의 계기용 변압기 2대를 그림과 같이 설치하였다. 전압계 V_1, V_2, V_3의 지시값을 각각 구하여라.

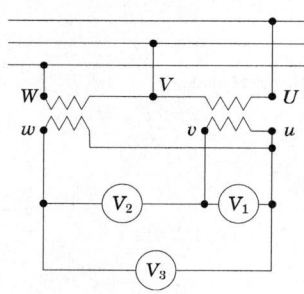

(1) V_1

(2) V_2

(3) V_3

[작성답안]

(1) 계산 : $V_1 = \dfrac{3,300}{33} = 100$ [V]

  답 : 100 [V]

(2) 계산 : $V_2 = \dfrac{3,300}{33} \times \sqrt{3} = 173.2$ [V]

  답 : 173.2 [V]

(3) 계산 : $V_3 = \dfrac{3,300}{33} = 100$ [V]

  답 : 100 [V]

2

출제년도 08.10.(5점/각 항목당 1점)

수변전설비를 설계하고자 한다. 기본설계에 있어서 검토할 주요 사항을 5가지만 쓰시오.(단, "경제적일 것" 등의 표현은 제외하고, 기능적인 측면과 기술적인 측면을 고려하여 작성하시오.)

[작성답안]
- 필요한 전력의 추정
- 수전전압 및 수전방식
- 주회로의 결선방식
- 감시 및 제어방식
- 변전설비의 형식

그 외
- 변전실의 위치와 면적

3

출제년도 10.17.(5점/각 항목당 1점)

에너지 절약을 위한 동력설비의 대응방안 중 5가지만 쓰시오.

[작성답안]
① 고효율 전동기 채용
② 역률개선용 콘덴서를 전동기별로 설치
③ VVVF 시스템 채용
④ heat pump, 폐열회수 냉동기 채용, 흡수식 냉동기 채용
⑤ 엘리베이터의 군 관리 운전방식, 운전대수 제어

그 외
⑥ 부하에 맞는 적정용량의 전동기 선정

[핵심] 에너지절약
① 대형 건축물의 에너지절약에 대한 검토사항
에너지절약은 전기설비측면만이 아닌 기계설비, 건축적 측면 등 종합적으로 검토되어 유기적으로 시행되어야 효과적이다.
- 전력관리 측면 : 부하관리, 역률관리, 전압관리
- 전원설비 측면 : 수·변전설비 에너지절약
- 배전설비 측면 : 에너지절약 배전방식, 적정 배전전압

- 조명설비 측면 : 적정 조도기준, 고효율 광원, 고효율 조명기구, 에너지절감 조명설계, 에너지절약 조명시스템
- 동력설비 측면 : 에너지절약형 전동기, 전동기제어시스템
- 심야전력 활용 측면 : 부하관리, 심야전력 활용의 실제
- 열병합 발전(Cogeneration)

② 전력관리 측면
- 부하관리 : 최대전력과 평균전력의 차를 줄이는 부하율 개선과 최대전력을 억제하는 최대전력관리로 구분되며, 설비비 절감, 전력요금 절감, 손실경감, 설비여유도 발생효과
- 역률관리 : 설비의 무효전력을 보상하는 역률관리는 손실경감, 전력요금 경감, 설비 여유도 발생, 전압강하 개선효과
- 전압관리 : 전압이 1[%] 감소하면, 광속은 백열전구 3[%]저하, 형광등은 2[%]가 저하되며, 유도전동기의 토크 2[%]감소, 전열기의 열량은 2[%] 내외가 감소된다. 따라서 적정전압 유지, 전압변동 최소화, 불평형 전압의 시정이 필요하다.

③ 전원설비 측면
- 수·변전설비의 적정위치 선정 : 전압강하, 전력손실, 건설비, 보수성에 영향을미치는 전원의 위치를 적정장소에 선정
- 변압기 종류와 용도 : 유입형, H종 건식, 가스절연, 몰드변압기 중에서 에너지절 약 측면의 용도에 적합한 변압기를 선정한다.
- 변압기 손실과 효율 : 변압기는 연중 운전되므로 무부하손, 부하손을 검토하여 고효율 변압기를 채택한다.
- 변압기 적정용량 산정 : 적정용량 산정으로 손실을 저감한다.
- 변압기 운전방식 : 전력부하곡선에 따른 운전 대수제어, 소용량 변압기로 교체 등을 고려한다.
- 수전전압 강압방식 : 2단 강압방식 보다는 직강식을 채택한다.

④ 배전설비 측면
- 적정 배전방식 : 동일부하 조건의 배전방식은 단상3선식, 3상4선식이 에너지 절감 측면에서 유리하다.
- 적정 배선방식 : 전력손실 줄일 수 있는 루프방식, 네트워크방식, 뱅킹방식 채용
- 적정 배전선 굵기 : 전압강하, 전력손실 경감효과를 기대한다.
- 배전 전압 적정화 : 전압강하 및 전압변동 대책, 전압 및 부하 불 평형 대책의 문제점 등을 고려한다.

⑤ 조명설비 측면
- 적정 조도기준 : 작업장소별 적정 조도를 적용한다.
- 고효율 광원의 선정 : 할로겐램프, 3파장 형광등, HID램프 등을 작업 목적과 대상에 적합하게 선정한다.
- 고효율 조명기구의 선정 : 기구효율이 높은 조명기구를 선정한다.
- 에너지 절감 조명설계 : 조명에너지 절약요소, 적정 조명설계, 공조용 조명기구 등을 검토하여 선정한다.
- 에너지절감 조명시스템 적용 : 조명제어 시스템 기능, 종류, 용도, 감광 제어시스템, 조명제어용 기기, 조광방식 등을 적용한다.

⑥ 동력설비 측면
  - 에너지 절약형 전동기 : 고효율 전동기, 극수변환 전동기, 고저항 농형전동기, 권선형 전동기, 클러치 모터, 콘덴서 모터, 가변주파수 인버터 등이 있다.
  - 에너지절약 전동기설비 계획 : 전동기 소비전력 특성, 부하특성, 효율, 정격전압, 동력 결합방식, 역률, 시퀀스제어와 대수제어, 가변속전동기 등을 검토·적용한다.
  - 적정 전동기 용량을 결정한다.
  - 전동기 제어시스템, 1차 주파수제어, 와전류 커플링제어, 유체 커플링제어, 극수변환 제어 등의 회전속도 제어를 검토한다.

⑦ 심야전력 활용측면
  - 부하관리 : 최대부하 억제, 심야부하 창출, 최대부하 이동, 전략적 소비절약, 전략적 부하증대, 가변부하 조성
  - 심야부하 활용 : 축열식 온수기, 축열식 히트펌프, 충전활용, 공기압축, 양수, 배수 등의 부하에 심야전력 활용으로 에너지절감 및 전력요금 경감효과 기대

4

출제년도 10.(5점/부분점수 없음)

1시간에 18 [m³]로 솟아나오는 지하수를 5[m]의 높이에 배수하고자 한다. 이때 5 [kW]의 전동기를 사용한다면 매 시간당 몇 분씩 운전하면 되는지 구하시오. (단, 펌프의 효율은 75 [%]로 하고, 관로의 손실계수는 1.1로 한다.)

[작성답안]

계산 : $P = \dfrac{QHK}{6.12\eta} = \dfrac{18 \times 5 \times 1.1}{6.12 \times 0.75 \times t} = 5$

$t = \dfrac{18 \times 5 \times 1.1}{6.12 \times 0.75 \times 5} = 4.314$ [분]

답 : 4.31 [분]

[핵심] 펌프용 전동기 용량

$P = \dfrac{9.8 Q' HK}{\eta} = \dfrac{KQH}{6.12\eta}$ [kW]

여기서, P : 전동기의 용량 [kW]　　Q : 양수량 [m³/min]
　　　　Q' : 양수량 [m³/sec]　　H : 양정(낙차) [m]
　　　　η : 펌프의 효율 [%]　　K : 여유계수(1.1 ~ 1.2 정도)

출제년도 10.(5점/부분점수 없음)

다음은 PLC 래더 다이어그램을 주어진 표의 빈칸 "㉮"~"㉳"에 명령어를 채워 프로그램을 완성하시오.

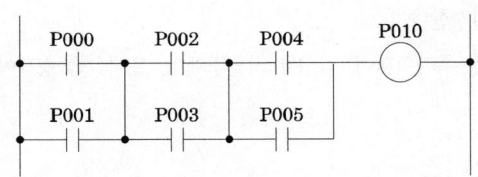

- 입력 : LOAD
- 직렬 : AND
- 병렬 : OR
- 블록간 병렬결합 : OR AND
- 블록간 직렬결합 : AND LOAD

STEP	명령어	번지
0	LOAD	P000
1	①	P001
2	②	⑥
3	③	⑦
4	AND LOAD	-
5	④	⑧
6	⑤	P005
7	AND LOAD	-
8	OUT	P010

[작성답안]

① OR ② LOAD ③ OR ④ LOAD ⑤ OR ⑥ P002 ⑦ P003 ⑧ P004

6

출제년도 10.(5점/부분점수 없음)

그림과 같은 TT방식의 220 [V] 전동기의 철대를 접지해 절연 파괴로 인한 철대와 대지 사이에 위험 전압을 25 [V] 이하로 하고자 한다. 공급 변압기의 중성점 접지 저항값이 10 [Ω], 저압전로의 임피던스를 무시할 경우, 전동기의 외함 접지 저항의 최대값 [Ω]을 구하시오.

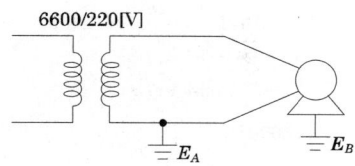

[작성답안]

계산 : $V_B = \dfrac{R_B}{R_A + R_3} V = \dfrac{R_B}{10 + R_B} \times 220 = 25 \text{ [V]}$

$220 R_B = 25 \times (10 + R_B)$

$(220 - 25) R_B = 250$

$R_B = 1.282 \text{ [Ω]}$

답 : 1.28 [Ω]

[핵심] 접촉전압

인체 비 접촉시 전압

- 지락 전류 $I_g = \dfrac{V}{R_2 + R_3}$

- 대지 전압 $e = I_g R_3 = \dfrac{V}{R_2 + R_3} R_3$

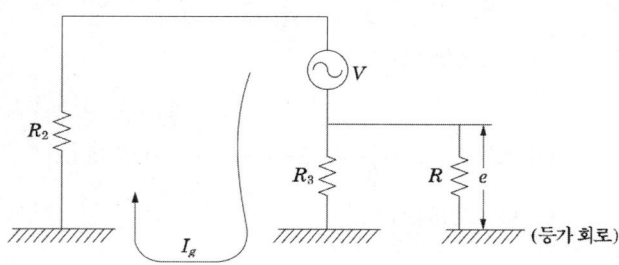

(등가 회로)

인체 접촉시 전압

- 인체에 흐르는 전류 $I = \dfrac{V}{R_2 + \dfrac{RR_3}{R + R_3}} \times \dfrac{R_3}{R + R_3} = \dfrac{R_3}{R_2(R + R_3) + RR_3} \times V$

- 접촉전압 $E_t = IR = \dfrac{RR_3}{R_2(R + R_3) + RR_3} \times V$

7

출제년도 10.(5점/각 문항당 2점, 모두 맞으면 5점)

220 [V], 60 [Hz]의 정현파 전원에 정류기를 그림과 같이 연결하여 20 [Ω]의 부하에 전류를 통한다. 이 회로에 직렬로 접속한 가동 코일형 전류계 A_1과 가동 철편형 전류계 A_2는 각각 몇 [A]를 지시하는지 구하시오. (단, 정류기는 이상적인 정류기이고, 전류계의 저항은 무시한다.)

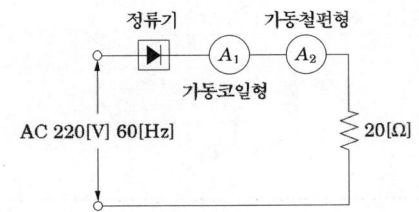

(1) 가동 코일형 전류계 A_1 지시 값
(2) 가동 철편형 전류계 A_2 지시 값

[작성답안]

(1) 계산 : $A_1 = \dfrac{V_{av}}{R} = \dfrac{\frac{V_m}{\pi}}{R} = \dfrac{\frac{220\sqrt{2}}{\pi}}{20} = 4.95$ [A]

답 : 4.95 [A]

(2) 계산 : $A_2 = \dfrac{V}{R} = \dfrac{\frac{V_m}{2}}{R} = \dfrac{\frac{220\sqrt{2}}{2}}{20} = 7.78$ [A]

답 : 7.78 [A]

8

출제년도 10.(점/부분점수 없음)

용량이 1,000 [kVA]인 발전기를 역률 80[%]로 운전할 때 시간당 연료소비량 [ℓ/h]을 구하시오.(단, 발전기의 효율은 0.93, 엔진의 연료 소비율은 190 [g/ps·h], 연료의 비중은 0.92이다.)

[작성답안]

계산 : 발전기 용량 $P = \dfrac{1,000 \times 0.8}{0.93} = 860.22$ [kW]

연료소비량 $= 190 \times \dfrac{860.22}{735.5} \times \dfrac{1}{0.92} = 241.54$ [ℓ/h]

답 : 241.54 [ℓ/h]

[핵심] 디젤 발전기의 출력

$P = \dfrac{BH\eta_g \eta_t}{860\, T\cos\theta}$ [kVA]

여기서, η_g : 발전기효율, η_t : 엔진효율, T : 운전시간 [h], B : 연료소비량 [kg],
H : 연료의 열량 [kcal/kg], 1 [kWh] = 860 [kcal]

1 [ps] = 735.5 [W]이며, 비중은 비중 [kg/ℓ] 이다.

연료소비량 : $190\,[\text{g/ps}\cdot\text{h}] \times \dfrac{860.22 \times 10^3}{735.5}\,[\text{ps}] \times \dfrac{1}{0.92}\,[\ell/\text{g}] \times \dfrac{1}{1,000} = 241.54\,[\ell/\text{h}]$

9

출제년도 10.(6점/각 문항당 3점)

전동기 부하를 사용하는 곳의 역률개선을 위하여 회로에 병렬로 역률개선용 저압콘덴서를 설치하여 전동기의 역률을 개선하여 90 [%]이상으로 유지하려고 한다. 주어진 표를 이용하여 다음 물음에 답하시오.

〈표1〉 콘덴서 용량 계산표

		개선 후의 역률																
		1.0	0.99	0.98	0.97	0.96	0.95	0.94	0.93	0.92	0.91	0.9	0.875	0.85	0.825	0.8	0.775	0.75	0.725
개선 전의 역률	0.4	203	216	210	205	201	197	194	190	187	184	182	175	168	161	155	149	142	135
	0.425	213	198	192	188	184	180	176	173	170	167	164	157	151	144	138	131	124	118
	0.45	198	183	177	173	168	165	161	158	155	152	149	142	136	129	123	116	110	103
	0.475	185	171	165	161	156	153	149	146	143	140	137	130	123	116	110	104	98	91
	0.5	173	159	153	148	144	140	137	134	130	128	125	118	111	104	93	92	85	78
	0.525	162	148	142	137	133	129	126	122	119	117	114	107	100	93	87	81	74	67
	0.55	152	138	132	127	123	119	116	112	109	106	104	97	90	87	77	71	64	57
	0.575	142	128	122	117	114	110	106	103	99	96	94	87	80	74	67	60	54	47
	0.6	133	119	113	108	104	101	97	94	91	88	85	78	71	65	58	52	46	39

개선 전 의 역률																
	0.625	125	111	105	100	96	92	89	85	82	79	77	70	63	56	50	44	37	30
	0.65	117	103	97	92	88	84	81	77	74	71	69	62	55	48	42	36	29	22
	0.675	109	95	89	84	80	76	73	70	66	64	61	54	47	40	34	28	21	14
	0.7	102	88	81	77	73	69	66	62	59	56	54	46	40	33	27	20	14	7
	0.725	95	81	75	70	66	62	59	55	52	49	46	39	33	26	20	13	7	
	0.75	88	74	67	63	58	55	52	40	45	43	40	33	26	29	13	6.5		
	0.775	81	67	61	57	52	49	45	42	39	36	33	26	19	12	6.5			
	0.8	75	61	54	50	46	42	39	35	32	29	27	19	13	6				
	0.825	69	54	48	44	40	36	33	29	26	23	21	14	7					
	0.85	62	48	42	37	33	29	26	22	19	16	14	7						
	0.875	55	41	36	30	26	23	19	16	13	10	7							
	0.9	48	34	28	23	19	16	12	9	6	2.3								

〈표 2〉 저압 200 [V]용 콘덴서 규격표
정격 주파수 : 60 [Hz]

상 수	단상 및 3상								
정격 용량 [μF]	10	15	20	30	40	50	75	100	150

(1) 정격전압 200 [V], 정격출력 7.5 [kW], 역률 80 [%]인 전동기의 역률을 90[%]로 개선하고자 하는 경우 필요한 3상 콘덴서의 용량 [kVA]을 구하시오.

(2) 물음 "(1)"에서 구한 3상 콘덴서의 용량 [kVA]을 [μF]로 환산한 용량으로 구하고, "〈표 2〉저압 (200 [V]용) 콘덴서 규격표"를 이용하여 적합한 콘덴서를 선정하시오. (단, 정격주파수는 60 [Hz]로 계산하며, 용량은 최소치를 구하도록 한다.)

[작성답안]

(1) 표1에서 개선전 역률 0.8과 개선후 역률 0.9의 교차점 27 [%] 선정

$Q_C = 7.5 \times 0.27 = 2.03$ [kVA]

답 : 2.03 [kVA]

(2) $C = \dfrac{Q}{2\pi f V^2} \times 10^9 = \dfrac{2.03}{2\pi \times 60 \times 200^2} \times 10^9 = 134.62$ [μF]

∴ 표 2에서 150 [μF]

답 : 150 [μF]

출제년도 06.10.(5점/부분점수 없음)

그림에서 고장 표시 접점 F가 닫혀 있을 때는 부저 BZ가 울리나 표시등 L은 켜지지 않으며, 스위치 24에 의하여 벨이 멈추는 동시에 표시등 L이 켜지도록 SCR의 게이트와 스위치 등을 접속하여 회로를 완성하시오. 또한 회로 작성에 필요한 저항이 있으면 그것도 삽입하여 도면을 완성하도록 하시오. (단, 트랜지스터는 NPN 트랜지스터이며, SCR은 P게이트형을 사용한다.)

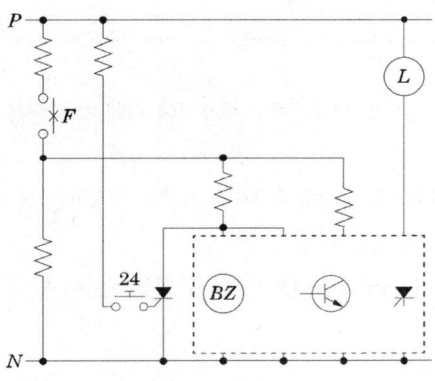

[작성답안]

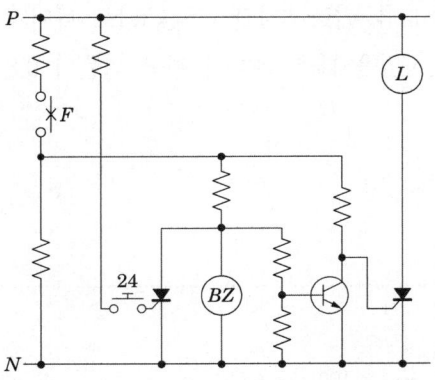

11 출제년도 10.(8점/각 문항당 2점)

변압기에 대한 다음 각 물음에 답하시오.

(1) 유입풍냉식은 어떤 냉각방식인지를 쓰시오.

(2) 무부하 탭 절환장치는 어떠한 장치인지를 쓰시오.

(3) 비율차동계전기는 어떤 목적으로 이용되는지 쓰시오.

(4) 무부하손은 어떤 손실을 말하는지 쓰시오.

[작성답안]

(1) 유입 자냉식의 변압기에 방열기를 부착시키고 송풍기에 의해 강제 통풍시켜 냉각 효과를 증대시킨 방식이다.

(2) 무전압시 변압기 1차측 권수비를 조정하여 2차측 전압을 조정하는 장치이다.

(3) 변압기 내부고장 보호를 위해 사용한다.

(4) 부하에 관계없이 발생하는 손실로 히스테리시스손과 와류손 등이 있다.

12 출제년도 90.06.10.(6점/각 문항당 3점)

어느 건물의 부하는 하루에 240 [kW]로 5시간, 100 [kW]로 8시간, 75 [kW]로 나머지 시간을 사용한다. 이의 수전 설비를 450 [kVA]로 하였을 때에 부하의 평균 역률이 0.8 이라면 이 건물의 수용률과 일부하율은?

(1) 수용률

(2) 부하율

[작성답안]

(1) 계산 : 수용률 = $\dfrac{\text{최대 수용 전력}}{\text{설비 용량}} \times 100 = \dfrac{240}{450 \times 0.8} \times 100 = 66.67\,[\%]$

답 : 66.67 [%]

(2) 계산 : 부하율 = $\dfrac{\text{평균 전력}}{\text{최대 수용 전력}} \times 100 = \dfrac{240 \times 5 + 100 \times 8 + 75 \times 11}{240 \times 24} \times 100 = 49.05\,[\%]$

답 : 49.05 [%]

[핵심] 부하관계용어

① 부하율

공급 설비가 어느 정도 유효하게 사용되는가를 나타내며 부하율이 클수록 공급 설비가 유효하게 사용된다. 부하율은 다음 식에 의해 계산한다.

$$부하율 = \frac{평균\ 수요\ 전력[kW]}{최대\ 수요\ 전력[kW]} \times 100\ [\%]$$

부하율은 각 단위별(변압기, 전주, 수용가 등), 시기, 범위, 기간에 따라 달라지며, 부하율을 표시할 경우 기간, 범위를 반드시 명기한다. 예를 들어 일부하율, 월부하율 등으로 표시하여야 하며, 부하율은 기간이 길어질수록 작아진다. 부하율이 적다의 의미는 다음과 같다.

- 공급 설비를 유용하게 사용하지 못한다.
- 평균 수요 전력과 최대 수요 전력과의 차가 커지게 되므로 부하 설비의 가동률이 저하된다.

② 종합부하율

$$종합\ 부하율 = \frac{평균\ 전력}{합성\ 최대\ 전력} \times 100[\%] = \frac{A,\ B,\ C\ 각\ 평균\ 전력의\ 합계}{합성\ 최대\ 전력} \times 100[\%]$$

③ 부등률

각 수용가에서의 최대 수용 전력의 발생 시각은 시간적으로 차이가 있으며 이 경우에 배전 변압기 또는 간선에서의 합성 최대 수용 전력은 각 수용가에서의 최대 수용 전력의 합보다 적게 되는데 이 비를 부등률이라 하며 이 값은 항상 1보다 크고, 백분율로 나타내지 않는다. 수용률과 더불어 배전 변압기 또는 배전 간선 등의 공급 설비 계획 자료로 사용된다.

$$부등률 = \frac{개별\ 최대수용전력의\ 합}{합성\ 최대수용전력} = \frac{설비용량 \times 수용전력}{합성최대수용전력}$$

④ 수용률

수용률은 시설되는 총 부하 설비용량에 대하여 실제로 사용하게 되는 부하의 최대 전력의 비를 나타내는 것으로서 다음 식에 의하여 구한다.

$$수용률 = \frac{최대수요전력[kW]}{부하설비용량[kW]} \times 100\ [\%]$$

13

출제년도 90.07.00.09.10.16.(5점/각 문항당 2점, 모두 맞으면 5점)

가로 20 [m], 세로 30 [m]인 사무실에서 평균조도 600 [lx]를 얻고자 형광등 40 [W] 2등용 사용하고 있다. 다음 각 물음에 답하시오.(단, 40 [W] 2등용 형광등 기구의 전체광속은 4,600 [lm], 조명률은 0.5, 감광보상률은 1.3, 전기방식은 단상 2선식 200 [V]이며, 40 [W] 2등용 형광등의 전체 입력전류는 0.87 [A]이고, 1회로의 최대전류는 16 [A]로 한다.)

(1) 형광등 기구 수를 구하시오.
(2) 최소분기회로 수를 구하시오.

[작성답안]

(1) 계산 : $N = \dfrac{EAD}{FU} = \dfrac{600 \times 20 \times 30 \times 1.3}{4,600 \times 0.5} = 203.48$ [등]

∴ 204등 선정

답 : 204 [등]

(2) 계산 : $n = \dfrac{204 \times 200 \times 0.87}{200 \times 16} = 11.09$ [회로]

∴ 16 [A] 분기 12 [회로] 선정

답 : 16 [A] 분기 12 [회로]

[핵심] 조명설계

① 실지수

방의 면적이 같은 2개의 방에 같은 수의 광원을 설치하여도 방의 모양이 다른 경우에는 작업면상의 조도는 다르게 된다. 그래서 천정, 바닥이 장방형인 방은 가로 X, 세로 Y 두 변의 평균을 한 변으로 하는 정방형인 방과 동일하다고 하는 이론에 의해 실지수 $R.I$를 다음 식과 같이 결정한다.

$$R.I = \dfrac{XY}{H(X+Y)}$$

실지수	5.0	4.0	3.0	2.5	2.0	1.5	1.25	1.0	0.8	0.6
기호	A	B	C	D	E	F	G	H	I	J

② 조도계산

N개의 램프에서 방사되는 빛을 평면상의 면적 $A[\text{m}^2]$에 모두 집중 조사할 수 있다고 하고 램프 1개당 광속을 $F[\text{lm}]$이라 하면, 그 면의 평균조도를

$$E = \frac{F \cdot N}{A} \ [\text{lx}]$$

로 나타낸다. 이러한 평균조도 계산은 광속법과 설계여건에 따라 ZCM (Zonal Cavity Method)법을 채택할 수 있다.

$$E = \frac{F \cdot N \cdot U \cdot M}{A}$$

여기서, E : 평균조도 [lx]
      F : 램프 1개당 광속 [lm]
      N : 램프수량 [개]
      U : 조명률
      M : 보수율, 감광보상률의 역수
      A : 방의 면적 [m^2] (방의 폭×길이)

14

출제년도 10.(8점/각 문항당 2점)

그림과 같은 수변전 결선도를 보고 다음 물음에 답하시오.
(1) ①번에 알맞은 기기의 명칭을 쓰시오.
(2) 위 배전계통의 접지방식을 쓰시오.
(3) 도면에서 C.L.R의 명칭을 쓰시오.
(4) 위 도면에서 계전기 67의 명칭을 쓰시오.

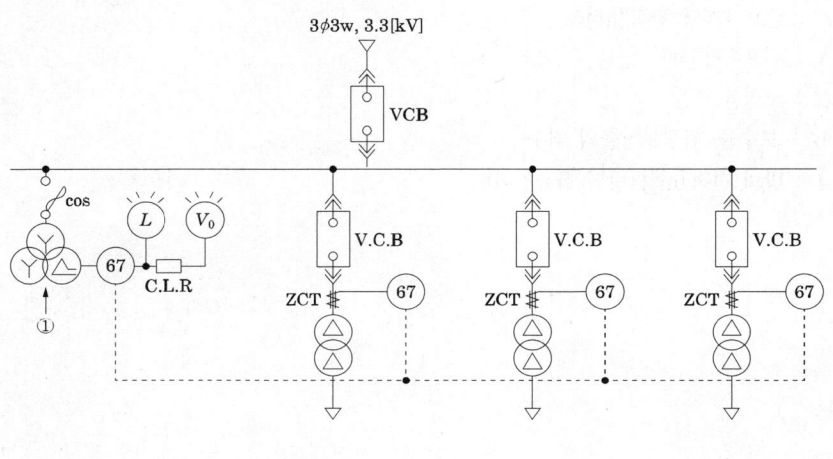

[작성답안]
(1) 접지형 계기용변압기   (2) 비접지방식
(3) 한류저항기   (4) 지락방향계전기

15

출제년도 91.10.(5점/각 항목당 1점, 모두 맞으면 5점)

콘덴서(condenser)설비의 주요 사고 원인 3가지를 예로 들어 설명하시오.

[작성답안]
① 콘덴서 설비의 모선 단락 및 지락
② 콘덴서 소체 파괴 및 층간 절연 파괴
③ 콘덴서 설비내의 배선 단락

16

출제년도 94.98.06.10.(7점/부분점수 없음)

그림은 유도전동기의 정·역 운전의 미완성 회로도이다. 주어진 조건을 이용하여 주회로 및 보조회로의 미완성부분을 완성하시오.(단, 전자접촉기의 보조 a, b접점에는 전자접촉기의 기호도 함께 표시하도록 한다.)

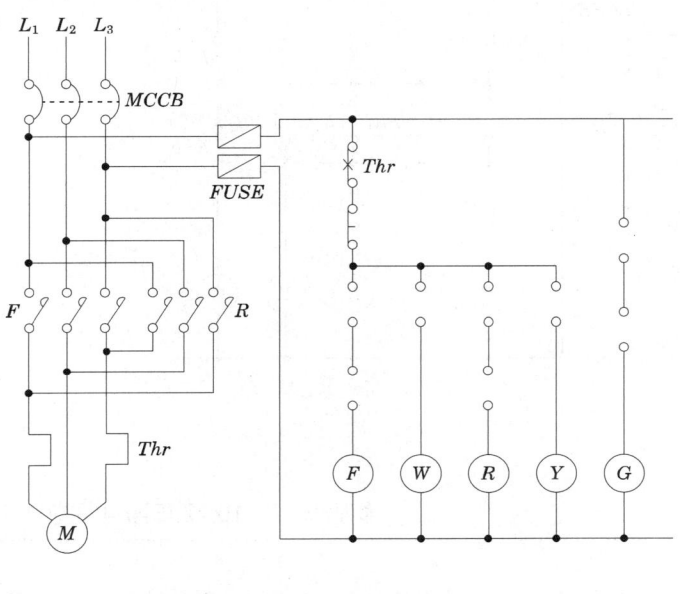

【조건】

- ⒡는 정회전용, ⓡ는 역회전용 전자접촉기이다.
- 정회전을 하다가 역회전을 하려면 전동기를 정지시킨 후, 역회전 시키도록 한다.
- 역회전을 하다가 정회전을 하려면 전동기를 정지시킨 후, 정회전 시키도록 한다.
- 정회전시의 정회전용 램프 ⓦ가 점등되고, 역회전시 역회전용 램프 ⓨ가 점등되며, 정지시 에는 정지용 램프 ⓖ가 점등되도록 한다.
- 과부하시에는 전동기가 정지되고 정회전용 램프와 역회전용 램프는 소등되며, 정지시의 램프만 점등되도록 한다.
- 스위치는 누름버튼 스위치 ON용 2개를 사용하고, 전자접촉기의 보조 a접점은 $F-a$ 1개, $R-a$ 1개, b접점은 $F-b$ 2개, $R-b$ 2개를 사용하도록 한다.

[작성답안]

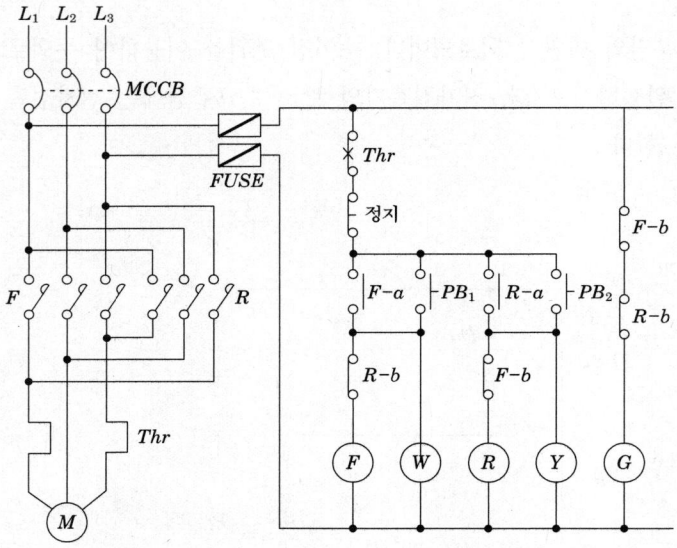

17

출제년도 03.10.22.(5점/각 문항당 1점, 모두 맞으면 5점)

다음 논리식에 대한 물음에 답하시오.(단, A, B, C는 입력이고 X는 출력이다.)

$$X = A + B\overline{C}$$

(1) 논리식을 로직 시퀀스로 나타내시오.

(2) 2입력 NAND GATE를 최소로 사용하여 동일한 출력이 되도록 회로를 변환하시오.

(3) 2입력 NOR GATE를 최소로 사용하여 동일한 출력이 되도록 회로를 변환하시오.

[작성답안]

(1)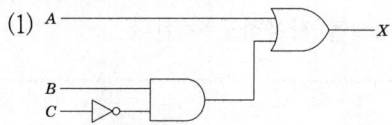

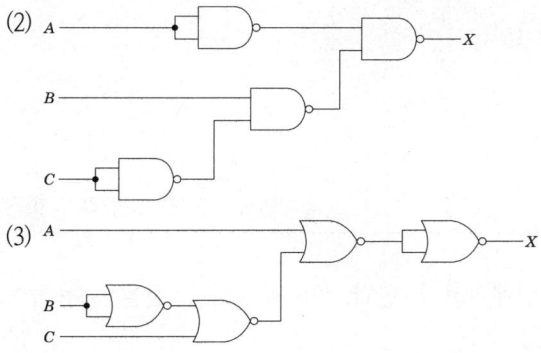

18

출제년도 10.(5점/각 항목당 1점)

전동기에는 소손을 방지하기 위하여 전동기용 과부하 보호장치를 설치하여야 하나 설치하지 아니하여도 되는 경우가 있다. 설치하지 아니하여도 되는 경우의 예를 5가지만 쓰시오.

[작성답안]
① 전동기 자체의 유효한 과부하소손방지장치가 있는 경우
② 일반 공작기계용 전동기 또는 호이스트 등과 같이 취급자가 상주하여 운전할 경우
③ 부하의 성질상 전동기가 과부하 될 우려가 없을 경우
④ 단상전동기로 15 [A] 분기회로 (배선용차단기는 20 [A])에서 사용할 경우
⑤ 전동기의 출력이 0.2 [kW] 이하일 경우

그 외
⑥ 전동기 권선의 임피던스가 높고 기동 불능시에도 전동기가 소손될 우려가 없을 경우
⑦ 전동기의 출력이 4 [kW] 이하이고, 그 운전상태를 취급자가 전류계 등으로 상시 감시할 수 있을 경우

2010년 3회 기출문제 해설

※ 다음 물음에 답을 해당 답란에 답하시오.

1 출제년도 05.10.(6점/각 문항당 2점)

어떤 공장에 예비전원설비로 발전기를 설계하고자 한다. 이 공장의 조건을 이용하여 다음 각 물음에 답하시오.

【조건】

- 부하는 전동기 부하 150 [kW] 2대, 100 [kW] 3대, 50 [kW] 2대 이며, 전등 부하는 40 [kW]이다.
- 전동기 부하의 역률은 모두 0.9이고 전등 부하의 역률은 1이다.
- 동력부하의 수용률은 용량이 최대인 전동기 1대는 100 [%], 나머지 전동기는 그 용량의 합계를 80 [%]로 계산하며, 전등 부하는 100 [%]로 계산한다.
- 발전기 용량의 여유율은 10 [%]를 주도록 한다.
- 발전기 과도리액턴스는 25 [%]적용한다.
- 허용 전압강하는 20 [%]를 적용한다.
- 시동 용량은 750 [kVA]를 적용한다.
- 기타 주어지지 않은 조건은 무시하고 계산하도록 한다.

(1) 발전기에 걸리는 부하의 합계로부터 발전기 용량을 구하시오.
(2) 부하 중 가장 큰 전동기 시동시의 용량으로부터 발전기의 용량을 구하시오.
(3) 다음 "(1)"과 "(2)"에서 계산된 값 중 어느 쪽 값을 기준하여 발전기 용량을 정하는지 그 값을 쓰고 실제 필요한 발전기 용량을 정하시오.

[작성답안]

(1) 계산 : $P = \dfrac{\sum W_L \times L}{\cos\theta}$ [kVA]

$$P = \left(\dfrac{150 + (150 + 100 \times 3 + 50 \times 2) \times 0.8}{0.9} + \dfrac{40}{1}\right) \times 1.1 = 765.11 \text{ [kVA]}$$

답 : 765.11 [kVA]

(2) 계산 : 발전기 용량 [kVA] $\geq \left(\dfrac{1}{허용\ 전압\ 강하} - 1\right) \times$ 기동용량 [kVA] $\times$ 과도 리액턴스

$$P \geq \left(\dfrac{1}{0.2} - 1\right) \times 750 \times 0.25 \times 1.1 = 825 \text{ [kVA]}$$

답 : 825 [kVA]

(3) 발전기 용량은 825 [kVA]를 기준으로 표준용량 875 [kVA]를 적용한다.

답 : 875 [kVA]

[핵심] 발전기 용량

① 단순한 부하의 경우

전부하 정상 운전시의 소요 입력에 의한 용량에 의해 결정한다.

발전기 용량 [kVA] = 부하의 총 정격 입력 × 수용률 × 여유율

발전기 출력 $P = \dfrac{\sum W_L \times L}{\cos\theta}$ [kVA]

여기서, ΣW_L : 부하 입력 총계, L : 부하 수용률(비상용일 경우 1.0)

$\cos\theta$: 발전기의 역률(통상 0.8)

② 기동 용량이 큰 부하가 있을 경우, 전동기 시동에 대처하는 용량

자가 발전 설비에서 전동기를 기동할 때 큰 부하가 발전기에 갑자기 걸리게 됨으로 발전기의 단자 전압이 순간적으로 저하하여 개폐기의 개방 또는 엔진의 정지 등이 야기되는 수가 있다. 이런 경우 발전기의 정격 출력 [kVA]은 다음과 같다.

발전기 정격 출력 [kVA] $\geq \left(\dfrac{1}{허용\ 전압\ 강하} - 1\right) \times X_d \times$ 기동용량

여기서

X_d : 발전기의 과도 리액턴스(보통 20~25 [%]),

허용 전압 강하 : 20~30 [%]

기동 용량 : 2대 이상의 전동기가 동시에 기동하는 경우는 2개의 기동 용량을 합한 값과 1대의 기동 용량인 때를 비교하여 큰 값의 쪽을 택한다.

기동용량 = $\sqrt{3}$ × 정격전압 × 기동전류 × $\dfrac{1}{1,000}$ [kVA]

2

출제년도 95.97.06.00.10.15.21.(4점/부분점수 없음)

머레이 루프(Murray loop)법으로 선로의 고장지점을 찾고자 한다. 길이가 4km(0.2 [Ω/km])인 선로가 그림과 같이 접지고장이 생겼을 때 고장점까지의 거리 X는 몇 [km]인지 구하시오. (단, G는 검류계이고, P = 270 [Ω], Q = 90 [Ω]에서 브리지가 평형 되었다고 한다.)

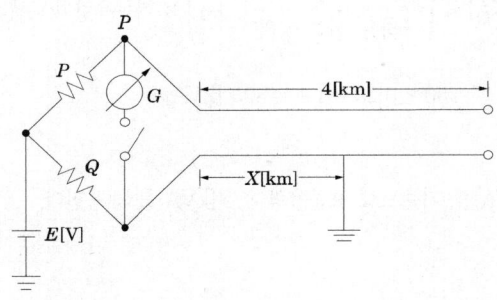

[작성답안]

계산 : $PX = Q(8-X)$

$PX = 8Q - XQ$

$X = \dfrac{Q}{P+Q} \times 8 = \dfrac{90}{270+90} \times 8 = 2$ [km]

답 : 2 [km]

3

출제년도 10.19.(6점/각 문항당 2점)

그림과 같은 3상 3선식 220 [V]의 수전회로가 있다. ⒣는 전열부하이고, ⓜ은 역률 0.8의 전동기이다. 이 그림을 보고 다음 각 물음에 답하시오.

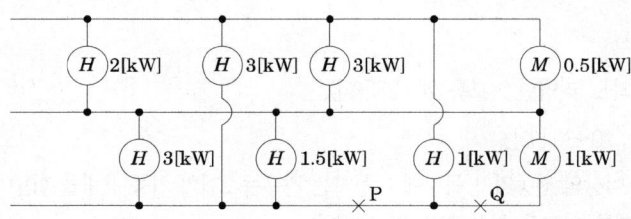

(1) 저압 수전의 3상 3선식 선로인 경우에 설비불평형률은 몇 [%] 이하로 하여야 하는가?

(2) 그림의 설비불평형률은 몇 [%]인가? (단, P, Q점은 단선이 아닌 것으로 계산한다.)

(3) P, Q점에서 단선이 되었다면 설비불평형률은 몇 [%]가 되겠는가?

[작성답안]

(1) 30 [%]

(2) 설비불평형률 $= \dfrac{\left(3+1.5+\dfrac{1}{0.8}\right)-(3+1)}{\dfrac{1}{3}\left(2+3+\dfrac{0.5}{0.8}+3+1.5+\dfrac{1}{0.8}+3+1\right)} \times 100 = 34.15\,[\%]$

답 : 34.15 [%]

(3) 설비불평형률 $= \dfrac{\left(2+3+\dfrac{0.5}{0.8}\right)-3}{\dfrac{1}{3}\left(2+3+\dfrac{0.5}{0.8}+3+1.5+3\right)} \times 100 = 60\,[\%]$

답 : 60 [%]

[핵심] 설비불평형률

① 설비불평형 단상

저압수전의 단상 3선식에서 중성선과 각 전압측 전선간의 부하는 평형이 되게 하는 것을 원칙으로 한다.

[주1] 부득이한 경우는 설비불평형률 40 [%]까지로 할 수 있다. 이 경우 설비불평형률이란 중성선과 각전압측 전선간에 접속되는 부하설비용량 [VA]차와 총부하설비용량 [VA]의 평균값의 비 [%]를 말한다.

즉, 다음 식으로 나타낸다.

설비불평형률 $= \dfrac{\text{중성선과 각 전압측 전선간에 접속되는 부하설비용량 [kVA]의 차}}{\text{총 부하설비용량 [kVA]의 1/2}} \times 100\,[\%]$

② 설비불평형 3상

저압, 고압 및 특고압수전의 3상 3선식 또는 3상 4선식에서 불평형부하의 한도는 단상 접속부로 계산하여 설비불평형률을 30 [%] 이하로 하는 것을 원칙으로 한다. 다만, 다음 각 호의 경우는 이 제한에 따르지 않을 수 있다.

- 저압수전에서 전용변압기 등으로 수전하는 경우
- 고압 및 특고압수전에서 100 [kVA](kW) 이하의 단상부하인 경우
- 고압 및 특고압수전에서 단상부하용량의 최대와 최소의 차가 100 [kVA](kW) 이하인 경우
- 특고압수전에서 100 [kVA](kW) 이하의 단상변압기 2대로 역(逆)V결선하는 경우

[주] 이 경우의 설비불평형률이란 각 선간에 접속되는 단상부하 총설비용량[VA]의 최대와 최소의 차와 총 부하설비용량[VA] 평균값의 비[%]를 말한다. 즉, 다음 식으로 나타낸다.

$$설비불평형률 = \frac{각 선간에 접속되는 단상 부하 총 설비용량[kVA]의 최대와 최소의 차}{총 부하설비용량[kVA]의 1/3} \times 100 [\%]$$

4

출제년도 90.00.03.10.12.17.(6점/각 문항당 2점)

비접지 선로의 접지전압을 검출하기 위하여 그림과 같은 [$Y-Y-$개방$\triangle$] 결선을 한 GPT가 있다. 다음 물음에 답하시오.

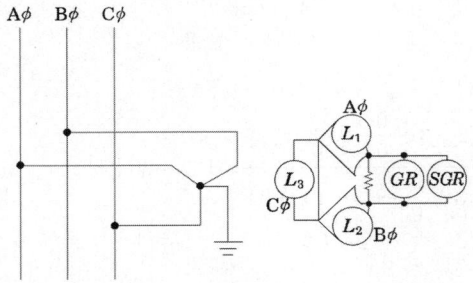

(1) A상 고장시(완전 지락시), 2차 접지 표시등 L_1, L_2, L_3의 점멸과 밝기를 비교하시오.

	점멸	밝기
L_1		
L_2, L_3		

(2) 1선 지락사고시 건전상(사고가 안난 상)의 대지 전위의 변화를 간단히 설명하시오.

(3) GR, SGR의 정확한 명칭을 우리말로 쓰시오.

• GR :

• SGR :

[작성답안]

(1)

	점멸	밝기
L_1	소등	어둡다
L_2, L_3	점등	더욱 밝아진다

(2) 평상시의 건전상의 대지 전위 : $\dfrac{110}{\sqrt{3}}$ [V]

  1선 지락 사고시에는 전위가 $\sqrt{3}$ 배로 증가 : 110 [V]

(3) GR : 지락 계전기,　SGR : 선택지락 계전기

[핵심] GPT(접지형 계기용변압기)

접지형 계기용 변압기는 비접지 계통에서 지락 사고시의 영상전압을 검출한다. 아래 그림에서 접지형 계기용 변압기는 정상상태가 된다. 정상 운전시에는 영상전압이 평형상태가 된다. 이때 각상의 전압은 $110/\sqrt{3}$ [V]가 되고 120°의 위상 차이가 있기 때문에 평형이 되고 이들의 합은 0 [V]가 된다.

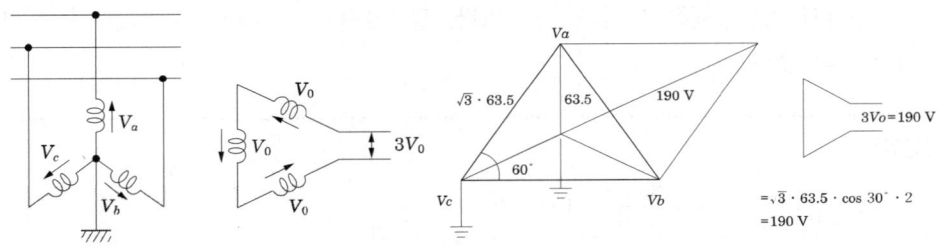

출제년도 86.87.92.93.95.06.08.10.(5점/부분점수 없음)

5

어느 수용가가 당초 역률(지상) 80 [%]로 150 [kW]의 부하를 사용하고 있는데, 새로 역률(지상) 60 [%], 100 [kW]의 부하를 증가하여 사용하게 되었다. 이 때 콘덴서로 합성 역률을 90 [%]로 개선하는데 필요한 용량은 몇 [kVA]인가?

[작성답안]

계산 : 무효 전력 $Q = \dfrac{150}{0.8} \times 0.6 + \dfrac{100}{0.6} \times 0.8 = 245.83$ [kVar]

유효 전력 $P = 150 + 100 = 250$ [kW]

합성 역률 $\cos\theta = \dfrac{P}{\sqrt{P^2 + Q^2}} = \dfrac{250}{\sqrt{250^2 + 245.83^2}} = 0.713$

$\therefore Q_c = P(\tan\theta_1 - \tan\theta_2) = 250 \left(\dfrac{\sqrt{1-0.713^2}}{0.713} - \dfrac{\sqrt{1-0.9^2}}{0.9} \right) = 124.77$ [kVA]

답 : 124.77 [kVA]

[핵심] 역률개선 콘덴서 용량

$$Q_c = P\tan\theta_1 - P\tan\theta_2 = P(\tan\theta_1 - \tan\theta_2) = P\left(\frac{\sin\theta_1}{\cos\theta_1} - \frac{\sin\theta_2}{\cos\theta_2}\right)$$

$$= P\left(\frac{\sqrt{1-\cos^2\theta_1}}{\cos\theta_1} - \frac{\sqrt{1-\cos^2\theta_2}}{\cos\theta_2}\right) \text{ [kVA]}$$

여기서, $\cos\theta_1$: 개선 전 역률, $\cos\theta_2$: 개선 후 역률

6 　　　　　　　　　　　　　　　　　　출제년도 94.10.11.12.21.(5점/부분점수 없음)

지표면상 10 [m] 높이의 수조가 있다. 이 수조에 시간당 3,600 [m³]의 물을 양수하는데 펌프용전동기의 소요동력은 몇 [kW]인가?(단, 펌프효율은 80 [%]이고, 펌프 축 동력에 20 [%] 여유를 준다.)

[작성답안]

계산 : $P = \dfrac{9.8 QHK}{\eta} = \dfrac{9.8 \times \dfrac{3,600}{3,600} \times 10 \times 1.2}{0.8} = 147$ [kW]

답 : 147 [kW]

[핵심] 펌프용 전동기 용량

$$P = \frac{9.8 Q'HK}{\eta} = \frac{KQH}{6.12\eta} \text{ [kW]}$$

여기서, P : 전동기의 용량 [kW]　　Q : 양수량 [m³/min]　　Q' : 양수량 [m³/sec]
　　　　H : 양정(낙차) [m]　　　η : 펌프의 효율 [%]　　K : 여유계수(1.1 ~ 1.2 정도)

7 　　　　　　　　　　　　　　　　　　출제년도 87.91.10.21.(5점/부분점수 없음)

100 [V], 20 [A]용 단상 적산 전력계에 어느 부하를 가할 때 원판의 회전수 20회에 대하여 40.3 [초] 걸렸다. 만일 이 계기의 20 [A]에 있어서 오차가 +2 [%]라 하면 부하 전력은 몇 [kW]인가? (단, 이 계기의 계기 정수는 1,000 [Rev/kWh]이다.)

[작성답안]

계산 : 적산전력계의 측정값 $P_M = \dfrac{3{,}600 \cdot n}{t \cdot k} = \dfrac{3{,}600 \times 20}{40.3 \times 1{,}000} = 1.79$ [kW]

$E = \dfrac{P_M - P_T}{P_T} \times 100$ [%]에서 $2 = \dfrac{1.79 - P_T}{P_T} \times 100$ [%]

$\therefore P_T = \dfrac{1.79}{1.02} = 1.75$ [kW]

답 : 1.75 [kW]

[핵심] 전력량계

① 전력량계 부하전력

$P = \dfrac{3{,}600 \cdot n}{t \cdot k} \times$ CT비 $\times$ PT비 [kW]

여기서, n : 회전수 [회] t : 시간 [sec] k : 계기정수 [rev/kWh]

② 5(2.5)의 의미

괄호 안의 숫자(기준전류)와 괄호 밖의 숫자(정격전류)의 배수를 가지고 Ⅱ형(200%), Ⅲ형(300%), Ⅳ형(400%)으로 구분하고 있다.

　Ⅱ형 계기 : (1/20×정격전류) ~ (정격전류)

　Ⅲ형 계기 : (1/30×정격전류) ~ (정격전류)

　Ⅳ형 계기 : (1/40×정격전류) ~ (정격전류)

5(2.5) [A] 는 Ⅱ형 계기이고(정격전류가 기준전류의 2배), 5 [A]는 정격전류로 이는 최대 사용할 수 있는 전류값이며, 주어진 오차를 만족하는 최소 전류범위는 0.25 [A] (1/20×5 [A]) 이다. 0.25 [A] 이하에서도 사용할 수는 있으나, 0.25 [A] 이하에서는 오차를 시험하지는 않는다는 것을 말한다.

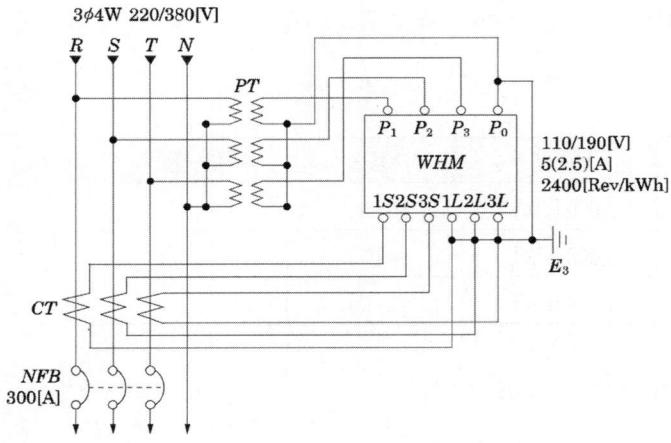

출제년도 01.03.07.10.17.(17점/각 문항당 2점, 모두 맞으면 17점)

그림은 어떤 변전소의 도면이다. 변압기 상호 부등률이 1.3이고, 부하의 역률 90 [%]이다. STr의 내부 임피던스 4.5 [%], Tr_1, Tr_2, Tr_3의 내부 임피던스가 10 [%] 154 [kV] BUS의 내부 임피던스가 0.5 [%]이다. 다음 물음에 답하시오.

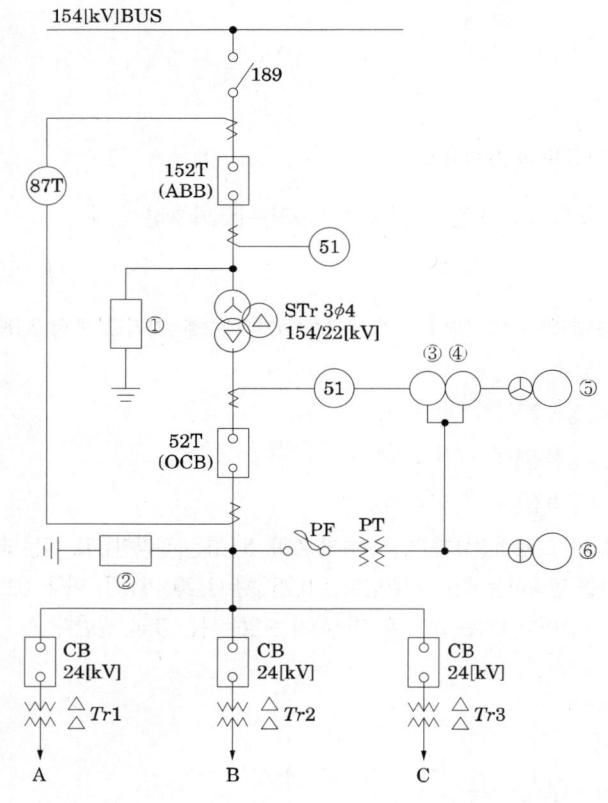

부 하	용 량	수용률	부등률
A	5,000 [kW]	80 [%]	1.2
B	3,000 [kW]	84 [%]	1.2
C	7,000 [kW]	92 [%]	1.2

(1) Tr_1, Tr_2, Tr_3 변압기 용량 [kVA]은?

Tr_1	Tr_2	Tr_3

(2) STr의 변압기 용량 [kVA]은?

(3) 차단기 152T의 용량 [MVA]은?

(4) 차단기 52T의 용량 [MVA]은?

(5) 87T의 명칭을 쓰고 용도를 쓰시오.

(6) 51의 명칭을 쓰고 용도를 쓰시오.

(7) ①~⑥에 알맞은 심벌을 기입하시오.

154 [kV] 152T 용량표 [MVA]

2,000	3,000	4,000	5,000	6,000	7,000

22 [kV] 52T 용량표 [MVA]

200	300	400	500	600	700

154 [kV] 변압기 용량표 [kVA]

10,000	15,000	20,000	30,000	40,000	50,000

22[kV] 변압기 용량표 [kVA]

2,000	3,000	4,000	5,000	6,000	7,000

[작성답안]

(1) 계산 : $Tr_1 = \dfrac{\text{설비용량} \times \text{수용률}}{\text{부등률} \times \text{역률}} = \dfrac{5000 \times 0.8}{1.2 \times 0.9} = 3703.7$ [kVA]

$Tr_2 = \dfrac{3,000 \times 0.84}{1.2 \times 0.9} = 2333.33$ [kVA]

$Tr_3 = \dfrac{7,000 \times 0.92}{1.2 \times 0.9} = 5962.96$ [kVA]

답 :

Tr_1	Tr_2	Tr_3
4,000 [kVA]	3,000 [kVA]	6,000 [kVA]

(2) 계산 : $STr = \dfrac{3703.7 + 2333.33 + 5962.96}{1.3} = 9230.76$ [kVA]

표에서 10,000 [kVA] 선정

답 : 10,000 [kVA]

(3) 계산 : $P_s = \dfrac{100}{\%Z} \cdot P_n = \dfrac{100}{0.5} \times 10 = 2,000$ [MVA]

표에서 2,000 [MVA] 선정

답 : 2,000 [MVA]

(4) 계산 : $P_s = \dfrac{100}{\%Z} \cdot P_n = \dfrac{100}{0.5+4.5} \times 10 = 200$ [MVA]

표에서 200 [MVA] 선정

답 : 200 [MVA]

(5) 명칭 : 주변압기 차동 계전기

용도 : 주변압기 내부 고장시 변압기차단 (또는 변압기 내부고장보호)

(6) 명칭 : 과전류 계전기

용도 : 정정치 이상의 과전류에 의해 동작하며, 차단기 트립 코일 여자시킨다.

(7)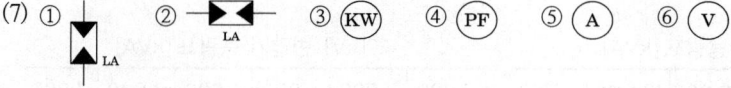

9

출제년도 10.(5점/부분점수 없음)

그림과 같이 6,300/210 [V]인 단상 변압기 3대를 △—△ 결선하여 수전단 전압이 6,000 [V]인 배전선로에 접속하였다. 이 중 2대의 변압기는 감극성이고, CA상에 연결된 변압기 1대가 가극성이었다고 한다. 이때 다음 그림과 같이 접속된 전압계에는 몇 [V]의 전압이 유기되는가?

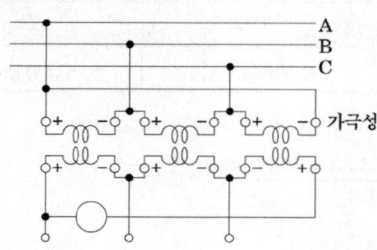

[작성답안]

계산 : 변압기 2차 $V = 6{,}000 \times \dfrac{210}{6{,}300} = 200\,[\text{V}]$

$$V = V_{RS} + V_{ST} + V_{TR} = 200\angle 0° + 200\angle -120° - 200\angle -240°\,[\text{V}]$$

$$= 200 + 200\left(-\dfrac{1}{2} - j\dfrac{\sqrt{3}}{2}\right) - 200\left(-\dfrac{1}{2} + j\dfrac{\sqrt{3}}{2}\right) = 200 - j\,200\sqrt{3}$$

$$|V| = \sqrt{200^2 + (200\sqrt{3})^2} = 400\,[\text{V}]$$

답 : 400 [V]

10

출제년도 91.98.08.09.10.13.16.(4점/각 항목당 1점)

공장 조명 설계시 에너지 절약대책을 4가지만 쓰시오.

[작성답안]
① 고효율 등기구 채용 (LED 램프 채용, T5형광등 채용)
② 고조도 저휘도 반사갓 채용
③ 적절한 조광제어실시
④ 고역률 등기구 채용
그 외
⑤ 등기구의 적절한 보수 및 유지관리
⑥ 창측 조명기구 개별점등
⑦ 전반조명과 국부조명의 적절한 병용 (TAL조명)
⑧ 등기구의 격등제어 회로구성

[해설] 조명설비 에너지절약
① 적정 조도기준 : 작업장소별 적정 조도를 적용한다.
② 고효율 광원의 선정 : 할로겐램프, 3파장 형광등, HID램프, LED램프 등을 작업 목적과 대상에 적합하게 선정한다.
③ 고효율 조명기구의 선정 : 기구효율이 높은 조명기구를 선정한다.
④ 에너지 절감 조명설계 : 조명에너지 절약요소, 적정 조명설계, 공조용 조명기구 등을 검토하여 선정한다.
⑤ 에너지절감 조명시스템 적용 : 조명제어 시스템 기능, 종류, 용도, 감광 제어시스템, 조명제어용 기기, 조광 방식 등을 적용한다.

11

출제년도 10.(5점/각 항목당 1점)

전기화재 발생원인 5가지를 쓰시오.

[작성답안]
① 접촉불량
② 누전
③ 단락
④ 과전류(과부하)
⑤ 전기기기의 취급 부주의

12

출제년도 92.96.97.00.10.20.(4점/부분점수 없음)

점포가 붙어 있는 주택이 그림과 같을 때 주어진 참고 자료를 이용하여 예상되는 설비 부하 용량을 상정하고, 분기 회로수는 원칙적으로 몇 회로로 하여야 하는지를 산정하시오. (단, 16[A] 분기회로로 하고 사용 전압은 220 [V]라고 한다.)

* RC는 룸 에어컨디셔너 1.1 [kW]
* 주어진 참고 자료의 수치 적용은 최대값을 적용하도록 한다.

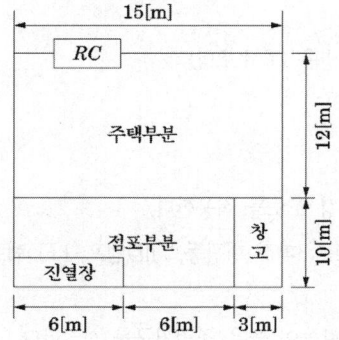

【참고사항】
가. 설비 부하 용량은 다만 "가" 및 "나"에 표시하는 종류 및 그 부분에 해당하는 표준 부하에 바닥 면적을 곱한 값에 "다"에 표시하는 건물 등에 대응하는 표준 부하 [VA]를 가한값으로 할 것

표준 부하

건축물의 종류	표준 부하 [VA/m^2]
공장, 공회당, 사원, 교회, 극장, 영화관, 연회장 등	10
기숙사, 여관, 호텔, 병원, 학교, 음식점, 다방, 대중 목욕탕	20
사무실, 은행, 상점, 이발소, 미장원	30
주택, 아파트	40

【비고】 건물이 음식점과 주택 부분의 2 종류로 될 때에는 각각 그에 따른 표준 부하를 사용할 것
【비고】 학교와 같이 건물의 일부분이 사용되는 경우에는 그 부분만을 적용한다.

나. 건물(주택, 아파트 제외)중 별도 계산할 부분의 표준 부하

부분적인 표준 부하

건축물의 부분	표준부하 [VA/m^2]
복도, 계단, 세면장, 창고, 다락	5
강당, 관람석	10

다. 표준 부하에 따라 산출한 수치에 가산하여야 할 [VA]수
① 주택, 아파트(1세대마다)에 대하여는 1000~500 [VA]
② 상점의 진열장에 대하여는 진열장 폭 1 [m]에 대하여 300 [VA]
③ 옥외의 광고등, 전광 사인등의 [VA]수
④ 극장, 댄스홀 등의 무대 조명, 영화관등의 특수 전등부하의 [VA]수

[작성답안]
계산 : $P = 12 \times 15 \times 40 + 12 \times 10 \times 30 + 3 \times 10 \times 5 + 6 \times 300 + 1,100 + 1,000 = 14,850$ [VA]

$$분기\ 회로수 = \frac{부하\ 용량[VA]}{사용\ 전압[V] \times 분기\ 회로\ 전류[A]} = \frac{14,850}{220 \times 16} = 4.22$$

16 [A] 분기 5회로 선정

답 : 5회로

[핵심]
연속부하가 있는 분기회로의 부하용량은 그 분기회로를 보호하는 과전류차단기의 정격 전류의 80[%]를 초과하지 않을 것

[주1] 연속부하는 상시 3시간 이상 연속하여 사용하는 것을 말한다.

[주2] 80[%]를 초과하여 사용하는 경우는 과전류차단기의 동작원리(트립 방식에 따라 주위온도의 영향을 받지 않는 것이 있다)와 전압변동범위 등을 고려하여 연속사용 상태에서 동작하지 않도록 유의 할 것.

13

출제년도 10.(5점/부분점수 없음)

공사시방서란 무엇인지 설명하시오.

[작성답안]
표준시방서 및 전문시방서를 기본으로 하여 작성한 것으로, 공사의 특수성, 지역여건 및 공사방법 등을 고려하여 기본설계 및 실시설계도면에 구체적으로 표시할 수 없는 내용과 공사수행을 위한 시공방법, 자재의 성능·규격 및 공법, 품질시험 및 검사 등 품질관리, 안전관리, 환경관리 등에 관한 사항을 기술한 시공기준을 적은 설명서를 말한다.

14

출제년도 10.(4점/각 항목당 1점, 모두 맞으면 4점)

예상이 곤란한 콘센트, 비틀어 끼우는 접속기, 소켓 등이 있는 경우 수구의 종류에 따른 예상부하 [VA/개]를 쓰시오.

　　(1) 콘센트

　　(2) 소형 전등수구

　　(3) 대형 전등수구

[작성답안]

(1) 콘센트 : 150 [VA/개]

(2) 소형수구 : 150 [VA/개]

(3) 대형수구 : 300 [VA/개]

15

출제년도 97.10.(5점/부분점수 없음)

다음 그림에서 (가), (나) 부분의 전선수는?

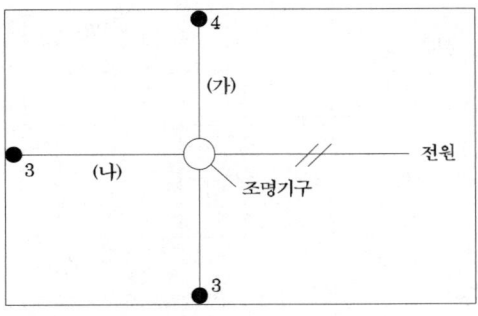

[작성답안]

(가) 4본

(나) 3본

16

출제년도 10.(5점/각 항목당 2점, 모두 맞으면 5점)

케이블의 트리현상이란 무엇인가 쓰고 종류 3가지를 쓰시오.

- 현상
- 종류

[작성답안]
- 트리현상 : 고체절연물 속에서 발생하는 수지상의 방전흔적을 남기는 절연열화 현상이다.
- 종류 : 수 트리, 전기적 트리, 화학적 트리

17

출제년도 06.10.(5점/각 문항당 2점, 모두 맞으면 5점)

그림은 전자개폐기 MC에 의한 시퀀스 회로를 개략적으로 그린 것이다. 이 그림을 보고 다음 각 물음에 답하시오.

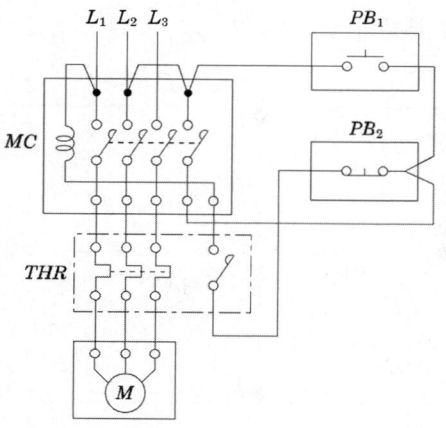

(1) 그림과 같은 회로용 전자개폐기 MC의 보조 접점을 사용하여 자기유지가 될 수 있는 일반적인 시퀀스 회로로 다시 작성하여 그리시오.

(2) 시간 t_3에 열동계전기가 작동하고, 시간 t_4에서 수동으로 복귀하였다. 이 때의 동작을 타임차트로 표시하시오.

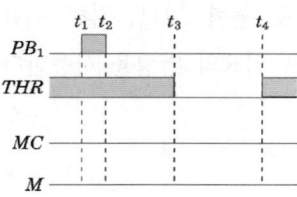

[작성답안]

(1)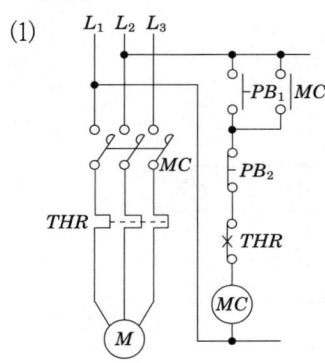

(2)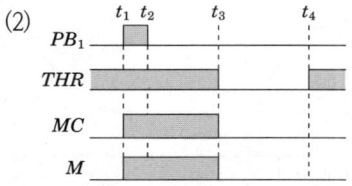

18

출제년도 97.10.(5점/부분점수 없음)

그림과 같은 PLC 시퀀스의 프로그램을 표의 차례 1~9에 알맞은 명령어를 각각 쓰시오. 여기서 시작(회로) 입력 STR, 출력 OUT, 직렬 AND, 병렬 OR, 부정 NOT, 그룹 직렬 AND STR, 그룹 병렬 OR STR의 명령을 사용한다.

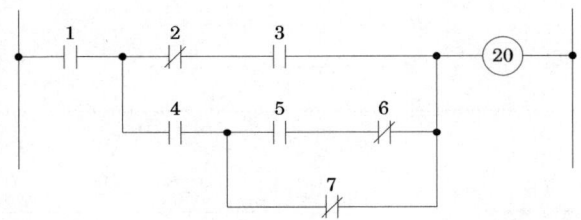

차례	명령	번지	차례	명령	번지
0	STR	1	6		7
1		2	7		-
2		3	8		-
3		4	9		-
4		5	10		20
5		6	-	-	

[작성답안]

차례	명령	번지	차례	명령	번지
0	STR	1	6	OR NOT	7
1	STR NOT	2	7	AND STR	-
2	AND	3	8	OR STR	-
3	STR	4	9	AND STR	-
4	STR	5	10	OUT	20
5	AND NOT	6	-	-	

2011년 1회 기출문제 해설

※ 다음 물음에 답을 해당 답란에 답하시오.

1 출제년도 89.02.05.07.08.11.22.(9점/각 문항당 3점)

그림과 같은 3상 배전선이 있다. 변전소(A점)의 전압은 3,300 [V], 중간(B점) 지점의 부하는 50 [A], 역률 0.8(지상), 말단(C점)의 부하는 50 [A], 역률 0.8이다. AB 사이의 길이는 2 [km], BC 사이의 길이는 4 [km]이고, 선로의 [km]당 임피던스는 저항 0.9 [Ω], 리액턴스 0.4 [Ω]이다.

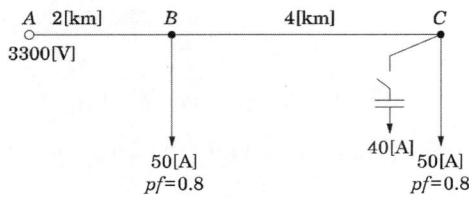

(1) 이 경우의 B점, C점의 전압은?

① B점

② C점

(2) C점에 전력용 콘덴서를 설치하여 진상 전류 40 [A]를 흘릴 때 B점, C점의 전압은?

① B점

② C점

(3) 전력용 콘덴서를 설치하기 전과 후의 선로의 전력 손실을 구하시오.

① 설치 전

② 설치 후

[작성답안]

(1) 콘덴서 설치전

　① B점의 전압

　　계산 : $V_B = V_A - \sqrt{3}\, I_1 (R_1\cos\theta + X_1\sin\theta)$
　　　　　　$= 3300 - \sqrt{3} \times 100(1.8 \times 0.8 + 0.8 \times 0.6) = 2967.45\,[\text{V}]$

　　답 : 2967.45 [V]

　② C점의 전압

　　계산 : $V_C = V_B - \sqrt{3}\, I_2 (R_2\cos\theta + X_2\sin\theta)$
　　　　　　$= 2967.45 - \sqrt{3} \times 50(3.6 \times 0.8 + 1.6 \times 0.6) = 2634.9\,[\text{V}]$

　　답 : 2634.9 [V]

(2) 콘덴서 설치후

　① B점의 전압

　　계산 : $V_B = V_A - \sqrt{3} \times [I_1\cos\theta \cdot R_1 + (I_1\sin\theta - I_C) \cdot X_1]$
　　　　　　$= 3300 - \sqrt{3} \times [100 \times 0.8 \times 1.8 + (100 \times 0.6 - 40) \times 0.8] = 3022.87\,[\text{V}]$

　　답 : 3022.87 [V]

　② C점의 전압

　　계산 : $V_C = V_B - \sqrt{3} \times [I_2\cos\theta \cdot R_2 + (I_2\sin\theta - I_C) \cdot X_2]$
　　　　　　$= 3022.87 - \sqrt{3} \times [50 \times 0.8 \times 3.6 + (50 \times 0.6 - 40) \times 1.6] = 2801.17\,[\text{V}]$

　　답 : 2801.17 [V]

(3) 전력손실

　① 설치 전

　　계산 : $P_{L1} = 3I_1^2 R_1 + 3I_2^2 R_2 = (3 \times 100^2 \times 1.8 + 3 \times 50^2 \times 3.6) \times 10^{-3} = 81\,[\text{kW}]$

　　답 : 81 [kW]

　② 설치 후

　　계산 : $I_1 = 100(0.8 - j0.6) + j40 = 80 - j20 = 82.46\,[\text{A}]$
　　　　　$I_2 = 50(0.8 - j0.6) + j40 = 40 + j10 = 41.23\,[\text{A}]$

　　∴ $P_{L2} = (3 \times 82.46^2 \times 1.8 + 3 \times 41.23^2 \times 3.6) \times 10^{-3} = 55.08\,[\text{kW}]$

　　답 : 55.08 [kW]

[핵심]

① 저항 : $R_1 = 0.9 \times 2 = 1.8$, $R_2 = 0.9 \times 4 = 3.6$

② 리액턴스 : $X_1 = 0.4 \times 2 = 0.8$, $X_2 = 0.4 \times 4 = 1.6$

2

출제년도 04.11.(4점/부분점수 없음)

그림과 같이 부하가 A, B, C에 시설될 경우, 이것에 공급할 변압기 Tr의 용량을 계산하여 표준 용량으로 결정하시오.(단, 부등률은 1.1. 부하 역률은 80 [%]로 한다.)

변압기 표준 용량 [kVA]						
50	100	150	200	250	300	350

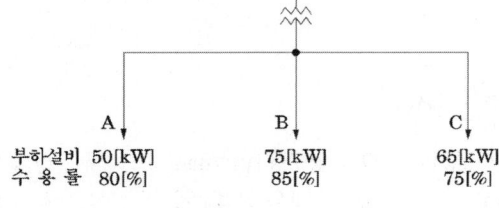

A: 부하설비 50[kW], 수용률 80[%]
B: 75[kW], 85[%]
C: 65[kW], 75[%]

[작성답안]

계산 : 변압기 용량 = $\dfrac{\text{설비용량 [kW]} \times \text{수용률}}{\text{부등률} \times \text{역률}}$ = $\dfrac{50 \times 0.8 + 75 \times 0.85 + 65 \times 0.75}{1.1 \times 0.8}$ = 173.3 [kVA]

표에서 표준용량 200 [kVA] 선정

답 : 200 [kVA]

[핵심] 변압기 용량

역률을 적용하여 [kW]의 부하를 [kVA]의 부하로 환산하여 구한다.

3

출제년도 94.08.11.12.16.21.22.(5점/각 문항당 2점, 모두 맞으면 5점)

지표면상 10 [m] 높이에 수조가 있다. 이 수조에 초당 1 [m³]의 물을 양수하려고 한다. 여기에 사용되는 펌프 모터에 3상 전력을 공급하기 위하여 단상 변압기 2대를 사용하였다. 펌프 효율이 70 [%]이고, 펌프축 동력에 20 [%]의 여유를 두는 경우 다음 각 물음에 답하시오. (단, 펌프용 3상 농형 유도 전동기의 역률은 100 [%]로 가정한다.)

(1) 펌프용 전동기의 소요 동력은 몇 [kW]인가?

(2) 변압기 1대의 용량은 몇 [kVA]인가?

[작성답안]

(1) 계산 : $P = \dfrac{9.8QHK}{\eta} = \dfrac{9.8 \times 1 \times 10 \times 1.2}{0.7} = 168$ [kW]

　답 : 168 [kW]

(2) 계산 : $P_V = \sqrt{3}\, P_1$ [kVA]

　　　　$\sqrt{3}\, P_1 = \dfrac{168}{1}$ [kVA]

　　　　$P_1 = \dfrac{168}{\sqrt{3}} = 96.99$ [kVA]

　답 : 96.99 [kVA]

[핵심] 전동기용량

① 펌프용 전동기 용량

$$P = \dfrac{9.8Q'HK}{\eta} = \dfrac{KQH}{6.12\eta}\ [\text{kW}]$$

여기서, P : 전동기의 용량 [kW]　　Q : 양수량 [m³/min]　　Q' : 양수량 [m³/sec]
　　　　H : 양정(낙차) [m]　　　η : 펌프의 효율 [%]　　K : 여유계수 (1.1 ~ 1.2 정도)

② 권상용 전동기 용량

$$P = \dfrac{9.8\, W \cdot v'}{\eta} = \dfrac{W \cdot v}{6.12\eta}\ [\text{kW}]$$

여기서, W : 권상 하중 [ton]　　v : 권상 속도 [m/min]　　v' : 권상 속도 [m/sec]
　　　　η : 권상기 효율 [%]

③ V결선

△-△ 결선에서 1대의 단상변압기가 단락, 또는 사고가 발생한 경우를 고장이 발생된 변압기를 제거시킨 결선법으로 즉, 2대의 단상변압기로서 3상 변압기와 같은 전력을 송배전하기 위한 방식을 V결선이라 한다.

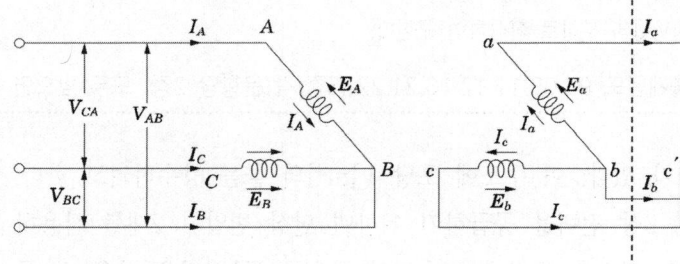

$P_v = VI\cos\left(\dfrac{\pi}{6} + \phi\right) + VI\cos\left(\dfrac{\pi}{6} - \phi\right) = \sqrt{3}\, VI\cos\phi$ [W]

$P_v = \sqrt{3}\, P_1$

출력비 : $\dfrac{V}{\triangle} = \dfrac{\sqrt{3}\, VI\cos\phi}{3\, VI\cos\phi} ≒ 0.577$

이용률 : $\dfrac{\sqrt{3}\, VI}{2\, VI} = 0.866$

4

출제년도 99.03.11.(6점/각 문항당 2점)

점멸기의 그림 기호에 대한 다음 각 물음에 답하시오.

점멸기의 그림기호 : ●

(1) 용량 몇 [A] 이상은 전류치를 방기하는가?
(2) ●$_{2P}$ 과 ●$_4$ 은 어떻게 구분되는지 설명하시오.
  ① ●$_{2P}$
  ② ●$_4$
(3) 방수형과 방폭형은 어떤 문자를 방기하는가?
  ① 방수형
  ② 방폭형

[작성답안]
(1) 15 [A]
(2) ① 2극 스위치
  ② 4로 스위치
(3) ① 방수형 : WP
  ② 방폭형 : EX

5

출제년도 11.(6점/부분점수 없음)

그림에 제시된 건물의 표준 부하표를 보고 건물단면도의 분기회로수를 산출하시오.

(단, ① 사용전압은 220 [V]로 하고 룸 에어컨은 별도 회로로 한다.
② 가산해야할 [VA]수는 표에 제시된 값 범위 내에서 큰 값을 적용한다.
③ 부하의 상정은 표준 부하법에 의해 설비 부하용량을 산출한다.
④ 16[A] 분기회로로 한다.)

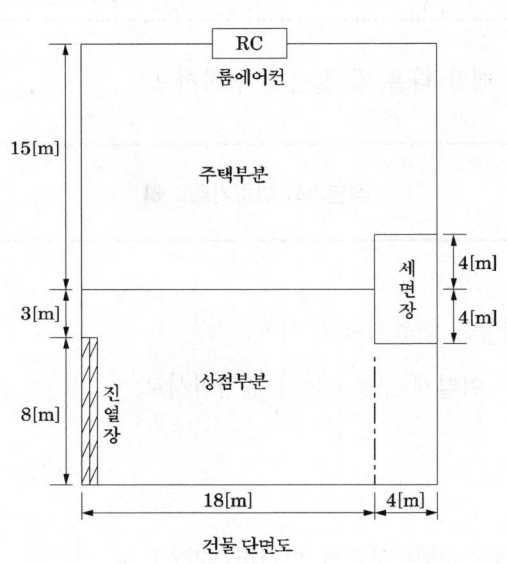

건물 단면도

<표> 건물의 표준부하

	건물의 종류	표준부하[VA/m²]
P	공장, 공회당, 사원, 교회, 극장, 연회장 등	10
	기숙사, 여관, 호텔, 병원, 학교, 음식점, 다방, 대중목욕탕 등	20
	주택, 아파트, 사무실, 은행, 상점, 이용소, 미장원	30
Q	복도, 계단, 세면장, 창고, 다락	5
	강당, 관람석	10
C	주택, 아파트 (1세대마다)에 대하여	500~1,000 [VA]
	상점의 진열장은 폭 1 [m]에 대하여	300 [VA]
	옥외의 광고등, 광전사인, 네온사인 등	실 [VA] 수
	극장, 댄스홀 등의 무대조명, 영화관의 특수 전등부하	실 [VA] 수

(단, P : 주 건축물의 바닥면적 [m²], Q : 건축물의 부분의 바닥면적 [m²], C : 가산해야할 [VA]수 임)

[작성답안]

계산 : 상정부하= $[(26 \times 22) \times 30 - (4 \times 8) \times 30] + (4 \times 8) \times 5 + 300 \times 8 + 1,000 = 19,760$ [VA]

분기회로수 $n = \dfrac{19,760}{220 \times 16} = 5.61$ [회로]

∴ 16 [A]분기 6 [회로]선정, 룸에어콘 전용분기 1 [회로] 선정

답 : 16 [A]분기 7 [회로]

[핵심] 분기회로수

분기회로 수 = (상정 부하 설비의 합[VA]) / (전압[V]×분기 회로 전류[A])

6

출제년도 94.01.06.11.15.(5점/부분점수 없음)

역률 80 [%], 500 [kVA]의 부하를 가지는 변압설비에 150 [kVA]의 콘덴서를 설치해서 역률을 개선하는 경우 변압기에 걸리는 부하는 몇 [kVA]인지 계산하시오.

[작성답안]

계산 : 개선전 유효전력 $P = 500 \times 0.8 = 400$ [kW]

개선전 무효전력 $P_r = 500 \times \sqrt{1-0.8^2} = 300$ [kVar]

개선후 무효전력 $P_r' = 300 - 150 = 150$ [kVar]

∴ $W = \sqrt{P^2 + Q^2} = \sqrt{400^2 + 150^2} = 427.2$ [kVA]

답 : 427.2 [kVA]

[핵심] 역률개선 콘덴서 용량

① 콘덴서 용량

$$Q_c = P\tan\theta_1 - P\tan\theta_2 = P(\tan\theta_1 - \tan\theta_2) = P\left(\frac{\sin\theta_1}{\cos\theta_1} - \frac{\sin\theta_2}{\cos\theta_2}\right)$$

$$= P\left(\frac{\sqrt{1-\cos^2\theta_1}}{\cos\theta_1} - \frac{\sqrt{1-\cos^2\theta_2}}{\cos\theta_2}\right) \text{[kVA]}$$

여기서, $\cos\theta_1$: 개선 전 역률, $\cos\theta_2$: 개선 후 역률

② 역률개선시 증가 할수 있는 부하

역률 개선에 따른 유효전력의 증가분 $\Delta P = P_a(\cos\theta_2 - \cos\theta_1)$ [kW]

여기서, $\cos\theta_1$: 개선 전 역률 $\cos\theta_2$: 개선 후 역률

7

출제년도 11.21.(8점/각 문항당 2점)

다음 결선도는 수동 및 자동(하루 중 설정시간 동안 운전) Y-△ 배기팬 MOTOR 결선도 및 조작회로이다. 다음 각 물음에 답하시오.

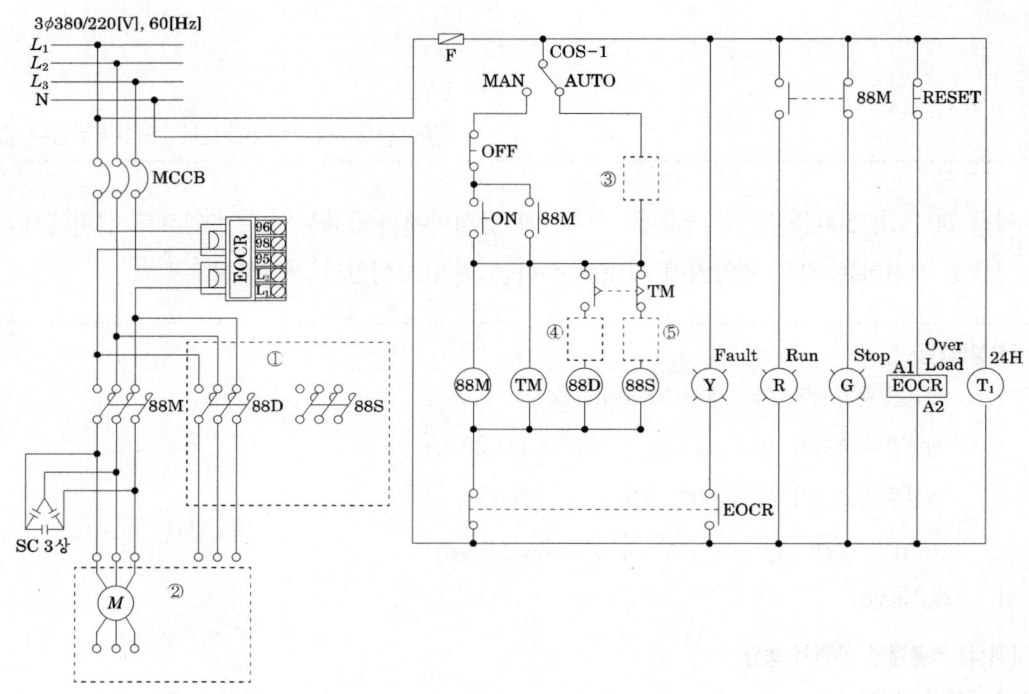

(1) ①, ② 부분의 누락된 회로를 완성하시오.

(2) ③, ④, ⑤의 미완성 부분의 접점을 그리고 그 접점기호를 표기하시오.

(3) ─o⌒o─ 의 접점 명칭을 쓰시오

(4) Time chart를 완성하시오.

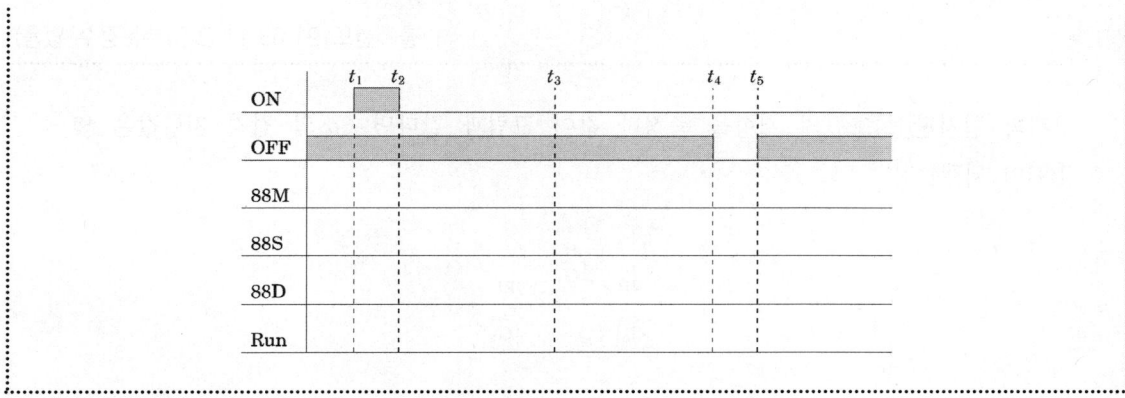

[작성답안]

(1)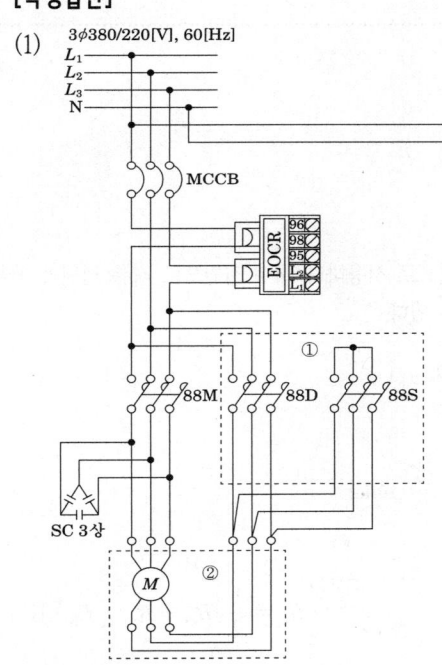

(2)

(3) 한시동작 a접점

(4)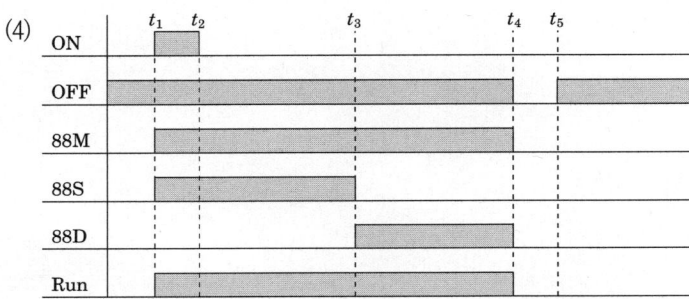

출제년도 91.03.11.(5점/부분점수 없음)

3개의 접지판 상호간의 저항을 측정한 값이 그림과 같다면 G_3의 접지 저항값은 몇 [Ω]이 되겠는가?

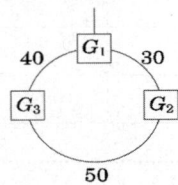

[작성답안]

계산 : 접지 저항값 $R_{G3} = \dfrac{1}{2}(40+50-30) = 30\,[\Omega]$

답 : 30 [Ω]

[핵심] 콜라우시 브리지법

콜라우시 브리지법은 미끄럼줄 브리지의 원리와 동일한 방법으로 사용하나 내부 전원으로 직류 전원과 배율기를 가지고 있어 측정 소자의 특성을 고려한 측정을 할 수 있다.

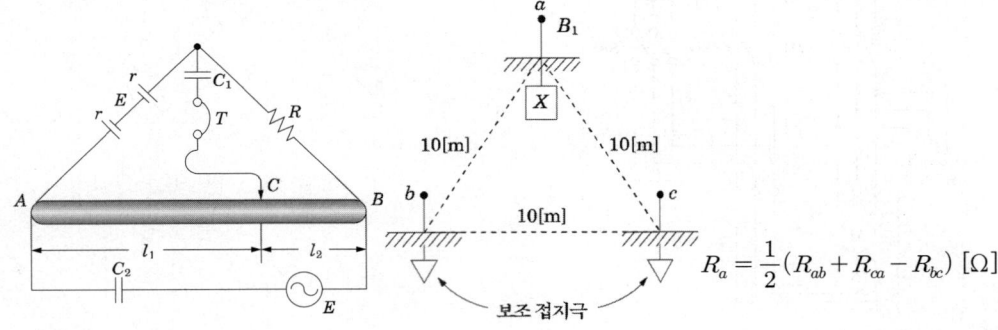

9

출제년도 11.17.(5점/부분점수 없음)

각 방향에 900 [cd]의 광도를 갖는 광원을 높이 3 [m]에 취부한 경우 직하로부터 30° 방향의 수평면 조도 [lx]를 구하시오.

[작성답안]

계산 : $E_n = \dfrac{I}{r^2}\cos\theta = \dfrac{I}{h^2}\cos^3\theta = \dfrac{900}{3^3}\cos^3 30° = 64.95$ [lx]

답 : 64.95 [lx]

10

출제년도 92.99.02.07.11.(9점/각 문항당 3점)

다음 그림은 전력용 콘덴서 계통의 일부를 나타낸 것이다. 다음 물음에 답하시오.

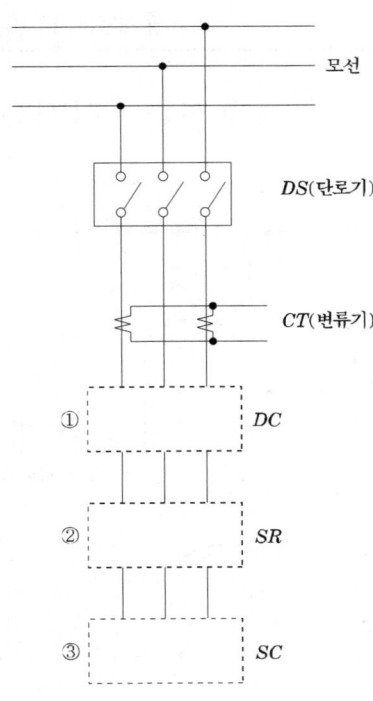

(1) ①, ②, ③의 명칭을 우리말로 쓰시오.

(2) ①, ②, ③의 설치 사유를 쓰시오.

(3) ①, ②, ③의 회로를 완성하시오.

[작성답안]
(1) ① 방전코일   ② 직렬 리액터   ③ 전력용 콘덴서
(2) ① 콘덴서에 축적된 잔류전하 방전
　　② 제5고조파 제거
　　③ 역률 개선
(3)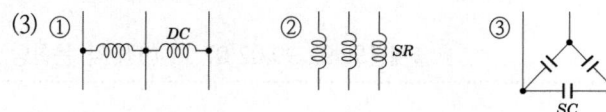

11

출제년도 11.(5점/각 문항당 1점, 모두 맞으면 5점)

그림에서 3개의 접점 A, B, C 가운데 둘 이상이 ON 되었을 때, RL이 동작하는 회로이다. 다음 물음에 답하시오.

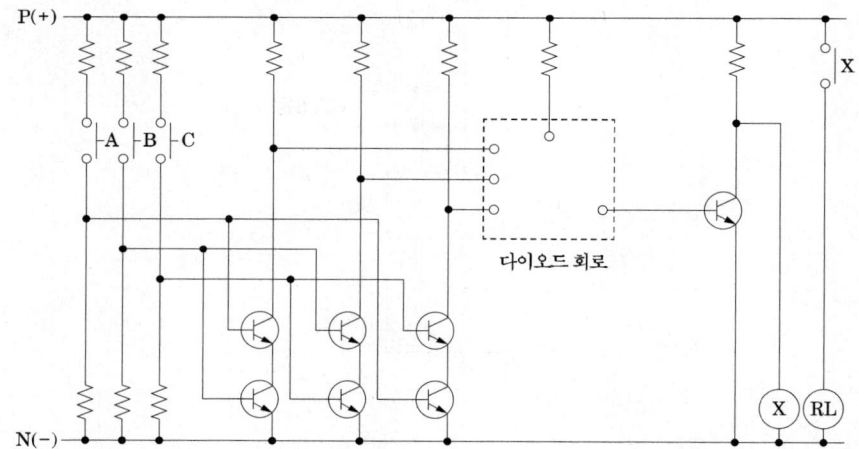

(1) 회로에서 점선 안의 내부회로를 다이오드 소자(→▶―)를 이용하여 올바르게 연결하시오.

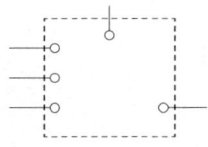

(2) 진리표를 완성하시오.

입력			출력
A	B	C	X

(3) 논리식을 간략화 하시오.

[작성답안]

(1)

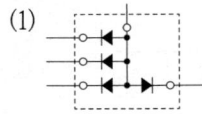

(2)

입력			출력
A	B	C	X
0	0	0	0
0	0	1	0
0	1	0	0
0	1	1	1
1	0	0	0
1	0	1	1
1	1	0	1
1	1	1	1

(3) 논리식

$$X = \overline{A}BC + A\overline{B}C + AB\overline{C} + ABC$$
$$= (\overline{A}+A)BC + (\overline{B}+B)AC + (\overline{C}+C)AB$$
$$= AB + BC + AC$$

답 : $X = AB + BC + AC$

12

출제년도 09.11.12.新規(5점/각 항목당 1점)

다음 빈칸 ①~⑤에 알맞은 수치를 넣으시오.

그림과 같이 분기회로(S_2)의 보호장치(P_2)는 (P_2)의 전원 측에서 분기점(O) 사이에 다른 분기회로 또는 콘센트의 접속이 없고 ①의 위험과 ② 및 인체에 대한 위험성이 ③되도록 시설된 경우, 분기회로의 보호장치 (P_2)는 분기회로의 분기점(O)으로부터 ④까지 이동하여 설치할 수 있다.

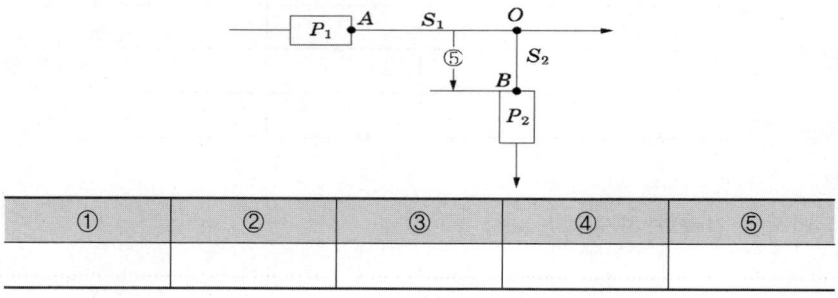

①	②	③	④	⑤

[작성답안]

①	②	③	④	⑤
단락	화재	최소화	3[m]	3[m]

[핵심] 한국전기설비규정 212.4.2 과부하 보호장치의 설치 위치

1. 설치위치

가. 과부하 보호장치는 전로 중 도체의 단면적, 특성, 설치방법, 구성의 변경으로 도체의 허용전류 값이 줄어 드는 곳(이하 분기점이라 함)에 설치해야 한다.

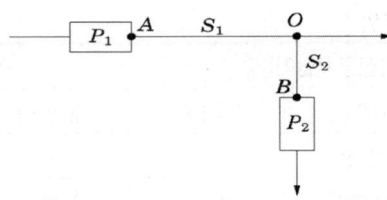

나. 분기회로 (S_2)의 보호장치 (P_2)는 (P_2)의 전원 측에서 분기점(O) 사이에 다른 분기회로 또는 콘센트의 접속이 없고, 단락의 위험과 화재 및 인체에 대한 위험성이 최소화 되도록 시설된 경우, 분기회로의 보호장치 (P_2)는 분기회로의 분기점(O)으로부터 3 m 까지 이동하여 설치할 수 있다.

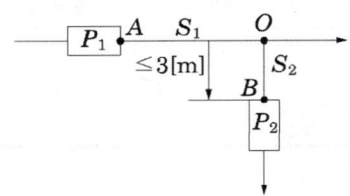

13

출제년도 03.05.11.(4점/부분점수 없음)

수전전압 22.9 [kV-Y]에 진공차단기와 몰드변압기를 사용하는 경우 개폐시 이상전압으로부터 변압기 등 기기보호 목적으로 사용되는 것으로 LA와 같은 구조와 특성을 가진 것을 쓰시오.

[작성답안]

서지흡수기

[핵심] 서지흡수기

최근에 몰드변압기의 채용이 증가하고 있으며, 아울러 몰드변압기 앞단에 진공차단기가 채용되고 있다. 그런데, 몰드변압기의 기준 충격절연강도(BIL)가 95 [kV] (22 [kV]급)이며, 진공차단기의 개폐서지로 인하여 몰드변압기의 절연이 악화될 우려가 있으므로 몰드변압기를 보호하기 위해서 설치된다.

서지흡수기의 적용범위

차단기 종류		V C B (진공차단기)				
전압 등급		3 [kV]	6 [kV]	10 [kV]	20 [kV]	30 [kV]
전동기		적용	적용	적용	-	-
변압기	유입식	불필요	불필요	불필요	불필요	불필요
	몰드식	적용	적용	적용	적용	적용
	건식	적용	적용	적용	적용	적용
콘덴서		불필요	불필요	불필요	불필요	불필요
변압기와 유도기기와의 혼용 사용시		적용	적용	-	-	-

서지흡수기의 정격전압

공칭전압	3.3 [kV]	6.6 [kV]	22.9 [kV]
정격전압	4.5 [kV]	7.5 [kV]	18 [kV]
공칭방전전류	5 [kA]	5 [kA]	5 [kA]

14

출제년도 92.94.00.04.06.11.12.(5점/부분점수 없음)

그림과 같은 TT방식의 회로에서 단상 105 [V] 전동기의 전압측 리드선과 전동기 외함 사이가 완전히 지락되었다. 변압기의 저압측은 중성점 접지공사로써 접지 저항값이 20 [Ω], 전동기의 저항은 외함 접지 공사로 접지 저항값이 30 [Ω]이라 한다. 변압기 및 선로의 임피던스를 무시한 경우에 전동기 외함에 접촉한 사람에게 위험을 줄 대지 전압은 얼마가 되겠는가?

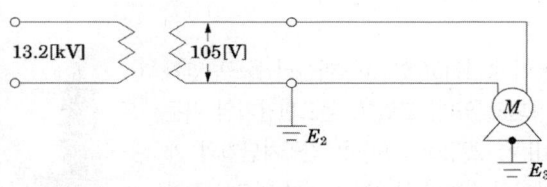

[작성답안]

계산 : $e = \dfrac{V}{R_2+R_3} \times R_3 = \dfrac{105}{20+30} \times 30 = 63\,[\text{V}]$

답 : 63[V]

[핵심] **접촉전압**

인체 비 접촉시 전압

- 지락 전류 $I_g = \dfrac{V}{R_2+R_3}$

- 대지 전압 $e = I_g R_3 = \dfrac{V}{R_2+R_3} R_3$

인체 접촉시 전압

- 인체에 흐르는 전류 $I = \dfrac{V}{R_2 + \dfrac{RR_3}{R+R_3}} \times \dfrac{R_3}{R+R_3} = \dfrac{R_3}{R_2(R+R_3)+RR_3} \times V$

- 접촉전압 $E_t = IR = \dfrac{RR_3}{R_2(R+R_3)+RR_3} \times V$

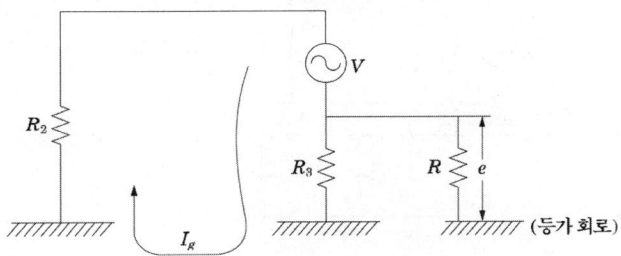
(등가 회로)

15

출제년도 97.00.03.11.16.(5점/부분점수 없음)

사용 중에 변류기의 2차측을 개로하면 변류기는 어떤 현상이 발생하는지 원인과 결과를 간단하게 쓰시오.

[작성답안]

변류기 1차측 부하 전류가 모두 여자 전류가 되어 자기포화현상이 급격히 나타나 변류기 2차측에 고전압을 유기하여 변류기의 절연을 파괴할 수 있다.

[핵심] 변류기 2차개방

변류기의 2차측을 개방하면 변류기 1차측 부하 전류가 모두 여자 전류가 되어 변류기 2차측에 고전압을 유기하여 변류기의 절연을 파괴할 수 있다. 따라서 2차측은 개방하여서는 안된다. 따라서 변류기 2차측의 전류계를 교환할 경우 변류기 2차를 단락상태로 유지한 다음 전류계를 교환하여야 한다.

16

출제년도 93.97.06.11.(8점/각 문항당 2점)

예비 전원으로 이용되는 축전지에 대한 다음 각 물음에 답하시오.

(1) 그림과 같은 부하 특성을 갖는 축전지를 사용할 때 보수율이 0.8, 최저 축전지 온도 5 [℃], 허용 최저 전압 90 [V]일 때 몇 [Ah] 이상인 축전지를 선정하여야 하는가? (단, $K_1 = 1.15$, $K_2 = 0.91$이고 셀당 전압은 1.06 [V/cell]이다.)

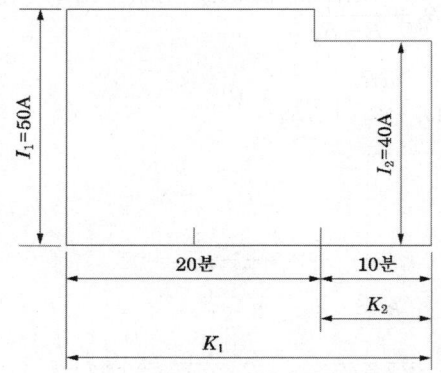

(2) 축전지의 과방전 및 방치 상태, 가벼운 설페이션(Sulfation) 현상 등이 생겼을 때 기능 회복을 위하여 실시하는 충전 방식은 무엇인가?

(3) 연 축전지와 알칼리 축전지의 공칭 전압은 각각 몇 [V]인가?

(4) 축전지 설비를 하려고 한다. 그 구성 요소를 크게 4가지로 구분하시오.

[작성답안]

(1) 계산 : $C = \dfrac{1}{L}[K_1 I_1 + K_2 (I_2 - I_1)] = \dfrac{1}{0.8}[1.15 \times 50 + 0.91(40-50)] = 60.5$ [Ah]

∴ 60.5 [Ah]

답 : 60.5[Ah]

(2) 회복 충전
(3) • 연 축전지 : 2[V]
 • 알칼리 축전지 : 1.2[V]
(4) ① 축전지　　② 충전장치　　③ 보안장치　　④ 제어장치

[핵심] 축전지

① 회복충전

정전류 충전법에 의하여 약한 전류로 40~50 시간 충전시킨 후 방전시키고, 다시 충전시킨 후방전시킨다. 이와 같은 동작을 여러 번 반복하게 되면 본래의 출력 용량을 회복하게 되는데 이러한 충전 방법을 회복충전이라 한다.

② 축전지용량

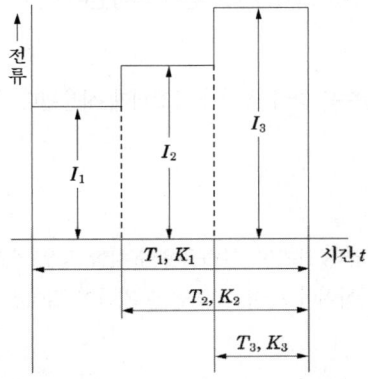

축전지 용량은 아래의 식으로 계산한다.

$$C = \frac{1}{L}[K_1 I_1 + K_2(I_2 - I_1) + K_3(I_3 - I_2)] \text{ [Ah]}$$

여기서, C : 축전지 용량[Ah]
　　　　L : 보수율(축전지 용량 변화의 보정값)
　　　　K : 용량 환산 시간 계수
　　　　I : 방전 전류[A]

17

출제년도 95.03.11.13.(5점/부분점수 없음)

"부하율"에 대하여 설명하고 부하율이 적다는 것은 무엇을 의미하는지 2가지만 쓰시오.

[작성답안]
- 부하율 : 일정기간 중의 최대 수요 전력에 대한 평균 수요전력의 비를 의미한다.

$$부하율 = \frac{평균\ 수요\ 전력\ [kW]}{최대\ 수요\ 전력\ [kW]} \times 100\ [\%]$$

- 부하율이 적다의 의미
  ① 공급 설비를 유용하게 사용하지 못한다.
  ② 평균 수요 전력과 최대 수요 전력과의 차가 커지게 되므로 부하 설비의 가동률이 저하된다.

[핵심] 부하율

공급 설비가 어느 정도 유효하게 사용되는가를 나타내며 부하율이 클수록 공급 설비가 유효하게 사용된다. 부하율은 다음 식에 의해 계산한다.

$$부하율 = \frac{평균\ 수요\ 전력\ [kW]}{최대\ 수요\ 전력\ [kW]} \times 100\ [\%]$$

부하율은 각 단위별(변압기, 전주, 수용가 등), 시기, 범위, 기간에 따라 달라지며, 부하율을 표시할 경우 기간, 범위를 반드시 명기한다. 예를 들어 일부하율, 월부하율 등으로 표시하여야 하며, 부하율은 기간이 길어질수록 작아진다. 부하율이 적다의 의미는 다음과 같다.
- 공급 설비를 유용하게 사용하지 못한다.
- 평균 수요 전력과 최대 수요 전력과의 차가 커지게 되므로 부하 설비의 가동률이 저하된다.

18 출제년도 07.11.(5점/각 항목당 1점)

유도 전동기는 농형과 권선형으로 구분되는데 각 형식별 기동법을 아래 빈칸에 쓰시오.

전동기 형식	기동법	기동법의 특징
농 형	①	전동기에 직접 전원을 접속하여 기동하는 방식으로 5 [kW] 이하의 소용량에 사용
	②	1차 권선을 Y접속으로 하여 전동기를 기동시 상전압을 감압하여 기동하고 속도가 상승되어 운전속도에 가깝게 도달하였을 때 △접속으로 바꿔 큰 기동전류를 흘리지 않고 기동하는 방식으로 보통 5.5~37 [kW] 정도의 용량에 사용
	③	기동전압을 떨어뜨려서 기동전류를 제한하는 기동방식으로 고전압 농형 유도 전동기를 기동할 때 사용
권선형	④	유도전동기의 비례추이 특성을 이용하여 기동하는 방법으로 회전자 회로에 슬립링을 통하여 가변저항을 접속하고 그의 저항을 속도의 상승과 더불어 순차적으로 바꾸어서 적게 하면서 기동하는 방법
	⑤	회전자 회로에 고정저항과 리액터를 병렬 접속한 것을 삽입하여 기동하는 방법

[작성답안]
① 직입기동법   ② Y-△기동법   ③ 기동보상기법
④ 2차 저항 기동법   ⑤ 2차 임피던스 기동법

2011년 2회 기출문제 해설

※ 다음 물음에 답을 해당 답란에 답하시오.

1 출제년도 11.(5점/각 문항당 1점, 모두 맞으면 5점)

그림의 단상 전파 정류 회로에서 교류측 공급 전압 $628\sin 314t$ [V], 직류측 부하 저항 20 [Ω]이다. 물음에 답하시오.

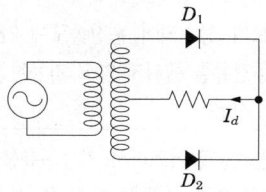

(1) 직류 부하전압의 평균값은?

(2) 직류 부하전류의 평균값은?

(3) 교류 전류의 실효값은?

[작성답안]

(1) 계산 $E_d = 0.9E = 0.9 \times \dfrac{628}{\sqrt{2}} = 399.66$ [V]

답 : 399.66 [V]

(2) 계산 : $I_d = \dfrac{E_d}{R} = \dfrac{399.66}{20} = 19.98$ [A]

답 : 19.98 [A]

(3) 계산 : $I = \dfrac{E}{R} = \dfrac{\frac{628}{\sqrt{2}}}{20} = 22.2$ [A]

답 : 22.2 [A]

[핵심] 전파정류회로

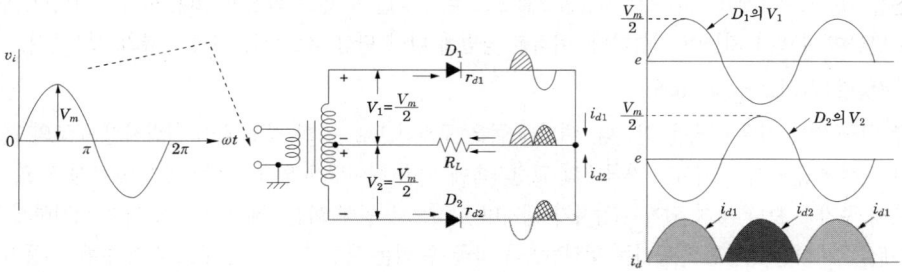

직류전압 (평균값) $v_d = \dfrac{1}{\pi}\displaystyle\int_0^\pi v\,dt = \dfrac{1}{\pi}\displaystyle\int_0^\pi \sqrt{2}\,V\sin\omega t = \dfrac{2\sqrt{2}}{\pi}V = 0.9\,V$

2

출제년도 00.02.04.11.(5점/각 문항당 1점, 모두 맞으면 5점)

단상 유도 전동기에 대한 다음 각 물음에 답하시오.

(1) 기동 방식을 4가지만 쓰시오.

(2) 분상 기동형 단상 유도 전동기의 회전 방향을 바꾸려면 어떻게 하면 되는가?

(3) 단상 유도 전동기의 절연을 E종 절연물로 하였을 경우 허용 최고 온도는 몇 [℃]인가?

[작성답안]

(1) • 반발 기동형
 • 콘덴서 기동형
 • 분상 기동형
 • 세이딩 코일형

(2) 기동권선의 접속을 반대로 바꾸어 준다.

(3) 120 [℃]

[핵심] 단상 유도전동기

단상유도 전동기는 교번자계를 전원으로 사용함으로 스스로 기동할 수 없는 특성이 있다. 따라서, 교번자계를 회전자계로 만들어 주어야 기동이 가능하다. 이러한 방법에 따라 단상 유도 전동기의 종류가 결정된다.

① 세이딩 코일형 (shaded-pole motor)

고정자의 주 자극 옆에 작은 돌극을 만든다. 여기에 굵은 구리선으로 수 회 정도 감아 단락시킨 구조의 전동기이다. 1차 권선에 전압이 가해지면 자극내의 교번자속에 의해 세이딩 코일에 단락전류가 흐르게 되고, 이 전류의 자속이 주자속 보다 늦게 되어 위상차가 생기며 이것으로 인해 회전자계가 만들어 지며 회전하게 된다(2회전자계설). 세이딩 코일형 전동기는 회전방향을 바꿀 수 없는 특징이 있으며, 주로 소형의 팬, 선풍기와 같은 곳에 사용된다.

② 분상 기동형 (split-phase ac induction motor)

서로 자기적인 위치를 달리하면서 병렬로 연결되어 있는 주권선과 보조 권선이 내장된 전동기를 분상 기동형 유도 전동기라 한다. 보조 권선은 기동을 담당하며, 기동시에만 연결되고, 운전이 되면 원심개폐기에 의해 개방된다. 두 권선은 리액턴스의 크기가 다르며 주권선이 리액턴스가 크고, 보조 권선이 리액턴스가 작아 위상차가 생겨 회전자계를 만들어 기동한다. 주로 1/2마력 까지 사용이 가능하며, 팬, 송풍기 등에 사용된다.

③ 콘덴서 전동기 (capacitor ac induction motor)

주권선과 보조 권선이 있으며, 보조 권선에 콘덴서가 직렬로 연결되어 있는 전동기를 콘덴서 전동기라 한다. 주권선과 보조 권선의 위상차를 콘덴서가 주어 회전자계를 만들어 기동한다. 기동토크는 분상기동형 보다 크며, 콘덴서를 설치함으로 다른 방식보다 효율과 역률이 좋고, 진동과 소음도 적다. 1[HP] 이하에 많이 사용된다. 냉장고, 세탁기, 선풍기, 펌프 등 널리 사용된다. 콘덴서 전동기의 종류에는 기동할 때만 콘덴서를 사용하는 콘덴서 기동형 전동기(capacitor starting motor), 운전 중에도 콘덴서를 사용하는 영구 콘덴서 전동기(permanent capacitor motor), 2중 콘덴서 전동기(two-value capacitor motor) 등이 있다. 콘덴서 전동기에 사용되는 콘덴서는 기동용으로는 전해콘덴서, 운전용은 유입 콘덴서를 사용한다.

④ 반발형 전동기 (repulsion motor)

단상 유도 전동기의 대부분은 농형회전자를 사용하나 반발 전동기는 회전자에 권선이 있어 권선형 단상 유도 전동기라 부르기도 한다. 반발 전동기는 고정자 권선과 회전자 권선에서 발생하는 자기장 사이의 반발력을 이용한 것으로 기동토크가 크다. 영업용 냉장고, 컴프레셔, 펌프 등에 사용된다.

불평형 부하의 제한에 관련된 다음 물음에 답하시오.

(1) 저압, 고압 및 특별 고압 수전의 3상 3선식 또는 3상 4선식에서 불평형 부하의 한도는 단상 접속 부하로 계산하여 설비 불평형률을 몇 [%] 이하로 하는 것을 원칙으로 하는가?

(2) "(1)"항 문제의 제한 원칙에 따르지 않아도 되는 경우를 2가지만 쓰시오.

(3) 부하 설비가 그림과 같을 때 설비 불평형률은 몇 [%]인가? (단, Ⓗ는 전열기 부하이고, Ⓜ은 전동기 부하이다.)

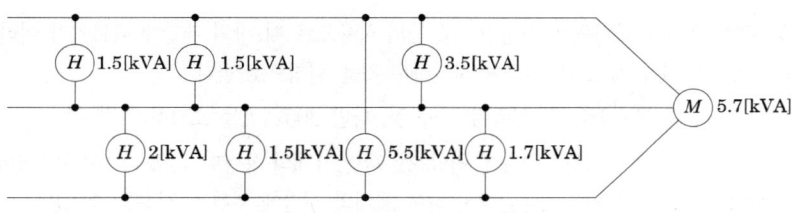

[작성답안]

(1) 30 [%] 이하

(2) ① 저압 수전에서 전용 변압기 등으로 수전하는 경우
　　② 고압 및 특별 고압 수전에서 100 [kVA] 이하의 단상 부하인 경우

(3) 계산 : 불평형률 $= \dfrac{(3.5+1.5+1.5)-(2+1.5+1.7)}{(1.5+1.5+3.5+5.7+2+1.5+5.5+1.7)\times \dfrac{1}{3}} \times 100 = 17.03\,[\%]$

답 : 17.03 [%]

[핵심] 설비불평형률

① 설비불평형 단상

저압수전의 단상 3선식에서 중성선과 각 전압측 전선간의 부하는 평형이 되게 하는 것을 원칙으로 한다.

[주1] 부득이한 경우는 설비불평형률 40 [%]까지로 할 수 있다. 이 경우 설비불평형률이란 중성선과 각전압측 전선간에 접속되는 부하설비용량 [VA]차와 총부하설비용량 [VA]의 평균값의 비 [%]를 말한다. 즉 다음 식으로 나타낸다.

설비불평형률 $= \dfrac{\text{중성선과 각 전압측 전선간에 접속되는 부하설비용량 [kVA]의 차}}{\text{총 부하설비용량 [kVA]의 1/2}} \times 100\,[\%]$

② 설비불평형 3상

저압, 고압 및 특고압수전의 3상 3선식 또는 3상 4선식에서 불평형부하의 한도는 단상 접속부하로 계산하여 설비불평형률을 30 [%] 이하로 하는 것을 원칙으로 한다. 다만, 다음 각 호의 경우는 이 제한에 따르지 않을 수 있다.

- 저압수전에서 전용변압기 등으로 수전하는 경우
- 고압 및 특고압수전에서 100 [kVA](kW) 이하의 단상부하인 경우
- 고압 및 특고압수전에서 단상부하용량의 최대와 최소의 차가 100 [kVA](kW) 이하인 경우
- 특고압수전에서 100 [kVA](kW) 이하의 단상변압기 2대로 역(逆)V결선하는 경우

[주] 이 경우의 설비불평형률이란 각 선간에 접속되는 단상부하 총설비용량 [VA]의 최대와 최소의 차와 총 부하설비용량 [VA] 평균값의 비 [%]를 말한다. 즉, 다음 식으로 나타낸다.

$$설비불평형률 = \frac{각\ 선간에\ 접속되는\ 단상\ 부하\ 총\ 설비용량\ [kVA]의\ 최대와\ 최소의\ 차}{총\ 부하설비용량\ [kVA]의\ 1/3} \times 100\ [\%]$$

③ 특고압 및 고압수전에서 대용량의 단상전기로 등의 사용으로 제2항의 제한에 따르기가 어려울 경우 전기사업자와 협의하여 다음 각 호에 의하여 시설하는 것을 원칙으로 한다.

- 단상부하 1개의 경우는 2차 역V접속에 의할 것, 다만 300kVA를 초과하지 말 것
- 단상부하 2개의 경우는 스코트 접속에 의할 것, 다만, 1개의 용량이 200kVA 이하인 경우는 부득이한 경우에 한하여 보통의 변압기 2대를 사용하여 별개의 선간에 부하를 접속할 수 있다.
- 단상 부하 3개 이상인 경우는 가급적 선로전류가 평형이 되도록 각 선간에 부하를 접속할 것

4. 출제년도 04.11.14.16.(8점/각 문항당 4점)

TV나 형광등과 같은 전기제품에서의 깜빡거림 현상을 플리커 현상이라 하는데 이 플리커 현상을 경감시키기 위한 전원측과 수용가측에서의 대책을 각각 3가지씩 쓰시오.

(1) 전원측 대책 3가지

(2) 수용가측 대책 3가지

[작성답안]

(1) 전원측
   ① 전용 계통으로 공급한다.
   ② 단락용량이 큰 계통에서 공급한다.
   ③ 전용 변압기로 공급한다.
   그 외
   ④ 공급 전압을 승압한다.

(2) 수용가측
   ① 전원 계통에 리액터분을 보상하는 방법
   ② 전압 강하를 보상하는 방법
   ③ 부하의 무효 전력 변동분을 흡수하는 방법
   그 외
   ④ 플리커 부하 전류의 변동분을 억제하는 방법

[핵심] 플리커대책

(1) 전원측에서의 대책
   ① 전용 계통으로 공급한다.
   ② 단락용량이 큰 계통에서 공급한다.
   ③ 전용 변압기로 공급한다.
   ④ 공급 전압을 승압한다.

(2) 수용가측에서의 대책
   ① 전원 계통에 리액터분을 보상하는 방법
    • 직렬 콘덴서 방식
    • 3권선 보상 변압기 방식

② 전압 강하를 보상하는 방법
- 부스터 방식
- 상호 보상 리액터 방식
③ 부하의 무효 전력 변동분을 흡수하는 방법
- 동기 조상기와 리액터 방식
- 사이리스터(thyristor) 이용 콘덴서 개폐 방식
- 사이리스터용 리액터
④ 플리커 부하 전류의 변동분을 억제하는 방법
- 직렬 리액터 방식
- 직렬 리액터 가포화 방식 등이 있다.

5
출제년도 84.90.91.96.11.(5점/부분점수 없음)

주상 변압기의 고압측의 사용탭이 6,600 [V]인 때에 저압측의 전압이 95 [V]였다. 저압측의 전압을 약 100 [V]로 유지하기 위해서는 고압측의 사용탭은 얼마로 하여야 하는가? (단, 변압기의 정격 전압은 6,600/105 [V]이다.)

[작성답안]

계산 : $V_T' = \dfrac{V_2 \times V_T}{V_2'}$

$V_T' = \dfrac{95 \times 6,600}{100} = 6,270$ [V]

∴ 탭전압의 표준값인 6,300 [V] 탭으로 선정한다.

답 : 6,300 [V]

[핵심] 변압기 탭

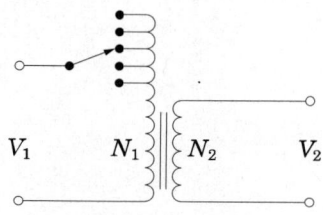

일반적으로 1차(고압)측 권선의 중간 단자를 인출하여 설치된다. 탭 절환이란 이것을 조정하여 권수비를 바꾸어 전압을 조정하는 장치이다. 변압기 탭의 설치 및 조정(절환)의 목적은 1차(수전단) 전압의 변동에 의해 2차측의 전압이 소정의 정격전압으로부터 변동한 경우, 이를 정격전압으로 하는 데에 그 목적이 있다.

$$V_T' = \frac{V_2 \times V_T}{V_2'}$$

여기서 V_2 : 변경전 2차전압 V_2' : 변경후 2차전압
      V_T : 변경전 1차 탭전압 V_T' : 변경후 1차 탭전압

6 11.12.14.17.(3점/부분점수 없음)

지표면상 18 [m] 높이의 수조가 있다. 이 수조에 25 [m³/min] 물을 양수하는데 필요한 펌프용 전동기의 소요 동력은 몇 [kW]인가? (단, 펌프의 효율은 82 [%]로 하고, 여유계수는 1.1로 한다.)

[작성답안]

계산 : $P = \dfrac{QHK}{6.12\eta} = \dfrac{25 \times 18 \times 1.1}{6.12 \times 0.82} = 98.64$ [kW]

답 : 98.64 [kW]

[핵심] **전동기용량**

① 펌프용 전동기 용량

$$P = \frac{9.8 Q' HK}{\eta} = \frac{KQH}{6.12\eta} \text{ [kW]}$$

여기서, P : 전동기의 용량 [kW] Q : 양수량 [m³/min] Q' : 양수량 [m³/sec]
        H : 양정(낙차) [m] η : 펌프의 효율 [%] K : 여유계수 (1.1 ~ 1.2 정도)

② 권상용 전동기 용량

$$P = \frac{9.8 W \cdot v'}{\eta} = \frac{W \cdot v}{6.12\eta} \text{ [kW]}$$

여기서, W : 권상 하중 [ton] v : 권상 속도 [m/min] v' : 권상 속도 [m/sec]
        η : 권상기 효율 [%]

7

출제년도 11.19.(6점/각 항목당 1점)

태양광 발전의 장·단점은?

(1) 장점(4가지)

(2) 단점(2가지)

[작성답안]

(1) 장점

① 규모에 관계없이 발전효율이 일정하다.

② 일조량이 있는 곳이면 어디에서나 설치할 수 있고 보수가 용이하다.

③ 자원이 반영구적이다.

④ 확산광(산란광)도 이용할 수 있다.

(2) 단점

① 태양광의 에너지 밀도가 낮다.

② 비가 오거나 흐린 날씨에는 발전 능력이 저하한다.

그 외

③ 수력, 화력, 원자력 등 고전적인 발전보다 발전효율이 낮다.

8

출제년도 07.11.(5점/부분점수 없음)

3상 200 [V], 20 [kW], 역률 80 [%]인 부하의 역률을 개선하기 위하여 15 [kVA]의 진상 콘덴서를 설치하는 경우 전류의 차 (역률 개선 전과 역률 개선 후)는 몇 [A]가 되겠는가?

[작성답안]

계산 : 역률 개선 전 전류 $I_1 = \dfrac{P}{\sqrt{3}\, V\cos\theta_1} = \dfrac{20{,}000}{\sqrt{3} \times 200 \times 0.8} = 72.17$ [A]

개선후 무효전력 $Q = \dfrac{P}{\cos\theta_1} \times \sin\theta_1 - Q_c = \dfrac{20}{0.8} \times 0.6 - 15 = 0$ [kVar]

개선후 역률 $\cos\theta_2 = \dfrac{P}{\sqrt{P^2 + Q^2}} = \dfrac{20}{\sqrt{20^2 + 0^2}} = 1$

개선후 전류 $I_2 = \dfrac{P}{\sqrt{3}\,V\cos\theta_2} = \dfrac{20{,}000}{\sqrt{3}\times 200 \times 1} = 57.74\,[A]$

개선전과 개선후의 전류차 $I = I_1 - I_2 = 72.17 - 57.74 = 14.43\,[A]$

답 : 14.43 [A]

[핵심] 전류의 차

전류의 차를 벡터의 연산으로 계산할 수 없음을 주의해야 한다. 벡터 연산으로 계산할 경우는 두 전류가 시간과 공간적으로 같은 위치에서 합성이 될 경우에 가능하다. 그러나 이 경우는 시간적으로 같은 시간에 전류가 흐를 수 없으므로 벡터 연산이 불가능하다.

9

다음 논리 회로에 대한 물음에 답하시오.

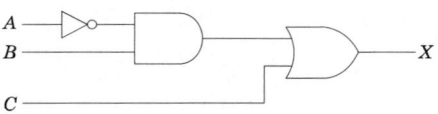

(1) NOR만의 회로를 그리시오.
(2) NAND만의 회로를 그리시오.

[작성답안]

(1)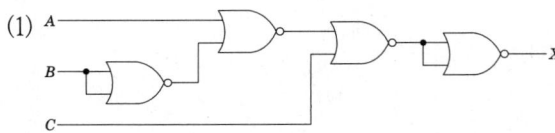

(2)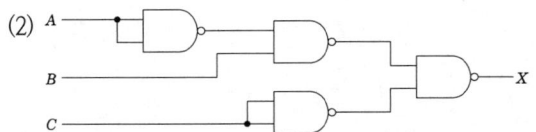

[핵심] 회로의 구성

아래의 원리를 이용하여 OR회로로 구성할 수 있다.

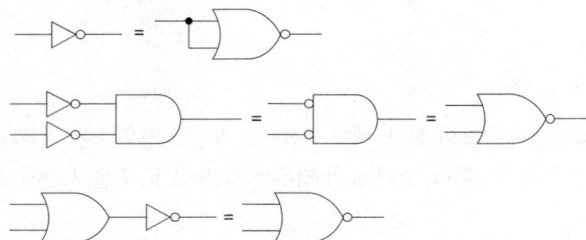

아래의 원리를 이용하여 NAND회로로 구성할 수 있다.

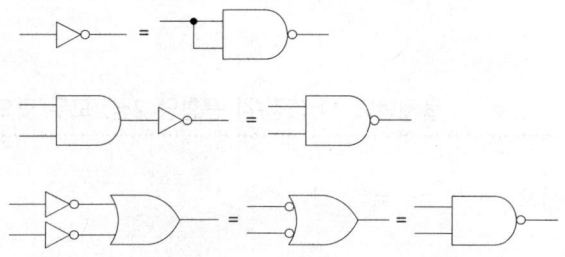

출제년도 96.07.10.11.12.18.19.(5점/각 항목당 1점)

10

유입 변압기와 비교하여 몰드 변압기의 장점 5가지 쓰시오.

[작성답안]
- 자기 소화성이 우수 하므로 화재의 염려가 없다.
- 코로나 특성 및 임펄스 강도가 높다.
- 소형 경량화 할 수 있다.
- 습기, 가스, 염분 및 소손 등에 대해 안정하다.
- 보수 및 점검이 용이하다.

그 외
- 저진동 및 저소음
- 단시간 과부하 내량 크다.
- 전력손실이 감소

[핵심] 몰드변압기

고압 및 전압의 권선을 모두 에폭시 수지로 몰드한 고체 절연방식의 변압기를 몰드 변압기라 한다. 몰드 변압기는 난연성, 절연의 신뢰성, 보수 및 유지의 용이함을 위해 개발되었으며, 에너지 절약적인 측면은 유입변압기 보다 유리하다. 몰드변압기는 일반적으로 유입변압기보다 절연내력이 작으므로 VCB와 연결시 개폐서지에 대한 대책이 없으므로 SA(Surge Absorber) 등을 설치하여 대책을 세워주어야 한다.

몰드 변압기를 유입 변압기와 비교하면 다음과 같은 특징이 있다.

① 난연성이 우수하다. 에폭시 수지에 무기물 충진제가 혼입된 구조로 되어 있으므로 자기 소호성이 우수하며, 불꽃 등에 착화하지 않는 특성이 있다.
② 신뢰성이 향상된다. 내코로나(Corona)특성, 임펄스 특성이 향상된다.
③ 소형, 경량화가 가능하다. 철심이 컴펙트화 되어 면적이 축소된다.
④ 무부하 손실이 줄어든다. 이것으로 인해 운전경비가 절감되고, 에너지가 절약이 된다.
⑤ 유지보수 점검이 용이하게 된다. 일반 유입변압기와 달리 절연유의 여과 및 교체가 없으며, 장기간 정지후 간단하게 재사용할 수 있으며, 먼지, 습기 등에 의한 절연내력이 영향을 받지 않는다.
⑥ 단시간 과부하 내량이 크다.
⑦ 소음이 적고 무공해운전이 가능하다.
⑧ 서지에 대한 대책을 수립하여야 한다. 사용장소는 건축전기설비, 병원, 지하상가나 주택이 근접하여 있는 공장이나 화학 플랜트 등의 특수 공장과 같이 재해가 인명에 직접 영향을 끼치는 장소에 좋으며, 특히 에너지절약 측면에서 적합하다.

11

출제년도 88.11.14.18.20.22.(6점/각 문항당 3점)

수전 전압 6,600 [V], 가공 전선로의 %임피던스가 58.5 [%]일 때 수전점의 3상 단락 전류가 8,000 [A]인 경우 기준 용량과 수전용 차단기의 차단 용량은 얼마인가?

차단기의 정격 용량 [MVA]

10	20	30	50	75	100	150	250	300	400	500

(1) 기준용량

(2) 차단용량

[작성답안]

(1) 기준 용량

$$I_s = \frac{100}{\%Z}I_n \text{ 에서 } I_n = \frac{\%Z}{100}I_s = \frac{58.5}{100} \times 8,000 = 4,680 [A]$$

∴ 기준 용량 : $P_n = \sqrt{3}\, V_n I_n = \sqrt{3} \times 6,600 \times 4,680 \times 10^{-6} = 53.5 [MVA]$

답 : 53.5 [MVA]

(2) 차단 용량

단락전류가 8 [kA] 이므로 정격차단전류 8 [kA] 선정

$P_s = \sqrt{3}\, V_n I_s = \sqrt{3} \times 7.2 \times 8 = 99.77 [MVA]$

표에서 100 [MVA] 선정

답 : 100 [MVA]

[핵심] %임피던스법

임피던스의 크기를 옴 [Ω] 값 대신에 %값으로 나타내어 계산하는 방법으로 옴 [Ω]법과 달리 전압환산을 할 필요가 없어 계산이 용이하므로 현재 가장 많이 사용되고 있다.

$$\%Z = \frac{I_n[A] \times Z[\Omega]}{E[V]} \times 100 [\%] = \frac{P[kVA] \times Z[\Omega]}{10\, V^2 [kV]} [\%]$$

12

출제년도 11.12.(5점/부분점수 없음)

평균조도 500 [lx] 전반 조명을 시설한 40 [m²]의 방이 있다. 이 방에 조명기구 1대당 광속 500 [lm], 조명률 50 [%], 유지율 80 [%]인 등기구를 설치하려고 한다. 이 때 조명기구 1대의 소비 전력을 70 [W]라면 이 방에서 24시간 연속점등한 경우 하루의 소비전력량은 몇 [kWh]인가?

[작성답안]

계산 : 등수 $N = \dfrac{EAD}{FU} = \dfrac{500 \times 40 \times \dfrac{1}{0.8}}{500 \times 0.5} = 100$ [등]

소비전력량 $W = Pt = 70 \times 100 \times 24 \times 10^{-3} = 168$ [kW]

답 : 168 [kW]

[핵심] 조명설계

① 실지수

방의 면적이 같은 2개의 방에 같은 수의 광원을 설치하여도 방의 모양이 다른 경우에는 작업면상의 조도는 다르게 된다. 그래서 천정, 바닥이 장방형인 방은 가로 X, 세로 Y 두 변의 평균을 한 변으로 하는 정방형인 방과 동일하다고 하는 이론에 의해 실지수 $R.I$를 다음 식과 같이 결정한다.

$R.I = \dfrac{XY}{H(X+Y)}$

실지수	5.0	4.0	3.0	2.5	2.0	1.5	1.25	1.0	0.8	0.6
기호	A	B	C	D	E	F	G	H	I	J

② 조도계산

N개의 램프에서 방사되는 빛을 평면상의 면적 A[m²]에 모두 집중 조사할 수 있다고 하고 램프 1개당 광속을 F[lm]이라 하면, 그 면의 평균조도를

$E = \dfrac{F \cdot N}{A}$ [lx]

로 나타낸다. 이러한 평균조도 계산은 광속법과 설계여건에 따라 ZCM (Zonal Cavity Method)법을 채택할 수 있다.

$E = \dfrac{F \cdot N \cdot U \cdot M}{A}$

여기서, E : 평균조도 [lx] F : 램프 1개당 광속 [lm] N : 램프수량 [개]
       U : 조명률 M : 보수율, 감광보상률의 역수 A : 방의 면적 [m²] (방의 폭×길이)

13

출제년도 08.11.(5점/각 항목당 2점, 모두 맞으면 5점)

일반용 전기설비 및 자가용 전기설비에 있어서의 과전류 종류 2가지와 각각에 대한 용어의 정의를 쓰시오.

① 과부하전류(過負荷電流)

② 단락전류(短絡電流)

[작성답안]

① 기기에 대하여는 그 정격전류, 전선에 대하여 그 허용전류를 어느 정도 초과하여 그 계속되는 시간을 합하여 생각하였을 때, 기기 또는 전선의 손상방지를 위한 자동차단을 필요로 하는 전류를 말한다.

② 전로의 선간이 임피던스가 적은 상태로 접촉되었을 경우에 그 부분을 통하여 흐르는 큰 전류를 말한다.

[핵심] 용어

① 내선규정 1300-1 "ㄱ"에 관한 용어

- 간선(幹線)이란 인입구에서 분기과전류차단기에 이르는 배선으로서 분기회로의 분기점에서 전원측의 부분을 말한다.
- 개거(開渠)란 지표 또는 지상에 시설하는 철근콘크리트제의 견고한 배선구(덕트 또는 도랑이라고 한다)를 말한다.
- 고온장소(高溫場所)란 주위온도가 보통사용 상태에서 30℃를 초과하는 장소를 말한다.
- 과부하전류(過負荷電流)란 기기에 대하여는 그 정격전류, 전선에 대하여 그 허용전류를 어느 정도 초과하여 그 계속되는 시간을 합하여 생각하였을때, 기기 또는 전선의 손상방지를 위한 자동차단을 필요로 하는 전류를 말한다.
- 과전류(過電流)란 과부하 전류 및 단락전류를 말한다.
- 과전류차단기(過電流遮斷器)란 배선용차단기, 퓨즈, 기중차단기(ACB)와 같이 과부하전류 및 단락전류를 자동차단하는 기능을 가지는 기구를 말한다.

② 내선규정 1300-2 "ㄴ"에 관한 용어

- 내화성(耐火性)이란 사용 중 닿게 될지도 모르는 불꽃, 아크 또는 고열에 의하여 연소되는 일이 없고 또한 실용상 지장을 주는 변형 또는 변질을 하지 않는 성질을 말한다.
- 누전차단기(漏電遮斷器)란 누전차단장치를 하나로 하여 용기 속에 넣어서 제작한 것으로서 용기 밖에서 수동으로 전로를 개폐 및 자동차단 후에 복귀가 가능한 것을 말한다.
- 누전차단장치(漏電遮斷裝置)란 전로에 지락이 생겼을 경우에 부하기기, 금속제 외함 등에 발생하는 고장전압 또는 지락전류를 검출하는 부분과 차단기 부분을 조합하여 자동적으로 전로를 차단하는 장치를 말한다.

③ 내선규정 1330-3 "ㄷ"에 관한 용어
- 단락전류(短絡電流)란 전로의 선간이 임피던스가 적은 상태로 접촉되었을 경우에 그 부분을 통하여 흐르는 큰 전류를 말한다.
- 대지전압(對地電壓)이란 접지식 전로에서 전선과 대지 사이의 전압을 말하고 또 비접지식 전로에서 전선과 전로중 임의의 다른 전선 사이의 전압을 말한다.
- 대형전기기계기구(大形電氣機械器具)란 정격 소비전력 3 kW 이상의 가정용 전기기계기구를 말한다.

④ 내선규정 1300-6 "ㅂ"에 관한 용어
- 배선기구(配線器具)란 개폐기, 과전류차단기, 접속기 기타 이와 유사한 기구를 말한다.
- 배선용차단기(配線用遮斷器)란 전자작용 또는 바이메탈의 작용에 의하여 과전류를 검출하고 자동으로 차단하는 과전류차단기로 그 최소동작전류(동작하고 안하는 전류한계)가 정격전류의 100%와 125% 사이에 있고 또 외부에서 수동, 전자적 또는 전동적으로 조작할 수 있는 것을 말한다.
- 뱅크(bank)란 전로에 접속된 변압기 또는 콘덴서의 결선상 단위(結線上 單位)를 말한다.
- 버스덕트란 나모선(裸母線) 및 절연모선을 금속제의 함내(函內)에 넣은 것을 말한다.
- 보안공사란 저압 또는 고압의 가공전선이 다른 시설물과 접근·교차하는 경우의 시설방법 중 일반적으로 규정되어 있는 시설방법보다도 강화하여야 할 점(전선의 굵기, 목주의 풍압하중에 대한 안전율, 말구(末口)의 굵기 및 지지물의 경간)을 규정한 공통의 공사방법을 말한다.
- 본질(本質)안전방폭구조란 상시 운전 중이나 사고시(단락·지락·단선 등)에 발생하는 불꽃, 아크 또는 열에 의하여 폭발성가스에 점화가 되지 않는 것이 점화시험 또는 기타의 방법에 의하여 확인된 구조를 말한다.
- 부식성가스 등이 있는 장소란 산류(酸類), 알칼리류, 염소산칼리, 표백분, 염료 혹은 인조비료의 제조공장, 동·아연 등의 제련소, 전기분동소(分銅所), 전기도금공장, 개방형 축전지실 또는 이들과 유사한 장소를 말한다.
- 분기개폐기(分岐開閉器)란 간선과 분기회로의 분기점에서 부하측으로 설치하는 개폐기 중 전원측에 가장 가깝게 설치한 개폐기(개폐기를 겸하는 배선용 차단기를 포함한다)를 말한다.
- 분기회로(分岐回路)란 간선에서 분기하여 분기과전류차단기를 거쳐서 부하에 이르는 사이의 배선을 말한다.
- 분전반(分電盤)이란 분기과전류차단기 및 분기개폐기를 집합하여 설치한 것(주개폐기나 인입구장치를 설치하는 경우도 포함한다)을 말한다.
- 분진위험장소(粉塵危險場所)란 폭연성분진·도전성분진·가연성분진 또는 타기 쉬운 섬유가 존재하기 때문에 전기설비가 점화원이 되어 폭발 또는 화재를 일으킬 우려가 있는 장소를 말한다.
- 불연성(不燃性)이란 사용 중 닿게 될지도 모르는 불꽃, 아크 또는 고열에 의하여 연소되지 않는 성질을 말한다.
- 비포장(非包裝)퓨즈란 포장퓨즈 이외의 퓨즈를 말하고 방출형퓨즈를 포함한다.

⑤ 1300-7 "ㅅ"에 관한 용어
  - 사용전압(使用電壓)이란 보통의 사용상태에서 그 회로에 가하여지는 선간전압을 말한다.
⑥ 1300-8 "ㅇ"에 관한 용어
  - 액세스플로어(Movable Floor 또는 OA Floor)란 주로 컴퓨터실, 통신기계실, 사무실 등에서 배선, 기타의 용도를 위한 2중 구조의 바닥을 말한다.
  - 우선 내(雨線 內)란 옥측의 처마 또는 이와 유사한 것의 선단에서 연직선(鉛直線)에 대하여 45° 각도로 그은 선내의 옥측 부분으로 통상의 강우상태에서 비를 맞지 않는 부분을 말한다.

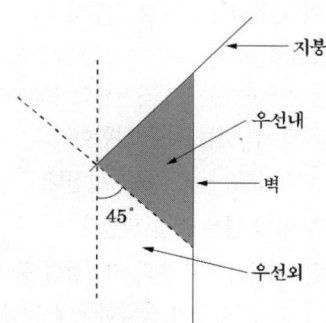

  - 우선 외(雨線 外)란 옥측에서 우선 내 이외의 부분을 말한다.
  - 이격거리란 떨어져야 할 물체의 표면간의 최단거리를 말한다.
⑦ 1300-9 "ㅈ"에 관한 용어
  - 전기자동차란 접속식 하이브리드 전기 자동차를 포함하여 내장한 축전지부터 에너지의 전부 또는 일부를 얻는 모든 도로 자동차를 말한다.
  - 절연전선(絶緣電線)이란 450/750V 이하 염화 비닐절연전선, 450/750V 이하 고무 절연전선, 고압 절연전선 및 특고압 절연전선을 말한다.
  - 접지측전선(接地側電線)이란 저압전로에서 기술상의 필요에 따라 접지한 중성선 또는 접지된 전선을 말한다.
  - 접촉전압(接觸電壓)이란 지락이 발생된 전기기계기구의 금속제 외함 등에 사람이나 가축이 닿을 때 생체에 가하여지는 전압을 말한다.
  - 정격전압(定格電壓)이란 전기사용기계기구·배선기구 등에서 사용상 기준이 되는 전압을 말한다. 보통 명판에 기재되며 점멸기, 소켓, 고리퓨즈 등 명판이 없는 것은 각인(刻印), 형출(形出)문자 등으로 표시된다.
  - 정격차단용량(定格遮斷容量)이란 과전류차단기가 어떤 정해진 조건에서 차단할 수 있는 차단용량의 한계를 말한다.
  - 중성선(中性線)이란 다선식전로에서 전원의 중성극에 접속된 전선을 말한다.
  - 지락전류(地絡電流)란 지락에 의하여 전로의 외부로 유출되어 화재, 사람이나 동물의 감전 또는 전로나 기기의 손상 등 사고를 일으킬 우려가 있는 전류를 말한다.

- 전기기계기구의 내압방폭구조(內壓防爆構造)란 용기 내부에 보호기체, 예를 들면 신선한 공기 또는 불연성가스를 압입(壓入)하여 내압(內壓)을 유지함으로써 폭발성가스가 침입하는 것을 방지하는 구조를 말한다.
- 전기기계기구의 내압방폭구조(耐壓防爆構造)란 전폐(全閉)구조로서 용기내부에 가스가 폭발하여도 용기가 그 압력에 견디고 또한 외부의 폭발성가스에 인화될 우려가 없는 구조를 말한다.
- 전기기계기구의 방폭(防爆)구조란 가스증기위험장소에서 사용에 적합하도록 특별히 고려한 구조를 말하며, 내압방폭구조(耐壓防爆構造), 내압방폭구조(內壓防爆構造), 유입(油入)방폭구조, 안전증가방폭구조, 본질(本質)안전방폭구조 및 특수방폭구조와 분진위험장소에서 사용에 적합하도록 고려한 분진방폭구조를 구별한다.
- 전기기계기구의 분진방폭방진구조란 분진위험장소에서 사용에 적합하도록 특별히 고려한 방진구조로서 외부의 분진에 점화되지 않도록 한 것을 말한다. 방진성의 정도에 따라서 보통방진구조와 특수방진구조의 2종류로 나누고, 이 중 분진방폭특수방진구조란 폭연성 분진이 존재하는 장소에서도 사용할 수 있도록 특히 방진성을 높인 구조의 것을 말한다.
- 전기기계기구의 안전증가방폭구조(安全增加防爆構造)란 상시운전 중에 불꽃, 아크 또는 과열이 발생되면 안 되는 부분에 이들이 발생되는 것을 방지하도록 구조상 또는 온도상승에 대하여 특히 안전도를 증기시킨 구조를 말한다.
- 전기기계기구의 유입방폭구조(油入防爆構造)란 불꽃, 아크 또는 점화원(點火源)이 될 수 있는 고온 발생의 우려가 있는 부분의 유중(油中)에 넣어 유면상(油面上)에 존재하는 폭발성가스에 인화될 우려가 없도록 한 구조를 말한다.

⑧ 1300-11 "ㅋ"에 관한 용어
- 큐비클이란 배전반·보안개폐장치 등을 집합체로 조합하여 금속제의 함내에 넣은 단위폐쇄형 수전장치를 말한다.

⑨ 1300-13 "ㅍ"에 관한 용어
- 포장(包裝)퓨즈란 가용체(可熔體)를 절연물 또는 금속으로 충분히 포장한 구조의 플러그퓨즈로서 정격 차단용량 이내의 전류를 용융금속 또는 아크를 방출하지 않고 안전하게 차단할 수 있는 것을 말한다.

⑩ 1300-14 "ㅎ"에 관한 용어
- 한류(限流)퓨즈란 단락전류를 신속히 차단하며 또한 흐르는 단락전류의 값을 제한하는 성질을 가지는 퓨즈로서 이 성질에 관하여 일정한 규격에 적합한 것을 말한다.

14

출제년도 01.07.11.19.(5점/각 문항당 1점, 모두 맞으면 5점)

피뢰기에 흐르는 정격방전전류는 변전소의 차폐유무와 그 지방의 연간 뇌우(   ) 발생 일수와 관계되나 모든 요소를 고려한 경우 일반적인 시설장소별 적용할 피뢰기의 공칭 방전전류를 쓰시오.

공칭방전전류	설치장소	적 용 조 건
①	변전소	• 154 [kV] 이상의 계통 • 66 [kV] 및 그 이하의 계통에서 Bank 용량이 3,000 [kVA]를 초과하거나 특히 중요한 곳 • 장거리 송전케이블(배전선로 인출용 단거리케이블은 제외) 및 정전축전기 Bank를 개폐하는 곳 • 배전선로 인출측(배전 간선 인출용 장거리 케이블은 제외)
②	변전소	• 66 [kV] 및 그 이하의 계통에서 Bank 용량이 3,000 [kVA] 이하인 곳
③	선로	• 배전선로

[작성답안]

① 10,000 [A]   ② 5,000 [A]   ③ 2,500 [A]

15

출제년도 11.(3점/부분점수 없음)

최대 사용 전압 360 [kV]의 가공 전선이 최대 사용 전압 161 [kV] 가공 전선과 교차하여 시설되는 경우 양자간의 최소 이격 거리는 몇 [m]인가?

[작성답안]

계산 : 단수 $n = \dfrac{360-60}{10} = 30$

이격거리 $= 2 + 30 \times 0.12 = 5.6$ [m]

답 : 5.6 [m]

[핵심] 이격거리

특고압 가공전선과 다른 특고압 가공전선 사이의 이격거리

사용전압의 구분	이격거리
35 [kV] 이하	• 특고압 가공전선에 케이블을 사용하고 다른 특고압 가공전선에 특고압 절연전선 또는 케이블을 사용하는 경우 : 0.5 [m] • 각각의 특고압 가공전선에 특고압 절연전선을 사용하는 경우 : 1 [m]
60 [kV] 이하	2 [m]
60 [kV] 초과	• 이격거리 = 2 + 단수 × 0.12 [m] • 단수 = $\dfrac{(전압\,[kV]-60)}{10}$, 단수계산에서 소수점 이하는 절상

16

출제년도 96.06.11.(5점/각 항목당 1점, 모두 맞으면 5점)

다음 그림은 전지식 접지 저항계를 사용하여 접지극의 접지 저항을 측정하기 위한 배치도이다. 물음에 답하시오.

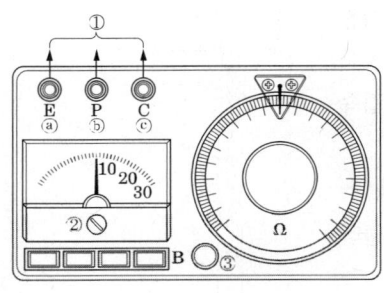
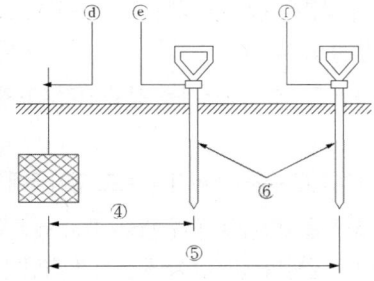

(1) 보조 접지극을 설치하는 이유는 무엇인가?

(2) ⑤와 ⑥의 설치 간격은 얼마인가?

(3) 그림에서 ①의 측정단자 접속은?

(4) 접지극의 매설 깊이는?

[작성답안]
(1) 전압과 전류를 공급하여 접지저항을 측정하기 위함
(2) ⓔ 20 [m]   ⓕ 10 [m]
(3) ⓐ → ⓓ   ⓑ → ⓔ   ⓒ → ⓕ
(4) 0.75 [m] 이상

[핵심] 전지식 접지저항계

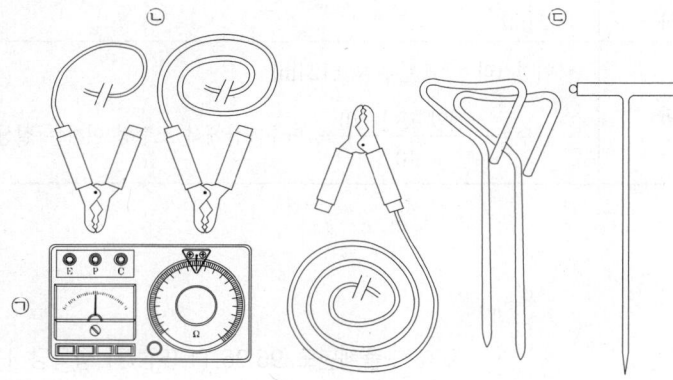

㉠ 전지식접지저항 측정기 ㉡ 접지극 및 보조전극 연결용 리드선 ㉢ 보조전극

- 접지저항 측정기를 수평으로 놓고 측정용 부속품을 확인한다.
- 보조 접지봉을 습기가 있는 곳에 직선으로 10m이상 간격을 두고 박는다.
- 측정기의 E 단자 Lead선을 접지극(접지도체)에 접속한다.
- 측정기의 P,C 단자 Lead선을 보조 접지극에 접속한다.
- 절환 S.W를 (B)점에 돌려 Push Button S.W를 눌러 지침이 눈금판의 청색대 내에 있는가 확인한다. (Battery Check)
- 절환 S.W를 [V]점에 돌려 지침이 10 [V]이하(적색대)로 되어 있는가 확인한다.(접지전압 Check)
- 절환 S.W를 [Ω]점에 돌려놓는다.
- Push Button S.W를 누르면서 다이얼을 돌려 검류계의 지침이 중앙(0점)에 지시할 때 다이얼의 값을 읽는다.

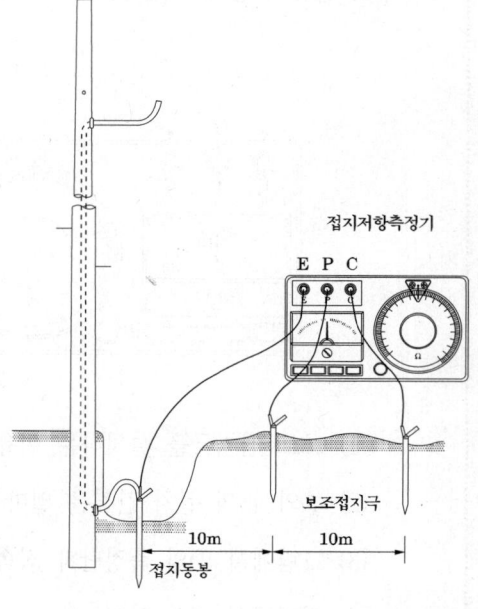

17

출제년도 91.05.06.17.新規(6점/부분점수 없음)

3상 농형 유도전동기에 전용 차단기를 설치할 때 전용 차단기의 정격전류는 몇 [A]인가? (단, 전동기는 160 [kW]이고 정격전압은 3,300 [V], 역률은 85 [%], 효율은 85 [%]이며, 기동전류(전동기운전전류의 7배)에 10초 동안 차단되지 않도록 선정하여야 하며, 전동기용 간선의 허용전류는 200[A]로 가정한다. 기동돌입전류는 기동전류의 1.5배로 한다.)

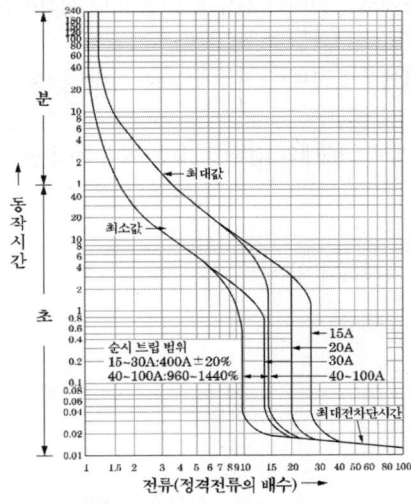

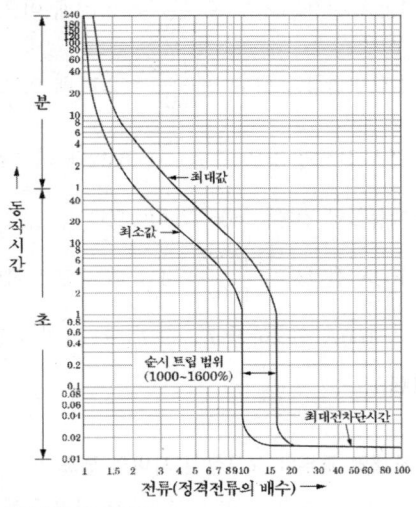

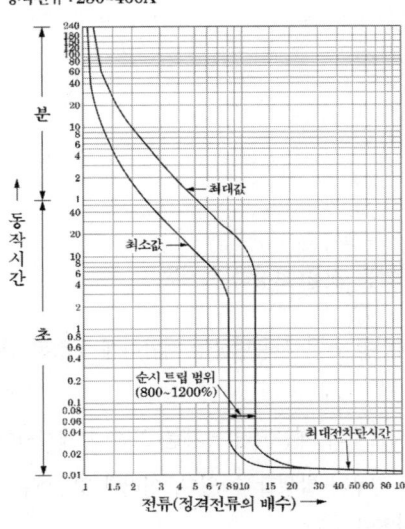

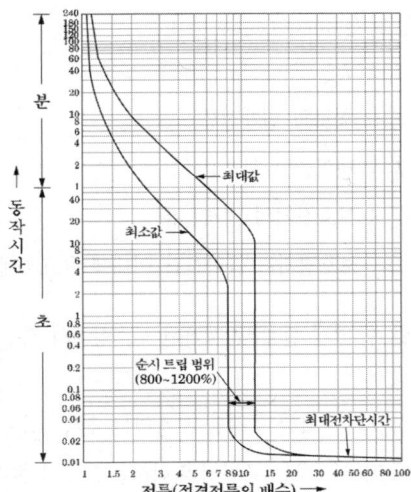

[작성답안]

계산 : 설계전류 I_B

$$I_B = \frac{P}{\sqrt{3}\,V\cos\theta \cdot \eta} = \frac{160 \times 10^3}{\sqrt{3} \times 3{,}300 \times 0.85 \times 0.85} = 38.74[A]$$

기동전류는 $38.74 \times 7 = 271.18[A]$

설계전류가 38.74[A]이므로 100A 이하를 적용하여 3배를 적용한다.

$\therefore \dfrac{271.18}{3} = 90.4[A]$이므로 허용전류 보다 작은 75, 100, 125A를 검토한다.

125A 선정의 경우 $\dfrac{271.18}{125} = 2.17$배 이므로 표에서 2.17배의 전류에 10초 이내 동작하지 않는다.

100A 선정의 경우 $\dfrac{271.18}{100} = 2.71$배 이므로 표에서 2.71배의 전류에 10초 이내 동작하지 않는다.

75A 선정의 경우 $\dfrac{271.18}{75} = 3.62$배 이므로 표에서 3.62배의 전류에 10초 이내 동작한다.

기동돌입 전류는 406.77[A]이므로

100A 선정시 $\dfrac{406.77}{100} = 4.07$배 이므로 표에서 동작하지 않는다.

$\therefore$ 100A 선정하면 $I_B \leq I_m \leq I_Z$의 규정을 만족한다.

답 : 100[A]

[핵심] 도체와 과부하 보호장치 사이의 협조

과부하에 대해 케이블(전선)을 보호하는 장치의 동작특성은 다음의 조건을 충족해야 한다.

$I_B \leq I_n \leq I_Z$ .... ①

$I_2 \leq 1.45 \times I_Z$ .... ②

I_B : 회로의 설계전류

I_Z : 케이블의 허용전류

I_n : 보호장치의 정격전류

I_2 : 보호장치가 규약시간 이내에 유효하게 동작하는 것을 보장하는 전류

1. 조정할 수 있게 설계 및 제작된 보호장치의 경우, 정격전류 I_n은 사용현장에 적합하게 조정된 전류의 설정 값이다.
2. 보호장치의 유효한 동작을 보장하는 전류 I_2는 제조자로부터 제공되거나 제품 표준에 제시되어야 한다.
3. 식 2에 따른 보호는 조건에 따라서는 보호가 불확실한 경우가 발생할 수 있다. 이러한 경우에는 식 2에 따라 선정된 케이블 보다 단면적이 큰 케이블을 선정하여야 한다.

4. I_B는 선도체를 흐르는 설계전류이거나, 함유율이 높은 영상분 고조파(특히 제3고조파)가 지속적으로 흐르는 경우 중성선에 흐르는 전류이다.

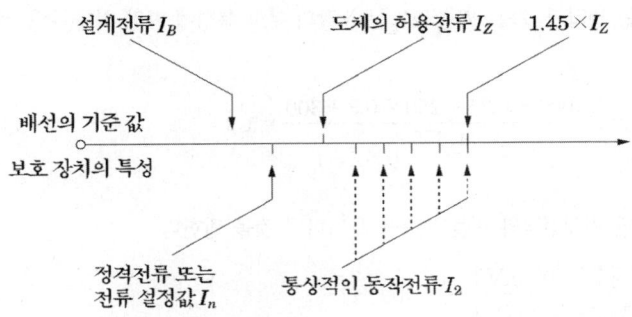

출제년도 11.(8점/각 문항당 1점, 모두 맞으면 8점)

18

다음 그림은 변전설비의 단선결선도이다. 물음에 답하시오.

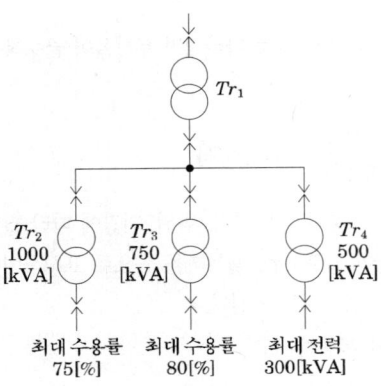

(1) 부등률 적용 변압기는?

(2) (1)항의 변압기에 부등률을 적용하는 이유를 변압기를 이용하여 설명하시오.

(3) Tr_1의 부등률은 얼마인가? (단, 최대 합성 전력은 1,375 [kVA])

(4) 수용률의 의미를 간단히 설명하시오.

(5) 변압기 1차측에 설치할 수 있는 차단기 3가지를 쓰시오.

[작성답안]

(1) Tr_1

(2) Tr_1에 접속되는 변압기 Tr_2, Tr_3, Tr_4는 각각의 부하 특성에 따라 최대 수용 전력이 생기는 시각이 다르기 때문이다.

(3) 계산 : 부등률 $= \dfrac{1,000 \times 0.75 + 750 \times 0.8 + 300}{1,375} = 1.2$

　　답 : 1.2

(4) 설비용량에 대한 최대전력의 비를 백분율로 나타낸 것을 말한다.

$$\text{수용률} = \dfrac{\text{최대수용전력[kW]}}{\text{부하설비용량[kW]}} \times 100\,[\%]$$

(5) • 유입차단기
　　• 진공차단기
　　• 가스차단기

[핵심] 부하관계용어

① 부하율

공급 설비가 어느 정도 유효하게 사용되는가를 나타내며 부하율이 클수록 공급 설비가 유효하게 사용된다. 부하율은 다음 식에 의해 계산한다.

$$\text{부하율} = \dfrac{\text{평균 수요 전력[kW]}}{\text{최대 수요 전력[kW]}} \times 100\,[\%]$$

부하율은 각 단위별(변압기, 전주, 수용가 등), 시기, 범위, 기간에 따라 달라지며, 부하율을 표시할 경우 기간, 범위를 반드시 명기한다. 예를 들어 일부하율, 월부하율 등으로 표시하여야 하며, 부하율은 기간이 길어질수록 작아진다. 부하율이 적다의 의미는 다음과 같다.

• 공급 설비를 유용하게 사용하지 못한다.
• 평균 수요 전력과 최대 수요 전력과의 차가 커지게 되므로 부하 설비의 가동률이 저하된다.

② 종합부하율

$$\text{종합 부하율} = \dfrac{\text{평균 전력}}{\text{합성 최대 전력}} \times 100\,[\%] = \dfrac{\text{A, B, C 각 평균 전력의 합계}}{\text{합성 최대 전력}} \times 100\,[\%]$$

③ 부등률

각 수용가에서의 최대 수용 전력의 발생 시각은 시간적으로 차이가 있으며 이 경우에 배전 변압기 또는 간선에서의 합성 최대 수용 전력은 각 수용가에서의 최대 수용 전력의 합보다 적게 되는데 이 비를 부등률이라 하며 이 값은 항상 1보다 크고, 백분율로 나타내지 않는다. 수용률과 더불어 배전 변압기 또는 배전 간선 등의 공급 설비 계획 자료로 사용된다.

$$부등률 = \frac{개별\ 최대수용전력의\ 합}{합성\ 최대수용전력} = \frac{설비용량 \times 수용전력}{합성최대수용전력}$$

④ 수용률

수용률은 시설되는 총 부하 설비용량에 대하여 실제로 사용하게 되는 부하의 최대 전력의 비를 나타내는 것으로서 다음 식에 의하여 구한다.

$$수용률 = \frac{최대수요전력\,[kW]}{부하설비용량\,[kW]} \times 100\,[\%]$$

2011년 3회 기출문제 해설

| 전기기사 실기 과년도

※ 다음 물음에 답을 해당 답란에 답하시오.

1 출제년도 95.11.21.(5점/각 항목당 1점)

대용량의 변압기 내부고장을 보호할 수 있는 보호 장치 5가지만 쓰시오.

[작성답안]
- 비율차동 계전기
- 브흐홀쯔 계전기
- 충격압력 계전기
- 온도 계전기
- 방압안전장치

[핵심] 변압기 보호장치
변압기에서 발생되는 고장의 종류에는
- 권선의 상간단락 및 층간단락
- 권선과 철심간의 절연파괴에 의한 지락고장
- 고·저압 권선의 혼촉
- 권선의 단선
- Bushing lead의 절연파괴 등이 있으며 이중에서도 가장 많이 발생되는 고장은 권선의 층간단락 및 지락이다.

가. 전기적 보호장치

변압기의 고장시에 나타나는 전압, 전류의 변화에 따라 동작하는 보호장치이다.
- 전류비율차동계전기(87T, 내부단락과 지락 주보호)
- 방향거리계전기(21, 2단계, 단락후비보호, 345kV MTR)
- 과전류계전기(51, 단락, 지락 후비보호)
- 과전압계전기(64, 지락후비보호)
- 피뢰기(충격과전압 침입방지)

나. 기계적 보호장치

변압기의 내부에 고장이 발생하면 내부의 압력이나 온도가 상승되고, 가스압의 변화가 일어나며, 이때 상승된 압력은 변압기의 외함을 파손시키고 절연유를 유출시켜 화재를 유발하기도 한다. 기계적인 보호장치는 변압기 고장시에 발생되는 압력, 온도, 가스압 등의 변화에 따라 동작하는 보호장치이다.
- 방압관 방압안전장치 96D
- 충격압력계전기 96P
- 부흐홀쯔계전기 96B11 96B12

- OLTC보호계전기 96B2(96T)
- 가스검출계전기(Gas Detecter Ry) 96G
- 유온도계 26Q1, 26Q2
- 권선온도계 26W1, 26W2
- 압력계 63N 63F
- 유면계 33Q1 33Q2
- 유류지시계 69Q

2

출제년도 11.(5점/각 항목당 1점, 모두 맞으면 5점)

가공전선로의 이도가 너무 크거나 너무 작을 시 전선로에 미치는 영향 4가지만 쓰시오.

[작성답안]
① 이도는 지지물의 높이를 좌우한다.
② 이도가 크면 전선은 그만큼 좌우로 크게 진동해서 다른 상의 전선에 접촉하거나 수목에 접촉할 우려가 있다.
③ 이도가 크면 도로, 철도, 통신선 등의 횡단 개소에서 이들과 접촉할 우려가 있다.
④ 이도가 작으면 이에 반비례해서 전선의 장력이 증가하며 심할 경우에는 전선의 단선 우려가 있다.

[핵심] 이도

이도의 영향
① 지지물의 높이를 좌우한다.
② 이도가 크면 전선은 그만큼 좌우로 크게 진동해서 다른 상의 전선에 접촉하거나 수목에 접촉할 우려가 있다.
③ 이도가 작으면 이에 반비례해서 전선의 장력이 증가하며 심할 경우에는 전선의 단선 우려가 있다.

이도의 계산 : $D = \dfrac{w\,S^2}{8T}$ [m]

전선의 길이 : $L = S + \dfrac{8D^2}{3S}$

3

출제년도 90.97.02.03.05.11.(6점/각 문항당 1점, 모두 맞으면 6점)

2중 모선에서 평상시에 No.1 T/L은 A모선에서 No.2 T/L은 B 모선에서 공급하고 모선연락용 CB는 개방되어 있다.

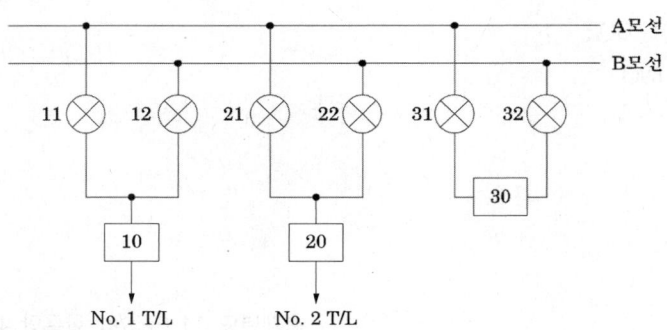

(1) B모선을 점검하기 위하여 절체하는 순서는?(단, 10-OFF, 20-ON 등으로 표시)
(2) B모선을 점검 후 원상 복구하는 조작 순서는?(단, 10-OFF, 20-ON 등으로 표시)
(3) 10, 20, 30에 대한 기기의 명칭은?
(4) 11, 21에 대한 기기의 명칭은?
(5) 2중 모선의 장점은?

[작성답안]

(1) 31-ON, 32-ON, 30-ON, 21-ON, 22-OFF, 30-OFF, 31-OFF, 32-OFF
(2) 31-ON, 32-ON, 30-ON, 22-ON, 21-OFF, 30-OFF, 31-OFF, 32-OFF
(3) 차단기
(4) 단로기
(5) 모선 점검시 부하의 운전을 무정전 상태로 할 수 있으므로 전원 공급의 신뢰도가 높다.

[핵심] 2중모선

B모선을 점검하기 위하여 절체하는 조작순서

B모선 점검이므로 A모선의 No.1 T/L은 조작이 수반되지 않는다.

따라서 B모선을 기준으로 보면 31 DS가 부하측 단로기에 해당한다.

- 31, 32(DS) on
- 30(Tie CB) on : A, B 모선 병렬운전
- 21(DS) on : No.2 T/L 병렬운전

- 22(DS) off : No.2 T/L A모선으로 부하 전환
- 30(Tie CB) off : B모선 사선
- 31, 32(DS) off : B모선 휴전작업을 위한 안전초치 (Tie CB측의 DS는 휴전 적업시 반드시 off해야 한다. 또 CB DS의 조작 순서에 유의해야 한다)

B모선 점검 후 원상복귀
- 31, 32(DS) on
- 30(Tie CB) on : B모선 가압
- 22(DS) on : No.2 T/L A, B모선 병렬운전
- 21(DS) off : No.2 T/L B모선으로 부하 전환
- 30(Tie CB) off
- 31, 32(DS) off

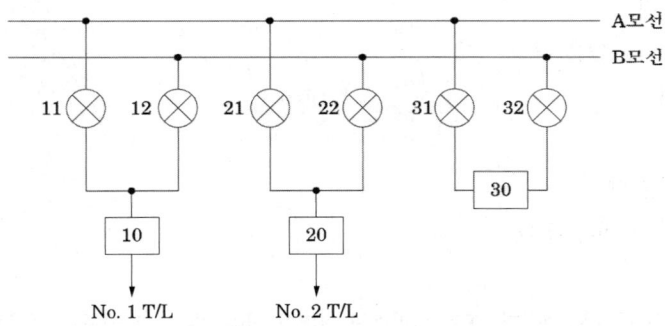

4

출제년도 11.(4점/각 항목당 1점)

눈부심이 있는 경우 작업능률의 저하, 재해 발생, 시력의 감퇴 등이 발생하므로 조명설계의 경우 이 눈부심을 적극 피할 수 있도록 고려해야 한다. 눈부심을 일으키는 원인 5가지만 쓰시오.

[작성답안]
- 광원의 휘도가 과대할 때
- 눈에 들어오는 광속이 너무 많을 때
- 광원을 오래 바라볼 때
- 순응이 잘 안 될 때
- 시선 부근에 광원이 있을 때

그 외
- 광원과 배경 사이의 휘도대비가 클 때

[핵심] 눈부심

시야 내에 어떤 휘도로 인하여 불쾌, 고통, 눈의 피로, 시력의 일시적인 감퇴를 가져오는 현상을 눈부심(Glare)라 한다.

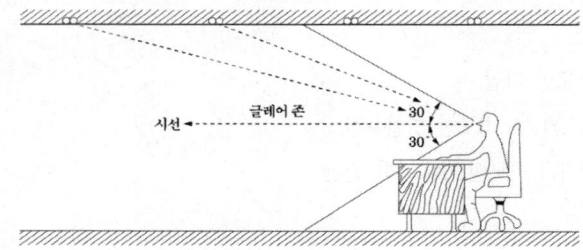

① 원인
- 광원의 휘도가 과대할 때
- 눈에 들어오는 광속이 너무 많을 때
- 광원을 오래 바라볼 때
- 순응이 잘 안 될 때
- 시선 부근에 광원이 있을 때
- 광원과 배경 사이의 휘도대비가 클 때

② 방지책
- 휘도가 낮은 광원(형광등)을 사용하든가, 또는 플라스틱 커버가 되어 있는 조명기구를 선정한다.
- 시선을 중심으로 해서 30° 범위 내의 글레어 존(glare zone)에는 광원을 설치하지 않는다.
- 광원 주위를 밝게 한다.

출제년도 94.03.05.07.11.13.18(6점/각 문항당 3점)

그림과 같은 송전계통 S점에서 3상 단락사고가 발생하였다. 주어진 도면과 조건을 참고하여 다음 각 물음에 답하시오.

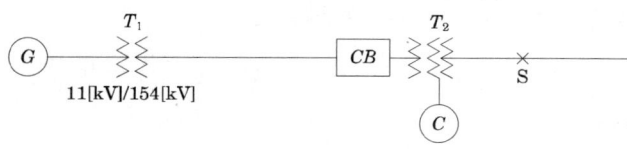

【조건】

번호	기기명	용량	전압	%X
1	발전기(G)	50,000 [kVA]	11 [kV]	30
2	변압기(T_1)	50,000 [kVA]	11/154 [kV]	12
3	송전선		154 [kV]	10(10,000 [kVA] 기준)
4	변압기(T_2)	1차 25,000 [kVA]	154 [kV]	12(25,000 [kVA] 기준, 1차~2차)
		2차 30,000 [kVA]	77 [kV]	15(25,000 [kVA] 기준, 2차~3차)
		3차 10,000 [kVA]	11 [kV]	10.8(10,000 [kVA] 기준, 3차~1차)
5	조상기(C)	10,000 [kVA]	11 [kV]	20

(1) 고장점의 단락전류
(2) 차단기의 단락전류

[작성답안]

(1) 고장점의 단락전류

계산 : 기준용량 100 [MVA] 기준 %Z 환산하면

- 발전기 : %$X_G = \dfrac{100}{50} \times 30 = 60$ [%]

- 변압기(T_1) : %$X_T = \dfrac{100}{50} \times 12 = 24$ [%]

- 송전선 : %$X_l = \dfrac{100}{10} \times 10 = 100$ [%]

- 조상기 : %$X_C = \dfrac{100}{10} \times 20 = 200$ [%]

- T_2 변압기

1차 ~ 2차간 : $X_{P-S} = \dfrac{100}{25} \times 12 = 48\,[\%]$

2차 ~ 3차간 : $X_{S-T} = \dfrac{100}{25} \times 15 = 60\,[\%]$

3차 ~ 1차간 : $X_{T-P} = \dfrac{100}{10} \times 10.8 = 108\,[\%]$

그러므로

1차 $X_P = \dfrac{48 + 108 - 60}{2} = 48\,[\%]$

2차 $X_S = \dfrac{48 + 60 - 108}{2} = 0\,[\%]$

3차 $X_T = \dfrac{60 + 108 - 48}{2} = 60\,[\%]$

발전기에서 T_2 변압기 1차까지 $\%X_1 = 60 + 24 + 100 + 48 = 232\,[\%]$

조상기에서 T_2 변압기 3차까지 $\%X_2 = 200 + 60 = 260\,[\%]$

합성 $\%Z = \dfrac{\%X_1 \times \%X_2}{\%X_1 + \%X_2} + X_S = \dfrac{232 \times 260}{232 + 260} + 0 = 122.6\,[\%]$

$\therefore I_S = \dfrac{100}{\%Z} \times I_N = \dfrac{100}{122.6} \times \dfrac{100{,}000}{\sqrt{3} \times 77} = 611.59\,[\text{A}]$

답 : 611.59 [A]

(2) 차단기의 단락전류

계산 : $I_{S1} = I_S \times \dfrac{\%X_2}{\%X_1 + \%X_2} = 611.59 \times \dfrac{260}{232 + 260} = 323.2\,[\text{A}]$

이를 154 [kV]로 환산하면

$I_{S10} = 323.2 \times \dfrac{77}{154} = 161.6\,[\text{A}]$

답 : 161.6 [A]

[핵심] 3권선 변압기 임피던스의 환산

$Z_a + Z_b = Z_{ab}$

$Z_b + Z_c = Z_{bc}$

$Z_a + Z_c = Z_{ac}$

위 식을 모두 더하면 다음과 같이 된다.

$2(Z_a + Z_b + Z_c) = Z_{ab} + Z_{bc} + Z_{ca}$

$2(Z_a + Z_{bc}) = Z_{ab} + Z_{bc} + Z_{ca}$

$R_a = \dfrac{1}{2}(Z_{ab} + Z_{ca} - Z_{bc})$ [Ω]

$R_b = \dfrac{1}{2}(Z_{ab} + Z_{bc} - Z_{ca})$ [Ω]

$R_c = \dfrac{1}{2}(Z_{ca} + Z_{bc} - Z_{ab})$ [Ω]

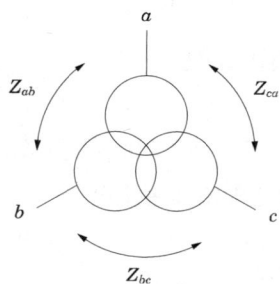

6

출제년도 04.11.(8점/각 문항당 2점, 모두 맞으면 8점)

부하 전력이 4,000 [kW], 역률 80 [%]인 부하에 전력용 콘덴서 1,800 [kVA]를 설치하였다. 이 때 다음 각 물음에 답하시오.

(1) 역률은 몇 [%]로 개선되었는가?

(2) 부하설비의 역률이 90 [%] 이하일 경우(즉, 낮은 경우) 수용가 측면에서 어떤 손해가 있는지 3가지만 쓰시오.

(3) 전력용 콘덴서와 함께 설치되는 방전코일과 직렬 리액터의 용도를 간단히 설명하시오.

[작성답안]

(1) 계산 : 무효전력 $Q = \dfrac{4,000}{0.8} \times 0.6 = 3,000$ [kVar]

$\cos\theta = \dfrac{4,000}{\sqrt{4,000^2 + (3,000 - 1,800)^2}} \times 100 = 95.78$ [%]

답 : 95.78 [%]

(2) ① 전력 손실이 커진다.

② 전압 강하가 커진다.

③ 전기 요금이 증가한다.

④ 전원 설비가 부담하는 용량이 증가한다.

(3) ① 방전 코일 : 콘덴서에 축적된 잔류 전하 방전

② 직렬 리액터 : 제5고조파 제거

[핵심] 역률개선효과와 과보상

① 역률개선효과

역률을 개선하는 주 목적은 전력손실을 경감하기 위한 것이다.
- 변압기와 배전선의 전력 손실 경감
- 전압 강하의 감소
- 전원설비 용량의 여유 증가
- 전기 요금의 감소

② 과보상
- 앞선 역률에 의한 전력 손실이 생긴다.
- 모선 전압의 과상승
- 전원설비 용량의 여유감소로 과부하가 될 수 있다.
- 고조파 왜곡의 증대

7

출제년도 09.11.(5점/각 항목당 1점, 모두 맞으면 5점)

배전선로 사고종류에 따라 보호장치 및 보호조치를 다음 표의 ①~③까지 답하시오.
(단, ①, ②는 보호장치이고, ③은 보호조치 ④는 사고의 종류임)

	사고의 종류	보호장치 및 보호조치
고압배전선	접지사고	①
	과부하, 단락사고	②
	뇌해사고	피뢰기, 가공지선
주상 변압기	④	고압 퓨즈
저압 배전선	고저압 혼촉	③
	과부하, 단락사고	저압 퓨즈

[작성답안]
① 접지 계전기
② 과전류 계전기
③ 중성점 접지공사
④ 과부하, 단락사고

8 출제년도 96.99.11.(4점/부분점수 없음)

다음과 같은 부하 특성의 소결식 알칼리 축전지의 용량 저하율 L은 0.8이고, 최저 축전지 온도는 5 [℃], 허용 최저 전압은 1.06 [V/cell]일 때 축전지 용량은 몇 [Ah]인가? (단, 여기서 용량 환산 시간 $K_1 = 1.45$, $K_2 = 0.69$, $K_3 = 0.25$이다.)

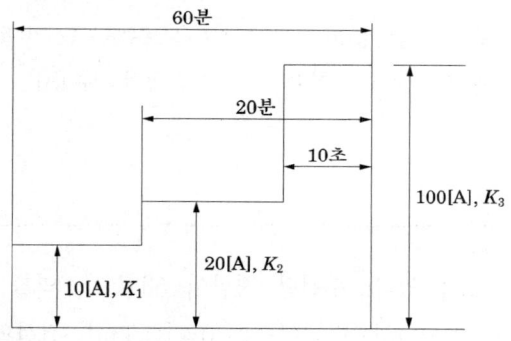

[작성답안]

계산 : $C = \dfrac{1}{L}\{K_1 I_1 + K_2(I_2 - I_1) + K_3(I_3 - I_2)\}$

$= \dfrac{1}{0.8}\{1.45 \times 10 + 0.69(20-10) + 0.25(100-20)\} = 51.75$ [Ah]

답 : 51.75 [Ah]

[핵심] 축전지용량

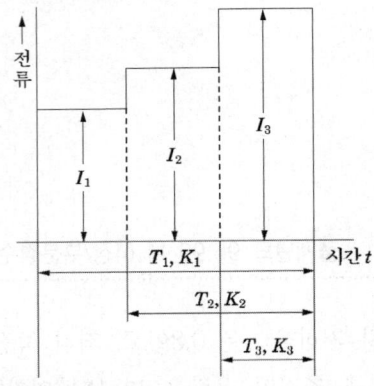

축전지 용량은 아래의 식으로 계산한다.

$$C = \frac{1}{L}[K_1 I_1 + K_2(I_2 - I_1) + K_3(I_3 - I_2)] \text{ [Ah]}$$

여기서, C : 축전지 용량 [Ah] L : 보수율(축전지 용량 변화의 보정값)
K : 용량 환산 시간 계수 I : 방전 전류 [A]

9
출제년도 11.(5점/부분점수 없음)

3상 3선식 송전선로가 있다. 수전단 전압이 60 [kV], 역률 80 [%], 전력손실률이 10 [%]이고 저항은 0.3 [Ω/km], 리액턴스는 0.4 [Ω/km], 전선의 길이는 20 [km]일 때 이 송전선로의 송전단 전압은 몇 [kV]인가?

[작성답안]

계산 : $R = 0.3\ [\Omega/\text{km}] \times 20\ [\text{km}] = 6\ [\Omega]$

$X = 0.4\ [\Omega/\text{km}] \times 20\ [\text{km}] = 8\ [\Omega]$

전력손실률이 10 [%]이므로

$P_\ell = 3I^2 R = \sqrt{3} \times V_r I \cos\theta \times 0.1$

$\therefore I = \dfrac{\sqrt{3} \times V_r \cos\theta \times 0.1}{3R} = \dfrac{\sqrt{3} \times 60 \times 10^3 \times 0.8 \times 0.1}{3 \times 6} = 461.88\ [\text{A}]$

송전단전압 $V_s = V_r + \sqrt{3}\,I(R\cos\theta + X\sin\theta)$

$= 60 + \sqrt{3} \times 461.88 \times (6 \times 0.8 + 8 \times 0.6) \times 10^{-3} = 67.68 [\text{kV}]$

답 : 67.68 [kV]

[핵심] 전압강하

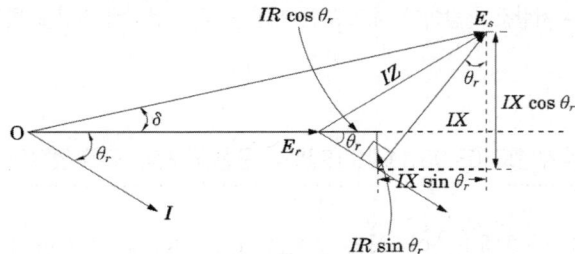

$$V_s \fallingdotseq V_r + \sqrt{3}\,I(R\cos\theta_r + X\sin\theta_r)$$

10
출제년도 11.(5점/부분점수 없음)

다음 그림과 같이 L_1전등 100 [V] 200 [W], L_2 전등 100 [V] 250 [W]을 직렬로 연결하고 200 [V]를 인가하였을 때 L_1, L_2 전등에 걸리는 전압을 동일하게 유지하기 위하여 어느 전등에 몇 [Ω]의 저항을 병렬로 설치하여야 하는가?

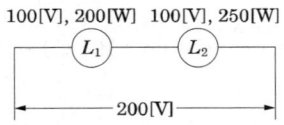

[작성답안]

계산 : L_1의 저항 $R_1 = \dfrac{V^2}{P_1} = \dfrac{100^2}{200} = 50\,[\Omega]$

L_2의 저항 $R_2 = \dfrac{V^2}{P_2} = \dfrac{100^2}{250} = 40\,[\Omega]$

$40 = \dfrac{50 \times R}{50 + R}\,[\Omega]$

$40 \times (50 + R) = 50R$

$\therefore R = \dfrac{50 \times 40}{50 - 40} = 200\,[\Omega]$

답 : L_1의 전등에 200 [Ω]의 저항을 병렬로 연결한다.

[핵심]
두 전등에 전압이 동일하게 유지되기 위해서는 저항값이 같아야 하므로 큰 저항을 갖는 전구에 저항을 병렬로 연결하여야 한다.

11

출제년도 03.05.11.19.(5점/각 문항당 2점, 모두 맞으면 5점)

주어진 논리회로의 출력을 입력변수로 나타내고, 이 식을 AND, OR, NOT 소자만의 논리회로로 변환하여 논리식과 논리회로를 그리시오.

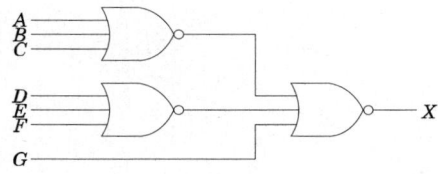

(1) 논리식

(2) 등가회로

[작성답안]

① 논리식 : $X = \overline{\overline{A+B+C} + \overline{D+E+F} + G} = (A+B+C) \cdot (D+E+F) \cdot \overline{G}$

② 등가회로

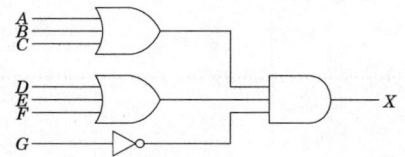

[핵심] 등가회로

AND회로는 OR로, OR회로는 AND로, NOT는 제거하며, NOT이 없으면 넣어주어 등가회로를 작성한다.

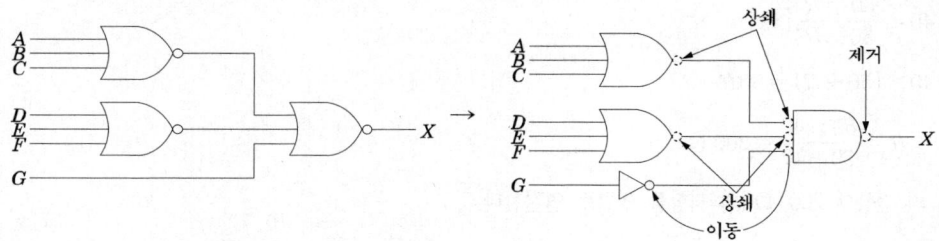

12 출제년도 96.11.(4점/부분점수 없음)

어느 수용가의 총설비 부하 용량은 전등 600 [kW], 동력 1,000 [kW]라고 한다. 각 수용가의 수용률은 50 [%]이고, 각 수용가 간의 부등률은 전등 1.2, 동력 1.5, 전등과 동력 상호간은 1.4라고 하면 여기에 공급되는 변전시설용량은 몇 [kVA]인가?
(단, 부하 전력 손실은 5 [%]로 하며, 역률은 1로 계산한다.)

[작성답안]

계산 : Tr 용량 $= \dfrac{\text{설비 용량} \times \text{수용률}}{\text{부등률} \times \text{역률}}$

$= \dfrac{\dfrac{600 \times 0.5}{1.2} + \dfrac{1{,}000 \times 0.5}{1.5}}{1.4} \times (1+0.05) = 437.5 \text{ [kVA]}$

답 : 437.5 [kVA]

[핵심] 부하관계용어

① 부하율

공급 설비가 어느 정도 유효하게 사용되는가를 나타내며 부하율이 클수록 공급 설비가 유효하게 사용된다. 부하율은 다음 식에 의해 계산한다.

$$\text{부하율} = \dfrac{\text{평균 수요 전력 [kW]}}{\text{최대 수요 전력 [kW]}} \times 100 \, [\%]$$

부하율은 각 단위별(변압기, 전주, 수용가 등), 시기, 범위, 기간에 따라 달라지며, 부하율을 표시할 경우 기간, 범위를 반드시 명기한다. 예를 들어 일부하율, 월부하율 등으로 표시하여야 하며, 부하율은 기간이 길어질수록 작아진다. 부하율이 적다의 의미는 다음과 같다.

• 공급 설비를 유용하게 사용하지 못한다.
• 평균 수요 전력과 최대 수요 전력과의 차가 커지게 되므로 부하 설비의 가동률이 저하된다.

② 종합부하율

$$\text{종합 부하율} = \dfrac{\text{평균 전력}}{\text{합성 최대 전력}} \times 100\,[\%] = \dfrac{\text{A, B, C 각 평균 전력의 합계}}{\text{합성 최대 전력}} \times 100\,[\%]$$

③ 부등률

각 수용가에서의 최대 수용 전력의 발생 시각은 시간적으로 차이가 있으며 이 경우에 배전 변압기 또는 간선에서의 합성 최대 수용 전력은 각 수용가에서의 최대 수용 전력의 합보다 적게 되는데 이 비를 부등률이라 하며 이 값은 항상 1보다 크고, 백분율로 나타내지 않는다. 수용률과 더불어 배전 변압기 또는 배전 간선 등의 공급 설비 계획 자료로 사용된다.

$$부등률 = \frac{개별\ 최대수용전력의\ 합}{합성\ 최대수용전력} = \frac{설비용량 \times 수용전력}{합성최대수용전력}$$

④ 수용률

수용률은 시설되는 총 부하 설비용량에 대하여 실제로 사용하게 되는 부하의 최대 전력의 비를 나타내는 것으로서 다음 식에 의하여 구한다.

$$수용률 = \frac{최대수요전력\,[kW]}{부하설비용량\,[kW]} \times 100\,[\%]$$

아래 도면은 어느 수전설비의 단선 결선도이다. 물음에 답하시오.

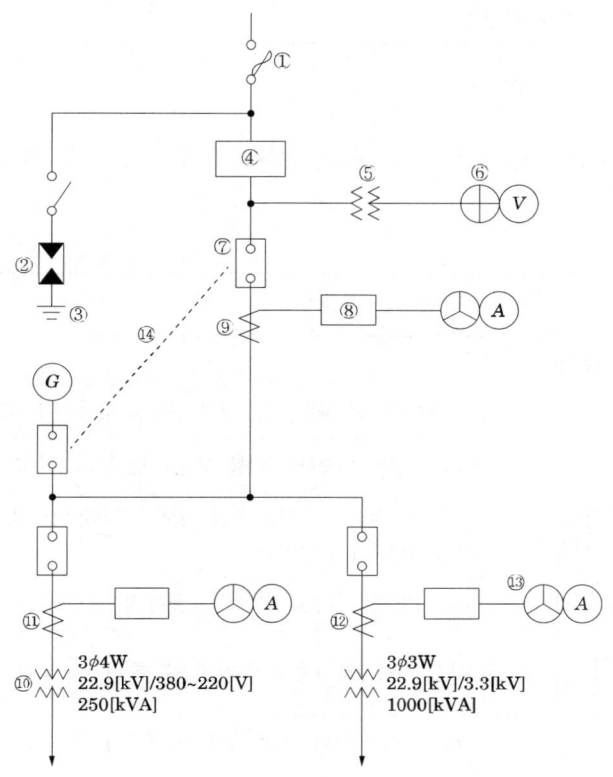

(1) ①~②, ④~⑨, ⑬에 해당되는 부분의 명칭과 용도를 쓰시오.

(2) ③의 접지 공사의 접지저항값은 얼마인가?

(3) ⑤의 1차, 2차 전압은?

1차 정격전압 [V]	2차정격전압 [V]
229000	110
229000/$\sqrt{3}$	110/$\sqrt{3}$
22000	
22000/$\sqrt{3}$	

(4) ⑩의 2차측 결선 방법은?

(5) ⑪, ⑫의 CT비는? (단, CT 정격 전류는 부하 정격 전류의 150%로 한다.)

(6) ⑭의 목적은?

[작성답안]

(1)

번호	명 칭	용 도
①	전력 퓨즈	일정값 이상의 과전류 및 단락 전류를 차단하여 사고 확대를 방지
②	피뢰기	이상 전압이 내습하면 이를 대지로 방전하고, 속류를 차단한다.
④	전력수급용 계기용 변성기	전력량을 적산하기 위하여 고전압을 저전압으로, 대전류를 소전류로 변성시켜 전력량계에 공급한다.
⑤	계기용 변압기	고전압을 저전압으로 변성시켜 계기 및 계전기 등의 전원으로 사용한다.
⑥	전압계용 전환 계폐기	1대의 전압계로 3상 각상의 전압을 측정하기 위한 전환 개폐기
⑦	교류 차단기	단락 사고, 과부하, 지락 사고 등 사고 전류와 부하 전류를 차단하기 위한 장치
⑧	과전류 계전기	계통에 과전류가 흐르면 동작하여 차단기의 트립 코일을 여자시킨다.
⑨	변류기	대전류를 소전류로 변성하여 계기 및 과전류 계전기에 공급한다.
⑬	전류계용 전환 개폐기	1대의 전류계로 3상 각상의 전류를 측정하기 위한 전환 개폐기

(2) 10[Ω]

(3) 1차 전압 : $\frac{22900}{\sqrt{3}}$[V], 2차 전압 : 110[V]

(4) Y결선

(5) ⑪ $I_1 = \dfrac{250}{\sqrt{3} \times 22.9} = 6.3$ [A]

∴ $6.3 \times 1.5 = 9.45$[A]이므로 변류비 10/5 선정

답 : 10/5

⑫ $I_1 = \dfrac{1000}{\sqrt{3} \times 22.9} = 25.21$ [A]

∴ $25.21 \times 1.5 = 37.82$ [A]이므로 변류비 40/5 선정

답 : 40/5

(6) 상용 전원과 예비 전원의 동시 투입을 방지한다. (인터록)

[핵심] 한국전기설비규정 341.14 피뢰기의 접지
고압 및 특고압의 전로에 시설하는 피뢰기 접지저항 값은 10 Ω 이하로 하여야 한다.

14

출제년도 92.93.10.11.(5점/부분점수 없음)

1,000 [lm]을 복사하는 전등 10개를 100 [m²]의 사무실에 설치하고 있다. 그 조명률을 0.5라고 하고, 감광보상률을 1.5라 하면 그 사무실의 평균 조도는 몇 [lx]인가?

[작성답안]

계산 : $E = \dfrac{FUN}{AD} = \dfrac{1,000 \times 0.5 \times 10}{100 \times 1.5} = 33.33$ [lx]

답 : 33.33 [lx]

[핵심] 조명설계

① 실지수

방의 면적이 같은 2개의 방에 같은 수의 광원을 설치하여도 방의 모양이 다른 경우에는 작업면상의 조도는 다르게 된다. 그래서 천정, 바닥이 장방형인 방은 가로 X, 세로 Y 두 변의 평균을 한 변으로 하는 정방형인 방과 동일하다고 하는 이론에 의해 실지수 $R.I$를 다음 식과 같이 결정한다.

$R.I = \dfrac{XY}{H(X+Y)}$

실지수	5.0	4.0	3.0	2.5	2.0	1.5	1.25	1.0	0.8	0.6
기호	A	B	C	D	E	F	G	H	I	J

② 조도계산

N개의 램프에서 방사되는 빛을 평면상의 면적 $A[\text{m}^2]$에 모두 집중 조사할 수 있다고 하고 램프 1개당 광속을 $F[\text{lm}]$이라 하면, 그 면의 평균조도를

$$E = \frac{F \cdot N}{A} \,[\text{lx}]$$

로 나타낸다. 이러한 평균조도 계산은 광속법과 설계여건에 따라 ZCM (Zonal Cavity Method)법을 채택할 수 있다.

$$E = \frac{F \cdot N \cdot U \cdot M}{A}$$

여기서, E : 평균조도 [lx] F : 램프 1개당 광속 [lm] N : 램프수량 [개]
  U : 조명률 M : 보수율, 감광보상률의 역수 A : 방의 면적 [m²] (방의 폭×길이)

15

출제년도 11.新規.(5점/각 문항당 1점)

1개의 건축물에는 그 건축물 대지전위의 기준이 되는 접지극, 접지선 및 주 접지단자를 그림과 같이 구성한다. 건축 내 전기기기의 노출 도전성부분 및 계통외 도전성 부분(건축구조물의 금속제부분 및 가스, 물, 난방 등의 금속배관설비) 모두를 주 접지단자에 접속한다. 이것에 의해 하나의 건축물 내 모든 금속제부분에 주 등전위 접속이 시설된 것이 된다. 다음 그림에서 ①~⑤까지 명칭을 쓰시오.

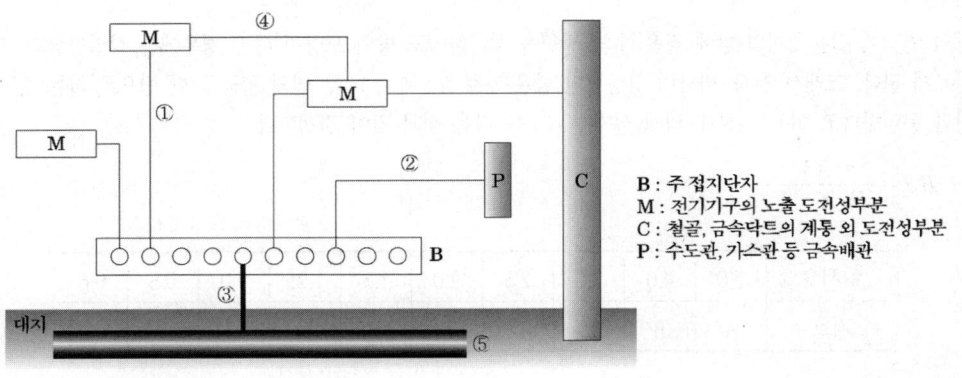

[작성답안]
① 보호도체(PE)
② 주 등전위 접속용 도체
③ 접지도체
④ 보조 등전위 접속용 도체
⑤ 접지극

16

출제년도 11.(6점/각 문항당 3점)

그림과 같이 외등 3등을 거실, 현관, 대문의 3장소에 각각 점멸할 수 있도록 아래 번호의 가닥수를 쓰고 각 점멸기의 기호를 그리시오.

(1) ① ~ ⑤까지 전선가닥수를 쓰시오.
(2) ⑥ ~ ⑧까지 점멸기의 전기기호를 그리시오.

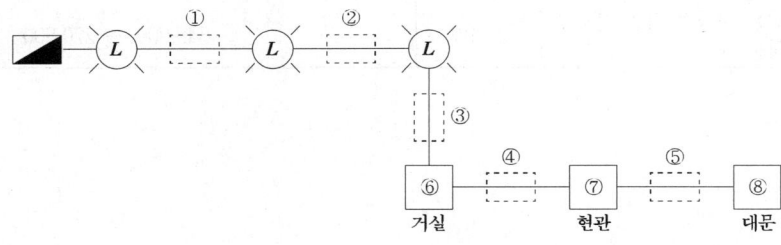

[작성답안]

(1) ① 3가닥 ② 3가닥 ③ 2가닥 ④ 3가닥 ⑤ 3가닥

(2) ⑥ ●₃   ⑦ ●₄   ⑧ ●₃

[핵심]

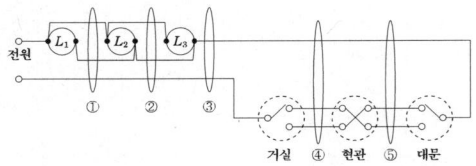

17

출제년도 11.(3점/부분점수 없음)

최대 사용전압이 154,000 [V]인 중성점 직접 접지식 전로의 절연내력 시험전압은 몇 [V] 인가?

[작성답안]

계산 : 시험전압 = $154,000 \times 0.72 = 110,880$ [V]

답 : 110,880 [V]

[핵심] 절연내력시험

최대 사용 전압	시 험 전 압	최저 시험 전압	예
7 [kV]이하	1.5배	500 [V]	6,600 → 9,900
7 [kV] 초과 25 [kV] 이하 중성점 다중 접지 방식	0.92배		22,900 → 21,068
7 [kV] 초과 비접지식 모든 전압	1.25배	10,500 [V]	66,000 → 82,500
60 [kV] 초과 중성점 접지식	1.1배	75,000 [V]	66,000 → 72,600
60 [kV] 초과 중성점 직접 접지식	0.72배		154,000 → 110,880 345,000 → 248,400
170 [kV] 넘는 중성점 직접 접지식 구내에만 적용	0.64배		345,000 → 220,800

2012년 1회 기출문제 해설

※ 다음 물음에 답을 해당 답란에 답하시오.

1
출제년도 12.(6점/각 문항당 3점)

정크션 박스(Joint Box)와 풀 박스(Pull Box)의 용도를 쓰시오.

(1) 정크션 박스(Joint Box)

(2) 풀 박스(Pull Box)

[작성답안]
(1) 정크션 박스(Joint Box) : 전선의 접속시 접속 부분이 노출되지 않도록 하기 위해 설치
(2) 풀 박스(Pull Box) : 전선의 통과를 용이하게 하기 위하여 배관의 도중에 설치

[핵심] 금속관 부품

명칭	사용 용도
로크너트(lock nut)	관과 박스(Box)를 접속하는 경우 파이프 나사를 죄어 고정시키는 데 사용되며 6각형과 기어형이 있다.
부싱(bushing)	전선 관단에 끼우고 전선을 넣거나 빼는 데 있어서 전선의 피복을 보호하여 전선이 손상되지 않게 하는 것. 금속제와 합성수지제 2가지가 있다.
커플링(coupling)	금속관 상호 접속 또는 관과 노멀 밴드와의 접속에 사용되며 내면에 나사가 나있다.
유니온 커플링	관의 양측을 돌려서 접속할 수 없는 경우 유니온 커플링을 사용한다.
새들(saddle)	노출 배관에서 금속관을 조영재에 고정시키는 데 사용되며 합성수지관, 가요관, 케이블 공사에도 사용된다.

명칭	사용 용도
노멀 밴드(normal bend)	배관의 직각 굴곡에 사용하며 양단에 나사가 나 있어 관과의 접속에는 커플링을 사용한다.
링 리듀서	금속을 아우트렛 박스의 로크 아우트에 취부할 때 로크 아우트의 구멍이 관의 구멍보다 클 때 링 리듀서를 사용, 로크 너트로 조이면 된다.
스위치 박스 (switch box)	매입형의 스위치나 콘센트를 고정하는 데 사용되며 1개용, 2개용, 3개용 등이 있다.
플로어 박스	바닥 밑으로 매입 배선할 때 사용 및 바닥 밑에 콘센트를 접속할 때 사용한다.
콘크리트 박스 (concrete box)	콘크리트에 매입 배선용으로 아우트렛 박스와 같은 목적으로 사용하며 밑판을 분리할 수 있다.
아우트렛 박스 (outlet box)	전선관 공사에 있어 전등 기구나 점멸기 또는 콘센트의 고정, 접속함으로 사용되며 4각 및 8각이 있다.
노출 배관용 박스	노출 배관 박스는 허브가 있는 주철재의 박스가 사용되며 원형 노출 박스, 노출 스위치 박스 등이 있다.
유니버셜엘보	노출 배관 공사에서 관을 직각으로 굽히는 곳에 사용,강제전선관 공사중 노출배관 공사에서 관을 직각으로 굽히는 곳에사용한다. 3방향으로 분기할 수 있는 T형과 4방향으로 분기할 수 있는 크로스(cress)형이 있다.

명칭	사용 용도
터미널 캡 (terminal cap)	저압 가공 인입선에서 금속관 공사로 옮겨지는 곳 또는 수평금속관으로부터 전선을 뽑아 전동기 단자 부분에 접속할 때 사용 A형, B형이 있다.
엔트런스 캡(우에사 캡) (entrance cap)	인입구, 인출구의 관단에 설치하여 수직금속관에 접속하여 옥외의 빗물을 막는 데 사용한다.
픽스쳐 스터드와 히키 (fixture stud & hickey)	아우트렛 박스에 조명기구를 부착시킬 때 기구 중량의 장력을 보강하기 위하여 사용한다.
접지 클램프 (grounding clamp)	금속관 공사시 관을 접지하는 데 사용한다.

2

출제년도 11.12.(5점/부분점수 없음)

> 평균조도 600 [lx] 전반 조명을 시설한 50 [m²]의 방이 있다. 이 방에 조명기구 1대당 광속 6,000 [lm], 조명률 80 [%], 유지율 62.5 [%]인 등기구를 설치하려고 한다. 이 때 조명기구 1대의 소비 전력을 80 [W]라면 이 방에서 24시간 연속 점등한 경우 하루의 소비전력량은 몇 [kWh]인가?

[작성답안]

계산 : $N = \dfrac{EAD}{FU} = \dfrac{600 \times 50 \times \dfrac{1}{0.625}}{6,000 \times 0.8} = 10$ [등]

$W = P \cdot t = 80 \times 10 \times 24 \times 10^{-3} = 19.2$ [kWh]

답 : 19.2 [kWh]

[핵심] 조명설계

① 실지수

방의 면적이 같은 2개의 방에 같은 수의 광원을 설치하여도 방의 모양이 다른 경우에는 작업면상의 조도는 다르게 된다. 그래서 천정, 바닥이 장방형인 방은 가로 X, 세로 Y 두 변의 평균을 한 변으로 하는 정방형인 방과 동일하다고 하는 이론에 의해 실지수 $R.I$를 다음 식과 같이 결정한다.

$R.I = \dfrac{XY}{H(X+Y)}$

실지수	5.0	4.0	3.0	2.5	2.0	1.5	1.25	1.0	0.8	0.6
기호	A	B	C	D	E	F	G	H	I	J

② 조도계산

N개의 램프에서 방사되는 빛을 평면상의 면적 $A[m^2]$에 모두 집중 조사할 수 있다고 하고 램프 1개당 광속을 F[lm]이라 하면, 그 면의 평균조도를

$E = \dfrac{F \cdot N}{A}$ [lx]

로 나타낸다. 이러한 평균조도 계산은 광속법과 설계여건에 따라 ZCM (Zonal Cavity Method)법을 채택할 수 있다.

$E = \dfrac{F \cdot N \cdot U \cdot M}{A}$

여기서, E : 평균조도 [lx] F : 램프 1개당 광속 [lm] N : 램프수량 [개]
U : 조명률 M : 보수율, 감광보상률의 역수 A : 방의 면적 [m²] (방의 폭×길이)

3

출제년도 89.94.95.08.10.12.14.17.(5점/부분점수 없음)

매분 12 [m³]의 물을 높이 15 [m]인 탱크에 양수하는데 필요한 전력을 V결선한 변압기로 공급한다면, 여기에 필요한 단상 변압기 1대의 용량은 몇 [kVA]인가? (단, 펌프와 전동기의 합성 효율은 65 [%]이고, 전동기의 전부하 역률은 80 [%]이며, 펌프의 축동력은 15 [%]의 여유를 본다고 한다.)

[작성답안]

계산 : $P = \dfrac{HQK}{6.12 \times \eta \times \cos\theta}$ [kVA]에서 $P = \dfrac{15 \times 12 \times 1.15}{6.12 \times 0.65} = 52.04$ [kW]

$P_V = \sqrt{3}\, P_1 = \dfrac{52.04}{0.8}$ [kVA]

단상 변압기 1대용량 $P_1 = \dfrac{\frac{52.04}{0.8}}{\sqrt{3}} = 37.56$ [kVA]

답 : 37.56 [kVA]

[핵심] V결선과 전동기용량

① V결선

△-△ 결선에서 1대의 단상변압기가 단락, 또는 사고가 발생한 경우를 고장이 발생된 변압기를 제거시킨 결선법으로 즉, 2대의 단상변압기로서 3상 변압기와 같은 전력을 송·배전하기 위한 방식을 V결선이라 한다.

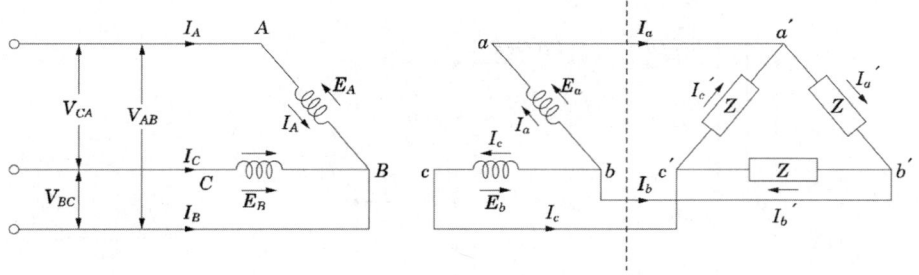

$P_v = VI\cos\left(\dfrac{\pi}{6} + \phi\right) + VI\cos\left(\dfrac{\pi}{6} - \phi\right) = \sqrt{3}\,VI\cos\phi$ [W]

$P_v = \sqrt{3}\,P_1$

출력비 : $\dfrac{V}{\triangle} = \dfrac{\sqrt{3}\,VI\cos\phi}{3\,VI\cos\phi} \fallingdotseq 0.577$

이용률 : $\dfrac{\sqrt{3}\,VI}{2\,VI} = 0.866$

② 펌프용 전동기 용량

$$P = \frac{9.8 Q' HK}{\eta} = \frac{KQH}{6.12\eta} \quad [\text{kW}]$$

여기서, P : 전동기의 용량 [kW]　　Q : 양수량 [m³/min]　　Q' : 양수량 [m³/sec]
　　　　H : 양정(낙차) [m]　　　　η : 펌프의 효율 [%]　　　　K : 여유계수 (1.1 ~ 1.2 정도)

4

출제년도 91.94.98.12.18.(5점/부분점수 없음)

그림은 PB-ON 스위치를 ON한 후 일정 시간이 지난 다음에 MC가 동작하여 전동기 M이 운전되는 회로이다. 여기에 사용한 타이머 T는 입력신호를 소멸했을 때 열려서 이탈되는 형식인데 전동기가 회전하면 릴레이 X가 복구되어 타이머에 입력 신호가 소멸되고 전동기는 계속 회전할 수 있도록 할 때 이 회로는 어떻게 고쳐야 하는가?

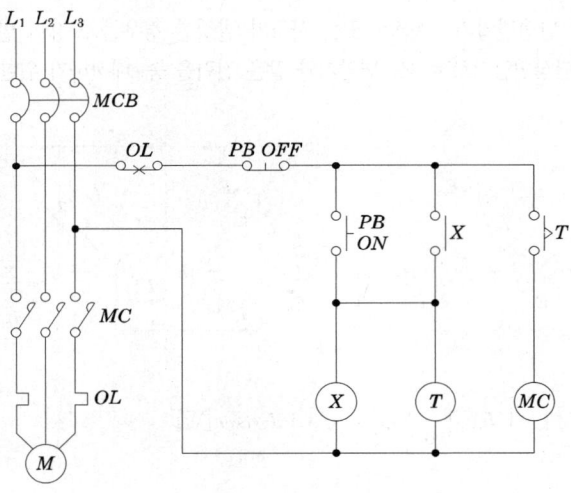

[작성답안]

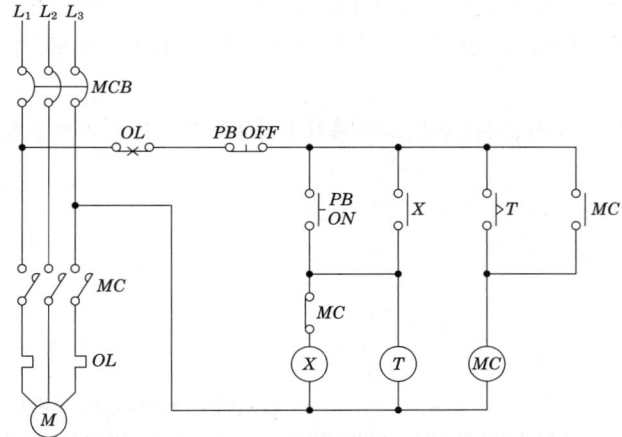

5

출제년도 12.(4점/부분점수 없음)

전동기, 가열장치 또는 전력장치의 배선에는 이것에 공급하는 부하회로의 배선에서 기계기구 또는 장치를 분리할 수 있도록 단로용 기구로 각개에 개폐기 또는 콘센트를 시설하여야 한다. 그렇지 않아도 되는 경우 2가지를 쓰시오.

[작성답안]
① 배선 중에 시설하는 현장조작개폐기가 전로의 각 극을 개폐할 수 있을 경우
② 전용분기회로에서 공급될 경우

[핵심] 현장조작 개폐기
① 현장조작 개폐기
전동기, 가열장치 또는 전력장치에는 조작하기 편리한 위치에 현장조작개폐기로 금속함개폐기(합성수지의 것을 포함한다. 이하 같다), 전자개폐기, 배선용차단기, 커버나이프 스위치 또는 이들에 상당하는 개폐기 중에서 용도에 적합한 것을 선택하여 시설하여야 한다. 다만, 다음 각호에 해당될 경우는 적용하지 않는다.
- 전동기를 장치한 기계기구 또는 전력장치에 현장조작개폐기에 상당하는 적당한 개폐기가 부착되어 있을 경우
- 정격출력 200 [W] 이하의 전동기 또는 정격입력 1,500 [VA] 이하의 가열장치 또는 전력장치를 콘센트에서 사용할 경우
- 전용의 분기회로에서 공급되어 플로트스위치, 압력스위치, 타임스위치 등에 의하여 자동적으로 조작되는 경우 또는 이와 유사한 경우로 기술적으로 현장조작개폐기가 필요하지 않을 경우

② 단로용 기구

전동기, 가열장치 또는 전력장치의 배선에는 이것에 공급하는 분기회로의 배선에서 기계기구 또는 장치를 분리할 수 있도록 단로용 기구로 각개에 개폐기 또는 콘센트를 시설하여야 한다. 다만, 다음 각호에 해당될 경우는 적용하지 않는다.

- 현장조작개폐기의 규정에 따라 배선중에 시설하는 현장조작개폐기가 전로의 각 극을 개폐할 수 있는 경우
- 전용분기회로에서 공급될 경우

6

출제년도 12.(6점/부분점수 없음)

표의 빈칸 ㉮ ~ ㉯에 알맞은 내용을 써서 그림 PLC 시퀀스의 프로그램을 완성하시오. (단, 사용 명령어는 회로시작(R), 출력(W), AND(A), OR(O), NOT(N), 시간지연(DS)이고, 0.1초 단위이다.)

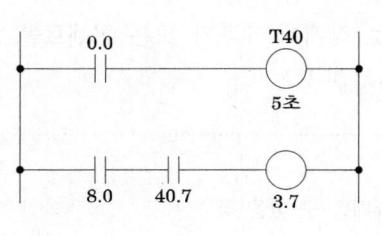

차례	명령어	번지
0	R	㉮
1	DS	㉯
2	W	㉰
3	㉱	8.0
4	㉲	㉳
5	㉴	㉵

[작성답안]

㉮ 0.0 ㉯ 50 ㉰ T40 ㉱ R ㉲ A ㉳ 40.7 ㉴ W ㉵ 3.7

[핵심]

타이머 설정시간이 5초이며, 시간의 단위는 0.1초이므로 DATA는 50이 되어야 한다.

출제년도 95.10.12.(5점/부분점수 없음)

3상 3선식, 380 [V]회로에 그림과 같이 부하가 연결되어 있다. 간선의 허용전류를 구하기 위한 설계전류 [A]를 구하시오. (단, 전동기의 평균 역률은 80 [%]이다.)

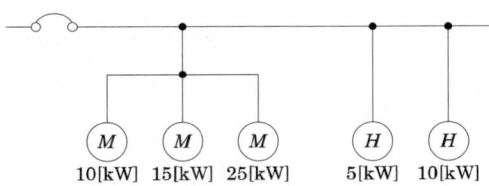

[작성답안]

계산 : 전동기 정격 전류의 합계 $\sum I_M = \dfrac{P}{\sqrt{3}\, V\cos\theta} = \dfrac{(10+15+25)\times 10^3}{\sqrt{3}\times 380 \times 0.8} = 94.96$ [A]

전열기 정격 전류의 합계 $\sum I_H = \dfrac{(5+10)\times 10^3}{\sqrt{3}\times 380 \times 1.0} = 22.79$ [A]

전동기의 유효 전류는 $I = 94.96 \times 0.8 = 75.264$ [A]

전동기의 무효 전류 $I_r = 94.96 \times 0.6 = 56.976$ [A]

∴ 간선의 설계전류 $I_a = \sqrt{(75.264 + 22.79)^2 + 56.976^2} = 113.41$ [A]

답 : 113.41 [A]

[핵심] 설계전류

회로의 설계전류(I_B)는 분기회로의 경우 부하의 효율, 역률, 부하율이 고려된 부하최대전류를 의미하며, 고조파 발생부하인 경우 고조파 전류에 의한 선전류 증가분이 고려되어야 한다. 또한 간선의 경우에는 추가로 수용율, 부하불평형, 장래 부하증가에 대한 여유 등이 고려되어야 한다.

$$I_B = \dfrac{\sum P}{kV}\alpha h \beta$$

여기서 k는 상계수 (단상 1, 3상 $\sqrt{3}$), V는 전압, α는 수용률, h는 고조파 발생에 의한 선전류 증가계수, β는 부하 불평형에 따른 선전류 증가계수를 말한다.

8 출제년도 99.04.12.(3점/부분점수 없음)

역률을 개선하면 전기 요금의 저감과 배전선의 손실 경감, 전압 강하 감소, 설비 여력의 증가 등을 기할 수 있으나, 너무 과보상하면 역효과가 나타난다. 즉, 경부하시에 콘덴서가 과대 삽입되는 경우의 결점을 4가지 쓰시오.

[작성답안]
- 앞선 역률에 의한 전력 손실이 생긴다.
- 모선 전압이 과상승 한다.
- 전원설비 용량이 감소하여 과부하가 될 수 있다.
- 고조파 왜곡이 증대된다.

[핵심] 역률개선효과와 과보상
① 역률개선효과
  역률을 개선하는 주 목적은 전력손실을 경감하기 위한 것이다.
  - 변압기와 배전선의 전력 손실 경감
  - 전압 강하의 감소
  - 전원설비 용량의 여유 증가
  - 전기 요금의 감소
② 과보상
  - 앞선 역률에 의한 전력 손실이 생긴다.
  - 모선 전압의 과상승
  - 전원설비 용량의 여유감소로 과부하가 될 수 있다.
  - 고조파 왜곡의 증대

출제년도 02.05.07.12.16.21.(8점/(1)2점, (2)4점, (3)2점)

어떤 인텔리전트 빌딩에 대한 등급별 추정 전원 용량에 대한 다음 표를 이용하여 각 물음에 답하시오.

등급별 추정 전원 용량 [VA/m²]

내용 \ 등급별	0등급	1등급	2등급	3등급
조 명	32	22	22	29
콘 센 트	-	13	5	5
사무자동화(OA) 기기	-	-	34	36
일반동력	38	45	45	45
냉방동력	40	43	43	43
사무자동화(OA)동력	-	2	8	8
합 계	110	125	157	166

(1) 연면적 10000 [m²]인 인텔리전트 2등급인 사무실 빌딩의 전력 설비 부하의 용량을 다음 표에 의하여 구하도록 하시오.

부하 내용	면적을 적용한 부하용량 [kVA]
조 명	
콘 센 트	
OA 기기	
일반동력	
냉방동력	
OA 동력	
합 계	

(2) 물음 "(1)"에서 조명, 콘센트, 사무자동화기기의 적정 수용률은 0.7, 일반동력 및 사무자동화 동력의 적정 수용률은 0.5, 냉방동력의 적정 수용률은 0.8이고, 주변압기 부등률은 1.2로 적용한다. 이때 전압방식을 2단 강압 방식으로 채택할 경우 변압기의 용량에 따른 변전설비의 용량을 산출하시오. (단, 조명, 콘센트, 사무자동화 기기를 3상 변압기 1대로, 일반동력 및 사무자동화 동력을 3상 변압기 1대로, 냉방동력을 3상 변압기 1대로 구성하고, 상기 부하에 대한 주변압기 1대를 사용하도록 하며, 변압기 용량은 일반 규격 용량으로 정하도록 한다.)

계산 :

- 조명, 콘센트, 사무자동화 기기에 필요한 변압기 용량 산정
- 일반동력, 사무자동화동력에 필요한 변압기 용량 산정
- 냉방동력에 필요한 변압기 용량 산정
- 주변압기 용량 산정

변압기 용량표

50	75	100	150	200	300	400	500	750	1000

(3) 주변압기에서부터 각 부하에 이르는 변전설비의 단선 계통도를 간단하게 그리시오.

[작성답안]

(1)

부하 내용	면적을 적용한 부하용량 [kVA]
조 명	$22 \times 10000 \times 10^{-3} = 220$ [kVA]
콘 센 트	$5 \times 10000 \times 10^{-3} = 50$ [kVA]
OA 기기	$34 \times 10000 \times 10^{-3} = 340$ [kVA]
일반동력	$45 \times 10000 \times 10^{-3} = 450$ [kVA]
냉방동력	$43 \times 10000 \times 10^{-3} = 430$ [kVA]
OA 동력	$8 \times 10000 \times 10^{-3} = 80$ [kVA]
합 계	$157 \times 10000 \times 10^{-3} = 1570$ [kVA]

(2) • 조명, 콘센트, 사무자동화 기기에 필요한 변압기 용량 산정

$Tr_1 = (220 + 50 + 340) \times 0.7 = 427 \, [kVA]$

∴ 500 [kVA]

• 일반동력, 사무자동화동력에 필요한 변압기 용량 산정

$Tr_2 = (450 + 80) \times 0.5 = 265 \, [kVA]$

∴ 300 [kVA]

• 냉방동력에 필요한 변압기 용량 산정

$Tr_3 = 430 \times 0.8 = 344 \, [kVA]$

∴ 400 [kVA]

• 주변압기 용량 산정

$STr = \dfrac{427 + 265 + 344}{1.2} = 863.33 \, [kVA]$

∴ 1000 [kVA]

(3)

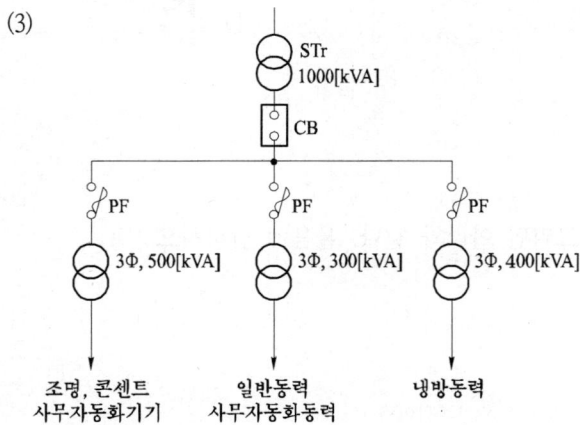

10

다음 그림은 TT방식으로 저압전로에 있어서의 지락고장을 표시한 그림이다. 그림의 전동기 ⓜ₁(단상 110 [V])의 내부와 외함간에 누전으로 지락사고를 일으킨 경우 변압기 저압측 전로의 1선은 한국전기설비규정에 의하여 고·저압 혼촉시의 대지전위 상승을 억제하기 위한 접지공사를 하도록 규정하고 있다. 다음 물음에 답하시오.

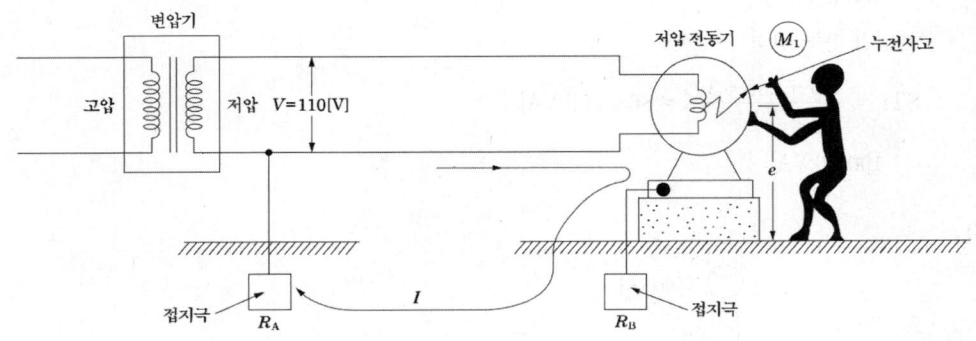

(1) 앞의 그림에 대한 등가회로를 그리면 아래와 같다. 물음에 답하시오.

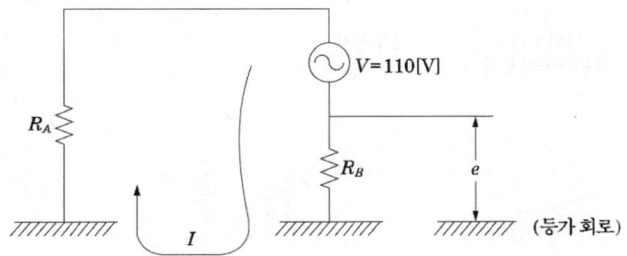

① 등가회로상의 e는 무엇을 의미하는가?
② 등가회로상의 e의 값을 표시하는 수식을 표시하시오.

③ 저압회로의 지락전류 $I = \dfrac{V}{R_A + R_B}$ [A]로 표시할 수 있다. 고압측 전로의 중성점이 비접지식인 경우에 고압측 전로의 1선 지락전류가 4 [A]라고 하면 변압기의 2차측(저압측)에 대한 접지 저항값은 얼마인가? 또, 위에서 구한 접지 저항값(R_A)을 기준으로 하였을 때의 R_B의 값을 구하고 위 등가회로상의 I, 즉 저압측 전로의 1선 지락전류를 구하시오.(단, e의 값은 25 [V]로 제한하도록 한다.)

(2) 접지극의 매설 깊이는 얼마 이상으로 하는가?

(3) 변압기 2차측 접지도체의 단면적 몇 [mm²] 이상의 연동선이나 이와 동등 이상의 세기 및 굵기의 것을 사용하는가? 한국전기설비규정에 의해 답하시오.

[작성답안]

(1) ① 접촉전압

② $e = \dfrac{R_B}{R_A + R_B} \times V$

③ 중성점 접지공사 접지저항 $R_A = \dfrac{150}{1선지락전류} = \dfrac{150}{4} = 37.5\,[\Omega]$

$\therefore e = \dfrac{R_B}{R_A + R_B} \times V$

$\therefore 25 = \dfrac{R_B}{37.5 + R_B} \times 110$

$\therefore R_B = 11.03\,[\Omega]$

$I = \dfrac{V}{R_A + R_B} = \dfrac{110}{37.5 + 11.03} = 2.27\,[A]$

답 : $R_A = 37.5\,[\Omega]$, $R_B = 11.03\,[\Omega]$, $I = 2.27\,[A]$

(2) 75 [cm]

(3) 6 [mm²]

[핵심] 접촉전압

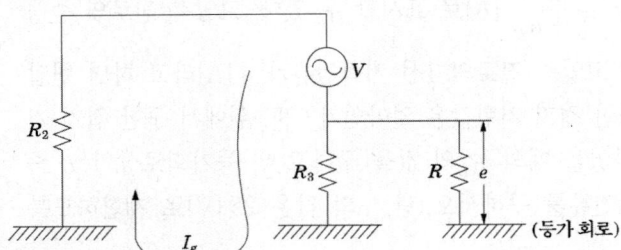

(등가 회로)

인체 비 접촉시 전압

- 지락 전류 $I_g = \dfrac{V}{R_2 + R_3}$

- 대지 전압 $e = I_g R_3 = \dfrac{V}{R_2 + R_3} R_3$

인체 접촉시 전압

- 인체에 흐르는 전류 $I = \dfrac{V}{R_2 + \dfrac{RR_3}{R+R_3}} \times \dfrac{R_3}{R+R_3} = \dfrac{R_3}{R_2(R+R_3) + RR_3} \times V$

- 접촉전압 $E_t = IR = \dfrac{RR_3}{R_2(R+R_3) + RR_3} \times V$

출제년도 12.22.(5점/부분점수 없음)

최대 수요 전력이 7,000 [kW], 부하 역률 0.92, 네트워크(network) 수전 회선수 3회선, 네트워크 변압기의 과부하율 130 [%]인 경우 네트워크 변압기 용량은 몇 [kVA] 이상이어야 하는가?

[작성답안]

계산 : 네트워크 변압기 용량 $= \dfrac{최대수요전력}{수전회선수-1} \times \dfrac{100}{과부하율}$ [kVA]

$= \dfrac{7,000/0.92}{3-1} \times \dfrac{100}{130} = 2926.421$ [kVA]

답 : 2926.42 [kVA]

[핵심] 스폿네트워크 배전방식

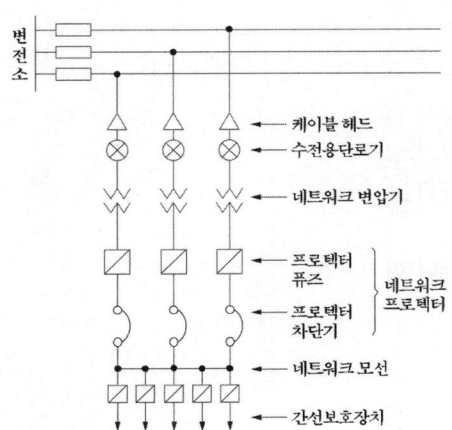

① 네트워크 변압기용량

- 네트워크 변압기용량 $= \dfrac{최대수요전력\ [kVA]}{(수전회선수\ -\ 1)} \times \dfrac{1}{1.3}$

② 특징

- 배전선 1회선, 변압기 뱅크 사고시에도 무정전 공급이 가능하다.
- 배전선 보수시 1회선이 정지하여도 구내 정전은 발생되지 않는다.
- 배전선 정지 및 복구시 변압기 2차측 차단기의 개방 및 투입이 자동적으로 이루어진다.
- 설비 중에서 고가인 1차측 차단기가 필요하지 않는다.
- 차단기 대신에 단로기로 대치한다.
- 1회선 정지시에도 나머지 변압기의 과부하 운전으로 최대수요전력 부담한다.

- 표준 3회선으로서 67 [%]까지 선로 이용률을 올릴 수 있다.
- 부하 증가와 같은 수용 변동의 탄력성이 좋다.
- 대도시 고부하밀도 지역에 적합하다.

12

출제년도 08.12.(5점/부분점수 없음)

저항 4 [Ω]과 정전용량 C [F]인 직렬 회로에 주파수 60 [Hz]의 전압을 인가한 경우 역률이 0.8이었다. 이 회로에 30 [Hz], 220 [V]의 교류 전압을 인가하면 소비전력은 몇 [W]가 되겠는가?

[작성답안]

계산 : 역률 $\cos\theta = \dfrac{R}{\sqrt{R^2+X_c^2}} = \dfrac{4}{\sqrt{4^2+X_c^2}} = 0.8$ 이므로 $X_c = \sqrt{\left(\dfrac{4}{0.8}\right)^2 - 4^2} = 3\,[\Omega]$

주파수가 30 [Hz]인 경우

$X_c = \dfrac{1}{2\pi f C}$ 에서 주파수에 반비례하므로 $X_c' = 6\,[\Omega]$

∴ 소비전력 $P = \dfrac{V^2 R}{R^2 + X_c'^2} = \dfrac{220^2 \times 4}{4^2 + 6^2} = 3723.08\,[W]$

답 : 3723.08 [W]

출제년도 99.12.(5점/부분점수 없음)

답안지의 그림은 3상 4선식 배전 선로에 단상 변압기 2대가 있는 미완성 회로이다. 이것을 역 V결선하여 2차에 3상 전원 방식으로 결선하시오.

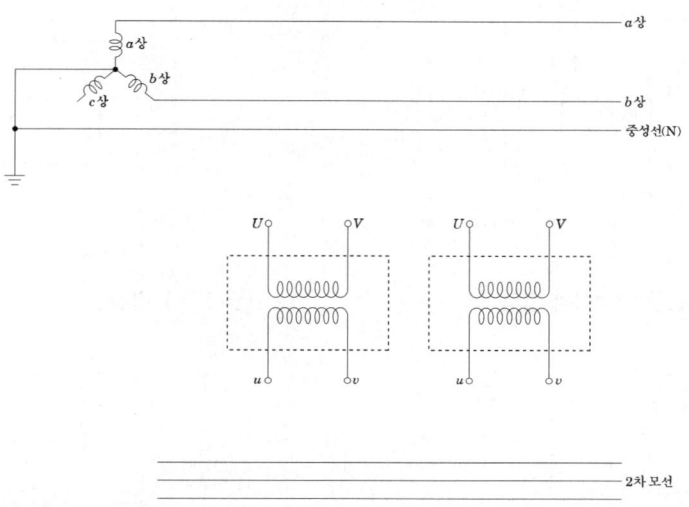

[작성답안]

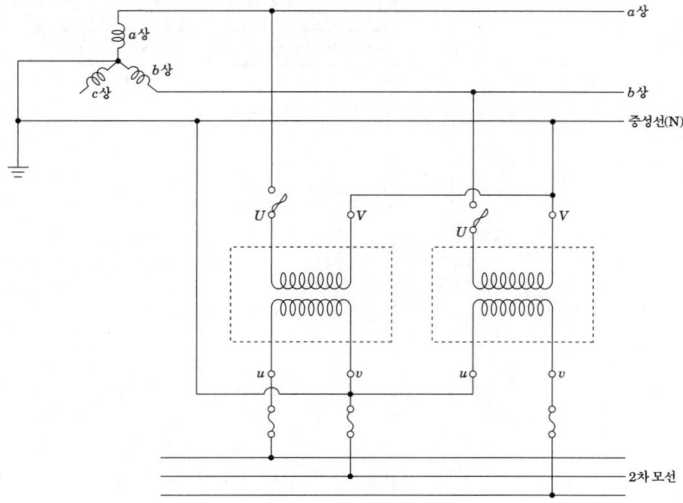

[핵심] 주상변압기의 결선

① 역 V 결선하여 2차에 3상 전원 방식

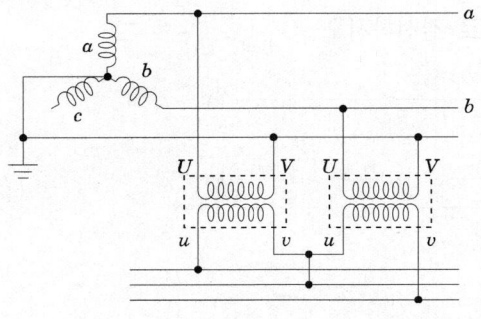

② $V-V$ 결선 전등 전열등 공용

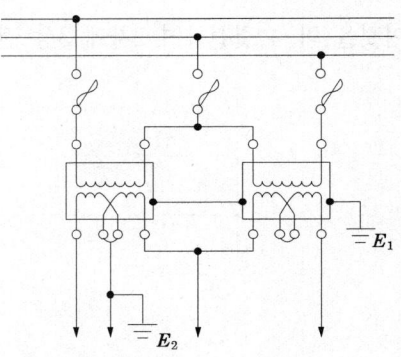

③ $V-V$ 결선과 단상3선식의 결선

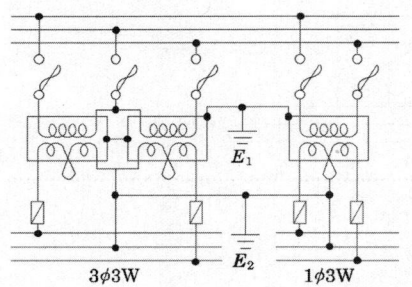

④ $Y-Y$ 결선

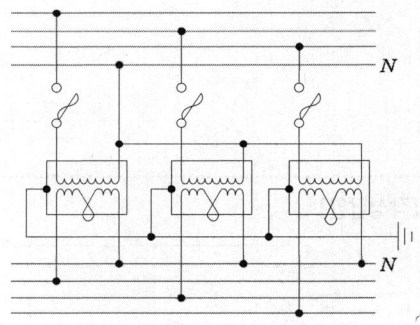

14

출제년도 91.99.12.(6점/부분점수 없음)

그림과 같은 시퀀스 제어 회로를 AND, OR, NOT의 기본 논리 회로(Logic symbol)를 이용하여 무접점 회로를 나타내시오.

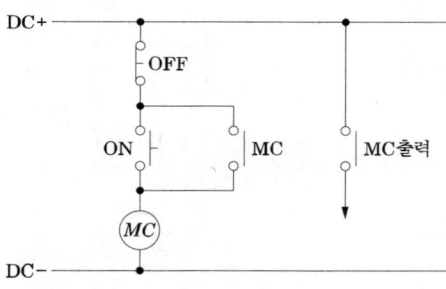

[작성답안]

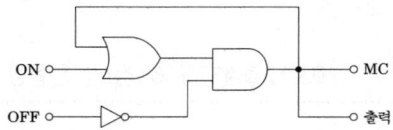

15

출제년도 08.12.(5점/부분점수 없음)

단자전압 3,000 [V]인 선로에 전압비가 3,300/220 [V]인 변압기를 승압기로 접속하여 60 [kW], 역률 0.85의 부하에 공급할 때 몇 [kVA]의 승압기를 사용하여야 하는가?

[작성답안]

계산 : $V_2 = V_1 \left(1 + \dfrac{1}{a}\right) = 3,000 \left(1 + \dfrac{220}{3,300}\right) = 3,200$ [V]

$I_2 = \dfrac{P}{V_2 \cos\theta} = \dfrac{60 \times 10^3}{3,200 \times 0.85} = 22.06$ [A]

$P_a = e\, I_2 = 220 \times 22.06 \times 10^{-3} = 4.85$ [kVA]

답 : 5 [kVA] 승압기 선정

[핵심] 단권변압기

- 1권선 변압기이므로 동량을 줄일 수 있어 경제적이다.
- 동손이 감소하여 효율이 좋아진다.
- 부하 용량이 등가 용량에 비하여 커져 경제적이다.
- 누설자속 감소로 전압 변동률이 작다.

- 누설 임피던스가 적어 단락 전류가 크다.
- 1차측에 이상전압이 발생시 2차측에도 고전압이 걸려 위험하다.
- 단락전류가 크게 되므로 열적, 기계적 강도가 커야 된다.

$$V_2 = V_1 + V_1 \frac{1}{a} = V_1 \left(1 + \frac{1}{a}\right)$$

$$\frac{\text{자기 용량}}{\text{부하 용량}} = \frac{(V_2 - V_1)I_2}{V_2 I_2} = 1 - \frac{V_1}{V_2} = 1 - \frac{\text{저압}}{\text{고압}}$$

$$\text{자기 용량}(P) = \text{부하 용량}(P_L) \times \frac{\text{고압}(V_2) - \text{저압}(V_1)}{\text{고압}(V_2)}$$

$$\text{부하 용량 } P_L = P \times \frac{V_2}{V_2 - V_1}$$

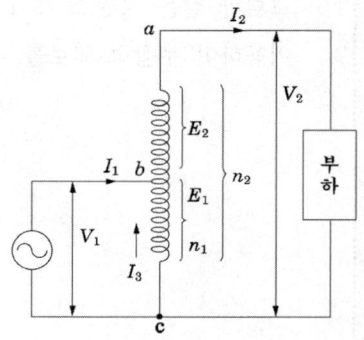

16

03.12출제년도 6.(점/각 문항당 2점)

그림은 구내에 설치할 3,300 [V], 220 [V], 10 [kVA]인 주상변압기의 무부하 시험방법이다. 이 도면을 보고 다음 각 물음에 답하시오.

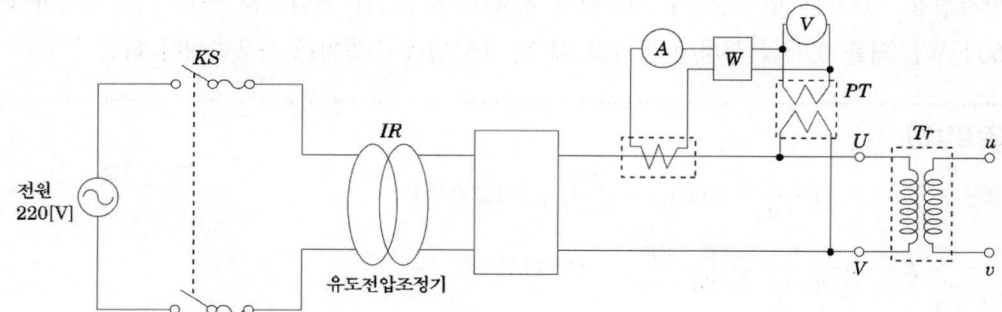

(1) 유도전압조정기의 오른쪽 네모 속에는 무엇이 설치되어야 하는가?

(2) 시험 할 주상변압기의 2차측은 어떤 상태에서 시험을 하여야 하는가?

(3) 시험 할 변압기를 사용할 수 있는 상태로 두고 유도전압조정기의 핸들을 서서히 돌려 전압계의 지시값이 1차 정격전압이 되었을 때 전력계가 지시하는 값은 어떤 값을 지시하는가?

[작성답안]
(1) 승압용 변압기   (2) 개방   (3) 철손

[핵심] 변압기 단락시험과 무부하시험

① 단락시험

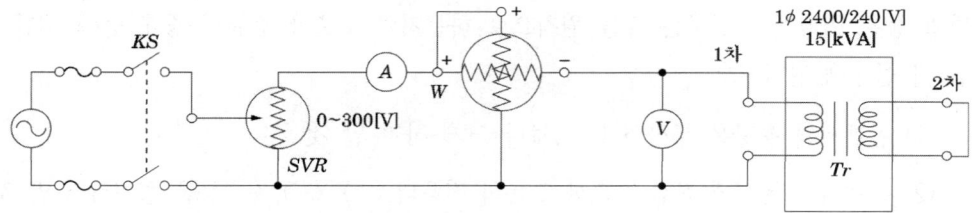

변압기 2차를 단락한 상태에서 슬라이닥스를 조정하여 1차측 단락 전류가 1차 정격 전류와 같게 흐를 때 (전류계의 지시값이 정격 전류값이 되었을 때) 1차측 단자 전압을 임피던스 전압이라 한다. 또 이때 입력을 임피던스 와트(전부하 동손)이라 한다.

② 무부하시험

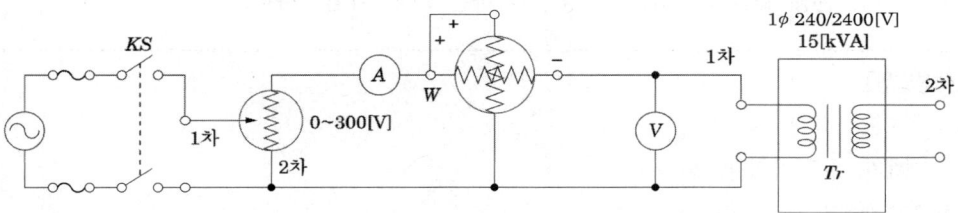

시험용 변압기 1차와 2차측을 반대로 하여 2차측(고압측)을 개방한 상태에서 슬라이닥스를 조정하여 교류 전압계의 지시값이 1차(저압측) 정격 전압값(저압측의 정격값)일 때의 전력계의 지시값을 철손이라 한다.

17 출제년도 12.(5점/각 항목당 1점, 모두 맞으면 5점)

역률을 높게 유지하기 위하여 개개의 부하에 고압 및 특별 고압 진상용 콘덴서를 설치하는 경우에는 현장 조작 개폐기보다도 부하측에 접속하여야 한다. 콘덴서의 용량, 접속방법 등은 어떻게 시설하는 것을 원칙으로 하는지와 고조파 전류의 증대 등에 대한 다음 각 물음에 답하시오.

(1) 콘덴서의 용량은 부하의 (   )보다 크게 하지 말 것

(2) 콘덴서는 본선에 직접 접속하고 특히 전용의 (   ), (   ), (   )등을 설치하지 말 것

(3) 고압 및 특별고압 진상용 콘덴서의 설치로 공급회로의 고조파전류가 현저하게 증대할 경우는 콘덴서회로에 유효한 (   )를 설치하여야 한다.

(4) 가연성유봉입(可燃性油封入)의 고압진상용 콘덴서를 설치하는 경우는 가연성의 벽, 천장 등과 (   )[m] 이상 이격하는 것이 바람직하다.

[작성답안]

(1) 무효분

(2) 개폐기, 퓨즈, 유입차단기

(3) 직렬리액터

(4) 1

[핵심정리] 진상용 콘덴서

① 내선규정 3240-4 개개의 부하에 고압 및 특고압 진상용 콘덴서를 시설하는 경우
- 콘덴서의 용량은 부하의 무효분 보다 크게 하지 말 것
- 콘덴서는 본선에 직접 접속하고 특히 전용의 개폐기, 퓨즈, 유입차단기 등을 설치하지 말 것.

이 경우 콘덴서에 이르는 분기선은 본선의 최소 굵기보다는 적게 하지 말 것. 다만, 방전장치가 있는 콘덴서에는 개폐기(차단기 포함)를 설치 할 수 있으나 평상시 개폐는 하지 않음을 원칙으로 하며 COS를 설치할 경우는 다음에 의하여야 한다.

- 고압 : COS에 퓨즈를 삽입하지 않고 단면적 6 [mm^2] 이상의 나동선으로 직결한다.
- 특별고압 : COS에는 퓨즈를 삽입하며, 콘덴서 용량별 퓨즈정격은 정격전류의 200 [%] 이내의 것을 사용한다.

② 내선규정 3240-8 직렬리액터
- 고압 및 특고압 진상용 콘덴서의 설치로 공급회로의 고조파전류가 현저하게 증대할 경우는 콘덴서회로에 유효한 직렬리액터를 설치하여야 한다.

③ 내선규정 3240-6 고압진상용 콘덴서의 설치장소
- 가연성유봉입(可燃性油封入)의 고압진상용 콘덴서를 설치하는 경우는 가연성의 벽, 천장 등과 1[m] 이상 이격하는 것이 바람직하다. 다만, 내화성 물질로 콘덴서와 조영재 사이를 격리할 경우는 예외이다.

18 출제년도 12.(5점/각 항목당 1점)

다음 그림은 콘덴서 설비의 단선도이다. 주어진 그림의 ①~⑤번과 각 기기의 우리말 이름을 쓰고, 역할을 쓰시오.

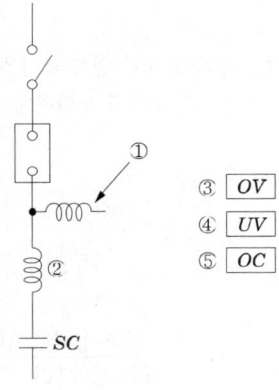

[작성답안]

① 방전코일 : 콘덴서에 축적된 잔류전하를 방전 및 재투입시 콘덴서에 걸리는 과전압 방지
② 직렬리액터 : 제5고조파 제거
③ 과전압 계전기 : 정정값 이상의 전압이 인가될 경우 차단기를 트립시킨다.
④ 부족전압 계전기 : 상시전원 정전시 또는 정정값 이하의 전압이 인가될 경우 차단기를 트립시킨다.
⑤ 과전류 계전기 : 정정값 이상의 전류가 흐르면 차단기를 트립시킨다.

2012년 2회 기출문제 해설

※ 다음 물음에 답을 해당 답란에 답하시오.

1 출제년도 88.00.04.12.13.17.(5점/부분점수 없음)

알칼리 축전지의 정격용량은 100 [Ah], 상시부하 6 [kW], 표준전압 100 [V]인 부동충전 방식의 충전기 2차 전류는 몇 [A]인지 계산하시오.(단, 알칼리 축전지의 방전율은 5시간율로 한다.)

[작성답안]

계산 : $\dfrac{축전지\ 용량[Ah]}{정격\ 방전율[h]} + \dfrac{상시\ 부하\ 용량[VA]}{표준\ 전압[V]} = \dfrac{100}{5} + \dfrac{6,000}{100} = 80\,[A]$

답 : 80 [A]

[핵심] 부동충전방식

전지의 자기 방전을 보충함과 동시에 상용 부하에 대한 전력 공급은 충전기가 부담하도록 하되 충전기가 부담하기 어려운 일시적인 대전류 부하는 축전지로 하여금 부담하게 하는 방식

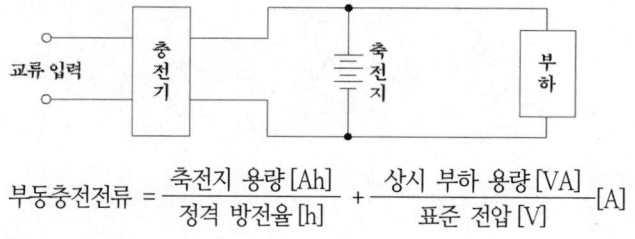

부동충전전류 = $\dfrac{축전지\ 용량[Ah]}{정격\ 방전율[h]} + \dfrac{상시\ 부하\ 용량[VA]}{표준\ 전압[V]}$ [A]

2 출제년도 94.01.06.11.12.20.22.(8점/각 문항당 2점, 모두 맞으면 8점)

가로 10 [m], 세로 16 [m], 천장 높이 3.85 [m], 작업면 높이 0.85 [m]인 사무실에 천장 직부 형광등 F32×2를 설치하려고 한다.

(1) F32×2의 심벌을 그리시오.

(2) 이 사무실의 실지수는 얼마인가?

(3) 이 사무실의 작업면 조도를 300 [lx], 천장 반사율 70 [%], 벽 반사율 50 [%], 바닥 반사율 10 [%], 40 [W] 형광등 1등의 광속 3150 [lm], 보수율 70 [%], 조명율 61 [%]로 한다면 이 사무실에 필요한 소요 등기구 수는 몇 등인가?

[작성답안]

(1) ▭⬭▭
　　F32×2

(2) 계산 : 실지수$(R.I) = \dfrac{XY}{H(X+Y)} = \dfrac{10 \times 16}{(3.85-0.85) \times (10+16)} = 2.05$

답 : 2.05

(3) 계산 : $N = \dfrac{EAD}{FU} = \dfrac{300 \times (10 \times 16)}{(3150 \times 2) \times 0.61 \times 0.7} = 17.84$

답 : 18 [등]

[핵심] 조명설계

① 실지수

방의 면적이 같은 2개의 방에 같은 수의 광원을 설치하여도 방의 모양이 다른 경우에는 작업면상의 조도는 다르게 된다. 그래서 천정, 바닥이 장방형인 방은 가로 X, 세로 Y 두 변의 평균을 한 변으로 하는 정방형인 방과 동일하다고 하는 이론에 의해 실지수 $R.I$를 다음 식과 같이 결정한다.

$R.I = \dfrac{XY}{H(X+Y)}$

실지수와 분류 기호표

실지수	5.0	4.0	3.0	2.5	2.0	1.5	1.25	1.0	0.8	0.6
기호	A	B	C	D	E	F	G	H	I	J

② 조도계산

N개의 램프에서 방사되는 빛을 평면상의 면적 $A[m^2]$에 모두 집중 조사할 수 있다고 하고 램프 1개당 광속을 $F[lm]$이라 하면, 그 면의 평균조도를

$$E = \frac{F \cdot N}{A} \ [lx]$$

로 나타낸다. 이러한 평균조도 계산은 광속법과 설계여건에 따라 ZCM (Zonal Cavity Method)법을 채택할 수 있다.

$$E = \frac{F \cdot N \cdot U \cdot M}{A}$$

여기서, E : 평균조도 [lx] F : 램프 1개당 광속 [lm] N : 램프수량 [개]
U : 조명률 M : 보수율, 감광보상률의 역수 A : 방의 면적 [m²] (방의 폭×길이)

3

출제년도 92.98.02.12.17.(6점/부분점수 없음)

그림의 회로는 푸시 버튼 스위치 PB_1, PB_2, PB_3를 ON 조작하여 기계 A, B, C를 운전한다. 이 회로를 타임 차트의 요구대로 병렬 우선 순위 회로로 고쳐서 그리시오. (단, R_1, R_2, R_3는 계전기이며 이 계전기의 보조 a 접점 또는 보조 b 접점을 추가 또는 삭제하여 작성하되 불필요한 접점을 사용하지 않도록 할 것이며 보조 접점에는 접점의 명칭을 기입하도록 한다.)

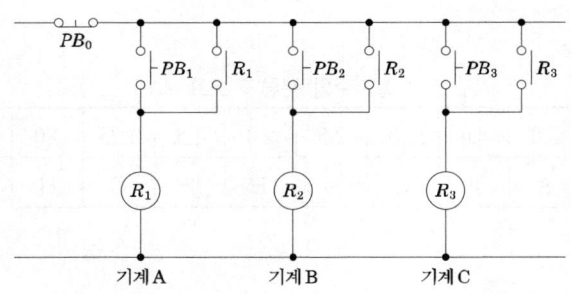

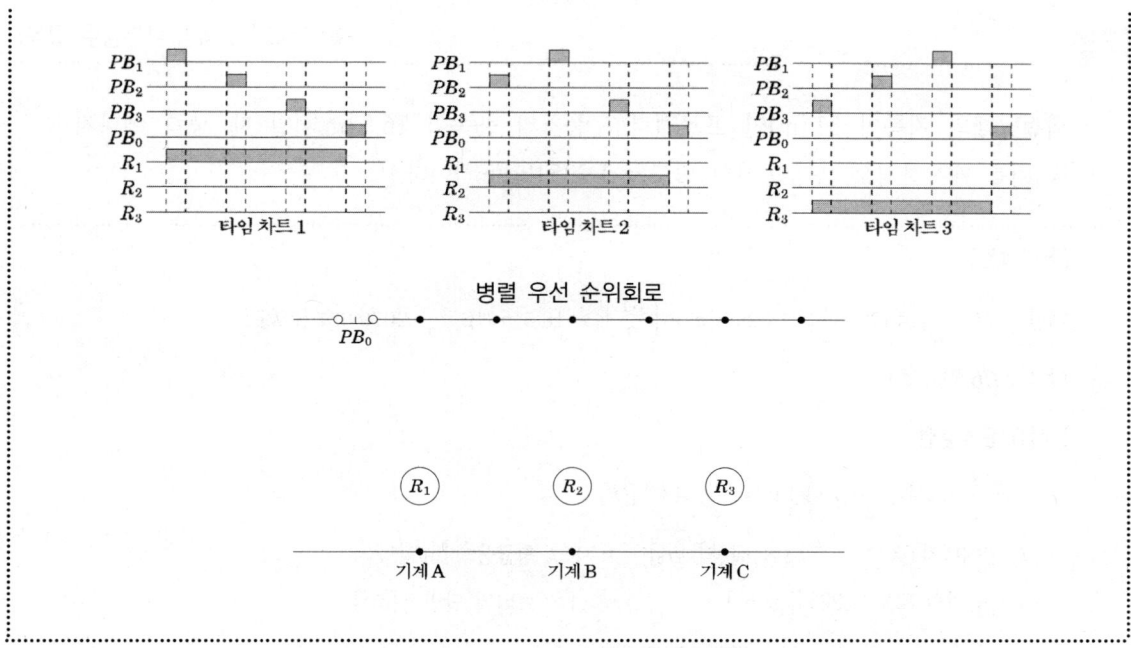

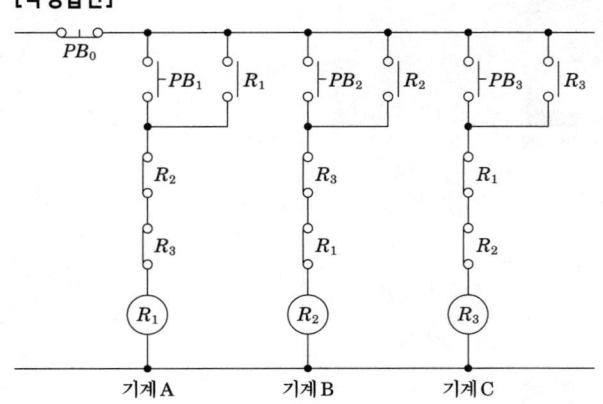

기계A　기계B　기계C

[작성답안]

출제년도 12.(4점/부분점수 없음)

회전날개의 지름이 31 [m]인 프로펠러형 풍차의 풍속이 16.5 [m/s]일 때 풍력 에너지 [kW]를 계산하시오. (단, 공기의 밀도는 1.225 [kg/m³]이다.)

[작성답안]

계산 : $P = \dfrac{1}{2}\rho A V^3 = \dfrac{1}{2} \times 1.225 \times \pi \times \left(\dfrac{31}{2}\right)^2 \times 16.5^3 \times 10^{-3} = 2076.687$ [kW]

답 : 2076.69 [kW]

[핵심] 풍력발전

$$P = \dfrac{1}{2}mV^2 = \dfrac{1}{2}(\rho A V)V^2 = \dfrac{1}{2}\rho A V^3 \text{ [W]}$$

P : 에너지 [W] m : 질량 [kg/s] V : 평균풍속 [m/s]

ρ : 공기의 밀도 (1.225 [kg/m³]) A : 로터의 단면적 [m²]

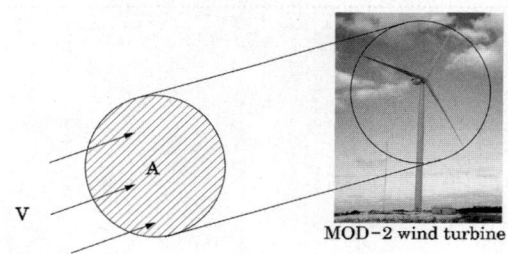

MOD-2 wind turbine

5 출제년도 95.12.(6점/부분점수 없음)

그림과 같은 100/200 [V] 단상 3선식 회로를 보고 다음 물음에 답하시오.

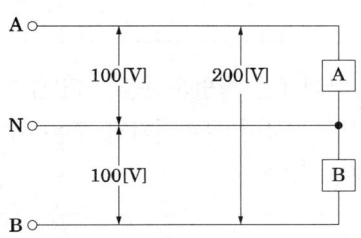

【부하정격】
A : 소비전력 2 [kW], 역률 0.8
B : 소비전력 3 [kW], 역률 0.8

(1) 중성선 N에 흐르는 전류는 몇 [A]인가?
(2) 중성선의 굵기를 결정할 때의 전류는 몇 [A]를 기준하여야 하는가?

[작성답안]

(1) 계산 : $I_A = \dfrac{P}{V\cos\theta} = \dfrac{2}{100 \times 0.8} \times 10^3 = 25$ [A]

$I_B = \dfrac{P}{V\cos\theta} = \dfrac{3}{100 \times 0.8} \times 10^3 = 37.5$ [A]

$I_N = |I_B - I_A| = 37.5 - 25 = 12.5$ [A]

답 : 12.5 [A]

(2) I_A와 I_B 중 큰 전류를 허용할 수 있는 굵기로 선정하므로 I_B로 선정한다.

답 : 37.5 [A]

[핵심] 중성선에 흐르는 전류

$I_N = |I_A - I_B|$이며 역률이 다르면 벡터의 합성으로 계산한다.

6 출제년도 12.18.22.(4점/부분점수 없음)

다음 상용전원과 예비전원 운전시 유의하여야 할 사항이다. ( ) 안에 알맞은 내용을 쓰시오.

> 상용전원과 예비전원 사이에는 병렬운전을 하지 않는 것이 원칙이므로 수전용 차단기와 발전용차단기 사이에는 전기적 또는 기계적 (①)을 시설해야 하며 (②)를 사용해야 한다.

[작성답안]
① 인터록
② 전환 개폐기

7 출제년도 12.(6점/각 문항당 3점)

고압 진상용 콘덴서의 내부고장 보호방식으로 NCS 방식과 NVS 방식이 있다. 다음 각 물음에 답하시오.

(1) NCS와 NVS의 기능을 설명하시오.

(2) [그림 1] ①, [그림 2] ②에 누락된 부분을 완성하시오.

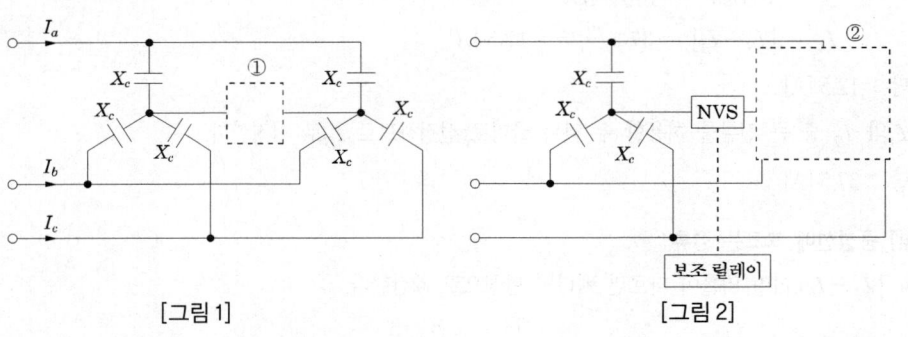

[그림 1]   [그림 2]

[작성답안]
(1) ① NCS : 콘덴서 고장시 중성점간에 흐르는 전류를 검출한다.
    ② NVS : 콘덴서 고장시 중성점간에 걸리는 전압을 검출한다.

(2)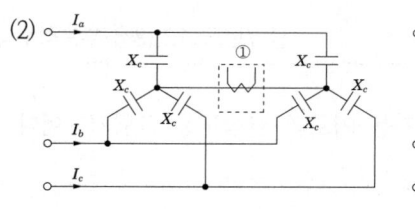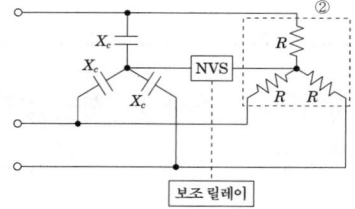

[핵심] 콘덴서 내부고장 보호

① Y-Y 결선, 중성점간 전류검출 방식 (Neutral Current Sensing)

이 방식은 Y로 결선된 콘덴서를 2조로하여 콘덴서 고장시 중성점간에 흐르는 전류를 검출하는 방식이다. 특히 고장전류에 의한 전기적 검출속도가 빠르고 신뢰도가 높은 장점을 갖고 있다.

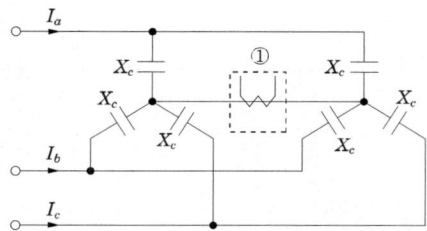

콘덴서의 정상 운전시에는 중선점간의 전류가 흐르지 않고 내부고장 발생하였을 경우 두 중성점간에 불평형 전류가 흐르게 된다. 한쪽 콘덴서 소자가 완전 단락되면 고장상의 전류는 정격전류의 3배가 되고 정상상에는 $\sqrt{3}$ 배의 전압이 가해진다.

② Y 및 Y-Y 결선의 중성점 전압검출 방식 (Neutral Voltage Sensing)

이 방식은 1)에서 설명한 Y-Y결선 중성점간 전류 검출방식과 같은 장점을 갖고 있다.

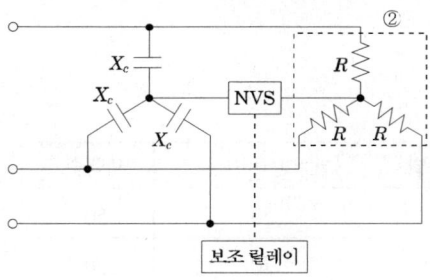

8

출제년도 12.(8점/부분점수 없음)

그림은 교류 차단기에 장치하는 경우에 표시하는 전기용 기호의 단선도용 그림기호이다. 이 그림기호의 정확한 명칭을 쓰시오.

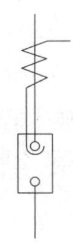

[작성답안]
부싱형 변류기

9

출제년도 86.95.04.05.08.12.20.(11점/각 문항당 2점, 모두 맞으면 11점)

다음과 같은 아파트 단지를 계획하고 있다. 주어진 규모 및 참고자료를 이용하여 다음 각 물음에 답하시오.

【규모】

• 아파트 동수 및 세대수 : 2개동, 300세대

• 세대당 면적과 세대수

동별	세대당 면적[m²]	세대수	동별	세대당 면적[m²]	세대수
A동	50	30	B동	50	50
	70	40		70	30
	90	50		90	40
	110	30		110	30

• 계단, 복도, 지하실 등의 공용면적 A동 : 1,700 [m²], B동 : 1,700 [m²]

【조건】

- 면적의 [m²]당 상정 부하는 다음과 같다.
  아파트 : 30 [VA/m²]
  - 공용 면적 부분 : 5 [VA/m²]
- 세대당 추가로 가산하여야 할 상정부하는 다음과 같다.
  - 80 [m²] 이하의 세대 : 750 [VA]
  - 150 [m²] 이하의 세대 : 1,000 [VA]
- 아파트 동별 수용률은 다음과 같다.
  - 70세대 이하인 경우 : 65 [%]
  - 100세대 이하인 경우 : 60 [%]
  - 150세대 이하인 경우 : 55 [%]
  - 200세대 이하인 경우 : 50 [%]
- 공용 부분의 수용률은 100 [%]로 한다.
- 역률은 100 [%]로 계산한다.
- 주변전실로부터 A동까지는 150 [m]이며, 동 내부의 전압 강하는 무시한다.
- 각 세대의 공급 방식은 단상 2선식 220 [V]로 한다.
- 변전실의 변압기는 단상변압기 3대로 구성한다.
- 동간 부등률은 1.4로 본다.

(1) A동의 상정 부하는 몇 [VA]인가?

세대당 면적 [m²]	상정 부하 [VA/m²]	가산 부하 [VA]	세대수	상정 부하 [VA]
50				
70				
90				
110				
합 계				

(2) B동의 수용(사용) 부하는 몇 [VA]인가?

세대당 면적 [m²]	상정 부하 [VA/m²]	가산 부하 [VA]	세대수	상정 부하[VA]
50				
70				
90				
110				
합 계				

(3) 이 단지에는 단상 몇 [kVA]용 변압기 3대를 설치하여야 하는가?
(단, 변압기 용량은 10 [%]의 여유를 두도록 하며, 단상변압기의 표준용량은 75, 100, 150, 200, 300 [kVA] 등이다.)

[작성답안]

(1)

세대당 면적 [m²]	상정 부하 [VA/m²]	가산 부하 [VA]	세대수	상정 부하[VA]
50	30	750	30	$[(50 \times 30) + 750] \times 30 = 67{,}500$
70	30	750	40	$[(70 \times 30) + 750] \times 40 = 114{,}000$
90	30	1,000	50	$[(90 \times 30) + 1{,}000] \times 50 = 185{,}000$
110	30	1,000	30	$[(110 \times 30) + 1{,}000] \times 30 = 129{,}000$
합 계				495,500 [VA]

A동의 전체 상정부하 = 상정부하 + 공용면적 = $495{,}500 + 1{,}700 \times 5 = 504{,}000$ [VA]

답 : 504,000 [VA]

(2)

세대당 면적 [m²]	상정 부하 [VA/m²]	가산 부하 [VA]	세대수	상정 부하[VA]
50	30	750	50	$[(50 \times 30) + 750] \times 50 = 112{,}500$
70	30	750	30	$[(70 \times 30) + 750] \times 30 = 85{,}500$
90	30	1,000	40	$[(90 \times 30) + 1{,}000] \times 40 = 148{,}000$
110	30	1,000	30	$[(110 \times 30) + 1{,}000] \times 30 = 129{,}000$
합 계				475,000 [VA]

$$\text{B동의 전체 수용부하} = \text{상정부하} \times \text{수용률} + \text{공용면적} \times \text{수용률}$$
$$= 475{,}000 \times 0.55 + 1{,}700 \times 5 \times 1 = 269{,}750 \text{ [VA]}$$

답 : 269,750 [VA]

(3) 계산 : 변압기 용량 $= \dfrac{\text{설비용량} \times \text{수용률} \times \text{여유율}}{\text{부등률} \times \text{역률}}$

$$= \dfrac{(495{,}500 \times 0.55 + 1{,}700 \times 5 \times 1) + 269{,}750}{1.4} \times 1.1 \times 10^{-3} = 432.75 \text{ [kVA]}$$

1대 변압기 용량 $= \dfrac{432.75}{3} = 144.25$ [kVA]

∴ 표준용량 150 [kVA]를 선정

답 : 150 [kVA]

10 출제년도 12.(4점/부분점수 없음)

지중전선에 화재가 발생한 경우 화재의 확대방지를 위하여 케이블이 밀집 시설되는 개소의 케이블은 난연성케이블을 사용하여 시설하는 것이 원칙이다. 부득이 전력구에 일반케이블로 시설하고자 할 경우, 케이블에 방재대책을 하여야 하는데 케이블과 접속재에 사용하는 방재용자재 2가지를 쓰시오.

[작성답안]

난연테이프, 난연도료

[핵심] 케이블 방재 (내선규정 2510-12)

① 적용장소

   집단 아파트 또는 상가의 구내 수전실, 케이블 처리실, 전력구, 덕트 및 4회선 이상 시설된 맨홀

② 적용대상 및 방재용 자재

   • 케이블 및 접속재 : 난연테이프 및 난연도료

   • 바닥, 벽, 천장 등의 케이블 관통부 : 난연실(퍼티), 난연보드, 난연레진, 모래 등

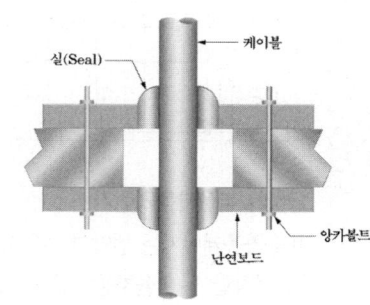

11

출제년도 12.21.(5점/부분점수 없음)

△-Y 결선방식의 주변압기 보호에 사용되는 비율차동계전기의 간략화한 회로도이다. 주변압기 1차 및 2차측 변류기(CT)의 미결선된 2차 회로를 완성하시오.

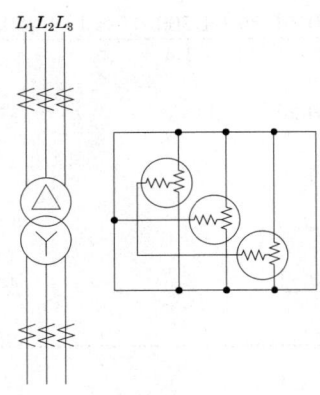

[작성답안]

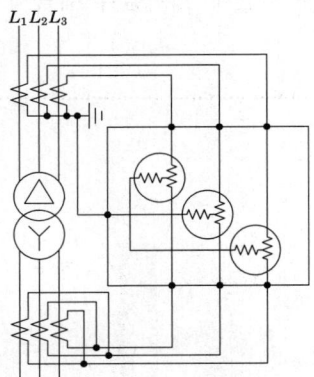

[핵심] 비율차동계전기

비율차동계전기는 변압기 투입시 여자 돌입 전류에 의한 오동작을 방지한 경우는 최소 35[%]의 불평형 전류로 동작한다. 비율차동계전기 Tap선정은 차전류가 억제코일에 흐르는 전류에 대한 비율보다 계전기 비율을 크게 선정해야 한다.

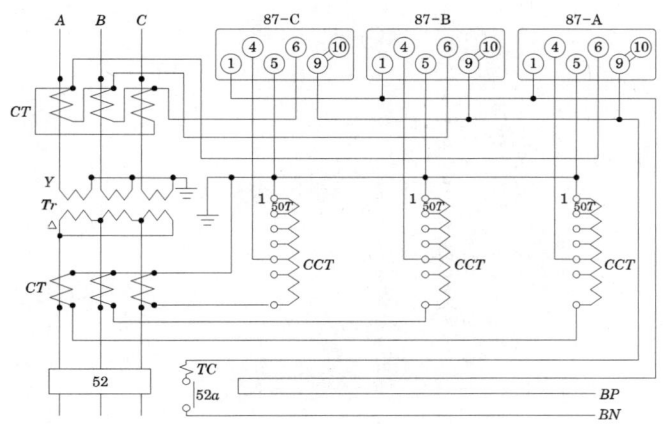

12

출제년도 12.(5점/(1)1점, (2)(3)2점)

다음의 진리표를 보고 무접점 회로와 유접점 논리회로로 각각 나타내시오.

입력			출력
A	B	C	X
0	0	0	0
0	0	1	0
0	1	0	0
0	1	1	0
1	0	0	1
1	0	1	0
1	1	0	0
1	1	1	1

(1) 논리식을 간략화하여 나타내시오.

(2) 무접점 회로

(3) 유접점 회로

[작성답안]

(1) $X = A\overline{B}\overline{C} + ABC = A(\overline{B}\overline{C} + BC)$

(2)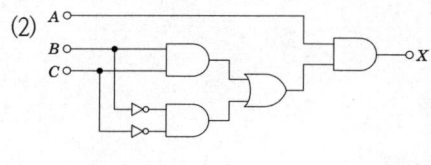

(3)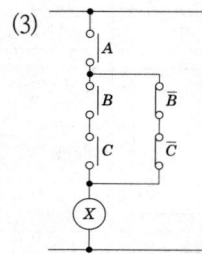

13

출제년도 97.99.12.17.(8점/각 문항당 2점, 모두 맞으면 8점)

중성점 직접 접지 계통에 인접한 통신선의 전자 유도장해 경감에 관한 대책을 경제성이 높은 것부터 설명하시오.

(1) 근본 대책

(2) 전력선측 대책(3가지)

(3) 통신선측 대책(3가지)

[작성답안]

(1) 근본 대책 : 전자 유도전압의 억제

(2) 전력선측 대책

① 송전선로를 될 수 있는 대로 통신 선로로부터 멀리 이격하여 건설한다.

② 중성점을 접지할 경우 저항값을 가능한 큰 값으로 한다.

③ 고속도 지락 보호 계전 방식을 채용한다.

그 외

④ 차폐선을 설치한다.

⑤ 지중전선로 방식을 채용한다.

(3) 통신선측 대책

① 절연 변압기를 설치하여 구간을 분리한다.

② 연피케이블을 사용한다.

③ 통신선에 성능이 우수한 피뢰기를 사용한다.

그 외

④ 배류 코일을 설치한다.

⑤ 전력선과 교차시 수직교차 한다.

[핵심] 전자유도

① 전자유도전압 $E_m = -j\omega M l\, 3I_o$

　E_m : 전자 유도전압, M : 상호 인덕턴스, l : 통신선과 전력선의 병행길이

　$3I_o = 3 \times$ 영상 전류 = 지락 전류

② 유도장해 방지대책

전력선측 대책 (5가지)

- 송전선로를 될 수 있는 대로 통신 선로로부터 멀리 떨어져 건설한다.
- 중성점을 접지할 경우 저항값을 가능한 큰 값으로 한다.
- 고속도 지락 보호 계전 방식을 채용한다.
- 차폐선을 설치한다.
- 지중전선로 방식을 채용한다.

통신선측 대책 (5가지)

- 절연 변압기를 설치하여 구간을 분리한다.
- 연피케이블을 사용한다.
- 통신선에 우수한 피뢰기를 사용한다.
- 배류 코일을 설치한다.
- 전력선과 교차시 수직교차한다.

14

출제년도 12.(5점/부분점수 없음)

공급전압을 6,600 [V]로 수전하고자 한다. 수전점에서 계산한 3상 단락용량은 70 [MVA]이다. 이 수용 장소에 시설하는 수전용 차단기의 정격차단전류 I_s [kA]를 계산하시오.

[작성답안]

계산 : 수전점 단락용량 $P_s = \sqrt{3}\, V I_s$

$$\therefore I_s = \frac{P_s}{\sqrt{3}\, V} = \frac{70 \times 10^6}{\sqrt{3} \times 6,600} \times 10^{-3} = 6.123\, [\text{kA}]$$

답 : 6.12 [kA]

15

출제년도 00.02.06.09.10.12.16.18.20.(5점/부분점수 없음)

부하가 유도 전동기이며 기동용량이 1,826 [kVA]이고, 기동시 전압강하는 21 [%]이며, 발전기의 과도 리액턴스가 26 [%]이다. 자가 발전기의 정격용량은 몇 [kVA] 이상이어야 하는지 계산하시오.

[작성답안]

계산 : 발전기 용량 ≥ 기동용량 [kVA] × 과도리액턴스 × $\left(\dfrac{1}{허용\ 전압\ 강하} -1\right)$ × 여유율 [kVA]

$$= \left(\dfrac{1}{0.21}-1\right) \times 0.26 \times 1826 = 1786.002 \text{ [kVA]}$$

답 : 1,786 [kVA]

[핵심] 발전기 용량

① 단순한 부하의 경우

전부하 정상 운전시의 소요 입력에 의한 용량에 의해 결정한다.

발전기 용량 = 부하의 총 정격 입력 × 수용률 × 여유율 [kVA]

발전기 출력 $P = \dfrac{\Sigma W_L \times L}{\cos\theta}$ [kVA]

여기서, ΣW_L : 부하 입력 총계 L : 부하 수용률(비상용일 경우 1.0)

$\cos\theta$: 발전기의 역률(통상 0.8)

② 기동 용량이 큰 부하가 있을 경우, 전동기 시동에 대처하는 용량

자가 발전 설비에서 전동기를 기동할 때 큰 부하가 발전기에 갑자기 걸리게 됨으로 발전기의 단자 전압이 순간적으로 저하하여 개폐기의 개방 또는 엔진의 정지 등이 야기되는 수가 있다. 이런 경우 발전기의 정격 출력 [kVA]은 다음과 같다.

발전기 정격 출력 [kVA] ≥ $\left(\dfrac{1}{허용\ 전압\ 강하} -1\right)$ × X_d × 기동용량

여기서, X_d : 발전기의 과도 리액턴스(보통 20~25 [%])

허용 전압 강하 : 20~30 [%]

기동 용량 : 2대 이상의 전동기가 동시에 기동하는 경우는 2개의 기동 용량을 합한 값과 1대의 기동 용량인 때를 비교하여 큰 값의 쪽을 택한다.

기동용량 = $\sqrt{3}$ × 정격전압 × 기동전류 × $\dfrac{1}{1,000}$ [kVA]

16 출제년도 09.11.12.新規(5점/각 항목당 1점)

다음 빈칸 ①~⑤에 알맞은 수치를 넣으시오.

그림과 같이 분기회로(S_2)의 보호장치(P_2)는 (P_2)의 전원 측에서 분기점(O) 사이에 다른 분기회로 또는 콘센트의 접속이 없고 ①의 위험과 ② 및 인체에 대한 위험성이 ③되도록 시설된 경우, 분기회로의 보호장치 (P_2)는 분기회로의 분기점(O)으로부터 ④까지 이동하여 설치할 수 있다.

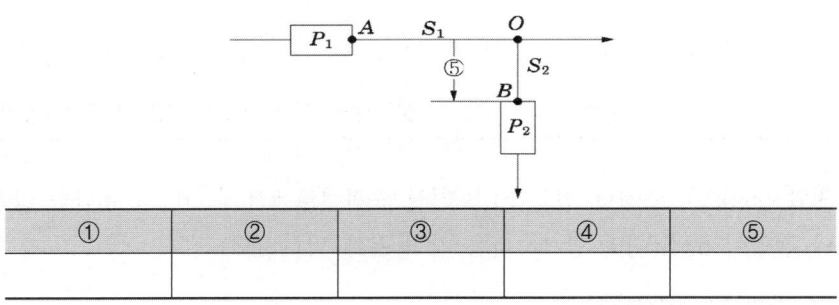

①	②	③	④	⑤

[작성답안]

①	②	③	④	⑤
단락	화재	최소화	3[m]	3[m]

[핵심] 한국전기설비규정 212.4.2 과부하 보호장치의 설치 위치

1. 설치위치

가. 과부하 보호장치는 전로 중 도체의 단면적, 특성, 설치방법, 구성의 변경으로 도체의 허용전류 값이 줄어드는 곳(이하 분기점이라 함)에 설치해야 한다.

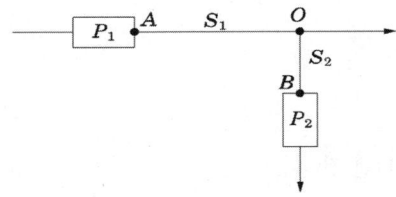

나. 분기회로 (S_2)의 보호장치 (P_2)는 (P_2)의 전원 측에서 분기점(O) 사이에 다른 분기회로 또는 콘센트의 접속이 없고, 단락의 위험과 화재 및 인체에 대한 위험성이 최소화 되도록 시설된 경우, 분기회로의 보호장치 (P_2)는 분기회로의 분기점(O)으로부터 3 m 까지 이동하여 설치할 수 있다.

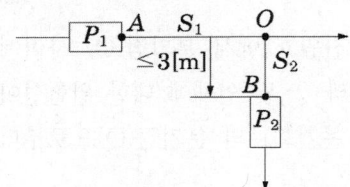

17

출제년도 94.96.07.11.12.14.17.(6점/각 문항당 3점)

송전단 전압 66 [kV], 수전단 전압 61 [kV]인 송전선로에서 수전단의 부하를 끊은 경우의 수전단 전압이 63 [kV]라 할 때 다음 각 물음에 답하시오.

(1) 전압강하율을 계산하시오.
(2) 전압변동률을 계산하시오.

[작성답안]

(1) 계산 : 전압강하율 $\varepsilon = \dfrac{V_s - V_r}{V_r} \times 100 = \dfrac{66-61}{61} \times 100 = 8.196\,[\%]$

답 : 8.2 [%]

(2) 계산 : 전압변동률 $\delta = \dfrac{V_{r0} - V_r}{V_r} \times 100 = \dfrac{63-61}{61} \times 100 = 3.278\,[\%]$

답 : 3.28 [%]

[핵심] 전압강하율과 전압변동률

① 전압강하율

전압강하율은 수전전압에 대한 전압강하의 비를 백분율로 나타낸 것이다.

$$\varepsilon = \dfrac{e}{V_r} \times 100 = \dfrac{V_s - V_r}{V_r} \times 100 = \dfrac{\sqrt{3}\,I(R\cos\theta_r + X\sin\theta_r)}{V_r} \times 100\,[\%]$$

$$\varepsilon = \dfrac{P}{V^2}(R + X\tan\theta) \times 100\,[\%]$$

위 식에서 전압강하율은 전압의 제곱에 반비례함을 알 수 있다. 전압변동률은 수전전압에 대한 전압변동의 비를 백분율로 나타낸 것을 말한다.

② 전압변동률

$$\delta = \frac{V_{r_0} - V_r}{V_r} \times 100 \, [\%]$$

여기서, V_{r_0} : 무부하 상태에서의 수전단 전압 V_r : 정격부하 상태에서의 수전단 전압
δ : 전압변동률

18

출제년도 92.01.02.07.12.(9점/각 항목당 3점)

다음의 임피던스 맵(impedance map)과 조건을 보고 다음 각 물음에 답하시오.

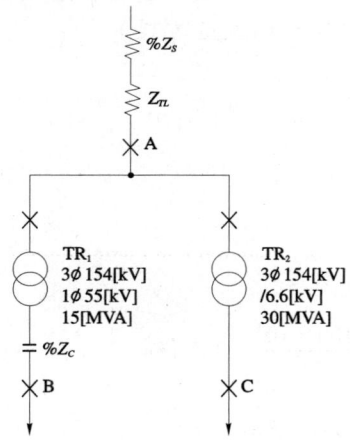

【조건】

$\%Z_S$: 한전 s/s의 154 [kV] 인출측의 전원측 정상 임피던스 1.2 [%] (100 [MVA] 기준)

Z_{TL} : 154 [kV] 송전 선로의 임피던스 1.83 [Ω]

$\%Z_{TR1} = 10[\%]$ (15 [MVA] 기준)

$\%Z_{TR2} = 10[\%]$ (30 [MVA] 기준)

$\%Z_C = 50[\%]$ (100 [MVA] 기준)

(1) 다음 임피던스의 100 [MVA] 기준의 %임피던스를 구하시오.

① %Z_{TL}

② %Z_{TR1}

③ %Z_{TR2}

(2) A, B, C 각 점에서의 합성 %임피던스를 구하시오.

① %Z_A

② %Z_B

③ %Z_C

(3) A, B, C 각 점에서의 차단기의 소요 차단 전류는 몇 [kA]가 되겠는가? (단, 비대칭분을 고려한 상승 계수는 1.6으로 한다.)

① I_A

② I_B

③ I_C

[작성답안]

(1) ① %$Z_{TL} = \dfrac{Z \cdot P}{10\,V^2} = \dfrac{1.83 \times 100 \times 10^3}{10 \times 154^2} = 0.77\ [\%]$

② %$Z_{TR1} = 10\,[\%] \times \dfrac{100}{15} = 66.67\,[\%]$

③ %$Z_{TR2} = 10\,[\%] \times \dfrac{100}{30} = 33.33\,[\%]$

답 : %$Z_{TL} = 0.77\,[\%]$, %$Z_{TR1} = 66.67\,[\%]$, %$Z_{TR2} = 33.33\,[\%]$

(2) ① %Z_A = %Z_S + %Z_{TL} = 1.2 + 0.77 = 1.97 [%]

② %Z_B = %Z_S + %Z_{TL} + %Z_{TR1} − %Z_C = 1.2 + 0.77 + 66.67 − 50 = 18.64 [%]

③ %Z_C = %Z_S + %Z_{TL} + %Z_{TR2} = 1.2 + 0.77 + 33.33 = 35.3 [%]

답 : %$Z_A = 1.97\,[\%]$, %$Z_B = 18.64\,[\%]$, %$Z_C = 35.3\,[\%]$

(3) ① $I_A = \dfrac{100}{\%Z_A} I_n = \dfrac{100}{1.97} \times \dfrac{100 \times 10^3}{\sqrt{3} \times 154} \times 1.6 \times 10^{-3} = 30.45$ [kA]

② $I_B = \dfrac{100}{\%Z_B} I_n = \dfrac{100}{18.64} \times \dfrac{100 \times 10^3}{55} \times 1.6 \times 10^{-3} = 15.61$ [kA]

③ $I_C = \dfrac{100}{\%Z_C} I_n = \dfrac{100}{35.3} \times \dfrac{100 \times 10^3}{\sqrt{3} \times 6.6} \times 1.6 \times 10^{-3} = 39.65$ [kA]

[핵심] %임피던스법

임피던스의 크기를 옴[Ω] 값 대신에 %값으로 나타내어 계산하는 방법으로 옴[Ω]법과 달리 전압환산을 할 필요가 없어 계산이 용이하므로 현재 가장 많이 사용되고 있다.

$\%Z = \dfrac{I_n[\text{A}] \times Z[\Omega]}{E[\text{V}]} \times 100[\%] = \dfrac{P[\text{kVA}] \times Z[\Omega]}{10\,V^2[\text{kV}]} [\%]$

$P_S = \dfrac{100}{\%Z} P_N$

여기서, P_N은 %임피던스를 결정하는 기준용량을 의미 한다.

2012년 3회 기출문제 해설

※ 다음 물음에 답을 해당 답란에 답하시오.

1 출제년도 90.08.10.11.12.(5점/부분점수 없음)

디젤 발전기를 5시간 전부하로 운전할 때 중유의 소비량이 287 [kg]이었다. 이 발전기의 정격 출력을 계산하시오.(단, 중유의 열량은 10^4 [kcal/kg], 기관효율 35.3 [%], 발전기효율 85.7 [%], 전부하시 발전기역률 85 [%]이다.)

[작성답안]

계산 : $P = \dfrac{BH\eta_g \eta_t}{860 T\cos\theta} = \dfrac{287 \times 10^4 \times 0.353 \times 0.857}{860 \times 5 \times 0.85} = 237.547$ [kVA]

답 : 237.55 [kVA]

[핵심] 디젤 발전기의 출력

$$P = \dfrac{BH\eta_g \eta_t}{860 T\cos\theta} \text{ [kVA]}$$

여기서 η_g : 발전기효율 η_t : 엔진효율 T : 운전시간 [h] B : 연료소비량 [kg]

H : 연료의 열량 [kcal/kg], 1 [kWh] = 860 [kcal]

2 출제년도 12.(4점/부분점수 없음)

카르노도표에 나타낸 것과 같이 논리식과 무접점 논리회로를 나타내시오.(단, "0": L (Low Level)), "1": H (High Level)이며, 입력은 A, B, C 출력은 X이다.)

A \ BC	0 0	0 1	1 1	1 0
0		1		1
1		1		1

(1) 논리식으로 나타낸 후 간략화 하시오.
(2) 무접점 논리회로

[작성답안]

(1) $X = \overline{A}\overline{B}C + \overline{A}B\overline{C} + A\overline{B}C + AB\overline{C} = \overline{B}C(\overline{A}+A) + B\overline{C}(\overline{A}+A) = \overline{B}C + B\overline{C}$

(2)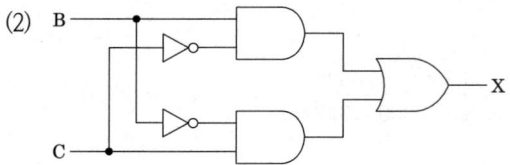

[핵심] 논리연산

① 분배 법칙

$A+(B \cdot C) = (A+B) \cdot (A+C)$ $A \cdot (B+C) = A \cdot B + A \cdot C$

② 불대수

$A \cdot 0 = 0$ $\qquad\qquad A + 0 = A$
$A \cdot 1 = A$ $\qquad\qquad A + 1 = 1$
$A + A = A$ $\qquad\qquad A \cdot A = A$
$A \cdot \overline{A} = 0$ $\qquad\qquad A + \overline{A} = 1$

③ De Morgan의 정리

$\overline{A+B} = \overline{A}\,\overline{B}$ $\qquad\qquad A+B = \overline{\overline{A}\,\overline{B}}$

$\overline{AB} = \overline{A} + \overline{B}$ $\qquad\qquad AB = \overline{\overline{A}+\overline{B}}$

3

출제년도 08.12.(5점/부분점수 없음)

단권변압기 3대를 사용한 3상 △결선 승압기에 의해 45 [kVA]인 3상 평형 부하의 전압을 3,000 [V]에서 3,300 [V]로 승압하는데 필요한 변압기의 용량은 얼마인지 계산하시오.

[작성답안]

계산 : $\dfrac{\text{자기 용량}}{\text{부하 용량}} = \dfrac{V_h^{\,2} - V_\ell^{\,2}}{\sqrt{3}\, V_h V_\ell}$

∴ 자기 용량 $= \dfrac{V_h^{\,2} - V_\ell^{\,2}}{\sqrt{3}\, V_h V_\ell} \times$ 부하 용량 $= \dfrac{3{,}300^2 - 3{,}000^2}{\sqrt{3} \times 3{,}300 \times 3{,}000} \times 45 = 4.959$ [kVA]

답 : 4.96 [kVA]

[핵심] 단권변압기

- 1권선 변압기이므로 동량을 줄일 수 있어 경제적이다.
- 동손이 감소하여 효율이 좋아진다.
- 부하 용량이 등가 용량에 비하여 커져 경제적이다.
- 누설자속 감소로 전압 변동률이 작다.
- 누설 임피던스가 적어 단락 전류가 크다.
- 1차측에 이상전압이 발생시 2차측에도 고전압이 걸려 위험하다.
- 단락전류가 크게 되므로 열적, 기계적 강도가 커야 된다.

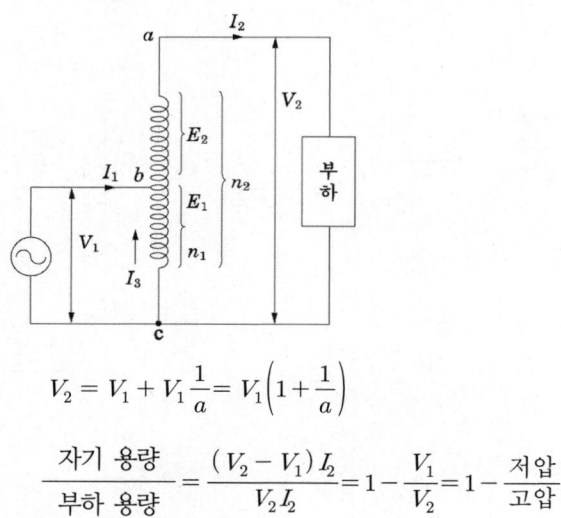

$V_2 = V_1 + V_1 \dfrac{1}{a} = V_1\left(1 + \dfrac{1}{a}\right)$

$\dfrac{\text{자기 용량}}{\text{부하 용량}} = \dfrac{(V_2 - V_1)I_2}{V_2 I_2} = 1 - \dfrac{V_1}{V_2} = 1 - \dfrac{\text{저압}}{\text{고압}}$

$$자기 용량\ (P) = 부하\ 용량(P_L) \times \frac{고압(V_2) - 저압(V_1)}{고압(V_2)}$$

$$부하\ 용량\ P_L = P \times \frac{V_2}{V_2 - V_1}$$

4

출제년도 12.(3점/각 항목당 1점)

특고압 대용량 유입변압기의 내부고장이 생겼을 경우 보호하는 장치를 설치하여야 한다. 특고압 유입변압기의 기계적인 보호장치 3가지를 쓰시오.

[작성답안]
- 충격가스압계전기
- 충격압력계전기
- 브흐홀쯔계전기

[핵심] 변압기 보호장치

변압기에서 발생되는 고장의 종류에는
- 권선의 상간단락 및 층간단락
- 권선과 철심간의 절연파괴에 의한 지락고장
- 고·저압 권선의 혼촉
- 권선의 단선
- Bushing lead의 절연파괴 등이 있으며 이중에서도 가장 많이 발생되는 고장은 권선의 층간단락 및 지락 이다.

가. 전기적 보호장치

변압기의 고장시에 나타나는 전압, 전류의 변화에 따라 동작하는 보호장치이다.
- 전류비율차동계전기(87T, 내부단락과 지락 주보호)
- 방향거리계전기(21, 2단계, 단락후비보호, 345kV MTR)
- 과전류계전기(51, 단락, 지락 후비보호)
- 과전압계전기(64, 지락후비보호)
- 피뢰기(충격과전압 침입방지)

나. 기계적 보호장치

변압기의 내부에 고장이 발생하면 내부의 압력이나 온도가 상승되고, 가스압의 변화가 일어나며, 이때 상승된 압력은 변압기의 외함을 파손시키고 절연유를 유출시켜 화재를 유발하기도 한다. 기계적인 보호장치는 변압기 고장시에 발생되는 압력, 온도, 가스압 등의 변화에 따라 동작하는 보호장치이다.

- 방압관 방압안전장치 96D
- 충격압력계전기 96P
- 부흐홀쯔계전기 96B11 96B12
- OLTC보호계전기 96B2(96T)
- 가스검출계전기(Gas Detecter Ry) 96G
- 유온도계 26Q1, 26Q2
- 권선온도계 26W1, 26W2
- 압력계 63N 63F
- 유면계 33Q1 33Q2
- 유류지시계 69Q

5

출제년도 93.00.02.12.19.(7점/각 항목당 1점)

그림은 통상적인 단락, 지락 보호에 쓰이는 방식으로서 주보호와 후비보호의 기능을 지니고 있다. 도면을 보고 다음 각 물음에 답하시오.

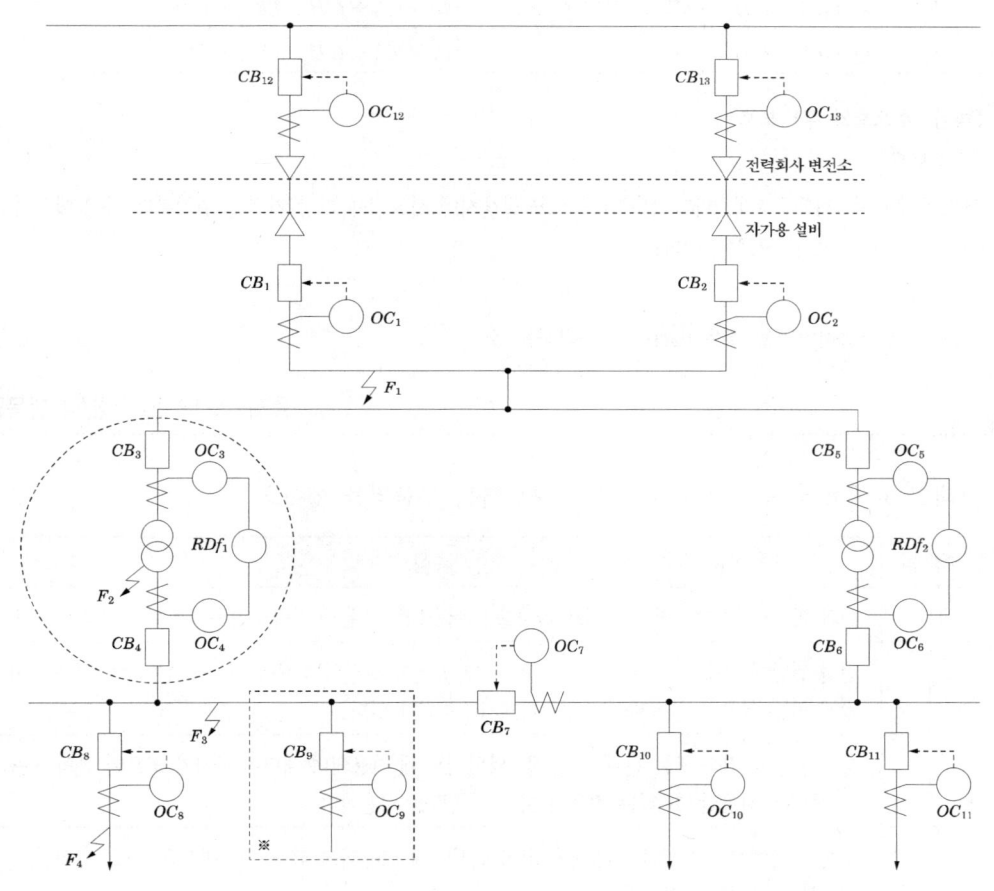

사고점	주보호	후비보호
F_1	예시) $OC_1 + CB_1$, $OC_2 + CB_2$	①
F_2	②	③
F_3	④	⑤
F_4	⑥	⑦

[작성답안]

사고점	주보호	후비보호
F_1	$OC_1 + CB_1$, $OC_2 + CB_2$	① $OC_{12} + CB_{12}$, $OC_{13} + CB_{13}$
F_2	② $RDf_1 + OC_4 + CB_4$, $OC_3 + CB_3$	③ $OC_1 + CB_1$, $OC_2 + CB_2$
F_3	④ $OC_4 + CB_4$, $OC_7 + CB_7$	⑤ $OC_3 + CB_3$, $OC_6 + CB_6$
F_4	⑥ $OC_8 + CB_8$	⑦ $OC_4 + CB_4$, $OC_7 + CB_7$

[핵심] 주보호와 후비보호

① 주보호

보호 System을 계통구분개소마다 설치하여 사고 발생시에 사고점에 가장 가까운 위치부터 가장 빨리 동작하여 이상부분을 최소한으로 분리하는 것

② 후비 보호

주 보호가 오동작하였을 경우 Back-up 동작하는 것

출제년도 12.20.(8점/각 항목당 1점)

6

아래의 표에서 금속관 부품의 특징에 해당하는 부품명을 쓰시오.

부품명	특징
①	관과 박스를 접속할 경우 파이프 나사를 죄어 고정시키는데 사용되며 6각형과 기어형이 있다.
②	전선 관단에 끼우고 전선을 넣거나 빼는 데 있어서 전선의 피복을 보호하여 전선이 손상되지 않게 하는 것으로 금속제와 합성수지제의 2종류가 있다.
③	금속관 상호 접속 또는 관과 노멀 밴드와의 접속에 사용되며 내면에 나사가 있으며 관의 양측을 돌리어 사용할 수 없는 경우 유니온 커플링을 사용한다.
④	노출 배관에서 금속관을 조영재에 고정시키는 데 사용되며 합성수지 전선관, 가요 전선관, 케이블 공사에도 사용된다.
⑤	배관의 직각 굴곡에 사용하며 양단에 나사가 나있어 관과의 접속에는 커플링을 사용한다.
⑥	금속관을 아웃렛 박스의 노크아웃에 취부할 때 노크아웃의 구멍이 관의 구멍보다 클 때 사용된다.
⑦	매입형의 스위치나 콘센트를 고정하는 데 사용되며 1개용, 2개용, 3개용 등이 있다.
⑧	전선관 공사에 있어 전등 기구나 점멸기 또는 콘센트의 고정, 접속함으로 사용되며 4각 및 8각이 있다.

[작성답안]

①	로크너트 (lock nut)	⑤	노멀밴드 (normal bend)
②	부싱 (bushing)	⑥	링 리듀우서 (ring reducer)
③	커플링 (coupling)	⑦	스위치 박스 (switch box)
④	새들 (saddle)	⑧	아웃렛 박스 (outlet box)

[핵심] 금속관 부품

명칭	사용 용도
로크너트(lock nut)	관과 박스(Box)를 접속하는 경우 파이프 나사를 죄어 고정시키는 데 사용되며 6각형과 기어형이 있다.
부싱(bushing)	전선 관단에 끼우고 전선을 넣거나 빼는 데 있어서 전선의 피복을 보호하여 전선이 손상되지 않게 하는 것. 금속제와 합성수지제 2가지가 있다.
커플링(coupling)	금속관 상호 접속 또는 관과 노멀 밴드와의 접속에 사용되며 내면에 나사가 나있다.
유니온 커플링	관의 양측을 돌려서 접속할 수 없는 경우 유니온 커플링을 사용한다.
새들(saddle)	노출 배관에서 금속관을 조영재에 고정시키는 데 사용되며 합성수지관, 가요관, 케이블 공사에도 사용된다.
노멀 밴드(normal bend)	배관의 직각 굴곡에 사용하며 양단에 나사가 나 있어 관과의 접속에는 커플링을 사용한다.
링 리듀서	금속을 아웃렛 박스의 로크 아웃에 취부할 때 로크 아웃의 구멍이 관의 구멍보다 클 때 링 리듀서를 사용, 로크 너트로 조이면 된다.
스위치 박스 (switch box)	매입형의 스위치나 콘센트를 고정하는 데 사용되며 1개용, 2개용, 3개용 등이 있다.
플로어 박스	바닥 밑으로 매입 배선할 때 사용 및 바닥 밑에 콘센트를 접속할 때 사용한다.

명칭	사용 용도
콘크리트 박스 (concrete box)	콘크리트에 매입 배선용으로 아우트렛 박스와 같은 목적으로 사용하며 밑판을 분리할 수 있다.
아우트렛 박스 (outlet box)	전선관 공사에 있어 전등 기구나 점멸기 또는 콘센트의 고정, 접속함으로 사용되며 4각 및 8각이 있다.
노출 배관용 박스	노출 배관 박스는 허브가 있는 주철재의 박스가 사용되며 원형 노출 박스, 노출 스위치 박스 등이 있다.
유니버셜엘보	노출 배관 공사에서 관을 직각으로 굽히는 곳에 사용, 강제전선관 공사 중 노출배관 공사에서 관을 직각으로 굽히는 곳에 사용한다. 3방향으로 분기할 수 있는 T형과 4방향으로 분기할 수 있는 크로스(cress)형이 있다.
터미널 캡 (terminal cap)	저압 가공 인입선에서 금속관 공사로 옮겨지는 곳 또는 수평금속관으로부터 전선을 뽑아 전동기 단자 부분에 접속할 때 사용 A형, B형이 있다.
엔트런스 캡(우에사 캡) (entrance cap)	인입구, 인출구의 관단에 설치하여 수직금속관에 접속하여 옥외의 빗물을 막는 데 사용한다.

명칭	사용 용도
픽스쳐 스터드와 히키 (fixture stud & hickey)	아우트렛 박스에 조명기구를 부착시킬 때 기구 중량의 장력을 보강하기 위하여 사용한다.
접지 클램프 (grounding clamp)	금속관 공사시 관을 접지하는 데 사용한다.

7

출제년도 12.(8점/부분점수 없음)

전력용 콘덴서에 설치하는 직렬리액터의 용량산정에 대하여 설명하시오.

[작성답안]

$5\omega L = \dfrac{1}{5\omega C}$ 에서 $\omega L = \dfrac{1}{25} \times \dfrac{1}{\omega C} = 0.04 \times \dfrac{1}{\omega C}$

이론적으로는 콘덴서 용량의 4[%]를 산정한다. 주파수 변화 등을 고려하여 6[%]의 값을 사용한다.

[핵심] 직렬리액터 (Series Reactor : SR)

대용량의 콘덴서를 설치하면 고조파 전류가 흘러 파형이 일그러지는 원인이 된다. 파형을 개선(제5고조파의 제거)하기 위해서 전력용 콘덴서와 직렬로 리액터를 설치한다. 직렬 리액터의 용량은 콘덴서 용량의 6[%]가 표준정격으로 되어 있다.(계산상은 4[%])

8

출제년도 92.05.07.09.12.18.20.(12점/각 문항당 1점, 모두 맞으면 12점)

3층 사무실용 건물에 3상 3선식의 6,000 [V]를 200 [V]로 강압하여 수전하는 설비이다. 각종 부하 설비가 표와 같을 때 참고자료를 이용하여 다음 물음에 답하시오.

[표1]

동력 부하 설비					
사용 목적	용량 [kW]	대수	상용 동력 [kW]	하계 동력 [kW]	동계 동력 [kW]
난방 관계 • 보일러 펌프 • 오일 기어 펌프 • 온수 순환 펌프	6.0 0.4 3.0	1 1 1			6.0 0.4 3.0
공기 조화 관계 • 1, 2, 3층 패키지 콤프레셔 • 콤프레셔 팬 • 냉각수 펌프 • 쿨링 타워	7.5 5.5 5.5 1.5	6 3 1 1	16.5	45.0 5.5 1.5	
급수배수 관계 • 양수 펌프	3.0	1	3.0		
기타 • 소화 펌프 • 셔터	5.5 0.4	1 2	5.5 0.8		
합 계			25.8	52.0	9.4

[표 2]

사용 목적	와트수 [W]	설치 수량	환산 용량 [VA]	총 용량 [VA]	비고
전등 관계					
• 수은등 A	200	4	260	1,040	200 [V] 고역률
• 수은등 B	100	8	140	1,120	200 [V] 고역률
• 형광등	40	820	55	45,100	200 [V] 고역률
• 백열전등	60	10	60	600	
콘센트 관계					
• 일반 콘센트		80	150	12,000	2P 15 [A]
• 환기팬용 콘센트		8	55	440	
• 히터용 콘센트	1,500	2		3,000	
• 복사기용 콘센트		4		3,600	
• 텔레타이프용 콘센트		2		2,400	
• 룸 쿨러용 콘센트		6		7,200	
기타					
• 전화 교환용 정류기		1		800	
계				77,300	

참고자료1 변압기의 정격전류

상수	단상				3상			
공칭전압	3.3 [kV]		6.6 [kV]		3.3 [kV]		6.6 [kV]	
변압기 용량 [kVA]	변압기 정격전류 [A]	정격 전류 [A]	변압기 정격전류 [A]	정격 전류 [A]	변압기 정격전류 [A]	정격 전류 [A]	변압기 정격전류 [A]	정격 전류 [A]
5	1.52	3	0.76	1.5	0.88	1.5	–	–
10	3.03	7.5	1.52	3	1.75	3	0.88	1.5
15	4.55	7.5	2.28	3	2.63	3	1.3	1.5
20	6.06	7.5	3.03	7.5	–	–	–	–
30	9.10	15	4.56	7.5	5.26	7.5	2.63	3
50	15.2	20	7.60	15	8.45	15	4.38	7.5
75	22.7	30	11.4	15	13.1	15	6.55	7.5
100	30.3	50	15.2	20	17.5	20	8.75	15

150	45.5	50	22.7	30	26.3	30	13.1	15
200	60.7	75	30.3	50	35.0	50	17.5	20
300	91.0	100	45.5	50	52.0	75	26.3	30
400	121.4	150	60.7	75	70.0	75	35.0	50
500	152.0	200	75.8	100	87.5	100	43.8	50

참고자료 2 배전용 변압기의 정격

항 목			소형 6[kV] 유입 변압기							중형 6[kV] 유입 변압기					
정격용량[kVA]			3	5	7.5	10	15	20	30	50	75	100	150	200	300	500
정격 2차 전류 [A]	단상	105[V]	28.6	47.6	71.4	95.2	143	190	286	476	714	852	1430	1904	2857	4762
		210[V]	14.3	23.8	35.7	47.6	71.4	95.2	143	238	357	476	714	952	1429	2381
	3상	210[V]	8	13.7	20.6	27.5	41.2	55	82.5	137	206	275	412	550	825	1376
정격 전압	정격 2차 전압		6,300[V] 6/3[kV] 공용 : 6,300[V]/3,150[V]								6,300[V] 6/3[kV] 공용 : 6,300[V]/3,150[V]					
	정격 2차 전압	단상	210[V] 및 105[V]								200[kVA] 이하의 것 : 210[V] 및 105[V] 200[kVA] 이하의 것 : 210[V]					
		3상	210[V]								210[V]					
탭 전압	전용량 탭전압	단상	6,900[V], 6,600[V] 6/3[kV] 공용 : 6,300[V]/3,150[V] 6,600[V]/3,300[V]								6,900[V], 6,600[V]					
		3상	6,600[V] 6/3[kV] 공용 : 6,600[V]/3,300[V]								6/3[kV] 공용 : 6,300[V]/3,150[V], 6,600[V]/3,300[V]					
	저감용량 탭전압	단상	6,000[V], 5,700[V] 6/3[kV] 공용 : 6,000[V]/3,000[V], 5,700[V]/2,850[V]								6,000[V], 5,700[V]					
		3상	6,000[V] 6/3[kV] 공용 : 6,000[V]/3,300[V],								6/3[kV] 공용 : 6,600[V]/3,000[V], 5,700[V]/2,850[V]					
변압기의 결선	단상		2차 권선 : 분할 결선								3상	1차 권선 : 성형 권선				
	3상		1차 권선 : 성형 권선, 2차 권선 : 성형 권선									2차 권선 : 삼각 권선				

참고자료 3 역률개선용 콘덴서의 용량 계산표 [%]

구분	개선 후의 역률																	
		1.00	0.99	0.98	0.97	0.96	0.95	0.94	0.93	0.92	0.91	0.90	0.89	0.88	0.87	0.86	0.85	0.83	0.80
개선 전의 역률	0.50	173	159	153	148	144	140	137	134	131	128	125	122	119	117	114	111	106	98
	0.55	152	138	132	127	123	119	116	112	108	106	103	101	98	95	92	90	85	77
	0.60	133	119	113	108	104	100	97	94	91	88	85	82	79	77	74	71	66	58
	0.62	127	112	106	102	97	94	90	87	84	81	78	75	73	70	67	65	59	52
	0.64	120	106	100	95	91	87	84	81	78	75	72	69	66	63	61	58	53	45
	0.66	114	100	94	89	85	81	78	74	71	68	65	63	60	57	55	52	47	39
	0.68	108	94	88	83	79	75	72	68	65	62	59	57	54	51	49	46	41	33
	0.70	102	88	82	77	73	69	66	63	59	56	54	51	48	45	43	40	35	27
	0.72	96	82	76	71	67	64	60	57	54	51	48	45	42	40	37	34	29	21
	0.74	91	77	71	68	62	58	55	51	48	45	43	40	37	34	32	29	24	16
	0.76	86	71	65	60	58	53	49	46	43	40	37	34	32	29	26	24	18	11
	0.78	80	66	60	55	51	47	44	41	38	35	32	29	26	24	21	18	13	5
	0.79	78	63	57	53	48	45	41	38	35	32	29	26	24	21	18	16	10	2.6
	0.80	75	61	55	50	46	42	39	36	32	29	27	24	21	18	16	13	8	
	0.81	72	58	52	47	43	40	36	33	30	27	24	21	18	16	13	10	5	
	0.82	70	56	50	45	41	34	34	30	27	24	21	18	16	13	10	8	2.6	
	0.83	67	53	47	42	38	34	31	28	25	22	19	16	13	11	8	5		
	0.84	65	50	44	40	35	32	28	25	22	19	16	13	11	8	5	2.6		
	0.85	62	48	42	37	33	29	25	23	19	16	14	11	8	5	2.7			
	0.86	59	45	39	34	30	28	23	20	17	14	11	8	5	2.6				
	0.87	57	42	36	32	28	24	20	17	14	11	8	6	2.7					
	0.88	54	40	34	29	25	21	18	15	11	8	6	2.8						
	0.89	51	37	31	26	22	18	15	12	9	6	2.8							
	0.90	48	34	28	23	19	16	12	9	6	2.8								
	0.91	46	31	25	21	16	13	9	8	3									
	0.92	43	28	22	18	13	10	8	3.1										
	0.93	40	25	19	14	10	7	3.2											

0.94	36	22	16	11	7	3.4
0.95	33	19	13	8	3.7	
0.96	29	15	9	4.1		
0.97	25	11	4.8			
0.98	20	8				
0.99	14					

(1) 동계 난방 때 온수 순환 펌프는 상시 운전하고, 보일러용과 오일 기어 펌프의 수용률이 60 [%]일 때 난방 동력 수용 부하는 몇 [kW]인가?

(2) 동력 부하의 역률이 전부 80 [%]라고 한다면 피상 전력은 각각 몇 [kVA]인가? (단, 상용 동력, 하계 동력, 동계 동력별로 각각 계산하시오.)

구분	계산	답
상용 동력		
하계 동력		
동계 동력		

(3) 총 전기 설비 용량은 몇 [kVA]를 기준으로 하여야 하는가?

(4) 전등의 수용률은 70[%], 콘센트 설비의 수용률은 50[%]라고 한다면 몇 [kVA]의 단상 변압기에 연결하여야 하는가? (단, 전화 교환용 정류기는 100[%] 수용률로서 계산한 결과에 포함시키며 변압기 예비율은 무시한다.)

(5) 동력 설비 부하의 수용률이 모두 60 [%]라면 동력 부하용 3상 변압기의 용량은 몇 [kVA]인가? (단, 동력 부하의 역률은 80 [%]로 하며 변압기의 예비율은 무시한다.)

(6) 상기 건물에 시설된 변압기 총 용량은 몇 [kVA]인가?

(7) 단상 변압기와 3상 변압기의 1차측의 전력 퓨즈의 정격 전류는 각각 몇 [A]의 것을 선택하여야 하는가?

- 단상변압기 :
- 3상변압기 :

(8) 선정된 동력용 변압기 용량에서 역률을 95 [%]로 개선하려면 콘덴서 용량은 몇 [kVA]인가?

[작성답안]

(1) 계산 : 난방 동력 수용부하 = 3.0 + 6.0 × 0.6 + 0.4 × 0.6 = 6.84 [kW]

답 : 6.84 [kW]

(2)

구분	계산	답
상용 동력	$P = \dfrac{25.8}{0.8} = 32.25 \,[\text{kVA}]$	32.25 [kVA]
하계 동력	$P = \dfrac{52.0}{0.8} = 65 \,[\text{kVA}]$	65 [kVA]
동계 동력	$P = \dfrac{9.4}{0.8} = 11.75 \,[\text{kVA}]$	11.75 [kVA]

(3) 계산 : 총 전기 설비 용량 = 32.25 + 65 + 77.3 = 174.55 [kVA]

답 : 174.55 [kVA]

(4) 계산

전등 관계 : (1,040 + 1,120 + 45,100 + 600) × 0.7 × 10^{-3} = 33.5 [kVA]

콘센트 관계 : (12,000 + 440 + 3,000 + 3,600 + 2,400 + 7,200) × 0.5 × 10^{-3} = 14.32 [kVA]

기타 : 800 × 1 × 10^{-3} = 0.8 [kVA]

∴ P = 33.5 + 14.32 + 0.8 = 48.62 [kVA]

∴ 단상 변압기 50 [kVA] 선정

답 : 50 [kVA]

(5) 계산 : $P = \dfrac{(25.8 + 52.0)}{0.8} \times 0.6 = 58.35 \,[\text{kVA}]$

∴ 3상 변압기 용량 75 [kVA] 선정

답 : 75 [kVA]

(6) 계산 : 총 용량 = 50 + 75 = 125 [kVA]

답 : 125 [kVA]

(7) 단상 변압기 : 참고자료 1에서 변압기용량 50 [kVA]과 단상 6.6 [kV]의 교차점에서 퓨즈의 정격 전류 15 [A] 선정

3상 변압기 : 참고자료 1에서 변압기용량 75 [kVA]과 3상 6.6 [kV]의 교차점에서 퓨즈의 정격 전류 7.5 [A] 선정

(8) 계산 : 참고자료 3에서 개선전역률 80 [%]와 개선후 역률 95 [%]가 만나는 곳의 42 [%] 선정

∴ $Q_c = 75 \times 0.8 \times 0.42 = 25.2$ [kVA]

답 : 25.2 [kVA]

[핵심]
(5) 3상 변압기 용량 계산은 동계부하와 하계부하 중 큰 것을 기준으로 구한다.
(6) 총용량은 단상변압기 용량과 3상 변압기 용량의 합계로 구한다.

출제년도 93.07.12.17.(5점/부분점수 없음)

9

다음 그림과 같이 200/5 [A] 1차측에 150 [A]의 3상 평형 전류가 흐를 때 전류계 A_3에 흐르는 전류는 몇 [A]인가?

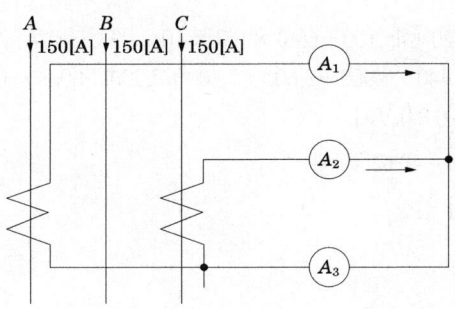

[작성답안]

계산 : CT비 가 200/5 이므로 $I_2 = 150 \times \dfrac{5}{200} = 3.75$ [A]

∴ $A_1 = A_2 = 3.75$ [A]

$A_3 = |A_1 + A_2| = \sqrt{A_1^2 + A_2^2 + 2A_1A_2\cos\theta}$
$= \sqrt{3.75^2 + 3.75^2 + 2 \times 3.75^2 \times \cos120} = 3.75$ [A]

답 : 3.75 [A]

[핵심] 변류기 접속

① 가동접속 : I_1 = 전류계 Ⓐ 지시값 × CT비   ② 교차접속 : I_1 = 전류계 Ⓐ 지시값 × $\dfrac{1}{\sqrt{3}}$ × CT비

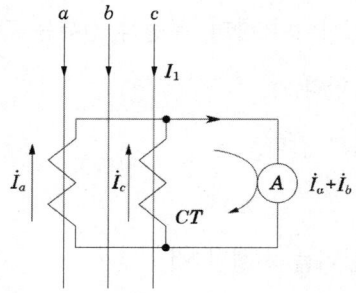
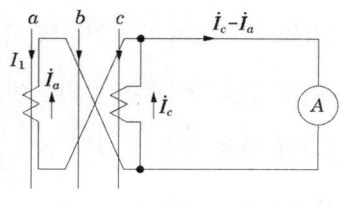

10

출제년도 96.99.00.05.12.22.(10점/각 문항당 2점, 모두 맞으면 10점)

그림은 누전차단기를 적용하는 것으로 CVCF 출력단의 접지용 콘덴서 C_0는 $6[\mu F]$이고, 부하측 라인필터의 대지 정전용량 $C_1 = C_2 = 0.1[\mu F]$, 누전차단기 ELB_1에서 지락점까지의 케이블의 대지정전용량 $C_{L1} = 0$(ELB_1의 출력단에 지락 발생 예상), ELB_2에서 부하 2까지의 케이블의 대지정전용량은 $C_{L2} = 0.2[\mu F]$이다. 지락저항은 무시하며, 사용 전압은 200 [V], 주파수가 60 [Hz]인 경우 다음 각 물음에 답하시오.

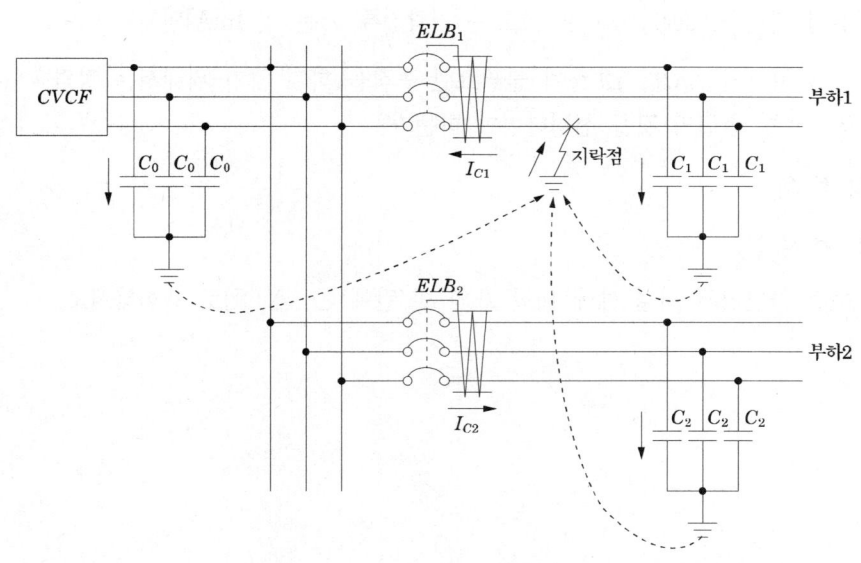

【조건】
- ELB_1에 흐르는 지락전류 I_{c1}은 약 796[mA]($I_{c1} = 3 \times 2\pi f\, CE$에 의하여 계산)이다.
- 누전차단기는 지락시의 지락전류의 $\frac{1}{3}$에 동작 가능하여야 하며, 부동작 전류는 건전 피더에 흐르는 지락전류의 2배 이상의 것으로 한다.
- 누전차단기의 시설 구분에 대한 표시 기호는 다음과 같다.

○ : 누전차단기를 시설할 것

△ : 주택에 기계기구를 시설하는 경우에는 누전차단기를 시설할 것

□ : 주택 구내 또는 도로에 접한 면에 룸에어컨디셔너, 아이스박스, 진열장, 자동판매기 등 전동기를 부품으로 한 기계기구를 시설하는 경우에는 누전차단기를 시설하는 것이 바람직하다.

※ 사람이 조작하고자 하는 기계기구를 시설한 장소보다 전기적인 조건이 나쁜 장소에서 접촉할 우려가 있는 경우에는 전기적 조건이 나쁜 장소에 시설된 것으로 취급한다.

(1) 도면에서 $CVCF$는 무엇인지 우리말로 그 명칭을 쓰시오.

(2) 건전 피더(Feeder) ELB_2에 흐르는 지락전류 I_{c2}는 몇 [mA]인가?

(3) 누전 차단기 ELB_1, ELB_2가 불필요한 동작을 하지 않기 위해서는 정격감도전류 몇 [mA] 범위의 것을 선정하여야 하는가?

① ELB_1

② ELB_2

(4) 누전 차단기의 시설 예에 대한 표의 빈 칸에 ○, △, □로 표현하시오.

전로의 대지전압	기계기구 시설장소	옥내		옥측		옥외	물기가 있는 장소
		건조한 장소	습기가 많은 장소	우선내	우선외		
150 [V] 이하		–	–	–			
150 [V] 초과 300 [V] 이하					–		

[작성답안]

(1) 정전압 정주파수 장치

(2) 계산 : 지락전류 $I_c = 3\omega CE$에서

$$I_{c2} = 3 \times 2\pi f(C_{L2} + C_2) \times \frac{V}{\sqrt{3}} = 3 \times 2\pi \times 60 \times (0.2+0.1) \times 10^{-6} \times \frac{200}{\sqrt{3}} = 0.039178 \text{ [A]}$$

답 : 39.18 [mA]

(3) ① ELB_1

계산 : $I_{c1} = 796$ [mA]

동작 전류 = 지락전류 $\times \frac{1}{3}$ 이므로 $ELB_1 = 796 \times \frac{1}{3} = 265.33$ [mA]

부하 2측 cable 지락시 건전피더의 전류

$$I_{c2} = 2\pi f \times 3(C_{L1} + C_1) \times \frac{V}{\sqrt{3}} = 2\pi \times 60 \times 3(0+0.1) \times 10^{-6} \times \frac{200}{\sqrt{3}} = 0.013059 \text{ [A]}$$

$= 13.06$ [mA]

부동작 전류 = 건전피더 지락전류 $\times 2$ 이므로 $ELB_1 = 13.06 \times 2 = 26.12$ [mA]

답 : ELB_1 정격감도전류 범위 26.12 ~ 265.33 [mA]

② ELB_2

계산 : $I_{c1} = 3 \times \omega CE = 3 \times 2\pi f(C_0 + C_{L1} + C_1 + C_{L2} + C_2) \times \frac{V}{\sqrt{3}}$

$= 3 \times 2\pi \times 60 \times (6+0+0.1+0.2+0.1) \times 10^{-6} \times \frac{200}{\sqrt{3}} = 0.835798$ [A] $= 835.8$ [mA]

동작 전류 = 지락전류 $\times \frac{1}{3}$ 이므로 $ELB_2 = 835.8 \times \frac{1}{3} = 278.6$ [mA]

부하 1측 cable 지락시 건전피더의 전류

$$I_{c2} = 3 \times 2\pi f(C_{L2} + C_2) \times \frac{V}{\sqrt{3}} = 3 \times 2\pi \times 60 \times (0.2 + 0.1) \times 10^{-6} \times \frac{200}{\sqrt{3}} = 0.039178 \text{ [A]}$$

$$= 39.18 \text{ [mA]}$$

부동작 전류 = 건전피더 지락전류 $\times 2$ 이므로 $ELB_2 = 39.18 \times 2 = 78.36$ [mA]

답 : ELB_2 정격감도전류 범위 $78.36 \sim 278.6$ [mA]

(4)

전로의 대지전압 \ 기계기구 시설장소	옥내		옥측		옥외	물기가 있는 장소
	건조한 장소	습기가 많은 장소	우선내	우선외		
150[V] 이하	—	—	—	□	□	○
150[V] 초과 300[V] 이하	△	○	—	○	○	○

[핵심]

① 건전피더 : 지락사고시 지락되지 않은 피더를 말한다.

② ELB_1의 정격감도전류 범위를 선정시 동작전류는 ELB_1의 지락시 흐르는 전류로 구하며, 부동작 전류는 ELB_2의 지락시 건전피더로서 ELB_1에 흐르는 전류로 구한다. 즉, 동작과 부동작 모두 ELB_1에 흐르는 전류이어야 한다.

비접지 선로의 접지전압을 검출하기 위하여 그림과 같은 [Y–Y–개방$\triangle$] 결선을 한 GPT가 있다. 다음 물음에 답하시오.

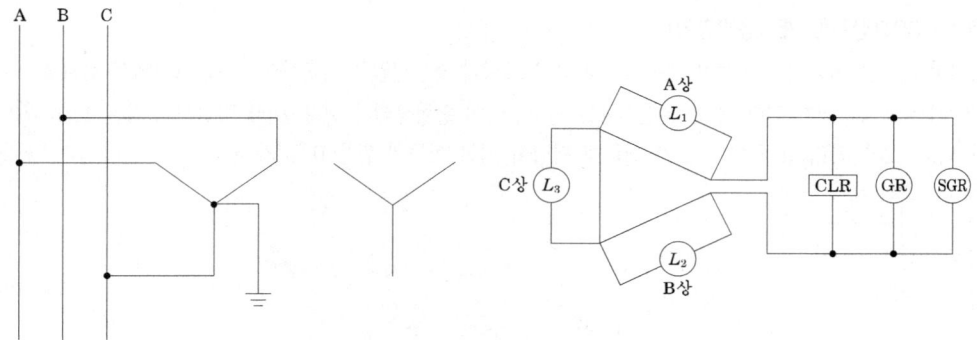

(1) A상 고장시(완전 지락시), 2차 접지 표시등 L_1, L_2, L_3의 점멸과 밝기를 비교하시오.

	점멸	밝기
L_1		
L_2, L_3		

(2) 1선 지락사고시 건전상(사고가 안난 상)의 대지 전위의 변화를 간단히 설명하시오.

(3) GR, SGR의 정확한 명칭을 우리말로 쓰시오.

• GR :

• SGR :

[작성답안]

(1)

	점멸	밝기
L_1	소등	어둡다
L_2, L_3	점등	더욱 밝아진다

(2) 평상시의 건전상의 대지 전위 : $\dfrac{110}{\sqrt{3}}$ [V]

　　1선 지락 사고시에는 전위가 $\sqrt{3}$ 배로 증가 : 110 [V]

(3) GR : 지락 계전기

　　SGR : 선택지락 계전기

[핵심] GPT(접지형 계기용변압기)

접지형 계기용 변압기는 비접지 계통에서 지락 사고시의 영상전압을 검출한다. 아래 그림에서 접지형 계기용 변압기는 정상상태가 된다. 정상 운전시에는 영상전압이 평형상태가 된다. 이때 각상의 전압은 $110/\sqrt{3}$ [V]가 되고 120°의 위상 차이가 있기 때문에 평형이 되고 이들의 합은 0 [V]가 된다.

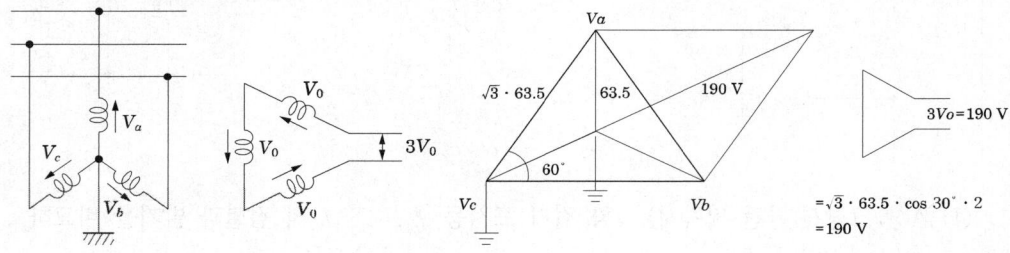

12

출제년도 12.19.(5점/각 문항당 2점, 모두 맞으면 5점)

3상 4선식 교류 380 [V], 50 [kVA]부하가 변전실 배전반에서 270 [m] 떨어져 설치되어 있다. 허용전압강하는 얼마이며 이 경우 배전용 케이블의 최소 굵기는 얼마로 하여야 하는지 계산하시오. (단, 전기사용장소 내 시설한 변압기이며, 케이블은 IEC 규격에 의하며 6 10 16 25 35 50 70[mm²]이다.)

(1) 허용전압강하를 계산하시오.

(2) 케이블의 굵기를 선정하시오.

[작성답안]

(1) 계산 : 전선 길이가 100 [m] 초과시 저압으로 수전하는 경우 기타 : 5 + 0.5 = 5.5 [%]

　　　　허용전압강하 $e = 380 \times 0.055 = 20.9$ [V]

　　답 : 20.9 [V]

(2) 계산 : $I = \dfrac{P}{\sqrt{3}\,V} = \dfrac{50 \times 10^3}{\sqrt{3} \times 380} = 75.97\,[\text{A}]$

$A = \dfrac{17.8LI}{1,000e}$ 에서 $A = \dfrac{17.8 \times 270 \times 75.97}{1,000 \times 220 \times 0.055} = 30.17\,[\text{mm}^2]$

답 : 35 [mm²]

[핵심] 전선의 굵기와 전압강하

① 한국전기설비규정 232.3.9 수용가 설비에서의 전압강하

1. 다른 조건을 고려하지 않는다면 수용가 설비의 인입구로부터 기기까지의 전압강하는 표 232.3-1의 값 이하이어야 한다.

표 232.3-1 수용가설비의 전압강하

설비의 유형	조명 (%)	기타 (%)
A - 저압으로 수전하는 경우	3	5
B - 고압 이상으로 수전하는 경우[a]	6	8

[a] 가능한 한 최종회로 내의 전압강하가 A 유형의 값을 넘지 않도록 하는 것이 바람직하다.

사용자의 배선설비가 100 m를 넘는 부분의 전압강하는 미터 당 0.005% 증가할 수 있으나 이러한 증가분은 0.5%를 넘지 않아야 한다.

2. 다음의 경우에는 표 232.3-1보다 더 큰 전압강하를 허용할 수 있다.

   가. 기동 시간 중의 전동기

   나. 돌입전류가 큰 기타 기기

3. 다음과 같은 일시적인 조건은 고려하지 않는다.

   가. 과도과전압

   나. 비정상적인 사용으로 인한 전압 변동

② KSC IEC 전선규격

1.5, 2.5, 4, 6, 10, 16, 25, 35, 50, 70, 95, 120, 150, 185, 240, 300, 400, 500, 630 [mm²]

③ 전압강하

- 단상 2선식 : $e = \dfrac{35.6LI}{1,000A}$ ·······································①

- 3상 3선식 : $e = \dfrac{30.8LI}{1,000A}$ ·······································②

- 3상 4선식 : $e_1 = \dfrac{17.8LI}{1,000A}$ ·······································③

여기서, L : 거리, I : 정격전류, A : 케이블의 굵기 이며 ③의 식은 1선과 중성선간의 전압강하를 말한다.

13
출제년도 12.16.(3점/각 문항당 1점)

전력용 진상콘덴서의 정기점검(육안검사) 항목 3가지를 쓰시오.

[작성답안]
① 단자의 이완 및 과열유무 점검   ② 용기의 발청 유무점검   ③ 유 누설유무 점검
그 외
④ 용기의 이상변형 유무   ⑤ 붓싱(애자)의 카바 파손유무

14
출제년도 99.01.04.12.(5점/(1)2점, (2)3점)

조명설비에 대한 다음 각 물음에 답하시오.

(1) 배선 도면에 ○$_{H250}$으로 표현되어 있다. 이것의 의미를 쓰시오.

그림기호	그림기호의 의미
○$_{H250}$	

(2) 평면이 30 × 15 [m]인 사무실에 32 [W], 전광속 3,000 [lm]인 형광등을 사용하여 평균조도를 450 [lx]로 유지하도록 설계하고자 한다. 이 사무실에 필요한 형광등 수를 산정하시오. (단, 조명률은 0.6이고, 감광보상률은 1.3이다.)

[작성답안]
(1)

그림기호	그림기호의 의미
○$_{H250}$	250 [W] 수은등

(2) 계산 : $N = \dfrac{EAD}{FU} = \dfrac{450 \times 15 \times 30 \times 1.3}{3000 \times 0.6} = 146.25$ [등]

답 : 147 [등]

[핵심] 조명설계

① 실지수

방의 면적이 같은 2개의 방에 같은 수의 광원을 설치하여도 방의 모양이 다른 경우에는 작업면상의 조도는 다르게 된다. 그래서 천정, 바닥이 장방형인 방은 가로 X, 세로 Y 두 변의 평균을 한 변으로 하는 정방형인 방과 동일하다고 하는 이론에 의해 실지수 $R.I$를 다음 식과 같이 결정한다.

$$R.I = \frac{XY}{H(X+Y)}$$

실지수	5.0	4.0	3.0	2.5	2.0	1.5	1.25	1.0	0.8	0.6
기호	A	B	C	D	E	F	G	H	I	J

② 조도계산

N개의 램프에서 방사되는 빛을 평면상의 면적 $A[\text{m}^2]$에 모두 집중 조사할 수 있다고 하고 램프 1개당 광속을 $F[\text{lm}]$이라 하면, 그 면의 평균조도를

$$E = \frac{F \cdot N}{A} \ [\text{lx}]$$

로 나타낸다. 이러한 평균조도 계산은 광속법과 설계여건에 따라 ZCM (Zonal Cavity Method)법을 채택할 수 있다.

$$E = \frac{F \cdot N \cdot U \cdot M}{A}$$

여기서, E : 평균조도 [lx] F : 램프 1개당 광속 [lm] N : 램프수량 [개]
U : 조명률 M : 보수율, 감광보상률의 역수 A : 방의 면적 [m²] (방의 폭×길이)

15

출제년도 98.12.(6점/각 문항당 3점)

간이 수변전설비에서는 1차측 개폐기로 ASS(Auto Section Switch)나 인터럽터 스위치를 사용하고 있다. 이 두 스위치의 차이점을 비교 설명하시오.

① ASS(Automatic Section Switch)

② 인터럽터 스위치(Interrupter Switch)

[작성답안]

① ASS (Automatic Section Switch)
무전압시 개방이 가능하고, 과부하시 자동으로 개폐할 수 있으며, 돌입 전류 억제 기능을 가지고 있다.

② 인터럽터 스위치 (Interrupter Switch)
수동 조작만 가능하고, 과부하시 자동으로 개폐할 수 없고, 돌입 전류 억제 기능이 없다. 용량 300 [kVA] 이하에서 ASS 대신에 주로 사용한다.

출제년도 12.(7점/(1)4점, (2)(3)(4)1점)

그림과 주어진 조건 및 참고표를 이용하여 3상 단락용량, 3상 단락전류, 차단기의 차단 용량 등을 계산하시오.

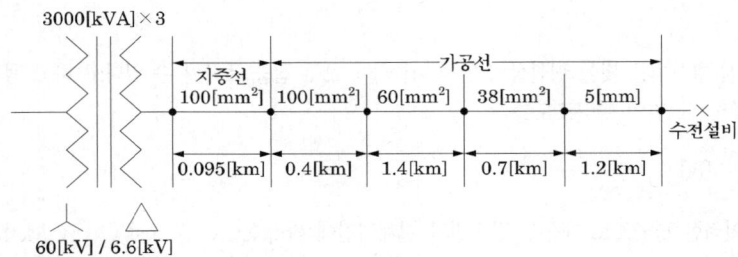

【조건】
수전설비 1차측에서 본 1상당의 합성임피던스 %X_G = 1.5 [%]이고, 변압기 명판에는 7.4 [%]/9,000 [kVA] (기준용량은 10,000 [kVA])이다.

[표1] 유입차단기 전력퓨즈의 정격차단용량

정격전압 [V]	정격 차단용량 표준치 (3상 [MVA])
3,600	10 25 50 (75) 100 150 250
7,200	25 50 (75) 100 150 (200) 250

[표2] 가공전선로 (경동선) %임피던스

배선 방식	선의 굵기 %r, %x	%r, %x의 값은 [%/km]								
		100	80	60	50	38	30	22	14	5 [mm]	4 [mm]
3상 3선 3 [kV]	%r	16.5	21.1	27.9	34.8	44.8	57.2	75.7	119.15	83.1	127.8
	%x	29.3	30.6	31.4	32.0	32.9	33.6	34.4	35.7	35.1	36.4
3상 3선 6 [kV]	%r	4.1	5.3	7.0	8.7	11.2	18.9	29.9	29.9	20.8	32.5
	%x	7.5	7.7	7.9	8.0	8.2	8.4	8.6	8.7	8.8	9.1
3상 4선 5.2 [kV]	%r	5.5	7.0	9.3	11.6	14.9	19.1	25.2	39.8	27.7	43.3
	%x	10.2	10.5	10.7	10.9	11.2	11.5	11.8	12.2	12.0	12.4

[주] 3상 4선식, 5.2 [kV] 선로에서 전압선 2선, 중앙선 1선인 경우 단락용량의 계획은 3상3선식 3 [kV]시에 따른다.

[표 3] 지중케이블 전로의 %임피던스

배선방식	선의 굵기 %r, %x	%r, %x의 값은 [%/km]										
		250	200	150	125	100	80	60	50	38	30	22
3상 3선 3 [kV]	%r	6.6	8.2	13.7	13.4	16.8	20.9	27.6	32.7	43.4	55.9	118.5
	%x	5.5	5.6	5.8	5.9	6.0	6.2	6.5	6.6	6.8	7.1	8.3
3상 3선 6 [kV]	%r	1.6	2.0	2.7	3.4	4.2	5.2	6.9	8.2	8.6	14.0	29.6
	%x	1.5	1.5	1.6	1.6	1.7	1.8	1.9	1.9	1.9	2.0	–
3상 4선 5.2 [kV]	%r	2.2	2.7	3.6	4.5	5.6	7.0	9.2	14.5	14.5	18.6	–
	%x	2.0	2.0	2.1	2.2	2.3	2.3	2.4	2.6	2.6	2.7	–

[주] 1. 3상 4선식, 5.2 [kV] 전로의 %r, %x의 값은 6 [kV] 케이블을 사용한 것으로서 계산한 것이다.

2. 3상 3선식 5.2 [kV]에서 전압선 2선, 중앙선 1선의 경우 단락용량의 계산은 3상 3선식 3 [kV] 전로에 따른다.

(1) 수전설비에서의 합성 %임피던스를 계산하시오.

(2) 수전설비에서의 3상 단락용량을 계산하시오.

(3) 수전설비에서의 3상 단락전류를 계산하시오.

(4) 수전설비에서의 정격차단용량을 계산하고, 표에서 적당한 용량을 찾아 선정하시오.

[작성답안]

(1) 계산 : 기준용량을 10,000 [kVA]으로 환산하면

- 변압기 : $\%X_T = \dfrac{10,000}{9,000} \times j7.4 = j8.22 \ [\%]$

- 지중선

[표 3]에서 $\%Z_{L1} = \%r + j\%x = (0.095 \times 4.2) + j(0.095 \times 1.7) = 0.399 + j0.1615$

- 가공선

[표 2]에서 %r

100 [mm²] $0.4 \times 4.1 = 1.64$

60 [mm²] $1.4 \times 7 = 9.8$

38 [mm²] $0.7 \times 11.2 = 7.84$

5 [mm] $1.2 \times 20.8 = 24.96$

[표 2]에서 %x

100 [mm²] $0.4 \times j7.5 = j3$
60 [mm²] $1.4 \times j7.9 = j11.06$
38 [mm²] $0.7 \times j8.2 = j5.74$
5 [mm] $1.2 \times j8.8 = j10.56$

∴ $Z_{L2} = 44.24 + j30.36 \, [\%]$

∴ 합성 $\%Z = \%X_T + \%Z_{L1} + \%Z_{L2} + \%X_G$

$\qquad = j8.22 + 0.399 + j0.1615 + 44.24 + j30.36 + j1.5$
$\qquad = (0.399 + 44.24) + j(8.22 + 0.1615 + 30.36 + 1.5)$
$\qquad = 44.639 + j40.2415 = 60.1 \, [\%]$

답 : 60.1 [%]

(2) 계산 : $P_s = \dfrac{100}{\%Z} \times P_n = \dfrac{100}{60.1} \times 10{,}000 = 16638.94 \, [kVA]$

답 : 16638.94 [kVA]

(3) 계산 : $I_s = \dfrac{100}{\%Z} \times I_n = \dfrac{100}{60.1} \times \dfrac{10{,}000}{\sqrt{3} \times 6.6} = 1455.53 \, [A]$

답 : 1455.53 [A]

(4) 계산 : 단락전류가 1.46 [kA]이므로 1.6 [kA] 선정

차단 용량 $= \sqrt{3} \times 정격전압 \times 정격차단전류 = \sqrt{3} \times 7.2 \times 1.6 = 19.95 \, [MVA]$

답 : 25 [MVA]

[핵심] **%임피던스법**
임피던스의 크기를 옴 [Ω] 값 대신에 %값으로 나타내어 계산하는 방법으로 옴 [Ω]법과 달리 전압환산을 할 필요가 없어 계산이 용이하므로 현재 가장 많이 사용되고 있다.

$\%Z = \dfrac{I_n[A] \times Z[\Omega]}{E[V]} \times 100 \, [\%] = \dfrac{P[kVA] \times Z[\Omega]}{10 \, V^2[kV]} \, [\%]$

17

출제년도 96.98.12.22.(4점/부분점수 없음)

지름 30 [cm]인 완전 확산성 반구형 전구를 사용하여 평균 휘도가 0.3 [cd/cm²]인 천장등을 가설하려고 한다. 기구효율을 0.75라 하면, 이 전구의 광속은 몇 [lm] 정도이어야 하는지 계산하시오.(단, 광속발산도는 0.95 [lm/cm²]라 한다.)

[작성답안]

계산 : 광속 $F = R \cdot S = R \times \dfrac{\pi d^2}{2} = 0.95 \times \dfrac{\pi \times 30^2}{2} = 1343.03$ [lm]

기구효율이 0.75이므로 $\dfrac{F}{\eta} = \dfrac{1343.03}{0.75} = 1790.706$ [lm]

답 : 1790.71 [lm]

2013년 1회 기출문제 해설

※ 다음 물음에 답을 해당 답란에 답하시오.

1 출제년도 13.(5점/각 문항당 2점, 모두 맞으면 5점)

그림은 축전지 충전회로이다. 다음 물음에 답하시오.

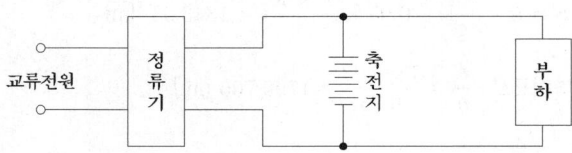

(1) 충전방식은?
(2) 이 방식의 역할(특징)을 쓰시오.

[작성답안]
(1) 부동충전방식
(2) 전지의 자기 방전을 보충함과 동시에 상용 부하에 대한 전력 공급은 충전기가 부담하도록 하되 충전기가 부담하기 어려운 일시적인 대전류 부하는 축전지로 하여금 부담하게 하는 방식

[핵심] 충전방식
(1) 보통 충전 : 필요할 때마다 표준 시간율로 소정의 충전을 하는 방식
(2) 세류 충전 : 축전지의 자기 방전을 보충하기 위하여 부하를 off 한 상태에서 미소 전류로 항상 충전하는 방식을 말한다. 자기방전(Self Discharge)이란 충전된 2차전지가 방치해 둔 시간과 함께 용량이 감소되어 저장된 전기에너지가 전지 내에서 소모되는 현상을 말한다.
(3) 균등 충전 : 각 전해조에서 일어나는 전위차를 보정하기 위하여 1~3개월 마다 1회, 정전압 충전하여 각 전해조의 용량을 균일화하기 위하여 행하는 충전방식
(4) 부동 충전 : 축전지의 자기 방전을 보충함과 동시에 사용 부하에 대한 전력공급은 충전기가 부담하도록 하되 충전기가 부담하기 어려운 일시적인 대 전류의 부하는 축전지가 부담하도록 하는 방식
(5) 급속 충전 : 짧은 시간에 보통 충전 전류의 2~3배의 전류로 충전하는 방식

2

출제년도 13.(5점/각 항목당 1점)

다음 개폐기의 종류를 나열한 것이다. 기기의 특징에 알맞은 명칭을 빈칸에 쓰시오.

구분	명칭	특 징
①		• 전로의 접속을 바꾸거나 끊는 목적으로 사용 • 전류의 차단능력은 없음 • 무전류 상태에서 전로 개폐 • 변압기, 차단기 등의 보수점검을 위한 회로 분리용 및 전력계통을 변환을 위한 회로분리용으로 사용
②		• 평상시 부하전류의 개폐는 가능하나 이상 시(과부하, 단락) 보호기능은 없음 • 개폐 빈도가 적은 부하의 개폐용 스위치로 사용 • 전력 Fuse와 사용시 결상방지 목적으로 사용
③		• 평상시 부하전류 혹은 과부하 전류까지 안전하게 개폐 • 부하의 개폐·제어가 주목적이고, 개폐 빈도가 많음 • 부하의 조작, 제어용 스위치로 이용 • 전력 Fuse와의 조합에 의해 Combination Switch로 널리 사용
④		• 평상시 전류 및 사고 시 대전류를 지장 없이 개폐 • 회로보호가 주목적이며 기구, 제어회로가 Tripping 우선으로 되어 있음 • 주회로 보호용 사용
⑤		• 일정치 이상의 과부하전류에서 단락전류까지 대전류 차단 • 전로의 개폐 능력은 없다. • 고압개폐기와 조합하여 사용

[작성답안]
① 단로기   ② 부하개폐기
③ 전자접촉기   ④ 차단기   ⑤ 전력퓨즈

3

출제년도 08.13.(5점/각 문항당 2점, 모두 맞으면 5점)

정격 용량 100 [kVA]인 변압기에서 지상 역률 60 [%]의 부하에 100 [kVA]를 공급하고 있다. 역률 90 [%]로 개선하여 변압기의 전용량까지 부하에 공급하고자 한다. 다음 각 물음에 답하시오.

(1) 소요되는 전력용 콘덴서의 용량은 몇 [kVA]인지 계산하시오.

(2) 역률 개선에 따른 유효전력의 증가분은 몇 [kW]인지 계산하시오.

[작성답안]

(1) 계산 : 역률 개선 전 무효전력 $P_{r1} = P_a \sin\theta_1 = 100 \times 0.8 = 80$ [kVar]

역률 개선 후 무효전력 $P_{r2} = P_a \sin\theta_2 = 100 \times \sqrt{1-0.9^2} = 43.59$ [kVar]

콘덴서 용량 $Q = P_{r1} - P_{r2} = 80 - 43.59 = 36.41$

답 : 36.41 [kVA]

(2) 계산 : 유효전력 증가분 $\Delta P = P_a(\cos\theta_2 - \cos\theta_1) = 100(0.9 - 0.6) = 30$ [kW]

답 : 30 [kW]

[핵심] 역률개선용 콘덴서 용량

$$Q_c = P\tan\theta_1 - P\tan\theta_2 = P(\tan\theta_1 - \tan\theta_2) = P\left(\frac{\sqrt{1-\cos^2\theta_1}}{\cos\theta_1} - \frac{\sqrt{1-\cos^2\theta_2}}{\cos\theta_2}\right) \text{ [kVA]}$$

여기서, $\cos\theta_1$: 개선 전 역률, $\cos\theta_2$: 개선 후 역률

수용가들의 일부하곡선이 그림과 같을 때 다음 각 물음에 답하시오. (단, 실선은 A 수용가, 점선은 B 수용가이다.)

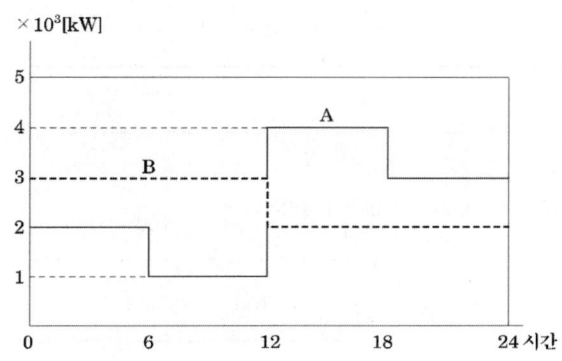

(1) A, B 각 수용가의 수용률을 계산하시오.(단, 설비용량은 수용가 모두 10×10^3 [kW]이다.)

수용가	계산	수용률[%]
A		
B		

(2) A, B 각 수용가의 일부하율을 계산하시오.

수용가	계산	일부하율[%]
A		
B		

(3) A, B 각 수용가 상호간의 부등률을 계산하고, 부등률의 정의를 간단히 쓰시오.
  ① 부등률
  ② 부등률의 정의

[작성답안]

(1)

수용가	계산	수용률 [%]
A	$\dfrac{4 \times 10^3}{10 \times 10^3} \times 100 = 40$	40
B	$\dfrac{3 \times 10^3}{10 \times 10^3} \times 100 = 30$	30

(2)

수용가	계산	일부하율 [%]
A	$\dfrac{(2,000 + 1,000 + 4,000 + 3,000) \times 6}{4,000 \times 24} \times 100 = 62.5$	62.5
B	$\dfrac{(3,000 + 2,000) \times 12}{3,000 \times 24} \times 100 = 83.333$	83.33

(3) ① 계산 : 부등률 $= \dfrac{각\ 부하\ 최대전력의\ 합}{합성최대전력} = \dfrac{4,000 + 3,000}{4,000 + 2,000} = 1.166$

　　답 : 1.17

② 정의 : 합성 최대수용전력에 대한 각개 최대 수용전력의 합의 비를 말한다.

$$부등률 = \dfrac{개별\ 최대수용전력의\ 합}{합성\ 최대수용전력} = \dfrac{설비용량 \times 수용전력}{합성최대수용전력}$$

[핵심] 부하관계용어

① 부하율

공급 설비가 어느 정도 유효하게 사용되는가를 나타내며 부하율이 클수록 공급 설비가 유효하게 사용된다. 부하율은 다음 식에 의해 계산한다.

$$부하율 = \dfrac{평균\ 수요\ 전력\ [kW]}{최대\ 수요\ 전력\ [kW]} \times 100\ [\%]$$

부하율은 각 단위별(변압기, 전주, 수용가 등), 시기, 범위, 기간에 따라 달라지며, 부하율을 표시할 경우 기간, 범위를 반드시 명기한다. 예를 들어 일부하율, 월부하율 등으로 표시하여야 하며, 부하율은 기간이 길어질수록 작아진다. 부하율이 적다의 의미는 다음과 같다.

• 공급 설비를 유용하게 사용하지 못한다.
• 평균 수요 전력과 최대 수요 전력과의 차가 커지게 되므로 부하 설비의 가동률이 저하된다.

② 종합부하율

$$종합\ 부하율 = \dfrac{평균\ 전력}{합성\ 최대\ 전력} \times 100[\%] = \dfrac{A,\ B,\ C\ 각\ 평균\ 전력의\ 합계}{합성\ 최대\ 전력} \times 100[\%]$$

③ 부등률

각 수용가에서의 최대 수용 전력의 발생 시각은 시간적으로 차이가 있으며 이 경우에 배전 변압기 또는 간선에서의 합성 최대 수용 전력은 각 수용가에서의 최대 수용 전력의 합보다 적게 되는데 이 비를 부등률이라 하며 이 값은 항상 1보다 크고, 백분율로 나타내지 않는다. 수용률과 더불어 배전 변압기 또는 배전 간선 등의 공급 설비 계획 자료로 사용된다.

$$부등률 = \frac{개별\ 최대수용전력의\ 합}{합성\ 최대수용전력} = \frac{설비용량 \times 수용전력}{합성최대수용전력}$$

④ 수용률

수용률은 시설되는 총 부하 설비용량에 대하여 실제로 사용하게 되는 부하의 최대 전력의 비를 나타내는 것으로서 다음 식에 의하여 구한다.

$$수용률 = \frac{최대수요전력\ [kW]}{부하설비용량\ [kW]} \times 100\ [\%]$$

5

출제년도 13.(5점/부분점수 없음)

그림과 같은 부하를 갖는 변압기의 최대수용전력은 몇 [kVA]인지 계산하시오.

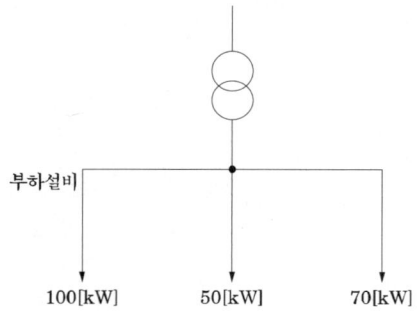

단, ① 부하간 부등률은 1.2이다.
② 부하의 역률은 모두 85 [%]이다.
③ 부하에 대한 수용률은 다음 표와 같다.

부하	수용률
10 [kW] 이상 ~ 50 [kW] 미만	70 [%]
50 [kW] 이상 ~ 100 [kW] 미만	60 [%]
100 [kW] 이상 ~ 150 [kW] 미만	50 [%]
150 [kW] 이상	45 [%]

[작성답안]

계산 : 합성 최대수용전력 $= \dfrac{\text{설비 용량[kW]} \times \text{수용률}}{\text{부등률} \times \text{역률}}$

합성 최대수용전력 $= \dfrac{100 \times 0.5 + 50 \times 0.6 + 70 \times 0.6}{1.2 \times 0.85} = 119.607\,[\text{kVA}]$

답 : 119.61 [kVA]

[핵심] 변압기 용량

① 변압기 용량

변압기 용량[kW] ≥ 합성 최대 수용 전력 $= \dfrac{\text{부하 설비 합계[kW]} \times \text{수용률}}{\text{부등률}}$

역률을 적용하여 [kW]의 부하를 [kVA]의 부하로 환산하여 구한다.

② 표준용량

3, 5, 7.5, 10, 15, 30, 50, 75, 100, 150, 200, 300, 500, 750, 1000, 1500, 2000, 3000, 4500, (5000), 6000, 7500, 10000, 15000, 20000, 30000, 45000, (50000), 60000, 90000, 100000, (120000), 150000, 200000, 250000, 300000 ( )는 준표준 규격이다.

6 출제년도 92.93.00.02.06.09.10.12.13.16.18.20.(5점/부분점수 없음)

부하가 유도전동기이며, 기동 용량이 1,000 [kVA]이고, 기동시 전압강하는 20 [%]이며, 발전기의 과도리액턴스가 25 [%]이다. 이 전동기를 운전할 수 있는 자가발전기의 최소 용량은 몇 [kVA]인지 계산하시오.

[작성답안]

계산 : 발전기 용량 ≥ 기동용량 [kVA] × 과도리액턴스 × $\left(\dfrac{1}{허용\ 전압\ 강하} - 1\right)$ × 여유율

$$= 1{,}000 \times 0.25 \times \left(\dfrac{1}{0.2} - 1\right) = 1{,}000\ [\text{kVA}]$$

답 : 1,000 [kVA]

[핵심] 발전기 용량

① 단순한 부하의 경우

전부하 정상 운전시의 소요 입력에 의한 용량에 의해 결정한다.

발전기 용량 [kVA] = 부하의 총 정격 입력 × 수용률 × 여유율

발전기 출력 $P = \dfrac{\Sigma W_L \times L}{\cos\theta}$ [kVA]

여기서, ΣW_L : 부하 입력 총계, L : 부하 수용률(비상용일 경우 1.0)

$\cos\theta$: 발전기의 역률(통상 0.8)

② 기동 용량이 큰 부하가 있을 경우, 전동기 시동에 대처하는 용량

자가 발전 설비에서 전동기를 기동할 때 큰 부하가 발전기에 갑자기 걸리게 됨으로 발전기의 단자 전압이 순간적으로 저하하여 개폐기의 개방 또는 엔진의 정지 등이 야기되는 수가 있다. 이런 경우 발전기의 정격 출력 [kVA]은 다음과 같다.

발전기 정격 출력 [kVA] ≥ $\left(\dfrac{1}{허용\ 전압\ 강하} - 1\right) \times X_d \times$ 기동용량

여기서

X_d : 발전기의 과도 리액턴스(보통 20~25 [%]),

허용 전압 강하 : 20~30 [%]

기동 용량 : 2대 이상의 전동기가 동시에 기동하는 경우는 2개의 기동 용량을 합한 값과 1대의 기동 용량 인 때를 비교하여 큰 값의 쪽을 택한다.

기동용량 = $\sqrt{3}$ × 정격전압 × 기동전류 × $\dfrac{1}{1{,}000}$ [kVA]

출제년도 13.(5점/부분점수 없음)

그림과 같이 부하를 운전 중인 상태에서 변류기의 2차측의 전류계를 교체할 때에는 어떠한 순서로 작업을 하여야 하는지 쓰시오.(단, K와 L은 변류기 1차 단자, k와 l은 변류기 2차 단자, a와 b는 전류계 단자이다.)

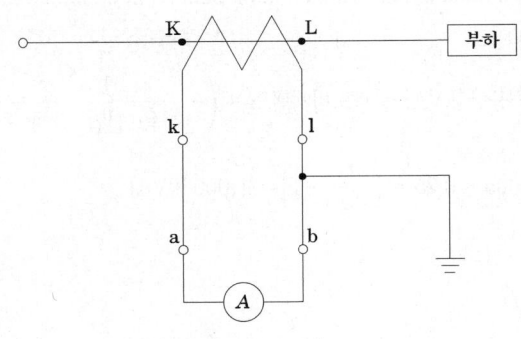

[작성답안]
① 변류기의 2차 단자 k와 l을 단락시킨 상태에서 전류계 단자 a와 b를 분리한다.
② 전류계를 교체후 단락시켰던 변류기 2차 단자 k와 l을 개방한다.

[핵심] 변류기의 결선
① 가동 접속

전류계에 흐르는 전류는 $\dot{I}_a + \dot{I}_c$ 이며, 이 전류는 b상의 전류와 같게 된다. 1차 전류와 전류계에 흐르는 전류는 아래와 같다.

I_1 = 전류계 Ⓐ 지시값 × CT비

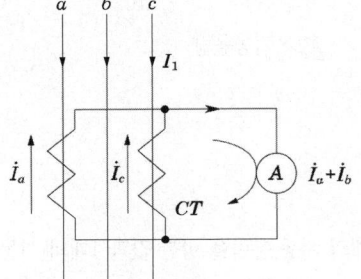 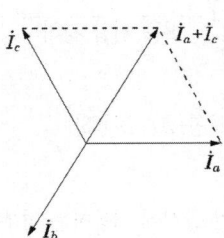

② 교차 접속

아래 그림과 같이 c상의 변류기를 반대로 접속한 것을 차동접속(교차 접속)이라 한다. 이 방식은 전류계에 흐르는 전류가 a상과 c상의 전류의 벡터차가 흐르게 된다.

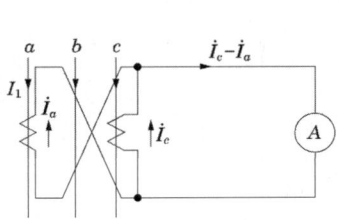 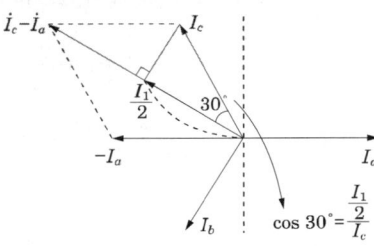

전류계에 흐르는 전류는 $\dot{I_c} - \dot{I_a}$ 이며, 이 전류는 벡터도와 같이 CT 2차 전류의 $\sqrt{3}$ 배가 됨을 알 수 있다. 1차 전류는 아래와 같다.

$I_1 =$ 전류계 Ⓐ 지시값 $\times \dfrac{1}{\sqrt{3}} \times CT$비

---

8 출제년도 13.(5점/부분점수 없음)

길이 30 [m], 폭 50 [m]인 방에 평균조도 200 [lx]를 얻기 위해 전광속 2,500 [lm]의 40 [W] 형광등을 사용했을 때 필요한 등수를 계산하시오.(단, 조명률 0.6, 감광보상률 1.2 이고 기타요인은 무시한다.)

[작성답안]

계산 : $N = \dfrac{EAD}{FU} = \dfrac{200 \times 30 \times 50 \times 1.2}{2,500 \times 0.6} = 240$ [등]

답 : 240 [등]

[핵심] 조도계산

N개의 램프에서 방사되는 빛을 평면상의 면적 $A[\text{m}^2]$에 모두 집중 조사할 수 있다고 하고 램프 1개당 광속을 F[lm]이라 하면, 그 면의 평균조도

$E = \dfrac{F \cdot N \cdot U \cdot M}{A}$

여기서, E : 평균조도 [lx] F : 램프 1개당 광속 [lm] N : 램프수량 [개]
  U : 조명률 M : 보수율, 감광보상률의 역수 A : 방의 면적 [m²] (방의 폭×길이)

그림과 같은 수전계통을 보고 다음 각 물음에 답하시오.

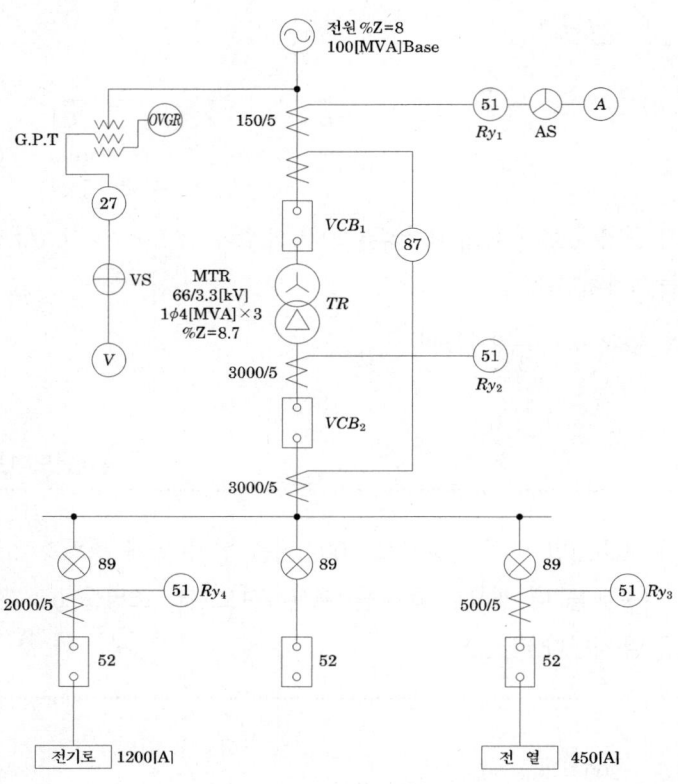

(1) "27"과 "87"계전기의 명칭과 용도를 설명하시오.

기기	명칭	용도
27		
87		

(2) 다음의 조건에서 과전류계전기 Ry_1, Ry_2, Ry_3, Ry_4의 탭(Tap) 설정값은 몇 [A]가 가장 적정한지를 계산에 의하여 정하시오.

【조건】
- Ry_1, Ry_2의 탭 설정값은 부하전류 160 [%]에서 설정한다.
- Ry_3의 탭 설정값은 부하전류 150 [%]에서 설정한다.
- Ry_4는 부하가 변동 부하이므로, 탭 설정값은 부하전류 200 [%]에서 설정한다.
- 과전류 계전기의 전류탭은 2 [A], 3 [A], 4 [A], 5 [A], 6 [A], 7 [A], 8 [A]가 있다.

계전기	계산	설정값
Ry_1		
Ry_2		
Ry_3		
Ry_4		

(3) 차단기 VCB_1의 정격전압은 몇 [kV]인가?

(4) 전원측 차단기 VCB_1의 정격용량을 계산하고, 다음의 표에서 가장 적당한 것을 선정하도록 하시오.

차단기의 정격표준용량 [MVA]

1,000	1,500	2,500	3,500

[작성답안]

(1)

기기	명칭	용도
27	부족 전압 계전기	상시전원이 정전이거나 전압이 정정 값 이하로 되었을 경우 동작하여 차단기를 트립 시킨다.
87	비율 차동 계전기	주 변압기 내부고장 보호용으로 사용된다.

(2)

계전기	계산	설정값
Ry_1	$\dfrac{4 \times 10^6 \times 3}{\sqrt{3} \times 66 \times 10^3} \times \dfrac{5}{150} \times 1.6 = 5.6\,[A]$	6 [A]
Ry_2	$\dfrac{4 \times 10^6 \times 3}{\sqrt{3} \times 3.3 \times 10^3} \times \dfrac{5}{3,000} \times 1.6 = 5.6\,[A]$	6 [A]
Ry_3	$450 \times \dfrac{5}{500} \times 1.5 = 6.75\,[A]$	7 [A]
Ry_4	$1,200 \times \dfrac{5}{2,000} \times 2 = 6\,[A]$	6 [A]

(3) 답 : 72.5 [kV]

(4) 계산 : $P_s = \dfrac{100}{\%Z} \times P_n = \dfrac{100}{8} \times 100 = 1,250\,[MVA]$

표에서 1,500 [MVA] 선정

답 : 1,500 [MVA]

[핵심] 보호계전기 정정

① 순시탭 정정

변압기 1차측 단락사고에 대하여 동작하며, 2차 단락사고 및 변압기 여자 돌입전류(inrush current)에 동작하지 않는다.

- 변압기1차측 단락사고에 대하여 동작하여야 한다.
- 변압기2차측 (Magnetizing Inrush Current)에 동작하지 않도록 한다.
- TR 2차 3상단락전류의 150 [%]에 정정한다.
- 순시 Tap

순시 Tap = 변압기2차 3상단락전류 $\times \dfrac{2\text{차전압}}{1\text{차전압}} \times 1.5 \times \dfrac{1}{\text{CT비}}$

② 한시탭 정정

$$I_t = 부하 전류 \times \frac{1}{CT비} \times 설정값 \,[A]$$

설정값은 보통 전부하 전류의 1.5배로 적용하며, I_t값을 계산후 2 [A], 3 [A], 4 [A], 5 [A], 6 [A], 7 [A], 8 [A], 10 [A], 12 [A] 탭 중에서 가까운 탭을 선정한다.

③ 한시레버정정

수용설비일 경우 변압기2차 3상단락고장시 0.6초 이하에서 동작하도록 선정한다.

10

출제년도 90.99.13.(7점/부분점수 없음)

전동기 $M_1 \sim M_5$의 사양이 주어진 조건과 같고 이것을 그림과 같이 배치하여 금속관공사로 시설하고자 한다.(단 전선은 XLPE이고, 공사방법 B1이다.)

【조건】
- M_1 : 3상 200 [V] 0.75 [kW] 농형 유도전동기(직입기동)
- M_2 : 3상 200 [V] 3.7 [kW] 농형 유도전동기(직입기동)
- M_3 : 3상 200 [V] 5.5 [kW] 농형 유도전동기(직입기동)
- M_4 : 3상 200 [V] 15 [kW] 농형 유도전동기($Y-\triangle$기동)
- M_5 : 3상 200 [V] 30 [kW] 농형 유도전동기(기동보상기기동)

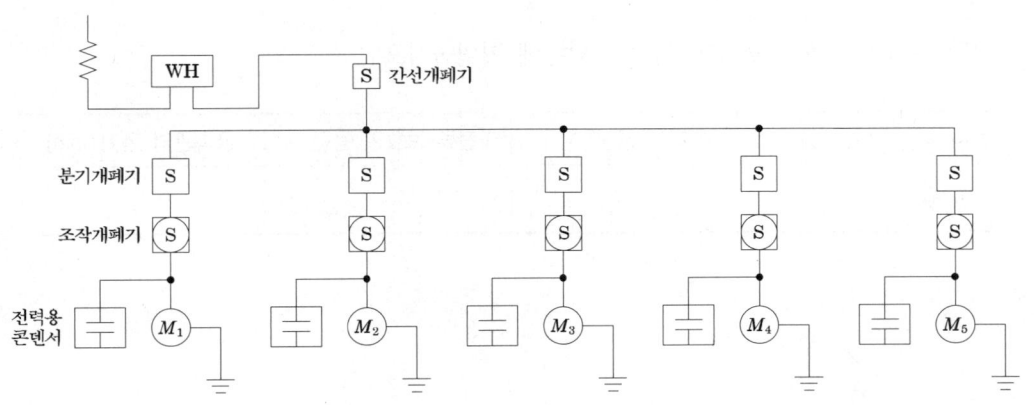

(1) 각 전동기 분기회로의 설계에 필요한 자료를 답란에 기입하시오.

구분		M_1	M_2	M_3	M_4	M_5
규약전류 [A]						
전선	최소 굵기 [mm²]					
개폐기 용량 [A]	분기					
	현장조작					
과전류 차단기 [A]	분기					
	현장조작					
초과눈금 전류계 [A]						
접지선의 굵기 [mm²]						
금속관의 굵기 [mm]						
콘덴서 용량 [μF]						

(2) 간선의 설계에 필요한 자료를 답란에 기입하시오.

전선 최소 굵기 [mm²]	개폐기 용량 [A]	과전류 보호기 용량 [A]	금속관의 굵기 [mm]

[표1] 후강 전선관 굵기의 선정

도체 단면적 [mm^2]	전선 본수									
	1	2	3	4	5	6	7	8	9	10
	전선관의 최소 굵기 [mm]									
2.5	16	16	16	16	22	22	22	28	28	28
4	16	16	16	22	22	22	28	28	28	28
6	16	16	22	22	22	28	28	28	36	36
10	16	22	22	28	28	36	36	36	36	36
16	16	22	28	28	36	36	36	42	42	42
25	22	28	28	36	36	42	54	54	54	54
35	22	28	36	42	54	54	54	70	70	70
50	22	36	54	54	70	70	70	82	82	82
70	28	42	54	54	70	70	70	82	82	92
95	28	54	54	70	70	82	82	92	92	104
120	36	54	54	70	70	82	82	92		
150	36	70	70	82	92	92	104	104		
185	36	70	70	82	92	104				
240	42	82	82	92	104					

[비고 1] 전선 1본수는 접지선 및 직류 회로의 전선에도 적용한다.

[비고 2] 이 표는 실험 결과와 경험을 기초로 하여 결정한 것이다.

[비고 3] 이 표는 KSC IEC 60227-3의 450/750 [V] 일반용 단심 비닐절연전선을 기준한 것이다.

[표 2] 콘덴서 설치용량 기준표 (200 [V], 380 [V], 3상 유도 전동기)

정격출력 [kW]	설치하는 콘덴서 용량 (90 [%] 까지)					
	220 [V]		380 [V]		440 [V]	
	[μF]	[kVA]	[μF]	[kVA]	[μF]	[kVA]
0.2	15	0.2262	-	-		
0.4	20	0.3016	-	-		
0.75	30	0.4524	-	-		
1.5	50	0.754	-	-		
2.2	75	1.131	15	0.816	15	1.095
3.7	100	1.508	20	1.088	20	1.459
5.5	175	2.639	50	2.720	40	2.919
7.5	200	3.016	75	4.080	40	2.919
11	300	4.524	100	5.441	75	5.474
15	400	6.032	100	5.441	75	5.474
22	500	7.54	150	8.161	100	7.299
30	800	12.064	200	10.882	175	12.744
37	900	13.572	250	13.602	200	14.598

[비고 1] 200 [V]용과 380 [V]용은 전기공급약관 시행세칙에 의함

[비고 2] 440 [V]용은 계산하여 제시한 값으로 참고용임

[비고 3] 콘덴서가 일부 설치되어 있는 경우는 무효전력([kVar]) 또는 용량([kVA] 또는 [μF]) 합계에서 설치되어 있는 콘덴서의 용량([kVA] 또는 [μF])의 합계를 뺀 값을 설치하면 된다.

[표 3] 200 [V] 3상 유도 전동기의 간선의 전선 굵기 및 기구의 용량 (B종 퓨즈의 경우)

전동기 [kW] 수의 총계 ① [kW] 이하	최대 사용 전류 ①' [A] 이하	배선종류에 의한 간선의 최소 굵기 [mm²] ②						직입기동 전동기 중 최대 용량의 것									
		공사방법 A1		공사방법 B1		공사방법 C		0.75 이하	1.5	2.2	3.7	5.5	7.5	11	15	18.5	22	30	37~55
								기동기 사용 전동기 중 최대 용량의 것									
								-	-	-	5.5	7.5	11 15	18.5 22	-	30 37	-	45	55
		PVC	XLPE, EPR	PVC	XLPE, EPR	PVC	XLPE, EPR	과전류 차단기 [A] …… (칸 위 숫자) ③ 개폐기 용량 [A] …… (칸 아래 숫자) ④									
3	15	2.5	2.5	2.5	2.5	2.5	2.5	15/30	20/30	30/30	-	-	-	-	-	-	-	-
4.5	20	4	2.5	2.5	2.5	2.5	2.5	20/30	20/30	30/30	50/60	-	-	-	-	-	-	-
6.3	30	6	4	6	4	4	2.5	30/30	30/30	50/60	75/60	75/100	-	-	-	-	-	-
8.2	40	10	6	10	6	6	4	50/60	50/60	50/60	75/100	75/100	100/100	-	-	-	-	-
12	50	16	10	10	10	10	6	50/60	50/60	50/60	75/100	75/100	100/100	150/200	-	-	-	-
15.7	75	35	25	25	16	16	16	75/100	75/100	75/100	75/100	100/100	100/100	150/200	150/200	-	-	-
19.5	90	50	25	35	25	25	16	100/100	100/100	100/100	100/100	150/200	150/200	200/200	200/200	-	-
23.2	100	50	35	35	25	35	25	100/100	100/100	100/100	100/100	150/200	150/200	200/200	200/200	200/200	-
30	125	70	50	50	35	50	35	150/200	150/200	150/200	150/200	150/200	150/200	200/200	200/200	200/200	-	-
37.5	150	95	70	70	50	70	50	150/200	150/200	150/200	150/200	150/200	150/200	200/300	300/300	300/300	-
45	175	120	70	95	50	70	50	200/200	200/200	200/200	200/200	200/200	200/200	200/300	300/300	300/300	300/300
52.5	200	150	95	95	70	95	70	200/200	200/200	200/200	200/200	200/200	200/200	200/300	400/400	400/400
63.7	250	240	150	-	95	120	95	300/300	300/300	300/300	300/300	300/300	300/300	300/400	400/400	400/400	500/600
75	300	300	185	-	120	185	120	300/300	300/300	300/300	300/300	300/300	300/300	300/400	400/400	400/400	500/600
86.2	350	-	240	-	-	240	150	400/400	400/400	400/400	400/400	400/400	400/400	400/400	400/400	400/400	600/600

[비고 1] 최소 전선 굵기는 1회선에 대한 것임
[비고 2] 공사방법 A1은 벽 내의 전선관에 공사한 절연전선 또는 단심케이블, B1은 벽면의 전선관에 공사한 절연전선 또는 단심케이블, 공사방법 C는 벽면에 공사한 단심 또는 다심케이블을 시설하는 경우의 전선 굵기를 표시하였다.
[비고 3] 「전동기중 최대의 것」에는 동시 기동하는 경우를 포함함
[비고 4] 과전류차단기의 용량은 해당 조항에 규정되어 있는 범위에서 실용상 거의 최댓값을 표시함
[비고 5] 과전류 차단기의 선정은 최대용량의 정격전류의 3배에 다른 전동기의 정격전류의 합계를 가산한 값 이하를 표시함
[비고 6] 고리퓨즈는 300 [A] 이하에서 사용하여야 한다.

[표 4] 200 [V] 3상 유도 전동기 1대인 경우의 분기회로 (B종 퓨즈의 경우)

정격출력 [kW]	전부하전류 [A]	배선종류에 의한 간선의 최소 굵기 [mm²]					
		공사방법 A1		공사방법 B1		공사방법 C	
		3개선		3개선		3개선	
		PVC	XLPE, EPR	PVC	XLPE, EPR	PVC	XLPE, EPR
0.2	1.8	2.5	2.5	2.5	2.5	2.5	2.5
0.4	3.2	2.5	2.5	2.5	2.5	2.5	2.5
0.75	4.8	2.5	2.5	2.5	2.5	2.5	2.5
1.5	8	2.5	2.5	2.5	2.5	2.5	2.5
2.2	11.1	2.5	2.5	2.5	2.5	2.5	2.5
3.7	17.4	2.5	2.5	2.5	2.5	2.5	2.5
5.5	26	6	4	4	2.5	4	2.5
7.5	34	10	6	6	4	6	4
11	48	16	10	10	6	10	6
15	65	25	16	16	10	16	10
18.5	79	35	25	25	16	25	16
22	93	50	25	35	25	25	16
30	124	70	50	50	35	50	35
37	152	95	70	70	50	70	50

정격출력 [kW]	전부하 전류 [A]	개폐기용량 [A] 직입기동 현장조작	개폐기용량 [A] 직입기동 분기	개폐기용량 [A] 기동기 사용 현장조작	개폐기용량 [A] 기동기 사용 분기	과전류차단기(B종 퓨즈) [A] 직입기동 현장조작	과전류차단기(B종 퓨즈) [A] 직입기동 분기	과전류차단기(B종 퓨즈) [A] 기동기 사용 현장조작	과전류차단기(B종 퓨즈) [A] 기동기 사용 분기	전동기용 초과눈금 전류계의 정격전류 [A]	접지선의 최소 굵기 [mm²]
0.2	1.8	15	15			15	15			3	2.5
0.4	3.2	15	15			15	15			5	2.5
0.75	4.8	15	15			15	15			5	2.5
1.5	8	15	30			15	20			10	4
2.2	11.1	30	30			20	30			15	4
3.7	17.4	30	60			30	50			20	6
5.5	26	60	60	30	60	50	60	30	30	30	6
7.5	34	100	100	60	100	75	100	50	75	30	10
11	48	100	200	100	100	100	150	75	100	60	16
15	65	100	200	100	100	100	150	100	100	60	16
18.5	79	200	200	100	200	150	200	100	150	100	16
22	93	200	200	100	200	150	200	100	150	100	16
30	124	200	400	200	200	200	300	150	200	150	25
37	152	200	400	200	200	200	300	150	200	200	25

[비고 1] 최소 전선 굵기는 1회선에 대한 것이며, 2회선 이상일 경우는 복수회로 보정계수를 적용하여야 한다.

[비고 2] 공사방법 A1은 벽 내의 전선관에 공사한 절연전선 또는 단심케이블, B1은 벽면의 전선관에 공사한 절연전선 또는 단심케이블, 공사방법 C는 벽면에 공사한 단심 또는 다심케이블을 시설하는 경우의 전선 굵기를 표시하였다.

[비고 3] 전동기 2대 이상을 동일회로로 할 경우는 간선의 표를 적용할 것

[비고 4] 전동기용 퓨즈 또는 모터브레이커를 사용하는 경우는 전동기의 정격출력에 적합한 것을 사용할 것

[비고 5] 과전류차단기의 용량은 해당 조항에 규정되어 있는 범위에서 실용상 거의 최댓값을 표시한다.

[비고 6] 개폐기 용량이 [kW]로 표시된 것은 이것을 초과하는 정격출력의 전동기에는 사용하지 말 것

[작성답안]

(1)

구 분		M_1	M_2	M_3	M_4	M_5
규약전류 [A]		4.8	17.4	26	65	124
전선 최소 굵기 [mm²]		2.5	2.5	2.5	10	35
개폐기용량 [A]	분기	15	60	60	100	200
	현장조작	15	30	60	100	200
과전류차단기 [A]	분기	15	50	60	100	200
	현장조작	15	30	50	100	150
초과눈금 전류계 [A]		5	20	30	60	150
접지선의 굵기 [mm²]		2.5	6	6	16	25
금속관의 굵기 [mm]		16	16	16	36	36
콘덴서 용량 [μF]		30	100	175	400	800

(2) 전동기수의 총계 = 0.75 + 3.7 + 5.5 + 15 + 30 = 54.95 [kW]

전류 총계 = 4.8 + 17.4 + 26 + 65 + 124 = 237.2 [A]

따라서, 표 3에서 전동기수의 총계 63.7 [kW], 250 [A]난을 적용한다.

구분	전선 최소 굵기 [mm²]	개폐기 용량 [A]	과전류 차단기 용량 [A]	금속관의 굵기 [mm]
간선	95	300	300	54

[핵심] 표의 적용

380 [V] 3상 유도전동기의 간선의 굵기 및 기구의 용량(배선용 차단기의 경우) (동선)

① 전동기수의 합계 [kW]를 구한다

② 전동기수의 합계보다 같거나 한 단계 큰값을 선택한다.(63.7선택)

③ 문제의 주어진 조건을 적용하여 규격을 선정한다. (직입기동과 기동기사용중 큰값을 선택하여 교차점을 찾는다)

④ Y-결선의 경우 전동기로 가는 전선의 가닥수는 6가닥이 된다.

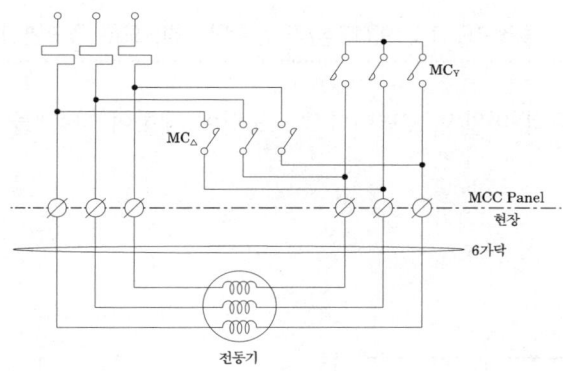

11 출제년도 13.(5점/부분점수 없음)

3상 전원에 단상 전열기 2대를 연결하여 사용할 경우 3상 평형전류가 흐르는 변압기의 결선방법이 있다. 3상을 2상으로 변환하는 이 결선방법의 명칭과 결선도를 그리시오. (단, 단상변압기 2대를 사용한다.)

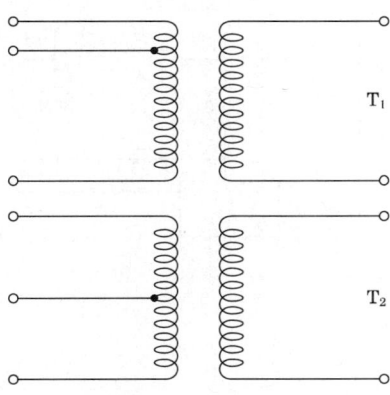

[작성답안]

명칭 : 스코트 결선

결선도 :

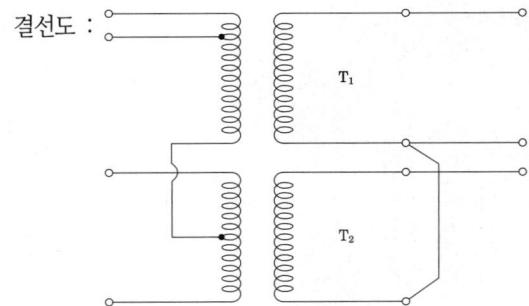

12

출제년도 13.19.(12점/각 문항당 2점, 모두 맞으면 12점)

다음 그림은 리액터 기동 정지 조작회로의 미완성 도면이다. 이 도면에 대하여 다음 물음에 답하시오.

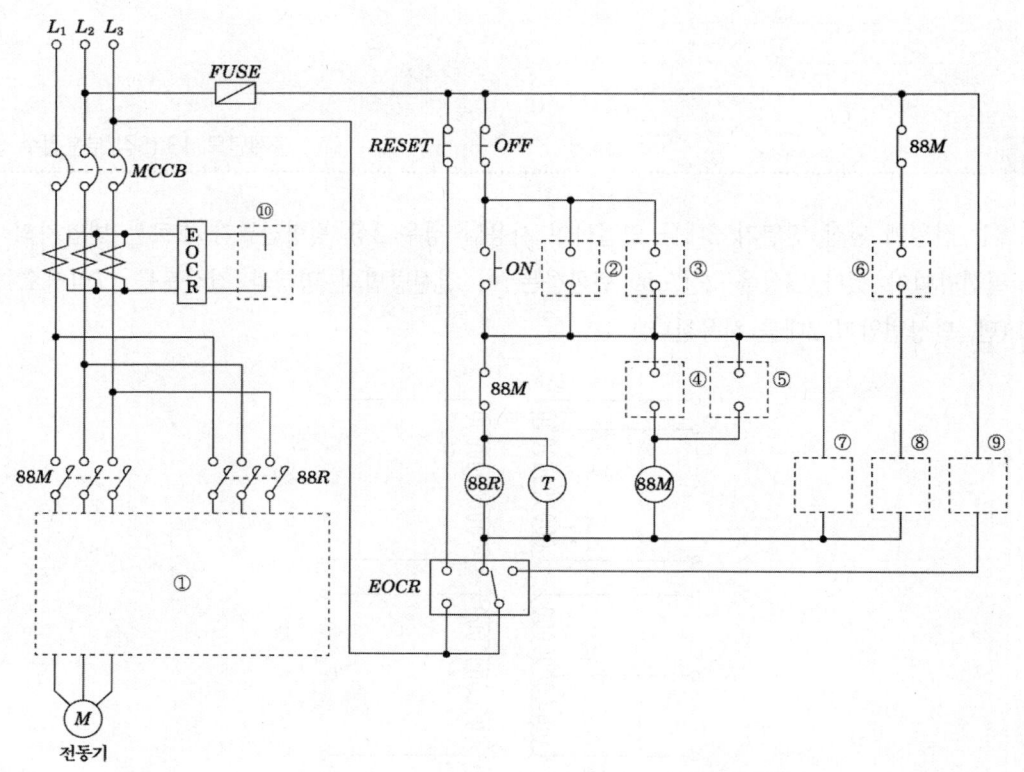

(1) ① 부분의 미완성 주회로를 회로도에 직접 그리시오.

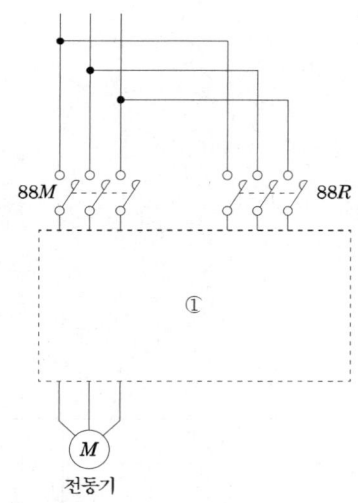

(2) 제어회로에서 ②, ③, ④, ⑤, ⑥ 부분의 접점을 완성하고 그 기호를 쓰시오.

구분	②	③	④	⑤	⑥
접점 및 기호					

(3) ⑦, ⑧, ⑨, ⑩ 부분에 들어갈 LAMP와 계기의 그림기호를 그리시오.

(예 : Ⓖ 정지, Ⓡ 기동 및 운전, Ⓨ 과부하로 인한 정지)

구분	⑦	⑧	⑨	⑩
그림기호				

(4) 직입기동시 시동전류가 정격전류의 6배가 되는 전동기를 65 [%] 탭에서 리액터 시동한 경우 시동전류는 약 몇 배 정도가 되는지 계산하시오.

(5) 직입기동시 시동토크가 정격토크의 2배였다고 하면 65 [%] 탭에서 리액터 시동한 경우 시동토크는 어떻게 되는지 설명하시오.

[작성답안]

(1)

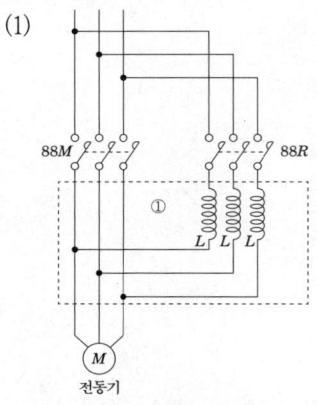

(2)

구분	②	③	④	⑤	⑥
접점 및 기호	88R	88M	T-a	88M	88R

(3)

구분	⑦	⑧	⑨	⑩
그림기호	R	G	Y	A

(4) 기동전류 $I_s \propto V_0$ 에서 $I_s = 6I \times 0.65 = 3.9I$

    답 : 약 3.9배

(5) 계산 : 시동토크 $T_s \propto V_0^2$ 에서 $T_s = 2T \times 0.65^2 = 0.85T$

    답 : 0.85배

[핵심] 리액터기동

전동기 1차측에 리액터를 직렬로 연결하여 리액터에 의한 전압강하에 의해 전동기 단자전압을 저하시켜 기동하고, 충분히 가속하여 리액터를 단락시켜 운전하는 방식이다. 주로 22 [kW] 이상의 전동기에 사용된다. 리액터 탭은 50-60-70-80-90 [%]이며, 기동토크는 25-36-49-64-81 [%]이다.

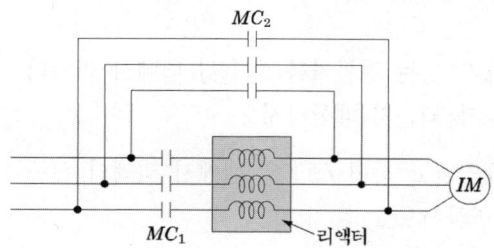

13

출제년도 07.13.(5점/각 항목당 1점)

옥외용 변전소내의 변압기 사고라고 생각할 수 있는 사고의 종류 5가지만 쓰시오.

[작성답안]
- 권선의 상간단락 및 층간단락
- 권선과 철심간의 절연파괴에 의한 지락고장
- 고·저압 권선의 혼촉
- 권선의 단선
- Bushing lead의 절연파괴

[핵심] 변압기 보호장치

변압기에서 발생되는 고장의 종류에는
- 권선의 상간단락 및 층간단락
- 권선과 철심간의 절연파괴에 의한 지락고장
- 고·저압 권선의 혼촉
- 권선의 단선
- Bushing lead의 절연파괴 등이 있으며 이중에서도 가장 많이 발생되는 고장은 권선의 층간단락 및 지락 이다.

가. 전기적 보호장치

변압기의 고장시에 나타나는 전압, 전류의 변화에 따라 동작하는 보호장치이다.
- 전류비율차동계전기(87T, 내부단락과 지락 주보호)
- 방향거리계전기(21, 2단계, 단락후비보호, 345kV MTR)
- 과전류계전기(51, 단락, 지락 후비보호)
- 과전압계전기(64, 지락후비보호)
- 피뢰기(충격과전압 침입방지)

나. 기계적 보호장치

변압기의 내부에 고장이 발생하면 내부의 압력이나 온도가 상승되고, 가스압의 변화가 일어나며, 이때 상승된 압력은 변압기의 외함을 파손시키고 절연유를 유출시켜 화재를 유발하기도 한다. 기계적인 보호장치는 변압기 고장시에 발생되는 압력, 온도, 가스압 등의 변화에 따라 동작하는 보호장치이다.
- 방압관 방압안전장치 96D
- 충격압력계전기 96P
- 부흐홀쯔계전기 96B11 96B12
- OLTC보호계전기 96B2(96T)

- 가스검출계전기(Gas Detecter Ry) 96G
- 유온도계 26Q1, 26Q2
- 권선온도계 26W1, 26W2
- 압력계 63N 63F
- 유면계 33Q1 33Q2
- 유류지시계 69Q

14

출제년도 05.13.20.(6점/각 항목당 2점)

전력계통의 발전기, 변압기 등의 증설이나 송전선의 신·증설로 인하여 단락·지락전류가 증가하여 송변전 기기에의 손상이 증대되고, 부근에 있는 통신선의 유도장해가 증가하는 등의 문제점이 예상되므로, 단락용량의 경감대책을 세워야 한다. 이 대책을 3가지만 쓰시오.

[작성답안]
- 모선계통 계통분리 운용
- 한류리액터의 설치
- 직류연계

그 외
- 캐스캐이드방식
- 한류퓨즈에 의한 백업차단
- 계통연계기(직류연계)
- 계통전압 격상
- 고장전류 제한기 사용
- 변압기 임피던스조정

15

출제년도 93.13.(5점/부분점수 없음)

그림과 같이 3상 4선식 배전선로에 역률 100 [%]인 부하 $a-n$, $b-n$, $c-n$이 각 상과 중성선간에 연결되어 있다. a, b, c상에 흐르는 전류가 220 [A], 172 [A], 190 [A]일 때 중성선에 흐르는 전류를 계산하시오.

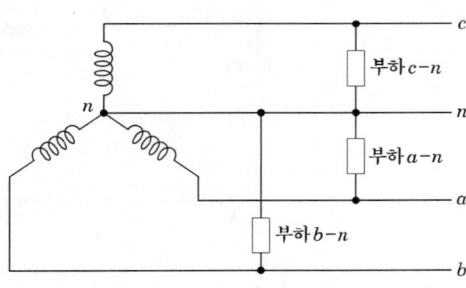

[작성답안]

계산 : $I_n = I_a + I_b + I_c = 220 + 172 \times \left(-\dfrac{1}{2} - j\dfrac{\sqrt{3}}{2}\right) + 190 \times \left(-\dfrac{1}{2} + j\dfrac{\sqrt{3}}{2}\right)$

$= 220 - 86 - j148.96 - 95 + j164.54$

$= 39 + j15.58$

∴ $|I_n| = \sqrt{39^2 + 15.58^2} = 41.996$ [A]

답 : 42 [A]

[핵심] 중성선에 흐르는 전류

각 상에는 R상을 기준으로 할 때 120도의 위상차가 있으므로 중성선에 흐르는 전류의 크기는 $I_a \angle 0° + I_b \angle -120° + I_c \angle -240°$로 나타낼 수 있다. 이 성분은 대칭좌표법에서 말하는 영상성분이 된다.

16

출제년도 13.(5점/부분점수 없음)

그림과 같은 배전선로가 있다. 이 선로의 전력손실은 몇 [kW]인지 계산하시오.

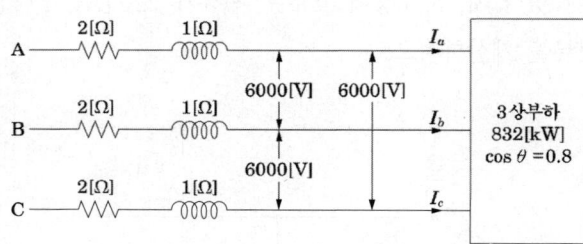

[작성답안]

계산 : $P_\ell = 3I^2R = 3 \times \left(\dfrac{832 \times 10^3}{\sqrt{3} \times 6{,}000 \times 0.8}\right)^2 \times 2 \times 10^{-3} = 60.088$ [kW]

답 : 60.09 [kW]

[핵심] 전압강하

① 전압강하 $e = \dfrac{P}{V}(R + X\tan\theta)$ [V]

② 전압강하율 $\epsilon = \dfrac{e}{V} \times 100 = \dfrac{P}{V^2}(R + X\tan\theta) \times 100$ [%]

③ 전력손실 $P_L = \dfrac{P^2 R}{V^2 \cos^2\theta}$ [kW]

④ 전력손실률 $k = \dfrac{P_L}{P} \times 100 = \dfrac{PR}{V^2 \cos^2\theta} \times 100$ [%]

출제년도 13.20.(5점/부분점수 없음)

17

전동기에 개별로 콘덴서를 설치할 경우 발생할 수 있는 자기여자현상의 발생 이유와 현상을 설명하시오.

[작성답안]

이유 : 콘덴서의 용량성 무효전류가 유도전동기의 자화전류보다 클 때 발생

현상 : 전동기 단자전압이 일시적으로 정격 전압을 초과하는 현상

[핵심] 전동기의 자기여자현상

자기여자현상은 커패시터의 용량성 무효전류가 유도전동기의 자화전류보다 클 때 발생하며, 이로 인해 전동기 단자전압이 상승하여 전동기 권선의 절연열화로 결국 절연고장을 일으킨다.

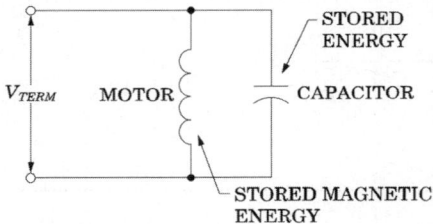

이것을 방지하기 위한 방법은 다음과 같다.

① 전동기 제조회사에 무효전력 정격치를 요구한다.

② 전동기 무부하전류(자화전류)의 80 [%] 값으로 커패시터 용량을 선정하라. 어떤 경우에도 90 [%]를 초과해서는 안 된다.

③ 유도전동기에 대한 커패시터 권장 용량 선정표를 이용한다. 그러나 이런 표가 커패시터의 적정한 용량을 보증하지는 않는다. 특히, 최근의 고효율 전동기에 대해서는 주의해야 한다.

④ 전동기 무부하 전류를 측정하고, 커패시터 정격전류가 전동기 무부하 전류의 80 [%] 정도가 되도록 커패시터 용량을 선정한다.

2013년 2회 기출문제 해설

※ 다음 물음에 답을 해당 답란에 답하시오.

1 출제년도 13.(4점/부분점수 없음)

아래의 그림에 계통접지와 기기접지의 접지선을 연결하고 그 기능을 설명하시오.(접지극과 연결된 부위를 선으로 연결하시오.)

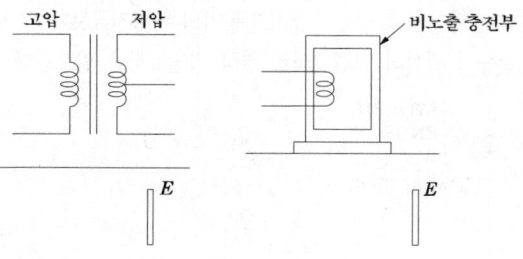

[작성답안]

(1) 계통 접지

① 결선

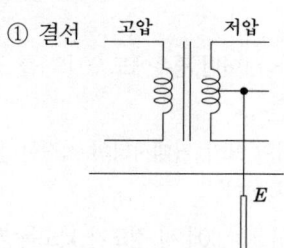

② 기능 : 고저압 혼촉 사고가 발생하는 경우에 저압측 전위상승 억제

(2) 기기접지

① 결선

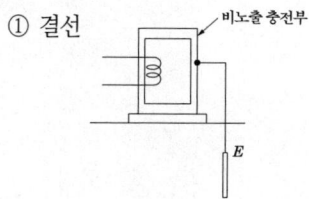

② 기능 : 누전에 의한 감전 및 화재를 예방

[핵심] 계통접지와 기기접지

① 계통접지

전로는 대지로부터 반드시 절연되어야 한다. 그러나, 사고가 발생할 경우 절연에 의한 사고전류가 흐르지 않아 이것으로 인해 인체에 가해지는 전압(접촉전압)이 상승하게 되고, 화재 및 감전사고가 발생하므로 접지를 시행한다.

② 기기접지

전기설비의 운전중 전류가 흐르는 부분을 충전부라 하며, 이 부분은 절연이 되어 있지 않다. 따라서 이 부분을 통하여 감전사고가 발생한다. 이것을 방지 하기 위하여 노출된 도전성 부분을 금속제 함에 넣고 금속제 함을 접지를 하여 보호를 한다. 전기기기도 이와 같이 금속제 함을 접지하여 보호를 한다.

2

출제년도 98.00.03.04.10.13.(4점/각 문항당 2점)

표와 같은 수용가 A, B, C, D에 공급하는 배전 선로의 최대 전력이 800 [kW]라고 할 때 다음 각 물음에 답하시오.

수용가	설비용량 [kW]	수용률 [%]
A	250	60
B	300	70
C	350	80
D	400	80

(1) 수용가의 부등률은 얼마인가?

(2) 부등률이 크다는 것은 어떤 것을 의미하는가?

[작성답안]

(1) 계산 : 부등률 $= \dfrac{\text{설비 용량} \times \text{수용률}}{\text{합성 최대 전력}} = \dfrac{250 \times 0.6 + 300 \times 0.7 + 350 \times 0.8 + 400 \times 0.8}{800} = 1.2$

답 : 1.2

(2) 최대 전력을 소비하는 기기의 사용 시간대가 서로 다른 것을 의미한다.

[핵심] 부등률

각 수용가에서의 최대 수용 전력의 발생 시각은 시간적으로 차이가 있으며 이 경우에 배전 변압기 또는 간선에서의 합성 최대 수용 전력은 각 수용가에서의 최대 수용 전력의 합보다 적게 되는데 이 비를 부등률이라 하며 이 값은 항상 1보다 크고, 백분율로 나타내지 않는다. 수용률과 더불어 배전 변압기 또는 배전 간선 등의 공급 설비 계획 자료로 사용된다.

3
출제년도 10.13.20.(5점/부분점수 없음)

권상하중이 2,000 [kg], 권상속도가 40 [m/min]인 권상용 전동기 용량 [kW]을 구하시오.
(단, 여유율은 30 [%], 효율은 80 [%]로 한다.)

[작성답안]

계산 : $\dfrac{GV}{6.12\eta} \cdot k = \dfrac{2 \times 40}{6.12 \times 0.8} \times 1.3 \text{ [kW]} = 21.241 \text{ [kW]}$

답 : 21.24 [kW]

[핵심] 권상용 전동기 용량

$$P = \dfrac{9.8\,W \cdot v'}{\eta} = \dfrac{W \cdot v}{6.12\eta} \text{ [kW]}$$

여기서, W : 권상 하중 [ton]
  v : 권상 속도 [m/min]
  v' : 권상 속도 [m/sec]
  η : 권상기 효율 [%]

4

출제년도 13.(4점/각 문항당 2점)

그림과 같이 변압기 2대를 사용하여 정전용량 1 [μF]인 케이블의 절연내력시험을 행하였다. 60 [Hz]인 시험전압으로 5,000 [V]를 가했을 때 전압계 Ⓥ, 전류계 Ⓐ의 지시값은? (단, 여기서 변압기 탭 전압은 저압측 105 [V], 고압측 3,300 [V]로 하고 내부 임피던스 및 여자전류는 무시한다.)

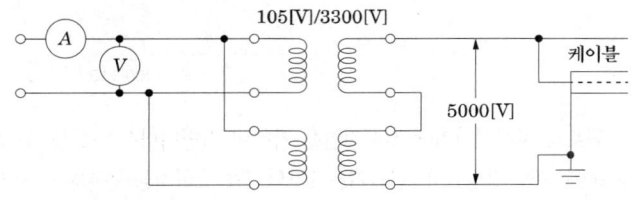

(1) 전압계 Ⓥ 지시값

(2) 전류계 Ⓐ 지시값

[작성답안]

(1) 계산 : $V = 5,000 \times \dfrac{1}{2} \times \dfrac{105}{3,300} = 79.55$ [V]

답 : 79.55 [V]

(2) 계산 : 충전전류 $I_c = 2\pi f CE = 2\pi \times 60 \times 1 \times 10^{-6} \times 5,000 = 1.88$ [A]

$I = 1.88 \times \dfrac{3,300}{105} \times 2 = 118.171$ [A]

답 : 118.17 [A]

[핵심] 절연내력시험

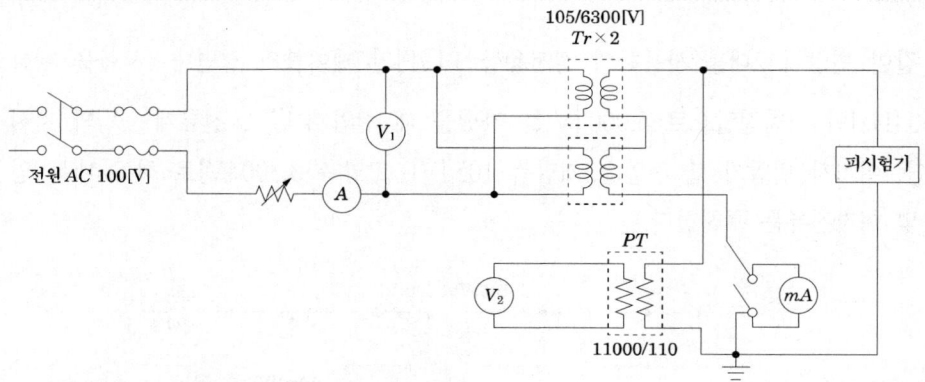

절연내력시험은 회로의 피시험기기에 시험전압을 가하여 절연내력시험을 할 수 있다. 시험전압은 전기설비기술기준의 판단기준에 의해 결정한다. 변압기는 1차와 2차의 위치를 변경하여 저전압을 가하여 시험전압을 고압으로 변성하여 피시험기에 가하여 절연내력시험을 한다. 최대 사용 전압의 1.5배(중성점 접지식 결선에서는 최대 사용 전압의 0.92배)의 전압에 연속 10분간 견디어야 한다.

5

출제년도 13.(5점/부분점수 없음)

다음 동작설명과 같이 동작이 될 수 있는 시퀀스 제어도를 그리시오.

【동작설명】

1. 3로 스위치 S_{3-1}을 ON, S_{3-2}를 ON했을 시 R_1, R_2가 직렬 점등되고, S_{3-1}을 OFF, S_{3-2}를 OFF했을 시 R_1, R_2가 병렬 점등한다.
2. 푸시 버튼 스위치 PB를 누르면 R_3와 B가 병렬로 동작한다.

[작성답안]

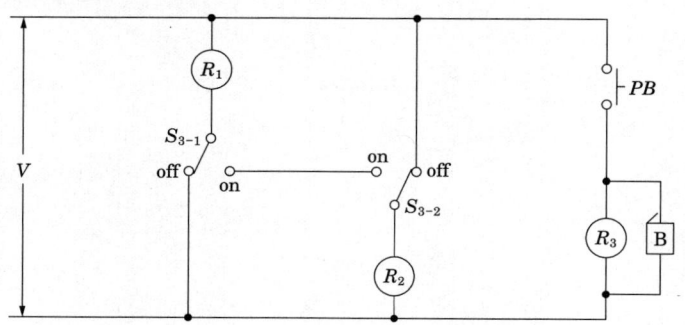

6

출제년도 08.91.13.(4점/부분점수 없음)

계약부하 설비에 의한 계약최대 전력을 정하는 경우에 부하설비 용량이 900 [kW]인 경우 전력 회사와의 계약 최대전력은 몇 [kW]인가? (단, 계약최대전력 환산표는 다음과 같다.)

구분	승률	비고
처음 75 [kW]에 대하여	100 [%]	
다음 75 [kW]에 대하여	85 [%]	계산의 합계치 단수가 1 [kW] 미만일 경우에는 소수점 이하 첫째 자리에 4사 5입 합니다.
다음 75 [kW]에 대하여	75 [%]	
다음 75 [kW]에 대하여	65 [%]	
300 [kW] 초과분에 대하여	60 [%]	

[작성답안]

계산 : 계약전력 $= 75 + 75 \times 0.85 + 75 \times 0.75 + 75 \times 0.65 + (900 - 75 \times 4) \times 0.6 = 603.75$ [kW]

답 : 604 [kW]

그림은 변류기를 영상 접속시켜 그 잔류 회로에 지락 계전기 DG를 삽입시킨 것이다. 선로의 전압은 66 [kV], 중성점에 300[Ω]의 저항 접지로 하였고, 변류기의 변류비는 300/5 [A]이다. 송전 전력이 20,000 [kW], 역률이 0.8(지상)일 때 a상에 완전 지락 사고가 발생하였다. 물음에 답하시오.(단, 부하의 정상, 역상 임피던스 기타의 정수는 무시한다.)

(1) 지락 계전기 DG에 흐르는 전류 [A] 값은?

(2) a상 전류계 A_a에 흐르는 전류 [A] 값은?

(3) b상 전류계 A_b에 흐르는 전류 [A] 값은?

(4) c상 전류계 A_c에 흐르는 전류 [A] 값은?

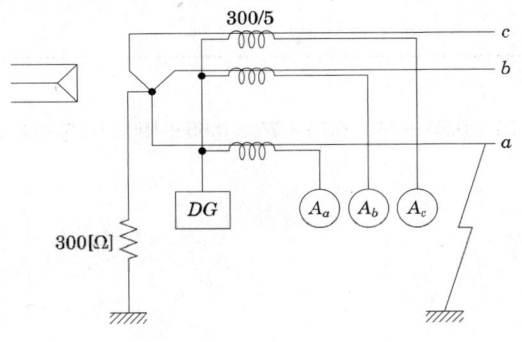

[작성답안]

(1) 계산 : 지락전류 $I_g = \dfrac{V_n}{R} = \dfrac{66{,}000}{\sqrt{3} \times 300} = 127.02$ [A]

∴ $I_{DG} = I_g \times \dfrac{1}{CT비} = I_g \times \dfrac{5}{300} = 127.02 \times \dfrac{5}{300} = 2.117$ [A]

답 : 2.12 [A]

(2) 계산 : 부하전류 $I_L = \dfrac{20,000}{\sqrt{3} \times 66 \times 0.8} \times (0.8 - j0.6) = 174.95 - j131.22$

　　a상의 전류 $I_a = I_L + I_g = 174.95 - j131.22 + 127.02 = \sqrt{(127.02 + 174.95)^2 + 131.22^2}$
　　　　　　　　　　　$= 329.248 \, [A]$

　　전류계 A의 전류 $i_a = I_a \times \dfrac{1}{CT비} = I_a \times \dfrac{5}{300} = 329.248 \times \dfrac{5}{300} = 5.487 \, [A]$

　　답 : 5.49 [A]

(3) 계산 : 부하전류 $I_L = \dfrac{20,000}{\sqrt{3} \times 66 \times 0.8} = 218.693 \, [A]$

　　$i_b = I_L \times \dfrac{5}{300} = 218.639 \times \dfrac{5}{300} = 3.644 \, [A]$

　　답 : 3.64 [A]

(4) 계산 : 부하전류 $I_L = \dfrac{20,000}{\sqrt{3} \times 66 \times 0.8} = 218.693 \, [A]$

　　$i_c = I_L \times \dfrac{5}{300} = 218.639 \times \dfrac{5}{300} = 3.644 \, [A]$

　　답 : 3.64 [A]

[핵심] 지락전류의 흐름

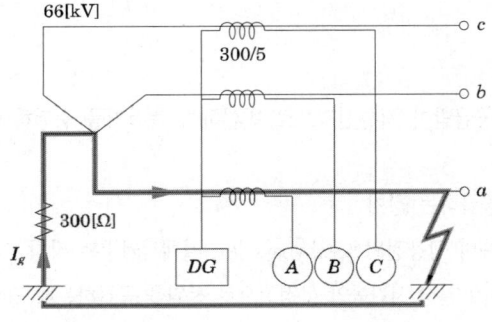

① 지락전류는 $I_g = \dfrac{V_n}{R}$ 이며, 지락 계전기에 흐르는 전류는 $I_{DG} = I_g \times \dfrac{1}{CT비}$ 가 된다.

② 부하전류는 $I_L = \dfrac{P}{\sqrt{3} \times V \times \cos\theta}$ 가 된다.

③ a상의 전류는 $\dot{I}_a = \dot{I}_L + \dot{I}_g$ 로 벡터계산 한다.

출제년도 95.05.13.17.(5점/각 항목당 1점)

다음은 컴퓨터 등의 중요한 부하에 대한 무정전 전원공급을 위한 그림이다. "(가) ~ (마)"에 적당한 전기 시설물의 명칭을 쓰시오.

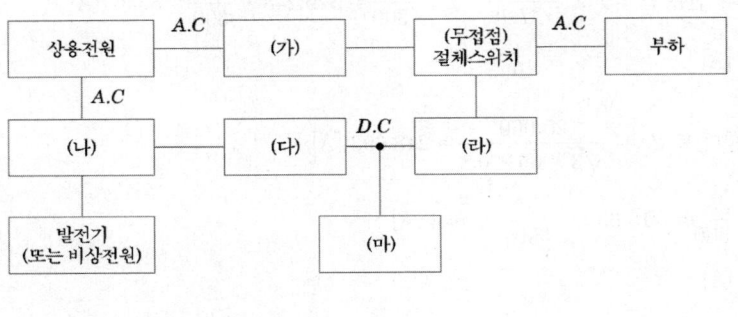

[작성답안]

(가) 자동전압조정기(AVR)

(나) 절체용 개폐기

(다) 정류기(컨버터)

(라) 인버터

(마) 축전지

[핵심] UPS

① 컨버터(정류기) : 교류전원이나 발전기의 전원을 공급받아 직류전원으로 변환하여 축전지를 충전하며, 인버터에 공급하는 장치
② 인버터 : 직류전원을 교류전원으로 바꾸어 부하에 공급하는 장치
③ 무접점 절환 스위치 : 인버터의 과부하 및 이상시 예비 상용전원으로(bypass line)절체시켜주는 장치
④ 축전지 : 정전시 인버터에 직류전원을 공급하여 부하에 일정 시간동안 무정전으로 전원을 공급하는데 필요한 장치

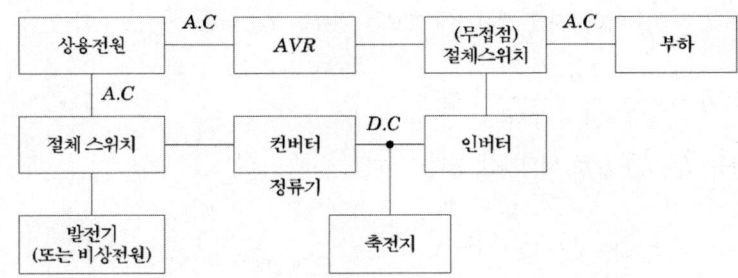

9 출제년도 13.(9점/각 항목당 3점)

아몰퍼스변압기의 장점 3가지와 단점 3가지를 쓰시오.

[작성답안]

[장점]
① 무부하손실을 기존몰드의 1 / 5수준으로 낮추어 전력손실이 작다.
② 철심의 발열량이 적어 권선 및 절연물들의 경년변화를 줄일수 있어 제품 수명이 길다.
③ 철심의 발열에 의한 권선의 온도상승을 최소화하여 과부하내량이 커진다.

[단점]
① 포화자속밀도가 낮으며, 점적률이 낮다.
② 아몰퍼스 메탈 소재의 높은 경도 및 나쁜 취성(제작상의 어려움)
③ 압축응력이 가해지면 특성이 저하된다.

[핵심] 아몰퍼스 몰드 변압기 (Amorphous Mold Transformer)
절연매체로 Epoxy수지를 적용하고 철심소재를 기존의 방향성 규소강판 대신 비정질 자성재료(아몰퍼스 메탈)를 사용하여 무부하손(철손)을 기존변압기의 75 [%] 이상 절감한 절전형·고효율 몰드 변압기를 아몰퍼스 변압기라 한다.

운전 중인 변압기의 일반적인 부하율(50~80 [%])에서 아몰퍼스 몰드변압기의 효율이 규소강판 몰드변압기 대비 약 0.5 [%] 높으므로, 실질적인 전력손실 절감효과가 크다. 또한 아몰퍼스 몰드변압기의 사용에 따른 전력절감으로 발전량을 줄일 수 있으므로, 발전에 따라 발생하는 유해가스 배출을 감소시킬 수 있다. 또, 아몰퍼스 몰드변압기의 경우 고조파 전류에 대해서 더욱 뛰어난 손실절감 특성을 발휘하므로, 고조파가 많이 함유된 계통에서의 고조파 대책이 될 수 있다.

10 출제년도 13.(5점/각 문항당 2점, 모두 맞으면 5점)

다음 물음에 답하시오.
(1) 역률을 개선하기 위한 전력용 콘덴서 용량은 최대 무슨 전력 이하로 설정하여야 하는지 쓰시오.
(2) 고조파를 제거하기 위해 콘덴서에 무엇을 설치해야 하는지 쓰시오.
(3) 역률 개선시 나타나는 효과 3가지를 쓰시오.

[작성답안]

(1) 부하의 지상 무효전력

(2) 직렬리액터

(3) ① 전력손실 감소

② 전압강하 감소

③ 전원설비 용량의 여유 증가

11

출제년도 13.(5점/각 문항당 3점, 모두 맞으면 5점)

다음 심벌의 명칭을 쓰시오.

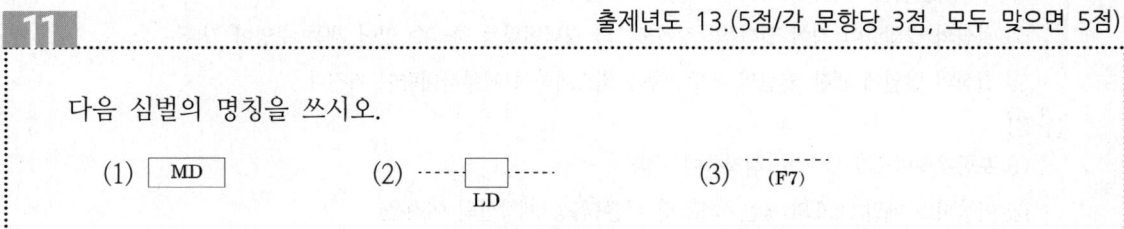

[작성답안]

(1) 금속 덕트

(2) 라이팅 덕트

(3) 플로어 덕트

12

출제년도 13.(7점/각 문항당 3점, 모두 맞으면 7점)

다음 미완성 부분의 결선도를 완성하고, 필요한 곳에 접지를 하시오.

(1) CT와 AS와 전류계 결선도

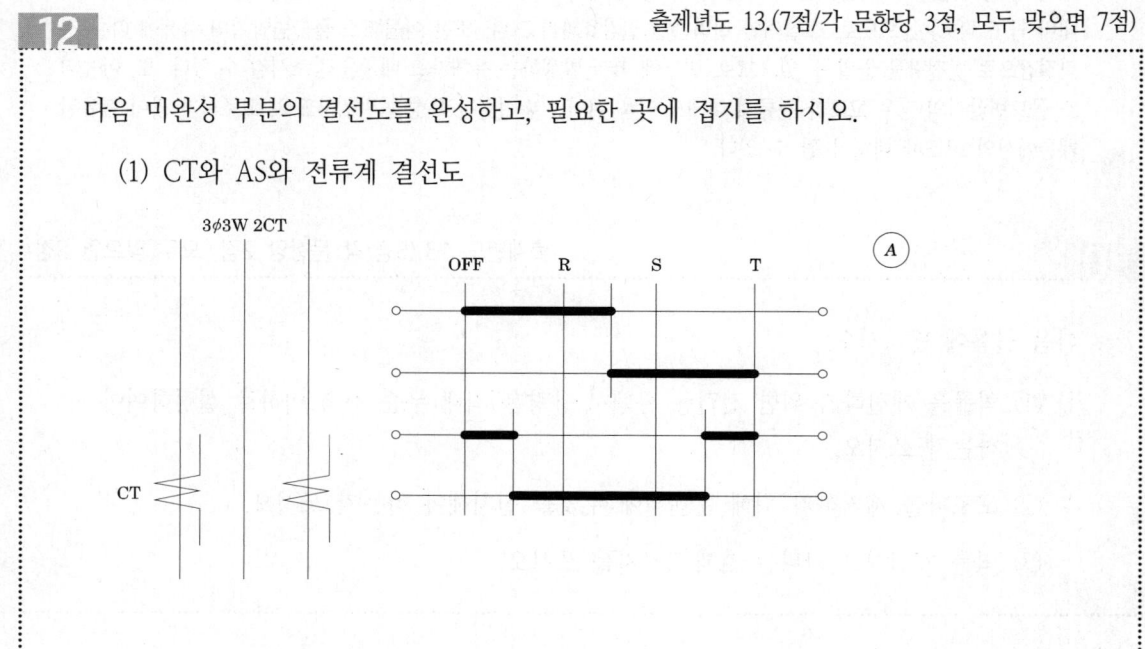

(2) PT 와 VS 와 전압계 결선도

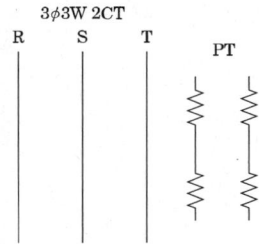
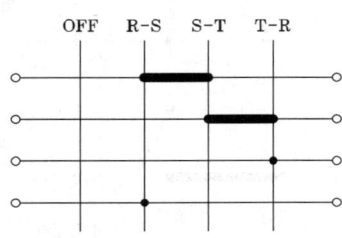

[작성답안]

(1) 3φ3W 2CT

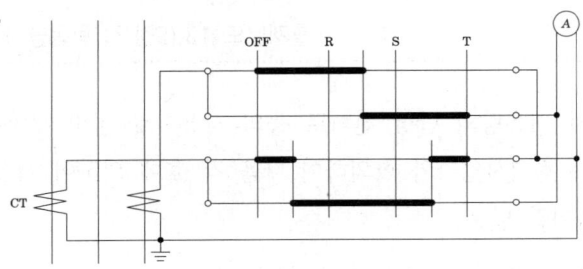

(2) 3φ3W 2PT

[핵심] 캠스위치

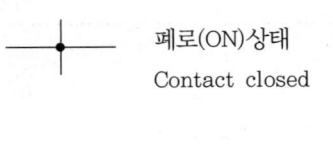

폐로(ON)상태
Contact closed

폐로(ON)상태의 구간
Zone of contact closed

개로(OFF)상태
Contact opened

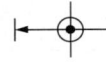

잔류접점
Residual contact

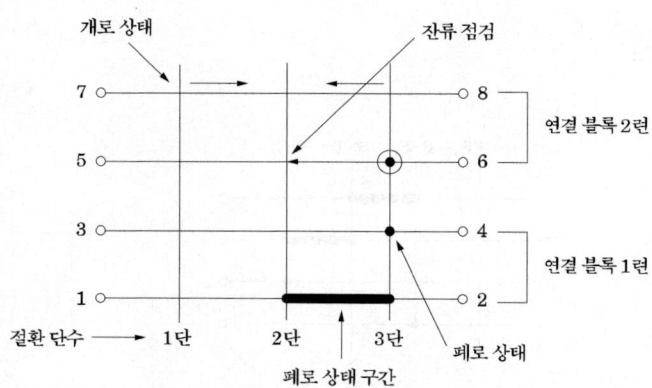

13

출제년도 13.(5점/각 항목당 1점, 모두 맞으면 5점)

특고압 및 고압수전에서 대용량의 단상 전기로 등의 사용으로 설비 부하평형의 제한에 따르기가 어려울 경우는 전기사업자와 합의하여 다음 각 호에 의하여 시설하는 것을 원칙으로 한다. 빈칸에 들어갈 말은?

(1) 단상 부하 1개의 경우는 (   ) 접속에 의할 것, 다만, 300 [kVA]를 초과하지 말 것

(2) 단상 부하 2개의 경우는 (   ) 접속에 의할 것 (다만, 1개의 용량이 200 [kVA] 이하인 경우는 부득이한 경우에 한하여 보통의 변압기 2대를 사용하여 별개의 선간에 부하를 접속할 수 있다.)

(3) 단상 부하 3개 이상인 경우는 가급적 선로전류가 (   )이 되도록 각 선간에 부하를 접속할 것

[작성답안]
(1) 2차 역 V (2) 스코트   (3) 평형

[핵심] 설비불평형률

① 설비불평형 단상

저압수전의 단상 3선식에서 중성선과 각 전압측 전선간의 부하는 평형이 되게 하는 것을 원칙으로 한다.

[주1] 부득이한 경우는 설비불평형률 40 [%]까지로 할 수 있다. 이 경우 설비불평형률이란 중성선과 각전압측 전선간에 접속되는 부하설비용량 [VA]차와 총부하설비용량 [VA]의 평균값의 비 [%]를 말한다. 즉 다음 식으로 나타낸다.

$$\text{설비불평형률} = \frac{\text{중성선과 각 전압측 전선간에 접속되는 부하설비용량[kVA]의 차}}{\text{총 부하설비용량[kVA]의 1/2}} \times 100 \,[\%]$$

② 설비불평형 3상

저압, 고압 및 특고압수전의 3상 3선식 또는 3상 4선식에서 불평형부하의 한도는 단상 접속부하로 계산하여 설비불평형률을 30 [%] 이하로 하는 것을 원칙으로 한다. 다만, 다음 각 호의 경우는 이 제한에 따르지 않을 수 있다.

- 저압수전에서 전용변압기 등으로 수전하는 경우
- 고압 및 특고압수전에서 100 [kVA](kW) 이하의 단상부하인 경우
- 고압 및 특고압수전에서 단상부하용량의 최대와 최소의 차가 100 [kVA](kW) 이하인 경우
- 특고압수전에서 100 [kVA](kW) 이하의 단상변압기 2대로 역(逆)V결선하는 경우

[주] 이 경우의 설비불평형률이란 각 선간에 접속되는 단상부하 총설비용량 [VA]의 최대와 최소의 차와 총 부하설비용량 [VA] 평균값의 비 [%]를 말한다. 즉, 다음 식으로 나타낸다.

$$\text{설비불평형률} = \frac{\text{각 선간에 접속되는 단상 부하 총 설비용량[kVA]의 최대와 최소의 차}}{\text{총 부하설비용량[kVA]의 1/3}} \times 100 \,[\%]$$

③ 특고압 및 고압수전에서 대용량의 단상전기로 등의 사용으로 제2항의 제한에 따르기가 어려울 경우 전기사업자와 협의하여 다음 각 호에 의하여 시설하는 것을 원칙으로 한다.
- 단상부하 1개의 경우는 2차 역V접속에 의할 것, 다만 300kVA를 초과하지 말 것
- 단상부하 2개의 경우는 스코트 접속에 의할 것, 다만, 1개의 용량이 200kVA 이하인 경우는 부득이한 경우에 한하여 보통의 변압기 2대를 사용하여 별개의 선간에 부하를 접속할 수 있다.
- 단상 부하 3개 이상인 경우는 가급적 선로전류가 평형이 되도록 각 선간에 부하를 접속할 것

다음 그림과 같은 사무실이 있다. 이 사무실의 평균조도를 200 [lx]로 하고자 할 때 다음 각 물음에 답하시오.

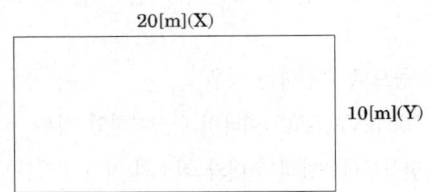

- 형광등은 40 [W]를 사용하고 형광등의 광속은 2,500 [lm]으로 한다.
- 조명률은 0.6, 감광보상률은 1.2로 한다.
- 사무실 내부에 기둥은 없는 것으로 한다.
- 간격은 등기구 센터를 기준으로 한다.
- 등기구 ○으로 표현하도록 한다.

(1) 이 사무실에 필요한 형광등의 수를 구하시오.
(2) 등기구를 답안지에 배치하시오.
(3) 등간의 간격과 최외각에 설치된 등기구와 건물 벽간의 간격(A, B, C, D)은 각각 몇 [m]인가?

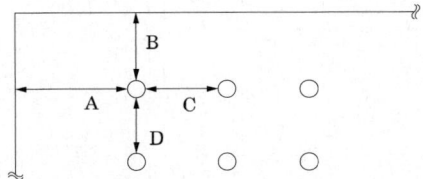

(4) 만일 주파수 60 [Hz]에 사용되는 형광방전등을 50 [Hz]에서 사용한다면 광속과 점등시간은 어떻게 변화되는지를 설명하시오.
(5) 양호한 전반 조명이라면 등간격은 등높이의 몇 배 이하로 해야 하는가?

[작성답안]

(1) 계산 : $N = \dfrac{EAD}{FU} = \dfrac{200 \times (10 \times 20) \times 1.2}{2500 \times 0.6} = 32$ [등]

답 : 32 [등]

(2)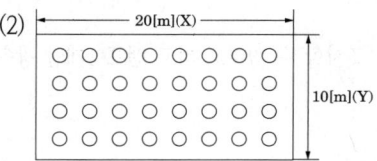

(3) A : 1.25 [m]

B : 1.25 [m]

C : 2.5 [m]

D : 2.5 [m]

(4) 광속 : 증가

점등시간 : 늦음

(5) 1.5배

[핵심] 조명설계

① 실지수

방의 면적이 같은 2개의 방에 같은 수의 광원을 설치하여도 방의 모양이 다른 경우에는 작업면상의 조도는 다르게 된다. 그래서 천정, 바닥이 장방형인 방은 가로 X, 세로 Y 두 변의 평균을 한 변으로 하는 정방형인 방과 동일하다고 하는 이론에 의해 실지수 $R.I$를 다음 식과 같이 결정한다.

$$R.I = \dfrac{XY}{H(X+Y)}$$

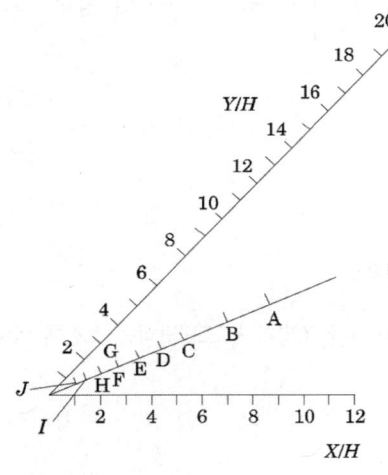

실지수와 분류 기호표

실지수	5.0	4.0	3.0	2.5	2.0	1.5	1.25	1.0	0.8	0.6
기호	A	B	C	D	E	F	G	H	I	J

② 조도계산

N개의 램프에서 방사되는 빛을 평면상의 면적 $A[㎡]$에 모두 집중 조사할 수 있다고 하고 램프 1개당 광속을 $F[lm]$이라 하면, 그 면의 평균조도를

$$E = \frac{F \cdot N}{A} \;[lx]$$

로 나타낸다. 이러한 평균조도 계산은 광속법과 설계여건에 따라 ZCM (Zonal Cavity Method)법을 채택할 수 있다.

$$E = \frac{F \cdot N \cdot U \cdot M}{A}$$

여기서, E : 평균조도 [lx]
   F : 램프 1개당 광속 [lm]
   N : 램프수량 [개]
   U : 조명률
   M : 보수율, 감광보상률의 역수
   A : 방의 면적 [㎡] (방의 폭×길이)

③ 조명기구의 간격과 배치

균등한 조도 분포를 얻기 위해 광원의 간격을 근접시키는 것이 좋으나, 이렇게 하면 램프를 많이 설치하여야 하므로 비경제적이다. 따라서, 경제적인 면을 고려하여 등 간격과 등의 크기를 결정하여야 한다.

작업면 위에 가설되는 등의 높이와 균등한 조도분포를 얻기 위한 등간격에는 적당한 관계를 정하여야 하며, 그림자가 작업에 산란을 일으키지 않도록 빛이 모든 방향으로부터 입사 되어야 한다. 직사조도는 광원의 밑에서 최대로 나타나며, 이곳으로부터 떨어짐에 따라 어두워짐으로 광원의 최대간격 S는 작업면으로부터 광원까지 높이 H의 1.5배로 한다.

$$S \leq 1.5H$$

그리고 등과 벽사이 간격 S_0는

$$S_0 \leq \frac{1}{2}H$$

$$S_0 \leq \frac{1}{3}H \;(벽측을 사용할 경우)$$

로 한다. 이 값은 절대적인 값이 아니라 조명기구, 조명방식등 조건에 의해 달라지는 값이다.

15 출제년도 87.88.00.04.12.13.17.(5점/부분점수 없음)

연축전지의 정격 용량 100 [Ah], 상시 부하 5 [kW], 표준전압 100 [V]인 부동 충전 방식이 있다. 이 부동 충전 방식의 충전기 2차 전류는 몇 [A]인가?

[작성답안]

계산 : $I = \dfrac{100}{10} + \dfrac{5 \times 10^3}{100} = 60$ [A]

답 : 60 [A]

[핵심] 부동충전방식

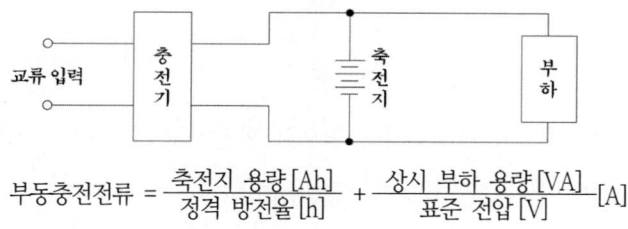

부동충전전류 = $\dfrac{축전지\ 용량[Ah]}{정격\ 방전율[h]} + \dfrac{상시\ 부하\ 용량[VA]}{표준\ 전압[V]}$ [A]

---

15 출제년도 94.03.05.07.11.13.18(14점/각 문항당 2점, 모두 맞으면 14점)

그림과 같은 송전계통 S점에서 3상 단락사고가 발생하였다. 주어진 도면과 조건을 참고하여 다음 각 물음에 답하시오.

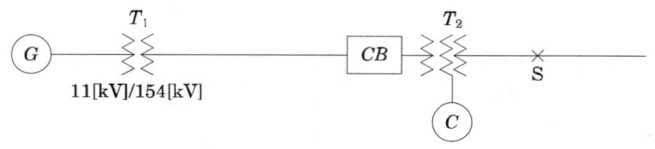

【조건】

번호	기기명	용량	전압	%X
1	발전기(G)	50,000 [kVA]	11 [kV]	30
2	변압기(T_1)	50,000 [kVA]	11/154 [kV]	12
3	송전선		154 [kV]	10(10,000 [kVA] 기준)

		1차 25,000 [kVA]	154 [kV]	12(25,000 [kVA] 기준, 1차~2차)
4	변압기(T_2)	2차 30,000 [kVA]	77 [kV]	15(25,000 [kVA] 기준, 2차~3차)
		3차 10,000 [kVA]	11 [kV]	10.8(10,000 [kVA] 기준, 3차~1차)
5	조상기(C)	10,000 [kVA]	11 [kV]	20

(1) 발전기, 변압기(T_1), 송전선 및 조상기의 %리액턴스를 기준출력 100 [MVA]로 환산하시오.

   ① 발전기

   ② 변압기(T_1)

   ③ 송전선

   ④ 조상기

(2) 변압기(T_2)의 각각 %리액턴스를 100 [MVA] 출력으로 환산하고, 1차(P), 2차(S), 3차(T)의 %리액턴스를 구하시오.

(3) 고장점과 차단기를 통과하는 각각의 단락전류를 구하시오.

   ① 고장점의 단락전류

   ② 차단기의 단락전류

(4) 차단기의 차단용량은 몇 [MVA]인가?

[작성답안]

(1) ① 발전기 계산 : $\%X_G = \dfrac{100}{50} \times 30 = 60\,[\%]$

   답 : 60 [%]

   ② 변압기(T1) 계산 : $\%X_T = \dfrac{100}{50} \times 12 = 24\,[\%]$

   답 : 24 [%]

   ③ 송전선 계산 : $\%X_l = \dfrac{100}{10} \times 10 = 100\,[\%]$

   답 : 100 [%]

   ④ 조상기 계산 : $\%X_C = \dfrac{100}{10} \times 20 = 200\,[\%]$

   답 : 200 [%]

(2) 계산 : 1차 ~ 2차간 : $X_{P-S} = \dfrac{100}{25} \times 12 = 48\,[\%]$

　　　　　2차 ~ 3차간 : $X_{S-T} = \dfrac{100}{25} \times 15 = 60\,[\%]$

　　　　　3차 ~ 1차간 : $X_{T-P} = \dfrac{100}{10} \times 10.8 = 108\,[\%]$

　　　그러므로

　　　　1차 $X_P = \dfrac{48 + 108 - 60}{2} = 48\,[\%]$

　　　　2차 $X_S = \dfrac{48 + 60 - 108}{2} = 0\,[\%]$

　　　　3차 $X_T = \dfrac{60 + 108 - 48}{2} = 60\,[\%]$

　　답 : 1차 $X_P = 48\,[\%]$, 2차 $X_S = 0\,[\%]$, 3차 $X_T = 60\,[\%]$

(3) ① 고장점 단락전류

　　　발전기에서 T_2 변압기 1차까지 $\%X_1 = 60 + 24 + 100 + 48 = 232\,[\%]$

　　　조상기에서 T_2 변압기 3차까지 $\%X_2 = 200 + 60 = 260\,[\%]$

　　　합성 $\%Z = \dfrac{\%X_1 \times \%X_2}{\%X_1 + \%X_2} + X_T = \dfrac{232 \times 260}{232 + 260} + 0 = 122.6\,[\%]$

　　　$\therefore I_S = \dfrac{100}{\%Z} \times I_N = \dfrac{100}{122.6} \times \dfrac{100{,}000}{\sqrt{3} \times 77} = 611.59\,[\mathrm{A}]$

　　답 : 611.59 [A]

② 차단기의 단락전류

　　　계산 : $I_{S1} = I_S \times \dfrac{\%X_2}{\%X_1 + \%X_2} = 611.59 \times \dfrac{260}{232 + 260} = 323.2\,[\mathrm{A}]$

　　　이를 154 [kV]로 환산하면

　　　$I_{S10} = 323.2 \times \dfrac{77}{154} = 161.6\,[\mathrm{A}]$

　　답 : 161.6 [A]

(4) 계산 : $P_s = \sqrt{3}\,VI_s' = \sqrt{3} \times 170 \times 161.6 \times 10^{-3} = 47.582\,[\mathrm{MVA}]$

　　답 : 47.58 [MVA]

[핵심] 정격차단전류

규정의 회로 조건하에서 표준 동작 책무 및 동작 상태에 따라 차단할 수 있는 지역률의 차단 전류의 한도를 말하며 교류 전류 실효값으로 나타낸다. 대칭 실효값으로 표시한다. 1 [kA], 1.25 [kA], 1.6 [kA], 2 [kA], 3.15 [kA], 4 [kA], 5 [kA], 6.3 [kA], 8 [kA]이며, 이상인 경우에는 ×10배로 정한다.

[핵심] 3권선 변압기 임피던스의 환산

$$Z_a + Z_b = Z_{ab} \qquad Z_b + Z_c = Z_{bc} \qquad Z_a + Z_c = Z_{ac}$$

위 식을 모두 더하면 다음과 같이 된다.

$$2(Z_a + Z_b + Z_c) = Z_{ab} + Z_{bc} + Z_{ca}$$

$$2(Z_a + Z_{bc}) = Z_{ab} + Z_{bc} + Z_{ca}$$

$$R_a = \frac{1}{2}(Z_{ab} + Z_{ca} - Z_{bc}) \ [\Omega]$$

$$R_b = \frac{1}{2}(Z_{ab} + Z_{bc} - Z_{ca}) \ [\Omega]$$

$$R_c = \frac{1}{2}(Z_{ca} + Z_{bc} - Z_{ab}) \ [\Omega]$$

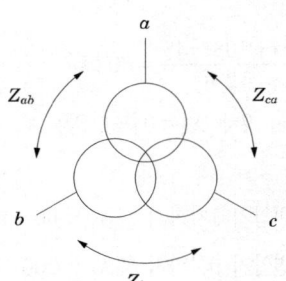

17

출제년도 13.(5점/부분점수 없음)

다음 논리식을 유접점 회로와 무접점 회로로 나타내시오.

논리식 : $X = A \cdot \overline{B} + (\overline{A} + B) \cdot \overline{C}$

[작성답안]

(1) 유접점 회로

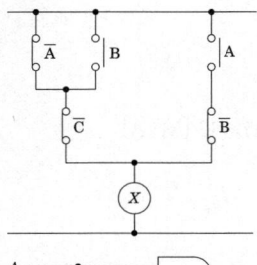

(2) 무접점 회로

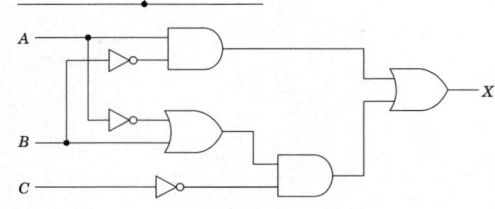

18

출제년도 97.00.04.13.(5점/각 문항당 1점, 모두 맞으면 5점)

도면은 어느 건물의 구내 간선 계통도이다. 주어진 조건과 참고자료를 이용하여 다음 각 물음에 답하시오.

(1) P_1의 전부하시 전류를 구하고, 여기에 사용될 배선용 차단기(MCCB)의 규격을 선정하시오.

(2) P_1에 사용될 케이블의 굵기는 몇 [mm²]인가?

(3) 배전반에 설치된 ACB의 최소 규격을 산정하시오.

(4) 가교 폴리에틸렌 절연 비닐 시스 케이블의 영문 약호는?

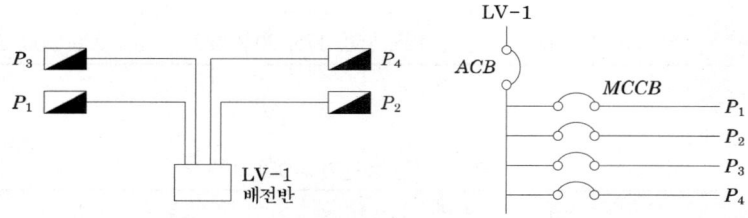

【조건】

- 전압은 380 [V]/220 [V]이며, 3φ4W이다.
- CABLE은 TRAY 배선으로 한다.(공중, 암거 포설)
- 전선은 가교 폴리에틸렌 절연 비닐 시스 케이블이다.
- 허용전압강하는 2 [%]이다.
- 분전반간 부등률은 1.1이다.
- 주어진 조건이나 참고자료의 범위 내에서 가장 적절한 부분을 적용시키도록 한다.
- CABLE 배선 거리 및 부하 용량은 표와 같다.

분전반	거리[m]	연결 부하 [kVA]	수용률 [%]
P_1	50	240	65
P_2	80	320	65
P_3	210	180	70
P_4	150	60	70

[표1] 배선용 차단기 (MCCB)

Frame	100			225			400		
기본 형식	A11	A12	A13	A21	A22	A23	A31	A32	A33
극수	2	3	4	2	3	4	2	3	4
정격 전류[A]	60, 75, 100			125, 150, 175, 200, 225			250, 300, 350, 400		

[표 2] 기중 차단기 (ACB)

TYPE	G1	G2	G3	G4
정격전류[A]	600	800	1,000	1,250
정격 절연 전압 [V]	1,000	1,000	1,000	1,000
정격사용전압 [V]	660	660	660	660
극수	3, 4	3, 4	3, 4	3, 4
과전류 Trip 장치의 정격 전류	200, 400, 630	400, 630, 800	630, 800, 1,000	800, 1,000, 1,250

[표3] 전선 최대 길이(3상 3선식 · 380 [V] · 전압 강하 3.8 [V])

전류 [A]	전선의 굵기 [mm^2]											
	2.5	4	6	10	16	25	35	50	95	150	185	240	300
	전선 최대 길이 [m]											
1	534	854	1281	2135	3416	5337	7472	10674	20281	32022	39494	51236	64045
2	267	427	640	1067	1708	2669	3736	5337	10140	16011	19747	25618	32022
3	178	285	427	712	1139	1779	2491	3558	6760	10674	13165	17079	21348
4	133	213	320	534	857	1334	1868	2669	5070	8006	9874	12809	16011
5	107	171	256	427	683	1067	1494	2135	4056	6404	7899	10247	12809
6	89	142	213	356	569	890	1245	1779	3380	5337	6582	8539	10674
7	76	122	183	305	488	762	1067	1525	2897	4575	5642	7319	9149
8	67	107	160	267	427	667	934	1334	2535	4003	4937	6404	8006
9	59	95	142	237	380	593	830	1186	2253	3558	4388	5693	7116
12	44	71	107	178	285	445	623	890	1690	2669	3291	4270	5337
14	38	61	91	152	244	381	534	762	1449	2287	2821	3660	4575
15	36	57	85	142	228	356	498	712	1352	2135	2633	3416	4270
16	33	53	80	133	213	334	467	667	1268	2001	2468	3202	4003
18	30	47	71	119	190	297	415	593	1127	1779	2194	2846	3558
25	21	34	51	85	137	213	299	427	811	1281	1580	2049	2562
35	15	24	37	61	98	152	213	305	579	915	1128	1464	1830
45	12	19	28	47	76	119	166	237	451	712	878	1139	1423

[주] 1. 전압강하가 2 [%] 또는 3 [%]의 경우, 전선길이는 각각 이 표의 2배 또는 3배가 된다. 다른 경우에도 이 예에 따른다.

2. 전류가 20 [A] 또는 200 [A] 경우의 전선길이는 각각 이 표 전류 2 [A] 경우의 1/10 또는 1/100이 된다. 다른 경우에도 이 예에 따른다.

3. 이 표는 평형부하의 경우에 대한 것이다.

4. 이 표는 역률 1로 하여 계산한 것이다.

[작성답안]

(1) 전부하전류 = $\dfrac{\text{설비 용량} \times \text{수용률}}{\sqrt{3} \times \text{전압}} = \dfrac{(240 \times 10^3) \times 0.65}{\sqrt{3} \times 380} = 237.02\,[\text{A}]$

표1에서 MCCB Frame 400 A32 250A 선정

답 : ① 전부하 전류 : 237.02 [A]
　　 ② MCCB : Frame 400 A32 250A

(2) 계산 : 전선최대의 길이 = $\dfrac{50 \times \dfrac{237.02}{25}}{\dfrac{380 \times 0.02}{3.8}} = 237.02\,[\text{m}]$

표3의 25 [A]란의 237.02 [m]를 초과하는 299 [m]의 35 [mm²]선정

답 : 35 [mm²]

(3) 계산 : $I = \dfrac{(240 \times 0.65 + 320 \times 0.65 + 180 \times 0.7 + 60 \times 0.7)}{\sqrt{3} \times 380 \times 1.1} \times 10^3 = 734.81\,[\text{A}]$

표2에서 G2 Type의 4극 정격전류 800 [A]를 선정

답 : G2 Type 4극, 800 [A]

(4) CV1

[핵심] 차단기

① 극수의 선정

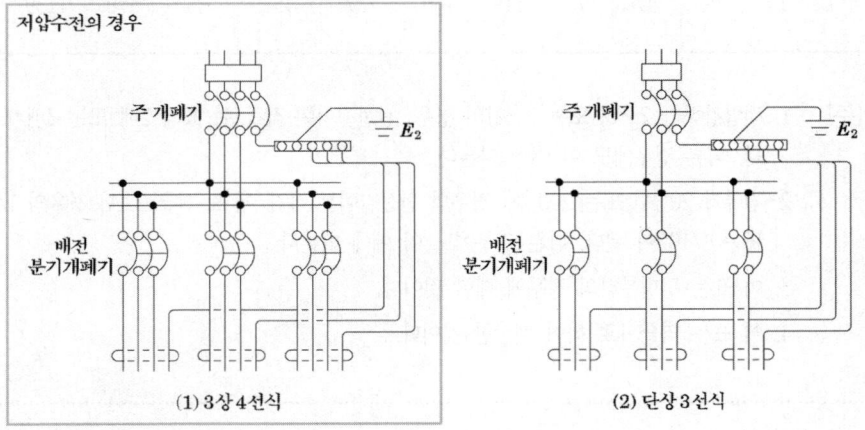

3상 4선식 저압의 경우 주개폐기는 4극 분기 개폐기는 3극을 사용한다.

② MCCB 선정

- MCCB의 AF (Ampere Frame)

    Frame의 사전적 의미는 뼈대, 구조, 틀이라는 의미를 가지고 있으며, Frame 용량은 일반적으로 30, 50, 60, 100, 225, 400, 600, 800, 1000, 1200.... 등으로 생산된다. 100AF/100AT과 100AF/75AT의 외형크기는 동일하다. AF는 프레임 용량으로 단락 등의 사고 시 화재, 폭발 등이 발생하지 않고 흘릴 수(견딜 수 있는)있는 최대 용량의 전류이다.

- MCCB AT (Ampere Trip)

    AT(Ampere Trip)는 일반적으로 15, 20, 30, 40, 50, 60, 75, 80, 100, 125, 150, 175, 200, 225, 250, 300... 등이 있다. 차단기의 용량에서 AT는 트립용량, 즉 안전하게 통전 시킬 수 있는 최대용량의 전류를 말한다. 배선용차단기의 정격전류는 정격전류의 1.1배의 전류에 견디고, 정격전류의 1.6배 및 2배의 전류를 통한 경우 판단기준 제38조의 표에서 정한 시간 안에 용단되도록 하고 있다.

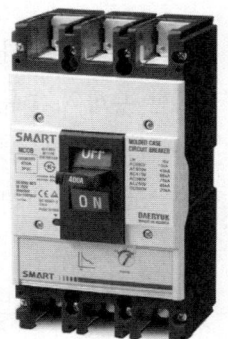

2013년 3회 기출문제 해설

※ 다음 물음에 답을 해당 답안에 답하시오.

1 출제년도 96.00.11.13.15.21.(7점/부분점수 없음)

어느 빌딩 수용가가 자가용 디젤 발전기 설비를 계획하고 있다. 발전기 용량 산출에 필요한 부하의 종류 및 특성이 다음과 같을 때 주어진 조건과 참고자료를 이용하여 전부하 운전을 하는데 필요한 발전기 용량 [kVA]을 답안지 빈칸을 채우면서 선정하시오. (수용률을 적용한 kVA 합계를 구할 때는 유효분과 무효분을 나누어 구한다.)

【조건】

① 전동기 기동시에 필요한 용량은 무시한다.

② 수용률 적용(동력) : 최대 입력 전동기 1대에 대하여 100 [%], 2대는 80 [%], 전등, 기타는 100 [%]를 적용한다.

③ 전등, 기타의 역률은 100 [%]를 적용한다.

부하의 종류	출력[Kw]	극수(극)	대수(대)	적용 부하	기동 방법
전동기	37	8	1	소화전 펌프	리액터 기동
	22	6	2	급수 펌프	리액터 기동
	11	6	2	배풍기	Y−△ 기동
	5.5	4	1	배수 펌프	직입 기동
전등, 기타	50	−	−	비상 조명	−

[표1] 저압 특수 농형 2종 전동기 (KSC 4202) [개방형·반밀폐형]

정격 출력 [kW]	극수	동기속도 [rpm]	전부하 특성		기동 전류 I_{st} 각상의 평균값 [A]	비고		전부하 슬립 s [%]
			효율 η [%]	역률 pf [%]		무부하 전류 I_0 각상의 전류값 [A]	전부하 전류 I 각상의 평균값 [A]	
5.5	4	1,800	82.5 이상	79.5 이상	150 이하	12	23	5.5
7.5			83.5 이상	80.5 이상	190 이하	15	31	5.5

11			84.5 이상	81.5 이상	280 이하	22	44	5.5
15			85.5 이상	82.0 이상	370 이하	28	59	5.0
(19)			86.0 이상	82.5 이상	455 이하	33	74	5.0
22			86.5 이상	83.0 이상	540 이하	38	84	5.0
30			87.0 이상	83.5 이상	710 이하	49	113	5.0
37			87.5 이상	84.0 이상	875 이하	59	138	5.0
5.5			82.0 이상	74.5 이상	150 이하	15	25	5.5
7.5			83.0 이상	75.5 이상	185 이하	19	33	5.5
11			84.0 이상	77.0 이상	290 이하	25	47	5.5
15	6	1,200	85.0 이상	78.0 이상	380 이하	32	62	5.5
(19)			85.5 이상	78.5 이상	470 이하	37	78	5.0
22			86.0 이상	79.0 이상	555 이하	43	89	5.0
30			86.5 이상	80.0 이상	730 이하	54	119	5.0
37			87.0 이상	80.0 이상	900 이하	65	145	5.0
5.5			81.0 이상	72.0 이상	160 이하	16	26	6.0
7.5			82.0 이상	74.0 이상	210 이하	20	34	5.5
11			83.5 이상	75.5 이상	300 이하	26	48	5.5
15	8	900	84.0 이상	76.5 이상	405 이하	33	64	5.5
(19)			85.5 이상	77.0 이상	485 이하	39	80	5.5
22			85.0 이상	77.5 이상	575 이하	47	91	5.0
30			86.5 이상	78.5 이상	760 이하	56	121	5.0
37			87.0 이상	79.0 이상	940 이하	68	148	5.0

[표 2] 자가용 디젤 표준 출력 [kVA]

50	100	150	200	300	4,400

	효율 [%]	역률 [%]	입력 [kVA]	수용률 [%]	수용률 적용값 [kVA]
37 × 1					
22 × 2					
11 × 2					
5.5 × 1					
50					
계	–	–	–	–	

○ 발전기 용량 : _____ [kVA]

[작성답안]

	효율 [%]	역률 [%]	입력 [kVA]	수용률 [%]	수용률 적용값 [kVA]
37×1	87	79	$\dfrac{37}{0.87 \times 0.79} = 53.83$	100	$P = 53.83 \times 0.79 = 42.53 [\text{kW}]$ $Q = 53.83 \times \sqrt{1-0.79^2} = 33 [\text{kVar}]$ $\therefore \sqrt{42.53^2 + 33^2} = 53.83 [\text{kVA}]$
22×2	86	79	$\dfrac{22 \times 2}{0.86 \times 0.79} = 64.76$	80	$P = 64.76 \times 0.79 \times 0.8 = 40.93 [\text{kW}]$ $Q = 64.76 \times \sqrt{1-0.79^2} \times 0.8 = 31.76 [\text{kVar}]$ $\therefore \sqrt{40.93^2 + 31.76^2} = 51.81 [\text{kVA}]$
11×2	84	77	$\dfrac{11 \times 2}{0.84 \times 0.77} = 34.01$	80	$P = 34.01 \times 0.77 \times 0.8 = 20.95 [\text{kW}]$ $Q = 34.01 \times \sqrt{1-0.77^2} \times 0.8 = 17.36 [\text{kVar}]$ $\therefore \sqrt{20.95^2 + 17.36^2} = 27.21 [\text{kVA}]$
5.5×1	82.5	79.5	$\dfrac{5.5}{0.825 \times 0.795} = 8.39$	100	$P = 8.39 \times 0.795 = 6.67 [\text{kW}]$ $Q = 8.39 \times \sqrt{1-0.795^2} = 5.09 [\text{kVar}]$ $\therefore \sqrt{6.67^2 + 5.09^2} = 8.39 [\text{kVA}]$
50	100	100	50	100	50[kVA]
계	-	-	-	-	$P = 42.53 + 40.93 + 20.95 + 6.67 + 50$ $\quad = 161.08 [\text{kW}]$ $Q = 33 + 31.76 + 17.36 + 5.09 = 87.21 [\text{kVar}]$ $\therefore \sqrt{168.08^2 + 87.21^2} = 189.36 [\text{kVA}]$

답 : 발전기의 표준용량 사용 200 [kVA]

2

출제년도 13.16.21.(6점/부분점수 없음)

3상 4선식에서 역률 100 [%]의 부하가 각 상과 중성선간에 연결되어 있다. a상, b상, c상에 흐르는 전류가 각각 220 [A], 180 [A], 180 [A]이다. 중성선에 흐르는 전류의 크기의 절댓값은 몇 [A]인가?

[작성답안]

계산 : $\dot{I}_n = 220 + \left(-\dfrac{1}{2} - j\dfrac{\sqrt{3}}{2}\right) \times 180 + \left(-\dfrac{1}{2} + j\dfrac{\sqrt{3}}{2}\right) \times 180 = 220 - 90 - 90 = 40$ [A]

답 : 40 [A]

[핵심] 중성선에 흐르는 전류

각 상에는 R상을 기준으로 할 때 120도의 위상차가 있으므로 중성선에 흐르는 전류의 크기는 $I_a \angle 0° + I_b \angle -120° + I_c \angle -240°$로 나타낼 수 있다. 이 성분은 대칭좌표법에서 말하는 영상성분이 된다.

3

출제년도 91.07.13.14.(5점/부분점수 없음)

그림과 같은 배광 곡선을 갖는 반사갓형 수은등 400 [W](22,000 [lm])을 사용할 경우 기구 직하 7 [m]점으로부터 수평 5 [m] 떨어진 점의 수평면 조도를 구하시오.
(단, $\cos^{-1}0.814 = 35.5°$, $\cos^{-1}0.707 = 45°$, $\cos^{-1}0.583 = 54.3°$)

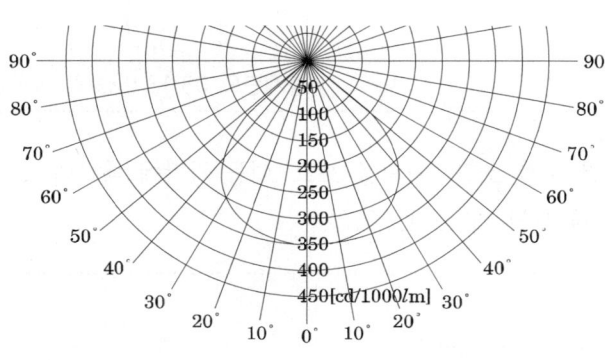

[작성답안]

계산 : $\ell = \sqrt{h^2 + W^2} = \sqrt{7^2 + 5^2}$

$\cos\theta = \dfrac{h}{\sqrt{h^2+W^2}} = \dfrac{7}{\sqrt{7^2+5^2}} = 0.814$

$\theta = \cos^{-1} 0.814 = 35.5°$ 이므로 광도는 약 280 [cd/1,000lm]

수은등의 광도 $I = \dfrac{280}{1,000} \times 22,000 = 6,160$ [cd]이다.

수평면 조도 $E_h = \dfrac{I}{\ell^2} \times \cos\theta = \dfrac{6,160}{(\sqrt{7^2+5^2})^2} \times 0.814 = 67.76$ [lx]

답 : 67.76 [lx]

[핵심] 조도

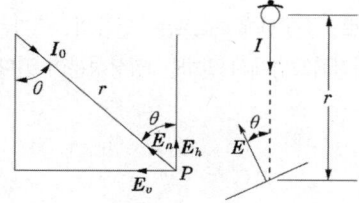

① 법선조도 $E_n = \dfrac{I}{r^2}$ [lx]

② 수평면 조도 $E_h = E_n \cos\theta = \dfrac{I}{r^2} \cos\theta = \dfrac{I}{h^2} \cos^3\theta$ [lx]

③ 수직면 조도 $E_v = E_n \sin\theta = \dfrac{I}{r^2} \sin\theta = \dfrac{I}{h^2} \sin\theta \cos^2\theta$ [lx]

---

4 출제년도 08.13.(5점/각 항목당 1점, 모두 맞으면 5점)

단상 변압기의 병렬 운전 조건 4가지를 쓰고, 이들 각각에 대하여 조건이 맞지 않을 경우에 어떤 현상이 나타나는지 쓰시오.

[작성답안]

① • 조건 : 각 변압기의 극성이 같을 것
  • 현상 : 극성이 반대로 바뀌면 2차 권선의 순환회로에 2차 기전력의 합이 가해지고 권선의 임피던스는 작으므로 큰 순환전류가 흘러 권선이 소손된다.

② • 조건 : 권수비 및 2차 정격전압이 같을 것
  • 현상 : 권수비가 다른 경우 2차 기전력의 크기가 다르므로 1차 권선에 의한 순환전류가 흘러서 권선이 과열된다.
③ • 조건 : 저항과 리액턴스비가 같을 것
  • 현상 : 각 변압기의 전류간에 위상차가 생겨 동손이 증가한다.
④ • 조건 : %임피던스강하가 같을 것
  • 현상 : %임피던스강하가 같지 않을 경우 부하의 분담이 용량의 비가 되지 않아 부하의 분담이 균형을 이룰 수 없다.

[핵심] 변압기 병렬운전
① 병렬 운전의 조건
  • 각 변압기의 극성이 같을 것
  • 각 변압기의 권수비가 같고, 1차와 2차의 정격 전압이 같을 것
  • 각 변압기의 %임피던스 강하가 같을 것
  • 3상식에서는 위의 조건 외에 각 변압기의 상회전 방향 및 각 변위가 같을 것
② 순환전류
$$I_c = \frac{\frac{I}{2}Z_2 - \frac{I}{2}Z_1}{Z_1 + Z_2} \text{ [A]}$$
③ 부하분담
$$\frac{[kVA]_a}{[kVA]_b} = \frac{[kVA]_A}{[kVA]_B} \times \frac{\%Z_b}{\%Z_a}$$

5

출제년도 88.91.98.05.13.14.(5점/부분점수 없음)

부하설비가 각각 A-10 [kW], B-20 [kW], C-20 [kW], D-30 [kW] 되는 수용가가 있다. 이 수용장소의 수용률이 A와 B는 각각 80 [%], C와 D는 각각 60 [%]이고, 이 수용장소의 부등률은 1.3이다. 이 수용장소의 종합 최대전력은 몇 [kW]인가?

[작성답안]

계산 : 합성최대전력 $= \dfrac{\text{설비용량} \times \text{수용률}}{\text{부등률}} = \dfrac{10 \times 0.8 + 20 \times 0.8 + 20 \times 0.6 + 30 \times 0.6}{1.3} = 41.54$ [kW]

답 : 41.54 [kW]

[핵심] 부등률

각 수용가에서의 최대 수용 전력의 발생 시각은 시간적으로 차이가 있으며 이 경우에 배전 변압기 또는 간선에서의 합성 최대 수용 전력은 각 수용가에서의 최대 수용 전력의 합보다 적게 되는데 이 비를 부등률이라 하며 이 값은 항상 1보다 크고, 백분율로 나타내지 않는다. 수용률과 더불어 배전 변압기 또는 배전 간선 등의 공급 설비 계획 자료로 사용된다.

$$\text{부등률} = \frac{\text{개별 최대수용전력의 합}}{\text{합성 최대수용전력}} = \frac{\text{설비용량} \times \text{수용전력}}{\text{합성최대수용전력}}$$

6

출제년도 91.96.97.03.15.16.(4점/부분점수 없음)

3상 3선식 중성점 비접지식 6,600 [V] 가공전선로가 있다. 이 전선로의 지락전류가 5[A]인 경우 이 전로에 접속된 주상 변압기 220 [V]측 한 단자에 중성점 접지공사를 할 때 접지 저항값은 얼마 이하로 유지하여야 하는지 구하시오.(단, 2초 이내에 자동적으로 전로를 차단하는 장치를 설치한 경우이다.)

[작성답안]

계산 : $R = \dfrac{300}{I_{g1}} = \dfrac{300}{5} = 60\,[\Omega]$

답 : 60 [Ω]

[핵심] 중성점 접지 저항값

접지 저항값

- $\dfrac{150}{1\text{선 지락전류}\,I}[\Omega]$ 이하
- 자동 차단하는 장치가 1초 이내 동작하면 $600/I[\Omega]$
- 자동 차단하는 장치가 1초를 넘어 2초 이내 동작하면 $300/I[\Omega]$

7

출제년도 99.00.03.04.05.13.(7점/각 항목당 1점, 모두 맞으면 7점)

지중 전선로의 시설에 관한 다음 각 물음에 답하시오.
(1) 지중 전선로는 어떤 방식에 의하여 시설하여야 하는지 3가지만 쓰시오.
(2) 특고압용 지중전선에 사용하는 케이블의 종류를 2가지만 쓰시오.

[작성답안]
(1) 직접매설식, 관로식, 암거식
(2) 알루미늄피케이블, 가교 폴리에틸렌 절연비닐시스케이블(CV)

[핵심] 지중전선의 종류

전압의 종류	지중케이블의 종류
저압	알루미늄피 케이블 클로로플랜 외장 케이블 비닐외장 케이블 폴리에틸렌 외장 케이블 미네랄 인슈레이션 케이블 상기 케이블에 보호피복을 한 케이블
고압	알루미늄피 케이블 클로로플랜 외장 케이블 비닐외장 케이블 폴리에틸렌 외장 케이블 콤바인덕트 케이블 상기 케이블에 보호피복을 한 케이블
특고압	알루미늄피 케이블 에틸렌 프로필렌 고무 혼합물 케이블 폴리에틸렌 혼합물 케이블 가교 폴리에틸렌 절연 비닐시즈 케이블 파이프형 압력 케이블 상기 케이블에 보호피복을 한 케이블

출제년도 97.02.13.(6점/각 문항당 3점)

그림과 같은 평면도의 2층 건물에 대한 배선설계를 하기 위하여 주어진 조건을 이용하여 1층 및 2층을 분리하여 분기회로수를 결정하고자 한다. 다음 각 물음에 답하시오.

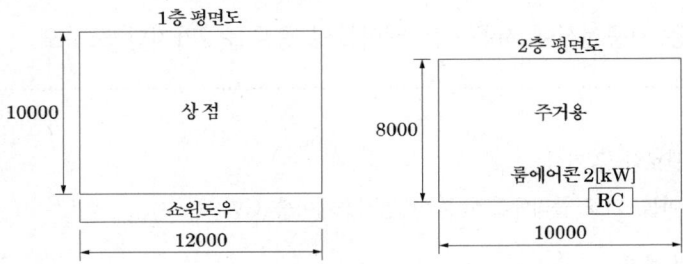

【조건】
- 분기 회로는 16 [A]분기 회로로 하고 80 [%]의 정격이 되도록 한다.
- 배전 전압은 220 [V]를 기준으로 하여 적용 가능한 최대 부하를 상정한다.
- 주택 및 상점의 표준 부하는 30 [VA/m²]로 하되, 1층, 2층 분리하여 분기 회로수를 결정하고 상점과 주거용에 각각 1,000 [A]를 가산하여 적용한다.
- 상점의 쇼윈도우에 대해서는 길이 1 [m]당 300 [VA]를 적용한다.
- 옥외 광고등 500 [VA]짜리 2등이 상점에 있는 것으로 하고, 하나의 전용분기회로로 구성한다.
- 예상이 곤란한 콘센트, 틀어 끼우는 접속기, 소켓 등이 있을 경우라도 이를 상정하지 않는다.
- RC는 전용분기회로로 한다.

(1) 1층의 부하용량과 분기회로수를 구하시오.

(2) 2층의 부하용량과 분기회로수를 구하시오.

[작성답안]

(1) 계산 : $P = (12 \times 10 \times 30) + 12 \times 300 + 1,000 = 8,200$ [VA]

분기 회로수 $= \dfrac{\text{부하용량}}{\text{사용전압} \times \text{분기회로전류}} = \dfrac{8,200}{220 \times 16 \times 0.8} = 2.92$ [회로]

∴ 16[A] 분기 3회로 선정, 옥외 광고등 전용분기 1회로 선정

답 : 부하용량 : 8200[VA], 분기회로수 : 16[A] 분기 4회로

(2) 계산 : $P = 10 \times 8 \times 30 + 1,000 = 3,400$ [VA]

분기 회로수 = $\dfrac{\text{부하용량}}{\text{사용전압} \times \text{분기회로전류}} = \dfrac{3,400}{220 \times 16 \times 0.8} = 1.21$ [회로]

∴ 16[A] 분기 2회로 선정, 에어콘 전용분기 1회로 선정

답 : 부하용량 : 3400[VA], 분기회로수 : 16[A] 분기 3회로

---

9 출제년도 13.14.18.(4점/각 문항당 2점)

그림과 같은 PLC시퀀스(래더 다이어그램)가 있다. 다음 물음에 답하시오

(1) PLC 프로그램에서의 신호 흐름은 P002가 겹치지 않도록 단방향이므로 시퀀스를 수정해야 한다. 문제의 도면을 바르게 작성하시오.

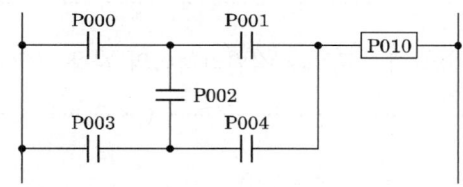

(2) PLC 프로그램을 표 ① ~ ⑧에 완성하시오. (단, 명령어는 LOAD, AND, OR, NOT, OUT를 사용한다.)

STEP	OP	add	주소	명령어	번지
0	LOAD	P000	7	AND	P002
1	AND	P001	8	(5)	⑥
2	①	②	9	OR LOAD	
3	AND	P002	10	⑦	⑧
4	AND	P004	11	AND	P004
5	OR LOAD		12	OR LOAD	
6	③	④	13	OUT	P010

[작성답안]

(1)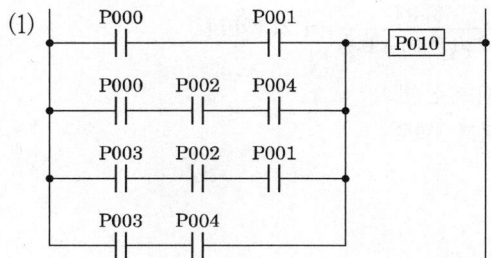

(2) ① LOAD, ② P000, ③ LOAD, ④ P003, ⑤ AND, ⑥ P001, ⑦ LOAD, ⑧ P003

출제년도 96.00.13.20.(4점/각 항목당 2점)

10 전력용 콘덴서의 부속설비인 방전코일과 직렬리액터의 사용 목적은 무엇인가?

[작성답안]
- 방전코일 : 콘덴서에 축적된 잔류전하를 방전, 콘덴서 재투입 시 콘덴서에 걸리는 과전압 방지
- 직렬리액터 : 제5고조파를 제거하여 파형을 개선

[핵심] 부속설비

① 방전코일 (Discharging Coil : DC 또는 DSC)

콘덴서를 회로로부터 분리했을 때 전하가 잔류 함으로써 일어나는 위험의 방지와 재투입할 때 콘덴서에 걸리는 과전압의 방지를 위해서 방전코일을 설치한다. 방전코일은 개로 후 5초 이내 50 [V] 이하로 저하시킬 능력이 있는 것을 설치하는 것이 바람직하다.

- 방전 개시 후 5초 이내에 콘덴서 단자전압 50 [V]이하
- 절연저항 500 [MΩ] 이상
- 최고사용전압은 정격전압의 115 [%]이하(24시간 평균치 110 [%]이하)

② 직렬리액터 (Series Reactor : SR)

대용량의 콘덴서를 설치하면 고조파 전류가 흘러 파형이 일그러지는 원인이 된다. 파형을 개선(제5고조파의 제거)하기 위해서 전력용 콘덴서와 직렬로 리액터를 설치한다. 직렬 리액터의 용량은 콘덴서 용량의 6 [%]가 표준정격으로 되어 있다.(계산상은 4 [%])

11

출제년도 13.19.(5점/부분점수 없음)

다음은 전압등급 3[kV]인 SA의 시설 적용을 나타낸 표이다. 빈 칸에 적용 또는 불필요를 구분하여 쓰시오.

차단기종류	2차 보호기기	전동기	변압기			콘덴서
			유입식	몰드식	건식	
VCB		①	②	③	④	⑤

[작성답안]

① 적용   ② 불필요   ③ 적용   ④ 적용   ⑤ 불필요

[핵심] 서지흡수기

서지흡수기의 정격전압

공칭전압	3.3 [kV]	6.6 [kV]	22.9 [kV]
정격전압	4.5 [kV]	7.5 [kV]	18 [kV]
공칭방전전류	5 [kA]	5 [kA]	5 [kA]

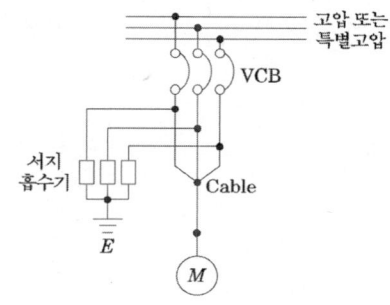

서지흡수기의 적용범위

차단기 종류		VCB(진공차단기)				
전압 등급		3 [kV]	6 [kV]	10 [kV]	20 [kV]	30 [kV]
전동기		적 용	적 용	적 용	–	–
변압기	유입식	불필요	불필요	불필요	불필요	불필요
	몰드식	적 용	적 용	적 용	적 용	적 용
	건식	적 용	적 용	적 용	적 용	적 용
콘덴서		불필요	불필요	불필요	불필요	불필요
변압기와 유도기기와의 혼용 사용시		적 용	적 용	–	–	–

출제년도 92.13.(5점/부분점수 없음)

미완성된 단선도의 ┆┄┄┄┄┄┆ 안에 유입 차단기, 피뢰기, 전압계, 전류계, 지락 보호 계전기, 과전류 보호 계전기, 계기용 변압기, 계기용 변류기, 영상 변류기, 전압계용 전환 개폐기, 전류계용 전환 개폐기 등을 사용하여 3ϕ 3W식 6,600 [V]수전 설비 계통의 단선도를 완성하시오.(단, 단로기, 컷아웃 스위치, 퓨즈 등도 필요 개소가 있으면 도면의 알맞은 개소에 삽입하여 그리도록 하며, 또한 각 심벌은 KSC 규정에 의하고 심벌 옆에는 약호를 쓰도록 한다.)

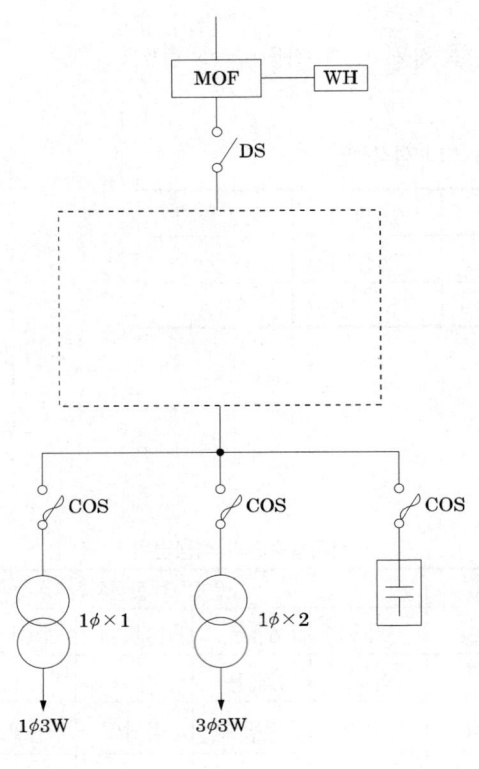

[작성답안]

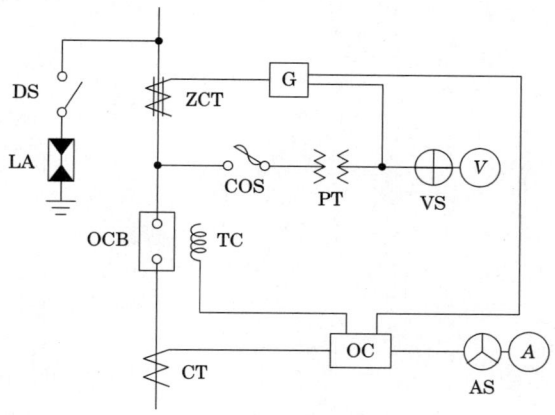

13

출제년도 91.97.13.(5점/부분점수 없음)

도면은 유도 전동기의 정전, 역전용 운전 단선 결선도이다. 정·역회전을 할 수 있도록 조작 회로를 그리시오.(단, 인입 전원은 위상(phase) 전원을 사용하고 OFF 버튼 3개, ON 버튼 2개 및 정·역회전시 표시 Lamp가 나타나도록 하시오.)

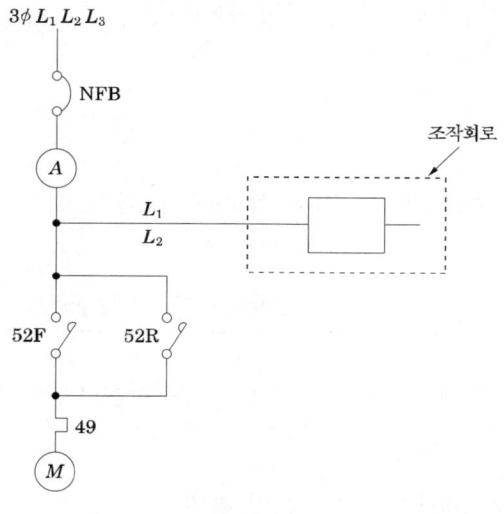

[작성답안]

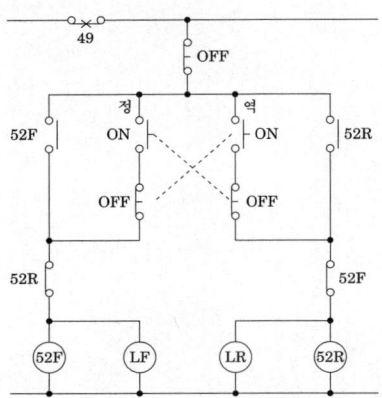

14
출제년도 13.(5점/부분점수 없음)

어느 수용가의 부하설비용량이 950 [kW], 수용률 65 [%], 부하 역률 76 [%]일 때 변압기 용량은 몇 [kVA]인가?

[작성답안]

계산 : 변압기 용량 = $\dfrac{\text{설비용량} \times \text{수용률}}{\text{부등률} \times \text{역률}}$ = $\dfrac{950 \times 0.65}{0.76}$ = 812.5 [kVA]

답 : 812.5 [kVA]

[핵심] 변압기 용량
역률을 적용하여 [kW]의 부하를 [kVA]의 부하로 환산하여 구한다.

15
출제년도 13.17.22.(6점/각 문항당 2점, 모두 맞으면 3점)

전압 3,300 [V], 전류 43.5 [A], 저항 0.66 [Ω], 무부하손 1,000 [W]인 변압기에서 다음 조건일 때의 효율을 구하시오.

(1) 전 부하 시 역률 100 [%]와 80 [%]인 경우

(2) 반 부하 시 역률 100 [%]와 80 [%]인 경우

[작성답안]

(1) 전 부하 시

① 역률 100 [%]일 때

계산 : $\eta = \dfrac{m V_{2n} I_{2n} \cos\theta}{m V_{2n} I_{2n} \cos\theta + P_i + m^2 I_{2n}^2 r_2} \times 100 [\%]$

효율 $\eta = \dfrac{1 \times 3{,}300 \times 43.5 \times 1}{1 \times 3{,}300 \times 43.5 \times 1 + 1{,}000 + 1^2 \times 43.5^2 \times 0.66} \times 100 = 98.457 [\%]$

답 : 98.46 [%]

② 역률 80 [%]일 때

계산 : 효율 $\eta = \dfrac{1 \times 3{,}300 \times 43.5 \times 0.8}{1 \times 3{,}300 \times 43.5 \times 0.8 + 1{,}000 + 1^2 \times 43.5^2 \times 0.66} \times 100 = 98.079 [\%]$

답 : 98.08 [%]

(2) 반 부하 시

① 역률 100 [%]일 때

계산 : $\eta_m = \dfrac{m V_{2n} I_{2n} \cos\theta}{m V_{2n} I_{2n} \cos\theta + P_i + m^2 I_{2n}^2 r_2} \times 100 [\%]$ 이므로

효율 $\eta = \dfrac{0.5 \times 3{,}300 \times 43.5 \times 1}{0.5 \times 3{,}300 \times 43.5 \times 1 + 1{,}000 + 0.5^2 \times 43.5^2 \times 0.66} \times 100 = 98.204 [\%]$

답 : 98.2 [%]

② 역률 80 [%]일 때

효율 $\eta = \dfrac{0.5 \times 3{,}300 \times 43.5 \times 0.8}{0.5 \times 3{,}300 \times 43.5 \times 0.8 + 1{,}000 + 0.5^2 \times 43.5^2 \times 0.66} \times 100 = 97.765 [\%]$

답 : 97.77 [%]

[핵심] 변압기 효율 (efficiency)

① 전부하 효율 $\eta = \dfrac{P_n \cos\theta}{P_n \cos\theta + P_i + I^2 r} \times 100 [\%]$

전부하시 $I^2 r = P_i$ 의 조건이 만족되면 효율이 최대가 된다.

② m 부하시의 효율 $\eta = \dfrac{m V_{2n} I_{2n} \cos\theta}{m V_{2n} I_{2n} \cos\theta + P_i + m^2 I_{2n}^2 r_{21}} \times 100 [\%]$

$P_i = m^2 P_c$ 이 최대 효율조건이며, 최대 효율일 경우 부하율은 다음과 같다.

$m = \sqrt{\dfrac{P_i}{P_c}}$

③ 전일효율 $\eta_d = \dfrac{\sum h\, V_2 I_2 \cos\theta_2}{\sum h\, V_2 I_2 \cos\theta_2 + 24 P_i + \sum h\, r_2 I_2^2} \times 100\ [\%]$

16
출제년도 98.06.13.(5점/각 문항당 1점, 모두 맞으면 5점)

UPS 장치 시스템의 중심부분을 구성하는 CVCF의 기본 회로를 보고 다음 각 물음에 답하시오.

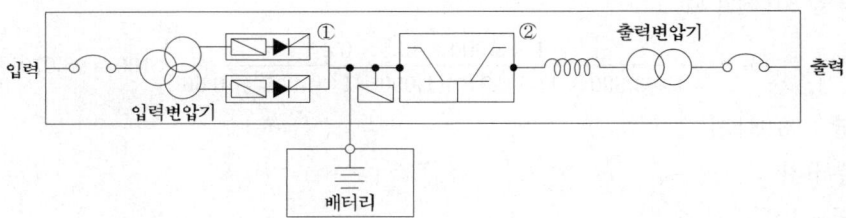

(1) UPS 장치는 어떤 장치인가?

(2) CVCF는 무엇을 뜻하는가?

(3) 도면의 ①, ②에 해당되는 것은 무엇인가?

[작성답안]

(1) 무정전 전원공급 장치

(2) 정전압 정주파수 장치

(3) ① 정류기(컨버터) ② 인버터

[핵심] UPS의 구성

① 컨버터(정류기) : 교류전원이나 발전기의 전원을 공급받아 직류전원으로 변환하여 축전지를 충전하며, 인버터에 공급하는 장치

② 인버터 : 직류전원을 교류전원으로 바꾸어 부하에 공급하는 장치

③ 무접점 절환 스위치 : 인버터의 과부하 및 이상시 예비 상용전원으로(bypass line)절체시켜주는 장치

④ 축전지 : 정전시 인버터에 직류전원을 공급하여 부하에 일정 시간동안 무정전으로 전원을 공급하는데 필요한 장치

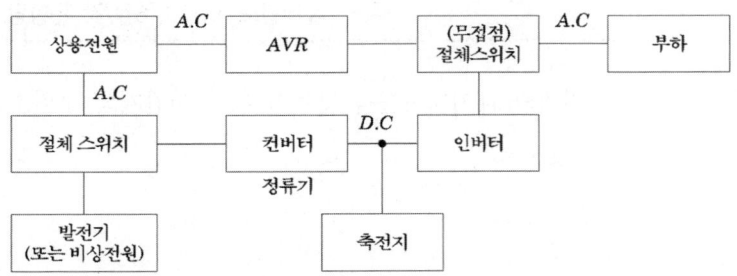

17

출제년도 13.(5점/각 항목당 2점, 모두 맞으면 5점)

Wenner의 4전극법에 대한 공식을 쓰고, 원리도를 그려 설명하시오.

① 공식

② 원리도와 설명

[작성답안]

① 대지저항 $\rho\,[\Omega\cdot m] = 2\pi aR = 40\pi dR$

  ρ : 흙의 저항율 $[\Omega\cdot m]$

  a : 전극간의 거리 (단 $a = 20d$ 조건)

  R : 저항 값 (V/I : 측정치)

  d : 전극의 매설 깊이

②
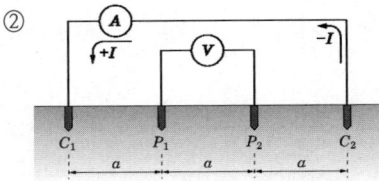

4개의 접지전극이 지표면에 설치되어 접지전극간에 흐르는 전류 I와 접지전극간에 걸리는 전압 V를 측정하여 대지저항률을 추정하는 방법으로, 외부측의 두 접지극 C_1과 C_2 사이에 전원을 연결해서 대지에 전류를 흘리고, 내부측 두 접지전극 P_1과 P_2 사이에 생기는 전위차를 측정하여 V/I로부터 접지저항 $R\,[\Omega]$을 구하여 $2\pi aR$ 식으로부터 대지저항을 구한다.

18

출제년도 11.13.(6점/각 문항당 3점)

접지저항의 저감법 중 물리적 방법 4가지와 대지저항률을 낮추기 위한 저감재의 구비조건 4가지를 쓰시오.

(1) 물리적 방법

(2) 저감재의 구비조건

[작성답안]

(1) • 접지봉을 병렬로 연결하며, 접지극의 면적을 증가시킨다.
- 접지극의 매설깊이를 깊게 한다. 심타공법, 보링공법 등이 있다.
- 매설지선을 설치한다. 매설지선은 철탑의 탑각접지저항을 줄이는데 사용한다.
- 평판접지전극을 사용하여 병렬 또는 직렬로 시공하다.

  그 외
- Mesh 접지공법을 사용한다.

(2) • 인축이나 식물에 대한 안전성을 확보해야 한다.
- 토양을 오염시키지 않아야 한다.
- 전기적으로 양도체이어야 하며, 주위의 토양보다 도전도가 좋아야 한다.
- 지속성이 있어야 한다.

  그 외
- 저감재 사용후 경년에 따른 변화가 없어야 하며, 계절에 다른 접지저항의 변화가 없어야 한다.
- 전극을 부식시키지 않아야 한다.
- 저감효과가 커야 한다.

[핵심] 접지저항의 저감 방법

물리적인 저감 방법과 화학적인 저감 방법으로 나눈다. 물리적인 저감방법은 다음과 같다.
- 접지봉의 병렬로 연결하며, 접지극의 면적을 증가시킨다.
- 접지극의 매설깊이를 깊게 한다. 심타공법, 보링공법 등이 있다.
- 매설지선을 설치한다. 매설지선은 철탑의 탑각접지저항을 줄이는데 사용한다.
- 평판접지전극을 사용하여 병렬 또는 직렬로 시공하다.
- Mesh 접지공법을 사용한다.

화학적 접지저항 저감방법은 접지극 주변의 토양을 개량하여 ρ를 저감하는 방법으로 일시적이며, 1~2년이 경과하면 거의 효과가 없다. 일반적으로 염, 황산암모니아, 탄산소다, 카본분말, 벤젠나이트 등을 토양에 혼합 사용한다.

화학적 접지저항 저감제는 다음과 같은 구비조건을 갖추어야 한다.
- 인축이나 식물에 대한 안전성을 확보해야 한다.
- 토양을 오염시키지 않아야 한다.
- 전기적으로 양도체이어야 하며, 주위의 토양보다 도전도가 좋아야 한다.
- 지속성이 있어야 한다.
- 저감재 사용 후 경년에 따른 변화가 없어야 하며, 계절에 다른 접지저항의 변화가 없어야 한다.
- 전극을 부식시키지 않아야 한다.
- 저감효과가 커야 한다.

접지저항 저감제로는 반응형저감제로 무공해성 화이트어스론, 티코겔 등이 사용된다. 비반응형 저감제는 공해성으로, 염, 황산암모니아, 탄산소다, 카본분말, 벨라이트 등이 사용된다.

2014년 1회 기출문제 해설

※ 다음 물음에 답을 해당 답란에 답하시오.

출제년도 90.14.(5점/부분점수 없음)

1

길이 2[km]인 3상 배전선에서 전선의 저항이 0.3[Ω/km], 리액턴스 0.4[Ω/km]라 한다. 지금 송전단 전압 V_s를 3450[V]로 하고 송전단에서 거리 1[km]인 점에 $I_1=100$[A], 역률 0.8(지상), 1.5[km]인 지점에 $I_2=100$[A], 역률 0.6(지상), 종단점에 $I_3=100$[A], 역률 0 (진상)인 부하가 있다면 종단에서의 선간 전압은 몇 [V]가 되는가?

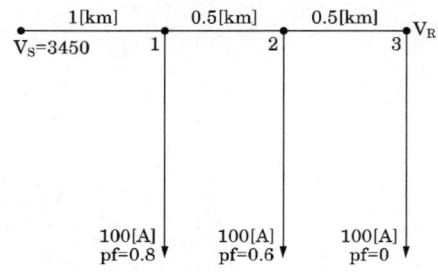

[작성답안]

계산 : $V_R = V_S - \sqrt{3}\,[(I_1\cos\theta_1 + I_2\cos\theta_2 + I_3\cos\theta_3)r_1$

$\qquad + (I_1\sin\theta_1 + I_2\sin\theta_2 + I_3\sin\theta_3)x_1$

$\qquad + (I_2\cos\theta_2 + I_3\cos\theta_3)r_2 + (I_2\sin\theta_2 + I_3\sin\theta_3)x_2$

$\qquad + I_3\cos\theta_3 r_3 + I_3\sin\theta_3 x_3\,]$

$V_R = 3450 - \sqrt{3}\,\{100\times0.8 + 100\times0.6 + 100\times0\}\times0.3$

$\qquad + \{100\times0.6 + 100\times0.8 + 100(-1)\}\times0.4$

$\qquad + \{100\times0.6 + 100\times0\}\times0.15 + \{100\times0.8 + 100\times(-1)\}\times0.2$

$\qquad + \{100\times0\}\times0.15 + \{100\times(-1)\times0.2\}$

답 : 3375.52[V]

[핵심] 전압강하

① 전압강하 $e = I(R\cos\theta + X\sin\theta) = \dfrac{P}{V}(R + X\tan\theta)$ [V]

② 전압강하율 $\epsilon = \dfrac{e}{V} \times 100 = \dfrac{P}{V^2}(R + X\tan\theta) \times 100$ [%]

③ 전력손실 $P_L = \dfrac{P^2 R}{V^2 \cos^2\theta}$ [kW]

④ 전력손실률 $k = \dfrac{P_L}{P} \times 100 = \dfrac{PR}{V^2 \cos^2\theta} \times 100$ [%]

---

2 출제년도 94.14.18.(4점/각 문항당 2점)

다음 논리식을 간단히 하시오.

(1) $Z = (A + B + C)A$

(2) $Z = \overline{A}C + BC + AB + \overline{B}C$

[작성답안]

(1) $Z = (A + B + C)A = A + AB + AC = A(1 + B + C) = A$

(2) $Z = \overline{A}C + BC + AB + \overline{B}C = AB + C \cdot (\overline{A} + B + \overline{B}) = AB + C$

[핵심] 논리연산

① 분배 법칙

A + (B · C) = (A + B) · (A + C)　　A · (B + C) = A · B + A · C

② 불대수

A · 0 = 0　　　　　　　　A + 0 = A
A · 1 = A　　　　　　　　A + 1 = 1
A + A = A　　　　　　　　A · A = A
A · $\overline{A}$ = 0　　　　　　　　A + $\overline{A}$ = 1

3

출제년도 90.07.11.14.(6점/각 문항당 3점)

전압 220[V], 1시간 사용 전력량 40[kWh], 역률 80[%]인 3상 부하가 있다. 이 부하의 역률을 개선하기 위하여 용량 30[kVA]의 진상 콘덴서를 설치하는 경우, 개선후의 무효전력과 전류는 몇 [A]감소하였는지 계산하시오.

(1) 개선 후 무효전력
(2) 감소된 전류

[작성답안]

(1) 계산 : $P_{r1} = P\tan\theta = 40 \times \dfrac{0.6}{0.8} = 30$ [kVar]

$P_{r2} = P_{r1} - Q_c = 30 - 30 = 0$ [kVar]

답 : 0

(2) 계산 : 역률 개선 전 전류 : $I_1 = \dfrac{P}{\sqrt{3}\, V\cos\theta_1} = \dfrac{40000}{\sqrt{3} \times 220 \times 0.8} = 131.22$ [A]

역률 개선 후 전류 : $I_2 = \dfrac{P}{\sqrt{3}\, V\cos\theta_2} = \dfrac{40000}{\sqrt{3} \times 220 \times 1} = 104.97$ [A]

전류 차 : $I_1 - I_2 = 131.22 - 104.97 = 26.25$ [A]

답 : 26.25[A]

[핵심] 전류의 차

개선전 전류와 개선후 전류는 시간적으로, 공간적으로 동시에 존재할 수 없는 전류 이므로 전류의 차를 벡터로 합성하여 구할 수 없다.

출제년도 14.20.(5점/부분점수 없음)

4

154[kV]의 송전선이 그림과 같이 연가되어 있을 경우 중성점과 대지 간에 나타나는 잔류 전압을 구하시오. (단, 전선 1[km]당의 대지 정전용량은 맨 윗선 0.004[μF], 가운데 선 0.0045[μF], 맨 아래선 0.005[μF]라고 하고 다른 선로정수는 무시한다.)

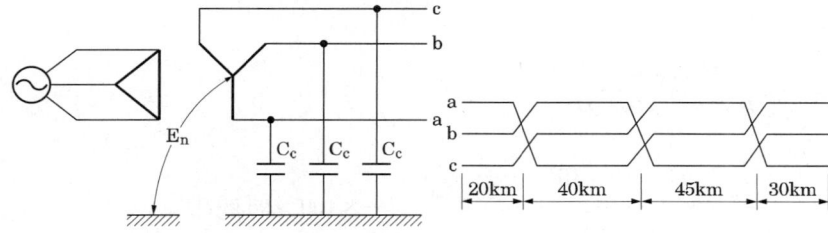

[작성답안]

계산 : $E_n = \dfrac{\sqrt{C_a(C_a-C_b)+C_b(C_b-C_c)+C_c(C_c-C_a)}}{C_a+C_b+C_c} \times \dfrac{V}{\sqrt{3}}$

$C_a = 0.004 \times 20 + 0.005 \times 40 + 0.0045 \times 45 + 0.004 \times 30 = 0.6025$

$C_b = 0.0045 \times 20 + 0.004 \times 40 + 0.005 \times 45 + 0.0045 \times 30 = 0.61$

$C_c = 0.005 \times 20 + 0.0045 \times 40 + 0.004 \times 45 + 0.005 \times 30 = 0.61$

$E_n = \dfrac{\sqrt{0.6025(0.6025-0.61)+0.61(0.61-0.61)+0.61(0.61-0.6025)}}{0.6025+0.61+0.61} \times \dfrac{154 \times 10^3}{\sqrt{3}}$

$= 365.892[V]$

답 : 365.89[V]

[핵심] 중성점 잔류전압

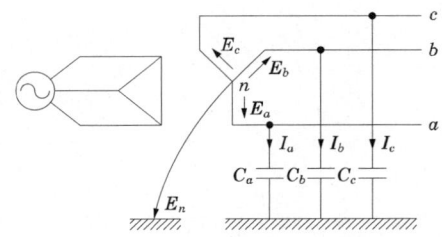

중성점 잔류전압 : $E_n = \dfrac{\sqrt{C_a(C_a-C_b)+C_b(C_b-C_c)+C_c(C_c-C_a)}}{C_a+C_b+C_c} \times \dfrac{V}{\sqrt{3}}$

5

출제년도 14.21.(5점/부분점수 없음)

용량 10[kVA], 철손 120[W], 전부하 동손 200[W]인 단상 변압기 2대를 V결선하여 부하를 걸었을 때, 전부하 효율은 몇 [%]인가? (단, 부하의 역률은 $\frac{\sqrt{3}}{2}$이라 한다.)

[작성답안]

계산 : $\eta = \dfrac{\sqrt{3}\,P\cos\theta}{\sqrt{3}\,P\cos\theta + 2P_i + 2P_c}$

$= \dfrac{\sqrt{3} \times 10 \times 10^3 \times \dfrac{\sqrt{3}}{2}}{\sqrt{3} \times 10 \times 10^3 \times \dfrac{\sqrt{3}}{2} + 2 \times 120 + 2 \times 200} \times 100 = 95.907[\%]$

답 : 95.91[%]

[핵심]

변압기 2대의 효율을 구하는 것에 주의해야 한다.

특고압 수전설비 단선결선도이다. 다음 물음에 답하시오.

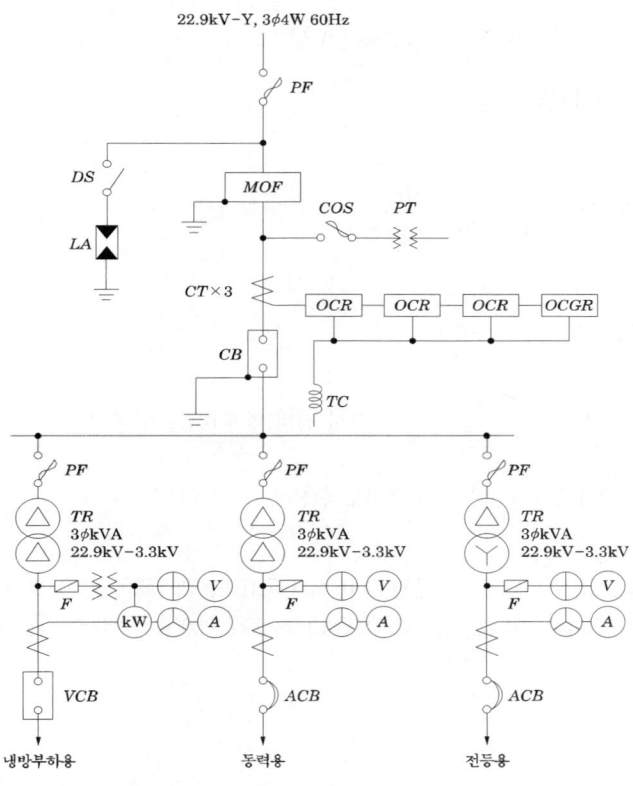

전력용 3상 변압기 표준 용량 [kVA]						
100	150	200	250	300	400	500

(1) 동력부하 설비용량 300 [kW], 부하역률 80 [%], 효율 85 [%], 수용률은 50 [%]에서 동력용 3상 변압기 용량을 선정하시오.

(2) 냉방부하용 냉동기 1대 설치시 냉방부하 전용 차단기로 VCB를 설치하였다. VCB 2차측 선로의 전류는 몇 [A]인가? (단, 전동기 150 [kW], 정격전압 3,300 [V], 3상 농형 유도전동기 역률 80 [%], 효율 85 [%]이다.

[작성답안]

(1) 계산 : 변압기용량 = $\dfrac{\text{각 부하 최대수용전력의 합}}{\text{부등률} \times \text{역률}}$ = $\dfrac{\text{설비용량} \times \text{수용률}}{\text{부등률} \times \text{역률}}$ [kVA]

$$= \dfrac{300 \times 0.5}{0.8 \times 0.85} = 220.588 \text{ [kVA]}$$

표에서 250 [kVA] 선정

답 : 250 [kVA]

(2) 계산 : 부하 전류 $I = \dfrac{150 \times 10^3}{\sqrt{3} \times 3300 \times 0.8 \times 0.85} = 38.59$ [A]

답 : 38.59 [A]

[핵심] 변압기 용량

① 변압기 용량

변압기 용량[kW] ≥ 합성 최대 수용 전력 = $\dfrac{\text{부하 설비 합계 [kW]} \times \text{수용률}}{\text{부등률}}$

역률을 적용하여 [kW]의 부하를 [kVA]의 부하로 환산하여 구한다.

② 표준용량

3, 5, 7.5, 10, 15, 30, 50, 75, 100, 150, 200, 300, 500, 750, 1000, 1500, 2000, 3000, 4500, (5000), 6000, 7500, 10000, 15000, 20000, 30000, 45000, (50000), 60000, 90000, 100000, (120000), 150000, 200000, 250000, 300000   ( )는 준표준 규격이다.

7

출제년도 11.14.18.20.(6점/각 문항당 3점)

수전 전압 6,600 [V], 가공 전선로의 %임피던스가 60.5 [%]일 때 수전점의 3상 단락 전류가 7,000 [A]인 경우 기준 용량을 구하고 수전용 차단기의 차단 용량을 선정하시오.

차단기의 정격 용량 [MVA]

| 10 | 20 | 30 | 50 | 75 | 100 | 750 | 250 | 300 | 400 | 500 |

(1) 기준용량을 구하시오.
(2) (1)번의 기준용량을 이용하여 차단용량을 구하시오.

[작성답안]

(1) 계산 : $I_n = \dfrac{\%Z}{100} \times I_s = \dfrac{60.5}{100} \times 7,000 = 4235$ [A]

$P_n = \sqrt{3} \, V I_n = \sqrt{3} \times 6,600 \times 4235 \times 10^{-6} = 48.412$ [MVA]

답 : 48.41 [MVA]

(2) 계산 : $P_s = \dfrac{100}{\%Z} \times P_n = \dfrac{100}{60.5} \times 48.41 = 80.02$ [MVA]

표에서 100 [MVA] 선정

답 : 100 [MVA]

[해설] %임피던스

임피던스의 크기를 옴 [Ω] 값 대신에 %값으로 나타내어 계산하는 방법으로 옴 [Ω]법과 달리 전압환산을 할 필요가 없어 계산이 용이하므로 현재 가장 많이 사용되고 있다.

$\%Z = \dfrac{I_n[A] \times Z[\Omega]}{E[V]} \times 100 [\%] = \dfrac{P[kVA] \times Z[\Omega]}{10 \, V^2[kV]} [\%]$

$P_S = \dfrac{100}{\%Z} P_N$

여기서, P_N은 %임피던스를 결정하는 기준용량을 의미 한다.

※ 기준용량을 이용하여 차단용량을 구하시오. 라고 했으므로 기준용량을 이용하여 구하여야 한다.

8

출제년도 95.04.06.14.21.(5점/부분점수 없음)

단상 2선식 220 [V] 옥내 배선에서 소비 전력 60[W] 역률 90 [%]의 형광등 50개와 소비 전력 100 [W]인 백열등 60개를 설치할 때 최소 분기 회로수는 몇 회로인가?
(단, 16[A] 분기회로로 한다.)

[작성답안]

계산 : 형광등 유효전력 $P = 60 \times 50 = 3000[\text{W}]$

형광등 무효전력 $Q = 60 \times \dfrac{\sqrt{1-0.9^2}}{0.9} \times 50 = 1452.97[\text{Var}]$

백열등 유효전력 $P = 100 \times 60 = 6000[\text{W}]$

백열등 무효전력 $Q = 0[\text{Var}]$

전체 피상전력 $P_a = \sqrt{(3000+6000)^2 + 1452.97^2} = 9116.53[\text{VA}]$

분기회로수 $n = \dfrac{9116.53}{220 \times 16} = 2.59$회로

답 : 16[A] 분기 3회로

[핵심] 분기회로수

$$\text{분기회로 수} = \dfrac{\text{상정 부하 설비의 합}[\text{VA}]}{\text{전압}[\text{V}] \times \text{분기 회로 전류}[\text{A}]}$$

출제년도 97.99.03.14.(8점/각 문항당 2점)

예비전원으로 사용되는 축전지 설비에 대한 다음 각 물음에 답하시오.

(1) 연 축전지 설비의 초기에 단전지 전압의 비중이 저하되고, 전압계가 역전하였다. 어떤 원인으로 추정할 수 있는가?

(2) 충전장치고장, 과충전, 액면 저하로 인한 극판 노출, 교류분 전류의 유입과대 등의 원인에 의하여 발생될 수 있는 현상은?

(3) 축전지와 부하를 충전기에 병렬로 접속하여 사용하는 충전 방식은?

(4) 축전지 용량은 $C = \dfrac{1}{L}KI$로 계산하면, I, K, L은 무엇인가?

[작성답안]
(1) 역접속
(2) 축전지의 현저한 온도 상승 또는 소손
(3) 부동 충전 방식
(4) L : 보수율 K : 용량 환산 시간 계수 I : 방전전류

[핵심] 축전지용량

축전지 용량은 아래의 식으로 계산한다.

$C = \dfrac{1}{L}[K_1 I_1 + K_2(I_2 - I_1) + K_3(I_3 - I_2)]$ [Ah]

여기서, C : 축전지 용량[Ah]
L : 보수율(축전지 용량 변화의 보정값)
K : 용량 환산 시간 계수
I : 방전 전류[A]

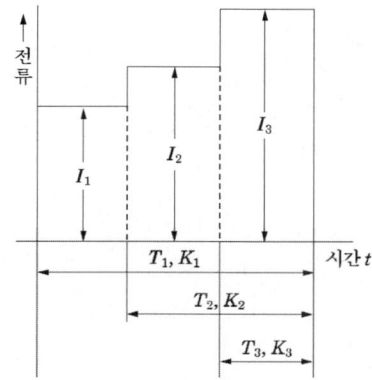

10

출제년도 14.(5점/부분점수 없음)

정지형 무효전력 보상기(SVC)에 대해 간단히 설명하시오.

[작성답안]

사이리스터를 사용하여 진상 또는 지상 무효전력을 제어하는 정지형 무효전력 제어장치를 말한다.

[핵심] SVC

SVC(Static Var Compensator)는 스위칭 소자(Thyristor)를 사용하여 시스템에 공급되는 전체 무효 전력량을 연속적으로 제어할 수 있는 콘덴서 뱅크이다. 이는 급격한 부하변동을 가진 대규모의 공장(DC/AC Arc Furnace, 화학 플랜트 등등)이나 전력시스템(장거리송전선로, 변전소)에 설치되어 전력품질 개선에 사용된다.
- 순간부하변동으로 인한 전압 변동 감소
- 계통 역률 향상
- 필터콘덴서와 병렬 사용하여 고조파를 제거하고 고조파로 인한 전압의 왜곡 억제
- 삼상 부하 평형
- 플리커 억제
- 수용자의 경제적이익 극대화

11   출제년도 14.21.(6점/각 문항당 3점)

정격전압 1차 6,600 [V], 2차 210 [V], 10[kVA]의 단상 2대를 V결선하여 6,300 [V] 3상 전원에 접속하였다. 다음 물음에 답하시오.

(1) 승압된 전압 [V]는?

(2) 3상 V결선 승압기 결선도를 완성하시오.

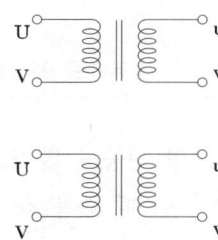

[작성답안]

(1) 계산 : $V_h = \left(1 + \dfrac{1}{a}\right)V_\ell = \left(1 + \dfrac{210}{6,600}\right) \times 6300 = 6500.454$ [V]

    답 : 6500.45 [V]

(2)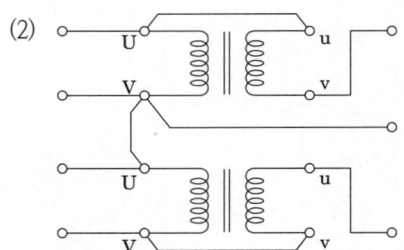

[핵심] V결선 승압기 용량

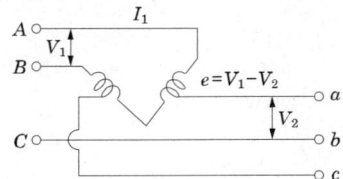

그림과 같이 2대의 단권 변압기를 이용하여 V결선하면 변압기 등가용량과 2차측 출력비는 $\dfrac{1}{0.866}$ 이고, 단권 변압기이므로 $\left(1 - \dfrac{V_2}{V_1}\right)$가 된다.

따라서, 용량비는 다음과 같다.

$$\frac{\text{자기용량}}{\text{부하용량}} = \frac{2}{\sqrt{3}} \times \frac{(V_1 - V_2)I_1}{V_1 I_1} = \frac{2}{\sqrt{3}}\left(1 - \frac{V_2}{V_1}\right)$$

$$\therefore P_s = \frac{2}{\sqrt{3}}\left(1 - \frac{V_2}{V_1}\right)P = \frac{1}{0.866}\left(1 - \frac{V_2}{V_1}\right)P \text{ 가 된다.}$$

12

출제년도 91.94.95.01.10.14.20.新規.(7점/(1)4점, (2)3점)

3.7 [kW]와 7.5 [kW]의 직입기동 농형 전동기 및 22 [kW]의 기동기 사용 권선형 전동기등 3대를 그림과 같이 접속하였다. 이 때 다음 각 물음에 답하시오. (단, 공사방법 B1이고 XLPE 절연전선을 사용하였으며, 정격 전압은 200 [V]이고, 간선 및 분기회로에 사용되는 전선 도체의 재질 및 종류는 같다고 한다.)

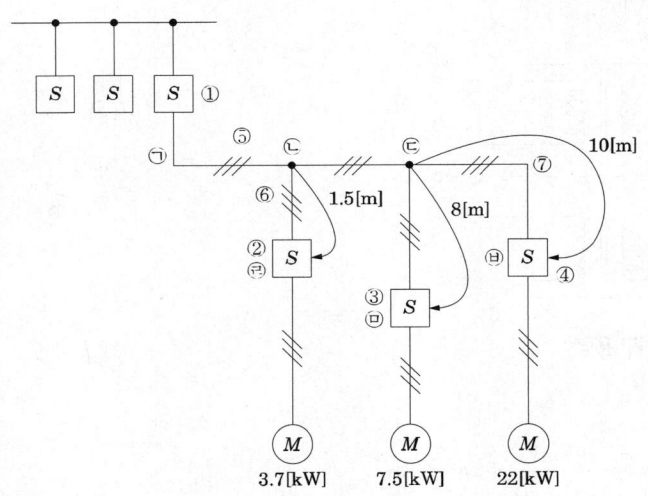

(1) 간선에 사용되는 과전류 차단기와 개폐기 (①)의 최소 용량은 몇 [A]인가?

- 선정과정 :

- 과전류 차단기 용량 :

- 개폐기 용량 :

(2) 간선의 최소 굵기는 몇 [mm²]인가?

[표1] 전동기 공사에서 간선의 전선 굵기·개폐기 용량 및 적정 퓨즈 (220 [V], B종 퓨즈)

전동기 [kW] 수의 총계 ① [kW] 이하	최대 사용 전류 ①' [A] 이하	배선종류에 의한 간선의 최소 굵기 [mm²] ②						직입기동 전동기 중 최대 용량의 것										
		공사방법 A1		공사방법 B1		공사방법 C		0.75 이하	1.5	2.2	3.7	5.5	7.5	11	15	18.5	22	30	37~55
								기동기 사용 전동기 중 최대 용량의 것										
								-	-	-	5.5	7.5	11·15	18.5·22	-	30·37	-	45	55
		PVC	XLPE, EPR	PVC	XLPE, EPR	PVC	XLPE, EPR	과전류 차단기 [A] …… (칸 위 숫자) ③ 개폐기 용량 [A] …… (칸 아래 숫자) ④										
3	15	2.5	2.5	2.5	2.5	2.5	2.5	15/30	20/30	30/30	-	-	-	-	-	-	-	-
4.5	20	4	2.5	2.5	2.5	2.5	2.5	20/30	20/30	30/30	50/60	-	-	-	-	-	-	-
6.3	30	6	4	6	4	4	2.5	30/30	30/30	50/60	50/60	75/100	-	-	-	-	-	-
8.2	40	10	6	10	6	6	4	50/60	50/60	50/60	75/100	75/100	100/100	-	-	-	-	-
12	50	16	10	10	10	10	6	50/60	50/60	50/60	75/100	75/100	100/100	150/200	-	-	-	-
15.7	75	35	25	25	16	16	16	75/100	75/100	75/100	75/100	100/100	100/100	150/200	150/200	-	-	-
19.5	90	50	25	35	25	25	16	100/100	100/100	100/100	100/100	100/100	150/200	150/200	200/200	200/200	-	-
23.2	100	50	35	35	25	35	25	100/100	100/100	100/100	100/100	100/100	150/200	150/200	200/200	200/200	-	-
30	125	70	50	50	35	50	35	150/200	150/200	150/200	150/200	150/200	150/200	200/200	200/200	-	-	-
37.5	150	95	70	70	50	70	50	150/200	150/200	150/200	150/200	150/200	150/200	200/200	300/300	300/300	300/300	-
45	175	120	70	95	50	70	50	200/200	200/200	200/200	200/200	200/200	200/200	300/300	300/300	300/300	300/300	-

52.5	200	150	95	95	70	95	70	200/200	200/200	200/200	200/200	200/200	200/200	200/200	300/300	300/300	400/400	400/400
63.7	250	240	150	-	95	120	95	300/300	300/300	300/300	300/300	300/300	300/300	300/300	300/300	400/400	400/400	500/600
75	300	300	185	-	120	185	120	300/300	300/300	300/300	300/300	300/300	300/300	300/300	300/300	400/400	400/400	500/600
86.2	350	-	240	-	-	240	150	400/400	400/400	400/400	400/400	400/400	400/400	400/400	400/400	400/400	400/400	600/600

[비고1] 최소 전선 굵기는 1회선에 대한 것이며, 2회선 이상을 경우는 부록 500-2의 복수회로 보정계수를 적용하여야 한다.

[비고2] 공사방법 A1은 벽 내의 전선관에 공사한 절연전선 또는 단심케이블, B1은 벽면의 전선관에 공사한 절연전선 또는 단심케이블, 공사방법 C는 벽면에 공사한 단심 또는 다심케이블을 시설하는 경우의 전선 굵기를 표시하였다.

[비고3] 「전동기 중 최대의 것」에는 동시 기동하는 경우를 포함함.

[비고4] 과전류 차단기의 용량은 해당 조항에 규정되어 있는 범위에서 실용상 거의 최대값을 표시함.

[비고5] 과전류 차단기의 선정은 최대 용량의 정격전류의 3배에 다른 전동기의 정격전류의 합계를 가산한 값 이하를 표시함.

[비고6] 이 표의 전선 굵기 및 허용전류는 부록 500-2에서 공사방법 A1, B1, C는 표 A.52-5에 의한 값으로 하였다.

[비고7] 고리퓨즈는 300 [A] 이하에서 사용하여야 한다.

[표2] 200 [V] 3상 유도 전동기 1대인 경우의 분기회로 (B종 퓨즈의 경우)

정격 출력 [kW]	전부하 전류 [A]	배선 종류에 의한 동 전선의 최소 굵기 [mm^2]					
		공사방법 A1 (3개선)		공사방법 B1 (3개선)		공사방법 C (3개선)	
		PVC	XLPE, EPR	PVC	XLPE, EPR	PVC	XLPE, EPR
0.2	1.8	2.5	2.5	2.5	2.5	2.5	2.5
0.4	3.2	2.5	2.5	2.5	2.5	2.5	2.5
0.75	4.8	2.5	2.5	2.5	2.5	2.5	2.5
1.5	8	2.5	2.5	2.5	2.5	2.5	2.5
2.2	11.1	2.5	2.5	2.5	2.5	2.5	2.5
3.7	17.4	2.5	2.5	2.5	2.5	2.5	2.5
5.5	26	6	4	4	2.5	4	2.5

정격 출력 [kW]	전부하 전류 [A]	배선 종류에 의한 동 전선의 최소 굵기 [mm²]					
		공사방법 A1 (3개선)		공사방법 B1 (3개선)		공사방법 C (3개선)	
		PVC	XLPE, EPR	PVC	XLPE, EPR	PVC	XLPE, EPR
7.5	34	10	6	6	4	6	4
11	48	16	10	10	6	10	6
15	65	25	16	16	10	16	10
18.5	79	35	25	25	16	25	16
22	93	50	25	35	25	25	16
30	124	70	50	50	35	50	35
37	152	95	70	70	50	70	50

정격 출력 [kW]	전부하 전류 [A]	개폐기 용량 [A]				과전류 차단기 (B종 퓨즈) [A]				전동기용 초과눈금 전류계의 정격전류 [A]	접지도체의 최소 굵기 [mm²]
		직입기동		기동기 사용		직입 기동		기동기 사용			
		현장 조작	분기	현장 조작	분기	현장 조작	분기	현장 조작	분기		
0.2	1.8	15	15			15	15			3	2.5
0.4	3.2	15	15			15	15			5	2.5
0.75	4.8	15	15			15	15			5	2.5
1.5	8	15	30			15	20			10	4
2.2	11.1	30	30			20	30			15	4
3.7	17.4	30	60			30	50			20	6
5.5	26	60	60	30	60	50	60	30	50	30	6
7.5	34	100	100	60	100	75	100	50	75	30	10
11	48	100	200	100	100	100	150	75	100	60	16
15	65	100	200	100	100	100	150	100	100	60	16
18.5	79	200	200	100	200	150	200	100	150	100	16
22	93	200	200	100	200	150	200	100	150	100	16
30	124	200	400	200	200	200	300	150	200	150	25
37	152	200	400	200	200	200	300	150	200	200	25

[비고1] 최소 전선 굵기는 1회선에 대한 것이며, 2회선 이상일 경우는 부록 500-2의 복수회로 보정계수를 적용하여야 한다.

[비고2] 공사방법 A1은 벽 내의 전선관에 공사한 절연전선 또는 단심케이블, B1은 벽면의 전선관에 공사한 절연전선 또는 단심 케이블, 공사방법 C는 벽면에 공사한 단심 또는 다심케이블을 시설하는 경우의 전선 굵기를 표시하였다.

[비고3] 전동기 2대 이상을 동일회로로 할 경우는 간선의 표를 적용할 것

[작성답안]

(1) • 선정과정 : 전동기수의 총계 = 3.7 + 7.5 + 22 = 33.2 [kW]

표 1에서 전동기수의 총계 37.5 [kW]난과 기동기 사용 22 [kW]난의 교차점에서 개폐기 200 [A] 선정, 과전류 차단기 150 [A] 선정

• 과전류 차단기 용량 : 150 [A]
• 개폐기 용량 : 200 [A]

(2) 전동기수의 총계 = 3.7 + 7.5 + 22 = 33.2 [kW]

표 1에서 전동기수의 총계 37.5 [kW]난에서 전선 50 [mm²] 선정

답 : 50 [mm²]

13

출제년도 10.14.(5점/부분점수 없음)

총양정 15 [m], 양수량 50 [m³/min] 물을 양수하는데 필요한 펌프용 전동기의 소요 동력은 몇 [kW]인가? (단, 펌프의 효율은 70 [%]로 하고, 여유계수는 1.1로 한다.)

[작성답안]

계산 : $P = \dfrac{HQK}{6.12\eta} = \dfrac{50 \times 15 \times 1.1}{6.12 \times 0.7} = 192.58$ [kW]

답 : 192.58 [kW]

[핵심] 펌프용 전동기용량

$P = \dfrac{9.8 Q' HK}{\eta} = \dfrac{KQH}{6.12\eta}$ [kW]

출제년도 14.17.(5점/(1)2점, (2)3점)

그림은 전위강하법의 접지저항 측정방법이다. E, P, C가 일직선상에 있을 경우 다음 물음에 답하시오. (단, E는 반지름 r인 반구모양 전극 (측정대상 전극)이다.)

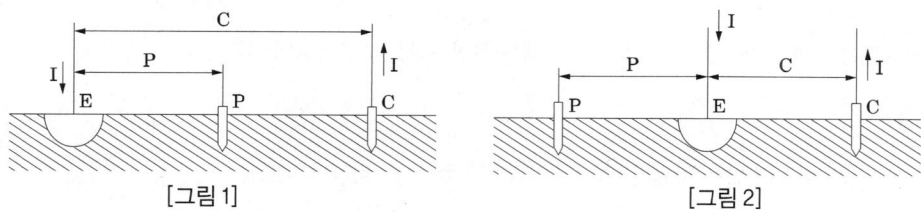

[그림 1] [그림 2]

(1) 그림 1과 그림 2의 측정 방법 중 접지저항 값이 참값에 가까운 측정방법은?

• 답 :

(2) 반구모양 접지 전극의 접지저항을 측정할 때 $E-C$간의 거리의 몇 [%]인 곳에 전위 전극을 설치하면 정확한 접지저항 값을 얻을 수 있는지 설명하시오.

• 설명 :

[작성답안]
(1) 그림 1
(2) EP사의의 거리 P는 EC사이 거리 C의 61.8%가 되도록 설치한다.

[핵심] 전위강하법 (Fall of Potential Method)의 61.8%의 법칙

반경 r인 반원형 주접지전극 E로부터 전류보조극 C까지의 거리를 c라 할 때 전위보조극 P까지의 거리 p는 다음과 같이 정해진다.

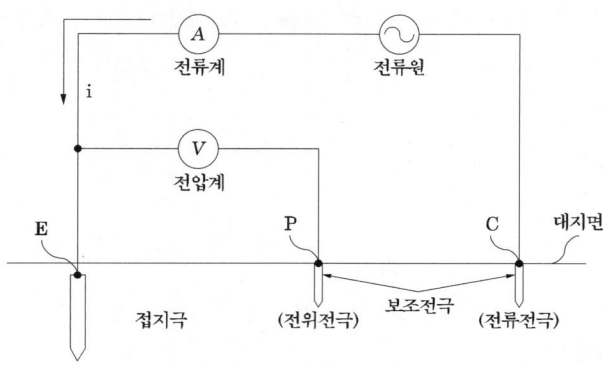

대지저항률이 $\rho[\Omega \cdot m]$일 때 접지전류 $I[A]$에 의한 E-P간의 전위차 V_{EP}를 구할 때 보조접지극이 유한원점에 위치하는 관계로 전류전극 C의 영향을 고려하여야 한다. 따라서 전위차 V_{EP}는 E의 유입전류에 의한 전위상승 V_{EP1}과 C의 유출전류에 의한 전위상승 V_{EP2}의 합으로 나타낼 수 있다. 따라서 E로부터의 거리 x인 점의 지표면 전위 V_x는 다음과 같다.

$$V_x = \frac{\rho I}{2\pi x}$$

따라서 유입전류에 의한 전극 E 및 P의 전위는 무한원점을 기준으로 할 때

$$V_E = \frac{\rho I}{2\pi r}, \quad V_P = \frac{\rho I}{2\pi p}$$

또한 C의 유출전류는 반대 방향이므로 이것에 의한 전극 C 및 P의 전위는

$$V_C = -\frac{\rho I}{2\pi c}, \quad V_P' = -\frac{\rho I}{2\pi(c-p)}$$

이때 V_{EP1}과 V_{EP2}는 다음과 같이 표현할 수 있다.

$$V_{EP1} = V_E - V_P = \frac{\rho I}{2\pi r} - \frac{\rho I}{2\pi p} = \frac{\rho I}{2\pi}\left(\frac{1}{r} - \frac{1}{p}\right)$$

$$V_{EP2} = V_C - V_P' = -\frac{\rho I}{2\pi c} - \left[-\frac{\rho I}{2\pi(c-p)}\right] = \frac{\rho I}{2\pi}\left(\frac{1}{c-p} - \frac{1}{c}\right)$$

결국 $E-P$간의 전위차 V_{EP}는 다음과 같다.

$$V_{EP} = V_{EP1} + V_{EP2} = \frac{\rho I}{2\pi}\left(\frac{1}{r} - \frac{1}{p} + \frac{1}{c-p} - \frac{1}{c}\right)$$

한편 무한원점을 기준으로 한 실제의 접지저항을 R_∞라 두면

$$R_\infty = \frac{V_E}{I} = \frac{\rho}{2\pi r} \, [\Omega]$$

그리고 현재의 측정치인 접지저항값 R은 E-P간의 전위차 V_{EP}를 전류 I로 나눈 값이다.

$$R = \frac{V_{EP}}{I} \, [\Omega]$$

그러므로 주접지전극 E의 전위 V_E와 E-P간의 전위차 V_{EP}를 같다고 두면 측정치 R은 실제의 값 R_∞와 같아진다.

$$V_E = V_{EP}$$

$$\therefore \frac{\rho I}{2\pi r} = \frac{\rho I}{2\pi}\left(\frac{1}{r} - \frac{1}{p} + \frac{1}{c-p} - \frac{1}{c}\right)$$

위 식을 정리하면

$$\frac{1}{p} + \frac{1}{c} = \frac{1}{c-p}$$

$$c(c-p) + p(c-p) = cp$$

$$p^2 + cp - c^2 = 0$$

위 식에 근의 공식을 적용하면

$$\therefore p = \frac{-c \pm \sqrt{c^2+4c^2}}{2} = \frac{-c \pm \sqrt{5}\,c}{2} = 0.618c, -1.618c$$

여기서 $p = -1.618c$는 허수이므로 부적당하다. 따라서 $p = 0.618c$가 된다. 즉, 반원형 접지전극 E로부터 전위보조극 P까지의 거리 p는 전류 보조극 까지의 거리 c의 61.8[%]인 지점으로 정하면 무한원점을 기준으로 한 정확한 접지저항값을 측정할 수 있게 된다.

15

출제년도 03.14.(7점/각 문항당 1점, 모두 맞으면 7점)

다음 그림은 3상 유도전동기의 기동 보상기에 의한 기동 제어회로 미완성 도면이다. 이 도면을 보고 다음 각 물음에 답하시오. (단, MCCB는 배선용 차단기, M_1~M_3 : 전자접촉기, THR : 과부하(열동)계전기, T : 타이머, X : 릴레이, PB_1~PB_2 : 누름버튼 스위치이다.)

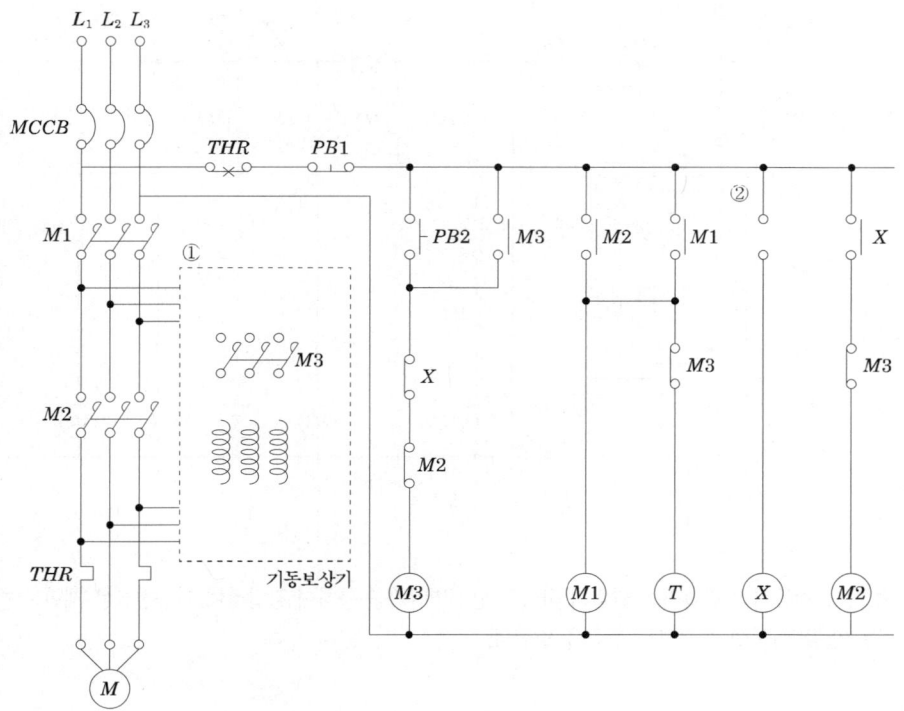

(1) ① 부분에 들어갈 기동보상기와 M3 주회로 배선을 회로도에 직접 그리시오.

(2) ② 부분에 들어갈 적당한 접점의 기호와 명칭을 회로도에 직접 그리시오.

(3) 제어회로에서 잘못된 부분이 있으면 모두 예시처럼 표시하고 올바르게 나타내시오.

예시 :

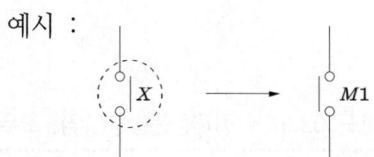

(4) 기동보상기에 의한 유도전동기 기동법을 간단히 설명하시오.

[작성답안]

(1), (2), (3)

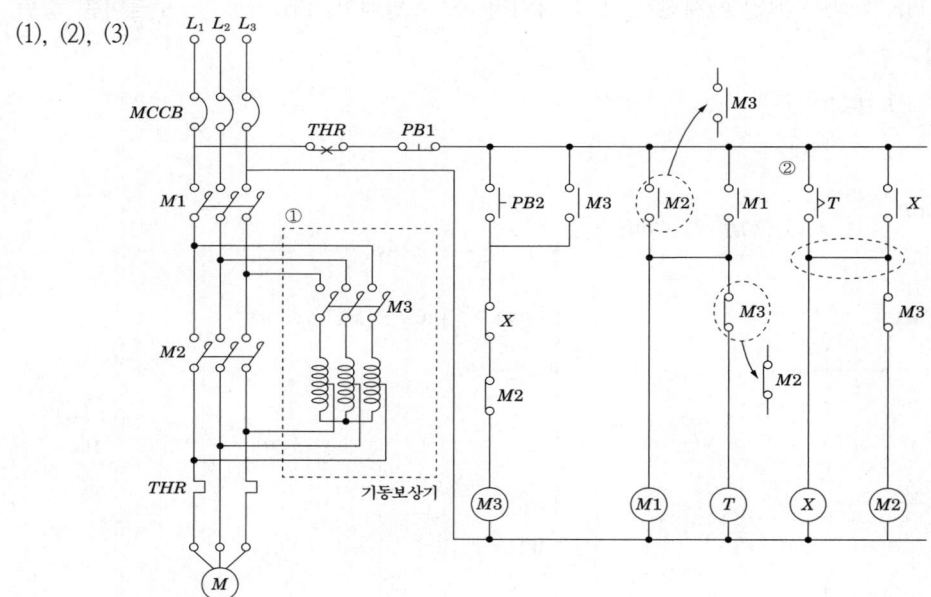

(4) 농형 유도 전동기의 감압기동 방법의 하나로 단권변압기를 통하여 감압하여 기동전류를 제한하여 기동한 후 전전압을 가하여 운전하는 방식을 말한다.

16

출제년도 01.07.(5점/부분점수 없음)

전기설비를 방폭화한 방폭기기의 구조에 따른 종류 4가지만 쓰시오.

[작성답안]
① 내압 방폭구조
② 유입 방폭구조
③ 안전증 방폭구조
④ 본질안전 방폭구조

[핵심] 방폭전기설비

① 본질(本質)안전방폭구조란 상시 운전 중이나 사고시(단락·지락·단선 등)에 발생하는 불꽃, 아크 또는 열에 의하여 폭발성가스에 점화가 되지 않는 것이 점화시험 또는 기타의 방법에 의하여 확인된 구조를 말한다.

② 내압방폭구조(內壓防爆構造)란 용기 내부에 보호기체, 예를 들면 신선한 공기 또는 불연성가스를 압입(壓入)하여 내압(內壓)을 유지함으로써 폭발성가스가 침입하는 것을 방지하는 구조를 말한다.

③ 내압방폭구조(耐壓防爆構造)란 전폐(全閉)구조로서 용기내부에 가스가 폭발하여도 용기가 그 압력에 견디고 또한 외부의 폭발성가스에 인화될 우려가 없는 구조를 말한다.

④ 안전증가방폭구조(安全增加防爆構造)란 상시운전 중에 불꽃, 아크 또는 과열이 발생되면 안 되는 부분에 이들이 발생되는 것을 방지하도록 구조상 또는 온도상승에 대하여 특히 안전도를 증기시킨 구조를 말한다.

⑤ 유입방폭구조(油入防爆構造)란 불꽃, 아크 또는 점화원(點火原)이 될 수 있는 고온 발생의 우려가 있는 부분의 유중(油中)에 넣어 유면상(油面上)에 존재하는 폭발성가스에 인화될 우려가 없도록 한 구조를 말한다.

17 출제년도 01.03.14.(5점/부분점수 없음)

송전선로의 거리가 길어지면서 송전선로의 전압이 대단히 커지고 있다. 이에 따라 단도체 대신 복도체 또는 다도체 방식이 채용되고 있는 데 복도체(또는 다도체) 방식을 단도체 방식과 비교할 때 그 장점과 단점을 쓰시오.

(1) 장점(4가지)

(2) 단점(2가지)

[작성답안]

- 장점
  ① 송전용량 증대
  ② 코로나 임계전압 상승
  ③ 안정도 증대
  ④ 선로의 인덕턴스 감소

- 단점
  ① 정전용량이 커지기 때문에 페란티 효과가 발생
  ② 단락시 대전류에 의해 소도체 사이에 흡인력이 발생하여 소도체가 상호접근 및 접촉이 될 수 있다.

[핵심] 복도체

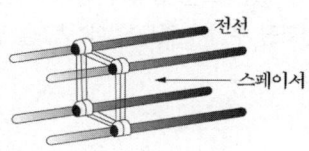
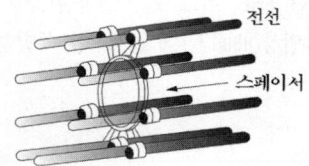

- 선로의 인덕턴스 감소

  $L_n = \dfrac{0.05}{n} + 0.4605 \log_{10} \dfrac{D}{\sqrt[n]{rs^{n-1}}}$ 에서 $\sqrt[n]{rs^{n-1}}$ 이 증가하여 L_n은 감소한다.

- 선로의 정전용량 증가

  $C_n = \dfrac{0.02413}{\log_{10} \dfrac{D}{\sqrt[n]{rs^{n-1}}}}$ 에서 $\sqrt[n]{rs^{n-1}}$ 이 증가하므로 C_n은 증가한다.

- 코로나 임계전압 상승

  $E_0 = 24.3 m_0 m_1 \delta d \log_{10} \dfrac{D}{r}$ 에서 d 증가하여 임계전압이 상승한다.

- 선로의 송전용량 증가

  $P = \dfrac{V_s V_r}{X} \sin\delta$ 에서 X가 감소하므로 P는 증가한다.

- 안정도 증대

  $P = \dfrac{E_G E_M}{X} \sin\theta$ 에서 X가 감소하므로 θ가 감소하여 안정도 증대한다.

- 단락사고시 각 소도체에 같은 방향의 대전류가 흘러 소도체 상호간에 흡인력 발생

18

출제년도 02.13.14.(5점/부분점수 없음)

폭 15 [m]인 도로의 양쪽에 간격 20 [m]를 두고 대칭 배열로 가로등이 점등되어 있다. 한 등의 전광속은 3,500 [lm], 조명률은 45 [%]일 때, 도로의 조도를 계산하시오.

[작성답안]

계산 : $FUN = EAD$에서 도로 양쪽이므로 $A = \dfrac{BS}{2}$

$$E = \dfrac{FUN}{\dfrac{BS}{2} \times D} = \dfrac{3{,}500 \times 0.45 \times 1}{\dfrac{20 \times 15}{2} \times 1} = 10.5 \,[\text{lx}]$$

답 : 10.5 [lx]

[핵심] 대칭배열 도로조명

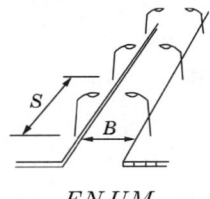

$$E = \dfrac{FNUM}{\dfrac{1}{2}BS} \,[\text{lx}]$$

여기서, E : 노면평균조도 [lx] F : 광원 1개 광속 [lm] N : 광원의 열수
M : 보수율, 감광보상률 D의 역수 B : 도로의 폭 [m]
S : 광원의 간격 [m]

U : 빔 이용률 ┬ 50 [%] 이상, 피조면 도달 0.75
            ├ 20~50 [%]이상, 피조면 도달 0.5
            └ 25 [%] 이하, 피조면 도달 0.4

2014년 2회 기출문제 해설

※ 다음 물음에 답을 해당 답란에 답하시오.

1 출제년도 86.95.98.14.(8점/각 항목당 1점, 모두 맞으면 8점)

다음 그림은 농형 유도 전동기를 공사방법 B1, XLPE 절연전선을 사용하여 시설한 것이다. 도면을 충분히 이해한 다음 참고자료를 이용하여 다음 각 물음에 답하시오.
(단, 전동기 4대의 용량은 다음과 같다.)

① 3상 200 [V] 7.5 [kW]-직입 기동
② 3상 200 [V] 15 [kW]-기동기 사용
③ 3상 200 [V] 0.75 [kW]-직입 기동
④ 3상 200 [V] 3.7 [kW]-직입 기동

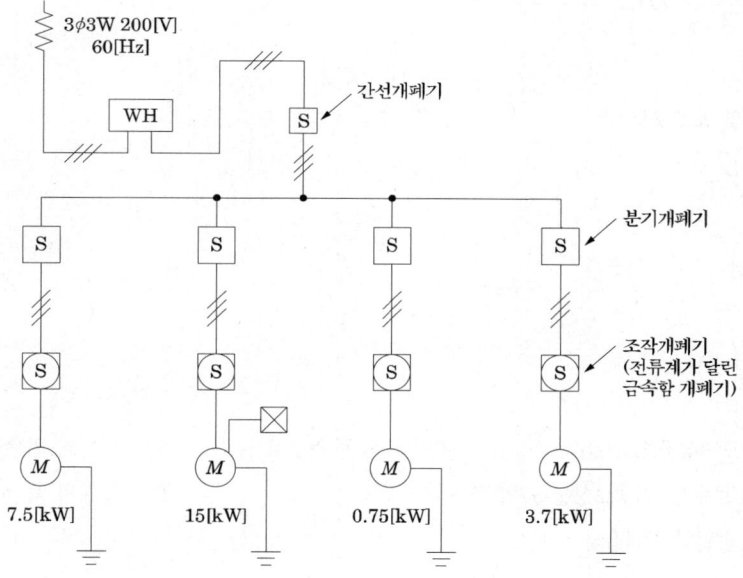

(1) 간선의 최소 굵기 [mm²] 및 간선 금속관의 최소 굵기는?

(2) 간선의 과전류 차단기 용량 [A] 및 간선의 개폐기 용량 [A]은?

(3) 7.5 [kW] 전동기의 분기 회로에 대한 다음을 구하시오.

① 개폐기 용량 ┬ 분기 [A]
               └ 조작 [A]

② 과전류 차단기 용량 ┬ 분기 [A]
                        └ 조작 [A]

③ 접지선의 굵기 [mm²]

④ 초과 눈금 전류계 [A]

⑤ 금속관의 최소 굵기 [호]

[표1] 200 [V] 3상 유도 전동기 1대인 경우의 분기회로 (B종 퓨즈의 경우)

정격 출력 [kW]	전부하 전류 [A]	배선 종류에 의한 동 전선의 최소 굵기 [mm²]					
		공사방법 A1		공사방법 B1		공사방법 C	
		3개선		3개선		3개선	
		PVC	XLPE, EPR	PVC	XLPE, EPR	PVC	XLPE, EPR
0.2	1.8	2.5	2.5	2.5	2.5	2.5	2.5
0.4	3.2	2.5	2.5	2.5	2.5	2.5	2.5
0.75	4.8	2.5	2.5	2.5	2.5	2.5	2.5
1.5	8	2.5	2.5	2.5	2.5	2.5	2.5
2.2	11.1	2.5	2.5	2.5	2.5	2.5	2.5
3.7	17.4	2.5	2.5	2.5	2.5	2.5	2.5
5.5	26	6	4	4	2.5	4	2.5
7.5	34	10	6	6	4	6	4

11	48	16	10	10	6	10	6		
15	65	25	16	16	10	16	10		
18.5	79	35	25	25	16	25	16		
22	93	50	25	35	25	25	16		
30	124	70	50	50	35	50	35		
37	152	95	70	70	50	70	50		

정격 출력 [kW]	전부하 전류 [A]	개폐기 용량 [A]				과전류 차단기 (B종 퓨즈) [A]				전동기용 초과눈금 전류계의 정격전류 [A]	접지선의 최소 굵기 [mm²]
		직입기동		기동기 사용		직입 기동		기동기 사용			
		현장 조작	분기	현장 조작	분기	현장 조작	분기	현장 조작	분기		
0.2	1.8	15	15			15	15			3	2.5
0.4	3.2	15	15			15	15			5	2.5
0.75	4.8	15	15			15	15			5	2.5
1.5	8	15	30			15	20			10	4
2.2	11.1	30	30			20	30			15	4
3.7	17.4	30	60			30	50			20	6
5.5	26	60	60	30	60	50	60	30	50	30	6
7.5	34	100	100	60	100	75	100	50	75	30	10
11	48	100	200	100	100	100	150	75	100	60	16
15	65	100	200	100	100	100	150	100	100	60	16
18.5	79	200	200	100	200	150	200	100	150	100	16
22	93	200	200	100	200	150	200	100	150	100	16
30	124	200	400	200	200	200	300	150	200	150	25
37	152	200	400	200	200	200	300	150	200	200	25

[비고1] 최소 전선 굵기는 1회선에 대한 것이며, 2회선 이상일 경우는 부록 500-2의 복수회로 보정 계수를 적용하여야 한다.

[비고2] 공사방법 A1은 벽 내의 전선관에 공사한 절연전선 또는 단심케이블, B1은 벽면의 전선관에 공사한 절연전선 또는 단심 케이블, 공사방법 C는 벽면에 공사한 단심 또는 다심케이블을 시설하는 경우의 전선 굵기를 표시하였다.

[비고3] 전동기 2대 이상을 동일회로로 할 경우는 간선의 표를 적용할 것

[표 2] 전동기 공사에서 간선의 전선 굵기·개폐기 용량 및 적정 퓨즈 (200 [V], B종 퓨즈)

전동기 [kW] 수의 총계 ① [kW] 이하	최대 사용 전류 ①' [A] 이하	배선종류에 의한 간선의 최소 굵기 [mm^2] ②						직입기동 전동기 중 최대 용량의 것									
		공사방법 A1		공사방법 B1		공사방법 C		0.75 이하	1.5	2.2	3.7	5.5	7.5	11	15	18.5	22	30	37~55
								기동기 사용 전동기 중 최대 용량의 것									
								-	-	-	5.5	7.5	11 / 15	18.5 / 22	-	30 / 37	-	45	55
		PVC	XLPE, EPR	PVC	XLPE, EPR	PVC	XLPE, EPR	과전류 차단기 [A] ······ (칸 위 숫자) ③ 개폐기 용량 [A] ······ (칸 아래 숫자) ④									
3	15	2.5	2.5	2.5	2.5	2.5	2.5	15/30	20/30	30/30	-	-	-	-	-	-	-	-
4.5	20	4	2.5	2.5	2.5	2.5	2.5	20/30	20/30	30/30	50/60	-	-	-	-	-	-	-
6.3	30	6	4	6	4	4	2.5	30/30	30/30	50/60	50/60	75/100	-	-	-	-	-	-
8.2	40	10	6	10	6	6	4	50/60	50/60	50/60	75/100	75/100	100/100	-	-	-	-	-
12	50	16	10	10	10	10	6	50/60	50/60	50/60	75/100	75/100	100/100	150/200	-	-	-	-
15.7	75	35	25	25	16	16	16	75/100	75/100	75/100	75/100	100/100	100/100	150/200	150/200	-	-	-
19.5	90	50	25	35	25	25	16	100/100	100/100	100/100	100/100	100/100	150/200	200/200	200/200	-	-	-
23.2	100	50	35	35	25	35	25	100/100	100/100	100/100	100/100	100/100	150/200	150/200	200/200	200/200	-	-
30	125	70	50	50	35	50	35	150/200	150/200	150/200	150/200	150/200	150/200	150/200	200/200	200/200	-	-
37.5	150	95	70	70	50	70	50	150/200	150/200	150/200	150/200	150/200	150/200	200/200	300/300	300/300	300/300	-
45	175	120	70	95	50	70	50	200/200	200/200	200/200	200/200	200/200	200/200	200/200	300/300	300/300	300/300	300/300
52.5	200	150	95	95	70	95	70	200/200	200/200	200/200	200/200	200/200	200/200	200/200	300/300	300/300	400/400	400/400
63.7	250	240	150	-	95	120	95	300/300	300/300	300/300	300/300	300/300	300/300	300/300	300/300	400/400	400/400	500/600
75	300	300	185	-	120	185	120	300/300	300/300	300/300	300/300	300/300	300/300	300/300	300/300	300/300	400/400	500/600
86.2	350	-	240	-	-	240	150	400/400	400/400	400/400	400/400	400/400	400/400	400/400	400/400	400/400	600/600	600/600

[비고 1] 최소 전선 굵기는 1회선에 대한 것이며, 2회선 이상일 경우는 부록 500-2의 복수회로 보정 계수를 적용하여야 한다.

[비고 2] 공사방법 A1은 벽 내의 전선관에 공사한 절연전선 또는 단심케이블, B1은 벽면의 전선관에 공사한 절연전선 또는 단심케이블, 공사방법 C는 벽면에 공사한 단심 또는 다심케이블을 시설하는 경우의 전선 굵기를 표시하였다.

[비고 3] 「전동기중 최대의 것」에 동시 기동하는 경우를 포함함

[비고 4] 과전류 차단기의 용량은 해당 조항에 규정되어 있는 범위에서 실용상 거의 최댓값을 표시함

[비고 5] 과전류 차단기의 선정은 최대 용량의 정격전류의 3배에 다른 전동기의 정격전류의 합계를 가산한 값 이하를 표시함.

[비고 6] 이 표의 전선 굵기 및 허용전류는 부록 500-2에서 공사방법 A1, B1, C는 표 A.52-4와 표 A.25에 의한 값으로 하였다.

[비고 7] 고리퓨즈는 300 [A] 이하에서 사용하여야 한다.

[표 3] 후강전선관 굵기의 선정

도체 단면적 [mm^2]	전선 본수									
	1	2	3	4	5	6	7	8	9	10
	전선관의 최소 굵기 [호]									
2.5	16	16	16	16	22	22	22	28	28	28
4	16	16	16	22	22	22	28	28	28	28
6	16	16	22	22	22	28	28	28	36	36
10	16	22	22	28	28	36	36	36	36	36
16	16	22	28	28	36	36	36	42	42	42
25	22	28	28	36	36	42	54	54	54	54
35	22	28	36	42	54	54	54	70	70	70
50	22	36	54	54	70	70	70	82	82	82
70	28	42	54	54	70	70	70	82	82	82
95	28	54	54	70	70	82	82	92	92	104
120	36	54	54	70	70	82	82	92		
150	36	70	70	82	92	92	104	104		
185	36	70	70	82	92	104				
240	42	82	82	92	104					

[작성답안]

(1) 전동기 [kW]수의 총계 = 7.5 + 15 + 0.75 + 3.7 = 26.95 [kW]

  표 2에서 30 [kW]란과 공사방법 B1, XLPE란의 교차점 35 [mm²] 선정

  표 3에서 35 [mm²]란과 3본의 교차점 후강전선관 36호 선정

  답 : 간선의 최소 굵기 : 35 [mm²], 간선 금속관의 최소 굵기 : 36 [호]

(2) 전동기 [kW]수의 총계 = 7.5 + 15 + 0.75 + 3.7 = 26.95 [kW]

  이므로 표 2에서 30 [kW]란과 기동기 사용 15 [kW]란의 교차점에서 과전류 차단기 150 [A], 개폐기 200 [A] 선정

  답 : 간선의 과전류 차단기 용량 : 150 [A], 간선의 개폐기 용량 : 200 [A]

(3) ① 개폐기 용량 : 표 1에서 7.5 [kW] 전동기 란의 분기 100 [A]선정, 조작 100 [A] 선정

  답 : 개폐기 용량 ─┬─ 분기 100 [A]
           └─ 조작 100 [A]

  ② 과전류 차단기 용량 : 표 1에서 7.5 [kW] 전동기 란의 분기 100 [A]선정, 조작 75 [A] 선정

  답 : 과전류 차단기 용량 ─┬─ 분기 100 [A]
              └─ 조작 75 [A]

  ③ 접지선의 굵기 [mm²]

    표 1에서 7.5 [kW] 전동기 란의 10 [mm²] 선정

    답 : 10 [mm²]

  ④ 초과 눈금 전류계 [A]

    표 1에서 7.5 [kW] 전동기 란의 30 [A] 선정

    답 : 30 [A]

  ⑤ 금속관의 최소 굵기 [호]

    표 3에서 4 [mm²]란과 3가닥 란의 교차점 16 [호] 선정

    답 : 16호

2

출제년도 99.01.04.12.14.(4점/각 문항당 2점)

조명 설비에 대한 다음 각 물음에 답하시오.

(1) 배선 도면에 ◯H400 으로 표현되어 있다. 이것의 의미를 쓰시오.

(2) 평면이 15×10 [m]인 사무실에 40 [W], 전광속 2500 [lm]인 형광등을 사용하여 평균 조도를 300 [lx]로 유지하도록 설계하고자 한다. 이 사무실에 필요한 형광등 수를 산정하시오. 단, 조명률은 0.6이고, 감광보상률은 1.3이다.

[작성답안]

(1) 400 [W] 수은등

(2) 계산 : $N = \dfrac{EAD}{FU} = \dfrac{300 \times 15 \times 10 \times 1.3}{2500 \times 0.6} = 39$ [등]

답 : 39 [등]

[핵심]

(1) H400   수은등 400 [W]

　　M400   메탈 핼라이드등 400 [W]

　　N400   나트륨등 400 [W]

3

출제년도 14.(4점/각 항목당 1점)

전력용 콘덴서의 설치 목적 4가지를 쓰시오.

[작성답안]

- 변압기와 배전선의 전력 손실 경감
- 전압 강하의 감소
- 전원설비용량의 여유 증가
- 전기 요금의 감소

[핵심] 역률개선

① 역률개선효과
   - 변압기와 배전선의 전력 손실 경감
   - 전압 강하의 감소

- 전원설비 용량의 여유 증가
- 전기 요금의 감소

② 과보상
- 앞선 역률에 의한 전력 손실이 생긴다.
- 모선 전압의 과상승
- 전원설비 용량의 여유감소로 과부하가 될 수 있다.
- 고조파 왜곡의 증대

4

출제년도 03.08.14.(10점/(1)(2)3점, (4)4점)

다음 물음에 답하시오.

(1) 단순 부하인 경우 부하 입력이 600 [kW], 역률 80 [%], 효율 85 [%]일 때 비상용일 경우 발전기 출력은?

(2) 발전기실 위치를 선정할 때 고려해야 할 사항을 3가지만 쓰시오.

(3) 발전기 병렬운전 조건 4가지만 쓰시오.

[작성답안]

(1) 계산 : $P = \dfrac{\sum W_L \times L}{\cos\theta \times \eta} = \dfrac{600 \times 1}{0.8 \times 0.85} = 882.35$ [kVA]

답 : 882.35 [kVA]

(2) • 엔진기초는 건물기초와 무관한 장소로 한다.
- 실내환기를 충분히 할 수 있는 장소이어야 하며, 온도상승을 억제해야 한다.
- 발전기실의 구조는 중량물의 운반, 설치 및 보수유지가 용이한 장소이어야 한다.

그 외
- 급배기가 용이하고 엔진 및 배기관의 소음 및 진동이 주위 환경에 영향을 주지 않아야 한다.
- 급유 및 냉각수 공급이 가능한 장소이어야 한다.
- 전기실과 가까운 장소이어야 한다.

(3) • 기전력의 크기가 같을 것
- 기전력의 위상이 같을 것
- 기전력의 주파수가 같을 것
- 기전력의 파형의 같을 것

[핵심] 발전기 용량

① 단순한 부하의 경우

전부하 정상 운전시의 소요 입력에 의한 용량에 의해 결정한다.

발전기 용량[kVA] = 부하의 총 정격 입력 × 수용률 × 여유율

$$발전기\ 출력\ P = \frac{\Sigma W_L \times L}{\cos\theta}[kVA]$$

여기서, ΣW_L : 부하 입력 총계, L : 부하 수용률(비상용일 경우 1.0)

$\cos\theta$: 발전기의 역률(통상 0.8)

② 기동 용량이 큰 부하가 있을 경우, 전동기 시동에 대처하는 용량

자가 발전 설비에서 전동기를 기동할 때 큰 부하가 발전기에 갑자기 걸리게 됨으로 발전기의 단자 전압이 순간적으로 저하하여 개폐기의 개방 또는 엔진의 정지 등이 야기되는 수가 있다. 이런 경우 발전기의 정격 출력 [kVA]은 다음과 같다.

$$발전기\ 정격\ 출력\ [kVA] \geq \left(\frac{1}{허용\ 전압\ 강하} - 1\right) \times X_d \times 기동용량$$

여기서

X_d : 발전기의 과도 리액턴스(보통 20~25 [%]),

허용 전압 강하 : 20~30 [%]

기동 용량 : 2대 이상의 전동기가 동시에 기동하는 경우는 2개의 기동 용량을 합한 값과 1대의 기동 용량인 때를 비교하여 큰 값의 쪽을 택한다.

$$기동용량 = \sqrt{3} \times 정격전압 \times 기동전류 \times \frac{1}{1,000}\ [kVA]$$

5

출제년도 14.20.(5점/각 문항당 2점, 모두 맞으면 5점)

방폭 구조에 관한 다음 물음에 답하시오.

(1) 방폭형 전동기에 대하여 설명하시오.

(2) 전기설비의 방폭구조의 종류 3가지를 쓰시오.

[작성답안]

(1) 방폭형 전동기란 지정된 폭발성 가스 중에서 사용에 적합하도록 구조 기타에 관하여 특별히 고려된 전동기를 말한다.

(2) 종류
  ① 내(內)압방폭구조 ② 유입방폭구조 ③ 안전증방폭구조
  그 외
  ④ 본질안전방폭구조 ⑤ 특수방폭구조 ⑥ 내(耐)방폭구조

[핵심] 방폭전기설비

① 본질(本質)안전방폭구조란 상시 운전 중이나 사고시(단락·지락·단선 등)에 발생하는 불꽃, 아크 또는 열에 의하여 폭발성가스에 점화가 되지 않는 것이 점화시험 또는 기타의 방법에 의하여 확인된 구조를 말한다.

② 내압방폭구조(內壓防爆構造)란 용기 내부에 보호기체, 예를 들면 신선한 공기 또는 불연성가스를 압입(壓入)하여 내압(內壓)을 유지함으로써 폭발성가스가 침입하는 것을 방지하는 구조를 말한다.

③ 내압방폭구조(耐壓防爆構造)란 전폐(全閉)구조로서 용기내부에 가스가 폭발하여도 용기가 그 압력에 견디고 또한 외부의 폭발성가스에 인화될 우려가 없는 구조를 말한다.

④ 안전증가방폭구조(安全增加防爆構造)란 상시운전 중에 불꽃, 아크 또는 과열이 발생되면 안 되는 부분에 이들이 발생되는 것을 방지하도록 구조상 또는 온도상승에 대하여 특히 안전도를 증기시킨 구조를 말한다.

⑤ 유입방폭구조(油入防爆構造)란 불꽃, 아크 또는 점화원(點火原)이 될 수 있는 고온 발생의 우려가 있는 부분의 유중(油中)에 넣어 유면상(油面上)에 존재하는 폭발성가스에 인화될 우려가 없도록 한 구조를 말한다.

6

출제년도 88.05.14.17.(3점/부분점수 없음)

다음 표에 나타낸 어느 수용가들 사이의 부등률을 1.1로 한다면 이들의 합성 최대전력은 몇 [kW]인가?

수용가	설비용량[kW]	수용률[%]
A	100	85
B	200	75
C	300	65

[작성답안]

계산 : 합성 최대 전력 $= \dfrac{(설비\ 용량 \times 수용률)의\ 합}{부등률}$

$= \dfrac{100 \times 0.85 + 200 \times 0.75 + 300 \times 0.65}{1.1} = 390.909\,[\text{kW}]$

답 : 390.91 [kW]

[핵심] 부등률

각 수용가에서의 최대 수용 전력의 발생 시각은 시간적으로 차이가 있으며 이 경우에 배전 변압기 또는 간선에서의 합성 최대 수용 전력은 각 수용가에서의 최대 수용 전력의 합보다 적게 되는데 이 비를 부등률이라 하며 이 값은 항상 1보다 크고, 백분율로 나타내지 않는다. 수용률과 더불어 배전 변압기 또는 배전 간선 등의 공급 설비 계획 자료로 사용된다.

$$부등률 = \dfrac{개별\ 최대수용전력의\ 합}{합성\ 최대수용전력} = \dfrac{설비용량 \times 수용전력}{합성최대수용전력}$$

7 출제년도 97.99.01.02.14.(5점/부분점수 없음)

500 [kVA]의 변압기에 역률 80 [%]인 부하 500 [kVA]가 접속되어 있다. 지금 변압기에 전력용 콘덴서 150 [kVA]를 설치하여 변압기의 전용량까지 사용하고자 할 경우 증가시킬 수 있는 유효전력은 몇 [kW]인가? (단 증가되는 부하의 역률은 1이라고 한다.)

[작성답안]

계산 : 유효전력 $= 500 \times 0.8 = 400$ [kW]

무효전력 $= 500 \times \sqrt{1-0.8^2} = 300$ [kVar]

변압기 전용량 $P_a = \sqrt{(400+\Delta P)^2 + (300-Q_c)^2}$ [kVA]에서

$500^2 = (400+\Delta P)^2 + (300-150)^2$

$\therefore \Delta P = \sqrt{500^2 - 150^2} - 400 = 76.97$ [kW]

답 : 76.97 [kW]

[핵심] 역률개선 콘덴서 용량

① 콘덴서 용량

$$Q_c = P\tan\theta_1 - P\tan\theta_2 = P(\tan\theta_1 - \tan\theta_2) = P\left(\frac{\sin\theta_1}{\cos\theta_1} - \frac{\sin\theta_2}{\cos\theta_2}\right)$$

$$= P\left(\frac{\sqrt{1-\cos^2\theta_1}}{\cos\theta_1} - \frac{\sqrt{1-\cos^2\theta_2}}{\cos\theta_2}\right) \text{ [kVA]}$$

여기서, $\cos\theta_1$: 개선 전 역률, $\cos\theta_2$: 개선 후 역률

② 역률개선시 증가 할수 있는 부하

역률 개선에 따른 유효전력의 증가분 $\Delta P = P_a(\cos\theta_2 - \cos\theta_1)$ [kW]

여기서, $\cos\theta_1$: 개선 전 역률, $\cos\theta_2$: 개선 후 역률

8

출제년도 04.11.14.16.(6점/각 문항당 3점)

TV나 형광등과 같은 전기제품에서의 깜빡거림 현상을 플리커 현상이라 하는데 이 플리커 현상을 경감시키기 위한 전원측과 수용가측에서의 대책을 각각 3가지씩 쓰시오.

(1) 전원측 대책 3가지

(2) 수용가측 대책 3가지

[작성답안]

(1) 전원측
  ① 전용 계통으로 공급한다.
  ② 단락용량이 큰 계통에서 공급한다.
  ③ 전용 변압기로 공급한다.
  그 외
  ④ 공급 전압을 승압한다.

(2) 수용가측
  ① 전원 계통에 리액터분을 보상하는 방법
  ② 전압 강하를 보상하는 방법
  ③ 부하의 무효 전력 변동분을 흡수하는 방법
  그 외
  ④ 플리커 부하 전류의 변동분을 억제하는 방법

[핵심] 플리커대책

(1) 전원측에서의 대책
  ① 전용 계통으로 공급한다.
  ② 단락용량이 큰 계통에서 공급한다.
  ③ 전용 변압기로 공급한다.
  ④ 공급 전압을 승압한다.

(2) 수용가측에서의 대책
  ① 전원 계통에 리액터분을 보상하는 방법
    • 직렬 콘덴서 방식
    • 3권선 보상 변압기 방식

② 전압 강하를 보상하는 방법
- 부스터 방식
- 상호 보상 리액터 방식

③ 부하의 무효 전력 변동분을 흡수하는 방법
- 동기 조상기와 리액터 방식
- 사이리스터(thyristor) 이용 콘덴서 개폐 방식
- 사이리스터용 리액터

④ 플리커 부하 전류의 변동분을 억제하는 방법
- 직렬 리액터 방식
- 직렬 리액터 가포화 방식 등이 있다.

9

출제년도 01.02.14.(5점/각 항목당 1점)

선로나 간선에 고조파 전류를 발생시키는 발생기기가 있을 경우 그 대책을 적절히 세워야 한다. 이 고조파 억제 대책을 5가지만 쓰시오.

[작성답안]
① 전력 변환 장치의 pulse 수를 크게 한다.(또는 변환장치의 펄스화)
② 고조파 필터를 사용하여 제거한다.
③ 변압기 결선에서 △결선을 채용하여 고조파 순환회로를 구성하여 외부에 고조파가 나타나지 않도록 한다.

그 외
④ 전원측에 교류 리액터 설치
⑤ 전원 단락용량의 증대
⑥ 고조파부하를 분리하여 전용화
⑦ 필터설치(교류필터, 액티브필터)
⑧ 기기의 고조파 내량 증가
⑨ 고조파 성분 발생부하의 억제
⑩ 콘덴서 회로에 직렬리액터설치
⑪ 위상변위변압기에 의한 위상이동(Phase Shift TR)
⑫ 영상전류 제거장치 NCE(Neutral Current Eliminator)
⑬ UHF(LINEATOR)설치 (Universal Harmonic Filter)

[핵심] 고조파

전력계통에서 고조파는 대부분 전력변환용 전자장치(정류장치, 역변환장치, 화학용 전해설비의 정류기, 사이리스터 등)를 사용하는 기기에서 발생하고 있으며, 또한 이의 사용이 많아져 이로 인한 고조파 전류가 발생하여 전원의 질을 떨어뜨리고 과열 및 이상상태를 발생시키고 있다.

기 기	발 생 원 인	기 타
변압기	히스테리시스 현상에 의해 발생하며, 보통 제3고조파 성분이 주성분이고 제5고조파 이상은 무시된다. 제3고조파 성분은 변압기의 △결선으로 제거된다.	△결선으로 제거한다.
전력 변환소자	정현파를 구형파 형태로 사용하므로 고조파가 발생한다.	고조파 대책필요하다.
아크로 전기로	제3고조파가 현저하게 발생한다.	
회전기기	슬롯이 있기 때문에 발생하며 고조파는 슬롯 Harmonics 라 한다.	
형광등	점등회로에서 발생한다.	콘덴서로 제거한다.
과도현상	차단기 및 개폐기의 스위칭시 발생한다.	서지흡수기 설치한다.

10

출제년도 99.03.04.11.12.14.17.18.(5점/부분점수 없음)

분전반에서 20 [m] 거리에 있는 단상2선식, 부하 전류 5 [A]인 부하에 배선 설계의 전압강하를 0.5 [V]이하로 하고자 한다. 전압강하를 고려한 전선의 굵기를 구하시오. (단, 전선의 도체는 구리이다.)

[작성답안]

계산 : 전선의 굵기 $= \dfrac{35.6 \times LI}{1,000 \times e} = \dfrac{35.6 \times 20 \times 5}{1,000 \times 0.5} = 7.12$ [mm^2]

답 : 10 [mm^2]

[핵심] 전압강하와 전선의 굵기

① KSC IEC 전선규격

1.5, 2.5, 4, 6, 10, 16, 25, 35, 50, 70, 95, 120, 150, 185, 240, 300, 400, 500, 630 [mm^2]

② 전압강하

- 단상 2선식 : $e = \dfrac{35.6LI}{1,000A}$ ································· ①

- 3상 3선식 : $e = \dfrac{30.8LI}{1,000A}$ ································· ②

- 3상 4선식 : $e_1 = \dfrac{17.8LI}{1,000A}$ ································· ③

여기서, L : 거리 I : 정격전류 A : 케이블의 굵기
이며 ③의 식은 1선과 중성선간의 전압강하를 말한다.

11

출제년도 97.00.14.(11점/(5)1점, (1)(2)(3)(4)(6)2점)

도면을 보고 다음 각 물음에 답하시오.

(1) (A)에 사용될 기기를 약호로 답하시오.
(2) (C)의 명칭을 약호로 답하시오.
(3) B점에서 단락되었을 경우 단락 전류는 몇 [A]인가? (단, 선로 임피던스는 무시한다.)
(4) VCB의 최소 차단 용량은 몇 [MVA]인가?
(5) ACB의 우리말 명칭은 무엇인가?
(6) 단상 변압기 3대를 이용한 △-△ 결선도 및 △-Y 결선도를 그리시오.

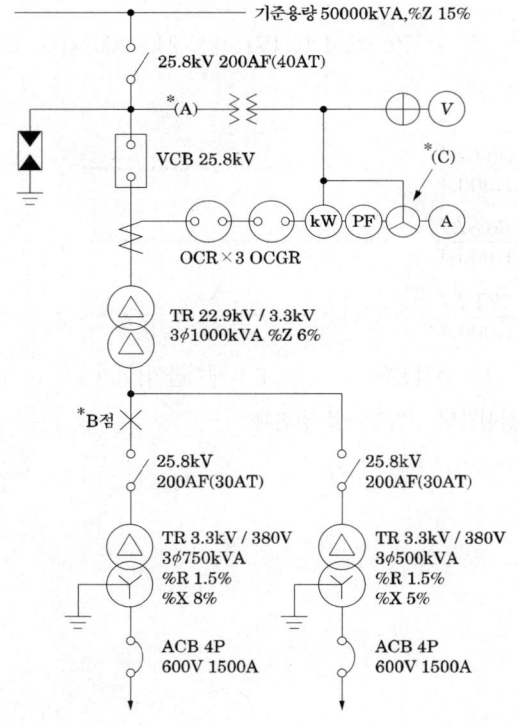

[작성답안]

(1) COS 또는 PF

(2) AS

(3) 계산 : 기준용량 50,000 [kVA] 환산한 변압기 $\%Z_t = \dfrac{50,000}{1,000} \times 6 = 300\,[\%]$

$$\%Z_{total} = 15 + 300 = 315\,[\%]$$

$$I_s = \dfrac{100}{\%Z_{total}} \times I_n = \dfrac{100}{315} \times \dfrac{50,000}{\sqrt{3} \times 3.3} = 2777.057\,[\text{A}]$$

답 : 2777.06 [A]

(4) 계산 : $P_s = \dfrac{100}{15} \times 50,000 \times 10^{-3} = 333.333\,[\text{MVA}]$

답 : 333.33 [MVA]

(5) 기중차단기

(6) • △ - △ 결선   • △ - Y 결선

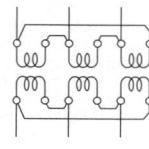   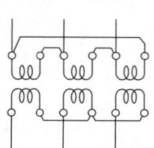

12

출제년도 14.(5점/각 항목당 1점)

T-5램프의 특징 5가지를 쓰시오.

[작성답안]

① 기존 형광램프에 비해 에너지 절약이 35 [%] 이상이 된다.

② 유리자원, 금속 자재 폐기물이 감소한다.

③ 극소량의 수은만 봉입함으로써 환경오염을 줄인 친환경 형광등이다.

④ 형광등 중에서는 104 [lm/W] 으로 효율이 좋다.

⑤ 연색성이 우수하다.

그 외

⑥ 수명은 기존 형광램프보다 길다.(16,000시간)

13. 출제년도 04.15.22.(3점/각 항목당 1점, 모두 맞으면 3점)

다음 그림과 같은 무접점 논리회로에 대응하는 유접점 시퀀스를 그리고 논리식으로 표현하시오.

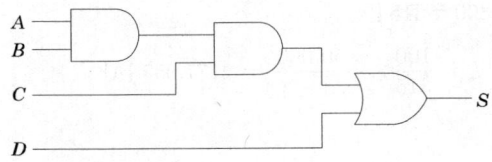

(1) 유접점 시퀀스

(2) 논리식

[작성답안]

(1)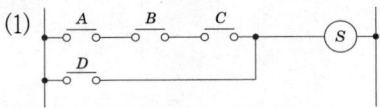

(2) $S = ABC + D$

14. 출제년도 14.16.(5점/부분점수 없음)

4극 10 [HP], 200 [V], 60 [Hz]의 3상 유도 전동기가 35 [kg·m]의 부하를 걸고 슬립 3[%]로 회전하고 있다. 여기에 같은 부하 토크로 1.2 [Ω]의 저항 3개를 Y결선으로 하여 2차에 삽입하니 1,530 [rpm]로 되었다. 2차 권선의 저항 [Ω]은 얼마인가?

[작성답안]

계산 : $N_s = \dfrac{120 \times 60}{4} = 1{,}800$ [rpm]

$s' = \dfrac{1{,}800 - 1530}{1{,}800} = 0.15$

$\dfrac{r_2}{s} = \dfrac{r_2 + R}{s'}$ 에서 $\dfrac{r_2}{0.03} = \dfrac{r_2 + 1.2}{0.15}$

∴ $r_2 = \dfrac{0.03}{0.15 - 0.03} \times 1.2 = 0.3$ [Ω]

답 : 0.3 [Ω]

15

출제년도 14.新規(4점/각 문항당 1점)

다음 각 물음에 답하시오.

(1) 최대 사용 전압이 3.3 [kV]인 중성점 비접지식 전로의 절연내력 시험전압은 얼마인가?

(2) 한국전기설비규정에 의해 FELV의 경우 절연 저항 값은 몇 [MΩ] 이상이어야 하는가?

(3) 최대 사용 전압 380 [V]인 전동기의 절연내력 시험전압 [V]은?

(4) 고압 및 특별고압 전로의 절연 내력 시험 방법에 대하여 설명하시오.

[작성답안]
(1) 계산 : 절연내력 시험전압 = 3,300 [V] × 1.5배 = 4,950 [V]
답 : 4,950 [V]
(2) 1 [MΩ] 이상
(3) 계산 : 절연내력시험전압 = 380 [V] × 1.5배 = 570 [V]
답 : 570 [V]
(4) 답 : 충전 부분과 대지 사이에 절연내력시험 전압으로 계속하여 10분간 절연 내력을 시험하였을 때에 이에 견디어야 한다.

[핵심] 절연내력시험

구분	종류(최대사용전압을 기준으로)	시험전압
①	최대사용전압 7 [kV] 이하인 권선 (단, 시험전압이 500 [V] 미만으로 되는 경우에는 500 [V])	최대사용전압 ×1.5배
②	7 [kV]를 넘고 25 [kV] 이하의 권선으로서 중성선 다중접지식에 접속되는 것	최대사용전압 ×0.92배
③	7 [kV]를 넘고 60 [kV] 이하의 권선(중성선 다중접지 제외) (단, 시험전압이 10,500 [kV] 미만으로 되는 경우에는 10,500 [V])	최대사용전압 ×1.25배
④	60 [kV]를 넘는 권선으로서 중성점 비접지식 전로에 접속되는 것	최대사용전압 ×1.25배
⑤	60 [kV]를 넘는 권선으로서 중성점 접지식 전로에 접속하고 또한 성형결선의 권선의 경우에는 그 중성점에 T좌 권선과 주좌 권선의 접속점에 피뢰기를 시설하는 것 (단, 시험전압이 75 [kV] 미만으로 되는 경우에는 75 [kV])	최대사용전압 ×1.1배

⑥	60 [kV]를 넘는 권선으로서 중성점 직접 접지식 전로에 접속하는 것, 다만 170 [kV]를 초과하는 권선에는 그 중성점에 피뢰기를 시설하는 것	최대사용전압 ×0.72배
⑦	170 [kV]를 넘는 권선으로서 중성점 직접접지식 전로에 접속하고 또는 그 중성점을 직접 접지하는 것	최대사용전압 ×0.64배
(예시)	기타의 권선	최대사용전압 ×1.1배

16

출제년도 14.(5점/부분점수 없음)

두 대의 변압기를 병렬 운전하고 있다. 다른 정격은 모두 같고 1차 환산 누설임피던스만이 $2+j3[\Omega]$과 $3+j2[\Omega]$이다. 부하 전류가 50 [A]이면 순환 전류 [A]는 얼마인가?

[작성답안]

계산 : 순환전류 $I = \dfrac{Z_1 I_1 - Z_2 I_2}{Z_1 + Z_2} = \dfrac{(2+j3)25 - (3+j2)25}{(2+j3)+(3+j2)} = \dfrac{-25+j25}{5+j5} = j5$ [A]

답 : 5 [A]

[핵심] 변압기 병렬운전

① 병렬 운전의 조건
- 각 변압기의 극성이 같을 것
- 각 변압기의 권수비가 같고, 1차와 2차의 정격 전압이 같을 것
- 각 변압기의 %임피던스 강하가 같을 것
- 3상식에서는 위의 조건 외에 각 변압기의 상회전 방향 및 각 변위가 같을 것

② 순환전류

$$I_c = \dfrac{\dfrac{I}{2} Z_2 - \dfrac{I}{2} Z_1}{Z_1 + Z_2} \ [A]$$

③ 부하분담

$$\dfrac{[kVA]_a}{[kVA]_b} = \dfrac{[kVA]_A}{[kVA]_B} \times \dfrac{\% Z_b}{\% Z_a}$$

출제년도 14.(4점/각 항목당 2점)

다음과 같은 상태에서 영상변류기(ZCT)의 영상전류 검출에 대해 설명하시오.

(1) 정상상태

(2) 지락상태

[작성답안]

(1) 영상전류가 검출되지 않는다.   (2) 영상전류가 검출된다.

[핵심] 영상전류 검출방법

① 영상변류기에 의한 방법

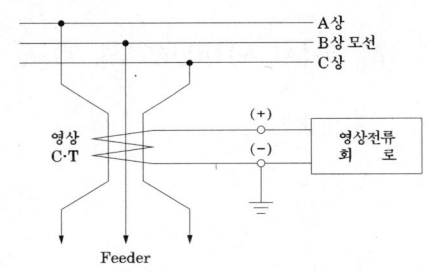

② Y결선의 잔류회로 이용하는 방법

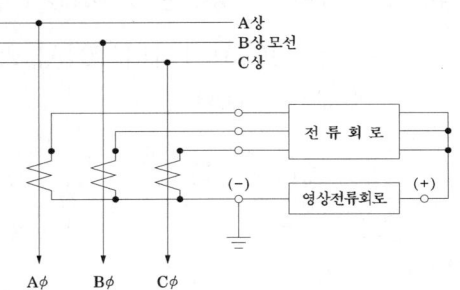

③ 3권선 CT 이용하는 방법(영상분로방식)

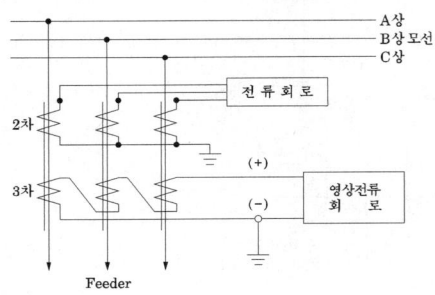

④ 콘덴서접지와 누전차단기의 조합에 의한 방법

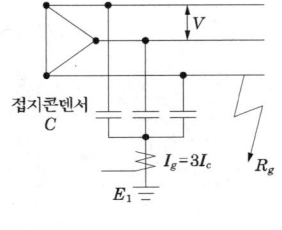

⑤ 중성선 CT에 의한 검출방법

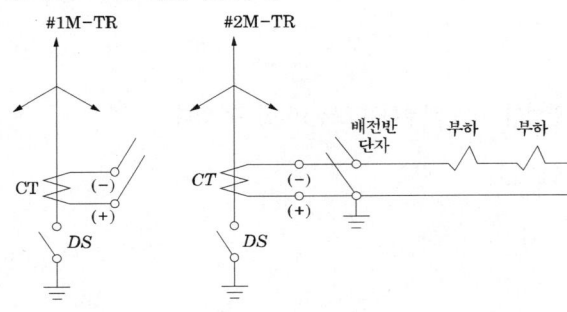

18

출제년도 14.(6점/각 문항당 2점)

22.9 [kV-Y] 중성선 다중접지전선로에 정격전압 13.2 [kV], 정격용량 250 [kVA]의 단상 변압기 3대를 이용하여 아래 그림과 같이 Y-△ 결선하고자 한다. 다음 물음에 답하시오.

(1) 변압기 1차측 Y결선의 중성점(※표부분)을 전선로의 N선에 연결하여야 하는가? 연결하여서는 안 되는가?

(2) 연결하여야 하면 연결하여야 하는 이유, 연결하여서는 안 되면 안 되는 이유를 설명하시오.

(3) PF 전력퓨즈의 용량은 몇 [A]인지 선정하시오.
 - 퓨즈용량 10 [A], 15 [A], 20 [A], 25 [A], 30 [A], 40 [A], 50 [A], 65 [A], 80 [A], 100 [A], 125 [A]

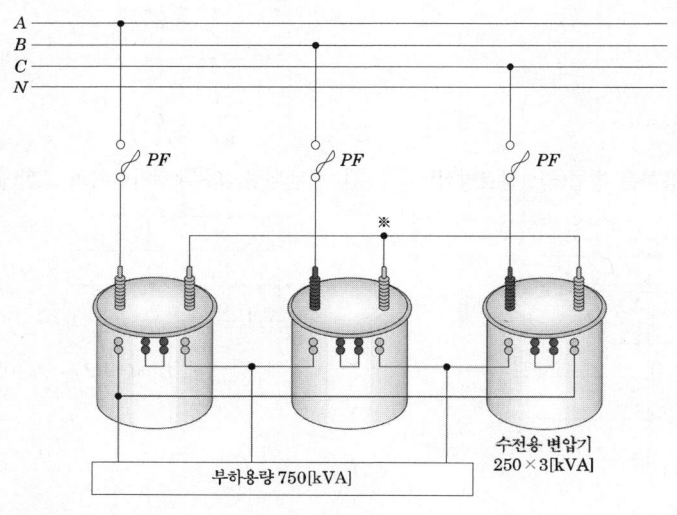

[작성답안]

(1) 연결하지 않는다.

(2) 임의의 1상의 PF 용단시 변압기가 역V결선이 되어 과부하로 소손이 될 수 있다.

(3) 계산 : 전부하전류 $= \dfrac{750}{\sqrt{3} \times 22.9} = 18.91$ [A]

∴ 퓨즈용량 $= 18.91 \times 1.5 = 28.37$ [A]

답 : 30 [A]

2014년 3회 기출문제 해설

※ 다음 물음에 답을 해당 답란에 답하시오.

1 출제년도 91.14.(8점/각 문항당 2점, 모두 맞으면 8점)

주어진 표는 어떤 부하 데이터의 표이다. 이 부하 데이터를 수용할 수 있는 발전기 용량을 산정하시오. (단, 발전기 표준 역률은 0.8, 허용 전압 강하 25 [%], 발전기 리액턴스 20 [%], 원동기 기관 과부하 내량은 1.2이다.)

예	부하의 종류	출력 [kW]	전부하 특성				기동 특성		기동 순서	비고
			역률 [%]	효율 [%]	입력 [kVA]	입력 [kW]	역률 [%]	입력 [kVA]		
200 [V] 60 [Hz]	조명	10	100	–	10	10	–	–	1	
	스프링클러	55	86	90	71.1	61.1	40	142.2	2	Y–Δ 기동
	소화전 펌프	15	83	87	21.0	17.2	40	42	3	Y–Δ 기동
	양수펌프	7.5	83	86	10.5	8.7	40	63	3	직입 기동

(1) 전부하 정상 운전시의 입력에 의한 것

(2) 전동기 기동에 필요한 용량 $P = \dfrac{(1-\Delta E)}{\Delta E} \cdot x_d \cdot Q_L$ [kVA]

(3) 순시 최대 부하에 의한 용량 $P = \dfrac{\sum W_0 [\text{kW}] + \{Q_{L\max}[\text{kVA}] \times \cos\theta_{QL}\}}{K \times \cos\theta_G}$ [kVA]

[작성답안]

(1) 계산 : $P = \dfrac{(10 + 61.1 + 17.2 + 8.7)}{0.8} = 121.25$ [kVA]

　답 : 121.25 [kVA]

(2) 계산 : $P = \dfrac{(1-0.25)}{0.25} \times 0.2 \times 142.2 = 85.32$ [kVA]

　답 : 85.32 [kVA]

(3) 계산 : $P = \dfrac{(10+61.1)+(42+63)\times 0.4}{(1.2\times 0.8)} = 117.812\,[\text{kVA}]$

답 : 117.81 [kVA]

[핵심]

(3) $P = \dfrac{(\text{기 운전중인 부하의 합계}) + (\text{기동돌입부하} \times \text{기동시 역률})}{(\text{원동기 기관 과부하 내량}) \times (\text{발전기 표준역률})}$

2에서 3으로 이행할 때 순시 최대부하가 걸린다.

2 출제년도 14.(5점/부분점수 없음)

정격이 5 [kW], 50 [V]인 타여자 직류 발전기가 있다. 무부하로 하였을 경우 단자전압이 55 [V]가 된다면, 발전기의 전기자 회로의 등가저항은 얼마인가?

[작성답안]

계산 : $I_a = I = \dfrac{P}{V} = \dfrac{5{,}000}{50} = 100\,[\text{A}]$

$E = V + I_a \cdot r_a\,[\text{V}]$에서 $55 = 50 + 100 \times r_a$

$\therefore r_a = \dfrac{55-50}{100} = 0.05\,[\Omega]$

답 : 0.05 [Ω]

3 출제년도 14.(5점/부분점수 없음)

3상 3선식 배전 선로에 역률 0.8, 180 [kW]인 3상 평형 유도 부하가 접속되어 있다. 부하 단의 수전 전압이 6,000 [V], 배전선 1조의 저항이 6 [Ω], 리액턴스가 4 [Ω]라고 하면 송전단 전압은 몇 [V]인가?

[작성답안]

계산 : $I = \dfrac{180 \times 10^3}{\sqrt{3} \times 6{,}000 \times 0.8} = 21.65\,[\text{A}]$

송전단 전압 $V_s = V_r + \sqrt{3}\,I(R\cos\theta + X\sin\theta)$에서

$V_s = 6{,}000 + \sqrt{3} \times 21.65(6 \times 0.8 + 4 \times 0.6) = 6269.992\,[\text{V}]$

답 : 6269.99 [V]

[핵심] 전압강하

① 전압강하 $e = I(R\cos\theta + X\sin\theta) = \dfrac{P}{V}(R + X\tan\theta)$ [V]

② 전압강하율 $\epsilon = \dfrac{e}{V} \times 100 = \dfrac{P}{V^2}(R + X\tan\theta) \times 100$ [%]

③ 전력손실 $P_L = \dfrac{P^2 R}{V^2 \cos^2\theta}$ [kW]

④ 전력손실률 $k = \dfrac{P_L}{P} \times 100 = \dfrac{PR}{V^2 \cos^2\theta} \times 100$ [%]

---

4 출제년도 14.(5점/부분점수 없음)

66 [kV], 500 [MVA], %임피던스가 30 [%]인 발전기에 용량이 600 [MVA], %임피던스가 20 [%]인 변압기가 접속되어 있다. 변압기 2차측 345 [kV] 지점에 단락이 일어났을 때 단락전류는 몇 [A]인가?

[작성답안]

계산 : 기준용량을 600 [MVA]

$$I_n = \dfrac{P_n}{\sqrt{3}\, V_n} = \dfrac{600 \times 10^3}{\sqrt{3} \times 345} = 1004.09 \text{ [A]}$$

$\%Z = \dfrac{600}{500} \times 30 = 36$ [%]이므로 $\%Z_{total} = 36 + 20 = 56$ [%]

$$I_s = \dfrac{100}{\%Z} \times I_n = \dfrac{100}{56} \times 1004.09 = 1793.02 \text{ [A]}$$

답 : 1793.02 [A]

[핵심] %임피던스법

임피던스의 크기를 옴 [Ω] 값 대신에 %값으로 나타내어 계산하는 방법으로 옴 [Ω]법과 달리 전압환산을 할 필요가 없어 계산이 용이하므로 현재 가장 많이 사용되고 있다.

$$\%Z = \dfrac{I_n[\text{A}] \times Z[\Omega]}{E[\text{V}]} \times 100\,[\%] = \dfrac{P[\text{kVA}] \times Z[\Omega]}{10\,V^2[\text{kV}]}\,[\%]$$

$$P_S = \dfrac{100}{\%Z}\, P_N$$

여기서 P_N은 %임피던스를 결정하는 기준용량을 의미 한다.

5

출제년도 14.19.(6점/각 문항당 3점)

그림과 같은 3상 3선식 배전선로가 있다. 다음 각 물음에 답하시오. (단, 전선 1가닥의 저항은 0.5 [Ω/km]라고 한다.)

(1) 급전선에 흐르는 전류는 몇 [A]인가 계산하고 답하시오.

(2) 선로 손실 [kW]을 구하시오.

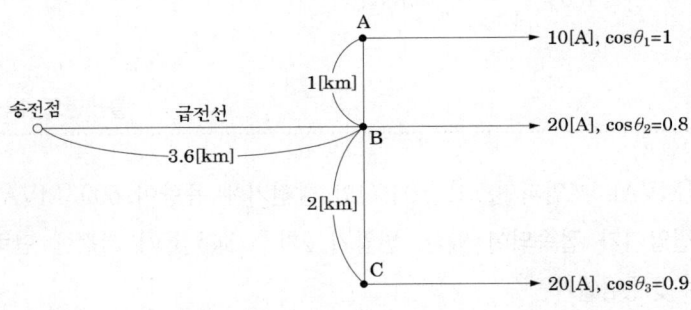

[작성답안]

(1) 계산 : $I = 10 + 20(0.8 - j0.6) + 20(0.9 - j\sqrt{1-0.9^2}) = 44 - j20.717 = 48.63$ [A]

　　답 : 48.63 [A]

(2) 계산 : $P_\ell = [3 \times 48.63^2 \times (0.5 \times 3.6) + 3 \times 10^2 \times (0.5 \times 1) + 3 \times 20^2 \times (0.5 \times 2)] \times 10^{-3}$
　　　　　　$= 14.12$ [kW]

　　답 : 14.12 [kW]

6

출제년도 10.14.(5점/부분점수 없음)

정격출력 1,500 [kVA], 역률 65 [%]인 전동기 회로에 역률 개선용 콘덴서를 설치하여 역률 96 [%]로 개선하기 위하여 다음 표를 이용하여 콘덴서 용량을 구하시오.

		개선 후의 역률													
		1.0	0.99	0.98	0.97	0.96	0.95	0.94	0.93	0.92	0.91	0.9	0.875	0.85	0.825	0.8
개선 전의 역률	0.4	230	216	210	205	201	197	194	190	187	184	182	175	168	161	155
	0.425	213	198	192	188	184	180	176	173	170	167	164	157	151	144	138
	0.45	198	183	177	173	168	165	161	158	155	152	149	143	138	129	123
	0.475	185	171	165	161	156	159	149	146	143	140	137	130	123	116	110
	0.5	173	159	153	148	144	140	137	134	130	128	125	118	111	104	93
	0.525	162	148	142	137	133	129	126	122	119	117	114	107	100	93	87
	0.55	152	138	132	127	123	119	116	112	109	108	104	97	90	83	77
	0.575	142	128	122	117	114	110	106	103	99	96	94	87	80	73	67
	0.6	133	119	113	108	104	101	97	94	91	88	85	78	71	65	58
	0.625	125	111	105	100	96	92	89	85	82	79	77	70	63	58	50
	0.65	116	103	97	92	88	84	81	77	74	71	69	62	55	48	42
	0.675	109	95	89	84	80	76	73	70	66	64	61	54	47	40	34
	0.7	102	88	81	77	73	69	66	62	59	56	54	46	40	33	27
	0.725	95	81	75	70	66	62	59	55	52	49	46	39	33	26	20
	0.75	88	74	67	63	58	55	52	49	45	43	40	33	26	19	13
	0.775	81	67	61	57	52	49	45	42	39	36	33	26	19	12	6.5
	0.8	75	61	54	50	46	42	39	35	32	29	27	19	13	6	6
	0.825	69	54	48	44	40	36	32	29	28	23	21	13	7		
	0.85	62	48	42	37	33	29	26	22	19	16	14	7			
	0.875	55	41	35	30	28	23	19	16	13	10	7				
	0.9	48	34	28	23	19	16	12	9	6	2.8					

[작성답안]

계산 : 표에서 개선전역률 65 [%]와 개선후 역률 96 [%]가 만나는 곳 88 [%] 선정

콘덴서 소요용량 $Q_c = 1,500 \times 0.65 \times 0.88 = 858$ [kVA]

답 : 858 [kVA]

7

출제년도 14.22.(5점/부분점수 없음)

대지 고유 저항률 400 [Ω·m], 직경 19 [mm], 길이 2,400 [mm]인 접지봉을 전부 매입했다고 한다. 접지저항(대지저항)값은 얼마인가?

[작성답안]

계산 : $R = \dfrac{\rho}{2\pi\ell} \times \ln\dfrac{2\ell}{r}\ [\Omega]$ 에서 $R = \dfrac{400}{2\pi \times 2.4} \times \ln\dfrac{2 \times 2.4}{\dfrac{0.019}{2}} = 165.13\ [\Omega]$

답 : 165.13 [Ω]

[핵심] 전극별 접지저항 계산식

① 접지봉의 계산식

$$R = \dfrac{\rho}{2\pi l} \ln\dfrac{2l}{r}\ [\Omega]\ :\ \text{Tagg}$$

$$R = \dfrac{\rho}{2\pi l}(\ln\dfrac{4l}{r} - 1)\ [\Omega]\ :\ \text{Dwight, Sunde}$$

ρ : 대지저항률, t : 매설깊이, l : 전극의 길이, r : 전극의 반지름

② 접지동판의 계산식

$$R = \dfrac{0.1 \cdot \rho \cdot K_1}{b}\ [\Omega]\ :\ \text{McCrocklin}$$

ρ : 대지저항률, K_1 : $McCrocklin$의 계수, b : 전극의 치수

$$R = \dfrac{\rho}{4}\sqrt{\dfrac{\pi}{a \cdot b}}\ [\Omega]\ :\ \text{Tagg}$$

ρ : 대지저항률, a, b : 전극의 치수 (가로, 세로)

③ 그물모양 (Mesh)의 계산식

$$R = \dfrac{\rho}{\pi L}(\ln\dfrac{2L}{a'} + K_1\dfrac{L}{\sqrt{A}} - K_2)\ [\Omega]\ :\ Schwarz$$

L : 접지선의 전체길이 a' : $\sqrt{2rt}$ (지표면일 때는 $t = r$)
r : 접지선의 반지름 t : 매설깊이
A : 그물모양 전극의 포설면적
$K_1,\ K_2$: $Schwarz$의 계수

8 출제년도 03.05.08.10.14.(5점/부분점수 없음)

도로폭 24 [m] 도로 양쪽에 20 [m] 간격으로 지그재그 배치한 경우, 노면의 평균조도 5 [lx]로 하는 경우, 등주 한등당의 광속은 얼마나 되는지 계산하시오. (단, 노면의 광속이용률은 25 [%]로 하고, 감광보상률은 1로 한다.)

[작성답안]

계산 : $F = \dfrac{EAD}{UN} = \dfrac{5 \times \left(20 \times 24 \times \dfrac{1}{2}\right)}{0.25 \times 1} = 4,800$

답 : 4,800 [lm]

[핵심] 지그재그식 도로조명

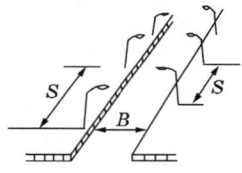

$E = \dfrac{FNUM}{BS}$ [lx]

여기서, E : 노면평균조도 [lx],
  F : 광원 1개 광속 [lm],
  N : 광원의 열수,
  M : 보수율, 감광보상률 D의 역수,
  B : 도로의 폭 [m],
  S : 광원의 간격 [m]

U : 빔 이용률 ┌ 50 [%] 이상, 피조면 도달 0.75
      ├ 20 ~ 50 [%] 이상, 피조면 도달 0.5
      └ 25 [%] 이하, 피조면 도달 0.4

9

출제년도 04.12.14.15.(4점/각 항목당 2점)

역률을 개선하면 전기 요금의 저감과 배전선의 손실 경감, 전압 강하 감소, 설비 여력의 증가 등을 기할 수 있으나, 너무 과보상하면 역효과가 나타난다. 역률 과보상시 결점 2가지를 쓰시오.

[작성답안]
① 앞선 역률에 의한 전력 손실이 생긴다.
② 모선 전압의 과상승 한다.
그 외
③ 전원설비 용량이 감소하여 과부하가 될 수 있다.
④ 고조파 왜곡이 증대된다.

[핵심] 역률개선효과와 과보상
① 역률개선효과
　역률을 개선하는 주 목적은 전력손실을 경감하기 위한 것이다.
- 변압기와 배전선의 전력 손실 경감
- 전압 강하의 감소
- 전원설비 용량의 여유 증가
- 전기 요금의 감소

② 과보상
- 앞선 역률에 의한 전력 손실이 생긴다.
- 모선 전압의 과상승
- 전원설비 용량의 여유감소로 과부하가 될 수 있다.
- 고조파 왜곡의 증대

10

출제년도 14.(5점/부분점수 없음)

다음의 PLC 프로그램을 보고, 래더 다이어그램을 완성하시오.

차례	명령어	번지	차례	명령어	번지
1	STR	P00	5	AND STR	-
2	OR	P01	6	AND NOT	P04
3	STR NOT	P02	7	OUT	P10
4	OR	P03	-	-	-

[작성답안]

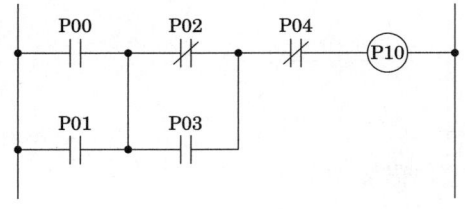

11

출제년도 90.99.00.05.14.18.(10점/각 문항당 1점, 모두 맞으면 10점)

도면은 어느 154 [kV] 수용가의 수전 설비 단선 결선도의 일부분이다. 주어진 표와 도면을 이용하여 다음 각 물음에 답하시오.

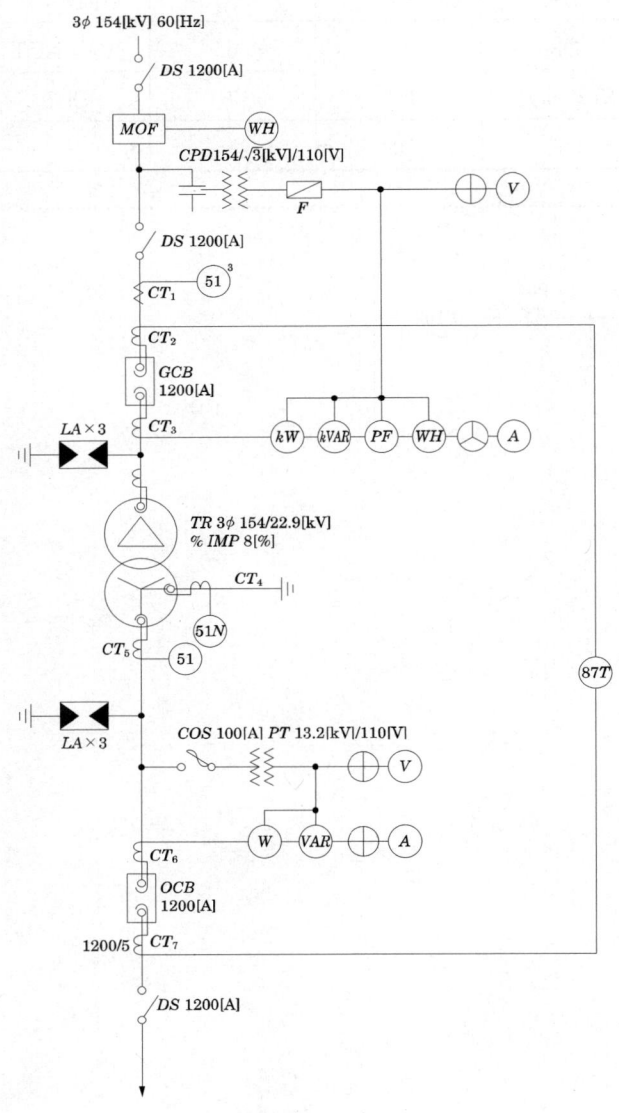

(1) 변압기 2차 부하 설비 용량이 51 [MW], 수용률 70 [%], 부하 역률이 90 [%]일 때, 도면의 변압기 용량은 몇 [MVA]가 되는가?

(2) 변압기 1차측 DS의 정격 전압은 몇 [kV]인가?

(3) CT_1의 비는 얼마인지를 계산하고 표에서 선정하시오. 단 여유율은 1.25배를 준다.

1차 정격 전류 [A]	200	400	600	800	1,200	1,500
2차 정격 전류 [A]	5					

(4) GCB 내에 사용되는 가스는 주로 어떤 가스가 사용되는가?

(5) OCB의 정격 차단 전류가 23 [kA]일 때, 이 차단기의 차단 용량은 몇 [MVA]인가?

(6) 과전류 계전기의 정격 부담이 9 [VA]일 때 이 계전기의 임피던스는 몇 [Ω]인가?

(7) CT_7 1차 전류가 600 [A]일 때 CT_7의 2차에서 비율 차동 계전기의 단자에 흐르는 전류는 몇 [A]인가? (비율차동계전기와 변류기간의 위상차를 변류기로 보정한다)

[작성답안]

(1) 계산 : 변압기 용량 $= \dfrac{\text{설비용량} \times \text{수용률}}{\text{부등률} \times \text{역률}} = \dfrac{51 \times 0.7}{1 \times 0.9} = 39.67$ [MVA]

답 : 39.67 [MVA]

(2) 계산 : $V_n = 154 \times \dfrac{1.2}{1.1} = 168$ [kV]

∴ 170 [kV] 선정

답 : 170 [kV]

(3) 계산 : $I_1 = \dfrac{P}{\sqrt{3}\,V} \times 1.25 = \dfrac{39.67 \times 10^3}{\sqrt{3} \times 154} \times 1.25 = 185.9$ [A]

∴ 표에서 CT 정격 200/5 선정

답 : 200/5

(4) SF_6 (육불화유황가스)

(5) 계산 : 차단 용량 $P_s = \sqrt{3}\, V_n I_s = \sqrt{3} \times 25.8 \times 23 = 1027.8$ [MVA]

　　답 : 1027.8 [MVA]

(6) 계산 : $P = I_n^2 \cdot Z$ [VA]

　　$Z = \dfrac{P}{I_n^2} = \dfrac{9}{5^2} = 0.36$ [Ω]

　　답 : 0.36 [Ω]

(7) 계산 : $I_2 = I_1 \times \dfrac{1}{CT\text{비}} \times \sqrt{3} = 600 \times \dfrac{5}{1,200} \times \sqrt{3} = 4.33$ [A]

　　답 : 4.33 [A]

[핵심]
(6) I_n은 CT의 2차 정격 전류인 5 [A]를 대입한다.
(7) CT가 △결선일 경우 비율 차동 계전기 단자에 흐르는 전류(I_2)는 상전류의 $\sqrt{3}$ 배가 됨을 주의한다.

12

출제년도 90.06.96.10.14.(5점/각 문항당 2점, 모두 맞으면 5점)

어떤 공장의 어느 날 부하실적이 1일 사용전력량 192 [kWh]이며, 1일의 최대전력이 12 [kW]이고, 최대전력일 때의 전류값이 34 [A]이었을 경우 다음 각 물음에 답하시오. (단, 이 공장은 220 [V], 11 [kW]인 3상 유도전동기를 부하 설비로 사용한다고 한다.)

(1) 일 부하율은 몇 [%]인가?
(2) 최대 공급 전력일 때의 역률은 몇 [%]인가?

[작성답안]

(1) 계산 : 일부하율 $= \dfrac{\text{평균전력}}{\text{최대전력}} \times 100 = \dfrac{\frac{192}{24}}{12} \times 100 = 66.666$ [%]

　　답 : 66.67 [%]

(2) 계산 : $\cos\theta = \dfrac{P}{P_a} \times 100 = \dfrac{12 \times 10^3}{\sqrt{3} \times 220 \times 34} \times 100 = 92.623$ [%]

　　답 : 92.62 [%]

[핵심] 부하율

공급 설비가 어느 정도 유효하게 사용되는가를 나타내며 부하율이 클수록 공급 설비가 유효하게 사용된다. 부하율은 다음 식에 의해 계산한다.

$$부하율 = \frac{평균\ 수요\ 전력\,[\text{kW}]}{최대\ 수요\ 전력\,[\text{kW}]} \times 100\,[\%]$$

부하율은 각 단위별(변압기, 전주, 수용가 등), 시기, 범위, 기간에 따라 달라지며, 부하율을 표시할 경우 기간, 범위를 반드시 명기한다. 예를 들어 일부하율, 월부하율 등으로 표시하여야 하며, 부하율은 기간이 길어질수록 작아진다. 부하율이 적다의 의미는 다음과 같다.

- 공급 설비를 유용하게 사용하지 못한다.
- 평균 수요 전력과 최대 수요 전력과의 차가 커지게 되므로 부하 설비의 가동률이 저하된다.

13

출제년도 07.14.21.(5점/각 항목당 2점, 모두 맞으면 5점)

다음 물음에 답하시오.

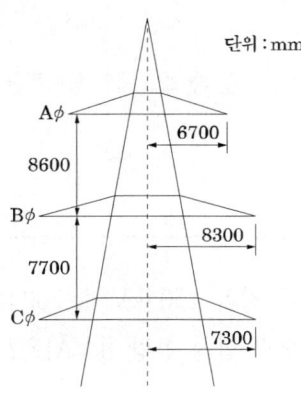

(1) 그림과 같은 송전 철탑에서 등가 선간 거리 [m]는?

(2) 간격 400 [mm]인 정사각형 배치의 4도체에서 소선 상호간의 기하학적 평균 거리 [m]는?

[작성답안]

(1) 계산 : $D_{AB} = \sqrt{8.6^2 + (8.3-6.7)^2} = 8.75$ [m]

$D_{BC} = \sqrt{7.7^2 + (8.3-7.3)^2} = 7.76$ [m]

$D_{CA} = \sqrt{(8.6+7.7)^2 + (7.3-6.7)^2} = 16.31$ [m]

등가선간거리 $D_c = \sqrt[3]{D_{AB} \cdot D_{BC} \cdot D_{CA}} = \sqrt[3]{8.75 \times 7.76 \times 16.31} = 10.346$ [m]

답 : 10.35 [m]

(2) 계산 : $D_0 = \sqrt[6]{2} \times D = \sqrt[6]{2} \times 400 = 448.984$ [mm] $= 0.448$ [m]

답 : 0.45 [m]

[핵심] 등가 선간 거리

① 등가선간거리

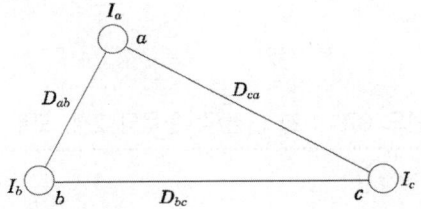

에서 기하학적 평균거리는 $D_e = \sqrt[3]{D_{ab} \cdot D_{bc} \cdot D_{ca}}$ [m] 가 된다.

② 소도체간의 등가평균거리

소도체가 정사각형 배치 된 경우 간격이 D일 때 소도체의 등가평균거리 $D_0 = \sqrt[6]{2} \times D$ [m]

14

출제년도 14.(5점/부분점수 없음)

3,150/210 [V]인 변압기의 용량이 각각 250 [kVA], 200 [kVA]이고 [%]임피던스 강하가 각각 2.5 [%]와 3 [%]일 때 그 병렬 합성 용량 [kVA]은?

[작성답안]

계산 : 부하분담비 $\dfrac{P_A}{P_B} = \dfrac{[kVA]_A}{[kVA]_B} \times \dfrac{\%Z_B}{\%Z_A} = \dfrac{250}{200} \times \dfrac{3}{2.5} = \dfrac{3}{2}$

$P_B = \dfrac{2}{3} \times P_A = \dfrac{2}{3} \times 250 ≒ 166.667$ [kVA]

두 대가 공급할 수 있는 용량 $= 250 + 166.667 = 416.667$ [kVA]

답 : 416.67 [kVA]

[핵심] 변압기 병렬운전
① 병렬 운전의 조건
- 각 변압기의 극성이 같을 것
- 각 변압기의 권수비가 같고, 1차와 2차의 정격 전압이 같을 것
- 각 변압기의 %임피던스 강하가 같을 것
- 3상식에서는 위의 조건 외에 각 변압기의 상회전 방향 및 각 변위가 같을 것

② 순환전류
$$I_c = \frac{\frac{I}{2}Z_2 - \frac{I}{2}Z_1}{Z_1 + Z_2} \ [A]$$

③ 부하분담
$$\frac{[kVA]_a}{[kVA]_b} = \frac{[kVA]_A}{[kVA]_B} \times \frac{\%Z_b}{\%Z_a}$$

15
출제년도 14.(6점/각 문항당 3점)

피뢰기에 대한 다음 각 물음에 답하시오.

(1) 피뢰기의 기능상 필요한 구비조건을 4가지만 쓰시오.

(2) 피뢰기의 설치장소 4개소를 쓰시오.

[작성답안]
(1) • 속류차단 능력이 클 것
- 제한 전압이 낮을 것
- 충격 방전개시전압이 낮을 것
- 상용주파 방전개시전압이 높을 것

(2) • 고압 특고압 수용가의 인입구
- 발전소, 변전소 또는 이에 준하는 장소의 인입 및 인출구
- 가공전선로와 지중전선로가 만나는 곳
- 배전용 변압기 1차측

[핵심] 피뢰기

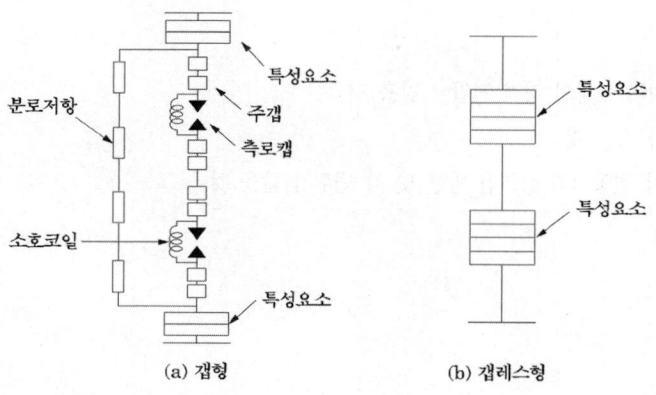

16
출제년도 98.99.00.04.05.07.09.14.(5점/부분점수 없음)

그림과 같은 3상 3선식 배전선로에서 불평형률을 구하고, 양호하게 되었는지의 여부를 판단하시오.

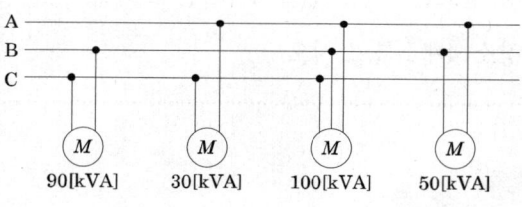

[작성답안]

계산 : 설비 불평형률 = $\dfrac{\text{각 선간에 접속되는 단상부하 총 설비용량의 최대와 최소의 차 [kVA]}}{\text{총부하설비 용량[kVA]} \times 1/3} \times 100$

$= \dfrac{(90-30)}{(90+30+100+50) \times \dfrac{1}{3}} \times 100 = 66.666\,[\%]$

답 : 66.67 [%], 불평형률은 30 [%]이어야 하므로 부적합하다.

[핵심] 설비불평형률

① 설비불평형 단상

저압수전의 단상 3선식에서 중성선과 각 전압측 전선간의 부하는 평형이 되게 하는 것을 원칙으로 한다.

[주1] 부득이한 경우는 설비불평형률 40 [%]까지로 할 수 있다. 이 경우 설비불평형률이란 중성선과 각전압측 전선간에 접속되는 부하설비용량 [VA]차와 총부하설비용량 [VA]의 평균값의 비 [%]를 말한다. 즉 다음 식으로 나타낸다.

$$\text{설비불평형률} = \frac{\text{중성선과 각 전압측 전선간에 접속되는 부하설비용량 [kVA]의 차}}{\text{총 부하설비용량 [kVA]의 1/2}} \times 100 \, [\%]$$

② 설비불평형 3상

저압, 고압 및 특고압수전의 3상 3선식 또는 3상 4선식에서 불평형부하의 한도는 단상 접속부하로 계산하여 설비불평형률을 30 [%] 이하로 하는 것을 원칙으로 한다. 다만, 다음 각 호의 경우는 이 제한에 따르지 않을 수 있다.

- 저압수전에서 전용변압기 등으로 수전하는 경우
- 고압 및 특고압수전에서 100 [kVA](kW) 이하의 단상부하인 경우
- 고압 및 특고압수전에서 단상부하용량의 최대와 최소의 차가 100 [kVA](kW) 이하인 경우
- 특고압수전에서 100 [kVA](kW) 이하의 단상변압기 2대로 역(逆)V결선하는 경우

[주] 이 경우의 설비불평형률이란 각 선간에 접속되는 단상부하 총설비용량 [VA]의 최대와 최소의 차와 총 부하설비용량 [VA] 평균값의 비 [%]를 말한다. 즉, 다음 식으로 나타낸다.

$$\text{설비불평형률} = \frac{\text{각 선간에 접속되는 단상 부하 총 설비용량 [kVA]의 최대와 최소의 차}}{\text{총 부하설비용량 [kVA]의 1/3}} \times 100 \, [\%]$$

17 출제년도 03.14.(8점/각 문항당 2점, 모두 맞으면 8점)

도면과 같은 시퀀스도는 기동 보상기에 의한 전동기의 기동제어 회로의 미완성 도면을 보고 다음 각 물음에 답하시오.

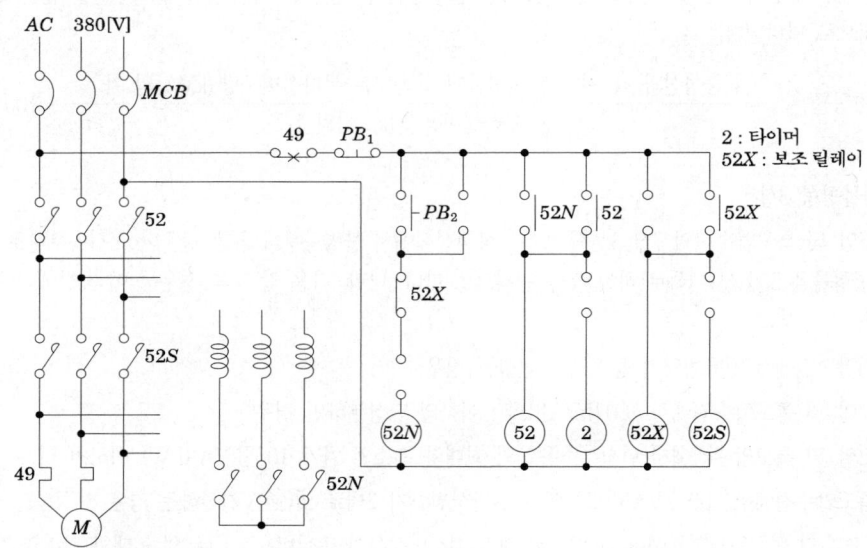

(1) 전동기의 기동 보상기 기동제어는 어떤 기동 방법인지 그 방법을 상세히 설명하시오.

(2) 주 회로에 대한 미완성 부분을 완성하시오.

(3) 보조 회로의 미완성 접점을 그리고 그 접점 명칭을 표시하시오.

[작성답안]

(1) 유도전동기의 감압 기동법으로 전동기에 대한 인가전압을 단권변압기로 감압하여 공급함으로써 기동전류를 억제하고 기동완료 후 전전압을 가하여 운전하는 방식을 말한다.

(2) 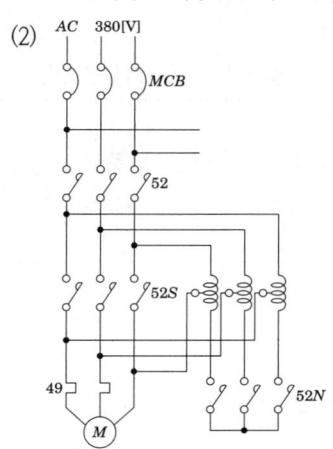   (3)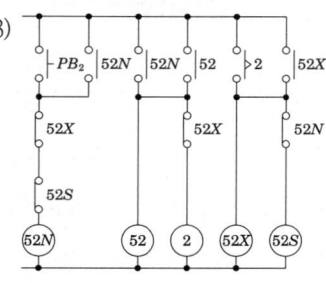

18

출제년도 03.14.(5점/각 문항당 2점, 모두 맞으면 5점)

기자재가 그림과 같이 주어졌다.

(1) 전압 전류계법으로 저항값을 측정하기 위한 회로를 완성하시오.

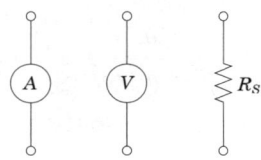

(2) 저항 R_s에 대한 식을 쓰시오.

[작성답안]

(1)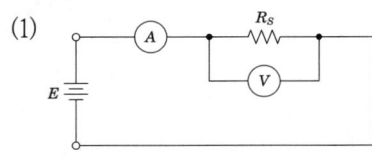

(2) $R_s = \dfrac{\text{Ⓥ}}{\text{Ⓐ}}$

2015년 1회 기출문제 해설

※ 다음 물음에 답을 해당 답란에 답하시오.

1 출제년도 15.(5점/부분점수 없음)

철손이 1.2 [kW], 전부하시의 동손이 2.4 [kW]인 변압기가 하루 중 7시간 무부하 운전, 11시간 1/2운전, 그리고 나머지 전부하 운전할 때 하루의 총 손실은 얼마인지 계산하시오.

[작성답안]

계산 : 철손량 $= 24P_i = 24 \times 1.2 = 28.8$ [kWh]

동손량 $= t \cdot m^2 P_c = 11 \times \left(\dfrac{1}{2}\right)^2 \times 2.4 + 6 \times 1^2 \times 2.4 = 21$ [kWh]

총손실 = 철손량 + 동손량 $= 28.8 + 21 = 49.8$ [kWh]

답 : 49.8 [kWh]

[핵심] 변압기 효율 (efficiency)

① 전부하 효율 $\eta = \dfrac{P_n \cos\theta}{P_n \cos\theta + P_i + I^2 r} \times 100$ [%]

전부하시 $I^2 r = P_i$ 의 조건이 만족되면 효율이 최대가 된다.

② m 부하시의 효율 $\eta = \dfrac{m V_{2n} I_{2n} \cos\theta}{m V_{2n} I_{2n} \cos\theta + P_i + m^2 I_{2n}^2 r_{21}} \times 100$ [%]

$P_i = m^2 P_c$ 이 최대 효율조건이며, 최대 효율일 경우 부하율은 다음과 같다.

$m = \sqrt{\dfrac{P_i}{P_c}}$

③ 전일효율 $\eta_d = \dfrac{\sum h V_2 I_2 \cos\theta_2}{\sum h V_2 I_2 \cos\theta_2 + 24 P_i + \sum h r_2 I_2^2} \times 100$ [%]

2

출제년도 02.07.15.(5점/부분점수 없음)

ACB가 설치되어있는 배전반 전면에 전압계, 전류계, 전력계, CTT, PTT가 설치되어 있다. 수변전단선도가 없어 CT비를 알 수 없는 상태에서 전류계의 지시는 R, S, T상 모두 240 [A]이고, CTT측 단자의 전류를 측정한 결과 2 [A]였을 때 CT비(I_1/I_2)를 구하시오. (단, CT 2차측 전류는 5 [A]로 한다.)

[작성답안]

계산 : CT비$=\dfrac{I_1}{I_2}$에서 $\dfrac{I_1'}{I_2'}=\dfrac{I_1}{I_2}$ 이므로 $I_1'=I_2'\times\dfrac{I_1}{I_2}=5\times\dfrac{240}{2}=600$ [A]

∴ 변류비 600/5 선정

답 : 600/5

[핵심] 변류비

변류비는 다음과 같이 구한다.
① 1차 전류를 구한다.
② 여유율을 적용한다.
③ 1차 정격을 선정하여 변류비를 선정한다.

$$1차전류(I_1) = \dfrac{2차권선}{1차권선}\times 2차전류 = \dfrac{N_2}{N_1}\times I_2$$

$$\dfrac{N_2}{N_1} = \dfrac{I_1}{I_2} = 변류비(CT비)$$

3

출제년도 09.15.(7점/(1)3점, (2)4점)

스폿 네트워크(SPOT NETWORK) 수전방식에 대하여 설명하고 특징을 4가지만 쓰시오.
 (1) 설명
 (2) 특징(4가지)

[작성답안]

(1) 전력회사 변전소에서 하나의 전기사용장소에 대하여 2회선 이상의 22.9 [kV-Y] 배전선로로 공급하고, 각각의 배전선로로 시설된 수전용 네트워크변압기의 2차측을 상시 병렬 운전하는 배전방식을 말한다.

(2) 특징
- 배전선 1회선, 변압기 뱅크 사고시에도 무정전 공급이 가능하다.(배전선 보수시 1회선이 정지하여도 구내 정전은 발생되지 않는다.)
- 배전선 정지 및 복구시 변압기 2차측 차단기의 개방 및 투입이 자동적으로 이루어진다.
- 설비 중에서 고가인 1차측 차단기가 필요하지 않는다.(차단기 대신에 단로기로 대치한다.)
- 1회선 정지시에도 나머지 변압기의 과부하 운전으로 최대수요전력 부담한다.

그 외
- 표준 3회선으로서 67[%]까지 선로 이용률을 올릴 수 있다.
- 부하 증가와 같은 수용 변동의 탄력성이 좋다.
- 대도시 고부하밀도 지역에 적합하다.

[핵심] 스폿네트워크 배전방식

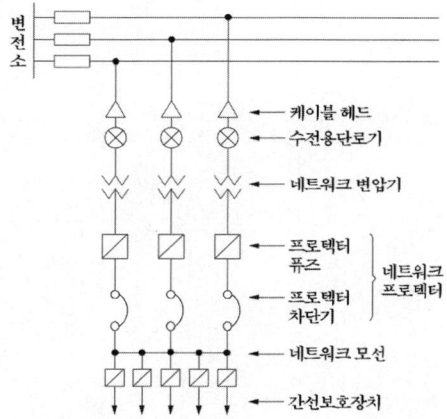

① 네트워크 변압기용량
- 네트워크 변압기용량 = $\dfrac{\text{최대수요전력 [kVA]}}{(\text{수전회선수} - 1)} \times \dfrac{1}{1.3}$

② 특징
- 배전선 1회선, 변압기 뱅크 사고시에도 무정전 공급이 가능하다.
- 배전선 보수시 1회선이 정지하여도 구내 정전은 발생되지 않는다.
- 배전선 정지 및 복구시 변압기 2차측 차단기의 개방 및 투입이 자동적으로 이루어진다.
- 설비 중에서 고가인 1차측 차단기가 필요하지 않는다.
- 차단기 대신에 단로기로 대치한다.
- 1회선 정지시에도 나머지 변압기의 과부하 운전으로 최대수요전력 부담한다.

- 표준 3회선으로서 67[%]까지 선로 이용률을 올릴 수 있다.
- 부하 증가와 같은 수용 변동의 탄력성이 좋다.
- 대도시 고부하밀도 지역에 적합하다.

4

출제년도 15.(4점/부분점수 없음)

측정범위 1[mA], 내부저항 20[kΩ]의 전류계에 분류기를 붙여서 5[mA]까지 측정하고자 한다. 몇 [Ω]의 분류기를 사용하여야 하는지 계산하시오.

[작성답안]

계산 : $I_0 = \left(1 + \dfrac{r}{R}\right) I_a$

$R = \dfrac{r}{\left(\dfrac{I_0}{I_a} - 1\right)} = \dfrac{20 \times 10^3}{\left(\dfrac{5 \times 10^{-3}}{1 \times 10^{-3}} - 1\right)} = 5,000 [\Omega]$

답 : 5,000[Ω]

[핵심] 배율기와 분류기

1) 배율기

전압계의 측정범위를 확대하기 위하여 내부저항 $r_a[\Omega]$인 전압계에 직렬로 접속하는 저항 R_m을 배율기라 한다.

$V_a = I r_a \text{[V]}, \quad I = \dfrac{V}{r_a + R_m}$ 이므로

$V_a = \dfrac{r_a}{r_a + R_m} \cdot V$

$\therefore V = \dfrac{r_a + R_m}{r_a} \cdot V_a = \left(1 + \dfrac{R_m}{r_a}\right) V_a$

배율 $m = \dfrac{V}{V_a} = 1 + \dfrac{R_m}{r_a}$

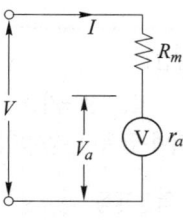

2) 분류기

전류계의 측정범위를 확대하기 위하여 내부저항 $r_a[\Omega]$인 전류계에 병렬로 접속하는 저항 R_s를 분류기라 한다.

$$I_a = \frac{R_s}{r_a + R_s} \times I$$

$$\therefore I = \frac{r_a + R_s}{R_s} \times I_a = \left(1 + \frac{r_a}{R_s}\right) \times I_a$$

배율 $m = \frac{I}{I_a} = 1 + \frac{r_a}{R_s}$

---

5 출제년도 02.15.(4점/부분점수 없음)

3상 농형 유도전동기의 제동방법 중에서 역상제동에 대하여 설명하시오.

[작성답안]
회전하고 있는 전동기를 급정지하는 경우 3선중 2선만 접속을 변경시키면 회전자계가 반대로 되어 토크가 반대로 되며 급속히 정지되는 방식을 역상제동이라 한다.

[핵심] 역상제동
회전하고 있는 전동기를 급정지 또는 역회전시킬 때, 3선중 2선만 접속을 변경시키면 회전자계가 반대로 되어 토크가 반대로 되며 급속히 정지 또는 역전되는 방식을 역상제동이라 한다. 이 때 회전자에 큰 전류와 기계적 무리가 따르고 권선형은 외부저항에서 전력을 소모시키며, 농형은 2차 권선(회전자권선)이 과열될 염려가 있으므로 이 방식은 전동기가 제동되어 감속하면 정지하기 직전 전원을 끊고 큰 전류와 토크를 억제하기 위해 저항이나 리액터를 삽입하지만 기계적인 무리가 따르므로 잘 사용하지 않는 제동방식이다.

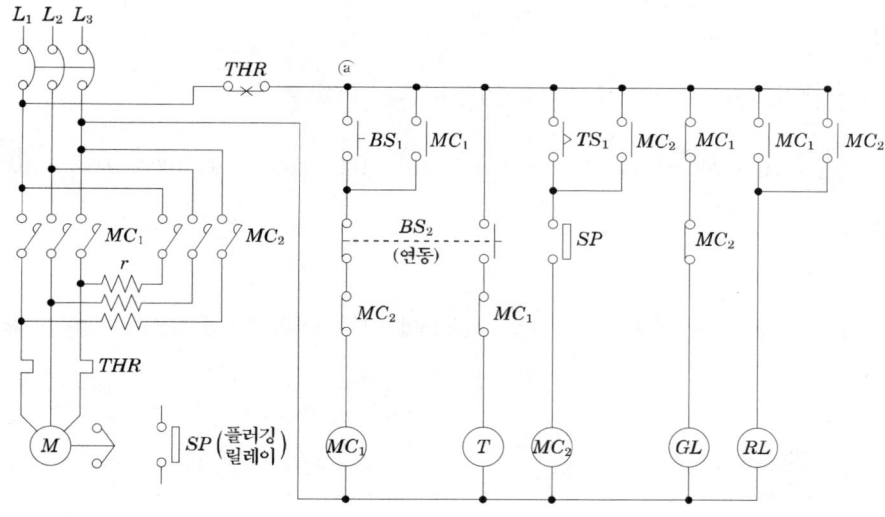

6 출제년도 03.06.11.14.15.(6점/부분점수 없음)

그림과 같은 방전특성을 갖는 부하에 필요한 축전지 용량은 몇 [Ah] 인지 구하시오.

(단, 방전전류 : I_1 = 200 [A], I_2 = 300 [A], I_3 = 150 [A], I_4 = 100 [A] 방전시간 : T_1 = 130분, T_2 = 120분, T_3 = 40분, T_5 = 5분 용량환산시간 : K_1 = 2.45, K_2 = 2.45, K_3 = 1.46, K_4 = 0.45 보수율은 0.7을 적용한다.)

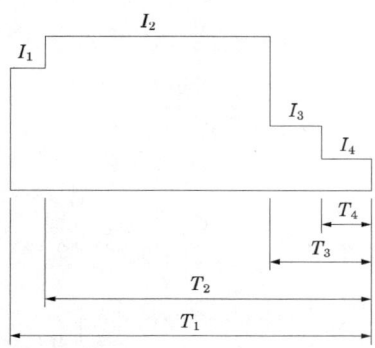

[작성답안]

계산 : $C = \dfrac{1}{L}\left[K_1 I_1 + K_2(I_2 - I_1) + K_3(I_3 - I_2) + K_4(I_4 - I_3)\right]$ [Ah]

$\qquad = \dfrac{1}{0.7}\{2.45 \times 200 + 2.45 \times (300-200) + 1.46 \times (150-300) + 0.45(100-150)\} = 705$ [Ah]

답 : 705 [Ah]

[핵심]

감소하는 부하는 구간을 나누어 계산하여 큰 것을 선정하여야 하나, 문제의 주어진 조건으로 인해 전체적으로 산출함을 주의해야 한다.

7

출제년도 04.15.16.18.(12점/각 문항당 3점)

다음은 3Φ4W 22.9 [kV] 수전설비 단선결선도이다. 다음 각 물음에 답하시오.

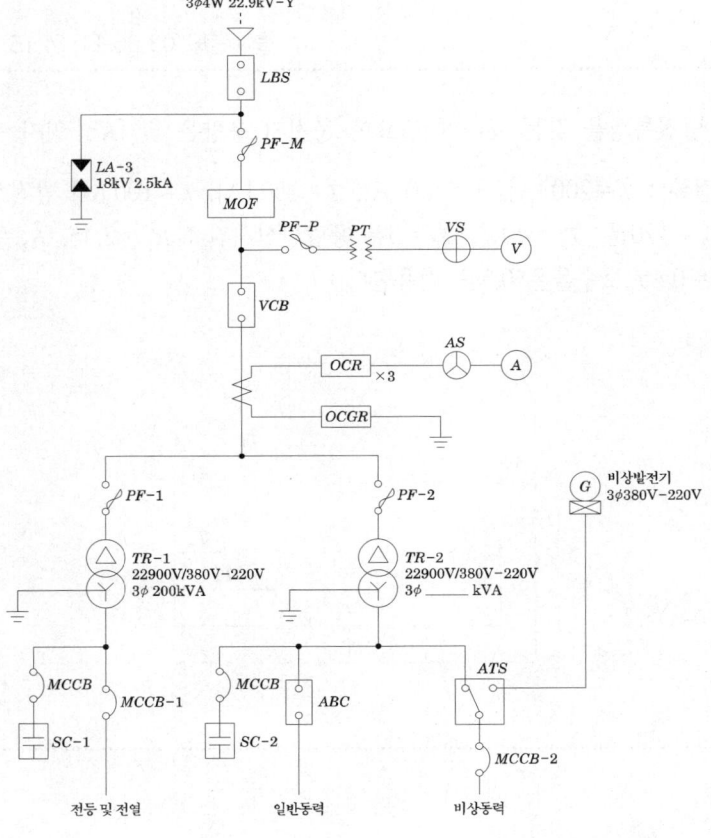

(1) 위 수전설비 단선결선도의 *LA*에 대하여 다음 물음에 답하시오.

　① 우리말의 명칭은 무엇인가?

　　• 답 :

　② 기능과 역할에 대해 간단히 설명하시오.

　　• 기능 :

　　• 역할 :

　③ 요구되는 성능조건 2가지만 쓰시오.

(2) 다음은 위의 수전설비 단선결선도의 부하집계 및 입력환산표를 완성하시오.
　　(단, 입력환산 [kVA]은 계산 값의 소수 둘째자리에서 반올림한다.)

구 분	전등 및 전열	일반동력	비상동력
설비용량 및 효율	합계 350 [kW] 100 [%]	합계 635 [kW] 85 [%]	유도전동기1 7.5[kW]2대 85 [%] 유도전동기2 11 [kW] 1대 85 [%] 유도전동기3 15 [kW]1대 85 [%] 비상조명 8,000 [W] 100 [%]
평균(종합)역률	80 [%]	90 [%]	90 [%]
수용률	60 [%]	45 [%]	100 [%]

[부하집계 및 입력환산표]

구 분		설비용량 [kW]	효율 [%]	역률 [%]	입력환산 [kVA]
전등 및 전열		350			
일 반 동 력		635			①
비상동력	유도전동기1	7.5×2			
	유도전동기2				②
	유도전동기3	15			
	비상조명				③
	소　계	-	-	-	

①

②

③

(3) 단선결선도와 (2)항의 부하집계표에 의한 $TR-2$의 적정용량은 몇 [kVA]인지 구하시오.

【참고사항】
- 일반 동력군과 비상 동력군 간의 부등률은 1.3로 본다.
- 변압기 용량은 15 [%] 정도의 여유를 갖게 한다.
- 변압기의 표준규격 [kVA]은 200, 300, 400, 500, 600으로 한다.

(4) 단선결선도에서 $TR-2$의 2차측 중성점의 접지공사의 접지선 굵기 [mm²]를 한국전기설비규정에 의하여 구하시오.

【참고사항】
- 접지선은 GV전선을 사용하고 표준굵기 [mm²]로 선정한다.

접지도체의 절연물의 종류 및 주위온도에 따라 정해지는 계수

접지선 종류 주위온도	나연동선	GV	CV	부틸고무
30℃(옥내)	284	159	176	166
55℃(옥외)	276	126	162	152

- 고장지속시간[sec]

  22.9kV 계통 1.1초, 66kV 계통 1.6초, 0.4kV 계통 0.5초 적용한다.
- 계통의 지락전류는 39080[A]를 적용한다.
- 옥내기준 적용한다.

[작성답안]

(1) ① 피뢰기

② 기능 : 이상전압의 내습시 이를 신속하게 대지로 방전하고 속류를 차단한다.

역할 : 뇌전류 및 이상전압으로부터 전기기계기구를 보호한다.

③ • 상용 주파 방전 개시 전압이 높을 것
  • 충격 방전 개시 전압이 낮을 것
  그 외
  • 제한 전압이 낮을 것
  • 속류 차단 능력이 클 것

(2) 부하집계 및 입력환산표

구 분		설비용량 [kW]	효율 [%]	역률 [%]	입력환산 [kVA]
전등 및 전열		350	100	80	$\dfrac{350}{0.8 \times 1} = 437.5$
일반동력		635	85	90	① $\dfrac{635}{0.9 \times 0.85} = 830.1$
비상동력	유도전동기1	7.5×2	85	90	$\dfrac{7.5 \times 2}{0.9 \times 0.85} = 19.6$
	유도전동기2	11	85	90	② $\dfrac{11}{0.9 \times 0.85} = 14.4$
	유도전동기3	15	85	90	$\dfrac{15}{0.9 \times 0.85} = 19.6$
	비상조명	8	100	90	③ $\dfrac{8}{0.9 \times 1} = 8.9$
	소 계	-	-	-	62.5

① $\dfrac{635}{0.9 \times 0.85} = 830.1$ [kVA]

② $\dfrac{11}{0.9 \times 0.85} = 14.4$ [kVA]

③ $\dfrac{8}{0.9 \times 1} = 8.9$ [kVA]

(3) 계산 : 변압기용량 $= \dfrac{830.1 \times 0.45 + (19.6 + 14.4 + 19.6 + 8.9) \times 1}{1.3} \times 1.15 = 385.73$ [kVA]

∴ 표준규격 400 [kVA] 선정

답 : 400 [kVA]

(4) 계산 : $S = \dfrac{I\sqrt{t}}{k} = \dfrac{39080\sqrt{0.5}}{159} = 173.8 [\text{mm}^2]$

∴ 185 [mm²] 선정

답 : 185 [mm²]

[핵심] 피뢰기 (LA : Lighting Arrester)

(1) 피뢰기

피뢰기는 특고압가공 전선로에 의하여 수전하는 자가용 변전실의 입구에 설치하여 낙뢰나 혼촉사고 등에 의하여 이상전압이 발생하였을 때 선로와 기기를 보호한다. 피뢰기는 저항형, 밸브형, 밸브저항형, 방출형, 산화아연형, 지형 등이 있으나 자가용 변전실에는 거의가 밸브저항형이 채택되고 있다.

① 피뢰기는 이상전압 내습시 대지에 방전하여 전기기계기구를 보호하고 속류를 차단한다.

| 폴리머형 피뢰기 | 애자형 피뢰기 | POLYSIL형 서지흡수기 |
| 18kV, 5kA | 18kV, 2.5kA | 18 / 66 / 3.3kV, 5kA |

② 피뢰기의 구비조건
- 상용 주파 방전 개시 전압이 높을 것
- 충격 방전 개시 전압이 낮을 것
- 제한 전압이 낮을 것
- 속류 차단 능력이 클 것

(2) 접지선의 굵기 선정

$$S = \frac{\sqrt{I^2 t}}{k}$$

S : 단면적[mm^2]

I : 보호장치를 통해 흐를 수 있는 예상고장전류[A]

t : 자동차단을 위한 보호장치 동작시간(s)

[비고] ① 회로 임피던스에 의한 전류제한 효과와 보호장치의 $I^2 t$의 한계를 고려해야 한다.
② k : 보호도체, 절연, 기타 부위의 재질 및 초기온도와 최종온도에 따라 정해지는 계수
(k값의 계산은 KS C IEC 60364-5-54 부속서 A 참조)

8

출제년도 91.96.97.03.15.16.(4점/부분점수 없음)

3상 3선식 중성점 비접지식 6,600 [V] 가공전선로가 있다. 이 전선로의 지락전류가 5[A]인 경우 이 전로에 접속된 주상 변압기 220 [V]측 한 단자에 중성점 접지공사를 할 때 접지 저항값은 얼마 이하로 유지하여야 하는지 구하시오.(단, 2초 이내에 자동적으로 전로를 차단하는 장치를 설치한 경우이다.)

[작성답안]

계산 : $R = \dfrac{300}{I_{g1}} = \dfrac{300}{5} = 60\,[\Omega]$

답 : $60\,[\Omega]$

[핵심] 중성점 접지 저항값

접지 저항값
• $\dfrac{150}{1선\ 지락전류\,I}[\Omega]$ 이하
• 자동 차단하는 장치가 1초 이내 동작하면 $600/I\,[\Omega]$
• 자동 차단하는 장치가 1초를 넘어 2초 이내 동작하면 $300/I\,[\Omega]$

9

출제년도 04.05.15.17.20.(6점/각 문항당 3점)

교류 발전기에 대한 다음 각 물음에 답하시오.

(1) 정격전압 6,000 [V], 정격출력 5,000 [kVA]인 3상 교류발전기에서 계자전류가 3,000 [A], 그 무부하 단자전압이 6,000 [V]이고, 이 계자전류에 있어서의 3상 단락전류가 700 [A]라고 한다. 이 발전기의 단락비를 구하시오.

(2) 다음 ①~⑥에 알맞은 ( )안의 내용을 크다(고), 적다(고), 높다(고), 낮다(고) 등으로 답란에 쓰시오.

> 단락비가 큰 교류 발전기는 일반적으로 기계의 치수가 (①), 가격이 (②), 풍손, 마찰손, 철손이 (③), 효율은 (④), 전압 변동률은 (⑤), 안정도는 (⑥).

①	②	③	④	⑤	⑥

[작성답안]

(1) 계산 : $K_s = \dfrac{I_s}{I_n} = \dfrac{I_s}{\dfrac{P}{\sqrt{3}\,V}} = \dfrac{700}{\dfrac{5,000 \times 10^3}{\sqrt{3} \times 6,000}} = 1.454$

답 : 1.45

(2)

①	②	③	④	⑤	⑥
크고	높고	크고	낮고	적고	높다

[핵심] 단락비

단락비가 큰 발전기는 전기자 권선의 권수가 적고 자속량이 (증가)하기 때문에 부피가 크고, 중량이 무거우며, 동이 비교적 적고 철을 많이 사용하여 이른바 철기계가 되며 효율은 (낮다), 안정도의 (크)고 선로 충전용량의 증대가 된다.

$K_s = \dfrac{\text{무부하에서 정격전압을 유기하는 데 필요한 계자전류}}{\text{정격전류와 같은 단락전류를 흘리는 데 필요한 계자전류}}$

10 출제년도 89.95.00.04.06.10.11.15.16.17.18.19.21.(5점/부분점수 없음)

단상 2선식 220 [V], 28 [W] 2등용 형광등 기구 100대를 16 [A]의 분기회로로 설치하려고 하는 경우 필요 회선 수는 최소 몇 회로인지 구하시오. (단, 형광등의 역률은 80 [%]이고, 안정기의 손실은 고려하지 않으며, 1회로의 부하전류는 분기회로 용량의 80 [%]이다.)

[작성답안]

계산 : 분기회로수 $= \dfrac{\text{상정 부하설비의 합계}}{\text{전압} \times \text{분기회로전류}} = \dfrac{\dfrac{28}{0.8} \times 2 \times 100}{220 \times 16 \times 0.8} = 2.49$ [회로]

∴ 16 [A] 분기 3회로 선정

답 : 16 [A] 분기 3회로

[핵심] 분기회로수

분기회로 수 $= \dfrac{\text{상정 부하 설비의 합 [VA]}}{\text{전압[V]} \times \text{분기 회로 전류[A]}}$

11

출제년도 96.00.04.06.13.15.(6점/부분점수 없음)

어느 빌딩의 수용가가 자가용 디젤발전기 설비를 계획하고 있다. 발전기의 용량 산출에 필요한 부하의 종류 및 특성이 다음과 같을 때 주어진 조건과 참고자료를 이용하여 전부하를 운전하는데 필요한 발전기 용량은 몇 [kVA]인지 표의 빈칸을 채우면서 선정하시오.

부하의 종류	출력 [kW]	극수 (극)	대수 (대)	적용부하	기동방법
전동기	37	6	1	소화전 펌프	리액터 기동
	22	6	2	급수펌프	리액터 기동
	11	6	2	배풍기	Y-△ 기동
	5.5	4	1	배수펌프	직입 기동
전등, 기타	50	-	-	비상조명	-

【조건】

- 참고자료의 수치는 최소치를 적용한다.
- 전동기 기동 시에 필요한 용량은 무시한다.
- 수용률 적용
  - 동력 : 적용부하에 대한 전동기의 대수가 1대인 경우에는 100 [%], 2대인 경우에는 80 [%]를 적용한다.
  - 전등, 기타 : 100 [%]를 적용한다.
- 부하의 종류가 전등 기타인 경우의 역률은 100 [%]를 적용한다.
- 자가용 디젤발전기 용량은 50, 100, 150, 200, 300, 400, 500에서 선정한다.
  (단위 : kVA)

[발전기 용량 선정]

부하의 종류	출력 [kW]	극수	전 부하 특 성			수용률 [%]	수용률을 적용한 [kVA] 용량
			역률 [%]	효율 [%]	입력 [kVA]		
전동기	37×1	6					
	22×2	6					

	11×2	6				
	5.5×1	4				
전등, 기타	50	–	100	–		
합 계	158.5		–	–		–

발전기 용량 : _____ [kVA] 선정

전동기 전부하 특성표

정격 출력 [kW]	극수	동기회전 속 도 [rpm]	전 부하특성		참 고 값		
			효율 η [%]	역률 Pf [%]	무부하 I_0 (각상의평균치) [A]	전부하전류 I (각상의평균치) [A]	전부하슬립 s [%]
0.75			71.5 이상	77.0 이상	1.9	3.5	7.5
1.5			78.0 이상	80.5 이상	3.1	6.3	7.5
2.2			81.0 이상	81.5 이상	4.2	8.7	6.5
3.7			83.0 이상	82.5 이상	6.3	14.0	6.0
5.5			85.0 이상	79.5 이상	10.0	20.9	6.0
7.5			86.0 이상	80.5 이상	12.7	28.2	6.0
11	2	3,600	87.0 이상	82.0 이상	16.4	40.0	5.5
15			88.0 이상	82.5 이상	21.8	53.6	5.5
18.5			88.5 이상	83.0 이상	26.4	65.5	5.5
22			89.0 이상	83.5 이상	30.9	76.4	5.0
30			89.5 이상	84.0 이상	40.9	102.7	5.0
37			90.0 이상	84.5 이상	50.0	125.5	5.0
0.75			71.5 이상	70.0 이상	2.5	3.8	8.0
1.5			78.0 이상	75.0 이상	3.9	6.6	7.5
2.2			81.0 이상	77.0 이상	5.0	9.1	7.0
3.7			83.0 이상	78.0 이상	8.2	14.6	6.5
5.5	4	1,800	85.0 이상	77.0 이상	11.8	21.8	6.0
7.5			86.0 이상	78.0 이상	14.5	29.1	6.0
11			87.0 이상	79.0 이상	20.9	40.9	6.0
15			88.0 이상	79.5 이상	26.4	55.5	5.5
18.5			88.5 이상	80.0 이상	31.8	67.3	5.5

	22		89.0 이상	80.5 이상	36.4	78.2	5.5
	30		89.5 이상	81.5 이상	47.3	105.5	5.5
	37		90.0 이상	81.5 이상	56.4	129.1	5.5
	0.75		70.0 이상	63.0 이상	3.1	4.4	8.5
	1.5		76.0 이상	69.0 이상	4.7	7.3	8.0
	2.2		79.5 이상	71.0 이상	6.2	10.1	7.0
	3.7		82.5 이상	73.0 이상	9.1	15.8	6.5
	5.5		84.5 이상	72.0 이상	13.6	23.6	6.0
	7.5	6	1200	85.5 이상	73.0 이상	17.3	30.9	6.0
	11		86.5 이상	74.5 이상	23.6	43.6	6.0
	15		87.5 이상	75.5 이상	30.0	58.2	6.0
	18.5		88.0 이상	76.0 이상	37.3	71.8	5.5
	22		88.5 이상	77.0 이상	40.0	82.7	5.5
	30		89.0 이상	78.0 이상	50.9	111.8	5.5
	37		90.0 이상	78.5 이상	60.9	136.4	5.5

[작성답안]

부하의 종류	출력 [kW]	극수	전 부 하 특 성			수용률 [%]	수용률을 적용한 [kVA] 용량
			역률 [%]	효율 [%]	입력 [kVA]		
전동기	37×1	6	78.5	90	$\dfrac{37}{0.785\times 0.9}=52.37$	100	52.37
	22×2	6	77	88.5	$\dfrac{22\times 2}{0.77\times 0.885}=64.57$	80	51.66
	11×2	6	74.5	86.5	$\dfrac{11\times 2}{0.745\times 0.865}=34.14$	80	27.31
	5.5×1	4	77	85	$\dfrac{5.5}{0.77\times 0.85}=8.4$	100	8.4
전등, 기타	50	-	100	-	50	100	50
합 계	158.5	-	-	-	209.48	-	189.74

발전기 용량 : 200 [kVA] 선정

12

출제년도 15.21.(4점/각 문항당 2점)

다음 조명에 대한 각 물음에 답하시오.

(1) 어느 광원의 광색이 어느 온도의 흑체의 광색과 같을 때 그 흑체의 온도를 이 광원의 무엇이라 하는지 쓰시오.

(2) 빛의 분광 특성이 색의 보임에 미치는 효과를 말하며, 동일한 색을 가진 것이라도 조명하는 빛에 따라 다르게 보이는 특성을 무엇이라 하는지 쓰시오.

[작성답안]
(1) 색온도
(2) 연색성

[핵심] 연색성과 색온도

① 연색성(演色性) : 나트륨등으로 조명되고 있는 교량이나 터널 속에 들어가면 앞차의 색깔이 다르게 보이고, 또한 형광등으로 조명된 상점에서 양복을 사서 밖으로 나와 보면 다소 색조가 틀리게 보인다. 이와 같이 조명된 물체의 색의 보임이 다르게 보이는 성질을 연색성이라 하며, 연색성을 평가하는 수치로 나타낸 것이 연색평가지수(Ra)라 한다. 태양광선 밑에서 본 것보다 색의 보임이 떨어질수록 연색성이 떨어진다. Ra가 100 이란 것은 그 광원의 연색성이 기준광과 동일하다는 것을 의미한다. 백열 전구, 할로겐등의 Ra는 100, 형광등은 60~80, 고압 나트륨등은 30, 메탈할라이드등은 80~90이다.

② 색온도(色溫度) : 어떤 광원의 광색이 어느 온도의 흑체의 광색과 같을 때, 그 흑체의 온도를 이 광원의 색온도라 한다. 이들 색온도는 흑체(黑體)라고 하는 이상적인 방사체를 표준으로 하며 이들 빛과 같은 색의 빛을 냈을 때의 흑체의 온도로 나타낸다.

13

출제년도 08.09.11.12.14.15.(4점/각 문항당 2점)

3상 3선식 배전선로의 1선당 저항이 7.78 [Ω], 리액턴스가 11.63 [Ω]이고 수전단전압이 60 [kV] 역률 80 [%], 부하전류 200 [A]의 평형부하가 접속되어 있을 경우 다음 물음에 답하시오.

(1) 송전단 전압을 구하시오.
(2) 전압강하율을 구하시오.

[작성답안]

(1) 계산 : $V_s = V_r + \sqrt{3}\,I(R\cos\theta + X\sin\theta)$
$= 60{,}000 + \sqrt{3} \times 200 \times (7.78 \times 0.8 + 11.63 \times 0.6) = 64573.31\,[\text{V}]$

답 : 64573.31 [V]

(2) 계산 : $\delta = \dfrac{V_s - V_r}{V_r} \times 100 = \dfrac{64573.31 - 60{,}000}{60{,}000} \times 100 = 7.616\,[\%]$

답 : 7.62 [%]

14

출제년도 09.10.12..13.14.15.(5점/부분점수 없음)

다음은 PLC 래더 다이어그램에 의한 프로그램이다. 아래의 명령어를 활용하여 각 스텝에 알맞은 내용으로 프로그램 하시오.

【명령어】

입력 a접점 : LD,   입력 b접점 : LDI

직렬 a접점 : AND,   직렬 b접점 : ANI

병렬 a접점 : OR,   병렬 b접점 : ORI

블록 간 병렬접속 : OB, 블록 간 직렬접속 : ANB

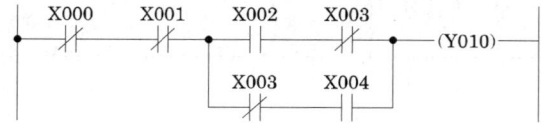

step	명령어	번지
1		
2		
3		
4		
5		
6		
7		
8		
9	OUT	Y010

[작성답안]

step	명령어	번지
1	LDI	X000
2	ANI	X001
3	LD	X002
4	ANI	X003
5	LDI	X003
6	AND	X004
7	OB	-
8	ANB	-
9	OUT	Y010

15

출제년도 06.12.15.(5점/각 문항당 2점, 모두 맞으면 5점)

가로 20 [m], 세로 30 [m], 천장 높이 4.85 [m], 작업면 높이 0.85 [m]인 사무실에 평균 조도를 300 [lx]로 하려고 할 때 다음 물음에 답하시오.

【조건】

사용되는 30 [W] 형광등의 광속 2,890 [lx]이며, 천장 반사율 70 [%], 벽 반사율 50 [%], 보수율 70 [%], 조명률 50 [%]이다.

(1) 이 사무실의 실지수는 얼마인가?

(2) 30 [W] 2등용 형광등의 기구의 수를 계산하시오.

[작성답안]

(1) 계산 : $K = \dfrac{X \cdot Y}{H(X+Y)} = \dfrac{20 \times 30}{(4.85-0.85)(20+30)} = 3$

답 : 3

(2) 계산 : $N = \dfrac{EAD}{FU} = \dfrac{EA}{FUM} = \dfrac{300 \times 20 \times 30}{2890 \times 2 \times 0.5 \times 0.7} = 88.98\,[등]$

∴ 89 [등] 선정

답 : 89 [등]

[핵심] 조명설계

① 실지수

방의 면적이 같은 2개의 방에 같은 수의 광원을 설치하여도 방의 모양이 다른 경우에는 작업면상의 조도는 다르게 된다. 그래서 천정, 바닥이 장방형인 방은 가로 X, 세로 Y 두 변의 평균을 한 변으로 하는 정방형인 방과 동일하다고 하는 이론에 의해 실지수 $R.I$를 다음 식과 같이 결정한다.

$R.I = \dfrac{XY}{H(X+Y)}$

실지수	5.0	4.0	3.0	2.5	2.0	1.5	1.25	1.0	0.8	0.6
기호	A	B	C	D	E	F	G	H	I	J

② 조도계산

N개의 램프에서 방사되는 빛을 평면상의 면적 $A[\mathrm{m}^2]$에 모두 집중 조사할 수 있다고 하고 램프 1개당 광속을 $F[\mathrm{lm}]$이라 하면, 그 면의 평균조도를

$$E = \frac{F \cdot N}{A} \, [\mathrm{lx}]$$

로 나타낸다. 이러한 평균조도 계산은 광속법과 설계여건에 따라 ZCM (Zonal Cavity Method)법을 채택할 수 있다.

$$E = \frac{F \cdot N \cdot U \cdot M}{A}$$

여기서, E : 평균조도 [lx]
 F : 램프 1개당 광속 [lm]
 N : 램프수량 [개]
 U : 조명률
 M : 보수율, 감광보상률의 역수
 A : 방의 면적 [m^2] (방의 폭×길이)

16

출제년도 15.19.(8점/각 문항당 4점)

지중선을 가공선과 비교하여 이에 대한 장단점을 각각 4가지만 쓰시오.

가. 지중선의 장점

나. 지중선의 단점

[작성답안]

가. 장점

① 지중에 매설되어 있으므로 도시 미관을 해치지 않는다.

② 폭풍우, 뇌격 등의 외부 환경에 영향을 받지 아니하므로 안전성 및 신뢰성이 높다.

③ 인축(人畜)에 대한 안정성이 높다.

④ 다수 회선을 동일 경과지에 부설할 수 있다.

그 외

⑤ 경과지 확보가 용이하다.

⑥ 지하 시설로 설비의 보안유지가 용이하다.

⑦ 유도장해 경감

나. 단점
① 같은 굵기의 가공선식에 비하여 송전용량은 작다.
② 설비 구성상 신규수용에 대한 탄력성이 결여
③ 건설비가 고가이며, 사고복구에 필요한 시간이 길다.
④ 건설작업시 교통장해, 소음, 분진등이 많다.
그 외
⑤ 건설공기가 길다.

17

출제년도 95.97.06.00.10.15.21.(4점/부분점수 없음)

머레이 루프(Murray loop)법으로 선로의 고장지점을 찾고자 한다. 길이가 4km(0.2 [Ω/km])인 선로가 그림과 같이 접지고장이 생겼을 때 고장점까지의 거리 X는 몇 [km]인지 구하시오. (단, G는 검류계이고, P = 170 [Ω], Q = 90 [Ω]에서 브리지가 평형 되었다고 한다.)

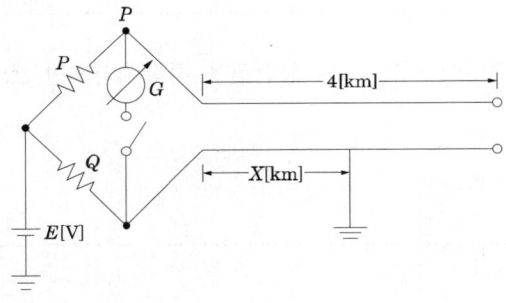

[작성답안]
계산 : $PX = Q(8-X)$

$$X = \frac{8Q}{P+Q} = \frac{8 \times 90}{170+90} = 2.77 \text{ [km]}$$

답 : 2.77 [km]

[핵심] 케이블의 고장점 검출방법

고장점 탐지법	사 용 용 도
머레이 루프법	1선지락
	2선지락
	3선지락
	2선단락
	3선단락
정전용량법	단락사고
펄스 레이더법	3선단락
	지락사고측정

그 외

④ 수색 코일법

⑤ 음향에 의한 방법 등이 있다.

* 사고점 측정법을 구분하면 나머지는 절연감시법이 된다.

18. 출제년도 02.04.10.12.13.14.15.(5점/각 문항당 1점, 모두 맞으면 5점)

다음 회로를 이용하여 각 물음에 답하시오.

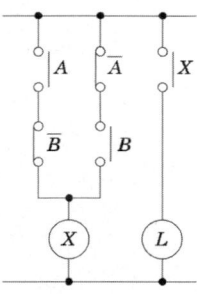

(1) 그림과 같은 회로의 명칭을 쓰시오.

(2) 논리식을 쓰시오.

(3) 무접점 논리회로를 그리시오.

[작성답안]

(1) 배타적 논리합 회로

(2) $X = A \cdot \overline{B} + \overline{A} \cdot B$

$L = X$

(3)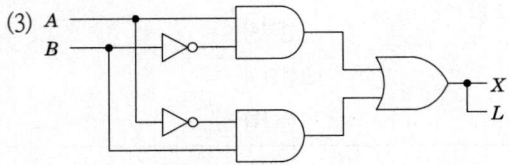

[핵심] 배타적 논리합 회로 EOR(Exclusive OR)

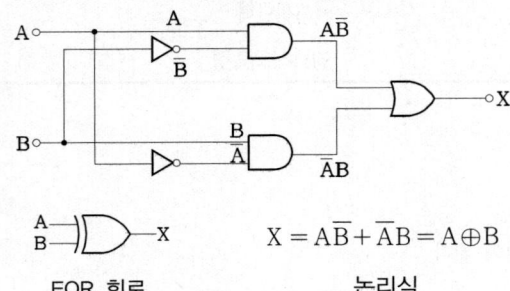

EOR 회로 $\qquad X = A\overline{B} + \overline{A}B = A \oplus B$

논리식

2015년 2회 기출문제 해설

※ 다음 물음에 답을 해당 답란에 답하시오.

1 출제년도 97.03.04.05.09.14.15.(5점/(1)2점, (2)3점)

설비불평형률에 대한 다음 각 물음에 답하시오.

(1) 저압, 고압 및 특별고압 수전의 3상 3선식 또는 3상 4선식에서 불평형 부하의 한도는 단상 접속부하로 계산하여 설비불평형률을 몇 [%] 이하로 하는 것을 원칙으로 하는지 쓰시오.

(2) 그림과 같이 3상 4선식 380 [V] 수전인 경우의 설비불평형률을 구하시오. (단, 전열부하의 역률은 1이며, 전동기(M)의 출력 [kW]를 입력 [kVA]로 환산하면 5.2 [kVA] 이다.)

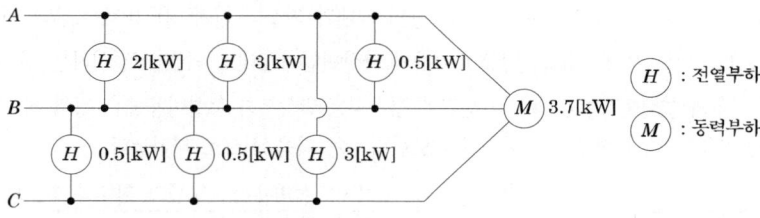

[작성답안]

(1) 30 [%] 이하

(2) 계산 :

$$설비불평형률 = \frac{각\ 선간에\ 접속되는\ 단상부하\ 총\ 설비용량의\ 최대와\ 최소의\ 차}{총\ 부하설비용량 \times \frac{1}{3}} \times 100[\%]$$

$$= \frac{(2+3+0.5)-(0.5+0.5)}{(2+3+0.5+0.5+0.5+3+5.2) \times \frac{1}{3}} \times 100 = 91.836\ [\%]$$

답 : 91.84 [%]

[핵심] 설비불평형률

① 설비불평형 단상

저압수전의 단상 3선식에서 중성선과 각 전압측 전선간의 부하의 평형이 되게 하는 것을 원칙으로 한다.

[주1] 부득이한 경우는 설비불평형률 40 [%]까지로 할 수 있다. 이 경우 설비불평형률이란 중성선과 각전압측 전선간에 접속되는 부하설비용량[VA]차와 총부하설비용량[VA]의 평균값의 비[%]를 말한다. 즉 다음 식으로 나타낸다.

$$설비불평형률 = \frac{중성선과\ 각\ 전압측\ 전선간에\ 접속되는\ 부하설비용량[kVA]의\ 차}{총\ 부하설비용량[kVA]의\ 1/2} \times 100\,[\%]$$

② 설비불평형 3상

저압, 고압 및 특고압수전의 3상 3선식 또는 3상 4선식에서 불평형부하의 한도는 단상 접속부하로 계산하여 설비불평형률을 30[%] 이하로 하는 것을 원칙으로 한다. 다만, 다음 각 호의 경우는 이 제한에 따르지 않을 수 있다.

- 저압수전에서 전용변압기 등으로 수전하는 경우
- 고압 및 특고압수전에서 100[kVA](kW) 이하의 단상부하인 경우
- 고압 및 특고압수전에서 단상부하용량의 최대와 최소의 차가 100[kVA](kW) 이하인 경우
- 특고압수전에서 100[kVA](kW) 이하의 단상변압기 2대로 역(逆)V결선하는 경우

[주] 이 경우의 설비불평형률이란 각 선간에 접속되는 단상부하 총설비용량[VA]의 최대와 최소의 차와 총 부하설비용량[VA] 평균값의 비[%]를 말한다. 즉, 다음 식으로 나타낸다.

$$설비불평형률 = \frac{각\ 선간에\ 접속되는\ 단상\ 부하\ 총\ 설비용량[kVA]의\ 최대와\ 최소의\ 차}{총\ 부하설비용량[kVA]의\ 1/3} \times 100\,[\%]$$

---

2 출제년도 15.(5점/부분점수 없음)

배전선의 기본파 전압 실효값이 $V_1[V]$, 고조파 전압의 실효값이 $V_3[V]$, $V_5[V]$, $V_n[V]$ 이다. THD(Total harmonics distortion)의 정의와 계산식을 쓰시오.

[작성답안]

정의 : 기본파 성분의 실효값에 대한 전고조파 성분의 실효값의 비

계산식 : $THD = \dfrac{\sqrt{V_3^{\,2} + V_5^{\,2} + \cdots V_n^{\,2}}}{V_1}$

[핵심] 고조파

① 왜형률 THD (Total harmonics distortion)

$$왜형률 = \frac{고조파\ 실효값의\ 합}{기본파\ 실효값} = \frac{\sqrt{(V_2^2 + V_3^2 + \cdots)}}{V_1}$$

② 고조파전류의 계산

$$I_n = \frac{K_n \cdot I}{n} [A]$$

여기서, $n : mP \pm 1 (m = 1, 2, 3 \cdots)$, K_n : 고조파 저감계수, n : 고조파 차수
I : 기본파 전류, P : 펄스출력 (정류기 상수 단상정류기 : 2, 6상정류기 : 6, 12상정류기 : 12)

3

출제년도 08.09.15.(4점/각 항목당 1점)

전선이 정삼각형의 정점에 배치된 3상 선로에서 전선의 굵기, 선간거리, 표고, 기온에 의하여 코로나 파괴 임계전압이 받는 영향을 쓰시오.

구 분	임계전압이 받는 영향
전선의 굵기	
선간거리	
표고 [m]	
기온 [℃]	

[작성답안]

구 분	임계전압이 받는 영향
전선의 굵기	전선이 굵을수록 코로나의 임계전압이 커져 코로나의 발생은 억제된다.
선간거리	선간거리가 커지면 코로나의 임계전압이 커져 코로나의 발생은 억제된다.
표고 [m]	표고가 높아짐에 따라 기압이 감소하게 되어 코로나 발생이 쉬워진다.
기온 [℃]	온도가 높아지면 상대공기 밀도가 낮아져 코로나 발생이 쉬워진다.

[핵심] 코로나

공기는 보통 절연물이라고 취급하고 있지만 실제에서는 그 절연내력에 한계가 있다. 즉, 기온 기압의 표준상태(20 [℃] 760 [mmHg])에 있어서는 직류에서 약 30 [kV/cm], 교류에서 약 21 [kV/cm]-실효값의 전위경도를 가하면 절연이 파괴되는데 이것을 파열극한 전위경도라 한다. 예를 들어 평면 전극간에 전압을 인가할 경우에는 평면전극이기 때문에 양극간의 전위경도가 균일하므로 인가전압이 상기의 한도를 초과하면 그 공간 내의 절연성이 상실되어 불꽃방전이 발생한다. 송전선로의 전선표면의 근방에서처럼 전극간의 일부분에서만 전위의 경도가 위의 한계값을 넘을 때에는 그 부분에서만의 공기의 절연이 파괴되어 전체로서는 섬락에까지 이르지 않는다.

① 임계전압

$$E_0 = 24.3 m_0 m_1 \delta d \log_{10} \frac{2D}{d} \text{ [kV]}$$

여기서 m_0 : 전선표면의 상태계수, m_1 : 기후 계수, δ : 상대 공기밀도

② 상대공기밀도

$$\delta = \frac{0.386 b}{273 + t}$$

여기서 t : 기온 [℃], b : 기압 [mmHg]

---

4 출제년도 13.15.(5점/부분점수 없음)

200 [V], 6 [kW], 역률 0.6 (늦음)의 부하에 전력을 공급하고 있는 단상 2선식 배전선이 있다. 전선 1가닥의 저항이 0.15 [Ω], 리액턴스가 0.1 [Ω]이라고 할 때, 지금 부하의 역률을 개선해서 1로 하면 역률개선 전후의 전력손실 차이는 몇 [W]인지 계산하시오.

[작성답안]

계산 : 역률 개선전 전력손실 $P_\ell = 2I^2 R = 2 \times \left(\dfrac{6 \times 10^3}{200 \times 0.6}\right)^2 \times 0.15 = 750 \text{ [W]}$

역률 개선후 전력손실 $P_\ell' = 2I^2 R = 2 \times \left(\dfrac{6 \times 10^3}{200 \times 1}\right)^2 \times 0.15 = 270 \text{ [W]}$

$P_\ell - P_\ell' = 750 - 270 = 480 \text{ [W]}$

답 : 480 [W]

[핵심] 역률개선

① 역률개선용 콘덴서 용량

$$Q_c = P\tan\theta_1 - P\tan\theta_2 = P(\tan\theta_1 - \tan\theta_2) = P\left(\frac{\sin\theta_1}{\cos\theta_1} - \frac{\sin\theta_2}{\cos\theta_2}\right)$$

$$= P\left(\frac{\sqrt{1-\cos^2\theta_1}}{\cos\theta_1} - \frac{\sqrt{1-\cos^2\theta_2}}{\cos\theta_2}\right) [\text{kVA}]$$

여기서, $\cos\theta_1$: 개선 전 역률, $\cos\theta_2$: 개선 후 역률

② 전력손실 $P_L = \dfrac{P^2 R}{V^2 \cos^2\theta}$ 에서 $P_L \propto \dfrac{1}{\cos\theta^2}$ 가 된다.

5

출제년도 93.01.10.11.14.15.(6점/(1)4점, (2)2점)

다음 그림은 어느 수전설비의 단선계통도이다. 각 물음에 답하시오. (단, KEPCO 측의 전원용량은 500,000 [kVA]이고, 선로손실 등 제시되지 않은 조건은 무시한다.)

(1) CB-2의 정격을 구하시오.(단, 차단용량은 [MVA]로 계산한다.)

(2) 기기 A의 명칭과 그 기능을 쓰시오.

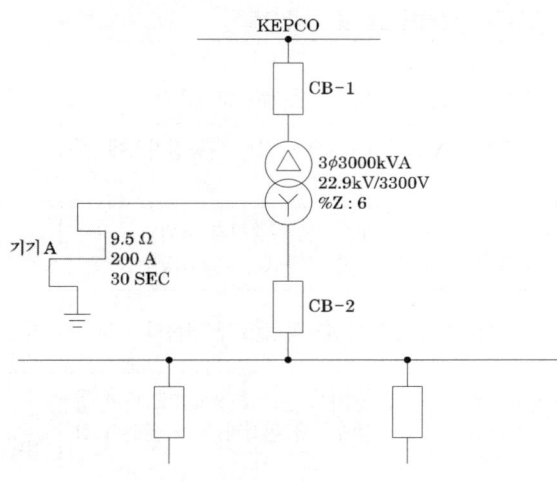

[작성답안]

(1) 계산 : 기준 용량 3,000[kVA]인 경우 전원측 $\%Z_s = \dfrac{P_n}{P_s} \times 100 = \dfrac{3{,}000}{500{,}000} \times 100 = 0.6\,[\%]$

합성 임피던스 $\%Z = \%Z_s + \%Z_t = 0.6 + 6 = 6.6\,[\%]$

차단용량 $P_s = \dfrac{100}{6.6} \times 3{,}000 \times 10^{-3} = 45.45\,[\text{MVA}]$

답 : 45.45 [MVA]

(2) 명칭 : 중성점 접지저항기

기능 : 지락사고시 지락 전류 억제 및 건전상 전위 상승 억제

[핵심] %임피던스법

임피던스의 크기를 옴[Ω] 값 대신에 %값으로 나타내어 계산하는 방법으로 옴[Ω]법과 달리 전압환산을 할 필요가 없어 계산이 용이하므로 현재 가장 많이 사용되고 있다.

$\%Z = \dfrac{I_n[\text{A}] \times Z[\Omega]}{E[\text{V}]} \times 100\,[\%] = \dfrac{P[\text{kVA}] \times Z[\Omega]}{10\,V^2[\text{kV}]}\,[\%]$

6

출제년도 02.03.11.14.15.17.(7점/각 항목당 1점)

변압기의 절연내력 시험전압에 대한 ①~⑦의 알맞은 내용을 빈칸에 쓰시오.

구분	종류 (최대사용전압을 기준으로)	시험전압
①	최대사용전압 7 [kV] 이하인 권선 (단, 시험전압이 500 [V] 미만으로 되는 경우에는 500 [V])	최대사용전압 × (　)배
②	7 [kV]를 넘고 25 [kV] 이하의 권선으로서 중성선 다중접지식에 접속되는 것	최대사용전압 × (　)배
③	7 [kV]를 넘고 60 [kV] 이하의 권선(중성선 다중접지 제외) (단, 시험전압이 + 10,500 [kV] 미만으로 되는 경우에는 10,500 [V])	최대사용전압 × (　)배
④	60 [kV]를 넘는 권선으로서 중성점 비접지식 전로에 접속되는 것	최대사용전압 × (　)배
⑤	60 [kV]를 넘는 권선으로서 중성점 접지식 전로에 접속하고 또한 성형결선의 권선의 경우에는 그 중성점에 T좌 권선과 주좌 권선의 접속점에 피뢰기를 시설하는 것 (단, 시험전압이 75 [kV] 미만으로 되는 경우에는 75 [kV])	최대사용전압 × (　)배

구분	종류(최대사용전압을 기준으로)	시험전압
⑥	60 [kV]를 넘는 권선으로서 중성점 직접 접지식 전로에 접속하는 것, 다만 170 [kV]를 초과하는 권선에는 그 중성점에 피뢰기를 시설하는 것	최대사용전압 × ( )배
⑦	170 [kV]를 넘는 권선으로서 중성점 직접접지식 전로에 접속하고 또는 그 중성점을 직접 접지하는 것	최대사용전압 × ( )배
(예시)	기타의 권선	최대사용전압 × (1.1)배

[작성답안]

구분	종류(최대사용전압을 기준으로)	시험전압
①	최대사용전압 7 [kV] 이하인 권선 (단, 시험전압이 500 [V] 미만으로 되는 경우에는 500 [V])	최대사용전압 × (1.5)배
②	7 [kV]를 넘고 25 [kV] 이하의 권선으로서 중성선 다중접지식에 접속되는 것	최대사용전압 × (0.92)배
③	7 [kV]를 넘고 60 [kV] 이하의 권선(중성선 다중접지 제외) (단, 시험전압이 + 10,500 [kV] 미만으로 되는 경우에는 10,500 [V])	최대사용전압 × (1.25)배
④	60 [kV]를 넘는 권선으로서 중성점 비접지식 전로에 접속되는 것	최대사용전압 × (1.25)배
⑤	60 [kV]를 넘는 권선으로서 중성점 접지식 전로에 접속하고 또한 성형결선의 권선의 경우에는 그 중성점에 T좌 권선과 주좌 권선의 접속점에 피뢰기를 시설하는 것 (단, 시험전압이 75 [kV] 미만으로 되는 경우에는 75 [kV])	최대사용전압 × (1.1)배
⑥	60 [kV]를 넘는 권선으로서 중성점 직접 접지식 전로에 접속하는 것, 다만 170 [kV]를 초과하는 권선에는 그 중성점에 피뢰기를 시설하는 것	최대사용전압 × (0.72)배
⑦	170 [kV]를 넘는 권선으로서 중성점 직접접지식 전로에 접속하고 또는 그 중성점을 직접 접지하는 것	최대사용전압 × (0.64)배
(예시)	기타의 권선	최대사용전압 × (1.1)배

출제년도 15.(6점/각 문항당 2점)

그림과 같이 정격전압 440 [V], 정격 전기자전류 540 [A], 정격 회전속도 900 [rpm]인 직류 분권전동기가 있다. 브러시 접촉저항을 포함한 전기자 회로의 저항은 0.041 [Ω], 자속은 항시 일정할 때, 다음 각 물음에 답하시오.

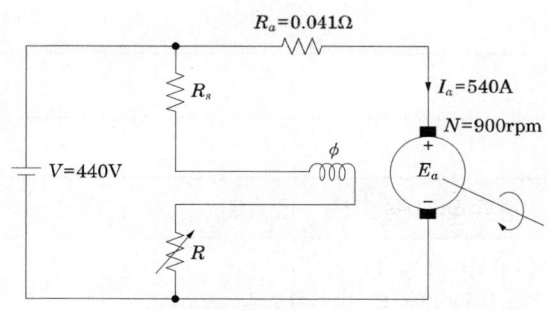

(1) 전기자 유기전압 E_a는 몇 [V]인지 구하시오.
(2) 이 전동기의 정격부하 시 회전자에 발생하는 토크 τ[N·m]을 구하시오.
(3) 이 전동기는 75 [%] 부하일 때 효율은 최대이다. 이때 고정손(철손+기계손)을 계산하시오.

[작성답안]

(1) 계산 : $E_a = V - I_a R_a = 440 - 540 \times 0.041 = 417.86$ [V]

  답 : 417.86 [V]

(2) 계산 : $T = \dfrac{E_a I_a}{2\pi \dfrac{N}{60}} = \dfrac{417.86 \times 540}{2\pi \times \dfrac{900}{60}} = 2394.16$ [N·m]

  답 : 2394.16 [N·m]

(3) 계산 : $P_i = m^2 P_c = (0.75)^2 I^2 R_a$
  $= 0.75^2 \times 540^2 \times 0.041 = 6725.03$ [W]

  답 : 6725.03 [W]

8

출제년도 97.13.15.(5점/부분점수 없음)

어느 공장에서 기중기의 권상하중 50 [t], 12 [m] 높이를 4분에 권상하려고 한다. 이것에 필요한 권상 전동기의 출력을 구하시오. (단, 권상기구의 효율은 70 [%]이다.)

[작성답안]

계산 : 전동기의 출력 $P = \dfrac{WV}{6.12\eta} = \dfrac{50 \times 12/4}{6.12 \times 0.7} = 35.014 [kW]$

답 : 35.02 [kW]

[핵심] 권상용 전동기 용량

$$P = \dfrac{9.8 W \cdot v'}{\eta} = \dfrac{W \cdot v}{6.12\eta} [kW]$$

여기서, W : 권상 하중 [ton]
v : 권상 속도 [m/min]
v' : 권상 속도 [m/sec]
η : 권상기 효율 [%]

9

출제년도 15.(5점/부분점수 없음)

조명설계 시 사용되는 용어 중 감광보상률이란 무엇을 의미하는지 설명하시오.

[작성답안]

조명설계를 할 때는 점등 중의 광속감퇴를 고려하여 소요광속에 여유를 두어야 하는 정도

[핵심] 감광보상률(depreciation factor)

조명설계를 할 때는 점등 중의 광속감퇴를 고려하여 소요광속에 여유를 두어야 하며, 그 정도를 감광보상률(depreciation factor)이라 한다.

10

출제년도 06.11.13.15.(5점/부분점수 없음)

그림과 같은 전력시스템의 A점에서 고장이 발생하였을 경우 이 지점에서의 3상 단락전류를 옴법에 의하여 구하시오. (단, 발전기 G_1, G_2 및 변압기의 %리액턴스는 자기용량 기준으로 각각 30 [%], 30 [%] 및 8 [%]이며, 선로의 저항은 0.5 [Ω/km]이다.)

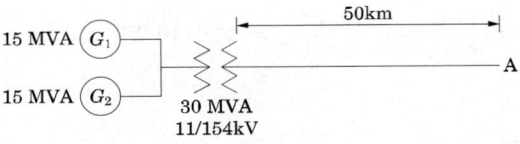

[작성답안]

계산 : 발전기 G_1의 리액턴스 $X_{G1} = \dfrac{\%X_{G1} \times 10 V^2}{P} = \dfrac{30 \times 10 \times 154^2}{15 \times 10^3} = 474.32 \,[\Omega]$

발전기 G_2의 리액턴스 $X_{G2} = \dfrac{\%X_{G2} \times 10 V^2}{P} = \dfrac{30 \times 10 \times 154^2}{15 \times 10^3} = 474.32 \,[\Omega]$

변압기의 리액턴스 $X_t = \dfrac{\%X_t \times 10 V^2}{P} = \dfrac{8 \times 10 \times 154^2}{30 \times 10^3} = 63.24 \,[\Omega]$

선로의 저항 $R_l = 0.5 \times 50 = 25 \,[\Omega]$

총 합성 임피던스 $Z_0 = R_l + \dfrac{X_{G1} + X_{G2}}{2} + X_t = 25 + j\dfrac{472.32}{2} + j63.24 = 25 + j300.4 \,[\Omega]$

단락전류 $I_s = \dfrac{E}{Z} = \dfrac{V/\sqrt{3}}{Z} = \dfrac{154,000/\sqrt{3}}{\sqrt{25^2 + 300.4^2}} = 294.959 \,[A]$

답 : 294.96 [A]

[핵심]

%임피던스를 옴으로 환산하여 옴의 법칙에 의해 구하여야 함을 주의한다. 전압은 고장점 전압을 기준으로 환산한다.

11

출제년도 15.(4점/부분점수 없음)

출력 100 [kW]의 디젤 발전기를 8시간 운전하며 발열량 10,000 [kcal/kg]의 연료를 215 [kg] 소비할 때 발전기 종합효율은 몇 [%]인지 구하시오.

[작성답안]

계산 : $\eta = \dfrac{860PT}{BH} = \dfrac{860 \times 100 \times 8}{215 \times 10,000} \times 100 = 32\,[\%]$

답 : 32 [%]

[핵심] 디젤 발전기의 출력

$$P = \dfrac{BH\eta_g \eta_t}{860\,T\cos\theta}\,[\text{kVA}]$$

여기서 η_g : 발전기효율 η_t : 엔진효율 T : 운전시간 [h] B : 연료소비량 [kg]
H : 연료의 열량 [kcal/kg], 1 [kWh] = 860 [kcal]

12

출제년도 94.97.03.04.06.15.(5점/부분점수 없음)

3상 농형 유도전동기 부하가 다음 표와 같을 때 간선의 굵기를 구하려고 한다. 주어진 참고표의 해당부분을 적용시켜 간선의 최소 전선 굵기를 구하시오. (단, 전선은 PVC 절연전선을 사용하며, 공사방법은 B1에 의하여 시공한다.)

상 수	전 압	용 량	대 수	기동방법
3상	200 [V]	22 [kW]	1대	기동기 사용
		7.5 [kW]	1대	직입 기동
		5.5 [kW]	1대	직입 기동
		1.5 [kW]	1대	직입 기동
		0.75 [kW]	1대	직입 기동

[표] 200 [V] 3상 유도전동기의 간선의 굵기 및 기구의 용량 (B종 퓨즈의 경우) (동선)

전동기 [kW] 수의 총계 [kW] 이하	최대 사용 전류 [A] 이하	배선종류에 의한 간선의 최소 굵기 [mm²]						직입기동 전동기 중 최대용량의 것									
		공사방법 A1 3개선		공사방법 B1 3개선		공사방법 C1 3개선		0.75 이하	1.5	2.2	3.7	5.5	7.5	11	15	18.5	22	30	37~55
								기동기사용 전동기 중 최대용량의 것											
		PVC	XLPE EPR	PVC	XLPE EPR	PVC	XLPE EPR	-	-	-	5.5	7.5	11 15	18.5 22	-	30 37	-	45	55
								과전류차단기 (A) - (칸 위 숫자) 개폐기용량 (A) - (칸 아래 숫자)											
3	15	2.5	2.5	2.5	2.5	2.5	2.5	15 30	20 30	30 30	-	-	-	-	-	-	-	-	-
4.5	20	4	2.5	2.5	2.5	2.5	2.5	20 30	20 30	30 30	50 60	-	-	-	-	-	-	-	-
6.3	30	6	4	6	4	4	2.5	30 30	30 30	50 60	50 60	75 100	-	-	-	-	-	-	-
8.2	40	10	6	10	6	6	4	50 60	50 60	50 60	75 100	75 100	100 100	-	-	-	-	-	-
12	50	16	10	10	10	10	6	50 60	50 60	50 60	75 100	75 100	100 100	150 200	-	-	-	-	-
15.7	75	35	25	25	16	16	16	75 100	75 100	75 100	75 100	100 100	100 100	150 200	150 200	-	-	-	-
19.5	90	50	25	35	25	25	16	100 100	100 100	100 100	100 100	100 100	150 200	150 200	200 200	200 200	-	-	-
23.2	100	50	35	35	25	35	25	100 100	100 100	100 100	100 100	100 100	150 200	150 200	200 200	200 200	200 200	-	-
30	125	70	50	50	35	50	35	150 200	150 200	150 200	150 200	150 200	150 200	150 200	200 200	200 200	200 200	-	-
37.5	150	95	70	70	50	70	50	150 200	150 200	150 200	150 200	150 200	150 200	200 200	300 300	300 300	300 300	-
45	175	120	70	95	50	70	50	200 200	200 200	200 200	200 200	200 200	200 200	200 200	300 300	300 300	300 300	300 300
52.5	200	150	95	95	70	95	70	200 200	200 200	200 200	200 200	200 200	200 200	200 200	300 300	300 300	400 400	400 400
63.7	250	240	150	-	95	120	95	300 300	300 300	300 300	300 300	300 300	300 300	300 300	300 300	400 400	400 400	500 600
75	300	300	185	-	120	185	120	300 300	300 300	300 300	300 300	300 300	300 300	300 300	300 300	400 400	400 400	500 600
86.2	350	-	240	-	-	240	150	400 400	400 400	400 400	400 400	400 400	400 400	400 400	400 400	400 400	400 400	600 600

[비고 1] 최소 전선의 굵기는 1회선에 대한 것이며, 2회선 이상인 경우는 복수회로 보정계수를 적용하여야 한다.

[비고 2] 공사방법 A1은 벽 내의 전선관에 공사한 절연전선 또는 단심케이블, B1은 벽면의 전선판에 공사한 절연전선 또는 단심케이블, C는 벽면에 공사한 단심 또는 다심케이블을 시설하는 경우의 전선의 굵기를 표시하였다.

[비고 3] 「전동기 중 최대의 것」에는 동시 기동하는 경우를 포함함.

[비고 4] 과전류차단기의 용량은 해당 조항에 규정되어 있는 범위에서 실용상 거의 최댓값을 표시함.

[비고 5] 과전류차단기의 선정은 최대용량의 정격전류의 3배에 다른 전동기의 정격전류의 합계를 가산한 값 이하를 표시함.

[비고 6] 고리퓨즈는 300 [A] 이하에서 사용하여야 한다.

[답안적성]

계산 : 전동기 [kW]수의 총계 = 22 + 7.5 + 5.5 + 1.5 + 0.75 = 37.25 [kW]

표의 37.5 [kW]란과 공사방법 B1의 PVC란의 70 [mm²] 선정

답 : 70 [mm²]

13

출제년도 95.05.15.20.(7점/각 문항당 2점, 모두 맞으면 7점)

변류기(CT)에 관한 다음 각 물음에 답하시오.

(1) Y-△로 결선한 주변압기의 보호로 비율 차동계전기를 사용한다면 CT의 결선은 어떻게 하여야 하는지를 설명하시오.

(2) 통전 중에 있는 변류기 2차측에 접속된 기기를 교체하고자 할 때 가장 먼저 취하여야 할 사항을 설명하시오.

(3) 수전전압이 22.9 [kV], 수전 설비의 부하 전류가 65 [A]이다. 100/5 [A]의 변류기를 통하여 피부하 계전기를 시설하였다. 120 [%]의 과부하에서 차단기를 차단시킨다면 과부하 계전기의 전류값은 몇 A로 설정해야 하는지 계산하시오.

[작성답안]

(1) 변압기 권선이 △접속 측에는 Y접속, Y접속 측에는 △접속하여 위상관계가 적정하게 하여야 한다.

(2) 변류기 2차측을 단락시킨다.

(3) 계산 : $I_{tap} = 65 \times \dfrac{5}{100} \times 1.2 = 3.9$ [A]

∴ 4 [A] 선정

답 : 4 [A]

[핵심] 보호계전기 정정

① 순시탭 정정

변압기 1차측 단락사고에 대하여 동작하며, 2차 단락사고 및 변압기 여자 돌입전류(inrush current)에 동작하지 않는다.

- 변압기1차측 단락사고에 대하여 동작하여야 한다.
- 변압기2차측 (Magnetizing Inrush Current)에 동작하지 않도록 한다.
- TR 2차 3상단락전류의 150 [%]에 정정한다.
- 순시 Tap

$$\text{순시 Tap} = \text{변압기2차 3상단락전류} \times \frac{\text{2차전압}}{\text{1차전압}} \times 1.5 \times \frac{1}{\text{CT비}}$$

② 한시탭 정정

$$I_t = \text{부하 전류} \times \frac{1}{\text{CT비}} \times \text{설정값 [A]}$$

설정값은 보통 전부하 전류의 1.5배로 적용하며, I_t값을 계산후 2 [A], 3 [A], 4 [A], 5 [A], 6 [A], 7 [A], 8 [A], 10 [A], 12 [A] 탭 중에서 가까운 탭을 선정한다.

③ 한시레버정정

수용설비일 경우 변압기2차 3상단락고장시 0.6초 이하에서 동작하도록 선정한다.

14

출제년도 03.13.14.15.(4점/각 문항당 2점)

다음과 같은 축전지의 충전방식은 어떤 충전방식인지 그 충전방식의 명칭을 쓰시오.

(1) 정류기가 축전지의 충전에만 사용되지 않고 평상시 다른 직류부하의 전원으로 병행하여 사용되는 충전방식을 쓰시오.

(2) 축전지의 각 전해조에 일어나는 전위차를 보정하기 위해 1~3개월마다 1회 정전압으로 10~12시간 충전하는 충전방식을 쓰시오.

[작성답안]
(1) 부동충전방식
(2) 균등충전방식

[핵심] 충전방식

(1) 보통 충전 : 필요할 때마다 표준 시간율로 소정의 충전을 하는 방식
(2) 세류 충전 : 축전지의 자기 방전을 보충하기 위하여 부하를 off 한 상태에서 미소 전류로 항상 충전하는 방식을 말한다. 자기방전(Self Discharge)이란 충전된 2차전지가 방치해 둔 시간과 함께 용량이 감소되어 저장된 전기에너지가 전지 내에서 소모되는 현상을 말한다.
(3) 균등 충전 : 각 전해조에서 일어나는 전위차를 보정하기 위하여 1~3개월 마다 1회, 정전압 충전하여 각 전해조의 용량을 균일화하기 위하여 행하는 충전방식
(4) 부동 충전 : 축전지의 자기 방전을 보충함과 동시에 사용 부하에 대한 전력공급은 충전기가 부담하도록 하되 충전기가 부담하기 어려운 일시적인 대 전류의 부하는 축전지가 부담하도록 하는 방식
(5) 급속 충전 : 짧은 시간에 보통 충전 전류의 2~3배의 전류로 충전하는 방식

15
출제년도 01.15.19.22.(6점/각 문항당 3점)

전압 22,900 [V], 주파수 60 [Hz], 선로길이 7 [km] 1회선의 3상 지중 송전선로가 있다. 이 지중 전선로의 3상 무부하 충전전류 및 충전용량을 구하시오. (단, 케이블의 1선당 작용 정전용량은 0.4 [μF/km]라고 한다.)

(1) 충전전류
(2) 충전용량

[작성답안]

(1) 계산 : $I_c = 2\pi \times 60 \times 0.4 \times 10^{-6} \times 7 \times \left(\dfrac{22,900}{\sqrt{3}}\right) = 13.956$ [A]

  답 : 13.96 [A]

(2) 계산 : $Q_c = 3 \times 2\pi \times 60 \times 0.4 \times 10^{-6} \times 7 \times \left(\dfrac{22,900}{\sqrt{3}}\right)^2 \times 10^{-3} = 553.554$ [kVA]

  답 : 553.55 [kVA]

[핵심] 충전전류와 충전용량

① 전선의 충전 전류 : $I_c = 2\pi f C \times \dfrac{V}{\sqrt{3}}$ [A]

② 전선로의 충전 용량 : $P_c = \sqrt{3} \, VI_C = 2\pi f CV^2 \times 10^{-3}$ [kVA]

여기서, C : 전선 1선당 정전 용량 [F], V : 선간 전압 [V], f : 주파수 [Hz]

※ 선로의 충전전류 계산 시 전압은 변압기 결선과 관계없이 상전압 $\left(\dfrac{V}{\sqrt{3}}\right)$를 적용하여야 한다.

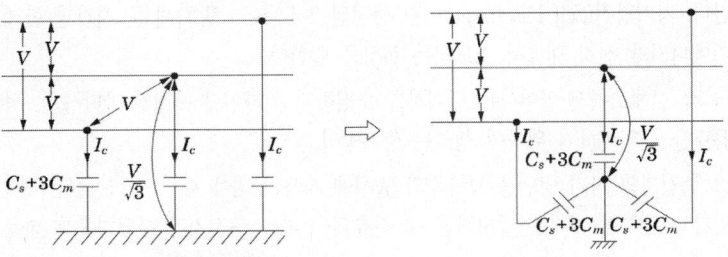

16

제년도 08.15.(6점/각 항목당 2점)

지중 케이블의 고장점 탐지법 3가지와 각각의 사용 용도를 쓰시오.

고장점 탐지법	사 용 용 도

[작성답안]

고장점 탐지법	사 용 용 도
머레이 루프법	1선지락 2선지락 3선지락 2선단락 3선단락
정전용량법	단락사고
펄스 레이더법	3선단락 지락사고측정

17

출제년도 09.15.(6점/각 항목당 1점, 모두 맞으면 6점)

발전소 및 변전소에 사용되는 다음 각 모선보호방식에 대하여 설명하시오.

(1) 전류 차동 계전 방식
(2) 전압 차동 계전 방식
(3) 위상 비교 계전 방식
(4) 방향 비교 계전 방식

[작성답안]

(1) 전류 차동 방식 : 각 모선에 설치된 CT의 2차 회로를 차동 접속하고 과전류 계전기를 설치한 것으로서, 모선내 고장의 경우 모선에 유입하는 전류의 총계와 유출하는 전류의 총계가 서로 다르게 되면 고장을 검출하는 방식을 말한다.

(2) 전압 차동 방식 : 각 모선에 설치된 CT의 2차 회로를 차동 접속하고 임피던스가 큰 전압계전기를 설치한 것으로서, 모선내 고장의 경우 계전기에 높은 전압이 인가되어서 동작하여 고장을 검출하는 방식을 말한다.

(3) 위상 비교 방식 : 모선에 접속된 각 회선의 전류 위상을 비교하여 모선 내부고장과 외부고장 여부를 판별하는 방식을 말한다.

(4) 방향 비교 방식 : 모선에 접속된 각 회선에 전력방향 계전기 또는 거리방향 계전기를 설치하여 모선으로부터 유출하는 고장 전류가 없을 경우, 어느 회선으로부터 모선 방향으로 고장전류가 유입이 있는지 파악하여 모선의 내부고장과 외부고장 여부를 판별하는 방식을 말한다.

18

출제년도 04.06.15.17.(6점/각 문항당 2점)

그림은 3상 유도전동기의 Y-△ 기동방식의 주회로 부분이다. 다음 물음에 답하시오.

(1) 주회로 부분의 미완성 회로에 대한 결선을 완성하시오.
(2) Y-△ 기동과 전전압 기동에 대하여 기동전류 비를 제시하여 설명하시오.
(3) 3상 유도전동기 Y-△로 기동하여 운전할 때 기동과 운전을 하기 위한 제어회로의 동작사항을 설명하시오.

[작성답안]

(1)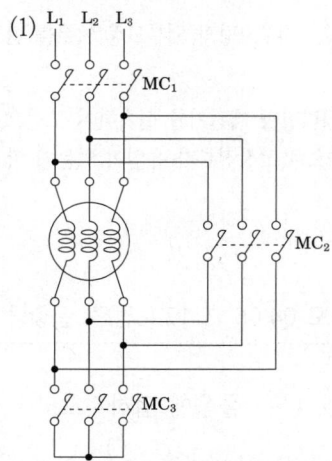

(2) Y-△ 기동 전류는 전전압 기동 전류의 1/3배이다.

(3) MC_3에 의해 Y결선으로 기동한 후 설정 시간이 지나면 MC_2에 의해 △결선으로 운전한다. Y와 △는 동시투입이 되어서는 안 된다.

[핵심] Y-△ 기동법

- 기동시 MS_1, MS_2가 여자되어 Y결선으로 기동한다.
- 타이머 설정 시간이 지나면 MS_2이 소자되고 MS_3가 여자되어 △결선으로 운전한다.
- Y와 △는 동시투입이 되어서는 안된다.(인터록)

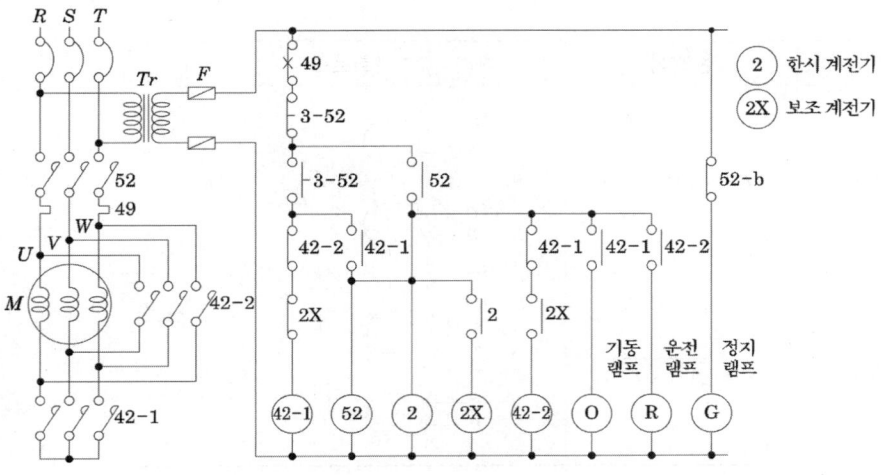

19

출제년도 03.09.10.11.15.(4점/각 항목당 1점)

그림과 같은 유접점 회로를 무접점 회로로 바꾸고, 이 논리회로를 NAND만의 회로로 변환하시오.

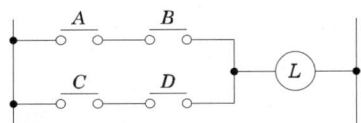

구분	논리식	회로도
무접점 회로		
NAND만의 회로		

[작성답안]

구분	논리식	회로도
무접점 회로	$L = AB + CD$	
NAND만의 회로	$L = \overline{\overline{AB} \cdot \overline{CD}}$	

2015년 3회 기출문제 해설

※ 다음 물음에 답을 해당 답란에 답하시오.

1 출제년도 04.12.14.15.(4점/모두 맞으면 4점, 하나 틀리면 2점, 2개이상 틀리면 0점)

역률을 개선하면 전기 요금의 저감과 배전선의 손실 경감, 전압 강하 감소, 설비 여력의 증가 등을 기할 수 있으나, 너무 과보상하면 역효과가 나타난다. 역률 과보상시 단점 3가지를 쓰시오.

[작성답안]
① 앞선 역률에 의한 전력 손실이 생긴다.
② 모선 전압의 과상승 한다.
③ 전원설비 용량이 감소하여 과부하가 될 수 있다.
그 외
고조파 왜곡이 증대된다.

[핵심] 역률개선효과와 과보상
① 역률개선효과
  역률을 개선하는 주 목적은 전력손실을 경감하기 위한 것이다.
  • 변압기와 배전선의 전력 손실 경감
  • 전압 강하의 감소
  • 전원설비 용량의 여유 증가
  • 전기 요금의 감소
② 과보상
  • 앞선 역률에 의한 전력 손실이 생긴다.
  • 모선 전압의 과상승
  • 전원설비 용량의 여유감소로 과부하가 될 수 있다.
  • 고조파 왜곡의 증대

2 출제년도 14.15.16.(5점/각 항목당 1점, 모두 맞으면 5점)

배전 변전소의 각종 시설에는 접지를 하고 있다. 그 접지공사의 목적을 3가지만 쓰시오.

[작성답안]
① 고장 전류로부터 기기를 보호한다.
② 감전사고 및 설비의 화재사고를 방지한다.
③ 보호 계전기의 확실한 동작 확보 및 전위 상승을 억제한다.

[핵심] 접지의 목적

① 전기회로의 접지목적
이상적으로 접지저항이 "0" [Ω], 즉 전위상승이 없으면 아무런 장해가 없으나, 실제로는 접지저항이 존재하며 전위상승으로 인한 인체감전, 기기손상, 잡음발생, 오동작 등 여러 장해가 발생함으로 이를 방지하고 최소화하는 것이 접지의 목적이다. 따라서 접지시 상용주파수뿐만 아니라 충격전압에 대해서도 낮은 저항값을 갖도록 하여야 한다. 계통접지의 목적은 다음과 같다.
- 낙뢰, 개폐서지 등에 의한 이상전압을 억제한다.
- 전력계통에서 발생하는 대지전위의 상승을 억제한다.
- 지락사고시 발생하는 지락전류를 검출하여 보호 계전기의 동작을 확실하게 한다.
- 고저압 혼촉에 의한 저압측 전위상승을 억제하여 저압측에 연결된 기계기구의 절연을 보호한다.

② 접지설계시 고려사항
접지설비를 설계할 경우 다음 사항을 고려하여 설계하여야 한다.
- 인체의 허용전류 값
- 토지의 고유저항 및 접지저항 값
- 토양의 성질
- 인체의 허용전류
- 접지전위상승
- 접지전위상승
- 접지극 및 접지선의 크기와 형상
- 대지의 고유저항
- 보폭전압과 접촉전압

③ 배전 변전소 접지개소
- 고압 및 특고압 기계기구 외함 및 철대접지
- 피뢰기 접지
- 변압기의 안정권선(安定卷線)이나 유휴권선(遊休卷線) 또는 전압조정기의 내장권선(內藏卷線)
- 변압기로 특고압전선로에 결합되는 고압전로의 방전장치
- 고압 옥외전선을 사용하는 관 기타의 케이블을 넣는 방호장치의 금속제 부분

3
출제년도 09.10.15.(5점/각 항목당 1점)

3상 교류 전동기는 고장이 발생하면 여러 문제가 발생하므로, 전동기를 보호하기 위해 과부하보호 이외에 여러 가지 보호 장치를 하여야 한다. 3상 교류 전동기 보호를 위한 종류를 5가지만 쓰시오. (단, 과부하 보호는 제외한다.)

[작성답안]
① 지락보호 ② 단락보호 ③ 저전압 보호
④ 불평형 보호 ⑤ 회전자 구속 보호

4
출제년도 09.15.(6점/각 항목당 2점)

동기발전기를 병렬로 접속하여 운전하는 경우에 발생하는 횡류의 종류 3가지를 쓰고, 각각의 작용에 대하여 설명하시오.

종 류	작 용
무효횡류	①
유효횡류	②
고조파 무효횡류	③

[작성답안]
① 양 발전기의 역률을 변화시켜 무효전력을 분담시킨다.
② 양 발전기 사이에 수수전력을 발생시켜 유효전력을 분담시킨다.
③ 전기자 권선의 저항손이 증가하여 과열의 원인이 된다.

[핵심] 발전기 병렬운전
① 발전기의 병렬운전 조건
- 기전력의 크기가 같을 것
- 기전력의 위상이 같을 것
- 기전력의 주파수가 같을 것
- 기전력의 파형이 같을 것

이 외에도 3상 동기 발전기의 병렬 운전 시에는 상회전 방향이 같아야 한다.

② 병렬 운전 조건 불만족 시 현상
- 기전력의 크기가 같지 않은 경우 (여자의 변화)

$$I_c = \frac{E_1 - E_2}{2Z_s} = \frac{E_r}{2Z_s} \text{[A]}$$

$$\theta = \tan^{-1}\frac{2x_s}{2r_a} = \tan^{-1}\frac{x_s}{r_a} ≒ \frac{\pi}{2} \ (x_s \gg r_a \text{ 이므로})$$

기전력의 크기가 같지 않은 경우 무효 순환 전류가 흐른다. A, B 두 대의 발전기가 병렬 운전 중에 A기의 여자를 증대하면 A기의 역률이 저하 하며 B기의 역률이 향상된다.

- 기전력의 위상이 다른 경우 (원동기 출력의 변화)

동기화 전류가 흘러 G_1 발전기의 기전력 E_1과 G_2 발전기의 기전력 E_2의 위상을 동일하게 한다.

동기화 전류 $I_s = \dfrac{E_1}{x_s}\sin\dfrac{\delta}{2}$

수수전력 $P_s = \dfrac{E_1^{\ 2}}{2x_s}\sin\delta$

- 기전력의 주파수가 다른 경우

동기화 전류가 교대로 주기적으로 흐른다. 즉 난조의 원인이 된다. 난조방지법으로는 제동권선이 사용된다.

- 기전력의 파형이 같지 않은 경우

각 순시의 기전력의 크기가 다르기 때문에 고조파 무효 순환 전류가 흐른다.

---

5 출제년도 15.(5점/각 항목당 1점, 모두 맞으면 5점)

사용 중인 UPS의 2차 측에 단락사고 등이 발생했을 경우 UPS와 고장회로를 분리하는 방식 3가지를 쓰시오.

[작성답안]
① 배선용차단기에 의한 것
② 반도체보호용 한류형퓨즈에 의한 것 (속단퓨즈)
③ 사이리스터를 사용한 반도체차단기에 의한 방법

[핵심] UPS

① 블록 다이어그램

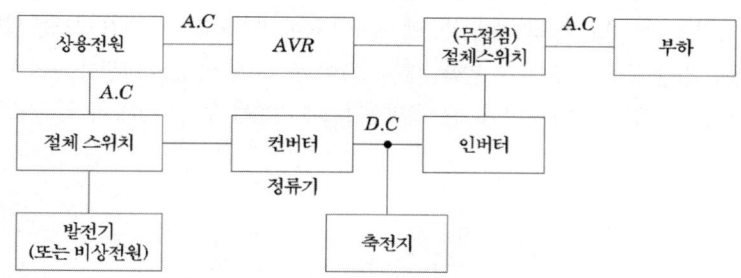

② UPS의 2차측(출력측) 고장회로의 분리
- 배선용차단기에 의한 것.
- 반도체보호용 한류형퓨즈에 의한 것.(속단퓨즈)
- 사이리스터를 사용한 반도체차단기에 의한 방법

③ UPS의 구성
- 컨버터(정류기) : 교류전원이나 발전기의 전원을 공급받아 직류전원으로 변환하여 축전지를 충전하며, 인버터에 공급하는 장치
- 인버터 : 직류전원을 교류전원으로 바꾸어 부하에 공급하는 장치
- 무접점 절환 스위치 : 인버터의 과부하 및 이상시 예비 상용전원으로(bypass line)절체시켜주는 장치

---

6 출제년도 07.14.15.(5점/부분점수 없음)

전기방폭설비의 의미를 설명하시오.

[작성답안]
위험지역, 폭발성분위기 속에서 사용에 적합하도록 기술적 조치를 강구한 전기설비, 관련배선, 전선관, 장치금구류의 총칭

[핵심] 방폭전기설비

① 본질(本質)안전방폭구조란 상시 운전 중이나 사고시(단락·지락·단선 등)에 발생하는 불꽃, 아크 또는 열에 의하여 폭발성가스에 점화가 되지 않는 것이 점화시험 또는 기타의 방법에 의하여 확인된 구조를 말한다.

② 내압방폭구조(內壓防爆構造)란 용기 내부에 보호기체, 예를 들면 신선한 공기 또는 불연성가스를 압입(壓入)하여 내압(內壓)을 유지함으로써 폭발성가스가 침입하는 것을 방지하는 구조를 말한다.

③ 내압방폭구조(耐壓防爆構造)란 전폐(全閉)구조로서 용기내부에 가스가 폭발하여도 용기가 그 압력에 견디고 또한 외부의 폭발성가스에 인화될 우려가 없는 구조를 말한다.
④ 안전증가방폭구조(安全增加防爆構造)란 상시운전 중에 불꽃, 아크 또는 과열이 발생되면 안 되는 부분에 이들이 발생되는 것을 방지하도록 구조상 또는 온도상승에 대하여 특히 안전도를 증기시킨 구조를 말한다.
⑤ 유입방폭구조(油入防爆構造)란 불꽃, 아크 또는 점화원(點火原)이 될 수 있는 고온 발생의 우려가 있는 부분의 유중(油中)에 넣어 유면상(油面上)에 존재하는 폭발성가스에 인화될 우려가 없도록 한 구조를 말한다.

7

출제년도 94.01.06.11.15.(4점/부분점수 없음)

역률 80 [%], 10,000 [kVA]의 부하를 가진 변전소에 2,000 [kVA]의 콘덴서를 설치해서 역률을 개선하는 경우 변압기에 걸리는 부하는 몇 [kVA]인지 계산하시오.

[작성답안]

계산 : 유효전력 $P = P_a \cdot \cos\theta = 10,000 \times 0.8 = 8,000$ [kW]

무효전력 $P_r = P_a \cdot \sin\theta = 10,000 \times 0.6 = 6,000$ [kVar]

콘덴서 설치후 무효전력 $P_{r2} = P_{r1} - Q_c = 6,000 - 2,000 = 4,000$ [kVar]

∴ $P_a' = \sqrt{P^2 + P_{r2}^2} = \sqrt{8,000^2 + 4,000^2} = 8944.271$ [kVA]

답 : 8944.27 [kVA]

[핵심] 역률개선 콘덴서 용량

$$Q_c = P\tan\theta_1 - P\tan\theta_2 = P(\tan\theta_1 - \tan\theta_2) = P\left(\frac{\sin\theta_1}{\cos\theta_1} - \frac{\sin\theta_2}{\cos\theta_2}\right)$$

$$= P\left(\frac{\sqrt{1-\cos^2\theta_1}}{\cos\theta_1} - \frac{\sqrt{1-\cos^2\theta_2}}{\cos\theta_2}\right) \text{ [kVA]}$$

여기서, $\cos\theta_1$: 개선 전 역률, $\cos\theta_2$: 개선 후 역률

8

출제년도 03.06.07.14.15.(5점/부분점수 없음)

분전반에서 50 [m]의 거리에 380 [V], 4극 3상 유도전동기 37 [kW]를 설치하였다. 전압강하를 5 [V]이하로 하기 위해서 전선의 굵기 [mm²]를 얼마로 선정하는 것이 적당한가? (단, 전압강하계수는 1.1, 전동기의 전부하 전류는 75 [A], 3상 3선식 회로임)

[작성답안]

계산 : $A = \dfrac{30.8 \times LI}{1,000 \times e} = \dfrac{30.8 \times 50 \times 75}{1,000 \times 5} \times 1.1 = 25.41\ [\text{mm}^2]$

∴ 표준 규격 35 [mm²] 선정

답 : 35 [mm²]

[핵심] **전압강하와 전선의 굵기**

① KSC IEC 전선규격

1.5, 2.5, 4, 6, 10, 16, 25, 35, 50, 70, 95, 120, 150, 185, 240, 300, 400, 500, 630 [mm²]

② 전압강하

- 단상 2선식 : $e = \dfrac{35.6LI}{1,000A}$ ……………………………… ①

- 3상 3선식 : $e = \dfrac{30.8LI}{1,000A}$ ……………………………… ②

- 3상 4선식 : $e_1 = \dfrac{17.8LI}{1,000A}$ ……………………………… ③

여기서, L : 거리 I : 정격전류 A : 케이블의 굵기

이며 ③의 식은 1선과 중성선간의 전압강하를 말한다.

9

출제년도 15.(5점/부분점수 없음)

배전용 변압기의 고압측(1차측)에 여러 개의 탭을 설치하는 이유를 서술하시오.

[작성답안]
변압기 1차측의 권수비를 조정하여 변압기 2차측 전압을 조정을 위해 설치한다.

[핵심] 변압기 탭

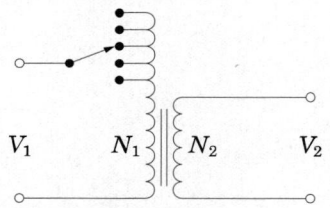

일반적으로 1차(고압)측 권선의 중간 단자를 인출하여 설치된다. 탭 절환이란 이것을 조정하여 권수비를 바꾸어 전압을 조정하는 장치이다. 변압기 탭의 설치 및 조정(절환)의 목적은 1차(수전단) 전압의 변동에 의해 2차측의 전압이 소정의 정격전압으로부터 변동한 경우, 이를 정격전압으로 하는 데에 그 목적이 있다.

$$V_T' = \frac{V_2 \times V_T}{V_2'}$$

여기서 V_2 : 변경전 2차전압　　V_2' : 변경후 2차전압
　　　 V_T : 변경전 1차 탭전압　V_T' : 변경후 1차 탭전압

10

출제년도 15.(5점/각 항목당 1점, 모두 맞으면 5점)

과전류 계전기와 수전용 차단기 연동시험시 시험전류를 가하기 전에 준비해야 하는 사항 3가지를 쓰시오.

[작성답안]
① 전류계　　② 수저항기　　③ 사이클 카운터 (계전기 시험장치)

[핵심] 과전류 계전기 동작시험
① 기기 명칭
　Ⓐ : 수저항기, Ⓑ : 전류계
　Ⓒ : 사이클 카운터(계전기 시험 장치)
② 결선 방법
　①-④, ②-⑤, ⑥-⑧, ⑦-⑩, ③-⑨

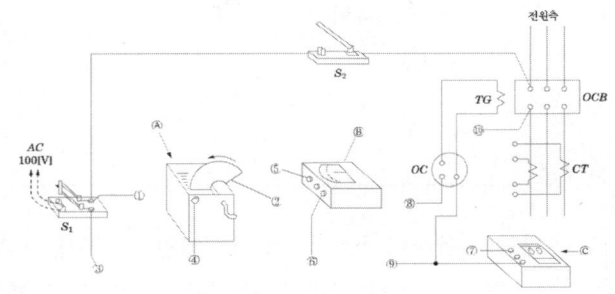

11

출제년도 99.15.(5점/각 항목당 1점, 모두 맞으면 5점)

변압비 30인 계기용변압기를 그림과 같이 잘못 접속하였다. 각 전압계 V_1, V_2, V_3에 나타나는 단자 전압은 몇 [V]인가?

(1) V_1

(2) V_2

(3) V_3

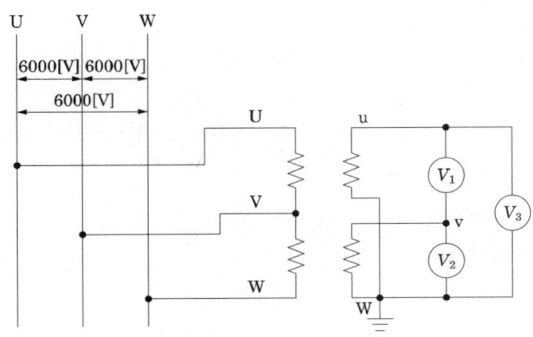

[작성답안]

(1) 계산 : $V_1 = \dfrac{6,000}{30} \times \sqrt{3} = 346.41$ [V]

　　답 : 346.41 [V]

(2) 계산 : $V_2 = \dfrac{6,000}{30} = 200$ [V]

　　답 : 200 [V]

(3) 계산 : $V_3 = \dfrac{6,000}{30} = 200$ [V]

　　답 : 200 [V]

12　　　　　　　　　　　　　　　　　　　　출제년도 15.(5점/부분점수 없음)

변압기 용량이 500 [kVA] 1뱅크인 200세대 아파트가 있다. 전등, 전열설비 부하가 600 [kW], 동력설비 부하가 350 [kW] 이라면 전부하에 대한 수용률은 얼마인가? (단, 전등 및 전열설비의 역률은 1.0, 동력설비의 역률은 0.7이고, 효율은 무시한다.)

[작성답안]

계산 : 유효전력 $P = 600 + 350 = 950$ [kW]

　　무효전력 $P_r = 0 + \dfrac{350}{0.7} \times \sqrt{1-0.7^2} = 357.07$ [kVar]

　　설비용량 $P_a = \sqrt{950^2 + 357.07^2} = 1014.89$ [kVA]

　　$\therefore$ 수용률 $= \dfrac{\text{최대수용전력}}{\text{설비용량}} \times 100 = \dfrac{500}{1014.89} \times 100 = 49.27$ [%]

답 : 49.27 [%]

[핵심] 수용률

수용률은 시설되는 총 부하 설비용량에 대하여 실제로 사용하게 되는 부하의 최대 전력의 비를 나타내는 것으로서 다음 식에 의하여 구한다.

$$\text{수용률} = \dfrac{\text{최대수요전력 [kW]}}{\text{부하설비용량 [kW]}} \times 100 \, [\%]$$

출제년도 15.(7점/각 문항당 2점, 모두 맞으면 7점)

다음 미완성 시퀀스도는 누름버튼 스위치 하나로 전동기를 기동, 정지를 제어하는 회로이다. 동작사항과 회로를 보고 각 물음에 답하시오.(단, X_1, X_2 : 8핀 릴레이, MC : 5a 2b 전자접촉기, PB : 누름버튼 스위치, RL : 적색램프이다.)

[회로도]

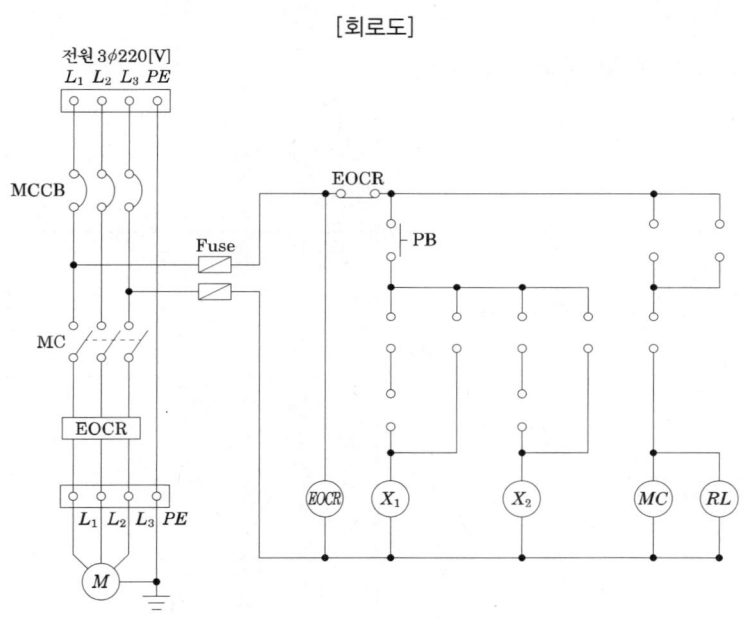

[동작사항]

① 누름버튼 스위치(PB)를 한 번 누르면 X_1에 의하여 MC 동작(전동기 운전), RL램프 점등

② 누름버튼 스위치(PB)를 한 번 더 누르면 X_2에 의하여 MC 소자(전동기 정지), RL 램프 소등

③ 누름버튼 스위치(PB)를 반복하여 누르면 전동기가 기동과 정지를 반복하여 동작

(1) 동작사항에 맞도록 미완성 시퀀스도를 완성하시오.(단, 회로도에 접점의 그림기호를 직접 그리고, 접점의 명칭을 정확히 표시하시오.)

예) X_1 릴레이 a접점인 경우 :

(2) MCCB의 명칭을 쓰시오.

(3) EOCR의 명칭 및 용도를 쓰시오.
- 명칭
- 사용목적

[작성답안]

(1)
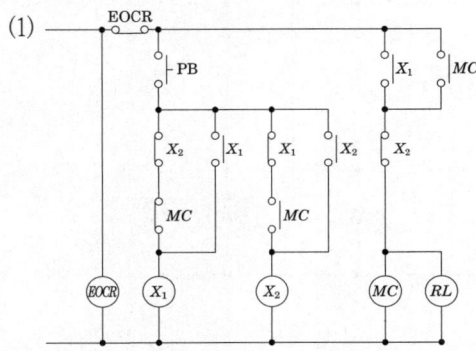

(2) 배선용 차단기

(3) 명칭 : 전자식 과부하 계전기

사용목적 : 전동기에 과전류가 흐르면 동작하여 MC를 트립시켜 전동기를 보호한다. 과전류보호, 결상보호, 단락보호, 지락보호가 가능하다.

14

출제년도 05.08.09.10.14.15.(5점/부분점수 없음)

그림과 같이 폭이 30 [m]인 도로 양쪽에 지그재그 식으로 300 [W]의 고압수은등을 배치하여 도로의 평균 조도를 5 [lx]로 하자면, 각 등의 간격 S [m]는 얼마가 되어야 하는가? (단, 조명률은 0.32, 감광보상률은 1.3, 수은등의 광속은 5,500 [lm]이다.)

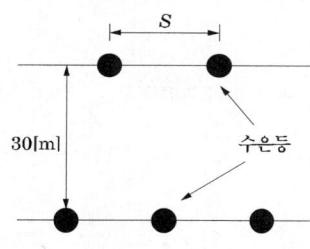

[작성답안]

계산 : $E = \dfrac{FU}{\dfrac{BS}{2} \cdot D}$ 에서 $S = \dfrac{FU}{\dfrac{1}{2}EDB} = \dfrac{5,500 \times 0.32}{\dfrac{1}{2} \times 30 \times 5 \times 1.3} = 18.05$ [m]

답 : 18.05 [m]

[핵심] 도로조명

$$E = \dfrac{FNUM}{BS} \text{ [lx]}$$

여기서, E : 노면평균조도 [lx], F : 광원 1개 광속 [lm], N : 광원의 열수
M : 보수율, 감광보상률 D의 역수, B : 도로의 폭 [m], S : 광원의 간격 [m]

U : 빔 이용률 $\begin{cases} 50\,[\%] \text{ 이상, 피조면 도달 } 0.75 \\ 20 \sim 50\,[\%] \text{ 이상, 피조면 도달 } 0.5 \\ 25\,[\%] \text{ 이하, 피조면 도달 } 0.4 \end{cases}$

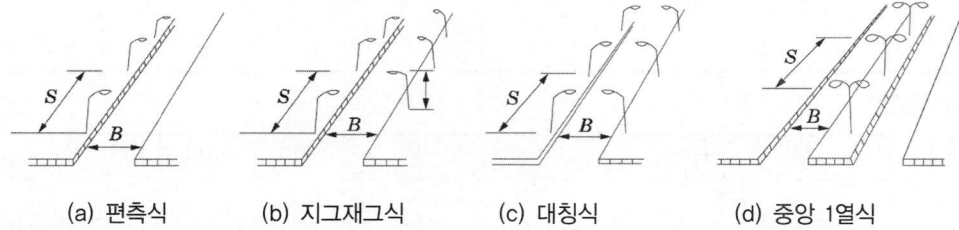

(a) 편측식   (b) 지그재그식   (c) 대칭식   (d) 중앙 1열식

15

출제년도 15.20.(6점/부분점수 없음)

그림과 같이 차동계전기에 의하여 보호되고 있는 $\Delta-Y$결선 30 [MVA], 33/11 [kV] 변압기가 있다. 고장전류가 정격전류의 200 [%] 이상에서 동작하는 계전기의 전류(i_r) 값은 얼마인가? (단, 변압기 1차측 및 2차측 CT의 변류비는 각각 500/5 [A], 2,000/5 [A]이다.)

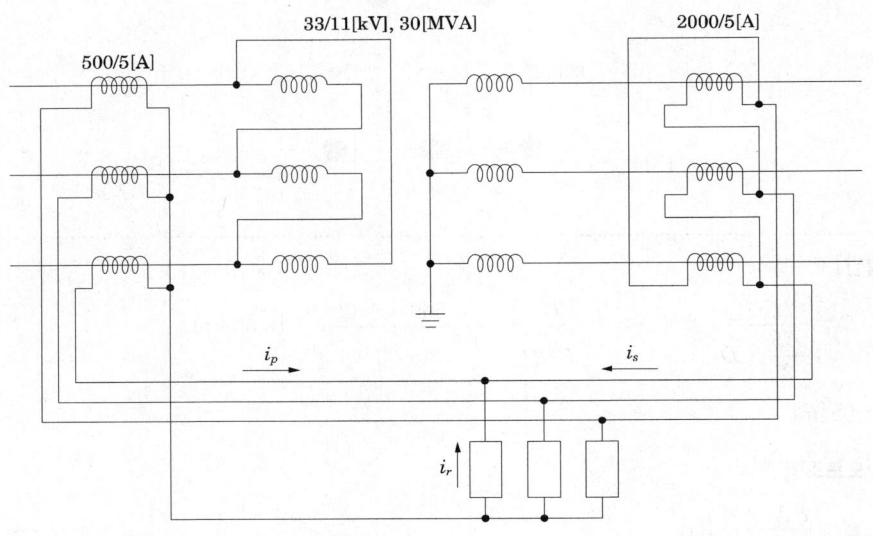

• 계산

1차전류	2차전류

• 답

[작성답안]

계산 :

1차전류	2차전류
$i_1 = \dfrac{30 \times 10^3}{\sqrt{3} \times 33} \times \dfrac{5}{500} = 5.248$ [A]	$i_2 = \dfrac{30 \times 10^3}{\sqrt{3} \times 11} \times \dfrac{5}{2,000} \times \sqrt{3} = 6.818$ [A]

∴ i_r은 $2|i_1-i_2| = 2|5.25-6.82| = 3.14$ [A]

답 : 3.14 [A]

[핵심] 비율차동계전기

비율차동계전기는 변압기 투입시 여자 돌입 전류에 의한 오동작을 방지한 경우는 최소 35 [%]의 불평형 전류로 동작한다. 비율차동계전기 Tap선정은 차전류가 억제코일에 흐르는 전류에 대한 비율보다 계전기 비율을 크게 선정해야 한다.

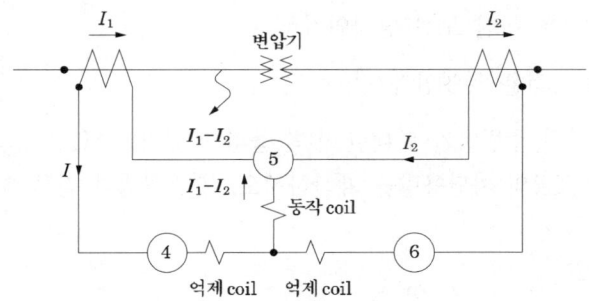

여기서, 200[%] 이상에서 동작한다는 조건에 주의한다.

16

출제년도 15.(5점/부분점수 없음)

유효낙차 100 [m], 최대사용 수량 10 [m³/s]의 수력발전소에 발전기 1대를 설치하려고 한다. 적당한 발전기의 용량 [kVA]은 얼마인지 계산하시오. (단, 수차와 발전기의 종합 효율 및 부하역률은 각각 85 [%]로 한다.)

[작성답안]

계산 : 발전기출력 $P = \dfrac{9.8 QH\eta}{\cos\theta}$ [kVA] 에서 $P = \dfrac{9.8 \times 10 \times 100 \times 0.85}{0.85} = 9{,}800$ [kVA]

답 : 9,800 [kVA]

[핵심] 수력발전소 발전기 출력

발전기의 전기적 출력은

$P_g = 9.8\, QH\eta_t\eta_g$ [kW]

여기서, η_t : 수차 효율, η_g : 발전기 효율

도면과 같이 345 [kV]변전소의 단선도와 변전소에 사용되는 주요 재원을 이용하여 다음 각 물음에 답하시오.

(1) 도면의 345 [kV]측 모선 방식은 어떤 모선 방식인가?

(2) 도면에서 ①번 기기의 설치 목적은 무엇인가?

(3) 도면에 주어진 재원을 참조하여 주변압기에 대한 ①번 등가 %임피던스(Z_H, Z_M, Z_L)를 구하고 ②번 23 [kV]VCB의 차단용량을 계산하시오. (단, 그림과 같은 임피던스 회로는 100 [MVA] 기준)

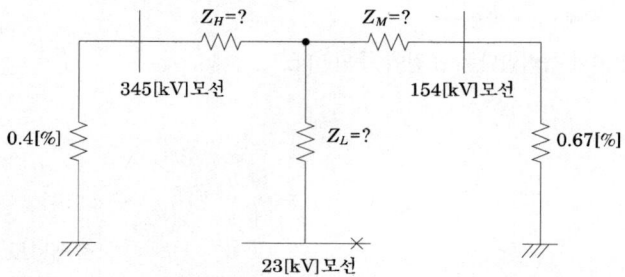

① 등가 %임피던스

② VCB 차단용량

(4) 도면의 345 [kV] GCB에 내장된 계전기 BCT의 오차계급은 C800이다. 부담은 몇 [VA]인가?

(5) 도면의 ③번 차단기의 설치 목적을 설명하시오.

(6) 도면의 주변압기 1Bank(단상×3)을 증설하여 병렬 운전시키고자 한다. 이때 병렬 운전 4가지를 쓰시오.

【주변압기】
- 단권변압기 345 [kV]/154 [kV]/23 [kV] (Y – Y – △)
  166.7 [MVA] × 3대 ≒ 500 [MVA]

- OLTC부 %임피던스 (500 [MVA]기준) : 1차~2차 : 10 [%]

    1차~3차 : 78 [%]

    2차~3차 : 67 [%]

【주모선】

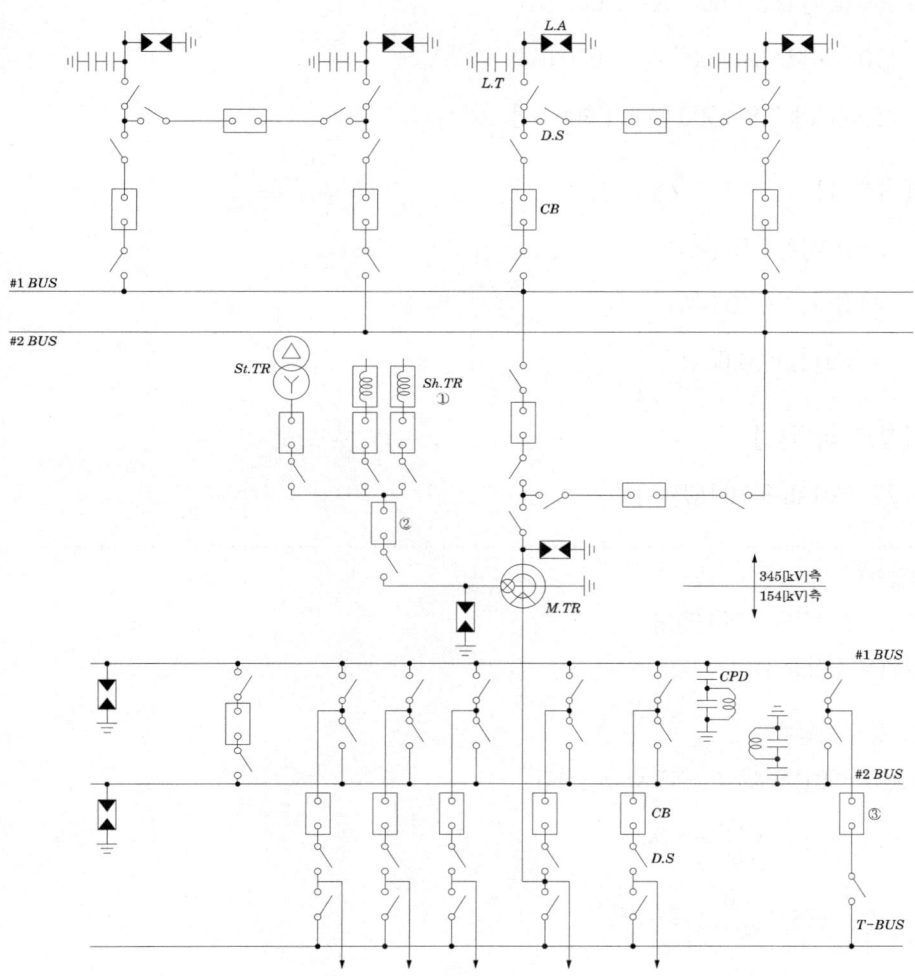

【차단기】

- 362 [kV] GCB 25 [GVA] 4,000 [A]~2,000 [A]
- 170 [kV] D.S 4,000 [A]~2,000 [A]
- 25.8 [kV] VCB (   ) [MVA] 2,500 [A]~1,200 [A]

【단로기】

- 362 [kV] D.S 4,000 [A]~2,000 [A]
- 170 [kV] D.S 4,000 [A]~2,000 [A]
- 25.8 [kV] D.S 2,500 [A]~1,200 [A]

【피뢰기】

- 288 [kV] LA 10 [kA]
- 144 [kV] LA 10 [kA]
- 21 [kV] LA 10 [kA]

【분로 리액터】

- 22 [kV] sh.R 30 [MVAR]

[작성답안]
(1) 2중 모선방식의 1.5차단방식

(2) 페란티 현상방지

(3) ① 등가 %임피던스

계산 : 100 [MVA] 기준이므로 환산하면

$$Z_{HM} = 10 \times \frac{100}{500} = 2\,[\%]$$

$$Z_{HL} = 78 \times \frac{100}{500} = 15.6\,[\%]$$

$$Z_{ML} = 67 \times \frac{100}{500} = 13.4\,[\%]$$

%등가임피던스로 등가 임피던스 값을 계산

$$Z_H = \frac{1}{2}(Z_{HM} + Z_{HL} - Z_{ML}) = \frac{1}{2}(2 + 15.6 - 13.4) = 2.1 \, [\%]$$

$$Z_M = \frac{1}{2}(Z_{HM} + Z_{ML} - Z_{HL}) = \frac{1}{2}(2 + 13.4 - 15.6) = -0.1 \, [\%]$$

$$Z_L = \frac{1}{2}(Z_{HL} + Z_{ML} - Z_{HM}) = \frac{1}{2}(15.6 + 13.4 - 2) = 13.5 \, [\%]$$

답 : Z_H = 2.1 [%], Z_M = -0.1 [%], Z_L = 13.5 [%]

② VCB 차단용량

계산 :

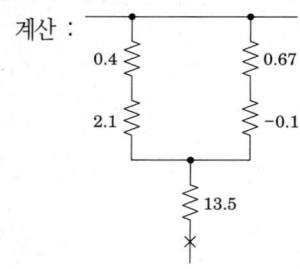

VCB 설치점까지의 전체 임피던스 $\%Z = 13.5 + \dfrac{(2.1+0.4)(-0.1+0.67)}{(2.1+0.4)+(-0.1+0.67)} = 13.96 \, [\%]$

차단용량 $P_s = \dfrac{100}{\%Z} \times P_n = \dfrac{100}{13.96} \times 100 = 716.33 \, [\text{MVA}]$

답 : 716.33 [MVA]

(4) 계산 : C800에서 $Z = \dfrac{800}{5 \times 20} = 8 \, [\Omega]$

∴ 부담 [VA] $= I^2 Z = 5^2 \times 8 = 200 \, [\text{VA}]$

답 : 200 [VA]

(5) 모선절체 또는 모선을 무정전으로 점검하기 위해

(6) ① 극성이 같을 것

② 정격전압(권수비)이 같을 것

③ %임피던스가 같을 것

④ 내부 저항과 누설리액턴스 비가 같을 것

[핵심]
① 1.5 차단방식

2개 선로당 3대의 차단기를 설치하는 방식으로 모선고장시에도 계통에 전혀 영향이 없고 차단기 점검시 해당선로의 정전이 필요하지 않기 때문에 특별히 고신뢰도를 요구하는 대용량 계통에서 많이 채택하고 있다. 그러나 모선측 차단기 차단 실패시 해당선로와 모선의 절반이 정전되고 중앙차단기 차단 실패시에는 2개 선로가 정전되는 단점이 있다. 따라서 동일 Bay에서 동일루트 2회선 선로의 인출은 피해야 한다. 이 방식은 우리나라의 765 [kV], 345 [kV] 계통에 적용하고 있는 모선구성방식으로서 특히 #1, 2모선이 모두 정전되어도 중앙 차단기를 이용하여 계통연결이 가능한 잇점 등으로 인해 세계적으로도 대용량 변전소에 널리 쓰이고 있다.

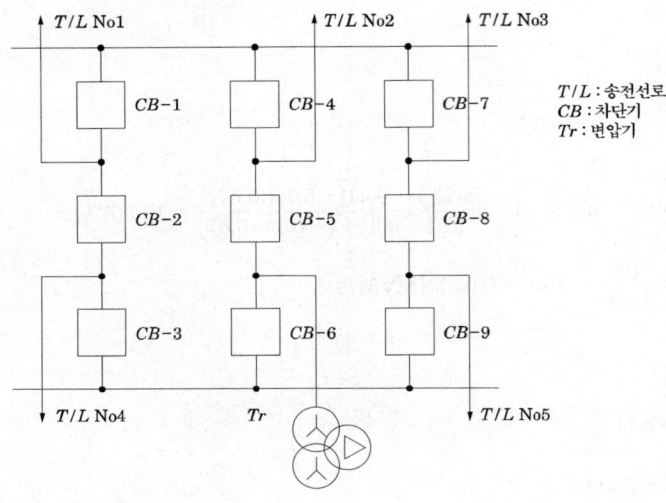

T/L : 송전선로
CB : 차단기
Tr : 변압기

18 출제년도 01.15.(3점/부분점수 없음)

20개의 가로등이 500 [m] 거리에 균등하게 배치되어 있다. 한 등의 소요전류는 4 [A], 전선(동선)의 단면적이 35 [mm²], 도전율이 97 [%]라면 한쪽 끝에서 단상 220 [V]로 급전할 때 최종 전등에 가해지는 전압 [V]은 얼마인지 계산하시오. (단, 표준연동의 고유저항은 1/58 [Ω·mm²/m]이다.)

[작성답안]

계산 : 말단 집중부하의 경우 전압강하

$$e = 2IR = 2I \times \rho \times \frac{\ell}{A} = 2 \times 4 \times 20 \times \frac{1}{58} \times \frac{100}{97} \times \frac{500}{35} = 40.63 \,[V]$$

균등 부하의 경우 전압강하는 말단 집중부하의 $\frac{1}{2}$ 배 이므로

∴ 최종 전등에 가해지는 전압 $= 220 - 40.63 \times \frac{1}{2} = 199.69 \,[V]$

답 : 199.69 [V]

[핵심]

고유저항률 $\rho = \frac{1}{58} \times \frac{100}{C}$ (C : 도전율 [%])

2016년 1회 기출문제 해설

※ 다음 물음에 답을 해당 답란에 답하시오.

1 출제년도 94.04.15.16.(3점/각 문항당 1점)

피뢰기에 대한 다음 각 물음에 답하시오.

(1) 현재 사용되고 있는 교류용 피뢰기의 구조는 무엇과 무엇으로 구성되어 있는지 쓰시오.

(2) 피뢰기의 정격전압은 어떤 전압인지 설명하시오.

(3) 피뢰기의 제한전압은 어떤 전압인지 설명하시오.

[작성답안]
(1) 직렬갭과 특성요소
(2) 속류를 차단할 수 있는 교류 최고전압
(3) 충격전류가 방전으로 저하되어서 피뢰기의 단자간에 남게 되는 충격전압

[핵심] 피뢰기의 용어

① 충격방전개시전압 (Impulse Spark Over Voltage)

피뢰기의 양단자 사이에 충격전압이 인가되어 피뢰기가 방전하는 경우 그 초기에 방전 전류가 충분히 형성되어 단자간 전압강하가 시작하기 이전에 도달하는 단자전압의 최고전압을 말한다.

② 제한전압

충격전류가 방전으로 저하되어서 피뢰기의 단자간에 남게 되는 충격전압, 즉 뇌서지의 전류가 피뢰기를 통과할 때 피뢰기의 양단자간 전압강하로 이것은 피뢰기 동작 중 계속해서 걸리고 있는 단자전압의 파고치로 표시한다.

③ 속류 (Follow Current)

피뢰기의 속류란 방전현상이 실질적으로 끝난 후 계속하여 전력계통에서 공급되어 피뢰기에 흐르는 전류를 말한다.

④ 정격전압 (Rated Voltage)

선로단자와 접지단자에 인가한 상태에서 소정의 단위 동작책무를 소정의 회수로 반복수행할 수 있는 정격주파수의 상용주파전압 최고한도를 규정한 값(실효치)를 말한다.

출제년도 90.16.(5점/부분점수 없음)

2

비상용 조명부하 110 [V]용 100 [W] 77등, 60[W] 55등이 있다. 방전시간 30분 축전지 HS형 54 [cell], 허용 최저전압 100 [V], 최저 축전지 온도 5 [℃]일 때 축전지 용량은 몇 [Ah]인지 계산하시오.(단, 경년용량 저하율 0.8, 용량 환산시간 K = 1.2 이다.)

[작성답안]

계산 : $I = \dfrac{P}{V} = \dfrac{60 \times 55 + 100 \times 77}{110} = 100$ [A]

$C = \dfrac{1}{L}KI = \dfrac{1}{0.8} \times 1.2 \times 100 = 150$ [Ah]

답 : 150 [Ah]

[핵심] 축전지용량

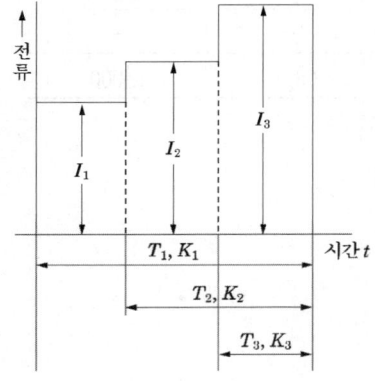

축전지 용량은 아래의 식으로 계산한다.

$$C = \dfrac{1}{L}[K_1 I_1 + K_2 (I_2 - I_1) + K_3 (I_3 - I_2)] \text{ [Ah]}$$

여기서, C : 축전지 용량[Ah] L : 보수율(축전지 용량 변화의 보정값)
K : 용량 환산 시간 계수 I : 방전 전류[A]

3

출제년도 09.16.(4점/부분점수 없음)

다음 그림과 같은 유접점 회로에 대한 주어진 미완성 PLC 래더 다이어그램을 완성하고, 표의 빈칸 ①~⑥에 해당하는 프로그램을 완성하시오.(단, 회로시작 LOAD, 출력 OUT, 직렬 AND, 병렬 OR, b접점 NOT, 그룹간 묶음 AND LOAD 이다.)

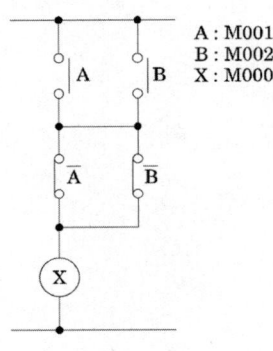

A : M001
B : M002
X : M000

• 프로그램

차례	명령	번지
0	LOAD	M001
1	①	M002
2	②	③
3	④	⑤
4	⑥	–
5	OUT	M000

• 래더 다이어그램

[작성답안]

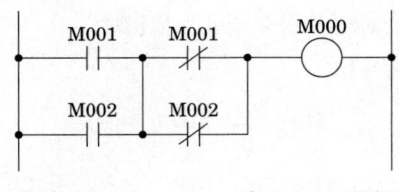

① OR 　　　　② LOAD NOT　　③ M001
④ OR NOT　　⑤ M002　　　　⑥ AND LOAD

4

출제년도 99.16.20.(5점/부분점수 없음)

초고압 송전전압이 345 [kV], 선로 긍장이 200 [km]인 경우 1회선 당 가능한 송전전력은 몇 [kW]인지 still식에 의해 구하시오.

[작성답안]

계산 : $V_s = 5.5\sqrt{0.6\ell + \dfrac{P}{100}}$ [kV] 에서 $345 = 5.5\sqrt{0.6 \times 200 + \dfrac{P}{100}}$ 이므로

$$\left(\dfrac{345}{5.5}\right)^2 = 0.6 \times 200 + \dfrac{P}{100}$$

∴ $P = 381471.07$ [kW]

답 : 381471.07 [kW]

그림과 같은 수전계통을 보고 다음 각 물음에 답하시오.

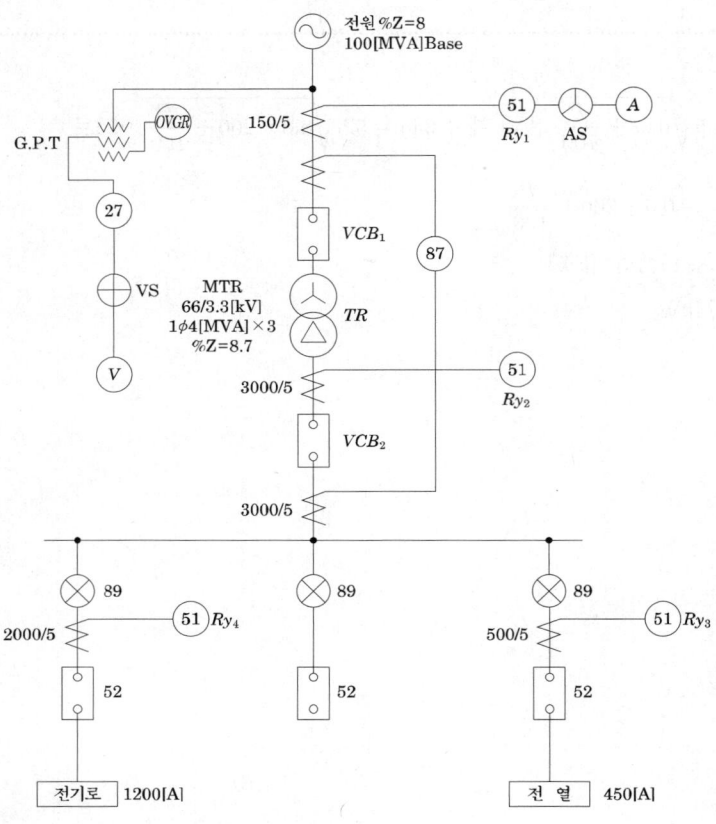

(1) "27"과 "87"계전기의 명칭과 용도를 설명하시오.

기기	명칭	용도
27		
87		

(2) 다음의 조건에서 과전류계전기 Ry_1, Ry_2, Ry_3, Ry_4의 탭(Tap) 설정값은 몇 [A]가 가장 적정한지를 계산에 의하여 정하시오.

【조건】
- Ry_1, Ry_2의 탭 설정값은 부하전류 160 [%]에서 설정한다.
- Ry_3의 탭 설정값은 부하전류 150 [%]에서 설정한다.
- Ry_4는 부하가 변동 부하이므로, 탭 설정값은 부하전류 200 [%]에서 설정한다.
- 과전류 계전기의 전류탭은 2 [A], 3 [A], 4 [A], 5 [A], 6 [A], 7 [A], 8 [A]가 있다.

계전기	계산	설정값
Ry_1		
Ry_2		
Ry_3		
Ry_4		

(3) 차단기 VCB_1의 정격전압은 몇 [kV]인가?

(4) 전원측 차단기 VCB_1의 정격용량을 계산하고, 다음의 표에서 가장 적당한 것을 선정하도록 하시오.

차단기의 정격표준용량 [MVA]

1,000	1,500	2,500	3,500

[작성답안]

(1)

기기	명칭	용도
27	부족 전압 계전기	상시전원이 정전이거나 전압이 정정값 이하로 되었을 경우 동작하여 차단기를 트립 시킨다.
87	비율 차동 계전기	주 변압기 내부고장 보호용으로 사용된다.

(2)

계전기	계산	설정값
Ry_1	$\dfrac{4 \times 10^6 \times 3}{\sqrt{3} \times 66 \times 10^3} \times \dfrac{5}{150} \times 1.6 = 5.6$ [A]	6 [A]
Ry_2	$\dfrac{4 \times 10^6 \times 3}{\sqrt{3} \times 3.3 \times 10^3} \times \dfrac{5}{3,000} \times 1.6 = 5.6$ [A]	6 [A]
Ry_3	$450 \times \dfrac{5}{500} \times 1.5 = 6.75$ [A]	7 [A]
Ry_4	$1,200 \times \dfrac{5}{2,000} \times 2 = 6$ [A]	6 [A]

(3) 답 : 72.5 [kV]

(4) 계산 : $P_s = \dfrac{100}{\%Z} \times P_n = \dfrac{100}{8} \times 100 = 1,250$ [MVA]

표에서 1,500 [MVA] 선정

답 : 1,500 [MVA]

[핵심] 보호계전기 정정

① 순시탭 정정

변압기 1차측 단락사고에 대하여 동작하며, 2차 단락사고 및 변압기 여자 돌입전류(inrush current)에 동작하지 않는다.

- 변압기1차측 단락사고에 대하여 동작하여야 한다.
- 변압기2차측 (Magnetizing Inrush Current)에 동작하지 않도록 한다.
- TR 2차 3상단락전류의 150 [%]에 정정한다.
- 순시 Tap

순시 Tap = 변압기2차 3상단락전류 $\times \dfrac{2차전압}{1차전압} \times 1.5 \times \dfrac{1}{CT비}$

② 한시탭 정정

I_t = 부하 전류 $\times \dfrac{1}{CT비} \times$ 설정값 [A]

설정값은 보통 전부하 전류의 1.5배로 적용하며, I_t값을 계산후 2 [A], 3 [A], 4 [A], 5 [A], 6 [A], 7 [A], 8 [A], 10 [A], 12 [A] 탭 중에서 가까운 탭을 선정한다.

③ 한시레버정정

수용설비일 경우 변압기2차 3상단락고장시 0.6초 이하에서 동작하도록 선정한다.

6 출제년도 90.97.03.08.14.16.20.(5점/각 문항당 2점, 모두 맞으면 5점)

배전용 변전소에 접지공사를 하고자 한다. 접지목적을 3가지로 요약하여 설명하고 중요한 접지개소를 4가지만 쓰시오.

(1) 접지 목적(3가지)

(2) 접지 개소(4가지)

[작성답안]

(1) 접지 목적
- 낙뢰, 개폐서지 등에 의한 이상전압을 억제한다.
- 전력계통에서 발생하는 대지전위의 상승을 억제한다.
- 지락사고시 발생하는 지락전류를 검출하여 보호 계전기의 동작을 확실하게 한다.

그 외
- 고저압 혼촉에 의한 저압측 전위상승을 억제하여 저압측에 연결된 기계기구의 절연을 보호한다.

(2) 접지 개소
- 고압 및 특고압 기계기구 외함 및 철대접지
- 피뢰기 접지
- 변압기의 안정권선(安定卷線)이나 유휴권선(遊休卷線) 또는 전압조정기의 내장권선(內藏卷線)
- 변압기로 특고압전선로에 결합되는 고압전로의 방전장치

그 외
- 고압 옥외전선을 사용하는 관 기타의 케이블을 넣는 방호장치의 금속제 부분

[핵심] 접지의 목적

① 전기회로의 접지목적

이상적으로 접지저항이 "0" [Ω], 즉 전위상승이 없으면 아무런 장해가 없으나, 실제로는 접지저항이 존재하며 전위상승으로 인한 인체감전, 기기손상, 잡음발생, 오동작 등 여러 장해가 발생함으로 이를 방지하고 최소화하는 것이 접지의 목적이다. 따라서 접지시 상용주파뿐만 아니라 충격전압에 대해서도 낮은 저항값을 갖도록 하여야 한다. 계통접지의 목적은 다음과 같다.

- 낙뢰, 개폐서지 등에 의한 이상전압을 억제한다.
- 전력계통에서 발생하는 대지전위의 상승을 억제한다.
- 지락사고시 발생하는 지락전류를 검출하여 보호 계전기의 동작을 확실하게 한다.
- 고저압 혼촉에 의한 저압측 전위상승을 억제하여 저압측에 연결된 기계기구의 절연을 보호한다.

② 접지설계시 고려사항

접지설비를 설계할 경우 다음 사항을 고려하여 설계하여야 한다.

- 인체의 허용전류 값
- 토지의 고유저항 및 접지저항 값
- 토양의 성질
- 인체의 허용전류
- 접지전위상승
- 접지전위상승
- 접지극 및 접지선의 크기와 형상
- 대지의 고유저항
- 보폭전압과 접촉전압

7

출제년도 98.00.01.16.(4점/각 문항당 2점)

380 [V] 3상 유도전동기 회로의 간선의 굵기와 기구의 용량을 주어진 표에 의하여 설계하고자 한다. 다음 조건을 이용하여 간선의 최소 굵기와 과전류차단기의 용량을 구하시오.

- 설계는 전선관에 3본 이하의 전선을 넣을 경우로 한다.
- 공사방법은 B1, PVC 절연전선을 사용 한다.
- 전동기부하는 다음과 같다.
    - 0.75 [kW] ·················· 직입기동 전동기 (2.53 [A])
    - 1.5 [kW] ·················· 직입기동 전동기 (4.16 [A])
    - 3.7 [kW] ·················· 직입기동 전동기 (9.22 [A])
    - 3.7 [kW] ·················· 직입기동 전동기 (9.22 [A])
    - 7.5 [kW] ·················· 기동기사용 (17.69 [A])

(1) 간선의 최소 굵기
(2) 과전류 차단기 용량

[표] 380 [V] 3상 유도전동기의 간선의 굵기 및 기구의 용량

전동기 [kW] 수의 총계 [kW] 이하	최대 사용 전류 [A] 이하	배선종류에 의한 간선의 최소 굵기 [mm²] ②						직입기동 전동기 중 최대 용량의 것										
		공사방법 A1		공사방법 B1		공사방법 C		0.75 이하	1.5	2.2	3.7	5.5	7.5	11	15	18.5	22	30	37
								Y-△ 기동기 사용 전동기 중 최대 용량의 것										
							-	-	-	5.5	5.5	7.5	11	15	18.5	22	30	37
		PVC	XLPE, EPR	PVC	XLPE, EPR	PVC	XLPE, EPR	과전류 차단기 용량 [A] 직입기동 [A](칸 위 숫자) Y-△ 기동(칸 아래 숫자)										
3	7.9	2.5	2.5	2.5	2.5	2.5	2.5	15 -	15 -	30 -	-	-	-	-	-	-	-	-
4.5	10.5	2.5	2.5	2.5	2.5	2.5	2.5	15 -	15 -	20 -	30 -	-	-	-	-	-	-	-
6.3	15.8	2.5	2.5	2.5	2.5	2.5	2.5	20 -	20 -	30 -	30 -	40 30	-	-	-	-	-	-
8.2	21	4	2.5	2.5	2.5	2.5	2.5	30 -	30 -	30 -	30 -	40 30	50 30	-	-	-	-	-
12	26.3	6	4	4	2.5	4	2.5	40 -	40 -	40 -	40 -	40 40	50 40	75 40	-	-	-	-
15.7	39.5	10	6	10	6	6	4	50 -	50 -	50 -	50 -	50 50	60 50	75 50	100 60	-	-	-
19.5	47.4	16	10	10	6	10	6	60 -	60 -	60 -	60 -	60 60	75 60	75 60	100 60	125 75	-	-
23.2	52.6	16	10	16	10	10	10	75 -	75 -	75 -	75 -	75 75	100 75	100 75	125 75	125 100	-	-
30	65.8	25	16	16	10	16	10	100 -	100 -	100 -	100 -	100 100	100 100	100 100	125 100	125 100	-	-
37.5	78.9	35	25	25	16	25	16	100 -	100 -	100 -	100 -	125 100	125 100	125 100	125 100	125 125	-	-
45	92.1	50	25	35	25	25	16	125 -	125 -	125 -	125 -	125 125	125 125	125 125	125 125	125 125	125 125	-
52.5	105.3	50	35	35	25	35	25	125 -	125 -	125 -	125 -	125 125	125 125	125 125	125 125	125 125	150 150	-
63.7	131.6	70	50	50	35	50	35	175 -	175 -	175 -	175 -	175 175	175 175	175 175	175 175	175 175	175 175	175 175
75	157.9	95	70	70	50	70	50	200 -	200 -	200 -	200 -	200 200	200 200	200 200	200 200	200 200	200 200	200 200

| 86.2 | 184.2 | 120 | 95 | 95 | 70 | 95 | 70 | 225
- | 225
- | 225
- | 225
- | 225
225 | 225
225 | 225
225 | 225
225 | 225
225 | 225
225 | 225
225 |

[비고 1] 최소 전선 굵기는 1회선에 대한 것이며, 2회선 이상일 경우는 부록 500-2의 복수회로 보정 계수를 적용하여야 한다.

[비고 2] 공사방법 A1은 벽 내의 전선관에 공사한 절연전선 또는 단심케이블, B1은 벽면의 전선관에 공사한 절연전선 또는 단심케이블, 공사방법 C는 벽면에 공사한 단심 또는 다심케이블을 시설하는 경우의 전선 굵기를 표시하였다.

[비고 3] 「전동기중 최대의 것」에 동시 기동하는 경우를 포함함

[비고 4] 배선용차단기의 용량은 해당 조항에 규정되어 있는 범위에서 실용상 최댓값을 표시함

[비고 5] 배선용차단기의 선정은 최대용량의 정격전류의 3배에 다른 전동기의 정격전류의 합계를 가산한 값 이하를 표시함

[비고 6] 배선용차단기를 배·분전반, 제어반 내부에 시설하는 경우는 그 반 내의 온도상승에 주의할 것

[작성답안]

(1) 계산 : 전동기 [kW]수의 합계 $= 0.75 + 1.5 + 3.7 + 3.7 + 7.5 = 17.15$ [kW]

표에서 전동기 [kW]수의 합계의 19.5란과 공사방법은 B1, PVC의 교차 하는 곳 10 [mm^2]선정

답 : 10 [mm^2]

(2) 계산 : 전동기 [kW]수의 합계 $= 0.75 + 1.5 + 3.7 + 3.7 + 7.5 = 17.15$ [kW]

표에서 전동기 [kW]수의 합계의 19.5란과 기동기 사용 전동기 중 최대용량의 것 7.5 [kW]의 교차하는 곳의 칸 아래($Y-\triangle$ 기동) 과전류차단기 용량 60 [A] 선정

답 : 60 [A]

그림과 같은 교류 3상 3선식 전로에 연결된 3상 평형부하가 있다. 이 때 c상의 P점이 단선된 경우, 이 부하의 소비전력은 단선 전 소비전력에 비하여 어떻게 되는지 관계식을 이용하여 설명하시오. (단, 선간 전압은 E [V]이며, 부하의 저항은 R [Ω]이다.)

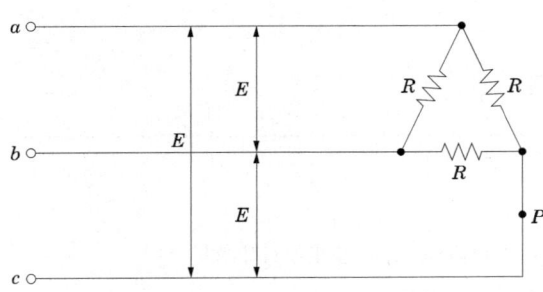

[작성답안]

계산 : ① 단선전 소비전력 $P = 3 \times \dfrac{E^2}{R}$

② 단선 후 전력

P점 단선시 합성저항 $R_0 = \dfrac{2R \times R}{2R+R} = \dfrac{2}{3} \times R$

P점 단선시 부하의 소비전력 $P' = \dfrac{E^2}{R_0} = \dfrac{E^2}{\dfrac{2}{3} \times R} = \dfrac{3}{2} \times \dfrac{E^2}{R}$

∴ $\dfrac{P'}{P} = \dfrac{\dfrac{3E^2}{2R}}{\dfrac{3E^2}{R}} = \dfrac{1}{2}$ 이므로 $\dfrac{1}{2}$ 배

답 : $\dfrac{1}{2}$ 배

출제년도 96.99.04.16.(7점/각 항목당 1점)

단권변압기는 1차, 2차 양 회로에 공통된 권선부분을 가진 변압기이다. 이러한 단권변압기의 장점 및 단점과 사용용도에 대하여 쓰시오.

(1) 장점(3가지)

(2) 단점(2가지)

(3) 사용용도(2가지)

[작성답안]

(1) 장점

① 1권선 변압기이므로 동량을 줄일 수 있어 경제적이다.

② 동손이 감소하여 효율이 좋아진다.

③ 부하 용량이 등가 용량에 비하여 커져 경제적이다.

그 외

④ 누설자속 감소로 전압 변동률이 작다.

(2) 단점

① 누설 임피던스가 적어 단락 전류가 크다.

② 1차측에 이상전압이 발생시 2차측에도 고전압이 걸려 위험하다.

그 외

③ 단락전류가 크게 되므로 열적, 기계적 강도가 커야 된다.

(3) 용도

① 승압 및 강압용 단권 변압기

② 초고압 전력용 변압기

[핵심] 단권변압기

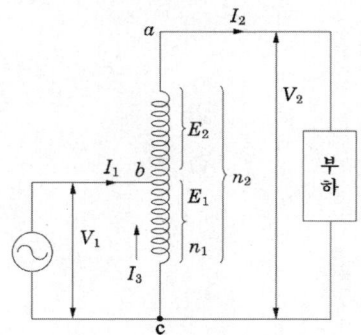

- 1권선 변압기이므로 동량을 줄일 수 있어 경제적이다.
- 동손이 감소하여 효율이 좋아진다.
- 부하 용량이 등가 용량에 비하여 커져 경제적이다.
- 누설자속 감소로 전압 변동률이 작다.
- 누설 임피던스가 적어 단락 전류가 크다.
- 1차측에 이상전압이 발생시 2차측에도 고전압이 걸려 위험하다.
- 단락전류가 크게 되므로 열적, 기계적 강도가 커야 된다.

10 출제년도 04.16.(8점/각 문항당 2점)

가로 12 [m], 세로 18 [m], 천장 높이 3 [m], 작업면 높이 0.8 [m]인 사무실이 있다. 여기에 천장 직부 형광등기구 (T5 22 [W]×2등용)를 설치하고자 한다. 다음 각 물음에 답하시오.

① 작업면 요구 조도 500 [lx] ② 천장 반사율 50 [%]
③ 벽면 반사율 50 [%] ④ 바닥 반사율 10 [%]
⑤ T5 22 [W] 1등의 광속 2,500 [lm] ⑥ 보수율 0.7

[조명률 기준표]

반사율	천장	70 [%]				50 [%]				30 [%]			
	벽	70	50	30	10	70	50	30	10	70	50	30	10
	바닥	10				10				10			
실지수		조명률 [%]											
1.5		64	55	49	43	58	51	45	41	52	46	42	38
2.0		69	61	55	50	62	56	51	47	57	52	48	44
2.5		72	66	60	55	65	60	56	52	60	55	52	48
3.0		74	69	64	59	68	63	59	55	62	58	55	52
4.0		77	73	69	65	71	67	64	61	65	62	59	56
5.0		79	75	72	69	73	70	67	64	67	64	62	60

(1) 실지수를 구하시오.
(2) 조명률을 구하시오.

(3) 설치 등기구의 최소 수량을 구하시오.

(4) 형광등의 입력과 출력이 같다. 1일 10시간 연속 점등할 경우 30일간의 최소 소비 전력량을 구하시오.

[작성답안]

(1) 계산 : 실지수 $K = \dfrac{X \times Y}{H(X+Y)} = \dfrac{12 \times 18}{(3-0.8) \times (12+18)} = 3.272$

표에서 실지수 3선정

답 : 3

(2) 실지수 3과 천정 반사율 50 [%], 벽반사율 50 [%], 바닥반사율 10 [%]와 만나는 곳 63 [%] 선정

답 : 63 [%]

(3) 계산 : $N = \dfrac{EAD}{FU} = \dfrac{EA}{FUM} = \dfrac{500 \times (12 \times 18)}{2,500 \times 2 \times 0.63 \times 0.7} = 48.979$ [등]

답 : 49 [등]

(4) 계산 : $W = P \cdot t = (22 \times 2) \times 49 \times 10 \times 30 \times 10^{-3} = 646.8$ [kWh]

답 : 646.8 [kWh]

[핵심] 조명설계

본 문제에서 실지수로 조명률표를 적용해 조명률을 구해야 하므로 실지수를 선정해야 한다.

① 실지수

방의 면적이 같은 2개의 방에 같은 수의 광원을 설치하여도 방의 모양이 다른 경우에는 작업면상의 조도는 다르게 된다. 그래서 천정, 바닥이 장방형인 방은 가로 X, 세로 Y 두 변의 평균을 한 변으로 하는 정방형인 방과 동일하다고 하는 이론에 의해 실지수 $R.I$를 다음 식과 같이 결정한다.

$R.I = \dfrac{XY}{H(X+Y)}$

실지수	5.0	4.0	3.0	2.5	2.0	1.5	1.25	1.0	0.8	0.6
기호	A	B	C	D	E	F	G	H	I	J

② 조도계산

N개의 램프에서 방사되는 빛을 평면상의 면적 $A[m^2]$에 모두 집중 조사할 수 있다고 하고 램프 1개당 광속을 $F[lm]$이라 하면, 그 면의 평균조도를

$$E = \frac{F \cdot N}{A} \ [lx]$$

로 나타낸다. 이러한 평균조도 계산은 광속법과 설계여건에 따라 ZCM (Zonal Cavity Method)법을 채택할 수 있다.

$$E = \frac{F \cdot N \cdot U \cdot M}{A}$$

여기서, E : 평균조도 [lx] F : 램프 1개당 광속 [lm] N : 램프수량 [개]
   U : 조명률 M : 보수율, 감광보상률의 역수 A : 방의 면적 [m^2] (방의 폭×길이)

11

출제년도 08.13.16.21.(6점/부분점수 없음)

3상 4선식에서 역률 100 [%]의 부하가 각 상과 중성선 간에 연결되어 있다. a상, b상, c상에 흐르는 전류가 각각 110 [A], 86 [A], 95 [A]일 때 중성선에 흐르는 전류의 크기 $|I_N|$을 계산하시오.

[작성답안]

계산 : $I_N = I_a + I_b + I_c = 110 + \left(-\frac{1}{2} - j\frac{\sqrt{3}}{2}\right) \times 86 + \left(-\frac{1}{2} + j\frac{\sqrt{3}}{2}\right) \times 95$

   $= 110 - 43 - j74.48 - 47.5 + j82.27 = 19.5 + j7.79$

   $\therefore |I_N| = \sqrt{19.5^2 + 7.79^2} = 20.998 \ [A]$

답 : 21 [A]

[핵심] 중성선에 흐르는 전류

각 상에는 R상을 기준으로 할 때 120도의 위상차가 있으므로 중성선에 흐르는 전류의 크기는
$I_a \angle 0° + I_b \angle -120° + I_c \angle -240°$로 나타낼 수 있다. 이 성분은 대칭좌표법에서 말하는 영상성분이 된다.

12

출제년도 10.16.(5점/각 문항당 2점, 모두 맞으면 5점)

변압기의 특성에 대한 다음 각 물음에 답하시오.

(1) 변압기의 호흡작용에 대해 쓰시오.

(2) 호흡작용으로 인해 발생되는 현상 및 방지대책을 쓰시오.

① 발생현상

② 방지대책

[작성답안]
(1) 변압기는 온도 변화 및 부하변동에 의해 기름의 온도가 변화하고 부피가 수축, 팽창하므로 외부의 공기가 유입한다. 이것을 변압기의 호흡작용이라고 한다.
(2) ① 발생현상 : 호흡작용으로 인해 수분 및 불순물이 혼입하여, 절연내력의 저하, 장기간 사용하면 화학적으로 변화가 일어나게 되어, 침전물이 생긴다.
② 방지대책 : 콘서베이터 설치

[핵심] 콘서베이터와 흡습 호흡기

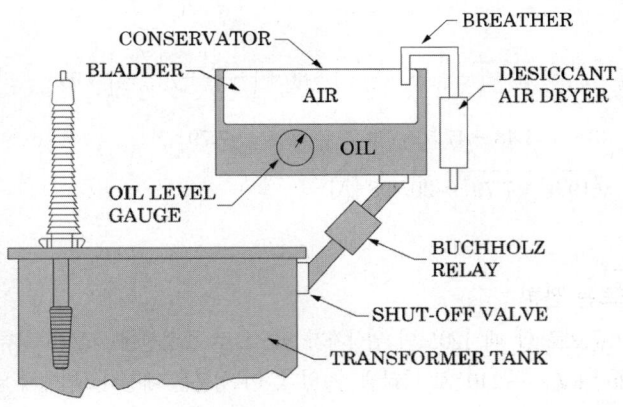

변압기는 온도 변화 및 부하변동에 의해 기름의 온도가 변화하고 부피가 수축, 팽창하므로 외부의 공기가 유입한다. 이것을 변압기의 호흡작용이라고 한다. 호흡작용으로 인해 수분 및 불순물이 혼입하여, 절연내력의 저하, 장기간 사용하면 화학적으로 변화가 일어나게 되어, 침전물이 생긴다. 이를 변압기유의 열화라 한다. 변압기의 열화방지를 위한 컨서베이터(conservator)를 변압기 상부에 설치하여 열화방지한다.

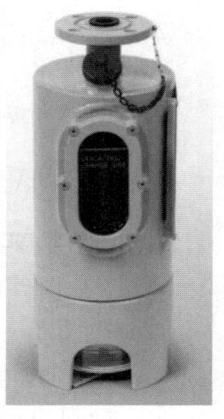

13

출제년도 16.(5점/각 문항당 2점, 모두 맞으면 5점)

3상 3선식 3,000 [V], 200 [kVA]의 배전선로의 전압을 3,100 [V]로 승압하기 위해서 단상 변압기 3대를 그림과 같이 접속하였다. 이 변압기의 1차, 2차 전압 및 용량을 구하여라.(단, 변압기의 손실은 무시한다.)

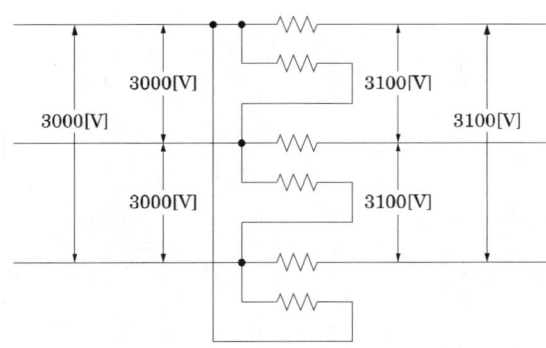

(1) 변압기 1, 2차 전압

(2) 변압기 용량 [kVA]

[작성답안]

(1) 계산 : $e_2 = \sqrt{\dfrac{4V_2^2 - V_1^2}{12}} - \dfrac{V_1}{2} = \sqrt{\dfrac{4 \times 3,100^2 - 3,000^2}{12}} - \dfrac{3,000}{2} = 66.31$ [V]

    답 : 1차전압 : 3,000 [V]

        2차전압 : 66.31 [V]

(2) 계산 : $\dfrac{\text{자기용량}}{\text{부하용량}} = \dfrac{3e_2 I_n}{\sqrt{3}\, V_n I_n}$ 에서

자기용량 = 부하용량 $\times \dfrac{3e_2}{\sqrt{3}\, V_2} = 200 \times \dfrac{3 \times 66.31}{\sqrt{3} \times 3{,}100} = 7.409$ [kVA]

답 : 7.41 [kVA]

[핵심] 변연장 델타 결선
(1) 변압기 1대의 1차전압과 2차전압을 구하는 것에 주의 해야 한다.
(2) 단권변압기
- 1권선 변압기이므로 동량을 줄일 수 있어 경제적이다.
- 동손이 감소하여 효율이 좋아진다.
- 부하 용량이 등가 용량에 비하여 커져 경제적이다.
- 누설자속 감소로 전압 변동률이 작다.
- 누설 임피던스가 적어 단락 전류가 크다.
- 1차측에 이상전압이 발생시 2차측에도 고전압이 걸려 위험하다.
- 단락전류가 크게 되므로 열적, 기계적 강도가 커야 된다.

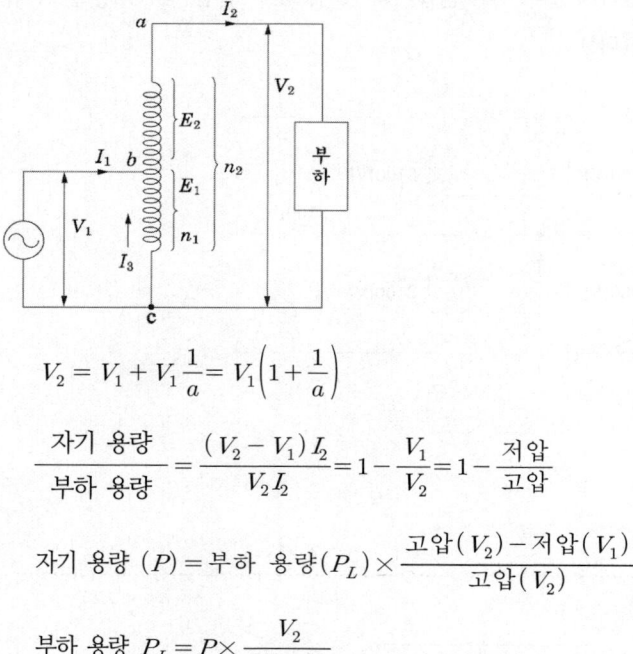

$V_2 = V_1 + V_1 \dfrac{1}{a} = V_1 \left(1 + \dfrac{1}{a}\right)$

$\dfrac{\text{자기 용량}}{\text{부하 용량}} = \dfrac{(V_2 - V_1) I_2}{V_2 I_2} = 1 - \dfrac{V_1}{V_2} = 1 - \dfrac{\text{저압}}{\text{고압}}$

자기 용량 (P) = 부하 용량$(P_L) \times \dfrac{\text{고압}(V_2) - \text{저압}(V_1)}{\text{고압}(V_2)}$

부하 용량 $P_L = P \times \dfrac{V_2}{V_2 - V_1}$

출제년도 16.(6점/각 문항당 1점, 모두 맞으면 6점)

다음 그림은 22.9 [kV] 수전설비에서 접지형 계기용변압기(GPT)의 미완성 결선도이다. 다음 각 물음에 답하시오. (단, GPT의 1차 및 2차 보호 퓨즈는 생략한다.)

(1) GPT를 활용하여 주회로의 전압 등을 나타내는 회로이다. 회로도에서 활용 목적에 알맞도록 미완성 부분을 직접 결선하시오.(단, 접지 개소는 반드시 표시하시오.)

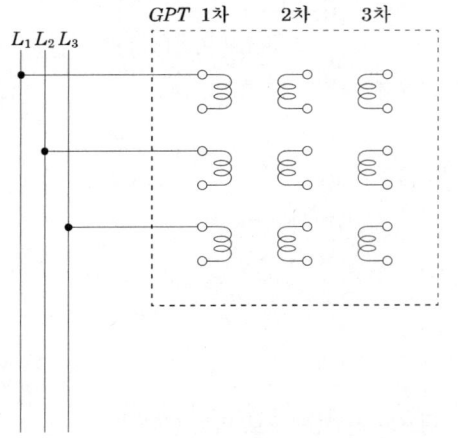
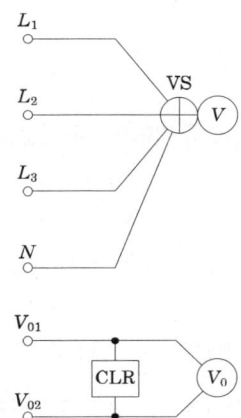

(2) GPT의 사용 용도를 쓰시오.

(3) GPT 정격 1차, 2차, 3차의 전압을 각각 쓰시오.
 - 1차 전압
 - 2차 전압
 - 3차 전압

(4) GPT의 3차 권선 각상에 전압 110 [V] 램프를 접속 하였을 때, 어느 한 상에서 지락사고가 발생하였다면 램프의 점등 상태는 어떻게 변화하는지 설명하시오.

[작성답안]

(1)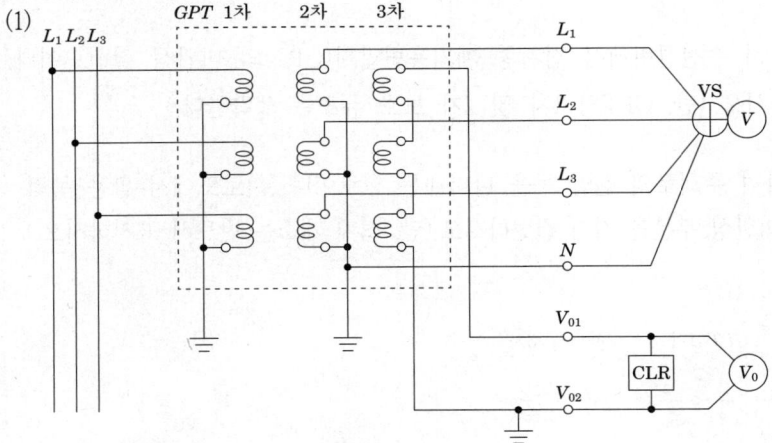

(2) 비접지 선로의 지락사고시 영상전압검출

(3) 1차 정격전압 : $\dfrac{22{,}900}{\sqrt{3}}$ [V]

   2차 정격전압 : $\dfrac{190}{\sqrt{3}}$ [V]

   3차 정격전압 : $\dfrac{190}{3}$ [V]

(4) 지락된 상의 램프는 소등되고 건전한 상의 램프는 전위상승으로 더욱 밝아진다.

[핵심] GPT(접지형 계기용변압기)

접지형 계기용 변압기는 비접지 계통에서 지락 사고시의 영상전압을 검출한다. 아래 그림에서 접지형 계기용 변압기는 정상상태가 된다. 정상 운전시에는 영상전압이 평형상태가 된다. 이때 각상의 전압은 $110/\sqrt{3}$ [V]가 되고 120°의 위상 차이가 있기 때문에 평형이 되고 이들의 합은 0 [V]가 된다.

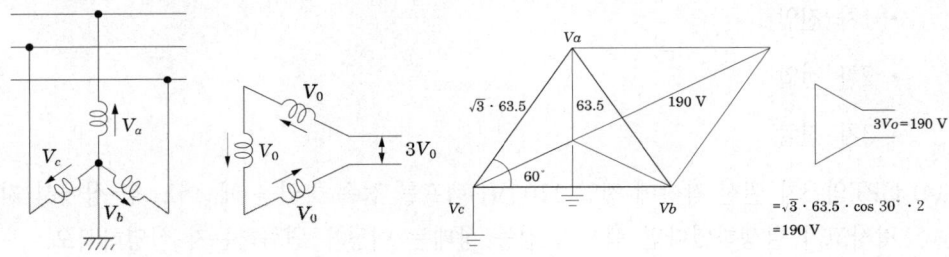

15

출제년도 16.18.(5점/부분점수 없음)

정격 출력 500 [kW]의 디젤 발전기가 있다. 이 발전기를 발열량 10,000 [kcal/L]인 중유 250 [L]을 사용하여 1/2부하에서 운전하는 경우 몇 시간 운전이 가능한지 계산하시오. (단, 발전기의 열효율은 34.4 [%]이다.)

[작성답안]

계산 : $\eta = \dfrac{860PT}{BH} \times 100\,[\%]$에서 ∴ $T = \dfrac{250 \times 10,000 \times 0.344}{860 \times 500 \times \dfrac{1}{2}} = 4\,[h]$

답 : 4 [h]

[핵심] 디젤 발전기의 출력

$$P = \dfrac{BH\eta_g \eta_t}{860\,T\cos\theta}\,[kVA]$$

여기서 η_g : 발전기효율 η_t : 엔진효율 T : 운전시간 [h] B : 연료소비량 [kg]

H : 연료의 열량 [kcal/kg], 1 [kWh] = 860 [kcal]

16

출제년도 16.(6점/각 문항당 2점)

다음과 같은 콘덴서 기동형 단상 유도전동기의 정역회전 회로도이다. 다음 각 물음에 답하시오.(단, 푸시버턴 start1을 누르면 전동기는 정회전, start2를 누르면 역회전한다.)

(1) 미완성 결선도를 완성하시오.(단, 접점기호와 명칭을 기입하여야 한다.)

(2) 콘덴서 기동형 단상 유도전동기의 기동원리를 쓰시오.

(3) WL, GL, RL은 무엇을 표시하는 표시등인지 쓰시오.

- WL :
- GL :
- RL :

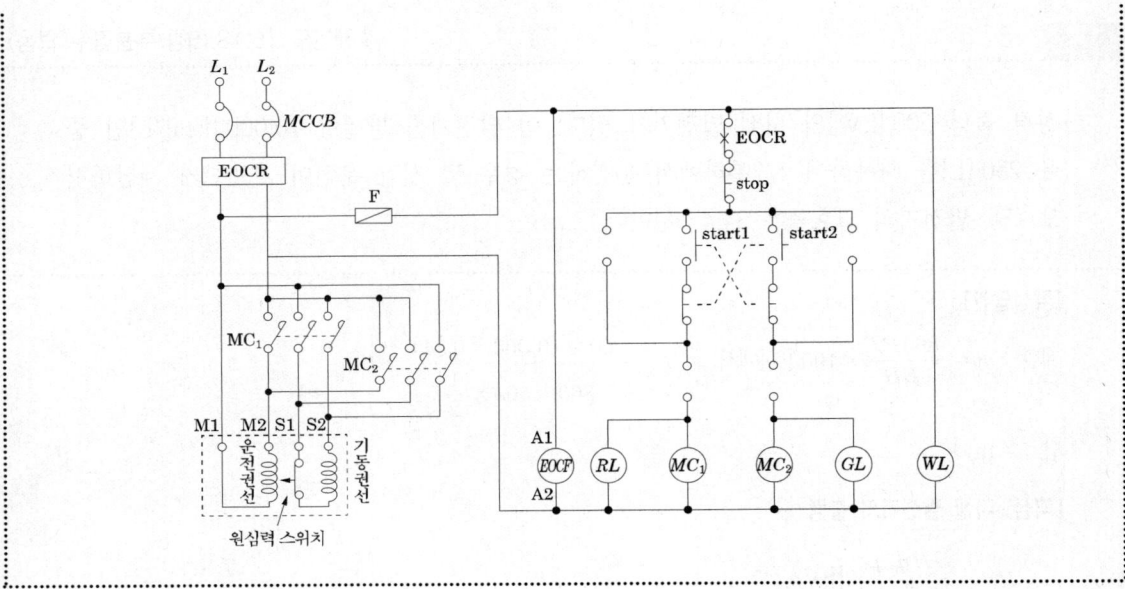

[작성답안]

(1)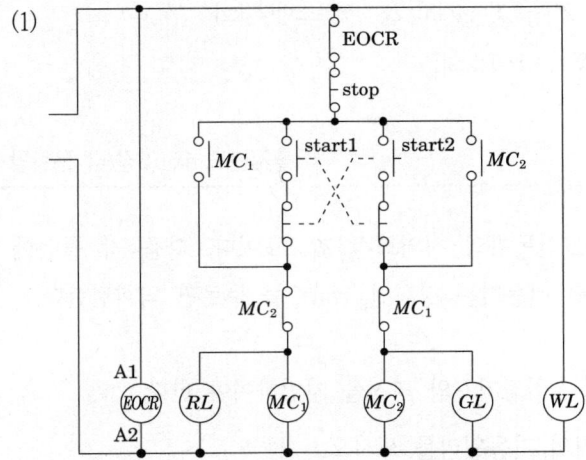

(2) 주권선과 보조 권선의 위상차를 콘덴서가 연결하여 줌으로써 회전자계가 만들어지며(2회전자계)이것으로 인해 전동기는 기동한다.

(3) WL : 전원 표시등
　　GL : 역회전 운전표시등
　　RL : 정회전 운전표시등

17

출제년도 16.(8점/각 문항당 2점)

어느 전등 수용가의 총부하는 120 [kW]이고, 각 수용가의 수용률은 어느 곳이나 0.5라고 한다. 이 수용가군을 설비용량 50 [kW], 40 [kW] 및 30 [kW]의 3군으로 나누어 그림처럼 변압기 T_1, T_2 및 T_3로 공급할 때 다음 각 물음에 답하시오.

- 각 변압기마다의 수용가 상호간의 부등률 : $T_1 = 1.2$, $T_2 = 1.1$, $T_3 = 1.2$
- 각 변압기마다의 종합 부하율 : $T_1 = 0.6$, $T_2 = 0.5$, $T_3 = 0.4$
- 각 변압기 부하 상호간의 부등률은 1.3이며, 전력손실은 무시한다.

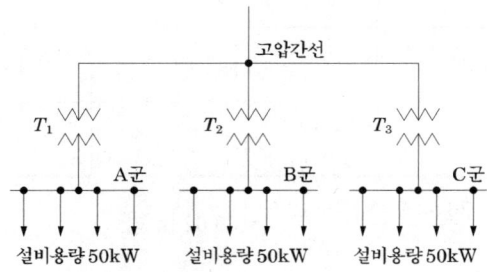

(1) 각 군(A군, B군, C군)의 종합 최대수용전력 [kW]을 구하시오.

구 분	계 산 과 정	답
A군		
B군		
C군		

(2) 고압 간선에 걸리는 최대부하 [kW]를 구하시오.

(3) 각 변압기의 평균수용전력 [kW]을 구하시오.

구 분	계 산 과 정	답
A군		
B군		
C군		

(4) 고압 간선의 종합부하율 [%]을 구하시오.

[작성답안]

(1)

구 분	계 산 과 정	답
A군	$\dfrac{50 \times 0.5}{1.2} = 20.83$	20.83 [kW]
B군	$\dfrac{40 \times 0.5}{1.1} = 18.18$	18.18 [kW]
C군	$\dfrac{30 \times 0.5}{1.2} = 12.5$	12.5 [kW]

(2) 계산 : 합성최대전력 = $\dfrac{20.83 + 18.18 + 12.5}{1.3} = 39.62$ [kW]

답 : 39.62 [kW]

(3)

구 분	계 산 과 정	답
A군	$20.83 \times 0.6 = 12.5$	12.5 [kW]
B군	$18.18 \times 0.5 = 9.09$	9.09 [kW]
C군	$12.5 \times 0.4 = 5$	5 [kW]

(4) 계산 : 종합부하율 = $\dfrac{\text{각 군의 평균전력의 합}}{\text{합성최대전력}} = \dfrac{12.5 + 9.09 + 5}{39.62} \times 100 = 67.11$ [%]

답 : 67.11 [%]

[핵심] 부하관계용어

① 부하율

공급 설비가 어느 정도 유효하게 사용되는가를 나타내며 부하율이 클수록 공급 설비가 유효하게 사용된다. 부하율은 다음 식에 의해 계산한다.

$$부하율 = \frac{평균\ 수요\ 전력\ [kW]}{최대\ 수요\ 전력\ [kW]} \times 100\ [\%]$$

부하율은 각 단위별(변압기, 전주, 수용가 등), 시기, 범위, 기간에 따라 달라지며, 부하율을 표시할 경우 기간, 범위를 반드시 명기한다. 예를 들어 일부하율, 월부하율 등으로 표시하여야 하며, 부하율은 기간이 길어질수록 작아진다. 부하율이 적다의 의미는 다음과 같다.

- 공급 설비를 유용하게 사용하지 못한다.
- 평균 수요 전력과 최대 수요 전력과의 차가 커지게 되므로 부하 설비의 가동률이 저하된다.

② 종합부하율

$$종합\ 부하율 = \frac{평균\ 전력}{합성\ 최대\ 전력} \times 100\ [\%] = \frac{A,\ B,\ C\ 각\ 평균\ 전력의\ 합계}{합성\ 최대\ 전력} \times 100\ [\%]$$

③ 부등률

각 수용가에서의 최대 수용 전력의 발생 시각은 시간적으로 차이가 있으며 이 경우에 배전 변압기 또는 간선에서의 합성 최대 수용 전력은 각 수용가에서의 최대 수용 전력의 합보다 적게 되는데 이 비를 부등률이라 하며 이 값은 항상 1보다 크고, 백분율로 나타내지 않는다. 수용률과 더불어 배전 변압기 또는 배전 간선 등의 공급 설비 계획 자료로 사용된다.

$$부등률 = \frac{개별\ 최대수용전력의\ 합}{합성\ 최대수용전력} = \frac{설비용량 \times 수용전력}{합성최대수용전력}$$

④ 수용률

수용률은 시설되는 총 부하 설비용량에 대하여 실제로 사용하게 되는 부하의 최대 전력의 비를 나타내는 것으로서 다음 식에 의하여 구한다.

$$수용률 = \frac{최대수요전력\ [kW]}{부하설비용량\ [kW]} \times 100\ [\%]$$

18

출제년도 16.(5점/각 항목당 1점)

감리원은 공사완료 후 준공검사 전에 공사업자로부터 시운전 절차를 준비하도록 하여 시운전에 입회할 수 있다. 이에 따른 시운전 완료 후 성과품을 공사업자로부터 제출받아 검토한 후 발주자에게 인계하여야 할 사항(서류 등) 5가지를 쓰시오.

[작성답안]
- 운전개시, 가동절차 및 방법
- 점검항목 점검표
- 운전지침
- 기기류 단독 시운전 방법 검토 및 계획서
- 실가동 Diagram

그 외
- 시험구분, 방법, 사용매체 검토 및 계획서
- 시험성적서
- 성능시험 성적서(성능시험 보고서)

[핵심] 제59조(준공검사 등의 절차)
감리원은 시운전 완료 후에 다음 각 호의 성과품을 공사업자로부터 제출받아 검토 후 발주자에게 인계하여야 한다.
1. 운전개시, 가동절차 및 방법
2. 점검항목 점검표
3. 운전지침
4. 기기류 단독 시운전 방법 검토 및 계획서
5. 실가동 Diagram
6. 시험구분, 방법, 사용매체 검토 및 계획서
7. 시험성적서
8. 성능시험 성적서(성능시험 보고서)

2016년 2회 기출문제 해설

※ 다음 물음에 답을 해당 답란에 답하시오.

1 출제년도 16.(6점/각 문항당 2점)

어떤 건축물의 변전설비가 22.9 [kV-Y], 용량 500 [kVA]이며, 변압기 2차측 모선에 연결되어 있는 배선용차단기에 대하여 다음 각 물음에 답하시오.(단, %Z = 5%, 2차 전압은 380 [V], 선로의 임피던스는 무시한다.)

(1) 변압기 2차측 정격전류 [A]

(2) 변압기 2차측 단락전류 [A] 및 배선용차단기의 최소 차단전류 [kA]

　① 변압기 2차측 단락전류 [A]

　② 배선용차단기의 최소 차단전류 [kA]

(3) 차단용량 [MVA]

[작성답안]

(1) 계산 : $I_{2n} = \dfrac{P}{\sqrt{3} \times 380} = \dfrac{500 \times 10^3}{\sqrt{3} \times 380} = 759.67$ [A]

답 : 759.67 [A]

(2) ① 변압기 2차측 단락전류 [A]

계산 : $I_s = \dfrac{100}{\%Z} \times I_n = \dfrac{100}{5} \times 759.67 = 15193.4$ [A]

답 : 15193.4 [A]

② 배선용차단기의 최소 차단전류 [kA]

답 : 15.19 [kA]

(3) 계산 : $P_s = \dfrac{100}{\%Z} \times P_n = \dfrac{100}{5} \times 500 = 10{,}000$ [kVA]

∴ 10 [MVA]

답 : 10 [MVA]

[핵심] %임피던스법

임피던스의 크기를 옴 [Ω] 값 대신에 %값으로 나타내어 계산하는 방법으로 옴 [Ω]법과 달리 전압환산을 할 필요가 없어 계산이 용이하므로 현재 가장 많이 사용되고 있다.

$$\%Z = \frac{I_n[A] \times Z[\Omega]}{E[V]} \times 100[\%] = \frac{P[kVA] \times Z[\Omega]}{10\,V^2[kV]}[\%]$$

2

출제년도 13.16.(5점/부분점수 없음)

부하가 유도전동기이고, 기동용량이 500 [kVA]이다. 기동 시 전압강하는 20 [%], 발전기의 과도리액턴스는 25 [%]이다. 전동기를 운전할 수 있는 자가발전기의 최소 용량은 몇 [kVA]인지 구하시오.

[작성답안]

계산 : 발전기용량 [kVA] $\geq \left(\dfrac{1}{\text{허용전압강하}} - 1\right) \times \text{과도리액턴스} \times \text{기동용량 [kVA]}$

$= \left(\dfrac{1}{0.2} - 1\right) \times 0.25 \times 500 = 500\,[kVA]$

답 : 500 [kVA]

[핵심] 발전기 용량

① 단순한 부하의 경우

전부하 정상 운전시의 소요 입력에 의한 용량에 의해 결정한다.

발전기 용량 [kVA] = 부하의 총 정격 입력 × 수용률 × 여유율

$$\text{발전기 출력 } P = \frac{\Sigma W_L \times L}{\cos\theta}\,[kVA]$$

여기서, ΣW_L : 부하 입력 총계, L : 부하 수용률(비상용일 경우 1.0)

$\cos\theta$: 발전기의 역률(통상 0.8)

② 기동 용량이 큰 부하가 있을 경우, 전동기 시동에 대처하는 용량

자가 발전 설비에서 전동기를 기동할 때 큰 부하가 발전기에 갑자기 걸리게 됨으로 발전기의 단자 전압이 순간적으로 저하하여 개폐기의 개방 또는 엔진의 정지 등이 야기되는 수가 있다. 이런 경우 발전기의 정격 출력 [kVA]은 다음과 같다.

$$\text{발전기 정격 출력 [kVA]} \geq \left(\dfrac{1}{\text{허용 전압 강하}} - 1\right) \times X_d \times \text{기동용량}$$

여기서

X_d : 발전기의 과도 리액턴스(보통 20~25 [%]),

허용 전압 강하 : 20~30 [%]

기동 용량 : 2대 이상의 전동기가 동시에 기동하는 경우는 2개의 기동 용량을 합한 값과 1대의 기동 용량인 때를 비교하여 큰 값의 쪽을 택한다.

기동용량 $= \sqrt{3} \times$ 정격전압 $\times$ 기동전류 $\times \dfrac{1}{1,000}$ [kVA]

3

출제년도 15.16.(8점/각 문항당 2점)

다음은 3φ 4W 22.9 kV 수전설비 단선결선도이다. 다음 각 물음에 답하시오.

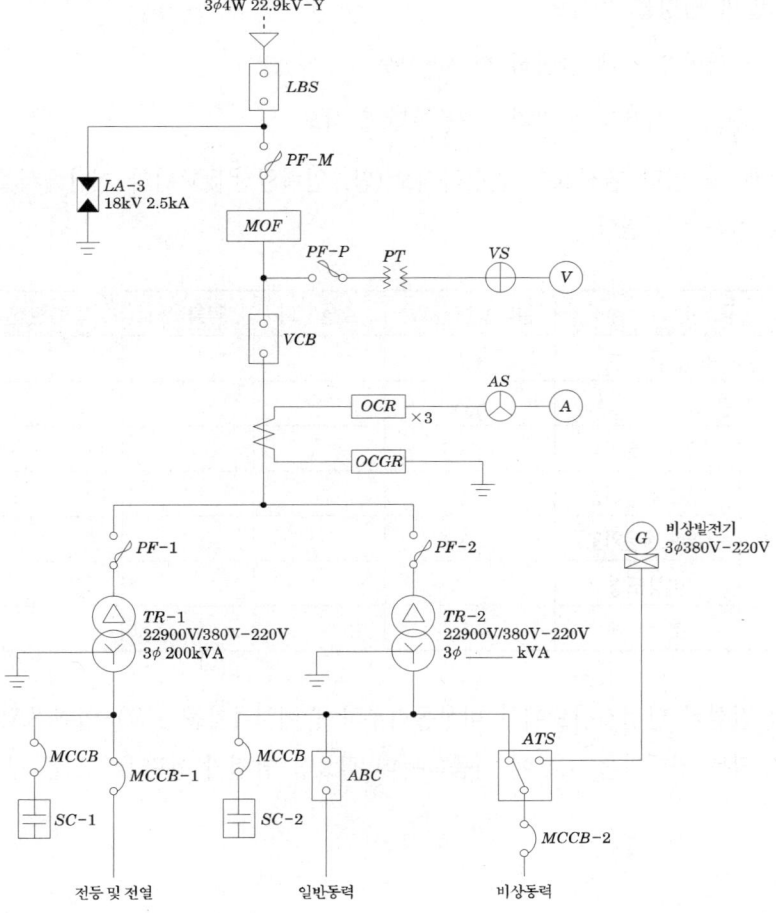

구 분	전등 및 전열	일반동력	비상동력		
설비용량 및 효율	합계 350 [kW] 100 [%]	합계 635 [kW] 85 [%]	유도전동기1 7.5[kW] 2대 85 [%] 유도전동기2 11 [kW] 1대 85 [%] 유도전동기3 15 [kW] 1대 85 [%] 비상조명 8,000 [W] 100 [%]		
평균(종합)역률	80 [%]	90 [%]	90 [%]		
수용률	45 [%]	45 [%]	100 [%]		

(1) 수전설비 단선결선도에서 LBS에 대해 답하시오.

① 우리말의 명칭을 쓰시오.

② 기능과 역할에 대해 간단히 설명하시오.

③ 같은 용도로 사용되는 기기를 2종류만 쓰시오.

(2) 부하집계 및 입력 환산표를 완성하시오.(단, 입력환산 [kVA]의 계산에서 소수점 둘째자리 이하는 버린다.)

구 분		설비용량 [kW]	효율 [%]	역률 [%]	입력환산 [kVA]
전등 및 전열		350			
일 반 동 력		635			
비상동력	유도전동기1	7.5×2			
	유도전동기2	11			
	유도전동기3	15			
	비상조명				
	소 계	-	-	-	

(3) 위의 수전설비 단선결선도에서 비상동력부하 중에서 [기동 (kW)-입력 (kW)]의 값이 최대로 되는 전동기를 최후에 기동하는데 필요한 발전기 용량 [kVA]을 구하시오.

- 유도전동기의 출력 1 [kW]당 기동[kVA]는 7.2로 한다.
- 유도전동기의 기동방식은 모두 직입 기동방식이다. 기동방식에 따른 계수는 1로 한다.
- 부하의 종합효율은 0.85, 발전기의 역률은 0.9, 전동기의 기동 시 역률은 0.4로 한다.

(4) VCB의 개폐시 발생하는 이상전압으로부터 TR-1과 TR-2를 보호하기 위한 보완대책을 도면에 그리시오.(단, 보호장치는 각 변압기별로 각각 시행하고, 시행해야 할 접지의 종류를 기재한다.)

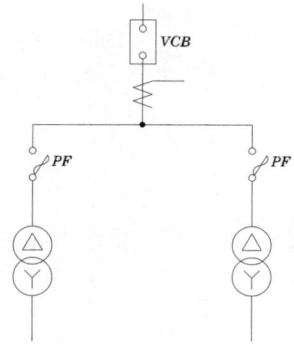

[작성답안]

(1) ① 부하개폐기
   ② • 기능 : 정상상태의 무부하 전류 및 부하 전류를 개폐
      • 역할 : 수전설비의 인입구 개폐
   ③ • 기중부하개폐기
      • 자동고장 구분개폐기 (ASS)

(2) 부하집계 및 입력환산표

구 분		설비용량 [kW]	효율 [%]	역률 [%]	입력환산 [kVA]
전등 및 전열		350	100	80	437.5
일반동력		635	85	90	830
비상동력	유도전동기1	7.5×2	85	90	19.6
	유도전동기2	11	85	90	14.3
	유도전동기3	15	85	90	19.6
	비상조명	8	100	90	8.8
	소 계	–	–	–	62.3

(3) 계산 : $PG_3 \geq \left(\dfrac{\sum P_L - P_m}{\eta_L} + P_m \times \beta \times C \times \cos\theta_s \right) \times \dfrac{1}{\cos\phi}$

$\geq \left(\dfrac{49-15}{0.85} + 15 \times 7.2 \times 1 \times 0.4 \right) \times \dfrac{1}{0.9} = 92.44\ [\text{kVA}]$

답 : 92.44 [kVA]

(4)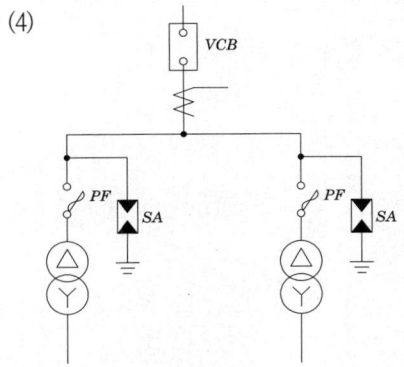

[핵심] 순시 최대 부하에 의한 용량(PG_3)

다수의 부하를 차례로 시동해 가면, 먼저 시동이 되어 정상 운전하고 있는 것에 다른 시동 돌입 부하가 가해진다. 이 합계값이 최대로 될 때의 원동기 기관 출력을 발전기 출력으로 환산한 값을 P라 하면

$$P\,[\text{kVA}] = \dfrac{\Sigma W_o [\text{kW}] + (Q_{L\max}[\text{kVA}] \times \cos\theta_{QL})}{K \times \cos\theta_G}$$

여기서, ΣW_o : 기운전 중인 부하의 합계
$Q_{L\max}$: 시동 돌입 부하
$\cos\theta_{QL}$: 시동 돌입 부하 시동시 역률
K : 원동기 기관 과부하 내량
$\cos\theta_G$: 발전기 역률

PG_3 산정식 부하 중 (기동 [kW]-입력 [kW]) 수치가 최대가 되는 전동기 또는 전동기군을 마지막에 기동할 때의 발전기 용량[kVA]

$$PG_3 = \left(\frac{\Sigma P_L - P_m}{\eta_L} + P_m \times \beta \times C \times \cos\theta_s \right) \times \frac{1}{\cos\phi} \text{ [kVA]}$$

여기서, ΣP_L : 부하출력의 합계 [kW]
P_m : (기동 [kW]-입력 [kW])의 값이 최대가 되는 전동기 또는 전동기군의 출력 [kW])
$\cos\theta_s$: P_m [kW]의 전동기 기동시 역률
$\cos\phi$: 역률
η_L : 부하의 종합 효율
β : 전동기 출력 1 [kW]당 기동 [kVA]
C : 기동방식에 따른 계수 (직입기동 1.0, Y-Δ기동 0.67, 기동보상기 0.42, 리액터기동 0.6)

4

출제년도 11.12.16.(5점/(1)4점, (2)1점)

지표면상 15 [m] 높이에 수조가 있다. 이 수조에 매초 0.2 [m³]의 물을 양수하려고 한다. 여기에 사용되는 펌프용 전동기에 3상 전력을 공급하기 위하여 단상 변압기 2대를 사용하였다. 펌프 효율이 55 [%]이면, 변압기 1대의 용량은 몇 [kVA]이며, 이때의 결선방법을 쓰시오.(단, 펌프용 3상 농형 유도전동기의 역률은 90 [%]이며, 여유계수는 1.1로 한다.)

(1) 변압기 1대의 용량은 몇 [kVA]인가?
(2) 이 때 결선방식은 무엇인가?

[작성답안]

(1) 계산 : $P = \frac{9.8 QHK}{\eta}$ [kW] 에서 $P = \frac{9.8 \times 0.2 \times 15 \times 1.1}{0.55} = 58.8$ [kW]

$P_V = \sqrt{3} \times P_1$ [kVA] 에서 $P_1 = \frac{\frac{65.33}{0.9}}{\sqrt{3}} = 37.72$ [kVA]

답 : 37.72 [kVA]

(2) V-V결선

[핵심] 전동기용량

① 펌프용 전동기 용량

$$P = \frac{9.8 Q' HK}{\eta} = \frac{KQH}{6.12\eta} \text{ [kW]}$$

여기서, P : 전동기의 용량 [kW], Q : 양수량 [m³/min], Q' : 양수량 [m³/sec]
H : 양정(낙차) [m], η : 펌프의 효율 [%], K : 여유계수 (1.1~1.2 정도)

② 권상용 전동기 용량

$$P = \frac{9.8 W \cdot v'}{\eta} = \frac{W \cdot v}{6.12\eta} \text{ [kW]}$$

여기서, W : 권상 하중 [ton], v : 권상 속도 [m/min], v' : 권상 속도 [m/sec]
η : 권상기 효율 [%]

③ V결선

△-△ 결선에서 1대의 단상변압기가 단락, 또는 사고가 발생한 경우를 고장이 발생된 변압기를 제거시킨 결선법으로 즉, 2대의 단상변압기로서 3상 변압기와 같은 전력을 송배전하기 위한 방식을 V결선이라 한다.

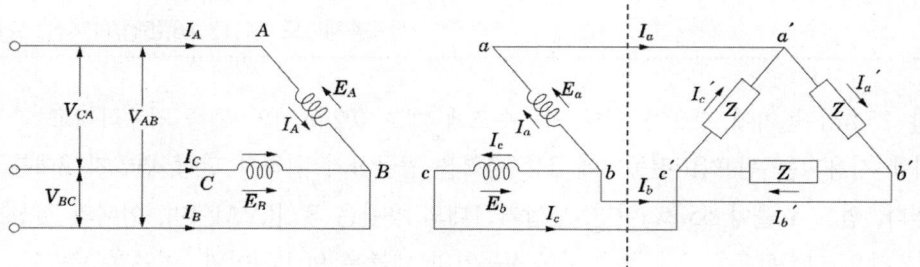

$$P_v = VI\cos\left(\frac{\pi}{6}+\phi\right) + VI\cos\left(\frac{\pi}{6}-\phi\right) = \sqrt{3}\,VI\cos\phi \text{ [W]}$$

$$P_v = \sqrt{3}\,P_1$$

출력비 : $\dfrac{V}{\triangle} = \dfrac{\sqrt{3}\,VI\cos\phi}{3\,VI\cos\phi} ≒ 0.577$

이용률 : $\dfrac{\sqrt{3}\,VI}{2\,VI} = 0.866$

5

출제년도 16.(5점/각 문항당 1점)

감리원은 매 분기마다 공사업자로부터 안전관리 결과보고서를 제출받아 이를 검토하고 미비한 사항이 있을 때에 시정조치 하여야 한다. 안전관리 결과보고서에 포함되어야 하는 서류 5가지를 쓰시오.

[작성답안]
① 안전관리 조직표
② 안전보건 관리체제
③ 재해발생 현황
④ 산재요양신청서 사본
⑤ 안전교육 실적표

[핵심] 제49조(안전관리결과 보고서의 검토)
감리원은 매 분기마다 공사업자로부터 안전관리 결과보고서를 제출받아 이를 검토하고 미비한 사항이 있을 때에는 시정하도록 조치하여야 하며, 안전관리결과보고서에는 다음 각 호와 같은 서류가 포함되어야 한다.

1. 안전관리 조직표
2. 안전보건 관리체제
3. 재해발생 현황
4. 산재요양신청서 사본
5. 안전교육 실적표
6. 그 밖에 필요한 서류

6

출제년도 16.(5점/부분점수 없음)

변압기와 모선 또는 이를 지지하는 애자는 어떤 전류에 의하여 생기는 기계적 충격에 견디는 강도를 가져야 하는지 쓰시오.

[작성답안]
단락전류

출제년도 16.(6점/부분점수 없음)

변압기 손실과 효율에 대하여 다음 각 물음에 답하시오.

(1) 변압기의 손실에 대하여 다음 물음에 답하시오.

① 무부하손

② 부하손

(2) 변압기의 효율을 구하는 공식을 쓰시오.

(3) 변압기의 최대효율 조건을 쓰시오.

[작성답안]

(1) ① 부하에 관계없이 발생하는 손실로 와류손과 히스테리시스손의 합을 말한다.

② 부하 전류에 의해 발생하는 손실로 저항손과 표류부하손의 합을 말한다.

(2) $\eta = \dfrac{P_a \cos\theta}{P_a \cos\theta + P_i + P_c} \times 100\,[\%]$

(3) 철손과 동손이 같을 경우

[핵심] 변압기 효율 (efficiency)

① 전부하 효율 $\eta = \dfrac{P_n \cos\theta}{P_n \cos\theta + P_i + I^2 r} \times 100\,[\%]$

전부하시 $I^2 r = P_i$ 의 조건이 만족되면 효율이 최대가 된다.

② m부하시의 효율 $\eta = \dfrac{m V_{2n} I_{2n} \cos\theta}{m V_{2n} I_{2n} \cos\theta + P_i + m^2 I_{2n}^{\,2} r_{21}} \times 100\,[\%]$

$P_i = m^2 P_c$ 이 최대 효율조건이며, 최대 효율일 경우 부하율은 다음과 같다.

$m = \sqrt{\dfrac{P_i}{P_c}}$

③ 전일효율 $\eta_d = \dfrac{\sum h\, V_2 I_2 \cos\theta_2}{\sum h\, V_2 I_2 \cos\theta_2 + 24 P_i + \sum h\, r_2 I_2^2} \times 100\,[\%]$

8 출제년도 16.(4점/각 항목당 2점)

부하의 특성에 기인하는 전압의 동요에 의하여 조명등이 깜빡거리거나 텔레비전 영상이 일그러지는 등의 현상을 플리커 라고 한다. 배전계통에서 플리커 발생 부하가 증설될 경우에 미리 예측하고 경감을 위하여 수용가측에서 행하는 방법 중 전원계통에 리액터분을 보상하는 방법 2가지를 쓰시오.

[작성답안]
① 직렬콘덴서 방식
② 3권선 보상 변압기 방식

[핵심] 플리커대책
(1) 전원측에서의 대책
 ① 전용 계통으로 공급한다.
 ② 단락용량이 큰 계통에서 공급한다.
 ③ 전용 변압기로 공급한다.
 ④ 공급 전압을 승압한다.
(2) 수용가측에서의 대책
 ① 전원 계통에 리액터분을 보상하는 방법
 • 직렬 콘덴서 방식
 • 3권선 보상 변압기 방식
 ② 전압 강하를 보상하는 방법
 • 부스터 방식
 • 상호 보상 리액터 방식
 ③ 부하의 무효 전력 변동분을 흡수하는 방법
 • 동기 조상기와 리액터 방식
 • 사이리스터(thyristor) 이용 콘덴서 개폐 방식
 • 사이리스터용 리액터
 ④ 플리커 부하 전류의 변동분을 억제하는 방법
 • 직렬 리액터 방식
 • 직렬 리액터 가포화 방식 등이 있다.

9

출제년도 90.07.00.09.10.16.(6점/각 문항당 3점)

가로 20 [m], 세로 50 [m]인 사무실에서 평균조도를 300 [lx]를 얻고자 형광등 40 [W] 2등용을 시설할 경우 다음 각 물음에 답하시오.(단, 40 [W] 2등용 형광등 기구의 전체 광속은 4,600 [lm], 조명률은 0.5, 감광보상률은 1.3, 전기방식은 단상 2선식 200 [V]이며, 40 [W] 2등용 형광등의 전체 입력전류는 0.87 [A]이고, 1회로의 최대전류는 16 [A]로 한다.)

(1) 형광등 기구 수를 구하시오.

(2) 최소분기회로 수를 구하시오.

[작성답안]

(1) 계산 : $N = \dfrac{EAD}{FU} = \dfrac{300 \times 20 \times 50 \times 1.3}{4,600 \times 0.5} = 169.565$ [등]

∴170등 선정

답 : 170 [등]

(2) 계산 : 분기회로 수 $n = \dfrac{200 \times 170 \times 0.87}{200 \times 16} = 9.24$ [회로]

∴16 [A] 분기 10회로 선정

답 : 16 [A] 분기 10회로

[핵심] 분기회로수

$$\text{분기회로 수} = \dfrac{\text{상정 부하 설비의 합 [VA]}}{\text{전압[V]} \times \text{분기 회로 전류[A]}}$$

분기회로 수 산정시 소수점 이하는 절상한다.

10

출제년도 90.05.07.16.(4점/부분점수 없음)

콘덴서 회로에 고조파의 유입으로 인한 사고를 방지하기 위하여 콘덴서 용량의 13 [%]인 직렬 리액터를 설치하고자 한다. 이 경우 투입시의 전류는 콘덴서의 정격전류(정상시 전류)의 몇 배의 전류가 흐르게 되는지 구하시오.

[작성답안]

계산 : 콘덴서 투입시 돌입전류 $I = I_n\left(1 + \sqrt{\dfrac{X_C}{X_L}}\right) = I_n\left(1 + \sqrt{\dfrac{X_C}{0.13 X_C}}\right) = I_n\left(1 + \sqrt{\dfrac{1}{0.13}}\right) = 3.77 I_n$

답 : 3.77배

[핵심] 콘덴서 개폐시의 특이현상

정상전류의 수배의 돌입전류가 유입하여 차단기의 접점이 손상되고, 절연유가 오손되기 쉬우며, 개방시에는 이상전압이 발생하기 쉽다. 따라서 돌입전류와 이상전압을 제한하기 위하여 11KV 이상, 1000KVA 이상의 단위용량이 되면 보조접점을 가진 것이 사용되며 콘덴서 용량 리액턴스의 10~20% 정도의 억제저항을 개폐시에만 직렬로 삽입하여 이를 제한하고 있다.

억제저항을 사용하지 않는 경우에는 접점에 내호 금속을 사용하는 동시에 소호용 접점과 통전용 접점이 분리된 것을 사용한다. 콘덴서 투입시 주파수, 전류와의 관계는 다음과 같다.

$$I_{max} = I_C\left(1 + \sqrt{\dfrac{X_C}{X_L}}\right)$$

$$f_1 = f\sqrt{\dfrac{X_c}{X_L}}$$

I_C : 콘덴서 정상전류 X_C : 콘덴서 리액턴스
X_L : 콘덴서회로 유도성 리액턴스 f : 상용주파수
f_1 : 과도주파수

11

출제년도 97.16.(5점/각 문항당 2점, 모두 맞으면 5점)

3상 380 [V]의 전동기 부하가 분전반으로부터 300 [m]되는 지점(전선 한 가닥의 길이로 본다)에 설치되어 있다. 전동기는 1대로 입력이 78.98 [kVA]라고 하며, 전압강하를 6 [V]로 하여 분기회로의 전선을 정하고자 할 때, 전선의 최소규격과 전선관의 규격을 구하시오.(단, 전선은 450/750 [V]일반용 단심 비닐절연전선으로 하고, 전선관은 후강전선관으로 하며, 부하는 평형되어 있다.)

(1) 전선의 최소규격을 선정

(2) 전선관의 규격 선정

[표] 전선 최대 길이(3상 4선식 380 [V] · 전압강하 3.8 [V])

전류 [A]	전선의 굵기 [mm²]											
	2.5	4	6	10	16	25	35	50	95	150	185	240	300
	전선 최대 길이 [m]											
1	534	854	1281	2135	3416	5337	7472	10674	20281	32022	39494	51236	64045
2	267	427	640	1067	1708	2669	3736	5337	10140	16011	19747	25618	32022
3	178	285	427	712	1139	1779	2491	3558	6760	10674	13165	17079	21348
4	133	213	320	534	854	1334	1868	2669	5070	8006	9874	12809	16011
5	107	171	256	427	683	1067	1494	2135	4056	6404	7899	10247	12809
6	89	142	213	356	569	890	1245	1779	3380	5337	6582	8539	10674
7	76	122	183	305	488	762	1067	1525	2897	4575	5642	7319	9149
8	67	107	160	267	427	667	934	1334	2535	4003	4937	6404	8006
9	59	95	142	237	380	593	830	1186	2253	3558	4388	5693	7116
12	44	71	107	178	285	445	623	890	1690	2669	3291	4270	5337
14	38	61	91	152	244	381	534	762	1449	2287	2821	3660	4575
15	36	57	85	142	228	356	498	712	1352	2135	2633	3416	4270
16	33	53	80	133	213	334	467	667	1268	2001	2468	3202	4003
18	30	47	71	119	190	297	415	593	1127	1779	2194	2846	3558
25	21	34	51	85	137	213	299	427	811	1281	1580	2049	2562
35	15	24	37	61	98	152	213	305	579	915	1128	1464	1830
45	12	19	28	47	76	119	166	237	451	712	878	1139	1423

[비고 1] 전압강하가 2 [%] 또는 3 [%]의 경우, 전선길이는 각각 이 표의 2배 또는 3배가 된다. 다른 경우에도 이 예에 따른다.

[비고 2] 전류가 20 [A] 또는 200 [A] 경우의 전선길이는 각각 이 표 전류 2 [A] 경우의 1/10 또는 1/100이 된다.

[비고 3] 이 표는 평형부하의 경우에 대한 것이다.

[비고 4] 이 표는 역률 1로 하여 계산한 것이다.

[표 2] 후강 전선관 굵기의 선정

도체 단면적 [mm²]	전선 본수									
	1	2	3	4	5	6	7	8	9	10
	전선관의 최소 굵기[호]									
2.5	16	16	16	16	22	22	22	28	28	28
4	16	16	16	22	22	22	28	28	28	28
6	16	16	22	22	22	28	28	28	36	36
10	16	22	22	28	28	36	36	36	36	36
16	16	22	28	28	36	36	36	42	42	42
25	22	28	28	36	36	42	54	54	54	54
35	22	28	36	42	54	54	54	70	70	70
50	22	36	54	54	70	70	70	82	82	82
70	28	42	54	54	70	70	70	82	82	82
95	28	54	54	70	70	82	82	92	92	104
120	36	54	54	70	70	82	82	92		
150	36	70	70	82	92	92	104	104		
185	36	70	70	82	92	104				
240	42	82	82	92	104					

[비고1] 전선의 1본수는 접지선 및 직류회로의 전선에도 적용한다.

[비고2] 이 표는 실험결과와 경험을 기초로 하여 결정한 것이다.

[비고3] 이 표는 KS C IEC 60227-3의 450/750 [V] 일반용 단심 비닐절연전선을 기준한 것이다.

[작성답안]

(1) 계산 : 배전설계전류 $I = \dfrac{78.98 \times 10^3}{\sqrt{3} \times 380} = 119.997 \risingdotseq 120\,[A]$

전선의 최대길이 $L = 300 \times \dfrac{\dfrac{120}{12}}{\dfrac{6}{3.8}} = 1,900\,[m]$

표1에서 12 [A]란의 전선최대길이 1,900 [m]를 초과하는 2,669 [m]의 150 [mm²] 선정

답 : 150 [mm²]

(2) 표2에서 도체단면적 150 [mm²]와 전선본수 3과 만나는 후강전선관 70호 선정

답 : 70호

12

출제년도 88.97.98.99.02.03.06.16.(9점/각 문항당 3점)

전력용 퓨즈에서 퓨즈에 대한 그 역할과 기능에 대해서 다음 각 물음에 답하시오.

(1) 퓨즈의 역할을 크게 2가지로 대별하여 간단하게 설명하시오.

(2) 표와 같은 각종 기구의 능력 비교표에서 관계(동작)되는 해당란에 ○표로 표시하시오.

기능＼능력	회로분리		사고차단	
	무부하시	부하시	과부하시	단락시
퓨 즈				
차단기				
개폐기				
단로기				
전자 접촉기				

(3) 퓨즈의 성능(특성) 3가지를 쓰시오.

[답안작성]

(1) • 부하 전류를 안전하게 통전시킨다.
   • 일정값 이상의 과전류를 차단하여 선로 및 기기를 보호한다.

(2)

기능＼능력	회로분리		사고차단	
	무부하시	부하시	과부하시	단락시
퓨 즈	○			○
차단기	○	○	○	○
개폐기	○	○	○	
단로기	○			
전자 접촉기	○	○	○	

(3) ① 용단 특성
   ② 단시간 허용 특성
   ③ 전차단 특성

[핵심] 전력퓨즈

① 전력퓨즈

전력퓨즈는 고압 및 특고압의 선로에서 선로와 기기를 단락으로부터 보호하기 위해 사용되는 차단장치이다.

   • 부하전류를 안전하게 통전한다.
   • 일정치 이상의 과전류는 차단하여 선로나 기기를 보호한다.

② 전력퓨즈의 장·단점

장점	단점
① 가격이 싸다.	① 재투입을 할 수 없다.
② 소형 경량이다.	② 과도전류로 용단하기 쉽다.
③ 릴레이나 변성기가 필요 없다.	③ 동작시간-전류특성을 계전기처럼 자유로이 조정 할 수 없다.
④ 밀폐형 퓨즈는 차단시에 무소음 무방출이다.	④ 한류형 퓨즈에는 녹아도 차단하지 못하는 전류범위를 갖는 것이 있다.
⑤ 소형으로 큰 차단용량을 갖는다.	⑤ 비보호영역이 있으며, 사용 중에 열화하여 동작하면 결상을 일으킬 염려가 있다.
⑥ 보수가 간단하다.	⑥ 한류형은 차단시에 과전압을 발생한다.
⑦ 고속도 차단한다.	⑦ 고 임피던스 접지계통의 접지보호는 할 수 없다.
⑧ 한류형 퓨즈는 한류효과가 대단히 크다.	
⑨ 차지하는 공간이 적고 장치 전체가 싼 값에 소형으로 처리된다.	
⑩ 후비보호가 완벽하다.	

③ 기능비교

기구 명칭	정상 전류			이상 전류		
	통전	개	폐	통전	투입	차단
차단기	○	○	○	○	○	○
퓨 즈	○	×	×	×	×	○
단로기	○	△	×	○	×	×
개폐기	○	○	○	○	△	×

○ : 가능, △ : 때에 따라 가능, × : 불가능

어느 변전소에서 그림과 같은 일부하 곡선을 가진 3개의 부하 A, B, C의 수용가에 있을 때 다음 각 물음에 답하시오.(단, 부하 A, B, C의 평균 전력은 각각 4,500 [kW], 2,400 [kW], 및 900 [kW]라 하고 역률은 각각 100 [%], 80 [%], 60 [%]라 한다.)

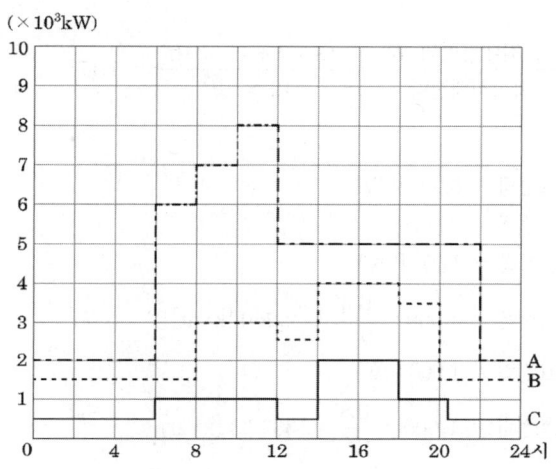

(1) 합성최대전력 [kW]을 구하시오.

(2) 종합 부하율 [%]을 구하시오.

(3) 부등률을 구하시오.

(4) 최대 부하시의 종합역률 [%]을 구하시오.

(5) A수용가에 관한 다음 물음에 답하시오.

① 첨두부하는 몇 [kW]인가?

② 지속첨두부하가 되는 시간은 몇 시부터 몇 시까지 인가?

③ 하루 공급된 전력량은 몇 [MWh]인가?

[작성답안]

(1) 계산 : 합성최대전력 $= (8+3+1) \times 10^3 = 12{,}000\,[\text{kW}]$

　　답 : 12,000 [kW]

(2) 계산 : 종합부하율 $= \dfrac{\text{각 평균전력의 합}}{\text{합성최대전력}} = \dfrac{4{,}500 + 2{,}400 + 900}{12{,}000} \times 100 = 65\,[\%]$

　　답 : 65 [%]

(3) 계산 : 부등률 $= \dfrac{\text{각 최대전력의 합}}{\text{합성최대전력}} = \dfrac{(8+4+2) \times 10^3}{12 \times 10^3} = 1.17$

　　답 : 1.17

(4) 계산 : A수용가 유효전력 = 8,000 [kW]

　　　　　A수용가 무효전력 = 0 [kVar]

　　　　　B수용가 유효전력 = 3,000 [kW]

　　　　　B수용가 무효전력 $= 3{,}000 \times \dfrac{0.6}{0.8} = 2{,}250\,[\text{kVar}]$

　　　　　C수용가 유효전력 = 1,000 [kW]

　　　　　C수용가 무효전력 $= 1{,}000 \times \dfrac{0.8}{0.6} = 1333.33\,[\text{kVar}]$

　　　　　유효전력 합계 $= 8{,}000 + 3{,}000 + 1{,}000 = 12{,}000\,[\text{kW}]$

　　　　　무효전력 합계 $= 0 + 2{,}250 + 1333.33 = 3583.33\,[\text{kVar}]$

　　　　　$\therefore$ 종합역률 $= \dfrac{12{,}000}{\sqrt{12{,}000^2 + 3583.33^2}} \times 100 = 95.82\,[\%]$

　　답 : 95.82 [%]

(5) ① 8,000 [kW]

　　② 10시 ~ 12시

　　③ 계산 : $W = P\,t = 4{,}500 \times 24 \times 10^{-3} = 108\,[\text{MWh}]$

　　　　답 : 108 [MWh]

[핵심] 부하관계용어

① 부하율

공급 설비가 어느 정도 유효하게 사용되는가를 나타내며 부하율이 클수록 공급 설비가 유효하게 사용된다. 부하율은 다음 식에 의해 계산한다.

$$부하율 = \frac{평균\ 수요\ 전력[kW]}{최대\ 수요\ 전력[kW]} \times 100\,[\%]$$

부하율은 각 단위별(변압기, 전주, 수용가 등), 시기, 범위, 기간에 따라 달라지며, 부하율을 표시할 경우 기간, 범위를 반드시 명기한다. 예를 들어 일부하율, 월부하율 등으로 표시하여야 하며, 부하율은 기간이 길어질수록 작아진다. 부하율이 적다의 의미는 다음과 같다.

- 공급 설비를 유용하게 사용하지 못한다.
- 평균 수요 전력과 최대 수요 전력과의 차가 커지게 되므로 부하 설비의 가동률이 저하된다.

② 종합부하율

$$종합\ 부하율 = \frac{평균\ 전력}{합성\ 최대\ 전력} \times 100\,[\%] = \frac{A,\ B,\ C\ 각\ 평균\ 전력의\ 합계}{합성\ 최대\ 전력} \times 100\,[\%]$$

③ 부등률

각 수용가에서의 최대 수용 전력의 발생 시각은 시간적으로 차이가 있으며 이 경우에 배전 변압기 또는 간선에서의 합성 최대 수용 전력은 각 수용가에서의 최대 수용 전력의 합보다 적게 되는데 이 비를 부등률이라 하며 이 값은 항상 1보다 크고, 백분율로 나타내지 않는다. 수용률과 더불어 배전 변압기 또는 배전 간선 등의 공급 설비 계획 자료로 사용된다.

$$부등률 = \frac{개별\ 최대수용전력의\ 합}{합성\ 최대수용전력} = \frac{설비용량 \times 수용전력}{합성최대수용전력}$$

④ 수용률

수용률은 시설되는 총 부하 설비용량에 대하여 실제로 사용하게 되는 부하의 최대 전력의 비를 나타내는 것으로서 다음 식에 의하여 구한다.

$$수용률 = \frac{최대수요전력[kW]}{부하설비용량[kW]} \times 100\,[\%]$$

14

출제년도 16.(5점/부분점수 없음)

다음 회로에서 소비하는 전력은 몇 [W]인지 구하시오.

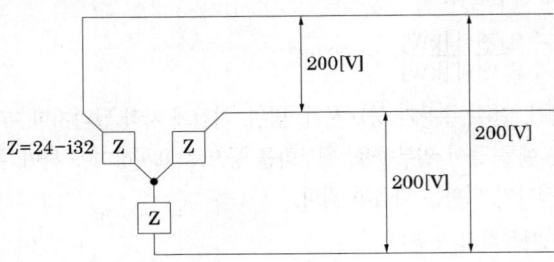

[작성답안]

계산 : $P = \dfrac{3 V_p^2 R}{R^2 + X^2} = \dfrac{3 \times \left(\dfrac{200}{\sqrt{3}}\right)^2 \times 24}{24^2 + 32^2} = 600 \, [\text{W}]$

답 : 600 [W]

15

출제년도 12.16.(3점/각 문항당 1점)

전력용 진상콘덴서의 정기점검(육안검사) 항목 3가지를 쓰시오.

[작성답안]
① 단자의 이완 및 과열유무 점검
② 용기의 발청 유무점검
③ 유 누설유무 점검
그 외
④ 용기의 이상변형 유무
⑤ 붓싱(애자)의 카바 파손유무

16

출제년도 07.16.(4점/부분점수 없음)

3상 3선식 배전선로의 각 선간의 전압강하의 근사값을 구하고자 하는 경우에 이용할 수 있는 약산식을 다음의 조건을 이용하여 구하시오.

【조건】
가. 배선선로의 길이 : L [m], 배전선의 굵기 : A [mm²], 배전선의 전류 : I [A]
나. 표준연동선의 고유저항률 (20 [℃]) : $\frac{1}{58}$ [Ω·mm²/m], 동선의 도전율 : 97 [%]
다. 선로의 리액턴스를 무시하고 역률은 1로 간주해도 무방하다.

[작성답안]
계산 : 전압강하 $e = \sqrt{3}\,RI = \sqrt{3} \times \frac{1}{58} \times \frac{100}{97} \times \frac{L}{A} \times I = \frac{1}{32.48} \times \frac{LI}{A} = \frac{30.8}{1000} \times \frac{I \times L}{A}$ [V]

답 : $e = \dfrac{30.8LI}{1,000A}$ [V]

[핵심] 전압강하와 전선의 굵기
① KSC IEC 전선규격
1.5, 2.5, 4, 6, 10, 16, 25, 35, 50, 70, 95, 120, 150, 185, 240, 300, 400, 500, 630 [mm²]

② 전압강하

- 단상 2선식 : $e = \dfrac{35.6LI}{1,000A}$ ‥‥‥‥‥‥‥‥‥‥‥‥‥‥‥‥ ①

- 3상 3선식 : $e = \dfrac{30.8LI}{1,000A}$ ‥‥‥‥‥‥‥‥‥‥‥‥‥‥‥‥ ②

- 3상 4선식 : $e_1 = \dfrac{17.8LI}{1,000A}$ ‥‥‥‥‥‥‥‥‥‥‥‥‥‥‥‥ ③

여기서, L : 거리　　　　I : 정격전류　　　　A : 케이블의 굵기
이며 ③의 식은 1선과 중성선간의 전압강하를 말한다.

17 출제년도 16.(5점/부분점수 없음)

다음 조건과 같은 동작이 되도록 제어회로의 배선과 감시반 회로 배선 단자를 상호 연결하시오.

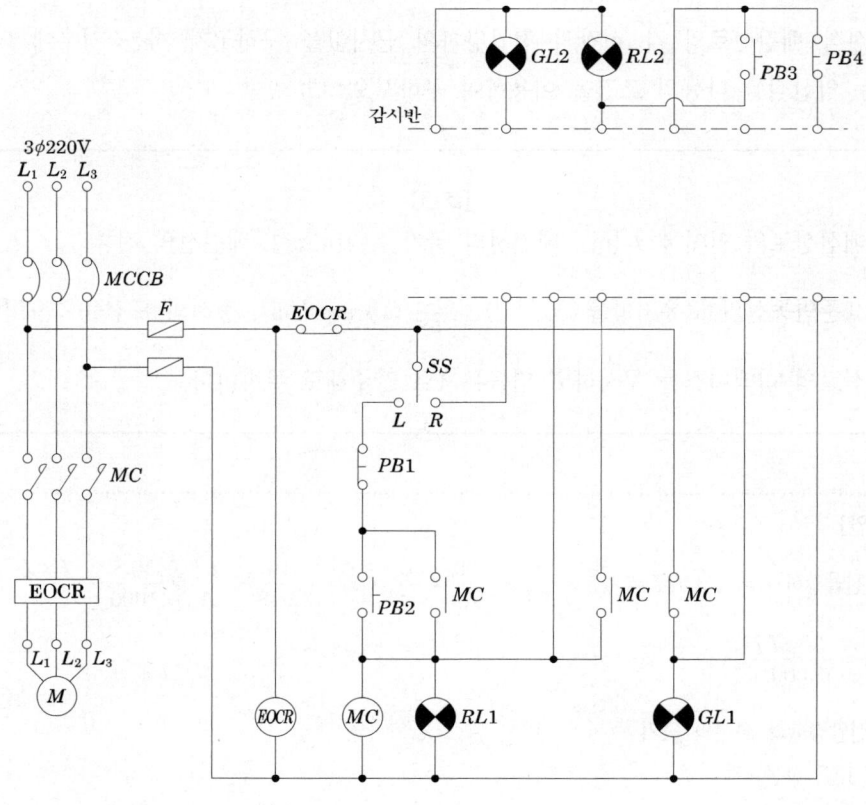

- 배선용차단기(MCCB)를 투입(ON)하면 GL1과 GL2가 점등된다.
- 선택스위치(SS)를 "L" 위치에 놓고 PB2를 누른 후 놓으면 전자접촉기(MC)에 의하여 전동기가 운전되고, RL1과 RL2는 점등, GL1과 GL2는 소등된다.
- 전동기 운전 중 PB1을 누르면 전동기는 정지하고, RL1과 RL2는 소등, GL1과 GL2는 점등된다.
- 선택스위치(SS)를 "R" 위치에 놓고 PB3를 누른 후 놓으면 전자접촉기(MC)에 의하여 전동기가 운전되고, RL1과 RL2는 점등, GL1과 GL2는 소등된다.
- 전동기 운전 중 PB4를 누르면 전동기는 정지하고, RL1과 RL2는 소등되고 GL1과 GL2가 점등된다.
- 전동기 운전 중 과부하에 의하여 EOCR이 작동되면 전동기는 정지하고 모든 램프는 소등되며, EOCR을 RESET하면 초기상태로 된다.

[작성답안]

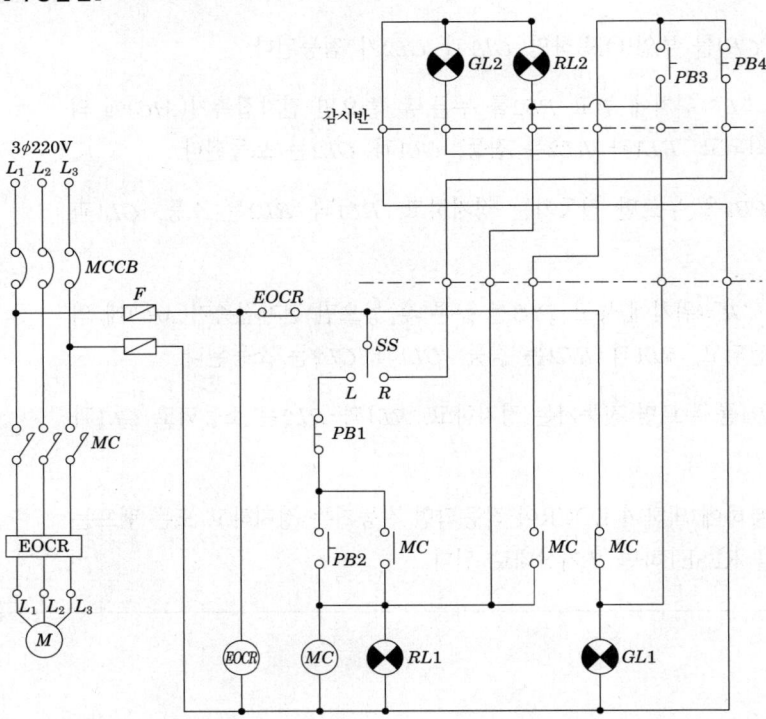

18 출제년도 92.99.16.(5점/부분점수 없음)

다음의 A, B 전등 중 어느 것을 사용하는 편이 유리한지 다음 표를 이용하여 산정하시오. (단, 1시간 당 점등 비용으로 산정할 것)

전등의 종류	전등의 수명	1[cd]당 소비전력 [W] (수명 중의 평균)	평균 구면광도 [cd]	1[kWh]당 전력요금 [원]	전등의 단가 [원]
A	1,500시간	1.0	38	70	1,900
B	1,800시간	1.1	40	70	2,000

[작성답안]

계산 : A전구 사용시 (1시간기준)

전기요금 : $1 \times 38 \times 10^{-3} \times 70 = 2.66$ [원],

A전구 비용 : $\dfrac{1,900}{1,500} = 1.27$ [원]

점등비 : $2.66 + 1.27 = 3.93$ [원]

B전구 사용시 (1시간기준)

전기요금 : $1.1 \times 40 \times 10^{-3} \times 70 = 3.08$ [원]

B전구 비용 : $\dfrac{2,000}{1,800} = 1.11$ [원]

점등비 : $3.08 + 1.11 = 4.19$ [원]

답 : A전구 사용이 유리하다.

2016년 3회 기출문제 해설

※ 다음 물음에 답을 해당 답란에 답하시오.

1. 출제년도 95.99.00.06.17.(5점/부분점수 없음)

사용전압 380 [V]인 3상 직입기동전동기 1.5 [kW] 1대, 3.7 [kW] 2대와 3상 15 [kW] 기동기 사용 전동기 1대 및 3상 전열기 3 [kW]를 간선에 연결하였다. 이때의 간선 굵기, 간선의 과전류 차단기 용량을 다음 표를 이용하여 구하시오.(단, 공사방법은 B1, PVC 절연전선을 사용)

간선의 굵기	과전류차단기 용량
①	②

[표1] 3상 농형 유도전동기의 규약전류 값

출력 [kW]	규약전류 [A]	
	200 [V]용	380 [V]용
0.2	1.8	0.95
0.4	3.2	1.68
0.75	4.8	2.53
1.5	8.0	4.21
2.2	11.1	5.84
3.7	17.4	9.16
5.5	26	13.68
7.5	34	17.89
11	48	25.26
15	65	34.21
18.5	79	41.58
22	93	48.95
30	124	65.26
37	152	80
45	190	100

55	230	121
75	310	163
90	360	189.5
110	440	231.6
132	500	263

[비고 1] 사용하는 회로의 전압이 220 [V]인 경우는 200 [V]인 것의 0.9배로 한다.
[비고 2] 고효율 전동기는 제작자에 따라 차이가 있으므로 제작자의 기술자료를 참조할 것

[표2] 380 [V] 3상 유도전동기의 간선의 굵기 및 기구의 용량 (배선용 차단기의 경우) (동선)

전동기 [kW] 수의 총계 ① [kW] 이하	최대 사용 전류 ①' [A] 이하	배선종류에 의한 간선의 최소 굵기 [mm²]②						직입기동 전동기 중 최대 용량의 것										
		공사방법 A1 3개선		공사방법 B1 3개선		공사방법 C 3개선		0.75 이하	1.5	2.2	3.7	5.5	7.5	11	15	18.5	22	30	37
								기동기 사용 전동기 중 최대 용량의 것											
								-	-	-	-	5.5	7.5	11	15	18.5	22	30	37
		PVC	XLPE, EPR	PVC	XLPE, EPR	PVC	XLPE, EPR	과전류 차단기 (배선용 차단기) 용량 [A] 직입기동-(칸 위 숫자) $Y-\triangle$ 기동[A]-(칸 아래 숫자)											
3	7.9	2.5	2.5	2.5	2.5	2.5	2.5	15 -	15 -	15 -	-	-	-	-	-	-	-	-	-
4.5	10.5	2.5	2.5	2.5	2.5	2.5	2.5	15 -	15 -	20 -	30 -	-	-	-	-	-	-	-	-
6.3	15.8	2.5	2.5	2.5	2.5	2.5	2.5	20 -	20 -	30 -	30 -	40 30	-	-	-	-	-	-	-
8.2	21	4	2.5	2.5	2.5	2.5	2.5	30 -	30 -	30 -	30 -	40 30	50 30	-	-	-	-	-	-
12	26.3	6	4	4	2.5	4	2.5	40 -	40 -	40 -	40 -	40 40	50 40	75 40	-	-	-	-	-
15.7	39.5	10	6	10	6	6	4	50 -	50 -	50 -	50 -	60 50	75 50	100 60	-	-	-	-	-
19.5	47.4	16	10	10	6	10	6	60 -	60 -	60 -	60 -	60 60	75 60	75 60	100 60	125 75	-	-	-
23.2	52.6	16	10	16	10	10	10	75 -	75 -	75 -	75 -	75 75	100 75	100 75	100 75	125 75	125 100	-	-

30	65.8	25	16	16	10	16	10	100 -	100 -	100 -	100 -	100 100	100 100	125 100	125 100	125 100	125 100	-
37.5	78.9	35	25	25	16	25	16	100 -	100 -	100 -	100 -	100 100	100 100	125 100	125 100	125 100	125 125	-
45	92.1	50	25	35	25	25	16	125 -	125 -	125 -	125 -	125 125	125 125	125 125	125 125	125 125	125 125
52.5	105.3	50	35	35	25	35	25	125 -	125 -	125 -	125 -	125 125	125 125	125 125	125 125	125 125	150 150
63.7	131.6	70	50	50	35	50	35	175 -	175 -	175 -	175 -	175 175	175 175	175 175	175 175	175 175	175 175
75	157.9	95	70	70	50	70	50	200 -	200 -	200 -	200 -	200 200	200 200	200 200	200 200	200 200	200 200
86.2	184.2	120	95	95	70	95	70	225 -	225 -	225 -	225 -	225 225	225 225	225 225	225 225	225 225	225 225

[비고 1] 최소 전선 굵기는 1회선에 대한 것이며, 2회선 이상일 경우는 부록 500-2의 복수회로 보정계수를 적용하여야 한다.

[비고 2] 공사방법 A1은 벽 내의 전선관에 공사한 절연전선 또는 단심케이블, B1은 벽면의 전선관에 공사한 절연전선 또는 단심케이블, 공사방법 C는 벽면에 공사한 단심 또는 다심케이블을 시설하는 경우의 전선 굵기를 표시하였다.

[비고 3] 「전동기중 최대의 것」에 동시 기동하는 경우를 포함함

[비고 4] 배선용 차단기의 용량은 해당 조항에 규정되어 있는 범위에서 실용상 거의 최댓값을 표시함

[비고 5] 배선용 차단기의 선정은 최대 용량의 정격전류의 3배에 다른 전동기의 정격전류의 합계를 가산한 값 이하를 표시함.

[비고 6] 배선용차단기를 배분전반, 제어반 등의 내부시설하는 경우는 그 반 내의 온도상승에 주의할 것.

[작성답안]

계산 : [표 1]의 규약전류에 의한 최대사용전류 = 4.21 [A] + 9.16 [A] × 2 + 34.21 [A] = 56.74 [A]

전열기의 최대사용전류 = $\dfrac{3,000}{\sqrt{3} \times 380}$ = 4.558 [A]

최대사용전류 ①′ = 56.74 [A] + 4.558 [A] = 61.298 [A]

[표 2]에서 65.8 [A]란과 공사방법 B1, PVC부분의 교차점 16 [mm²]선정

[표 2]에서 65.8 [A]란과 기동기사용 15 [kW]란의 교차점 100 [A]선정

답 : ① 16 [mm²]   ② 100 [A]

[핵심]

전열기가 1대 주어졌음을 주의하여야 한다.

출제년도 16.(5점/각 항목당 1점)

다음은 전력시설물 공사감리업무 수행지침 중 감리원의 공사 중지명령과 관련된 사항이다. ①~⑤의 알맞은 내용을 답란에 쓰시오.

> 감리원은 시공된 공사가 품질확보 미흡 또는 중대한 위해를 발생시킬 우려가 있다고 판단되거나, 안전상 중대한 위험이 발견된 경우에는 공사 중지를 지시할 수 있으며 공사 중지는 부분중지와 전면중지로 구분한다.
>
> 부분중지 명령의 경우는 다음 각 호와 같다.
>
> (1) (①)이(가) 이행되지 않는 상태에서는 다음 단계의 공정이 진행됨으로써 (②)이(가) 될 수 있다고 판단될 때
>
> (2) 안전시공상 (③)이(가) 예상되어, 물적, 인적 중대한 피해가 예견될 때
>
> (3) 동일 공정에 있어 3회 이상 (④)이(가) 이행되지 않을 때
>
> (4) 동일 공정에 있어 2회 이상 (⑤)이(가) 있었음에도 이행되지 않을 때

①	②	③	④	⑤

[작성답안]
① 재시공 지시   ② 하자발생   ③ 중대한 위험   ④ 시정지시   ⑤ 경고

[핵심] 제41조(감리원의 공사 중지명령 등)

공사중지 : 시공된 공사가 품질확보 미흡 또는 중대한 위해를 발생시킬 우려가 있다고 판단되거나, 안전상 중대한 위험이 발견된 경우에는 공사중지를 지시할 수 있으며 공사중지는 부분중지와 전면중지로 구분한다.

　가. 부분중지
　(1) 재시공 지시가 이행되지 않는 상태에서는 다음 단계의 공정이 진행됨으로써 하자발생이 될 수 있다고 판단될 때
　(2) 안전시공상 중대한 위험이 예상되어 물적, 인적 중대한 피해가 예견될 때
　(3) 동일 공정에 있어 3회 이상 시정지시가 이행되지 않을 때
　(4) 동일 공정에 있어 2회 이상 경고가 있었음에도 이행되지 않을 때

나. 전면중지
  (1) 공사업자가 고의로 공사의 추진을 지연시키거나, 공사의 부실 발생우려가 짙은 상황에서 적절한 조치를 취하지 않은 채 공사를 계속 진행하는 경우
  (2) 부분중지가 이행되지 않음으로써 전체공정에 영향을 끼칠 것으로 판단될 때
  (3) 지진·해일·폭풍 등 불가항력적인 사태가 발생하여 시공을 계속 할 수 없다고 판단될 때
  (4) 천재지변 등으로 발주자의 지시가 있을 때

3

출제년도 16.(4점/부분점수 없음)

부하 설비가 100 [kW]이며, 뒤진 역률이 85 [%]인 부하를 100 [%]로 개선하기 위한 전력용 콘덴서의 용량은 몇 [kVA]가 필요한지 구하시오.

[작성답안]

계산 : $Q = P(\tan\theta_1 - \tan\theta_2) = 100 \times \left(\dfrac{\sqrt{1-0.85^2}}{0.85} - \dfrac{0}{1} \right) = 61.974$ [kVA]

답 : 61.97 [kVA]

[핵심] 역률개선 콘덴서 용량

$$Q_c = P\tan\theta_1 - P\tan\theta_2 = P(\tan\theta_1 - \tan\theta_2) = P\left(\dfrac{\sin\theta_1}{\cos\theta_1} - \dfrac{\sin\theta_2}{\cos\theta_2} \right)$$

$$= P\left(\dfrac{\sqrt{1-\cos^2\theta_1}}{\cos\theta_1} - \dfrac{\sqrt{1-\cos^2\theta_2}}{\cos\theta_2} \right) \text{ [kVA]}$$

여기서, $\cos\theta_1$: 개선 전 역률, $\cos\theta_2$: 개선 후 역률

4

출제년도 16. (6점/각 문항당 2점)

다음과 같은 발전소에서 각 차단기의 차단용량을 구하시오.

- 발전기 G_1 : 용량 10,000 [kVA] $x_{G_1} = 10$ [%]
- 발전기 G_2 : 용량 20,000 [kVA] $x_{G_2} = 14$ [%]
- 변압기 T : 용량 30,000 [kVA] $x_T = 12$ [%]이고,
- S_1, S_2, S_3는 단락사고 발생 지점이며, 선로 측으로부터의 단락전류는 고려하지 않는다.

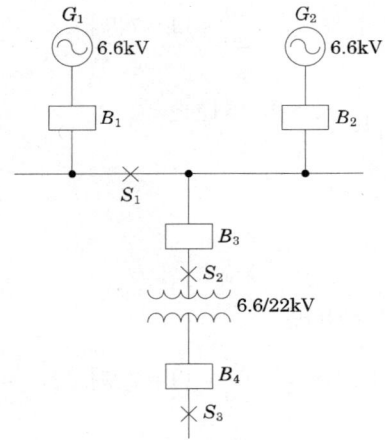

(1) S_1지점에서 단락사고가 발생하였을 때, B_1, B_2 차단기의 차단 용량 [MVA]을 계산하시오.

(2) S_2지점에서 단락사고가 발생 하였을 때, B_3 차단기의 차단 용량 [MVA]을 계산하시오.

(3) S_3지점에서 단락사고가 발생 하였을 때, B_4 차단기의 차단 용량 [MVA]을 계산하시오.

[작성답안]

(1) 계산 : 기준용량 10 [MVA]로 환산하면

$$\%x_{G1} = \frac{10}{10} \times 10 = 10\,[\%],\ \%x_{G2} = \frac{10}{20} \times 14 = 7\,[\%]$$

$$B_1 = \frac{100}{10} \times 10 = 100\,[\text{MVA}]$$

$$B_2 = \frac{100}{7} \times 10 = 142.857\,[\text{MVA}]$$

답 : ① B_1 100 [MVA]
　　② B_2 142.86 [MVA]

(2) 계산 : 기준용량 10 [MVA]로 환산하면

$$\%x_{G1} = \frac{10}{10} \times 10 = 10\,[\%],\ \%x_{G2} = \frac{10}{20} \times 14 = 7\,[\%]$$

$$\%x_0 = \frac{\%x_{G_1} \times \%x_{G_2}}{\%x_{G_1} + \%x_{G_2}} = \frac{10 \times 7}{10 + 7} = 4.118\,[\%]$$

$$\therefore B_3 = \frac{100}{4.118} \times 10 = 242.836$$

답 : 242.84 [MVA]

(3) 계산 : 기준용량 10 [MVA]로 환산하면

$$\%x_{G1} = \frac{10}{10} \times 10 = 10\,[\%],\ \%x_{G2} = \frac{10}{20} \times 14 = 7\,[\%],\ \%x_T = \frac{10}{30} \times 12 = 4\,[\%]$$

$$\%x_0 = \frac{\%x_{G_1} \times \%x_{G_2}}{\%x_{G_1} + \%x_{G_2}} + \%x_T = \frac{10 \times 7}{10 + 7} + 4 = 8.118\,[\%]$$

$$\therefore B_3 = \frac{100}{8.118} \times 10 = 123.183$$

답 : 123.18 [MVA]

[해설] %임피던스

(2) 고장점 S_2지점에서 바라본 발전기 G_1과 G_2는 병렬이다.

(3) 고장점 S_3지점에서 바라본 발전기 G_1과 G_2는 병렬이며, 변압기 T와는 직렬이다.

임피던스의 크기를 옴[Ω] 값 대신에 %값으로 나타내어 계산하는 방법으로 옴[Ω]법과 달리 전압환산을 할 필요가 없어 계산이 용이하므로 현재 가장 많이 사용되고 있다.

$$\%Z = \frac{I_n[\text{A}] \times Z[\Omega]}{E[\text{V}]} \times 100 [\%] = \frac{P[\text{kVA}] \times Z[\Omega]}{10\,V^2[\text{kV}]}[\%]$$

$$P_S = \frac{100}{\%Z} P_N$$

여기서 P_N은 %임피던스를 결정하는 기준용량을 의미 한다.

---

5 출제년도 91.96.97.03.15.16.(4점/부분점수 없음)

3상 3선식 중성점 비접지식 6,600 [V] 가공전선로가 있다. 이 전선로의 지락전류가 5[A]인 경우 이 전로에 접속된 주상 변압기 220 [V]측 한 단자에 중성점 접지공사를 할 때 접지 저항값은 얼마 이하로 유지하여야 하는지 구하시오.(단, 2초 이내에 자동적으로 전로를 차단하는 장치를 설치한 경우이다.)

[작성답안]

계산 : $R = \dfrac{300}{I_{g1}} = \dfrac{300}{5} = 60\,[\Omega]$

답 : 60 [Ω]

6

출제년도 00.02.04.06.09.10.12.16.18.20.(4점/부분점수 없음)

비상용 자가발전기를 구입하고자 한다. 부하는 단일 부하로서 유도전동기이며, 기동용량이 1,800 [kVA]이고, 기동시의 전압강하는 20 [%]까지 허용하며, 발전기의 과도 리액턴스는 26 [%]로 본다면 자가발전기의 용량은 이론(계산)상 몇 [kVA]이상의 것을 선정하여야 하는지 구하시오.

[작성답안]

계산 : 발전기용량 $\geq \left(\dfrac{1}{e}-1\right) \times x_d \times$ 기동용량 $= \left(\dfrac{1}{0.2}-1\right) \times 0.26 \times 1,800 = 1,872$ [kVA]

답 : 1,872 [kVA]

[핵심] 발전기 용량

① 단순한 부하의 경우

전부하 정상 운전시의 소요 입력에 의한 용량에 의해 결정한다.

발전기 용량[kVA] = 부하의 총 정격 입력 × 수용률 × 여유율

$$발전기 출력\ P = \dfrac{\varSigma W_L \times L}{\cos\theta}\ [\text{kVA}]$$

여기서, $\varSigma W_L$: 부하 입력 총계, L : 부하 수용률(비상용일 경우 1.0)

$\cos\theta$: 발전기의 역률(통상 0.8)

② 기동 용량이 큰 부하가 있을 경우, 전동기 시동에 대처하는 용량

자가 발전 설비에서 전동기를 기동할 때 큰 부하가 발전기에 갑자기 걸리게 됨으로 발전기의 단자 전압이 순간적으로 저하하여 개폐기의 개방 또는 엔진의 정지 등이 야기되는 수가 있다. 이런 경우 발전기의 정격 출력 [kVA]은 다음과 같다.

$$발전기\ 정격\ 출력\ [\text{kVA}] \geq \left(\dfrac{1}{허용\ 전압\ 강하}-1\right) \times X_d \times 기동용량$$

여기서

X_d : 발전기의 과도 리액턴스(보통 20~25 [%]),

허용 전압 강하 : 20~30 [%]

기동 용량 : 2대 이상의 전동기가 동시에 기동하는 경우는 2개의 기동 용량을 합한 값과 1대의 기동 용량인 때를 비교하여 큰 값의 쪽을 택한다.

$$기동용량 = \sqrt{3} \times 정격전압 \times 기동전류 \times \dfrac{1}{1,000}\ [\text{kVA}]$$

출제년도 16.20.(5점/부분점수 없음)

다음 요구사항을 만족하는 주회로 및 제어회로의 미완성 결선도를 직접 그려 완성하시오.(단, 접점기호와 명칭 등을 정확히 나타내시오.)

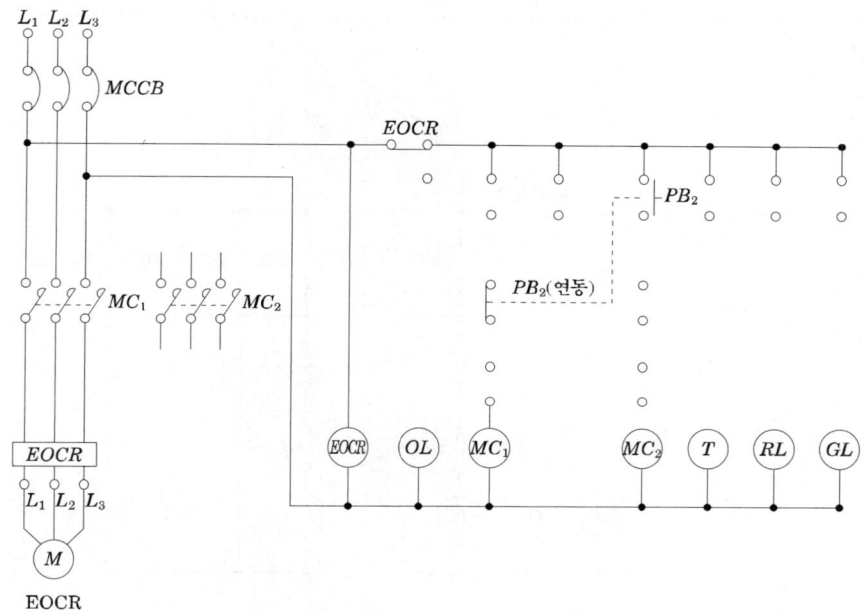

【요구사항】

- 전원스위치 $MCCB$를 투입하면 주회로 및 제어회로에 전원이 공급된다.
- 누름버튼스위치(PB_1)를 누르면 MC_1이 여자되고 MC_1의 보조접점에 의하여 RL이 점등되며, 전동기는 정회전 한다.
- 누름버튼스위치(PB_1)를 누른 후 손을 떼어도 MC_1은 자기유지 되어 전동기는 계속 정회전 한다.
- 전동기 운전 중 누름버튼스위치(PB_2)를 누르면 연동에 의하여 MC_1이 소자되어 전동기가 정지되고, RL은 소등된다. 이 때 MC_2는 자기유지 되어 전동기는 역회전(역상제동을 함)하고 타이머가 여자되며, GL이 점등된다.
- 타이머 설정시간 후 역회전 중인 전동기는 정지하고 GL도 소등된다. 또한 MC_1과 MC_2의 보조 접점에 의하여 상호 인터록이 되어 동시에 동작되지 않는다.

- 전동기 운전 중 과전류가 감지되어 $EOCR$이 동작되면, 모든 제어회로의 전원은 차단되고 OL만 점등된다.
- $EOCR$을 리셋하면 초기상태로 복귀한다.

[작성답안]

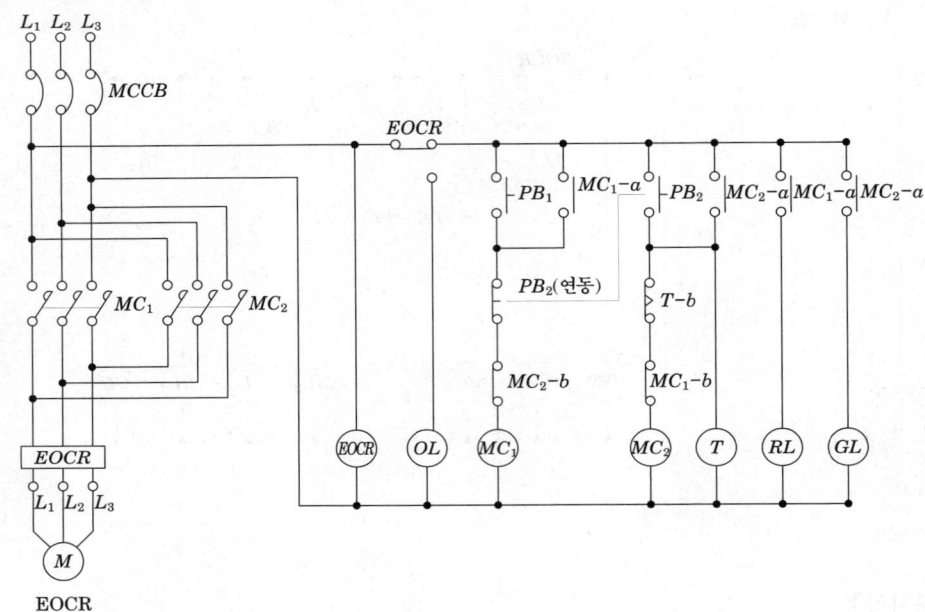

출제년도 16.19.(7점/각 문항당 3점, 모두 맞으면 7점)

8

피뢰기 접지공사를 실시한 후, 접지저항을 보조 접지 2개(A와 B)를 시설하여 측정하였더니 본 접지와 A사이의 저항은 86 [Ω], A와 B사이의 저항은 156 [Ω], B와 본 접지 사이의 저항은 80 [Ω]이었다. 이 때 다음 각 물음에 답하시오.

(1) 피뢰기의 접지 저항값을 구하시오.
(2) 접지공사의 적합여부를 판단하고, 그 이유를 설명하시오.
- 적합여부
- 이유

[작성답안]

(1) 계산 : $R_x = \dfrac{1}{2}(R_{xa} + R_{bx} - R_{ab}) = \dfrac{1}{2}(86 + 80 - 156) = 5[\Omega]$

　답 : $5[\Omega]$

(2) 적합여부 : 적합

　이유 : 피뢰기의 접지저항의 최대값이 $10[\Omega]$이므로 한국전기설비규정에 적합하다.

[핵심] 접지저항 측정

① 콜라우시 브리지법

콜라우시 브리지법은 미끄럼줄 브리지의 원리와 동일한 방법으로 사용하나 내부 전원으로 직류 전원과 배율기를 가지고 있어 측정 소자의 특성을 고려한 측정을 할 수 있다.

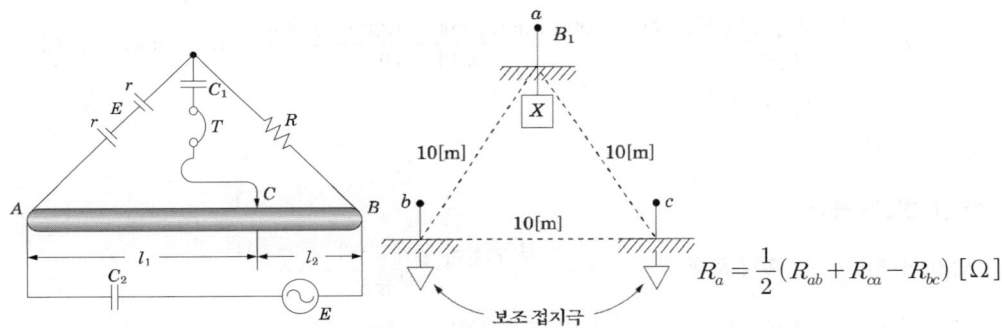

② 접지저항계법

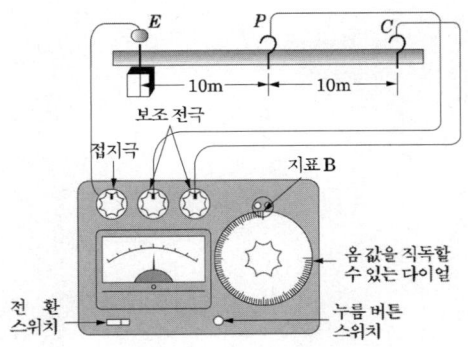

그림과 같이 접지저항계를 연결한다. E는 접지단자, P는 전압, C는 전류단자로 각각 연결하며, 보조접지전극은 $10[m]$ 거리에 이격하여 시설하고 누름버튼 스위치를 눌러 눈금으로 접지저항을 측정한다.

9

출제년도 16.(5점/부분점수 없음)

어떤 수용가의 최대수용전력이 각각 200 [W], 300 [W], 800 [W], 1,200 [W] 및 2,500 [W]일 때 주상변압기의 용량을 결정하시오.(단, 부등률은 1.14, 역률은 0.9로 하며, 표준 변압기 용량으로 선정한다.)

[표] 단상 변압기 표준용량

표준용량[kVA]	1, 2, 3, 5, 7.5, 10, 15, 20, 30, 50, 100, 150, 200

[작성답안]

계산 : 변압기 용량

$$Tr = \frac{각\ 부하최대전력의\ 합}{부등률 \times 역률} = \frac{200+300+800+1,200+2,500}{1.14 \times 0.9} \times 10^{-3} = 4.873\ [kVA]$$

∴ 5 [kVA]선정

답 : 5 [kVA]

[핵심] 변압기 용량

변압기 용량[kW] ≥ 합성 최대 수용 전력 = $\dfrac{부하\ 설비\ 합계[kW] \times 수용률}{부등률}$

역률을 적용하여 [kW]의 부하를 [kVA]의 부하로 환산하여 구한다.

다음은 옥외 장거리 가공송전계통도이다. 다음 각 물음에 답하시오. (단, 한국전기설비규정에 의한다.)

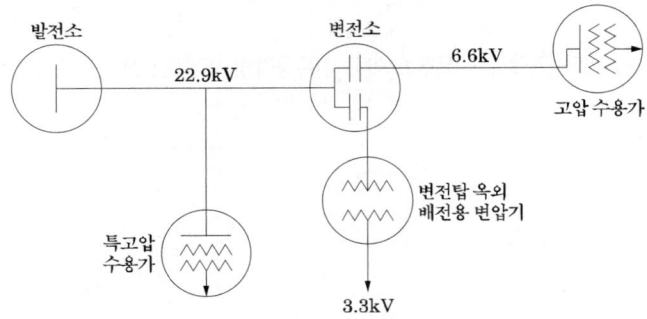

(1) 피뢰기를 설치해야하는 장소를 도면에 "●"로 표시하시오.
(2) 한국전기설비규정에 의한 피뢰기를 시설하여야 하는 장소에 대한 기준을 4가지 쓰시오.

[작성답안]
(1)
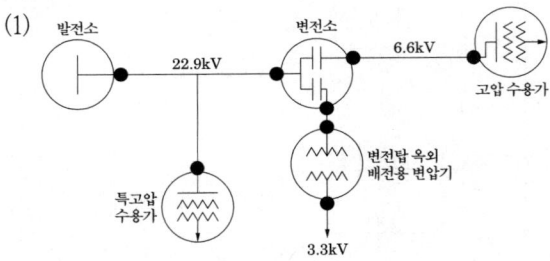

(2) • 발전소, 변전소 또는 이에 준하는 장소의 가공전선 인입구 및 인출구
  • 가공전선로에 접속되는 특별고압 옥외 배전용 변압기의 고압 및 특별고압측
  • 고압 및 특별고압 가공전선로로부터 공급받는 수용장소의 인입구
  • 가공전선로와 지중전선로가 접속되는 곳

11

출제년도 08.16.(3점/부분점수 없음)

전기설비기술기준에 의하여 욕실 등 인체가 물에 젖어 있는 상태에서 물을 사용하는 장소에 콘센트를 시설하는 경우에 설치해야 하는 저압차단기의 정확한 명칭을 쓰시오.

[작성답안]
정격감도전류 15 [mA] 이하 동작시간 0.03초 이하 전류동작형 인체감전보호용 누전차단기

12

출제년도 92.97.16.18.(4점/부분점수 없음)

다음과 같은 유접점 시퀀스회로를 무접점 논리회로로 변경하여 그리시오.

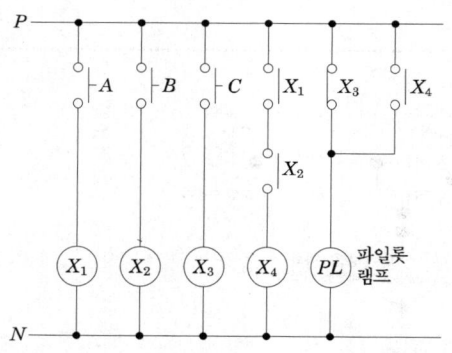

[작성답안]

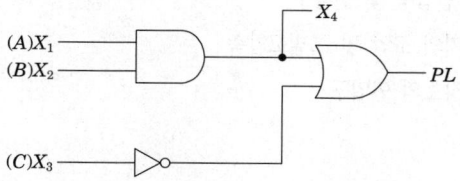

13

출제년도 14.16.(5점/각 항목당 2점, 모두 맞으면 5점)

전기설비기술기준과 한국전기설비규정에 따라 사용전압이 154 [kV]인 중성점 직접 접지식 전로의 절연내력 시험하고자 한다. 시험전압과 시험방법에 대하여 다음 물음에 답하시오.

(1) 절연내력 시험전압
(2) 시험방법

[작성답안]

(1) 계산 : 시험전압 = 154,000×0.72 = 110,880 [V]
    답 : 110,880 [V]

(2) 전선과 대지 사이에 시험전압으로 계속하여 10분간 절연 내력을 시험하였을 때에 이에 견디어야 한다.

[핵심] 절연내력시험

최대 사용 전압	시험 전압	최저 시험 전압	예
7 [kV] 이하	1.5배	500 [V]	6,600 → 9,900
7 [kV] 초과 25 [kV] 이하 중성점 다중 접지 방식	0.92배		22,900 → 21,068
7 [kV] 초과 비접지식 모든 전압	1.25배	10,500 [V]	66,000 → 82,500
60 [kV] 초과 중성점 접지식	1.1배	75,000 [V]	66,000 → 72,600
60 [kV] 초과 중성점 직접 접지식	0.72배		154,000 → 110,880 345,000 → 248,400
170 [kV] 넘는 중성점 직접 접지식 구내에만 적용	0.64배		345,000 → 220,800

14

출제년도 16.(5점/각 문항당 2점, 모두 맞으면 5점)

단상 유도전동기는 반드시 기동장치가 필요하다. 다음 물음에 답하시오.

(1) 기동장치가 필요한 이유를 설명하시오.

(2) 단상 유도전동기의 기동방식에 따라 분류할 때 그 종류를 4가지 쓰시오.

[작성답안]
(1) 단상에서는 회전자계를 얻을 수 없어 기동할 수 없으므로 보조권선에 기동장치를 이용하여 회전자계를 얻어 기동토크를 얻기 위함
(2) ① 반발 기동형   ② 콘덴서 기동형   ③ 분상 기동형   ④ 세이딩 코일형

[핵심] 단상 유도전동기

단상유도 전동기는 교번자계를 전원으로 사용함으로 스스로 기동할 수 없는 특성이 있다. 따라서, 교번자계를 회전자계로 만들어 주어야 기동이 가능하다. 이러한 방법에 따라 단상 유도 전동기의 종류가 결정된다.

① 세이딩 코일형(shaded-pole motor)

고정자의 주 자극 옆에 작은 돌극을 만든다. 여기에 굵은 구리선으로 수 회 정도 감아 단락시킨 구조의 전동기이다. 1차 권선에 전압이 가해지면 자극내의 교번자속에 의해 세이딩 코일에 단락전류가 흐르게 되고, 이 전류의 자속이 주자속 보다 늦게 되어 위상차가 생기며 이것으로 인해 회전자계가 만들어 지며 회전하게 된다(2회전자계설). 세이딩 코일형 전동기는 회전방향을 바꿀 수 없는 특징이 있으며, 주로 소형의 팬, 선풍기와 같은 곳에 사용된다.

② 분상 기동형(split-phase ac induction motor)

서로 자기적인 위치를 달리하면서 병렬로 연결되어 있는 주권선과 보조 권선이 내장된 전동기를 분상 기동형 유도 전동기라 한다. 보조 권선은 기동을 담당하며, 기동시에만 연결되고, 운전이 되면 원심개폐기에 의해 개방된다. 두 권선은 리액턴스의 크기가 다르며 주권선이 리액턴스가 크고, 보조 권선이 리액턴스가 작아 위상차가 생겨 회전자계를 만들어 기동한다. 주로 1/2마력 까지 사용이 가능하며, 팬, 송풍기 등에 사용된다.

③ 콘덴서 전동기(capacitor ac induction motor)

주권선과 보조 권선이 있으며, 보조 권선에 콘덴서가 직렬로 연결되어 있는 전동기를 콘덴서 전동기라 한다. 주권선과 보조 권선의 위상차를 콘덴서가 주어 회전자계를 만들어 기동한다. 기동토크는 분상기동형 보다 크며, 콘덴서를 설치함으로 다른 방식보다 효율과 역률이 좋고, 진동과 소음도 적다. 1[HP] 이하에 많이 사용된다. 냉장고, 세탁기, 선풍기, 펌프 등 널리 사용된다. 콘덴서 전동기의 종류에는 기동할 때만 콘덴서를 사용하는 콘덴서 기동형 전동기(capacitor starting motor), 운전 중에도 콘덴서를 사용하는 영구 콘덴서 전동기(permanent capacitor motor), 2중 콘덴서 전동기(two-value capacitor motor) 등이 있다. 콘덴서 전동기에 사용하는 콘덴서는 기동용으로는 전해콘덴서, 운전용은 유입 콘덴서를 사용한다.

④ 반발형 전동기 (repulsion motor)
단상 유도 전동기의 대부분은 농형회전자를 사용하나 반발 전동기는 회전자에 권선이 있어 권선형 단상 유도 전동기라 부르기도 한다. 반발 전동기는 고정자 권선과 회전자 권선에서 발생하는 자기장 사이의 반발력을 이용한 것으로 기동토크가 크다. 영업용 냉장고, 컴프레셔, 펌프 등에 사용된다.

15

출제년도 10.16.22.(5점/각 문항당 2점, 모두 맞으면 5점)

그림과 같이 전류계 3개를 가지고 부하전력을 측정하려고 한다. 전류가 $A_1 = 7[A]$, $A_2 = 4[A]$, $A_3 = 10[A]$이고, $R = 25[\Omega]$일 때 다음을 구하시오.

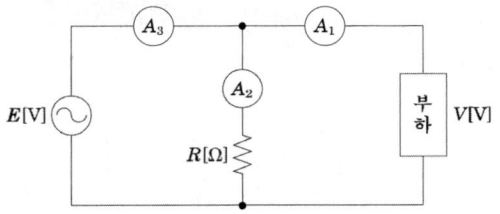

(1) 부하전력 [W]을 구하시오.

(2) 부하 역률을 구하시오.

[작성답안]

(1) 계산 : $P = \dfrac{R}{2}(A_3^2 - A_1^2 - A_2^2) = \dfrac{25}{2}(10^2 - 4^2 - 7^2) = 437.5[\text{W}]$

　답 : 437.5 [W]

(2) 계산 : $\cos\theta = \dfrac{A_3^2 - A_1^2 - A_2^2}{2A_1 A_2} \times 100 = \dfrac{10^2 - 4^2 - 7^2}{2 \times 4 \times 7} \times 100 = 62.5[\%]$

　답 : 62.5 [%]

16

출제년도 16.(5점/부분점수 없음)

전동기 M_1과 M_2의 정격전류가 각각 15 [A]이고, 전열기 H_3의 정격전류가 10 [A]인 부하 설비에 공급하는 저압 옥내간선을 보호하는 과전류 차단기의 정격전류를 선정하기 위한 설계전류를 구하시오. (단, 수용률은 70%이다.)

[작성답안]

계산 : $I_B = (15+15+10) \times 0.7 = 28$ [A]

답 : 28 [A]

[핵심] 설계전류

회로의 설계전류(I_B)는 분기회로의 경우 부하의 효율, 역률, 부하율이 고려된 부하최대전류를 의미하며, 고조파 발생부하인 경우 고조파 전류에 의한 선전류 증가분이 고려되어야 한다. 또한 간선의 경우에는 추가로 수용율, 부하불평형, 장래 부하증가에 대한 여유 등이 고려되어야 한다.

$$I_B = \frac{\Sigma P}{kV} \alpha h \beta$$

여기서 k는 상계수 (단상 1, 3상 $\sqrt{3}$), V는 전압, α는 수용률, h는 고조파 발생에 의한 선전류 증가계수, β는 부하 불평형에 따른 선전류 증가계수를 말한다.

17 출제년도 16.20.(16점/각 문항당 2점, 모두 맞으면 16점)

다음 그림은 어느 수용가의 수전설비 계통도이다. 다음 각 물음에 답하시오.

(1) AISS의 명칭을 쓰고 기능을 2가지 쓰시오.

- 명칭
- 기능

(2) 피뢰기의 정격전압 및 공칭 방전전류를 쓰고 그림에서의 DISC의 기능을 간단히 설명하시오.

- 피뢰기 규격
- DISC(Disconnector)의 기능

(3) MOF의 정격을 구하시오.

- 계산
- 답

(4) MOLD TR의 장점 및 단점을 각각 2가지만 쓰시오.

- 장점
- 단점

(5) ACB의 명칭을 쓰시오.

(6) CT의 정격(변류비)를 구하시오.

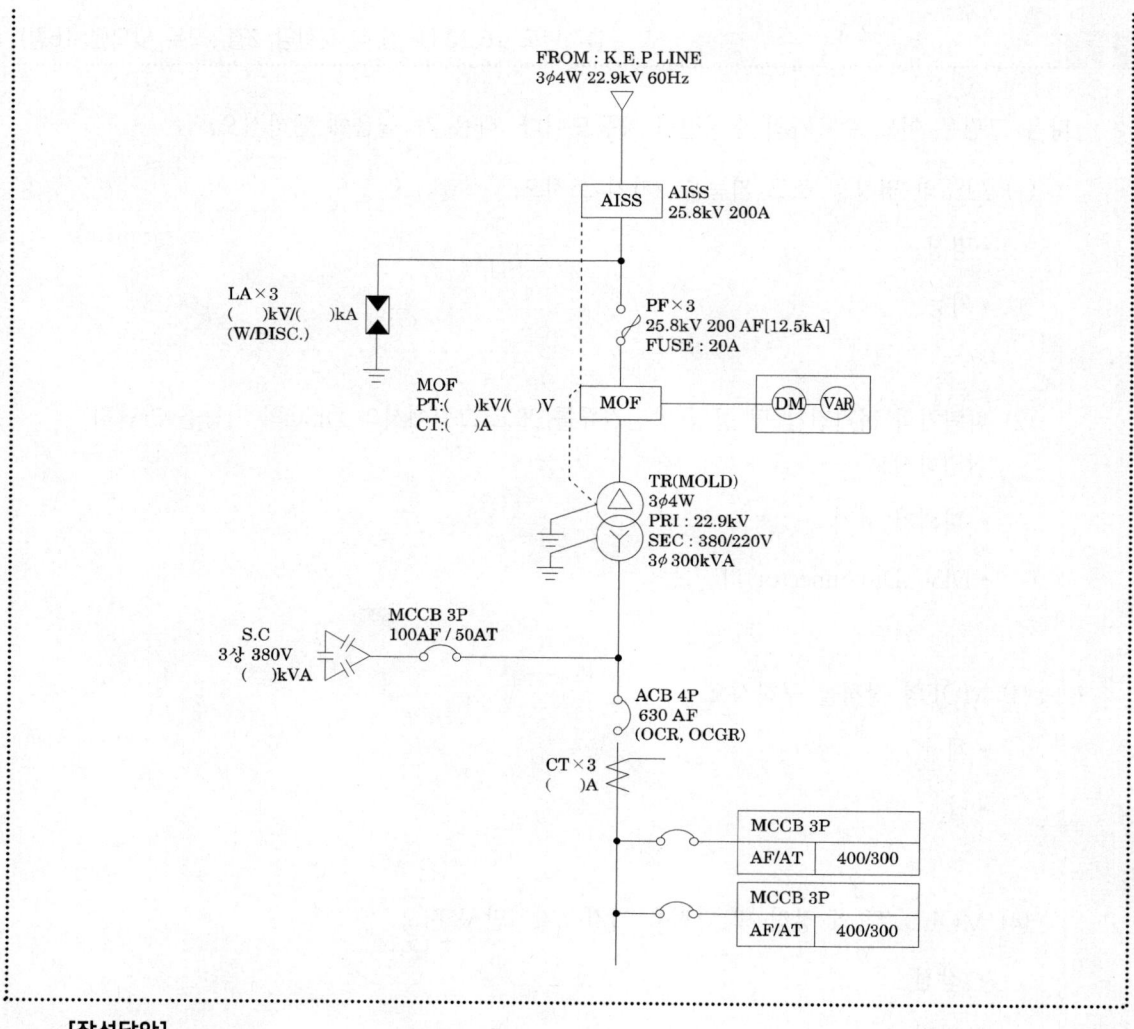

[작성답안]

(1) • 명칭 : 기중형 자동고장구분개폐기
- 기능 : 과전류 보호기능, 돌입전류 억제기능
  그 외, 과전류 Lock 기능
  축세트립기능

(2) • 피뢰기 규격 : 18 [kV], 2.5 [kA]
- DISC (Disconnector)의 기능 : 피뢰기의 고장시 계통은 지락사고 등의 고장상태가 될 수 있다. 따라서 이러한 경우에 피뢰기의 접지측을 대지로부터 분리시키는 역할을 한다.

(3) 계산 : PT비 $\dfrac{22,900}{\sqrt{3}} \Big/ \dfrac{190}{\sqrt{3}}$

CT비 $I = \dfrac{300}{\sqrt{3} \times 22.9} = 7.56 \, [\text{A}]$

∴ 변류비 10/5 선정

답 : ① PT비 $\dfrac{22,900}{\sqrt{3}} \Big/ \dfrac{190}{\sqrt{3}}$ ② CT비 10/5

(4) • 장점
- 난연성이 우수하다.
- 저 손실이므로 에너지 절약이 가능하다.

그 외
- 절연유를 사용하지 않으므로 보수점검이 유리하다.
- 소형 경량화 가능하다.
- 단시간 과부하 내량이 높다.

• 단점
- 고가이다.
- 충격파 내전압이 낮다.

그 외
- 수지층에 차폐물이 없으므로 운전중 코일 표면에 접촉할 수 있어 위험하다.

(5) 기중차단기

(6) 계산 : $I = \dfrac{300}{\sqrt{3} \times 0.38} \times 1.25 \sim 1.5 = 569.75 \sim 683.704 \, [\text{A}]$

∴ 600/5 선정

답 : 600/5

[핵심]

(2) 단로장치

피뢰기의 자체 열화로 인한 고장시 계통 파급사고를 방지하기 위하여 피뢰기에 이르는 전로의 각 극에 전용의 단로기 또는 COS직결 등을 설치하거나 단로장치 (Disconnector 또는 Isolator)가 부착된 피뢰기를 사용하여야 한다.

18

출제년도 16.21.(4점/부분점수 없음)

4 [L]의 물을 15 [℃]에서 90 [℃]로 온도를 높이는데 1 [kW]의 전열기로 30분간 가열하였다. 이 전열기의 효율을 계산하시오.

[작성답안]

계산 : $\eta = \dfrac{cm\theta}{860PT} = \dfrac{4 \times (90-15)}{860 \times 1 \times \dfrac{30}{60}} \times 100 = 69.767$ [%]

답 : 69.77 [%]

[핵심] 전열기 용량

$P = \dfrac{P \times t}{t} = \dfrac{Cm(\theta_2 - \theta_1)}{860\eta t}$ [kW]

P : 전열기 용량, C : 비열, η : 전열기 효율, t : 시간[h], $\theta_2 - \theta_1$: 온도차

2017년 1회 기출문제 해설

※ 다음 물음에 답을 해당 답란에 답하시오.

1 출제년도 95.99.01.02.17.(6점/부분점수 없음)

그림과 같은 방전 특성을 갖는 부하에 대한 축전지 용량은 몇 [Ah]인가?

(단, 방전전류 [A] : $I_1 = 500$, $I_2 = 300$, $I_3 = 100$, $I_4 = 200$
방전시간 [분] : $T_1 = 120$, $T_2 = 119$, $T_3 = 60$, $T_4 = 1$
용량환산시간 : $K_1 = 2.49$, $K_2 = 2.49$, $K_3 = 1.46$, $K_4 = 0.57$
보수율은 0.8을 적용한다.)

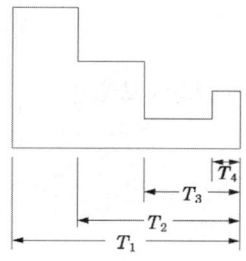

[작성답안]

계산 : $C = \dfrac{1}{L}[K_1I_1 + K_2(I_2 - I_1) + K_3(I_3 - I_2) + K_4(I_4 - I_3)]$ [Ah]

$= \dfrac{1}{0.8}[2.49 \times 500 + 2.49(300 - 500) + 1.46(100 - 300) + 0.57(200 - 100)] = 640$ [Ah]

답 : 640[Ah]

[핵심] 축전지용량

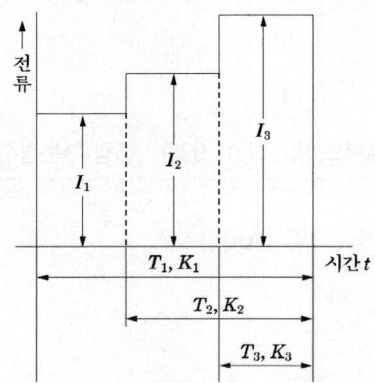

축전지 용량은 아래의 식으로 계산한다.

$$C = \frac{1}{L}[K_1 I_1 + K_2(I_2 - I_1) + K_3(I_3 - I_2)] \ [\text{Ah}]$$

여기서, C : 축전지 용량 [Ah]
L : 보수율 (축전지 용량 변화의 보정값)
K : 용량 환산 시간 계수
I : 방전 전류 [A]

2 출제년도 90.17.(5점/부분점수 없음)

3상 농형유도 전동기의 기동 방식 중 리액터 기동 방식에 대하여 상세하게 설명하시오.

[작성답안]
전동기의 전원측에 직렬로 리액터를 접속하여 리액터의 전압 강하에 의해 전동기에 인가되는 전압을 감압시켜 기동하는 방법

[핵심] 3상 유도전동기 기동방식

전동기 형식	기동법	기동법의 특징
농 형	직입기동	전동기에 직접 전원을 접속하여 기동하는 방식으로 5[kW] 이하의 소용량에 사용
	Y-기동	1차 권선을 Y접속으로 하여 전동기를 기동시 상전압을 감압하여 기동하고 속도가 상승되어 운전속도에 가깝게 도달하였을 때 △접속으로 바꿔 큰 기동전류를 흘리지 않고 기동하는 방식으로 보통 5.5~37[kW] 정도의 용량에 사용
	기동보상기법	기동전압을 떨어뜨려서 기동전류를 제한하는 기동방식으로 고전압 농형 유도 전동기를 기동할 때 사용
권선형	2차저항기동	유도전동기의 비례추이 특성을 이용하여 기동하는 방법으로 회전자 회로에 슬립링을 통하여 가변저항을 접속하고 그의 저항을 속도의 상승과 더불어 순차적으로 바꾸어서 적게 하면서 기동하는 방법
	2차임피던스기동	회전자 회로에 고정저항과 리액터를 병렬 접속한 것을 삽입하여 기동하는 방법

3

출제년도 92.94.00.17.(4점/각 항목당 1점)

22.9 [kV]/380-220 [V] 변압기 결선은 보통 1차측 △결선, 2차측 Y결선을 한다. 이 결선의 장·단점을 2가지씩만 쓰도록 하시오.

(1) 장점

(2) 단점

[작성답안]

(1) 장점
 ① Y결선으로 중성점 접지가 가능하다.
 ② △결선으로 여자 전류의 통로가 있으므로 제3 고조파의 장해가 적고 기전력의 파형이 왜곡되지 않는다.

(2) 단점
 ① 1차와 2차 선간 전압 사이에 30°의 위상차가 있다.
 ② 1상에 고장이 생기면 전원 공급이 불가능하다.

4

출제년도 14.17.(5점/각 문항당 2점, 모두 맞으면 5점)

조명의 전등효율(Lamp Efficiency), 발광효율(Luminous Efficiency)에 대하여 설명하시오.

(1) 전등효율

(2) 발광효율

[작성답안]

(1) 전등효율

전력소비에 대한 발산광속의 비를 전등효율이라 한다.

$\eta = \dfrac{F}{P}$ [lm/W]

(2) 발광효율

방사속에 대한 광속의 비를 발광효율이라 한다.

$\eta = \dfrac{F}{\phi}$ [lm/W]

5

출제년도 17.(5점/각 문항당 2점, 모두 맞으면5점)

그림과 같은 Y결선에서 기본파와 제3고조파 전압만이 존재한다고 할 때 전압계의 눈금이 $V_p = 150$ [V], $V_l = 220$ [V]로 나타났다면 다음 물음에 답하시오. (단, 부하측의 전압은 평형상태이다.)

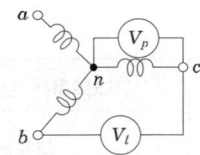

(1) 제3고조파 전압 [V]은?

(2) 왜형률을 구하시오.

[작성답안]

(1) 계산 : $V_p = \sqrt{V_1^2 + V_3^2}$, $150 = \sqrt{V_1^2 + V_3^2}$

V_l은 제3고조파 전압은 존재하지 않으므로

$V_l = \sqrt{3} \, V_1$ 에서 $220 = \sqrt{3} \, V_1$

$V_1 = \dfrac{220}{\sqrt{3}} = 127.02$ [V]

∴ $V_3 = \sqrt{150^2 - V_1^2} = \sqrt{150^2 - 127.02^2} = 79.79$ [V]

답 : 79.79 [V]

(2) 계산 : 왜형률 $= \dfrac{\text{전 고조파의 실효값}}{\text{기본파의 실효값}} \times 100 = \dfrac{79.79}{127.02} \times 100 = 62.82$ [%]

답 : 62.82 [%]

[핵심] THD (Total harmonics distortion)

비정현파에서 기본파에 대해 고조파 성분이 어느 정도 포함되었는가를 나타내는 지표로서 왜형률(distortion factor)이 사용된다. 이는 비정현파가 정현파를 기준으로 하였을 때 얼마나 일그러졌는가를 표시하는 척도가 된다.

왜형률 $= \dfrac{\text{고조파 실효값의 합}}{\text{기본파 실효값}} = \dfrac{\sqrt{(V_2^2 + V_3^2 + \cdots)}}{V_1}$

6 출제년도 17.(4점/각 문항당 2점, (1)(2) 소문제에서는 부분점수 없음)

다음 표는 접지설비에서 보호선에 관한 표이다. 다음 표를 보고 물음에 답하시오.

(1) 보호선이란 안전을 목적(감전예방)으로 설치한 전선을 말한다. 다음 보호선의 굵기는 다음 표의 단면적 이상으로 선정하여야 한다. 표의 ① ② ③의 최소 단면적의 기준을 각각 쓰시오.

상도체의 단면적 S [mm²]	대응하는 보호도체의 최소 단면적 [mm²]
	보호도체의 재질이 상도체와 같은 경우
$S \leq 16$	(①)
$16 < S \leq 35$	(②)
$S > 35$	(③)

(2) 보호선의 종류 2가지를 쓰시오.

[작성답안]

(1) ① S

② 16

③ $\dfrac{S}{2}$

(2) 다심케이블의 전선

충전전선과 공통외함에 시설하는 절연전선 또는 나전선

그 외

고정배선의 나전선 또는 절연전선

금속케이블외장, 케이블차폐, 케이블외장, 금속관, 전선묶음, 동심전선

7

출제년도 00.04.06.17.18.20.新規.(11점/각 문항당 2점, 모두 맞으면 11점)

단상 3선식 110/220 [V]을 채용하고 있는 어떤 건물이 있다. 변압기가 설치된 수전실로부터 60 [m]되는 곳에 부하 집계표와 같은 분전반을 시설하고자 한다.

다음 표를 참고하여 전압 변동율 2 [%] 이하, 전압강하율 2 [%] 이하가 되도록 다음 사항을 구하시오. 공사방법 B1이며 전선은 PVC 절연전선이다.

(단, • 후강 전선관 공사로 한다.
 • 3선 모두 같은 선으로 한다.
 • 부하의 수용률은 100 [%]로 적용
 • 후강 전선관 내 전선의 점유율은 48 [%] 이내를 유지할 것
 • 간선선정시 부하 집계표의 부하는 모두 전열부하로 보고 계산하며, 주어진 자료를 이용하여 구한다.)

[표1] 부하 집계표

회로 번호	부하 명칭	부하 [VA]	부하 분담 [VA]		NFB 크기			비고
			A	B	극수	AF	AT	
1	전등	2,400	1,200	1,200	2	50	15	
2	전등	1,400	700	700	2	50	15	
3	콘센트	1,000	1,000	–	1	50	20	
4	콘센트	1,400	1,400	–	1	50	20	
5	콘센트	600	–	600	1	50	20	
6	콘센트	1,000	–	1,000	1	50	20	
7	팬코일	700	700	–	1	30	15	
8	팬코일	700	–	700	1	30	15	
합계		9,200	5,000	4,200				

[표 2] 전선의 허용전류표

단면적[mm^2]	허용전류[A]	전선관 3본 이하 수용시[A]	피복포함 단면적[mm^2]
6	54	48	32
10	75	66	43
16	100	88	58
25	133	117	88
35	164	144	104
50	198	175	163

[비고1] 전선의 단면적은 평균완성 바깥지름의 상한 값을 환산한 값이다.

[비고2] KS C IEC 60227-3의 450/750 [V] 일반용 단심 비닐절연전선(연선)을 기준한 것이다.

[표 3] 공사방법의 허용전류 [A]
PVC 절연, 3개 부하전선, 동 또는 알루미늄
전선온도 : 70 [℃], 주위온도 : 기중 30 [℃], 지중 20 [℃]

전선의 공칭단면적 [mm^2]	표 A. 52-1의 공사방법					
	A1	A2	B1	B2	C	D
1	2	3	4	5	6	7
동						
1.5	13.5	13	15.5	15	17.5	18
2.5	18	17.5	21	20	24	24
4	24	23	28	27	32	31
6	31	29	36	34	41	39
10	42	39	50	46	57	52
16	56	52	68	62	76	67
25	73	68	89	80	96	86
35	89	83	110	99	119	103
50	108	99	134	118	144	122
70	136	125	171	149	184	151
95	164	150	207	179	223	179

120	188	172	239	206	259	203
150	216	196	-	-	299	230
185	245	223	-	-	341	258
240	286	261	-	-	403	297
300	328	298	-	-	464	336

(1) 간선의 굵기를 구하고 주어진 자료를 이용 하여 간선용 차단기의 AT 및 AF를 구하시오.

정격전류 : 15~30A, 40~100A

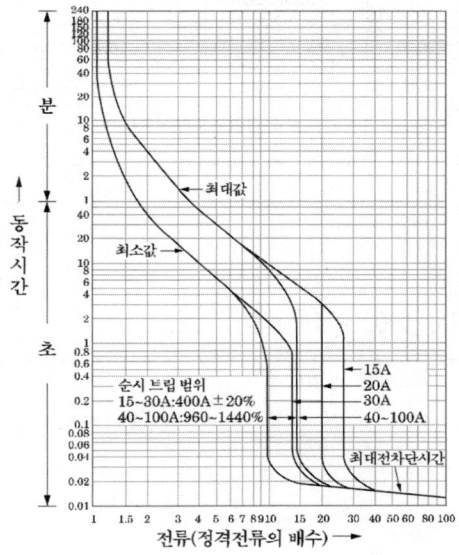

정격전류 : 125~225A

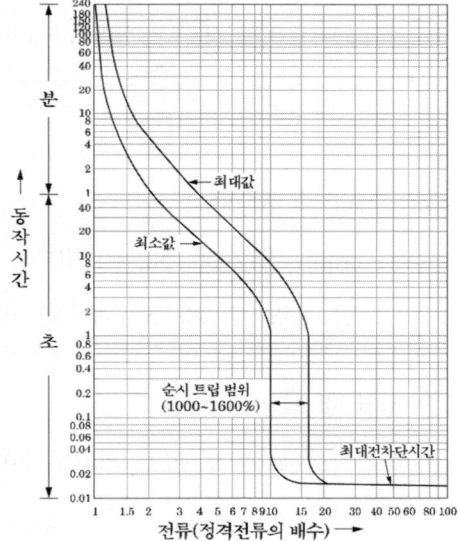

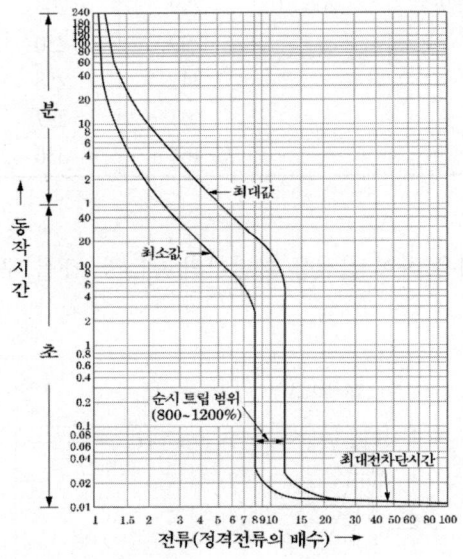 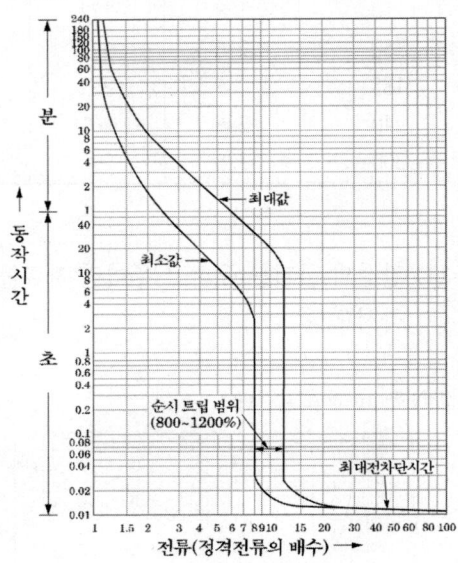

```
        AT 및 AF 규격
        Frame 용량  30, 50, 60, 100
        AT 용량  15, 20, 30, 40, 50, 60, 75, 100, 125
```

(2) 후강 전선관의 굵기는?

(3) 분전반의 복선 결선도를 완성하시오.

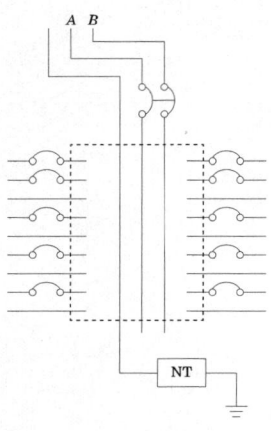

(4) 설비 불평형률은?

[작성답안]

(1) ① 간선의 굵기

계산 : A선의 전류 설계전류 $I_A = \dfrac{5,000}{110} = 45.45$ [A]

B선의 설계전류 $I_B = \dfrac{4,200}{110} = 38.18$ [A]

∴ I_A, I_B중 큰 값인 45.45 [A]를 기준으로 선정한다.

- [표 2]에서 연속허용전류에 의한 전선의 굵기 48[A] : 6[mm^2]
- [표 3]에서 공사방법 B1의 허용전류 50[A]에 해당하는 전선의 굵기 : 10[mm^2]
- 전압강하를 고려한 전선의 굵기

$A = \dfrac{17.8LI}{1,000e} = \dfrac{17.8 \times 60 \times 45.45}{1,000 \times 110 \times 0.02} = 22.06$ [mm^2] : 25[mm^2]

∴ 모두 만족하는 전선의 굵기 25 [mm^2] 선정

답 : 25[mm^2]

② AT 및 AF

$I_B \leq I_n \leq I_Z$에 의해 과전류 차단기의 정격은 회로의 설계전류 보다 크고 도체의 허용전류보다 작아야 한다.

- [표 2]에서 25 [mm^2] 란의 133[A]이므로 배선용 차단기 : 125 AT
- [표 3]에서 25 [mm^2] 란과 공사방법 B1의 교차하는 곳 89 [A]이므로 배선용 차단기 : 75 AT
- 배선용차단기의 특성곡선에서 75[A] 정격 전류의 과부하 특성을 고려하면 한국전기설비규정의 산업용 배선용 차단기의 경우 정격전류의 1.3배의 전류에 120분 이내 동작하여 한다.

∴ 모두 만족하는 배선용 차단기는 75AT가 적정하다.

답 : - AT : 75 AT
    - AF : 100 AF

(2) 계산 : [표 2]에서 25 [mm^2] 전선의 피복 포함 단면적이 88 [mm^2]

∴ 전선의 총 단면적 $A = 88 \times 3 = 264$ [mm^2]

$A = \dfrac{1}{4}\pi d^2 \times 0.48 \geq 264$에서 $d = \sqrt{\dfrac{264 \times 4}{0.48 \times \pi}} = 26.46$ [mm]

∴ 28 [mm] 후강전선관 선정

답 : 28 [mm] 후강전선관

(3)

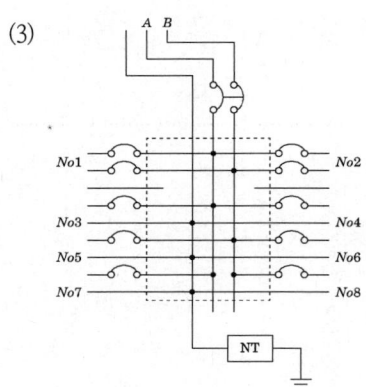

(4) 계산 : 설비 불평형률 $= \dfrac{3{,}100 - 2{,}300}{\dfrac{1}{2}(5{,}000 + 4{,}200)} \times 100 = 17.39\,[\%]$

답 : 17.39 [%]

[핵심] 도체와 과부하 보호장치 사이의 협조

과부하에 대해 케이블(전선)을 보호하는 장치의 동작특성은 다음의 조건을 충족해야 한다.

$I_B \leq I_n \leq I_Z$ .... ①

$I_2 \leq 1.45 \times I_Z$ .... ②

$\quad I_B$: 회로의 설계전류

$\quad I_Z$: 케이블의 허용전류

$\quad I_n$: 보호장치의 정격전류

$\quad I_2$: 보호장치가 규약시간 이내에 유효하게 동작하는 것을 보장하는 전류

1. 조정할 수 있게 설계 및 제작된 보호장치의 경우, 정격전류 I_n은 사용현장에 적합하게 조정된 전류의 설정값이다.
2. 보호장치의 유효한 동작을 보장하는 전류 I_2는 제조자로부터 제공되거나 제품 표준에 제시되어야 한다.
3. 식 2에 따른 보호는 조건에 따라서는 보호가 불확실한 경우가 발생할 수 있다. 이러한 경우에는 식 2에 따라 선정된 케이블 보다 단면적이 큰 케이블을 선정하여야 한다.
4. I_B는 선도체를 흐르는 설계전류이거나, 함유율이 높은 영상분 고조파(특히 제3고조파)가 지속적으로 흐르는 경우 중성선에 흐르는 전류이다.

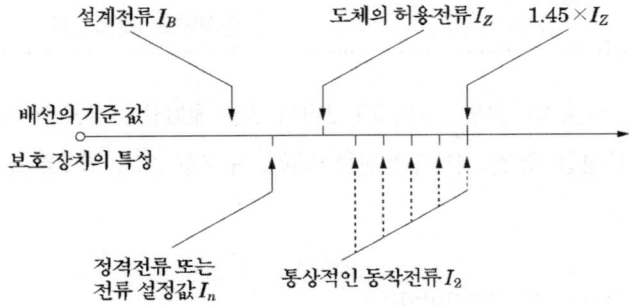

출제년도 17.(4점/부분점수 없음)

다음 로직회로를 유접점 시퀀스회로로 변환하여 그리시오.

[작성답안]

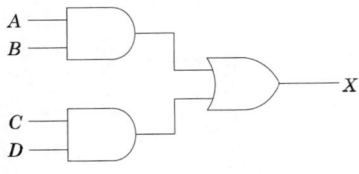

출제년도 02.05.13.17.(5점/(1)1점, (2)(3) 2점)

입력설비용량이 20 [kW] 2대, 30 [kW] 2대의 3상 380 [V] 유도전동기가 그림과 같은 부하 곡선으로 운전할 경우 최대수용전력 [kW], 수용률 [%], 일부하율 [%]을 각각 구하시오.

(1) 최대수용전력은 몇 [kW]인가?
(2) 수용률은 몇 [%]인가?
(3) 일부하율은 몇 [%]인가?

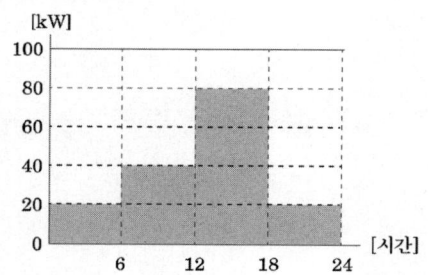

[작성답안]

(1) 80 [kW]

(2) 계산 : 수용률 $= \dfrac{80}{20 \times 2 + 30 \times 2} \times 100 = 80\,[\%]$

답 : 80 [%]

(3) 계산 : 평균전력 $P = (20 + 40 + 80 + 20) \times 6 \times \dfrac{1}{24} = 40\,[\text{kW}]$

일부하율 $= \dfrac{40}{80} \times 100 = 50\,[\%]$

답 : 50 [%]

[핵심] 부하관계용어

① 부하율

공급 설비가 어느 정도 유효하게 사용되는가를 나타내며 부하율이 클수록 공급 설비가 유효하게 사용된다. 부하율은 다음 식에 의해 계산한다.

$$부하율 = \frac{평균\ 수요\ 전력\,[kW]}{최대\ 수요\ 전력\,[kW]} \times 100\,[\%]$$

부하율은 각 단위별(변압기, 전주, 수용가 등), 시기, 범위, 기간에 따라 달라지며, 부하율을 표시할 경우 기간, 범위를 반드시 명기한다. 예를 들어 일부하율, 월부하율 등으로 표시하여야 하며, 부하율은 기간이 길어질수록 작아진다. 부하율이 적다의 의미는 다음과 같다.

- 공급 설비를 유용하게 사용하지 못한다.
- 평균 수요 전력과 최대 수요 전력과의 차가 커지게 되므로 부하 설비의 가동률이 저하된다.

② 수용률

수용률은 시설되는 총 부하 설비용량에 대하여 실제로 사용하게 되는 부하의 최대 전력의 비를 나타내는 것으로서 다음 식에 의하여 구한다.

$$수용률 = \frac{최대수요전력\,[kW]}{부하설비용량\,[kW]} \times 100\,[\%]$$

10

출제년도 17.(5점/각 문항당 2점, 모두 맞으면 5점)

다음과 같은 단상 2선식 회로가 있다. AB사이의 한 선의 저항을 0.02 [Ω], BC 사이의 한 선의 저항을 0.04 [Ω]이라 할 때 B지점의 전압 V_B 및 C지점의 전압 V_C를 구하시오. (단, 부하의 역률은 1이다.)

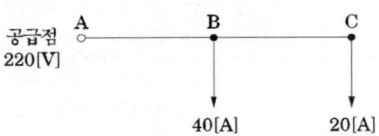

(1) B지점의 전압 V_B

(2) C지점의 전압 V_C

[작성답안]

(1) 계산 : $V_B = V_A - 2IR = 220 - 2(40+20) \times 0.02 = 217.6$ [V]

　　답 : 217.6 [V]

(2) 계산 : $V_C = V_B - 2IR = 217.6 - 2 \times 20 \times 0.04 = 216$ [V]

　　답 : 216 [V]

11

출제년도 96.00.17.(8점/(1)3점 (2)2점 (3)3점, 각 소문제당 부분점수 없음)

정격 전압 6,000 [V], 정격 출력 5,000 [kVA]인 3상 교류 발전기의 여자 전류가 300 [A]일 때 무부하 단자 전압이 6,000 [V]이고, 또, 그 여자 전류에 있어서의 3상 단락 전류가 700 [A]라고 한다. 다음 물음에 답하시오.

(1) 단락비를 구하시오.

(2) 다음 보기를 보고 ☐ 안에 기입하시오

【보기】
크다(고), 적다(고), 높다(고), 낮다(고)

단락비가 큰 기계는 일반적으로 기기의 치수가 ① , 가격은 ② , 풍손, 마찰손이 ③ , 효율은 ④ , 전압 변동률은 ⑤ , 안정도는 ⑥ 이다.

(3) 비상용 동기발전기의 병렬운전 조건은 무엇인가 4가지를 쓰시오.

[작성답안]

(1) 계산 : $I_n = \dfrac{P_n}{\sqrt{3}\,V_n} = \dfrac{5{,}000 \times 10^3}{\sqrt{3} \times 6{,}000} = 481.13$ [A]

　　∴ 단락비$(K_s) = \dfrac{I_s}{I_n} = \dfrac{700}{481.13} = 1.45$

　답 : 1.45

(2) ① 크고   ② 높고   ③ 크고   ④ 낮고   ⑤ 적고   ⑥ 높다
(3) 기전력의 크기가 같을 것
    기전력의 위상이 같을 것
    기전력의 주파수가 같을 것
    기전력의 파형이 같을 것

[핵심] 단락비

단락비가 큰 발전기는 전기자 권선의 권수가 적고 자속량이 (증가)하기 때문에 부피가 크고, 중량이 무거우며, 동이 비교적 적고 철을 많이 사용하여 이른바 철기계가 되며 효율은 (낮다), 안정도의 (크)고 선로 충전용량의 증대가 된다.

$$K_s = \frac{\text{무부하에서 정격전압을 유기하는 데 필요한 계자전류}}{\text{정격전류와 같은 단락전류를 흘리는 데 필요한 계자전류}}$$

12

출제년도 17.(5점/각 항목당 1점)

감리원은 설계도서 등에 대하여 공사계약문서 상호 간의 모순되는 사항, 현장 실정과의 부합여부 등 현장 시공을 주안으로 하여 해당 공사 시작 전에 검토하여야 하며 검토결과 불합리한 부분, 착오, 불명확하거나 의문사항이 있을 때에는 그 내용과 의견을 발주자에게 보고하여야 한다. 다음 괄호 안을 완성하시오.

1. 현장조건에 부합 여부
2. 시공의 (①) 여부
3. 다른 사업 또는 다른 공정과의 상호부합 여부
4. (②), 설계설명서, 기술계산서, (③) 등의 내용에 대한 상호일치 여부
5. (④) 오류 등 불명확한 부분의 존재여부
6. 발주자가 제공한 (⑤)와 공사업자가 제출한 산출내역서의 수량일치 여부
7. 시공 상의 예상 문제점 및 대책 등

①	②	③	④	⑤

[작성답안]

①	②	③	④	⑤
실제가능	설계도면	산출내역서	설계도서의 누락	물량 내역서

13 출제년도 17.(5점/부분점수 없음)

단상 2선식 배전선로의 공급점에서 30 [m] 지점에 80 [A], 45 [m] 지점에 50 [A], 60 [m] 지점에 30 [A]의 부하가 걸려 있을 때 부하 중심점의 거리는 공급점에서 약 몇 [m]인가?

[작성답안]

계산 : $L = \dfrac{L_1 I_1 + L_2 I_2 + L_3 I_3}{I_1 + I_2 + I_3} = \dfrac{30 \times 80 + 45 \times 50 + 60 \times 30}{80 + 50 + 30} = 40.31 \,[m]$

답 : 40.31 [m]

14 출제년도 91.05.06.17.新規(8점/각 문항당 3점, (1)(2) 소문항당 부분점수 없음)

특별고압 수전 설비에 대한 다음 각 물음에 답하시오.

(1) 동력용 변압기에 연결된 동력부하 설비용량이 350 [kW], 부하역률은 85 [%], 효율 85 [%], 수용률은 60 [%]라고 할때 동력용 3상 변압기의 용량은 몇 [kVA]인지를 산정하시오. (단, 변압기의 표준 정격용량은 다음 표에서 선정하도록 한다.)

전력용 3상 변압기 표준용량[kVA]					
200	250	300	400	500	600

(2) 3상 농형 유도전동기에 전용 차단기를 설치할 때 전용 차단기의 정격전류는 몇 [A]인가? (단, 전동기는 160 [kW]이고 정격전압은 3,300 [V], 역률은 85 [%], 효율은 85 [%]이며, 기동전류(전동기운전전류의 7배)에 10초 동안 차단되지 않도록 선정하여야 하며, 전동기용 간선의 허용전류는 200[A]로 가정한다. 기동돌입전류는 기동전류의 1.5배로 한다.)

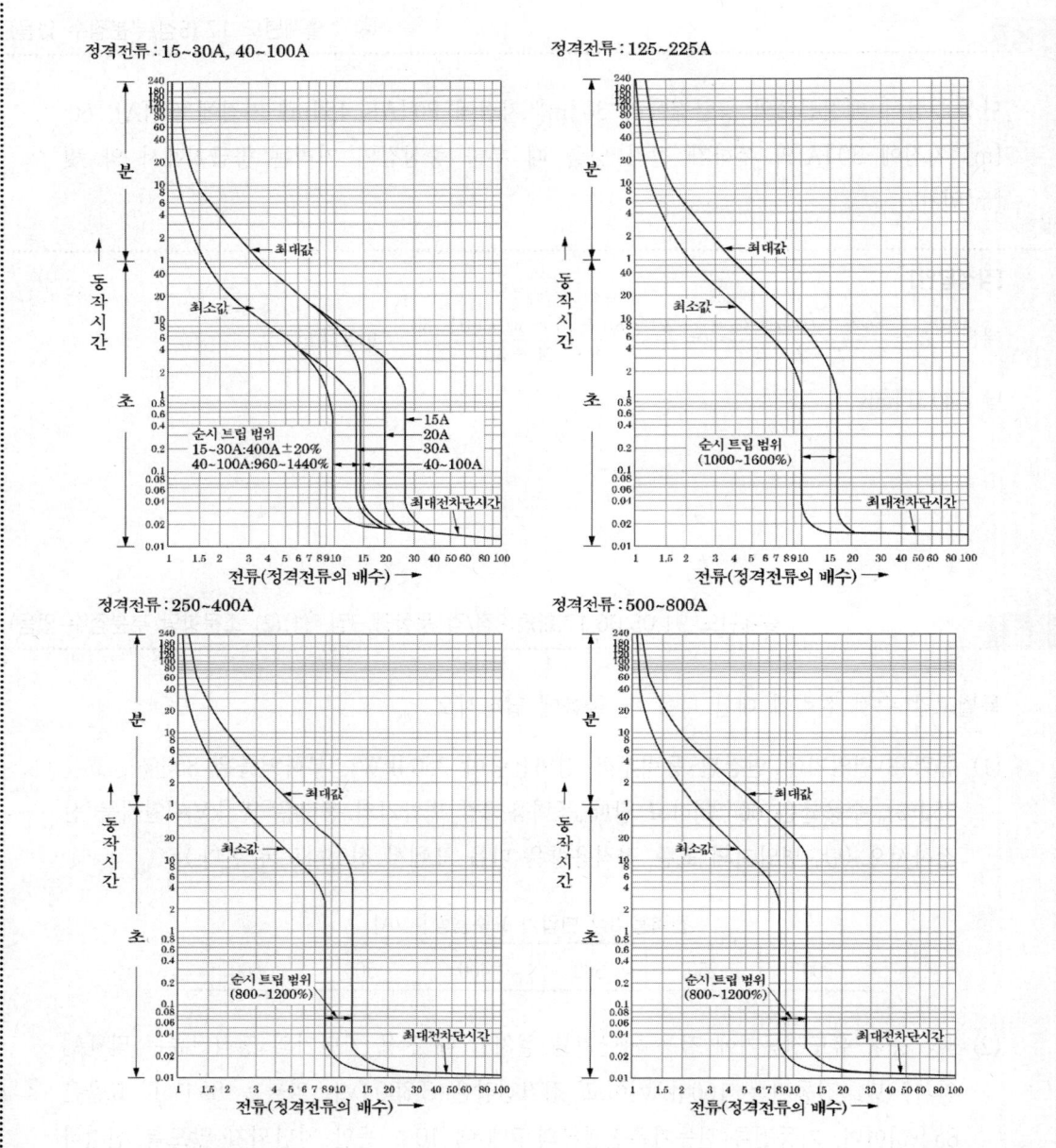

[작성답안]

(1) 계산 : 변압기 용량 $T_r = \dfrac{\text{설비용량} \times \text{수용률}}{\text{효율} \times \text{역률}} = \dfrac{350 \times 0.6}{0.85 \times 0.85} = 290.66\,[\text{kVA}]$

∴ 300 [kVA] 선정

답 : 300 [kVA]

(2) 계산 : 설계전류 I_B

$$I_B = \dfrac{P}{\sqrt{3}\,V\cos\theta \cdot \eta} = \dfrac{160 \times 10^3}{\sqrt{3} \times 3{,}300 \times 0.85 \times 0.85} = 38.74\,[\text{A}]$$

기동전류는 $38.74 \times 7 = 271.18\,[\text{A}]$

설계전류가 38.74[A]이므로 100A 이하를 적용하여 3배를 적용한다.

$I_N > \dfrac{I_{ms}}{b} = \dfrac{271.18}{3} = 90.4\,[\text{A}]$이므로 허용전류 보다 작은 75, 100, 125A를 검토한다.

125A 선정의 경우 $\dfrac{271.18}{125} = 2.17$배 이므로 표에서 2.17배의 전류에 10초 이내 동작하지 않는다.

100A 선정의 경우 $\dfrac{271.18}{100} = 2.71$배 이므로 표에서 2.71배의 전류에 10초 이내 동작하지 않는다.

75A 선정의 경우 $\dfrac{271.18}{75} = 3.62$배 이므로 표에서 3.62배의 전류에 10초 이내 동작한다.

기동돌입 전류는 406.77[A]이므로

100A 선정시 $\dfrac{406.77}{100} = 4.07$배 이므로 표에서 동작하지 않는다.

∴ 100A 선정하면 $I_B \leq I_m \leq I_Z$의 규정을 만족한다.

답 : 100[A]

[핵심] 도체와 과부하 보호장치 사이의 협조

과부하에 대해 케이블(전선)을 보호하는 장치의 동작특성은 다음의 조건을 충족해야 한다.

$I_B \leq I_n \leq I_Z$ .... ①

$I_2 \leq 1.45 \times I_Z$ .... ②

I_B : 회로의 설계전류

I_Z : 케이블의 허용전류

I_n : 보호장치의 정격전류

I_2 : 보호장치가 규약시간 이내에 유효하게 동작하는 것을 보장하는 전류

1. 조정할 수 있게 설계 및 제작된 보호장치의 경우, 정격전류 I_n은 사용현장에 적합하게 조정된 전류의 설정값이다.
2. 보호장치의 유효한 동작을 보장하는 전류 I_2는 제조자로부터 제공되거나 제품 표준에 제시되어야 한다.
3. 식 2에 따른 보호는 조건에 따라서는 보호가 불확실한 경우가 발생할 수 있다. 이러한 경우에는 식 2에 따라 선정된 케이블 보다 단면적이 큰 케이블을 선정하여야 한다.
4. I_B는 선도체를 흐르는 설계전류이거나, 함유율이 높은 영상분 고조파(특히 제3고조파)가 지속적으로 흐르는 경우 중성선에 흐르는 전류이다.

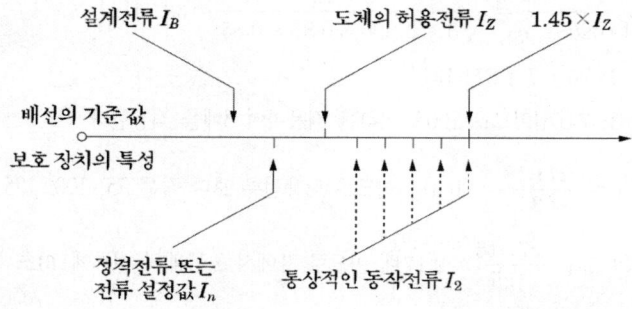

15

출제년도 11.17.(5점/부분점수 없음)

각 방향에 900 [cd]의 광도를 갖는 광원을 높이 3 [m]에 취부한 경우 직하로부터 30° 방향의 수평면 조도 [lx]를 구하시오.

[작성답안]

계산 : $E_n = \dfrac{I}{r^2}\cos\theta = \dfrac{I}{h^2}\cos^3\theta = \dfrac{900}{3^3}\cos^3 30° = 64.95$ [lx]

답 : 64.95 [lx]

16

출제년도 17.(5점/각 항목당 2점, 모두 맞으면 5점)

전동기의 진동과 소음이 발생하는 원인에 대하여 다음 각 물음에 답하시오.

(1) 진동이 발생하는 5가지 원인을 쓰시오.

(2) 전동기 소음을 크게 3가지로 분류하고 설명하시오.

[작성답안]

(1) ① 회전부의 편심　　② 축이음의 중심불균형,
　　③ 베어링 불량　　④ 회전자와 고정자의 불균형
　　⑤ 고조파등에 의한 회전자계 불균등

(2) ① 기계적 소음 : 베어링의 회전음, 회전자의 불균형, 브러시의 습동음, 전동기의 설치불량으로 발생하는 소음
　　② 전자적 소음 : 고정자, 회전자에 작용하는 주기적인 전자력에 의한 철심의 진동에 의하여 생기는 소음.
　　③ 통풍소음 : 냉각팬이나 회전자 덕트 등에서 통풍상의 회전에 따르는 공기의 압축, 팽창에 의한 소음

17

출제년도 10.17.(5점/각 항목당 1점)

에너지 절약을 위한 동력설비의 대응방안 중 5가지만 쓰시오.

[작성답안]

① 고효율 전동기 채용

② 역률개선용 콘덴서를 전동기별로 설치

③ VVVF 시스템 채용

④ heat pump, 폐열회수 냉동기 채용, 흡수식 냉동기 채용

⑤ 엘리베이터의 군 관리 운전방식, 운전대수 제어

그 외

⑥ 부하에 맞는 적정용량의 전동기 선정

⑦ 심야전력 활용측면

- 부하관리 : 최대부하 억제, 심야부하 창출, 최대부하 이동, 전략적 소비절약, 전략적 부하증대, 가변부하 조성
- 심야부하 활용 : 축열식 온수기, 축열식 히트펌프, 충전활용, 공기압축, 양수, 배수 등의 부하에 심야전력 활용으로 에너지절감 및 전력요금 경감효과 기대

18 출제년도 90.93.97.98.00.03.05.06.09.(5점/부분점수 없음)

그림과 같이 접속된 3상 3선식 고압 수전 설비의 변류기 2차 전류가 언제나 4.2 [A]이었다. 이 때 수전 전력은 몇 [kW]인가? (단, 수전 전압은 6,600 [V], 변류비 : 50/5, 역률 : 100 [%]이다.)

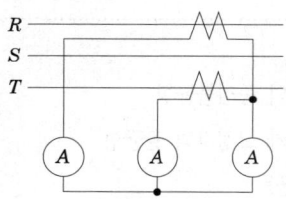

[작성답안]

수전 전력 : $P = \sqrt{3}\,VI\cos\theta \times 10^{-3}$ [kW]

$= \sqrt{3} \times 6,600 \times \left(4.2 \times \dfrac{50}{5}\right) \times 1 \times 10^{-3} = 480.12$ [kW]

답 : 480.12 [kW]

2017년 2회 기출문제 해설

※ 다음 물음에 답을 해당 답란에 답하시오.

1 출제년도 05.17.(3점/각 항목당 1점)

배전선 전압을 조정하는 장치 3가지를 쓰시오.

[작성답안]
① 자동전압조정기
② 고정승압기 (또는 승압기)
③ 병렬콘덴서
그 외
④ 선로전압강하보상기
⑤ 직렬콘덴서
⑥ 유도전압조정기
⑦ 부하시 탭절환변압기 (또는 주변압기의 탭조정)

2 출제년도 09.17.(5점/부분점수 없음)

154 [kV] 중성점 직접 접지 계통에서 접지계수가 0.75이고, 여유도가 1.1이라면 전력용 피뢰기의 정격전압은 피뢰기 정격전압 중 어느 것을 택하여야 하는가?

피뢰기 정격전압 (표준치 [kV])

| 126 | 144 | 154 | 168 | 182 | 196 |

[작성답안]
계산 : $V = \alpha\beta V_m = 0.75 \times 1.1 \times 170 = 140.25$ [kV]
∴ 144 [kV] 선정
답 : 144 [kV]

[핵심] 피뢰기 정격전압

전력계통		정격전압	
공칭전압	중성점 접지방식	송전선로	배전선로
345	유효접지	288	
154	유효접지	144	
66	소호 리액터 접지 또는 비접지	72	
22	소호 리액터 접지 또는 비접지	24	
22.9	중성점 다중 접지	21	18

3

출제년도 96.04.06.15.17.(6점/각 문항당 2점)

그림의 회로는 Y−△기동 방식의 주회로 부분이다. 도면을 보고 다음 각 물음에 답하시오. 여기서 MS_1을 Y결선 MS_2를 △결선으로 한다.

(1) 주회로 부분의 미완성 회로에 대한 결선을 완성하시오.

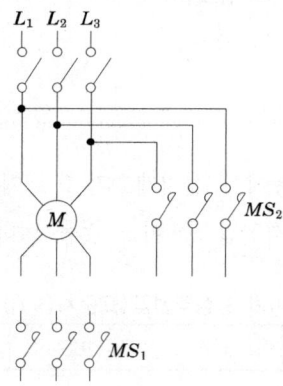

(2) Y−△기동 시와 전전압 기동 시의 기동 전류를 수치를 이용해서 비교 설명하시오.

(3) Y−△기동을 한다고 가정하고 기동순서를 순서대로 설명하시오. (단, 동시투입과 연관하여 설명 하시오.)

[작성답안]

(1)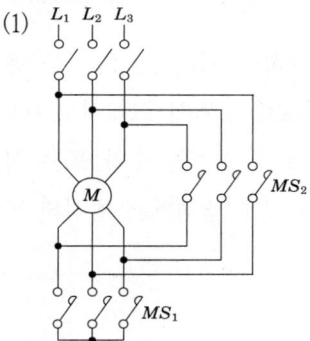

(2) Y-△ 기동 전류는 전전압 기동 전류의 1/3배이다.

(3) ① 기동시 MS_1 여자되어 Y결선으로 기동한다.

② 타이머 설정 시간이 지나면 MS_1이 소자되고 MS_2가 여자되어 △결선으로 운전한다.

② Y와 △는 인터록이 설치되어 동시 투입이 되지 않는다.

[핵심] Y-△ 기동법

- 기동시 MS_1, MS_2가 여자되어 Y결선으로 기동한다.
- 타이머 설정 시간이 지나면 MS_2이 소자되고 MS_3가 여자되어 △결선으로 운전한다.
- Y와 △는 동시투입이 되어서는 안된다.(인터록)

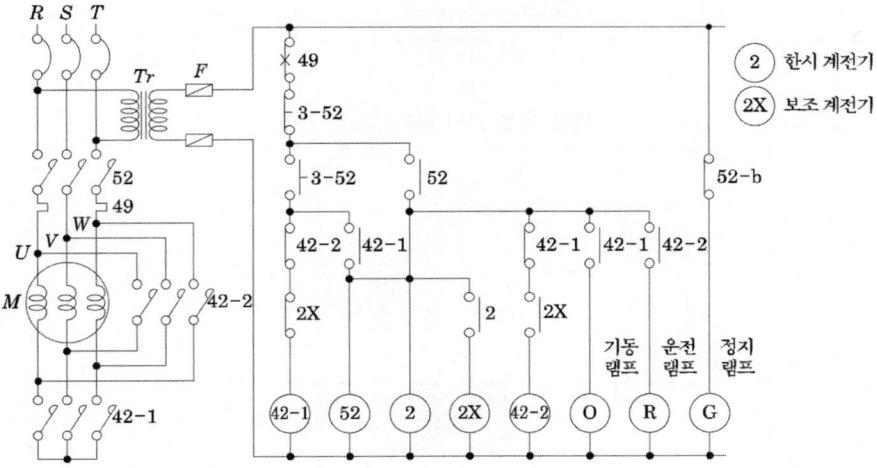

4

출제년도 92.98.02.12.17.(6점/부분점수 없음)

그림의 회로는 푸시 버튼 스위치 PB_1, PB_2, PB_3를 ON 조작하여 기계 A, B, C를 운전한다. 이 회로를 타임 차트의 요구대로 병렬 우선 순위 회로로 고쳐서 그리시오. (단, R_1, R_2, R_3는 계전기이며 이 계전기의 보조 a 접점 또는 보조 b 접점을 추가 또는 삭제하여 작성하되 불필요한 접점을 사용하지 않도록 할 것이며 보조 접점에는 접점의 명칭을 기입하도록 한다.)

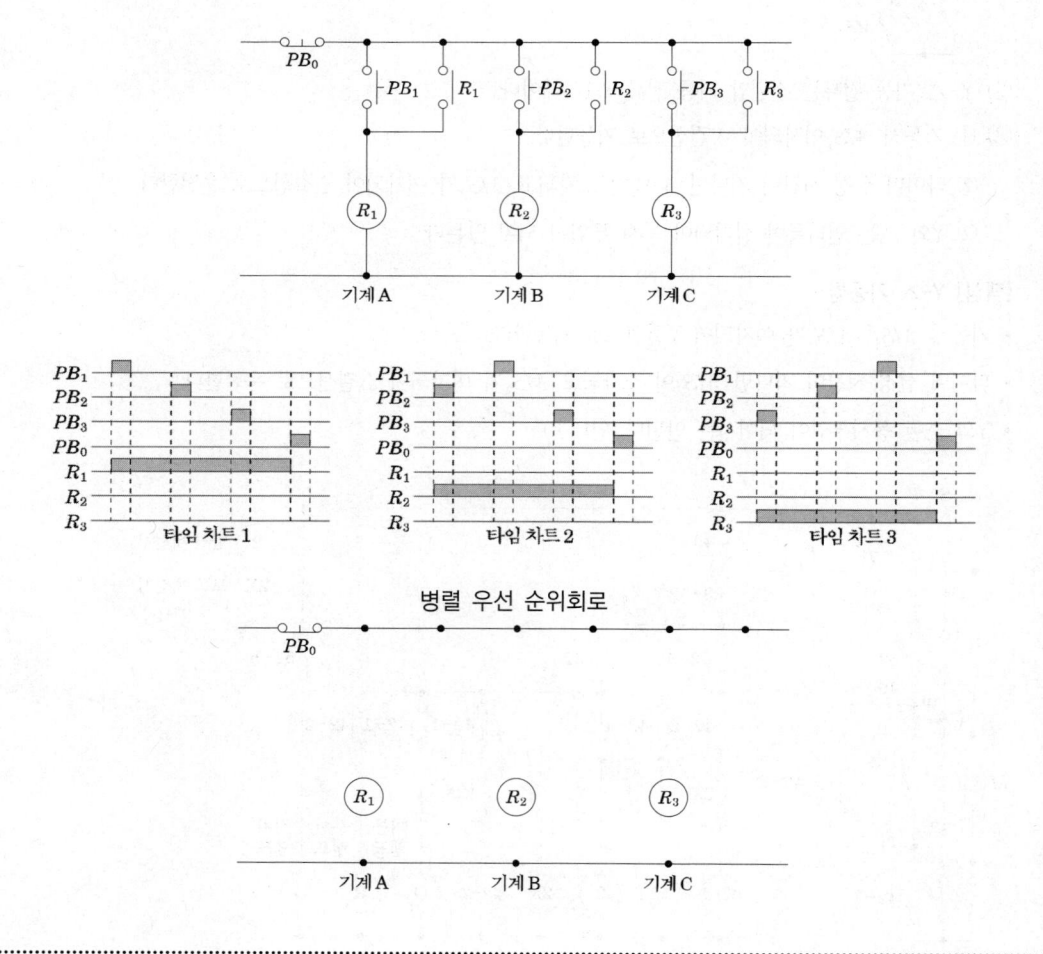

[작성답안]

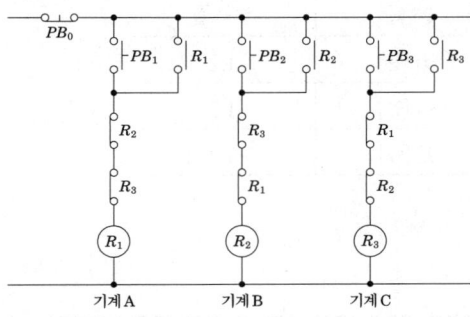

5 출제년도 01.03.07.10.17.(12점/각 문항당 2점)

그림은 어떤 변전소의 도면이다. 변압기 상호 부등률이 1.3이고, 부하의 역률 90 [%]이다. STr의 내부 임피던스 4.5 [%], Tr_1, Tr_2, Tr_3의 내부 임피던스가 10 [%] 154 [kV] BUS의 내부 임피던스가 0.5 [%]이다. 다음 물음에 답하시오.

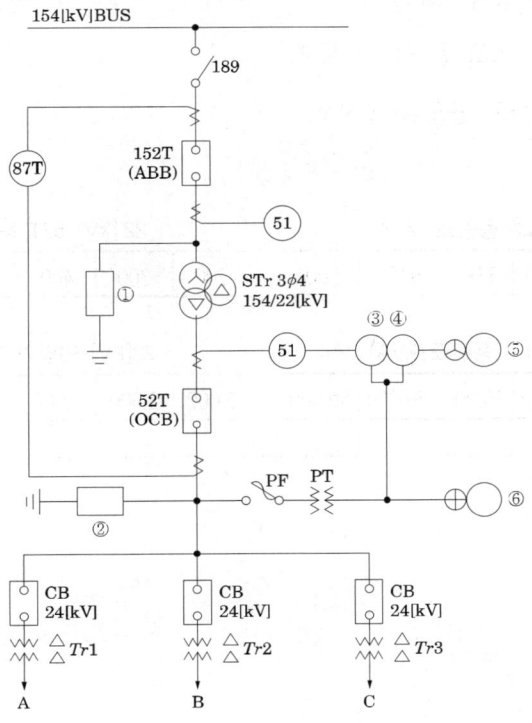

부 하	용 량	수용률	부등률
A	5,000 [kW]	80 [%]	1.2
B	3,000 [kW]	84 [%]	1.2
C	7,000 [kW]	92 [%]	1.2

(1) Tr_1, Tr_2, Tr_3 변압기 용량 [kVA]은?

Tr_1	Tr_2	Tr_3

(2) STr의 변압기 용량 [kVA]은?

(3) 차단기 152T의 용량 [MVA]은?

(4) 차단기 52T의 용량 [MVA]은?

(5) 87T의 명칭을 쓰고 용도를 쓰시오.

(6) 51의 명칭을 쓰고 용도를 쓰시오.

154 [kV]   152T 용량표 [MVA]

2,000	3,000	4,000	5,000	6,000	7,000

22 [kV] 52T 용량표 [MVA]

200	300	400	500	600	700

154 [kV] 변압기 용량표 [kVA]

10,000	15,000	20,000	30,000	40,000	50,000

22[kV] 변압기 용량표 [kVA]

2,000	3,000	4,000	5,000	6,000	7,000

[작성답안]

(1) 계산 : $Tr_1 = \dfrac{\text{설비용량} \times \text{수용률}}{\text{부등률} \times \text{역률}} = \dfrac{5000 \times 0.8}{1.2 \times 0.9} = 3703.7 \text{ [kVA]}$

$Tr_2 = \dfrac{3,000 \times 0.84}{1.2 \times 0.9} = 2333.33 \text{ [kVA]}$

$Tr_3 = \dfrac{7,000 \times 0.92}{1.2 \times 0.9} = 5962.96 \text{ [kVA]}$

답 :

	Tr_1	Tr_2	Tr_3
	4,000 [kVA]	3,000 [kVA]	6,000 [kVA]

(2) 계산 : $STr = \dfrac{3703.7 + 2333.33 + 5962.96}{1.3} = 9230.76 \text{ [kVA]}$

표에서 10,000 [kVA] 선정

답 : 10,000 [kVA]

(3) 계산 : $P_s = \dfrac{100}{\%Z} \cdot P_n = \dfrac{100}{0.5} \times 10 = 2,000 \text{ [MVA]}$

표에서 2,000 [MVA] 선정

답 : 2,000 [MVA]

(4) 계산 : $P_s = \dfrac{100}{\%Z} \cdot P_n = \dfrac{100}{0.5 + 4.5} \times 10 = 200 \text{ [MVA]}$

표에서 200 [MVA] 선정

답 : 200 [MVA]

(5) 명칭 : 주변압기 차동 계전기
　　용도 : 주변압기 내부 고장시 변압기차단 (또는 변압기 내부고장보호)

(6) 명칭 : 과전류 계전기
　　용도 : 정정치 이상의 과전류에 의해 동작하며, 차단기 트립 코일 여자시킨다.

6

출제년도 94.07.09.17.(10점/각 항목당 2점)

그림의 단선결선도를 보고 ①~⑤에 들어갈 기기에 대하여 표준심벌을 그리고 약호, 명칭, 용도 또는 역할에 대하여 쓰시오.

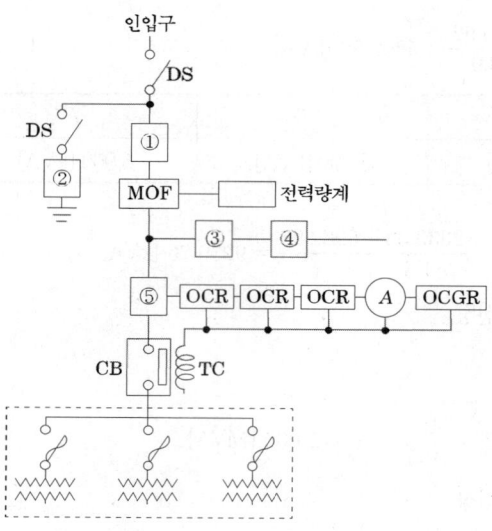

번호	심벌	약호	명칭	용도 및 역할
①				
②				
③				
④				
⑤				

[작성답안]

번호	심벌	약호	명칭	용도 및 역할
①		PF	전력용 퓨즈	단락 전류 및 고장 전류 차단
②		LA	피뢰기	이상 전압 침입시 이를 대지로 방전시키며 속류를 차단한다.
③		COS 또는 PF	컷아웃 스위치	계기용 변압기 고장 발생시 이를 고압회로로부터 분리하여 사고의 확대를 방지한다.
④		PT	계기용 변압기	고전압을 저전압(정격 110 [V])로 변성한다.
⑤		CT	계기용 변류기	대전류를 소전류(정격 5 [A])로 변성한다.

[핵심] 수변전기기의 심벌, 약호 및 역할

명칭	약호	심벌(단선도)	용도(역할)
케이블 헤드	CH		가공전선과 케이블 단말(종단) 접속
단로기	DS		무부하 전류 개폐, 회로의 접속 변경, 기기를 전로로부터 개방
피뢰기	LA		뇌전류를 대지로 방전하고 속류 차단
전력 퓨즈	PF		단락 전류 차단, 부하 전류 통전
전력수급용 계기용변성기	MOF		전력량을 적산하기 위하여 고전압과 대전류를 저전압, 소전류로 변성
영상 변류기	ZCT		지락전류의 검출
계기용 변압기	PT		고전압을 저전압으로 변성
교류 차단기	CB		부하 전류 및 사고 전류의 차단
트립 코일	TC		보호 계전기 신호에 의해 차단기 개로
계기용 변류기	CT		대전류를 소전류로 변성
접지 계전기	GR		영상 전류에 의해 동작하며, 차단기 트립 코일 여자

과전류 계전기	OCR	OCR	과전류에 의해 동작하며, 차단기 트립 코일 여자
전압계용 전환 개폐기	VS	⊕	1대의 전압계로 3상 전압을 측정하기 위하여 사용하는 전환 개폐기
전류계용 전환 개폐기	AS	⊗	1대의 전류계로 3상 전류를 측정하기 위하여 사용하는 전환 개폐기
전력용콘덴서 (방전코일내장)	SC	⊣⫯⫯⫯⊢ SC	진상 무효 전력을 공급하여 역률 개선
직렬 리액터	SR		제5고조파 제거
컷아웃 스위치	COS		기계 기구(변압기)를 과전류로부터 보호

7

출제년도 14.17.(5점/(1)2점, (2)3점)

그림은 전위강하법의 접지저항 측정방법이다. E, P, C가 일직선상에 있을 경우 다음 물음에 답하시오. (단, E는 반지름 r인 반구모양 전극 (측정대상 전극)이다.)

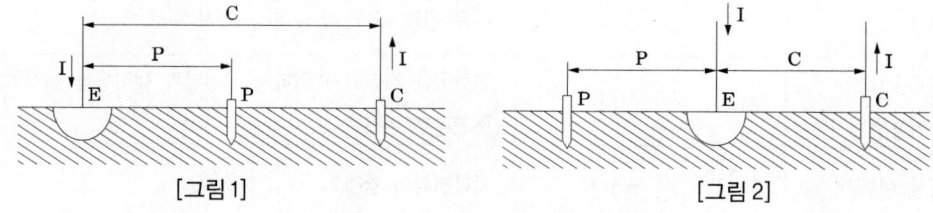

[그림1]   [그림2]

(1) 그림 1과 그림 2의 측정 방법 중 접지저항 값이 참값에 가까운 측정방법은?

(2) 반구모양 접지 전극의 접지저항을 측정할 때 $E-C$간의 거리의 몇 [%]인 곳에 전위 전극을 설치하면 정확한 접지저항 값을 얻을 수 있는지 설명하시오.

[작성답안]

(1) 그림 1

(2) EP사이의 거리 P는 EC사이 거리 C의 61.8%가 되도록 설치한다.

[핵심] 전위강하법 (Fall of Potential Method)의 61.8%의 법칙

반경 r인 반원형 주접지전극 E로부터 전류보조극 C까지의 거리를 c라 할 때 전위보조극 P까지의 거리 p는 다음과 같이 정해진다.

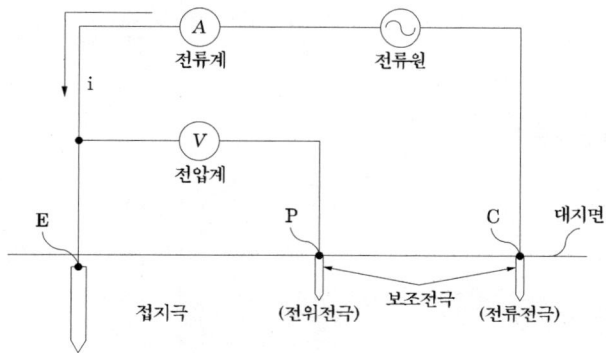

대지저항률이 $\rho[\Omega \cdot m]$일 때 접지전류 $I[A]$에 의한 E-P간의 전위차 V_{EP}를 구할 때 보조접지극이 유한원점에 위치하는 관계로 전류전극 C의 영향을 고려하여야 한다. 따라서 전위차 V_{EP}는 E의 유입전류에 의한 전위상승 V_{EP1}과 C의 유출전류에 의한 전위상승 V_{EP2}의 합으로 나타낼 수 있다. 따라서 E로부터의 거리 x인 점의 지표면 전위 V_x는 다음과 같다.

$$V_x = \frac{\rho I}{2\pi x}$$

따라서 유입전류에 의한 전극 E 및 P의 전위는 무한원점을 기준으로 할 때

$$V_E = \frac{\rho I}{2\pi r}, \quad V_P = \frac{\rho I}{2\pi p}$$

또한 C의 유출전류는 반대 방향이므로 이것에 의한 전극 C 및 P의 전위는

$$V_C = -\frac{\rho I}{2\pi c}, \quad V_P' = -\frac{\rho I}{2\pi(c-p)}$$

이때 V_{EP1}과 V_{EP2}는 다음과 같이 표현할 수 있다.

$$V_{EP1} = V_E - V_P = \frac{\rho I}{2\pi r} - \frac{\rho I}{2\pi p} = \frac{\rho I}{2\pi}\left(\frac{1}{r} - \frac{1}{p}\right)$$

$$V_{EP2} = V_C - V_P' = -\frac{\rho I}{2\pi c} - \left[-\frac{\rho I}{2\pi(c-p)}\right] = \frac{\rho I}{2\pi}\left(\frac{1}{c-p} - \frac{1}{c}\right)$$

결국 $E-P$간의 전위차 V_{EP}는 다음과 같다.

$$V_{EP} = V_{EP1} + V_{EP2} = \frac{\rho I}{2\pi}\left(\frac{1}{r} - \frac{1}{p} + \frac{1}{c-p} - \frac{1}{c}\right)$$

한편 무한원점을 기준으로 한 실제의 접지저항을 R_∞라 두면

$$R_\infty = \frac{V_E}{I} = \frac{\rho}{2\pi r} \, [\Omega]$$

그리고 현재의 측정치인 접지저항값 R은 E-P간의 전위차 V_{EP}를 전류 I로 나눈 값이다.

$$R = \frac{V_{EP}}{I} [\Omega]$$

그러므로 주접지전극 E의 전위 V_E와 E-P간의 전위차 V_{EP}를 같다고 두면 측정치 R은 실제의 값 R_∞와 같아진다.

$$V_E = V_{EP}$$

$$\therefore \frac{\rho I}{2\pi r} = \frac{\rho I}{2\pi}\left(\frac{1}{r} - \frac{1}{p} + \frac{1}{c-p} - \frac{1}{c}\right)$$

위 식을 정리하면

$$\frac{1}{p} + \frac{1}{c} = \frac{1}{c-p}$$

$$c(c-p) + p(c-p) = cp$$

$$p^2 + cp - c^2 = 0$$

위 식에 근의 공식을 적용하면

$$\therefore p = \frac{-c \pm \sqrt{c^2 + 4c^2}}{2} = \frac{-c \pm \sqrt{5}\,c}{2} = 0.618c, -1.618c$$

여기서 $p = -1.618c$는 허수이므로 부적당하다. 따라서 $p = 0.618c$가 된다. 즉, 반원형 접지전극 E로부터 전위보조극 P까지의 거리 p는 전류 보조극 까지의 거리 c의 61.8 [%]인 지점으로 정하면 무한원점을 기준으로 한 정확한 접지저항값을 측정할 수 있게 된다.

8

출제년도 11.12.14.17.(3점/부분점수 없음)

지표면상 15 [m] 높이의 수조가 있다. 이 수조에 20 [m³/min] 물을 양수하는데 필요한 펌프용 전동기의 소요 동력은 몇 [kW]인가? (단, 펌프의 효율은 80 [%]로 하고, 여유계수는 1.1로 한다.)

[작성답안]

계산 : $P = \dfrac{KQH}{6.12\eta} = \dfrac{1.1 \times 20 \times 15}{6.12 \times 0.8} = 67.4$ [kW]

답 : 67.4 [kW]

[핵심] 전동기용량

① 펌프용 전동기 용량

$$P = \frac{9.8 Q' H K}{\eta} = \frac{KQH}{6.12\eta} \text{ [kW]}$$

여기서, P : 전동기의 용량[kW] Q : 양수량[m³/min] Q' : 양수량[m³/sec]
      H : 양정(낙차)[m] η : 펌프의 효율[%] K : 여유계수(1.1~1.2 정도)

② 권상용 전동기 용량

$$P = \frac{9.8 W \cdot v'}{\eta} = \frac{W \cdot v}{6.12\eta} \text{ [kW]}$$

여기서, W : 권상 하중[ton] v : 권상 속도[m/min] v' : 권상 속도[m/sec]
      η : 권상기 효율[%]

9

출제년도 17.(5점/모두 맞으면 5점, 하나 틀리면 3점, 두 개 이상틀리면 0점)

콘덴서 회로에서 제5고조파 전류의 확대 방지 및 스위치 투입 시 돌입전류 억제를 목적으로 역률 개선용 콘덴서에 직렬 리액터를 설치하고자 한다. 다음 각 물음에 답하시오.

(1) 5고조파 제거하기 위한 리액터는 콘덴서 용량의 몇 [%]인가?

(2) 주파수 변동 등의 여유를 고려하였을 때 몇[%]인가? 그 표준을 써라.

(3) 제3고조파 제거하기 위한 리액터는 콘덴서 용량의 대략 몇 [%]인가?

[작성답안]

(1) 4 [%]   (2) 6 [%]

(3) 11.11 [%] (또는 11 [%]) (또는 주파수 변동등의 여유를 고려하면 13 [%])

[핵심] 직렬리액터 (Series Reactor : SR)

대용량의 콘덴서를 설치하면 고조파 전류가 흘러 파형이 일그러지는 원인이 된다. 파형을 개선(제5고조파의 제거)하기 위해서 전력용 콘덴서와 직렬로 리액터를 설치한다. 직렬 리액터의 용량은 콘덴서 용량의 6 [%]가 표준정격으로 되어 있다.(계산상은 4 [%])

출제년도 90.06.17.(6점/각 문항당 2점)

그림과 같은 논리회로를 이용하여 다음 각 물음에 답하시오.

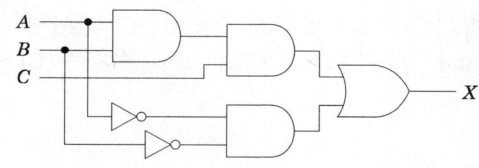

(1) 주어진 논리회로를 논리식으로 표현하시오.
(2) 논리회로의 동작 상태를 다음의 타임차트에 나타내시오.

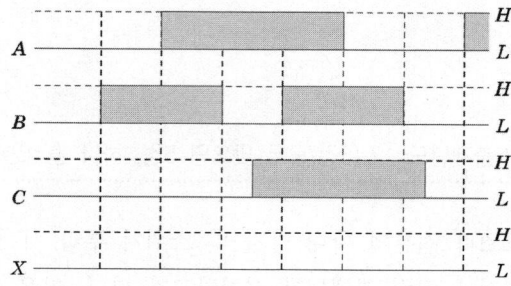

(3) 다음과 같은 진리표를 완성하시오. (단, L은 Low이고, H는 High 이다.)

A	L	L	L	L	H	H	H	H
B	L	L	H	H	L	L	H	H
C	L	H	L	H	L	H	L	H
X								

[작성답안]
(1) $X = A \cdot B \cdot C + \overline{A} \cdot \overline{B}$
(2)

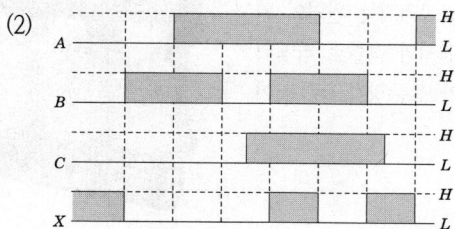

(3)

A	L	L	L	L	H	H	H	H
B	L	L	H	H	L	L	H	H
C	L	H	L	H	L	H	L	H
X	H	H	L	L	L	L	L	H

11

출제년도 87.88.00.04.13.17.(5점/각 문항당 2점, 모두 맞으면 5점)

알칼리축전지의 정격 용량 100 [Ah], 상시 부하 5 [kW], 표준전압 100 [V]인 부동 충전 방식이 있다. 이 부동 충전 방식에서 다음 각 물음에 답하시오.

(1) 부동 충전 방식의 충전기 2차 전류는 몇 [A]인가?

(2) 부동 충전방식의 회로도를 전원, 충전기(정류기), 축전지, 부하 등을 이용하여 간단히 그리시오.(단, 심벌은 일반적인 심벌로 표현하되 심벌 부근에 심벌에 따른 명칭을 쓰도록 하시오.)

[작성답안]

(1) 계산 : 부동 충전방식의 충전기 2차 전류 = $\dfrac{축전지\ 정격용량\,[Ah]}{정격\ 방전율\,[h]}$ + $\dfrac{상시\ 부하용량\,[VA]}{표준\ 전압\,[V]}$

$$\therefore\ I = \dfrac{100}{5} + \dfrac{5 \times 10^3}{100} = 70\,[A]$$

답 : 70 [A]

(2)

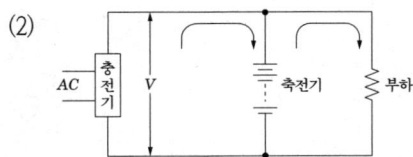

[핵심] 부동충전방식

전지의 자기 방전을 보충함과 동시에 상용 부하에 대한 전력 공급은 충전기가 부담하도록 하되 충전기가 부담하기 어려운 일시적인 대전류 부하는 축전지로 하여금 부담하게 하는 방식

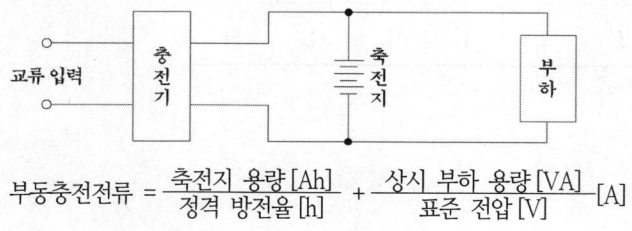

$$부동충전전류 = \frac{축전지\ 용량[Ah]}{정격\ 방전율[h]} + \frac{상시\ 부하\ 용량[VA]}{표준\ 전압[V]}[A]$$

12
출제년도 10.15.16.17.(5점/각 문항당 2점, 모두 맞으면 5점)

가로 10 [m], 세로 30 [m], 높이 3.85 [m]인 사무실에 1등의 광속 2,500 [lm] 40 [W] 2등용 형광등을 설치 하려고한다. 이 사무실의 작업면 조도를 400 [lx], 조명률 0.6, 감광보상률 1.3로 한다. (단, 책상면과 천장사이의 높이는 3 [m]이다.)

(1) 이 사무실의 실지수는 얼마인가?

(2) 이 사무실에 필요한 소요되는 등기구 수는?

[답안작성]

(1) 실지수 $= \dfrac{XY}{H(X+Y)} = \dfrac{10 \times 30}{3 \times (10+30)} = 2.5$

답 : 2.5

(2) 등기구수 $N = \dfrac{EAD}{FU} = \dfrac{400 \times 10 \times 30 \times 1.3}{2,500 \times 2 \times 0.6} = 52$등

답 : 52등

[핵심] 조명설계

① 실지수

방의 면적이 같은 2개의 방에 같은 수의 광원을 설치하여도 방의 모양이 다른 경우에는 작업면상의 조도는 다르게 된다. 그래서 천정, 바닥이 장방형인 방은 가로 X, 세로 Y 두 변의 평균을 한 변으로 하는 정방형인 방과 동일하다고 하는 이론에 의해 실지수 $R.I$를 다음 식과 같이 결정한다.

$$R.I = \frac{XY}{H(X+Y)}$$

실지수	5.0	4.0	3.0	2.5	2.0	1.5	1.25	1.0	0.8	0.6
기호	A	B	C	D	E	F	G	H	I	J

② 조도계산

N개의 램프에서 방사되는 빛을 평면상의 면적 $A[m^2]$에 모두 집중 조사할 수 있다고 하고 램프 1개당 광속을 $F[lm]$이라 하면, 그 면의 평균조도를

$$E = \frac{F \cdot N}{A} \ [lx]$$

로 나타낸다. 이러한 평균조도 계산은 광속법과 설계여건에 따라 ZCM (Zonal Cavity Method)법을 채택할 수 있다.

$$E = \frac{F \cdot N \cdot U \cdot M}{A}$$

여기서, E : 평균조도 [lx]
  F : 램프 1개당 광속 [lm]
  N : 램프수량 [개]
  U : 조명률
  M : 보수율, 감광보상률의 역수
  A : 방의 면적 [m²] (방의 폭×길이)

13

출제년도 17.(5점/각 항목당 1점)

발주자는 외부적 사업환경의 변동 사업추진 기본계획의 조정 민원에 따른 노선변경 공법변경 그 밖의 시설물 추가 등으로 설계변경이 필요한 경우에는 다음 각 호의서류를 첨부하여 반드시 서면으로 책임감리원에게 설계변경을 하도록 지시하여야 한다. 이 경우 첨부하여야 하는 서류 5가지를 쓰시오.

[작성답안]
① 설계변경 개요서
② 설계변경도면
③ 설계 설명서
④ 계산서
⑤ 수량산출 조서

[핵심] 제52조(설계변경 및 계약금액 조정)

발주자는 외부적 사업환경의 변동, 사업추진 기본계획의 조정, 민원에 따른 노선변경, 공법변경, 그 밖의 시설물 추가 등으로 설계변경이 필요한 경우에는 다음 각 호의 서류를 첨부하여 반드시 서면으로 책임감리원에게 설계변경을 하도록 지시하여야 한다. 다만, 발주자가 설계변경 도서를 작성할 수 없을 경우에는 설계변경개요서만 첨부하여 설계변경 지시를 할 수 있다.

1. 설계변경 개요서
2. 설계변경 도면, 설계설명서, 계산서 등
3. 수량산출 조서
4. 그 밖에 필요한 서류

14

출제년도 17.(6점/각 항목당 1점, 모두 맞으면 5점)

1선지락 고장시 접지계통에서 고장전류의 흐르는 경로를 순서대로 쓰시오.

단일접지계통	①
중성점접지계통	②
다중접지계통	③

[작성답안]
① 배전선 – 지락점 – 대지 – 중성선 접지점 – 중성점 – 배전선
② 배전선 – 지락점 – 대지 – 중성선 접지점 – 중성점 – 배전선
③ 배전선 – 지락점 – 대지 – 다중접지극의 접지점 – 중성점 – 배전선

15

출제년도 95.05.12.17.(3점/부분점수 없음)

수전전압이 22.9 [kV] 부하전류가 30 [A]이다. 60/5의 변류기를 통하여 과부하계전기를 시설하였다. 120 [%]의 과부하에서 차단시킨다면 과부하 트립 전류값은 몇 [A]로 설정해야 하는가?

[작성답안]

계산 : $I_T = 30 \times \dfrac{5}{60} \times 1.2 = 3$ [A]

답 : 3 [A]

[핵심] 보호계전기 정정

① 순시탭 정정

변압기 1차측 단락사고에 대하여 동작하며, 2차 단락사고 및 변압기 여자 돌입전류(inrush current)에 동작하지 않는다.

- 변압기1차측 단락사고에 대하여 동작하여야 한다.
- 변압기2차측 (Magnetizing Inrush Current)에 동작하지 않도록 한다.
- TR 2차 3상단락전류의 150 [%]에 정정한다.
- 순시 Tap

순시 Tap = 변압기2차 3상단락전류 $\times \dfrac{2차전압}{1차전압} \times 1.5 \times \dfrac{1}{CT비}$

② 한시탭 정정

I_t = 부하 전류 $\times \dfrac{1}{CT비} \times$ 설정값 [A]

설정값은 보통 전부하 전류의 1.5배로 적용하며, I_t값을 계산후 2 [A], 3 [A], 4 [A], 5 [A], 6 [A], 7 [A], 8 [A], 10 [A], 12 [A] 탭 중에서 가까운 탭을 선정한다.

③ 한시레버정정

수용설비일 경우 변압기2차 3상단락고장시 0.6초 이하에서 동작하도록 선정한다.

16

출제년도 17.(3점/각 항목당 1점)

전력설비 점검시 보호계전계통의 보호계전기 오동작 원인이 무엇인지 3가지를 쓰시오.

[작성답안]
- 여자돌입전류
- 취부 위치에서 예상할 수 있는 경사, 충격 및 진동
- 변류기의 포화

17

출제년도 17.(4점/부분점수 없음)

3상 유도전동기 정격전류 320 [A](역률 0.85)가 다음 표와 같은 선로에 흐를 때 선로의 전압강하를 구시오.

길이 편도 150 [m]
저항 R = 0.18 [Ω/km], 리액턴스 ωL = 0.102 [Ω/km], ωC는 무시한다.

[작성답안]

계산 : $e = \sqrt{3}\,I(R\cos\theta + X\sin\theta) = \sqrt{3} \times 320(0.18 \times 0.15 \times 0.85 + 0.102 \times 0.15 \times \sqrt{1-0.85^2}\,)$
    $= 17.19\,[V]$

답 : 17.19 [V]

[핵심] 전압강하

① 전압강하 $e = \dfrac{P}{V}(R + X\tan\theta)\,[V]$

② 전압강하율 $\epsilon = \dfrac{e}{V} \times 100 = \dfrac{P}{V^2}(R + X\tan\theta) \times 100\,[\%]$

③ 전력손실 $P_L = \dfrac{P^2 R}{V^2 \cos^2\theta}\,[kW]$

④ 전력손실률 $k = \dfrac{P_L}{P} \times 100 = \dfrac{PR}{V^2 \cos^2\theta} \times 100\,[\%]$

18

출제년도 02.07.14.17.(5점/각 항목당 1점 모두 맞으면 5점)

고조파 전류는 각종 선로나 간선에 에너지 절약 기기나 무정전전원장치 등이 증가되면서 선로에 발생하여 전원의 질을 떨어뜨리고 과열 및 이상 상태를 발생시키는 원인이 되고 있다. 고조파 전류를 방지하기 위한 대책을 3가지만 쓰시오.

[작성답안]
① 전력 변환 장치의 pulse 수를 크게 한다.(또는 변환장치의 펄스화)
② 고조파 필터를 사용하여 제거한다.
③ 변압기 결선에서 △결선을 채용하여 고조파 순환회로를 구성하여 외부에 고조파가 나타나지 않도록 한다.
그 외
④ 전원측에 교류 리액터 설치
⑤ 전원 단락용량의 증대
⑥ 고조파부하를 분리하여 전용화
⑦ 필터설치(교류필터, 액티브필터)
⑧ 기기의 고조파 내량 증가
⑨ 고조파 성분 발생부하의 억제
⑩ 콘덴서 회로에 직렬리액터설치
⑪ 위상변위변압기에 의한 위상이동(Phase Shift TR)
⑫ 영상전류 제거장치 NCE(Neutral Current Eliminator)
⑬ UHF(LINEATOR)설치 (Universal Harmonic Filter)

[핵심] 고조파

전력계통에서 고조파는 대부분 전력변환용 전자장치(정류장치, 역변환장치, 화학용 전해설비의 정류기, 사이리스터 등)를 사용하는 기기에서 발생하고 있으며, 또한 이의 사용이 많아져 이로 인한 고조파 전류가 발생하여 전원의 질을 떨어뜨리고 과열 및 이상상태를 발생시키고 있다.

기 기	발 생 원 인	기 타
변압기	히스테리시스 현상에 의해 발생하며, 보통 제3고조파 성분이 주성분이고 제5고조파 이상은 무시된다. 제3고조파 성분은 변압기의 △결선으로 제거된다.	△결선으로 제거한다.
전력 변환소자	정현파를 구형파 형태로 사용하므로 고조파가 발생한다.	고조파 대책필요하다.
아크로 전기로	제3고조파가 현저하게 발생한다.	
회전기기	슬롯이 있기 때문에 발생하며 고조파는 슬롯 Harmonics 라 한다.	
형광등	점등회로에서 발생한다.	콘덴서로 제거한다.
과도현상	차단기 및 개폐기의 스위칭시 발생한다.	서지흡수기 설치한다.

19

출제년도 88.05.14.17.(3점/부분점수 없음)

다음 표에 나타낸 어느 수용가들 사이의 부등률을 1.1로 한다면 이들의 합성 최대전력은 몇 [kW]인가?

수용가	설비용량 [kW]	수용률 [%]
A	300	80
B	200	60
C	100	80

[작성답안]

계산 : 합성 최대 전력 = $\dfrac{(\text{설비 용량} \times \text{수용률})\text{의 합}}{\text{부등률}} = \dfrac{300 \times 0.8 + 200 \times 0.6 + 100 \times 0.8}{1.1} = 400$ [kW]

답 : 400 [kW]

[핵심] 부등률

각 수용가에서의 최대 수용 전력의 발생 시각은 시간적으로 차이가 있으며 이 경우에 배전 변압기 또는 간선에서의 합성 최대 수용 전력은 각 수용가에서의 최대 수용 전력의 합보다 적게 되는데 이 비를 부등률이라 하며 이 값은 항상 1보다 크고, 백분율로 나타내지 않는다. 수용률과 더불어 배전 변압기 또는 배전 간선 등의 공급 설비 계획 자료로 사용된다.

$$\text{부등률} = \dfrac{\text{개별 최대수용전력의 합}}{\text{합성 최대수용전력}} = \dfrac{\text{설비용량} \times \text{수용전력}}{\text{합성최대수용전력}}$$

2017년 3회 기출문제 해설

※ 다음 물음에 답을 해당 답란에 답하시오.

1 출제년도 95.99.00.06.17.(5점/부분점수 없음)

답안지의 그림은 3상 4선식 전력량계의 결선도를 나타낸 것이다. PT와 CT를 사용하여 미완성 부분의 결선도를 완성하시오.

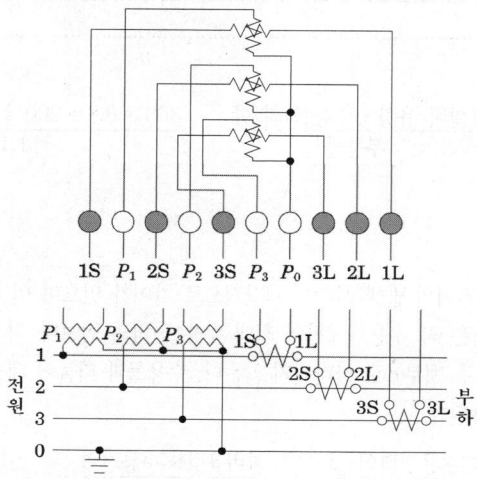

[작성답안]

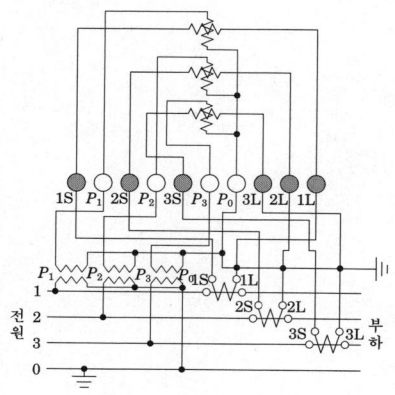

2

출제년도 17.(5점/부분점수 없음)

그림과 같은 점광원으로부터 원뿔 밑면까지의 거리가 4 [m]이고, 밑면의 반지름이 3 [m]인 원형면의 평균 조도가 100 [lx]라면 이 점광원의 평균 광도 [cd]는?

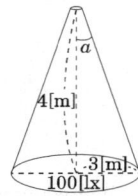

[작성답안]

계산 : $\cos\theta = \dfrac{4}{\sqrt{4^2+3^2}} = \dfrac{4}{5}$

$$E = \dfrac{F}{S} = \dfrac{\omega I}{\pi r^2} = \dfrac{2\pi(1-\cos\alpha)I}{\pi r^2}$$

$\therefore E = \dfrac{2I(1-\cos\alpha)}{r^2}$

$\therefore 100 = \dfrac{2I\left(1-\dfrac{4}{5}\right)}{3^2}$ 에서 $900 = 2I \times 0.2$ 이므로 $I = \dfrac{900}{0.2 \times 2} = 2,250$ [cd]

답 : 2,250 [cd]

[핵심] 광도 (luminous intensity)

모든 방향으로 광속이 발산되고 있는 점광원에서 어떤 방향의 광도라는 것은, 그 방향의 단위입체각에[1] 포함되는 광속수, 즉 발산광속의 입체각 밀도를 의미한다. 만약 입체각 ω내에서 광속 F가 균등하다면 이 입체각의 모든 방향의 광도 I는

$$I = \dfrac{F}{\omega} \text{ [cd]}$$

로 표현된다. 광도의 단위는 칸델라(candela : cd)이며, 1 [cd]는 단위입체각(1 steradian) 내의 광속이 1 [lm]인 경우이다.

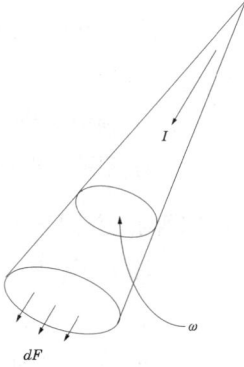

---

1) $\omega = 2\pi(1-\cos\theta)$ [sr]

3

출제년도 97.99.12.17.(6점/각 문항당 2점)

중성점 직접 접지 계통에 인접한 통신선의 전자 유도장해 경감에 관한 대책을 경제성이 높은 것부터 설명하시오.

(1) 근본 대책

(2) 전력선측 대책(3가지)

(3) 통신선측 대책(3가지)

[작성답안]

(1) 근본 대책 : 전자 유도전압의 억제

(2) 전력선측 대책

① 송전선로를 될 수 있는 대로 통신 선로로부터 멀리 이격하여 건설한다.

② 중성점을 접지할 경우 저항값을 가능한 큰 값으로 한다.

③ 고속도 지락 보호 계전 방식을 채용한다.

그 외

④ 차폐선을 설치한다.

⑤ 지중전선로 방식을 채용한다.

(3) 통신선측 대책

① 절연 변압기를 설치하여 구간을 분리한다.

② 연피케이블을 사용한다.

③ 통신선에 성능이 우수한 피뢰기를 사용한다.

그 외

④ 배류 코일을 설치한다.

⑤ 전력선과 교차시 수직교차 한다.

[핵심] 전자유도

전자유도전압 $E_m = -j\omega Ml\, 3I_o$

E_m : 전자 유도전압, M : 상호 인덕턴스, l : 통신선과 전력선의 병행길이

$3I_o = 3 \times$ 영상 전류 = 지락 전류

출제년도 17.(7점/각 문항당 2점, 모두 맞으면 7점)

그림은 3상 유도 전동기의 역상 제동 시퀀스회로이다. 물음에 답하시오. (단, 플러깅 릴레이 SP는 전동기가 회전하면 접점이 닫히고, 속도가 0에 가까우면 열리도록 되어 있다.)

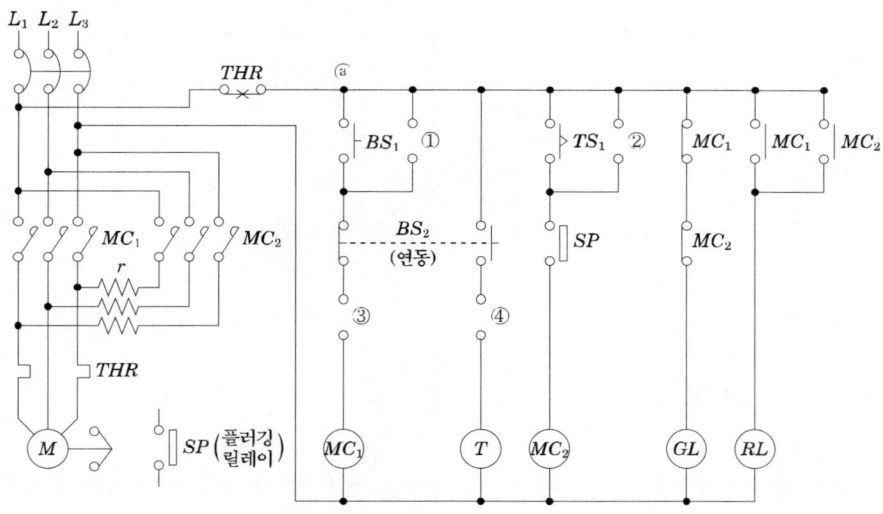

(1) 회로에서 ① ~ ④에 접점과 기호를 넣으시오.
(2) MC_1, MC_2의 동작 과정을 간단히 설명하시오.
(3) 보조 릴레이 T와 저항 r에 대하여 그 용도 및 역할에 대하여 간단히 설명하시오.

[작성답안]

(1)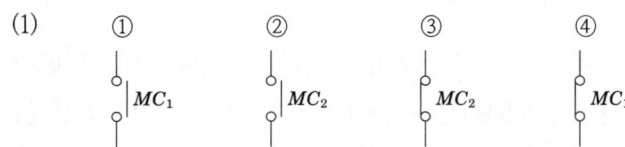

(2) ① BS_1 누르면 MC_1을 여자(자기유지)로 전동기는 직입 기동한다.

② BS_2 누르면 MC_1이 소자되면 전동기는 전원에서 분리된다. 이때 전동기는 회전자 관성모멘트로 인하여 회전은 계속한다.

③ BS_2의 연동접점으로 T가 MC_1 소자 즉시 여자되고, BS_2를 누르고 있는 상태에서 설정 시간후 MC_2가 여자(자기유지)된다. 이때 전동기는 역회전하려고 한다.

④ 전동기의 속도가 급격히 감소하여 0에 가까워지면 플러깅 릴레이에 의하여 전동기는 급정지한다.
(플러깅 제동)

(3) T : 시간 지연 릴레이는 제동시 과전류를 방지하는 시간적인 여유를 주기 위하여 사용한다.

r : 역상 제동시 저항의 전압 강하로 전압을 줄이고 제동력을 제한한다.

[핵심] 역상제동

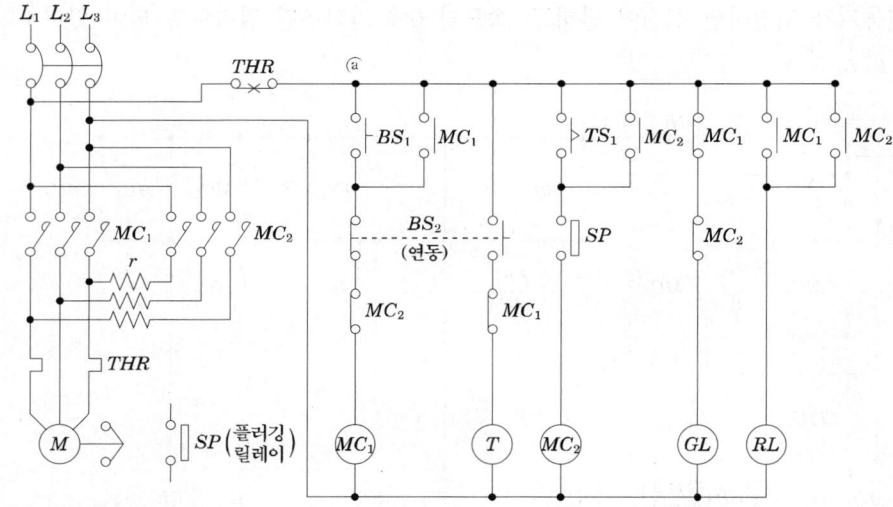

회전하고 있는 전동기를 급정지 또는 역회전시킬 때, 3선중 2선만 접속을 변경시키면 회전자계가 반대로 되어 토크가 반대로 되며 급속히 정지 또는 역전되는 방식을 역상제동이라 한다. 이 때 회전자에 큰 전류와 기계적 무리가 따르고 권선형은 외부저항에서 전력을 소모시키며, 농형은 2차 권선(회전자권선)이 과열될 염려가 있으므로 이 방식은 전동기가 제동되어 감속하면 정지하기 직전 전원을 끊고 큰 전류와 토크를 억제하기 위해 저항이나 리액터를 삽입하지만 기계적인 무리가 따르므로 잘 사용하지 않는 제동방식이다.

5

출제년도 99.00.16.17.(5점/풀이과정이 맞을 경우 ① ② 각 3점)

사용전압 380 [V]인 3상 직입기동전동기 1.5 [kW] 2대, 3.7 [kW] 1대와 3상 15 [kW] 기동기 사용 전동기 1대 및 3상 전열기 3 [kW]를 간선에 연결하였다. 이때의 간선 굵기, 간선의 과전류 차단기 용량을 다음 표를 이용하여 구하시오.(단, 공사방법은 A1, PVC 절연전선을 사용한다.)

간선의 굵기	과전류차단기 용량
①	②

〈표1〉 3상 농형 유도전동기의 규약전류 값

출력 [kW]	규약전류 [A]	
	200 [V]용	380 [V]용
0.2	1.8	0.95
0.4	3.2	1.68
0.75	4.8	2.53
1.5	8.0	4.21
2.2	11.1	5.84
3.7	17.4	9.16
5.5	26	13.68
7.5	34	17.89
11	48	25.26
15	65	34.21
18.5	79	41.58
22	93	48.95
30	124	65.26
37	152	80
45	190	100
55	230	121
75	310	163
90	360	189.5
110	440	231.6
132	500	263

[비고 1] 사용하는 회로의 전압이 220 [V]인 경우는 200 [V]인 것의 0.9배로 한다.

[비고 2] 고효율 전동기는 제작자에 따라 차이가 있으므로 제작자의 기술자료를 참조할 것

[표2] 380[V] 3상 유도전동기의 간선의 굵기 및 기구의 용량(배선용 차단기의 경우) (동선)

전동기 [kW] 수의 총계 ① [kW] 이하	최대 사용 전류 ①' [A] 이하	배선종류에 의한 간선의 최소 굵기 [mm²]②						직입기동 전동기 중 최대 용량의 것										
		공사방법 A1		공사방법 B1		공사방법 C		0.75 이하	1.5	2.2	3.7	5.5	7.5	11	15	18.5	22	30	37
		3개선		3개선		3개선		기동기 사용 전동기 중 최대 용량의 것										
								-	-	-	5.5	7.5	11	15	18.5	22	30	37
		PVC	XLPE, EPR	PVC	XLPE, EPR	PVC	XLPE, EPR	과전류 차단기 (배선용 차단기)용량[A] 직입기동-(칸 위 숫자) Y-△ 기동[A]-(칸 아래 숫자)										
3	7.9	2.5	2.5	2.5	2.5	2.5	2.5	15 -	15 -	15 -	-	-	-	-	-	-	-	-
4.5	10.5	2.5	2.5	2.5	2.5	2.5	2.5	15 -	15 -	20 -	30 -	-	-	-	-	-	-	-
6.3	15.8	2.5	2.5	2.5	2.5	2.5	2.5	20 -	20 -	30 -	30 -	40 30	-	-	-	-	-	-
8.2	21	4	2.5	2.5	2.5	2.5	2.5	30 -	30 -	30 -	30 -	40 30	50 30	-	-	-	-	-
12	26.3	6	4	4	2.5	4	2.5	40 -	40 -	40 -	40 -	40 40	50 40	75 40	-	-	-	-
15.7	39.5	10	6	10	6	6	4	50 -	50 -	50 -	50 -	50 50	60 50	75 60	100 60	-	-	-
19.5	47.4	16	10	10	6	10	6	60 -	60 -	60 -	60 -	60 60	75 60	75 60	100 60	125 75	-	-
23.2	52.6	16	10	16	10	10	10	75 -	75 -	75 -	75 -	75 75	100 75	100 75	100 75	125 75	125 100	-
30	65.8	25	16	16	10	16	10	100 -	100 -	100 -	100 -	100 100	100 100	125 100	125 100	125 100	125 100	-
37.5	78.9	35	25	25	16	25	16	100 -	100 -	100 -	100 -	100 100	125 100	125 100	125 100	125 100	125 125	-
45	92.1	50	25	35	25	25	16	125 -	125 -	125 -	125 -	125 125	125 125	125 125	125 125	125 125	125 125	125 125
52.5	105.3	50	35	35	25	35	25	125 -	125 -	125 -	125 -	125 125	125 125	125 125	125 125	125 125	125 125	150 150
63.7	131.4	70	50	50	35	50	35	175 -	175 -	175 -	175 -	175 175	175 175	175 175	175 175	175 175	175 175	175 175
75	157.9	95	70	70	50	70	50	200 -	200 -	200 -	200 -	200 200	200 200	200 200	200 200	200 200	200 200	200 200
86.2	184.2	120	95	95	70	95	70	225 -	225 -	225 -	225 -	225 225	225 225	225 225	225 225	225 225	225 225	225 225

[비고 1] 최소 전선 굵기는 1회선에 대한 것이며, 2회선 이상일 경우는 부록 500-2의 복수회로 보정계수를 적용하여야 한다.
[비고 2] 공사방법 A1은 벽 내의 전선관에 공사한 절연전선 또는 단심케이블, B1은 벽면의 전선관에 공사한 절연전선 또는 단심케이블, 공사방법 C는 벽면에 공사한 단심 또는 다심케이블을 시설하는 경우의 전선 굵기를 표시하였다.
[비고 3] 「전동기중 최대의 것」에 동시 기동하는 경우를 포함함
[비고 4] 배선용 차단기의 용량은 해당 조항에 규정되어 있는 범위에서 실용상 거의 최댓값을 표시함
[비고 5] 배선용 차단기의 선정은 최대 용량의 정격전류의 3배에 다른 전동기의 정격전류의 합계를 가산한 값 이하를 표시함.
[비고 6] 배선용차단기를 배분전반, 제어반 등의 내부시설하는 경우는 그 반 내의 온도상승에 주의할 것.

[작성답안]

계산 : [표 1]의 규약전류에 의한 최대사용전류 = 4.21 [A] × 2 + 9.16 [A] + 34.21 [A] = 51.79 [A]

전열기의 최대사용전류 = $\dfrac{3,000}{\sqrt{3} \times 380}$ = 4.56 [A]

최대사용전류 ①′ = 51.79 [A] + 4.56 [A] = 56.35 [A]

[표 2]에서 65.8 [A]란과 공사방법 A1, PVC부분의 교차점 25 [mm^2] 선정

[표 2]에서 65.8 [A]란과 기동기사용 15 [kW]란의 교차점 100 [A] 선정

답 : ① 25 [mm^2]   ② 100 [A]

6

출제년도 90.00.03.10.12.17.(5점/각 문항당 1점, 모두 맞으면 5점)

비접지 선로의 접지전압을 검출하기 위하여 그림과 같은 [$Y-Y-$개방$\triangle$] 결선을 한 GPT가 있다. 다음 물음에 답하시오.

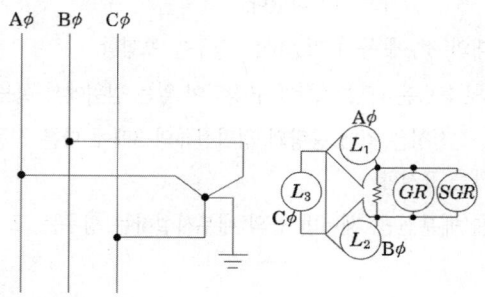

(1) A상 고장시(완전 지락시), 2차 접지 표시등 L_1, L_2, L_3의 점멸과 밝기를 비교하시오.

	점멸	밝기
L_1		
L_2, L_3		

(2) 1선 지락사고시 건전상(사고가 안난 상)의 대지 전위의 변화를 간단히 설명하시오.

(3) GR, SGR의 정확한 명칭을 우리말로 쓰시오.

- GR :
- SGR :

[작성답안]

(1)

	점멸	밝기
L_1	소등	어둡다
L_2, L_3	점등	더욱 밝아진다

(2) 평상시의 건전상의 대지 전위 : $\dfrac{110}{\sqrt{3}}$ [V]

1선 지락 사고시에는 전위가 $\sqrt{3}$ 배로 증가 : 110 [V]

(3) GR : 지락 계전기

SGR : 선택지락 계전기

[핵심] GPT(접지형 계기용변압기)

접지형 계기용 변압기는 비접지 계통에서 지락 사고시의 영상전압을 검출한다. 아래 그림에서 접지형 계기용 변압기는 정상상태가 된다. 정상 운전시에는 영상전압이 평형상태가 된다. 이때 각상의 전압은 $110/\sqrt{3}$ [V]가 되고 120°의 위상 차이가 있기 때문에 평형이 되고 이들의 합은 0 [V]가 된다.

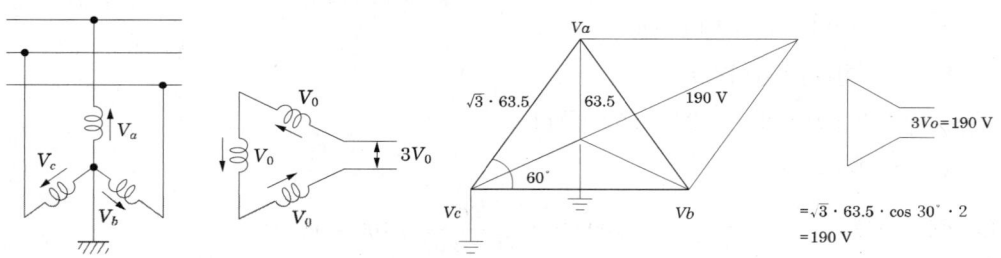

7

출제년도 96.00.02.17.(5점/각 문항당 1점, 모두 맞으면 5점)

변압기의 1일 부하 곡선이 그림과 같은 분포일 때 다음 물음에 답하시오. (단, 변압기의 전부하 동손은 130 [W], 철손은 100 [W]이다.)

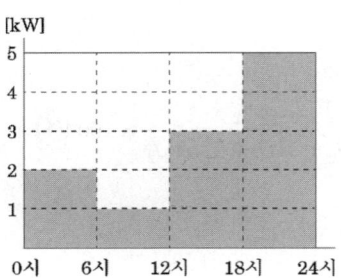

(1) 1일 중의 사용 전력량은 몇 [kWh]인가?

(2) 1일 중의 전손실 전력량은 몇 [kWh]인가?

(3) 1일 중 전일효율은 몇 [%]인가?

[작성답안]

(1) 계산 : $W = 2 \times 6 + 1 \times 6 + 3 \times 6 + 5 \times 6 = 66 \, [\text{kWh}]$

답 : 66 [kWh]

(2) 계산 :

동손 : $P_c = \left[\left(\dfrac{2}{5}\right)^2 \times 0.13 + \left(\dfrac{1}{5}\right)^2 \times 0.13 + \left(\dfrac{3}{5}\right)^2 \times 0.13 + \left(\dfrac{5}{5}\right)^2 \times 0.13 \right] \times 6 = 1.22 \, [\text{kWh}]$

철손 : $P_i = 0.1 \times 24 = 2.4 \, [\text{kWh}]$

전손실 = 철손 + 동손이므로

$\therefore P_L = P_i + P_c = 2.4 + 1.22 = 3.62 \, [\text{kWh}]$

답 : 3.62 [kWh]

(3) 계산 : 효율 $\eta = \dfrac{\text{출력}}{\text{출력 + 손실}} \times 100 \, [\%] = \dfrac{66}{66 + 3.62} \times 100 = 94.8 \, [\%]$

답 : 94.8 [%]

[핵심] 변압기 효율 (efficiency)

① 전부하 효율 $\eta = \dfrac{P_n \cos\theta}{P_n \cos\theta + P_i + I^2 r} \times 100 \, [\%]$

전부하시 $I^2 r = P_i$ 의 조건이 만족되면 효율이 최대가 된다.

② m 부하시의 효율 $\eta = \dfrac{m V_{2n} I_{2n} \cos\theta}{m V_{2n} I_{2n} \cos\theta + P_i + m^2 I_{2n}^2 r_{21}} \times 100 \, [\%]$

$P_i = m^2 P_c$ 이 최대 효율조건이며, 최대 효율일 경우 부하율은 다음과 같다.

$m = \sqrt{\dfrac{P_i}{P_c}}$

③ 전일효율 $\eta_d = \dfrac{\sum h V_2 I_2 \cos\theta_2}{\sum h V_2 I_2 \cos\theta_2 + 24 P_i + \sum h r_2 I_2^2} \times 100 \, [\%]$

출제년도 93.07.12.17.(5점/부분점수 없음)

평형 3상 회로에 변류비 100/5인 변류기 2개를 그림과 같이 접속하였을 때 전류계에 4 [A]의 전류가 흘렀다. 1차 전류의 크기는 몇 [A]인가?

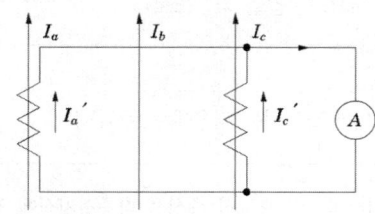

[작성답안]

계산 : 2차 전류 $I_a' = I_c' = I = 4$ [A]

　　　1차 전류 $I_a = a\,I_a' = \dfrac{100}{5} \times 4 = 80$ [A]

답 : 80 [A]

[핵심] 변류기 접속

① 가동접속

I_1 = 전류계 Ⓐ 지시값 × CT비

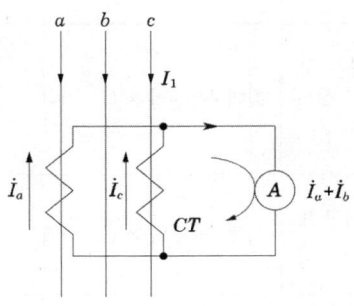

② 교차접속

I_1 = 전류계 Ⓐ 지시값 × $\dfrac{1}{\sqrt{3}}$ × CT비

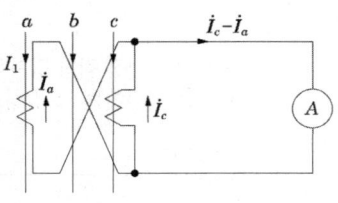

9

출제년도 02.03.11.14.15.17.(7점/각 항목당 1점)

변압기의 절연내력 시험전압에 대한 ①~⑦의 알맞은 내용을 빈칸에 쓰시오.

구분	종류 (최대사용전압을 기준으로)	시험전압
①	최대사용전압 7 [kV] 이하인 권선 (단, 시험전압이 500 [V] 미만으로 되는 경우에는 500 [V])	최대사용전압 × (　　) 배
②	7 [kV]를 넘고 25 [kV] 이하의 권선으로서 중성선 다중접지식에 접속되는 것	최대사용전압 × (　　) 배
③	7 [kV]를 넘고 60 [kV] 이하의 권선(중성선 다중접지 제외) (단, 시험전압이 + 10,500 [kV] 미만으로 되는 경우에는 10,500 [V])	최대사용전압 × (　　) 배
④	60 [kV]를 넘는 권선으로서 중성점 비접지식 전로에 접속되는 것	최대사용전압 × (　　) 배
⑤	60 [kV]를 넘는 권선으로서 중성점 접지식 전로에 접속하고 또한 성형결선의 권선의 경우에는 그 중성점에 T좌 권선과 주좌 권선의 접속점에 피뢰기를 시설하는 것 (단, 시험전압이 75 [kV] 미만으로 되는 경우에는 75 [kV])	최대사용전압 × (　　) 배
⑥	60 [kV]를 넘는 권선으로서 중성점 직접 접지식 전로에 접속하는 것, 다만 170 [kV]를 초과하는 권선에는 그 중성점에 피뢰기를 시설하는 것	최대사용전압 × (　　) 배
⑦	170 [kV]를 넘는 권선으로서 중성점 직접접지식 전로에 접속하고 또는 그 중성점을 직접 접지하는 것	최대사용전압 × (　　) 배
(예시)	기타의 권선	최대사용전압 × (1.1) 배

[작성답안]

구분	종류(최대사용전압을 기준으로)	시험전압
①	최대사용전압 7 [kV] 이하인 권선 (단, 시험전압이 500 [V] 미만으로 되는 경우에는 500 [V])	최대사용전압 × (1.5)배
②	7 [kV]를 넘고 25 [kV] 이하의 권선으로서 중성선 다중접지식에 접속되는 것	최대사용전압 × (0.92)배
③	7 [kV]를 넘고 60 [kV] 이하의 권선(중성선 다중접지 제외) (단, 시험전압이 + 10,500 [kV] 미만으로 되는 경우에는 10,500 [V])	최대사용전압 × (1.25)배
④	60 [kV]를 넘는 권선으로서 중성점 비접지식 전로에 접속되는 것	최대사용전압 × (1.25)배
⑤	60 [kV]를 넘는 권선으로서 중성점 접지식 전로에 접속하고 또한 성형결선의 권선의 경우에는 그 중성점에 T좌 권선과 주좌 권선의 접속점에 피뢰기를 시설하는 것 (단, 시험전압이 75 [kV] 미만으로 되는 경우에는 75 [kV])	최대사용전압 × (1.1)배
⑥	60 [kV]를 넘는 권선으로서 중성점 직접 접지식 전로에 접속하는 것, 다만 170 [kV]를 초과하는 권선에는 그 중성점에 피뢰기를 시설하는 것	최대사용전압 × (0.72)배
⑦	170 [kV]를 넘는 권선으로서 중성점 직접접지식 전로에 접속하고 또는 그 중성점을 직접 접지하는 것	최대사용전압 × (0.64)배
(예시)	기타의 권선	최대사용전압 × (1.1)배

그림은 고압 전동기 100 [HP] 미만을 사용하는 고압 수전 설비 결선도이다. 이 그림을 보고 다음 각 물음에 답하시오.

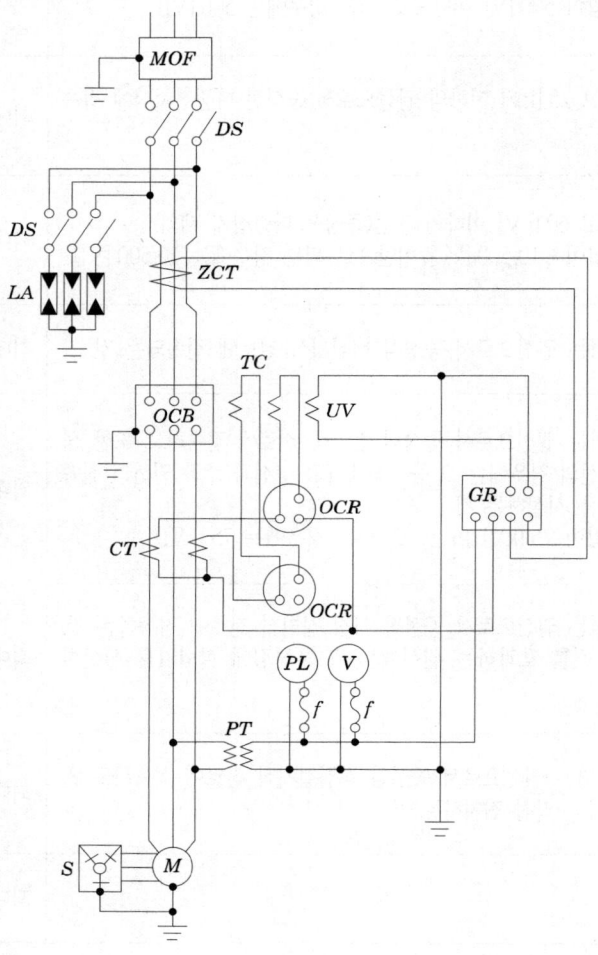

(1) 다음 명칭과 용도 또는 역할을 쓰시오.

	명칭	용도 또는 역할
①	MOF	
②	LA	

③	ZCT	
④	OCB	
⑤	OC	
⑥	G	

(2) 본 도면에서 생략할 수 있는 부분은?

(3) 전력용 콘덴서에 고조파 전류가 흐를 때 사용하는 기기는 무엇인가?

[작성답안]

(1)

		명칭	용도 또는 역할
①	MOF	전력수급용 계기용변성기	전력량을 적산하기 위해 고압의 전압과 대전류를 전력량계의 필요한 전압과 전류로 변성하여 공급한다.
②	LA	피뢰기	뇌전류가 침입시 이를 대지로 방전하고, 그에 따른 속류를 차단한다.
③	ZCT	영상변류기	지락전류를 검출하여 지락계전기에 공급한다.
④	OCB	유입차단기	계전기로부터 받은 고장전류의 검출신호에 의해 고장상태를 차단한다.
⑤	OC	과전류계전기	변류기로부터 전류를 공급받아 단락고장 및 과부하 고장을 판별하고, 정정치 이상의 전류가 흐를 때 차단기에게 트립신호를 보내준다.
⑥	G	지락계전기	영상변류기로부터 공급받은 지락전류의 상태로 지락고장을 판별하여 차단기에게 트립신호를 보내준다.

(2) LA용 DS

(3) 직렬리액터

[핵심] 고압 전동기 100 [HP] 미만을 사용하는 고압 수전 설비 결선도

[주1] 고압 전동기의 조작용 배전반에는 과부족 전압 계전기 및 결상 계전기를 설치하는 것이 바람직하다.

[주2] 계기용 변성기는 몰드형의 것을 사용하는 것이 바람직하다.

[주3] 본 도면에서 LA용 DS는 생략이 가능하다.

[주4] 계전기용 변류기는 보호 범위를 넓히기 위하여 차단기 전원측에 설치하는 것이 바람직하다.

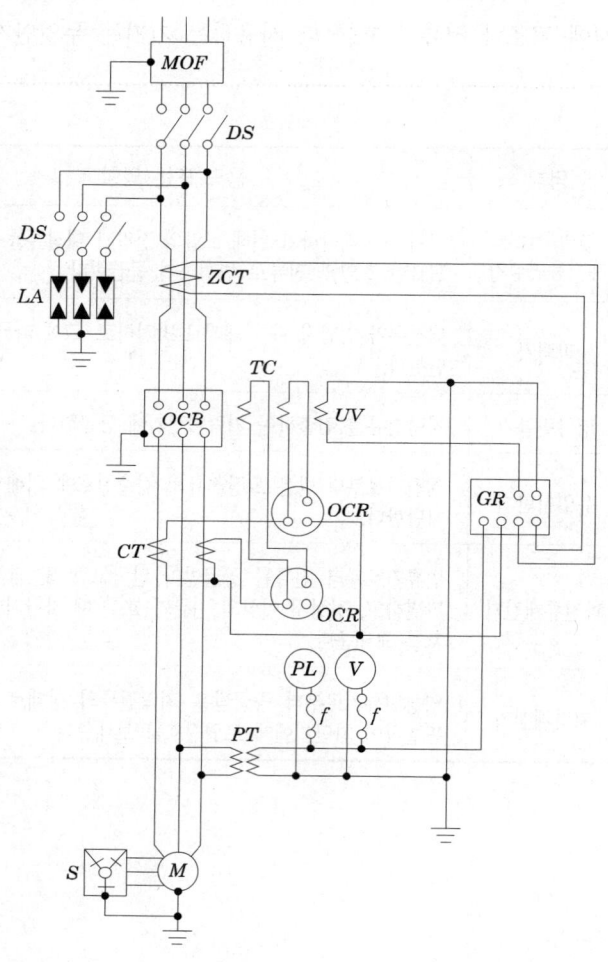

11

출제년도 14.17.(6점/각 문항당 3점)

1개의 전류계 및 전압계를 이용하여 변압기 권선의 저항을 측정하기 위한 회로도를 그리시오.

(1) 전압 전류계법으로 저항값을 측정하기 위한 회로를 주어진 정보로 완성하시오.

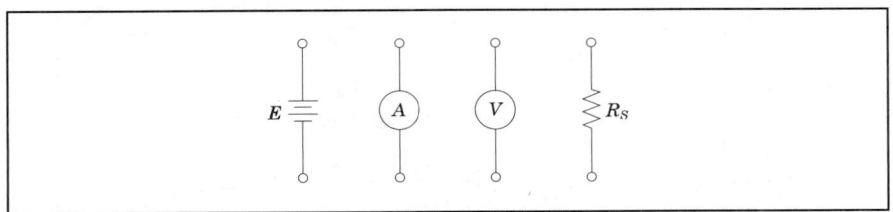

(2) 변압기 2차 권선의 저항을 구하는 공식을 쓰시오.

[작성답안]

(1) 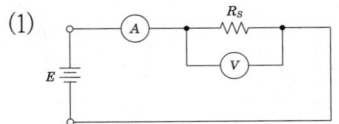　　(2) $R_s = \dfrac{\text{Ⓥ}}{\text{Ⓐ}}$

[핵심] 전압-전류계법

중저항을 측정하기 위한 가장 간단한 방법으로 그림과 같이 미지저항 R_x에 전압계와 전류계를 연결한다.

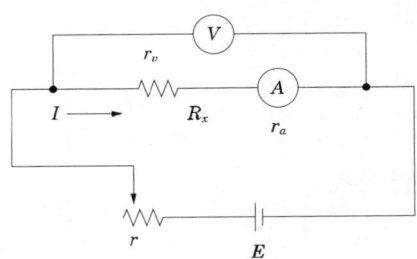

전압계 내부저항을 r_v라면 전압계에 흐르는 전류는 $\dfrac{V}{r_v}$가 흐르게 된다. 미지저항 R_x가 전류계 내부저항 r_a 보다 매우 큰 경우

$$R_x = \dfrac{V}{I} - r_a \fallingdotseq \dfrac{V}{I}\,[\Omega]$$

으로 구할 수 있다. 일반적으로 발전기, 변압기 권선의 저항이나, 백열전구 필라멘트 저항 측정등에 사용되고 있다. 또, 실제 사용되는 계기의 저항측정도 가능하다.

전압 30 [V], 저항 4 [Ω], 유도 리액턴스 3 [Ω] 일 때 콘덴서를 병렬로 연결하여 종합 역률 1로 만들기 위해 병렬 연결하는 용량성 리액턴스는 몇 [Ω]인가?

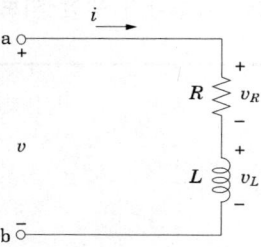

[작성답안]

계산 : $\omega C = \dfrac{\omega L}{R^2 + (\omega L)^2}$ 이므로 $X_c = \dfrac{4^2 + 3^2}{3} = 8.33\,[\Omega]$

답 : 8.33 [Ω]

[핵심]

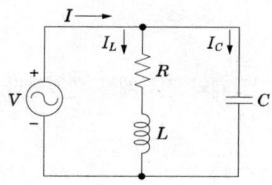

그림에서 어드미턴스를 구하면 $Y = \dfrac{1}{R + j\omega L} + j\omega C = \dfrac{R}{R^2 + (\omega L)^2} + j\left(\omega C - \dfrac{\omega L}{R^2 + (\omega L)^2}\right)$

역률이 1이 되려면 허수부가 0이 되어야 하므로 다음과 같이 된다.

$\omega C = \dfrac{\omega L}{R^2 + (\omega L)^2}$

그림은 릴레이 인터록 회로이다. 이 그림을 보고 다음 각 물음에 답하시오.

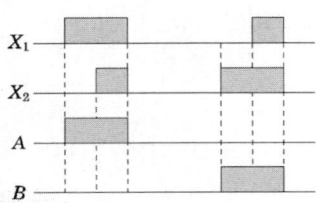

(1) 이 회로를 논리회로로 고쳐서 완성하시오.

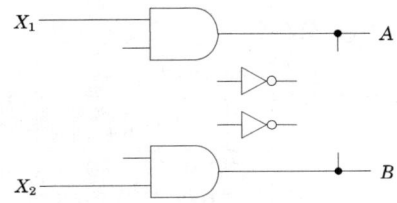

(2) 논리식쓰고 진리표를 완성하시오.
- 논리식
- 진리표

X_1	X_2	A	B
0	0		
0	1		
1	0		

[작성답안]

(1)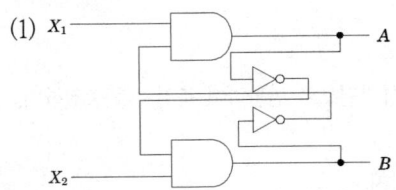

(2) • 논리식 $A = X_1 \cdot \overline{B}$ $B = X_2 \cdot \overline{A}$

• 진리표

X_1	X_2	A	B
0	0	0	0
0	1	0	1
1	0	1	0

14

출제년도 95.05.13.17.(4점/부분점수 없음)

다음은 컴퓨터 등의 중요한 부하에 대한 무정전 전원공급을 위한 그림이다. "(가) ~ (마)"에 적당한 전기 시설물의 명칭을 쓰시오.

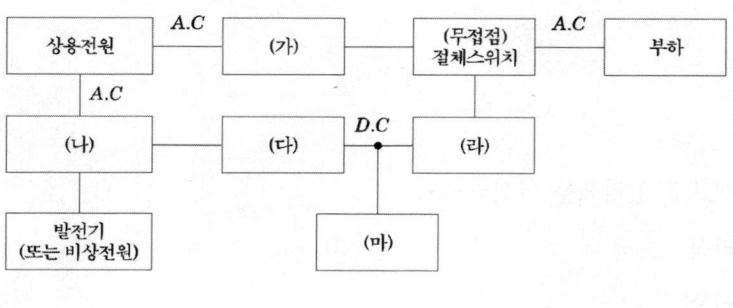

[작성답안]

(가) 자동전압조정기(AVR)

(나) 절체용 개폐기

(다) 정류기(컨버터)

(라) 인버터

(마) 축전지

[핵심] UPS

① 컨버터(정류기) : 교류전원이나 발전기의 전원을 공급받아 직류전원으로 변환하여 축전지를 충전하며, 인버터에 공급하는 장치

② 인버터 : 직류전원을 교류전원으로 바꾸어 부하에 공급하는 장치

③ 무접점 절환 스위치 : 인버터의 과부하 및 이상시 예비 상용전원으로(bypass line)절체시켜주는 장치

④ 축전지 : 정전시 인버터에 직류전원을 공급하여 부하에 일정 시간동안 무정전으로 전원을 공급하는데 필요한 장치

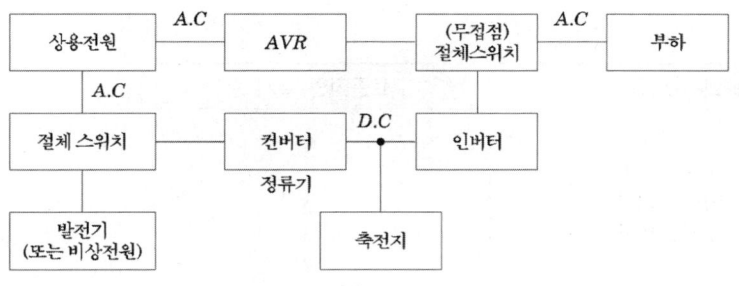

15

출제년도 17.(5점/부분점수 없음)

주택 및 아파트에 설치하는 콘센트의 수는 주택의 크기, 생활수준, 생활방식 등이 다르기 때문에 일률적으로 규정하기는 곤란하다. 내선규정에서는 이 점에 대하여 아래의 표와 같이 규모별로 표준적인 콘센트 수와 바람직한 콘센트수를 규정하고 있다. 아래 표를 완성하시오.

방의 크기(m²)	표준적인 설치 수
5 미만	
5~10 미만	
10~15 미만	
15~20 미만	
부엌	

[비고 1] 콘센트 구수는 관계없이 1로 본다.
[비고 2] 콘센트는 2구이상 콘센트를 설치하는 것이 바람직하다.
[비고 3] 대형전기기계기구의 전용콘센트 및 환풍기, 전기시계 등을 벽에 붙이는 전용콘센트는 위 표에서 포함되어 있지 않다
[비고 4] 다용도실이나 세면장에는 방수형 콘센트를 시설하는 것이 바람직하다.

[작성답안]

방의 크기(m^2)	표준적인 설치 수
5 미만	1
5~10 미만	2
10~15 미만	3
15~20 미만	3
부엌	2

16

출제년도 17.(4점/각 문항당 2점)

다음 기기의 명칭을 쓰시오.

(1) 가공 배전선로 사고의 대부분은 조류 및 수목에 의한 접촉과 강풍, 낙뢰 등에 의한 플래시오버 사고로서 이런 사고 발생 시 신속하게 고장 구간을 차단하고 사고점의 아크를 소멸 시킨 후 즉시 재투입이 가능한 개폐장치이다.

(2) 보안상 책임 분계점에서 보수 점검 시 전로를 개폐하기 위하여 시설하는 것으로 반드시 무부하 상태에서 개방하여야 한다. 근래에는 ASS를 사용하며, 66 [kV] 이상의 경우에 사용한다.

[작성답안]
(1) 리클로저
(2) 선로개폐기

[핵심]리클로저와 섹쇼널라이저
Recloser, Sectionalizer는 방사상의 배전선로의 보호계전방식에 적용되는 기기로 22.9 [kV] 배전선로에서 적용되고 있다.
① 리클로저
가공 배전선로 사고의 대부분은 조류 및 수목에 의한 접촉과 강풍, 낙뢰 등에 의한 플래시오버 사고로서 이런 사고 발생시 신속하게 고장 구간을 차단하고 사고점의 아크를 소멸 시킨후 즉시 재투입이 가능한 개폐장치이다.

② Sectionalizer

보안상 책임 분계점에서 보수 점검 시 전로를 개폐하기 위하여 시설하는 것으로 반드시 무 부하 상태에서 개방하여야 한다. 근래에는 ASS를 사용하며, 66 [kV] 이상의 경우에 사용한다. 다중접지 특고 배전선로용 보호장치의 일종으로 사고전류를 직접 차단할 수 없다. 따라서 후비에 반드시 차단기나 리클로져를 설치해야 보호장치로 사용할 수 있다. 즉, 고장시 후비 보호장치의 동작횟수를 기억하고 미리 정정된 횟수가 되면 후비 보호장치에 의해 무전압이 된 순간에 접점을 개방한다.

17. (5점/부분점수 없음)

전압과 역률이 일정할때 전력손실이 2배가 되려면 전력은 몇 [%] 증가해야 하는가?

[작성답안]

계산 : $P_\ell = \dfrac{P^2 R}{V^2 \cos^2\theta}$ 에서 $P_\ell \propto P^2$ 이므로 $P \propto \sqrt{P_\ell}$

$P' = \sqrt{\dfrac{2P_\ell}{P_\ell}} \, P = \sqrt{2}\, P$

증가율 $= \dfrac{\sqrt{2}\,P - P}{P} \times 100 = \dfrac{\sqrt{2}-1}{1} = 41.42\,[\%]$

답 : 41.42 [%]

[핵심] **전압강하**

① 전압강하 $e = \dfrac{P}{V}(R + X\tan\theta)\,[\text{V}]$

② 전압강하율 $\epsilon = \dfrac{e}{V} \times 100 = \dfrac{P}{V^2}(R + X\tan\theta) \times 100\,[\%]$

③ 전력손실 $P_L = \dfrac{P^2 R}{V^2 \cos^2\theta}\,[\text{kW}]$

④ 전력손실률 $k = \dfrac{P_L}{P} \times 100 = \dfrac{PR}{V^2 \cos^2\theta} \times 100\,[\%]$

18

출제년도 17.(5점/각 문항당 2점)???

수전단 전압이 6,000 [V]인 2 [km] 3상4선식 선로에서 380 [V], 1,000 [kW](늦은역률 0.8) 부하가 연결 되있다고 한다. 다음 물음에 답하시오. (단, 1선당 저항은 0.3 [Ω/km], 1선당 리액턴스는 0.4 [Ω/km] 이다.)

  (1) 선로의 전압강하를 구하시오.
  (2) 선로의 전압강하율을 구하시오.
  (3) 선로의 전력손실을 구하시오.

[작성답안]

(1) 계산 : $e = \dfrac{P(R + X\tan\theta)}{V_r} = \dfrac{1{,}000 \times 10^3 \left(0.3 \times 2 + 0.4 \times 2 \times \dfrac{0.6}{0.8}\right)}{6{,}000} = 200$ [V]

답 : 200 [V]

(2) 계산 : $\epsilon = \dfrac{V_s - V_r}{V_r} \times 100 = \dfrac{200}{6{,}000} \times 100 = 3.33 [\%]$

답 : 3.33 [%]

(3) 계산 : $P_l = 3I^2 R = \dfrac{P^2 R}{V^2 \cos^2\theta} = \dfrac{(1{,}000 \times 10^3)^2 \times 0.3 \times 2}{6{,}000^2 \times 0.8^2} = 26041.67$ [W]

답 : 26.04 [kW]

[핵심] 전압강하

① 전압강하 $e = \dfrac{P}{V}(R + X\tan\theta)$ [V]

② 전압강하율 $\epsilon = \dfrac{e}{V} \times 100 = \dfrac{P}{V^2}(R + X\tan\theta) \times 100$ [%]

③ 전력손실 $P_L = \dfrac{P^2 R}{V^2 \cos^2\theta}$ [kW]

④ 전력손실률 $k = \dfrac{P_L}{P} \times 100 = \dfrac{PR}{V^2 \cos^2\theta} \times 100$ [%]

2018년 1회 기출문제 해설

※ 다음 물음에 답을 해당 답란에 답하시오.

1 출제년도 97.03.18(6점/부분점수 없음)

그림과 같은 단상 3선식 배전선의 a, b, c 각 선간에 부하가 접속되어 있다. 전선의 저항은 3선이 같고, 각각 0.06 [Ω]이라고 한다. ab, bc, ca 간의 전압을 구하시오. (단, 부하의 역률은 변압기의 2차 전압에 대한 것으로 하고, 또 선로의 리액턴스는 무시한다.)

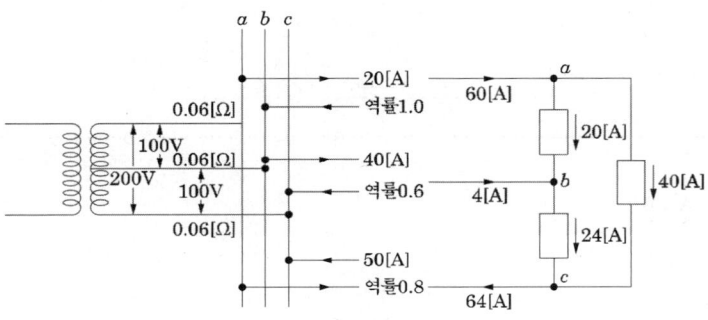

[작성답안]

계산 : $V_{ab} = 100 - (60 \times 0.06 - 4 \times 0.06) = 96.64$ [V]

$V_{bc} = 100 - (4 \times 0.06 + 64 \times 0.06) = 95.92$ [V]

$V_{ca} = 200 - (60 \times 0.06 + 64 \times 0.06) = 192.56$ [V]

답 : $V_{ab} = 96.64$ [V], $V_{bc} = 95.92$ [V], $V_{ca} = 192.56$ [V]

출제년도 89.97.18.(5점/부분점수 없음)

2

답안지 그림은 옥내 배선도의 일부를 표시한 것이다. ㉠, ㉡ 전등은 A 스위치로 ㉢, ㉣ 전등은 B 스위치로 점멸되도록 설계하고자 한다. 각 배선에 필요한 최소 전선 가닥수를 표시하시오.

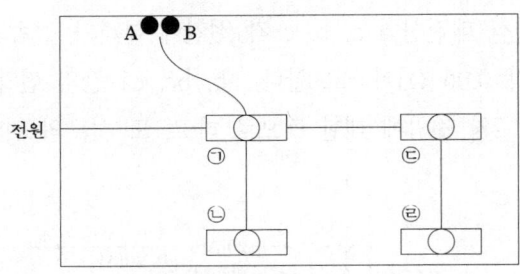

[작성답안]

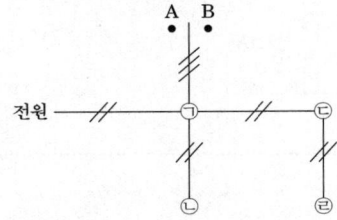

출제년도 18.(5점/각 항목당 1점)

3

건축전기설비에서 전력설비의 간선을 설계하고자 한다. 간선 설계 시 고려할 사항 5가지를 쓰시오.

[작성답안]
① 설계조건 (배전방식, 수용률, 부하율, 건축조건, 계량구분, 동력설비, 부하 등)
② 간선계통 (전용간선의 분리, 건물용도에 적합한 간선구분, 법적간선의 분리, 공급전압의 결정)
③ 간선경로 (파이프샤프트의 위치, 크기, 루트의 길이 등의 검토에 의한 적부판단)
④ 배선방식 (용량, 시공성에서 본 재료 및 분기방법 등)
⑤ 간선의 굵기 (허용전류, 전압강하, 기계적강도, 고조파, 장래부하증설 등)

4 출제년도 18.(6점/각 항목당2점)

가공선로를 통하여 송전하는 경우 이상전압 발생을 방지하기 위한 방법 3가지를 쓰시오.

[작성답안]
① 중성점접지 (뇌, 아크 지락, 기타에 의한 이상 전압의 경감 및 발생을 방지한다)
② 가공지선의 설치 (직격뢰 및 유도뢰의 차폐)
③ 매설지선을 설치 (역섬락의 방지)

5 출제년도 01.05.06.18.新規(13점/(1)3점, (2)(3)5점)

그림과 같은 간이 수전 설비에 대한 결선도를 보고 다음 각 물음에 답하시오.

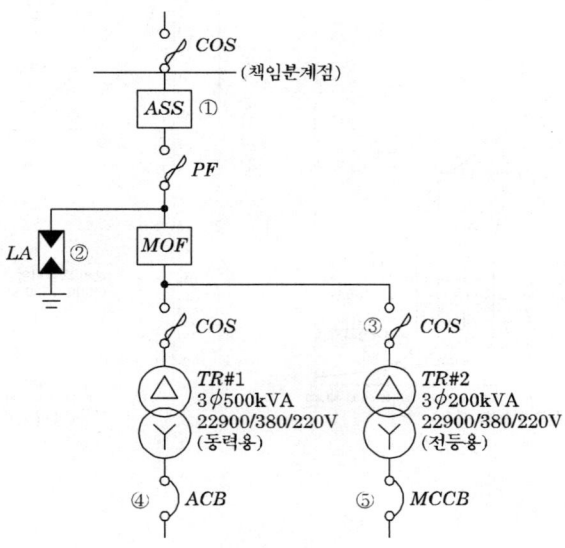

(1) 수전실의 형태를 Cubicle Type으로 할 경우 고압반 (HV : High voltage) 4면과 저압반 (LV : Low voltage)은 2개의 면으로 구성되어 있다. 수용되는 기기의 명칭을 쓰시오.

(2) 최대설계전압과 정격전류를 구하시오.

① ASS

② LA

③ COS

(3) ④, ⑤ 차단기의 용량(AF, AT)은 어느 것을 선정하면 되겠는가? (단, 역률은 100 [%]로 계산하며, ④의 경우 설계전류는 500[A], ⑤의 경우는 전부하 전류를 기준으로 한다. 참고자료를 이용하여 한국전기설비규정에 의해 답하시오)

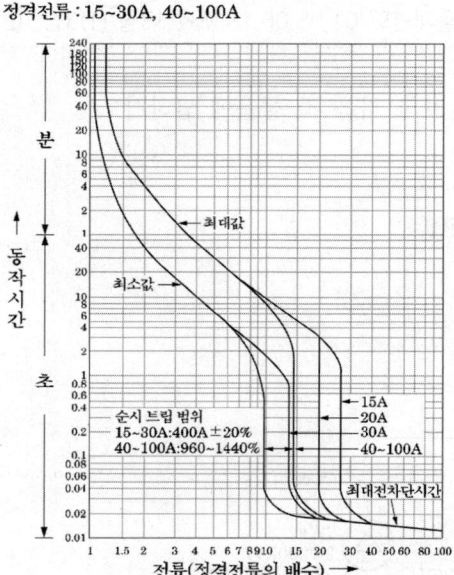
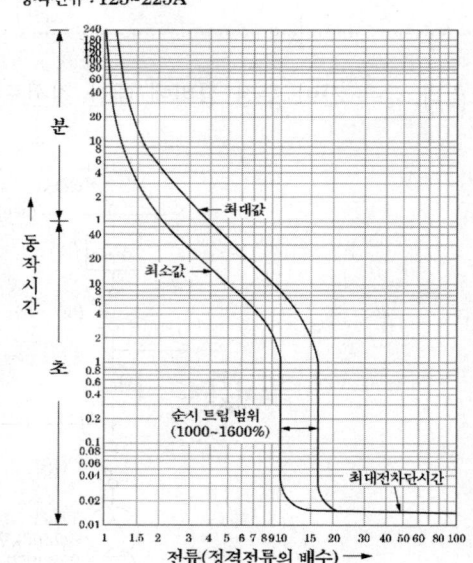

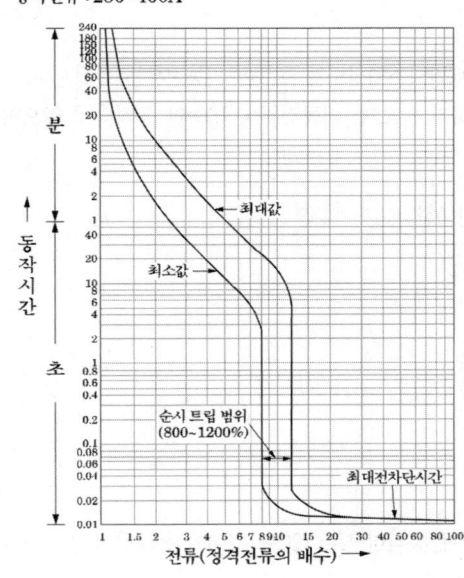
정격전류 : 250~400A

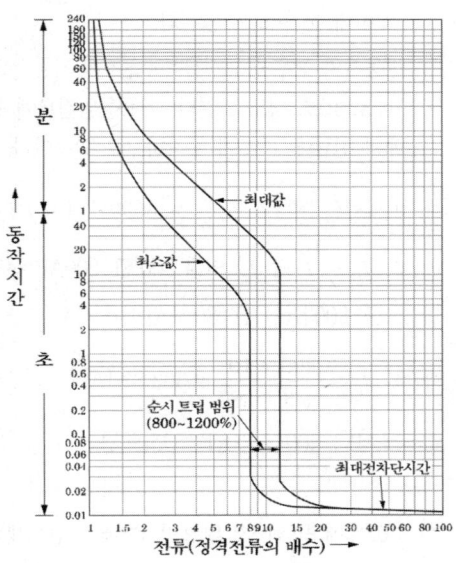
정격전류 : 500~800A

[작성답안]

(1) 고압반 : 피뢰기, 전력 수급용 계기용 변성기, 전등용 변압기, 동력용 변압기, 컷아웃스위치, 전력퓨즈
  저압반 : 수용기기 : 기중 차단기, 배선용 차단기

(2) ① 설계최대전압 : 25.8 [kV], 정격전류 : 200 [A]
  ② 설계최대전압 : 18 [kV], 정격전류 : 2,500 [A]
  ③ 설계최대전압 : 25 [kV] 또는 25.8 [kV], 정격전류 : 100 [AF], 8 [A]

(3) ④ 계산 : 전동기의 설계전류가 500[A]이고 기동전류는 3500[A]가 된다.

$$I_N > \frac{I_{ms}}{b} = \frac{3500}{5} = 700[A]$$ 이므로 800AT 선정

(일반적으로 과전류 차단기의 정격이 100A이하에서는 3배, 125A이상에서는 5배를 적용하면 일반적으로 문제가 되지 않는다. 경우에 따라 4배를 적용하는 경우도 있다.)

- 기동전류가 3500[A]이므로 $\frac{3500}{630} = 5.56$배 이므로 참고자료 표의 정격전류의 배수 5.56배에서 10초 이내 동작 한다.

- 기동전류가 3500[A]이므로 $\frac{3500}{800} = 4.38$배 이므로 참고자료 표의 정격전류의 배수 4.38배에서 10초 이내 동작하지 않는다.

- 기동돌입전류 5250[A]이므로 $\frac{5250}{630} = 8.33$배 이므로 기동돌입전류의 배수 8.33배에서 0.03초 이내 동작한다.

- 기동돌입전류 5250[A]이므로 $\frac{5250}{800} = 6.56$배 이므로 기동돌입전류의 배수 6.56배에서 0.03초 이내 동작 하지 않는다.

전동기의 경우 돌입전류는 0.3초에 기동전류의 대략 1.5배정도가 흐르며 기동전류는 설계전류의 대략 7배로 10초 정도 흐른다. 기동돌입전류에 동작하지 않으며, 기동전류에 10동안 동작하지 않으며 1.3배의 전류에 12분에 동작하므로 만족한다.

$$I_N > I_{ms} \times 1.5 \times \frac{1}{n} = 3500 \times 1.5 \times \frac{1}{8} \text{ 만족한다.}$$

∴ $I_B \leq I_n \leq I_Z$ 의해 800AT 800AF 선정한다.

답 : AF-800 [A], AT-800 [A]

⑤ 계산 : $I_1 = \frac{200 \times 10^3}{\sqrt{3} \times 380} = 303.87$ [A]

∴ AF : 400 [A], AT : 350 [A]

1.05배에 동작하지 않으며 1.3배의 전류에 12분에 동작하므로 120분 이내에 동작하여 만족한다.

답 : AF-400 [A], AT-350 [A]

[핵심] 도체와 과부하 보호장치 사이의 협조

과부하에 대해 케이블(전선)을 보호하는 장치의 동작특성은 다음의 조건을 충족해야 한다.

$I_B \leq I_n \leq I_Z$ .... ①

$I_2 \leq 1.45 \times I_Z$ .... ②

I_B : 회로의 설계전류

I_Z : 케이블의 허용전류

I_n : 보호장치의 정격전류

I_2 : 보호장치가 규약시간 이내에 유효하게 동작하는 것을 보장하는 전류

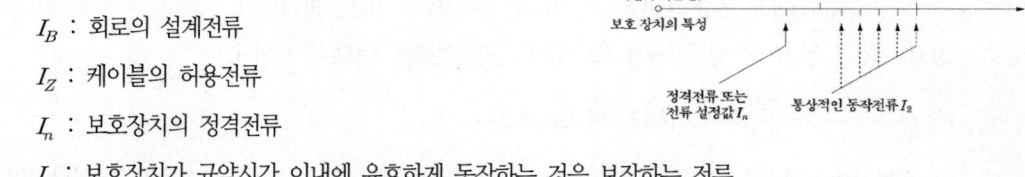

1. 조정할 수 있게 설계 및 제작된 보호장치의 경우, 정격전류 I_n은 사용현장에 적합하게 조정된 전류의 설정값이다.
2. 보호장치의 유효한 동작을 보장하는 전류 I_2는 제조자로부터 제공되거나 제품 표준에 제시되어야 한다.
3. 식 2에 따른 보호는 조건에 따라서는 보호가 불확실한 경우가 발생할 수 있다. 이러한 경우에는 식 2에 따라 선정된 케이블 보다 단면적이 큰 케이블을 선정하여야 한다.
4. I_B는 선도체를 흐르는 설계전류이거나, 함유율이 높은 영상분 고조파(특히 제3고조파)가 지속적으로 흐르는 경우 중성선에 흐르는 전류이다.

6

출제년도 88.11.14.18.20.(6점/각 문항당 3점)

수전 전압 6,600 [V], 가공 전선로의 %임피던스가 58.5 [%]일 때 수전점의 3상 단락 전류가 8,000 [A]인 경우 기준 용량과 수전용 차단기의 차단 용량은 얼마인가?

차단기의 정격 용량 [MVA]

10	20	30	50	75	100	150	250	300	400	500

(1) 기준용량
(2) 차단용량

[작성답안]

(1) 기준 용량

$I_s = \dfrac{100}{\%Z} I_n$ 에서 $I_n = \dfrac{\%Z}{100} I_s = \dfrac{58.5}{100} \times 8,000 = 4,680 \,[\text{A}]$

∴ 기준 용량 : $P_n = \sqrt{3}\, V_n I_n = \sqrt{3} \times 6,600 \times 4,680 \times 10^{-6} = 53.5\,[\text{MVA}]$

답 : 53.5 [MVA]

(2) 차단 용량

단락전류가 8 [kA] 이므로 정격차단전류 8 [kA]선정

$P_s = \sqrt{3}\, V_n I_s = \sqrt{3} \times 7.2 \times 8 = 99.77\,[\text{MVA}]$

표에서 100 [MVA] 선정

답 : 100 [MVA]

[핵심] %임피던스법

임피던스의 크기를 옴 [Ω] 값 대신에 %값으로 나타내어 계산하는 방법으로 옴 [Ω]법과 달리 전압환산을 할 필요가 없어 계산이 용이하므로 현재 가장 많이 사용되고 있다.

$\%Z = \dfrac{I_n[\text{A}] \times Z[\Omega]}{E[\text{V}]} \times 100\,[\%] = \dfrac{P[\text{kVA}] \times Z[\Omega]}{10\, V^2[\text{kV}]}\,[\%]$

출제년도 98.00.15.18.(7점/각 문항당 2점, 모두 맞으면 7점)

CT 및 PT에 대한 다음 각 물음에 답하시오.

(1) CT는 운전 중에 개방하여서는 아니된다. 그 이유는?

(2) PT의 2차측 정격 전압과 CT의 2차측 정격 전류는 일반적으로 얼마로 하는가?

(3) 3상 간선의 전압 및 전류를 측정하기 위하여 PT와 CT를 설치할 때, 다음 그림의 결선도를 답안지에 완성하시오. 퓨즈와 접지가 필요한 곳에는 표시를 하시오.
퓨즈—▱—, PT는 —⌇⌇—, CT는 ⊂ 로 표현하시오.

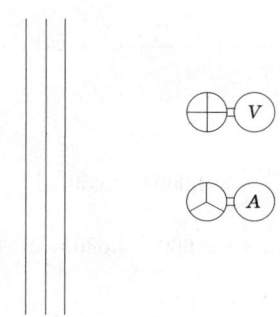

[작성답안]

(1) 변류기 2차 개방 시 1차 전류가 모두 여자 전류가 되어 자기포화현상에 의한 2차측 과전압이 발생하여 절연이 파괴될 수 있기 때문이다.

(2) PT의 2차 정격 전압 : 110 [V]
CT의 2차 정격 전류 : 5 [A]

(3)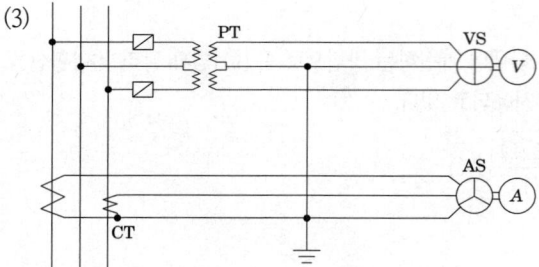

출제년도 18.(6점/각 항목당 2점)

결선 변압기에서 부하가 50 [kW](역률 1.0)와 100 [kW](역률 0.8)인 부하가 연결되어 있다. 다음 물음에 답하시오.

(1) 결선 운전시 변압기의 1대에 걸리는 최소 변압기용량을 구하시오.
(단, 변압기 용량은 표준 규격에서 선정하시오.)

(2) 운전중 1대가 고장인 경우 V결선 하여 운전한다면 이때 과부하율은 얼마인가?

(3) 결선의 동손을 W_Δ, V결선의 동손을 W_V라 했을때 $\dfrac{W_\Delta}{W_V}$를 구하시오. 변압기의 과부하는 무시한다.

[작성답안]

(1) 계산 : $P = 50 + 100 = 150$ [kW]

$Q = 0 + 100 \times \dfrac{0.6}{0.8} = 75$ [kVar]

$P_a = \sqrt{150^2 + 75^2} = 167.71$ [kVA]

$3P_1 = 167.71$ [kVA]에서 $P_1 = \dfrac{167.71}{3} = 55.9$ [kVA]

∴ 표준규격 75 [kVA] 선정

답 : 75 [kVA]

(2) 계산 : $P_V = \sqrt{3}\, P_1 = 167.71$ [kVA]

$P_1 = \dfrac{167.71}{\sqrt{3}} = 96.83$ [kVA]

과부하율 $= \dfrac{96.83}{75} \times 100 = 129.11$ [%]

답 : 129.11 [%]

(3) 계산 : 변압기 1대의 동손을 P_C라 하면 결선의 경우는 3대, V결선의 경우는 2대가 사용, 과부하를 무시하면

$W_\Delta = 3P_C$

$W_V = 2P_C$

$\dfrac{W_\Delta}{W_V} = \dfrac{3P_C}{2P_C} = 1.5$

답 : 1.5

9

출제년도 18.(6점/각 문항당 2점)

1차 정격전압이 6,600[V], 권수비가 30인 변압기가 있다. 다음 물음에 답하시오.

(1) 2차 정격전압 [V]을 구하시오.

(2) 용량 50 [kW] 역률 0.8 부하를 2차에 접속할 경우 1차 전류 및 2차 전류를 구하시오.

(3) 1차측 정격용량 [kVA]를 구하시오.

[작성답안]

(1) 계산 : $V_2 = \dfrac{V_1}{a} = \dfrac{6,600}{30} = 220\ [V]$

답 : 220 [V]

(2) ① 1차전류

계산 : $I_1 = \dfrac{P}{V_1 \cos\theta} = \dfrac{50 \times 10^3}{6,600 \times 0.8} = 9.47\ [A]$

답 : 9.47 [A]

② 2차전류

계산 : $I_2 = \dfrac{P}{V_2 \cos\theta} = \dfrac{50 \times 10^3}{220 \times 0.8} = 284.09\ [A]$

답 : 284.09 [A]

(3) 계산 : $P = V_1 I_1 = 6,600 \times 9.47 \times 10^{-3} = 62.5\ [kVA]$

표준규격 75 [kVA] 선정

답 : 75 [kVA]

변압기 2차측 중성점의 접지공사의 접지선 굵기 [mm²]를 한국전기설비규정에 의하여 구하시오.

【참고사항】
- 접지선은 GV전선을 사용하고 표준굵기 [mm²]로 선정한다.

접지도체의 절연물의 종류 및 주위온도에 따라 정해지는 계수

접지선 종류 주위온도	나연동선	GV	CV	부틸고무
30℃(옥내)	284	159	176	166
55℃(옥외)	276	126	162	152

- 고장지속시간[sec]
  22.9kV 계통 1.1초, 66kV 계통 1.6초, 0.4kV 계통 0.5초 적용한다.
- 계통의 지락전류는 39080[A]를 적용한다.
- 옥내기준 적용한다.

[작성답안]

계산 : $S = \dfrac{I\sqrt{t}}{k} = \dfrac{39080\sqrt{0.5}}{159} = 173.8 [\text{mm}^2]$

∴ 185[mm²] 선정

답 : 185 [mm²]

[핵심] 접지선의 굵기 선정

$$S = \dfrac{\sqrt{I^2 t}}{k}$$

S : 단면적[mm²]
I : 보호장치를 통해 흐를 수 있는 예상고장전류[A]
t : 자동차단을 위한 보호장치 동작시간(s)

[비고] ① 회로 임피던스에 의한 전류제한 효과와 보호장치의 $I^2 t$의 한계를 고려해야 한다.

② k : 보호도체, 절연, 기타 부위의 재질 및 초기온도와 최종온도에 따라 정해지는 계수
(k값의 계산은 KS C IEC 60364-5-54 부속서 A 참조)

11 출제년도 18.(5점/각 항목당 1점)

감리원은 해당 공사현장에서 감리업무 수행상 필요한 서식을 비치하고 기록·보관하여야 한다. 이에 해당되는 서류 5가지를 쓰시오.

[작성답안]

1. 감리업무일지
2. 근무상황판
3. 지원업무수행 기록부
4. 착수 신고서
5. 회의 및 협의내용 관리대장

그 외

6. 문서접수대장
7. 문서발송대장
8. 교육실적 기록부
9. 민원처리부
10. 지시부
11. 발주자 지시사항 처리부
12. 품질관리 검사·확인대장
13. 설계변경 현황
14. 검사 요청서
15. 검사 체크리스트
16. 시공기술자 실명부
17. 검사결과 통보서
18. 기술검토 의견서
19. 주요기자재 검수 및 수불부
20. 기성부분 감리조서
21. 발생품(잉여자재) 정리부
22. 기성부분 검사조서
23. 기성부분 검사원
24. 준공 검사원
25. 기성공정 내역서
26. 기성부분 내역서
27. 준공검사조서
28. 준공감리조서
29. 안전관리 점검표
30. 사고 보고서
31. 재해발생 관리부
32. 사후환경영향조사 결과보고서

12 출제년도 00.04.06.18.20.新規.(11점/각 문항당 2점/모두 맞으면 11점)

단상 3선식 110/220 [V]을 채용하고 있는 어떤 건물이 있다. 변압기가 설치된 수전실로부터 60 [m]되는 곳에 부하 집계표와 같은 분전반을 시설하고자 한다. 다음 표를 참고하여 전압 변동율 2 [%] 이하, 전압강하율 2 [%] 이하가 되도록 다음 사항을 구하시오. 공사방법 B1이며 전선은 PVC 절연전선이다.

(단, • 후강 전선관 공사로 한다.
 • 3선 모두 같은 선으로 한다.
 • 부하의 수용률은 100 [%]로 적용

- 후강 전선관 내 전선의 점유율은 48 [%] 이내를 유지할 것
- 간선선정시 부하 집계표의 부하는 모두 전열부하로 보고 계산하며, 주어진 자료를 이용하여 구한다.)

[표1] 부하 집계표

회로 번호	부하 명칭	부하 [VA]	부하 분담 [VA]		NFB 크기			비고
			A	B	극수	AF	AT	
1	전등	2,400	1,200	1,200	2	50	15	
2	전등	1,400	700	700	2	50	15	
3	콘센트	1,000	1,000	-	1	50	20	
4	콘센트	1,400	1,400	-	1	50	20	
5	콘센트	600	-	600	1	50	20	
6	콘센트	1,000	-	1,000	1	50	20	
7	팬코일	700	700	-	1	30	15	
8	팬코일	700	-	700	1	30	15	
합계		9,200	5,000	4,200				

[표2] 전선의 허용전류표

단면적[mm^2]	허용전류[A]	전선관 3본 이하 수용시[A]	피복포함 단면적[mm^2]
6	54	48	32
10	75	66	43
16	100	88	58
25	133	117	88
35	164	144	104
50	198	175	163

[비고1] 전선의 단면적은 평균완성 바깥지름의 상한 값을 환산한 값이다.
[비고2] KS C IEC 60227-3의 450/750 [V] 일반용 단심 비닐절연전선(연선)을 기준한 것이다.

[표3] 공사방법의 허용전류 [A]
PVC 절연, 3개 부하전선, 동 또는 알루미늄 전선온도 : 70 [℃], 주위온도 : 기중 30 [℃], 지중 20 [℃]

전선의 공칭단면적 [mm²]	표A. 52-1의 공사방법					
	A1	A2	B1	B2	C	D
1	2	3	4	5	6	7
동						
1.5	13.5	13	15.5	15	17.5	18
2.5	18	17.5	21	20	24	24
4	24	23	28	27	32	31
6	31	29	36	34	41	39
10	42	39	50	46	57	52
16	56	52	68	62	76	67
25	73	68	89	80	96	86
35	89	83	110	99	119	103
50	108	99	134	118	144	122
70	136	125	171	149	184	151
95	164	150	207	179	223	179
120	188	172	239	206	259	203
150	216	196	–	–	299	230
185	245	223	–	–	341	258
240	286	261	–	–	403	297
300	328	298	–	–	464	336

(1) 간선의 굵기를 구하고 주어진 자료를 이용하여 간선용 차단기의 AT 및 AF를 구하시오.

> AT 및 AF 규격
> Frame 용량 30, 50, 60, 100
> AT 용량 15, 20, 30, 40, 50, 60, 75, 100, 125

정격전류 : 15~30A, 40~100A

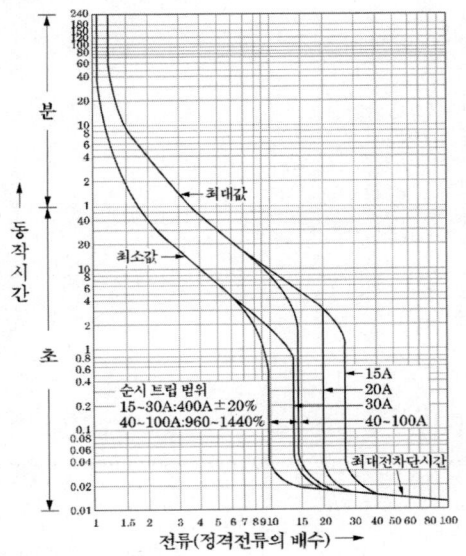

정격전류 : 125~225A

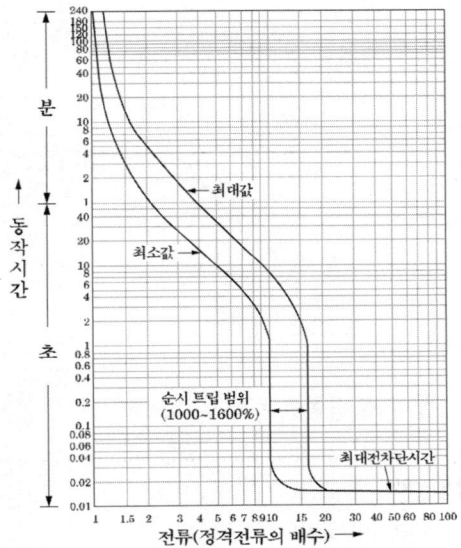

정격전류 : 250~400A

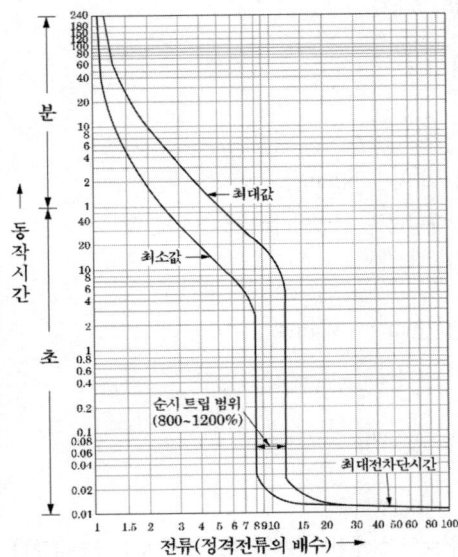

정격전류 : 500~800A

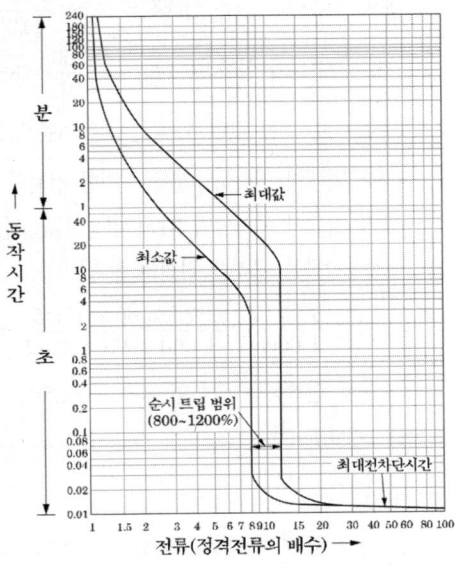

(2) 후강 전선관의 굵기는?

(3) 분전반의 복선 결선도를 완성하시오.

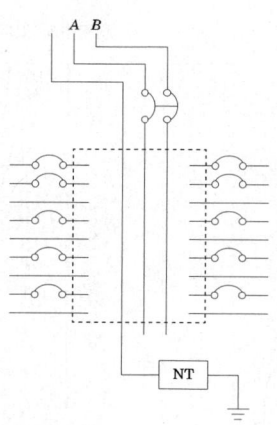

(4) 설비 불평형률은?

[작성답안]

(1) ① 간선의 굵기

계산 : A선의 전류 설계전류 $I_A = \dfrac{5,000}{110} = 45.45$ [A]

B선의 설계전류 $I_B = \dfrac{4,200}{110} = 38.18$ [A]

∴ I_A, I_B중 큰 값인 45.45 [A]를 기준으로 선정한다.

- [표 2]에서 연속허용전류에 의한 전선의 굵기 48[A] : 6[mm²]
- [표 3]에서 공사방법 B1의 허용전류 50[A]에 해당하는 전선의 굵기 : 10[mm²]
- 전압강하를 고려한 전선의 굵기

$$A = \dfrac{17.8LI}{1,000e} = \dfrac{17.8 \times 60 \times 45.45}{1,000 \times 110 \times 0.02} = 22.06 \text{ [mm}^2\text{]} : 25[\text{mm}^2]$$

∴ 모두 만족하는 전선의 굵기 25 [mm²] 선정

답 : 25[mm²]

② AT 및 AF

$I_B \leq I_n \leq I_Z$에 의해 과전류 차단기의 정격은 회로의 설계전류 보다 크고 도체의 허용전류보다 작아야 한다.

- [표 2]에서 25 [mm²] 란의 133[A]이므로 배선용 차단기 : 125 AT
- [표 3]에서 25 [mm²] 란과 공사방법 B1의 교차하는 곳 89 [A]이므로 배선용 차단기 : 75 AT
- 배선용차단기 특성곡선에서 75[A] 정격전류의 과부하 특성을 고려하면 한국전기설비규정의 산업용 배선용 차단기의 경우 정격전류의 1.3배의 전류에 120분 이내 동작하여 한다. (1.3배의 전류에 5분에 동작하고 있다.)

∴ 모두 만족하는 배선용 차단기는 75AT 가 적정하다.

답 : – AT : 75 AT
　　　– AF : 100 AF

(2) 계산 : [표 2]에서 25 [mm²] 전선의 피복 포함 단면적이 88 [mm²]

∴ 전선의 총 단면적 $A = 88 \times 3 = 264$ [mm²]

$A = \dfrac{1}{4}\pi d^2 \times 0.48 \geq 264$ 에서 $d = \sqrt{\dfrac{264 \times 4}{0.48 \times \pi}} = 26.46$ [mm]

∴ 28 [mm] 후강전선관 선정

답 : 28 [mm] 후강전선관

(3)

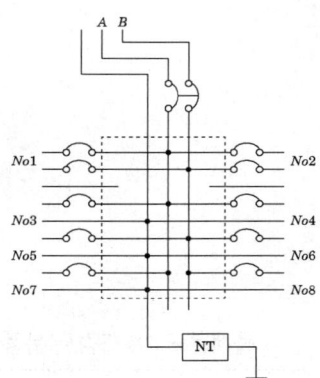

(4) 계산 : 설비 불평형률 = $\dfrac{3,100 - 2,300}{\dfrac{1}{2}(5,000 + 4,200)} \times 100 = 17.39$ [%]

답 : 17.39 [%]

[핵심] 도체와 과부하 보호장치 사이의 협조

과부하에 대해 케이블(전선)을 보호하는 장치의 동작특성은 다음의 조건을 충족해야 한다.

$I_B \leq I_n \leq I_Z$ .... ①

$I_2 \leq 1.45 \times I_Z$ .... ②

　　I_B : 회로의 설계전류

　　I_Z : 케이블의 허용전류

　　I_n : 보호장치의 정격전류

　　I_2 : 보호장치가 규약시간 이내에 유효하게 동작하는 것을 보장하는 전류

1. 조정할 수 있게 설계 및 제작된 보호장치의 경우, 정격전류 I_n은 사용현장에 적합하게 조정된 전류의 설정 값이다.
2. 보호장치의 유효한 동작을 보장하는 전류 I_2는 제조자로부터 제공되거나 제품 표준에 제시되어야 한다.
3. 식 2에 따른 보호는 조건에 따라서는 보호가 불확실한 경우가 발생할 수 있다. 이러한 경우에는 식 2에 따라 선정된 케이블 보다 단면적이 큰 케이블을 선정하여야 한다.
4. I_B는 선도체를 흐르는 설계전류이거나, 함유율이 높은 영상분 고조파(특히 제3고조파)가 지속적으로 흐르는 경우 중성선에 흐르는 전류이다.

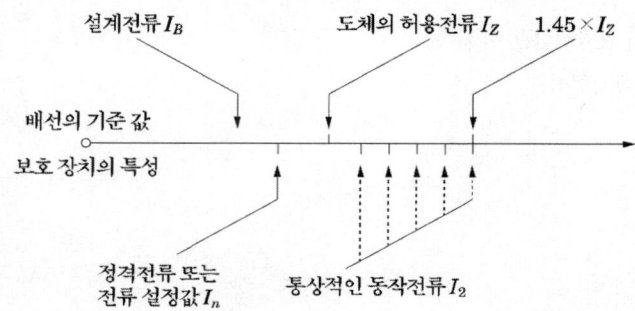

13

출제년도 18.(5점/부분점수 없음)

다음 그림은 TN-C-S 계통접지이다. 중성선 (N), 보호선 (PE), 보호선과 중선선을 겸한 선 (PEN)을 도면을 완성하고 표시하시오.(단, 중성선은 ⊤, 보호선은 ⊤, 보호선과 중성선을 겸한 선 ⊤로 표시한다.)

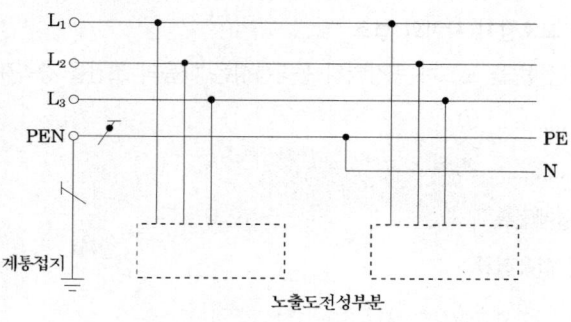

[작성답안]

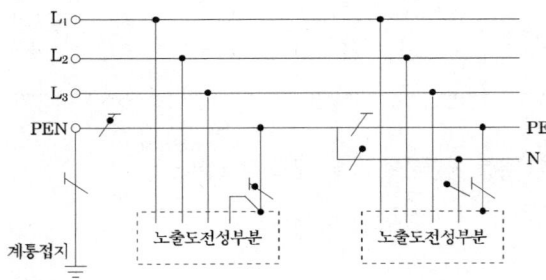

[핵심] 접지방식

① TN-C방식　　　　　　　　② TN-C-S 방식

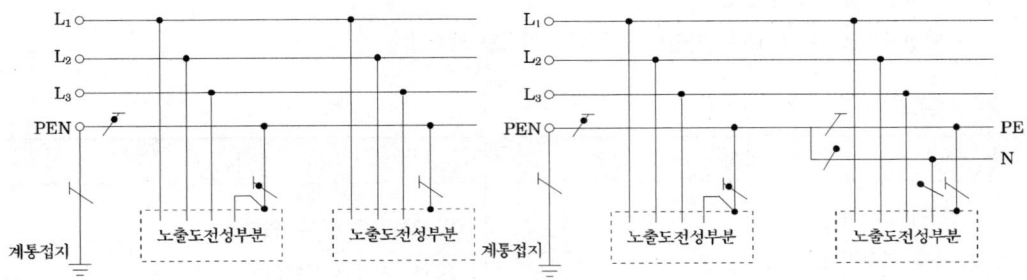

③ TN-S 방식

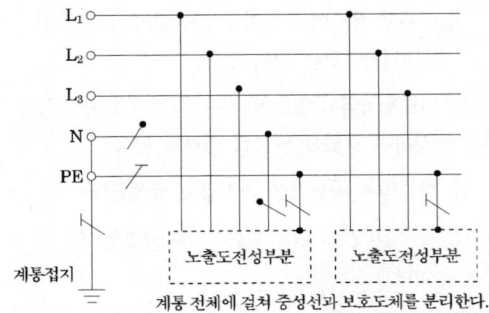　　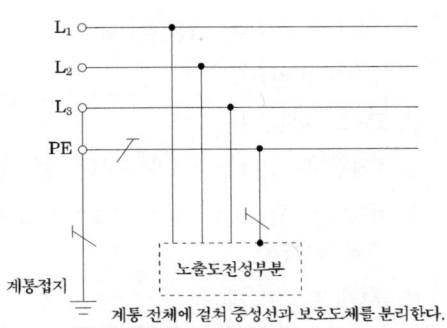

계통 전체에 걸쳐 중성선과 보호도체를 분리한다.　　계통 전체에 걸쳐 중성선과 보호도체를 분리한다.

14

출제년도 18.(4점/부분점수 없음)

전력 퓨즈의 역할은 무엇인가 간단히 쓰시오.

[작성답안]
부하전류를 안전하게 통전하고 일정값 이상의 과전류를 차단하여 기계기구를 보호한다.

[핵심]
① 전력퓨즈
전력퓨즈는 고압 및 특고압의 선로에서 선로와 기기를 단락으로부터 보호하기 위해 사용되는 차단장치이다.
- 부하전류를 안전하게 통전한다.
- 일정치 이상의 과전류는 차단하여 선로나 기기를 보호한다.

② 전력퓨즈의 장·단점

장점	단점
① 가격이 싸다.	① 재투입을 할 수 없다.
② 소형 경량이다.	② 과도전류로 용단하기 쉽다.
③ 릴레이나 변성기가 필요 없다.	③ 동작시간-전류특성을 계전기처럼 자유로이 조정 할 수 없다.
④ 밀폐형 퓨즈는 차단시에 무소음 무방출이다.	④ 한류형 퓨즈에는 녹아도 차단하지 못하는 전류범위를 갖는 것이 있다.
⑤ 소형으로 큰 차단용량을 갖는다.	⑤ 비보호영역이 있으며, 사용 중에 열화하여 동작하면 결상을 일으킬 염려가 있다.
⑥ 보수가 간단하다.	⑥ 한류형은 차단시에 과전압을 발생한다.
⑦ 고속도 차단한다.	⑦ 고 임피던스 접지계통의 접지보호는 할 수 없다.
⑧ 한류형 퓨즈는 한류효과가 대단히 크다.	
⑨ 차지하는 공간이 적고 장치 전체가 싼 값에 소형으로 처리된다.	
⑩ 후비보호가 완벽하다.	

③ 기능비교

기구 명칭	정상 전류			이상 전류		
	통전	개	폐	통전	투입	차단
차단기	○	○	○	○	○	○
퓨 즈	○	×	×	×	×	○
단로기	○	△	×	○	×	×
개폐기	○	○	○	○	△	×

○ : 가능, △ : 때에 따라 가능, × : 불가능

15

출제년도 91.92.97.18.(5점/부분점수 없음)

다음 그림과 같은 유접점식 시퀀스 회로를 무접점 시퀀스 회로로 바꾸어 그리시오.

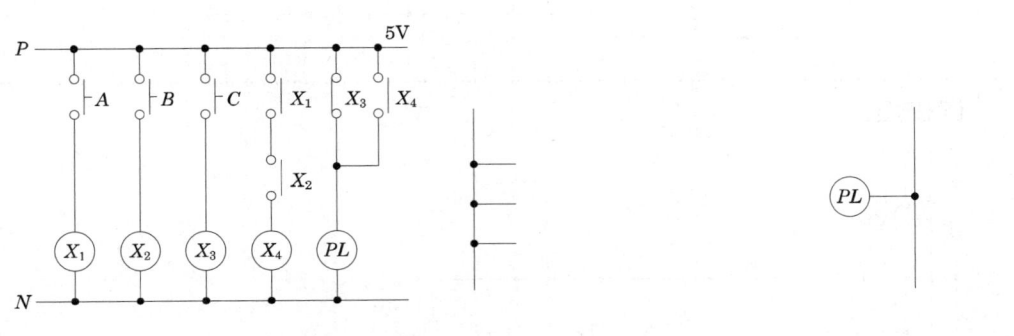

[작성답안]

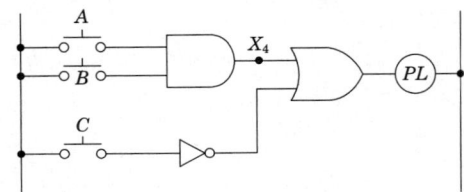

16

출제년도 91.94..98.12.18.(5점/부분점수 없음)

그림은 *PB-ON* 스위치를 ON한 후 일정 시간이 지난 다음에 *MC*가 동작하여 전동기 *M*이 운전되는 회로이다. 여기에 사용한 타이머 ⓣ는 입력신호를 소멸했을 때 열려서 이탈되는 형식인데 전동기가 회전하면 릴레이 ⓧ가 복구되어 타이머에 입력 신호가 소멸되고 전동기는 계속 회전할 수 있도록 할 때 이 회로는 어떻게 고쳐야 하는가?

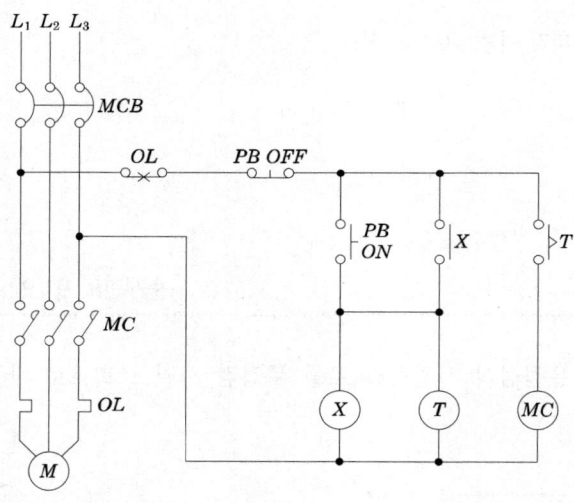

[작성답안]

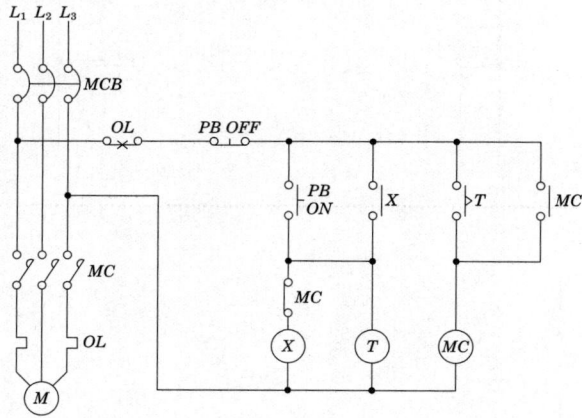

2018년 2회 기출문제 해설

전기기사 실기 과년도

※ 다음 물음에 답을 해당 답란에 답하시오.

출제년도 96.00.18.(12점/각 문항당 2점)

1

도면은 어떤 배전용 변전소의 단선 결선도이다. 이 도면과 주어진 조건을 이용하여 다음 각 물음에 답하시오.

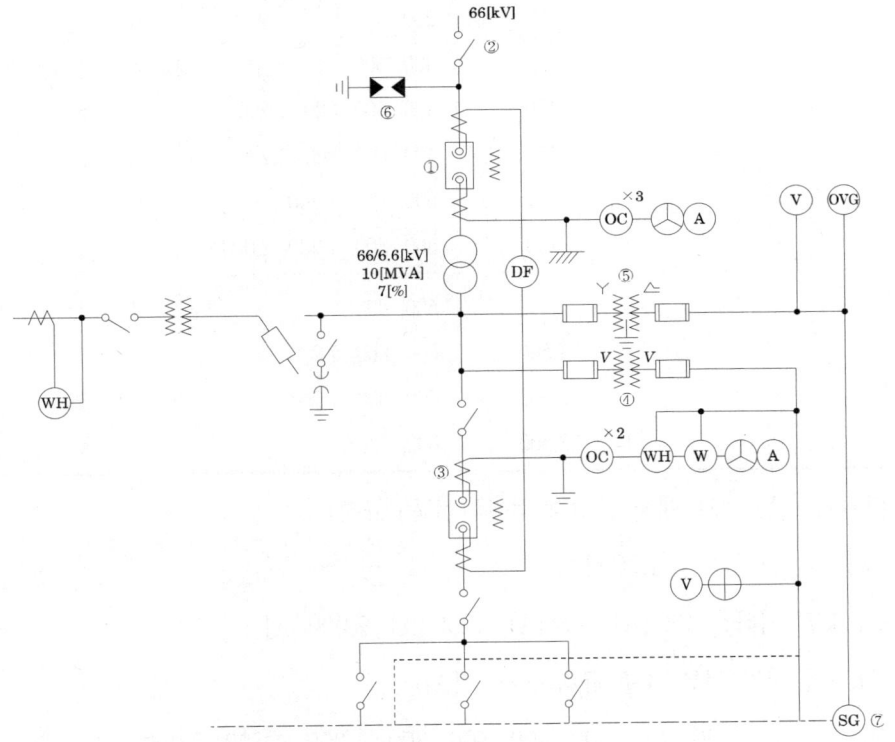

【조건】

① 주변압기의 정격은 1차 정격 전압 66 [kV], 2차 정격 전압 6.6 [kV], 정격 용량은 3상 10 [MVA]라고 한다.

② 주변압기의 1차측(즉, 1차 모선)에서 본 전원측 등가 임피던스는 100 [MVA]기준으로 16 [%]이고, 변압기의 내부 임피던스는 자기 용량 기준으로 7 [%]라고 한다.

③ 또한 각 Feeder에 연결된 부하는 거의 동일하다고 한다.

④ 차단기의 정격차단용량, 정격전류, 단로기의 정격전류, 변류기의 1차 정격전류표준은 다음과 같다.

정격전압 [kV]	공칭전압 [kV]	정격차단용량 [MVA]	정격전류 [A]	정격차단시간 [Hz]
7.2	6.6	25	200	5
		50	400, 600	5
		100	400, 600, 800, 1,200	5
		150	400, 600, 800, 1,200	5
		200	600, 800, 1,200	5
		250	600, 800, 1,200, 2,000	5
72	66	1,000	600, 800	3
		1,500	600, 800, 1,200	3
		2,500	600, 800, 1,200	3
		3,500	800, 1,200	3

- 단로기(또는 선로 개폐기 정격 전류의 표준 규격)

  72 [kV] : 600 [A], 1,200 [A]

  7.2 [kV] 이하 : 400 [A], 600 [A], 1200 [A], 2,000 [A]

- CT 1차 정격 전류 표준 규격(단위 : [A])

  50, 75, 100, 150, 200, 300, 400, 600, 800, 1,200, 1,500, 2,000

- CT 2차 정격 전류는 5 [A], PT의 2차 정격 전압은 110 [V]이다.

(1) 차단기 ①에 대한 정격 차단 용량과 정격 전류를 산정하시오.

(2) 선로 개폐기 ②에 대한 정격 전류를 산정하시오.

(3) 변류기 ③에 대한 1차 정격 전류를 산정하시오.

(4) PT ④에 대한 1차 정격 전압은 얼마인가?

(5) ⑤로 표시된 기기의 명칭은 무엇인가?

(6) ⑦의 역할을 간단히 설명하시오.

[작성답안]

(1) 계산 : $P_s = \dfrac{100}{\%Z} P_n = \dfrac{100}{16} \times 100 = 625 \text{ [MVA]}$

∴ 표에서 1000 [MVA] 선정

$I_n = \dfrac{P}{\sqrt{3} \cdot V} = \dfrac{10 \times 10^3}{\sqrt{3} \times 66} = 87.48 \text{ [A]}$

∴ 표에서 600 [A] 선정

답 : 차단 용량 1,000 [MVA], 정격 전류 600 [A]

(2) 계산 : $I_n = \dfrac{P}{\sqrt{3} \cdot V} = \dfrac{10 \times 10^3}{\sqrt{3} \times 66} = 87.48 \text{ [A]}$

∴ 조건에서 600 [A] 선정

답 : 600 [A]

(3) 계산 : $I_{2n} = \dfrac{10 \times 10^3}{\sqrt{3} \times 6.6} = 874.77 \text{ [A]}$

$I_{2n} \times (1.25 \sim 1.5) = 874.77 \times (1.25 \sim 1.5) = 1093.46 \sim 1312.16 \text{ [A]}$

∴ 변류기 1차 정격 전류는 표에서 1,200 [A] 선정

답 : 1,200 [A]

(4) 6,600 [V]

(5) 접지형 계기용 변압기

(6) 다회선 배전 선로에서 지락사고시 지락 회선을 선택 차단한다.

[핵심] %임피던스법

임피던스의 크기를 옴 [Ω] 값 대신에 %값으로 나타내어 계산하는 방법으로 옴 [Ω]법과 달리 전압환산을 할 필요가 없어 계산이 용이하므로 현재 가장 많이 사용되고 있다.

$\%Z = \dfrac{I_n[\text{A}] \times Z[\Omega]}{E[\text{V}]} \times 100 [\%] = \dfrac{P[\text{kVA}] \times Z[\Omega]}{10\, V^2[\text{kV}]} [\%]$

출제년도 95.97.06.00.10.18.21.(5점/부분점수 없음)

55 [mm²] (0.3195 [Ω/km]), 전장 3.6 [km]인 3심 전력 케이블 어떤 중간지점에서 1선 지락사고가 발생하여 전기적 사고점 탐지법의 하나인 머레이 루프법으로 측정한 결과 그림과 같은 상태에서 평형이 되었다고 한다. 측정점에서 사고지점까지의 거리를 구하시오.

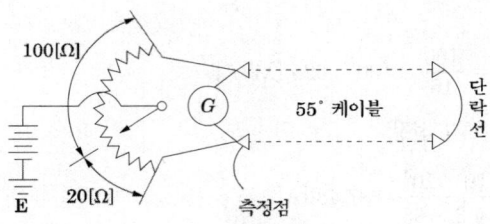

[작성답안]

계산 : x 고장점까지의 거리, L [km] 전장이라 하면

$$20 \times (2L - x) = 100 \times x$$

$$\therefore x = \frac{40L}{120} = \frac{40 \times 3.6}{120} = 1.2 \text{ [km]}$$

답 : 1.2 [km]

[핵심]

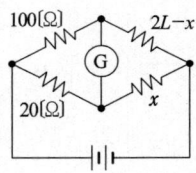

3

출제년도 96.18.(8점/(1)(2)2점, (3)4점)

답안지의 도면은 3상 농형 유도 전동기 IM의 Y-△ 기동 운전 제어의 미완성 회로도이다. 이 회로도를 보고 다음 각 물음에 답하시오.

(1) ① ~ ③에 해당되는 전자 접촉기 접점의 약호는 무엇인가?

(2) 전자 접촉기 MCS는 운전 중에는 어떤 상태로 있겠는가?

(3) 미완성 회로도의 주회로 부분에 Y-⊿ 기동 운전 결선도를 작성하시오.

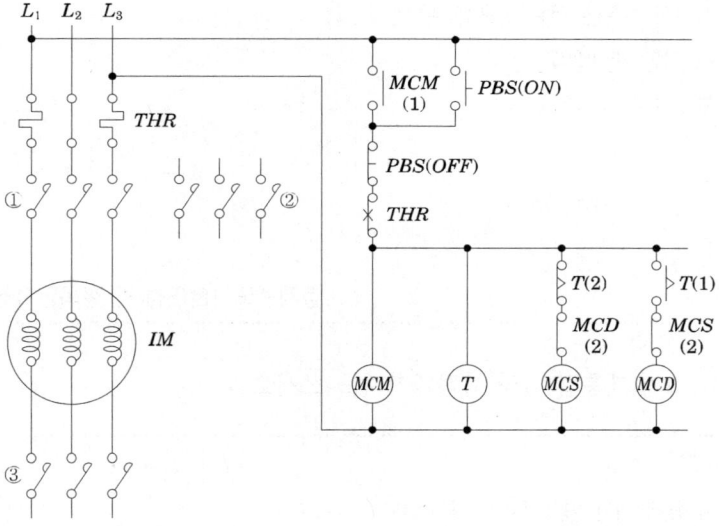

[작성답안]

(1) ① MCM ② MCD ③ MCS

(2) 복구 상태

(3)

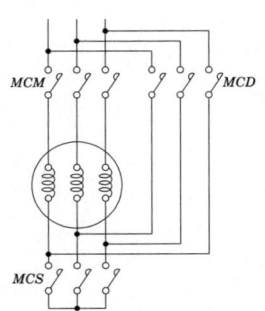

4

출제년도 18.(6점/모두 맞는 경우 6점, 1개 틀린 경우 3점, 2개이상 틀린 경우 0점)

최대전력(Peak Power)을 억제하는 방법 3가지 쓰시오.

[작성답안]
① 부하의 피크커트(peak cut)제어
② 부하의 피크시프트(peak shift) 제어
③ 디맨드제어 장치의 이용

그 외
④ 자가용 발전설비의 가동에 의한 피크제어방식
⑤ 분산형 전원에 의한 제어방식
⑥ 설비부하의 프로그램 제어방식

5

출제년도 18.(5점/각 항목당 1점/모두 맞으면 5점)

변압기 중성점 접지(계통접지)의 목적 3가지를 쓰시오.

[작성답안]
- 낙뢰, 개폐서지 등에 의한 이상전압을 억제한다.
- 전력계통에서 발생하는 대지전위의 상승을 억제한다.
- 지락사고시 발생하는 지락전류를 검출하여 보호 계전기의 동작을 확실하게 한다.

그 외
- 고저압 혼촉에 의한 저압측 전위상승을 억제하여 저압측에 연결된 기계기구의 절연을 보호한다.
- 1선지락시 건전상 전위상승 억제, 전로 및 기기의 절연레벨 경감한다.
- 1선지락시 고장전류검출 및 보호계전기의 원활한 동작을 확보한다.
- 간헐 아크 지락, 기타 개폐서지 등에 의한 이상전압을 억제한다.

6

출제년도 18.(5점/모두 맞으면 5점, 1개 틀린 경우 3점, 2개이상 틀린 경우 0점)

조명기구에서 기구배광에 따른 조명방식의 종류 5가지를 쓰시오.

[작성답안]
- 직접조명
- 반직접조명
- 간접조명
- 반간접조명
- 전반확산조명

[핵심] 조명방식

① 기구배광에 따른 조명방식
- 간접 조명기구
- 반간접 조명기구
- 전반 확산 조명기구
- 반직접 조명기구
- 직접 조명기구

② 배치에 따른 조명방식
- 전반조명 방식
- 국부조명 방식
- 국부적 전반조명 방식
- TAL 조명방식 (Task & Ambient Lighting)

7

출제년도 12.18.(4점/각 항목당 2점)

다음 상용전원과 예비전원 운전 시 유의하여야 할 사항이다. (   )안에 알맞은 내용을 쓰시오.

상용전원과 예비전원 사이에는 병렬운전을 하지 않는 것이 원칙이므로 수전용 차단기와 발전용차단기 사이에는 전기적 또는 기계적 (①)을 시설해야 하며 (②)를 사용해야한다.

[작성답안]
① 인터록
② 전환개폐기

출제년도 99.01.04.05.09.18(6점/각 항목당 2점)

인텔리전트 빌딩(Intelligent building)은 빌딩 자동화시스템, 사무자동화시스템, 정보통신 시스템, 건축환경을 총 망라한 건설과 유지관리의 경제성을 추구하는 빌딩이라 할 수 있다. 이러한 빌딩의 전산시스템을 유지하기 위하여 비상전원으로 사용되고 있는 UPS에 대해서 다음 각 물음에 답하시오.

(1) UPS를 우리말로 표현 하시오.

(2) UPS에서 AC → DC부와 DC → AC부로 변환하는 부분의 명칭을 각각 무엇이라 부르는지 쓰시오.

○ AC → DC 변환부 :

○ DC → AC 변환부 :

(3) UPS가 동작되면 전력공급을 위한 축전지가 필요한데, 그 때의 축전지 용량을 구하는 공식을 쓰시오. 단, 기호를 사용할 경우, 사용 기호에 대한 의미를 설명하도록 한다.

[부분점수]

(1) 무정전 전원 공급 장치

(2) AC → DC : 컨버터

  DC → AC : 인버터

(3) $C = \dfrac{1}{L} KI$ [Ah]

여기서, C : 축전지의 용량 [Ah], L : 보수율 (경년용량 저하율)

  K : 용량환산시간 계수, I : 방전전류 [A]

[핵심] UPS의 구성

① 컨버터(정류기) : 교류전원이나 발전기의 전원을 공급받아 직류전원으로 변환하여 축전지를 충전하며, 인버터에 공급하는 장치

② 인버터 : 직류전원을 교류전원으로 바꾸어 부하에 공급하는 장치

③ 무접점 절환 스위치 : 인버터의 과부하 및 이상시 예비 상용전원으로(bypass line)절체시켜주는 장치

④ 축전지 : 정전시 인버터에 직류전원을 공급하여 부하에 일정 시간동안 무정전으로 전원을 공급하는데 필요한 장치

9

출제년도 94.14.18.(4점/각 문항당 2점)

다음 논리식을 간단히 하시오.

(1) $Z=(A+B+C)A$

(2) $Z=\overline{A}C+BC+AB+\overline{B}C$

[작성답안]

(1) $Z=(A+B+C)A=A+AB+AC=A(1+B+C)=A$

(2) $Z=\overline{A}C+BC+AB+\overline{B}C=AB+C\cdot(\overline{A}+B+\overline{B})=AB+C$

[핵심] 논리연산

① 분배 법칙

$A+(B\cdot C)=(A+B)\cdot(A+C)$ $A\cdot(B+C)=A\cdot B+A\cdot C$

② 불대수

$A\cdot 0=0$ $A+0=A$

$A\cdot 1=A$ $A+1=1$

$A+A=A$ $A\cdot A=A$

$A\cdot \overline{A}=0$ $A+\overline{A}=1$

③ De Morgan의 정리

$\overline{A+B}=\overline{A}\,\overline{B}$ $A+B=\overline{\overline{A}\,\overline{B}}$

$\overline{AB}=\overline{A}+\overline{B}$ $AB=\overline{\overline{A}+\overline{B}}$

10

출제년도 18.(5점/각 문항당 1점, 모두 맞으면 5점)

다음에 주어진 표에 절연내력 시험전압은 몇[V]인가? 을 빈 칸에 채워 넣으시오.

공칭전압 [V]	최대사용전압 [V]	접지방식	시험전압 [V]
6,600	6,900	비접지	①
13,200	13,800	중성점 다중접지	②
22,900	24,000	중성점 다중접지	③

[작성답안]

① $6,900 \times 1.5 = 10,350$ [V]

② $13,800 \times 0.92 = 12,696$ [V]

③ $24,000 \times 0.92 = 22,080$ [V]

[핵심] 절연내력시험

구분	종류(최대사용전압을 기준으로)	시험전압
①	최대사용전압 7 [kV] 이하인 권선 (단, 시험전압이 500 [V] 미만으로 되는 경우에는 500 [V])	최대사용전압 × 1.5배
②	7 [kV]를 넘고 25 [kV] 이하의 권선으로서 중성선 다중접지식에 접속되는 것	최대사용전압 × 0.92배
③	7 [kV]를 넘고 60 [kV] 이하의 권선(중성선 다중접지 제외) (단, 시험전압이 10,500 [kV] 미만으로 되는 경우에는 10,500 [V])	최대사용전압 × 1.25배
④	60 [kV]를 넘는 권선으로서 중성점 비접지식 전로에 접속되는 것	최대사용전압 × 1.25배
⑤	60 [kV]를 넘는 권선으로서 중성점 접지식 전로에 접속하고 또한 성형결선의 권선의 경우에는 그 중성점에 T좌 권선과 주좌 권선의 접속점에 피뢰기를 시설하는 것 (단, 시험전압이 75 [kV] 미만으로 되는 경우에는 75 [kV])	최대사용전압 × 1.1배
⑥	60 [kV]를 넘는 권선으로서 중성점 직접 접지식 전로에 접속하는 것, 다만 170 [kV]를 초과하는 권선에는 그 중성점에 피뢰기를 시설하는 것	최대사용전압 × 0.72배
⑦	170 [kV]를 넘는 권선으로서 중성점 직접접지식 전로에 접속하고 또는 그 중성점을 직접 접지하는 것	최대사용전압 × 0.64배
(예시)	기타의 권선	최대사용전압 × 1.1배

11

출제년도 18.(4점/부분점수 없음)

200 [kVA] 단상변압기 2대로 V결선하여 3상 부하에 전원 공급하는 경우 공급규정에 따라 한전과 전력수급계약시 계약수전전력은 얼마인가? (단, 소숫점 첫째자리에서 반올림 할 것)

[작성답안]

계산 : 계약전력 = (200 + 200) × 0.866 = 346.4 [kW]

∴ 346 [kW]

답 : 346 [kW]

[핵심] 계약전력의 추정

변압기설비에 의한 계약전력은 한전에서 전기를 공급받는 1차변압기 표시용량의 합계(1 [kVA]를 1 [kW]로 봅니다)로 하는 것을 원칙으로 한다. 다만, 154 [kV]이상으로 수전하는 고객은 최대수요전력을 기준으로 고객과 협의하여 결정할 수 있다.

3상공급을 위하여 단상변압기를 결합하여 사용할 경우에는 다음에 따라 계산한 것을 변압기설비의 용량으로 하고, 이를 기준으로 약관 제20조(계약전력 산정) 제2항에 따라 계약전력을 결정한다.

   가. △ 또는 Y결선의 경우

      결선된 단상변압기 용량의 합계

   나. 동일용량의 변압기를 V결선한 경우

      결선된 단상변압기 용량합계의 86.6%

   다. 서로 다른 용량의 변압기를 V결선한 경우

      [큰 용량의 변압기(A), 작은 용량의 변압기(B)] = (A − B) + (B × 2 × 0.866)

12

출제년도 90.06.10.18.(6점/각 문항당 3점)

어느 건물의 부하는 하루에 240 [kW]로 5시간, 100 [kW]로 8시간, 75 [kW]로 나머지 시간을 사용한다. 이의 수전 설비를 450 [kVA]로 하였을 때에 부하의 평균 역률이 0.8 이라면 이 건물의 수용률과 일부하율은?

  (1) 수용률
  (2) 부하율

[답안적성]

(1) 수용률

계산 : 수용률 = $\dfrac{\text{최대 수용 전력}}{\text{설비 용량}} \times 100 = \dfrac{240}{450 \times 0.8} \times 100 = 66.67\,[\%]$

답 : 66.67 [%]

(2) 부하율

계산 : 부하율 = $\dfrac{\text{평균 전력}}{\text{최대 수용 전력}} \times 100 = \dfrac{240 \times 5 + 100 \times 8 + 75 \times 11}{240 \times 24} \times 100 = 49.05\,[\%]$

답 : 49.05 [%]

[핵심] 부하관계용어

① 부하율

공급 설비가 어느 정도 유효하게 사용되는가를 나타내며 부하율이 클수록 공급 설비가 유효하게 사용된다. 부하율은 다음 식에 의해 계산한다.

$$\text{부하율} = \dfrac{\text{평균 수요 전력 [kW]}}{\text{최대 수요 전력 [kW]}} \times 100\,[\%]$$

부하율은 각 단위별(변압기, 전주, 수용가 등), 시기, 범위, 기간에 따라 달라지며, 부하율을 표시할 경우 기간, 범위를 반드시 명기한다. 예를 들어 일부하율, 월부하율 등으로 표시하여야 하며, 부하율은 기간이 길어질수록 작아진다. 부하율이 적다의 의미는 다음과 같다.

• 공급 설비를 유용하게 사용하지 못한다.
• 평균 수요 전력과 최대 수요 전력과의 차가 커지게 되므로 부하 설비의 가동률이 저하된다.

② 수용률

수용률은 시설되는 총 부하 설비용량에 대하여 실제로 사용하게 되는 부하의 최대 전력의 비를 나타내는 것으로서 다음 식에 의하여 구한다.

$$\text{수용률} = \dfrac{\text{최대수요전력 [kW]}}{\text{부하설비용량 [kW]}} \times 100\,[\%]$$

13

출제년도 18.新規.(4점/부분점수 없음)

그림과 같은 전동기 Ⓜ과 Ⓗ에 공급하는 저압 옥내간선의 굵기를 결정하는데 필요한 설계전류를 구하시오.

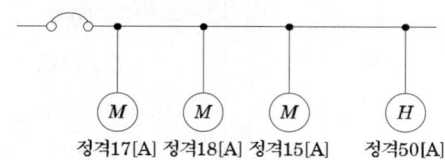

[작성답안]

계산 : 간선의 설계전류 $I_a = (17+18+15)+50 = 100$ [A]

답 : 100 [A]

[핵심] **설계전류**

회로의 설계전류(I_B)는 분기회로의 경우 부하의 효율, 역률, 부하율이 고려된 부하최대전류를 의미하며, 고조파 발생부하인 경우 고조파 전류에 의한 선전류 증가분이 고려되어야 한다. 또한 간선의 경우에는 추가로 수용률, 부하불평형, 장래 부하증가에 대한 여유 등이 고려되어야 한다.

$$I_B = \frac{\Sigma P}{kV} \alpha h \beta$$

여기서 k는 상계수 (단상 1, 3상 $\sqrt{3}$), V는 상전압, α는 수용률, h는 고조파 발생에 의한 선전류 증가계수, β는 부하 불평형에 따른 선전류 증가계수를 말한다.

14

출제년도 18.(6점/각 문항당 3점)

다음 명령어를 참고하여 다음 물음에 답하시오.

OP	ADD
S	P000
AN	M000
ON	M001
W	P011

(1) PLC의 로직회로 그리시오.

(2) 논리식을 쓰시오. 단, S : 시작, A(AND), O(OR), N(NOT), AB(직렬묶음), OB(병렬묶음), W(출력)

[작성답안]

(1)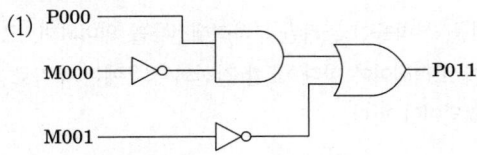

(2) $P011 = P000 \cdot \overline{M000} + \overline{M001}$

15

출제년도 94.03.05.07.11.13.18(14점/각 문항당 2점, 모두 맞으면 14점)

그림과 같은 송전계통 S점에서 3상 단락사고가 발생하였다. 주어진 도면과 조건을 참고하여 다음 각 물음에 답하시오.

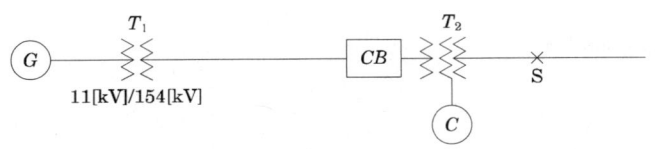

【조건】

번호	기기명	용량	전압	%Z
1	발전기(G)	50,000 [kVA]	11 [kV]	25
2	변압기(T_1)	50,000 [kVA]	11/154 [kV]	10
3	송전선		154 [kV]	8(10,000 [kVA] 기준)
4	변압기(T_2)	1차 25,000 [kVA]	154 [kV]	12(25,000 [kVA] 기준, 1차~2차)
		2차 30,000 [kVA]	77 [kV]	16(25,000 [kVA] 기준, 2차~3차)
		3차 10,000 [kVA]	11 [kV]	9.5(10,000 [kVA] 기준, 3차~1차)
5	조상기(C)	10,000 [kVA]	11 [kV]	15

(1) 표에 주어진 변압기(T_2)의 1차, 2차, 3차의 %임피던스를 기준용량 10 [MVA]로 환산하시오.

- 1차 :

- 2차 :

- 3차 :

(2) 변압기(T_2)의 1차(%Z_1), 2차(%Z_2), 3차(%Z_3) %임피던스를 구하시오.

① %Z_1

② %Z_2

③ %Z_3

(3) 단락점 S에서 바라본 전원측의 합성 %임피던스를 구하시오.

(4) 단락점의 차단용량을 구하시오.

(5) 단락점의 고장전류를 구하시오.

[작성답안]

(1) 1차 : $\frac{10}{25} \times 12 = 4.8\,[\%]$

    2차 : $\frac{10}{25} \times 16 = 6.4\,[\%]$

    3차 : $\frac{10}{10} \times 9.5 = 9.5\,[\%]$

(2) ① $\%Z_1$

    계산 : $\%Z_1 = \frac{1}{2}(4.8 + 9.5 - 6.4) = 3.95\,[\%]$

    답 : 3.95 [%]

  ② $\%Z_2$

    계산 : $\%Z_2 = \frac{1}{2}(4.8 + 6.4 - 9.5) = 0.85\,[\%]$

    답 : 0.85 [%]

  ③ $\%Z_3$

    계산 : $\%Z_3 = \frac{1}{2}(6.4 + 9.5 - 4.8) = 5.55\,[\%]$

    답 : 5.55 [%]

(3) 계산 : 발전기 10 [MVA]기준으로 환산하면 $\frac{10}{50} \times 25 = 5\,[\%]$

    변압기 10 [MVA]기준으로 환산하면 $\frac{10}{50} \times 10 = 2\,[\%]$

    송전선 8 [%]이므로

    $\%Z = \frac{(5+2+8+3.95) \times (5.55+15)}{(5+2+8+3.95) + (5.55+15)} + 0.85 = 10.71\,[\%]$

  답 : 10.71 [%]

(4) 계산 : $P_s = \frac{100}{10.71} \times 10 = 93.371\,[\text{MVA}]$

  답 : 93.37 [MVA]

(5) 계산 : $P_s = \dfrac{100}{10.71} \times \dfrac{10 \times 10^6}{\sqrt{3} \times 77 \times 10^3} = 700.1$ [A]

답 : 700.1 [A]

[핵심] 3권선 변압기 임피던스의 환산

$Z_a + Z_b = Z_{ab}$

$Z_b + Z_c = Z_{bc}$

$Z_a + Z_c = Z_{ac}$

위 식을 모두 더하면 다음과 같이 된다.

$2(Z_a + Z_b + Z_c) = Z_{ab} + Z_{bc} + Z_{ca}$

$2(Z_a + Z_{bc}) = Z_{ab} + Z_{bc} + Z_{ca}$

$R_a = \dfrac{1}{2}(Z_{ab} + Z_{ca} - Z_{bc})$ [Ω]

$R_b = \dfrac{1}{2}(Z_{ab} + Z_{bc} - Z_{ca})$ [Ω]

$R_c = \dfrac{1}{2}(Z_{ca} + Z_{bc} - Z_{ab})$ [Ω]

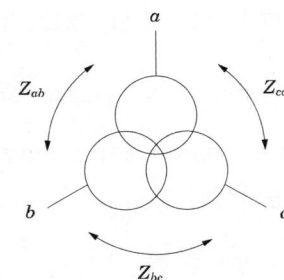

16

출제년도 18.(6점/각 문항당 2점)

다음 각상의 불평형 전압이 $V_a = 7.3 \angle 12.5°$, $V_b = 0.4 \angle -100°$, $V_c = 4.4 \angle 154°$ 인 경우 대칭분 V_0, V_1, V_2를 구하시오.

(1) V_0

(2) V_1

(3) V_2

[작성답안]

(1) V_0

계산 : $V_0 = \dfrac{1}{3}(7.3 \angle 12.5° + 0.4 \angle -100° + 4.4 \angle 154°)$

$= \dfrac{1}{3}(7.126 + j1.58 - 0.069 - j0.394 - 3.955 + j1.929)$

$= 1.034 + j1.038 = 1.47 \angle 45.11°$ [V]

답 : $1.47 \angle 45.11°$ [V]

(2) V_1

계산 : $V_1 = \dfrac{1}{3}(7.3\angle 12.5° + (1\angle 120°)0.4\angle -100° + (1\angle 240°)4.4\angle 154°)$

$= \dfrac{1}{3}(7.126 + j1.58 + 0.376 + j0.137 + 3.648 + j2.46)$

$= 3.717 + j1.392 = 3.97\angle 20.53°[\text{V}]$

답 : $3.97\angle 20.53°\ [\text{V}]$

(3) V_2

계산 : $V_2 = \dfrac{1}{3}(7.3\angle 12.5° + (1\angle 240°)0.4\angle -100° + (1\angle 120°)4.4\angle 154°)$

$= \dfrac{1}{3}(7.126 + j1.58 - 0.306 + j0.257 + 0.307 - j4.389)$

$= 2.376 - j0.851 = 2.52\angle -19.71°[\text{V}]$

답 : $2.52\angle -19.71°\ [\text{V}]$

2018년 3회 기출문제 해설

※ 다음 물음에 답을 해당 답란에 답하시오.

1 출제년도 18.(4점/부분점수 없음)

ALTS의 명칭과 사용용도를 쓰시오.

- 명칭 :
- 용도 :

[작성답안]

명칭 : 자동부하 전환개폐기

용도 : 특고압측에서 수용가 인입구에서 사용되며, 변전소로부터 두개의 회선으로 공급받아 주전원 정전시 예비전원으로 절체한다.

[핵심] ALTS

자동부하전환개폐기(ALTS) Automatic Load Transfer Switch

- 이중전원을 확보하여 주전원정전시 또는 전압이 기준 값 이하로 떨어질 경우 예비전원으로 자동절환되어 수용가가 계속 일정한 전원 공급을 받을 수 있음
- 자동 또는 수동전환이 가능하여 배전반내에서 원방조작가능
- 3상 일괄조작방식으로 옥내 외 설치가능
- 중요국가기관, 공공기관, 병원, 빌딩, 공장, 군사시설 등 정전시 큰 피해를 입을 우려가 있는 장소의 선로 또는 수전실 구내에 시설한다.

출제년도 97.18.(5점/부분점수 없음)

그림에서 각 지점간의 저항을 동일하다고 가정하고 간선 AD 사이에 전원을 공급하려고 한다. 전력 손실이 최소가 되는 지점을 구하시오.

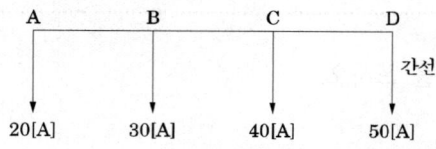

[작성답안]

계산 : A점을 급전점으로 하였을 경우의 전력 손실은

$$P_L = (30+40+50)^2 R + (40+50^2)R + 50^2 R = 25,000R \text{ [W]}$$

B점을 급전점으로 하였을 경우의 전력 손실은

$$P_L = 20^2 R + (40+50)^2 R + 50^2 R = 11,000R \text{ [W]}$$

C점을 급전점으로 하였을 경우의 전력 손실은

$$P_L = 20^2 R + (20+30)^2 R + 50^2 R = 5,400R \text{ [W]}$$

D점을 급전점으로 하였을 경우의 전력 손실은

$$P_L = 20^2 R + (20+30)^2 R + (20+30+40)^2 R = 11,000R \text{ [W]}$$

C점에서 전력 공급시 전력 손실이 최소가 된다.

답 : C점

3 출제년도 18.(6점/각 항목당 2점)

다음 각 용어의 정의를 쓰시오.

① 중성선(中性線)

② 분기회로(分岐回路)

③ 등전위 본딩

[작성답안]
① 중성선(中性線)이란 다선식전로에서 전원의 중성극에 접속된 전선을 말한다.
② 분기회로(分岐回路)란 간선에서 분기하여 분기과전류차단기를 거쳐서 부하에 이르는 사이의 배선을 말한다.
③ 등전위접속(본딩)이란 등전위성을 얻기 위해 전선간을 전기적으로 접속하는 조치를 말한다.

4

출제년도 18(5점/부분점수 없음)

변압기 모선방식을 3가지 쓰시오.

[작성답안]
- 단모선 방식
- 복모선 방식
- 환상모선 방식

[핵심] 모선방식

구분		구성	특징
	단모선		비교적 소규모의 발·변전소에 적용하며, 모선에 접속되는 회선수가 적고 모선 정지가 비교적 쉬운 중요도가 낮은 곳에 적합하다. 간이보호 또는 선로의 후비보호계전기로 보호한다.
복모선	Double Bus 2중 모선		상시나 비상시에 계통의 분리운용, 모선의 보수점검 등 운용면에서 자유롭다. 보호방식은 안정되어 있으며, 계통안정면이나 공급지장 감소면에서 선택차단하는 것이 바람직하다. 154 [kV] 이하 계통의 중요한 발·변전소에 적용
	Transfer Bus 절환 모선		단모선의 발·변전소 보다는 좀 더 중요한 큰 배전변전소 등에 적용
	$1\frac{1}{2}$ CB Bus 1.5 차단방식		회선 2개에 차단기 3개가 필요하다. 한 쪽 모선 사고시에도 회선정전이 되지 않는다. 국내의 경우 345 [kV] 계통에 적용된다. 인출회로가 다른 회로와 공용하는 차단기와 전용차단기 1대로 모선에 연결되며 각 모선에 각각의 보호장치를 설치한다.

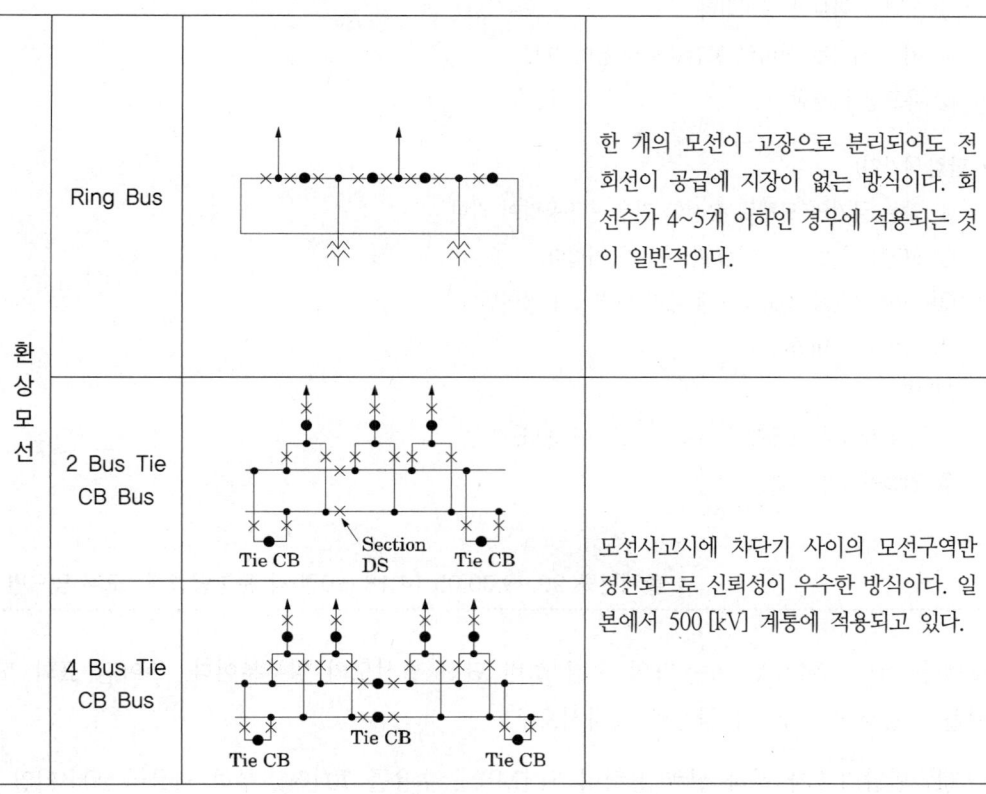

환상모선	Ring Bus		한 개의 모선이 고장으로 분리되어도 전 회선이 공급에 지장이 없는 방식이다. 회선수가 4~5개 이하인 경우에 적용되는 것이 일반적이다.
	2 Bus Tie CB Bus		모선사고시에 차단기 사이의 모선구역만 정전되므로 신뢰성이 우수한 방식이다. 일본에서 500[kV] 계통에 적용되고 있다.
	4 Bus Tie CB Bus		

5 출제년도 95.00.15.18.(8점/각 항목당 1점)

지중선에 대한 장점과 단점을 가공선과 비교하여 각각 4개씩 적으시오.

- 장점 (4가지)
- 단점 (4가지)

[작성답안]

- 장점 (4가지)
    ① 지중에 매설되어 있으므로 도시 미관을 해치지 않는다.
    ② 폭풍우, 뇌격 등의 외부 환경에 영향을 받지 아니하므로 안전성 및 신뢰성이 높다.
    ③ 인축(人畜)에 대한 안정성이 높다.
    ④ 다수 회선을 동일 경과지에 부설할 수 있다.
    그 외

⑤ 경과지 확보가 용이하다.
⑥ 지하 시설로 설비의 보안유지가 용이하다.
⑦ 유도장해 경감

- 단점 (4가지)
   ① 같은 굵기의 도체로 송전할 경우 송전용량이 작다.
   ② 고장점의 발견이 어렵고, 복구가 어렵다.
   ③ 설비 구성상 신규수용에 대한 탄력성이 결연된다.
   ④ 설비비가 비싸다.
   그 외
   ⑤ 건설작업시 교통장해, 소음, 분진등이 많다.
   ⑥ 건설공기가 길다.

6

출제년도 90.99.00.05.14.18.(10점/각 문항당 1점, 모두 맞으면 10점)

도면은 어느 154 [kV] 수용가의 수전 설비 단선 결선도의 일부분이다. 주어진 표와 도면을 이용하여 다음 각 물음에 답하시오.

(1) 변압기 2차 부하 설비 용량이 51 [MW], 수용률 70 [%], 부하 역률이 90 [%]일 때, 도면의 변압기 용량은 몇 [MVA]가 되는가?

(2) 변압기 1차측 DS의 정격 전압은 몇 [kV]인가?

(3) CT_1의 비는 얼마인지를 계산하고 표에서 선정하시오. 단 여유율은 1.25배를 준다.

1차 정격 전류[A]	200	400	600	800	1,200	1,500
2차 정격 전류[A]	5					

(4) GCB 내에 사용되는 가스는 주로 어떤 가스가 사용되는가?

(5) OCB의 정격 차단 전류가 23 [kA]일 때, 이 차단기의 차단 용량은 몇 [MVA]인가?

(6) 과전류 계전기의 정격 부담이 9 [VA]일 때 이 계전기의 임피던스는 몇 [Ω]인가?

(7) CT_7 1차 전류가 600 [A]일 때 CT_7의 2차에서 비율 차동 계전기의 단자에 흐르는 전류는 몇 [A]인가? (비율차동계전기와 변류기간의 위상차를 변류기로 보정한다)

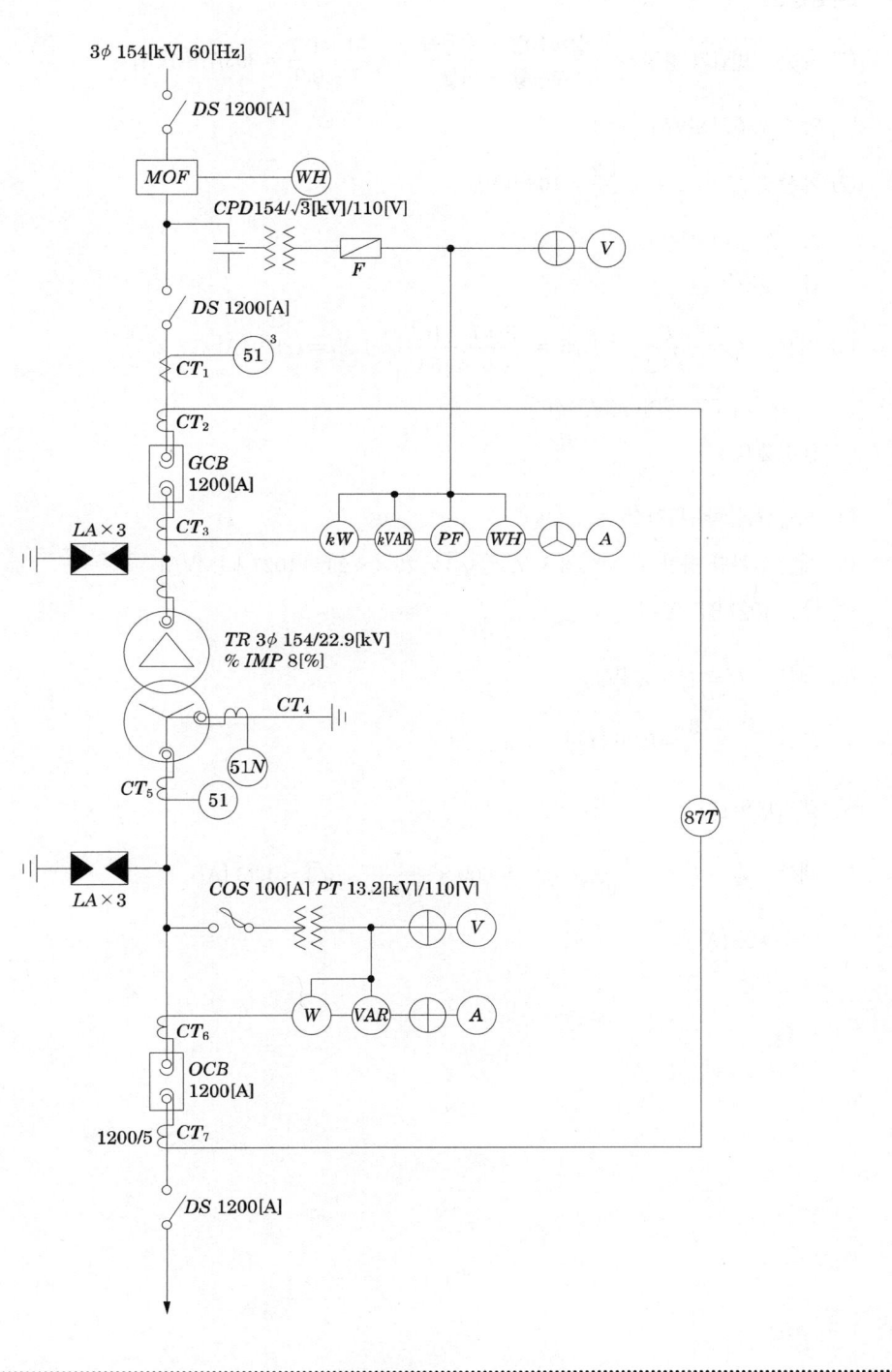

[작성답안]

(1) 계산 : 변압기 용량 $= \dfrac{\text{설비용량} \times \text{수용률}}{\text{부등률} \times \text{역률}} = \dfrac{51 \times 0.7}{1 \times 0.9} = 39.67\,[\text{MVA}]$

  답 : 39.67 [MVA]

(2) 계산 : $V_n = 154 \times \dfrac{1.2}{1.1} = 168\,[\text{kV}]$

  ∴ 170 [kV] 선정

  답 : 170 [kV]

(3) 계산 : $I_1 = \dfrac{P}{\sqrt{3}\,V} \times 1.25 = \dfrac{39.67 \times 10^3}{\sqrt{3} \times 154} \times 1.25 = 185.9\,[\text{A}]$

  ∴ 표에서 CT 정격 200/5 선정

  답 : 200/5

(4) SF_6 (육불화유황가스)

(5) 계산 : 차단 용량 $P_s = \sqrt{3}\,V_n I_s = \sqrt{3} \times 25.8 \times 23 = 1027.8\,[\text{MVA}]$

  답 : 1027.8 [MVA]

(6) 계산 : $P = I_n^2 \cdot Z\,[\text{VA}]$

  $Z = \dfrac{P}{I_n^{\,2}} = \dfrac{9}{5^2} = 0.36\,[\Omega]$

  답 : 0.36 [Ω]

(7) 계산 : $I_2 = I_1 \times \dfrac{1}{CT\text{비}} \times \sqrt{3} = 600 \times \dfrac{5}{1,200} \times \sqrt{3} = 4.33\,[\text{A}]$

  답 : 4.33 [A]

7

출제년도 18.(6점/각 문항당 3점)

22.9 [kV], 1,000 [kVA] 폐쇄형 큐비클식 변전실을 수변전설계 하려고 한다. 다음 물음에 답하시오.

(1) 변전실의 유효높이는 몇 [m]인가?

(2) 추정 면적은 몇 [m²]인가? 단, 추정계수는 1.4이다.

[작성답안]

(1) 4.5 [m]

(2) 계산 : $A = k(변압기용량 kVA)^{0.7} = 1.4 \times 1,000^{0.7} = 176.25$ [m²]

   답 : 176.25 [m²]

[핵심] 변전실의 면적

$A = k \cdot (변압기용량[kVA])^{0.7}$

여기서, A : 변전실 추정면적 [m²]

   k : 추정 계수 (일반적으로 특고압에서 고압으로 변전하는 경우 1.7, 특고압에서 저압으로 변전하는 경우는 1.4, 고압에서 저압으로 변전하는 경우 0.98을 기준)

출제년도 94.00.05.18.(7점/(1)3점, (2)4점)

교류용 적산전력계에 대한 다음 각 물음에 답하시오.

(1) 잠동(creeping) 현상에 대하여 설명하고 잠동을 막기 위한 유효한 방법을 2가지만 쓰시오.
   - 잠동현상
   - 잠동을 방지하기 위한 방법

(2) 적산전력계가 구비해야 할 전기적, 기계적 및 기능상 특성을 3가지만 쓰시오.

[작성답안]

(1) ① 잠동 : 무부하 상태에서 정격 주파수, 정격 전압의 110 [%]를 인가하여 계기의 원판이 1회전 이상 회전하는 현상

   ② 방지대책
   - 원판에 작은 구멍을 뚫는다.
   - 원판에 작은 철편을 붙인다.

(2) 구비조건
   ① 온도나 주파수 변화에 보상이 되도록할 것
   ② 기계적 강도가 클 것
   ③ 부하특성이 좋을 것
   그 외
   ④ 과부하 내량이 클 것

[핵심] 잠동 (Creeping)

잠동은 전력량계의 원판이 무부하에서 회전하는 현상이다. 정격주파수 및 정격의 110 [%] 전압 하에서 무부하로 하였을 때 계기의 회전자가 1회전 이상 회전하는 현상을 잠동이라 한다.

원판의 회전에 대한 축수의 마찰이나 계량장치의 저항 등이 원판의 회전속도가 늦어져도 거의 감소치 않으므로 경부하시 부(負)의 오차가 발생하는 원인이 되어 이를 보상하기 위해서 원판의 회전과 같은 방향의 이동자계를 만들어 마찰 Torque에 대항하는 구동 Torque를 줌으로써 경부하 특성을 개선토록 하고 있다. 그런데 이 조정장치가 지나치면 무부하시에도 원판이 회전하는데 이 현상이 잠동이다. 이 잠동 현상을 방지하기 위해서 원판의 한 곳에 작은 철편을 붙이거나, 조그만 구멍을 뚫어 무부하시 1회전 이상 원판이 회전하지 않도록 하고 있다.

9

출제년도 09.18.(6점/각 문항당 1점/모두 맞으면 6점)

다음은 가공 송전선로의 코로나 임계전압을 나타낸 식이다. 이 식을 보고 다음 각 물음에 답하시오.

$$E_0 = 24.3 m_0 m_1 \delta d \log_{10} \frac{2D}{d} \ [\text{kV}]$$

(1) 기온 t [℃]에서의 기압을 b [mmHg]라고 할 때 $\delta = \dfrac{0.386b}{273+t}$ 로 나타내는데 이 δ는 무엇을 의미하는지 쓰시오.

(2) m_1이 날씨에 의한 계수라면, m_0는 무엇에 의한 계수인지 쓰시오.

(3) 코로나에 의한 장해의 종류 2가지만 쓰시오.

(4) 코로나 발생을 방지하기 위한 주요 대책을 2가지만 쓰시오.

[작성답안]

(1) 상대 공기 밀도

(2) 전선표면의 상태계수

(3) • 코로나 손실
　• 통신선에의 유도 장해

(4) • 굵은 전선을 사용한다.
　• 복도체를 사용한다.

[핵심] 코로나

공기는 보통 절연물이라고 취급하고 있지만 실제에서는 그 절연내력에 한계가 있다. 즉, 기온 기압의 표준상태(20 [℃] 760 [mmHg])에 있어서는 직류에서 약 30 [kV/cm], 교류에서 약 21 [kV/cm]-실효값의 전위경도를 가하면 절연이 파괴되는데 이것을 파열극한 전위경도라 한다. 예를 들어 평면 전극간에 전압을 인가할 경우에는 평면전극이기 때문에 양극간의 전위경도가 균일하므로 인가전압이 상기의 한도를 초과하면 그 공간 내의 절연성이 상실되어 불꽃방전이 발생한다. 송전선로의 전선표면의 근방에서처럼 전극간의 일부분에서만 전위의 경도가 위의 한계값을 넘을 때에는 그 부분에서만의 공기의 절연이 파괴되어 전체로서는 섬락에까지 이르지 않는다.

① 임계전압

$$E_0 = 24.3 m_0 m_1 \delta d \log_{10} \frac{2D}{d} \ [\text{kV}]$$

여기서 m_0 : 전선표면의 상태계수, m_1 : 기후 계수, δ : 상대 공기밀도

② 상대공기밀도

$$\delta = \frac{0.386\,b}{273+t}$$

여기서 t : 기온 [℃], b : 기압 [mmHg]

구 분	임계전압이 받는 영향
전선의 굵기	전선이 굵을수록 코로나의 임계전압이 커져 코로나의 발생은 억제된다.
선간거리	선간거리가 커지면 코로나의 임계전압이 커져 코로나의 발생은 억제된다.
표고 [m]	표고가 높아짐에 따라 기압이 감소하게 되어 코로나 발생이 쉬워진다.
기온 [℃]	온도가 높아지면 상대공기 밀도가 낮아져 코로나 발생이 쉬워진다.

10

출제년도 06.09.18.(9점/각 문항당 3점)

오실로스코프의 감쇄 probe는 입력 전압의 크기를 10배의 배율로 감소시키도록 설계되어 있다. 그림에서 오실로스코프의 입력 임피던스 R_s는 1 [MΩ]이고, probe의 내부 저항 R_p는 9 [MΩ]이다.

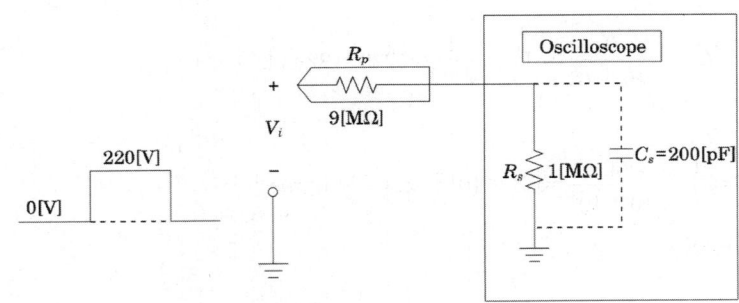

(1) 이 때 Probe의 입력전압을 $V_i = 220$ [V]라면 Oscilloscope에 나타나는 전압은?

(2) Oscilloscope의 내부저항 $R_s = 1$ [MΩ]과 $C_s = 200$ [pF]의 콘덴서가 병렬로 연결되어 있을 때 콘덴서 C_s에 대한 테브난의 등가회로가 다음과 같다면 시정수 τ와 $V_i = 220$ [V]일 때의 테브난의 등가전압 E_{th}를 구하시오.

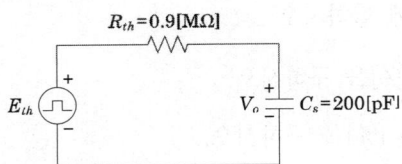

(3) 인가 주파수가 10 [kHz]일 때 주기는 몇 [ms]인가?

[작성답안]

(1) 계산 : $V_o = \dfrac{220}{10} = 22 \,[\text{V}]$

　　답 : 22 [V]

(2) 시정수 : $\tau = R_{th} C_s = 0.9 \times 10^6 \times 200 \times 10^{-12} = 180 \times 10^{-6}\,[\text{sec}] = 180\,[\mu\text{sec}]$

　　답 : 180 [μsec]

　　등가전압 : $E_{th} = \dfrac{R_s}{R_p + R_s} \times V_i = \dfrac{1}{9+1} \times 220 = 22\,[\text{V}]$

　　답 : 22 [V]

(3) 계산 : $T = \dfrac{1}{f} = \dfrac{1}{10 \times 10^3} = 0.1 \times 10^{-3}\,[\text{sec}] = 0.1\,[\text{msec}]$

　　답 : 0.1 [msec]

11
출제년도 90.06.10.18(5점/각 문항당 2점, 모두 맞으면 5점)

어느 건물의 부하는 하루에 240 [kW]로 5시간, 100 [kW]로 8시간, 75 [kW]로 나머지 시간을 사용한다. 이에 따른 수전설비를 450 [kVA]로 하였을 때, 부하의 평균역률이 0.8인 경우 다음 각 물음에 답하시오.

　(1) 이 건물의 수용률 [%]을 구하시오.

　(2) 이 건물의 일부하율 [%]을 구하시오.

[작성답안]

(1) 수용률

　계산 : 수용률 = $\dfrac{\text{최대 수용 전력}}{\text{설비 용량}} \times 100 = \dfrac{240}{450 \times 0.8} \times 100 = 66.67\,[\%]$

　답 : 66.67 [%]

(2) 부하율

　계산 : 부하율 = $\dfrac{\text{평균 전력}}{\text{최대 수용 전력}} \times 100 = \dfrac{240 \times 5 + 100 \times 8 + 75 \times 11}{240 \times 24} \times 100 = 49.05\,[\%]$

　답 : 49.05 [%]

[핵심] 부하관계용어

① 부하율

공급 설비가 어느 정도 유효하게 사용되는가를 나타내며 부하율이 클수록 공급 설비가 유효하게 사용된다. 부하율은 다음 식에 의해 계산한다.

$$부하율 = \frac{평균\ 수요\ 전력[kW]}{최대\ 수요\ 전력[kW]} \times 100\ [\%]$$

부하율은 각 단위별(변압기, 전주, 수용가 등), 시기, 범위, 기간에 따라 달라지며, 부하율을 표시할 경우 기간, 범위를 반드시 명기한다. 예를 들어 일부하율, 월부하율 등으로 표시하여야 하며, 부하율은 기간이 길어질수록 작아진다. 부하율이 적다의 의미는 다음과 같다.

- 공급 설비를 유용하게 사용하지 못한다.
- 평균 수요 전력과 최대 수요 전력과의 차가 커지게 되므로 부하 설비의 가동률이 저하된다.

② 수용률

수용률은 시설되는 총 부하 설비용량에 대하여 실제로 사용하게 되는 부하의 최대 전력의 비를 나타내는 것으로서 다음 식에 의하여 구한다.

$$수용률 = \frac{최대수요전력[kW]}{부하설비용량[kW]} \times 100\ [\%]$$

다음은 3Φ4W 22.9 [kV] 수전설비 단선결선도이다. 다음 각 물음에 답하시오.

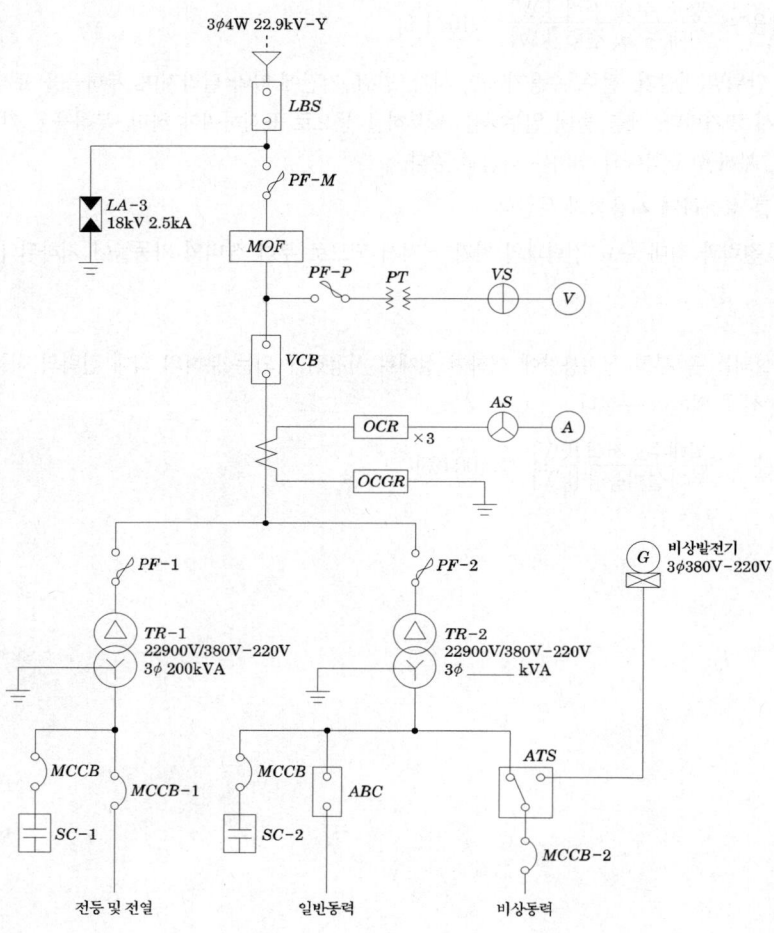

(1) 위 수전설비 단선결선도의 LA에 대하여 다음 물음에 답하시오.

① 우리말의 명칭은 무엇인가?

② 기능과 역할에 대해 간단히 설명하시오.

③ 요구되는 성능조건 2가지만 쓰시오.

(2) 다음은 위의 수전설비 단선결선도의 부하집계 및 입력환산표를 완성하시오.
   (단, 입력환산 [kVA]은 계산 값의 소수 둘째자리에서 반올림한다.)

구 분	전등 및 전열	일반동력	비상동력
설비용량 및 효율	합계 350 [kW] 100 [%]	합계 635 [kW] 85 [%]	유도전동기1 7.5[kW] 2대 85 [%] 유도전동기2 11 [kW] 1대 85 [%] 유도전동기3 15 [kW] 1대 85 [%] 비상조명 8,000 [W] 100 [%]
평균(종합)역률	80 [%]	90 [%]	90 [%]
수용률	60 [%]	45 [%]	100 [%]

[부하집계 및 입력환산표]

구 분		설비용량 [kW]	효율 [%]	역률 [%]	입력환산 [kVA]
전등 및 전열		350			
일 반 동 력		635			①
비상동력	유도전동기1	7.5×2			
	유도전동기2				②
	유도전동기3	15			
	비상조명				③
	소 계	-	-	-	

 ①

 ②

 ③

(3) 단선결선도와 (2)항의 부하집계표에 의한 $TR-2$의 적정용량은 몇 [kVA]인지 구하시오.

【참고사항】
- 일반 동력군과 비상 동력군 간의 부등률은 1.3로 본다.
- 변압기 용량은 15 [%] 정도의 여유를 갖게 한다.
- 변압기의 표준규격 [kVA]은 200, 300, 400, 500, 600으로 한다.

(4) 단선결선도에서 $TR-2$의 2차측 중성점의 접지공사의 접지선 굵기 [mm²]를 한국전기설비규정에 의하여 구하시오.

【참고사항】
- 접지선은 GV전선을 사용하고 표준굵기 [mm²]로 선정한다.

접지도체의 절연물의 종류 및 주위온도에 따라 정해지는 계수

접지선 종류 주위온도	나연동선	GV	CV	부틸고무
30℃(옥내)	284	159	176	166
55℃(옥외)	276	126	162	152

- 고장지속시간[sec]
  22.9kV 계통 1.1초, 66kV 계통 1.6초, 0.4kV 계통 0.5초 적용한다.
- 계통의 지락전류는 39080[A]를 적용한다.
- 옥내기준 적용한다.

[작성답안]

(1) ① 피뢰기

② 기능 : 이상전압의 내습시 이를 신속하게 대지로 방전하고 속류를 차단한다.
역할 : 뇌전류 및 이상전압으로부터 전기기계기구를 보호한다.

③ • 상용 주파 방전 개시 전압이 높을 것
• 충격 방전 개시 전압이 낮을 것
그 외
• 제한 전압이 낮을 것
• 속류 차단 능력이 클 것

(2) 부하집계 및 입력환산표

구 분		설비용량 [kW]	효율 [%]	역률 [%]	입력환산 [kVA]
전등 및 전열		350	100	80	$\dfrac{350}{0.8 \times 1} = 437.5$
일반동력		635	85	90	① $\dfrac{635}{0.9 \times 0.85} = 830.1$
비상동력	유도전동기1	7.5×2	85	90	$\dfrac{7.5 \times 2}{0.9 \times 0.85} = 19.6$
	유도전동기2	11	85	90	② $\dfrac{11}{0.9 \times 0.85} = 14.4$
	유도전동기3	15	85	90	$\dfrac{15}{0.9 \times 0.85} = 19.6$
	비상조명	8	100	90	③ $\dfrac{8}{0.9 \times 1} = 8.9$
	소 계	–	–	–	62.5

① $\dfrac{635}{0.9 \times 0.85} = 830.1$ [kVA]

② $\dfrac{11}{0.9 \times 0.85} = 14.4$ [kVA]

③ $\dfrac{8}{0.9 \times 1} = 8.9$ [kVA]

(3) 계산 : 변압기용량 $= \dfrac{830.1 \times 0.45 + (19.6 + 14.4 + 19.6 + 8.9) \times 1}{1.3} \times 1.15 = 385.73$ [kVA]

∴ 표준규격 400 [kVA] 선정

답 : 400 [kVA]

(4) 계산 : $S = \dfrac{I\sqrt{t}}{k} = \dfrac{39080\sqrt{0.5}}{159} = 173.8 \, [\text{mm}^2]$

∴ 185 [mm²] 선정

답 : 185 [mm²]

[핵심] 피뢰기 (LA : Lighting Arrester)

(1) 피뢰기

피뢰기는 특고압가공 전선로에 의하여 수전하는 자가용 변전실의 입구에 설치하여 낙뢰나 혼촉사고 등에 의하여 이상전압이 발생하였을 때 선로와 기기를 보호한다. 피뢰기는 저항형, 밸브형, 밸브저항형, 방출형, 산화아연형, 지형 등이 있으나 자가용 변전실에는 거의가 밸브저항형이 채택되고 있다.

① 피뢰기는 이상전압 내습시 대지에 방전하여 전기기계기구를 보호하고 속류를 차단한다.

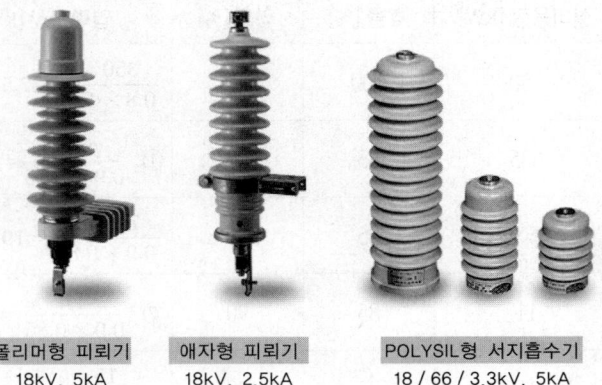

| 폴리머형 피뢰기 | 애자형 피뢰기 | POLYSIL형 서지흡수기 |
| 18kV, 5kA | 18kV, 2.5kA | 18 / 66 / 3.3kV, 5kA |

② 피뢰기의 구비조건
- 상용 주파 방전 개시 전압이 높을 것
- 충격 방전 개시 전압이 낮을 것
- 제한 전압이 낮을 것
- 속류 차단 능력이 클 것

(2) 접지선의 굵기 선정

$$S = \frac{\sqrt{I^2 t}}{k}$$

S : 단면적[mm²]

I : 보호장치를 통해 흐를 수 있는 예상고장전류[A]

t : 자동차단을 위한 보호장치 동작시간(s)

[비고] ① 회로 임피던스에 의한 전류제한 효과와 보호장치의 $I^2 t$의 한계를 고려해야 한다.
② k : 보호도체, 절연, 기타 부위의 재질 및 초기온도와 최종온도에 따라 정해지는 계수
(k값의 계산은 KS C IEC 60364-5-54 부속서 A 참조)

13
출제년도 16.18.(5점/부분점수 없음)

정격 출력 500 [kW]의 디젤 발전기가 있다. 이 발전기를 발열량 10,000 [kcal/L]인 중유 250 [L]을 사용하여 1/2부하에서 운전하는 경우 몇 시간 운전이 가능한지 계산하시오. (단, 발전기의 열효율은 34.4 [%]이다.)

[작성답안]

계산 : $\eta = \dfrac{860PT}{BH} \times 100\,[\%]$ 에서 $\therefore T = \dfrac{250 \times 10,000 \times 0.344}{860 \times 500 \times \dfrac{1}{2}} = 4\,[h]$

답 : 4 [h]

[핵심] 디젤 발전기의 출력

$$P = \dfrac{BH\eta_g \eta_t}{860\,T\cos\theta}\,[\text{kVA}]$$

여기서 η_g : 발전기효율 η_t : 엔진효율 T : 운전시간 [h] B : 연료소비량 [kg]
      H : 연료의 열량 [kcal/kg], 1 [kWh] = 860 [kcal]

14
출제년도 18.(7점/각 문항당 3점, 모두 맞으면 7점)

공칭전압이 140 [kV]인 송전선로가 있다. 이 선로의 4단자 정수는 $A = 0.9$, $B = j70.7$, $C = j0.52 \times 10^{-3}$, $D = 0.9$라고 한다. 무부하 송전단에 154 [kV]를 인가하였을 때 다음을 구하시오.

(1) 수전단 전압 [kV] 및 송전단 전류 [A]를 구하시오.

 ① 수전단 전압

 ② 송전단 전류

(2) 수전단의 전압을 140 [kV]로 유지하려고 할 때 수전단에서 공급하여야할 무효전력 Q_c [kVar]를 구하시오.

[작성답안]

(1) ① 수전단 전압

계산 : 무부하이므로 $I_r = 0$이고, 4단자 정수의 방정식에 의해

$$\begin{bmatrix} \dfrac{154}{\sqrt{3}} \\ I_s \end{bmatrix} = \begin{bmatrix} 0.9 & j70.7 \\ j0.52 \times 10^{-3} & 0.9 \end{bmatrix} \begin{bmatrix} \dfrac{V_r}{\sqrt{3}} \\ I_r \end{bmatrix}$$

$$\therefore \begin{bmatrix} \dfrac{154}{\sqrt{3}} \\ I_s \end{bmatrix} = \begin{bmatrix} 0.9 & j70.7 \\ j0.52 \times 10^{-3} & 0.9 \end{bmatrix} \begin{bmatrix} \dfrac{V_r}{\sqrt{3}} \\ 0 \end{bmatrix}$$

$V_r = \dfrac{154}{0.9} = 171.11$ [kV]

답 : 171.11 [kV]

② 송전단 전류

$I_s = j0.52 \times 10^{-3} \times \dfrac{171.11}{\sqrt{3}} \times 10^3 = j51.37$ [A]

답 : 51.37 [A](진상전류)

(2) 계산 : 수전단 전압을 140 [kV]로 유지하기 위해 설치한 조상기로부터의 전류를 I_c라 하면

$$\begin{bmatrix} \dfrac{154}{\sqrt{3}} \\ I_s \end{bmatrix} = \begin{bmatrix} 0.9 & j70.7 \\ j0.52 \times 10^{-3} & 0.9 \end{bmatrix} \begin{bmatrix} \dfrac{140}{\sqrt{3}} \\ I_c \end{bmatrix}$$

$\dfrac{154}{\sqrt{3}} = 0.9 \times \dfrac{140}{\sqrt{3}} + j70.7 \times I_c$

$I_c = \dfrac{(88.91 - 72.75)}{j70.7} \times 10^3 = -j228.57$ [A](지상전류)

무효전력 $Q_c = \sqrt{3}\, V_r I_c = \sqrt{3} \times 140 \times 228.57 = 55425.28$ [kVar]

답 : 55425.28 [kVar]

[핵심] 4단자 정수

송전선로 4단자 정수 의 기본식 $\begin{cases} E_S = AE_R + BI_R \\ I_S = CE_R + DI_R \end{cases}$

15

출제년도 18.(5점/각 항목당 3점)

주어진 표는 어떤 부하의 데이터이다. 이 데이터를 수용할 수 있는 발전기 용량을 산정하시오.

출력산정에 사용되는 부하표

	부하의 종류	출력 [kW]	전부하 특성			
			역률 [%]	효율 [%]	입력 [kVA]	입력 [kW]
No.1	유도 전동기	6대×37	87.0	80.5	6대×53	6대×46
No.2	유도 전동기	1대×11	84.0	77.0	17	14.3
No.3	전등·기타	30	100	–	30	30
	합계	263	88.0	–	365	320.3

(1) 전부하로 운전하는데 필요한 정격용량 [kVA]은 얼마인가?

(2) 전부하로 운전하는데 필요한 엔진출력은 몇 [PS]인가? 단, 발전기효율은 92 [%]본다.

[작성답안]

(1) 계산 : 전부하 운전시 발전기 출력

$$P \geq \frac{320.3}{0.88} = 363.98 \text{ [kVA]}$$

∴ 표준용량 375 [kVA]선정

답 : 375 [kVA]

(2) 계산 : 전부하운전하는데 필요한 엔진 출력은

$$P' \geq \frac{320.3}{0.92} \times 1.36 = 473.49 \text{ [PS]}$$

답 : 473.49 [PS]

2019년 1회 기출문제 해설

※ 다음 물음에 답을 해당 답란에 답하시오.

1 출제년도 89.94.08.19.(4점/부분점수 없음)

단상변압기 2대로 V결선하여 출력 11[kW], 역률 0.8, 효율 0.85의 전동기를 운전하려고 한다. 변압기 한 대의 용량을 구하시오. (변압기 표준용량 5, 7.5, 10, 15, 20, 25, 50, 75, 100[kVA])

[작성답안]

계산 : 전동기 입력 $P' = \dfrac{P}{\eta \times \cos\theta} = \dfrac{11}{0.8 \times 0.85} = 16.18 \,[\text{kVA}]$

V결선의 출력 $P_V = \sqrt{3}\,P_1\,[\text{kVA}]$

∴ $P_V = \sqrt{3}\,P_1 = 16.18\,[\text{kVA}]$

∴ $P_1 = \dfrac{16.18}{\sqrt{3}} = 9.34\,[\text{kVA}]$

∴ 표준용량 10[kVA] 선정

답 : 10 [kVA]

[핵심] V결선

△-△ 결선에서 1대의 단상변압기가 단락, 또는 사고가 발생한 경우를 고장이 발생된 변압기를 제거시킨 결선법으로 즉, 2대의 단상변압기로서 3상 변압기와 같은 전력을 송배전하기 위한 방식을 V결선이라 한다.

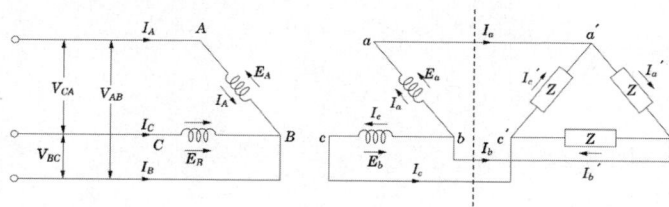

$P_v = VI\cos\left(\dfrac{\pi}{6}+\phi\right) + VI\cos\left(\dfrac{\pi}{6}-\phi\right) = \sqrt{3}\,VI\cos\phi\,[\text{W}]$

$P_v = \sqrt{3}\,P_1$

출력비 : $\dfrac{V}{\Delta} = \dfrac{\sqrt{3}\,VI\cos\phi}{3\,VI\cos\phi} \fallingdotseq 0.577$

이용률 : $\dfrac{\sqrt{3}\,VI}{2\,VI} = 0.866$

2

출제년도 08.19.(4점/부분점수 없음)

3상 배전선로의 말단에 늦은 역률 80 [%]인 평형 3상의 집중 부하가 있다. 변전소 인출구의 전압이 6,600 [V]인 경우 부하의 단자전압을 6,000 [V] 이하로 떨어뜨리지 않으려면 부하 전력[kW]은 얼마인가? (단, 전선 1선의 저항은 1.4 [Ω], 리액턴스 1.8 [Ω]으로 하고 그 이외의 선로정수는 무시한다.)

[작성답안]

계산 : $e = \dfrac{P}{V_r}(R + X\tan\theta)$ [V]에서 $P = \dfrac{eV_r}{R + X\tan\theta} \times 10^{-3}$ [kW]

∴ $P = \dfrac{600 \times 6,000}{1.4 + 1.8 \times \dfrac{0.6}{0.8}} \times 10^{-3} = 1,309.09$ [kW]

답 : 1,309.09 [kW]

[핵심] 전압강하

① 전압강하 $e = \dfrac{P}{V}(R + X\tan\theta)$ [V]

② 전압강하율 $\epsilon = \dfrac{e}{V} \times 100 = \dfrac{P}{V^2}(R + X\tan\theta) \times 100$ [%]

③ 전력손실 $P_L = \dfrac{P^2 R}{V^2 \cos^2\theta}$ [kW]

④ 전력손실률 $k = \dfrac{P_L}{P} \times 100 = \dfrac{PR}{V^2 \cos^2\theta} \times 100$ [%]

3

출제년도 96.15.19.(6점/각 항목당 2점)

스폿네트워크 수전방식에 대하여 장점 3가지만 쓰시오.

[작성답안]
- 배전선 1회선, 변압기 뱅크 사고시에도 무정전 공급이 가능하다.
- 배전선 정지 및 복구시 변압기 2차측 차단기의 개방 및 투입이 자동적으로 이루어진다.
- 설비 중에서 고가인 1차측 차단기가 필요하지 않는다.

그 외
- 부하 증가와 같은 수용 변동의 탄력성이 좋다.

[핵심] 스폿네트워크 배전방식

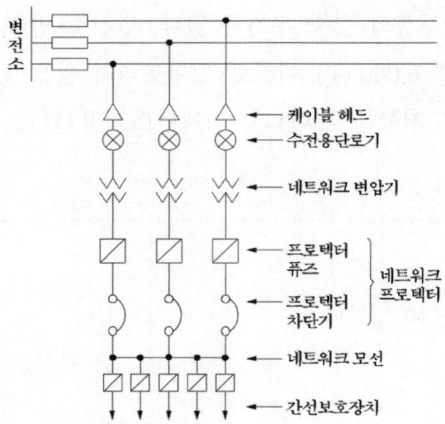

① 네트워크 변압기용량

- 네트워크 변압기용량 = $\dfrac{\text{최대수요전력 [kVA]}}{(\text{수전회선수} - 1)} \times \dfrac{1}{1.3}$

② 특징

- 배전선 1회선, 변압기 뱅크 사고시에도 무정전 공급이 가능하다.
- 배전선 보수시 1회선이 정지하여도 구내 정전은 발생되지 않는다.
- 배전선 정지 및 복구시 변압기 2차측 차단기의 개방 및 투입이 자동적으로 이루어진다.
- 설비 중에서 고가인 1차측 차단기가 필요하지 않는다.
- 차단기 대신에 단로기로 대치한다.
- 1회선 정지시에도 나머지 변압기의 과부하 운전으로 최대수요전력 부담한다.
- 표준 3회선으로서 67 [%]까지 선로 이용률을 올릴 수 있다.
- 부하 증가와 같은 수용 변동의 탄력성이 좋다.
- 대도시 고부하밀도 지역에 적합하다.

4

출제년도 98.19.(6점/각 문항당 3점)

그림과 같이 완전 확산형의 조명 기구가 설치되어 있다. A점에서의 광도와 수평면 조도를 계산하시오. (단, 조명 기구의 전 광속은 18,500 [lm]이다.)

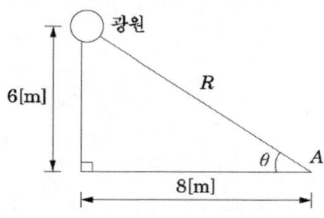

(1) 광도[cd]를 구하시오.

(2) A점의 수평면 조도[lx]를 구하시오.

[작성답안]

(1) 광원의 광도

계산 : $I = \dfrac{F}{\omega} = \dfrac{F}{4\pi} = \dfrac{18{,}500}{4\pi} = 1{,}472.18$ [cd]

답 : 1,472.18 [cd]

(2) 수평면 조도

계산 : $E_h = \dfrac{I}{R^2}\cos(90-\theta) = \dfrac{1{,}472.18}{6^2+8^2} \times \dfrac{6}{\sqrt{6^2+8^2}} = 8.83$ [lx]

답 : 8.83 [lx]

[핵심] 조도

① 법선조도 $E_n = \dfrac{I}{r^2}$ [lx]

② 수평면 조도 $E_h = E_n\cos\theta = \dfrac{I}{r^2}\cos\theta = \dfrac{I}{h^2}\cos^3\theta$ [lx]

③ 수직면 조도 $E_v = E_n\sin\theta = \dfrac{I}{r^2}\sin\theta = \dfrac{I}{h^2}\sin\theta\cos^2\theta$ [lx]

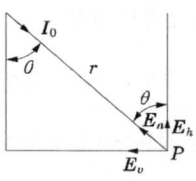

확산형 조명기구의 광속이 모두 입체각 부분으로만 향하는 것이 아니라 확산되므로 구형광원의 광속으로 구한다.

5

출제년도 19.(4점/부분점수 없음)

전등부하 250 [kW], 일반부하 100 [kW], 동계부하 60 [kW], 하계부하 140 [kW]이며 역률은 0.9, 부등률 1.35인 경우 변압기 용량을 구하시오. (단, 변압기 용량은 15[%] 여유를 둔다.((변압기 표준용량 50, 100, 250, 300, 350 [kVA])

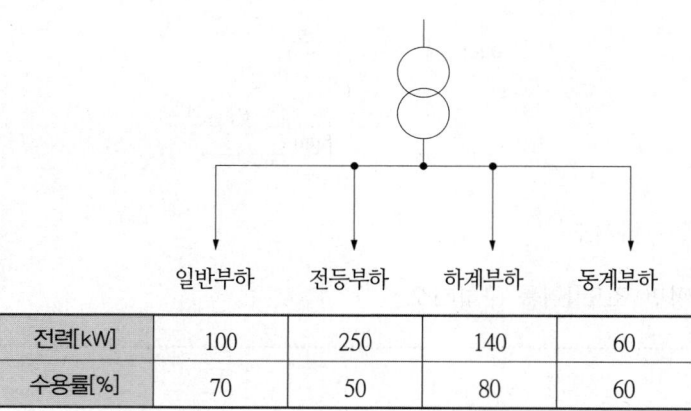

	일반부하	전등부하	하계부하	동계부하
전력[kW]	100	250	140	60
수용률[%]	70	50	80	60

[작성답안]

계산 : 계절부하는 동시에 사용되지 않으므로 전력이 큰 하계부하를 기준으로 구하면

$$P = \frac{설비용량 \times 수용률}{부등률 \times 역률} \times 여유율$$

$$= \frac{100 \times 0.7 + 250 \times 0.5 + 140 \times 0.8}{1.35 \times 0.9} \times 1.15 = 290.58 \, [\text{kVA}]$$

∴ 표준용량 300 [kVA] 선정

답 : 300 [kVA]

[핵심] 변압기 용량

변압기 용량 [kW] ≥ 합성 최대 수용 전력 = $\dfrac{부하\,설비\,합계\,[\text{kW}] \times 수용률}{부등률}$

역률을 적용하여 [kW]의 부하를 [kVA]의 부하로 환산하여 구한다.

6

출제년도 03.05.11.19.(4점/각 문항당 2점)

주어진 논리회로의 출력을 입력변수로 나타내고, 이 식을 AND, OR, NOT 소자만의 논리회로로 변환하여 논리식과 논리회로를 그리시오.

(1) 논리식
(2) 등가회로

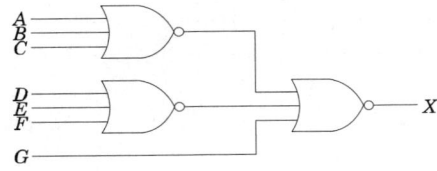

[작성답안]

① 논리식 : $X = \overline{\overline{A+B+C}+\overline{D+E+F}+G} = (A+B+C) \cdot (D+E+F) \cdot \overline{G}$

② 등가회로

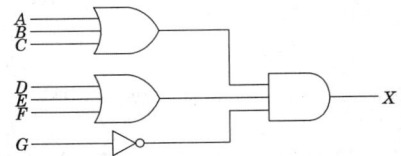

[핵심] 등가회로

AND회로는 OR로, OR회로는 AND로, NOT는 제거하며, NOT이 없으면 넣어주어 등가회로를 작성한다.

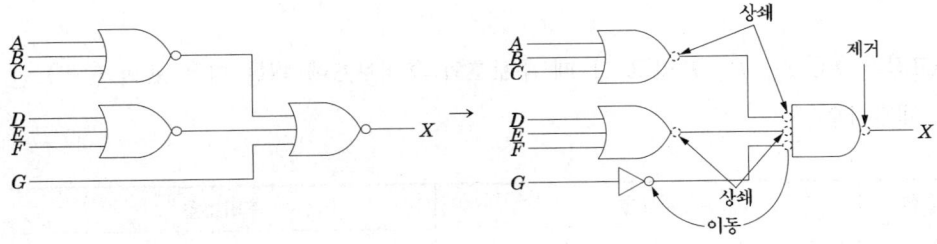

출제년도 93.00.02.12.19.(15점/(1)2점, (2)7점, (3)1점, (4)5점)

그림은 통상적인 단락, 지락 보호에 쓰이는 방식으로서 주보호와 후비보호의 기능을 지니고 있다. 도면을 보고 다음 각 물음에 답하시오.

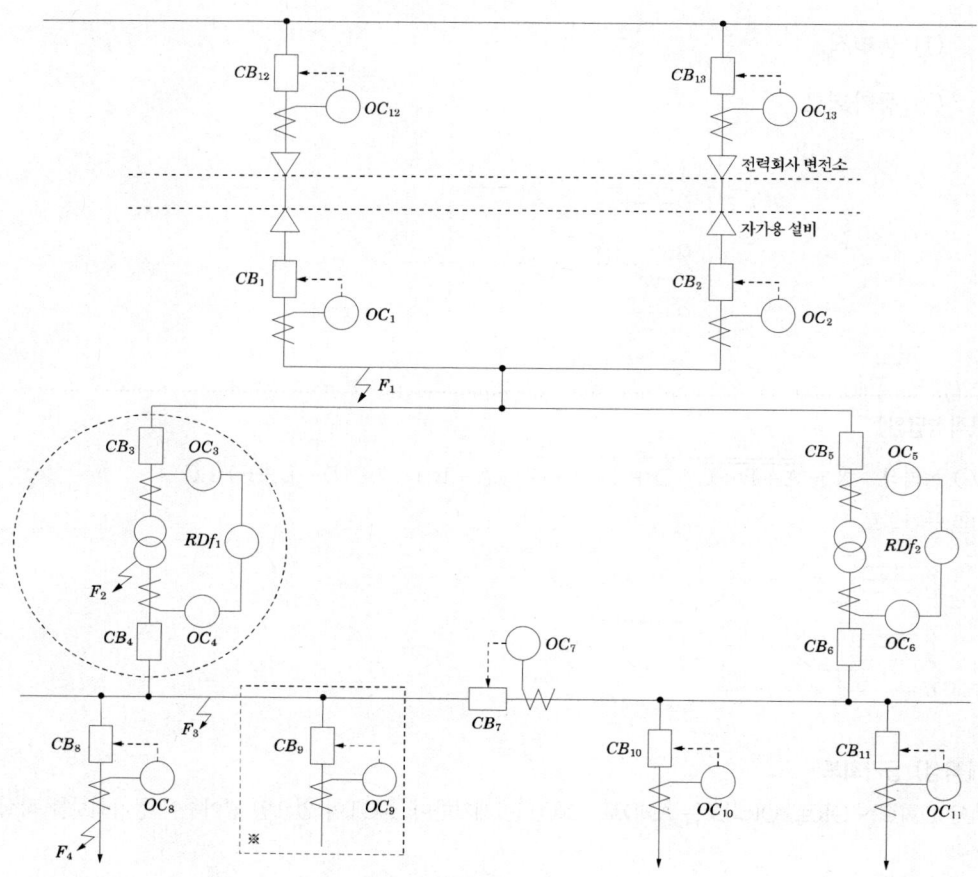

(1) 사고점이 F_1, F_2, F_3, F_4라고 할 때 주보호와 후비보호에 대한 다음 표의 ( ) 안을 채우시오.

사고점	주보호	후비보호
F_1	$OC_1 + CB_1$ And $OC_2 + CB_2$	①
F_2	②	$OC_1 + CB_1$ And $OC_2 + CB_2$

| F_3 | $OC_4 + CB_4$ And $OC_7 + CB_7$ | $OC_3 + CB_3$ And $OC_6 + CB_6$ |
| F_4 | $OC_8 + CB_8$ | $OC_4 + CB_4$ And $OC_7 + CB_7$ |

(2) 그림은 도면의 * 표 부분을 좀 더 상세하게 나타낸 도면이다. 각 부분 ①~④에 대한 명칭을 쓰고, 보호 기능 구성상 ⑤~⑦의 부분을 검출부, 판정부, 동작부로 나누어 표현하시오.

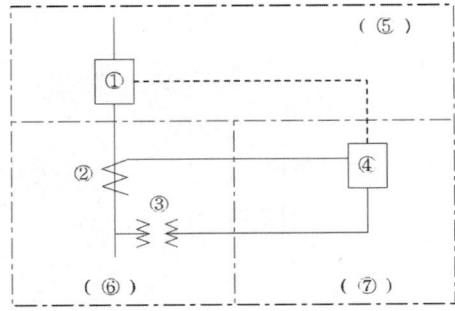

(3) 답란의 그림 F2 사고와 관련된 검출부, 판정부, 동작부의 도면을 완성하시오.
(단, 질문 "(2)"의 도면을 참고하시오.

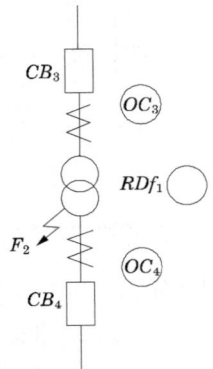

(4) 자가용 전기 설비에 발전 시설이 구비되어 있을 경우 자가용 수용가에 설치되어야 할 계전기는 어떤 계전기인가?

[작성답안]

(1) ① $OC_{12} + CB_{12}$ And $OC_{13} + CB_{13}$

② $RDf_1 + OC_4 + CB_4$ And $OC_3 + CB_3$

(2) ① 교류 차단기　　② 변류기　　③ 계기용 변압기
④ 과전류 계전기　　⑤ 동작부　　⑥ 검출부
⑦ 판정부

(3)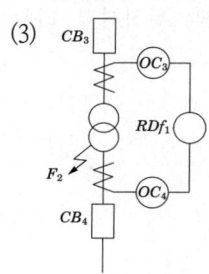

(4) ① 과전류 계전기　　② 주파수 계전기　　③ 부족전압 계전기
④ 비율 차동 계전기　　⑤ 과전압 계전기

[핵심] 주보호와 후비보호

① 주보호
보호 System을 계통구분개소마다 설치하여 사고 발생시에 사고점에 가장 가까운 위치부터 가장 빨리 동작하여 이상부분을 최소한으로 분리하는 것

② 후비 보호
주 보호가 오동작하였을 경우 Back-up 동작하는 것

8

출제년도 19.(6점/각 항목당 2점)

진공차단기의 특징을 3가지를 적으시오.

[작성답안]
- 차단시간이 가장 짧으며, 탈조차단도 가능하며 가장 차단성능이 우수하다.
- 기름이 사용되지 않아 화재에 가장 안전(building 등에 최적)하다.
- 수명이 가장 길며 보수는 거의 불필요하다.

그 외

- 차단시 소음이 작다.
- 외부 기체에 영향을 받지 않는다.

[핵심] 차단기의 종류

① 진공차단기 (VCB : Vacuum Circuit Breaker)

진공을 소호매질로 하는 VI(Vacuum Interrupter)를 적용한 차단기로서 전력의 송수전, 절체 및 정지 등을 계획적으로 수행하는 외에 전력 계통에 고장 발생시 신속히 자동 차단하는 책무를 보호장치로 사용된다.

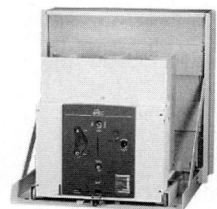

② 자기차단기 (MBB : Magnetic Blast Circuit Breaker)

대기 중에서 전자력을 이용하여 아크를 소호실내로 유도해서 냉각차단

- 화재 위험이 없다.
- 보수 점검이 비교적 쉽다.
- 압축 공기 설비가 필요 없다.
- 전류 절단에 의한 과전압을 발생하지 않는다.
- 회로의 고유 주파수에 차단 성능이 좌우되는 일이 없다.

③ 가스차단기 (GCB : Gas Circuit Breaker)

고성능 절연특성을 가진 특수가스(SF_6)를 이용해서 차단한다. SF_6 가스 차단기의 특징은 다음과 같다.

- 밀폐구조이므로 소음이 없다.
- 절연내력이 공기의 2~3배, 소호 능력은 공기의 100~200배
- 근거리 고장 등 가혹한 재기전압에 대해서도 성능이 우수
- SF_6는 무독, 무취, 무해, 가스이므로 유독가스를 발생하지 않는다.

④ 공기차단기 (ABB : Air Blast Circuit Breaker)

압축된 공기를 아크에 불어 넣어서 차단

⑤ 유입차단기(OCB : Oil Circuit Breaker)

소호실에서 아크에 의한 절연유 분해 가스의 흡부력을 이용해서 차단

- 보수가 번거롭다.
- 방음설비가 필요 없다.
- 공기보다 소호 능력이 크다.
- 부싱 변류기를 사용할 수 있다.

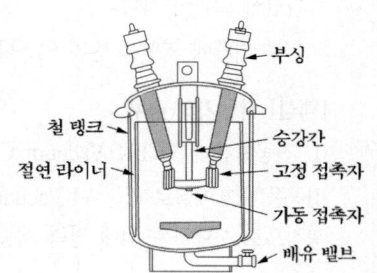

9

출제년도 19.(4점/모두 맞으면 4점, 하나 틀리면 2점, 2개 이상 틀리면 0점)

다음은 한국전기설비규정에서 정하는 수용가 설비에서의 전압강하에 관한 내용이다. 다른 조건을 고려하지 않는다면 수용가 설비의 인입구로부터 기기까지의 전압강하는 표의 값 이하로 하여야 한다. 다음 표의 빈 칸을 완성하시오.

수용가설비의 전압강하

설비의 유형	조명(%)	기타(%)
A-저압으로 수전하는 경우	(1)	(2)
B-고압 이상으로 수전하는 경우[a]	(3)	(4)

[a]가능한 한 최종회로 내의 전압강하가 A 유형의 값을 넘지 않도록 하는 것이 바람직하다. 사용자의 배선설비가 100m를 넘는 부분의 전압강하는 미터 당 0.005% 증가 할 수 있으나 이러한 증가분은 0.5%를 넘지 않아야 한다.

[작성답안]

(1) 3 (2) 5 (3) 6 (4) 8

[핵심] 한국전기설비규정 232.3.9 수용가 설비에서의 전압강하

1. 다른 조건을 고려하지 않는다면 수용가 설비의 인입구로부터 기기까지의 전압강하는 [표 232.3-1]의 값 이하이어야 한다.

[표 232.3-1] 수용가설비의 전압강하

설비의 유형	조명 (%)	기타 (%)
A - 저압으로 수전하는 경우	3	5
B - 고압 이상으로 수전하는 경우[a]	6	8

[a] 가능한 한 최종회로 내의 전압강하가 A 유형의 값을 넘지 않도록 하는 것이 바람직하다.

사용자의 배선설비가 100 m를 넘는 부분의 전압강하는 미터 당 0.005% 증가할 수 있으나 이러한 증가분은 0.5%를 넘지 않아야 한다.

2. 다음의 경우에는 표 232.3-1보다 더 큰 전압강하를 허용할 수 있다.
   가. 기동 시간 중의 전동기
   나. 돌입전류가 큰 기타 기기

3. 다음과 같은 일시적인 조건은 고려하지 않는다.
   가. 과도과전압
   나. 비정상적인 사용으로 인한 전압 변동

10

출제년도 05.10.19.(5점/(1) 1점, (2)(3) 2점)

접지 저항을 측정하고자 한다. 다음 각 물음에 답하시오.

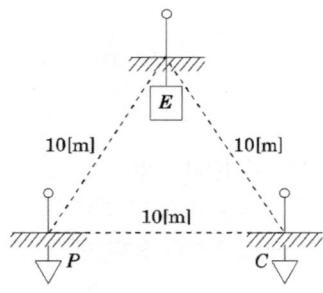

(1) 접지저항을 측정하기 위하여 사용되는 계기는 무엇인가?

(2) 그림의 접지저항 측정 방법은 무엇인가?

(3) 그림과 같이 본 접지 E에 제1보조접지 P, 제2보조접지 C를 설치하여 본 접지 E의 접지 저항은 몇 [Ω]인가? (단, 본접지와 P 사이의 저항값은 86 [Ω], 본접지와 C 사이의 접지저항값은 92 [Ω], P와 C 사이의 접지 저항값은 160 [Ω]이다.)

[작성답안]

(1) 어스테스터

(2) 콜라우시 브리지에 의한 3극 접지저항 측정법

(3) 계산 : $R_E = \dfrac{1}{2}\{R_{EP} + R_{EC} - R_{PC}\} = \dfrac{1}{2}(86 + 92 - 160) = 9\,[\Omega]$

　답 : 9 [Ω]

[핵심] 접지저항 측정

① 콜라우시 브리지법

콜라우시 브리지법은 미끄럼줄 브리지의 원리와 동일한 방법으로 사용하나 내부 전원으로 직류 전원과 배율기를 가지고 있어 측정 소자의 특성을 고려한 측정을 할 수 있다.

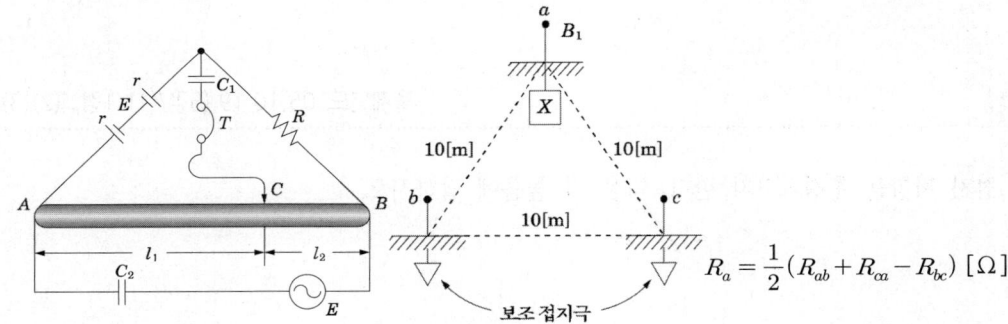

$R_a = \dfrac{1}{2}(R_{ab} + R_{ca} - R_{bc})\,[\Omega]$

② 접지저항계법

그림과 같이 접지저항계를 연결한다. E는 접지단자, P는 전압, C는 전류단자로 각각 연결하며, 보조접지전극은 10 [m] 거리에 이격하여 시설하고 누름버튼 스위치를 눌러 눈금으로 접지저항을 측정한다.

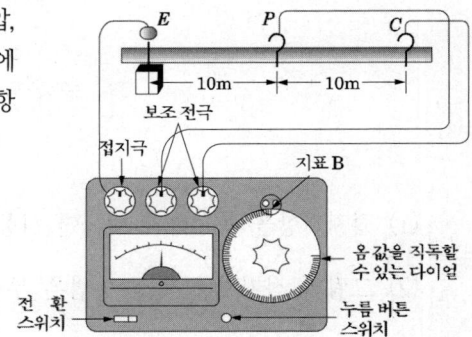

11

출제년도 10.19.(6점/각 문항당 2점)

그림과 같은 3상 3선식 220 [V]의 수전회로가 있다 ⒣는 전열부하이고, ⓜ은 역률 0.8의 전동기이다. 이 그림을 보고 다음 각 물음에 답하시오.

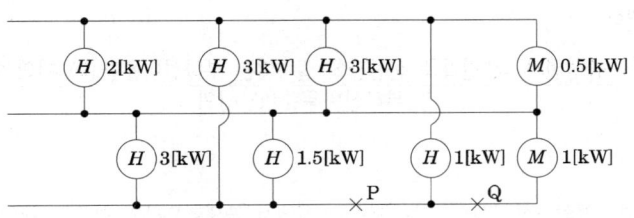

(1) 저압 수전의 3상 3선식 선로인 경우에 설비불평형률은 몇 [%] 이하로 하여야 하는가?

(2) 그림의 설비불평형률은 몇 [%]인가? (단, P, Q점은 단선이 아닌 것으로 계산한다.)

(3) P, Q점에서 단선이 되었다면 설비불평형률은 몇 [%]가 되겠는가?

[작성답안]

(1) 30 [%]

(2) 설비불평형률 $= \dfrac{\left(3+1.5+\dfrac{1}{0.8}\right)-(3+1)}{\dfrac{1}{3}\left(2+3+\dfrac{0.5}{0.8}+3+1.5+\dfrac{1}{0.8}+3+1\right)} \times 100 = 34.15\,[\%]$

답 : 34.15 [%]

(3) 설비불평형률 $= \dfrac{\left(2+3+\dfrac{0.5}{0.8}\right)-3}{\dfrac{1}{3}\left(2+3+\dfrac{0.5}{0.8}+3+1.5+3\right)} \times 100 = 60\,[\%]$

답 : 60 [%]

[핵심] 설비불평형률

① 설비불평형 단상

저압수전의 단상 3선식에서 중성선과 각 전압측 전선간의 부하는 평형이 되게 하는 것을 원칙으로 한다.

[주1] 부득이한 경우는 설비불평형률 40 [%]까지로 할 수 있다. 이 경우 설비불평형률이란 중성선과 각전압측 전선간에 접속되는 부하설비용량 [VA]차와 총부하설비용량 [VA]의 평균값의 비 [%]를 말한다. 즉 다음 식으로 나타낸다.

$$설비불평형률 = \frac{중성선과\ 각\ 전압측\ 전선간에\ 접속되는\ 부하설비용량\ [kVA]의\ 차}{총\ 부하설비용량\ [kVA]의\ 1/2} \times 100\ [\%]$$

② 설비불평형 3상

저압, 고압 및 특고압수전의 3상 3선식 또는 3상 4선식에서 불평형부하의 한도는 단상 접속부하로 계산하여 설비불평형률을 30 [%] 이하로 하는 것을 원칙으로 한다. 다만, 다음 각 호의 경우는 이 제한에 따르지 않을 수 있다.

- 저압수전에서 전용변압기 등으로 수전하는 경우
- 고압 및 특고압수전에서 100 [kVA](kW) 이하의 단상부하인 경우
- 고압 및 특고압수전에서 단상부하용량의 최대와 최소의 차가 100 [kVA](kW) 이하인 경우
- 특고압수전에서 100 [kVA](kW) 이하의 단상변압기 2대로 역(逆)V결선하는 경우

[주] 이 경우의 설비불평형률이란 각 선간에 접속되는 단상부하 총설비용량 [VA]의 최대와 최소의 차와 총 부하설비용량 [VA] 평균값의 비 [%]를 말한다. 즉, 다음 식으로 나타낸다.

$$설비불평형률 = \frac{각\ 선간에\ 접속되는\ 단상\ 부하\ 총\ 설비용량\ [kVA]의\ 최대와\ 최소의\ 차}{총\ 부하설비용량\ [kVA]의\ 1/3} \times 100\ [\%]$$

아래 논리 회로도를 보고 물음에 답하시오.

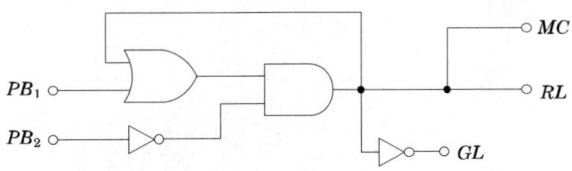

(1) 답안지의 시퀀스 회로도를 완성하시오.

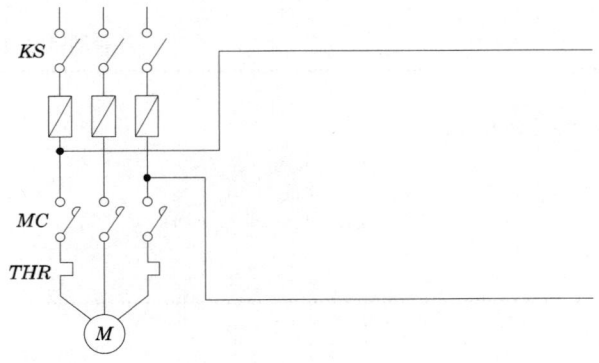

(2) 답란의 논리식을 쓰시오.

- MC :
- RL :
- GL :

[작성답안]

(1)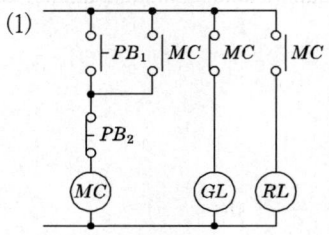

(2) $MC = (PB_1 + MC) \cdot \overline{PB_2}$

$GL = \overline{MC}$

$RL = MC$

13

출제년도 11.19.(6점/각 항목당 1점)

태양광 발전의 장·단점은?

(1) 장점(4가지)

(2) 단점(2가지)

[작성답안]

(1) 장점

① 규모에 관계없이 발전효율이 일정하다.

② 일조량이 있는 곳이면 어디에서나 설치할 수 있고 보수가 용이하다.

③ 자원이 반영구적이다.

④ 확산광(산란광)도 이용할 수 있다.

(2) 단점

① 태양광의 에너지 밀도가 낮다.

② 비가 오거나 흐린 날씨에는 발전 능력이 저하한다.

그 외

③ 수력, 화력, 원자력 등 고전적인 발전보다 발전효율이 낮다.

14.

출제년도 01.02.14.19.(6점/각 문항당 2점)

부하의 역률 개선에 대한 다음 각 물음에 답하시오.

(1) 역률을 개선하는 원리를 간단히 설명하시오.

(2) 부하 설비의 역률이 저하하는 경우 수용가가 볼 수 있는 손해를 두 가지만 쓰시오.

(3) 어느 공장의 3상 부하가 30 [kW]이고, 역률이 65 [%]이다. 이것의 역률을 90 [%]로 개선하려면 전력용 콘덴서 몇 [kVA]가 필요한가?

[작성답안]

(1) 부하에 병렬로 콘덴서를 설치하여 진상 전류를 흘려줌으로서 무효전력을 감소시켜 역률을 개선한다.

(2) ① 전력 손실이 커진다.

② 전압 강하가 커진다.

그 외

③ 전기 요금이 증가한다.

④ 전원 설비가 부담하는 용량이 증가한다.

(3) 계산 : $Q_c = P(\tan\theta_1 - \tan\theta_2) = 30 \times \left(\dfrac{\sqrt{1-0.65^2}}{0.65} - \dfrac{\sqrt{1-0.9^2}}{0.9} \right) = 20.54$ [kVA]

답 : 20.54 [kVA]

[핵심] 역률개선효과

- 변압기와 배전선의 전력 손실 경감
- 전압 강하의 감소
- 전원설비 용량의 여유 증가
- 전기 요금의 감소

15

출제년도 97.19.(12점/각 문항당 3점)

답안지의 그림과 같은 수전 설비 계통도의 미완성 도면을 보고 다음 각 물음에 답하시오.

(1) 계통도를 완성하시오.

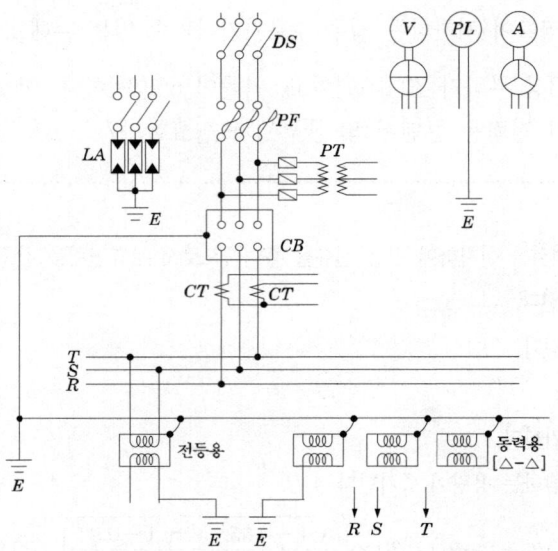

(2) 통전중에 있는 변류기 2차측 기기를 교체하고자 할 때 가장 먼저 취하여할 조치는 무엇인가? 그리고 그 이유는?

  • 조치 :

  • 이유 :

(3) 인입구 개폐기로서 DS대신 주로 사용하는 것의 명칭과 약호를 쓰시오

  • 명칭 :

  • 약호 :

(4) 차단기를 VCB로 설치하고 몰드변압기를 사용할 때 보호기기 명칭과 설치위치를 쓰시오.

  • 명칭 :

  • 설치위치 :

[작성답안]

(1)

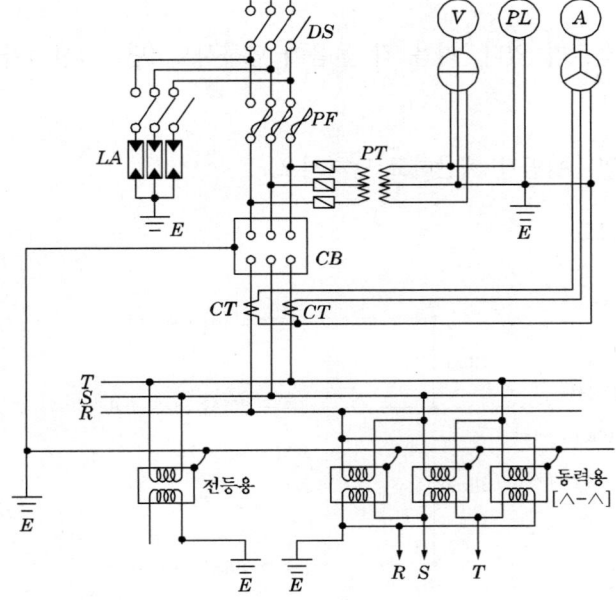

(2) 조치 : 2차측을 단락시킨다.

    이유 : 변류기의 2차측을 개방하면 변류기 1차측 부하 전류가 모두 여자 전류가 되어 변류기 2차측에 고전압을 유기하여 변류기의 절연을 파괴할 수 있다.

(3) 명칭 : 자동고장구분 개폐기

    약호 : ASS

(4) 명칭 : 서지흡수기

    설치위치 : 진공 차단기 2차측과 몰드형 변압기 1차측 사이

[핵심]

(3) 용량이나 전압의 조건이 없으며, 내선규정의 표준결선도 주 7에 의해 ASS가 가장 타당한 답이 된다.

16

출제년도 14.19.(6점/각 문항당 3점)

그림과 같은 3상 3선식 배전선로가 있다. 다음 각 물음에 답하시오. (단, 전선 1가닥의 저항은 0.5 [Ω/km]라고 한다.)

(1) 급전선에 흐르는 전류는 몇 [A]인가 계산하고 답하시오.

(2) 선로 손실 [kW]을 구하시오.

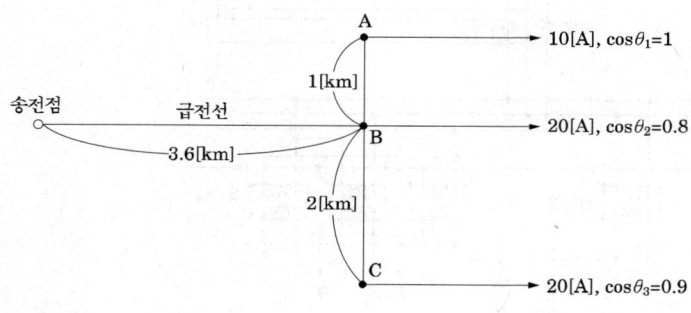

[작성답안]

(1) 계산 : $I = 10 + 20(0.8 - j0.6) + 20(0.9 - j\sqrt{1 - 0.9^2}) = 44 - j20.717 = 48.63$ [A]

답 : 48.63 [A]

(2) 계산 : $P_\ell = [3 \times 48.63^2 \times (0.5 \times 3.6) + 3 \times 10^2 \times (0.5 \times 1) + 3 \times 20^2 \times (0.5 \times 2)] \times 10^{-3}$
$= 14.12$ [kW]

답 : 14.12 [kW]

2019년 2회 기출문제 해설

※ 다음 물음에 답을 해당 답란에 답하시오.

1 출제년도 19.(4점/부분점수 없음)

GPT의 변압비는 $\frac{3300}{\sqrt{3}}/\frac{110}{\sqrt{3}}$ 이다. GPT의 영상전압을 구하시오.

[작성답안]

계산 : $V_0 =$ GPT 1차측 전압 $\times \dfrac{1}{\text{변압비}} \times 3$

$= \dfrac{3,300}{\sqrt{3}} \times \dfrac{110}{3,300} \times 3 = \dfrac{110}{\sqrt{3}} \times 3 = 110\sqrt{3} = 190.53\ [\text{V}]$

답 : 190.53 [V]

[핵심] GPT

GPT의 설치 목적은 비접지 선로의 1선지락시 영상전압을 검출하기 위함이며, 1선지락시의 영상전압이 발생한다. 지락이 되지 않으면 전압은 0[V]이므로 영상전압이 없다고 본다.

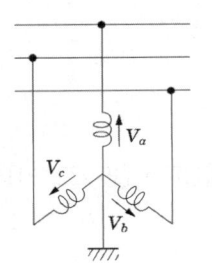

출제년도 12.19.(5점/각 문항당 2점, 모두 맞으면 5점)

3상 4선식 교류 380 [V], 50 [kVA]부하가 변전실 배전반에서 270 [m] 떨어져 설치되어 있다. 허용전압강하는 얼마이며 이 경우 배전용 케이블의 최소 굵기는 얼마로 하여야 하는지 계산하시오. (단, 전기사용장소 내 시설한 변압기이며, 케이블은 IEC 규격에 의하며 6 10 16 25 35 50 70[mm²]이다.)

(1) 허용전압강하를 계산하시오.

(2) 케이블의 굵기를 선정하시오.

[작성답안]

(1) 계산 : 전선 길이가 100 [m] 초과시 저압으로 수전하는 경우 기타 : 5 + 0.5 = 5.5 [%]

허용전압강하 $e = 380 \times 0.055 = 20.9$ [V]

답 : 20.9 [V]

(2) 계산 : $I = \dfrac{P}{\sqrt{3}\, V} = \dfrac{50 \times 10^3}{\sqrt{3} \times 380} = 75.97$ [A]

$A = \dfrac{17.8 LI}{1,000 e}$ 에서 $A = \dfrac{17.8 \times 270 \times 75.97}{1,000 \times 220 \times 0.055} = 30.17 [\text{mm}^2]$

답 : 35 [mm²]

[핵심] 전선의 굵기와 전압강하

① 한국전기설비규정 232.3.9 수용가 설비에서의 전압강하

1. 다른 조건을 고려하지 않는다면 수용가 설비의 인입구로부터 기기까지의 전압강하는 [표 232.3-1]의 값 이하이어야 한다.

[표 232.3-1] 수용가설비의 전압강하

설비의 유형	조명 (%)	기타 (%)
A - 저압으로 수전하는 경우	3	5
B - 고압 이상으로 수전하는 경우[a]	6	8

[a]가능한 한 최종회로 내의 전압강하가 A 유형의 값을 넘지 않도록 하는 것이 바람직하다.
사용자의 배선설비가 100 m를 넘는 부분의 전압강하는 미터 당 0.005% 증가할 수 있으나 이러한 증가분은 0.5%를 넘지 않아야 한다.

2. 다음의 경우에는 [표 232.3-1]보다 더 큰 전압강하를 허용할 수 있다.

가. 기동 시간 중의 전동기

나. 돌입전류가 큰 기타 기기

3. 다음과 같은 일시적인 조건은 고려하지 않는다.
   가. 과도과전압
   나. 비정상적인 사용으로 인한 전압 변동

② KSC IEC 전선규격

1.5, 2.5, 4, 6, 10, 16, 25, 35, 50, 70, 95, 120, 150, 185, 240, 300, 400, 500, 630 [mm²]

③ 전압강하

- 단상 2선식 : $e = \dfrac{35.6LI}{1,000A}$ ·· ①

- 3상 3선식 : $e = \dfrac{30.8LI}{1,000A}$ ·· ②

- 3상 4선식 : $e_1 = \dfrac{17.8LI}{1,000A}$ ·· ③

여기서, L : 거리, I : 정격전류, A : 케이블의 굵기 이며 ③의 식은 1선과 중성선간의 전압강하를 말한다.

3

출제년도 96.98.19.(14점/각 문항당 1점, 모두 맞으면 14점)

주어진 도면은 어떤 수용가의 수전 설비의 단선 결선도이다. 도면과 참고표를 이용하여 물음에 답하시오.

(1) 22.9 [kV] 측에 DS의 정격 전압은 몇 [kV]인가?

(2) ZCT 기능을 쓰시오.

(3) GR 기능을 쓰시오

(4) MOF에 연결되어 있는 (DM)은 무엇인가?

(5) 1대의 전압계로 3상 전압을 측정하기 위한 개폐기를 약호로 쓰시오.

(6) 1대의 전류계로 3상 전류를 측정하기 위한 개폐기를 약호로 쓰시오.

(7) 22.9측 LA의 정격 전압은 몇 [kV]인가?

(8) PF의 기능을 쓰시오.

(9) MOF의 기능을 쓰시오.

(10) 차단기의 기능을 쓰시오.

(11) SC의 기능을 쓰시오.

(12) OS의 명칭을 쓰시오.

(13) 3.3[kV]측에 차단기에 적힌 전류값 600[A]은 무엇을 의미하는가?

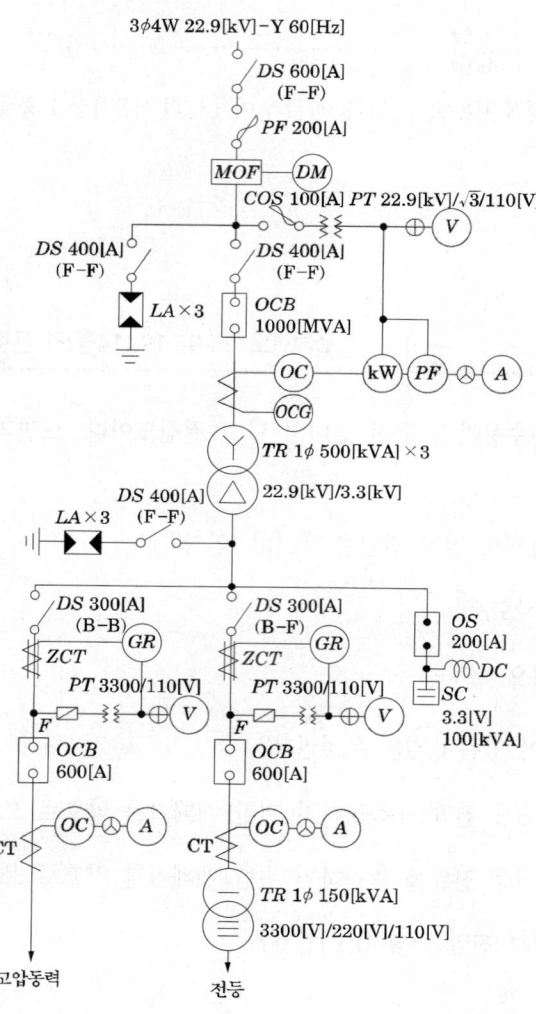

[작성답안]

(1) 25.8 [kV]

(2) 지락 사고시 지락 전류(영상 전류)를 검출한다.

(3) 영상변류기(ZCT)에 의해 검출된 영상전류에 의해 동작하여 차단기를 트립 시킨다.

(4) 최대 수요 전력량계

(5) VS

(6) AS

(7) 18 [kV]

(8) • 부하 전류는 안전하게 통전한다.
 • 단락전류를 차단하여 전로나 기기를 보호한다.

(9) 전력량을 적산하기 위하여 고전압을 저전압으로, 대전류를 소전류로 변성한다.

(10) 부하전류의 개폐 및 고장전류의 차단한다.

(11) 역률을 개선한다.

(12) 유입개폐기

(13) 정격전류

[핵심] 피뢰기 정격전압

전력계통		정격전압	
공칭전압	중성점 접지방식	송전선로	배전선로
345	유효접지	288	
154	유효접지	144	
66	소호 리액터 접지 또는 비접지	72	
22	소호 리액터 접지 또는 비접지	24	
22.9	중성점 다중 접지	21	18

4

출제년도 89.01.15.19.(13점/(1)(2)1점, (3)4점, (4)2점, (5)1점, (6)4점)

도면과 같이 345 [kV]변전소의 단선도와 변전소에 사용되는 주요 재원을 이용하여 다음 각 물음에 답하시오.

(1) 도면의 345 [kV]측 모선 방식은 어떤 모선 방식인가?

(2) 도면에서 ①번 기기의 설치 목적은 무엇인가?

(3) 도면에 주어진 재원을 참조하여 주변압기에 대한 ①번 등가 %임피던스(Z_H, Z_M, Z_L)를 구하고 ②번 23 [kV]VCB의 차단용량을 계산하시오. (단, 그림과 같은 임피던스 회로는 100 [MVA] 기준)

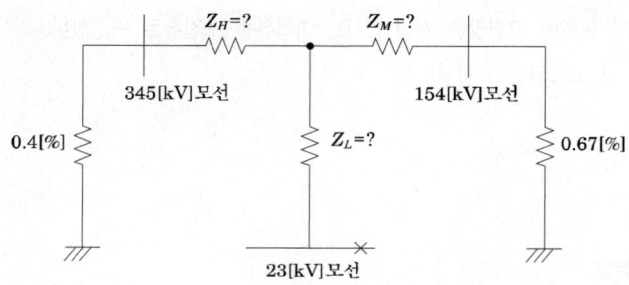

① 등가 %임피던스

② VCB 차단용량

(4) 도면의 345 [kV] GCB에 내장된 계전기 BCT의 오차계급은 C800이다. 부담은 몇 [VA]인가?

(5) 도면의 ③번 차단기의 설치 목적을 설명하시오.

(6) 도면의 주변압기 1Bank(단상×3)을 증설하여 병렬 운전시키고자 한다. 이때 병렬 운전 4가지를 쓰시오.

【주변압기】

• 단권변압기 345 [kV]/154 [kV]/23 [kV] (Y − Y − △)

              166.7 [MVA] × 3대 ≒ 500 [MVA]

• OLTC부 %임피더스 (500 [MVA]기준) : 1차~2차 : 10 [%]

                                                1차~3차 : 78 [%]

                                                2차~3차 : 67 [%]

【차단기】

- 362 [kV] GCB 25 [GVA] 4,000 [A]~2,000 [A]
- 170 [kV] D.S 4,000 [A]~2,000 [A]
- 25.8 [kV] VCB (   ) [MVA] 2,500 [A]~1,200 [A]

【주모선】

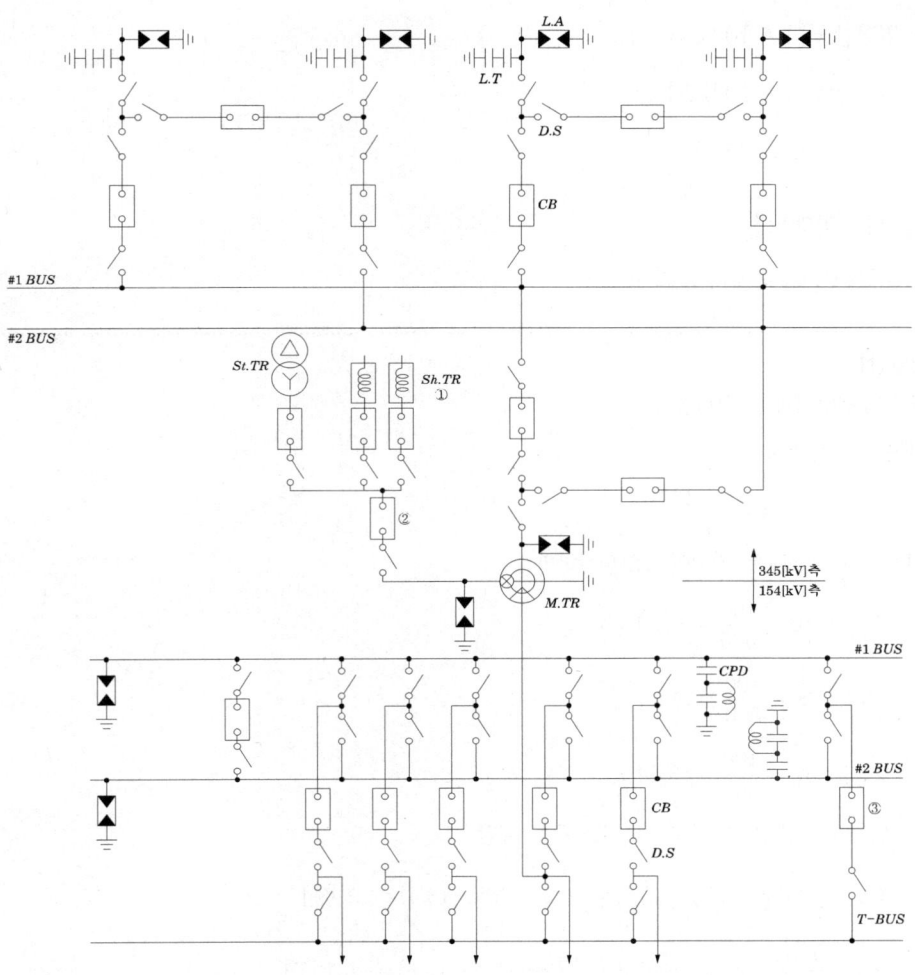

【단로기】

- 362 [kV] D.S 4,000 [A]~2,000 [A]
- 170 [kV] D.S 4,000 [A]~2,000 [A]
- 25.8 [kV] D.S 2,500 [A]~1,200 [A]

【피뢰기】

- 288 [kV] LA 10 [kA]
- 144 [kV] LA 10 [kA]
- 21 [kV] LA 10 [kA]

【분로 리액터】

- 22 [kV] sh.R 30 [MVAR]

[작성답안]

(1) 2중 모선방식의 1.5차단방식

(2) 페란티 현상방지

(3) ① 등가 %임피던스

계산 : 100 [MVA] 기준이므로 환산하면

$$Z_{HM} = 10 \times \frac{100}{500} = 2\ [\%]$$

$$Z_{HL} = 78 \times \frac{100}{500} = 15.6\ [\%]$$

$$Z_{ML} = 67 \times \frac{100}{500} = 13.4\ [\%]$$

%등가임피던스로 등가 임피던스 값을 계산

$$Z_H = \frac{1}{2}(Z_{HM} + Z_{HL} - Z_{ML}) = \frac{1}{2}(2 + 15.6 - 13.4) = 2.1\ [\%]$$

$$Z_M = \frac{1}{2}(Z_{HM} + Z_{ML} - Z_{HL}) = \frac{1}{2}(2 + 13.4 - 15.6) = -0.1\ [\%]$$

$$Z_L = \frac{1}{2}(Z_{HL} + Z_{ML} - Z_{HM}) = \frac{1}{2}(15.6 + 13.4 - 2) = 13.5\ [\%]$$

답 : Z_H = 2.1 [%], Z_M = -0.1 [%], Z_L = 13.5 [%]

② VCB 차단용량

계산:

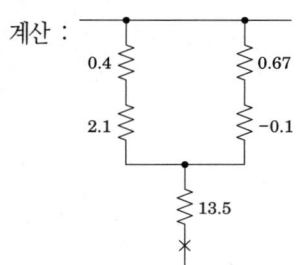

VCB 설치점까지의 전체 임피던스 $\%Z = 13.5 + \dfrac{(2.1+0.4)(-0.1+0.67)}{(2.1+0.4)+(-0.1+0.67)} = 13.96[\%]$

차단용량 $P_s = \dfrac{100}{\%Z} \times P_n = \dfrac{100}{13.96} \times 100 = 716.33$ [MVA]

답 : 716.33 [MVA]

(4) 계산 : C800에서 $Z = \dfrac{800}{5 \times 20} = 8$ [Ω]

∴ 부담 [VA] $= I^2 Z = 5^2 \times 8 = 200$ [VA]

답 : 200 [VA]

(5) 모선절체 또는 모선을 무정전으로 점검하기 위해

(6) ① 극성이 같을 것

② 정격전압(권수비)이 같을 것

③ %임피던스가 같을 것

④ 내부 저항과 누설리액턴스 비가 같을 것

[핵심]

① 1.5 차단방식

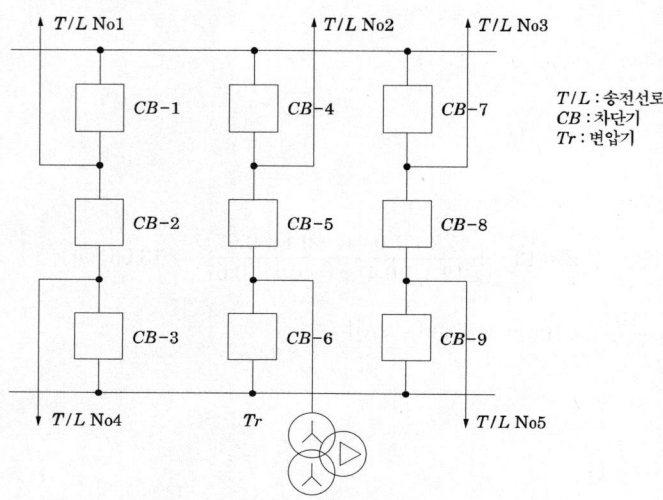

2개 선로당 3대의 차단기를 설치하는 방식으로 모선고장시에도 계통에 전혀 영향이 없고 차단기 점검시 해당 선로의 정전이 필요하지 않기 때문에 특별히 고신뢰도를 요구하는 대용량 계통에서 많이 채택하고 있다. 그러나 모선측 차단기 차단 실패시 해당선로와 모선의 절반이 정전되고 중앙차단기 차단 실패시에는 2개 선로가 정전되는 단점이 있다. 따라서 동일 Bay에서 동일루트 2회선 선로의 인출은 피해야 한다. 이 방식은 우리나라의 765 [kV], 345 [kV] 계통에 적용하고 있는 모선구성방식으로서 특히 #1, 2모선이 모두 정전되어도 중앙 차단기를 이용하여 계통연결이 가능한 잇점 등으로 인해 세계적으로도 대용량 변전소에 널리 쓰이고 있다.

출제년도 19. (5점/각 문항당 2점, 모두 맞으면 5점)

CT 비오차에 관하여 다음 물음에 답하시오.

(1) 비오차가 무엇인지 설명하시오.

(2) 비오차를 구하는 공식을 쓰시오. (단, 비오차 ϵ, 공칭 변류비 K_n, 측정변류비 K 이다.)

[작성답안]

(1) 비오차란 공칭변류비와 측정변류비 사이에서 얻어진 백분율 오차를 말한다.

(2) 비오차 $= \dfrac{\text{공칭변류비} - \text{측정변류비}}{\text{측정변류비}} \times 100[\%]$

$\therefore \epsilon = \dfrac{K_n - K}{K} \times 100[\%]$

[핵심] 과전류강도

열적과전류 강도는 변류기에 손상을 주지 않고 1초동안 1차에 흘릴 수 있는 전류의 최대값kA(rms)을 말한다. 과전류가 흐르는 시간에 따라 이 열적과전류 강도는 다르게 되며, 임의의 지속시간에 대한 열적과전류 강도를 계산한다.

$S = \dfrac{S_n}{\sqrt{t}}$ [kA]

여기서 S : 통전시간 t초에 대한 열적과전류 강도 S_n : 정격과전류 강도(kA)

t : 통전시간(Sec)

MOF 과전류 강도는

① MOF의 과전류강도는 기기 설치점에서 단락전류에 의해 계산 적용하되, 22.9kV급으로서 60[A] 이하의 MOF최소 과전류강도는 전기사업자규격에 의한 75배로 하고, 계산한 값이 75배 이상인 경우에는 150배로 적용하며, 60[A] 초과 시 MOF과전류 강도는 40배로 한다.

② MOF 전단에 한류형 전력퓨즈를 설치하였을 때는 그 퓨즈로 제한되는 단락전류를 기준으로 과전류강도를 계산하여 상기 ①과 같이 적용한다.

③ 다만, 수요자 또는 설계자의 요구에 의하여 MOF 또는 CT의 과전류강도를 150배 이상으로 요구하는 경우는 그 값을 적용한다.

④ CT의 과전류강도는 기기 설치점에서 단락전류에 대한 과전류 강도 계산 값을 적용한다.

차도폭 20 [m], 등주 길이가 10 [m](폴)인 등을 대칭배열로 설계하고자 한다. 조도 22.5 [lx] 감광보상률 1.5 조명률 0.5 등은 20,000 [lm], 250 [W]의 메탈할라이드 등을 사용한다.

(1) 등주간격을 구하시오

(2) 운전자의 눈부심을 방지하기 위하여 컷오프 (Cutoff)조명 일때 최소 등간격을 구하시오.

(3) 보수율을 구하시오

[작성답안]

(1) 계산 : $F = \dfrac{EBSD}{2U}$ 에서 $S = \dfrac{2FU}{EBD} = \dfrac{2 \times 20000 \times 0.5}{22.5 \times 20 \times 1.5} = 29.63 \, [\text{m}]$

답 : 29.63[m]

(2) 계산 : $S \leq 3H = 3 \times 10 = 30 \, [\text{m}]$

답 : 30[m] 이하

(3) 계산 : 보수율 $= \dfrac{1}{1.5} = 0.67$

답 : 0.67

[핵심] 도로조명

① 조도 $E = \dfrac{FNUM}{BS}$ [lx]

여기서, E : 노면평균조도 [lx], F : 광원 1개 광속 [lm], N : 광원의 열수

M : 보수율, 감광보상률 D의 역수, B : 도로의 폭 [m], S : 광원의 간격 [m]

U : 빔 이용률 ┌ 50 [%] 이상, 피조면 도달 0.75
             ├ 20 ~ 50 [%] 이상, 피조면 도달 0.5
             └ 25 [%] 이하, 피조면 도달 0.4

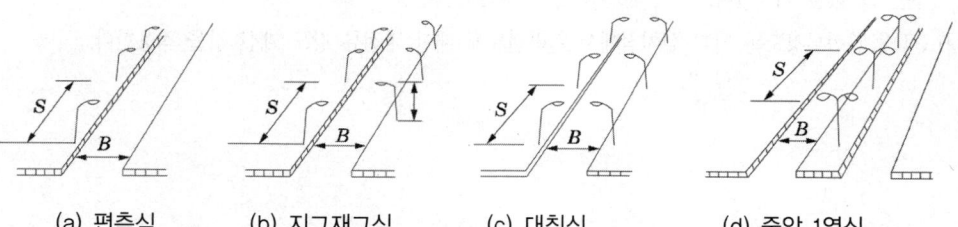

(a) 편측식   (b) 지그재그식   (c) 대칭식   (d) 중앙 1열식

② 보수율

보수율은 조명시설을 일정 기간 사용한 시점에서의 휘도 및 조도의 출력과 처음 새로 설치했을 때의 휘도 및 조도 출력간의 비로 정의한다.

$$MF = \frac{E_m}{E_n}$$

여기서, E_m : 유지(일정기간 경과 후) 휘도 또는 유지 조도이며, E_n : 초기 휘도 또는 초기 조도이다.

③ 최소 등간격

배열구분	컷오프형		세미컷오프형		논컷오프형	
	H	S	H	S	H	S
한 쪽	1.0W 이상	3H 이하	1.2W 이상	3.5H 이하	1.4W 이상	4H 이하
지그재그	0.7W 이상	3H 이하	0.8W 이상	3.5H 이하	0.9W 이상	4H 이하
마주보기	0.5W 이상	3H 이하	0.6W 이상	3.5H 이하	0.7W 이상	4H 이하
중 앙	0.5W 이상	3H 이하	0.6W 이상	3.5H 이하	0.7W 이상	4H 이하

④ 조명기구의 컷오프 분류

영역 \ 종류	풀 컷오프	컷오프	세미 컷오프
수직각 80°	100	100	200
수직각 90°	0	25	50

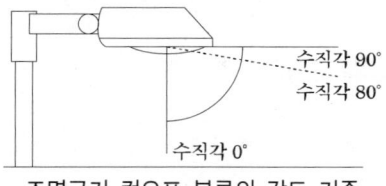

조명구기 컷오프 분류의 각도 기준

[주] 각 광도 값들은 광원 광속의 1000lm 당 광도값[cd]로 계산

⑤ 조명기구의 배열

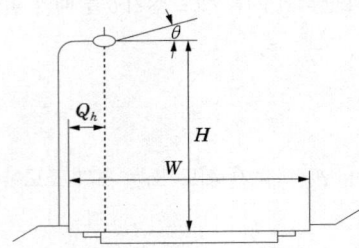

W : 차도폭(m)
H : 조명기구의 설치 높이(m)
O_h : 오버행(over hang) (m)
θ : 경사각도(°)

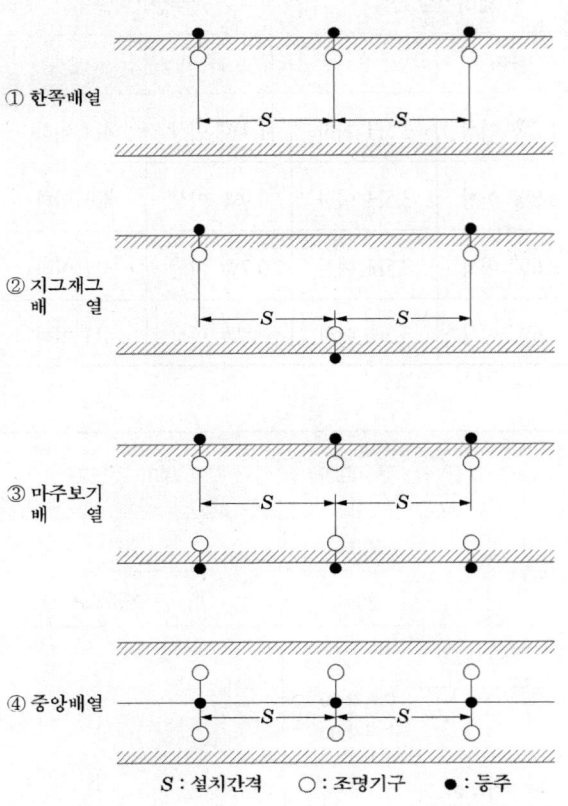

① 한쪽배열

② 지그재그 배열

③ 마주보기 배열

④ 중앙배열

S : 설치간격   ○ : 조명기구   ● : 등주

7

출제년도 19.(5점/모두 맞으면 5점, 1개 틀리면 3점, 2개 이상 틀리면 0점)

다음은 전압등급 3[kV]인 SA의 시설 적용을 나타낸 표이다. 빈 칸에 적용 또는 불필요를 구분하여 쓰시오.

차단기종류	2차 보호기기	전동기	변압기			콘덴서
			유입식	몰드식	건식	
VCB		①	②	③	④	⑤

[작성답안]
① 적용   ② 불필요   ③ 적용   ④ 적용   ⑤ 불필요

[핵심] 서지흡수기

최근에 몰드변압기의 채용이 증가하고 있으며, 아울러 몰드변압기 앞단에 진공차단기가 채용되고 있다. 그런데, 몰드변압기의 기준충격절연강도(BIL)가 95[kV](22[kV]급)이며, 진공차단기의 개폐서지로 인하여 몰드변압기의 절연이 악화될 우려가 있으므로 몰드변압기를 보호하기 위해서 설치된다.

서지흡수기의 적용범위

차단기 종류		V C B (진공차단기)				
전압 등급		3[kV]	6[kV]	10[kV]	20[kV]	30[kV]
전동기		적 용	적 용	적 용	–	–
변압기	유입식	불필요	불필요	불필요	불필요	불필요
	몰드식	적 용	적 용	적 용	적 용	적 용
	건식	적 용	적 용	적 용	적 용	적 용
콘덴서		불필요	불필요	불필요	불필요	불필요
변압기와 유도기기와의 혼용 사용시		적 용	적 용	–	–	–

서지흡수기의 정격전압

공칭전압	3.3 [kV]	6.6 [kV]	22.9 [kV]
정격전압	4.5 [kV]	7.5 [kV]	18 [kV]
공칭방전전류	5 [kA]	5 [kA]	5 [kA]

8

출제년도 84.91.97.06.09.17.19.(5점/부분점수 없음)

고압 동력 부하의 사용 전력량을 측정하려고 한다. CT 및 PT 취부 3상 적산 전력량계를 그림과 같이 오결선(1S와 1L 및 P1과 P3가 바뀜)하였을 경우 어느 기간 동안 사용 전력량이 3,000 [kWh]였다면 그 기간 동안 실제 사용 전력량은 몇 [kWh]이겠는가? (단, 부하 역률은 0.8이라 한다.)

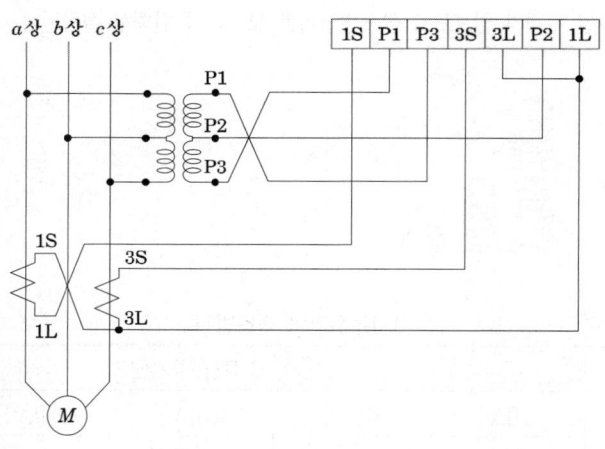

[부분점수]

계산 : $W = W_1 + W_2 = 2VI\sin\theta$ 이므로

$$VI = \frac{W_1 + W_2}{2\sin\theta} = \frac{3,000}{2 \times 0.6} = \frac{1,500}{0.6}$$

실제 전력량 $W' = \sqrt{3}\,VI\cos\theta = \sqrt{3} \times \frac{1,500}{0.6} \times 0.8 = 3,464.1$ [kWh]

답 : 3,464.1 [kWh]

[핵심]

E : 상전압, I : 선전류, V : 선간 전압, $\cos\theta$: 역률이라 하면

$W_1 = V_{32} I_1 \cos(90-\theta) = VI\cos(90-\theta)$

$W_2 = V_{12} I_3 \cos(90-\theta) = VI\cos(90-\theta)$

$\therefore W = W_1 + W_2 = 2VI\cos(90-\theta) = 2VI\sin\theta$

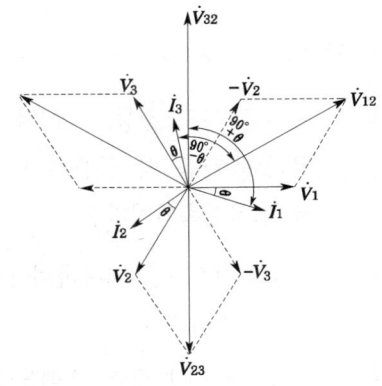

출제년도 15.19.(6점/각 항목당 1점)

9

지중선을 가공선과 비교하여 이에 대한 장단점을 각각 3가지만 쓰시오.

(1) 지중선의 장점

(2) 지중선의 단점

[작성답안]

(1) 장점

　① 지중에 매설되어 있으므로 도시 미관을 해치지 않는다.
　② 폭풍우, 뇌격 등의 외부 환경에 영향을 받지 아니하므로 안전성 및 신뢰성이 높다.
　③ 인축(人畜)에 대한 안정성이 높다.
　그 외
　④ 다수 회선을 동일 경과지에 부설할 수 있다.
　⑤ 경과지 확보가 용이하다.
　⑥ 지하 시설로 설비의 보안유지가 용이하다.
　⑦ 유도장해 경감

(2) 단점

　① 같은 굵기의 가공선식에 비하여 송전용량은 작다.
　② 설비 구성상 신규수용에 대한 탄력성이 결여
　③ 건설비가 고가이며, 사고복구에 필요한 시간이 길다.
　그 외
　④ 건설작업시 교통장해, 소음, 분진 등이 많다.
　⑤ 건설공기가 길다.

도면은 유도 전동기 IM의 정회전 및 역회전용 운전의 단선 결선도이다. 이 도면을 이용하여 다음 각 물음에 답하시오.(단, $52F$는 정회전용 전자접촉기이고, $52R$은 역회전용 전자접촉기이다.)

(1) 단선도를 이용하여 3선 결선도를 그리시오. (단, 점선내의 조작회로는 제외하도록 한다.)

(2) 주어진 단선 결선도를 이용하여 정·역회전을 할 수 있도록 조작 회로를 그리시오. (단, 누름버튼 스위치 OFF 버튼 2개, ON 버튼 2개 및 정회전 표시램프 RL, 역회전 표시램프 GL도 사용하도록 한다.)

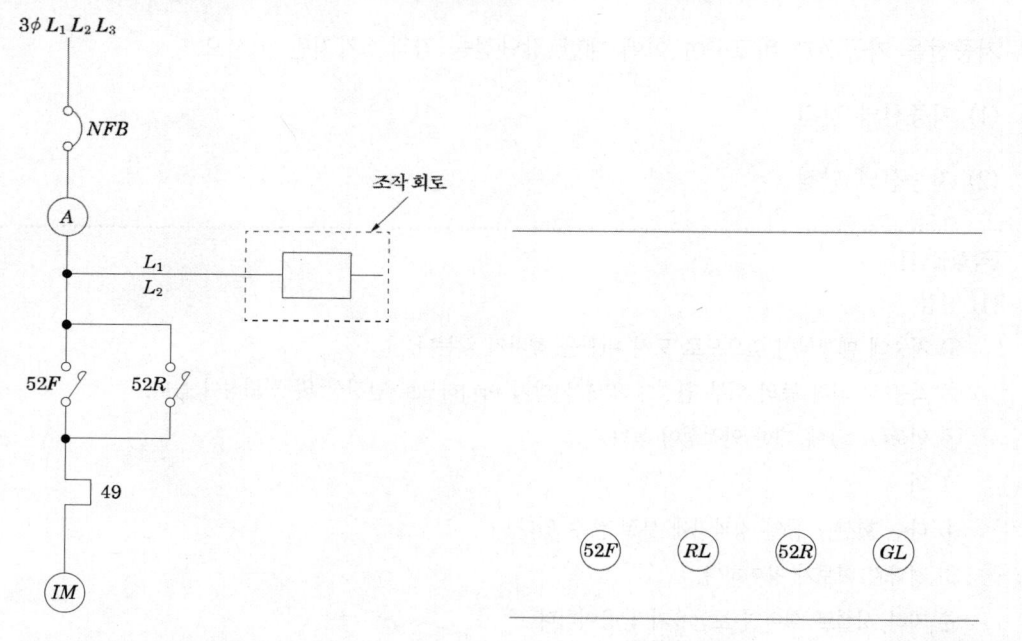

[작성답안]

(1)

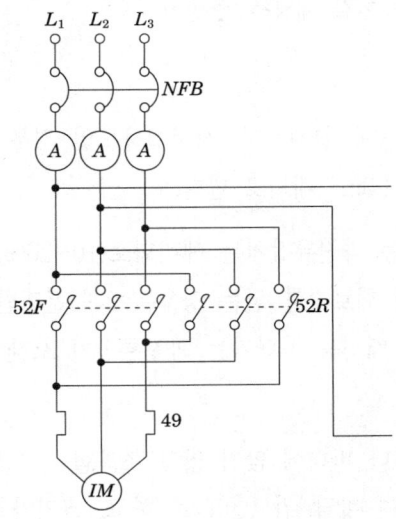

(2)

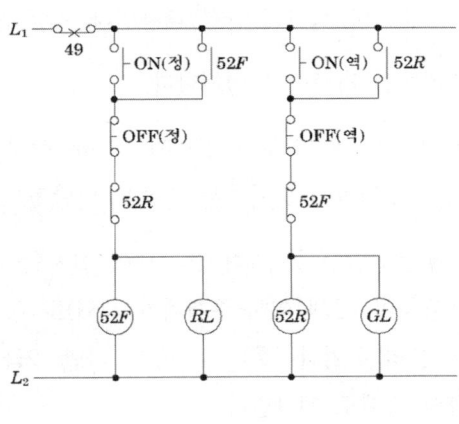

출제년도 19.(6점/각 항목당 1점)

11

감리원은 설계도서 등에 대하여 공사계약문서 상호 간의 모순되는 사항, 현장 실정과의 부합여부 등 현장 시공을 주안으로 하여 해당 공사 시작 전에 검토하여야 한다. 검토하여야 할 사항 3가지를 적으시오.

[작성답안]
(1) 현장조건에 부합 여부
(2) 시공의 실제가능 여부
(3) 다른 사업 또는 다른 공정과의 상호부합 여부
그 외
(4) 설계도면, 설계설명서, 기술계산서, 산출내역서 등의 내용에 대한 상호일치 여부
(5) 설계도서의 누락, 오류 등 불명확한 부분의 존재여부
(6) 발주자가 제공한 물량 내역서와 공사업자가 제출한 산출내역서의 수량일치 여부
(7) 시공 상의 예상 문제점 및 대책 등

12 출제년도 19.(6점/각 항목당 1점)

다음은 분전반 설치에 관한 내용이다. 괄호 안에 들어갈 내용을 완성하시오.

(1) 분전반은 각층마다 설치한다.

(2) 분전반은 분기회로의 길이가 (①)m 이하가 되도록 설계하며, 사무실용도인 경우 하나의 분전반에 담당하는 면적은 일반적으로 1,000m² 내외로 한다.

(3) 1개 분전반 또는 개폐기함 내에 설치할 수 있는 과전류장치는 예비회로(10~20%)를 포함하여 42개 이하(주개폐기 제외)로 하고, 이 회로수를 넘는 경우는 2개 분전반으로 분리 하거나 (②)으로 한다. 다만, 2극, 3극 배선용 차단기는 과전류장치 소자 수량의 합계로 계산한다.

(4) 분전반의 설치높이는 긴급 시 도구를 사용하거나 바닥에 앉지 않고 조작할 수 있어야 하며, 일반적으로는 분전반 상단을 기준하여 바닥 위 (③)m로 하고, 크기가 작은 경우는 분전반의 중간을 기준하여 바닥 위 (④)m로 하거나 하단을 기준하여 바닥 위 (⑤)m 정도로 한다.

(5) 분전반과 분전반은 도어의 열림 반경 이상으로 이격하여 안전성을 확보하고, 2개 이상의 전원이 하나의 분전반에 수용되는 경우에는 각각의 전원 사이에는 해당하는 분전반과 동일한 재질로 (⑥)을 설치해야 한다.

①	②	③
④	⑤	⑥

[답안적성]

① 30	② 자립형	③ 1.8
④ 1.4	⑤ 1.0	⑥ 격벽

[핵심] 분전반 설치사항

(1) 분전반은 각층마다 설치한다.
(2) 분전반은 분기회로의 길이가 30m 이하가 되도록 설계하며, 사무실용도인 경우 하나의 분전반에 담당하는 면적은 일반적으로 1,000㎡ 내외로 한다.
(3) 1개 분전반 또는 개폐기함 내에 설치할 수 있는 과전류장치는 예비회로(10~20%)를 포함하여 42개 이하(주개폐기 제외)로 하고, 이 회로수를 넘는 경우는 2개 분전반으로 분리 하거나 자립형으로 한다. 다만, 2극, 3극 배선용 차단기는 과전류장치 소자 수량의 합계로 계산한다.
(4) 분전반의 설치높이는 긴급 시 도구를 사용하거나 바닥에 앉지 않고 조작할 수 있어야 하며, 일반적으로는 분전반 상단을 기준하여 바닥 위 1.8m로 하고, 크기가 작은 경우는 분전반의 중간을 기준하여 바닥 위 1.4m로 하거나 하단을 기준하여 바닥 위 1.0m 정도로 한다.
(5) 분전반과 분전반은 도어의 열림 반경 이상으로 이격하여 안전성을 확보하고, 2개 이상의 전원이 하나의 분전반에 수용되는 경우에는 각각의 전원 사이에는 해당하는 분전반과 동일한 재질로 격벽을 설치해야 한다.

13

출제년도 89.95.96.98.01.02.19.(7점/(1)(2)(3) 1점, (4)3점)

다음 각 물음에 답하시오.

(1) 묽은 황산의 농도는 표준이고, 액면이 저하하여 극판이 노출되어 있다. 어떤 조치를 하여야 하는가?
(2) 축전지의 과방전 및 방치상태, 가벼운 Sulfation(설페이션) 현상 등이 생겼을 때 기능 회복을 위해 실시하는 충전 방식은?
(3) 알칼리 축전지의 공칭전압은 몇 [V]인가?
(4) 부하의 허용 최저 전압이 115 [V]이고, 축전지와 부하 사이의 전압 강하가 5 [V]일 경우 직렬로 접속한 축전지 개수가 55개라면 축전지 한 셀당 허용 최저 전압은 몇 [V]인가?

[작성답안]

(1) 표준농도의 묽은 황산을 보충한다.
(2) 회복충전
(3) 1.2 [V]
(4) $V = \dfrac{V_a + V_c}{n} = \dfrac{115 + 5}{55} = 2.18 [V]$

[핵심] 축전지

① 회복충전

정전류 충전법에 의하여 약한 전류로 40~50 시간 충전시킨 후 방전시키고, 다시 충전시킨 후방전시킨다. 이와 같은 동작을 여러 번 반복하게 되면 본래의 출력 용량을 회복하게 되는데 이러한 충전 방법을 회복충전이라 한다.

② 허용최저전압

$$V = \frac{V_a + V_c}{N} \text{ [V/cell]}$$

여기서, V : 허용최저전압 [V/cell]
V_a : 부하의 허용최저전압[V]
V_c : 축전지와 부하간에 접속된 전압강하의 합
N : 직렬 접속된 셀수

14
출제년도 01.15.19.(6점/각 문항당 3점)

전압 22,900 [V], 주파수 60 [Hz], 선로길이 7 [km] 1회선의 3상 지중 송전선로가 있다. 이 지중 전선로의 3상 무부하 충전전류 및 충전용량을 구하시오. (단, 케이블의 1선당 작용 정전용량은 0.4 [μF/km]라고 한다.)

(1) 충전전류
(2) 충전용량

[작성답안]

(1) 계산 : $I_c = 2\pi \times 60 \times 0.4 \times 10^{-6} \times 7 \times \left(\dfrac{22{,}900}{\sqrt{3}}\right) = 13.956$ [A]

답 : 13.96 [A]

(2) 계산 : $Q_c = 3 \times 2\pi \times 60 \times 0.4 \times 10^{-6} \times 7 \times \left(\dfrac{22{,}900}{\sqrt{3}}\right)^2 \times 10^{-3} = 553.554$ [kVA]

답 : 553.55 [kVA]

[핵심]충전전류와 충전용량

① 전선의 충전 전류 : $I_c = 2\pi f C \times \dfrac{V}{\sqrt{3}}$ [A]

② 전선로의 충전 용량 : $P_c = \sqrt{3}\, VI_C = 2\pi f\, CV^2 \times 10^{-3}$ [kVA]

여기서, C : 전선 1선당 정전 용량[F], V : 선간 전압[V], f : 주파수[Hz]

※ 선로의 충전전류 계산 시 전압은 변압기 결선과 관계없이 상전압 $\left(\dfrac{V}{\sqrt{3}}\right)$를 적용하여야 한다.

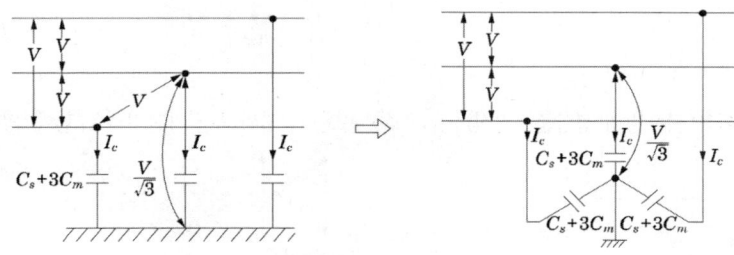

15 출제년도 19.(4점/각 문항당 1점, 모두 맞으면 4점)

지락사고시 계전기가 동작하기 위하여 영상전류를 계전기에 흘려주어야 한다. 이때 영상 전류를 검출하는 방법 3가지를 서술하시오.

[작성답안]
- 영상변류기에 의한 방법
- Y결선의 잔류회로를 이용하는 방법
- 3권선 CT를 이용하는 방법(영상분로방식)

그 외
- 중성선 CT에 의한 검출방법
- 콘덴서접지와 누전차단기의 조합에 의한 방법

[핵심] 영상전류 검출방법

① 영상변류기에 의한 방법

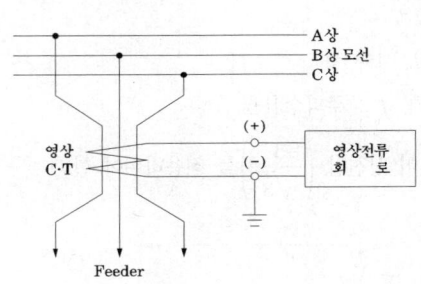

② Y결선의 잔류회로 이용하는 방법

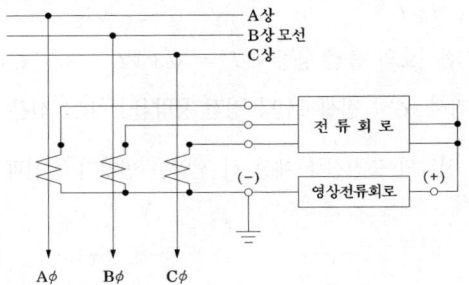

③ 3권선 CT 이용하는 방법(영상분로방식)

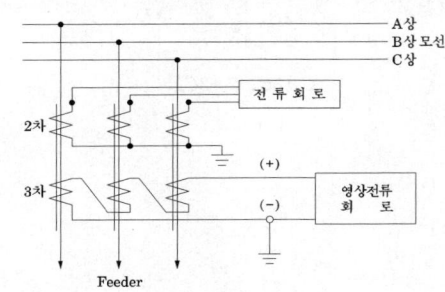

④ 콘덴서접지와 누전차단기의 조합에 의한 방법

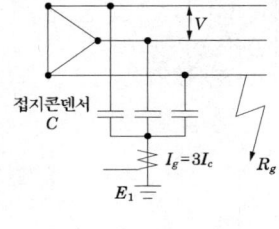

⑤ 중성선 CT에 의한 검출방법

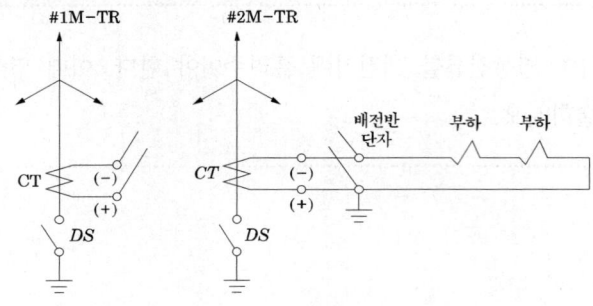

2019년 3회 기출문제 해설

전기기사 실기 과년도

※ 다음 물음에 답을 해당 답란에 답하시오.

1 출제년도 09.19.(4점/각 문항당 1점)

전압 1.0183 [V]를 측정하는데 측정값이 1.0092 [V]이었다. 이 경우의 다음 각 물음에 답하시오. (단, 소수점 이하 넷째 자리까지 구하시오.)

(1) 오차

(2) 오차율

(3) 보정(값)

(4) 보정률

[작성답안]

(1) 계산 : 오차 = 측정값 − 참값 = 1.0092 − 1.0183 = −0.0091

    답 : −0.0091

(2) 계산 : 오차율 = $\dfrac{오차}{참값}$ = $\dfrac{-0.0091}{1.0183}$ = −0.0089

    답 : −0.0089

(3) 계산 : 보정값 = 참값 − 측정값 = 1.0183 − 1.0092 = 0.0091

    답 : 0.0091

(4) 계산 : 보정률 = $\dfrac{보정값}{측정값}$ = $\dfrac{0.0091}{1.0092}$ = 0.0090

    답 : 0.0090

[핵심]
문제의 조건에 의해 소수점으로 구하며, 소수점 이하 넷째 자리까지 구한다.

2

출제년도 00.19.(5점/부분점수 없음)

다음과 같이 50 [kW], 30 [kW], 15 [kW], 25 [kW]의 부하 설비에 수용률이 각각 50 [%], 65 [%], 75 [%], 60 [%]라고 할 경우 변압기 표준용량을 결정하시오. (단, 부등률은 1.2, 종합 부하 역률은 80 [%]로 한다.)

[작성답안]

계산 : $P_a = \dfrac{50 \times 0.5 + 30 \times 0.65 + 15 \times 0.75 + 25 \times 0.6}{0.8 \times 1.2} = 73.7 [kVA]$

∴ 표준용량 75 [kVA] 선정

답 : 75 [kVA]

[핵심] 변압기 용량

변압기 용량[kW] ≥ 합성 최대 수용 전력 = $\dfrac{\text{부하 설비 합계}[kW] \times \text{수용률}}{\text{부등률}}$

역률을 적용하여 [kW]의 부하를 [kVA]의 부하로 환산하여 구한다.

3

출제년도 89.04.19.(5점/부분점수 없음)

선로의 길이가 30 [km]인 3상 3선식 2회선 송전 선로가 있다. 수전단에 30 [kV], 6,000 [kW], 역률 0.8의 3상 부하에 공급할 경우 송전 손실을 10 [%] 이하로 하기 위해서는 전선의 굵기를 얼마로 하여야 하는가? 단, 사용 전선의 고유 저항은 1/55 [Ω/mm²·m] 이고 전선의 굵기는 2.5, 4, 6, 10, 16, 25, 35, 70, 90 [mm²]이다.

[작성답안]

계산 : 1선당 부하 전류

$$I = \frac{6,000}{\sqrt{3} \times 30 \times 0.8} \times \frac{1}{2} = 72.17 \text{ [A]}$$

송전 손실을 10 [%] 이하로 하기 위한 전선의 굵기

$$P_l = 0.1 \times 6,000 \times \frac{1}{2} = 300 \text{ [kW]}$$

$$P_l = 3I^2 R = 3I^2 \times \frac{1}{55} \times \frac{l}{A} \text{에서}$$

$$A = \frac{3 \times I^2 \times l}{55 \times P_l} = \frac{3 \times 72.17^2 \times 30,000}{55 \times 300 \times 1,000} = 28.41 \text{ [mm}^2\text{]}$$

∴ 35 [mm²] 선정

답 : 35 [mm²]

[핵심] 전선의 굵기와 전압강하

① KSC IEC 전선규격

1.5, 2.5, 4, 6, 10, 16, 25, 35, 50, 70, 95, 120, 150, 185, 240, 300, 400, 500, 630 [mm²]

② 전압강하

- 단상 2선식 : $e = \dfrac{35.6LI}{1,000A}$ ·· ①

- 3상 3선식 : $e = \dfrac{30.8LI}{1,000A}$ ·· ②

- 3상 4선식 : $e_1 = \dfrac{17.8LI}{1,000A}$ ·· ③

여기서, L : 거리, I : 정격전류, A : 케이블의 굵기 이며 ③의 식은 1선과 중성선간의 전압강하를 말한다.

4

출제년도 13.19.(13점/(1)~(3)각 항목당 1점, (4)(5) 2점)

다음 그림은 리액터 기동 정지 조작회로의 미완성 도면이다. 이 도면에 대하여 다음 물음에 답하시오.

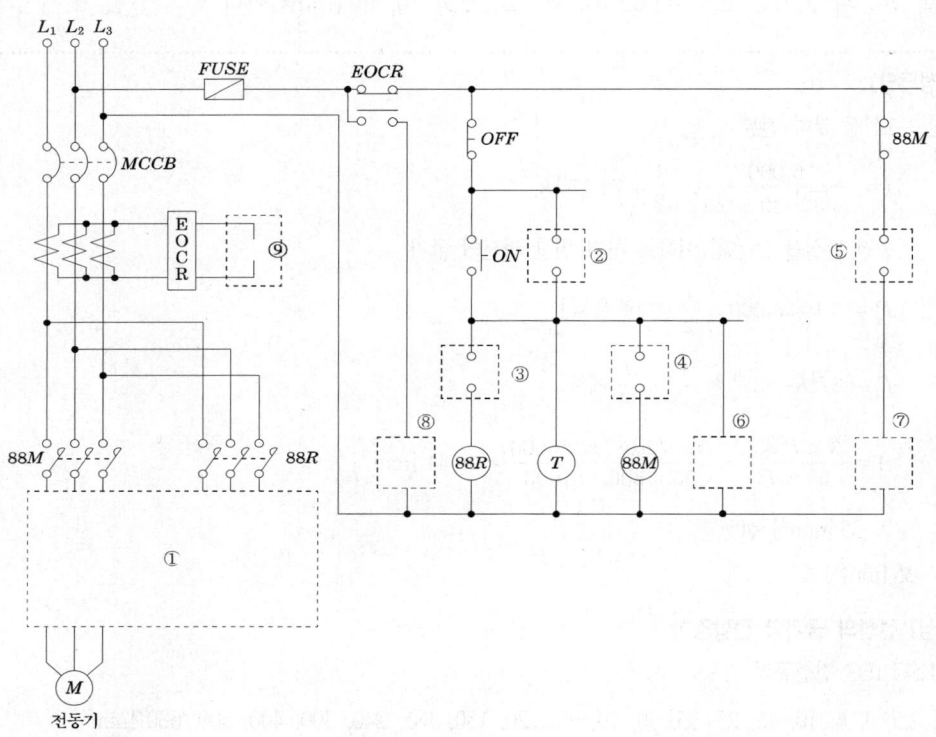

(1) ① 부분의 미완성 주회로를 회로도에 직접 그리시오.

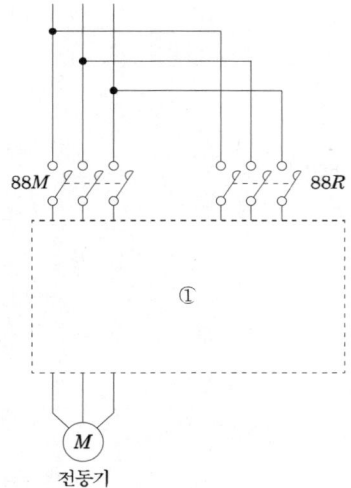

(2) 제어회로에서 ②, ③, ④, ⑤ 부분의 접점을 완성하고 그 기호를 쓰시오.

구분	②	③	④	⑤
접점 및 기호				

(3) ⑥, ⑦, ⑧, ⑨ 부분에 들어갈 LAMP와 계기의 그림기호를 그리시오.

(예 : Ⓖ 정지, Ⓡ 기동 및 운전, Ⓨ 과부하로 인한 정지)

구분	⑥	⑦	⑧	⑨
그림기호				

(4) 직입기동시 시동전류가 정격전류의 6배가 되는 전동기를 65 [%] 탭에서 리액터 시동한 경우 시동전류는 약 몇 배 정도가 되는지 계산하시오.

(5) 직입기동시 시동토크가 정격토크의 2배였다고 하면 65 [%] 탭에서 리액터 시동한 경우 시동토크는 어떻게 되는지 설명하시오.

[작성답안]

(1)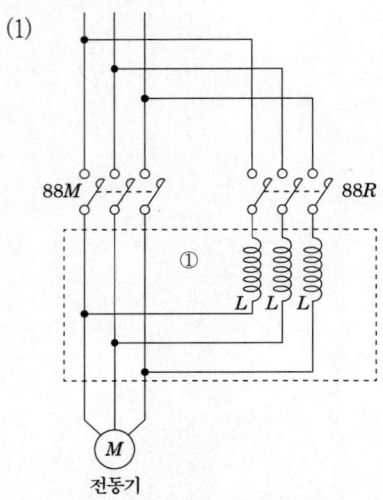

(2)

구분	②	③	④	⑤
접점 및 기호	T	88M	$T\text{-}a$	88R

(3)

구분	⑥	⑦	⑧	⑨
그림기호	Ⓡ	Ⓖ	Ⓨ	Ⓐ

(4) 계산 : 기동전류 $I_s \propto V_0$에서 $I_s = 6I \times 0.65 = 3.9I$

답 : 약 3.9배

(5) 계산 : 시동토크 $T_s \propto V_0^2$에서 $T_s = 2T \times 0.65^2 = 0.85T$

답 : 0.85배

5

출제년도 13.19.(5점/부분점수 없음)

3상 교류 회로의 전압이 3,000[V]이다. 3,000/210[V]의 승압기 2대 사용하여 승압할 경우 승압기 1대의 용량은 얼마인가? 부하는 40[kW] 역률 0.75이다.

[작성답안]

계산 : 부하단의 전압 $V_h = V_l + e_2 = 3{,}000 + 210 = 3{,}210$ [V]

한 대의 용량이므로 $e_2 I_2 = 210 \times \dfrac{40 \times 10^3}{\sqrt{3} \times 3{,}210 \times 0.75} \times 10^{-3} = 2.01$ [kVA]

답 : 2.01 [kVA]

[핵심] V결선 승압기 용량

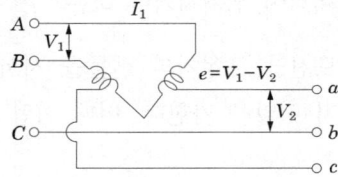

그림과 같이 2대의 단권 변압기를 이용하여 V결선하면 변압기 등가용량과 2차측 출력비는 $\dfrac{1}{0.866}$ 이고, 단권 변압기이므로 $\left(1 - \dfrac{V_2}{V_1}\right)$ 가 된다.

따라서, 용량비는 다음과 같다.

$$\dfrac{\text{자기용량}}{\text{부하용량}} = \dfrac{2}{\sqrt{3}} \times \dfrac{(V_1 - V_2)I_1}{V_1 I_1} = \dfrac{2}{\sqrt{3}}\left(1 - \dfrac{V_2}{V_1}\right)$$

$$\therefore P_s = \dfrac{2}{\sqrt{3}}\left(1 - \dfrac{V_2}{V_1}\right)P = \dfrac{1}{0.866}\left(1 - \dfrac{V_2}{V_1}\right)P \text{ 가 된다.}$$

변압기 단락시험을 하고자 한다. 그림과 같이 있을 때 다음 각 물음에 답하시오.

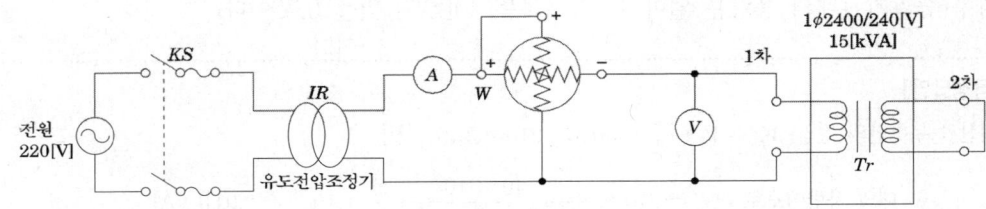

(1) KS를 투입하기 전에 유도 전압 조정기(IR) 핸들은 어디에 위치시켜야 하는가?

(2) 시험할 변압기를 사용할 수 있는 상태로 두고, 유도전압 조정기의 핸들을 서서히 돌려 전류계의 지시값이 (   )과 같게 될 때 까지 전압을 가한다. 이때 어떤 전류가 전류계에 표시되는가?

(3) 유도전압조정기의 핸들을 서서히 돌려 전압을 인가하여 단락시험을 하였다. 이때 전압계의 지시값을 (   )전압, 전력계의 지시값을 (   )와트라 한다. (   )에 공통으로 들어갈 말은?

(4) %임피던스는 $\dfrac{\text{교류 전압계의 지시값}}{(\quad)} \times 100[\%]$ 이다. (   ) 안에 들어갈 말은?

[작성답안]
(1) 전압이 0[V]가 되도록 위치한다.
(2) 1차 정격전류
(3) 임피던스
(4) 1차 정격전압

[핵심] 변압기 단락시험
변압기 2차를 단락한 상태에서 슬라이닥스를 조정하여 1차측 단락 전류가 1차 정격 전류와 같게 흐를 때(전류계의 지시값이 정격 전류값이 되었을 때) 1차측 단자 전압을 임피던스 전압이라 한다. 또 이때 입력을 임피던스 와트(전부하 동손)이라 한다.

7

출제년도 19.(4점/부분점수 없음)

반사율 ρ, 투과율 τ, 반지름 r인 완전 확산성 구형 글로브의 중심의 광도 I의 점광원을 켰을 때, 광속 발산도 R은?

[작성답안]

계산 : $R = \dfrac{F\eta}{A} = \dfrac{4\pi I}{4\pi r^2} \cdot \dfrac{\tau}{1-\rho} = \dfrac{\tau I}{r^2(1-\rho)}$ [rlx]

답 : $\dfrac{\tau I}{r^2(1-\rho)}$ [rlx]

[핵심] 광속발산도

물체가 보이는 것은 그 물체로부터 방사한 광속이 눈에 들어오기 때문이며, 물체의 밝음은 눈의 방향으로 방사되는 광속밀도에 따라 다르다. 어느 면의 단위면적으로부터 발산되는 광속, 즉 발산광속의 밀도를 광속발산도라 한다. 단위로는 래드럭스(radlux : rlx) 또는 아포스틸브(apostilb : asb)가 사용되며, 1 [rlx] = [asb] = 1 [lm/㎡]이다.

8

출제년도 10.19.(5점/각 항목당 1점)

가스절연 변전소의 특징을 5가지만 설명하시오. (단, 경제적이거나 비용에 관한 답은 제외한다.)

[작성답안]

① 소형화 할 수 있다. (옥외 철구형 변전소의 1/10~1/15)
② 충전부가 완전히 밀폐되어 안정성이 높다.
③ 소음이 적고 환경 조화를 기할 수 있다.
④ 대기 중의 오염물의 영향을 받지 않으므로 신뢰도가 높다.
⑤ 조작 중 소음이 적고 라디오 방해전파를 줄여 공해문제를 해결해 준다.
그 외
⑥ 공장조립이 가능하여 설치공사기간이 단축된다.
⑦ 절연물, 접촉자 등이 SF_6 Gas내에 설치되어 보수점검 주기가 길어진다.

[핵심] GIS

GIS는 차단기, 단로기, 변성기, 피뢰기 등의 설비를 금속제 탱크 내에 일괄 수납하여 충전부는 고체절연물(스페이서)로 지지하고, 탱크내부에는 절연성능과 소호능력이 뛰어난 SF_6 가스를 일정한 압력으로 충전하고 밀봉한 시스템을 말한다.

9　　　　　　　　　　　　　　　　　　　　출제년도 90.05.07.16.19.(4점/부분점수 없음)

제3고조파의 유입으로 인한 사고를 방지하기 위하여 콘덴서 회로에 콘덴서 용량의 11[%]인 직렬 리액터를 설치하였다. 이 경우에 콘덴서의 정격 전류(정상시 전류)가 10[A]라면 콘덴서 투입시의 전류는 몇 [A]가 되겠는가?

[작성답안]

계산 : 콘덴서 투입시 돌입전류

$$I = I_n\left(1 + \sqrt{\frac{X_C}{X_L}}\right) = I_n\left(1 + \sqrt{\frac{X_C}{0.11 X_C}}\right) = 10 \times \left(1 + \sqrt{\frac{1}{0.11}}\right) = 40.15\,[\text{A}]$$

답 : 40.15 [A]

[핵심] 콘덴서 개폐시의 특이현상

정상전류의 수배의 돌입전류가 유입하여 차단기의 접점이 손상되고, 절연유가 오손되기 쉬우며, 개방시에는 이상전압이 발생하기 쉽다. 따라서 돌입전류와 이상전압을 제한하기 위하여 11KV 이상, 1000KVA 이상의 단위용량이 되면 보조접점을 가진 것이 사용되며 콘덴서 용량 리액턴스의 10~20% 정도의 억제저항을 개폐시에만 직렬로 삽입하여 이를 제한하고 있다.

억제저항을 사용하지 않는 경우에는 접점에 내호 금속을 사용하는 동시에 소호용 접점과 통전용 접점이 분리된 것을 사용한다. 콘덴서 투입시 주파수, 전류와의 관계는 다음과 같다.

$$I_{max} = I_C\left(1 + \sqrt{\frac{X_C}{X_L}}\right)$$

$$f_1 = f\sqrt{\frac{X_c}{X_L}}$$

I_C : 콘덴서 정상전류　　　　　　　X_C : 콘덴서 리액턴스
X_L : 콘덴서회로 유도성 리액턴스　　f : 상용주파수
f_1 : 과도주파수

출제년도 16.19.(6점/각 문항당 3점)

10

피뢰기 접지공사를 실시한 후, 접지저항을 보조 접지 2개(A와 B)를 시설하여 측정하였더니 본 접지와 A사이의 저항은 86[Ω], A와 B사이의 저항은 156[Ω], B와 본 접지 사이의 저항은 80[Ω]이었다. 이 때 다음 각 물음에 답하시오.

(1) 피뢰기의 접지 저항값을 구하시오.

(2) 접지공사의 적합여부를 판단하고, 그 이유를 설명하시오.

• 적합여부 :

• 이유 :

[작성답안]

(1) 계산 : $R_x = \dfrac{1}{2}(R_{xa} + R_{bx} - R_{ab}) = \dfrac{1}{2}(86 + 80 - 156) = 5\,[\Omega]$

답 : 5[Ω]

(2) 적합여부 : 적합

이유 : 피뢰기의 접지저항의 최대값이 10[Ω]이므로 한국전기설비규정에 적합하다.

[핵심] 콜라우시 브리지법

콜라우시 브리지법은 미끄럼줄 브리지의 원리와 동일한 방법으로 사용하나 내부 전원으로 직류 전원과 배율기를 가지고 있어 측정 소자의 특성을 고려한 측정을 할 수 있다.

$R_a = \dfrac{1}{2}(R_{ab} + R_{ca} - R_{bc})\,[\Omega]$

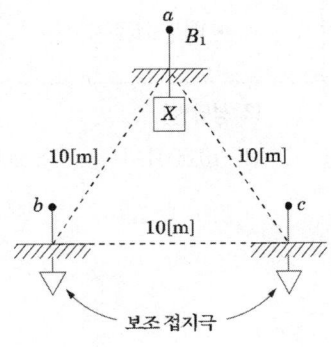

11

출제년도 01.11.19.(6점/각 문항당 2점)

시설장소별 적용할 피뢰기의 공칭방전전류를 쓰시오.

(1) 시설장소가 다음과 같을 경우 피뢰기의 공칭방전전류[A]는?

- 154 [kV] 이상의 계통
- 66 [kV] 및 그 이하의 계통에서 Bank 용량이 3,000 [kVA]를 초과하거나 특히 중요한 곳
- 장거리 송전케이블(배전선로 인출용 단거리케이블은 제외) 및 정전축전기 Bank를 개폐하는 곳
- 배전선로 인출측(배전 간선 인출용 장거리 케이블은 제외)

(2) 시설장소가 다음과 같을 경우 피뢰기의 공칭방전전류[A]는?

- 66 [kV] 및 그 이하의 계통에서 Bank 용량이 3,000 [kVA] 이하인 곳

(3) 시설장소가 다음과 같을 경우 피뢰기의 공칭방전전류[A]는?

- 배전선로 :

[작성답안]
(1) 10,000 [A] (2) 5,000 [A] (3) 2,500 [A]

[핵심] 피뢰기 공칭방전전류

공칭방전전류	설치장소	적용조건
10,000 [A]	변전소	1. 154 [kV] 계통 이상 2. 66 [kV] 및 그 이하 계통에서 뱅크용량 3,000 [kVA]를 초과하거나 특히 중요한 곳 3. 장거리 송전선 케이블(배전선로 인출용 단거리 케이블은 제외) 및 정전축전기 뱅크를 개폐하는 곳 4. 배전선로 인출측(배전간선 인출용 장거리 케이블 제외)
5,000 [A]	변전소	66 [kV] 및 그 이하 계통에서 뱅크용량 3,000 [kVA]를 이하인 곳
2,500 [A]	선로	배전선로

12

출제년도 19.(4점/부분점수 없음)

역률이 0.6인 30 [kW] 전동기 부하와 24 [kW]의 전열기 부하에 전원을 공급하는 변압기가 있다. 이때 변압기 용량을 구하시오.

단상 변압기 표준용량

표준용량 [kVA]	1, 2, 3, 5, 7.5, 10, 15, 20, 30, 50, 75, 100, 150, 200

[작성답안]

계산 : 전동기의 유효전력 30[kW]

전동기의 무효전력 $30 \times \frac{0.8}{0.6} = 40$ [kVar]

전열기의 유효전력 24 [kW]

변압기에 걸리는 부하 $\sqrt{(30+24)^2 + 40^2} = 67.2$ [kVA]

수용률이 주어지지 않았으므로 변압기용량은 75 [kVA]을 선정한다.

답 : 75 [kVA]

출제년도 19.(6점/각 문항당 3점)

다음 PLC의 표를 보고 물음에 답하시오.

step	명령어	번지
0	LOAD	P000
1	OR	P010
2	AND NOT	P001
3	ANT NOT	P002
4	OUT	P010

(1) 래더다이어 그램을 그리시오.
(2) 논리회로를 그리시오.

[작성답안]

(1)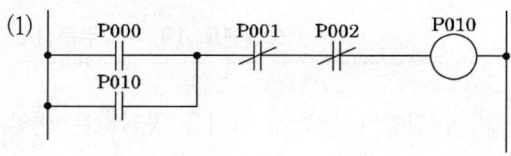

(2)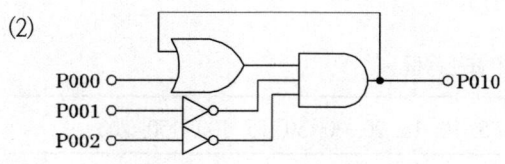

14

출제년도 08.19.(6점/각 문항당 2점)

차단기 명판(name plate)에 BIL 150 [kV], 정격 차단전류 20 [kA], 차단시간 5 사이클, 솔레노이드(solenoid)형 이라고 기재 되어 있다. 비유효 접지계에서 계산하는 것으로 할 경우 다음 각 물음에 답하시오.

(1) BIL이란 무엇인가?
(2) 이 차단기의 정격전압은 몇 [kV]인가?
(3) 이 차단기의 정격 차단 용량은 몇 [MVA] 인가?

[작성답안]
(1) 기준충격절연강도

(2) 계산 : BIL = 절연계급 × 5 + 50 [kV]에서 절연계급 $= \dfrac{BIL - 50}{5}$ [kV]

∴ 절연계급 $= \dfrac{150 - 50}{5} = 20$ [kV]

공칭전압 = 절연계급 × 1.1 = 20 × 1.1 = 22 [kV]

정격전압 $V_n = 22 \times \dfrac{1.2}{1.1} = 24$ [kV]

∴ 정격전압 24 [kV] 선정

답 : 24 [kV]

(3) 계산 : $P_s = \sqrt{3}\, V_n\, I_s = \sqrt{3} \times 24 \times 20 = 831.38$ [MVA]

답 : 831.38 [MVA]

[핵심] 기준충격절연강도

절연내력과 기준충격 절연강도 : BIL이란 Basic Impulse Insulation Level의 약자를 말한다. 뇌임펄스 내전압 시험값으로서 절연 레벨의 기준을 정하는 데 적용되며, BIL은 절연 계급 20호 이상의 비유효 접지계에 있어서는 다음과 같이 계산된다.

BIL = 절연계급 × 5 + 50[kV]

여기서, 절연계급은 전기기기의 절연강도를 표시하는 계급을 말하고, 공칭전압/1.1에 의해 계산된다.

차단기의 정격전압 [kV]	사용회로의 공칭 전압 [kV]	BIL [kV]
0.6	0.1, 0.2, 0.4	
3.6	3.3	45
7.2	6.6	60
24.0	22.0	150
72.0	66.0	350
168.0	154.0	750

15

출제년도 19.(6점/각 항목당 1점)

우리나라에서 송전계통에 사용하는 차단기의 정격전압과 정격차단시간을 나타낸 표이다. 다음 빈칸을 채우시오. (단, 사이클은 60 [Hz] 기준이다.)

공칭전압(kV)	22.9	154	345
정격전압(kV)	①	②	③
정격차단시간 (cycle은 60[Hz]기준)	④	⑤	⑥

[작성답안]

① 25.8 ② 170 ③ 362
④ 5   ⑤ 3   ⑥ 3

[핵심] 차단기의 정격전압(Rated Voltage)

정격전압이란 규정된 조건에 따라 기기에 인가될 수 있는 사용회로전압의 상한을 말하며 계통의 공칭전압에 따라 아래 표를 표준으로 한다.

공칭전압[kV]	정격전압[kV]	비 고
6.6	7.2	
22 또는 22.9	25.8	23kV 포함
66	72.5	
154	170	
345	362	
765	800	

16

출제년도 94.97.17.19.(13점/각 항목당 1점, 모두 맞으면 13점)

그림은 고압 전동기 100 [HP] 미만을 사용하는 고압 수전 설비 결선도이다. 이 그림을 보고 다음 각 물음에 답하시오.

(1) 계전기용 변류기는 차단기의 전원측에 설치하는 것이 바람직하다. 무슨 이유에서인가?

(2) 본 도면에서 생략할 수 있는 부분은?

(3) 진상 콘덴서에 연결하는 방전코일의 목적은?

(4) 도면에서 다음의 명칭은?

• ZCT :

• TC :

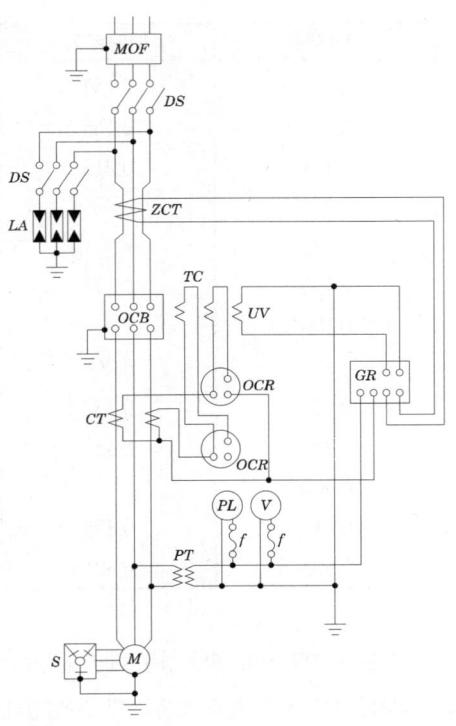

[작성답안]

(1) 보호 범위를 넓히기 위하여
(2) LA용 DS
(3) 콘덴서에 축적된 잔류전하 방전
(4) ZCT : 영상 변류기, TC : 트립코일

2020년 1회 기출문제 해설

※ 다음 물음에 답을 해당 답란에 답하시오.

1 출제년도 08.20.(5점/부분점수 없음)

건물의 보수공사를 하는데 32 [W]×2 매입 하면 개방형 형광등 30등을 32 [W]×3 매입 루버형으로 교체하고, 20 [W]×2 펜던트형 형광등 20등을 20 [W]×2 직부 개방형으로 교체하였다. 철거되는 20 [W]×2 펜던트형 등기구는 재사용 할 것이다. 천장 구멍 뚫기 및 취부테 설치와 등기구 보강 작업은 계상하지 않으며, 공구손료 등을 제외한 직접 노무비만 계산하시오. 단, 인공계산은 소수점 셋째 자리까지 구하고, 내선전공의 노임은 225,408원으로 한다.

종 별	직부형	팬던트형	반매입 및 매입형
10 [W] 이하×1	0.123	0.150	0.182
20 [W] 이하×1	0.141	0.168	0.214
20 [W] 이하×2	0.177	0.215	0.273
20 [W] 이하×3	0.223	–	0.335
20 [W] 이하×4	0.323	–	0.489
30 [W] 이하×1	0.150	0.177	0.227
30 [W] 이하×2	0.189	–	0.310
40 [W] 이하×1	0.223	0.268	0.340
40 [W] 이하×2	0.277	0.332	0.415
40 [W] 이하×3	0.359	0.432	0.545
40 [W] 이하×4	0.468	–	0.710
110 [W] 이하×1	0.414	0.495	0.627
110 [W] 이하×2	0.505	0.601	0.764

【해설】
① 하면 개방형 기준임. 루버 또는 아크릴 커버 형일 경우 해당 등기구 설치 품의 110 [%]
② 등기구 조립·설치, 결선, 지지금구류 설치, 장내 소운반 및 잔재 정리포함.
③ 매입 또는 반매입 등기구의 천정 구멍 뚫기 및 취부테 설치 별도 가산
④ 매입 및 반매입 등기구에 등기구보강대를 별도로 설치할 경우 이 품의 20 [%] 별도 계상

⑤ 광천장 방식은 직부형 품 적용

⑥ 방폭형 200 [%]

⑦ 높이 1.5 [m] 이하의 Pole형 등기구는 직부형 품의 150 [%] 적용 (기초대 설치별도)

⑧ 형광등 안정기 교환은 해당 등기구 시설품의 110 [%]. 다만, 펜던트형은 90 [%]

⑨ 아크릴간판의 형광등 안정기 교환은 매입형 등기구 설치품의 120 [%]

⑩ 공동주택 및 교실 등과 같이 동일 반복 공정으로 비교적 쉬운 공사의 경우는 90 [%]

⑪ 형광램프만 교체시 해당 등기구 1등용 설치품의 10 [%]

⑫ T-5(28 [W]) 및 FLP(36 [W], 55 [W])는 FL 40 [W] 기준품 적용

⑬ 펜던트형은 파이프 펜던트형 기준, 체인 펜던트는 90[%]

⑭ 등의 증가시 매 증가 1등에 대하여 직부형은 0.005 [인], 매입 및 반매입형은 0.015 [인] 가산

⑮ 철거 30 [%], 재사용 철거 50 [%]

[작성답안]

계산 :

① 설치인공

- 32W×3 매입 루버형 : $0.545 \times 30 \times 1.1 = 17.985$ [인]
- 20W×2 직부 개방형 : $0.177 \times 20 = 3.54$ [인]

② 철거인공

- 32W×2 매입 하면 개방형 : $0.415 \times 30 \times 0.3 = 3.735$ [인]
- 20W×2 팬던트형 : $0.215 \times 20 \times 0.5 = 2.15$ [인]

③ 총 소요인공

- 내선전공 $= 17.985 + 3.54 + 3.735 + 2.15 = 27.41$ [인]

④ 직접노무비

- 직접노부비 $= 27.41 \times 225,408 = 6,178,433.28$ [원]

답 : 6,178,433.28[원]

[핵심] 적산 요령

① 공사 수량 계산
- 집계 순위 결정
- 수량 산출 구분(수량의 종류별, 재료별, 위치별, 강도별 세분)
- 할증률
- 수량의 공제

② 시공의 결정
- 시공법 및 작업순위 결정
- 작업 기종 선정, 조합 결정
- 작업 능력 결정

③ 표준 품셈 및 단가 결정
- 단위 공종별 표준 품셈 결정
- 표준 단가 및 대가 결정(복합 단가)

---

2 출제년도 95.20.(5점/부분점수 없음)

전등을 3개소에서 점멸하기 위하여 3로 스위치 2개와 4로 스위치 1개를 조합하는 경우 이들의 계통도(실제 배선도)를 그리시오.

[작성답안]

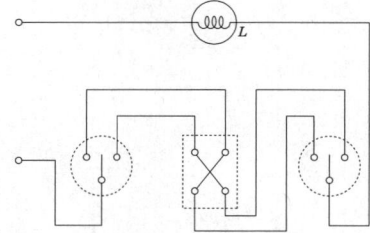

[핵심] 3개소 점멸

① 3로 스위치 2개와 4로 스위치 1개를 사용한 경우

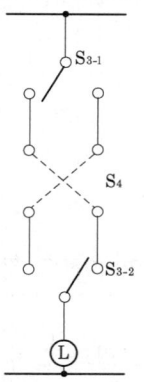

② 3로 스위치 4개를 사용한 경우

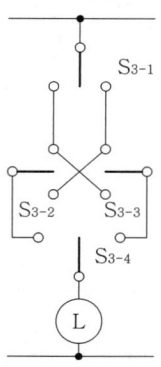

3

출제년도 20.(5점/부분점수 없음)

소선의 직경이 3.2[mm]인 37가닥의 연선을 사용할 경우 외경은 몇 [mm]인가?

[작성답안]

계산 : $N = 3n(n+1) + 1 = 3 \times 3(3+1) + 1 = 37$

소선의 가닥수가 37인 경우 3층 이므로

$D = (1+2n)d = (1+2 \times 3) \times 3.2 = 22.4$ [mm]

답 : 22.4[mm]

[핵심] 연선

전선은 단선(solid wire)과 연선(stranded wire)이 있으며, 단선은 형이며, 굵기의 단위는 지름 [mm]로 나타낸다. 연선은 나전선으로서 소선을 수~수십 가닥을 꼬아서 만든 연선이 사용된다.

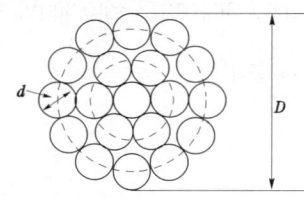

연선의 가닥수

$$N = 1 + 1 \times 6 + 2 \times 6 + 3 \times 6 + \cdots n \times 6 = 1 + 6(1 + 2 + 3 \cdots n) = 1 + 6(1+n)\frac{n}{2}$$

$$= 1 + 3n(n+1)$$

연선의 지름은

$D = (1+2n)d$ 가 된다.

4

출제년도 95.99.01.05.12.13.20.(9점/각 문항당 3점)

그림과 같은 평형 3상 회로로 운전하는 유도전동기가 있다. 이 회로에 그림과 같이 2개의 전력계 W_1, W_2, 전압계 Ⓥ, 전류계 Ⓐ를 접속한 후 지시값은 $W_1 = 6[\text{kW}]$, $W_2 = 2.9[\text{kW}]$, $V = 200[\text{V}]$, $I = 30[\text{A}]$이었다.

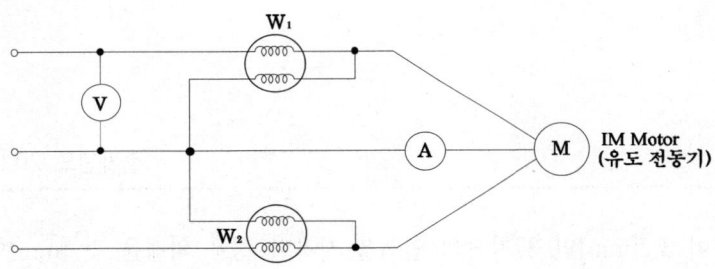

(1) 이 유도전동기의 역률은 몇 [%]인가?

(2) 역률을 90 [%]로 개선시키려면 몇 [kVA] 용량의 콘덴서가 필요한가?

(3) 이 전동기로 만일 매분 20 [m]의 속도로 물체를 권상한다면 몇 [ton]까지 가능한가? (단, 종합효율은 80 [%]로 한다.)

[작성답안]

(1) 계산 : 전력 $P = W_1 + W_2 = 6 + 2.9 = 8.9 \, [\text{kW}]$

피상전력 $P_a = \sqrt{3}\, VI = \sqrt{3} \times 200 \times 30 \times 10^{-3} = 10.39 \, [\text{kVA}]$

역률 $\cos\theta = \dfrac{8.9}{10.39} \times 100 = 85.66 \, [\%]$

답 : 85.66 [%]

(2) 계산 : $Q_c = P(\tan\theta_1 - \tan\theta_2) = (6+2.9) \times \left(\dfrac{\sqrt{1-0.8566^2}}{0.8566} - \dfrac{\sqrt{1-0.9^2}}{0.9}\right) = 1.05\,[\text{kVA}]$

답 : 1.05 [kVA]

(3) 계산 : 권상용 전동기의 용량 $P = \dfrac{W \cdot V}{6.12\eta}\,[\text{kW}]$

∴ 물체의 중량 $W = \dfrac{6.12 \times 0.8 \times (6+2.9)}{20} = 2.18\,[\text{ton}]$

답 : 2.18 [ton]

5

출제년도 87.99.00.04.05.13.20.(8점/각 문항당 2점)

그림은 변류기를 영상 접속시켜 그 잔류 회로에 지락 계전기 DG를 삽입시킨 것이다. 선로의 전압은 66 [kV], 중성점에 300[Ω]의 저항 접지로 하였고, 변류기의 변류비는 300/5 [A]이다. 송전 전력이 20,000 [kW], 역률이 0.8(지상)일 때 a상에 완전 지락 사고가 발생하였다. 물음에 답하시오.(단, 부하의 정상, 역상 임피던스 기타의 정수는 무시한다.)

(1) 지락 계전기 DG에 흐르는 전류 [A] 값은?

(2) a상 전류계 A_a에 흐르는 전류 [A] 값은?

(3) b상 전류계 A_b에 흐르는 전류 [A] 값은?

(4) c상 전류계 A_c에 흐르는 전류 [A] 값은?

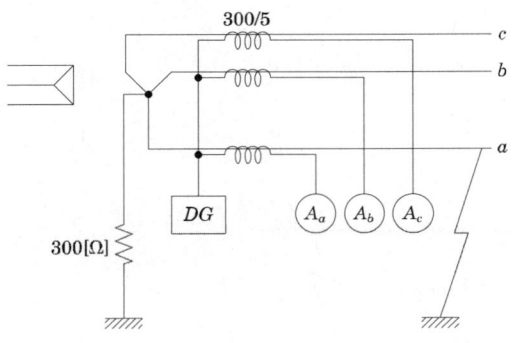

[작성답안]

(1) 계산 : 지락전류 $I_g = \dfrac{V_n}{R} = \dfrac{66,000}{\sqrt{3} \times 300} = 127.02\,[\text{A}]$

$\therefore I_{DG} = I_g \times \dfrac{1}{CT\text{비}} = I_g \times \dfrac{5}{300} = 127.02 \times \dfrac{5}{300} = 2.117\,[\text{A}]$

답 : 2.12 [A]

(2) 계산 : 부하전류 $I_L = \dfrac{20,000}{\sqrt{3} \times 66 \times 0.8} \times (0.8 - j0.6) = 174.95 - j131.22$

a상의 전류 $I_a = I_L + I_g = 174.95 - j131.22 + 127.02 = \sqrt{(127.02 + 174.95)^2 + 131.22^2}$
$\qquad\qquad\qquad = 329.248\,[\text{A}]$

전류계 A의 전류 $i_a = I_a \times \dfrac{1}{CT\text{비}} = I_a \times \dfrac{5}{300} = 329.248 \times \dfrac{5}{300} = 5.487\,[\text{A}]$

답 : 5.49 [A]

(3) 계산 : 부하전류 $I_L = \dfrac{20,000}{\sqrt{3} \times 66 \times 0.8} = 218.693\,[\text{A}]$

$i_b = I_L \times \dfrac{5}{300} = 218.639 \times \dfrac{5}{300} = 3.644\,[\text{A}]$

답 : 3.64 [A]

(4) 계산 : 부하전류 $I_L = \dfrac{20,000}{\sqrt{3} \times 66 \times 0.8} = 218.693\,[\text{A}]$

$i_c = I_L \times \dfrac{5}{300} = 218.639 \times \dfrac{5}{300} = 3.644\,[\text{A}]$

답 : 3.64 [A]

[핵심] 지락전류의 흐름

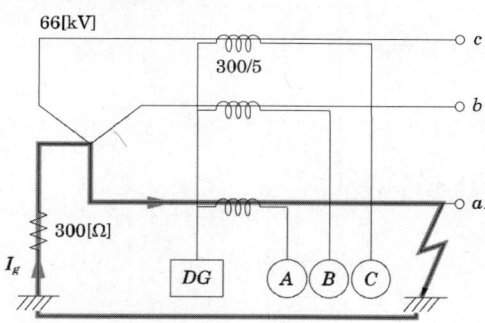

① 지락전류는 $I_g = \dfrac{V_n}{R}$ 이며, 지락 계전기에 흐르는 전류는 $I_{DG} = I_g \times \dfrac{1}{CT비}$ 가 된다.

② 부하전류는 $I_L = \dfrac{P}{\sqrt{3} \times V \times \cos\theta}$ 가 된다.

③ a상의 전류는 $\dot{I_a} = \dot{I_L} + \dot{I_g}$ 로 벡터계산 한다.

6

출제년도 16.20.(5점/각 항목당 1점)

낙뢰나 혼촉사고 등에 의하여 이상전압이 발생하였을 때 선로와 기기를 보호하기 위하여 피뢰기를 설치한다. 한국전기설비규정에 의해 시설해야 하는 곳을 3개소를 쓰시오.

[작성답안]
① 발전소 인출구
② 변전소 인입 및 인출구
③ 특고압 수용장소의 인입구
그 외
④ 가공전선로와 지중전선로가 만나는 곳

[핵심] 피뢰기의 설치

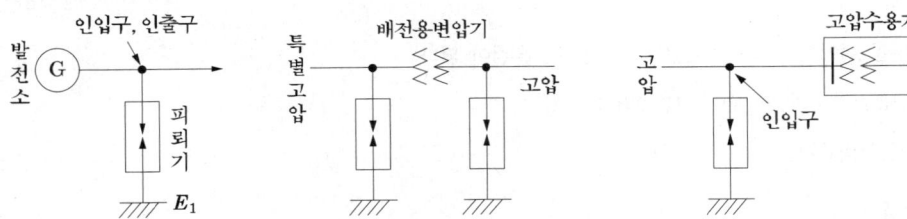

7 출제년도 90.20.(3점/부분점수 없음)

설계자가 크기, 형상 등 전체적인 조화를 생각하여 형광등 기구를 벽면 상방 모서리에 숨겨서 설치하는 방식으로 기구로부터의 빛이 직접 벽면을 조명하는 건축화 조명을 무슨 조명이라 하는가?

[작성답안]
코오니스(cornice light) 조명

[핵심] 코오니스 (cornice) 조명
직접형광등기구를 벽면 위쪽에 설치하고, 목재나 금속판으로 광원을 숨김. 직접 빛이 벽면을 조명하는 방식

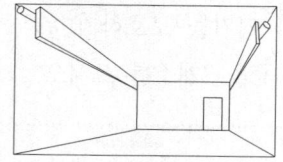

8 출제년도 97.09.20.(4점/부분점수 없음)

500kVA 단상변압기 3대를 3상 △-결선으로 사용하고 있었는데 부하증가로 500kVA 예비변압기 1대를 추가하여 공급한다면 몇 kVA로 공급할 수 있는가?

[작성답안]
계산 : 동일 변압기가 4대 이므로 V-V 2뱅크 운전이 된다.
$P_v = 2\sqrt{3}\,P = 2\sqrt{3} \times 500 = 1732.05\,[kVA]$

답 : 1732.05[kVA]

[핵심] V결선
△-△ 결선에서 1대의 단상변압기가 단락, 또는 사고가 발생한 경우를 고장이 발생된 변압기를 제거시킨 결선법으로 즉, 2대의 단상변압기로서 3상 변압기와 같은 전력을 송배전하기 위한 방식을 V결선이라 한다.

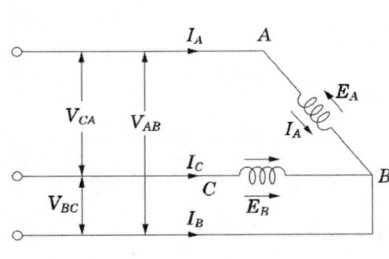
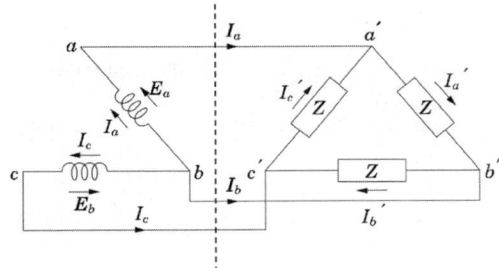

$$P_v = VI\cos\left(\frac{\pi}{6}+\phi\right)+VI\cos\left(\frac{\pi}{6}-\phi\right)=\sqrt{3}\,VI\cos\phi\,[\text{W}]$$

$$P_v = \sqrt{3}\,P_1$$

출력비 : $\dfrac{V}{\Delta}=\dfrac{\sqrt{3}\,VI\cos\phi}{3\,VI\cos\phi}\fallingdotseq 0.577$

이용률 : $\dfrac{\sqrt{3}\,VI}{2\,VI}=0.866$

9

출제년도 15.20.(6점/부분점수 없음)

그림과 같이 차동계전기에 의하여 보호되고 있는 $\Delta-Y$결선 30 [MVA], 33/11 [kV] 변압기가 있다. 고장전류가 정격전류의 200 [%] 이상에서 동작하는 계전기의 전류(i_r) 값은 얼마인가? (단, 변압기 1차측 및 2차측 CT의 변류비는 각각 500/5 [A], 2,000/5 [A]이다.)

• 계산

1차전류	2차전류

• 답

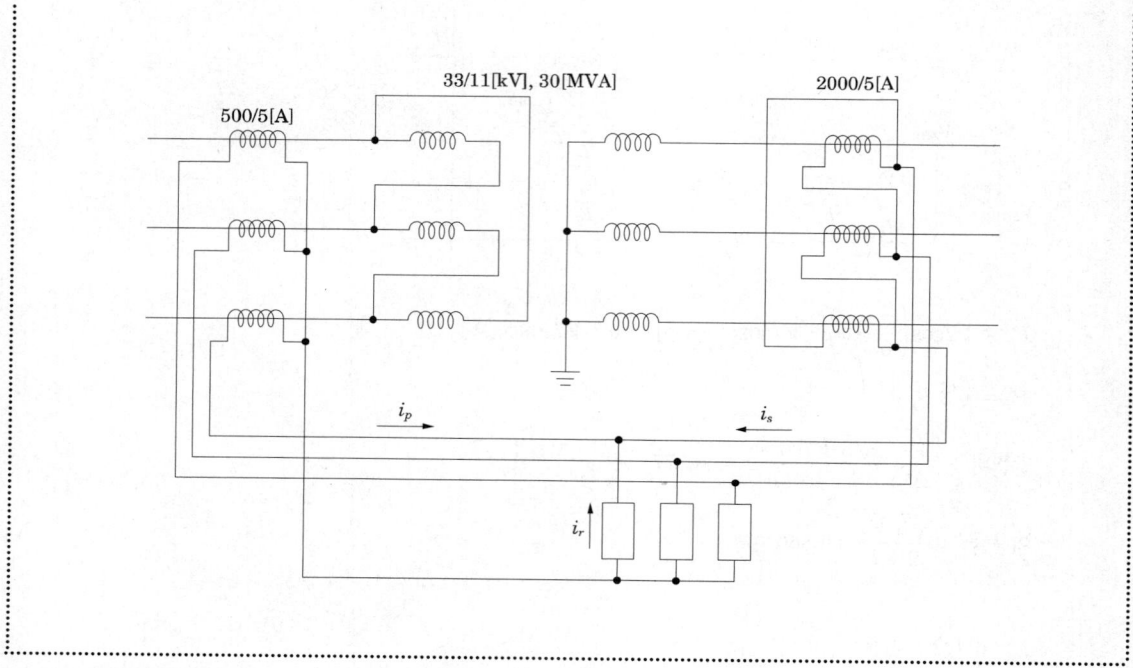

[작성답안]

계산:

1차전류	2차전류
$i_1 = \dfrac{30 \times 10^3}{\sqrt{3} \times 33} \times \dfrac{5}{500} = 5.248 \, [A]$	$i_2 = \dfrac{30 \times 10^3}{\sqrt{3} \times 11} \times \dfrac{5}{2,000} \times \sqrt{3} = 6.818 \, [A]$

∴ i_r 은 $2|i_1 - i_2| = 2|5.25 - 6.82| = 3.14 \, [A]$

답 : 3.14 [A]

[핵심] 비율차동계전기

비율차동계전기는 변압기 투입시 여자 돌입 전류에 의한 오동작을 방지한 경우는 최소 35 [%]의 불평형 전류로 동작한다. 비율차동계전기 Tap선정은 차전류가 억제코일에 흐르는 전류에 대한 비율보다 계전기 비율을 크게 선정해야 한다. 여기서, 200[%] 이상에서 동작한다는 조건에 주의한다.

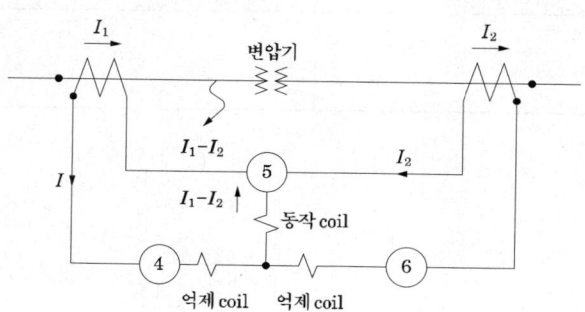

10 출제년도 89.94.95.11.13.20.(4점/부분점수 없음)

방의 가로 길이가 10 [m], 세로 길이가 8 [m], 방바닥에서 천장까지의 높이가 4.85 [m]인 방에서 조명기구를 천장에 직접 취부하고자 한다. 이 방의 실지수를 구하시오. (단, 작업면은 방바닥에서 0.85 [m]이다.)

[작성답안]

계산 : $H = 4.85 - 0.85 = 4$

∴ 실지수 $R \cdot I = \dfrac{XY}{H(X+Y)} = \dfrac{10 \times 8}{4 \times (10+8)} = 1.11$

답 : 1.11

[핵심] 실지수

방의 면적이 같은 2개의 방에 같은 수의 광원을 설치하여도 방의 모양이 다른 경우에는 작업면상의 조도는 다르게 된다. 그래서 천정, 바닥이 장방형인 방은 가로 X, 세로 Y 두 변의 평균을 한 변으로 하는 정방형인 방과 동일하다고 하는 이론에 의해 실지수 $R.I$를 다음 식과 같이 결정한다.

$$R.I = \dfrac{XY}{H(X+Y)}$$

실지수와 분류 기호표

실지수	5.0	4.0	3.0	2.5	2.0	1.5	1.25	1.0	0.8	0.6
기호	A	B	C	D	E	F	G	H	I	J

11

출제년도 03.06.11.14.15.20.(6점/부분점수 없음)

그림과 같은 방전특성을 갖는 부하에 필요한 축전지 용량은 몇 [Ah]인지 구하시오.
(단, 방전전류 : I_1 = 200 [A], I_2 = 300 [A], I_3 = 150 [A], I_4 = 100 [A] 방전시간 : T_1 = 130분, T_2 = 120분, T_3 = 40분, T_5 = 5분 용량환산시간 : K_1 = 2.45, K_2 = 2.45, K_3 = 1.46, K_4 = 0.45 보수율은 0.7을 적용한다.)

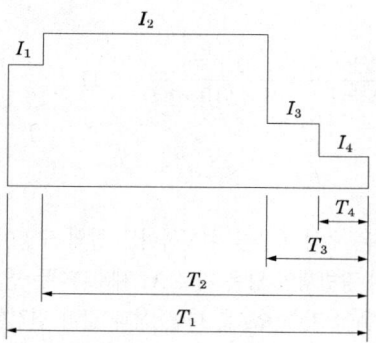

[작성답안]

계산 : $C = \dfrac{1}{L}\left[K_1 I_1 + K_2(I_2 - I_1) + K_3(I_3 - I_2) + K_4(I_4 - I_3)\right]$ [Ah]

$= \dfrac{1}{0.7}\{2.45 \times 200 + 2.45 \times (300 - 200) + 1.46 \times (150 - 300) + 0.45(100 - 150)\}$

$= 705$ [Ah]

답 : 705 [Ah]

[핵심] 축전지용량

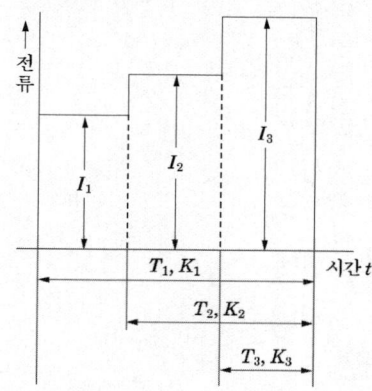

축전지 용량은 아래의 식으로 계산한다.

$$C = \frac{1}{L}[K_1 I_1 + K_2(I_2 - I_1) + K_3(I_3 - I_2)] \text{ [Ah]}$$

여기서, C : 축전지 용량[Ah] L : 보수율(축전지 용량 변화의 보정값)
       K : 용량 환산 시간 계수 I : 방전 전류[A]

출제년도 20.(14점/각 문항당 2점, 모두 맞으면 14점)

다음 간이수전설비도를 보고 물음에 답하시오.

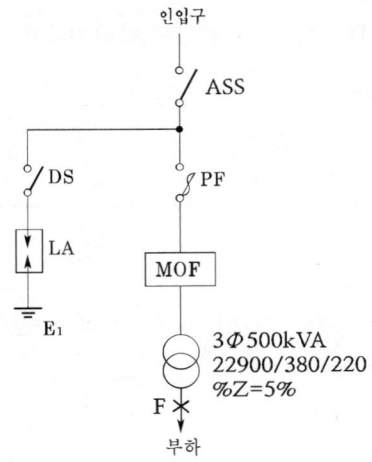

(1) ASS의 LOCK전류값과 LOCK전류의 기능은 무엇인가?

  - LOCK전류

  - LOCK전류의 기능

(2) LA정격전압과 제1보호대상은 무엇인가?

  - 정격전압

  - 제1보호대상

(3) PF(한류퓨즈)의 단점은?

　-

　-

(4) MOF의 정격 과전류 강도는 기기의 설치점에서 단락전류에 의해 계산하되, 60A 이하일 때 MOF최소 과전류 강도는 몇 (1)배이고, 계산한 값이 75배 이상인 경우에는 (2)배를 적용하며, 60A를 초과시 MOF과전류 강도는 (3)배를 적용한다.

1	2	3

(5) 고장점 F에 흐르는 3상단락전류와 선간(2상)단락전류를 구하시오.

　- 3상단락전류

　- 선간(2상)단락전류

[작성답안]

(1) - 800A±10%

　- 정격LOCK전류(800A) 이상 발생시 개폐기는 LOCK 되며 후비보호장치 차단 후 개폐기(ASS)가 개방되어 고장구간을 자동 분리하는 기능

(2) 18 [kV], 변압기

(3) - 재투입을 할 수 없다.

　- 과도 전류로 용단되기 쉽고 결상을 일으킬 염려가 있다.

　그 외

　- 동작시간, 전류특성을 자유로이 조정할 수 없다.

　- 비보호 영역이 있다.

　- 차단시 이상전압이 발생한다.

(4)

1	2	3
75	150	40

(5) - 3상 단락전류

계산 : $I_s = \dfrac{100}{\%Z} I_n = \dfrac{100}{5} \times \dfrac{500 \times 10^3}{\sqrt{3} \times 380} = 15193.43 [A]$

답 : 15193.43[A]

- 선간(2상)단락전류

계산 : 3상 단락전류의 86.6[%]에 해당하므로

$I_s = 0.866 \times \dfrac{100}{\%Z} I_n = 0.866 \times \dfrac{100}{5} \times \dfrac{500 \times 10^3}{\sqrt{3} \times 380} = 13157.51 [A]$

답 : 13157.51[A]

[핵심] MOF 과전류 강도

① MOF의 과전류강도는 기기 설치점에서 단락전류에 의해 계산 적용하되, 22.9kV급으로서 60[A] 이하의 MOF최소 과전류강도는 전기사업자규격에 의한 75배로 하고, 계산한 값이 75배 이상인 경우에는 150배로 적용하며, 60[A] 초과 시 MOF과전류 강도는 40배로 한다.
② MOF 전단에 한류형 전력퓨즈를 설치하였을 때는 그 퓨즈로 제한되는 단락전류를 기준으로 과전류강도를 계산하여 상기 ①과 같이 적용한다.
③ 다만, 수요자 또는 설계자의 요구에 의하여 MOF 또는 CT의 과전류강도를 150배 이상으로 요구하는 경우는 그 값을 적용한다.
④ CT의 과전류강도는 기기 설치점에서 단락전류에 대한 과전류 강도 계산 값을 적용한다.

13

출제년도 20.(4점/부분점수 없음)

공칭 변류비가 100/5A 이다. 1차측에 250A를 흘렸을때 2차에 10A가 흘렀을 경우 비오차(%)는?

[작성답안]

비오차 = $\dfrac{공칭변류비 - 측정변류비}{측정변류비} \times 100\,[\%]$

$= \dfrac{100/5 - 250/10}{250/10} \times 100 = -20\,[\%]$

답 : -20[%]

[핵심] 비오차

(1) 비오차란 공칭변류비와 측정변류비 사이에서 얻어진 백분율 오차를 말한다.

(2) 비오차 = $\dfrac{공칭변류비 - 측정변류비}{측정변류비} \times 100\,[\%]$

$\therefore \epsilon = \dfrac{K_n - K}{K} \times 100\,[\%]$

14

출제년도 20.(6점/각 문항당 3점)

다음 변류기의 과전류강도에 대하여 답하시오.

(1) 정격과전류강도(S_n), 통전시간(t)일 때의 열적과전류강도 (S)을 표시하는 식은?

(2) 기계적과전류란 무엇인가?

[작성답안]

(1) $S = \dfrac{S_n}{\sqrt{t}}\,[\text{kA}]$

(2) 정격 과전류강도에 해당하는 1차전류(실효값)의 2.5배에 상당하는 값으로 한다.

[핵심] 과전류강도

열적과전류 강도는 변류기에 손상을 주지 않고 1초동안 1차에 흘릴 수 있는 전류의 최대값kA(rms)을 말한다. 과전류가 흐르는 시간에 따라 이 열적과전류 강도는 다르게 되며, 임의의 지속시간에 대한 열적과전류 강도를 계산한다.

$$S = \frac{S_n}{\sqrt{t}} [kA]$$

여기서 S : 통전시간 t초에 대한 열적과전류 강도 S_n : 정격과전류 강도(kA)
t : 통전시간(Sec)

MOF 과전류 강도는

① MOF의 과전류강도는 기기 설치점에서 단락전류에 의해 계산 적용하되, 22.9kV급으로서 60[A] 이하의 MOF최소 과전류강도는 전기사업자규격에 의한 75배로 하고, 계산한 값이 75배 이상인 경우에는 150배로 적용하며, 60[A] 초과 시 MOF과전류 강도는 40배로 한다.
② MOF 전단에 한류형 전력퓨즈를 설치하였을 때는 그 퓨즈로 제한되는 단락전류를 기준으로 과전류강도를 계산하여 상기 ①과 같이 적용한다.
③ 다만, 수요자 또는 설계자의 요구에 의하여 MOF 또는 CT의 과전류강도를 150배 이상으로 요구하는 경우는 그 값을 적용한다.
④ CT의 과전류강도는 기기 설치점에서 단락전류에 대한 과전류 강도 계산 값을 적용한다.

15

출제년도 92.05.07.09.12.18.20.(12점/각 문항당 1점, 모두 맞으면 12점)

3층 사무실용 건물에 3상 3선식의 6,000 [V]를 200 [V]로 강압하여 수전하는 설비이다. 각종 부하 설비가 표와 같을 때 참고자료를 이용하여 다음 물음에 답하시오.

[표 1]

동력 부하 설비					
사용 목적	용량 [kW]	대수	상용 동력 [kW]	하계 동력 [kW]	동계 동력 [kW]
난방 관계 • 보일러 펌프 • 오일 기어 펌프 • 온수 순환 펌프	6.0 0.4 3.0	1 1 1			6.0 0.4 3.0
공기 조화 관계 • 1, 2, 3층 패키지 콤프레셔 • 콤프레셔 팬 • 냉각수 펌프 • 쿨링 타워	7.5 5.5 5.5 1.5	6 3 1 1	16.5	45.0 5.5 1.5	
급수배수 관계 • 양수 펌프	3.0	1	3.0		
기타 • 소화 펌프 • 셔터	5.5 0.4	1 2	5.5 0.8		
합 계			25.8	52.0	9.4

[표 2]

조명 및 콘센트 부하 설비					
사용 목적	와트수 [W]	설치 수량	환산 용량 [VA]	총 용량 [VA]	비고
전등 관계 • 수은등 A • 수은등 B • 형광등 • 백열전등	200 100 40 60	4 8 820 10	260 140 55 60	1,040 1,120 45,100 600	200 [V] 고역률 200 [V] 고역률 200 [V] 고역률
콘센트 관계 • 일반 콘센트 • 환기팬용 콘센트 • 히터용 콘센트 • 복사기용 콘센트 • 텔레타이프용 콘센트 • 룸 쿨러용 콘센트	 1,500 	80 8 2 4 2 6	150 55 	12,000 440 3,000 3,600 2,400 7,200	2P 15 [A]
기타 • 전화 교환용 정류기		1		800	
계				77,300	

참고자료 1   변압기의 정격전류

상수	단상				3상			
공칭전압	3.3 [kV]		6.6 [kV]		3.3 [kV]		6.6 [kV]	
변압기 용량 [kVA]	변압기 정격전류 [A]	정격 전류 [A]	변압기 정격전류 [A]	정격 전류 [A]	변압기 정격전류 [A]	정격 전류 [A]	변압기 정격전류 [A]	정격 전류 [A]
5	1.52	3	0.76	1.5	0.88	1.5	–	–
10	3.03	7.5	1.52	3	1.75	3	0.88	1.5
15	4.55	7.5	2.28	3	2.63	3	1.3	1.5
20	6.06	7.5	3.03	7.5	–	–	–	–
30	9.10	15	4.56	7.5	5.26	7.5	2.63	3
50	15.2	20	7.60	15	8.45	15	4.38	7.5

75	22.7	30	11.4	15	13.1	15	6.55	7.5
100	30.3	50	15.2	20	17.5	20	8.75	15
150	45.5	50	22.7	30	26.3	30	13.1	15
200	60.7	75	30.3	50	35.0	50	17.5	20
300	91.0	100	45.5	50	52.0	75	26.3	30
400	121.4	150	60.7	75	70.0	75	35.0	50
500	152.0	200	75.8	100	87.5	100	43.8	50

참고자료 2 배전용 변압기의 정격

항 목			소형 6 [kV] 유입 변압기							중형 6 [kV] 유입 변압기					
정격용량 [kVA]			3	5	7.5	10	15	20	30	50	75	100	150	200	300	500
정격 2차 전류 [A]	단상	105 [V]	28.6	47.6	71.4	95.2	143	190	286	476	714	852	1430	1904	2857	4762
		210 [V]	14.3	23.8	35.7	47.6	71.4	95.2	143	238	357	476	714	952	1429	2381
	3상	210 [V]	8	13.7	20.6	27.5	41.2	55	82.5	137	206	275	412	550	825	1376

정격 전압	정격 2차 전압		6,300 [V] 6/3 [kV] 공용 : 6,300 [V]/3,150 [V]	6,300 [V] 6/3 [kV] 공용 : 6,300 [V]/3,150 [V]
	정격 2차 전압	단상	210 [V] 및 105 [V]	200 [kVA] 이하의 것 : 210 [V] 및 105 [V] 200 [kVA] 이하의 것 : 210 [V]
		3상	210 [V]	210 [V]
탭 전압	전용량 탭전압	단상	6,900 [V], 6,600 [V] 6/3 [kV] 공용 : 6,300 [V]/3,150 [V] 6,600 [V]/3,300 [V]	6,900 [V], 6,600 [V]
		3상	6,600 [V] 6/3 [kV] 공용 : 6,600 [V]/3,300 [V]	6/3 [kV] 공용 : 6,300 [V]/3,150 [V], 6,600 [V]/3,300 [V]
	저감 용량 탭전압	단상	6,000 [V], 5,700 [V] 6/3 [kV] 공용 : 6,000 [V]/3,000 [V], 5,700 [V]/2,850 [V]	6,000 [V], 5,700 [V]
		3상	6,000 [V] 6/3 [kV] 공용 : 6,000 [V]/3,300 [V],	6/3 [kV] 공용 : 6,600 [V]/3,000 [V], 5,700 [V]/2,850 [V]
변압기의 결선	단상		2차 권선 : 분할 결선	3상	1차 권선 : 성형 권선
	3상		1차 권선 : 성형 권선, 2차 권선 : 성형 권선		2차 권선 : 삼각 권선

참고자료 3 역률개선용 콘덴서의 용량 계산표 [%]

구분		개선 후의 역률															
		1.00	0.99	0.98	0.97	0.96	0.95	0.94	0.93	0.92	0.91	0.90	0.89	0.88	0.87	0.86	0.85	0.83	0.80
개선 전의 역률	0.50	173	159	153	148	144	140	137	134	131	128	125	122	119	117	114	111	106	98
	0.55	152	138	132	127	123	119	116	112	108	106	103	101	98	95	92	90	85	77
	0.60	133	119	113	108	104	100	97	94	91	88	85	82	79	77	74	71	66	58
	0.62	127	112	106	102	97	94	90	87	84	81	78	75	73	70	67	65	59	52
	0.64	120	106	100	95	91	87	84	81	78	75	72	69	66	63	61	58	53	45
	0.66	114	100	94	89	85	81	78	74	71	68	65	63	60	57	55	52	47	39
	0.68	108	94	88	83	79	75	72	68	65	62	59	57	54	51	49	46	41	33
	0.70	102	88	82	77	73	69	66	63	59	56	54	51	48	45	43	40	35	27
	0.72	96	82	76	71	67	64	60	57	54	51	48	45	42	40	37	34	29	21
	0.74	91	77	71	68	62	58	55	51	48	45	43	40	37	34	32	29	24	16
	0.76	86	71	65	60	58	53	49	46	43	40	37	34	32	29	26	24	18	11
	0.78	80	66	60	55	51	47	44	41	38	35	32	29	26	24	21	18	13	5
	0.79	78	63	57	53	48	45	41	38	35	32	29	26	24	21	18	16	10	2.6
	0.80	75	61	55	50	46	42	39	36	32	29	27	24	21	18	16	13	8	
	0.81	72	58	52	47	43	40	36	33	30	27	24	21	18	16	13	10	5	
	0.82	70	56	50	45	41	34	34	30	27	24	21	18	16	13	10	8	2.6	
	0.83	67	53	47	42	38	34	31	28	25	22	19	16	13	11	8	5		
	0.84	65	50	44	40	35	32	28	25	22	19	16	13	11	8	5	2.6		
	0.85	62	48	42	37	33	29	25	23	19	16	14	11	8	5	2.7			
	0.86	59	45	39	34	30	28	23	20	17	14	11	8	5	2.6				
	0.87	57	42	36	32	28	24	20	17	14	11	8	6	2.7					
	0.88	54	40	34	29	25	21	18	15	11	8	6	2.8						
	0.89	51	37	31	26	22	18	15	12	9	6	2.8							
	0.90	48	34	28	23	19	16	12	9	6	2.8								
	0.91	46	31	25	21	16	13	9	8	3									
	0.92	43	28	22	18	13	10	8	3.1										
	0.93	40	25	19	14	10	7	3.2											

0.94	36	22	16	11	7	3.4							
0.95	33	19	13	8	3.7								
0.96	29	15	9	4.1									
0.97	25	11	4.8										
0.98	20	8											
0.99	14												

(1) 동계 난방 때 온수 순환 펌프는 상시 운전하고, 보일러용과 오일 기어 펌프의 수용률이 60 [%]일 때 난방 동력 수용 부하는 몇 [kW]인가?

(2) 동력 부하의 역률이 전부 80 [%]라고 한다면 피상 전력은 각각 몇 [kVA]인가?
(단, 상용 동력, 하계 동력, 동계 동력별로 각각 계산하시오.)

구분	계산	답
상용 동력		
하계 동력		
동계 동력		

(3) 총 전기 설비 용량은 몇 [kVA]를 기준으로 하여야 하는가?

(4) 전등의 수용률은 70[%], 콘센트 설비의 수용률은 50[%]라고 한다면 몇 [kVA]의 단상 변압기에 연결하여야 하는가? (단, 전화 교환용 정류기는 100[%] 수용률로서 계산한 결과에 포함시키며 변압기 예비율은 무시한다.)

(5) 동력 설비 부하의 수용률이 모두 60 [%]라면 동력 부하용 3상 변압기의 용량은 몇 [kVA]인가? (단, 동력 부하의 역률은 80 [%]로 하며 변압기의 예비율은 무시한다.)

(6) 상기 건물에 시설된 변압기 총 용량은 몇 [kVA]인가?

(7) 단상 변압기와 3상 변압기의 1차측의 전력 퓨즈의 정격 전류는 각각 몇 [A]의 것을 선택하여야 하는가?

• 단상변압기 :

• 3상변압기 :

(8) 선정된 동력용 변압기 용량에서 역률을 95 [%]로 개선하려면 콘덴서 용량은 몇 [kVA]인가?

[작성답안]
(1) 계산 : 난방 동력 수용부하 = 3.0 + 6.0 × 0.6 + 0.4 × 0.6 = 6.84 [kW]
    답 : 6.84 [kW]

(2)

구분	계산	답
상용 동력	$P = \dfrac{25.8}{0.8} = 32.25\,[kVA]$	32.25 [kVA]
하계 동력	$P = \dfrac{52.0}{0.8} = 65\,[kVA]$	65 [kVA]
동계 동력	$P = \dfrac{9.4}{0.8} = 11.75\,[kVA]$	11.75 [kVA]

(3) 계산 : 총 전기 설비 용량 = 32.25 + 65 + 77.3 = 174.55 [kVA]
    답 : 174.55 [kVA]

(4) 계산
  전등 관계 : (1,040 + 1,120 + 45,100 + 600) × 0.7 × 10^{-3} = 33.5 [kVA]
  콘센트 관계 : (12,000 + 440 + 3,000 + 3,600 + 2,400 + 7,200) × 0.5 × 10^{-3} = 14.32 [kVA]
  기타 : 800 × 1 × 10^{-3} = 0.8 [kVA]
  ∴ P = 33.5 + 14.32 + 0.8 = 48.62 [kVA]
  ∴ 단상 변압기 50 [kVA] 선정
    답 : 50 [kVA]

(5) 계산 : $P = \dfrac{(25.8 + 52.0)}{0.8} \times 0.6 = 58.35\,[kVA]$
   ∴ 3상 변압기 용량 75 [kVA] 선정
    답 : 75 [kVA]

(6) 계산 : 총 용량 = 50 + 75 = 125 [kVA]
    답 : 125 [kVA]

(7) 단상 변압기 : 참고자료 1에서 변압기용량 50 [kVA]과 단상 6.6 [kV]의 교차점에서 퓨즈의 정격 전류 15 [A] 선정

　　3상 변압기 : 참고자료 1에서 변압기용량 75 [kVA]과 3상 6.6 [kV]의 교차점에서 퓨즈의 정격 전류 7.5 [A] 선정

(8) 계산 : 참고자료 3에서 개선전역률 80 [%]와 개선후 역률 95 [%]가 만나는 곳의 42 [%] 선정

∴ $Q_c = 75 \times 0.8 \times 0.42 = 25.2$ [kVA]

답 : 25.2 [kVA]

[핵심]

(5) 3상 변압기 용량 계산은 동계부하와 하계부하 중 큰 것을 기준으로 구한다.

(6) 총용량은 단상변압기 용량과 3상 변압기 용량의 합계로 구한다.

16

출제년도 20.(4점/부분점수 없음)

ASCR 전선에 댐퍼를 설치하는 무엇인가?

[작성답안]

진동방지

[핵심] 댐퍼

전선과 직각방향으로 미풍이 불어오는 경우 그 전선 배후에 와류가 생기고 와류로 인해 수직방향으로 진동하는 교번력이 생긴다. 이러한 현상은 ACSR 등과 같이 전선의 지름이 크고 가벼운 전선의 경우 쉽게 발생한다. 진동이 지속되면 지지점에서 전선의 피로현상이 발생하여 단선까지 되게 된다. 이러한 현상을 억제하기 위해서는 전선의 지지점에 가까운 곳에 추(damper)를 달아서 진동을 감소시키는 방법(stock bridge damper, torsional damper)과 지지점 부근의 전선을 보강하는 방법(armour rod)이 있으며, 가공지선에 별도의 선을 첨가하여 보강하는 방법(bate's damper) 등이 있다.

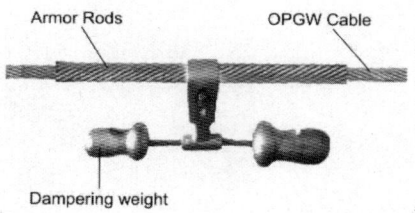

2020년 2회 기출문제 해설

전기기사 실기 과년도

※ 다음 물음에 답을 해당 답란에 답하시오.

1 출제년도 91.94.95.01.10.14.20.新規.(7점/(1)4점, (2)3점)

3.7 [kW]와 7.5 [kW]의 직입기동 농형 전동기 및 22 [kW]의 기동기 사용 권선형 전동기 등 3대를 그림과 같이 접속하였다. 이 때 다음 각 물음에 답하시오. (단, 공사방법 B1이고 XLPE 절연전선을 사용하였으며, 정격 전압은 200 [V]이고, 간선 및 분기회로에 사용되는 전선 도체의 재질 및 종류는 같다고 한다.)

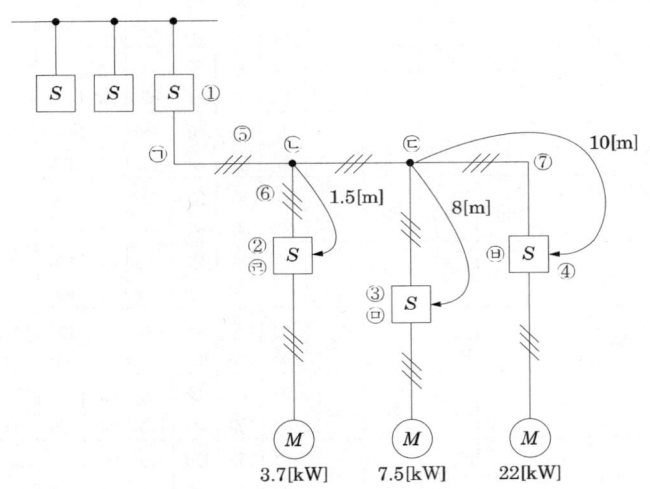

(1) 간선에 사용되는 과전류 차단기와 개폐기 (①)의 최소 용량은 몇 [A]인가?

 • 선정과정 :

 • 과전류 차단기 용량 :

 • 개폐기 용량 :

(2) 간선의 최소 굵기는 몇 [mm²]인가?

[표1] 전동기 공사에서 간선의 전선 굵기·개폐기 용량 및 적정 퓨즈(220[V], B종 퓨즈)

전동기 [kW] 수의 총계 ① [kW] 이하	최대 사용 전류 ①' [A] 이하	배선종류에 의한 간선의 최소 굵기 [mm²] ②						직입기동 전동기 중 최대 용량의 것									
		공사방법 A1		공사방법 B1		공사방법 C		0.75 이하	1.5	2.2	3.7	5.5	7.5	11	15	18.5	22	30	37~55
								기동기 사용 전동기 중 최대 용량의 것									
								-	-	-	5.5	7.5	11 15	18.5 22	-	30 37	-	45	55
		PVC	XLPE, EPR	PVC	XLPE, EPR	PVC	XLPE, EPR	과전류 차단기 [A] …… (칸 위 숫자) ③ 개폐기 용량 [A] …… (칸 아래 숫자) ④									
3	15	2.5	2.5	2.5	2.5	2.5	2.5	15 30	20 30	30 30	-	-	-	-	-	-	-	-
4.5	20	4	2.5	2.5	2.5	2.5	2.5	20 30	20 30	30 30	50 60	-	-	-	-	-	-	-
6.3	30	6	4	6	4	4	2.5	30 30	30 30	50 60	50 60	75 100	-	-	-	-	-	-
8.2	40	10	6	10	6	6	4	50 60	50 60	50 60	75 100	75 100	100 100	-	-	-	-	-
12	50	16	10	10	10	10	6	50 60	50 60	50 60	75 100	75 100	100 100	150 200	-	-	-	-
15.7	75	35	25	25	16	16	16	75 100	75 100	75 100	75 100	100 100	100 100	150 200	150 200	-	-	-
19.5	90	50	25	35	25	25	16	100 100	100 100	100 100	100 100	100 100	150 200	150 200	200 200	200 200	-	-
23.2	100	50	35	35	25	35	25	100 100	100 100	100 100	100 100	100 100	150 200	150 200	200 200	200 200	200 200	-
30	125	70	50	50	35	50	35	150 200	150 200	150 200	150 200	150 200	150 200	150 200	200 200	200 200	200 200	-
37.5	150	95	70	70	50	70	50	150 200	150 200	150 200	150 200	150 200	150 200	150 200	200 300	300 300	300 300	-
45	175	120	70	95	50	70	50	200 200	200 200	200 200	200 200	200 200	200 200	200 300	300 300	300 300	300 300	300 300
52.5	200	150	95	95	70	95	70	200 200	200 200	200 200	200 200	200 200	200 200	200 300	300 300	300 400	400 400	400 400
63.7	250	240	150	-	95	120	95	300 300	300 300	300 300	300 300	300 300	300 300	300 300	300 400	400 400	400 500	500 600
75	300	300	185	-	120	185	120	300 300	300 300	300 300	300 300	300 300	300 300	300 300	300 400	400 400	400 500	500 600
86.2	350	-	240	-	-	240	150	400 400	400 400	400 400	400 400	400 400	400 400	400 400	400 400	400 400	400 500	600 600

[비고1] 최소 전선 굵기는 1회선에 대한 것이며, 2회선 이상을 경우는 부록 500-2의 복수회로 보정계수를 적용하여야 한다.
[비고2] 공사방법 A1은 벽 내의 전선관에 공사한 절연전선 또는 단심케이블, B1은 벽면의 전선관에 공사한 절연전선 또는 단심케이블, 공사방법 C는 벽면에 공사한 단심 또는 다심케이블을 시설하는 경우의 전선 굵기를 표시하였다.
[비고3] 「전동기 중 최대의 것」에는 동시 기동하는 경우를 포함함.
[비고4] 과전류 차단기의 용량은 해당 조항에 규정되어 있는 범위에서 실용상 거의 최대값을 표시함.
[비고5] 과전류 차단기의 선정은 최대 용량의 정격전류의 3배에 다른 전동기의 정격전류의 합계를 가산한 값 이하를 표시함.
[비고6] 이 표의 전선 굵기 및 허용전류는 부록 500-2에서 공사방법 A1, B1, C는 표 A.52-5에 의한 값으로 하였다.
[비고7] 고리퓨즈는 300 [A] 이하에서 사용하여야 한다.

[표 2] 200 [V] 3상 유도 전동기 1대인 경우의 분기회로 (B종 퓨즈의 경우)

정격출력 [kW]	전부하전류 [A]	배선 종류에 의한 동 전선의 최소 굵기 [mm²]					
		공사방법 A1		공사방법 B1		공사방법 C	
		3개선		3개선		3개선	
		PVC	XLPE, EPR	PVC	XLPE, EPR	PVC	XLPE, EPR
0.2	1.8	2.5	2.5	2.5	2.5	2.5	2.5
0.4	3.2	2.5	2.5	2.5	2.5	2.5	2.5
0.75	4.8	2.5	2.5	2.5	2.5	2.5	2.5
1.5	8	2.5	2.5	2.5	2.5	2.5	2.5
2.2	11.1	2.5	2.5	2.5	2.5	2.5	2.5
3.7	17.4	2.5	2.5	2.5	2.5	2.5	2.5
5.5	26	6	4	4	2.5	4	2.5
7.5	34	10	6	6	4	6	4
11	48	16	10	10	6	10	6
15	65	25	16	16	10	16	10
18.5	79	35	25	25	16	25	16
22	93	50	25	35	25	25	16
30	124	70	50	50	35	50	35
37	152	95	70	70	50	70	50

정격 출력 [kW]	전부하 전류 [A]	개폐기 용량 [A] 직입기동 현장조작	개폐기 용량 [A] 직입기동 분기	개폐기 용량 [A] 기동기 사용 현장조작	개폐기 용량 [A] 기동기 사용 분기	과전류 차단기(B종 퓨즈) [A] 직입 기동 현장조작	과전류 차단기(B종 퓨즈) [A] 직입 기동 분기	과전류 차단기(B종 퓨즈) [A] 기동기 사용 현장조작	과전류 차단기(B종 퓨즈) [A] 기동기 사용 분기	전동기용 초과눈금 전류계의 전격전류 [A]	접지도체의 최소 굵기 [mm^2]
0.2	1.8	15	15			15	15			3	2.5
0.4	3.2	15	15			15	15			5	2.5
0.75	4.8	15	15			15	15			5	2.5
1.5	8	15	30			15	20			10	4
2.2	11.1	30	30			20	30			15	4
3.7	17.4	30	60			30	50			20	6
5.5	26	60	60	30	60	50	60	30	50	30	6
7.5	34	100	100	60	100	75	100	50	75	30	10
11	48	100	200	100	100	100	150	75	100	60	16
15	65	100	200	100	100	100	150	100	100	60	16
18.5	79	200	200	100	200	150	200	100	150	100	16
22	93	200	200	100	200	150	200	100	150	100	16
30	124	200	400	200	200	200	300	150	200	150	25
37	152	200	400	200	200	200	300	150	200	200	25

[비고1] 최소 전선 굵기는 1회선에 대한 것이며, 2회선 이상일 경우는 부록 500-2의 복수회로 보정 계수를 적용하여야 한다.

[비고2] 공사방법 A1은 벽 내의 전선관에 공사한 절연전선 또는 단심케이블, B1은 벽면의 전선관에 공사한 절연전선 또는 단심 케이블, 공사방법 C는 벽면에 공사한 단심 또는 다심케이블을 시설하는 경우의 전선 굵기를 표시하였다.

[비고3] 전동기 2대 이상을 동일회로로 할 경우는 간선의 표를 적용할 것

[작성답안]

(1) • 선정과정 : 전동기수의 총계 = 3.7 + 7.5 + 22 = 33.2 [kW]

　　[표 1]에서 전동기수의 총계 37.5 [kW]난과 기동기 사용 22 [kW]난의 교차점에서 개폐기 200 [A] 선정, 과전류 차단기 150 [A] 선정

　• 과전류 차단기 용량 : 150 [A]

　• 개폐기 용량 : 200 [A]

(2) 전동기수의 총계 = 3.7 + 7.5 + 22 = 33.2 [kW]

[표 1]에서 전동기수의 총계 37.5 [kW]난에서 전선 50 [mm²] 선정

답 : 50 [mm²]

2

출제년도 08.09.20.(5점/부분점수 없음)

도로의 너비가 30 [m]인 곳의 양쪽으로 30 [m] 간격으로 지그재그식으로 등주를 배치하여 도로 위의 평균 조도를 6 [lx]가 되도록 하고자 한다. 도로면의 광속 이용률은 32 [%], 유지율은 80 [%]로 한다고 할 때 각 등주에 사용되는 수은등의 규격은 몇 [W]의 것을 사용하여야 하는지, 전광속을 계산하고, 주어진 수은등 규격표에서 찾아 쓰시오.

수은등의 규격표

크기 [W]	전광속 [lm]
100	2,200 ~ 3,000
200	4,000 ~ 5,500
250	7,700 ~ 8,500
300	10,000 ~ 11,000
500	13,000 ~ 14,000

[작성답안]

계산 : $F = \dfrac{EBS}{2M} = \dfrac{6 \times 30 \times 30}{2 \times 0.8 \times 0.32} = 10546.88$ [lm]

표에서 300 [W] 선정

답 : 300 [W]

[핵심] 도로조명

$$E = \dfrac{FNUM}{BS} \text{ [lx]}$$

여기서, E : 노면평균조도 [lx], F : 광원 1개 광속 [lm], N : 광원의 열수

M : 보수율, 감광보상률 D의 역수, B : 도로의 폭 [m], S : 광원의 간격 [m]

U : 빔 이용률
- 50 [%] 이상, 피조면 도달 0.75
- 20 ~ 50 [%] 이상, 피조면 도달 0.5
- 25 [%] 이하, 피조면 도달 0.4

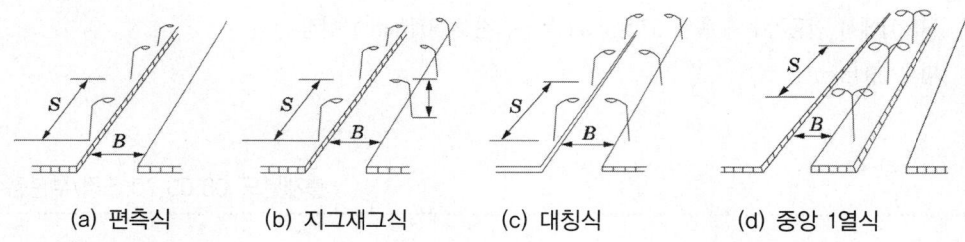

(a) 편측식　　　(b) 지그재그식　　　(c) 대칭식　　　(d) 중앙 1열식

3

출제년도 12.20.(8점/각 항목당 1점)

아래의 표에서 금속관 부품의 특징에 해당하는 부품명을 쓰시오.

부품명	특징
①	관과 박스를 접속할 경우 파이프 나사를 죄어 고정시키는데 사용되며 6각형과 기어형이 있다.
②	전선 관단에 끼우고 전선을 넣거나 빼는 데 있어서 전선의 피복을 보호하여 전선이 손상되지 않게 하는 것으로 금속제와 합성수지제의 2종류가 있다.
③	금속관 상호 접속 또는 관과 노멀 밴드와의 접속에 사용되며 내면에 나사가 있으며 관의 양측을 돌려서 사용할 수 없는 경우 유니온 커플링을 사용한다.
④	노출 배관에서 금속관을 조영재에 고정시키는 데 사용되며 합성수지 전선관, 가요 전선관, 케이블 공사에도 사용된다.
⑤	배관의 직각 굴곡에 사용하며 양단에 나사가 나있어 관과의 접속에는 커플링을 사용한다.
⑥	금속관을 아웃렛 박스의 노크아웃에 취부할 때 노크아웃의 구멍이 관의 구멍보다 클 때 사용된다.
⑦	매입형의 스위치나 콘센트를 고정하는 데 사용되며 1개용, 2개용, 3개용 등이 있다.
⑧	전선관 공사에 있어 전등 기구나 점멸기 또는 콘센트의 고정, 접속함으로 사용되며 4각 및 8각이 있다.

[작성답안]

①	로크너트 (lock nut)	⑤	노멀밴드 (normal bend)
②	부싱 (bushing)	⑥	링 리듀우서 (ring reducer)
③	커플링 (coupling)	⑦	스위치 박스 (switch box)
④	새들 (saddle)	⑧	아웃렛 박스 (outlet box)

[핵심] 금속관 부품

명칭	사용 용도
로크너트(lock nut)	관과 박스(Box)를 접속하는 경우 파이프 나사를 죄어 고정시키는 데 사용되며 6각형과 기어형이 있다.
부싱(bushing)	전선 관단에 끼우고 전선을 넣거나 빼는 데 있어서 전선의 피복을 보호하여 전선이 손상되지 않게 하는 것. 금속제와 합성수지제 2가지가 있다.
커플링(coupling)	금속관 상호 접속 또는 관과 노멀 밴드와의 접속에 사용되며 내면에 나사가 나 있다.
유니온 커플링	관의 양측을 돌려서 접속할 수 없는 경우 유니온 커플링을 사용한다.
새들(saddle)	노출 배관에서 금속관을 조영재에 고정시키는 데 사용되며 합성수지관, 가요관, 케이블 공사에도 사용된다.
노멀 밴드(normal bend)	배관의 직각 굴곡에 사용하며 양단에 나사가 나 있어 관과의 접속에는 커플링을 사용한다.
링 리듀서	금속을 아우트렛 박스의 로크 아우트에 취부할 때 로크 아우트의 구멍이 관의 구멍보다 클 때 링 리듀서를 사용, 로크 너트로 조이면 된다.
스위치 박스 (switch box)	매입형의 스위치나 콘센트를 고정하는 데 사용되며 1개용, 2개용, 3개용 등이 있다.
플로어 박스	바닥 밑으로 매입 배선할 때 사용 및 바닥 밑에 콘센트를 접속할 때 사용한다.
콘크리트 박스 (concrete box)	콘크리트에 매입 배선용으로 아우트렛 박스와 같은 목적으로 사용하며 밑판을 분리할 수 있다.

명칭	사용 용도
아우트렛 박스 (outlet box)	전선관 공사에 있어 전등 기구나 점멸기 또는 콘센트의 고정, 접속함으로 사용되며 4각 및 8각이 있다.
노출 배관용 박스	노출 배관 박스는 허브가 있는 주철재의 박스가 사용되며 원형 노출 박스, 노출 스위치 박스 등이 있다.
유니버셜엘보	노출 배관 공사에서 관을 직각으로 굽히는 곳에 사용,강제전선관 공사중 노출 배관 공사에서 관을 직각으로 굽히는 곳에사용한다. 3방향으로 분기할 수 있는 T형과 4방향으로 분기할 수 있는 크로스(cress)형이 있다.
터미널 캡 (terminal cap)	저압 가공 인입선에서 금속관 공사로 옮겨지는 곳 또는 수평금속관으로부터 전선을 뽑아 전동기 단자 부분에 접속할 때 사용 A형, B형이 있다.
엔트런스 캡(우에사 캡) (entrance cap)	인입구, 인출구의 관단에 설치하여 수직금속관에 접속하여 옥외의 빗물을 막는 데 사용한다.
픽스쳐 스터드와 히키 (fixture stud & hickey)	아우트렛 박스에 조명기구를 부착시킬 때 기구 중량의 장력을 보강하기 위하여 사용한다.
접지 클램프 (grounding clamp)	금속관 공사시 관을 접지하는 데 사용한다.

4

출제년도 97.21.(4점/각 문항당 2점)

축전지의 정격용량 200 [Ah], 상시부하 10 [kW], 표준전압 100 [V]인 부동충전 방식의 2차 충전전류값은 얼마인지 계산하시오. (단, 연축전지의 방전율은 10시간율, 알칼리 축전지는 5시간 방전률로 한다.)

(1) 연축전지

(2) 알칼리축전지

[작성답안]

(1) 충전기 2차 전류[A] = $\dfrac{\text{축전지 용량[Ah]}}{\text{정격방전율[h]}} + \dfrac{\text{상시 부하용량[VA]}}{\text{표준전압[V]}}$

$$I = \dfrac{200}{10} + \dfrac{10 \times 10^3}{100} = 120 \text{ [A]}$$

답 : 120[A]

(2) $I = \dfrac{200}{5} + \dfrac{10 \times 10^3}{100} = 140$ [A]

답 : 140[A]

[핵심] 부동충전방식

전지의 자기 방전을 보충함과 동시에 상용 부하에 대한 전력 공급은 충전기가 부담하도록 하되 충전기가 부담하기 어려운 일시적인 대전류 부하는 축전지로 하여금 부담하게 하는 방식

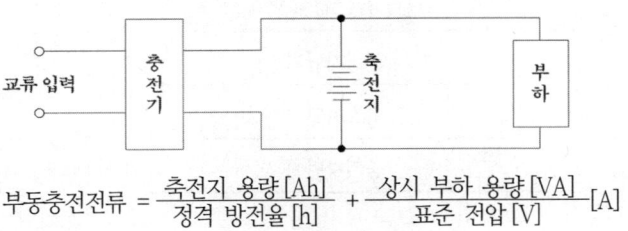

부동충전전류 = $\dfrac{\text{축전지 용량[Ah]}}{\text{정격 방전율[h]}} + \dfrac{\text{상시 부하 용량[VA]}}{\text{표준 전압[V]}}$ [A]

5 출제년도 20(6점/각 항목당 1점)

현재 사용되고 있는 특고압 및 저압차단기 종류 각3가지의 영문약호와 한글명칭을 쓰시오.

(1) 특고압 차단기

영문약호	한글명칭

(2) 저압 차단기

영문약호	한글명칭

[작성답안]

(1) 특고압 차단기

영문약호	한글명칭
VCB	진공차단기
GCB	가스차단기
ABB	공기차단기

(2) 저압 차단기

영문약호	한글명칭
ACB	기중차단기
MCCB	배선용차단기
ELB	누전차단기

[핵심] 차단기

종류	약어	소호원리
가스차단기	GCB	(육불화유황)가스를 흡수해서 차단
공기차단기	ABB	압축공기를 아크에 불어넣어서 차단
유입차단기	OCB	아크에 의한 절연유 분해가스의 흡부력(吸付力)을 이용하여 차단
진공차단기	VCB	고진공속에서 전자의 고속도 확산을 이용하여 차단
자기차단기	MBB	전자력을 이용하여 아크를 소호실 내로 유도하여 냉각차단
기중차단기	ACB	대기 중에서 아크를 길게 하여 소호실에서 냉각차단

6 출제년도 04.08.20.(6점/각 문항당 3점)

고압 선로에서의 접지사고 검출 및 경보장치를 그림과 같이 시설하였다. A선에 누전사고가 발생하였을 때 다음 각 물음에 답하시오.(단, 전원이 인가되고 경보벨의 스위치는 닫혀있는 상태라고 한다.)

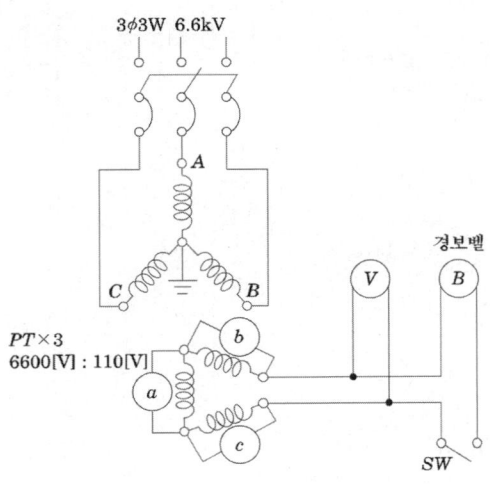

(1) 1차측 A선의 대지 전압이 0[V]인 경우 B선 및 C선의 대지 전압은 각각 몇 [V]인가?

　① B선의 대지전압

　② C선의 대지전압

(2) 2차측 전구 ⓐ의 전압이 0[V]인 경우 ⓑ 및 ⓒ 전구의 전압과 전압계 Ⓥ의 지시 전압, 경보벨 Ⓑ에 걸리는 전압은 각각 몇 [V]인가?

　① ⓑ 전구의 전압

　② ⓒ 전구의 전압

　③ 전압계 Ⓥ의 지시 전압

　④ 경보벨 Ⓑ에 걸리는 전압

[작성답안]

(1) ① B선의 대지전압

　계산 : $\dfrac{6,600}{\sqrt{3}} \times \sqrt{3} = 6,600$ [V]

　답 : 6,600 [V]

② C선의 대지전압

　계산 : $\dfrac{6,600}{\sqrt{3}} \times \sqrt{3} = 6,600$ [V]

　답 : 6,600 [V]

(2) ① ⓑ 전구의 전압

　계산 : $6,600 \times \dfrac{110}{6,600} = 110$ [V]

　답 : 110 [V]

② ⓒ 전구의 전압

　계산 : $6,600 \times \dfrac{110}{6,600} = 110$ [V]

　답 : 110 [V]

③ 전압계 Ⓥ의 지시 전압

계산 : $110 \times \sqrt{3} = 190.53$ [V]

답 : 190.53 [V]

④ 경보벨 Ⓑ에 걸리는 전압

계산 : $110 \times \sqrt{3} = 190.53$ [V]

답 : 190.53 [V]

[핵심] GPT(접지형 계기용변압기)

접지형 계기용 변압기는 비접지 계통에서 지락 사고시의 영상전압을 검출한다. 아래 그림에서 접지형 계기용 변압기는 정상상태가 된다. 정상 운전시에는 영상전압이 평형상태가 된다. 이때 각상의 전압은 $110/\sqrt{3}$ [V]가 되고 120°의 위상 차이가 있기 때문에 평형이 되고 이들의 합은 0 [V]가 된다.

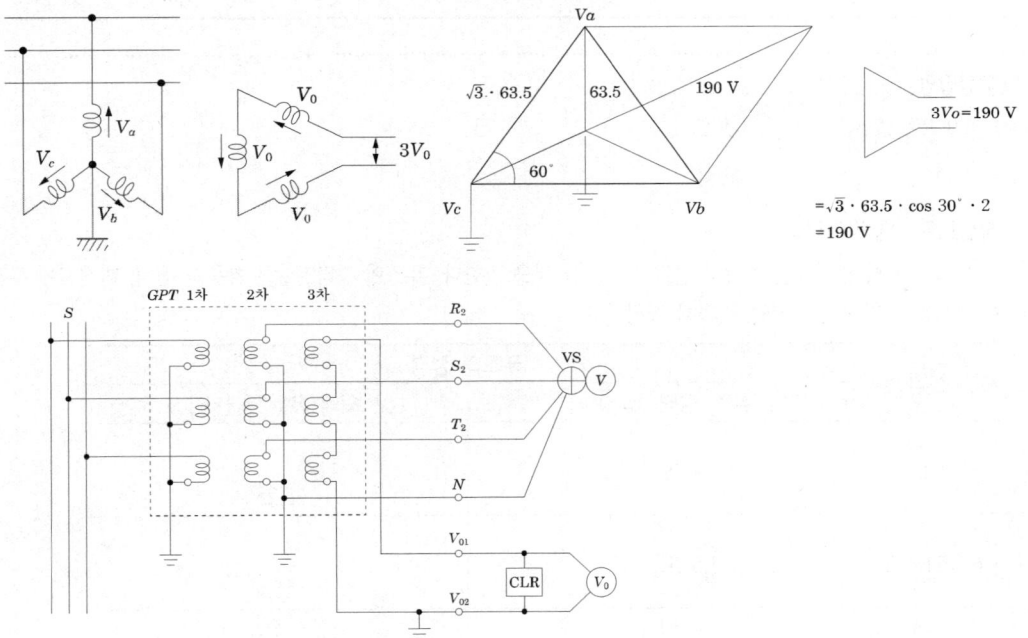

7

출제년도 09.20.(5점/각 항목당 1점)

퓨즈 정격사항에 대하여 주어진 표의 빈 칸에 쓰시오.

계통전압 [kV]	퓨즈 정격	
	퓨즈 정격전압 [kV]	최대 설계전압 [kV]
6.6	①	8.25
13.2	15	②
22 또는 22.9	③	25.8
66	69	④
154	⑤	169

[작성답안]

① 6.9 또는 7.5 ② 15.5 ③ 23
④ 72.5 ⑤ 161

[핵심] 퓨즈의 정격전압

3상회로에서 사용 가능한 전압의 한도를 표시한 것을 말한다. 퓨즈의 정격전압은 계통의 접지, 비접지에 무관하고 계통의 최대 선간전압에 의해 결정된다.

계통 전압 [kV]	퓨즈의 정격	
	퓨즈 정격전압 [kV]	최대설계전압 [kV]
6.6	6.9 또는 7.5	- / 8.25
6.6/11.4 Y	11.5 또는 15.0	- / 15.5
13.2	15.0	15.5
22 또는 22.9	23.0	25.8
66	69.0	72.5
154	161.0	169

출제년도 94.03.05.07.11.13.20.(5점/부분점수 없음)

그림과 같은 송전계통 S점에서 3상 단락사고가 발생하였다. 주어진 도면과 조건을 참고하여 변압기(T_2)의 각각의 %리액턴스를 100 [MVA] 출력으로 환산하고, 1차(P), 2차(T), 3차(S)의 %리액턴스를 구하시오.

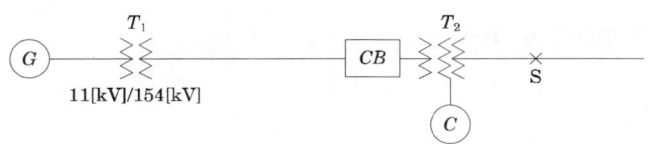

【조건】

번호	기기명	용량	전압	%X
1	G : 발전기	50,000 [kVA]	11 [kV]	30
2	T_1 : 변압기	50,000 [kVA]	11/154 [kV]	12
3	송전선		154 [kV]	10(10,000 [kVA])
4	T_2 : 변압기	1차 25,000 [kVA]	154 [kV]	12(25,000 [kVA], 1~2차)
		2차 30,000 [kVA]	77 [kV]	15(25,000 [kVA], 2~3차)
		3차 10,000 [kVA]	11 [kV]	10.8(10,000 [kVA], 3~1차)
5	C : 조상기	10,000 [kVA]	11 [kV]	20(10,000 [kVA])

- 1차
- 2차
- 3차

[작성답안]

1차~2차간 : $X_{P-T} = \dfrac{100}{25} \times 12 = 48 \, [\%]$

2차~3차간 : $X_{T-S} = \dfrac{100}{25} \times 15 = 60 \, [\%]$

3차~1차간 : $X_{S-P} = \dfrac{100}{10} \times 10.8 = 108 \, [\%]$

그러므로

1차 $X_P = \dfrac{48+108-60}{2} = 48\,[\%]$

2차 $X_T = \dfrac{48+60-108}{2} = 0\,[\%]$

3차 $X_S = \dfrac{60+108-48}{2} = 60\,[\%]$

[핵심] 3권선 변압기 임피던스의 환산

$Z_a + Z_b = Z_{ab}$

$Z_b + Z_c = Z_{bc}$

$Z_a + Z_c = Z_{ac}$

위 식을 모두 더하면 다음과 같이 된다.

$2(Z_a + Z_b + Z_c) = Z_{ab} + Z_{bc} + Z_{ca}$

$2(Z_a + Z_{bc}) = Z_{ab} + Z_{bc} + Z_{ca}$

$R_a = \dfrac{1}{2}(Z_{ab} + Z_{ca} - Z_{bc})\,[\Omega]$ $R_b = \dfrac{1}{2}(Z_{ab} + Z_{bc} - Z_{ca})\,[\Omega]$ $R_c = \dfrac{1}{2}(Z_{ca} + Z_{bc} - Z_{ab})\,[\Omega]$

---

9 출제년도 11.14.18.20.(6점/각 문항당 3점)

수전 전압 6,600 [V], 가공 전선로의 %임피던스가 60.5 [%]일 때 수전점의 3상 단락 전류가 7,000 [A]인 경우 기준 용량을 구하고 수전용 차단기의 차단 용량을 선정하시오.

차단기의 정격 용량[MVA]

10	20	30	50	75	100	750	250	300	400	500

(1) 기준용량을 구하시오.

(2) (1)번의 기준용량을 이용하여 차단용량을 구하시오.

[작성답안]

(1) 계산 : $I_n = \dfrac{\%Z}{100} \times I_s = \dfrac{60.5}{100} \times 7{,}000 = 4235$ [A]

$P_n = \sqrt{3}\,VI_n = \sqrt{3} \times 6{,}600 \times 4235 \times 10^{-6} = 48.412$ [MVA]

답 : 48.41 [MVA]

(2) 계산 : $P_s = \dfrac{100}{\%Z} \times P_n = \dfrac{100}{60.5} \times 48.41 = 80.02$ [MVA]

표에서 100 [MVA] 선정

답 : 100 [MVA]

[핵심]

기준용량을 이용하여 차단용량을 구하시오. 라고 했으므로 기준용량을 이용하여 구하여야 한다.

10

출제년도 88.96.20.(6점/각 문항당 3점)

옥내 배선의 시설에 있어서 인입구 부근에 전기 저항치가 3 [Ω] 이하의 값을 유지하는 수도관 또는 철골이 있는 경우에는 이것을 접지극으로 사용하여 이를 중성점 접지 공사한 저압 전로의 중성선 또는 접지측 전선에 추가 접지 할 수 있다. 이 추가 접지의 목적은 저압 전로에 침입하는 뇌격이나 고저압 혼촉으로 인한 이상 전압에 의한 옥내 배선의 전위 상승을 억제하는 역할을 한다. 또 지락 사고시에 단락 전류를 증가시킴으로서 과전류 차단기의 동작을 확실하게 하는 것이다. 그림에 있어서 (나)점에서 지락이 발생한 경우 추가 접지가 없는 경우의 지락 전류와 추가 접지가 있는 경우의 지락전류 값을 구하시오.

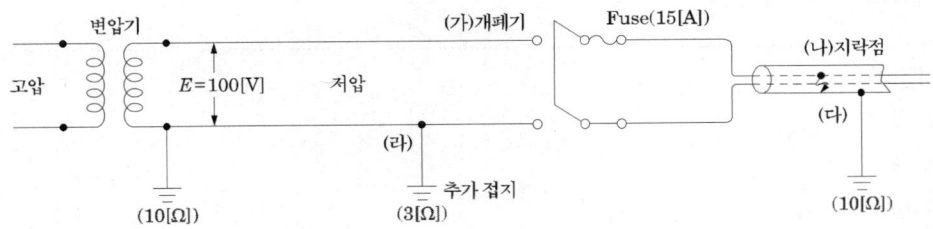

(1) 추가 접지가 없는 경우

(2) 추가 접지가 있는 경우

[작성답안]

(1) 추가 접지가 없는 경우

$$I_g = \frac{E}{R_2 + R_3} = \frac{100}{10+10} = 5 \, [A]$$

(2) 추가 접지가 있는 경우

$$I_g = \frac{100}{10 + \dfrac{10 \times 3}{10+3}} = 8.125 \, [A]$$

11 출제년도 20.(5점/부분점수 없음)

다음에 주어진 단상 유도전동기 들의 역회전 방법을 보기에서 골라 짝지어라.

(1) 반발기동형

(2) 분상기동형

(3) 셰이딩 코일형

ㄱ. 역회전이 불가능하다.

ㄴ. 기동권선의 접속을 반대로 한다.

ㄷ. 브러시의 위치를 바꾼다.

[작성답안]

반발기동형 (ㄷ)

분상기동형 (ㄴ)

셰이딩코일형 (ㄱ)

[핵심]

단상 반발 전동기는 브러시 이동으로 속도 제어 및 역전이 가능하다. 셰이딩코일형은 역회전이 불가능한 전동기이며, 분상기동형은 기동권선의 접속을 반대로 하여 역회전 한다.

12

출제년도 20.(5점/부분점수 없음)

최대 전류가 흐를 때의 손실이 100 [kW]이며 부하율이 60 [%]인 전선로의 평균 손실은 몇 [kW]인가? (단, 배전 선로의 손실 계수를 구하는 α는 0.2이다.)

[답안적성]

계산 : $H = \alpha F + (1-\alpha)F^2 = 0.2 \times 0.6 + (1-0.2) \times 0.6^2 = 0.408$

손실 전력량 = 손실계수 × P

∴ 손실 전력량 = $0.408 \times 100 = 40.8$ [kW]

답 : 40.8[kW]

[핵심] 손실계수

어떤 임의의 기간 중의 최대손실전력에 대한 평균손실전력의 비를 말한다.

$$\text{손실계수} = \frac{\text{평균손실전력}}{\text{최대손실전력}}$$

부하율과 손실계수의 관계는 다음과 같다.

- $1 \geq F \geq H \geq F^2 \geq 0$
- $H = \alpha F + (1-\alpha)F^2$

여기서 α : 부하율 F에 따른 계수 → 배전선로 0.2~0.4 적용

13

출제년도 20.(5점/부분점수 없음)

감리원은 공사가 시작된 경우에는 공사업자로부터 다음 서류가 포함된 착공신고서를 제출받아 적정성 여부를 검토하여 7일이내 발주자에게 보고한다. 다음 빈칸을 완성하시오.

1. 시공관리책임자 지정 통지서(현장관리조직, 안전관리자)
2. (①)
3. (②)
4. 공사도급 계약서 사본 및 산출내역서
5. 공사 시작 전 사진

6. 현장기술자 경력사항 확인서 및 자격증
7. (③)
8. 작업인원 및 장비투입 계획서
9. 그 밖에 발주자가 지정한 사항

[작성답안]
① 공사 예정 공정표
② 품질관리계획서
③ 안전관리계획서

[핵심] 제11조(착공신고서 검토 및 보고)
① 감리원은 공사가 시작된 경우에는 공사업자로부터 다음 각 호의 서류가 포함된 착공신고서를 제출받아 적정성 여부를 검토하여 7일 이내에 발주자에게 보고하여야 한다.
　1. 시공관리책임자 지정통지서(현장관리조직, 안전관리자)
　2. 공사 예정공정표
　3. 품질관리계획서
　4. 공사도급 계약서 사본 및 산출내역서
　5. 공사 시작 전 사진
　6. 현장기술자 경력사항 확인서 및 자격증 사본
　7. 안전관리계획서
　8. 작업인원 및 장비투입 계획서
　9. 그 밖에 발주자가 지정한 사항

② 감리원은 다음 각 호를 참고하여 착공신고서의 적정여부를 검토하여야 한다.
　1. 계약내용의 확인
　　가. 공사기간(착공~준공)
　　나. 공사비 지급조건 및 방법(선급금, 기성부분 지급, 준공금 등)
　　다. 그 밖에 공사계약문서에 정한 사항
　2. 현장기술자의 적격여부
　　가. 시공관리책임자 : 「전기공사업법」 제17조
　　나. 안전관리자 : 「산업안전보건법」 제15조

3. 공사 예정공정표 : 작업 간 선행·동시 및 완료 등 공사 전·후 간의 연관성이 명시되어 작성되고, 예정 공정률이 적정하게 작성되었는지 확인
4. 품질관리계획 : 공사 예정공정표에 따라 공사용 자재의 투입시기와 시험방법, 빈도 등이 적정하게 반영 되었는지 확인
5. 공사 시작 전 사진 : 전경이 잘 나타나도록 촬영되었는지 확인
6. 안전관리계획 : 산업안전보건법령에 따른 해당 규정 반영여부
7. 작업인원 및 장비투입 계획 : 공사의 규모 및 성격, 특성에 맞는 장비형식이나 수량의 적정여부 등

14.

출제년도 20.(12점/각 문항당 2점, 모두 맞으면 12점)

다음 도면을 보고 물음에 답하시오. (단, 기준용량은 100MVA이며, 소수점 다섯째자리에서 반올림하시오.)

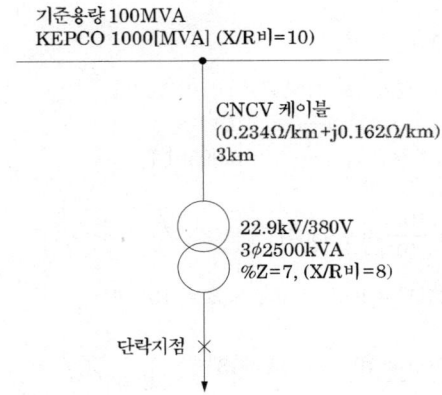

가. 전원측 %임피던스를 구하시오.

%R

%X

%Z

나. 케이블의 %임피던스를 구하시오.

%Z_L

다. 변압기의 %임피던스를 구하시오.

%R

%X

%Z

라. 단락점까지 합성 %임피던스를 구하시오.

마. 단락점의 단락전류를 구하시오.

[작성답안]

가. 계산 : $\%Z = \dfrac{100}{P_s} P_n = \dfrac{100}{1000} \times 100 = 10 [\%]$

$X/R = 10$ 이므로 $\%X = 10\%R$

$\%Z^2 = \%R^2 + \%X^2 = \%R^2 + (10\%R)^2 = 101\%R^2$

$10^2 = 101\%R^2$ 에서 $\%R = \sqrt{\dfrac{10^2}{101}} = 0.9950[\%]$

$\%X = 10\%R = 10\sqrt{\dfrac{100}{101}} = 9.9504[\%]$

답 : $\%R = 0.9950[\%]$, $\%X = 9.9504[\%]$, $\%Z = 10[\%]$

나. 계산 : $\%R = \dfrac{PR}{10V^2} = \dfrac{100 \times 10^3 \times 0.234 \times 3}{10 \times 22.9^2} = 13.3865[\%]$

$\%X = \dfrac{PX}{10V^2} = \dfrac{100 \times 10^3 \times 0.162 \times 3}{10 \times 22.9^2} = 9.2676[\%]$

$\%Z_L = \sqrt{13.3865^2 + 9.2676^2} = 16.2815[\%]$

답 : $\%Z_L = 16.2815[\%]$

다. 계산

$$\%Z = \frac{100}{2.5} \times 7 = 280\,[\%]$$

$X/R = 8$ 이므로 $\%X = 8\%R$

$$\%Z^2 = \%R^2 + \%X^2 = \%R^2 + (8\%R)^2 = 65\%R^2$$

$$280^2 = 65\%R^2 \text{에서}\quad \%R = \sqrt{\frac{280^2}{65}} = 34.7297\,[\%]$$

$$\%X = 8\%R = 8\sqrt{\frac{280^2}{65}} = 277.8378\,[\%]$$

답 : $\%R = 34.7297\,[\%]$, $\%X = 277.8378\,[\%]$, $\%Z = 280\,[\%]$

라. 계산

$$\%R_t = 0.9950 + 13.3865 + 34.7297 = 49.1112\,[\%]$$

$$\%X_t = 9.9504 + 9.2676 + 277.8378 = 297.0558\,[\%]$$

$$\%Z = \sqrt{49.1112^2 + 297.0558^2} = 301.0881\,[\%]$$

답 : $\%Z = 301.0881\,[\%]$

마. 계산

$$I_s = \frac{100}{\%Z_t}I_n = \frac{100}{301.0881} \times \frac{100 \times 10^6}{\sqrt{3} \times 380} \times 10^{-3} = 50.4617\,[kA]$$

답 : 50.4617[kA]

[핵심] %임피던스법

임피던스의 크기를 옴[Ω] 값 대신에 %값으로 나타내어 계산하는 방법으로 옴[Ω]법과 달리 전압환산을 할 필요가 없어 계산이 용이하므로 현재 가장 많이 사용되고 있다.

$$\%Z = \frac{I_n[A] \times Z[\Omega]}{E[V]} \times 100\,[\%] = \frac{P[kVA] \times Z[\Omega]}{10\,V^2[kV]}\,[\%]$$

15

출제년도 20.(5점/각 문항당 2점, 모두 맞으면 5점)

다음 도면은 전동기의 Y-△ 기동 회로에 관한 유접점 시퀀스 회로도이다. 다음 보기와 그림을 보고 주회로를 완성하고 틀린 것을 바르게 고치시오.

【보기】

BS_1을 주면 MCM과 MCS로 Y결선 기동하고 설정시간 t 초 후 MCS와 T가 소자하여 MCD로 △결선 운전된다. BS_2(Thr)를 주면 전동기는 정지한다.

(1) 주회로를 완성하시오.
(2) 틀린 부분을 고쳐 올바르게 그리시오.

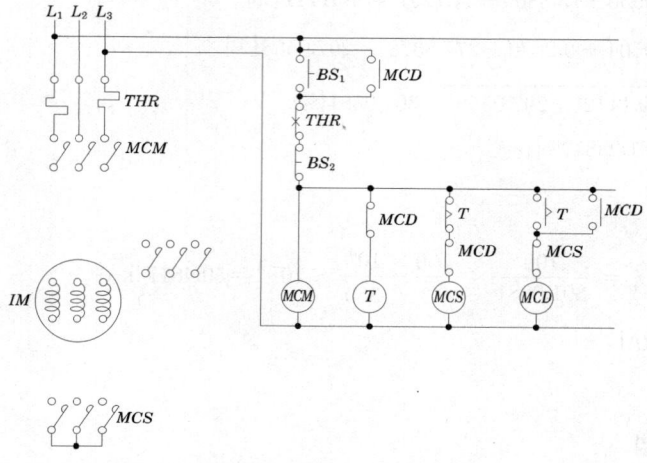

[작성답안]

(1) (2)

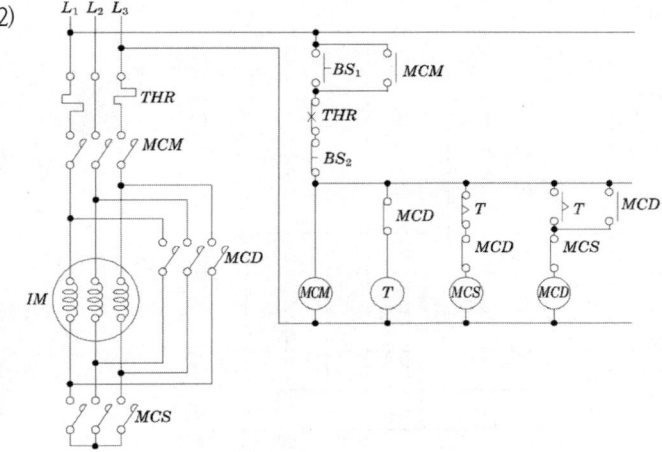

16

출제년도 16.20.(10점/각 문항당 2점)

어느 변전소에서 그림과 같은 일부하 곡선을 가진 3개의 부하 A, B, C의 수용가에 있을 때 다음 각 물음에 답하시오.(단, 부하 A, B, C의 평균 전력은 각각 4,500 [kW], 2,400 [kW], 및 900 [kW]라 하고 역률은 각각 100 [%], 80 [%], 60 [%]라 한다.)

(1) 합성최대전력 [kW]을 구하시오.

(2) 종합 부하율 [%]을 구하시오.

(3) 부등률을 구하시오.

(4) 최대 부하시의 종합역률 [%]을 구하시오.

(5) A수용가에 관한 다음 물음에 답하시오.

  ① 첨두부하는 몇 [kW]인가?

  ② 지속첨두부하가 되는 시간은 몇 시부터 몇 시까지 인가?

  ③ 하루 공급된 전력량은 몇 [MWh]인가?

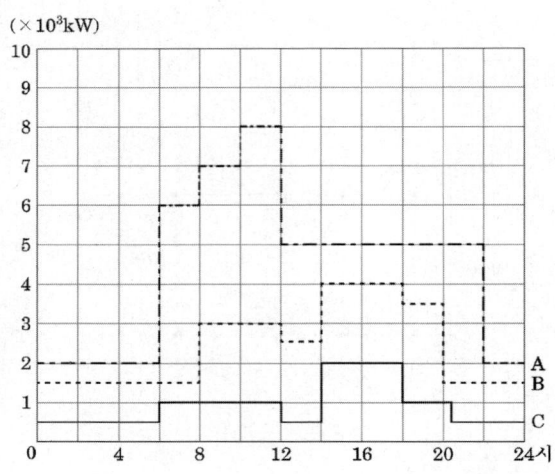

[작성답안]

(1) 계산 : 합성최대전력 $= (8+3+1) \times 10^3 = 12,000 \, [\text{kW}]$

　　답 : 12,000 [kW]

(2) 계산 : 종합부하율 $= \dfrac{\text{각 평균전력의 합}}{\text{합성최대전력}} = \dfrac{4,500+2,400+900}{12,000} \times 100 = 65 \, [\%]$

　　답 : 65 [%]

(3) 계산 : 부등률 $= \dfrac{\text{각 최대전력의 합}}{\text{합성최대전력}} = \dfrac{(8+4+2) \times 10^3}{12 \times 10^3} = 1.17$

　　답 : 1.17

(4) 계산 : A수용가 유효전력 = 8,000 [kW]

　　　　　A 수용가 무효전력 = 0 [kVar]

　　　　　B 수용가 유효전력 = 3,000 [kW]

　　　　　B 수용가 무효전력 $= 3,000 \times \dfrac{0.6}{0.8} = 2,250 \, [\text{kVar}]$

　　　　　C 수용가 유효전력 = 1,000 [kW]

　　　　　C 수용가 무효전력 $= 1,000 \times \dfrac{0.8}{0.6} = 1333.33 \, [\text{kVar}]$

　　　　　유효전력 합계 $= 8,000+3,000+1,000 = 12,000 \, [\text{kW}]$

　　　　　무효전력 합계 $= 0+2,250+1333.33 = 3583.33 \, [\text{kVar}]$

$$\therefore 종합역률 = \frac{12{,}000}{\sqrt{12{,}000^2 + 3583.33^2}} \times 100 = 95.82 \, [\%]$$

답 : 95.82 [%]

(5) ① 8,000 [kW], ② 10시 ~ 12시

③ 계산 : $W = Pt = 4{,}500 \times 24 \times 10^{-3} = 108 \, [\text{MWh}]$

답 : 108 [MWh]

[핵심] 부하관계용어

① 부하율

공급 설비가 어느 정도 유효하게 사용되는가를 나타내며 부하율이 클수록 공급 설비가 유효하게 사용된다. 부하율은 다음 식에 의해 계산한다.

$$부하율 = \frac{평균 \, 수요 \, 전력 \, [\text{kW}]}{최대 \, 수요 \, 전력 \, [\text{kW}]} \times 100 \, [\%]$$

부하율은 각 단위별(변압기, 전주, 수용가 등), 시기, 범위, 기간에 따라 달라지며, 부하율을 표시할 경우 기간, 범위를 반드시 명기한다. 예를 들어 일부하율, 월부하율 등으로 표시하여야 하며, 부하율은 기간이 길어질수록 작아진다. 부하율이 적다의 의미는 다음과 같다.

• 공급 설비를 유용하게 사용하지 못한다.
• 평균 수요 전력과 최대 수요 전력과의 차가 커지게 되므로 부하 설비의 가동률이 저하된다.

② 종합부하율

$$종합 \, 부하율 = \frac{평균 \, 전력}{합성 \, 최대 \, 전력} \times 100 \, [\%] = \frac{A, \, B, \, C \, 각 \, 평균 \, 전력의 \, 합계}{합성 \, 최대 \, 전력} \times 100 \, [\%]$$

③ 부등률

각 수용가에서의 최대 수용 전력의 발생 시각은 시간적으로 차이가 있으며 이 경우에 배전 변압기 또는 간선에서의 합성 최대 수용 전력은 각 수용가에서의 최대 수용 전력의 합보다 적게 되는데 이 비를 부등률이라 하며 이 값은 항상 1보다 크고, 백분율로 나타내지 않는다. 수용률과 더불어 배전 변압기 또는 배전 간선 등의 공급 설비 계획 자료로 사용된다.

$$부등률 = \frac{개별 \, 최대수용전력의 \, 합}{합성 \, 최대수용전력} = \frac{설비용량 \times 수용전력}{합성최대수용전력}$$

④ 수용률

수용률은 시설되는 총 부하 설비용량에 대하여 실제로 사용하게 되는 부하의 최대 전력의 비를 나타내는 것으로서 다음 식에 의하여 구한다.

$$수용률 = \frac{최대수요전력 \, [\text{kW}]}{부하설비용량 \, [\text{kW}]} \times 100 \, [\%]$$

$$\boxed{\text{최대 부하}} = \text{부하설비의 합계} \times \frac{\text{수용률}}{\text{부등률}}$$

↑

$$\boxed{\text{부 하 율}} = \frac{\text{평균 수용전력(일정기간) [kW]}}{\text{최대 수용전력(일정기간) [kW]}} \times 100 \, [\%]$$

↓

$$= \frac{\text{부하의 평균전력}}{\text{총 설비용량}} \times \frac{\text{부등률}}{\text{수용률}}$$

$$\boxed{\text{수 용 률}} = \frac{\text{최대 수용전력}}{\text{총 설비용량}} \times 100 \, [\%]$$

↓

$$\boxed{\text{부 등 률}} = \frac{\text{각 개의 최대 수용전력의 합}}{\text{합성 최대수용전력}} \geq 1$$

2020년 3회 기출문제 해설

※ 다음 물음에 답을 해당 답란에 답하시오.

1 출제년도 14.20.(5점/부분점수 없음)

154[kV] 2회선 송전선이 있다. 1회선만이 운전 중일 때 휴전 회선에 대한 정전유도전압은? (단, 송전중의 회선과 휴전선중의 회선과의 정전용량은 $C_a = 0.001\,[\mu F]$, $C_b = 0.0006\,[\mu F]$, $C_c = 0.0004\,[\mu F]$이고, 휴전선의 1선 대지정전용량은 $C_s = 0.0052\,[\mu F]$이다.)

[작성답안]

계산 : $E_n = \dfrac{\sqrt{C_a(C_a - C_b) + C_b(C_b - C_c) + C_c(C_c - C_a)}}{C_a + C_b + C_c + C_s} \times \dfrac{V}{\sqrt{3}}$ [V]

$E_n = \dfrac{\sqrt{0.001(0.001 - 0.0006) + 0.0006(0.0006 - 0.0004) + 0.0004(0.0004 - 0.001)}}{0.001 + 0.0006 + 0.0004 + 0.0052}$

$\times \dfrac{154 \times 10^3}{\sqrt{3}} = 6534.41$ [V]

답 : 6534.41 [V]

[핵심] 중성점 잔류전압

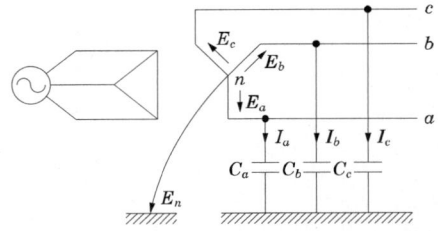

중성점 잔류전압 : $E_n = \dfrac{\sqrt{C_a(C_a - C_b) + C_b(C_b - C_c) + C_c(C_c - C_a)}}{C_a + C_b + C_c} \times \dfrac{V}{\sqrt{3}}$

출제년도 02.04.98.10.12.13.14.15.20.(5점/각 문항당 1점, 모두 맞으면 5점)

그림과 같은 논리 회로의 명칭을 쓰고 진리표를 완성하시오.

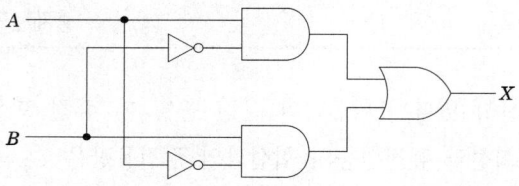

(1) 명칭을 쓰시오.

(2) 출력식을 쓰시오.

(3) 진리표를 완성하시오.

A	B	X
0	0	
0	1	
1	0	
1	1	

[작성답안]

(1) 명칭 : 배타적 논리합 회로(Exclusive OR)

(2) 논리식 : $X = A\overline{B} + \overline{A}B$

(3) 진리표

A	B	X
0	0	0
0	1	1
1	0	1
1	1	0

3

출제년도 20.(5점/부분점수 없음)

100[kVA] 6300/210[V] 단상변압기 2대로 1차 및 2차에 병렬로 접속 하였을때 2차측에서 단락시 전원에 유입되는 단락전류의 값은? (단, 단상변압기 임피던스는 6[%] 이다.) (단, 전원측 %임피던스는 무시한다.)

[작성답안]

계산 : 합성 $\%Z = \dfrac{6 \times 6}{6 + 6} = 3[\%]$

$I_s = \dfrac{100}{\%Z} I_n = \dfrac{100}{3} \times \dfrac{100 \times 10^3}{6300} = 529.1[A]$

답 : 529.1[A]

4

출제년도 84.97.01.20.(5점/부분점수 없음)

그림과 같이 20 [kVA]의 단상 변압기 3대를 사용하여 45 [kW], 역률 0.8(지상)인 3상 전동기 부하에 전력을 공급하는 배선이 있다. 지금 변압기 a, b의 중성점 n에 1선을 접속하여 an, nb 사이에 같은 수의 전구를 점등하고자 한다. 60 [W]의 전구를 사용하여 변압기가 과부하되지 않는 한도 내에서 몇 등까지 점등할 수 있겠는가?

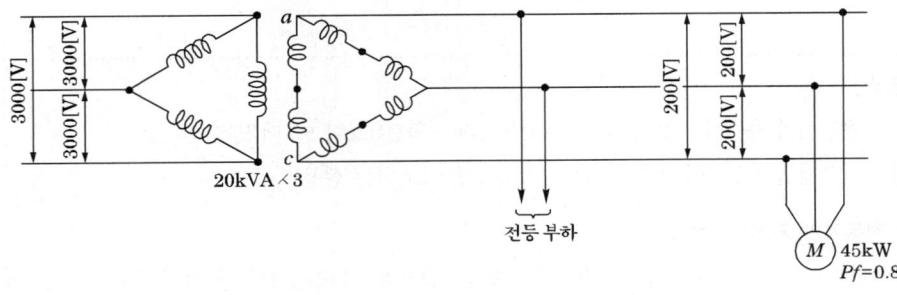

[작성답안]

계산 : 1상의 유효 전력 $P = \dfrac{45}{3} = 15$ [kW]

1상의 무효 전력 $Q = P \times \dfrac{\sin\theta}{\cos\theta} = 15 \times \dfrac{0.6}{0.8} = 11.25$ [kVar]

여유분 ΔP는 $P_a^2 = (P + \Delta P)^2 + Q^2$에서

$20^2 = (15 + \Delta P)^2 + 11.25^2$

∴ $\Delta P = 1.53$ [kW]

증가시킬 수 있는 부하 $\Delta P' = \dfrac{3}{2} \times \Delta P = \dfrac{3}{2} \times 1.53 ≒ 2.3$ [kW]

∴ 등수 $n = \dfrac{2.3 \times 10^3}{60} = 38.33$이므로 38등 선정

답 : 38 [등]

[핵심]

변압기 1대의 용량은 $VI = \dfrac{V^2}{Z}$ 이므로 △결선에서 1상에만 부하를 접속한다면 다른 2상은 그 부하의 1/2을 분담하므로 전체 부하는 (단상 변압기 용량 × 3/2)이 된다.

$I = I_1 + I_2 = \dfrac{V}{Z} + \dfrac{V}{2Z} = \dfrac{3}{2}\dfrac{V}{Z}$ 이므로 $P = VI = V \times \dfrac{3}{2}\dfrac{V}{Z} = \dfrac{3}{2}\dfrac{V^2}{Z} = 1.5P_1$

5

출제년도 13.20.(5점/부분점수 없음)

전동기에 개별로 콘덴서를 설치할 경우 발생할 수 있는 자기여자현상의 발생 이유와 현상을 설명하시오.

[작성답안]
- 이유 : 콘덴서의 용량성 무효전류가 유도전동기의 자화전류보다 클 때 발생
- 현상 : 전동기 단자전압이 일시적으로 정격 전압을 초과하는 현상

[핵심] 전동기의 자기여자현상

자기여자현상은 커패시터의 용량성 무효전류가 유도전동기의 자화전류보다 클 때 발생하며, 이로 인해 전동기 단자전압이 상승하여 전동기 권선의 절연열화로 결국 절연고장을 일으킨다.

6

출제년도 20.(6점/각 문항당 2점)

그림은 발전기의 상간 단락 보호 계전 방식을 도면화한 것이다. 이 도면을 보고 다음 각 물음에 답하시오.

(1) 점선안의 계전기 명칭은?

(2) A, B, C 코일의 명칭을 쓰시오.

(3) 발전기에 상간 단락이 생길 때 코일 C의 전류 i_C 어떻게 표현되는가?

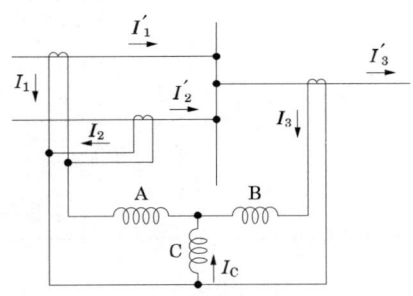

[작성답안]

(1) 비율차동계전기

(2) A : 억제코일, B : 억제코일, C : 동작코일

(3) $i_C = |(i_1 + i_2) - i_3|$

[핵심] 비율차동계전기 전류의 흐름

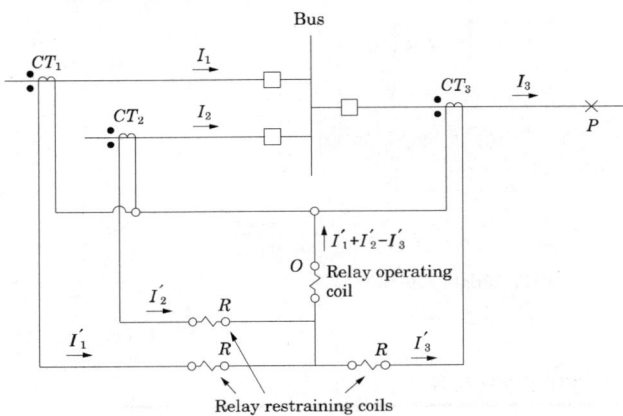

7

출제년도 94.20.(5점/부분점수 없음)

면적 100 [m²] 강당에 분전반을 설치하려고 한다. 단위 면적당 부하가 10 [VA/m²]이고 공사시공법에 의한 전류 감소율은 0.7이라면 간선의 허용전류를 구하기 위한 전류는 얼마인가? (단, 배전전압은 220 [V]이다.)

[작성답안]

계산 : $P = 100 \times 10 = 1000[\text{VA}]$

$I = \dfrac{1000}{220 \times 0.7} = 6.49[\text{A}]$

답 : 6.49[A]

8

출제년도 95.20.(10점/각 문항당 2점)

다음은 전동기의 결선도이다. 물음에 답하시오.

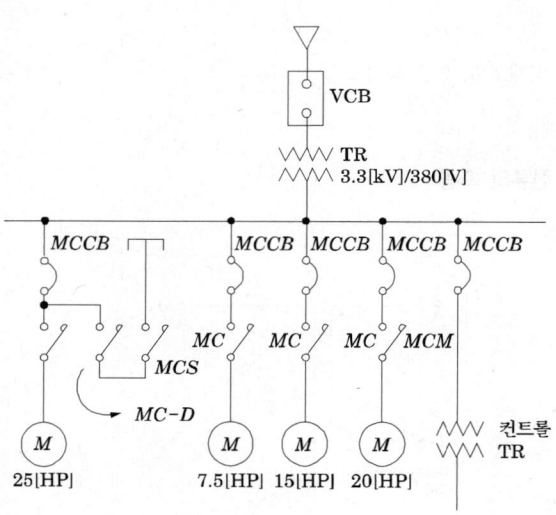

변압기 표준용량 [kVA]					
50	75	100	150	200	250

(1) 3상 교류 유도 전동기이다. 20 [HP] 전동기의 분기회로의 설계전류를 계산하시오.

(2) 상기 결선도의 3상 교류 유도 전동기의 변압기 용량을 계산하시오.
   ((1), (2)항의 수용률은 0.65이고, 역률 0.9, 효율은 0.8이다.)

(3) 25 [HP] 3상 농형 유도 전동기의 3선 결선도를 작성하시오.

(4) CONTROL TR(제어용 변압기)의 목적은?

(5) 한국전기설비규정에 의한 간선의 과전류차단기 시설기준인 nominal current rule의 식을 쓰고 기호가 무엇을 의미하는지 쓰시오.

[작성답안]

(1) $P = \dfrac{0.746 \times 마력}{역률 \times 효율} = \dfrac{0.746 \times 20}{0.9 \times 0.8} = 20.72$ [kVA]

$I = \dfrac{P}{\sqrt{3}\,V} = \dfrac{20.72}{\sqrt{3} \times 0.38} = 31.48$ [A]

답 : 31.48[A]

(2) $P_a = \dfrac{(7.5 + 15 + 20 + 25) \times 0.65 \times 0.746}{0.9 \times 0.8} = 45.46$ [kVA]

(3)

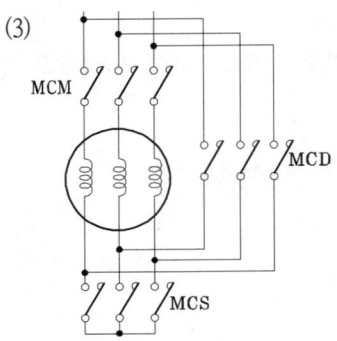

(4) 높은 전압을 제어기기에 적합한 저전압으로 변성하여 제어기기의 조작 전원으로 공급

(5) $I_B \leq I_n \leq I_Z$

    I_B : 회로의 설계전류

    I_Z : 케이블의 허용전류

    I_n : 보호장치의 정격전류

    I_2 : 보호장치가 규약시간 이내에 유효하게 동작하는 것을 보장하는 전류

[핵심] 도체와 과부하 보호장치 사이의 협조

과부하에 대해 케이블(전선)을 보호하는 장치의 동작특성은 다음의 조건을 충족해야 한다.

$I_B \leq I_n \leq I_Z$ ……………… ①

$I_2 \leq 1.45 \times I_Z$ ……………… ②

    I_B : 회로의 설계전류

    I_Z : 케이블의 허용전류

    I_n : 보호장치의 정격전류

    I_2 : 보호장치가 규약시간 이내에 유효하게 동작하는 것을 보장하는 전류

1. 조정할 수 있게 설계 및 제작된 보호장치의 경우, 정격전류 I_n은 사용현장에 적합하게 조정된 전류의 설정값이다.
2. 보호장치의 유효한 동작을 보장하는 전류 I_2는 제조자로부터 제공되거나 제품 표준에 제시되어야 한다.
3. 식 ②에 따른 보호는 조건에 따라서는 보호가 불확실한 경우가 발생할 수 있다. 이러한 경우에는 식 ②에 따라 선정된 케이블 보다 단면적이 큰 케이블을 선정하여야 한다.
4. I_B는 선도체를 흐르는 설계전류이거나, 함유율이 높은 영상분 고조파(특히 제3고조파)가 지속적으로 흐르는 경우 중성선에 흐르는 전류이다.

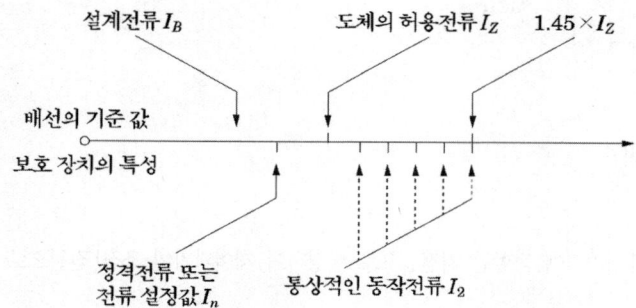

9 출제년도 09.20.(6점/각 문항당 3점)

그림과 같은 2:1 로핑의 기어레스 엘리베이터에서 적재하중은 1000[kg], 속도는 140[m/min]이다. 구동 로프 바퀴의 직경은 760[mm]이며, 기체의 무게는 1500[kg]인 경우 다음 각 물음에 답하시오. (단, 평형율은 0.6, 엘리베이터의 효율은 기어레스에서 1 :1 로핑인 경우는 85[%], 2 :1 로핑인 경우는 80[%]이다.)

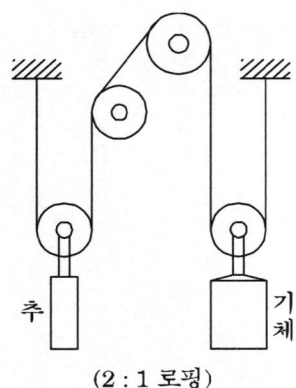

(2 : 1 로핑)

(1) 권상소요 동력은 몇 [kW]인지 계산하시오.
(2) 전동기의 회전수는 몇 [rpm]인지 계산하시오.

[작성답안]

(1) 계산 : $P = \dfrac{kWv}{6{,}120\eta} = \dfrac{0.6 \times 1{,}000 \times 140}{6{,}120 \times 0.8} = 17.16$ [kW]

답 : 17.16 [kW]

(2) 계산 : $N = \dfrac{v}{D\pi} = \dfrac{280}{0.76 \times \pi} = 117.27$ [rpm]

답 : 117.27 [rpm]

[핵심] 엘리베이터

① 로핑

2 : 1 로핑은 구조가 복잡하고, 로프의 길이가 1 : 1 로핑에 비해 2배의 길이가 필요하다. 그러나 권상기를 소형, 경량화 할 수 있는 장점이 크기 때문에 고속엘리베이터나 화물 엘리베이터에 사용된다.

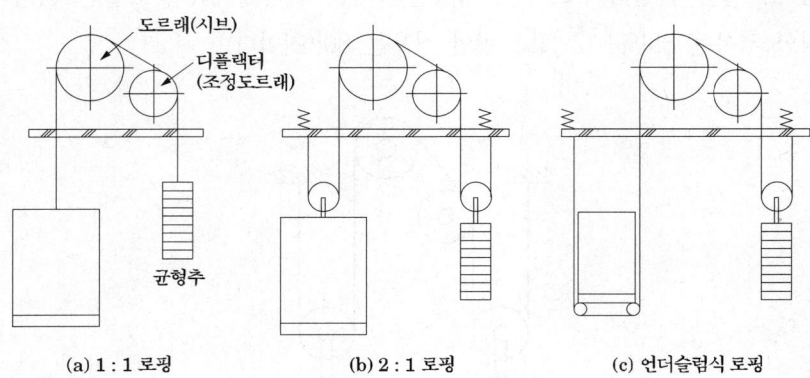

② 권상용 전동기 용량

$$P = \frac{9.8\,W \cdot v'}{\eta} = \frac{W \cdot v}{6.12\eta}\ [\text{kW}]$$

출제년도 00.04.06.18.20.新規.(11점/(1)3점, (2)3점, (3)3점, (4)2점)

10

단상 3선식 110/220 [V]을 채용하고 있는 어떤 건물이 있다. 변압기가 설치된 수전실로부터 60 [m]되는 곳에 부하 집계표와 같은 분전반을 시설하고자 한다. 다음 표를 참고하여 전압 변동율 2 [%] 이하, 전압강하율 2 [%] 이하가 되도록 다음 사항을 구하시오. 공사방법 B1이며 전선은 PVC 절연전선이다.

단, • 후강 전선관 공사로 한다.
 • 3선 모두 같은 선으로 한다.
 • 부하의 수용률은 100 [%]로 적용
 • 후강 전선관 내 전선의 점유율은 48 [%] 이내를 유지할 것
 • 간선선정시 부하 집계표의 부하는 모두 전열부하로 보고 계산하며, 주어진 자료를 이용하여 구한다.

[표1] 부하 집계표

회로 번호	부하 명칭	부하 [VA]	부하 분담 [VA]		NFB 크기			비고
			A	B	극수	AF	AT	
1	전등	2,400	1,200	1,200	2	50	15	
2	전등	1,400	700	700	2	50	15	
3	콘센트	1,000	1,000	-	1	50	20	
4	콘센트	1,400	1,400	-	1	50	20	
5	콘센트	600	-	600	1	50	20	
6	콘센트	1,000	-	1,000	1	50	20	
7	팬코일	700	700	-	1	30	15	
8	팬코일	700	-	700	1	30	15	
합계		9,200	5,000	4,200				

[표2] 전선의 허용전류표

단면적 [mm^2]	허용전류 [A]	전선관 3본 이하 수용시 [A]	피복포함 단면적 [mm^2]
6	54	48	32
10	75	66	43
16	100	88	58
25	133	117	88
35	164	144	104
50	198	175	163

[비고1] 전선의 단면적은 평균완성 바깥지름의 상한 값을 환산한 값이다.

[비고2] KS C IEC 60227-3의 450/750 [V] 일반용 단심 비닐절연전선(연선)을 기준한 것이다.

[표3] 공사방법의 허용전류 [A]
PVC 절연, 3개 부하전선, 동 또는 알루미늄
전선온도 : 70 [℃], 주위온도 : 기중 30 [℃], 지중 20 [℃]

전선의 공칭단면적 [mm^2]	표A. 52-1의 공사방법					
	A1	A2	B1	B2	C	D
1	2	3	4	5	6	7
동						
1.5	13.5	13	15.5	15	17.5	18
2.5	18	17.5	21	20	24	24
4	24	23	28	27	32	31
6	31	29	36	34	41	39
10	42	39	50	46	57	52
16	56	52	68	62	76	67
25	73	68	89	80	96	86
35	89	83	110	99	119	103
50	108	99	134	118	144	122
70	136	125	171	149	184	151
95	164	150	207	179	223	179
120	188	172	239	206	259	203

150	216	196	–	–	299	230
185	245	223	–	–	341	258
240	286	261	–	–	403	297
300	328	298	–	–	464	336

(1) 간선의 굵기를 구하고 주어진 자료를 이용 하여 간선용 차단기의 AT 및 AF를 구하시오.

정격전류 : 15~30A, 40~100A

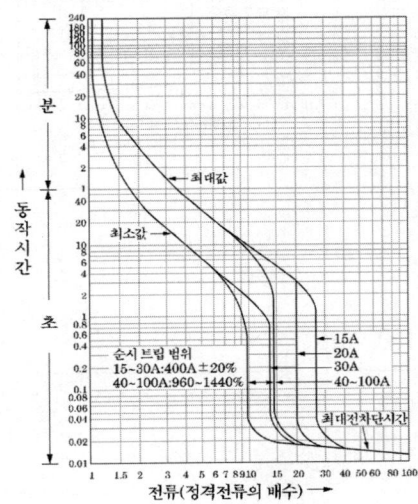

정격전류 : 125~225A

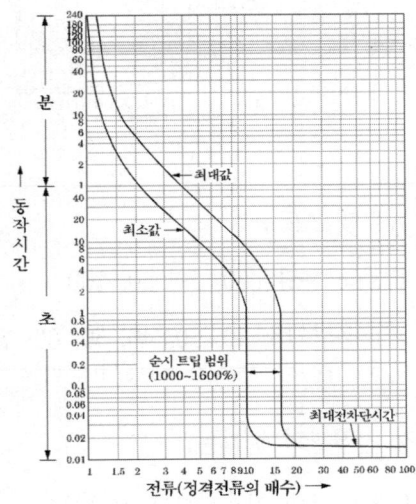

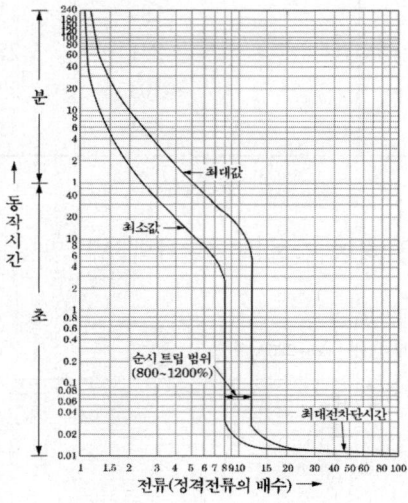
정격전류 : 250~400A

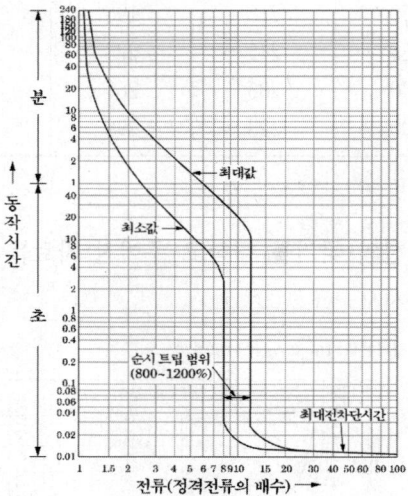
정격전류 : 500~800A

```
AT 및 AF 규격
Frame 용량  30, 50, 60, 100
AT 용량  15, 20, 30, 40, 50, 60, 75, 100, 125
```

(2) 후강 전선관의 굵기는?

(3) 분전반의 복선 결선도를 완성하시오.

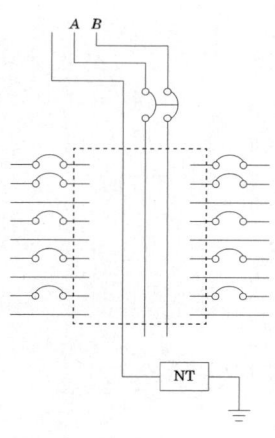

(4) 설비 불평형률은?

[작성답안]

(1) ① 간선의 굵기

계산 : A선의 전류 설계전류 $I_A = \dfrac{5,000}{110} = 45.45$ [A]

B선의 설계전류 $I_B = \dfrac{4,200}{110} = 38.18$ [A]

∴ I_A, I_B중 큰 값인 45.45 [A]를 기준으로 선정한다.

- [표 2]에서 연속허용전류에 의한 전선의 굵기 48[A] : 6[mm²]
- 표에서 공사방법 B1의 허용전류 50[A]에 해당하는 전선의 굵기 : 10[mm²]
- 전압강하를 고려한 전선의 굵기

$$A = \dfrac{17.8LI}{1,000e} = \dfrac{17.8 \times 60 \times 45.45}{1,000 \times 110 \times 0.02} = 22.06 \text{ [mm}^2\text{]} : 25\text{[mm}^2\text{]}$$

∴ 모두 만족하는 전선의 굵기 25 [mm²] 선정

답 : 25[mm²]

② AT 및 AF

$I_B \leq I_n \leq I_Z$에 의해 과전류 차단기의 정격은 회로의 설계전류 보다 크고 도체의 허용전류보다 작아야 한다.

- [표 2]에서 25 [mm²] 란의 133[A]이므로 배선용 차단기 : 125 AT
- [표 3]에서 25 [mm²] 란과 공사방법 B1의 교차하는 곳 89 [A]이므로 배선용 차단기 : 75 AT
- 과부하 특성을 고려하면 한국전기설비규정의 산업용 배선용 차단기의 경우 정격전류의 1.3배의 전류에 120분 이내 동작하여 한다. (1.3배의 전류에 5분에 동작하고 있다)

∴ 모두 만족하는 배선용 차단기는 75AT 가 적정하다.

답 : - AT : 75 AT
   - AF : 100 AF

(2) 계산 : [표 2]에서 25 [mm²] 전선의 피복 포함 단면적이 88 [mm²]

∴ 전선의 총 단면적 $A = 88 \times 3 = 264$ [mm²]

$A = \dfrac{1}{4}\pi d^2 \times 0.48 \geq 264$에서 $d = \sqrt{\dfrac{264 \times 4}{0.48 \times \pi}} = 26.46$ [mm]

∴ 28 [mm] 후강전선관 선정

답 : 28 [mm] 후강전선관

(3)

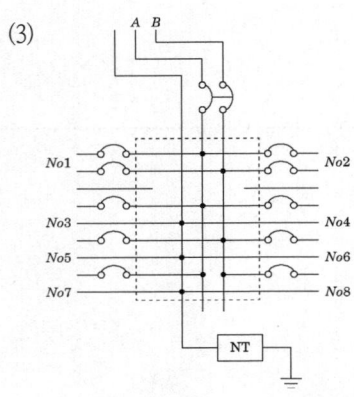

(4) 계산 : 설비 불평형률 $= \dfrac{3{,}100 - 2{,}300}{\dfrac{1}{2}(5{,}000 + 4{,}200)} \times 100 = 17.39\,[\%]$

답 : 17.39 [%]

[핵심] 도체와 과부하 보호장치 사이의 협조

과부하에 대해 케이블(전선)을 보호하는 장치의 동작특성은 다음의 조건을 충족해야 한다.

$I_B \leq I_n \leq I_Z$ .... ①

$I_2 \leq 1.45 \times I_Z$ .... ②

    I_B : 회로의 설계전류

    I_Z : 케이블의 허용전류

    I_n : 보호장치의 정격전류

    I_2 : 보호장치가 규약시간 이내에 유효하게 동작하는 것을 보장하는 전류

1. 조정할 수 있게 설계 및 제작된 보호장치의 경우, 정격전류 I_n은 사용현장에 적합하게 조정된 전류의 설정값이다.
2. 보호장치의 유효한 동작을 보장하는 전류 I_2는 제조자로부터 제공되거나 제품 표준에 제시되어야 한다.
3. 식 2에 따른 보호는 조건에 따라서는 보호가 불확실한 경우가 발생할 수 있다. 이러한 경우에는 식 2에 따라 선정된 케이블 보다 단면적이 큰 케이블을 선정하여야 한다.
4. I_B는 선도체를 흐르는 설계전류이거나, 함유율이 높은 영상분 고조파(특히 제3고조파)가 지속적으로 흐르는 경우 중성선에 흐르는 전류이다.

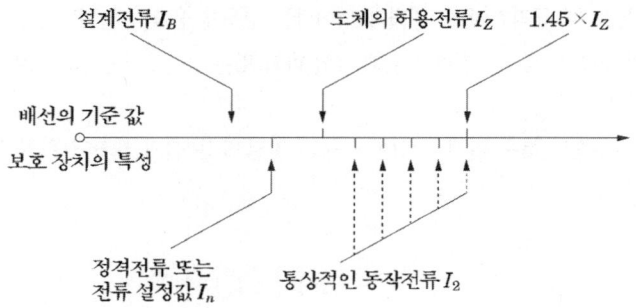

11

출제년도 20.(4점/각 항목당 1점)

다음 변류기에 대하여 (   )안에 알맞은 내용을 기입하시오.

① 24시간 동안 측정한 상대 습도의 평균값은 (   )%를 초과하지 않는다.

② 24시간 동안 측정한 수증기압의 평균값은 (   )kPa을 초과하지 않는다.

③ 1달 동안 측정한 상대 습도의 평균값은 (   )%를 초과하지 않는다.

④ 1달 동안 측정한 수증기압의 평균값은 (   )kPa를 초과하지 않는다.

[작성답안]

① 95%

② 2.2kPa

③ 90%

④ 1.8 kPa

[핵심] 옥내용 변류기

옥내용 변류기의 다른 사용 상태는 다음과 같다.

① 태양열 복사 에너지의 영향은 무시해도 좋다.

② 주위의 공기는 먼지, 연기, 부식 가스, 증기 및 염분에 의해 심각하게 오염되지 않는다.

③ 습도의 상태는 다음과 같다.

- 24시간 동안 측정한 상대 습도의 평균값은 95%를 초과하지 않는다.
- 24시간 동안 측정한 수증기압의 평균값은 2.2kPa을 초과하지 않는다.
- 1달 동안 측정한 상대 습도의 평균값은 90%를 초과하지 않는다.
- 1달 동안 측정한 수증기압의 평균값은 1.8kPa을 초과하지 않는다.

[비고] 1. 습도가 높을 때 급격한 온도 변화가 일어나는 경우에 응축이 일어난다.
2. 고습도와 응축의 효과에 견디기 위해 절연 파괴 또는 금속부의 균열과 같은 상태를 위해 설계한 변류기가 사용된다.
3. 응축은 하우징의 특수 설계, 적당한 통풍과 가열 또는 습기 제거 장비의 사용에 의해 방지 될 수 있다.

12

출제년도 96.00.04.05.15.17.20.(6점/각 문항당 3점)

교류 발전기에 대한 다음 각 물음에 답하시오.

(1) 정격전압 6000 [V], 용량 5000 [kVA]인 3상 동기 발전기에서 계자전류가 10 [A], 무부하 단자전압은 6000 [V], 단락전류 700 [A]라고 한다. 이 발전기의 단락비는 얼마인가?

(2) 단락비가 큰 발전기는 전기자 권선의 권수가 적고 자속량이 (①)하기 때문에 부피가 크고, 중량이 무거우며, 동이 비교적 적고 철을 많이 사용하여 이른바 철기계가 되며 효율은 (②), 안정도의 (③)고 선로 충전용량의 증대가 된다. ( )안의 내용은 증가(감소), 크다(작고), 높다(낮고), 적다(많고) 등으로 표현한다.

①	②	③
증가	낮다	크다

[작성답안]

(1) 계산 : $K_s = \dfrac{I_s}{I_n} = \dfrac{I_s}{\dfrac{P}{\sqrt{3}\,V}} = \dfrac{700}{\dfrac{5,000 \times 10^3}{\sqrt{3} \times 6,000}} = 1.45$

답 : 1.45

(2)

①	②	③
증가	낮다	크다

[핵심] 단락비

단락비가 큰 발전기는 전기자 권선의 권수가 적고 자속량이 (증가)하기 때문에 부피가 크고, 중량이 무거우며, 동이 비교적 적고 철을 많이 사용하여 이른바 철기계가 되며 효율은 (낮다), 안정도의 (크)고 선로 충전용량의 증대가 된다.

$$K_s = \frac{\text{무부하에서 정격전압을 유기하는 데 필요한 계자전류}}{\text{정격전류와 같은 단락전류를 흘리는 데 필요한 계자전류}}$$

13

출제년도 98.20.(5점/부분점수 없음)

폭 15[m]의 무한히 긴 가로의 양측에 간격 20[m]를 두고 수많은 가로등이 점등되고 있다. 1등당의 전광속은 3000[lm]으로 그 45[%]가 가로 전면에 방사하는 것으로하면 가로면의 평균조도는 얼마인가?

[작성답안]

계산 : $E = \dfrac{FU}{\frac{1}{2}BS} = \dfrac{3000 \times 0.45}{\frac{1}{2} \times 15 \times 20} = 9\,[\text{lx}]$

답 : 9[lx]

[핵심] 도로조명

$$E = \frac{FNUM}{BS}\,[\text{lx}]$$

여기서, E : 노면평균조도 [lx], F : 광원 1개 광속 [lm], N : 광원의 열수

M : 보수율, 감광보상률 D의 역수, B : 도로의 폭 [m], S : 광원의 간격 [m]

U : 빔 이용률
- 50 [%] 이상, 피조면 도달 0.75
- 20 ~ 50 [%] 이상, 피조면 도달 0.5
- 25 [%] 이하, 피조면 도달 0.4

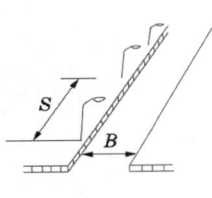
(a) 편측식

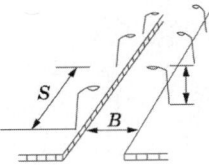
(b) 지그재그식

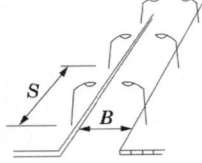
(c) 대칭식

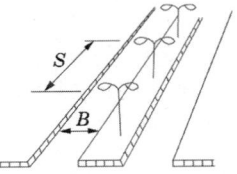
(d) 중앙 1열식

14. 출제년도 20.(5점/부분점수 없음)

다음 요구사항을 만족하는 주회로 및 제어회로의 미완성 결선도를 직접 그려 완성하시오.(단, 접점기호와 명칭 등을 정확히 나타내시오.)

【요구사항】
- 전원스위치 $MCCB$를 투입하면 주회로 및 제어회로에 전원이 공급된다.
- 누름버튼스위치(PB_1)를 누르면 MC_1이 여자되고 MC_1의 보조접점에 의하여 RL이 점등되며, 전동기는 정회전 한다.
- 누름버튼스위치(PB_1)를 누른 후 손을 떼어도 MC_1은 자기유지 되어 전동기는 계속 정회전 한다.
- 전동기 운전 중 누름버튼스위치(PB_2)를 누르면 연동에 의하여 MC_1이 소자되어 전동기가 정지되고, RL은 소등된다. 이 때 MC_2는 자기유지 되어 전동기는 역회전(역상제동을 함)하고 타이머가 여자되며, GL이 점등된다.
- 타이머 설정시간 후 역회전 중인 전동기는 정지하고 GL도 소등된다. 또한 MC_1과 MC_2의 보조 접점에 의하여 상호 인터록이 되어 동시에 동작되지 않는다.
- 전동기 운전 중 과전류가 감지되어 $EOCR$이 동작되면, 모든 제어회로의 전원은 차단되고 OL만 점등된다.
- $EOCR$을 리셋하면 초기상태로 복귀한다.

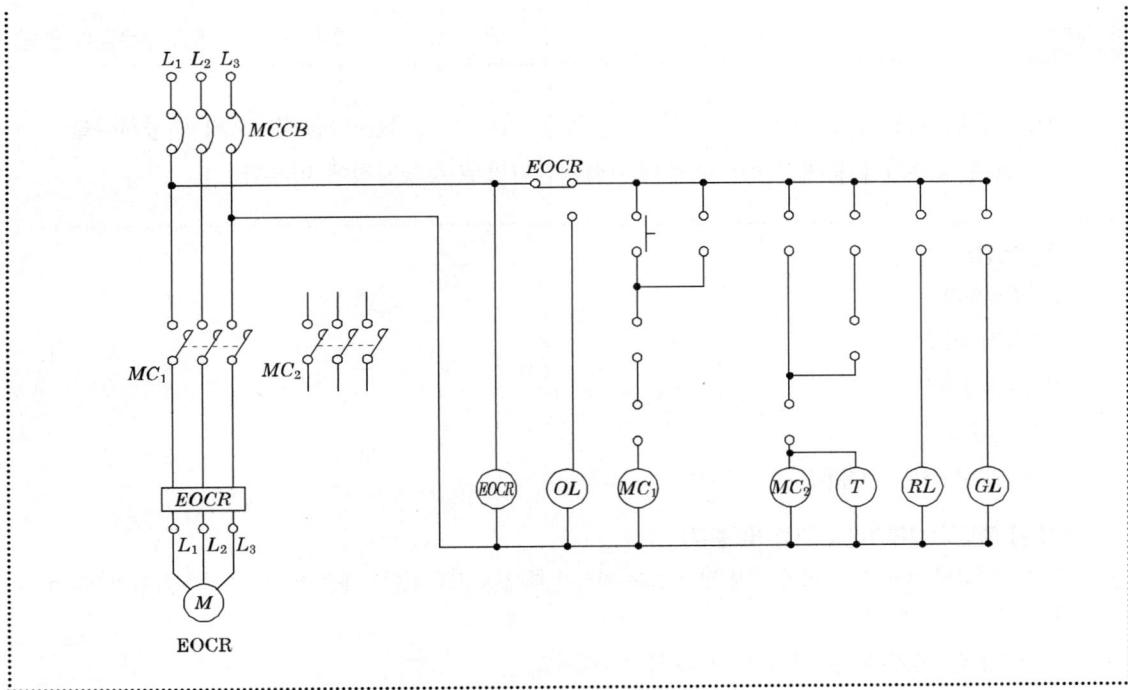

[작성답안]

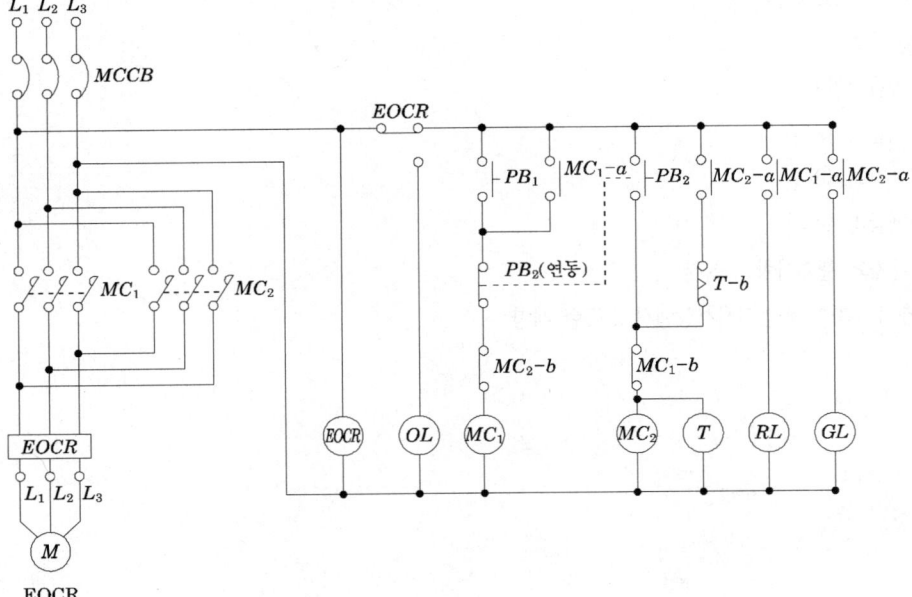

15

출제년도 20.(5점/부분점수 없음)

책임 설계감리원이 설계감리의 기성 및 준공을 처리한 때에는 다음 각 호의 준공서류를 구비하여 발주자에게 제출하여야 한다. (설계감리업무 수행지침에 따른다)

[작성답안]
설계감리일지
설계감리지시부
설계감리기록부
설계감리요청서
설계자와 협의사항 기록부

[핵심] 제13조(설계감리의 기성 및 준공)
책임 설계감리원이 설계감리의 기성 및 준공을 처리한 때에는 준공서류를 제출한다. 준공서류중 감리기록서류의 종류 5가지를 쓰시오.
1. 설계용역 기성부분 검사원 또는 설계용역 준공검사원
2. 설계용역 기성부분 내역서
3. 설계감리 결과보고서
4. 감리기록서류
    가. 설계감리일지
    나. 설계감리지시부
    다. 설계감리기록부
    라. 설계감리요청서
    마. 설계자와 협의사항 기록부
5. 그 밖에 발주자가 과업지시서상에서 요구한 사항

16

출제년도 20.新規.(5점/부분점수 없음)

3상 3선 380 [V] 회로에 전열기 20[A]와 전동기 3.75[kW] 역률 88[%], 전동기 2.2 [kW] 역률 85[%], 전동기 7.5[kW] 역률 90[%]가 있다. 간선의 굵기를 계산하기 위한 설계전류를 계산하시오.

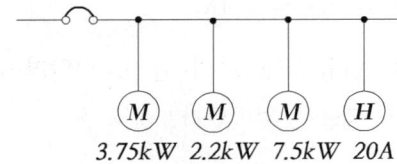

[작성답안]

계산 : $I_{M1} = \dfrac{3.75 \times 10^3}{\sqrt{3} \times 380 \times 0.88}(0.88 - j\sqrt{1-0.88^2}) = 5.7 - j3.08$

$I_{M2} = \dfrac{2.2 \times 10^3}{\sqrt{3} \times 380 \times 0.85}(0.85 - j\sqrt{1-0.85^2}) = 3.34 - j2.07$

$I_{M3} = \dfrac{7.5 \times 10^3}{\sqrt{3} \times 380 \times 0.9}(0.9 - j\sqrt{1-0.9^2}) = 11.4 - j5.52$

전동기의 유효 전류 $I_r = 5.7 + 3.34 + 11.4 = 20.44$ [A]

전동기의 무효 전류 $I_q = 3.08 + 2.07 + 5.52 = 10.67$ [A]

설계전류 $I_B = \sqrt{유효분^2 + 무효분^2} = \sqrt{(20.44+20)^2 + 10.67^2} = 41.82$ [A]

답 : 41.82[A]

17

출제년도 20.(7점/각 문항당 2점, 모두 맞으면 7점)

변압기용량이 1000 [kVA]에 200 [kW] 500 [kVar] 부하가 있다. 400 [kW] 역률 0.8 부하증설하고, 350[kVA]의 커패시터를 병렬로 연결하여 역률을 개선할 때 다음 물음에 답하시오.

(1) 커패시터 설치전의 종합 역률을 구하시오

(2) 커패시터 설치 후, 부하 200[kW]를 추가 할 때 변압기 1000[kVA]가 과부하가 되지 않을려면 200[kW]의 역률은 얼마인가?

(3) 부하가 추가되었을 때 종합역률을 구하시오.

[작성답안]

(1) 유효전력 $= 200 + 400 = 600 \, [\text{kW}]$

무효전력 $P_r = 400 \times \dfrac{0.6}{0.8} + 500 = 800 \, [\text{kVar}]$

∴ 역률 $\cos\theta = \dfrac{600}{\sqrt{600^2 + 800^2}} \times 100 = 60 \, [\%]$

답 : 60[%]

(2) 200[kW]의 $\cos\theta$ 부하가 추가되어 전용량을 공급하므로

$1000 = \sqrt{(600+200)^2 + (800-350+Q)^2}$

이므로 200[kW] 부하의 무효전력은 $Q = 150 \, [\text{kVar}]$

∴ 200[kW] 부하의 역률 $\cos\theta = \dfrac{200}{\sqrt{200^2 + 150^2}} \times 100 = 80 \, [\%]$

답 : 80[%]

(3) 200[kW] 역률 0.8의 부하가 추가되었으므로

∴ 역률 $\cos\theta = \dfrac{600+200}{\sqrt{(600+200)^2 + (800-350+150)^2}} \times 100 = 80 \, [\%]$

답 : 80[%]

2020년 5회 기출문제 해설

전기기사 실기 과년도

※ 다음 물음에 답을 해당 답란에 답하시오.

출제년도 20.(7점/각 문항당 2점, 모두 맞으면 7점)

1

3상 6600[V](ACSR 전선굵기 240[mm²]) 저항 0.2 [Ω/km], 선로길이 1000[m] 인 경우 다음 물음에 답하시오. (단, 부하의 역률은 0.9이다.)

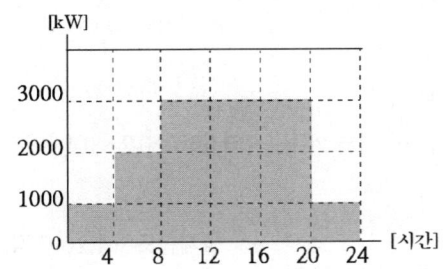

(1) 부하율 구하시오.

(2) 손실계수를 구하시오.

(3) 1일 손실 전력량을 구하시오.

[작성답안]

(1) 계산 : 평균전력 = $\dfrac{1000 \times 8 + 2000 \times 4 + 3000 \times 12}{24}$ = 2166.67[kW]

부하율 = $\dfrac{평균전력}{최대전력} \times 100$ = $\dfrac{2166.67}{3000} \times 100$ = 72.22[%]

답 : 72.22[%]

(2) 계산 : 선로손실 $P_L = 3I^2R$

평균손실전력 = $P_L \times \dfrac{\left(\dfrac{1}{3}\right)^2 \times 8 + \left(\dfrac{2}{3}\right)^2 \times 4 + \left(\dfrac{3}{3}\right)^2 \times 12}{24}$ = $0.6111 P_L$[kW]

최대손실전력 = $P_L \times \left(\dfrac{3}{3}\right)^2 = P_L$[kW]

손실계수 H = $\dfrac{어느기간 중의 평균 손실전력}{어느기간 중의 최대 손실전력}$ = $\dfrac{0.6111 P_L}{P_L}$ = 0.61

답 : 0.61

(3) 계산 : 손실전력량 $= 3 I_m^2 HRT \times 10^{-3}$

$$= 3 \times \left(\frac{3000 \times 10^3}{\sqrt{3} \times 6600 \times 0.9}\right)^2 \times 0.61 \times 0.2 \times 24 \times 10^{-3} = 746.86[\text{kWh}]$$

답 : 746.86[kWh]

[핵심] 손실계수

어떤 임의의 기간 중의 최대손실전력에 대한 평균손실전력의 비를 말한다.

$$손실계수 = \frac{평균손실전력}{최대손실전력}$$

부하율과 손실계수의 관계는 다음과 같다.

- $1 \geq F \geq H \geq F^2 \geq 0$
- $H = \alpha F + (1-\alpha)F^2$

여기서 α : 부하율 F 에 따른 계수 → 배전선로 0.2 ~ 0.4 적용

2

출제년도 14.20.(5점/각 문항당 2점, 모두 맞으면 5점)

방폭 구조에 관한 다음 물음에 답하시오.

(1) 방폭형 전동기에 대하여 설명하시오.

(2) 전기설비의 방폭구조의 종류 3가지를 쓰시오.

[작성답안]

(1) 방폭형 전동기란 지정된 폭발성 가스 중에서 사용에 적합하도록 구조 기타에 관하여 특별히 고려된 전동기를 말한다.

(2) 종류

① 내(內)압방폭구조
② 유입방폭구조
③ 안전증방폭구조

그 외

④ 본질안전방폭구조
⑤ 특수방폭구조
⑥ 내(耐)압방폭구조

[핵심] 방폭전기설비

① 본질(本質)안전방폭구조란 상시 운전 중이나 사고시(단락·지락·단선 등)에 발생하는 불꽃, 아크 또는 열에 의하여 폭발성가스에 점화가 되지 않는 것이 점화시험 또는 기타의 방법에 의하여 확인된 구조를 말한다.

② 내압방폭구조(內壓防爆構造)란 용기 내부에 보호기체, 예를 들면 신선한 공기 또는 불연성가스를 압입(壓入)하여 내압(內壓)을 유지함으로써 폭발성가스가 침입하는 것을 방지하는 구조를 말한다.

③ 내압방폭구조(耐壓防爆構造)란 전폐(全閉)구조로서 용기내부에 가스가 폭발하여도 용기가 그 압력에 견디고 또한 외부의 폭발성가스에 인화될 우려가 없는 구조를 말한다.

④ 안전증가방폭구조(安全增加防爆構造)란 상시운전 중에 불꽃, 아크 또는 과열이 발생되면 안 되는 부분에 이들이 발생되는 것을 방지하도록 구조상 또는 온도상승에 대하여 특히 안전도를 증기시킨 구조를 말한다.

⑤ 유입방폭구조(油入防爆構造)란 불꽃, 아크 또는 점화원(點火原)이 될 수 있는 고온 발생의 우려가 있는 부분의 유중(油中)에 넣어 유면상(油面上)에 존재하는 폭발성가스에 인화될 우려가 없도록 한 구조를 말한다.

---

3 출제년도 95.05.15.20.(6점/각 문항당 2점)

변류기(CT)에 관한 다음 각 물음에 답하시오.

(1) Y-△로 결선한 주변압기의 보호로 비율차동계전기를 사용한다면 CT의 결선은 어떻게 하여야 하는지를 설명하시오.

(2) 통전 중에 있는 변류기의 2차측 기기를 교체하고자 할 때 가장 먼저 취하여야 할 조치를 설명하시오.

(3) 수전전압이 22.9 [kV], 수전 설비의 부하 전류가 40 [A]이다. 60/5 [A]의 변류기를 통하여 과부하 계전기를 시설하였다. 120 [%]의 과부하에서 차단시킨다면 과부하 트립 전류값은 몇 [A]로 설정해야 하는가?

[작성답안]

(1) 변압기 권선이 △접속 측에는 Y접속, Y접속 측에는 △접속하여 위상관계가 적정하게 하여야 한다.

(2) 변류기 2차측을 단락시킨다.

(3) 계산 : $I_{tap} = 40 \times \dfrac{5}{60} \times 1.2 = 4$ [A]

   답 : 4 [A]

[핵심] 보호계전기 정정

① 순시탭 정정

변압기 1차측 단락사고에 대하여 동작하며, 2차 단락사고 및 변압기 여자 돌입전류(inrush current)에 동작하지 않는다.

- 변압기1차측 단락사고에 대하여 동작하여야 한다.
- 변압기2차측 (Magnetizing Inrush Current)에 동작하지 않도록 한다.
- TR 2차 3상단락전류의 150 [%]에 정정한다.
- 순시 Tap

순시 Tap = 변압기2차 3상단락전류 $\times \dfrac{2차전압}{1차전압} \times 1.5 \times \dfrac{1}{CT비}$

② 한시탭 정정

I_t = 부하 전류 $\times \dfrac{1}{CT비} \times$ 설정값 [A]

설정값은 보통 전부하 전류의 1.5배로 적용하며, I_t값을 계산후 2 [A], 3 [A], 4 [A], 5 [A], 6 [A], 7 [A], 8 [A], 10 [A], 12 [A] 탭 중에서 가까운 탭을 선정한다.

③ 한시레버정정

수용설비일 경우 변압기2차 3상단락고장시 0.6초 이하에서 동작하도록 선정한다.

4

출제년도 97.03.05.20.(5점/부분점수 없음)

다음 그림과 같은 3상 3선식 380 [V] 수전의 경우 설비불평형률[%]은 얼마인가?

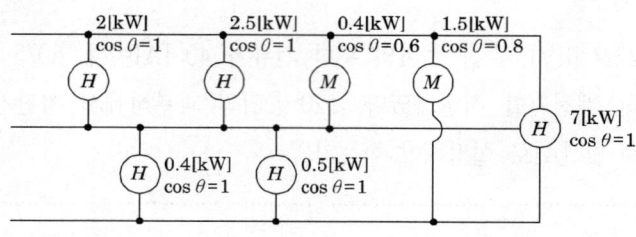

[작성답안]

계산 : 설비불평형률 = $\dfrac{\left(2 + 2.5 + \dfrac{0.4}{0.6}\right) - (0.4 + 0.5)}{\dfrac{1}{3}\left(2 + 2.5 + \dfrac{0.4}{0.6} + 0.4 + 0.5 + \dfrac{1.5}{0.8} + 7\right)} \times 100 = 85.67 [\%]$

답 : 85.67[%]

[핵심] 설비불평형률

① 설비불평형 단상

저압수전의 단상 3선식에서 중성선과 각 전압측 전선간의 부하는 평형이 되게 하는 것을 원칙으로 한다.

[주1] 부득이한 경우는 설비불평형률 40 [%]까지로 할 수 있다. 이 경우 설비불평형률이란 중성선과 각전압측 전선간에 접속되는 부하설비용량 [VA]차와 총부하설비용량 [VA]의 평균값의 비 [%]를 말한다. 즉 다음 식으로 나타낸다.

$$설비불평형률 = \frac{중성선과\ 각\ 전압측\ 전선간에\ 접속되는\ 부하설비용량\ [kVA]의\ 차}{총\ 부하설비용량\ [kVA]의\ 1/2} \times 100\ [\%]$$

② 설비불평형 3상

저압, 고압 및 특고압수전의 3상 3선식 또는 3상 4선식에서 불평형부하의 한도는 단상 접속부하로 계산하여 설비불평형률을 30 [%] 이하로 하는 것을 원칙으로 한다. 다만, 다음 각 호의 경우는 이 제한에 따르지 않을 수 있다.

- 저압수전에서 전용변압기 등으로 수전하는 경우
- 고압 및 특고압수전에서 100 [kVA](kW) 이하의 단상부하인 경우
- 고압 및 특고압수전에서 단상부하용량의 최대와 최소의 차가 100 [kVA](kW) 이하인 경우
- 특고압수전에서 100 [kVA](kW) 이하의 단상변압기 2대로 역(逆)V결선하는 경우

[주] 이 경우의 설비불평형률이란 각 선간에 접속되는 단상부하 총설비용량 [VA]의 최대와 최소의 차와 총 부하설비용량 [VA] 평균값의 비 [%]를 말한다. 즉, 다음 식으로 나타낸다.

$$설비불평형률 = \frac{각\ 선간에\ 접속되는\ 단상\ 부하\ 총\ 설비용량\ [kVA]의\ 최대와\ 최소의\ 차}{총\ 부하설비용량\ [kVA]의\ 1/3} \times 100\ [\%]$$

---

5 출제년도 05.13.20.(6점/부분점수 없음)

전력계통의 발전기, 변압기 등의 증설이나 송전선의 신·증설로 인하여 단락·지락전류가 증가하여 송변전 기기에의 손상이 증대되고, 부근에 있는 통신선의 유도장해가 증가하는 등의 문제점이 예상되므로, 단락용량의 경감대책을 세워야 한다. 이 대책을 3가지만 쓰시오.

[작성답안]
- 모선계통 계통분리 운용
- 한류리액터의 설치
- 직류연계

그 외

- 캐스케이드방식
- 계통연계기(직류연계)
- 고장전류 제한기 사용
- 한류퓨즈에 의한 백업차단
- 계통전압 격상
- 변압기 임피던스조정

6

출제년도 95.99.00.06.17.20.(5점/부분점수 없음)

답안지의 그림은 3상 4선식 전력량계의 결선도를 나타낸 것이다. PT와 CT를 사용하여 미완성 부분의 결선도를 완성하시오. (단, 접지종별은 적지 않는다.)

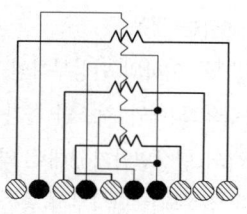

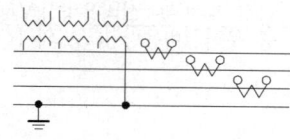

[작성답안]

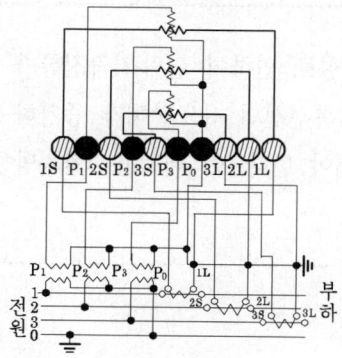

7

출제년도 99.20.(5점/부분점수 없음)

우리나라 초고압 송전전압은 345 [kV]이다. 선로 길이가 200 [km]인 경우 1회선당 가능한 송전 전력은 몇 [kW]인지 Still의 식에 의거하여 구하시오.

[작성답안]

계산 : 사용 전압 $[kV] = 5.5 \sqrt{0.6 \times 송전\ 거리[km] + \dfrac{송전\ 전력[kW]}{100}}$

$$P = \left(\dfrac{E^2}{5.5^2} - 0.6l\right) \times 100 = \left(\dfrac{345^2}{5.5^2} - 0.6 \times 200\right) \times 100 = 381471.07\ [kW]$$

답 : 381471.07 [kW]

8

출제년도 86.95.04.05.08.12.20.(11점/각 문항당 2점, 모두 맞으면 11점)

다음과 같은 아파트 단지를 계획하고 있다. 주어진 규모 및 참고자료를 이용하여 다음 각 물음에 답하시오.

【규모】

- 아파트 동수 및 세대수 : 2개동, 300세대
- 세대당 면적과 세대수

동별	세대당 면적[m²]	세대수	동별	세대당 면적[m²]	세대수
1동	50	30	2동	50	50
	70	40		70	30
	90	50		90	40
	110	30		110	30

- 계단, 복도, 지하실 등의 공용면적 1동 : 1,700 [m²], 2동 : 1,700 [m²]

【조건】

- 면적의 [m²]당 상정 부하는 다음과 같다.
  아파트 : 30 [VA/m²], 공용 면적 부분 : 7 [VA/m²]
- 세대당 추가로 가산하여야 할 상정부하는 다음과 같다.
  - 80 [m²] 이하의 세대 : 750 [VA]
  - 150 [m²] 이하의 세대 : 1,000 [VA]
- 아파트 동별 수용률은 다음과 같다.
  - 70세대 이하인 경우 : 65 [%]
  - 100세대 이하인 경우 : 60 [%]
  - 150세대 이하인 경우 : 55 [%]
  - 200세대 이하인 경우 : 50 [%]
- 모든 계산은 피상전력을 기준으로 한다.
- 역률은 100 [%]로 보고 계산한다.
- 주변전실로부터 1동까지는 150 [m]이며 동 내부의 전압 강하는 무시한다.
- 각 세대의 공급 방식은 110/220 [V]의 단상 3선식으로 한다.
- 변전실의 변압기는 단상 변압기 3대로 구성한다.
- 동간 부등률은 1.4로 본다.
- 공용 부분의 수용률은 100 [%]로 한다.
- 주변전실에서 각 동까지의 전압 강하는 3[%]로 한다.
- 간선의 후강 전선관 배선으로는 NR전선을 사용하며, 간선의 굵기는 300 [mm²] 이하로 사용하여야 한다.
- 이 아파트 단지의 수전은 13,200/22,900 [V]의 Y상 3상 4선식의 계통에서 수전한다.
- 사용 설비에 의한 계약전력은 사용 설비의 개별 입력의 합계에 대하여 다음 표의 계약전력 환산율을 곱한 것으로 한다.

구분	계약전력환산율	비고
처음 75 [kW]에 대하여	100 [%]	계산의 합계치 단수가 1 [kW] 미만일 경우 소수점이하 첫째자리에서 반올림 한다.
다음 75 [kW]에 대하여	85 [%]	
다음 75 [kW]에 대하여	75 [%]	
다음 75 [kW]에 대하여	65 [%]	
300 [kW] 초과분에 대하여	60 [%]	

(1) 1동의 상정 부하는 몇 [VA]인가?

(2) 2동의 수용 부하는 몇 [VA]인가?

(3) 이 단지의 변압기는 단상 몇 [kVA]짜리 3대를 설치하여야 하는가? (단, 변압기의 용량은 10 [%]의 여유율을 보며 단상 변압기의 표준 용량은 75, 100, 150, 200, 300 [kVA]등이다.)

(4) 한국전력공사와 변압기 설비에 의하여 계약한다면 몇 [kW]로 계약하여야 하는가?

(5) 한국전력공사와 사용설비에 의하여 계약한다면 몇 [kW]로 계약하여야 하는가?

[작성답안]

(1)

세대당 면적 [m^2]	상정 부하 [VA/m^2]	가산 부하 [VA]	세대수	상정 부하 [VA]
50	30	750	30	$[(50 \times 30) + 750] \times 30 = 67,500$
70	30	750	40	$[(70 \times 30) + 750] \times 40 = 114,000$
90	30	1,000	50	$[(90 \times 30) + 1,000] \times 50 = 185,000$
110	30	1,000	30	$[(110 \times 30) + 1,000] \times 30 = 129,000$
합 계				495,500 [VA]

∴ 공용 면적까지 고려한 상정 부하 = 495,500 + 1,700 × 7 = 507,400 [VA]

상정부하 합계 : 507,400 [VA]

(2)

세대당 면적 [m²]	상정 부하 [VA/m²]	가산 부하 [VA]	세대수	상정 부하 [VA]
50	30	750	50	$[(50 \times 30) + 750] \times 50 = 112{,}500$
70	30	750	30	$[(70 \times 30) + 750] \times 30 = 85{,}500$
90	30	1,000	40	$[(90 \times 30) + 1{,}000] \times 40 = 148{,}000$
110	30	1,000	30	$[(110 \times 30) + 1{,}000] \times 30 = 129{,}000$
합 계				475,000 [VA]

∴ 공용면적까지 고려한 수용 부하 = $475{,}000 \times 0.55 + 1{,}700 \times 7 = 273{,}150$ [VA]

수용부하 합계 : 273,150 [VA]

(3) 변압기 용량 ≥ 합성 최대 전력 = $\dfrac{\text{최대 수용 전력}}{\text{부등률}} = \dfrac{\text{설비 용량} \times \text{수용률}}{\text{부등률}}$

$$= \dfrac{495{,}500 \times 0.55 + 1{,}700 \times 7 + 273{,}150}{1.4} \times 10^{-3} = 398.27 \,[\text{kVA}]$$

변압기 용량 $= \dfrac{398.27}{3} \times 1.1 = 146.03\,[\text{kVA}]$

∴ 표준 용량 150 [kVA]를 선정

답 : 150 [kVA]

(4) 변압기 용량 150 [kVA] 3대 이므로 450 [kW]로 계약한다.

(5) 설비용량 $= (507{,}400 + 486{,}900) \times 10^{-3} = 994.3$ [kVA]

계약전력 $= 75 + 75 \times 0.85 + 75 \times 0.75 + 75 \times 0.65 + 694.3 \times 0.6 = 660$ [kW]

답 : 660 [kW]

9

출제년도 94.01.06.11.12.20.(8점/각 문항당 2점, 모두 맞으면 8점)

가로 10 [m], 세로 14 [m], 천장 높이 2.75 [m], 작업면 높이 0.75 [m]인 사무실에 천장 직부 형광등 F32×2를 설치하려고 한다.

(1) 이 사무실의 실지수는 얼마인가?

(2) F32×2의 심벌을 그리시오.

(3) 이 사무실의 작업면 조도를 250 [lx], 천장 반사율 70 [%], 벽 반사율 50 [%], 바닥 반사율 10 [%], 32 [W] 형광등 1등의 광속 3200 [lm], 보수율 70 [%], 조명율 50 [%]로 한다면 이 사무실에 필요한 소요 등기구 수는 몇 등인가?

[작성답안]

(1) 계산 : $k = \dfrac{XY}{H(X+Y)} = \dfrac{10 \times 14}{(2.75-0.75)(10+14)} = 2.92$

답 : 2.92

(2)
```
  ┌───⬭───┐
     F32×2
```

(3) 계산 : $N = \dfrac{250 \times 10 \times 14 \times \dfrac{1}{0.7}}{3200 \times 2 \times 0.5} = 15.63\,[등]$

답 : 16[등]

[핵심] 조명설계

① 실지수

방의 면적이 같은 2개의 방에 같은 수의 광원을 설치하여도 방의 모양이 다른 경우에는 작업면상의 조도는 다르게 된다. 그래서 천정, 바닥이 장방형인 방은 가로 X, 세로 Y 두 변의 평균을 한 변으로 하는 정방형인 방과 동일하다고 하는 이론에 의해 실지수 $R.I$를 다음 식과 같이 결정한다.

$R.I = \dfrac{XY}{H(X+Y)}$

실지수	5.0	4.0	3.0	2.5	2.0	1.5	1.25	1.0	0.8	0.6
기호	A	B	C	D	E	F	G	H	I	J

② 조도계산

N개의 램프에서 방사되는 빛을 평면상의 면적 $A[\text{m}^2]$에 모두 집중 조사할 수 있다고 하고 램프 1개당 광속을 $F[\text{lm}]$이라 하면, 그 면의 평균조도를

$$E = \frac{F \cdot N}{A} \ [\text{lx}]$$

로 나타낸다. 이러한 평균조도 계산은 광속법과 설계여건에 따라 ZCM (Zonal Cavity Method)법을 채택할 수 있다.

$$E = \frac{F \cdot N \cdot U \cdot M}{A}$$

여기서, E : 평균조도 [lx] F : 램프 1개당 광속 [lm] N : 램프수량 [개]
　　　　U : 조명률 M : 보수율, 감광보상률의 역수 A : 방의 면적 [m²] (방의 폭×길이)

출제년도 16.20.(16점/(1)2점, (2)3점, (3)4점, (4)4점, (5)1점, (6)2점

다음 그림은 어느 수용가의 수전설비 계통도이다. 다음 각 물음에 답하시오.

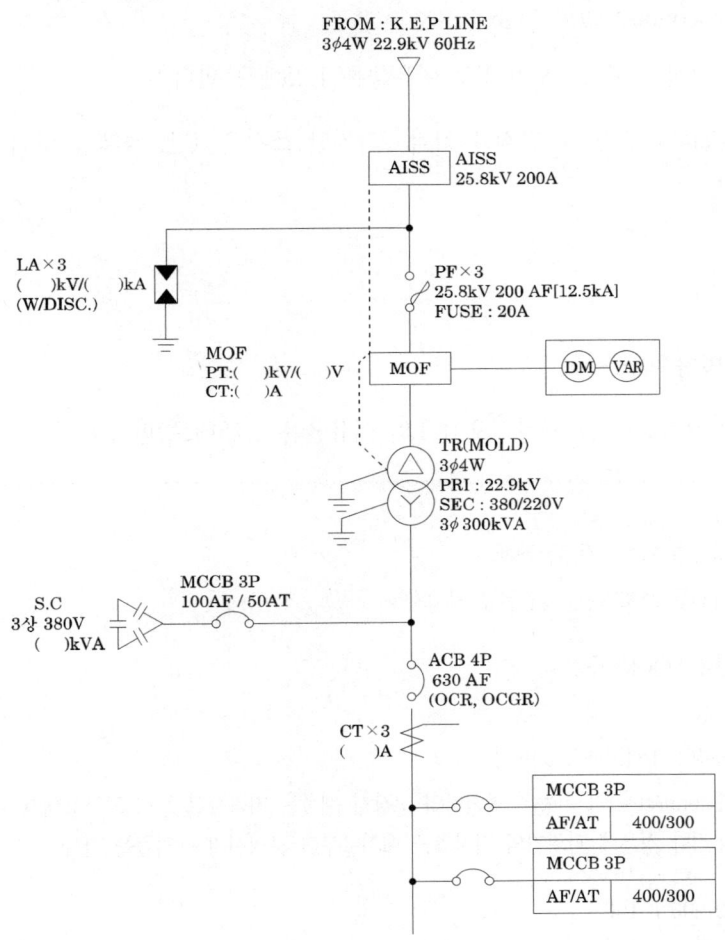

(1) AISS의 명칭을 쓰고 기능을 2가지 쓰시오.

• 명칭 :

• 기능 :

(2) 피뢰기의 정격전압 및 공칭 방전전류를 쓰고 그림에서의 DISC의 기능을 간단히 설명하시오.

　　· 피뢰기 규격 :　　　　[kV],　　　　[kA]

　　· DISC(Disconnector)의 기능 :

(3) MOF의 정격을 구하시오.(CT의 여유율은 1.25배로 한다.)

(4) MOLD TR의 장점 및 단점을 각각 2가지만 쓰시오. (단, 경제성 및 유지보수는 쓰지 말 것.)

　　· 장점

　　· 단점

(5) ACB의 명칭을 쓰시오.

(6) CT의 정격(변류비)를 구하시오.(CT의 여유율은 1.25배로 한다.)

[작성답안]

(1) · 명칭 : 기중형 자동고장구분개폐기
　　· 기능 : 과전류 보호기능, 돌입전류 억제기능

　그 외, 과전류 LOCK 기능
　축세 트립기능

(2) · 피뢰기 규격 : 18 [kV], 2.5 [kA]
　　· DISC(Disconnector)의 기능 : 피뢰기의 고장시 계통은 지락사고 등의 고장상태가 될 수 있다. 따라서 이러한 경우에 피뢰기의 접지측을 대지로부터 분리시키는 역할을 한다.

(3) PT비 : $\dfrac{22,900}{\sqrt{3}} \Big/ \dfrac{190}{\sqrt{3}}$

　　CT비 : $I = \dfrac{300}{\sqrt{3} \times 22.9} \times 1.25 = 9.45\,[A]$

　　∴ 변류비 10/5 선정

　　답 : PT비 : $\dfrac{22,900}{\sqrt{3}} \Big/ \dfrac{190}{\sqrt{3}}$　　CT비 : 10/5

(4) • 장점
- 난연성이 우수하다.
- 저 손실이므로 에너지 절약이 가능하다.
그 외
- 소형 경량화 가능하다.
- 단시간 과부하 내량이 높다.
• 단점
- 충격파 내전압이 낮다.
- 수지층에 차폐물이 없으므로 운전중 코일 표면에 접촉할 수 있어 위험하다.

(5) 기중차단기

(6) 계산 : $I = \dfrac{300}{\sqrt{3} \times 0.38} \times 1.25 = 569.75$ [A]

∴ 600/5 선정

답 : 600/5

11

출제년도 20.(5점/부분점수 없음)

종량제 요금은 1개월(30일) 기본요금 100[원] 그리고 1[kWh]당 10원 추가된다. 정액제 요금은 1개월(30일)에 1등당 205[원]이다. 등수는 8[등]이고 1 등당 전력은 60[W], 전구요금은 65[원]이다. 정액제 사용시 수용가에서 전구요금은 부담하지 않는다. 종량제에서 일일 평균 몇 시간을 사용해야 정액제 요금과 같아 질수 있겠는가? (단, 전구의 수명은 1000[h] 이다.)

[작성답안]

계산 : 정액제 1개월 요금 205×8[원]

하루 t시간 사용시 종량제 1개월 요금 = $100 + 60 \times 8 \times t \times 30 \times 10^{-3} \times 10 + \dfrac{65}{1000} \times 8 \times t \times 30$ [원]

1개월간 종량제와 정액제 요금이 같아 하므로

$100 + 60 \times 8 \times t \times 30 \times 10^{-3} \times 10 + \dfrac{65}{1000} \times 8 \times t \times 30 = 205 \times 8$

∴ $159.6t = 1540$

∴ $t = 9.65$[h]

답 : 9.65[h]

[핵심] 하루 t시간 사용시 종량제 1개월 요금

1개월 기본요금 + 1등당 전력 × 등수 × 점등시간 × 30일 × 전력당 요금 + $\dfrac{전구값}{전구수명}$ × 등수 × 점등시간 × 30일

12
출제년도 20.(5점/부분점수 없음)

조명에서 광원이 발광하는 원리 3가지 쓰시오.

[작성답안]
- 온도복사 (온도방사, 열복사, 열방사)
- 루미네선스
- 유도방사 (유도복사)

13
출제년도 20.新規.(7점/각 문항당 3점, 모두 맞으면 7점)

380/220[V] 3상 4선식 선로에서 180[m] 떨어진 곳에 다음표와 같이 부하가 연결되어 있다. 간선의 설계전류와 굵기를 구하시오. 단, 전압강하는 3%로 한다.

종류	출력	수량	역률×효율	수용률
급수펌프	380V/7.5kW	4	0.7	0.7
소방펌프	380V/20kW	2	0.7	0.7
전열기	220V/10kW	3(각상 평형배치)	1	0.5

(1) 간선의 굵기를 결정하는데 필요한 설계전류를 구하시오.

(2) (1)의 설계전류를 이용하여 전압강하를 고려한 간선의 굵기를 선정하시오.

<table>
<tr><th colspan="3">KSC IEC 전선규격</th></tr>
<tr><th colspan="3">전선의 공칭 단면적[mm^2]</th></tr>
<tr><td>1.5</td><td>2.5</td><td>4</td></tr>
<tr><td>6</td><td>10</td><td>16</td></tr>
<tr><td>25</td><td>35</td><td>50</td></tr>
<tr><td>70</td><td>95</td><td>120</td></tr>
<tr><td>150</td><td>185</td><td>240</td></tr>
<tr><td>300</td><td>400</td><td>500</td></tr>
<tr><td>630</td><td></td><td></td></tr>
</table>

[작성답안]

(1) 계산 : 급수펌프의 전류 $I_M = \dfrac{7.5 \times 10^3 \times 4}{\sqrt{3} \times 380 \times 0.7} \times 0.7 = 45.58[A]$

소방펌프의 전류 $I_M = \dfrac{20 \times 10^3 \times 2}{\sqrt{3} \times 380 \times 0.7} \times 0.7 = 60.77[A]$

전열기 전류 $I_M = \dfrac{10 \times 10^3}{220 \times 1} \times 0.5 = 22.73$

간선의 설계전류 $I_B = I_M + I_H = 45.58 + 60.77 + 22.73 = 129.08[A]$

답 : 129.08[A]

(2) 계산 : $A = \dfrac{17.8LI}{1000e} = \dfrac{17.8 \times 180 \times 129.08}{1000 \times 220 \times 0.03} = 62.66[mm^2]$

답 : 70[mm^2]

[핵심] 도체와 과부하 보호장치 사이의 협조

과부하에 대해 케이블(전선)을 보호하는 장치의 동작특성은 다음의 조건을 충족해야 한다.

$I_B \leq I_n \leq I_Z$ .... ①

$I_2 \leq 1.45 \times I_Z$ .... ②

  I_B : 회로의 설계전류

  I_Z : 케이블의 허용전류

  I_n : 보호장치의 정격전류

  I_2 : 보호장치가 규약시간 이내에 유효하게 동작하는 것을 보장하는 전류

1. 조정할 수 있게 설계 및 제작된 보호장치의 경우, 정격전류 I_n은 사용현장에 적합하게 조정된 전류의 설정 값이다.
2. 보호장치의 유효한 동작을 보장하는 전류 I_2는 제조자로부터 제공되거나 제품 표준에 제시되어야 한다.
3. 식 2에 따른 보호는 조건에 따라서는 보호가 불확실한 경우가 발생할 수 있다. 이러한 경우에는 식 2에 따라 선정된 케이블 보다 단면적이 큰 케이블을 선정하여야 한다.
4. I_B는 선도체를 흐르는 설계전류이거나, 함유율이 높은 영상분 고조파(특히 제3고조파)가 지속적으로 흐르는 경우 중성선에 흐르는 전류이다.

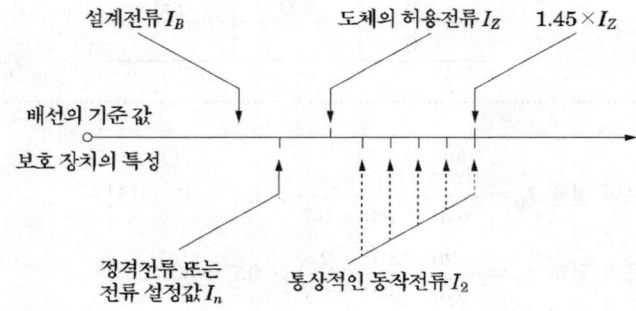

14

출제년도 20.(5점/부분점수 없음)

감리원은 해당공사 완료후 준공검사 전에 사전 시운전 등이 필요한 부분에 대하여 공사업자에게 시운전을 위한 계획을 수립하여 30일 이내 제출하도록 하여야 하는데, 이때 발주자에게 제출하여야 할 서류에 대하여 5가지 적으시오.

[작성답안]
- 시운전 일정
- 시운전 항목 및 종류
- 시운전 절차
- 시험장비 확보 및 보정
- 기계 기구 사용계획

그 외
- 운전요원 및 검사요원 선임계획

[핵심] 제59조(준공검사 등의 절차)

① 감리원은 해당 공사 완료 후 준공검사 전에 사전 시운전 등이 필요한 부분에 대하여는 공사업자에게 다음 각 호의 사항이 포함된 시운전을 위한 계획을 수립하여 시운전 30일 이내에 제출하도록 하고, 이를 검토하여 발주자에게 제출하여야 한다.

   1. 시운전 일정   2. 시운전 항목 및 종류   3. 시운전 절차
   4. 시험장비 확보 및 보정   5. 기계·기구 사용계획
   6. 운전요원 및 검사요원 선임계획

② 감리원은 공사업자로부터 시운전 계획서를 제출받아 검토, 확정하여 시운전 20일 이내에 발주자 및 공사업자에게 통보하여야 한다.

③ 감리원은 공사업자에게 다음 각 호와 같이 시운전 절차를 준비하도록 하여야 하며 시운전에 입회하여야 한다.

   1. 기기점검   2. 예비운전   3. 시운전
   4. 성능보장운전   5. 검수   6. 운전인도

④ 감리원은 시운전 완료 후에 다음 각 호의 성과품을 공사업자로부터 제출받아 검토 후 발주자에게 인계하여야 한다.

   1. 운전개시, 가동절차 및 방법   2. 점검항목 점검표
   3. 운전지침   4. 기기류 단독 시운전 방법 검토 및 계획서
   5. 실가동 Diagram   6. 시험구분, 방법, 사용매체 검토 및 계획서
   7. 시험성적서   8. 성능시험 성적서(성능시험 보고서)

15

출제년도 20.(4점/부분점수 없음)

다음과 같은 래더 다이어그램을 보고 PLC 프로그램을 완성하시오. (단, 타이머 설정시간 t는 0.1초 단위임.)

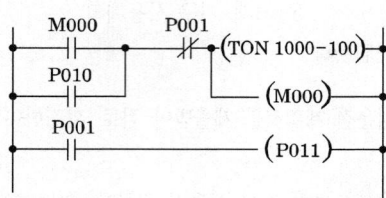

ADD	OP	DATA
0	LOAD	M000
1		
2		
3	TON	1000
4	DATA	100
5		
6		
7	OUT	P011
8	END	

[작성답안]

ADD	OP	DATA
0	LOAD	M000
1	OR	P010
2	AND NOT	P001
3	TON	1000
4	DATA	100
5	OUT	M000
6	LOAD	P001
7	OUT	P011
8	END	

2021년 1회 기출문제 해설

※ 다음 물음에 답을 해당 답란에 답하시오.

1 출제년도 09.19.21. (5점/부분점수 없음)

보정률이 -0.8% 일 경우 측정값이 $103[V]$ 이면 참값은 얼마가 되겠는가?

[작성답안]

계산 : 보정률 $= \dfrac{\text{보정}}{\text{측정값}} \times 100[\%]$ 에서 보정 $= 103 \times (-0.8) = -0.824$

참값 = 보정 + 측정값 = $-0.824 + 103 = 102.176$

답 : $102.18[V]$

[핵심] 오차와 보정

① 오차 (error)

어떤 측정에 있어서도 절대로 정확한 값을 알 수 있는 것은 어렵기 때문에 전기계기의 측정의 경우도 반드시 오차가 포함되어 있다. 따라서 오차를 계산하고 이를 보정해주어야 한다.

오차 $\epsilon_0 = M - T$

여기서 M : 측정값, T : 참값

오차를 오차율(percentage error)로 표시하면 다음과 같다.

오차율 $\epsilon = \dfrac{M-T}{T} \times 100 \, [\%]$

② 보정 (correction)

보정과 보정률(percentage correction)은 다음과 같다.

보정 $\alpha_0 = T - M$

보정률 $\alpha = \dfrac{T-M}{M} \times 100 \, [\%]$

2

출제년도 88.91.96.01.03.21.(9점/각 문항당 3점)

수전단 전압이 3000 [V]인 3상 3선식 배전 선로의 수전단에 역률 0.8(지상)되는 520 [kW]의 부하가 접속되어 있다. 이 부하에 동일 역률의 부하 80 [kW]를 추가하여 600 [kW]로 증가시키되 부하와 병렬로 전력용 콘덴서를 설치하여 수전단 전압 및 선로 전류를 일정하게 불변으로 유지하고자 할 때, 다음 각 물음에 답하시오. (단, 전선의 1선 당 저항 및 리액턴스는 각각 1.78 [Ω] 및 1.17 [Ω]이다.)

(1) 이 경우에 필요한 전력용 콘덴서 용량은 몇 [kVA]인가?
(2) 부하 증가 전의 송전단 전압은 몇 [V]인가?
(3) 부하 증가 후의 송전단 전압은 몇 [V]인가?

[작성답안]

(1) 계산 : 부하 증가 후의 역률 $\cos\theta_2$는 $\dfrac{P_1}{\sqrt{3}\,V\cos\theta_1} = \dfrac{P_2}{\sqrt{3}\,V\cos\theta_2}$ 에서

$$\cos\theta_2 = \dfrac{P_2}{P_1}\cos\theta_1 = \dfrac{600}{520} \times 0.8 = 0.9231$$

∴ 콘덴서 용량 $Q_c = P(\tan\theta_1 - \tan\theta_2)$

$$Q_c = 600\left(\dfrac{0.6}{0.8} - \dfrac{\sqrt{1-0.9231^2}}{0.9231}\right) = 200.04 \,[\text{kVA}]$$

답 : 200.04 [kVA]

(2) 계산 : $V_s = V_r + \sqrt{3}\,I(R\cos\theta + X\sin\theta)$

$$= 3{,}000 + \sqrt{3} \times \dfrac{520 \times 10^3}{\sqrt{3} \times 3{,}000 \times 0.8} \times (1.78 \times 0.8 + 1.17 \times 0.6) = 3460.63 \,[\text{V}]$$

답 : 3460.63 [V]

(3) 계산 : $V_s = 3{,}000 + \sqrt{3} \times \dfrac{600 \times 10^3}{\sqrt{3} \times 3{,}000 \times 0.9231} \times (1.78 \times 0.9231 + 1.17 \times \sqrt{1-0.9231^2})$

$= 3453.48 \,[\text{V}]$

답 : 3453.48 [V]

[핵심] 전압강하

① 전압강하 $e = \dfrac{P}{V}(R + X\tan\theta)$ [V]

② 전압강하율 $\epsilon = \dfrac{e}{V} \times 100 = \dfrac{P}{V^2}(R + X\tan\theta) \times 100$ [%]

③ 전력손실 $P_L = \dfrac{P^2 R}{V^2 \cos^2\theta}$ [kW]

④ 전력손실률 $k = \dfrac{P_L}{P} \times 100 = \dfrac{PR}{V^2 \cos^2\theta} \times 100$ [%]

---

3 출제년도 14.21.(5점/부분점수 없음)

용량 10 [kVA], 철손 120 [W], 전부하 동손 200 [W]인 단상 변압기 2대를 V결선하여 부하를 걸었을 때, 전부하 효율은 몇 [%]인가? (단, 부하의 역률은 $\dfrac{1}{2}$이라 한다.)

[작성답안]

계산 : V결선 전부하시 효율

$$\eta = \dfrac{\sqrt{3}\,P\cos\theta}{\sqrt{3}\,P\cos\theta + 2P_i + 2P_c} = \dfrac{\sqrt{3} \times 10 \times 10^3 \times \dfrac{1}{2}}{\sqrt{3} \times 10 \times 10^3 \times \dfrac{1}{2} + 2 \times 120 + 2 \times 200} \times 100 = 93.118\,[\%]$$

답 : 93.12 [%]

[핵심] 변압기 효율 (efficiency)

① 전부하 효율 $\eta = \dfrac{P_n \cos\theta}{P_n \cos\theta + P_i + I^2 r} \times 100$ [%]

전부하시 $I^2 r = P_i$ 의 조건이 만족되면 효율이 최대가 된다.

② m 부하시의 효율 $\eta = \dfrac{m V_{2n} I_{2n} \cos\theta}{m V_{2n} I_{2n} \cos\theta + P_i + m^2 I_{2n}^{\,2} r_{21}} \times 100$ [%]

$P_i = m^2 P_c$ 이 최대 효율조건이며, 최대 효율일 경우 부하율은 다음과 같다.

$m = \sqrt{\dfrac{P_i}{P_c}}$

③ 전일효율 $\eta_d = \dfrac{\sum h V_2 I_2 \cos\theta_2}{\sum h V_2 I_2 \cos\theta_2 + 24 P_i + \sum h r_2 I_2^2} \times 100$ [%]

4

출제년도 19.21.(6점/각 항목당 1점)

다음은 한국전기설비규정에서 정하는 수용가 설비에서의 전압강하에 관한 내용이다. 다른 조건을 고려하지 않는다면 수용가 설비의 인입구로부터 기기까지의 전압강하는 표의 값 이하로 하여야 한다. 다음 물음에 답하시오.

(1) 전압강하 표를 완성하시오.

수용가설비의 전압강하

설비의 유형	조명(%)	기타(%)
A-저압으로 수전하는 경우	(1)	(2)
B-고압 이상으로 수전하는 경우[a]	(3)	(4)

[a] 가능한 한 최종회로 내의 전압강하가 A 유형의 값을 넘지 않도록 하는 것이 바람직하다. 사용자의 배선설비가 100m를 넘는 부분의 전압강하는 미터 당 0.005% 증가 할 수 있으나 이러한 증가분은 0.5%를 넘지 않아야 한다.

(2) 표 보다 큰 전압강하를 허용할 수 있는 경우 2가지를 쓰시오.

[작성답안]

(1)

| 1 | 3 | 2 | 5 | 3 | 6 | 4 | 8 |

(2) • 기동 시간 중의 전동기
  • 돌입전류가 큰 기타 기기

[핵심] 한국전기설비규정 232.3.9 수용가 설비에서의 전압강하

1. 다른 조건을 고려하지 않는다면 수용가 설비의 인입구로부터 기기까지의 전압강하는 [표 232.3-1]의 값 이하이어야 한다.

[표 232.3-1] 수용가설비의 전압강하

설비의 유형	조명 (%)	기타 (%)
A - 저압으로 수전하는 경우	3	5
B - 고압 이상으로 수전하는 경우[a]	6	8

[a] 가능한 한 최종회로 내의 전압강하가 A 유형의 값을 넘지 않도록 하는 것이 바람직하다.
사용자의 배선설비가 100 m를 넘는 부분의 전압강하는 미터 당 0.005% 증가할 수 있으나 이러한 증가분은 0.5%를 넘지 않아야 한다.

2. 다음의 경우에는 [표 232.3-1]보다 더 큰 전압강하를 허용할 수 있다.
    가. 기동 시간 중의 전동기
    나. 돌입전류가 큰 기타 기기

3. 다음과 같은 일시적인 조건은 고려하지 않는다.
    가. 과도과전압
    나. 비정상적인 사용으로 인한 전압 변동

출제년도 17.21.(5점/각 문항당 2점, 모두 맞으면 5점)

그림과 같은 Y결선에서 기본파와 제3고조파 전압만이 존재한다고 할 때 전압계의 눈금이 $V_p = 150$ [V], $V_l = 220$ [V]로 나타났다면 다음 물음에 답하시오. (단, 부하측의 전압은 평형상태이다.)

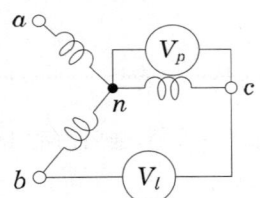

(1) 제3고조파 전압 [V]은?

(2) 왜형률을 구하시오.

[작성답안]

(1) 계산 : $V_p = \sqrt{V_1^2 + V_3^2}$, $150 = \sqrt{V_1^2 + V_3^2}$

V_l은 제3고조파 전압은 존재하지 않으므로

$V_l = \sqrt{3}\, V_1$ 에서 $220 = \sqrt{3}\, V_1$

$V_1 = \dfrac{220}{\sqrt{3}} = 127.02$ [V]

$\therefore V_3 = \sqrt{150^2 - V_1^2} = \sqrt{150^2 - 127.02^2} = 79.79$ [V]

답 : 79.79 [V]

(2) 계산 : 왜형률 $= \dfrac{\text{전 고조파의 실효값}}{\text{기본파의 실효값}} \times 100 = \dfrac{79.79}{127.02} \times 100 = 62.82\,[\%]$

답 : 62.82 [%]

[핵심] THD (Total harmonics distortion)

비정현파에서 기본파에 대해 고조파 성분이 어느 정도 포함되었는가를 나타내는 지표로서 왜형률(distortion factor)이 사용된다. 이는 비정현파가 정현파를 기준으로 하였을 때 얼마나 일그러졌는가를 표시하는 척도가 된다.

$$왜형률 = \dfrac{\text{고조파 실효값의 합}}{\text{기본파 실효값}} = \dfrac{\sqrt{(V_2^2 + V_3^2 + \cdots)}}{V_1}$$

6

출제년도 16.21.(4점/부분점수 없음)

4 [L]의 물을 15 [℃]에서 90 [℃]로 온도를 높이는데 1 [kW]의 전열기로 25분간 가열하였다. 이 전열기의 효율을 계산하시오.

[작성답안]

계산 : $\eta = \dfrac{cm\theta}{860PT} = \dfrac{4 \times (90-15)}{860 \times 1 \times \dfrac{25}{60}} \times 100 = 83.721\,[\%]$

답 : 83.72[%]

[핵심] 전열기 용량

$$P = \dfrac{P \times t}{t} = \dfrac{Cm(\theta_2 - \theta_1)}{860\eta t}\ [\text{kW}]$$

P : 전열기 용량, C : 비열, η : 전열기 효율, t : 시간[h], $\theta_2 - \theta_1$: 온도차

7 출제년도 02.05.07.12.21.(13점/각 문항당 4점, 모두 맞으면 13점)???

어떤 인텔리전트 빌딩에 대한 등급별 추정 전원 용량에 대한 다음 표를 이용하여 각 물음에 답하시오.

등급별 추정 전원 용량 [VA/m²]

등급별 내용	0등급	1등급	2등급	3등급
조 명	32	22	22	29
콘 센 트	–	13	5	5
사무자동화(OA) 기기	–	–	34	36
일반동력	38	45	45	45
냉방동력	40	43	43	43
사무자동화(OA)동력	–	2	8	8
합 계	110	125	157	166

(1) 연면적 10000 [m²]인 인텔리전트 2등급인 사무실 빌딩의 전력 설비 부하의 용량을 다음 표에 의하여 구하도록 하시오.

부하 내용	면적을 적용한 부하용량 [kVA]
조 명	
콘 센 트	
OA 기기	
일반동력	
냉방동력	
OA 동력	
합 계	

(2) 물음 "(1)"에서 조명, 콘센트, 사무자동화기기의 적정 수용률은 0.7, 일반동력 및 사무자동화 동력의 적정 수용률은 0.5, 냉방동력의 적정 수용률은 0.8이고, 주변압기 부등률은 1.2로 적용한다. 이때 전압방식을 2단 강압 방식으로 채택할 경우 변압기의 용량에 따른 변전설비의 용량을 산출하시오. (단, 조명, 콘센트, 사무자동화 기기를 3상 변압기 1대로, 일반동력 및 사무자동화 동력을 3상 변압기 1대로, 냉방동력을 3상 변압기 1대로 구성하고, 상기 부하에 대한 주변압기 1대를 사용하도록 하며, 변압기 용량은 일반 규격 용량으로 정하도록 한다.)

계산 :

- 조명, 콘센트, 사무자동화 기기에 필요한 변압기 용량 산정
- 일반동력, 사무자동화동력에 필요한 변압기 용량 산정
- 냉방동력에 필요한 변압기 용량 산정
- 주변압기 용량 산정

변압기 용량표

| 50 | 75 | 100 | 150 | 200 | 300 | 400 | 500 | 750 | 1000 |

(3) 주변압기에서부터 각 부하에 이르는 변전설비의 단선 계통도를 간단하게 그리시오.

[작성답안]

(1)

부하 내용	면적을 적용한 부하용량 [kVA]
조 명	$22 \times 10000 \times 10^{-3} = 220$ [kVA]
콘 센 트	$5 \times 10000 \times 10^{-3} = 50$ [kVA]
OA 기기	$34 \times 10000 \times 10^{-3} = 340$ [kVA]
일반동력	$45 \times 10000 \times 10^{-3} = 450$ [kVA]
냉방동력	$43 \times 10000 \times 10^{-3} = 430$ [kVA]
OA 동력	$8 \times 10000 \times 10^{-3} = 80$ [kVA]
합 계	$157 \times 10000 \times 10^{-3} = 1570$ [kVA]

(2) • 조명, 콘센트, 사무자동화 기기에 필요한 변압기 용량 산정

$$Tr_1 = (220+50+340) \times 0.7 = 427 \text{ [kVA]}$$

∴ 500 [kVA]

• 일반동력, 사무자동화동력에 필요한 변압기 용량 산정

$$Tr_2 = (450+80) \times 0.5 = 265 \text{ [kVA]}$$

∴ 300 [kVA]

• 냉방동력에 필요한 변압기 용량 산정

$$Tr_3 = 430 \times 0.8 = 344 \text{ [kVA]}$$

∴ 400 [kVA]

• 주변압기 용량 산정

$$STr = \frac{427+265+344}{1.2} = 863.33 \text{ [kVA]}$$

∴ 1000 [kVA]

(3)

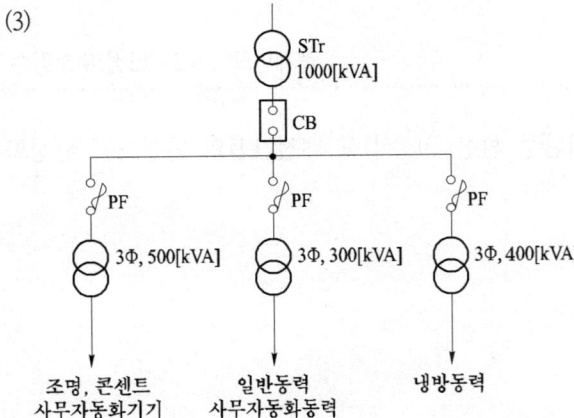

8

출제년도 13.16.21.(5점/부분점수 없음)

3상 4선식에서 역률 100 [%]의 부하가 각 상과 중성선간에 연결되어 있다. a상, b상, c상에 흐르는 전류가 각각 10 [A], 8 [A], 9 [A]이다. 중성선에 흐르는 전류의 절댓값 크기를 계산하시오. 단 각상 전류의 위상차는 120° 이다.

[작성답안]

계산 : $\dot{I_n} = 10 + \left(-\dfrac{1}{2} - j\dfrac{\sqrt{3}}{2}\right) \times 8 + \left(-\dfrac{1}{2} + j\dfrac{\sqrt{3}}{2}\right) \times 9 = 1.732$ [A]

답 : 1.73 또는 $\sqrt{3}$ [A]

[핵심] 중성선에 흐르는 전류

각 상에는 R상을 기준으로 할 때 120도의 위상차가 있으므로 중성선에 흐르는 전류의 크기는 $I_a \angle 0° + I_b \angle -120° + I_c \angle -240°$로 나타낼 수 있다. 이 성분은 대칭좌표법에서 말하는 영상성분이 된다.

9

출제년도 08.21.(5점/부분점수 없음)

다음 고압 배전선의 구성과 관련된 미완성 환상(루프식)식 배전간선의 단선도를 완성화시오.

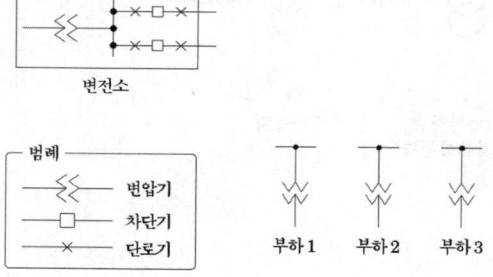

[작성답안]

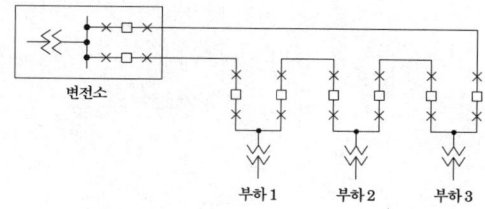

[핵심] 가지식과 루프식

① 가지식

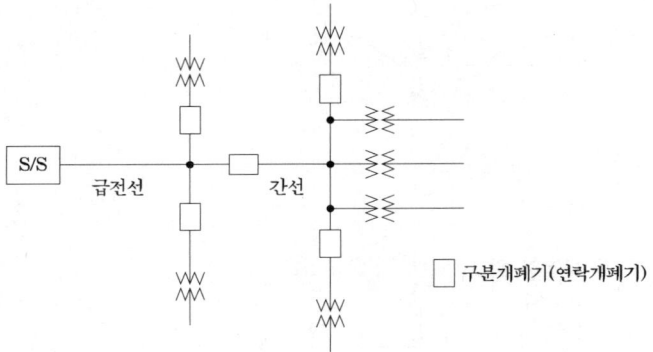

② 루프식

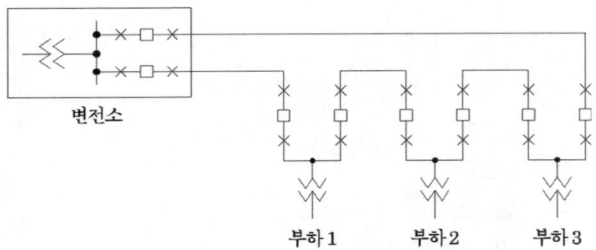

출제년도 04.07.21.(6점/각 문항당 3점)

10

보조 릴레이 A, B, C 의 계전기로 출력(H레벨)이 생기는 유접점 회로와 무접점 회로를 그리시오. (단, 보조 릴레이의 접점을 모두 a접점만을 사용하도록 한다.)

(1) A와 B를 같이 ON하거나 C를 ON할 때 X_1출력

　① 유접점 회로

　② 무접점 회로

(2) A를 ON하고 B 또는 C를 ON할 때 X_2 출력

　① 유접점 회로

　② 무접점 회로

[작성답안]

(1) ① 유접점 회로 ② 무접점 회로

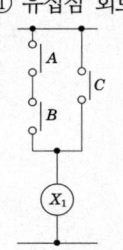 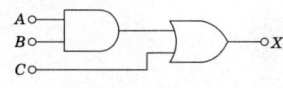

(2) ① 유접점 회로 ② 무접점 회로

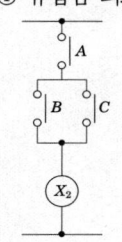 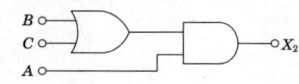

[핵심] 논리회로

① A와 B를 같이 ON하거나 C를 ON할 때 X_1 출력

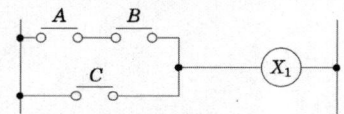 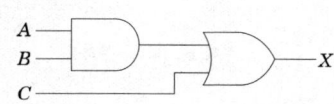

② A를 ON하고 B 또는 C를 ON할 때 X_2 출력

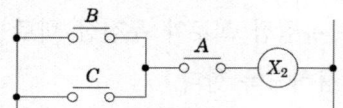 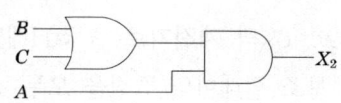

11

출제년도 90.21.(5점/부분점수 없음)

지름 20[cm]의 구형 외구의 광속 발산도가 2000[rlx]라고 한다. 이 외구의 중심에 있는 균등 점광원의 광도는 얼마인가? (단, 외구의 투과율은 90[%]라 한다.)

[작성답안]

계산 : $R = \dfrac{\tau I}{(1-\rho)r^2}$ [rlx] 에서 $I = \dfrac{(1-\rho)r^2}{\tau} \times R = \dfrac{(1-0) \times 0.1^2}{0.9} \times 2000 = 22.22$ [cd]

답 : 22.22[cd]

[핵심] 광속 발산도

반사율 ρ, 투과율 τ, 반지름 r 인 완전 확산성 구형 글로브의 중심의 광도 I 의 점광원을 켰을 때 경우 광속 발산도 : $R = \dfrac{F\eta}{A} = \dfrac{4\pi I}{4\pi r^2} \cdot \dfrac{\tau}{1-\rho} = \dfrac{\tau I}{r^2(1-\rho)}$ [rlx]

12

출제년도 95.21.(6점/각 항목당 1점)

다음은 저압전로의 절연성능에 관한 표이다. 다음 빈 칸을 완성하시오.

전로의 사용전압 V	DC시험전압 V	절연저항 MΩ
SELV 및 PELV		
FELV, 500V 이하		
500V 초과		

[주] 특별저압(extra low voltage : 2차 전압이 AC 50V, DC 120V 이하)으로 SELV(비접지회로 구성) 및 PELV(접지회로 구성)은 1차와 2차가 전기적으로 절연된 회로, FELV는 1차와 2차가 전기적으로 절연되지 않은 회로

"특별저압(ELV, Extra Low Voltage)"이란 인체에 위험을 초래하지 않을 정도의 저압을 말한다. 여기서 SELV(Safety Extra Low Voltage)는 비접지회로에 해당되며, PELV(Protective Extra Low Voltage)는 접지회로에 해당된다.

[작성답안]

전로의 사용전압 V	DC시험전압 V	절연저항 MΩ
SELV 및 PELV	250	0.5
FELV, 500V 이하	500	1.0
500V 초과	1,000	1.0

[핵심] 전기설비기술기준 저압전로의 절연성능

전선 상호간의 절연저항은 기계기구를 쉽게 분리가 곤란한 분기회로의 경우 기기 접속 전에 측정할 수 있다. 측정 시 영향을 주거나 손상을 받을 수 있는 SPD 또는 기타 기기 등은 측정 전에 분리시켜야 하고, 부득이하게 분리가 어려운 경우에는 시험전압을 250V DC로 낮추어 측정할 수 있지만 절연저항 값은 1MΩ 이상이어야 한다.

전로의 사용전압 V	DC시험전압 V	절연저항 MΩ
SELV 및 PELV	250	0.5
FELV, 500V 이하	500	1.0
500V 초과	1,000	1.0

[주] 특별저압(extra low voltage : 2차 전압이 AC 50V, DC 120V 이하)으로 SELV(비접지회로 구성) 및 PELV(접지회로 구성)은 1차와 2차가 전기적으로 절연된 회로, FELV는 1차와 2차가 전기적으로 절연되지 않은 회로

"특별저압(ELV, Extra Low Voltage)"이란 인체에 위험을 초래하지 않을 정도의 저압을 말한다. 여기서 SELV(Safety Extra Low Voltage/안전 특별저압)는 비접지회로에 해당되며, PELV(Protective Extra Low Voltage/보호 특별저압)는 접지회로에 해당된다.

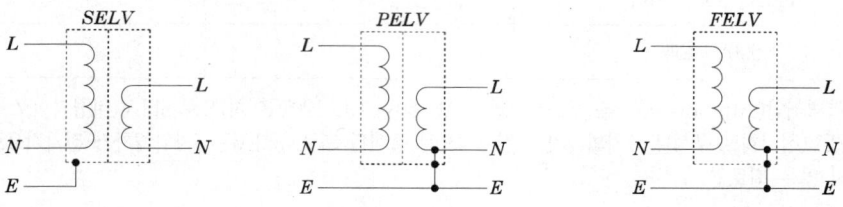

*FELV (Functional Extra Low Voltage/기능적 특별저압)

13 출제년도 21.(5점/각 항목당 1점, 모두 맞으면 5점)

접지저항의 결정요인인 접지저항 요소 3가지를 쓰시오.

[작성답안]
접지도체와 접지전극의 도체저항
접지전극의 표면과 토양사이의 접촉저항
접지전극 주위의 토양성분의 저항 즉 대지저항률

[핵심] 접지저항에 영향을 주는 인자는 다음과 같다.
① 접지도체와 접지전극의 도체저항
② 접지전극의 표면과 이것에 접하는 토양사이의 접촉저항
③ 접지전극 주위의 토양성분의 저항 즉 대지저항률
위의 3가지 인자중에서 ③항의 대지저항률이 접지저항에 가장 큰 영향을 준다

14 출제년도 91.21.(4점/사고점측정 2점, 절연감시법 2점)

다음은 지중 케이블의 사고점 측정법과 절연의 건전도를 측정하는 방법을 열거한 것이다. 다음 방법 중 사고점 측정법과 절연 감시법을 구분하시오.

(1) Megger법 (2) Tanδ 측정법
(3) 부분 방전 측정법 (4) Murray Loop법
(5) Capacity Bridge법 (6) Pulse radar법

• 사고점 측정법 :   • 절연 감시법 :

[작성답안]
• 사고점 측정법 : (4), (5), (6)   • 절연 감시법 : (1), (2), (3)

[핵심] 케이블의 고장점 검출방법

고장점 탐지법	사 용 용 도
머레이 루프법	1선지락
	2선지락
	3선지락
	2선단락
	3선단락
정전용량법	단락사고
펄스 레이더법	3선단락
	지락사고측정

그 외

④ 수색 코일법

⑤ 음향에 의한 방법 등이 있다.

* 사고점 측정법을 구분하면 나머지는 절연감시법이 된다.

15

출제년도 15.21.(4점/각 문항당 2점)

다음 조명에 대한 각 물음에 답하시오.

(1) 어느 광원의 광색이 어느 온도의 흑체의 광색과 같을 때 그 흑체의 온도를 이 광원의 무엇이라 하는지 쓰시오.

(2) 빛의 분광 특성이 색의 보임에 미치는 효과를 말하며, 동일한 색을 가진 것이라도 조명 하는 빛에 따라 다르게 보이는 특성을 무엇이라 하는지 쓰시오.

[작성답안]
(1) 색온도
(2) 연색성

[핵심] 연색성과 색온도

① 연색성(演色性)

나트륨등으로 조명되고 있는 교량이나 터널 속에 들어가면 앞차의 색깔이 다르게 보이고, 또한 형광등으로 조명된 상점에서 양복을 사서 밖으로 나와 보면 다소 색조가 틀리게 보인다. 이와 같이 조명된 물체의 색의 보임이 다르게 보이는 성질을 연색성이라 하며, 연색성을 평가하는 수치로 나타낸 것이 연색평가지수(R_a)라 한다. 태양광선 밑에서 본 것보다 색의 보임이 떨어질수록 연색성이 떨어진다. R_a가 100 이란 것은 그 광원의 연색성이 기준광과 동일하다는 것을 의미한다. 백열 전구, 할로겐등의 R_a는 100, 형광등은 60~80, 고압 나트륨등은 30, 메탈할라이드등은 80~90이다.

② 색온도(色溫度)

어떤 광원의 광색이 어느 온도의 흑체의 광색과 같을 때, 그 흑체의 온도를 이 광원의 색온도라 한다. 이들 색온도는 흑체(黑體)라고 하는 이상적인 방사체를 표준으로 하며 이들 빛과 같은 색의 빛을 냈을 때의 흑체의 온도로 나타낸다.

16

출제년도 21.(6점/각 문항당 2점)

특성 임피던스가 $Z_o=600\ [\Omega]$이고 거리가 L[km]인 장거리 송전선로의 전파속도 $v=300,000[km/sec]$이며, 주파수는 60[Hz]이다. 다음 물음에 답하시오.

(1) 1 [km]당 인덕턴스 L[H/km]와 정전 용량 C[F/km]을 구하시오.

(2) 파장을 구하시오.

(3) 수전단에 이 선로의 특성임피던스와 같은 임피던스를 부하로 접속하였을 경우 송전단에서 부하측을 본 임피던스는?

[작성답안]

(1) 계산 : $L = 0.4605 \times \dfrac{Z_o}{138} = 0.4605 \times \dfrac{600}{138} = 2[mH/km] = 2 \times 10^{-3}[H/km]$

$C = \dfrac{0.02413}{\dfrac{Z_o}{138}} = \dfrac{0.02413}{\dfrac{600}{138}} = 5.55 \times 10^{-3}[\mu F/km] = 5.55 \times 10^{-9}[F/km]$

답 : $L = 2 \times 10^{-3}[H/km]$, $C = 5.55 \times 10^{-9}[F/km]$

(2) 계산 : $\lambda = \dfrac{v}{f} = \dfrac{3 \times 10^8}{60} = 5 \times 10^6[m]$

답 : $5 \times 10^6[m]$

(3) 특성임피던스와 같은 부하를 연결하면 무한장 선로와 같아지므로 송전단에서 부하측으로 본 임피던스는 특성임피던스와 같다.

답 : $600[\Omega]$

[핵심] 장거리 송전선로

① 특성 임피던스 $Z_0 = \sqrt{\dfrac{Z}{Y}} = \sqrt{\dfrac{(r+j\omega L)}{(g+j\omega C)}} = \sqrt{\dfrac{L}{C}}\ [\Omega]$

여기서, Z : 선로의 직렬 임피던스, Y : 선로의 병렬 어드미턴스

$Z = \sqrt{\dfrac{L}{C}} = 138\log_{10}\dfrac{D}{r}\ [\Omega]$ 이므로

∴ $L = 0.4605\log_{10}\dfrac{D}{r}\ [mH/km]$

∴ $C = \dfrac{0.02413}{\log_{10}\dfrac{D}{r}}\ [\mu F/km]$

② 전파 정수 γ

전파 정수 $\dot{\gamma} = \sqrt{zy} = \sqrt{(r+jx)(g+jb)}$ [rad/km]

여기서, r : 저항, ω : 각속도, L : 작용 인덕턴스, C : 작용 정전용량

③ 전파속도

전파속도 : $v = \dfrac{\omega}{\beta} = \dfrac{\omega}{\omega\sqrt{LC}} = \dfrac{1}{\sqrt{LC}}$ [m/sec]

파장 : $\lambda = \dfrac{v}{f}$ [m]

17

출제년도 11.21.(7점/(1)4점, (2)3점)

다음 결선도는 수동 및 자동(T2 시간 동안만 제어) Y-△ 배기팬 MOTOR 결선도 및 조작회로이다. 다음 각 물음에 답하시오. (단, T1은 4초, T2는 10초이며, T2 시간만큼 동작하여야 한다. 타임차트는 1칸당 1초이다.)

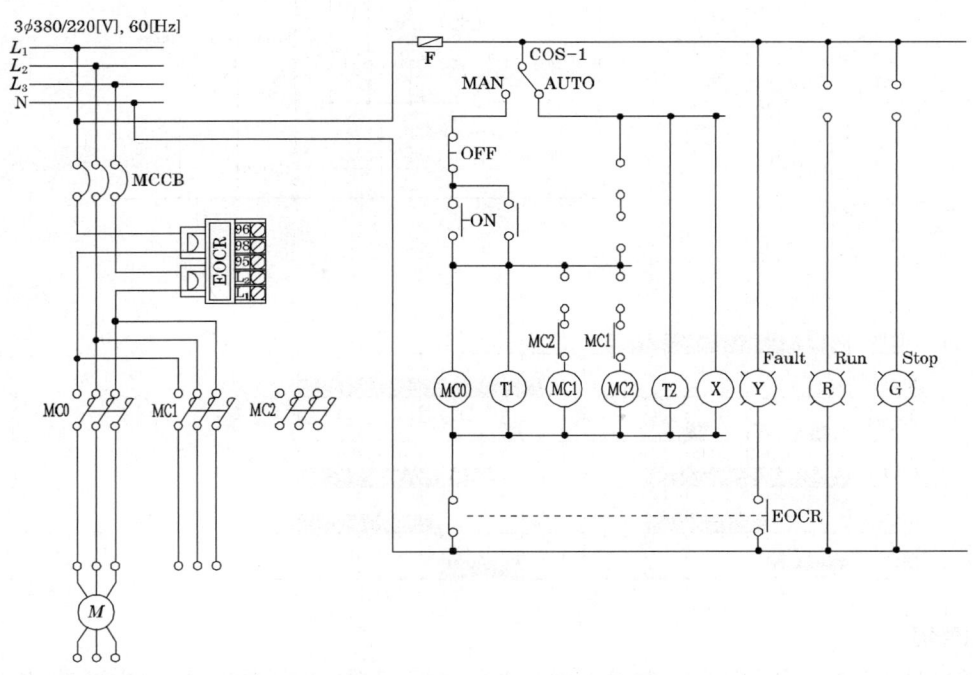

(1) 미완성 부분의 접점을 그리고 그 접점기호를 표기하시오.

(2) Time chart를 완성하시오.

[작성답안]

(1)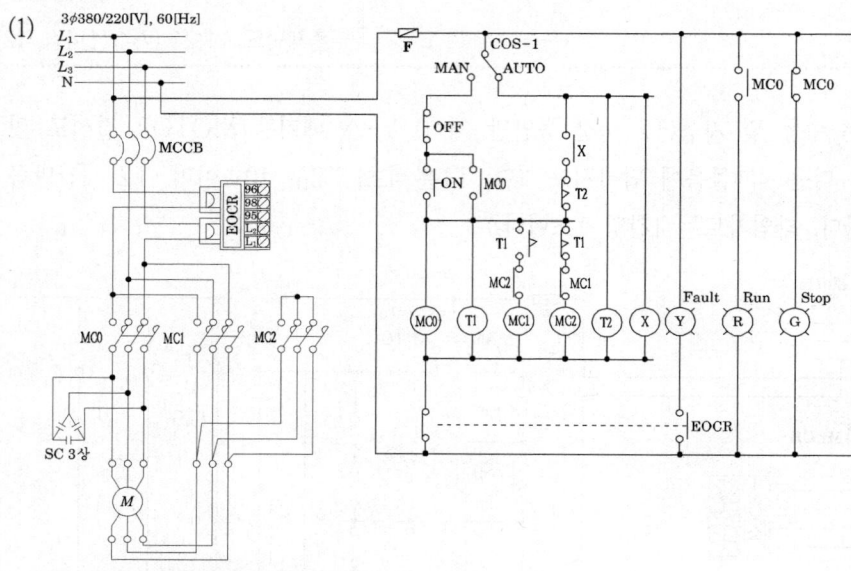

(2)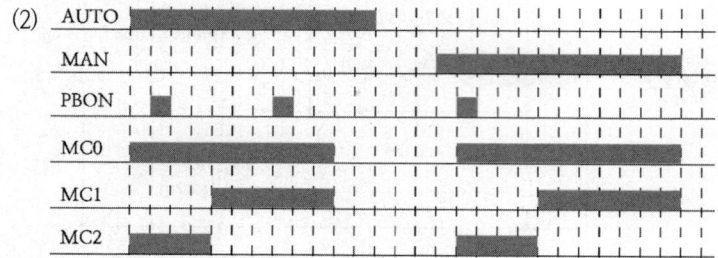

[핵심]

① MAN의 경우 전동기는 ON 버튼을 누르면 MC0와 MC2에 의해 Y기동한다. T1 설정시간후 MC2는 소자되고 MC1이 여자되어 운전한다. 정지할 경우 OFF버튼에 의해 정지한다.

② AUTO의 경우 MC0와 MC2에 의해 Y기동한다. T1 설정시간후 MC2는 소자되고 MC1이 여자되어 운전한다. 이후 T2 설정시간이 지나면 자동으로 정지한다.

2021년 2회 기출문제 해설

전기기사 실기 과년도

※ 다음 물음에 답을 해당 답란에 답하시오.

1 출제년도 21.(6점/각 문항당 3점)

피뢰시스템의 특성은 보호대상 구조물의 특성과 고려되는 피뢰레벨에 따라 결정된다. 위험성 평가를 기초로 하여 요구되는 피뢰시스템의 등급을 선택하여야 하는데, 피뢰시스템의 등급과 관계가 있는 데이터와 피뢰시스템의 등급과 관계없는 데이터를 구분하여 기호로 답하시오.

ⓐ 회전구체의 반경, 메시(mesh)의 크기 및 보호각
ⓑ 인하도선사이 및 환상도체사이의 전형적인 최적거리
ⓒ 위험한 불꽃방전에 대비한 이격거리
ⓓ 접지극의 최소길이
ⓔ 수뢰부시스템으로 사용되는 금속판과 금속관의 최소두께
ⓕ 접속도체의 최소치수
ⓖ 피뢰시스템의 재료 및 사용조건

(1) 피뢰시스템의 등급과 관계가 있는 데이터
(2) 피뢰시스템의 등급과 관계없는 데이터

[작성답안]

(1) 피뢰시스템의 등급과 관계가 있는 데이터
ⓐ ⓑ ⓒ ⓓ

(2) 피뢰시스템의 등급과 관계없는 데이터
ⓔ ⓕ ⓖ

[핵심] KS C IEC 62305-3 피뢰시스템 LPS (Lightning protection system)

① 피뢰시스템의 등급

피뢰시스템의 특성은 보호대상 구조물의 특성과 고려되는 피뢰레벨에 따라 결정된다.

피뢰레벨과 피뢰시스템 등급사이의 관계(KS C IEC 62305-1 참조)

피뢰레벨	피뢰시스템의 등급
I	I
II	II
III	III
IV	IV

피뢰시스템의 레벨별 회전구체 반경, 메시치수와 보호각의 최대값

피뢰시스템의 레벨	보호법		
	회전구체 반경 r (m)	메시치수 W (m)	보호각 $\grave{E}$
I	20	5×5	아래 그림 참조
II	30	10×10	
III	45	15×15	
IV	60	20×20	

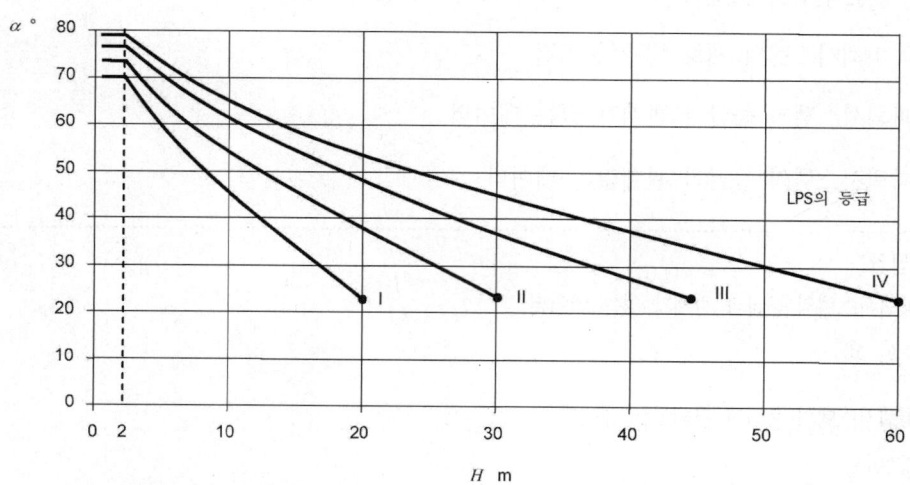

[비고 1] ● 표를 넘는 범위에는 적용할 수 없으며, 단지 회전구체법과 메시법만 적용할 수 있다.

[비고 2] H는 보호대상 지역 기준평면으로부터의 높이이다.

[비고 3] 높이 H가 2 m 이하인 경우 보호각은 불변이다.

② 피뢰시스템의 등급과 관계가 있는 데이터
- 뇌파라미터
- 회전구체의 반경, 메시(mesh)의 크기 및 보호각
- 인하도선사이 및 환상도체사이의 전형적인 최적거리
- 위험한 불꽃방전에 대비한 이격거리
- 접지극의 최소길이

③ 피뢰시스템의 등급과 관계없는 데이터
- 피뢰등전위본딩
- 수뢰부시스템으로 사용되는 금속판과 금속관의 최소두께
- 피뢰시스템의 재료 및 사용조건
- 수뢰부시스템, 인하도선, 접지극의 재료, 형상 및 최소치수
- 접속도체의 최소치수

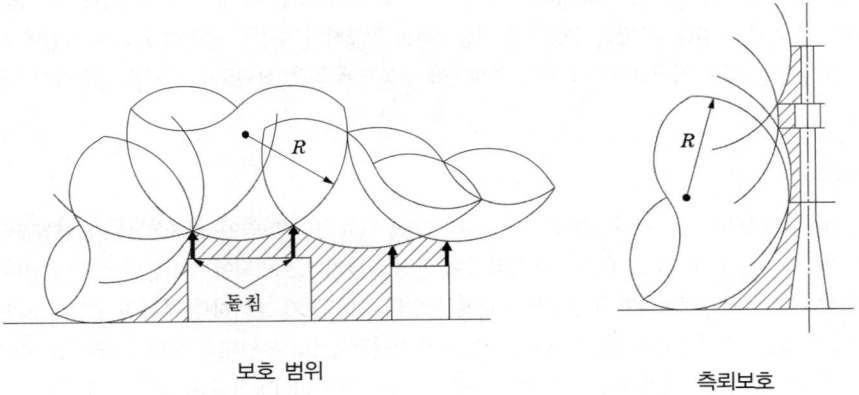

보호 범위   측뢰보호

2

출제년도 18.21.(4점/각 항목당 2점)

ALTS의 명칭과 사용 용도를 쓰시오.

명칭 :

용도 :

[작성답안]

명칭 : 자동부하 전환개폐기

용도 : 특고압측에서 수용가 인입구에서 사용되며, 변전소로부터 두개의 회선으로 공급받아 주전원 정전시 예비전원으로 절체한다.

[핵심] ALTS와 ATS

(1) ALTS

ALTS(자동부하 전환개폐기, Automatic Load Transfer Switch)는 22.9kV-Y 배전선로에 사용되는 개폐기로 큰 피해를 입을 수 있는 수용가에 이중전원을 확보하여 주전원 정전시 또는 주전원이 기준전압 이하로 떨어질 경우 예비전원으로 자동 절체되어 수용가에 높은 신뢰도로 전원을 공급하기 위한 기기이다.

(2) ALTS 동작 특징

① Blocking Time(사고감지 지연시간)은 3초 : Blocking Time은 부하측에서 고장전류가 발생하면 OCR(과전류 계전기 : Over Current Relay)가 동작하여 한전 차단기가 트립되어 주전원이 정전이 된다. 이때 3초 안에 부하측 사고가 제거되면 주전원으로 다시 투입되지만 3초 초과하면 부하측 고장이 지속된 것으로 판단하여 ALTS의 주전원측 접점은 OFF되며, 예비전원측으로의 투입대기 상태로 Holding(대기)된다. 그 후에 부하측의 사고가 제거되어 주전원이 복구된 후에는 ALTS의 OCR를 Reset하고 주전원측을 수동으로 투입시킨다.

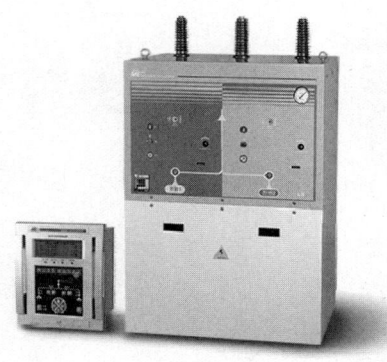

② Transfer Time(전환지연시간)은 0.1초 : 주전원에 정전이 되면 0.1초 이내에 예비전원으로 전환된다. 그런데 0.1초 동안 전원이 공급되지 않으면 사무실에 있는 컴퓨터, 전기기기 등은 정전이 된다. 보통은 UPS를 설치하여 컴퓨터, 전기기기에 0.1초의 정전도 허용되지 않도록 하는 것이 바람직하다.

③ Retrans Time(재전환 시간)은 20초 : 정전된 주전원이 복구 되면 예비전원에서 다시 주전원으로 전환되어 주전원에서 부하로 전원을 공급하게 된다. 이때 사고가 발생한 선로를 사고의 원인을 파악하고 보수하게 된다. 그러는 과정에서 사고가 난 주전원이 잠시라도 정상으로 복구 될 수도 있는데, 대기 시간없이 곧 바로 주전원으로 전환이 되면 그 선로에서 보수 작업을 하는 엔지니어들에게 감전사고가 발생할 수 있다. 따라서 Retrans Time을 20초로 두어서 사고가 난 주전원의 선로가 정상 복구되면 20초 동안 정상여부를 감지하고 그 후에 다시 주전원으로 절체된다.

(3) ATS(Automatic Transfer Switch)

ALTS와 ATS는 정전사고를 대비하기 위해 사용되는 전력기기이다. ALTS는 특고압측에서 수용가 인입구에서 사용되어 변전소로부터 두개의 회선으로 공급받아 주전원 정전시 예비전원으로 절체된다. ATS는 저압측(변압기2차측)에 설치되어 정전이 발생하였을 경우 변압기 상호간 절체 또는 중요 부하에 발전기를 작동시켜서 전원을 공급하는 자동 절체 스위치이다. 따라서 ATS에서는 예비전원이 발전기에서 전원이 공급된다.

3

출제년도 21.(6점/각 문항당 3점)

154[kV] 60[Hz]의 3상 송전선이 있다. 전선으로서 37/2.6[mm] 강심알루미늄전선(지름 1.6[cm])을 쓰고 $D=400$[cm]의 정3각 배치로 되어 있다. 기온 $t=30℃$일 때 코로나 임계전압[kV] 및 코로나 손실[kW/km/선]을 peek의 식에 의해 구하시오. 단, 날씨 계수 $m_0=1$, 표면 계수 $m_1=0.85$, 기압은 760[mmHg], 25℃일때 상대공기밀도는 1이다.

 (1) 코로나 임계전압

 (2) 코로나 손실

[작성답안]

(1) 계산 : 상대공기밀도 $\delta = \dfrac{b}{760} \times \dfrac{273+25}{273+t} = \dfrac{760}{760} \times \dfrac{273+25}{273+30} = 0.983$

$$E_0 = 24.3 m_0 m_1 \delta d \log_{10} \dfrac{D}{r} = 24.3 \times 1 \times 0.85 \times 0.983 \times 1.6 \times \log \dfrac{2 \times 400}{1.6} = 87.679 [kV]$$

답 : 87.68[kV]

(2) 계산 : Peek의 식

$$P_c = \dfrac{241}{\delta}(f+25)\sqrt{\dfrac{d}{2D}}(E-E_0)^2 \times 10^{-5} \ [kW/km/선]$$

$$= \dfrac{241}{0.983}(60+25)\sqrt{\dfrac{1.6}{2 \times 400}}\left(\dfrac{154}{\sqrt{3}}-87.679\right)^2 \times 10^{-5} = 0.014 \ [kW/km/선]$$

답 : 0.01[kW/km/선]

[핵심] 코로나

코로나란 송전선의 전위경도가 주위의 공기 절연강도를 초과하여 전선 주위의 공기가 이온화하여 국부적으로 절연이 파괴되는 현상을 말한다.

① 코로나 임계전압

$$E_0 = 24.3 m_0 m_1 \delta d \log_{10} \dfrac{2D}{d} \ [kV]$$

 여기서 m_0 : 전선표면의 상태계수. m_1 : 기후 계수, δ : 상대 공기밀도

② 상대공기밀도

$$\delta = \dfrac{b}{760} \times \dfrac{273+20}{273+t}$$

 단, t : 기온 [℃], b : 기압 [mmHg]

③ 코로나 손실에 피크(F. W. Peek)의 실험식

$$P = \frac{241}{\delta}(f+25)\sqrt{\frac{d}{2D}}(E-E_0)^2 \times 10^{-5} \text{ [kw/km/1선]}$$

여기서 δ : 상대 공기밀도, f : 주파수, d : 전선의 지름 [cm], D : 선간거리 [cm], E : 전선의 대지전압 [kV], E_0 : 코로나 임계전압 [kV]

4

출제년도 21.(4점/각 문항당 2점)

다음 등전위 본딩 도체에 관한 내용이다. 도체의 굵기는 얼마인가?

(1) 주접지단자에 접속하기 위한 등전위본딩 도체는 설비 내에 있는 가장 큰 보호접지 도체 단면적의 1/2 이상의 단면적을 가져야 하고 다음의 단면적 이상이어야 한다.

가. 구리도체 (①)mm²

나. 알루미늄 도체(②)mm²

다. 강철 도체(③)mm²

(2) 주접지단자에 접속하기 위한 보호본딩도체의 단면적은 구리도체 (④) mm² 또는 다른 재질의 동등한 단면적을 초과할 필요는 없다.

[작성답안]

(1) ① 6 mm²   ② 16 mm²   ③ 50 mm²

(2) ④ 25 mm²

[핵심] 한국전기설비규정 143.3.1 보호등전위본딩 도체

① 주접지단자에 접속하기 위한 등전위본딩 도체는 설비 내에 있는 가장 큰 보호접지도체 단면적의 1/2 이상의 단면적을 가져야 하고 다음의 단면적 이상이어야 한다.

가. 구리도체 6 mm²

나. 알루미늄 도체 16 mm²

다. 강철 도체 50 mm²

② 주접지단자에 접속하기 위한 보호본딩도체의 단면적은 구리도체 25 mm² 또는 다른 재질의 동등한 단면적을 초과할 필요는 없다.

[핵심] 한국전기설비규정 143.3.2 보조 보호등전위본딩 도체
① 두 개의 노출도전부를 접속하는 경우 도전성은 노출도전부에 접속된 더 작은 보호도체의 도전성보다 커야 한다.
② 노출도전부를 계통외도전부에 접속하는 경우 도전성은 같은 단면적을 갖는 보호도체의 1/2 이상이어야 한다.
③ 케이블의 일부가 아닌 경우 또는 선로도체와 함께 수납되지 않은 본딩도체는 다음 값 이상 이어야 한다.
　가. 기계적 보호가 된 것은 구리도체 2.5 mm², 알루미늄 도체 16 mm²
　나. 기계적 보호가 없는 것은 구리도체 4 mm², 알루미늄 도체 16 mm²

5
출제년도 87.91.10.21.(5점/부분점수 없음)

100 [V], 20 [A]용 단상 적산 전력계에 어느 부하를 가할 때 원판의 회전수 20회에 대하여 40.3 [초] 걸렸다. 만일 이 계기의 20 [A]에 있어서 오차가 +2 [%]라 하면 부하전력은 몇 [kW]인가? (단, 이 계기의 계기 정수는 1,000 [Rev/kWh]이다.)

[작성답안]

계산 : 적산전력계의 측정값 $P_M = \dfrac{3,600 \cdot n}{t \cdot k} = \dfrac{3,600 \times 20}{40.3 \times 1,000} = 1.79$ [kW]

$E = \dfrac{P_M - P_T}{P_T} \times 100$ [%]에서 $2 = \dfrac{1.79 - P_T}{P_T} \times 100$ [%]

∴ $P_T = \dfrac{1.79}{1.02} = 1.75$ [kW]

답 : 1.75 [kW]

[핵심] 전력량계
① 전력량계 부하전력

$P = \dfrac{3,600 \cdot n}{t \cdot k} \times CT비 \times PT비$ [kW]

여기서, n : 회전수 [회]　t : 시간 [sec]　k : 계기정수 [rev/kWh]

② 5(2.5)의 의미

괄호 안의 숫자(기준전류)와 괄호 밖의 숫자(정격전류)의 배수를 가지고 Ⅱ형(200%), Ⅲ형(300%), Ⅳ형(400%)으로 구분하고 있다.

    Ⅱ형 계기 : (1/20×정격전류) ~ (정격전류)

    Ⅲ형 계기 : (1/30×정격전류) ~ (정격전류)

    Ⅳ형 계기 : (1/40×정격전류) ~ (정격전류)

5(2.5) [A] 는 Ⅱ형 계기이고(정격전류가 기준전류의 2배), 5 [A]는 정격전류로 이는 최대 사용할 수 있는 전류값이며, 주어진 오차를 만족하는 최소 전류범위는 0.25 [A] (1/20×5 [A]) 이다. 0.25 [A] 이하에서도 사용할 수는 있으나, 0.25 [A] 이하에서는 오차를 시험하지는 않는다는 것을 말한다.

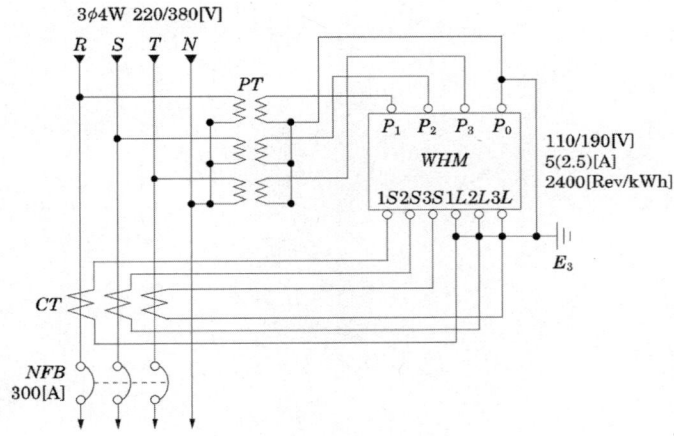

6

출제년도 18.21.(5점/각 항목당 1점, 모두 맞으면 5점)

다음에 주어진 표에 절연내력 시험전압은 몇[V]인가? 을 빈 칸에 채워 넣으시오.

공칭전압 [V]	최대사용전압 [V]	접지방식	시험전압 [V]
6,600	6,900	비접지	①
13,200	13,800	중성점 다중접지	②
22,900	24,000	중성점 다중접지	③

[작성답안]

① $6,900 \times 1.5 = 10,350$ [V]

② $13,800 \times 0.92 = 12,696$ [V]

③ $24,000 \times 0.92 = 22,080$ [V]

7 출제년도 04.15.16.18.21.(12점/각 문항당 3점)

다음은 3Φ4W 22.9 [kV] 수전설비 단선결선도이다. 다음 각 물음에 답하시오.

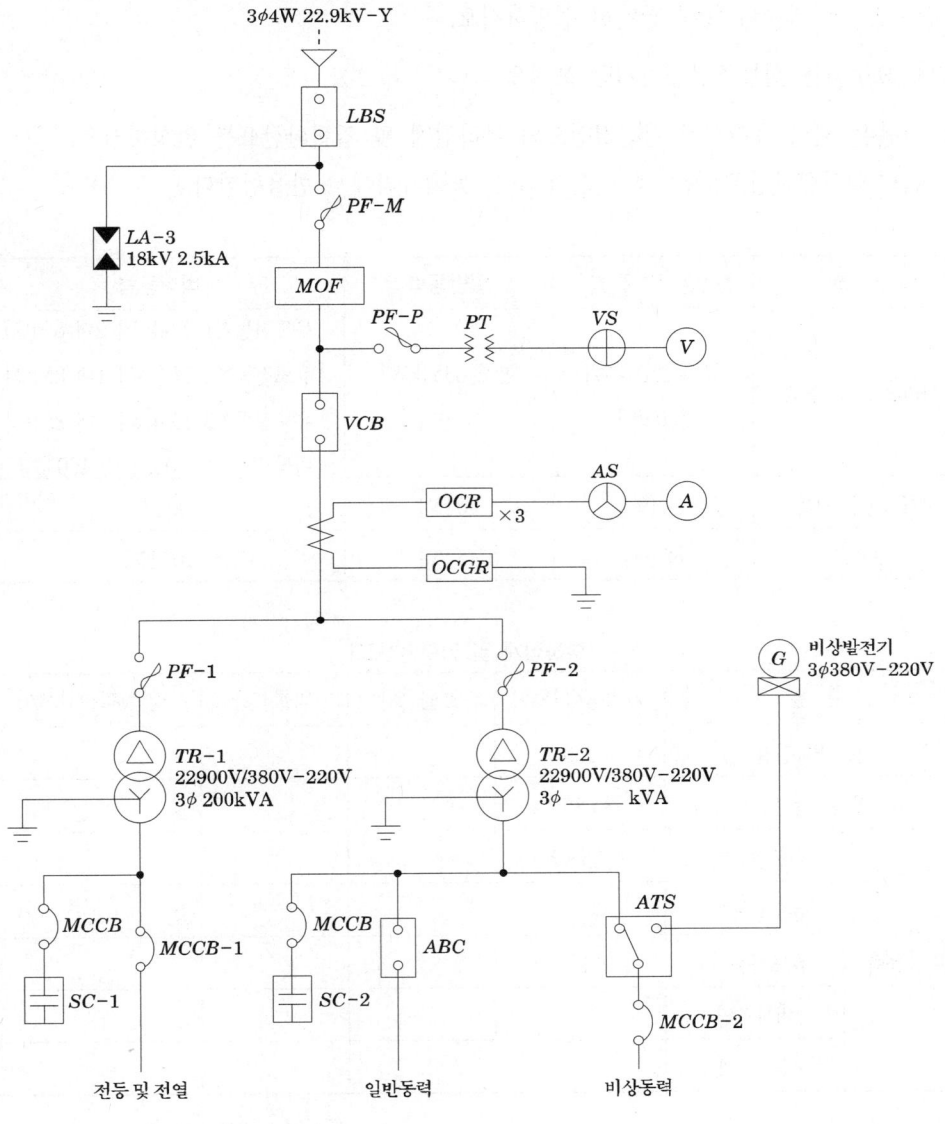

(1) 위 수전설비 단선결선도의 *LA*에 대하여 다음 물음에 답하시오.

　① 우리말의 명칭은 무엇인가?

　② 기능과 역할에 대해 간단히 설명하시오.

　③ 요구되는 성능조건 2가지만 쓰시오.

(2) 다음은 위의 수전설비 단선결선도의 부하집계 및 입력환산표를 완성하시오.

　(단, 입력환산 [kVA]은 계산 값의 소수 둘째자리에서 반올림한다.)

구 분	전등 및 전열	일반동력	비상동력
설비용량 및 효율	합계 350 [kW] 100 [%]	합계 635 [kW] 85 [%]	유도전동기1　7.5[kW]　2대　85 [%] 유도전동기2　11 [kW]　1대　85 [%] 유도전동기3　15 [kW]　1대　85 [%] 비상조명　　　8,000 [W]　100 [%]
평균(종합)역률	80 [%]	90 [%]	90 [%]
수용률	60 [%]	45 [%]	100 [%]

[부하집계 및 입력환산표]

구 분		설비용량 [kW]	효율 [%]	역률 [%]	입력환산 [kVA]
전등 및 전열		350			
일 반 동 력		635			①
비상동력	유도전동기1	7.5×2			
	유도전동기2				②
	유도전동기3	15			
	비상조명				③
	소　계	-	-	-	

(3) 단선결선도와 (2)항의 부하집계표에 의한 $TR-2$의 적정용량은 몇 [kVA]인지 구하시오.

【참고사항】
- 일반 동력군과 비상 동력군 간의 부등률은 1.3으로 본다.
- 변압기 용량은 15 [%] 정도의 여유를 갖게 한다.
- 변압기의 표준규격 [kVA]은 200, 300, 400, 500, 600으로 한다.

(4) 단선결선도에서 $TR-2$의 2차측 중성점의 접지공사의 접지선 굵기 [mm²]를 구하시오.

【참고사항】
- 접지선은 GV전선을 사용하고 표준굵기는 6, 10, 16, 25, 35, 50, 70mm²으로 한다.
- 접지도체의 절연물의 종류 및 주위온도에 따라 정해지는 계수로 구리의 경우 k =143이다.
- 고장전류는 변압기 2차 정격전류의 20배로 본다.
- 변압기 2차 과전류 보호용 차단기는 고장전류에서 0.1초 이내 차단한다.

[작성답안]

(1) ① 피뢰기

② 기능 : 이상전압의 내습시 이를 신속하게 대지로 방전하고 속류를 차단한다.

역할 : 뇌전류 및 이상전압으로부터 전기기계기구를 보호한다.

③ • 상용 주파 방전 개시 전압이 높을 것
- 충격 방전 개시 전압이 낮을 것

그 외
- 제한 전압이 낮을 것
- 속류 차단 능력이 클 것

(2) 부하집계 및 입력환산표

구 분		설비용량[kW]	효율[%]	역률[%]	입력환산[kVA]
전등 및 전열		350	100	80	$\dfrac{350}{0.8 \times 1} = 437.5$
일반동력		635	85	90	① $\dfrac{635}{0.9 \times 0.85} = 830.1$
비상동력	유도전동기1	7.5×2	85	90	$\dfrac{7.5 \times 2}{0.9 \times 0.85} = 19.6$
	유도전동기2	11	85	90	② $\dfrac{11}{0.9 \times 0.85} = 14.4$
	유도전동기3	15	85	90	$\dfrac{15}{0.9 \times 0.85} = 19.6$
	비상조명	8	100	90	③ $\dfrac{8}{0.9 \times 1} = 8.9$
	소 계	-	-	-	62.5

답 : ① $\dfrac{635}{0.9 \times 0.85} = 830.1$ [kVA]

② $\dfrac{11}{0.9 \times 0.85} = 14.4$ [kVA]

③ $\dfrac{8}{0.9 \times 1} = 8.9$ [kVA]

(3) 계산 : 변압기용량 $= \dfrac{830.1 \times 0.45 + (19.6 + 14.4 + 19.6 + 8.9) \times 1}{1.3} \times 1.15 = 385.73$ [kVA]

∴ 표준규격 400 [kVA] 선정

답 : 400 [kVA]

(4) 계산 : $S = \dfrac{I\sqrt{t}}{k} = \dfrac{20 \times \dfrac{400 \times 10^3}{\sqrt{3} \times 380} \sqrt{0.1}}{143} = 26.88$ [mm²]

∴ 35[mm²] 선정

답 : 35 [mm²]

[핵심] 피뢰기 (LA : Lighting Arrester)

(1) 피뢰기

피뢰기는 특고압가공 전선로에 의하여 수전하는 자가용 변전실의 입구에 설치하여 낙뢰나 혼촉사고 등에 의하여 이상전압이 발생하였을 때 선로와 기기를 보호한다. 피뢰기는 저항형, 밸브형, 밸브저항형, 방출형, 산화아연형, 지형 등이 있으나 자가용 변전실에는 거의가 밸브저항형이 채택되고 있다.

① 피뢰기는 이상전압 내습시 대지에 방전하여 전기기계기구를 보호하고 속류를 차단한다.

② 피뢰기의 구비조건
- 상용 주파 방전 개시 전압이 높을 것
- 충격 방전 개시 전압이 낮을 것
- 제한 전압이 낮을 것
- 속류 차단 능력이 클 것

(2) 접지선의 굵기 선정

$$S = \frac{\sqrt{I^2 t}}{k}$$

S : 단면적[mm²]

I : 보호장치를 통해 흐를 수 있는 예상고장전류[A]

t : 자동차단을 위한 보호장치 동작시간(s)

[비고] ① 회로 임피던스에 의한 전류제한 효과와 보호장치의 $I^2 t$의 한계를 고려해야 한다.
　　　② k : 보호도체, 절연, 기타 부위의 재질 및 초기온도와 최종온도에 따라 정해지는 계수
　　　　　(k값의 계산은 KS C IEC 60364-5-54 부속서 A 참조)

8

출제년도 21.(4점/부분점수 없음)

$i(t) = 10\sin\omega t + 4\sin(2\omega t + 30°) + 3\sin(3\omega t + 60°)$[A]의 실효값을 구하시오.

[부분점수]

계산 : 실효값 $I = \sqrt{\left(\dfrac{10}{\sqrt{2}}\right)^2 + \left(\dfrac{4}{\sqrt{2}}\right)^2 + \left(\dfrac{3}{\sqrt{2}}\right)^2} = 7.91$[A]

답 : 7.91[A]

[핵심] 비정현파의 실효값

비정현파 교류의 실효값은 푸리에 급수로 전개한 다음, 직류분(평균값) 및 각 고조파의 실효값을 제곱해서 더한 전체 값의 제곱근을 구하면 된다.

$$I = \sqrt{I_0^2 + \left(\dfrac{I_{m1}}{\sqrt{2}}\right)^2 + \left(\dfrac{I_{m2}}{\sqrt{2}}\right)^2 + \cdots + \left(\dfrac{I_{mn}}{\sqrt{2}}\right)^2} = \sqrt{I_0^2 + I_1^2 + I_2^2 + \cdots + I_n^2}$$

가 된다. 즉, 비정현파 교류의 실효값은 직류분, 기본파 및 고조파의 제곱 합의 평방근으로 나타냄을 알 수 있다.

9

출제년도 07.14.21.(5점/각 문항당 2점, 모두 맞으면 5점)

다음 물음에 답하시오.

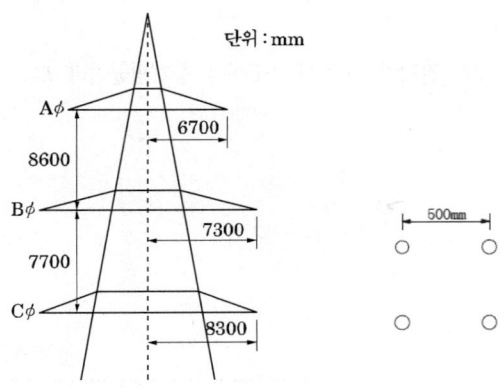

(1) 그림과 같은 송전 철탑에서 등가 선간 거리 [m]는?
(2) 간격 500 [mm]인 정사각형 배치의 4도체에서 소선 상호간의 기하학적 평균 거리 [m]는?

[작성답안]

(1) 계산

$$D_{AB} = \sqrt{8.6^2 + (7.3 - 6.7)^2} = 8.62 \, [\text{m}]$$

$$D_{BC} = \sqrt{7.7^2 + (8.3 - 7.3)^2} = 7.76 \, [\text{m}]$$

$$D_{CA} = \sqrt{(8.6 + 7.7)^2 + (8.3 - 6.7)^2} = 16.38 \, [\text{m}]$$

등가선간거리 $D_c = \sqrt[3]{D_{AB} \cdot D_{BC} \cdot D_{CA}} = \sqrt[3]{8.62 \times 7.76 \times 16.38} = 10.31 \, [\text{m}]$

답 : 10.31 [m]

(2) 계산

$$D_0 = \sqrt[6]{2} \times D = \sqrt[6]{2} \times 500 = 561.23 \, [\text{mm}] = 0.56 \, [\text{m}]$$

답 : 0.56 [m]

[핵심] 등가 선간 거리

① 등가선간거리

에서 기하학적 평균거리는 $D_e = \sqrt[3]{D_{ab} \cdot D_{bc} \cdot D_{ca}}$ [m] 가 된다.

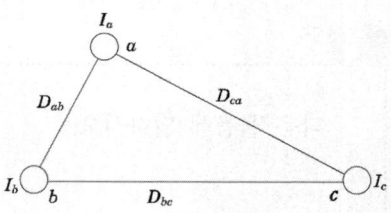

② 소도체간의 등가평균거리

소도체가 정사각형 배치 된 경우 간격이 D일 때 소도체의 등가평균거리 $D_0 = \sqrt[6]{2} \times D$ [m]

10

출제년도 07.21.(5점/부분점수 없음)

그림과 같은 회로에서 최대 눈금 15 [A]의 직류 전류계 2개를 접속하고 전류 20 [A]를 흘리면 각 전류계의 지시는 몇 [A]인가? (단, 전류계 최대 눈금의 전압강하는 A_1이 75 [mV], A_2가 50 [mV]임.)

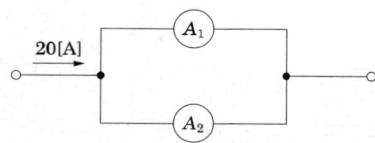

[작성답안]

계산 : 전류계 내부저항

$$R_1 = \frac{e_1}{I_1} = \frac{75 \times 10^{-3}}{15} = 5 \times 10^{-3} \ [\Omega]$$

$$R_2 = \frac{e_2}{I_2} = \frac{50 \times 10^{-3}}{15} = 3.33 \times 10^{-3} \ [\Omega]$$

$$\therefore A_1 = \frac{R_2}{R_1 + R_2} \times I = \frac{3.33 \times 10^{-3}}{5 \times 10^{-3} + 3.33 \times 10^{-3}} \times 20 = 8 \ [A]$$

$$A_2 = I - A_1 = 20 - 8 = 12 \ [A]$$

답 : $A_1 = 8$ [A], $A_2 = 12$ [A]

[핵심] 전압분배법칙과 전류분배법칙

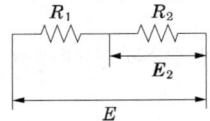

그림과 같이 저항을 직렬로 연결하고 전원 전압을 인가하면 저항양단에는 각각 전압강하가 발생한다. 저항 R_2 양단의 전압강하를 구하면 다음과 같다.

$$E_2 = IR_2 \text{이고 } I = \frac{E}{R_1 + R_2}$$

$$E_2 = \frac{E}{R_1 + R_2} \times R_2 = \frac{R_2}{R_1 + R_2} E$$

즉, 위 식에서 각각의 전압강하는 저항값에 비례한다는 것을 알 수 있다.

이것을 전압분배법칙이라 한다. 만약 저항 R_1 양단의 전압강하를 구하는 경우는 위와 같이 구하지 않고 비례한다는 것을 적용하면

$$E_1 = \frac{R_1}{R_1 + R_2} E$$

으로 쉽게 구할 수 있다. 이것은 전압의 값이 저항의 값에 비례하기 때문이다.

그림에서는 $I = I_1 + I_2$가 됨을 알 수 있다. 이것은 키르히호프의 전류법칙을 적용한 것이다. R_1, R_2가 병렬로 연결된 회로에서 R_1, R_2에 흐르는 전류를 각각 I_1, I_2라 할 때 각 저항에 흐르는 전류 I_1, I_2는 각 저항에 반비례한다. 저항 R_1, R_2가 병렬로 연결되었고 이에 공급하는 전압이 일정하므로 전류는 저항에 반비례한다는 것을 쉽게 알 수가 있다.

$$I_1 = \frac{R_2}{R_1 + R_2} I$$

$$I_2 = \frac{R_1}{R_1 + R_2} I$$

11

출제년도 04.21.(5점/부분점수 없음)

그림에서 B점의 차단기 용량을 100[MVA]로 제한하기 위한 한류 리액터의 리액턴스는 몇 [%]인가?(단, 10[MVA]를 기준으로 한다.)

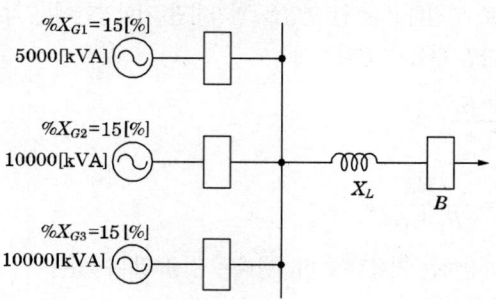

[작성답안]

계산 : 10[MVA]로 환산한 %Z

$$\%X_{G1} = \frac{10}{5} \times 15 = 30 \, [\%]$$

$$\%X_{G2} = \frac{10}{10} \times 15 = 15 \, [\%]$$

$$\%X_{G3} = \frac{10}{10} \times 15 = 15 \, [\%]$$

$P_S = \dfrac{100}{\%Z} \times P_n$ 에서 차단용량이 100[MVA] 이므로

$$\therefore 100 = \frac{100}{\dfrac{1}{\dfrac{1}{30}+\dfrac{1}{15}+\dfrac{1}{15}}+X_L} \times 10$$

$$\therefore X_L = \frac{100}{100} \times 10 - \frac{1}{\dfrac{1}{30}+\dfrac{1}{15}+\dfrac{1}{15}} = 4 \, [\%]$$

답 : 4[%]

[핵심] 단락전류

① 단락전류 억제대책

수전설비의 용량증가 또는 계통의 단락용량의 변화로 인해 단락전류를 억제할 필요가 있는 경우가 발생될 수 있다. 이를 방치할 경우 재해의 원인이 되므로 대책을 강구하여야 한다.

- 모선계통 계통분리 운용
- 한류리액터의 설치
- 직류연계
- 캐스캐이드방식
- 한류퓨즈에 의한 백업차단
- 계통연계기
- 계통전압 격상
- 고장전류 제한기 사용
- 변압기 임피던스조정

② %임피던스

$$\%Z = \frac{I_n[\text{A}] \times Z[\Omega]}{E[\text{V}]} \times 100[\%]$$

분모, 분자에 $\sqrt{3}\,V$를 곱하면

$$\%Z = \frac{\sqrt{3}\,V[\text{V}] \times I_n[\text{A}] \times Z[\Omega]}{\sqrt{3}\,V[\text{V}] \times E[\text{V}]} \times 100[\%] = \frac{P[\text{VA}] \times Z[\Omega]}{V^2[\text{V}]} \times 100[\%]$$

$$= \frac{P[\text{kVA}] \times 10^3 \times Z[\Omega]}{V^2 \times 10^6[\text{kV}]} \times 100[\%]$$

$$= \frac{P[\text{kVA}] \times Z[\Omega]}{10\,V^2[\text{kV}]}[\%]$$

12 출제년도 08.19.21.(5점/부분점수 없음)

3상 배전선로의 말단에 늦은 역률 80 [%]인 평형 3상의 집중 부하가 있다. 변전소 인출구의 전압이 3,300 [V]인 경우 부하의 단자전압을 3,000 [V] 이하로 떨어뜨리지 않으려면 부하 전력[kW]은 얼마인가? 단, 전선 1선의 저항은 2[Ω], 리액턴스 1.8 [Ω]으로 하고 그 이외의 선로정수는 무시한다.

[답안작성]

계산 : $e = \dfrac{P}{V_r}(R + X\tan\theta)$ [V]에서 $P = \dfrac{eV_r}{R + X\tan\theta} \times 10^{-3}$ [kW]

$$P = \dfrac{300 \times 3,000}{2 + 1.8 \times \dfrac{0.6}{0.8}} \times 10^{-3} = 268.66 \text{ [kW]}$$

답 : 268.66 [kW]

[핵심] 전압강하율과 전압변동률

① 전압강하율

전압강하율은 수전전압에 대한 전압강하의 비를 백분율로 나타낸 것이다.

$$\varepsilon = \dfrac{e}{V_r} \times 100 = \dfrac{V_s - V_r}{V_r} \times 100 = \dfrac{\sqrt{3}\,I(R\cos\theta_r + X\sin\theta_r)}{V_r} \times 100 \text{ [%]}$$

$$\varepsilon = \dfrac{P}{V^2}(R + X\tan\theta) \times 100 \text{ [%]}$$

위 식에서 전압강하율은 전압의 제곱에 반비례함을 알 수 있다. 전압변동률은 수전전압에 대한 전압변동의 비를 백분율로 나타낸 것을 말한다.

② 전압변동률

$$\delta = \dfrac{V_{r_0} - V_r}{V_r} \times 100 \text{ [%]}$$

여기서, V_{r_0} : 무부하 상태에서의 수전단 전압 V_r : 정격부하 상태에서의 수전단 전압
         δ : 전압변동률

13

출제년도 95.99.04.06.14.21.(5점/부분점수 없음)

단상 2선식 220[V] 옥내 배선에서 소비 전력 60[W] 역률 90[%]의 형광등 50개와 소비 전력 100[W]인 백열등 60개를 설치할 때 최소 분기 회로수는 몇 회로인가?
(단, 16[A] 분기회로로 한다.)

[작성답안]

계산 : 형광등 유효전력 $P = 60 \times 50 = 3000[\text{W}]$

형광등 무효전력 $Q = 60 \times \dfrac{\sqrt{1-0.9^2}}{0.9} \times 50 = 1452.97[\text{Var}]$

백열등 유효전력 $P = 100 \times 60 = 6000[\text{W}]$

백열등 무효전력 $Q = 0[\text{Var}]$

전체 피상전력 $P_a = \sqrt{(3000+6000)^2 + 1452.97^2} = 9116.53[\text{VA}]$

분기회로수 $n = \dfrac{9116.53}{220 \times 16} = 2.59$ 회로

답 : 16[A] 분기 3회로

[핵심] 분기회로수

분기회로 수 = $\dfrac{\text{상정 부하 설비의 합}[\text{VA}]}{\text{전압}[\text{V}] \times \text{분기 회로 전류}[\text{A}]}$

14

출제년도 94.08.11.12.16.21.(5점/각 문항당 2점, 모두 맞으면 5점)

지표면상 15[m] 높이에 수조가 있다. 이 수조에 0.2[m³/sec] 물을 양수하려고 한다. 여기에 사용되는 펌프 모터에 3상 전력을 공급하기 위하여 단상 변압기 2대를 사용하였다. 펌프 효율이 65[%]이고, 펌프축 동력에 10[%]의 여유를 두는 경우 다음 각 물음에 답하시오. (단, 펌프용 3상 농형 유도 전동기의 역률은 85[%]로 가정한다.)

(1) 펌프용 전동기의 소요 동력은 몇 [kVA]인가?
(2) 변압기 1대의 용량은 몇 [kVA]인가?

[작성답안]

(1) 계산 : $P = \dfrac{9.8QHK}{\eta\cos\theta} = \dfrac{9.8 \times 0.2 \times 15 \times 1.1}{0.65 \times 0.85} = 58.53$ [kVA]

답 : 58.53[kVA]

(2) 계산 : $P_V = \sqrt{3}\,P_1$ [kVA]

$P_1 = \dfrac{58.53}{\sqrt{3}} = 33.79$ [kVA]

답 : 33.79[kVA]

[핵심] 전동기용량

① 펌프용 전동기 용량

$$P = \dfrac{9.8Q'HK}{\eta} = \dfrac{KQH}{6.12\eta}\ [\text{kW}]$$

여기서, P : 전동기의 용량[kW]　　Q : 양수량[m³/min]　Q' : 양수량[m³/sec]
　　　　H : 양정(낙차)[m]　η : 펌프의 효율[%]　K : 여유계수(1.1 ~ 1.2 정도)

② 권상용 전동기 용량

$$P = \dfrac{9.8W\cdot v'}{\eta} = \dfrac{W\cdot v}{6.12\eta}\ [\text{kW}]$$

여기서, W : 권상 하중[ton]　　v : 권상 속도[m/min]　　v' : 권상 속도[m/sec]
　　　　η : 권상기 효율[%]

③ V결선

△-△ 결선에서 1대의 단상변압기가 단락, 또는 사고가 발생한 경우를 고장이 발생된 변압기를 제거시킨 결선법으로 즉, 2대의 단상변압기로서 3상 변압기와 같은 전력을 송배전하기 위한 방식을 V결선이라 한다.

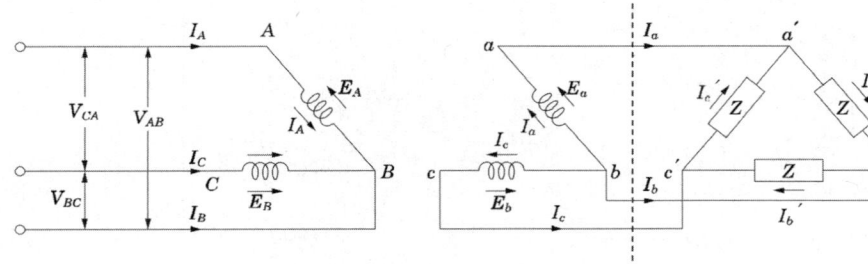

$$P_v = VI\cos\left(\frac{\pi}{6}+\phi\right) + VI\cos\left(\frac{\pi}{6}-\phi\right) = \sqrt{3}\, VI\cos\phi \text{ [W]}$$

$$P_v = \sqrt{3}\, P_1$$

출력비 : $\dfrac{V}{\triangle} = \dfrac{\sqrt{3}\, VI\cos\phi}{3\, VI\cos\phi} \fallingdotseq 0.577$

이용률 : $\dfrac{\sqrt{3}\, VI}{2\, VI} = 0.866$

15

출제년도 01.15.19.21.(5점/부분점수 없음)

전압 22,900 [V], 주파수 60 [Hz], 선로길이 50 [km] 1회선의 3상 지중 송전선로가 있다. 이 지중 전선로의 3상 무부하 충전용량을 구하시오. (단, 케이블의 1선당 작용 정전용량은 0.01 [μF/km]라고 한다.

[작성답안]

계산 : $Q_c = 3 \times 2\pi \times 60 \times 0.01 \times 10^{-6} \times 50 \times \left(\dfrac{22,900}{\sqrt{3}}\right)^2 \times 10^{-3} = 98.95$ [kVA]

답 : 98.95 [kVA]

[핵심]충전전류와 충전용량

① 전선의 충전 전류 : $I_c = 2\pi f\, C \times \dfrac{V}{\sqrt{3}}$ [A]

② 전선로의 충전 용량 : $P_c = \sqrt{3}\, VI_C = 2\pi f\, CV^2 \times 10^{-3}$ [kVA]

여기서, C : 전선 1선당 정전 용량[F], V : 선간 전압[V], f : 주파수[Hz]

※ 선로의 충전전류 계산 시 전압은 변압기 결선과 관계없이 상전압 $\left(\dfrac{V}{\sqrt{3}}\right)$를 적용하여야 한다.

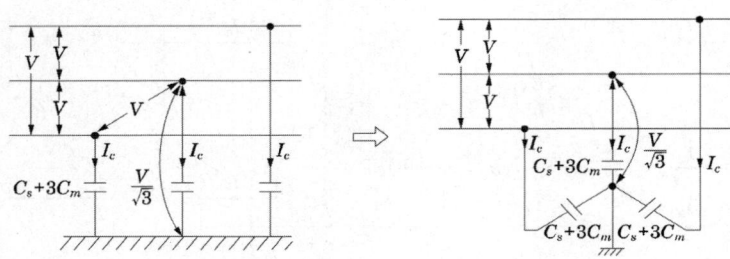

16
출제년도 14.21.(6점/각 문항당 3점)

정격전압 1차 6,600 [V], 2차 210 [V], 10[kVA]의 단상 2대를 V결선하여 6,300 [V] 3상 전원에 접속하였다. 다음 물음에 답하시오.

(1) 승압된 전압 [V]는?

(2) 3상 V결선 승압기 결선도를 완성하시오.

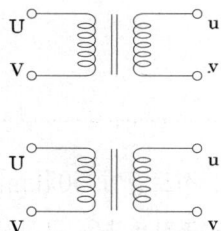

[작성답안]

(1) 계산 : $V_h = \left(1 + \dfrac{1}{a}\right)V_\ell = \left(1 + \dfrac{210}{6,600}\right) \times 6300 = 6500.454$ [V]

답 : 6500.45 [V]

(2)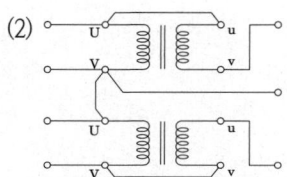

[핵심] V결선 승압기 용량

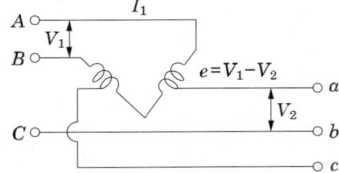

그림과 같이 2대의 단권 변압기를 이용하여 V결선하면 변압기 등가용량과 2차측 출력비는 $\dfrac{1}{0.866}$ 이고, 단권 변압기이므로 $\left(1-\dfrac{V_2}{V_1}\right)$ 가 된다.

따라서, 용량비는 다음과 같다.

$$\dfrac{\text{자기용량}}{\text{부하용량}} = \dfrac{2}{\sqrt{3}} \times \dfrac{(V_1-V_2)I_1}{V_1 I_1} = \dfrac{2}{\sqrt{3}}\left(1-\dfrac{V_2}{V_1}\right)$$

$$\therefore P_s = \dfrac{2}{\sqrt{3}}\left(1-\dfrac{V_2}{V_1}\right)P = \dfrac{1}{0.866}\left(1-\dfrac{V_2}{V_1}\right)P \text{ 가 된다.}$$

17

출제년도 21.(5점/부분점수 없음)

태양전지의 발전효율 15 [%], 개방전압 22 [V], 단락전류 5 [A], 모듈면적 833 [mm]× 721 [mm]의 태양전지 모듈이 직렬로 5, 병렬로 2로 조합할 때 태양전지 어레이의 발전 최대출력[W]를 구하시오. (단, 표준시험조건으로 구한다.)

[작성답안]

계산 : 최대출력 $P_m = \dfrac{\eta}{100} \times S \times 1000 = \dfrac{15}{100} \times 0.833 \times 0.721 \times 1000 \times 5 \times 2 = 900.89 [\text{W}]$

답 : 900.89[W]

[핵심] 태양전지

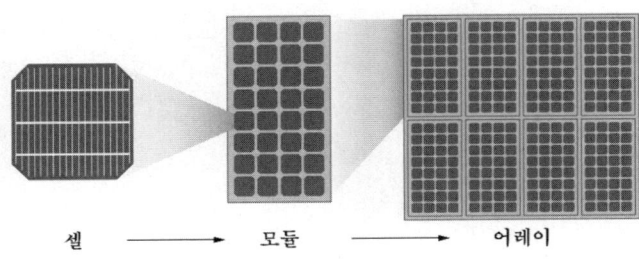

① 발전효율 $\eta = \dfrac{출력}{입력} = \dfrac{P_{max}}{S \times 1000} \times 100 [\%]$

$P_{max} = V_m I_m$: 최대출력, 태양전지의 일반적인 동작지점

S : 태양전지의 면적[m²]

입사조사강도 : 1000[W/m²]

② 표준시험조건(STC : Standard Test Condition)
  - 태양전지 온도 25[℃]
  - 대기질량(AM) : 1.5
  - 입사조도(Incidence Irradiance) : 1000[W/m²]

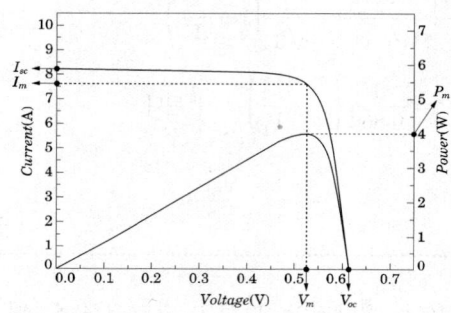

I_{sc} : 태양전지의 양단 사이 전압 차이가 0일 때(예를 들어 단락일 때) 도선에 흐르는 전류

V_{oc} : 도선에 흐르는 전류가 0일 때 태양전지의 양단 사이에 걸리는 전압

$P_m = V_m I_m$: 최대 출력, 태양전지의 일반적인 동작지점

F.F(Fill Factor) $= \dfrac{V_m I_m}{V_{oc} I_{sc}}$

η(efficiency) $= \dfrac{V_m I_m}{P_{light} \cdot A_{cell}}$

* P_{light} : 입사광의 조사강도
  A_{cell} : 태양전지의 면적

18

출제년도 21.(8점/각 문항당 4점)

다음 동작사항을 보고 미완성 회로도를 완성하고 타임차트를 완성하시오.

【동작사항】

① PB_1을 누르면 MC_1여자 RL점등 T_1여자, 이때 X가 여자될 준비를 한다.

② t_1초후 MC_2여자 YL점등 T_2 여자된다.

③ t_2초후 MC_3여자 GL점등 한다.

④ PB_2를 누르면 X여자 T_3, T_4여자, MC_3소자 GL소등 한다.

⑤ t_3초후 MC_2소자 YL소등 한다.

⑥ t_4초후 MC_1소자 RL소등 한다.

⑦ EOCR이 동작하면 모든회로 차단되며, PB_3를 누르면 정지한다.

(1) 시퀀스도

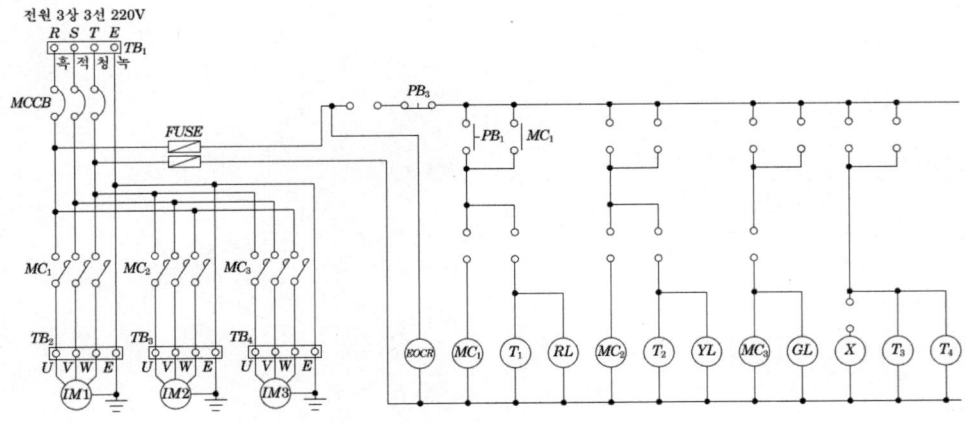

(2) 타임차트

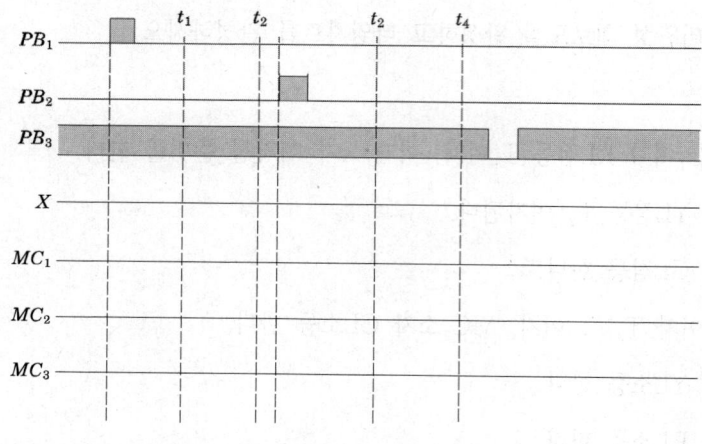

[작성답안]

(1) 시퀀스도

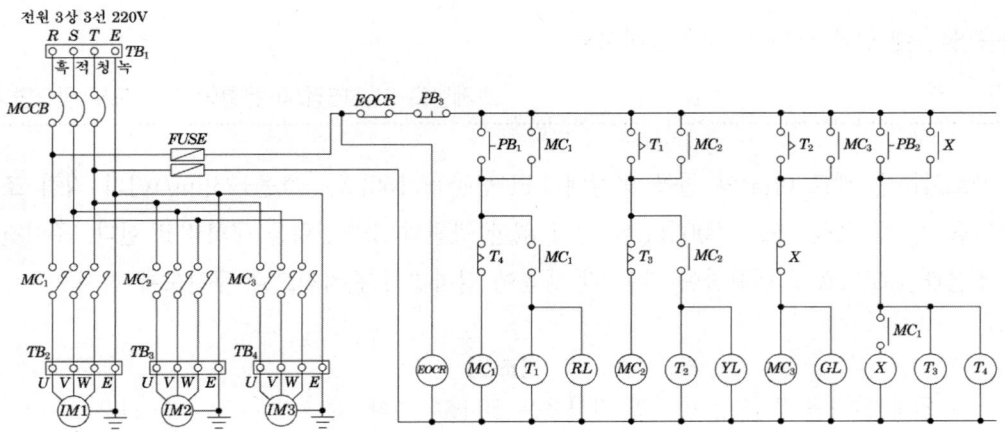

(2) 타임차트

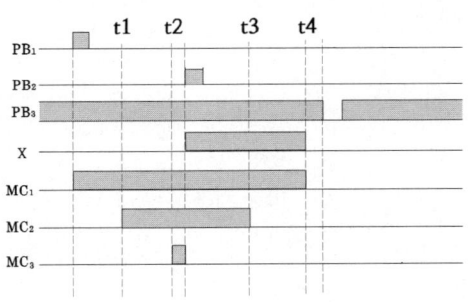

2021년 3회 기출문제 해설

※ 다음 물음에 답을 해당 답란에 답하시오.

1 출제년도 21.(15점/각 문항당 1점, 모두 맞으면 15점)

가로32[m], 세로20[m]의 철골 공장에 LED형광등 160[W], 효율123[lm/W]의 직접 조명을 할 때 평균조도로 500 [lx]를 얻기 위한 광원의 소비전력을 구하려고 한다. 주어진 조건과 참고자료를 이용하여 다음 각 물음에 답하면서 순차적으로 구하도록 하시오.

【조건】
- 천장 반사율 75[%], 벽면의 반사율은 50 [%] 이다.
- 광원과 작업면의 높이는 6 [m] 이다.
- 감광보상률의 보수 상태는 양호하다.
- 배광은 직접 조명으로 한다.
- 조명 기구는 금속 반사갓 직부형이다.

(1) 실지수 표를 이용하여 실지수를 구하시오.

(2) 실지수 그림을 이용하여 실지수를 구하시오.

(3) 조명률 표를 이용하여 조명률을 구하시오.

(4) 필요한 등수를 구하시오.

(5) 16[A] 분기회로수는 몇회로 인가? (단, 전압은 220[V]이다.)

(6) 등과 등사이의 최대 거리는 얼마인가?

(7) 등과 벽사이의 최대 거리는 얼마인가? (단, 벽면을 사용하지 않는 것으로 한다.)

(8) ▭━◯━▭ 의 명칭은?

【참고자료】

[표 1] 조명률, 감광보상률 및 설치 간격

번호	배 광 설치간격	조명 기구	감광보상률(D)			반사율 ρ 실지수	천장 0.75			0.50			0.30	
							벽 0.5	0.3	0.1	0.5	0.3	0.1	0.3	0.1
			보수상태				조명률 U〔%〕							
			양	중	부									
(1)	간접 0.80 0 $S \leq 1.2H$		전구			J0.6	16	13	11	12	10	08	06	05
						I0.8	20	16	15	15	13	11	08	07
						H1.0	23	20	17	17	14	13	10	08
			1.5	1.7	2.0	G1.25	26	23	20	20	17	15	11	10
						F1.5	29	26	22	22	19	17	12	11
			형광등			E2.0	32	29	26	24	21	19	13	12
						D2.5	36	32	30	26	24	22	15	14
			1.7	2.0	2.5	C3.0	38	35	32	28	25	24	16	15
						B4.0	42	39	36	30	29	27	18	17
						A5.0	44	41	39	33	30	29	19	18
(2)	반간접 0.70 0.10 $S \leq 1.2H$		전구			J0.6	18	14	12	14	11	09	08	07
						I0.8	22	19	17	17	15	13	10	09
						H1.0	26	22	19	20	17	15	12	10
			1.4	1.5	1.7	G1.25	29	25	22	22	19	17	14	12
						F1.5	32	28	25	24	21	19	15	14
			형광등			E2.0	35	32	29	27	24	21	17	15
						D2.5	39	35	32	29	26	24	19	18
						C3.0	42	38	35	31	28	27	20	19
			1.7	2.0	2.5	B4.0	46	42	39	34	31	29	22	21
						A5.0	48	44	42	36	33	31	23	22
(3)	전반확산 0.40 0.40		전구			J0.6	24	19	16	22	18	15	16	14
						I0.8	29	25	22	27	23	20	21	19
						H1.0	33	28	26	30	26	24	24	21
			1.3	1.4	1.5	G1.25	37	32	29	33	29	26	26	24
						F1.5	40	36	31	36	32	29	29	26

	$S \leq 1.2H$		형광등			E2.0	45	40	36	40	36	33	32	29
						D2.5	48	43	39	43	39	36	34	33
						C3.0	51	46	42	45	41	38	37	34
			1.4	1.7	2.0	B4.0	55	50	47	49	45	42	40	38
						A5.0	57	53	49	51	47	44	41	40
(4)	반직접 0.25 0.55 $S \leq H$		전구			J0.6	26	22	19	24	21	18	19	17
						I0.8	33	28	26	30	26	24	25	23
			1.3	1.4	1.5	H1.0	36	32	30	33	30	28	28	26
						G1.25	40	36	33	36	33	30	30	29
						F1.5	43	39	35	39	35	33	33	31
			형광등			E2.0	47	44	40	43	39	36	36	34
						D2.5	51	47	43	46	42	40	39	37
			1.6	1.7	1.8	C3.0	54	49	45	48	44	42	42	38
						B4.0	57	53	50	51	47	45	43	41
						A5.0	59	55	52	53	49	47	47	43
(5)	직접 0 0.75 $S \leq 1.3H$		전구			J0.6	34	29	26	32	29	27	29	27
						I0.8	43	38	35	39	36	35	36	34
			1.3	1.4	1.5	H1.0	47	43	40	41	40	38	40	38
						G1.25	50	47	44	44	43	41	42	41
						F1.5	52	50	47	46	44	43	44	43
			형광등			E2.0	58	55	52	49	48	46	47	46
						D2.5	62	58	56	52	51	49	50	49
			1.4	1.7	2.0	C3.0	64	61	58	54	52	51	51	50
						B4.0	67	64	62	55	53	52	52	52
						A5.0	68	66	64	56	54	53	54	52

[표 2] 실지수 기호

기 호	A	B	C	D	E	F	G	H	I	J
실지수	5.0	4.0	3.0	2.5	2.0	1.5	1.25	1.0	0.8	0.6
범 위	4.5 이상	4.5 ~ 3.5	3.5 ~ 2.75	2.75 ~ 2.25	2.25 ~ 1.75	1.75 ~ 1.38	1.38 ~ 1.12	1.12 ~ 0.9	0.9 ~ 0.7	0.7 이하

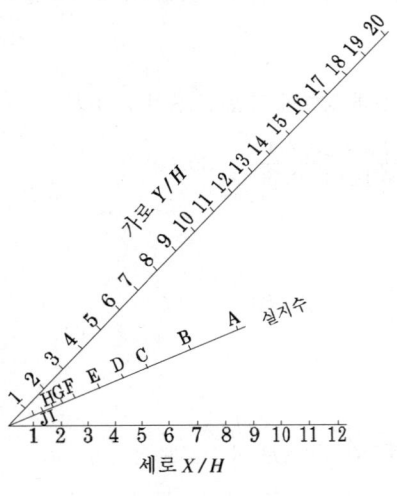

[작성답안]

(1) 실지수

$$RI = \frac{XY}{H(X+Y)} = \frac{32 \times 20}{6(32+20)} = 2.05$$

∴ [표 2]에서 실지수 $E(2.0)$ 선정

답 : $E(2.0)$

(2) $\dfrac{Y}{H} = \dfrac{32}{6} = 5.33$

$\dfrac{X}{H} = \dfrac{20}{6} = 3.33$

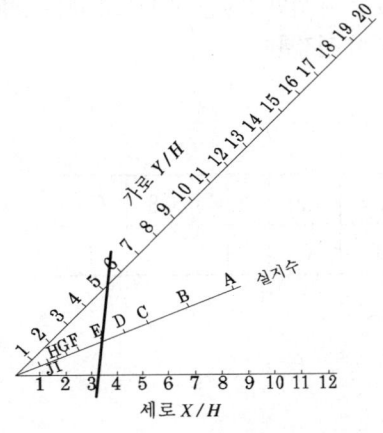

5.33과 3.33이 만나는 곳 실지수 E 선정

답 : E

(3) [표 1]의 직접조명에서 실지수 E와 반사율 75% 50%의 교차점 58%로 선정

　　답 : 58%

(4) [표 1]에서 직접조명의 보수상태 양호의 감광보상률 1.4 선정

　　등수 $N = \dfrac{EAD}{FU} = \dfrac{500 \times 32 \times 20 \times 1.4}{160 \times 123 \times 0.58} = 39.249[등]$

　　답 : 40[등]

(5) 분기회로수 $N = \dfrac{40 \times 160}{220 \times 16} = 1.82[회로]$

　　답 : 16[A]분기 2[회로]

(6) [표 1]에서 등과 등사이 간격 $S \leq 1.3H$ 이므로 $S \leq 1.3 \times 6$

　　∴ $S \leq 7.8$

　　답 : 7.8[m]

(7) 벽면을 사용하지 않을 경우 $S \leq 0.5H$ 이므로 $S \leq 0.5 \times 6$

　　∴ $S \leq 3$

　　답 : 3[m]

(8) 형광등

[핵심] 실지수

방의 면적이 같은 2개의 방에 같은 수의 광원을 설치하여도 방의 모양이 다른 경우에는 작업면상의 조도는 다르게 된다. 그래서 천정, 바닥이 장방형인 방은 가로 X, 세로 Y 두 변의 평균을 한 변으로 하는 정방형인 방과 동일하다고 하는 이론에 의해 실지수 $R.I$를 다음 식과 같이 결정한다.

$$R.I = \dfrac{XY}{H(X+Y)}$$

실지수	5.0	4.0	3.0	2.5	2.0	1.5	1.25	1.0	0.8	0.6
기호	A	B	C	D	E	F	G	H	I	J

2

출제년도 84.87.89.98.02.06.07.21.(5점/부분점수 없음)

송전단 전압이 3300[V]인 변전소로부터 3[km] 떨어진 곳까지 지중으로 역률 0.8(지상) 1000[kW]의 3상 동력 부하에 전력을 공급할 때 케이블의 허용전류(또는 안전전류) 범위 내에서 수전단 전압을 3150[V]로 유지하려고 할때 케이블을 선정 하시오. (단, 도체(동선)의 고유저항은 $1.818 \times 10^{-2}[\Omega \cdot mm^2/m]$로 하고 케이블의 정전용량 및 리액턴스 등은 무시한다.)

[작성답안]

계산 : 전압강하 $e = 3300 - 3150 = 150[V]$

$\therefore e = \sqrt{3}\,I(R\cos\theta + X\sin\theta)$에서 리액턴스를 무시하면 $e = \sqrt{3}\,IR\cos\theta$

$\therefore R = \dfrac{e}{\sqrt{3}\,I\cos\theta} = \dfrac{150}{\sqrt{3} \times \dfrac{1000 \times 10^3}{\sqrt{3} \times 3150 \times 0.8} \times 0.8} = 0.4725[\Omega]$

$\therefore A = \rho\dfrac{l}{R} = 1.818 \times 10^{-2} \times \dfrac{3000}{0.4725} = 115.43[mm^2]$

$\therefore 120[mm^2]$ 선정

답 : $120[mm^2]$

[해설] KSC IEC 전선규격

1.5, 2.5, 4, 6, 10, 16, 25, 35, 50, 70, 95, 120, 150, 185, 240, 300, 400, 500, 630 [mm^2]

3 출제년도 96.00.11.13.15.21.(8점/부분점수 없음)

어느 빌딩 수용가가 자가용 디젤 발전기 설비를 계획하고 있다. 발전기 용량 산출에 필요한 부하의 종류 및 특성이 다음과 같을 때 주어진 조건과 참고자료를 이용하여 전부하 운전을 하는데 필요한 발전기 용량 [kVA]을 답안지 빈칸을 채우면서 선정하시오. (수용률을 적용한 kVA 합계를 구할 때는 유효분과 무효분을 나누어 구한다.)

【조건】
① 전동기 기동시에 필요한 용량은 무시한다.
② 수용률 적용(동력) : 최대 입력 전동기 1대에 대하여 100 [%], 2대는 80 [%], 전등, 기타는 100 [%]를 적용한다.
③ 전등, 기타의 역률은 100 [%]를 적용한다.

부하의 종류	출력[Kw]	극수(극)	대수(대)	적용 부하	기동 방법
전동기	37	8	1	소화전 펌프	리액터 기동
	22	6	2	급수 펌프	리액터 기동
	11	6	2	배풍기	Y-△ 기동
	5.5	4	1	배수 펌프	직입 기동
전등, 기타	50	-	-	비상 조명	-

[표1] 저압 특수 농형 2종 전동기 (KSC 4202) [개방형·반밀폐형]

정격 출력 [kW]	극수	동기속도 [rpm]	전부하 특성		기동 전류 I_{st} 각상의 평균값 [A]	비고		전부하 슬립 s [%]
			효율 η [%]	역률 pf [%]		무부하 전류 I_0 각상의 전류값 [A]	전부하 전류 I 각상의 평균값 [A]	
5.5	4	1,800	82.5 이상	79.5 이상	150 이하	12	23	5.5
7.5			83.5 이상	80.5 이상	190 이하	15	31	5.5
11			84.5 이상	81.5 이상	280 이하	22	44	5.5
15			85.5 이상	82.0 이상	370 이하	28	59	5.0
(19)			86.0 이상	82.5 이상	455 이하	33	74	5.0
22			86.5 이상	83.0 이상	540 이하	38	84	5.0

30			87.0 이상	83.5 이상	710 이하	49	113	5.0
37			87.5 이상	84.0 이상	875 이하	59	138	5.0
5.5			82.0 이상	74.5 이상	150 이하	15	25	5.5
7.5			83.0 이상	75.5 이상	185 이하	19	33	5.5
11			84.0 이상	77.0 이상	290 이하	25	47	5.5
15			85.0 이상	78.0 이상	380 이하	32	62	5.5
(19)	6	1,200	85.5 이상	78.5 이상	470 이하	37	78	5.0
22			86.0 이상	79.0 이상	555 이하	43	89	5.0
30			86.5 이상	80.0 이상	730 이하	54	119	5.0
37			87.0 이상	80.0 이상	900 이하	65	145	5.0
5.5			81.0 이상	72.0 이상	160 이하	16	26	6.0
7.5			82.0 이상	74.0 이상	210 이하	20	34	5.5
11			83.5 이상	75.5 이상	300 이하	26	48	5.5
15			84.0 이상	76.5 이상	405 이하	33	64	5.5
(19)	8	900	85.5 이상	77.0 이상	485 이하	39	80	5.5
22			85.0 이상	77.5 이상	575 이하	47	91	5.0
30			86.5 이상	78.5 이상	760 이하	56	121	5.0
37			87.0 이상	79.0 이상	940 이하	68	148	5.0

[표 2] 자가용 디젤 표준 출력 [kVA]

50	100	150	200	300	4,400

	효율 [%]	역률 [%]	입력 [kVA]	수용률 [%]	수용률 적용값 [kVA]
37 × 1					
22 × 2					
11 × 2					
5.5 × 1					
50					
계	−	−	−	−	

○ 발전기 용량 : _____ [kVA]

[작성답안]

	효율 [%]	역률 [%]	입력 [kVA]	수용률 [%]	수용률 적용값 [kVA]
37×1	87	79	$\dfrac{37}{0.87 \times 0.79} = 53.83$	100	$P = 53.83 \times 0.79 = 42.53 [\text{kW}]$ $Q = 53.83 \times \sqrt{1-0.79^2} = 33 [\text{kVar}]$ $\therefore \sqrt{42.53^2 + 33^2} = 53.83 [\text{kVA}]$
22×2	86	79	$\dfrac{22 \times 2}{0.86 \times 0.79} = 64.76$	80	$P = 64.76 \times 0.79 \times 0.8 = 40.93 [\text{kW}]$ $Q = 64.76 \times \sqrt{1-0.79^2} \times 0.8 = 31.76 [\text{kVar}]$ $\therefore \sqrt{40.93^2 + 31.76^2} = 51.81 [\text{kVA}]$
11×2	84	77	$\dfrac{11 \times 2}{0.84 \times 0.77} = 34.01$	80	$P = 34.01 \times 0.77 \times 0.8 = 20.95 [\text{kW}]$ $Q = 34.01 \times \sqrt{1-0.77^2} \times 0.8 = 17.36 [\text{kVar}]$ $\therefore \sqrt{20.95^2 + 17.36^2} = 27.21 [\text{kVA}]$
5.5×1	82.5	79.5	$\dfrac{5.5}{0.825 \times 0.795} = 8.39$	100	$P = 8.39 \times 0.795 = 6.67 [\text{kW}]$ $Q = 8.39 \times \sqrt{1-0.795^2} = 5.09 [\text{kVar}]$ $\therefore \sqrt{6.67^2 + 5.09^2} = 8.39 [\text{kVA}]$
50	100	100	50	100	50[kVA]
계	–	–	–	–	$P = 42.53 + 40.93 + 20.95 + 6.67 + 50$ $\quad = 161.08 [\text{kW}]$ $Q = 33 + 31.76 + 17.36 + 5.09 = 87.21 [\text{kVar}]$ $\therefore \sqrt{161.08^2 + 87.21^2} = 183.17 [\text{kVA}]$

답 : 발전기의 표준용량 사용 200 [kVA]

4.

출제년도 14.16.21.(5점/각 문항당 2점, 모두 맞으면 5점)

한국전기설비규정에 따라 공칭 전압이 154kV인 중성점 접지식 전로의 절연내력을 시험을 하려고 한다. 시험전압과 시험방법에 대하여 다음 각 물음에 답하시오.

(1) 절연내력 시험전압 (단, 최고전압을 정격전압으로 시험한다.)
(2) 절연내력 시험방법

[작성답안]

(1) 시험전압 = $170000 \times 0.72 = 122400[V]$

 답 : 122400[V]

(2) 시험전압을 전로와 대지 사이(다심케이블은 심선 상호 간 및 심선과 대지 사이)에 연속하여 10분간 가하여 절연내력을 시험하였을 때에 이에 견디어야 한다.

[핵심] 절연내력시험

고압 및 특고압의 전로는 [표 132-1]에서 정한 시험전압을 전로와 대지 사이(다심케이블은 심선 상호 간 및 심선과 대지 사이)에 연속하여 10분간 가하여 절연내력을 시험하였을 때에 이에 견디어야 한다. 다만, 전선에 케이블을 사용하는 교류 전로로서 [표 132-1]에서 정한 시험전압의 2배의 직류전압을 전로와 대지 사이(다심케이블은 심선 상호 간 및 심선과 대지 사이)에 연속하여 10분간 가하여 절연내력을 시험하였을 때에 이에 견디는 것에 대하여는 그러하지 아니하다.

[표 132-1] 전로의 종류 및 시험전압

전로의 종류	시험전압
1. 최대사용전압 7 kV 이하인 전로	최대사용전압의 1.5배의 전압
2. 최대사용전압 7 kV 초과 25 kV 이하인 중성점 접지식 전로(중성선을 가지는 것으로서 그 중성선을 다중접지 하는 것에 한한다)	최대사용전압의 0.92배의 전압
3. 최대사용전압 7 kV 초과 60 kV 이하인 전로(2란의 것을 제외한다)	최대사용전압의 1.25배의 전압(10.5 kV 미만으로 되는 경우는 10.5 kV)
4. 최대사용전압 60 kV 초과 중성점 비접지식전로(전위 변성기를 사용하여 접지하는 것을 포함한다)	최대사용전압의 1.25배의 전압
5. 최대사용전압 60 kV 초과 중성점 접지식 전로(전위 변성기를 사용하여 접지하는 것 및 6란과 7란의 것을 제외한다)	최대사용전압의 1.1배의 전압 (75 kV 미만으로 되는 경우에는 75 kV)
6. 최대사용전압이 60 kV 초과 중성점 직접접지식 전로(7란의 것을 제외한다)	최대사용전압의 0.72배의 전압

7. 최대사용전압이 170 kV 초과 중성점 직접 접지식 전로로서 그 중성점이 직접 접지되어 있는 발전소 또는 변전소 혹은 이에 준하는 장소에 시설하는 것.	최대사용전압의 0.64배의 전압
8. 최대사용전압이 60 kV를 초과하는 정류기에 접속되고 있는 전로	교류측 및 직류 고전압측에 접속되고 있는 전로는 교류측의 최대사용전압의 1.1배의 직류전압
	직류측 중성선 또는 귀선이 되는 전로(이하 이장에서 "직류 저압측 전로"라 한다)는 아래에 규정하는 계산식에 의하여 구한 값

5
출제년도 21.(5점/각 문항당 2점 모두 맞으면 5점)

선간전압 200[V], 역률 100[%], 효율 100[%], 용량 200[kVA] 6펄스 3상 UPS에서 전원을 공급할 때 기본파전류와 제5고조파 전류를 계산하시오. (단, 제5고조파 저감계수 0.5 이다.)

(1) 기본파 전류를 구하시오.

(2) 제5고조파 전류를 구하시오.

[작성답안]

(1) 기본파 전류 $I_1 = \dfrac{200 \times 10^3}{\sqrt{3} \times 200} = 577.35[A]$

답 : 577.35[A]

(2) 5고조파 전류 $I_n = \dfrac{K_n I}{n} = \dfrac{0.5 \times 577.35}{5} = 57.74[A]$

답 : 57.74[A]

[핵심] 고조파

고조파전류 $I_n = \dfrac{K_n I}{n}$

여기서 I : 기본파전류, K_n : 고조파 저감계수, n : 고조파 차수

6

출제년도 21.(5점/부분점수 없음)

어느 자가용 전기설비의 고장전류가 8[kA] 이고 CT비가 50/5[A] 일 때 변류기의 정격 과전류강도 (표준)는 얼마인지 쓰시오. (단, 사고발생 후 0.2초 이내에 한전 차단기가 동작하는 것으로 한다.)

정격1차 전압[kV] 정격1차 전류	6.6/3.3	22.9/13.2
60[A] 이하	75배	75배
60[A] 초과 500[A] 미만	40배	40배
500[A] 이상	40배	40배

[작성답안]

계산 : 열적과전류 강도 $S = \dfrac{S_n}{\sqrt{t}}$ 에서 정격과전류강도 $S_n = \sqrt{t}\, S$ 이므로

$$\therefore S_n = \sqrt{0.2} \times \dfrac{8000}{50} = 71.55 배$$

∴ 정격과전류 강도 75배 선정

답 : 75배

[핵심] 과전류강도

열적과전류 강도는 변류기에 손상을 주지 않고 1초동안 1차에 흘릴 수 있는 전류의 최대값kA(rms)을 말한다. 과전류가 흐르는 시간에 따라 이 열적과전류 강도는 다르게 되며, 임의의 지속시간에 대한 열적과전류 강도를 계산한다.

$$S = \dfrac{S_n}{\sqrt{t}}[kA]$$

여기서 S : 통전시간 t초에 대한 열적과전류 강도 S_n : 정격과전류 강도(kA)

t : 통전시간(Sec)

[핵심] MOF 과전류 강도는

① MOF의 과전류강도는 기기 설치점에서 단락전류에 의해 계산 적용하되, 22.9kV급으로서 60[A] 이하의 MOF최소 과전류강도는 전기사업자규격에 의한 75배로 하고, 계산한 값이 75배 이상인 경우에는 150배로 적용하며, 60[A] 초과 시 MOF과전류 강도는 40배로 한다.

② MOF 전단에 한류형 전력퓨즈를 설치하였을 때는 그 퓨즈로 제한되는 단락전류를 기준으로 과전류강도를 계산하여 상기 ①과 같이 적용한다.

③ 다만, 수요자 또는 설계자의 요구에 의하여 MOF 또는 CT의 과전류강도를 150배 이상으로 요구하는 경우는 그 값을 적용한다.
④ CT의 과전류강도는 기기 설치점에서 단락전류에 대한 과전류 강도 계산 값을 적용한다.

7 출제년도 12.21.(8점/각 문항당 2점)

그림과 주어진 조건 및 참고표를 이용하여 3상 단락용량, 3상 단락전류, 차단기의 차단 용량 등을 계산하시오.

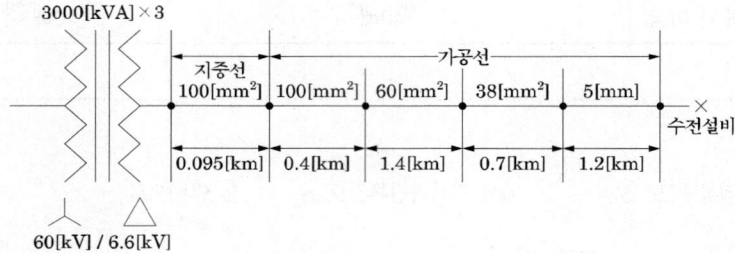

【조건】

수전설비 1차측에서 본 1상당의 합성임피던스 $\%X_G$ = 1.5 [%]이고, 변압기 명판에는 7.4 [%]/9,000 [kVA] (기준용량은 10,000 [kVA])이다.

[표1] 유입차단기 전력퓨즈의 정격차단용량

정격전압[V]	정격 차단용량 표준치 (3상[MVA])
3,600	10　25　50　(75)　100　150　250
7,200	25　50　(75)　100　150　(200)　250

[표2] 가공전선로 (경동선) %임피던스

배선 방식	선의 굵기 %r, %x	%r, %x의 값은 [%/km]								
		100	80	60	50	38	30	22	14	5 [mm]	4 [mm]
3상 3선 3 [kV]	%r	16.5	21.1	27.9	34.8	44.8	57.2	75.7	119.15	83.1	127.8
	%x	29.3	30.6	31.4	32.0	32.9	33.6	34.4	35.7	35.1	36.4

배선방식	%r, %x									
3상 3선 6 [kV]	%r	4.1	5.3	7.0	8.7	11.2	18.9	29.9	29.9	20.8	32.5
	%x	7.5	7.7	7.9	8.0	8.2	8.4	8.6	8.7	8.8	9.1
3상 4선 5.2 [kV]	%r	5.5	7.0	9.3	11.6	14.9	19.1	25.2	39.8	27.7	43.3
	%x	10.2	10.5	10.7	10.9	11.2	11.5	11.8	12.2	12.0	12.4

[주] 3상 4선식, 5.2 [kV] 선로에서 전압선 2선, 중앙선 1선인 경우 단락용량의 계획은 3상3선식 3 [kV]시에 따른다.

[표 3] 지중케이블 전로의 %임피던스

배선방식	선의 굵기 %r, %x	%r, %x의 값은 [%/km]									
		250	200	150	125	100	80	60	50	38	30	22
3상 3선 3 [kV]	%r	6.6	8.2	13.7	13.4	16.8	20.9	27.6	32.7	43.4	55.9	118.5
	%x	5.5	5.6	5.8	5.9	6.0	6.2	6.5	6.6	6.8	7.1	8.3
3상 3선 6 [kV]	%r	1.6	2.0	2.7	3.4	4.2	5.2	6.9	8.2	8.6	14.0	29.6
	%x	1.5	1.5	1.6	1.6	1.7	1.8	1.9	1.9	1.9	2.0	-
3상 4선 5.2 [kV]	%r	2.2	2.7	3.6	4.5	5.6	7.0	9.2	14.5	14.5	18.6	-
	%x	2.0	2.0	2.1	2.2	2.3	2.3	2.4	2.6	2.6	2.7	-

[주] 1. 3상 4선식, 5.2 [kV] 전로의 %r, %x의 값은 6 [kV] 케이블을 사용한 것으로서 계산한 것이다.

2. 3상 3선식 5.2 [kV]에서 전압선 2선, 중앙선 1선의 경우 단락용량의 계산은 3상 3선식 3 [kV] 전로에 따른다.

(1) 수전설비에서의 합성 %임피던스를 계산하시오.

(2) 수전설비에서의 3상 단락용량을 계산하시오.

(3) 수전설비에서의 3상 단락전류를 계산하시오.

(4) 수전설비에서의 정격차단용량을 계산하고, 표에서 적당한 용량을 찾아 선정하시오.

[작성답안]

(1) 계산 : 기준용량을 10,000 [kVA]으로 환산하면

- 변압기 : $\%X_T = \dfrac{10,000}{9,000} \times j7.4 = j8.22\,[\%]$

- 지중선

[표3]에서 $\%Z_{L1} = \%r + j\%x = (0.095 \times 4.2) + j(0.095 \times 1.7) = 0.399 + j0.1615$

- 가공선

[표2]에서 %r

100 [mm²] $0.4 \times 4.1 = 1.64$
60 [mm²] $1.4 \times 7 = 9.8$
38 [mm²] $0.7 \times 11.2 = 7.84$
5 [mm] $1.2 \times 20.8 = 24.96$

[표2]에서 %x

100 [mm²] $0.4 \times j7.5 = j3$
60 [mm²] $1.4 \times j7.9 = j11.06$
38 [mm²] $0.7 \times j8.2 = j5.74$
5 [mm] $1.2 \times j8.8 = j10.56$

∴ $Z_{L2} = 44.24 + j30.36\,[\%]$

∴ 합성 $\%Z = \%X_T + \%Z_{L1} + \%Z_{L2} + \%X_G$

$= j8.22 + 0.399 + j0.1615 + 44.24 + j30.36 + j1.5$
$= (0.399 + 44.24) + j(8.22 + 0.1615 + 30.36 + 1.5)$
$= 44.639 + j40.2415 = 60.1\,[\%]$

답 : 60.1 [%]

(2) 계산 : $P_s = \dfrac{100}{\%Z} \times P_n = \dfrac{100}{60.1} \times 10,000 = 16638.94\,[kVA]$

답 : 16638.94 [kVA]

(3) 계산 : $I_s = \dfrac{100}{\%Z} \times I_n = \dfrac{100}{60.1} \times \dfrac{10,000}{\sqrt{3} \times 6.6} = 1455.53\,[A]$

답 : 1455.53 [A]

(4) 계산 : 단락전류가 1.46 [kA]이므로 1.6 [kA] 선정

차단 용량 $= \sqrt{3} \times$ 정격전압 $\times$ 정격차단전류 $= \sqrt{3} \times 7.2 \times 1.6 = 19.95\,[MVA]$

답 : 25 [MVA]

[핵심] **%임피던스법**

임피던스의 크기를 옴[Ω] 값 대신에 %값으로 나타내어 계산하는 방법으로 옴[Ω]법과 달리 전압환산을 할 필요가 없어 계산이 용이하므로 현재 가장 많이 사용되고 있다.

$$\%Z = \frac{I_n[\text{A}] \times Z[\Omega]}{E[\text{V}]} \times 100[\%] = \frac{P[\text{kVA}] \times Z[\Omega]}{10\,V^2[\text{kV}]}[\%]$$

8

출제년도 95.97.00.06 .10.15.21.(5점/부분점수 없음)

55 [mm²] (0.3195 [Ω/km]), 전장 6 [km]인 3심 전력 케이블의 어떤 중간지점에서 1선 지락사고가 발생하여 전기적 사고점 탐지법의 하나인 머레이 루프법으로 측정한 결과 그림과 같은 상태에서 평형이 되었다고 한다. 측정점에서 사고지점까지의 거리를 구하시오.

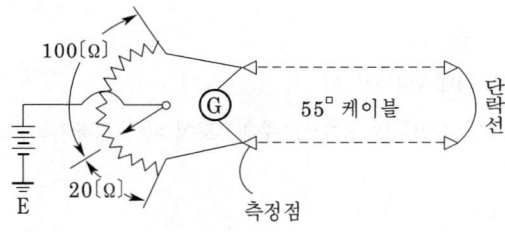

[작성답안]

계산 : 고장점까지의 거리를 x, 전장을 L [km]라하고 휘이스톤 브리지의 원리에 의해

$$20 \times (2L - x) = 100 \times x$$

$$\therefore x = \frac{40L}{120} = \frac{40 \times 6}{120} = 2 \text{ [km]}$$

답 : 2[km]

[핵심]

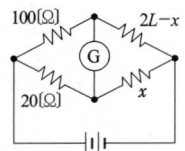

9

출제년도 21.(4점/부분점수 없음)

자동차단을 위한 보호장치의 동작시간이 0.5초 이며, 보호장치를 통해 흐를 수 있는 예상 고장전류 실효값이 25[kA]인 경우 보호도체의 최소 단면적을 구하시오. (단, 보호도체, 절연, 기타 부위의 재질 및 초기온도와 최종온도에 따라 정해지는 계수는 159이며, 동선을 사용하는 경우이다.)

[작성답안]

계산 : $S = \dfrac{\sqrt{t}}{K} I_g = \dfrac{\sqrt{0.5}}{159} \times 25000 = 111.18 [\text{mm}^2]$

∴ 표준규격 120[mm²] 선정

답 : 120[mm²]

[핵심] 보호도체

보호도체의 굵기 $S = \dfrac{\sqrt{t}}{K} I_g [\text{mm}^2]$

여기에서, t : 고장계속시간[sec]

I_g : 고장점의 최대지락전류[A]

K : 보호도체의 절연물의 종류 및 주위온도에 따라 정해지는 계수

10

출제년도 21.(4점/부분점수 없음)

설계감리원은 필요한 경우 다음 각 호의 문서를 비치하고, 그 세부양식은 발주자의 승인을 받아 설계감리과정을 기록하여야 하며, 설계감리 완료와 동시에 발주자에게 제출하여야 한다. 다음 보기중 해당되지 않는 것을 3가지 골라 적으시오.

【보기】

- 근무상황부
- 설계감리일지
- 지원업무 수행 기록부
- 설계감리기록부

- 설계자와 협의사항 기록부
- 설계감리 추진현황
- 설계용역 기성부분 내역서
- 설계감리 검토의견 및 조치 결과서
- 설계도서(내역서, 수량산출 및 도면 등)를 검토한 근거서류
- 해당 용역관련 수·발신 공문서 및 서류
- 공사시방서

[작성답안]
- 지원업무 수행 기록부
- 설계용역 기성부분 내역서
- 공사시방서

[핵심] 설계감리업무 수행지침

제8조(설계용역의 관리) 설계감리원은 설계용역 착수 및 수행단계에서 다음 각 항의 설계감리 업무를 수행하여야 한다.

① 설계감리원은 설계업자로부터 착수신고서를 제출받아 다음 각 호의 사항에 대한 적정성 여부를 검토하여 보고하여야 한다.
  1. 예정공정표
  2. 과업수행계획 등 그 밖에 필요한 사항

② 설계감리원은 필요한 경우 다음 각 호의 문서를 비치하고, 그 세부양식은 발주자의 승인을 받아 설계감리과정을 기록하여야 하며, 설계감리 완료와 동시에 발주자에게 제출하여야 하며, 필요한 경우 전자매체(CD -ROM)로 제출할 수 있다.
  1. 근무상황부
  2. 설계감리일지
  3. 설계감리지시부
  4. 설계감리기록부
  5. 설계자와 협의사항 기록부
  6. 설계감리 추진현황
  7. 설계감리 검토의견 및 조치 결과서
  8. 설계감리 주요검토결과
  9. 설계도서 검토의견서

10. 설계도서(내역서, 수량산출 및 도면 등)를 검토한 근거서류
11. 해당 용역관련 수·발신 공문서 및 서류
12. 그 밖에 발주자가 요구하는 서류

③ 설계감리원은 발주된 설계용역의 특성에 맞게 지침에 따른 설계감리원 세부업무 내용을 정하고 다음 각 호의 사항을 포함한 설계감리업무 수행계획서를 작성하여 발주자에게 제출하여야 한다.
1. 대상 : 용역명, 설계감리규모 및 설계감리기간 등
2. 세부시행계획 : 세부공정계획 및 업무흐름도 등
3. 보안 대책 및 보안각서
4. 그 밖에 발주자가 정한 사항

④ 설계감리원은 설계용역의 계획 및 예정공정표에 따라 설계업무의 진행상황 및 기성 등을 검토·확인하여야 하며 이를 정기적으로 발주자에 보고하여야 한다.

⑤ 설계감리원은 설계의 해당 공정마다 설계공정별 관리를 수행하여야 한다.

⑥ 설계감리원은 설계용역의 수행에 있어 지연된 공정의 만회대책을 설계자와 협의하여 수립하여야 하며, 이에 대한 조치 등을 수행하여 발주자에게 보고하여야 한다.

⑦ 설계감리원은 설계용역의 공정관리에 있어 문제점이 있는 경우 이를 해결하기 위해 공정회의를 개최할 수 있다.
1. 공정표, 주요관리점 공정표 및 추가로 작성하는 세부공정표의 검토
2. 사전 서류검토나 회의를 통해서 나타난 문제점들의 협의 및 해결방안의 검토

⑧ 설계감리원은 발주자의 요구 및 지시사항에 따라 변경사항이 발생할 경우 이에 대해 설계자가 원활히 대처할 수 있도록 지시 및 감독을 하여야 하며, 설계자의 요구에 의해 변경사항이 발생할 때에는 기술적인 적합성을 검토·확인하여 발주자에게 보고하여 승인을 받아야 한다.

11

출제년도 21.(4점/부분점수 없음)

다음 PLC 래더다이어그램을 보고 논리회로를 그리시오. 단, 2입력 AND 소자, 2입력 OR 소자 및 NOT 소자를 사용한다.

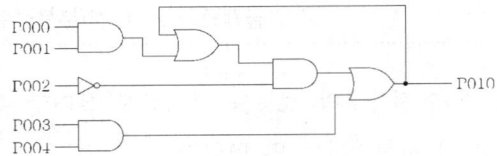

[작성답안]

12

출제년도 98.10.21.(6점/(1)3점, (2)없음, 모드 맞으면 5점)

전동기 부하를 사용하는 곳의 역률개선을 위하여 회로에 병렬로 역률개선용 저압콘덴서를 설치(Y결선)하여 전동기의 역률을 개선하여 90 [%]이상으로 유지하려고 한다. 다음 물음에 답하시오.

(1) 정격전압 380[V], 정격출력 18.5[kW], 역률 70[%]인 전동기의 역률을 90[%]로 개선하고자 하는 경우 필요한 3상 콘덴서의 용량[kVA]을 구하시오.

(2) 물음 "(1)"에서 구한 3상 콘덴서의 용량[kVA]을 [μF]로 환산한 용량으로 구하시오. (단, 정격주파수는 60[Hz]로 계산한다.)

[작성답안]

(1) 계산 : $Q_c = P\left(\dfrac{\sqrt{1-\cos\theta_1^2}}{\cos\theta_1} - \dfrac{\sqrt{1-\cos\theta_2^2}}{\cos\theta_2}\right) = 18.5\left(\dfrac{\sqrt{1-0.7^2}}{0.7} - \dfrac{\sqrt{1-0.9^2}}{0.9}\right) = 9.91 [\text{kVA}]$

답 : 9.91[kVA]

(2) 계산 : $C = \dfrac{Q_c}{2\pi f V^2} = \dfrac{9.91 \times 10^3}{2\pi \times 60 \times 380^2} \times 10^6 = 182.04\,[\mu\mathrm{F}]$

답 : $182.04\,[\mu\mathrm{F}]$

[핵심] 역률개선 콘덴서 용량

$Q_c = P\tan\theta_1 - P\tan\theta_2 = P(\tan\theta_1 - \tan\theta_2)$

$= P\left(\dfrac{\sin\theta_1}{\cos\theta_1} - \dfrac{\sin\theta_2}{\cos\theta_2}\right)$

$= P\left(\dfrac{\sqrt{1-\cos^2\theta_1}}{\cos\theta_1} - \dfrac{\sqrt{1-\cos^2\theta_2}}{\cos\theta_2}\right)$ [kVA]

여기서, $\cos\theta_1$: 개선 전 역률, $\cos\theta_2$: 개선 후 역률

13   출제년도 21.(5점/부분점수 없음)

다음의 계측장비를 주기적으로 교정하고 또한 안전장구의 성능을 적정하게 유지할 수 있도록 시험하여야 한다. 다음표의 권장 교정 및 시험주기는 몇 년인가?

구분	년
절연 저항 측정기	
계전기 시험기	
접지저항 측정기	
절연저항계	
클램프미터	

[작성답안]

구분	년
절연저항 측정기	1
계전기 시험기	1
접지저항 측정기	1
절연시험기	1
클램프미터	1

[해설] 전기안전관리자의 직무에 관한 고시

제4조(점검주기 및 점검횟수) 안전관리업무를 대행하는 전기안전관리자는 전기설비가 설치된 장소 또는 사업장을 방문하여 점검을 실시해야 하며 그 기준은 다음과 같다.

용량별 점검횟수 및 간격

용량별		점검횟수	점검 간격
저압	1~300kW 이하	월1회	20일 이상
	300kW 초과	월2회	10일 이상
고압 이상	1~300kW 이하	월1회	20일 이상
	300kW초과~500kW 이하	월2회	10일 이상
	500kW 초과~700kW 이하	월3회	7일 이상
	700kW 초과~1,500kW 이하	월4회	5일 이상
	1,500kkW 초과~2,000kW 이하	월5회	4일 이상
	2,000kW 초과~	월6회	3일 이상

[비고]
1. 여행·질병이나 그 밖의 사유로 일시적으로 그 직무를 수행할 수 없는 경우에는 그 기간동안 해당설비의 소유자 등과 협의하여 점검간격을 조정하여 실시할 수 있다.

제9조(계측장비 교정 등)
전기안전관리자는 전기설비의 유지·운용 업무를 위해 국가표준기본법 제14조 및 교정대상 및 주기설정을 위한 지침 제4조에 따라 다음의 계측장비를 주기적으로 교정하고 또한 안전장구의 성능을 적정하게 유지할 수 있도록 시험을 하여야 한다.

계측장비 등 권장 교정 및 시험주기

구 분		권장 교정 및 시험주기(년)
계측장비 교정	계전기 시험기	1
	절연내력 시험기	1
	절연유 내압 시험기	1
	적외선 열화상 카메라	1
	전원품질분석기	1
	절연저항 측정기(1,000V, 2,000MΩ)	1
	절연저항 측정기(500V, 100MΩ)	1
	회로시험기	1
	접지저항 측정기	1
	클램프미터	1
안전장구 시험	특고압 COS 조작봉	1
	저압검전기	1
	고압·특고압 검전기	1
	고압절연장갑	1
	절연장화	1
	절연안전모	1

제13조(공사 감리)
① 전기안전관리자는 시행규칙 제30조제2항제6호에 따라 다음 각 호의 전기설비 공사의 경우에는 감리업무를 수행할 수 있다.
1. 비상용예비발전설비의 설치, 변경공사로서 총공사비가 1억원 미만인 공사
2. 전기수용설비의 증설 또는 변경공사로서 총공사비가 5천만원 미만인 공사
② 전기안전관리자는 전기설비 공사가 설계도서 및 전기설비기술기준 등에 적합하게 시공되는지 여부를 확인하여야 한다.
③ 전기안전관리자는 전기설비 공사 중 불합리한 부분, 착오 및 불명확한 부분 등에 대하여는 그 내용과 의견을 관련자 및 소유자에게 보여 주어야 한다.

④ 전기안전관리자는 전기설비 공사가 설계도서와 상이하게 진행되거나 공사의 품질에 중대한 결함이 예상되는 경우에는 소유자와 사전협의하여 공사를 중지 할 수 있다.

14
출제년도 21.(5점/부분점수 없음)

다음 그림과 같이 냉각탑 환기팬에 높이 2.5[m]인 조명탑을 8[m] 간격을 두고 시설할 때 환기팬 중앙의 P 수평면 조도를 구하시오. (단, 중앙에서 광원으로 향하는 광도는 각각 270[cd]이다.)

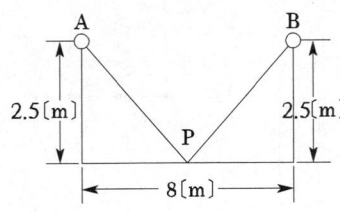

[작성답안]

계산 : 수평면조도 $E_h = 2\dfrac{I}{r^2}\cos\theta = 2\dfrac{270}{4^2+2.5^2} \times \dfrac{2.5}{\sqrt{4^2+2.5^2}} = 12.86$[lx]

답 : 12.86[lx]

[핵심] 조도

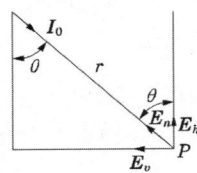

① 법선조도 $E_n = \dfrac{I}{r^2}$ [lx]

② 수평면 조도 $E_h = E_n\cos\theta = \dfrac{I}{r^2}\cos\theta = \dfrac{I}{h^2}\cos^3\theta$ [lx]

③ 수직면 조도 $E_v = E_n\sin\theta = \dfrac{I}{r^2}\sin\theta = \dfrac{I}{h^2}\sin\theta\cos^2\theta$ [lx]

15 출제년도 12.21.(5점/부분점수 없음)

△-Y 결선방식의 주변압기 보호에 사용되는 비율차동계전기의 간략화한 회로도이다. 주변압기 1차 및 2차측 변류기(CT)의 미결선된 2차 회로를 완성하시오.

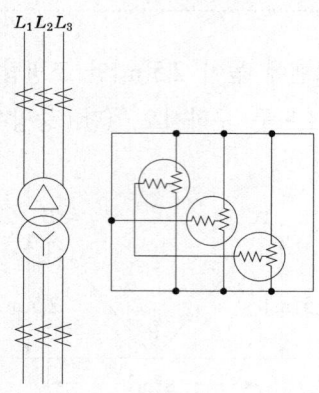

[작성답안]

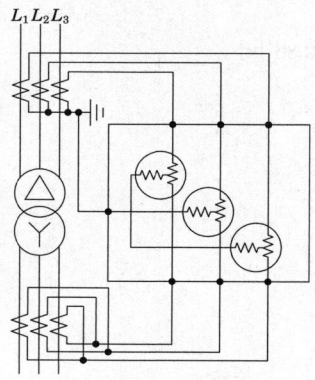

[핵심] 비율차동계전기

비율차동계전기는 변압기 투입시 여자 돌입 전류에 의한 오동작을 방지한 경우는 최소 35[%]의 불평형 전류로 동작한다. 비율차동계전기 Tap선정은 차전류가 억제코일에 흐르는 전류에 대한 비율보다 계전기 비율을 크게 선정해야 한다.

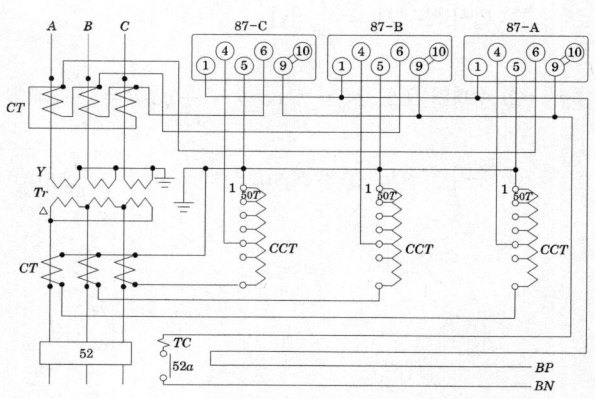

16 출제년도 21.(6점/부분점수 없음)

다음 시퀀스도의 동작사항을 읽고 미완성 회로를 완성하시오.

【동작사항】

- PB_1을 누르면 MC_1과 T_1이 여자되고 자기유지 된다.
- 이때 MC_1에 의해 GL이 점등된다.
- T_1의 설정시간후 MC_2와 T_2, FR이 여자된다.
- 이때 MC_2의 접점에 의해 RL이 점등되고 MC_1이 소자되며 GL이 소등된다.
- FR에 의해 BZ와 YL은 교대로 동작한다. 이때 FR의 a접점은 BZ를 동작시킨다.
- T_2설정시간후 MC_2가 소자하며 RL이 소등한다.
- 이때 부저와 YL은 정지한다.
- 과부하시 EOCR에 의해 모든 동작은 정지하고 WL이 점등한다.

【시퀀스도】

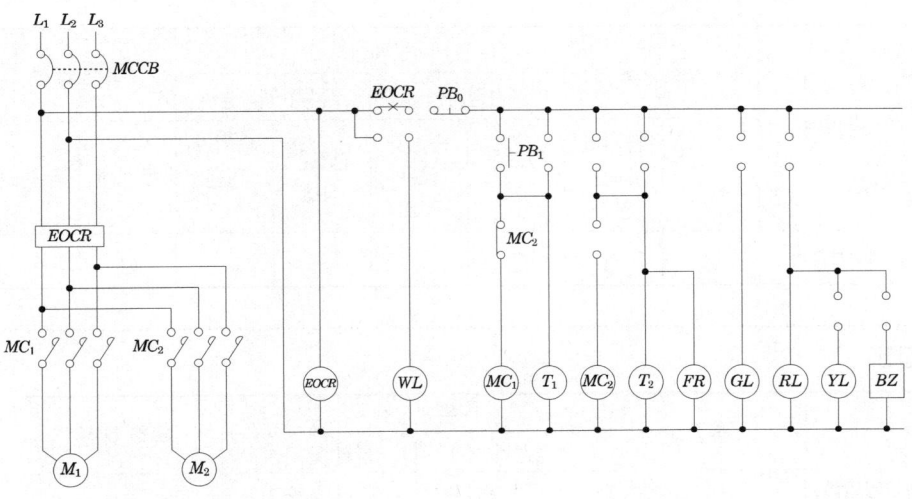

[작성답안]

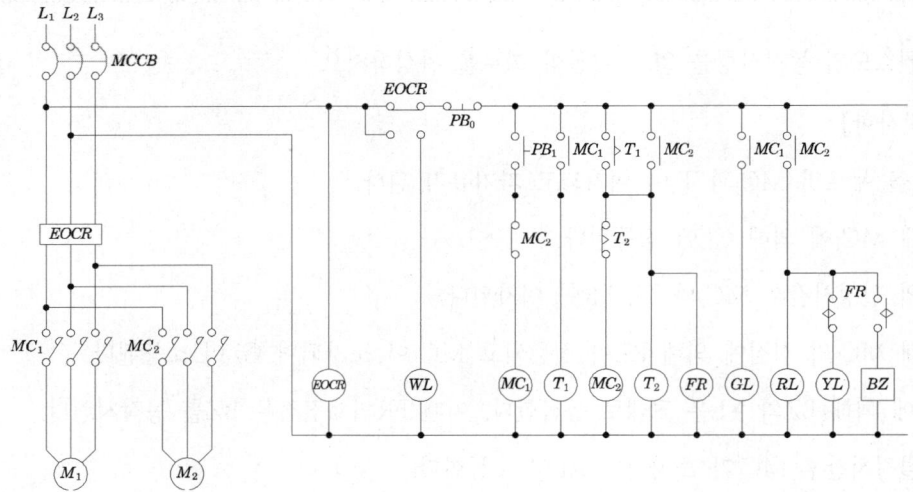

17

출제년도 21.(5점/부분점수 없음)

사용전압이 400[V] 이상이 저압 옥내 배선의 가능 여부를 시설장소에 따라 답안지 표의 빈칸에 O, X로 표시하시오. (단, O는 시설장소, X는 시설 불가능 표시를 의미한다.)

배선방법	노출장소		은폐장소				옥측 배선	
			검검가능		점검 불가능			
	건조한 장소	습기가 많은 장소	건조한 장소	습가가 많은 장소	건조한 장소	습기가 많은 장소	우선내	우선외
케이블공사	O		O				O	

[작성답안]

배선방법	노출장소		은폐장소				옥측 배선	
			검검가능		점검 불가능			
	건조한 장소	습기가 많은 장소	건조한 장소	습가가 많은 장소	건조한 장소	습기가 많은 장소	우선내	우선외
케이블공사	O	O	O	O	O	O	O	O

[해설] 공사방법

배선방법	옥내 내선						옥측 배선	
	노출장소		은폐장소					
			검검가능		점검 불가능			
	건조한 장소	습기가 많은 장소	건조한 장소	습가가 많은 장소	건조한 장소	습기가 많은 장소	우선내	우선외
합성수지관 공사	○	○	○	○	○	○	○	○

2022년 1회 기출문제 해설

전기기사 실기 과년도

※ 다음 물음에 답을 해당 답란에 답하시오.

1 출제년도 96.99.00.05.12.22.(11점/각 문항당 2점, 모두 맞으면 11점)

그림은 누전차단기를 적용하는 것으로 CVCF 출력단의 접지용 콘덴서 C_0는 5[μF]이고, 부하측 라인필터의 대지 정전용량 $C_1 = C_2 = 0.1[\mu F]$, 누전차단기 ELB_1에서 지락점까지의 케이블의 대지정전용량 $C_{L1} = 0.2[\mu F]$(ELB_1의 출력단에 지락 발생 예상), ELB_2에서 부하 2까지의 케이블의 대지정전용량은 $C_{L2} = 0.2[\mu F]$이다. 지락저항은 무시하며, 사용전압은 220 [V], 주파수가 60 [Hz]인 경우 다음 각 물음에 답하시오.

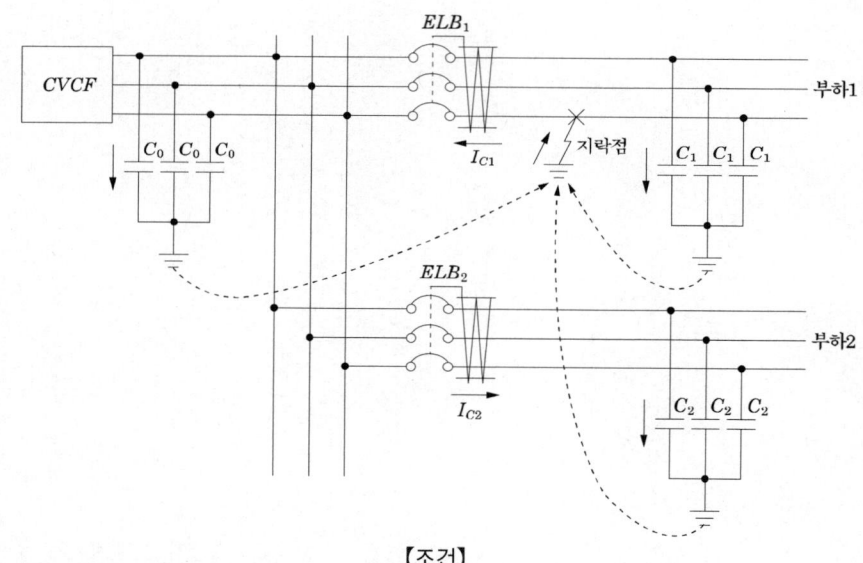

【조건】

- ELB_1에 흐르는 지락전류 $I_{c1} = 3 \times 2\pi f\, CE$에 의하여 계산한다.
- 누전차단기는 지락시의 지락전류의 $\frac{1}{3}$에 동작 가능하여야 하며, 부동작 전류는 건전 피더에 흐르는 지락전류의 2배 이상의 것으로 한다.
- 누전차단기의 시설 구분에 대한 표시 기호는 다음과 같다.

○ : 누전차단기를 시설할 것

△ : 주택에 기계기구를 시설하는 경우에는 누전차단기를 시설할 것

□ : 주택 구내 또는 도로에 접한 면에 룸에어컨디셔너, 아이스박스, 진열장, 자동판매기 등 전동기를 부품으로 한 기계기구를 시설하는 경우에는 누전차단기를 시설하는 것이 바람직하다.

※ 사람이 조작하고자 하는 기계기구를 시설한 장소보다 전기적인 조건이 나쁜 장소에서 접촉할 우려가 있는 경우에는 전기적 조건이 나쁜 장소에 시설된 것으로 취급한다.

(1) 도면에서 $CVCF$는 무엇인지 우리말로 그 명칭을 쓰시오.

(2) 건전 피더(Feeder) ELB_2에 흐르는 지락전류 I_{c2}는 몇 [mA]인가?

(3) 누전 차단기 ELB_1, ELB_2가 불필요한 동작을 하지 않기 위해서는 정격감도전류 몇 [mA] 범위의 것을 선정하여야 하는가? 단, 소수점 이하 절사한다.

　① ELB_1

　② ELB_2

(4) 누전 차단기의 시설 예에 대한 표의 빈 칸에 ○, △, □로 표현하시오.

전로의 대지전압	기계기구 시설장소	옥내		옥측		옥외	물기가 있는 장소
		건조한 장소	습기가 많은 장소	우선내	우선외		
150 [V] 이하		–	–	–			
150 [V] 초과 300 [V] 이하					–		

[작성답안]

(1) 정전압 정주파수 장치

(2) 계산 : 건전피더 지락전류 $I_c = 3\omega CE$에서

$$I_{c2} = 3 \times 2\pi f(C_{L2} + C_2) \times \frac{V}{\sqrt{3}} = 3 \times 2\pi \times 60 \times (0.2 + 0.1) \times 10^{-6} \times \frac{220}{\sqrt{3}} = 0.0430958 \text{ [A]}$$

답 : 43.1 [mA]

(3) ① ELB_1

계산 : $I_{c1} = 3 \times \omega CE = 3 \times 2\pi f(C_0 + C_{L1} + C_1 + C_{L2} + C_2) \times \dfrac{V}{\sqrt{3}}$

$= 3 \times 2\pi \times 60 \times (5 + 0.2 + 0.1 + 0.2 + 0.1) \times 10^{-6} \times \dfrac{220}{\sqrt{3}} = 0.804456\ [A]$

$= 804.46\ [mA]$

동작 전류 = 지락전류 $\times \dfrac{1}{3}$ 이므로 $ELB_2 = 804.46 \times \dfrac{1}{3} = 268.15\ [mA]$

부하 2측 cable 지락시 건전피더의 전류

$I_{c2} = 2\pi f \times 3(C_{L1} + C_1) \times \dfrac{V}{\sqrt{3}} = 2\pi \times 60 \times 3(0.2 + 0.1) \times 10^{-6} \times \dfrac{220}{\sqrt{3}} = 0.0430958\ [A]$

$= 43.1\ [mA]$

부동작 전류 = 건전피더 지락전류 $\times 2$ 이므로 $ELB_1 = 43.1 \times 2 = 86.2\ [mA]$

답 : ELB_1 정격감도전류 범위 86 ~ 268 [mA]

② ELB_2

계산 : $I_{c1} = 3 \times \omega CE = 3 \times 2\pi f(C_0 + C_{L1} + C_1 + C_{L2} + C_2) \times \dfrac{V}{\sqrt{3}}$

$= 3 \times 2\pi \times 60 \times (5 + 0.2 + 0.1 + 0.2 + 0.1) \times 10^{-6} \times \dfrac{220}{\sqrt{3}} = 0.804456\ [A]$

$= 804.46\ [mA]$

동작 전류 = 지락전류 $\times \dfrac{1}{3}$ 이므로 $ELB_2 = 804.46 \times \dfrac{1}{3} = 268.15\ [mA]$

부하 1측 cable 지락시 건전피더의 전류

$I_{c2} = 3 \times 2\pi f(C_{L2} + C_2) \times \dfrac{V}{\sqrt{3}} = 3 \times 2\pi \times 60 \times (0.2 + 0.1) \times 10^{-6} \times \dfrac{220}{\sqrt{3}} = 0.0430958\ [A]$

$= 43.1\ [mA]$

부동작 전류 = 건전피더 지락전류 $\times 2$ 이므로 $ELB_2 = 43.1 \times 2 = 86.2\ [mA]$

답 : ELB_2 정격감도전류 범위 86 ~ 268 [mA]

(4)

전로의 대지전압 \ 기계기구 시설장소	옥내		옥측		옥외	물기가 있는 장소
	건조한 장소	습기가 많은 장소	우선내	우선외		
150[V] 이하	—	—	—	□	□	○
150[V] 초과 300[V] 이하	△	○	—	○	○	○

[해설]
○ : 누전차단기를 시설할 것
△ : 주택에 기계기구를 시설하는 경우에는 누전차단기를 시설할 것
□ : 주택 구내 또는 도로에 접한 면에 룸에어컨디셔너, 아이스박스, 진열장, 자동판매기 등 전동기를 부품으로 한 기계기구를 시설하는 경우에는 누전차단기를 시설하는 것이 바람직하다.

2

출제년도 18.22.(6점/각 문항당 2점)

다음 각상의 불평형 전압이 $V_a = 7.3\angle 12.5°$, $V_b = 0.4\angle -100°$, $V_c = 4.4\angle 154°$ 인 경우 대칭분 V_0, V_1, V_2를 구하시오.

(1) V_0

(2) V_1

(3) V_2

[작성답안]

(1) V_0

계산 : $V_0 = \dfrac{1}{3}(7.3\angle 12.5° + 0.4\angle -100° + 4.4\angle 154°)$

$= \dfrac{1}{3}(7.126 + j1.58 - 0.069 - j0.394 - 3.955 + j1.929)$

$= 1.034 + j1.038 = 1.47\angle 45.11°[\text{V}]$

답 : $1.47\angle 45.11°[\text{V}]$

(2) V_1

계산 : $V_1 = \dfrac{1}{3}(7.3\angle 12.5° + (1\angle 120°)0.4\angle -100° + (1\angle 240°)4.4\angle 154°)$

$= \dfrac{1}{3}(7.126 + j1.58 + 0.376 + j0.137 + 3.648 + j2.46)$

$= 3.717 + j1.392 = 3.97\angle 20.53°\,[\text{V}]$

답 : $3.97\angle 20.53°\,[\text{V}]$

(3) V_2

계산 : $V_2 = \dfrac{1}{3}(7.3\angle 12.5° + (1\angle 240°)0.4\angle -100° + (1\angle 120°)4.4\angle 154°)$

$= \dfrac{1}{3}(7.126 + j1.58 - 0.306 + j0.257 + 0.307 - j4.389)$

$= 2.376 - j0.851 = 2.52\angle -19.71°\,[\text{V}]$

답 : $2.52\angle -19.71°\,[\text{V}]$

3

출제년도 01.15.19.22.(6점/각 문항당 3점)

전압 22,900 [V], 주파수 60 [Hz], 선로길이 7 [km] 1회선의 3상 지중 송전선로가 있다. 이 지중 전선로의 3상 무부하 충전전류 및 충전용량을 구하시오. (단, 케이블의 1선당 작용 정전용량은 0.4 [μF/km]라고 한다.)

(1) 충전전류

(2) 충전용량

[작성답안]

(1) 계산 : $I_c = 2\pi \times 60 \times 0.4 \times 10^{-6} \times 7 \times \left(\dfrac{22{,}900}{\sqrt{3}}\right) = 13.956\,[\text{A}]$

답 : 13.96 [A]

(2) 계산 : $Q_c = 3 \times 2\pi \times 60 \times 0.4 \times 10^{-6} \times 7 \times \left(\dfrac{22{,}900}{\sqrt{3}}\right)^2 \times 10^{-3} = 553.554\,[\text{kVA}]$

답 : 553.55 [kVA]

[핵심] 충전전류와 충전용량

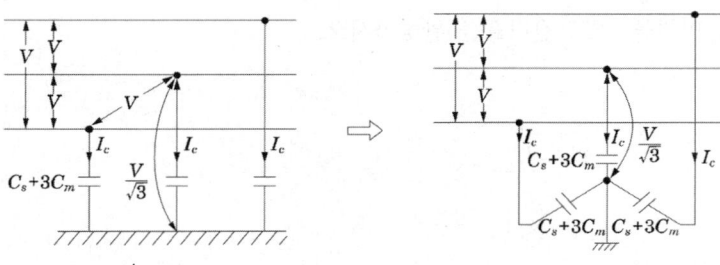

① 전선의 충전 전류 : $I_c = 2\pi f C \times \dfrac{V}{\sqrt{3}}$ [A]

② 전선로의 충전 용량 : $P_c = \sqrt{3}\, VI_C = 2\pi f\, CV^2 \times 10^{-3}$ [kVA]

  여기서, C : 전선 1선당 정전 용량 [F], V : 선간 전압 [V], f : 주파수 [Hz]

※ 선로의 충전전류 계산 시 전압은 변압기 결선과 관계없이 상전압 $\left(\dfrac{V}{\sqrt{3}}\right)$를 적용하여야 한다.

---

4 출제년도 97.00.22.(5점/각 항목당 1점, 모두 맞으면 5점)

전선 및 기계기구를 보호하기 위하여 중요한 곳에는 과전류 차단기를 시설하여야 하는데 과전류 차단기의 시설을 제한하고 있는 곳이 있다. 이 과전류 차단기의 시설 제한 개소를 한국전기설비규정에 의해 3가지 쓰시오.

[작성답안]
① 접지 공사의 접지선
② 다선식전로의 중성선
③ 저압 가공 전선로의 접지측 전선

출제년도 22. ㉿ 02.04.98.10.12.13.14.15.20.(6점/각 문항당 2점)

그림과 같은 논리 회로의 명칭을 쓰고 진리표를 완성하시오.

(1) 명칭을 쓰시오.
(2) 출력식을 쓰시오.
(3) 진리표를 완성하시오.

A	B	X
0	0	
0	1	
1	0	
1	1	

[작성답안]
(1) 명칭 : 배타적 부정 논리합(exclusive-NOR)
(2) 논리식 : $X = \overline{A}\,\overline{B} + AB$
(3) 진리표

A	B	X
0	0	1
0	1	0
1	0	0
1	1	1

6 출제년도 22.(5점/부분점수 없음)

단상 변압기에서 전부하시 2차 전압은 115[V]이고, 전압 변동률은 2[%]이다. 1차 단자 전압은 몇 [V]인가? 단, 1차, 2차 권선비는 20:1 이다.

[작성답안]

계산 : $\epsilon = \dfrac{V_{20} - V_{2n}}{V_{2n}} \times 100[\%]$

$\therefore\ V_{20} = \left(1 + \dfrac{\epsilon}{100}\right) V_{2n} = \left(1 + \dfrac{2}{100}\right) \times 115 = 117.3[\text{V}]$

$\therefore\ V_1 = 20 \times 117.3 = 2346[\text{V}]$

답 : 2346[V]

---

7 출제년도 12.22.(4점/부분점수 없음)

최대 수요 전력이 5,000 [kW], 부하 역률 0.9, 네트워크(network) 수전 회선수 4회선, 네트워크 변압기의 과부하율 130 [%]인 경우 네트워크 변압기 용량은 몇 [kVA] 이상이어야 하는가?

[작성답안]

계산 : 네트워크 변압기 용량 $= \dfrac{\text{최대수요전력}}{\text{수전회선수}-1} \times \dfrac{100}{\text{과부하율}}$ [kVA]

$= \dfrac{5,000/0.9}{4-1} \times \dfrac{100}{130} = 1424.50$ [kVA]

답 : 1424.5 [kVA]

[핵심] 스폿네트워크 배전방식

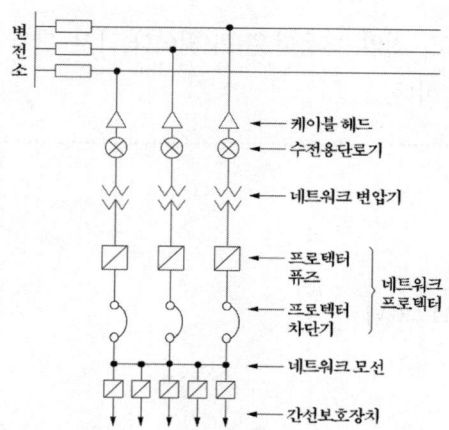

① 네트워크 변압기용량

- 네트워크 변압기용량 = $\dfrac{\text{최대수요전력 [kVA]}}{(\text{수전회선수} - 1)} \times \dfrac{1}{1.3}$

② 특징

- 배전선 1회선, 변압기 뱅크 사고시에도 무정전 공급이 가능하다.
- 배전선 보수시 1회선이 정지하여도 구내 정전은 발생되지 않는다.
- 배전선 정지 및 복구시 변압기 2차측 차단기의 개방 및 투입이 자동적으로 이루어진다.
- 설비 중에서 고가인 1차측 차단기가 필요하지 않는다.
- 차단기 대신에 단로기로 대치한다.
- 1회선 정지시에도 나머지 변압기의 과부하 운전으로 최대수요전력 부담한다.
- 표준 3회선으로서 67[%]까지 선로 이용률을 올릴 수 있다.
- 부하 증가와 같은 수용 변동의 탄력성이 좋다.
- 대도시 고부하밀도 지역에 적합하다.

8

출제년도 93.17.22.(5점/부분점수 없음)

50[Hz]로 사용하던 역률개선용 콘덴서를 같은 전압의 60[Hz]로 사용하면 전류는 몇 [%] 증가 또는 감소인가? (단, 인가전압 변동은 없다.)

[작성답안]

계산 : 콘덴서에 흐르는 전류는 $I_c = 2\pi f CV$ 에서 주파수에 비례하므로

$$\frac{60\,Hz\ \text{전류}\ I_c'}{50\,Hz\ \text{전류}\ I_c} = \frac{60}{50} = \frac{6}{5} = 1.2$$

답 : 20[%] 증가

9

출제년도 22.(5점/부분점수 없음)

설계도서, 법령해석, 감리자의 지시 등이 서로 일치하지 아니하는 경우에 있어 계약으로 그 적용의 우선 순위를 정하지 아니한 때에는 다음의 순서를 원칙으로 한다. 보기의 기호를 순서대로 나열하시오.

ㄱ. 설계도면

ㄴ. 공사시방서

ㄷ. 산출내역서

ㄹ. 전문시방서

ㅁ. 표준시방서

ㅂ. 감리자의 지시사항

[작성답안]

ㄴ ㄱ ㄹ ㅁ ㄷ ㅂ

[핵심] 설계도서 작성기준

설계도서 해석의 우선순위

설계도서, 법령해석, 감리자의 지시 등이 서로 일치하지 아니하는 경우에 있어 계약으로 그 적용의 우선 순위를 정하지 아니한 때에는 다음의 순서를 원칙으로 한다.

1. 공사시방서
2. 설계도면
3. 전문시방서
4. 표준시방서
5. 산출내역서
6. 승인된 상세시공도면
7. 관계법령의 유권해석
8. 감리자의 지시사항

10

출제년도 89.93.97.99.01.02.14.22.(4점/부분점수 없음)

어떤 공장에서 500 [kVA]의 변압기에 역률 60 [%]의 부하 300 [kW]가 접속되어 있다. 지금 합성 역률을 90 [%]로 개선하기 위하여 전력용 커패시터를 접속하면 부하는 몇 [kW] 증가시킬 수 있는가?

[작성답안]

계산 : 증가 부하 $\Delta P = P_a(\cos\theta_2 - \cos\theta_1) = 500(0.9 - 0.6) = 150 [kW]$

답 : 150[kW]

11

출제년도 14.22.(5점/부분점수 없음)

대지 고유 저항률 400 [Ω·m], 직경 19 [mm], 길이 2,400 [mm]인 접지봉을 전부 매입했다고 한다. 접지저항(대지저항)값은 얼마인가?

[작성답안]

계산 : $R = \dfrac{\rho}{2\pi\ell} \times \ln\dfrac{2\ell}{r} [\Omega]$ 에서

$R = \dfrac{400}{2\pi \times 2.4} \times \ln\dfrac{2 \times 2.4}{\dfrac{0.019}{2}} = 165.13 [\Omega]$

답 : 165.13 [Ω]

[핵심] 접지봉의 접지저항 계산식

$R = \dfrac{\rho}{2\pi l} \ln \dfrac{2l}{r}$ [Ω] : Tagg

$R = \dfrac{\rho}{2\pi l} (\ln \dfrac{4l}{r} - 1)$ [Ω] : Dwight, Sunde

ρ : 대지저항률, t : 매설깊이, l : 전극의 길이, r : 전극의 반지름

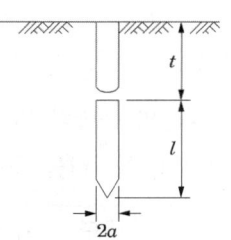

12

출제년도 09.17.22.(4점/부분점수 없음)

154 [kV] 중성점 직접 접지 계통에서 접지계수가 0.75이고, 여유도가 1.1이라면 전력용 피뢰기의 정격전압은 피뢰기 정격전압 중 어느 것을 택하여야 하는가?

피뢰기 정격전압 (표준치 [kV])					
126	144	154	168	182	196

[작성답안]

계산 : $V = \alpha \beta V_m = 0.75 \times 1.1 \times 170 = 140.25$ [kV]

∴ 144 [kV] 선정

답 : 144 [kV]

[핵심] 피뢰기 정격전압

전력계통		정격전압	
공칭전압	중성점 접지방식	송전선로	배전선로
345	유효접지	288	
154	유효접지	144	
66	소호 리액터 접지 또는 비접지	72	
22	소호 리액터 접지 또는 비접지	24	
22.9	중성점 다중 접지	21	18

13

출제년도 22.(5점/부분점수 없음)

제조공장의 부하의 위치와 전력량 표와 같이 주어졌을 경우 부하중심법을 이용하여 부하 중심위치 (X, Y)를 구하시오.

구분	전력량 [kWh]	위치 좌표 X[m]	위치 좌표 Y[m]
물류	120	4	4
유틸리티	60	9	3
사무실	20	9	9
생산라인	320	6	12

[작성답안]

계산 : $X = \dfrac{1}{\sum i}(i_1 x_1 + i_2 x_2 + \cdots + i_n x_n) = \dfrac{\sum ix}{\sum i}$

$= \dfrac{120 \times 4 + 60 \times 9 + 20 \times 9 + 320 \times 6}{120 + 60 + 20 + 320} = \dfrac{3120}{520} = 6[\text{m}]$

$Y = \dfrac{1}{\sum i}(i_1 y_1 + i_2 y_2 + \cdots + i_n y_n) = \dfrac{\sum iy}{\sum i}$

$= \dfrac{120 \times 4 + 60 \times 3 + 20 \times 9 + 320 \times 12}{120 + 60 + 20 + 320} = \dfrac{4680}{520} = 9[\text{m}]$

답 : X 6[m], Y 9[m]

14

출제년도 22.(9점/각 문항당 3점)

154[kV] 계통의 변전소에 다음과 같은 정격전압 및 용량을 가진 3권선 변압기가 설치되어 있다. 다음 각 물음에 답하시오. 단, 기타 주어지지 않은 조건은 무시한다.

1차 입력 154[kV]	2차 입력 66[kV]	3차 입력 23[kV]
1차 용량 100[MVA]	2차 용량 100[MVA]	3차 용량 50[MVA]
$\%X_{12} = 9[\%]$(100[MVA]기준)	$\%X_{23} = 3[\%]$(50[MVA]기준)	$\%X_{13} = 8.5[\%]$(50[MVA]기준)

가. 각 권선의 %X를 100[MVA]기준으로 구하시오.

- $\%X_1$

- %X_2
- %X_3

나. 1차 입력이 100[MVA](역률 90 lead)이고, 3차측에 전력용 콘덴서 50[MVA]를 설치 했을 때 2차 출력[MVA]과 그 역률 [%]을 구하시오.

- 2차출력
- 역률

다. 나 조건으로 운전 중 1차 전압이 154[kV]이면, 2차, 3차 전압을 구하시오.

- 2차전압
- 3차전압

[작성답안]

가. %$X_{12} = 9$[%](100[MVA]기준)

%$X_{23} = \dfrac{100}{50} \times 3 = 6$[%](100[MVA]기준)

%$X_{13} = \dfrac{100}{50} \times 8.5 = 17$[%](50[MVA]기준)

- %$X_1 = \dfrac{9+17-6}{2} = 10$[%]
- %$X_2 = \dfrac{9+6-17}{2} = -1$[%]
- %$X_3 = \dfrac{6+17-9}{2} = 7$[%]

나. • 2차출력 $P_2 = 100 \times 0.9 - j100 \times \sqrt{1-0.9^2} - j50 = 90 - j93.59 = 129.84$[MVA]

• 역률 $\cos\theta = \dfrac{90}{129.84} \times 100 = 69.32$(lead)

다. • 2차전압 (저항을 무시하면 %리액턴스는 전압강하율과 같다.)

$\dfrac{IX}{V} = \Delta V$[%] 에서 기준용량으로 환산하면

%$X' = \dfrac{P_n}{P} \times \%X = \dfrac{100}{100} \times -1 = -1$[%]

∴ $V_2 = 66 - 66 \times \dfrac{-1}{100} = 66.66$[kV]

답 : 66.66[kV]

- 3차전압

$$\%X' = \frac{P_n}{P} \times \%X = \frac{50}{100} \times 7 = 3.5[\%]$$

$$\therefore V_3 = 23 - 23 \times \frac{3.5}{100} = 22.2[kV]$$

답 : 22.2[kV]

15

출제년도 22.(5점/부분점수 없음)

다음 부하에 대한 발전기 최소용량 [kVA]을 아래식을 이용하여 구하시오. (단, 전동기의 기동계수(c)는 2, [kW]당 입력 환산계수(α)는 1.45, 발전기의 허용전압강하계수(k)는 1.45이다.)

$$PG_2 \geq [\Sigma P + \Sigma(P_m - P_L) \times \alpha + (P_L \times \alpha \times c)] \times k$$

여기서 PG : 발전기용량
 P : 전동기 이외 부하의 입력용량[kVA]
 P_m : 전동기 부하 용량의 합계[kW]
 P_L : 기동용량이 가장 큰 전동기의 부하 용량[kW]
 α : [kW]당 이력[kVA] 환산계수
 c : 전동기의 기동계수
 k : 발전기의 허용전압강하계수

NO	부하의 종류	부하용량
1	유도전동기 부하	37[kW] 1대
2	유도전동기 부하	10[kW] 5대
3	전동기 이외의 부하의 입력용량	30[kVA]

[작성답안]

계산 : $PG_2 \geq [\Sigma P + \Sigma(P_m - P_L) \times \alpha + (P_L \times \alpha \times c)] \times k]$

$\therefore PG_2 \geq [30 + (87-37) \times 1.45 + (37 \times 1.45 \times 2)] \times 1.45] = 304.21[kVA]$

답 : 304.21[kVA]

16

출제년도 15.22.(4점/부분점수 없음)

측정범위 1 [mA], 내부저항 20 [kΩ]의 전류계에 분류기를 붙여서 6 [mA]까지 측정하고자 한다. 몇 [kΩ]의 분류기를 사용하여야 하는지 계산하시오

[작성답안]

계산 : $I_0 = \left(1 + \dfrac{r}{R}\right) I_a$

$$R = \dfrac{r}{\left(\dfrac{I_0}{I_a} - 1\right)} = \dfrac{20 \times 10^3}{\left(\dfrac{6 \times 10^{-3}}{1 \times 10^{-3}} - 1\right)} = 4{,}000 \, [\Omega]$$

답 : 4 [kΩ]

[핵심] 배율기와 분류기

1) 배율기

전압계의 측정범위를 확대하기 위하여 내부저항 $r_a [\Omega]$인 전압계에 직렬로 접속하는 저항 R_m을 배율기라 한다.

$V_a = I r_a \,[V], \ I = \dfrac{V}{r_a + R_m}$ 이므로

$V_a = \dfrac{r_a}{r_a + R_m} \cdot V$

$\therefore V = \dfrac{r_a + R_m}{r_a} \cdot V_a = \left(1 + \dfrac{R_m}{r_a}\right) V_a$

배율 $m = \dfrac{V}{V_a} = 1 + \dfrac{R_m}{r_a}$

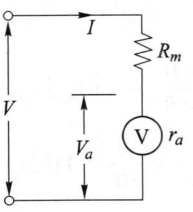

2) 분류기

전류계의 측정범위를 확대하기 위하여 내부저항 $r_a [\Omega]$인 전류계에 병렬로 접속하는 저항 R_s를 분류기라 한다.

$I_a = \dfrac{R_s}{r_a + R_s} \times I$

$\therefore I = \dfrac{r_a + R_s}{R_s} \times I_a = \left(1 + \dfrac{r_a}{R_s}\right) \times I_a$

배율 $m = \dfrac{I}{I_a} = 1 + \dfrac{r_a}{R_s}$

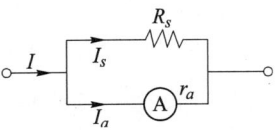

어떤 전기설비에서 380[V] 선로에 계기용변압기 2개를 그림과 같이 설치하였다면 그때의 전압계 지시값은 얼마인지 각각 구하시오. (단, PT비는 380/110[V] 이다.)

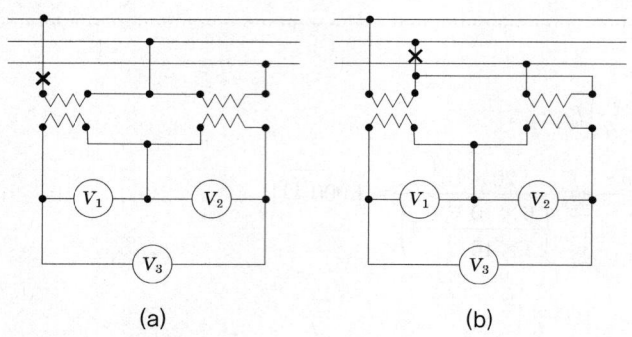

(a)   (b)

(1) 그림(a)에서 단선사고가 발생하였을 경우 전압계 V_1, V_2, V_3의 지시값을 구하시오.

(2) 그림(b)에서 단선사고가 발생하였을 경우 전압계 V_1, V_2, V_3의 지시값을 구하시오.

[작성답안]

(1) $V_1 = 0[\text{V}]$

$V_2 = 380 \times \dfrac{110}{380} = 110[\text{V}]$

$V_3 = 0 + 380 \times \dfrac{110}{380} = 110[\text{V}]$

(2) $V_1 = 380 \times \dfrac{1}{2} \times \dfrac{110}{380} = 55[\text{V}]$

$V_2 = 380 \times \dfrac{1}{2} \times \dfrac{110}{380} = 55[\text{V}]$

$V_3 = 380 \times \dfrac{1}{2} \times \dfrac{110}{380} - 380 \times \dfrac{1}{2} \times \dfrac{110}{380} = 0[\text{V}]$

18 | 출제년도 22.(5점/부분점수 없음)

다음 논리식에 해당하는 유접점 회로를 그리시오.

- 논리식 : $L = (X + \overline{Y} + Z) \cdot (\overline{X} + Y)$
- 유접점 회로

[작성답안]

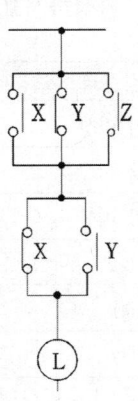

2022년 2회 기출문제 해설

※ 다음 물음에 답을 해당 답란에 답하시오.

1 출제년도 22.(5점/각 항목당 1점)

안전관리업무를 대행하는 전기안전관리자는 전기설비가 설치된 장소 또는 사업장을 방문하여 점검을 실시해야 하며 그 기준은 다음과 같다. 다음표의 점검횟수를 완성하시오.

용량별		점검횟수	검검간격
저압	1~300[kW] 이하	월1회	20일 이상
	300[kW] 초과	월2회	10일 이상
고압 이상	1~300[kW] 이하	월1회	20일 이상
	300[kW] 초과~500[kW] 이하	①	②
	500[kW] 초과~700[kW] 이하	③	④
	700[kW] 초과~1500[kW] 이하	⑤	⑥
	1500[kW] 초과~2000[kW] 이하	⑦	⑧
	2000[kW] 초과	⑨	⑩

[작성답안]

용량별		점검횟수	검검간격
저압	1~300[kW] 이하	월1회	20일 이상
	300[kW] 초과	월2회	10일 이상
고압 이상	1~300[kW] 이하	월1회	20일 이상
	300[kW] 초과~500[kW] 이하	① 월2회	② 10일 이상
	500[kW] 초과~700[kW] 이하	③ 월3회	④ 7일 이상
	700[kW] 초과~1500[kW] 이하	⑤ 월4회	⑥ 5일 이상
	1500[kW] 초과~2000[kW] 이하	⑦ 월5회	⑧ 4일 이상
	2000[kW] 초과	⑨ 월6회	⑩ 3일 이상

[해설] 전기안전관리자의 직무에 관한 고시

제4조(점검주기 및 점검횟수) 안전관리업무를 대행하는 전기안전관리자는 전기설비가 설치된 장소 또는 사업장을 방문하여 점검을 실시해야 하며 그 기준은 다음과 같다.

용량별 점검횟수 및 간격

용 량 별		점검횟수	점검 간격
저압	1~300kW 이하	월1회	20일 이상
	300kW 초과	월2회	10일 이상
고압 이상	1~300kW 이하	월1회	20일 이상
	300kW 초과~500kW 이하	월2회	10일 이상
	500kW 초과~700kW 이하	월3회	7일 이상
	700kW 초과~1,500kW 이하	월4회	5일 이상
	1,500kW 초과~2,000kW 이하	월5회	4일 이상
	2,000kW 초과~	월6회	3일 이상

[비고] 1. 여행·질병이나 그 밖의 사유로 일시적으로 그 직무를 수행할 수 없는 경우에는 그 기간동안 해당설비의 소유자 등과 협의하여 점검간격을 조정하여 실시할 수 있다.

제9조(계측장비 교정 등)
전기안전관리자는 전기설비의 유지·운용 업무를 위해 국가표준기본법 제14조 및 교정대상 및 주기설정을 위한 지침 제4조에 따라 다음의 계측장비를 주기적으로 교정하고 또한 안전장구의 성능을 적정하게 유지할 수 있도록 시험을 하여야 한다.

계측장비 등 권장 교정 및 시험주기

구 분		권장 교정 및 시험주기(년)
계측 장비 교정	계전기 시험기	1
	절연내력 시험기	1
	절연유 내압 시험기	1
	적외선 열화상 카메라	1
	전원품질분석기	1
	절연저항 측정기(1,000V, 2,000MΩ)	1
	절연저항 측정기(500V, 100MΩ)	1
	회로시험기	1
	접지저항 측정기	1
	클램프미터	1

안전장구시험	특고압 COS 조작봉	1
	저압검전기	1
	고압·특고압 검전기	1
	고압절연장갑	1
	절연장화	1
	절연안전모	1

제13조(공사 감리)
① 전기안전관리자는 시행규칙 제30조제2항제6호에 따라 다음 각 호의 전기설비 공사의 경우에는 감리업무를 수행할 수 있다.
1. 비상용예비발전설비의 설치, 변경공사로서 총공사비가 1억원 미만인 공사
2. 전기수용설비의 증설 또는 변경공사로서 총공사비가 5천만원 미만인 공사
② 전기안전관리자는 전기설비 공사가 설계도서 및 전기설비기술기준 등에 적합하게 시공되는지 여부를 확인하여야 한다.
③ 전기안전관리자는 전기설비 공사 중 불합리한 부분, 착오 및 불명확한 부분 등에 대하여는 그 내용과 의견을 관련자 및 소유자에게 보여 주어야 한다.
④ 전기안전관리자는 전기설비 공사가 설계도서와 상이하게 진행되거나 공사의 품질에 중대한 결함이 예상되는 경우에는 소유자와 사전협의하여 공사를 중지 할 수 있다.

2

출제년도 08.19.22.(4점/부분점수 없음)

3상 배전선로의 말단에 늦은 역률 80 [%]인 평형 3상의 집중 부하가 있다. 변전소 인출구의 전압이 6,600 [V]인 경우 부하의 단자전압을 6,000 [V] 이하로 떨어뜨리지 않으려면 부하 전력[kW]은 얼마인가? 단, 전선 1선의 저항은 1.4 [Ω], 리액턴스 1.8 [Ω]으로 하고 그 이외의 선로정수는 무시한다.

[작성답안]

계산 : $e = \dfrac{P}{V_r}(R + X\tan\theta)$ [V]에서 $P = \dfrac{eV_r}{R + X\tan\theta} \times 10^{-3}$ [kW]

$\therefore P = \dfrac{600 \times 6{,}000}{1.4 + 1.8 \times \dfrac{0.6}{0.8}} \times 10^{-3} = 1{,}309.09$ [kW]

답 : 1,309.09 [kW]

[핵심] 전압강하

① 전압강하 $e = \dfrac{P}{V}(R + X\tan\theta)$ [V]

② 전압강하율 $\epsilon = \dfrac{e}{V} \times 100 = \dfrac{P}{V^2}(R + X\tan\theta) \times 100$ [%]

③ 전력손실 $P_L = \dfrac{P^2 R}{V^2 \cos^2\theta}$ [kW]

④ 전력손실률 $k = \dfrac{P_L}{P} \times 100 = \dfrac{PR}{V^2 \cos^2\theta} \times 100$ [%]

---

3 출제년도 98.20.22.(6점/부분점수 없음)

폭 15[m]의 무한히 긴 가로의 양측에 간격 20[m]를 두고 대칭배열로 수많은 가로등이 점등되고 있다. 1등당의 전광속은 8000[lm]으로 그 45[%]가 가로 전면에 방사하는 것으로 하면 가로면의 평균조도는 얼마인가?

[작성답안]

계산 : $E = \dfrac{FU}{\frac{1}{2}BS} = \dfrac{8000 \times 0.45}{\frac{1}{2} \times 15 \times 20} = 24$ [lx]

답 : 24[lx]

[핵심] 도로조명

$$E = \dfrac{FNUM}{BS} \text{ [lx]}$$

여기서, E : 노면평균조도 [lx], F : 광원 1개 광속 [lm], N : 광원의 열수

M : 보수율, 감광보상률 D의 역수, B : 도로의 폭 [m], S : 광원의 간격 [m]

U : 빔 이용률
- 50 [%] 이상, 피조면 도달 0.75
- 20 ~ 50 [%] 이상, 피조면 도달 0.5
- 25 [%] 이하, 피조면 도달 0.4

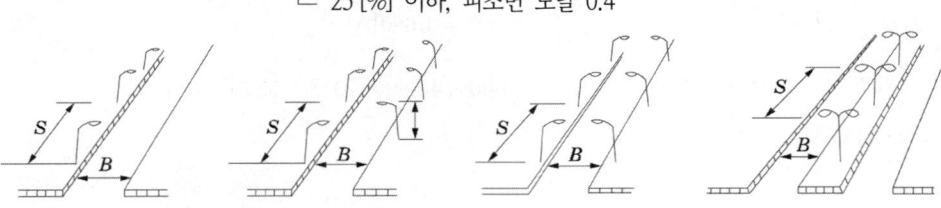

(a) 편측식　　(b) 지그재그식　　(c) 대칭식　　(d) 중앙 1열식

영역 \ 종류	풀 컷오프	컷오프	세미 컷오프
수직각 80°	100	100	200
수직각 90°	0	25	50

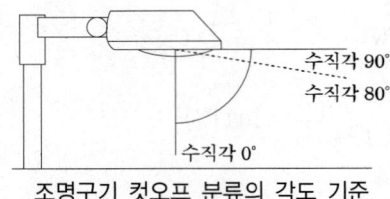

조명구기 컷오프 분류의 각도 기준

[주] 각 광도 값들은 광원 광속의 1000lm 당 광도값[cd]로 계산

4

출제년도 88.11.14.18.20.22.(4점/각 문항당 2점)

수전 전압 6,600 [V], 가공 전선로의 %임피던스가 58.5 [%]일 때 수전점의 3상 단락 전류가 8,000 [A]인 경우 기준 용량과 수전용 차단기의 차단 용량은 얼마인가?

차단기의 정격 용량[MVA]

10	20	30	50	75	100	150	250	300	400	500

(1) 기준용량

(2) 차단용량

[작성답안]

(1) 기준 용량

$I_s = \dfrac{100}{\%Z} I_n$ 에서 $I_n = \dfrac{\%Z}{100} I_s = \dfrac{58.5}{100} \times 8,000 = 4,680 \,[\text{A}]$

∴ 기준 용량 : $P_n = \sqrt{3}\, V_n I_n = \sqrt{3} \times 6,600 \times 4,680 \times 10^{-6} = 53.5\,[\text{MVA}]$

답 : 53.5 [MVA]

(2) 차단 용량

　　단락전류가 8 [kA] 이므로 정격차단전류 8 [kA]선정

　　$P_s = \sqrt{3}\, V_n I_s = \sqrt{3} \times 7.2 \times 8 = 99.77 [MVA]$

　　표에서 100 [MVA] 선정

답 : 100 [MVA]

[해설] 정격차단전류

규정의 회로 조건하에서 표준 동작 책무 및 동작 상태에 따라 차단할 수 있는 지역률의 차단 전류의 한도를 말하며 교류 전류 실효값으로 나타낸다. 대칭 실효값으로 표시한다. 1 [kA], 1.25 [kA], 1.6 [kA], 2 [kA], 3.15 [kA], 4 [kA], 5 [kA], 6.3 [kA], 8 [kA]이며, 이상인 경우에는 ×10배로 정한다.

출제년도 96.98.19.22.(13점/각 문항당 1점)

5

주어진 도면은 어떤 수용가의 수전 설비의 단선 결선도이다. 도면과 참고표를 이용하여 물음에 답하시오.

(1) 22.9 [kV] 측에 DS의 정격 전압은 몇 [kV]인가?

(2) ZCT 기능을 쓰시오.

(3) GR 기능을 쓰시오

(4) MOF에 연결되어 있는 (DM)은 무엇인가?

(5) 1대의 전압계로 3상 전압을 측정하기 위한 개폐기를 명칭(약호)로 쓰시오.

(6) 1대의 전류계로 3상 전류를 측정하기 위한 개폐기를 명칭(약호)로 쓰시오.

(7) 22.9측 LA의 정격 전압은 몇 [kV]인가?

(8) PF의 기능을 쓰시오.

(9) MOF의 기능을 쓰시오.

(10) 차단기의 기능을 쓰시오.

(11) SC의 기능을 쓰시오.

(12) OS의 명칭을 쓰시오.

(13) 3.3[kV]측에 차단기에 적힌 전류값 600[A]은 무엇을 의미하는가?

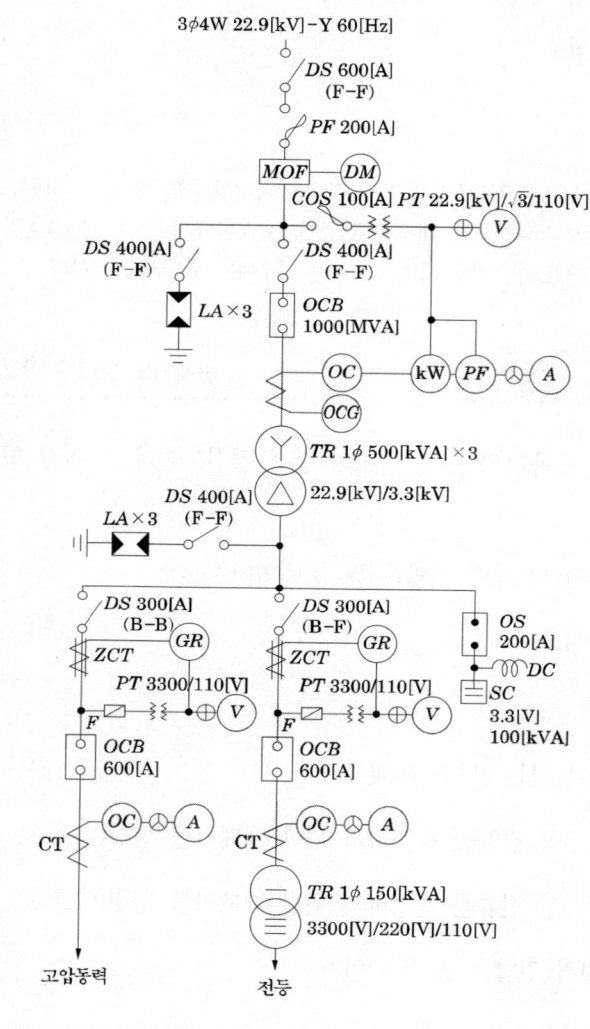

[작성답안]

(1) 25.8 [kV]

(2) 지락 사고시 지락 전류(영상 전류)를 검출한다.

(3) 영상변류기(ZCT)에 의해 검출된 영상전류에 의해 동작하여 차단기를 트립 시킨다.

(4) 최대 수요 전력량계

(5) VS

(6) AS

(7) 18 [kV]

(8) • 부하 전류는 안전하게 통전한다.
  • 단락전류를 차단하여 전로나 기기를 보호한다.

(9) 전력량을 적산하기 위하여 고전압을 저전압으로, 대전류를 소전류로 변성한다.

(10) 부하전류의 개폐 및 고장전류의 차단한다.

(11) 역률을 개선한다.

(12) 유입개폐기

(13) 차단기의 정격전류

[핵심] 피뢰기 정격전압

전력계통		정격전압	
공칭전압	중성점 접지방식	송전선로	배전선로
345	유효접지	288	
154	유효접지	144	
66	소호 리액터 접지 또는 비접지	72	
22	소호 리액터 접지 또는 비접지	24	
22.9	중성점 다중 접지	21	18

6

출제년도 94.08.11.12.16.21.22.(6점/각 문항당 3점)

지표면상 10 [m] 높이에 수조가 있다. 이 수조에 초당 1 [m³]의 물을 양수하려고 한다. 여기에 사용되는 펌프 모터에 3상 전력을 공급하기 위하여 단상 변압기 2대를 사용하였다. 펌프 효율이 70 [%]이고, 펌프축 동력에 20 [%]의 여유를 두는 경우 다음 각 물음에 답하시오. (단, 펌프용 3상 농형 유도 전동기의 역률은 100 [%]로 가정한다.)

(1) 펌프용 전동기의 소요 동력은 몇 [kW]인가?

(2) 변압기 1대의 용량은 몇 [kVA]인가?

[작성답안]

(1) 계산 : $P = \dfrac{9.8QHK}{\eta} = \dfrac{9.8 \times 1 \times 10 \times 1.2}{0.7} = 168$ [kW]

  답 : 168 [kW]

(2) 계산 : $P_V = \sqrt{3}\, P_1$ [kVA]

$$\sqrt{3}\, P_1 = \frac{168}{1} \text{ [kVA]}$$

$$P_1 = \frac{168}{\sqrt{3}} = 96.99 \text{ [kVA]}$$

답 : 96.99 [kVA]

7 출제년도 22.(4점/부분점수 없음)

다음 표는 한국전기설비규정에 관한 내용으로 전선의 색별표시에 관한 내용이다. 표를 완성하시오.

상(문자)	색상
L1	①
L2	흑색
L3	②
N	③
보호도체	④

[작성답안]

전선의 색별

상(문자)	색상
L1	① 갈색
L2	흑색
L3	② 회색
N	③ 청색
보호도체	④ 녹색-노란색

출제년도 10.16.22.(6점/각 문항당 3점)

8

그림과 같이 전류계 3개를 가지고 부하전력을 측정하려고 한다. 전류가 $A_1 = 10[A]$, $A_2 = 4[A]$, $A_3 = 7[A]$이고, $R = 25[\Omega]$일 때 다음을 구하시오.

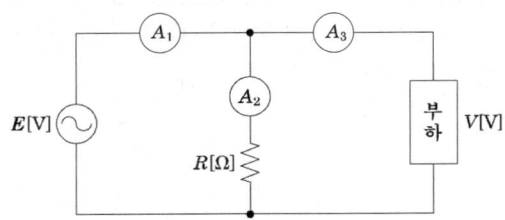

(1) 부하전력 [W]을 구하시오.

(2) 부하 역률을 구하시오.

[작성답안]

(1) 계산 : $P = \dfrac{R}{2}(A_1^2 - A_2^2 - A_3^2) = \dfrac{25}{2}(10^2 - 4^2 - 7^2) = 437.5[W]$

답 : 437.5 [W]

(2) 계산 : $\cos\theta = \dfrac{A_1^2 - A_2^2 - A_3^2}{2A_2 A_3} \times 100 = \dfrac{10^2 - 4^2 - 7^2}{2 \times 4 \times 7} \times 100 = 62.5[\%]$

답 : 62.5 [%]

출제년도 22.(4점/각 항목당 2점)

9

다음은 감리의 설계변경 및 계약금액 조정에 관한 내용이다. ( )를 완성하시오.

감리원은 설계변경 등으로 인한 계약금액의 조정을 위한 각종서류를 공사업자로부터 제출받아 검토·확인한 후 감리업자에게 보고하여야 하며, 감리업자는 소속 비상주감리원에게 검토·확인하게 하고 대표자 명의로 발주자에게 제출하여야 한다. 이때 변경설계도서의 설계자는 (①), 심사자는 (②)이 날인하여야 한다. 다만, 대규모 통합감리의 경우, 설계자는 실제 설계 담당 감리원과 책임감리원이 연명으로 날인하고 변경설계도서의 표지양식은 사전에 발주처와 협의하여 정한다.

[답안작성]

① 책임감리원

② 비상주감리원

[해설]
제52조(설계변경 및 계약금액 조정)
감리원은 설계변경 등으로 인한 계약금액의 조정을 위한 각종서류를 공사업자로부터 제출받아 검토·확인한 후 감리업자에게 보고하여야 하며, 감리업자는 소속 비상주감리원에게 검토·확인하게 하고 대표자 명의로 발주자에게 제출하여야 한다. 이때 <u>변경설계도서의 설계자는 책임감리원, 심사자는 비상주감리원이 날인하여야 한다.</u> 다만, 대규모 통합감리의 경우, 설계자는 실제 설계 담당 감리원과 책임감리원이 연명으로 날인하고 변경설계도서의 표지양식은 사전에 발주처와 협의하여 정한다.

10

출제년도 18.22.(6점/각 문항당 2점)

다음 각상의 불평형 전류가 I_a=7.28∠15.95°, I_b=12.81∠-128.66°, I_c=7.21∠123.69°인 경우 대칭분 I_0, I_1, I_2를 구하시오.

(1) I_0

(2) I_1

(3) I_2

[작성답안]

(1) $I_0 = \dfrac{1}{3}$ (7.28∠15.95° + 12.81∠-128.66° + 7.21∠123.69°)

　　　= 1.8∠-158.17°

(2) $I_1 = \dfrac{1}{3}$ [7.28∠15.95° + (1∠120°)(12.81∠-128.66°)+ (1∠240°)(7.21∠123.69°)]

　　　= 8.95∠1.14°

(3) $I_2 = \dfrac{1}{3}$ [7.28∠15.95° + (1∠240°)(12.81∠-128.66°)+ (1∠120°)(7.21∠123.69°)]

　　　= 2.51∠96.55°

11

출제년도 90.93.17.22.(5점/부분점수 없음)

그림과 같이 접속된 3상 3선식 고압 수전 설비의 변류기 2차 전류가 언제나 4.2 [A]이었다. 이 때 수전 전력은 몇 [kW]인가? (단, 수전 전압은 6,600 [V], 변류비 : 50/5, 역률 : 100 [%]이다.)

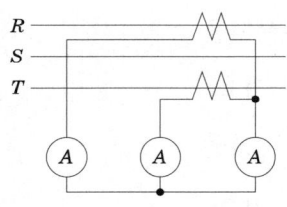

[작성답안]

수전 전력 : $P = \sqrt{3}\ VI\cos\theta \times 10^{-3}$ [kW]

$= \sqrt{3} \times 6,600 \times \left(4.2 \times \dfrac{50}{5}\right) \times 1 \times 10^{-3} = 480.12$ [kW]

답 : 480.12 [kW]

12

출제년도 22.(4점/각 문항당 2점)

한국전기설비규정에서 정하는 용어의 정의를 쓰시오.

  (1) PEL
  (2) PEM

[작성답안]
(1) 직류회로에서 선도체 겸용 보호도체
(2) 직류회로에서 중간선 겸용 보호도체

[해설]
"PEN 도체(protective earthing conductor and neutral conductor)"란 교류회로에서 중성선 겸용 보호도체를 말한다.
"PEM 도체(protective earthing conductor and a mid-point conductor)"란 직류회로에서 중간선 겸용 보호도체를 말한다.
"PEL 도체(protective earthing conductor and a line conductor)"란 직류회로에서 선도체 겸용 보호도체를 말한다.

13

출제년도 17.22.(6점/각 문항당 1점, 모두 맞으면 6점)

어느 단상 변압기의 2차 전압 2300[V], 2차 정격전류 43.5[A], 2차측에서 본 합성저항이 0.66[Ω], 무부하손 1000[W]이다. 전부하시 역률 100[%] 및 80[%] 일 때의 효율을 각각 구하시오.

(1) 전부하시 역률 100[%]경우 효율
(2) 전부하시 역률 80[%]경우 효율
(3) 반부하시 역률 100[%]경우 효율
(4) 반부하시 역률 80[%]경우 효율

[작성답안]

(1) 전부하시 역률 100[%]의 경우

계산 : $\eta = \dfrac{P\cos\theta}{P\cos\theta + P_i + P_c} \times 100 = \dfrac{2300 \times 43.5 \times 1}{2300 \times 43.5 \times 1 + 1000 + 43.5^2 \times 0.66} \times 100 = 97.8[\%]$

답 : 97.8[%]

(2) 전부하시 역률 80[%]의 경우

계산 : $\eta = \dfrac{P\cos\theta}{P\cos\theta + P_i + P_c} \times 100 = \dfrac{2300 \times 43.5 \times 0.8}{2300 \times 43.5 \times 0.8 + 1000 + 43.5^2 \times 0.66} \times 100 = 97.27[\%]$

답 : 97.27[%]

(3) 반부하시 역률 100[%]의 경우

계산 : $\eta = \dfrac{\frac{1}{2}P\cos\theta}{\frac{1}{2}P\cos\theta + P_i + \left(\frac{1}{2}\right)^2 P_c} \times 100$

$= \dfrac{\frac{1}{2} \times 2300 \times 43.5 \times 1}{\frac{1}{2} \times 2300 \times 43.5 \times 1 + 1000 + \left(\frac{1}{2}\right)^2 43.5^2 \times 0.66} \times 100 = 97.44[\%]$

답 : 97.44[%]

(4) 반부하시 역률 80[%]의 경우

계산 : $\eta = \dfrac{\frac{1}{2}P\cos\theta}{\frac{1}{2}P\cos\theta + P_i + \left(\frac{1}{2}\right)^2 P_c} \times 100$

$= \dfrac{\frac{1}{2} \times 2300 \times 43.5 \times 0.8}{\frac{1}{2} \times 2300 \times 43.5 \times 0.8 + 1000 + \left(\frac{1}{2}\right)^2 \times 43.5^2 \times 0.66} \times 100 = 96.83[\%]$

답 : 96.83[%]

14 출제년도 22.(6점/각 문항당 2점)

스위치 S_1, S_2, S_3에 의하여 직접 제어되는 계전기 A, B, C가 있다. 전등 Y_1, Y_2가 진리표와 같이 점등된다고 할 경우 다음 각 물음에 답하시오. (단, 최소 접점수로 접점 표시하시오.)

진리표

A	B	C	Y_1	Y_2
0	0	0	0	1
0	0	1	0	1
0	1	0	0	1
0	1	1	0	0
1	0	0	0	1
1	0	1	1	1
1	1	0	1	1
1	1	1	1	0

(1) 다음 Y_1, Y_2의 논리식을 쓰시오.
(2) 유접점 회로를 그리시오.
(3) 무접점 회로를 그리시오.

[작성답안]

(1) $Y_1 = A\overline{B}C + AB\overline{C} + ABC$

$= A\overline{B}C + AB(\overline{C}+C) = A\overline{B}C + AB = A(\overline{B}C+B) = A(B+C)$

$Y_2 = \overline{A}\,\overline{B}\,\overline{C} + \overline{A}\,\overline{B}C + \overline{A}B\overline{C} + A\overline{B}\,\overline{C} + A\overline{B}C + AB\overline{C}$

$= \overline{A}\,\overline{B}(\overline{C}+C) + A\overline{B}(\overline{C}+C) + B\overline{C}(\overline{A}+A)$

$= \overline{A}\,\overline{B} + A\overline{B} + B\overline{C} = \overline{B}(\overline{A}+A) + B\overline{C} = \overline{B} + B\overline{C} = \overline{B} + \overline{C}$

(2)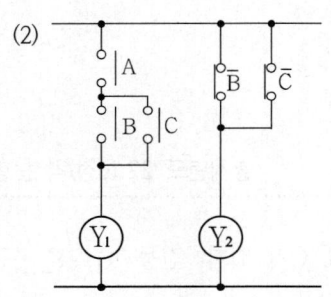

(3)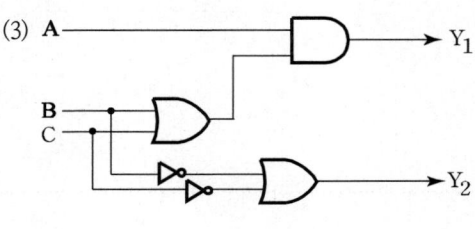

15

출제년도 22.(4점/부분점수 없음)

어느 수용가의 주어진 조건이 다음과 같을 때 합성최대전력[kW]을 구하시오.

전력[kW]	10	20	20	30
수용률[%]	80	80	60	60
부등률	부등률 1.3			

[작성답안]

계산 : 합성최대전력 $= \dfrac{\text{설비용량} \times \text{수용률}}{\text{부등률}} = \dfrac{10 \times 0.8 + 20 \times 0.8 + 20 \times 0.6 + 30 \times 0.6}{1.3} = 41.54$ [kW]

답 : 41.54 [kW]

16

출제22.(8점/각 문항당 2점/모두 맞으면 8점)

변압기용량이 5000[kVA]에 5000[kVA]의 역률 0.75(지상)가 연결되어 있다. 여기에 커패시터를 병렬로 연결하여 역률을 개선할 때 다음 물음에 답하시오.

(1) 커패시터 1000[kVA] 추가시 개선된 역률을 구하시오

(2) 커패시터 설치 후, 역률 80[%]의 부하를 증설할 때 변압기 전용량 까지 증설할 수 있는 최대부하 [kW]는 얼마인가?

(3) 부하가 추가되었을 때 종합역률을 구하시오.

[작성답안]

(1) 유효전력 $= 5000 \times 0.75 = 3750 [\text{kW}]$

커패시터 설치후 무효전력 $P_r = 5000 \times \sqrt{1-0.75^2} - 1000 = 2307.19 [\text{kVar}]$

∴ 역률 $\cos\theta = \dfrac{3750}{\sqrt{3750^2+2307.19^2}} \times 100 = 85.17[\%]$

답 : 85.17[%]

(2) 유효전력 $P_1 = 5000 \times 0.75 = 3750[\text{kW}]$

무효전력 $Q_1 = 5000 \times \sqrt{1-0.75^2} = 3307.19[\text{kVar}]$

콘덴서의 무효전력을 보상하면 $Q = 3307.19 - 1000 = 2307.19[\text{kVar}]$

증가부하의 역률 0.8 이므로 $Q_2 = P\dfrac{0.6}{0.8} = 0.75P$

피상전력이 5000[kVA] 이 되기 위해서는

$5000 = \sqrt{(3750+P)^2 + (2307.19+0.75P)^2}$

$5000^2 = (3750+P)^2 + (2307.19+0.75P)^2$ 에서

2차 방방식의 근의 공식에 의해 구하여, 양의 값을 구하면

∴ $P = 479.45[\text{kW}]$

(3) 역률 $\cos\theta = \dfrac{3750+479.45}{5000} \times 100 = 84.59[\%]$

답 : 84.55[%]

17

출제년도 22.(4점/각 문항당 2점)

다음 유접점의 회로를 보고 논리식을 쓰고 무접점 회로를 그리시오.

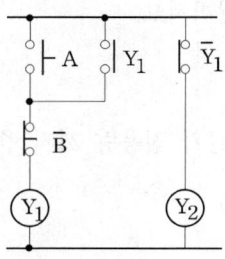

접속점 표기	
접속	비접속

(1) 논리식

(2) 무접점 회로

[작성답안]

(1) $Y_1 = (A + Y_1)\overline{B}$

$Y_2 = \overline{Y_1}$

(2)

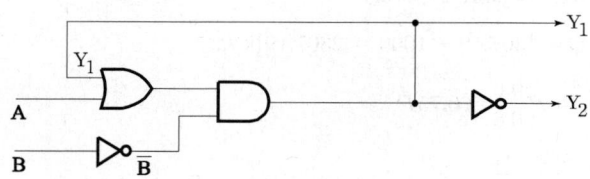

18 출제년도 22.(5점/부분점수 없음)

그림과 같은 전력계통이 있다. 각 계통의 %임피던스는 그림과 같으며, 10[MVA]기준으로 환산된 것이다. a차단기의 차단용량은 얼마인가?

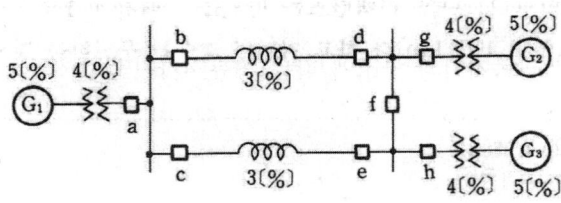

[답안작성]

① G_1 발전기로부터 a점으로 흐르는 고장전류에 의한 차단기 용량 (a차단기 우측 고장)

$\%Z = 5 + 4 = 9[\%]$

$P_s = \dfrac{100}{9} \times 10 = 111.11[\text{MVA}]$

② G_2, G_3 발전기로부터 흐르는 고장전류에 의한 차단기 용량 (a차단기 좌측 고장)

$\%Z = \dfrac{4+5}{2} + \dfrac{3}{2} = 6[\%]$

$P_s = \dfrac{100}{6} \times 10 = 166.67[\text{MVA}]$

∴ 166.67[MVA] 선정

답 : 166.67[MVA]

2022년 3회 기출문제 해설

전기기사 실기 과년도

※ 다음 물음에 답을 해당 답란에 답하시오.

1
출제년도 01.07.22.(4점/각 항목당1점)

전기설비를 방폭화한 방폭기기의 구조에 따른 종류 4가지만 쓰시오.

[작성답안]
① 내압 방폭구조
② 유입 방폭구조
③ 안전증 방폭구조
④ 본질안전 방폭구조
그 외
⑤ 압력 방폭구조

[핵심] 방폭전기설비
① 본질(本質)안전방폭구조란 상시 운전 중이나 사고시(단락·지락·단선 등)에 발생하는 불꽃, 아크 또는 열에 의하여 폭발성가스에 점화가 되지 않는 것이 점화시험 또는 기타의 방법에 의하여 확인된 구조를 말한다.
② 내압방폭구조(內壓防爆構造)란 용기 내부에 보호기체, 예를 들면 신선한 공기 또는 불연성가스를 압입(壓入)하여 내압(內壓)을 유지함으로써 폭발성가스가 침입하는 것을 방지하는 구조를 말한다.
③ 내압방폭구조(耐壓防爆構造)란 전폐(全閉)구조로서 용기내부에 가스가 폭발하여도 용기가 그 압력에 견디고 또한 외부의 폭발성가스에 인화될 우려가 없는 구조를 말한다.
④ 안전증가방폭구조(安全增加防爆構造)란 상시운전 중에 불꽃, 아크 또는 과열이 발생되면 안 되는 부분에 이들이 발생되는 것을 방지하도록 구조상 또는 온도상승에 대하여 특히 안전도를 증기시킨 구조를 말한다.
⑤ 유입방폭구조(油入防爆構造)란 불꽃, 아크 또는 점화원(點火原)이 될 수 있는 고온 발생의 우려가 있는 부분의 유중(油中)에 넣어 유면상(油面上)에 존재하는 폭발성가스에 인화될 우려가 없도록 한 구조를 말한다.

2

출제년도 22. ㈜ 09.15.(6점/각 항목당2점)

다음 리액터의 사용목적이다. 목적을 보고 리액터의 명칭을 쓰시오.

- 단락전류의 제한 :
- 페란티 현상의 방지 :
- 아크를 소호하여 지락전류의 제한 :

[작성답안]
- 한류리액터
- 분로리액터
- 소호리액터

3

출제년도 94.01.06.11.12.20.22.(7점/각 문항당 3점, 모두 맞으면 7점)

가로 10 [m], 세로 16 [m], 천장 높이 3.85 [m], 작업면 높이 0.85 [m]인 사무실에 천장 직부 형광등 F32×2를 설치하려고 한다.

(1) 이 사무실의 실지수는 얼마인가?

(2) 이 사무실의 작업면 조도를 300 [lx], 천장 반사율 70 [%], 벽 반사율 50 [%], 바닥 반사율 10 [%], 40 [W] 형광등 1등의 광속 3150 [lm], 보수율 70 [%], 조명율 61 [%]로 한다면 이 사무실에 필요한 소요 등기구 수는?

[작성답안]

(1) 계산 : 실지수$(R.I) = \dfrac{XY}{H(X+Y)} = \dfrac{10 \times 16}{(3.85-0.85) \times (10+16)} = 2.05$

답 : 2.05 (또는 실지수 2.0 선정)

(2) 계산 : $N = \dfrac{EAD}{FU} = \dfrac{300 \times (10 \times 16)}{(3150 \times 2) \times 0.61 \times 0.7} = 17.84$

답 : 18 [등]

[핵심] 조명설계

① 실지수

방의 면적이 같은 2개의 방에 같은 수의 광원을 설치하여도 방의 모양이 다른 경우에는 작업면상의 조도는 다르게 된다. 그래서 천정, 바닥이 장방형인 방은 가로 X, 세로 Y 두 변의 평균을 한 변으로 하는 정방형인 방과 동일하다고 하는 이론에 의해 실지수 $R.I$ 를 다음 식과 같이 결정한다.

$$R.I = \frac{XY}{H(X+Y)}$$

실지수	5.0	4.0	3.0	2.5	2.0	1.5	1.25	1.0	0.8	0.6
기호	A	B	C	D	E	F	G	H	I	J

② 조도계산

N 개의 램프에서 방사되는 빛을 평면상의 면적 $A[\text{m}^2]$ 에 모두 집중 조사할 수 있다고 하고 램프 1개당 광속을 $F[\text{lm}]$ 이라 하면, 그 면의 평균조도를

$$E = \frac{F \cdot N}{A} \, [\text{lx}]$$

로 나타낸다. 이러한 평균조도 계산은 광속법과 설계여건에 따라 ZCM (Zonal Cavity Method)법을 채택할 수 있다.

$$E = \frac{F \cdot N \cdot U \cdot M}{A}$$

여기서, E : 평균조도 [lx] F : 램프 1개당 광속 [lm] N : 램프수량 [개]
U : 조명률 M : 보수율, 감광보상률의 역수 A : 방의 면적 [m²] (방의 폭×길이)

---

4 출제년도 22.(4점/각 항목당 1점)

다음은 계전기의 그림기호이다. 각각의 명칭을 우리말로 쓰시오.

(1) OVR   (2) OCR   (3) UVR   (4) GR

[작성답안]
(1) 과전압 계전기   (2) 과전류 계전기   (3) 부족전압 계전기   (4) 지락 계전기

다음 그림과 같은 사무실이 있다. 이 사무실의 평균조도를 200 [lx]로 하고자 할 때 다음 각 물음에 답하시오.

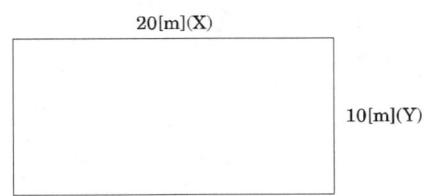

- 형광등은 40 [W]를 사용하고 형광등의 광속은 2,500 [lm]으로 한다.
- 조명률은 0.6, 감광보상률은 1.2로 한다.
- 사무실 내부에 기둥은 없는 것으로 한다.
- 간격은 등기구 센터를 기준으로 한다.
- 등기구 ○으로 표현하도록 한다.

(1) 이 사무실에 필요한 형광등의 수를 구하시오.

(2) 등기구를 답안지에 배치하시오.

(3) 등간의 간격과 최외각에 설치된 등기구와 건물 벽간의 간격(A, B, C, D)은 각각 몇 [m]인가?

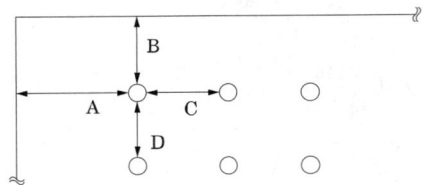

(4) 만일 주파수 60 [Hz]에 사용되는 형광방전등을 50 [Hz]에서 사용한다면 광속과 점등시간은 어떻게 변화되는지를 설명하시오.

(5) 양호한 전반 조명이라면 등간격은 등높이의 몇 배 이하로 해야 하는가?

[작성답안]

(1) 계산 : $N = \dfrac{EAD}{FU} = \dfrac{200 \times (10 \times 20) \times 1.2}{2500 \times 0.6} = 32$ [등]

답 : 32 [등]

(2)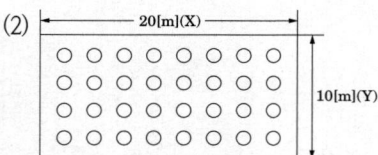

(3) A : 1.25 [m]

　　B : 1.25 [m]

　　C : 2.5 [m]

　　D : 2.5 [m]

(4) 광속 : 증가

　　점등시간 : 늦음

(5) 1.5배

[핵심] **조명설계**

① 실지수

방의 면적이 같은 2개의 방에 같은 수의 광원을 설치하여도 방의 모양이 다른 경우에는 작업면상의 조도는 다르게 된다. 그래서 천정, 바닥이 장방형인 방은 가로 X, 세로 Y 두 변의 평균을 한 변으로 하는 정방형인 방과 동일하다고 하는 이론에 의해 실지수 $R.I$를 다음 식과 같이 결정한다.

$$R.I = \dfrac{XY}{H(X+Y)}$$

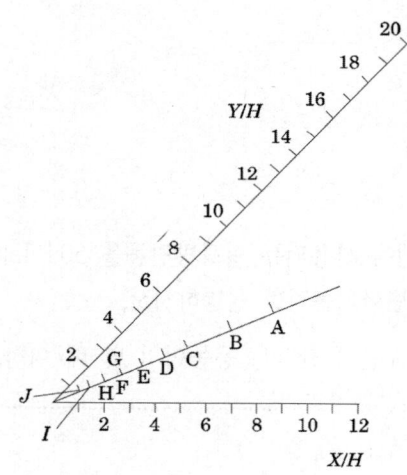

실지수와 분류 기호표

실지수	5.0	4.0	3.0	2.5	2.0	1.5	1.25	1.0	0.8	0.6
기호	A	B	C	D	E	F	G	H	I	J

② 조도계산

N개의 램프에서 방사되는 빛을 평면상의 면적 $A[m^2]$에 모두 집중 조사할 수 있다고 하고 램프 1개당 광속을 $F[lm]$이라 하면, 그 면의 평균조도를

$$E = \frac{F \cdot N}{A} \; [lx]$$

로 나타낸다. 이러한 평균조도 계산은 광속법과 설계여건에 따라 ZCM (Zonal Cavity Method)법을 채택할 수 있다.

$$E = \frac{F \cdot N \cdot U \cdot M}{A}$$

여기서, E : 평균조도 [lx] F : 램프 1개당 광속 [lm] N : 램프수량 [개]
U : 조명률 M : 보수율, 감광보상률의 역수 A : 방의 면적 [m^2] (방의 폭×길이)

③ 조명기구의 간격과 배치

균등한 조도 분포를 얻기 위해 광원의 간격을 근접시키는 것이 좋으나, 이렇게 하면 램프를 많이 설치하여야 하므로 비경제적이다. 따라서, 경제적인 면을 고려하여 등 간격과 등의 크기를 결정하여야 한다.

작업면 위에 가설되는 등의 높이와 균등한 조도분포를 얻기 위한 등간격에는 적당한 관계를 정하여야 하며, 그림자가 작업에 산란을 일으키지 않도록 빛이 모든 방향으로부터 입사 되어야 한다. 직사조도는 광원의 밑에서 최대로 나타나며, 이곳으로부터 떨어짐에 따라 어두워짐으로 광원의 최대간격 S는 작업면으로부터 광원까지 높이 H의 1.5배로 한다.

$$S \leq 1.5H$$

그리고 등과 벽사이 간격 S_0는

$$S_0 \leq \frac{1}{2}H$$

$$S_0 \leq \frac{1}{3}H \; (벽측을 사용할 경우)$$

로 한다. 이 값은 절대적인 값이 아니라 조명기구, 조명방식등 조건에 의해 달라지는 값이다.

6

출제년도 22.(4점/부분점수 없음)

어느 기간 중의 수용설비의 최대수요전력[kW]과 설비용량의 합[kW]의 비를 무엇이라 하는가?

[작성답안]
수용률

[핵심] 부하관계용어

① 부하율

공급 설비가 어느 정도 유효하게 사용되는가를 나타내며 부하율이 클수록 공급 설비가 유효하게 사용된다. 부하율은 다음 식에 의해 계산한다.

$$부하율 = \frac{평균 \ 수요 \ 전력 \ [kW]}{최대 \ 수요 \ 전력 \ [kW]} \times 100 \ [\%]$$

부하율은 각 단위별(변압기, 전주, 수용가 등), 시기, 범위, 기간에 따라 달라지며, 부하율을 표시할 경우 기간, 범위를 반드시 명기한다. 예를 들어 일부하율, 월부하율 등으로 표시하여야 하며, 부하율은 기간이 길어질수록 작아진다. 부하율이 적다의 의미는 다음과 같다.

- 공급 설비를 유용하게 사용하지 못한다.
- 평균 수요 전력과 최대 수요 전력과의 차가 커지게 되므로 부하 설비의 가동률이 저하된다.

② 종합부하율

$$종합 \ 부하율 = \frac{평균 \ 전력}{합성 \ 최대 \ 전력} \times 100[\%] = \frac{A, \ B, \ C \ 각 \ 평균 \ 전력의 \ 합계}{합성 \ 최대 \ 전력} \times 100[\%]$$

③ 부등률

각 수용가에서의 최대 수용 전력의 발생 시각은 시간적으로 차이가 있으며 이 경우에 배전 변압기 또는 간선에서의 합성 최대 수용 전력은 각 수용가에서의 최대 수용 전력의 합보다 적게 되는데 이 비를 부등률이라 하며 이 값은 항상 1보다 크고, 백분율로 나타내지 않는다. 수용률과 더불어 배전 변압기 또는 배전 간선 등의 공급 설비 계획 자료로 사용된다.

$$부등률 = \frac{개별 \ 최대수용전력의 \ 합}{합성 \ 최대수용전력} = \frac{설비용량 \times 수용전력}{합성최대수용전력}$$

④ 수용률

수용률은 시설되는 총 부하 설비용량에 대하여 실제로 사용하게 되는 부하의 최대 전력의 비를 나타내는 것으로서 다음 식에 의하여 구한다.

$$수용률 = \frac{최대수요전력 \ [kW]}{부하설비용량 \ [kW]} \times 100 \ [\%]$$

7

출제년도 87.98.04.07.08.22.(4점/각 문항당 2점)

어떤 부하에 그림과 같이 접속된 전압계, 전류계 및 전력계의 지시가 각각 $V = 220$ [V], $I = 25$ [A], $W_1 = 5.6$ [kW], $W_2 = 2.4$ [kW]이다. 이 부하에 대하여 다음 각 물음에 답하시오.

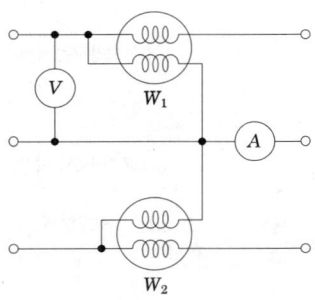

(1) 소비 전력은 몇 [kW]인가?
(2) 부하 역률은 몇 [%]인가?

[작성답안]

(1) 계산 : $P = W_1 + W_2 = 5.6 + 2.4 = 8$ [kW]

  답 : 8 [kW]

(2) 계산 : $P_a = \sqrt{3} \times VI = \sqrt{3} \times 220 \times 25 \times 10^{-3} = 9.526$ [kVA]

$$\cos\theta = \frac{P}{P_a} = \frac{8}{9.526} \times 100 = 83.98 \ [\%]$$

  답 : 83.98 [%]

[핵심] 2전력계법

유효전력 $P = W_1 + W_2$ [W]

무효전력 $P_r = \sqrt{3}\,(W_1 - W_2)$ [Var]

역률 $\cos\theta = \dfrac{W_1 + W_2}{\sqrt{(W_1 + W_2)^2 + 3(W_1 - W_2)^2}}$

$= \dfrac{W_1 + W_2}{\sqrt{4W_1^2 + 4W_2^2 - 4W_1W_2}} = \dfrac{W_1 + W_2}{2\sqrt{W_1^2 + W_2^2 - W_1W_2}}$

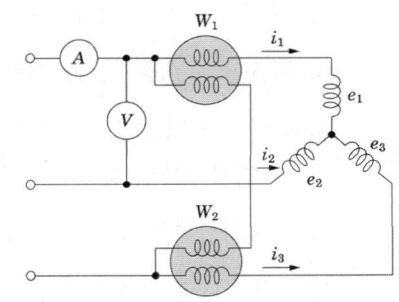

그림은 22.9 [kV-Y] 1,000 [kVA] 이하에 적용 가능한 특별고압 간이 수전설비 결선도이다. 각 물음에 답하시오.

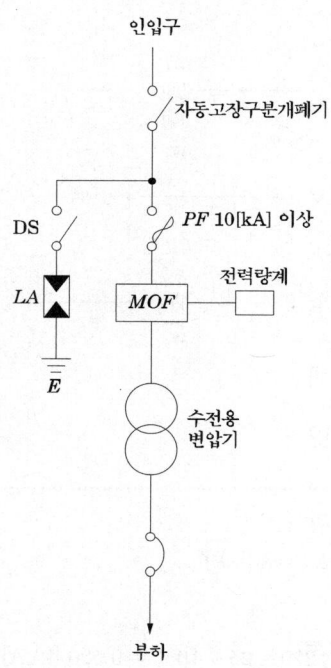

(1) 300 [kVA] 이하의 경우 ASS대신 사용할 수 있는 것은?

(2) 위 결선도에서 생략할 수 있는 것은?

(3) 22.9 [kV-Y]용 LA는 어떤 것이 붙어 있는 것(~붙임형)을 사용하여야 하는가?

(4) 인입선을 지중선으로 시설하는 경우로 공동주택 등 고장시 정전피해가 큰 경우에는 예비 지중선을 포함하여 몇 회선으로 시설하는 것이 바람직한가?

(5) 지중인입선의 경우에 22.9 [kV-Y] 계통은 어떤 케이블을 사용하는가?

(6) 300 [kVA] 이하인 경우 PF 대신 비대칭 차단전류는 몇 [kA]의 COS를 사용할 수 있는가?

[작성답안]
(1) 인터럽터 스위치 (Interrupter Switch)
(2) LA용 DS
(3) Disconnector(또는 Isolator) 붙임형
(4) 2회선
(5) $CNCV-W$ 케이블(수밀형) 또는 $TR\ CNCV-W$(트리억제형)
(6) 10 [kA]

[핵심] 간이수전설비 표준결선도

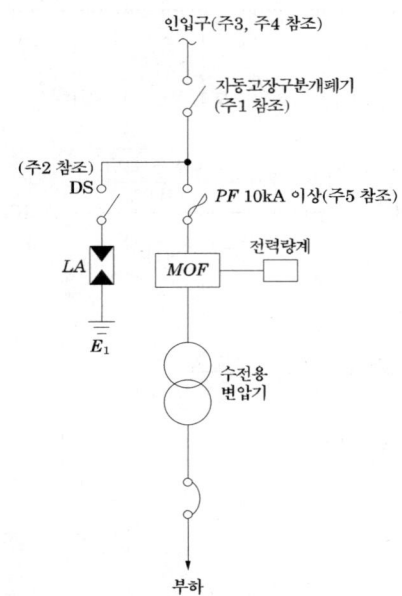

22.9 [kV-Y] 1,000 [kVA]이하를 시설하는 경우

[주1] LA용 DS는 생략할 수 있으며 22.9 [kV-Y]용의 LA는 Disconnector(또는 Isolator) 붙임형을 사용하여야 한다.

[주2] 인입선을 지중선으로 시설하는 경우로서 공동 주택 등 사고시 정전 피해가 큰 수전 설비 인입선은 예비선을 포함하여 2회선으로 시설하는 것이 바람직하다.

[주3] 지중인입선의 경우에 22.9 [kV-Y] 계통은 $CNCV-W$ 케이블(수밀형) 또는 $TR\ CNCV-W$(트리억제형)을 사용하여야 한다. 다만, 전력구·공동구·덕트·건물구내 등 화재의 우려가 있는 장소에서는 $FR\ CNCO-W$(난연) 케이블을 사용하는 것이 바람직하다.

[주4] 300 [kVA] 이하인 경우 PF 대신 COS (비대칭 차단 전류 10 [kA] 이상의 것)을 사용할 수 있다.

[주5] 간이 수전 설비는 PF의 용단 등에 의한 결상 사고에 대한 대책이 없으므로 변압기 2차측에 설치되는 주차단기에는 결상 계전기 등을 설치하여 결상 사고에 대한 보호 능력이 있도록 함이 바람직하다.

9

출제년도 22.(10점/각 문항당 5점)

길이 5[km], 부하가 1000[kW], 역률이 80[%](지상)인 3상 배전선로가 있다. 역률을 95[%]로 개선할 경우 개선후 전압강하와 전력손실은 개선 전의 몇[%]인가? (단, 1상의 저항과 리액턴스는 0.3+j0.4[Ω/km]이고 부하의 전압은 6000[V]이다.)

(1) 전압강하

(2) 전력손실

[작성답안]

(1) 계산 : $e = \sqrt{3}\,I(R\cos\theta + X\sin\theta) = \dfrac{P}{V}(R + X\tan\theta)$ [V]에서

$$\dfrac{e'}{e} = \dfrac{(R + X\tan\theta')}{(R + X\tan\theta)} \times 100 = \dfrac{(1.5 + 2.0 \times \dfrac{\sqrt{1-0.95^2}}{0.95})}{(1.5 + 2.0 \times \dfrac{0.6}{0.8})} \times 100 = 71.92[\%]$$

답 : 71.92[%]

(2) 계산 : $P_l = \dfrac{RP^2}{V^2\cos^2\theta}$ 에서 $P_l \propto \dfrac{1}{\cos^2\theta}$ 이므로

$$\dfrac{P_l'}{P_l} = \dfrac{1}{\left(\dfrac{0.95}{0.8}\right)^2} \times 100 = 70.91[\%]$$

답 : 70.91[%]

단상 3선식 110/220 [V]을 채용하고 있는 어떤 건물이 있다. 변압기가 설치된 수전실로부터 100 [m]되는 곳에 부하 집계표와 같은 분전반을 시설하고자 한다. 다음 표를 참고하여 전압 변동율 2 [%] 이하, 전압강하율 2 [%] 이하가 되도록 다음 사항을 구하시오. 공사방법 B1이며 전선은 PVC 절연전선이다.

단, • 후강 전선관 공사로 한다.
  • 3선 모두 같은 선으로 한다.
  • 부하의 수용률은 100 [%]로 적용
  • 후강 전선관 내 전선의 점유율은 48 [%] 이내를 유지할 것
  • 간선선정시 부하 집계표의 부하는 모두 전열부하로 보고 계산하며, 주어진 자료를 이용하여 구한다.

[표1] 부하 집계표

회로 번호	부하 명칭	부하 [VA]	부하 분담 [VA]		NFB 크기			비고
			A	B	극수	AF	AT	
1	전등	2,400	1,200	1,200	2	50	15	
2	전등	1,400	700	700	2	50	15	
3	콘센트	1,000	1,000	-	1	50	20	
4	콘센트	1,400	1,400	-	1	50	20	
5	콘센트	600	-	600	1	50	20	
6	콘센트	1,000	-	1,000	1	50	20	
7	팬코일	700	700	-	1	30	15	
8	팬코일	700	-	700	1	30	15	
합계		9,200	5,000	4,200				

[표2] 전선의 허용전류표

단면적 [mm²]	허용 전류 [A]	전선관 3본 이하 수용시 [A]	피복포함 단면적 [mm²]
8	61	42	43
14	88	51	58
22	115	80	88
30	139	97	104
38	162	113	121
50	190	133	163

[비고1] 전선의 단면적은 평균완성 바깥지름의 상한 값을 환산한 값이다.

(1) 간선의 굵기를 구하시오.

(2) 후강 전선관의 굵기는?

　　후강전선관 규격 : G16　G22　G28　G36　G42　G54　G70　G82　G92　G104

(3) 설비 불평형률은?

[작성답안]

(1) ① 간선의 굵기

계산 : A선의 전류 설계전류 $I_A = \dfrac{5,000}{110} = 45.45$ [A]

　　　B선의 설계전류 $I_B = \dfrac{4,200}{110} = 38.18$ [A]

∴ I_A, I_B중 큰 값인 45.45 [A]를 기준으로 선정한다.

- [표 2]에서 연속허용전류에 의한 전선의 굵기 51[A] : 14[mm²]
- 전압강하를 고려한 전선의 굵기

$$A = \dfrac{17.8 LI}{1,000 e} = \dfrac{17.8 \times 100 \times 45.45}{1,000 \times 110 \times 0.02} = 36.77 \text{ [mm}^2\text{]} : \text{표에서 } 38\text{[mm}^2\text{]}$$

∴ 모두 만족하는 전선의 굵기 38 [mm²] 선정

답 : 38[mm²]

(2) 계산 : [표 2]에서 38 [mm²] 전선의 피복 포함 단면적이 121 [mm²]

∴ 전선의 총 단면적 $A = 121 \times 3 = 363 \,[\text{mm}^2]$

$A = \dfrac{1}{4}\pi d^2 \times 0.48 \geq 363$ 에서 $d = \sqrt{\dfrac{363 \times 4}{0.48 \times \pi}} = 31.03 \,[\text{mm}]$

∴ 조건에서 G36 선정

답 : G36

(3) 계산 : 설비 불평형률 $= \dfrac{3{,}100 - 2{,}300}{\dfrac{1}{2}(5{,}000 + 4{,}200)} \times 100 = 17.39 \,[\%]$

답 : 17.39 [%]

[핵심] 단상 3선식에서 설비불평형률

- 설비불평형률 $= \dfrac{\text{중성선과 각 전압측 전선간에 접속되는 부하설비용량[kVA]의 차}}{\text{총 부하설비용량[kVA]의 1/2}} \times 100[\%]$
- A-N 부하 : $1000 + 1400 + 700 = 3100 \,[\text{VA}]$
  B-N 부하 : $600 + 1000 + 700 = 2300 \,[\text{VA}]$

11

출제년도 14.15.22.(3점/각 항목당 1점, 모두 맞으면 3점)

그림의 무접점 논리 회로를 유접점 논리 회로로 그리고, 논리식을 구하시오.

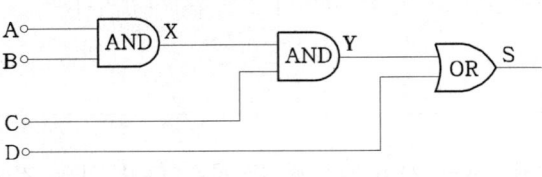

[작성답안]

유접점 논리회로

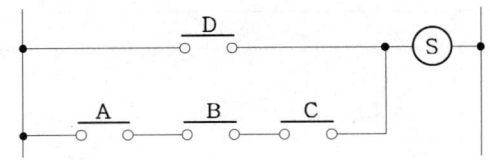

논리식 : S = ABC + D

12

출제년도 05.11.14.17.19.22.(4점/각 문항당 2점)

그림과 같은 무접점의 논리 회로도를 보고 다음 각 물음에 답하시오.

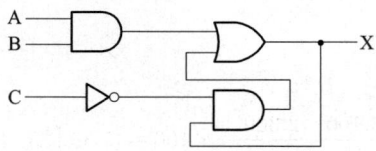

(1) 출력식을 나타내시오.

(2) 주어진 무접점 논리회로를 유접점 논리회로로 바꾸어 그리시오.

[작성답안]

(1) $X = AB + \overline{C}X$

(2)
```
─┬──A────B──┬──(X)──
 │  o o  o o │
 └──C────X──┘
    o o  o o
```

13

출제년도 12.18.22.(4점/각 항목당 2점)

다음 상용전원과 예비전원 운전 시 유의하여야 할 사항이다. ( )안에 알맞은 내용을 쓰시오.

> 상용전원과 예비전원 사이에는 병렬운전을 하지 않는 것이 원칙이므로 수전용 차단기와 발전용차단기 사이에는 전기적 또는 기계적 (①)을 시설해야 하며 (②)를 사용해야한다.

[작성답안]

① 인터록

② 전환개폐기

14

출제년도 22. ㈜ 96.10.(6점/각 문항당 3점)

그림과 같이 높이 5 [m]의 점에 있는 백열 전등에서 광도 12,500 [cd]의 빛이 수평 거리 7.5 [m]의 점 P에 주어지고 있다. 다음 각 물음에 답하시오.

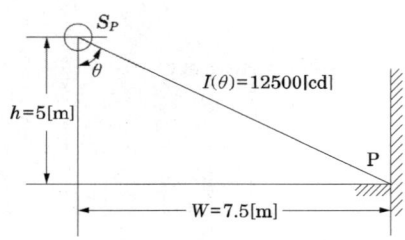

(1) P점의 수평면 조도를 구하시오.
(2) P점의 수직면 조도를 구하시오.

[작성답안]

(1) 수평면 조도

$$E_h = \frac{I}{r^2}\cos\theta = \frac{12{,}500}{5^2+7.5^2} \times \frac{5}{\sqrt{5^2+7.5^2}} = 85.338 \text{ [lx]}$$

답 : 85.34 [lx]

(2) 수직면 조도

$$E_v = \frac{I}{r^2}\sin\theta = \frac{12{,}500}{5^2+7.5^2} \times \frac{7.5}{\sqrt{5^2+7.5^2}} = 128.007 \text{ [lx]}$$

답 : 128.01 [lx]

[핵심] 조도

① 법선조도 $E_n = \dfrac{I}{r^2}$ [lx]

② 수평면 조도 $E_h = E_n\cos\theta = \dfrac{I}{r^2}\cos\theta = \dfrac{I}{h^2}\cos^3\theta$ [lx]

③ 수직면 조도 $E_v = E_n\sin\theta = \dfrac{I}{r^2}\sin\theta = \dfrac{I}{h^2}\sin\theta\cos^2\theta$ [lx]

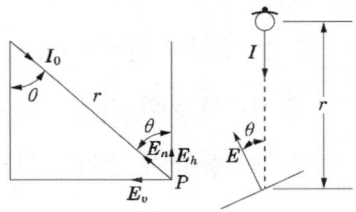

고압 선로에서의 접지사고 검출 및 경보장치를 그림과 같이 시설하였다. A선에 누전사고가 발생하였을 때 다음 각 물음에 답하시오.(단, 전원이 인가되고 경보벨의 스위치는 닫혀있는 상태라고 한다.)

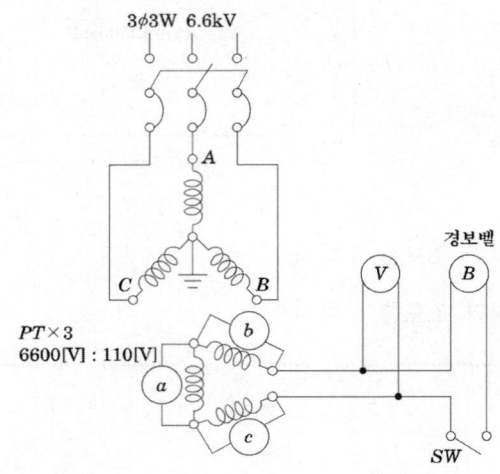

(1) 1차측 A선의 대지 전압이 0 [V]인 경우 B선 및 C선의 대지 전압은 각각 몇 [V]인가?

① B선의 대지전압

② C선의 대지전압

(2) 2차측 전구 ⓐ의 전압이 0 [V] 인 경우 ⓑ 및 ⓒ 전구의 전압과 전압계 ⓥ의 지시 전압, 경보벨 ⒷB에 걸리는 전압은 각각 몇 [V]인가?

① ⓑ 전구의 전압

② ⓒ 전구의 전압

③ 전압계 ⓥ의 지시 전압

④ 경보벨 Ⓑ에 걸리는 전압

[작성답안]

(1) ① B선의 대지전압

계산 : $\dfrac{6,600}{\sqrt{3}} \times \sqrt{3} = 6,600$ [V]

답 : 6,600 [V]

② C선의 대지전압

계산 : $\dfrac{6,600}{\sqrt{3}} \times \sqrt{3} = 6,600$ [V]

답 : 6,600 [V]

(2) ① ⓑ 전구의 전압

계산 : $6,600 \times \dfrac{110}{6,600} = 110$ [V]

답 : 110 [V]

② ⓒ 전구의 전압

계산 : $6,600 \times \dfrac{110}{6,600} = 110$ [V]

답 : 110 [V]

③ 전압계 Ⓥ의 지시 전압

계산 : $110 \times \sqrt{3} = 190.53$ [V]

답 : 190.53 [V]

④ 경보벨 ⒷⒺ에 걸리는 전압

계산 : $110 \times \sqrt{3} = 190.53$ [V]

답 : 190.53 [V]

[핵심] GPT(접지형 계기용변압기)

접지형 계기용 변압기는 비접지 계통에서 지락 사고시의 영상전압을 검출한다. 아래 그림에서 접지형 계기용 변압기는 정상상태가 된다. 정상 운전시에는 영상전압이 평형상태가 된다. 이때 각상의 전압은 $110/\sqrt{3}$ [V]가 되고 120°의 위상 차이가 있기 때문에 평형이 되고 이들의 합은 0 [V]가 된다.

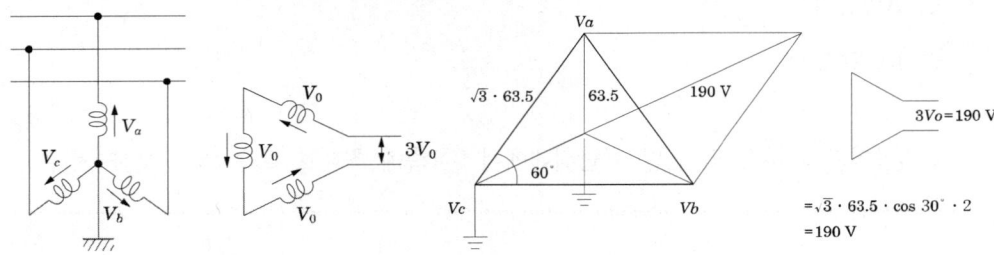

16

출제년도 22. 유 90.08.10.11.12.(5점/부분점수 없음)

최대전력이 400 [kW]인 발전기를 일부하율 40[%]로 운전할 때 하루의 연료소비량 [ℓ]을 구하시오.(단, 발전기의 열효율은 36[%], 중유의 열량은 9600[kcal/ℓ] 이다.)

[작성답안]

계산 : $\eta = \dfrac{860PT}{BH} \times 100\,[\%]$ 에서 $\eta = \dfrac{860 \times (400 \times 0.4) \times 24}{B \times 9600} \times 100 = 36\,[\%]$

∴ $B = \dfrac{860 \times (400 \times 0.4) \times 24}{9600 \times 36} \times 100 = 955.56\,[\ell]$

답 : 955.56[ℓ]

17

출제년도 22.(6점/각 문항당 2점)

정격전압이 같은 두 변압기가 병렬운전 할 경우 정격용량과 %임피던스강하는 A변압기는 20 [kVA], 4[%], B변압기는 75 [kVA], 5 [%]일 때 다음 각 물음에 답하시오.
(단, 두 변압기의 내부저항과 누설리액턴스 비는 같다.)($R_a/X_a = R_b/X_b$)

　(1) 2차측 부하용량이 60[kVA]인 경우 각 변압기가 분담하는 전력은?

　　① A변압기

　　② B변압기

　(2) 2차측 부하용량이 120[kVA]인 경우 각 변압기가 분담하는 전력은?

　　① A변압기

　　② B변압기

　(3) 변압기가 과부하 되지 않는 범위내에서 2차측에 최대로 걸수 있는 부하용량은?

[작성답안]

(1) 계산 : 부하분담비 $\dfrac{P_A}{P_B} = \dfrac{[kVA]_A}{[kVA]_B} \times \dfrac{\%Z_B}{\%Z_A} = \dfrac{20}{75} \times \dfrac{5}{4} = \dfrac{1}{3}$

　　A변압기와 B변압기는 부하분담이 1:3 이므로

　답 : A변압기 : $60 \times \dfrac{1}{4} = 15 [kVA]$

　　　B변압기 : $60 \times \dfrac{3}{4} = 45 [kVA]$

(2) A변압기와 B변압기는 부하분담이 1:3 이므로

　답 : A변압기 : $120 \times \dfrac{1}{4} = 30 [kVA]$

　　　B변압기 : $120 \times \dfrac{3}{4} = 90 [kVA]$

(3) 계산 : $P_A = \dfrac{1}{3} \times P_B = \dfrac{1}{3} \times 75 = 25 [kVA]$ (B변압기 정격일 경우 A변압기 과부하)

　　　$P_B = 3 \times P_A = 3 \times 20 = 60 [kVA]$

　　　∴ 합성용량 $= 20 + 60 = 80 [kVA]$

　답 : 80[kVA]

18 출제년도 22.(5점/각 문항당 5점)

다음은 유도전동기의 기동방식이다. 물음에 답하시오.

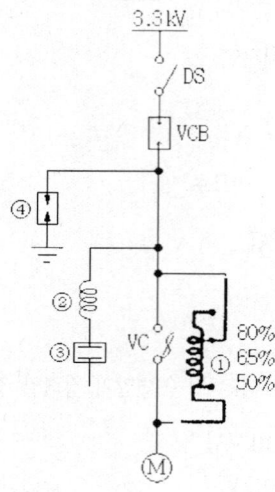

(1) 그림은 고압전동기의 기동방식이다. 어떤 기동방식인가 쓰시오.

(2) ①~④의 명칭을 쓰시오.

[작성답안]

(1) 리액터 기동법

(2) ① 모터 기동용 리액터　② 직렬리액터
　　③ 전력용 콘덴서　　　④ 서지흡수기

[핵심] 리액터 기동과 콘돌퍼 기동

리액터 기동
콘돌퍼 기동
리액터 기동의 복선도

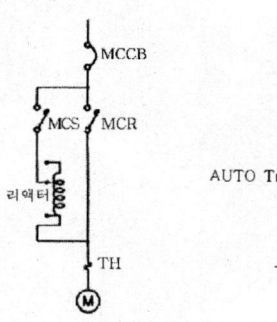
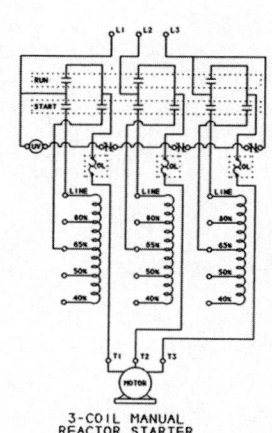

2023년 1회 기출문제 해설

※ 다음 물음에 답을 해당 답란에 답하시오.

1 출제년도 03.10.22.23.(5점/각 문항당 1점, 모두 맞으면 5점)

다음은 어느 계전기 회로를 논리식으로 나타낸 것이다. 각 물음에 답하시오.(단, A, B, C는 입력이고 X는 출력이다.)

$$X = A + B\overline{C}$$

(1) 논리식을 논리회로로 나타내시오.

(2) (1)의 논리회로로 표현된 것을 2입력 NAND GATE만을 사용하여 동일한 출력이 되도록 회로를 변환하여 나타내시오.

(3) (1)의 논리회로로 표현된 것을 2입력 NOR GATE만을 사용하여 동일한 출력이 되도록 회로를 변환하여 나타내시오.

[작성답안]

(1)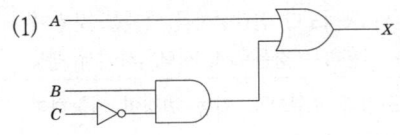

(2)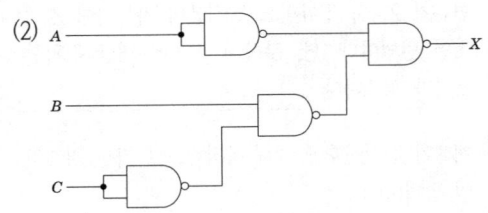

(3)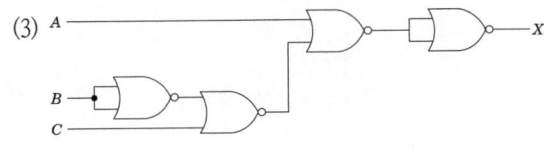

2 출제년도 산업96.04.10. 기사23.(4점/각 항목당 1점)

부하 변동에 따른 진상용 콘덴서를 제어함으로써 역률을 높게 유지하여야 한다. 또 전기설비의 효율적인 사용을 위해 필요한 양의 콘덴서를 공급하기 위해 제어방식이 사용된다. 제어에 이용되는 요소에 따른 자동제어방식의 종류 4가지를 쓰시오.

[작성답안]
- 수전점 무효전력에 의한 제어
- 수전점 역률에 의한 제어
- 모선전압에 의한 제어
- 부하전류에 의한 제어

[핵심] 콘덴서 제어방식

제어방식	적용	특징
수전점 무효전력에 의한 제어	모든 변동부하	부하의 종류에 관계없이 적용 가능하나, 순간적인 부하변동에 지연기능 부여
수전점 역률에 의한 제어	모든 변동부하	동일 역률이라 할지라도 부하의 크기에 따라 무효전력의 크기가 다르므로 적용하지 않음
모선전압에 의한 제어	전원 임피던스가 크고 전압변동률이 큰 계통	역률개선의 목적보다 전압강하를 억제할 것을 주목적으로 적용하는 경우로서, 전력회사에서 채용
프로그램에 의한 제어	하루 부하변동이 일정한 곳	시간의 조정과 조합으로 기능 변경이 가능하며, 조작이 간편하다
부하전류에 의한 제어	전류의 크기와 무효전력의 관계가 일정한 곳	변류기 2차측 전류만으로 적용이 가능하여 경제적인 방법이다. 단, 부하의 변화에 대한 정확한 조사가 필요하다
특정부하 개폐에 의한 제어	변동하는 특정부하 이외의 무효전력이 거의 일정한 곳	개폐기 접점신호에 의해 동작하므로 가장 경제적인 방법이다

3

출제년도 16.20.23.(10점/각 문항당 2점, 모두 맞으면 10점)

어느 변전소에서 그림과 같은 일부하 곡선을 가진 3개의 부하 A, B, C의 수용가의 경우 다음 각 물음에 대하여 답하시오. 단, 부하 A, B, C의 역률은 각각 100[%], 80[%], 60[%]라 한다.

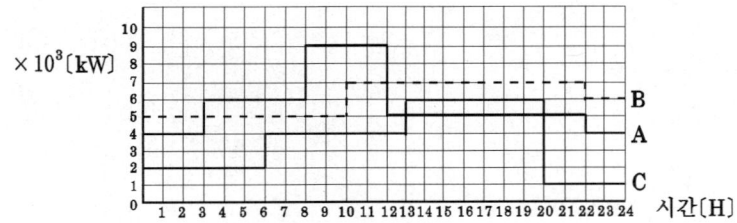

(1) 합성최대전력 [kW]을 구하시오.

(2) 부등률을 구하시오.

(3) 종합 부하율 [%]을 구하시오.

(4) 최대 부하시의 종합역률 [%]을 구하시오.

[작성답안]

(1) 합성 최대 전력은 도면에서 10~12시의 $P = (9+7+4) \times 10^3 = 20 \times 10^3$ [kW]

(2) 부등률 $= \dfrac{A, B, C \text{ 각 최대전력의 합계}}{\text{합성최대전력}} = \dfrac{(9+7+6) \times 10^3}{20 \times 10^3} = 1.1$

(3) 평균전력

$$A = \frac{\{(4 \times 3) + (6 \times 5) + (9 \times 4) + (5 \times 10) + (4 \times 2)\} \times 10^3}{24} = 5.67 \times 10^3 \text{ [kW]}$$

$$B = \frac{\{(5 \times 10) + (7 \times 12) + (6 \times 2)\} \times 10^3}{24} = 6.08 \times 10^3 \text{ [kW]}$$

$$C = \frac{\{(2 \times 6) + (4 \times 7) + (6 \times 7) + (1 \times 4)\} \times 10^3}{24} = 3.58 \times 10^3 \text{[kW]}$$

∴ 종합부하율 $= \dfrac{\text{평균전력}}{\text{합성 최대 전력}} \times 100 = \dfrac{A, B, C \text{ 각 평균전력의 합계}}{\text{합성최대전력}} \times 100 [\%]$

$= \dfrac{(5.67 + 6.08 + 3.58) \times 10^3}{20 \times 10^3} \times 100 = 76.65 \text{ [%]}$

(5) 계산 : 먼저 최대 부하시 Q를 구해보면

$$Q = \frac{9 \times 10^3}{1} \times 0 + \frac{7 \times 10^3}{0.8} \times 0.6 + \frac{4 \times 10^3}{0.6} \times 0.8 = 10583.33 \, [\text{kVar}]$$

$$\cos\theta = \frac{P}{\sqrt{P^2 + Q^2}} = \frac{20000}{\sqrt{20000^2 + 10583.33^2}} \times 100 = 88.39 \, [\%]$$

답 : 88.39[%]

4

출제년도 01.15.19.22.23.(6점/각 문항당 3점)

전압 33,000 [V], 주파수 60 [c/s], 선로길이 7 [km] 1회선의 3상 지중 송전선로가 있다. 이 지중 전선로의 3상 무부하 충전전류 및 충전용량을 구하시오. (단, 케이블의 1선당 작용 정전용량은 0.4 [μF/km]라고 한다.)

(1) 충전전류

(2) 충전용량

[작성답안]

(1) 계산 : $I_c = 2\pi \times 60 \times 0.4 \times 10^{-6} \times 7 \times \left(\dfrac{33{,}000}{\sqrt{3}}\right) = 20.11 \, [\text{A}]$

답 : 20.11 [A]

(2) 계산 : $Q_c = 3 \times 2\pi \times 60 \times 0.4 \times 10^{-6} \times 7 \times \left(\dfrac{33{,}000}{\sqrt{3}}\right)^2 \times 10^{-3} = 1149.52 \, [\text{kVA}]$

답 : 1149.52 [kVA]

[핵심]충전전류와 충전용량

① 전선의 충전 전류 : $I_c = 2\pi f\, C \times \dfrac{V}{\sqrt{3}}$ [A]

② 전선로의 충전 용량 : $P_c = \sqrt{3}\, VI_C = 2\pi f\, CV^2 \times 10^{-3}$ [kVA]

여기서, C : 전선 1선당 정전 용량[F], V : 선간 전압[V], f : 주파수[Hz]

※ 선로의 충전전류 계산 시 전압은 변압기 결선과 관계없이 상전압 $\left(\dfrac{V}{\sqrt{3}}\right)$를 적용하여야 한다.

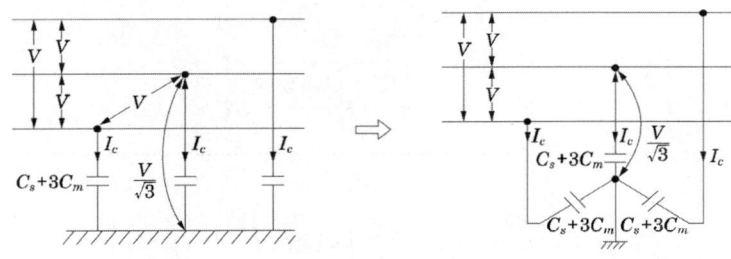

5

출제년도 10.19.23.(5점/각 항목당 1점)

가스절연 변전소의 특징을 5가지만 설명하시오. (단, 경제적이거나 비용에 관한 답은 제외한다.)

[작성답안]
① 소형화 할 수 있다. (옥외 철구형 변전소의 1/10~1/15)
② 충전부가 완전히 밀폐되어 안정성이 높다.
③ 소음이 적고 환경 조화를 기할 수 있다.
④ 대기 중의 오염물의 영향을 받지 않으므로 신뢰도가 높다.
⑤ 조작 중 소음이 적고 라디오 방해전파를 줄여 공해문제를 해결해 준다.
그 외
⑥ 공장조립이 가능하여 설치공사기간이 단축된다.
⑦ 절연물, 접촉자 등이 SF_6 Gas내에 설치되어 보수점검 주기가 길어진다.

[핵심] GIS
GIS는 차단기, 단로기, 변성기, 피뢰기 등의 설비를 금속제 탱크 내에 일괄 수납하여 충전부는 고체절연물(스페이서)로 지지하고, 탱크내부에는 절연성능과 소호능력이 뛰어난 SF_6 가스를 일정한 압력으로 충전하고 밀봉한 시스템을 말한다.

6

출제년도 93.13.23.(5점/부분점수 없음)

그림과 같이 3상 4선식 배전선로에 역률 100[%]인 부하 $a-n$, $b-n$, $c-n$이 각 상과 중성선간에 연결되어 있다. a, b, c상에 흐르는 전류가 220[A], 172[A], 190[A]일 때 중성선에 흐르는 전류를 계산하시오.

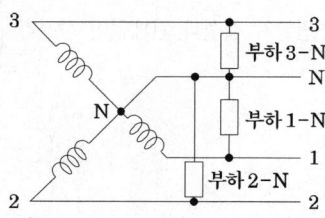

[작성답안]

계산 : $I_n = I_a + I_b + I_c = 220 + 172 \times \left(-\dfrac{1}{2} - j\dfrac{\sqrt{3}}{2}\right) + 190 \times \left(-\dfrac{1}{2} + j\dfrac{\sqrt{3}}{2}\right)$

$\qquad = 220 - 86 - j148.96 - 95 + j164.54$

$\qquad = 39 + j15.58$

$\therefore |I_n| = \sqrt{39^2 + 15.58^2} = 41.996$ [A]

답 : 42[A]

7

출제년도 18.23.(4점/각 항목당 1점)

건축물의 전기설비중 간선 설계시 고려할 사항 4가지를 쓰시오.

[작성답안]
① 설계조건 (배전방식, 수용률, 부하율, 건축조건, 계량구분, 동력설비, 부하 등)
② 간선계통 (전용간선의 분리, 건물용도에 적합한 간선구분, 법적간선의 분리, 공급전압의 결정)
③ 간선경로 (파이프샤프트의 위치, 크기, 루트의 길이 등의 검토에 의한 적부판단)
④ 배선방식 (용량, 시공성에서 본 재료 및 분기방법 등)
그 외
⑤ 간선의 굵기 (허용전류, 전압강하, 기계적강도, 고조파, 장래부하증설 등)

8
출제년도 92.23.(5점/부분점수 없음)

수전 전압이 22.9 [kV]이고 계약전력 300[kW], 3상 단락 전류가 7,000 [A]인 수용가의 수전용 차단기의 정격차단용량은 몇 [MVA]인가?

[작성답안]

계산 : 정격차단용량 $= \sqrt{3} \times$ 정격전압 $\times$ 정격차단전류 $= \sqrt{3} \times 25.8 \times 8 = 357.50$ [MVA]

답 : 357.5 [MVA]

[핵심] 정격차단전류

규정의 회로 조건하에서 표준 동작 책무 및 동작 상태에 따라 차단할 수 있는 지역률의 차단 전류의 한도를 말하며 교류 전류 실효값으로 나타낸다. 대칭 실효값으로 표시한다. 1 [kA], 1.25 [kA], 1.6 [kA], 2 [kA], 3.15 [kA], 4 [kA], 5 [kA], 6.3 [kA], 8 [kA]이며, 이상인 경우에는 ×10배로 정한다.

9
출제년도 16.23.(5점/부분점수 없음)

다음 조건과 같은 동작이 되도록 제어회로의 배선과 감시반 회로 배선 단자의 번호를 답란의 표에 쓰시오.

【조건】

- 배선용차단기($MCCB$)를 투입(ON)하면 $GL1$과 $GL2$가 점등된다.
- 선택스위치(SS)를 "L" 위치에 놓고 $PB2$를 누른 후 놓으면 전자접촉기(MC)에 의하여 전동기가 운전되고, $RL1$과 $RL2$는 점등, $GL1$과 $GL2$는 소등된다.
- 전동기 운전 중 $PB1$을 누르면 전동기는 정지하고, $RL1$과 $RL2$는 소등, $GL1$과 $GL2$는 점등된다.
- 선택스위치(SS)를 "R" 위치에 놓고 $PB3$를 누른 후 놓으면 전자접촉기(MC)에 의하여 전동기가 운전되고, $RL1$과 $RL2$는 점등, $GL1$과 $GL2$는 소등된다.
- 전동기 운전 중 $PB4$를 누르면 전동기는 정지하고, $RL1$과 $RL2$는 소등되고 $GL1$과 $GL2$가 점등된다.

- 전동기 운전 중 과부하에 의하여 EOCR이 작동되면 전동기는 정지하고 모든 램프는 소등되며, EOCR을 RESET하면 초기상태로 된다.

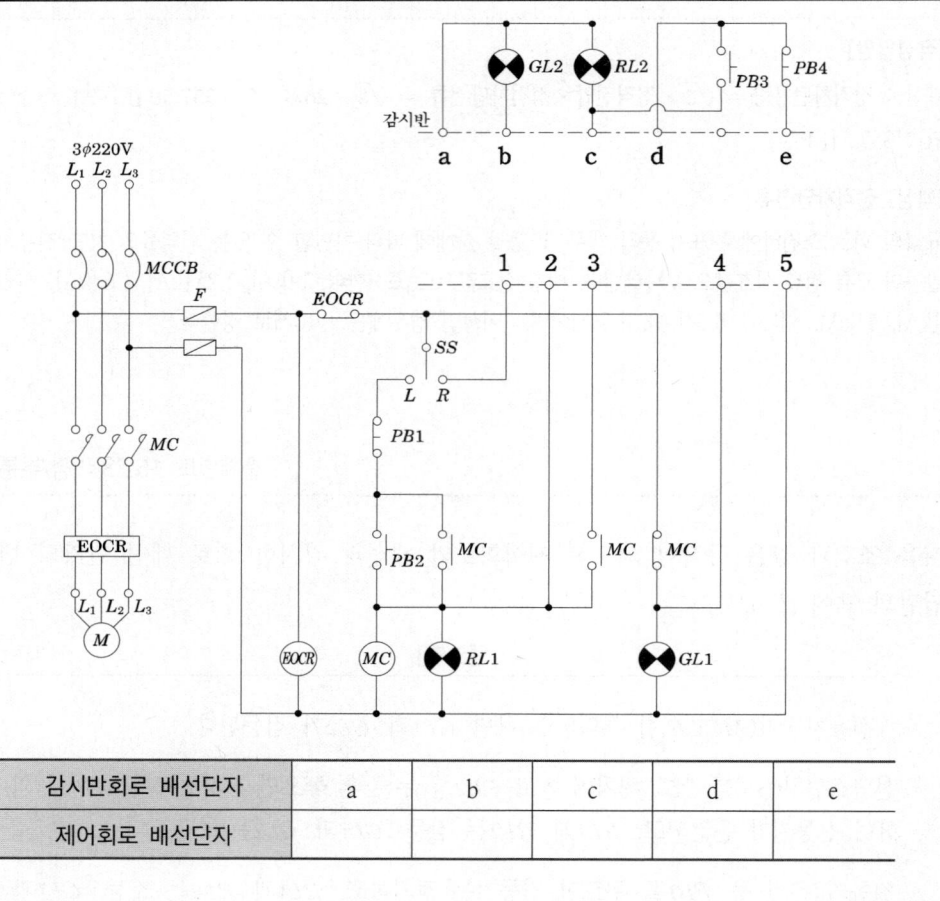

감시반회로 배선단자	a	b	c	d	e
제어회로 배선단자					

[작성답안]

감시반회로 배선단자	a	b	c	d	e
제어회로 배선단자	5	4	2	3	1

[해설]

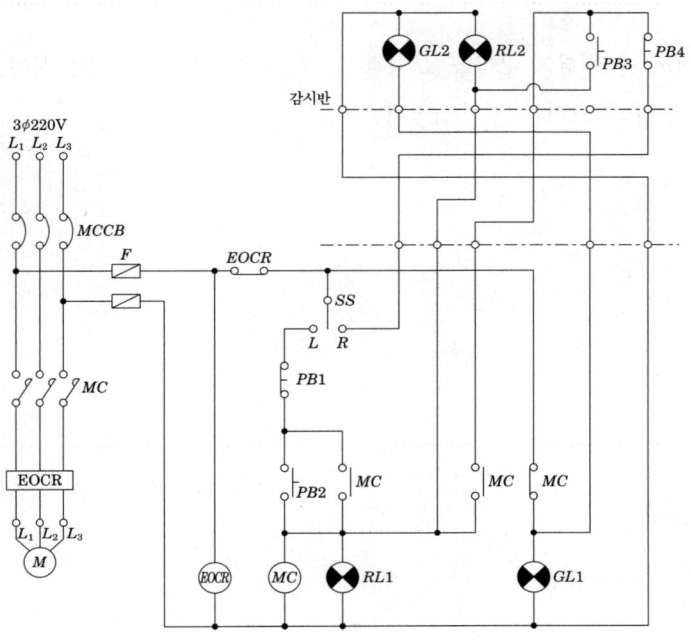

10 출제년도 99.00.03.04.05.13.23.(3점/각 항목당 1점)

지중 전선로의 시설방식을 3가지 쓰시오.

[작성답안]
직접매설식, 관로식, 암거식

11

출제년도 93.07.12.17.23.(5점/부분점수 없음)

평형 3상 회로에 변류비 100/5인 변류기 2개를 그림과 같이 접속하였을 때 전류계에 3 [A]의 전류가 흘렀다. 1차 전류의 크기는 몇 [A]인가?

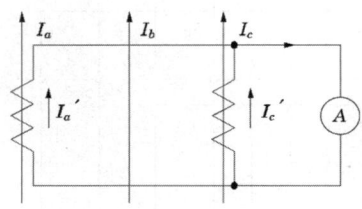

[작성답안]

계산 : 2차 전류 $I_a' = I_c' = I = 3$ [A]

1차 전류 $I_a = a I_a' = \dfrac{100}{5} \times 3 = 60$ [A]

답 : 60 [A]

12

출제년도 23.(5점/각 문항당 2점, 모두 맞으면 5점)

다음 풍압하중에서 빙설이 많은 지방의 을종풍압하중 상정 시 전선 및 기타 가섭선 주위에 부착되는 빙설을 두께와 비중은 얼마인지 쓰시오.

(1) 두께

(2) 비중

[작성답안]

(1) 6 [mm]   (2) 0.9

[해설] 한국전기설비규정 331.6 풍압하중의 종별과 적용

① 갑종 풍압 하중 : 구성재의 수직 투영 면적 1 [m²]에 대한 풍압을 기초로 하여 계산한 것
② 을종 풍압 하중 : 전선 기타의 가섭선(架涉線) 주위에 두께 6 [mm], 비중 0.9의 빙설이 부착된 상태에서 수직 투영면적 372 [Pa](다도체를 구성하는 전선은 333 [Pa]), 그 이외의 것은 "갑종" 풍압의 2분의 1을 기초로 하여 계산한 것.
③ 병종 풍압 하중 : "갑종" 풍압의 2분의 1을 기초로 하여 계산한 것.

13

출제년도 12.23.(4점/부분점수 없음)

회전날개의 지름이 31 [m]인 프로펠러형 풍차의 풍속이 16.5 [m/s]일 때 풍력 에너지[kW]를 계산하시오. (단, 공기의 밀도는 1.225 [kg/m³]이다.)

[작성답안]

계산 : $P = \frac{1}{2}\rho A V^3 = \frac{1}{2} \times 1.225 \times \pi \times \left(\frac{31}{2}\right)^2 \times 16.5^3 \times 10^{-3} = 2076.687$ [kW]

답 : 2076.69 [kW]

[핵심] 풍력발전

$$P = \frac{1}{2}mV^2 = \frac{1}{2}(\rho A V)V^2 = \frac{1}{2}\rho A V^3 \text{ [W]}$$

P : 에너지 [W] m : 질량 [kg/s] V : 평균풍속 [m/s]
ρ : 공기의 밀도 (1.225 [kg/m³]) A : 로터의 단면적 [m²]

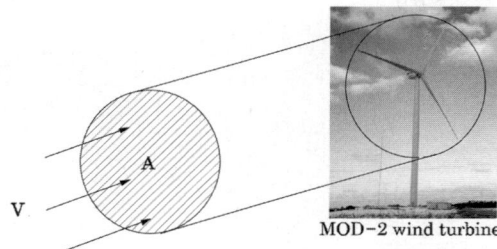

14

출제년도 23.(5점/부분점수 없음)

역률개선용 콘덴서 회로에 직렬 리액터를 사용하여 제3고조파를 제거할 경우 직렬 리액터의 용량은 콘덴서 용량의 몇[%]인지 표기하시오. 단, 주파수 변동 등을 고려하여 2[%] 여유를 추가한다.

[작성답안]

계산 : $3\omega L = \dfrac{1}{3\omega C}$ 에서 $\omega L = \dfrac{1}{9} \times \dfrac{1}{\omega C} = 0.11 \times \dfrac{1}{\omega C}$

이론적으로는 콘덴서 용량의 11 [%]를 산정한다. 주파수 변화 등을 고려하여 13 [%]의 값을 사용한다.

답 : 13[%]

15

출제년도 18.23.(6점/각 문항당 2점)

권수비가 30인 3상 변압기의 1차에 6,600[V]가할 때 다음 물음에 답하시오.

(1) 2차 전압 [V]

(2) 50 [kW] 역률 0.8 부하를 2차에 접속할 경우 1차 전류 및 2차 전류

(3) 1차 입력 [kVA]

[작성답안]

(1) 계산 : $V_2 = \dfrac{V_1}{a} = \dfrac{6,600}{30} = 220$ [V]

답 : 220 [V]

(2) ① 1차전류

계산 : $I_1 = \dfrac{P}{\sqrt{3}\,V_1\cos\theta} = \dfrac{50 \times 10^3}{\sqrt{3} \times 6,600 \times 0.8} = 5.47$ [A]

답 : 5.47 [A]

② 2차전류

계산 : $I_2 = \dfrac{P}{\sqrt{3}\,V_2\cos\theta} = \dfrac{50 \times 10^3}{\sqrt{3} \times 220 \times 0.8} = 164.02$ [A]

답 : 164.02 [A]

(3) 계산 : $P = \sqrt{3}\,V_1 I_1 = \sqrt{3} \times 6,600 \times 5.47 \times 10^{-3} = 62.53$ [kVA]

답 : 62.53 [kVA]

16

출제년도 23.(6점/각 항목당 2점)

다음 그림과 같은 단상 3선식 회로에서 각 선에 흐르는 전류는 각각 몇 [A]인지 구하시오.

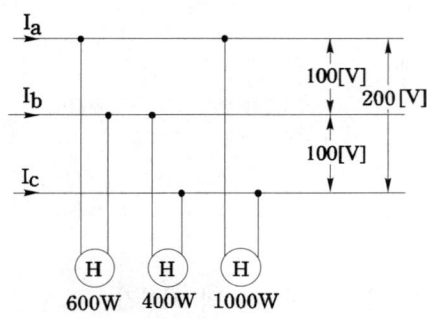

(1) 전류 I_a

(2) 전류 I_b

(3) 전류 I_c

[작성답안]

(1) $I_a = \dfrac{600}{100} + \dfrac{1,000}{200} = 11[A]$

(2) $I_b = \dfrac{400}{100} - \dfrac{600}{100} = -2[A]$

(3) $I_c = -\dfrac{400}{100} - \dfrac{1,000}{200} = -9[A]$

17

출제년도 23.(5점/각 항목당 2점)

다음 그림과 같이 단자 a-b에 부하를 연결할 경우, 최대전력이 전달 되도록 단자 a-b 사이에 저항[Ω]과 단자 a-b사이의 저항이 10분 동안 한 일의 양[kJ]을 계산하시오. (단, 효율은 90[%]로 한다.)

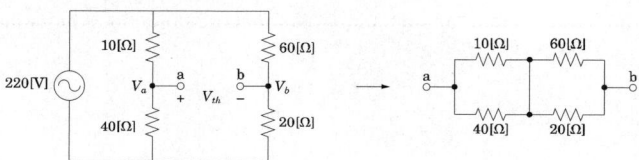

(1) 최대전력을 전달하기 위한 단자 a-b의 저항값
(2) 저항에서 10분 동안 한 일의 량

[작성답안]

(1) 계산 :

데브낭의 등가 전압
$$V = \frac{40}{10+40} \times 220 + \frac{20}{60+20} \times 220 = 121[V]$$

데브낭의 등가 저항
$$R = \frac{10 \times 40}{10+40} + \frac{60 \times 20}{60+20} = 23[\Omega]$$

최대전력전송조건에 의해 23[Ω]의 저항을 외부에 넣어야 한다.

답 : 23[Ω]

(2) 외부저항에서 소비되는 최대전력
$$P_m = I^2 R_L = \left(\frac{E}{R+R}\right)^2 R = \frac{E^2}{4R} = \frac{121^2}{4 \times 23} = 159.14\,[W]$$

전력량
$$W = Pt = (159.14 \times 0.9) \times 10 \times 60 \times 10^{-3} = 85.93[kJ]$$

답 : 85.93[kJ]

18

출제년도 23.(12점/각 항목당 2점)

다음 그림과 같은 계통에서 X친 모선 ③의 F점에서 3상 단락이 발생하였을 경우 모선 간 즉, 모선 ①-②간, 모선 ②-③간, 모선 ③-①간의 고장전력[MVA]과 고장전류[A]를 구하시오. (단, 그림에 표시된 수치는 모두 154[kV], 100[MVA]기준의 %임피던스이고, ①번 모선의 좌측은 전원측 %Z이며 40[%], ②번 모선의 우측 %Z는 전원측이며 4[%]로서 전원측 등가 임피던스를 표시한다.)

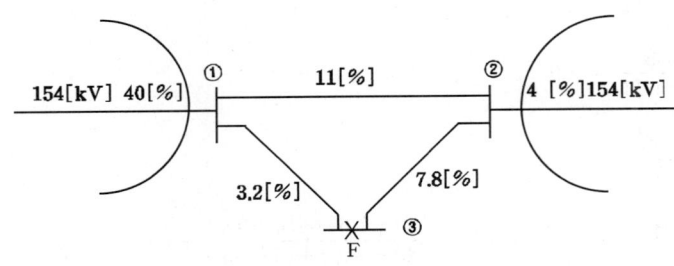

(1) Ps_{13}(모선 ①-③의 고장전력)

(2) Ps_{23}(모선 ②-③의 고장전력)

(3) Ps_{12}(모선 ①-②의 고장전력)

(4) Is_{13}(모선 ①-③의 고장전류)

(5) Is_{23}(모선 ②-③의 고장전류)

(6) Is_{12}(모선 ①-②의 고장전류)

[작성답안]

고장점에서 본 등가 임피던스의 임피던스 맵

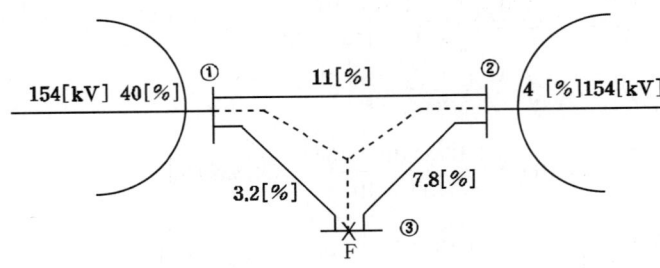

① ② ③의 마디의 결선을 Y로 등가 변환의 임피던스 맵

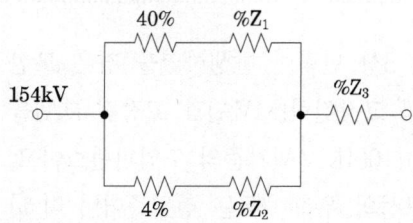

$$\%Z_1 = \frac{3.2 \times 11}{3.2 + 7.8 + 11} = 1.6$$

$$\%Z_2 = \frac{11 \times 7.8}{3.2 + 7.8 + 11} = 3.9$$

$$\%Z_3 = \frac{3.2 \times 7.8}{3.2 + 7.8 + 11} = 1.13$$

F 점에서 본 합성 %임피던스 $\%Z = \frac{(40+1.6) \times (4+3.9)}{(40+1.6)+(4+3.9)} + 1.13 = 7.77[\%]$

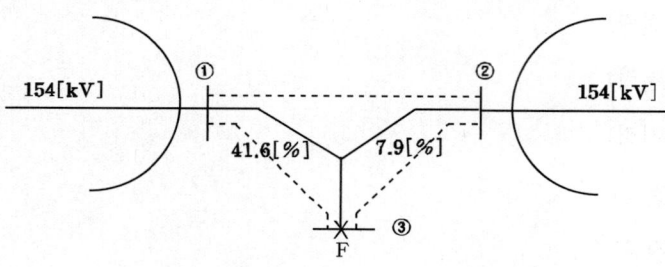

①-③간의 고장전류 $I_{13} = \frac{7.9}{41.6+7.9} \times 4{,}825 = 770.05[\text{A}]$

②-③간의 고장전류 $I_{23} = \frac{41.6}{41.6+7.9} \times 4{,}825 = 4054.95[\text{A}]$

F 점에서 본 3상 단락전류 $I_S = \frac{100}{\%Z} I_n = \frac{100}{7.77} \times \frac{100 \times 10^6}{\sqrt{3} \times 154 \times 10^3} = 4{,}825\,[\text{A}]$

$$V_1 = Z_1 I_1 + Z_3 I_3 = \frac{1.6 \times 10 \times 154^2}{100 \times 10^3} \times 770.05 + \frac{1.13 \times 10 \times 154^2}{100 \times 10^3} \times 4{,}825\,[\text{V}]$$

$$V_2 = Z_2 I_2 + Z_3 I_3 = \frac{3.9 \times 10 \times 154^2}{100 \times 10^3} \times 4054.95 + \frac{1.13 \times 10 \times 154^2}{100 \times 10^3} \times 4{,}825\,[\text{V}]$$

(1) ①-③간의 고장전력

①-③간의 전류

$$I_{13} = \frac{V_1}{Z_{13}} = \frac{\frac{1.6 \times 10 \times 154^2}{100 \times 10^3} \times 770.05 + \frac{1.13 \times 10 \times 154^2}{100 \times 10^3} \times 4,825}{\frac{3.2 \times 10 \times 154^2}{100 \times 10^3}}$$

$$= \frac{1.6 \times 770.05 + 1.13 \times 4,825}{3.2} = 2088.85[A]$$

$$P_s31 = 3 I_{13}^2 Z_{31} = 3 \times 2088.85^2 \times \frac{10 \times 154^2 \times 3.2}{100 \times 10^3} \times 10^{-6} = 99.34[MVA]$$

답 : 99.34[MVA]

(2) ②-③간의 고장전력

②-③간의 전류

$$I_{23} = \frac{V_2}{Z_{23}} = \frac{3.9 \times 4054.95 + 1.13 \times 4825}{7.8} = 2726.48[A]$$

$$P_s23 = 3 I_{23}^2 Z_{23} = 3 \times 2726.48^2 \times \frac{10 \times 154^2 \times 7.8}{100 \times 10^3} \times 10^{-6} = 412.54[MVA]$$

답 : 412.54[MVA]

(3) ①-②간의 고장전력

①-②간의 전류

$$I_{12} = \frac{V_1 - V_2}{Z_{12}} = \frac{1.6 \times 770.05 - 3.9 \times 4054.95}{11} = -1325.66[A]$$

$$P_s12 = 3 I_{12}^2 Z_{12} = 3 \times (-1325.66)^2 \times \frac{10 \times 154^2 \times 11}{100 \times 10^3} \times 10^{-6} = 137.54[MVA]$$

답 : 137.54 [MVA]

(4) ①-③의 고장전류

$$I_{13} = \frac{V_1}{Z_{13}} = \frac{\frac{1.6 \times 10 \times 154^2}{100 \times 10^3} \times 770.05 + \frac{1.13 \times 10 \times 154^2}{100 \times 10^3} \times 4825}{\frac{3.2 \times 10 \times 154^2}{100 \times 10^3}}$$

$$= \frac{1.6 \times 770.05 + 1.13 \times 4825}{3.2} = 2088.85[A]$$

답 : 2088.85[A]

(5) ②-③의 고장전류

$$I_{23} = \frac{V_2}{Z_{23}} = \frac{3.9 \times 4054.95 + 1.13 \times 4825}{7.8} = 2726.48[A]$$

답 : 2726.48[A]

(6) ①-②간의 고장전류

$$I_{12} = \frac{V_1 - V_2}{Z_{12}} = \frac{1.6 \times 770.05 - 3.9 \times 4054.95}{11} = -1325.66[A]$$

답 : -1325.66[A]

2023년 2회 기출문제 해설

※ 다음 물음에 답을 해당 답란에 답하시오.

1 출제년도 94.03.05.07.11.13.18.23.(14점/각 문항당 2점, 모두 맞으면 14점)

그림과 같은 송전계통 S점에서 3상 단락사고가 발생하였다. 주어진 도면과 조건을 참고하여 다음 각 물음에 답하시오.

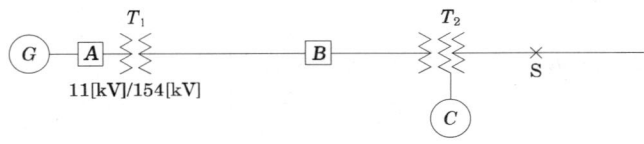

【조건】

번호	기기명	용량	전압	%Z
1	발전기(G)	50,000 [kVA]	11 [kV]	25
2	변압기(T_1)	50,000 [kVA]	11/154 [kV]	10
3	송전선		154 [kV]	8(10,000 [kVA] 기준)
4	변압기(T_2)	1차 25,000 [kVA]	154 [kV]	12(25,000 [kVA] 기준, 1차~2차)
		2차 30,000 [kVA]	77 [kV]	16(25,000 [kVA] 기준, 2차~3차)
		3차 10,000 [kVA]	11 [kV]	9.5(10,000 [kVA] 기준, 3차~1차)
5	조상기(C)	10,000 [kVA]	11 [kV]	15

(1) 표에 주어진 변압기(T_2)의 %임피던스를 기준용량 10 [MVA]로 환산하시오.

• 1-2차 :

• 2-3차 :

• 3-1차 :

(2) 변압기(T_2)의 1차 2차 3차 %임피던스를 구하시오.

① $\%Z_1$

② $\%Z_2$

③ $\%Z_3$

(3) 단락점 S에서 바라본 전원측 %임피던스를 10[MVA]기준으로 구하시오.

(4) S점 단락사고시 용량은 몇 [MVA]인지 구하시오.

(5) 고장점을 통과하는 단락전류는 몇 [A]인지 구하시오.

[작성답안]

(1) 1차 : $\dfrac{10}{25} \times 12 = 4.8\,[\%]$

  2차 : $\dfrac{10}{25} \times 16 = 6.4\,[\%]$

  3차 : $\dfrac{10}{10} \times 9.5 = 9.5\,[\%]$

(2) ① $\%Z_1$

  계산 : $\%Z_1 = \dfrac{1}{2}(4.8+9.5-6.4) = 3.95\,[\%]$

  답 : 3.95 [%]

  ② $\%Z_2$

  계산 : $\%Z_2 = \dfrac{1}{2}(4.8+6.4-9.5) = 0.85\,[\%]$

  답 : 0.85 [%]

  ③ $\%Z_3$

  계산 : $\%Z_3 = \dfrac{1}{2}(6.4+9.5-4.8) = 5.55\,[\%]$

  답 : 5.55 [%]

(3) 계산 : 발전기 10 [MVA]기준으로 환산하면 $\dfrac{10}{50} \times 25 = 5\,[\%]$

  변압기 10 [MVA]기준으로 환산하면 $\dfrac{10}{50} \times 10 = 2\,[\%]$

  송전선 8 [%]이므로

  $\%Z = \dfrac{(5+2+8+3.95) \times (5.55+15)}{(5+2+8+3.95) + (5.55+15)} + 0.85 = 10.71\,[\%]$

  답 : 10.71 [%]

(4) 계산 : $P_s = \dfrac{100}{10.71} \times 10 = 93.371\,[\text{MVA}]$

  답 : 93.37 [MVA]

(5) 계산 : $P_s = \dfrac{100}{10.71} \times \dfrac{10 \times 10^6}{\sqrt{3} \times 77 \times 10^3} = 700.1\,[\text{A}]$

답 : 700.1 [A]

2

출제년도 08.23.(4점/각 문항당 2)

평형 3상 회로에 그림과 같이 접속된 전압계의 지시치가 220 [V], 전류계의 지시치가 20 [A], 전력계의 지시치가 2 [kW]일 때 다음 각 물음에 답하시오.

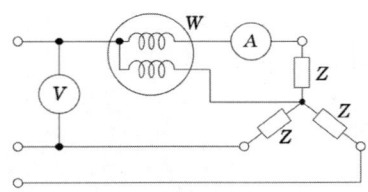

(1) 부하(Z)의 소비전력은 몇 [kW]인가?

(2) 부하의 임피던스 Z[Ω]을 복소수의 형태로 구하시오.

[작성답안]

(1) 계산 : 1상 유효전력 $W_1 = 2\,[\text{kW}]$

3상 유효전력 $W_3 = 3W = 3 \times 2 = 6\,[\text{kW}]$

답 : 6 [kW]

(2) 계산 : 1상의 전력 $W = I^2 R$ 에서 $R = \dfrac{W}{I^2} = \dfrac{2 \times 10^3}{20^2} = 5\,[\Omega]$

임피던스 $Z = \dfrac{E}{I} = \dfrac{\frac{220}{\sqrt{3}}}{20} = \dfrac{11}{\sqrt{3}}\,[\Omega]$

리액턴스 $X = \sqrt{Z^2 - R^2} = \sqrt{\left(\dfrac{11}{\sqrt{3}}\right)^2 - 5^2} = 3.92\,[\Omega]$

답 : 5 + j 3.92 [Ω]

3

출제년도 07.11.13.14.17.23.(4점/부분점수 없음)

변류비 50/5인 변류기 2대를 그림과 같이 접속하였을 때, 전류계에 2[A]의 전류가 흘렀다. CT 1차측에 전류를 구하시오.

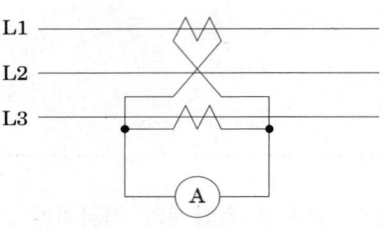

[작성답안]

계산 : 교차결선이므로

$$Ⓐ = \sqrt{3}\, i_a' = \sqrt{3}\, i_c' = 2[A]$$

$$\therefore i_a' = \frac{2}{\sqrt{3}}[A]$$

1차 전류 $I_a = a\, i_a' = \frac{50}{5} \times \frac{2}{\sqrt{3}} = 11.55[A]$

답 : 11.55 [A]

4

출제년도 17.22.23.(5점/부분점수 없음)

그림과 같은 점광원으로부터 원뿔 밑면까지의 거리가 $r = 4$ [m]이고, 밑면의 반지름이 $a = 3$ [m]인 원형면의 평균 조도가 100 [lx]라면 이 점광원의 평균 광도는?

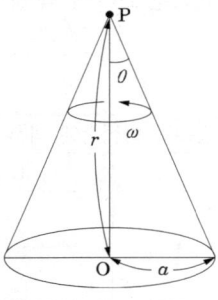

[작성답안]

계산 : $\cos\theta = \dfrac{4}{\sqrt{4^2+3^2}} = \dfrac{4}{5}$

$E = \dfrac{F}{S} = \dfrac{\omega I}{\pi r^2} = \dfrac{2\pi(1-\cos\alpha)I}{\pi r^2}$

$\therefore E = \dfrac{2I(1-\cos\alpha)}{r^2}$

$\therefore 100 = \dfrac{2I\left(1-\dfrac{4}{5}\right)}{3^2}$ 에서 $900 = 2I \times 0.2$ 이므로 $I = \dfrac{900}{0.2 \times 2} = 2{,}250$ [cd]

답 : 2,250 [cd]

출제년도 03.08.23.(5점/부분점수 없음)

유도 전동기 IM을 유도전동기가 있는 현장의 동력제어반과 현장에서 조금 떨어진 원격 조작반에서 기동 및 정지가 가능하도록 시퀀스 제어회로를 완성하시오. (단, 회로 작성 시 선의 접속과 미접속에 대한 예시를 참고하여 작성하시오.)

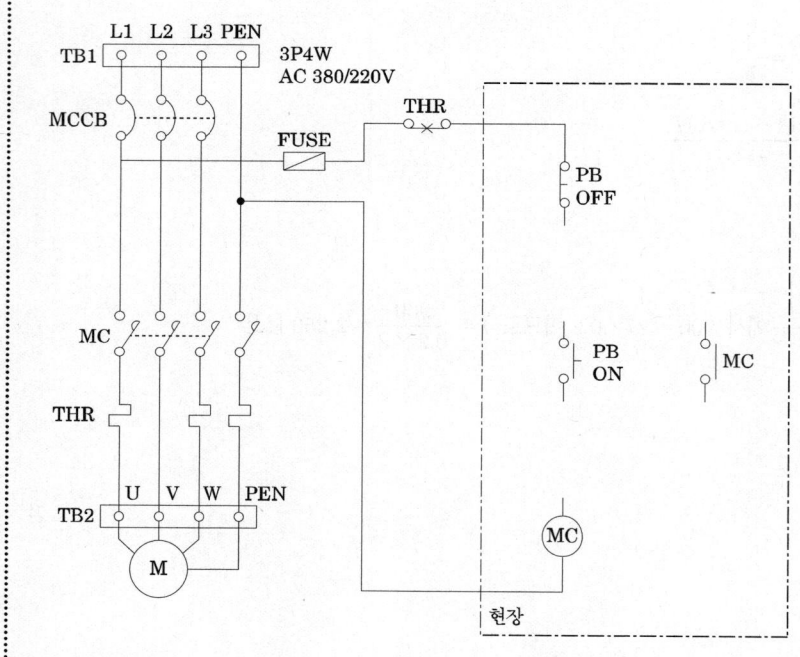
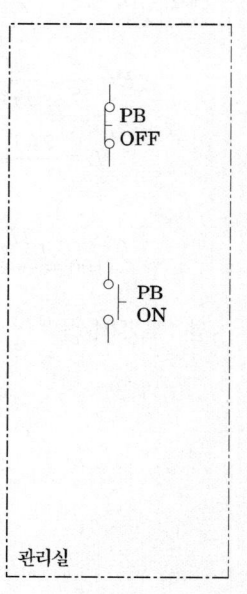

[작성답안]

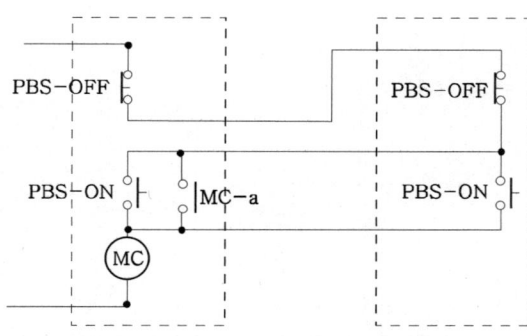

6

출제년도 98.10.21.23.(7점/(1)4점, (2)없음, 모두 맞으면 7점)

출력 7.5[kW], 역률 80[%]인 3상 380[V] 유도전동기가 있다. 다음 물음에 답하시오.

(1) 유도전동기의 연결된 회로에 전력용 커패시터를 설치하여 역률을 90[%]로 개선하고자 하는 경우 필요한 전력용 커패시터 용량을 구하시오.

(2) 물음 "(1)"에서 구한 용량을 공급하기 위해 필요한 1상당 전력용 커패시터의 정전용량 [μF]을 구하시오. (단, 전원 주파수는 60[Hz]이고, 전력용 콘덴서는 결선의 경우이다.)

[작성답안]

(1) 계산 : $Q_c = P\left(\dfrac{\sqrt{1-\cos\theta_1^2}}{\cos\theta_1} - \dfrac{\sqrt{1-\cos\theta_2^2}}{\cos\theta_2}\right) = 7.5\left(\dfrac{\sqrt{1-0.8^2}}{0.8} - \dfrac{\sqrt{1-0.9^2}}{0.9}\right) = 1.990 [\text{kVA}]$

답 : 1.99[kVA]

(2) 계산 : $Q = 3\omega C V^2$

$\therefore C = \dfrac{Q}{3\omega V^2} = \dfrac{1.99 \times 10^3}{3 \times 2\pi \times 60 \times 380^2} \times 10^6 = 12.19\,[\mu\text{F}]$

답 : 12.19[μF]

[핵심]

$Q = 3EI_c = 3E \times 2\pi fCE = 6\pi fCE^2$

① Y결선 $E = \dfrac{V}{\sqrt{3}}$ 이므로 $Q = 6\pi fC \left(\dfrac{V}{\sqrt{3}}\right)^2 = 2\pi fCV^2$

② △결선 $E = V$ 이므로 $Q = 6\pi fCV^2$

7

출제년도 03.06.07.14.15.23.(4점/부분점수 없음)

분전반에서 분기회로 긍장이 50 [m]일 때, 380 [V] 4극 3상 유도전동기 37 [kW]를 설치하였다. 전압강하를 5 [V]이하로 하는데 필요한 전선의 굵기 [mm²]를 구하시오.
(단, 전동기의 전부하 전류는 75 [A], 3상 3선식 회로이다.)

[작성답안]

계산 : $A = \dfrac{30.8 \times LI}{1{,}000 \times e} = \dfrac{30.8 \times 50 \times 75}{1{,}000 \times 5} = 23.15 \,[\text{mm}^2]$

∴ 표준 규격 25 [mm²] 선정

답 : 25 [mm²]

[핵심] 전선의 굵기와 전압강하

① 한국전기설비규정 231.3.1 저압 옥내배선의 사용전선

1. 저압 옥내배선의 전선은 단면적 2.5 [mm²] 이상의 연동선 또는 이와 동등 이상의 강도 및 굵기의 것.
2. 옥내배선의 사용 전압이 400 [V] 이하인 경우로 다음중 어느 하나에 해당하는 경우에는 제1을 적용하지 않는다.
   가. 전광표시장치 기타 이와 유사한 장치 또는 제어 회로 등에 사용하는 배선에 단면적 1.5 [mm²] 이상의 연동선을 사용하고 이를 합성수지관공사 · 금속관공사 · 금속몰드공사 · 금속덕트공사 · 플로어덕트공사 또는 셀룰러덕트공사에 의하여 시설하는 경우
   나. 전광표시장치 기타 이와 유사한 장치 또는 제어회로 등의 배선에 단면적 0.75 [mm²] 이상인 다심케이블 또는 다심 캡타이어케이블을 사용하고 또한 과전류가 생겼을 때에 자동적으로 전로에서 차단하는 장치를 시설하는 경우

② KSC IEC 전선규격

1.5, 2.5, 4, 6, 10, 16, 25, 35, 50, 70, 95, 120, 150, 185, 240, 300, 400, 500, 630 [mm²]

③ 전압강하

- 단상 2선식 : $e = \dfrac{35.6LI}{1,000A}$ ································· ①

- 3상 3선식 : $e = \dfrac{30.8LI}{1,000A}$ ································· ②

- 3상 4선식 : $e_1 = \dfrac{17.8LI}{1,000A}$ ································· ③

여기서, L : 거리, I : 정격전류, A : 케이블의 굵기 이며 ③의 식은 1선과 중성선간의 전압강하를 말한다.

8

출제년도 16.20.23.(5점/각 항목당1점)

다음은 한국전기설비규정에 의한 고압 및 특고압 전로에 피뢰기를 시설해야 하는 장소를 나타낸 것이다. 다음 (　)안에 알맞은 내용을 쓰시오.

고압 및 특고압의 전로 중 다음에 열거하는 곳 또는 이에 근접하는 곳에는 피뢰기를 시설해야 한다.

1. (①)의 가공전선 인입구 및 인출구
2. (②)에 접속하는 (③)변압기의 고압 및 특고압측
3. 고압 및 특고압 가공전선로로부터 공급 받는 (④)의 인입구
4. 가공전선로와 (⑤)가 접속되는 곳

①	②	③	④	⑤

[작성답안]

① 발전소·변전소 또는 이에 준하는 장소
② 특고압 가공전선로
③ 배전용
④ 수용장소
⑤ 지중전선로

[핵심] 한국전기설비규정 341.13 피뢰기의 시설

1. 고압 및 특고압의 전로 중 다음에 열거하는 곳 또는 이에 근접한 곳에는 피뢰기를 시설하여야 한다.
   가. 발전소·변전소 또는 이에 준하는 장소의 가공전선 인입구 및 인출구
   나. 특고압 가공전선로에 접속하는 341.2의 배전용 변압기의 고압측 및 특고압측
   다. 고압 및 특고압 가공전선로로부터 공급을 받는 수용장소의 인입구
   라. 가공전선로와 지중전선로가 접속되는 곳

2. 다음의 어느 하나에 해당하는 경우에는 제1의 규정에 의하지 아니할 수 있다.
   가. 제1의 어느 하나에 해당되는 곳에 직접 접속하는 전선이 짧은 경우
   나. 제1의 어느 하나에 해당되는 경우 피보호기기가 보호범위 내에 위치하는 경우

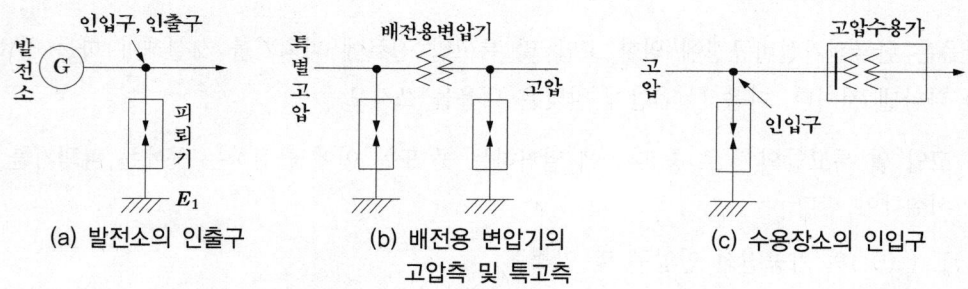

(a) 발전소의 인출구 (b) 배전용 변압기의 고압측 및 특고측 (c) 수용장소의 인입구

9

출제년도 02.13.23.(5점/각 항목당 1점)

다음 그림은 설비용량은 10[kW]인 A, B수용가의 부하곡선이다. 다음 각 물음에 답하시오.

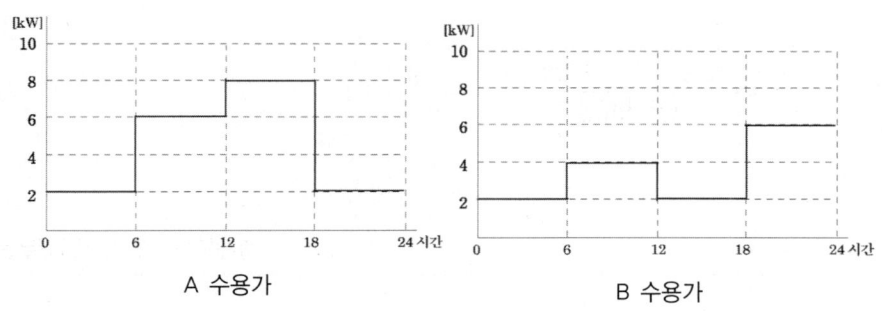

A 수용가   B 수용가

(1) A, B 각 수용가의 수용률을 구하시오

	계산	답(수용률)
A		
B		

(2) A, B 각 수용가의 부하율을 구하시오

	계산	답(부하율)
A		
B		

(3) 부등률을 구하시오.

[작성답안]

(1)

수용가	계산	답(수용률)
A	$\dfrac{8 \times 10^3}{10 \times 10^3} \times 100 = 80$	80[%]
B	$\dfrac{6 \times 10^3}{10 \times 10^3} \times 100 = 60$	60[%]

(2)

수용가	계산	답(부하율)
A	$\dfrac{(2+6+8+2)\times 6}{8\times 24}\times 100 = 56.25$	56.25[%]
B	$\dfrac{(2+4+2+6)\times 6}{6\times 24}\times 100 = 58.33$	58.33[%]

(3) 계산 : 부등률 = $\dfrac{각\ 부하\ 최대전력의\ 합}{합성최대전력} = \dfrac{8+6}{10} = 1.4$

답 : 1.4

10

출제년도 18.23.(5점/부분점수 없음)

다음 그림은 TN-S 계통접지이다. 계통 내에 별도의 중성선(N), 보호선(PE)이 있는 접지방식에 대한 미완성 TN-S 접지계통을 완성하시오. (단, 작성시 선의 접속 및 미접속에 대한 예시를 참고하여 작성하시오.)

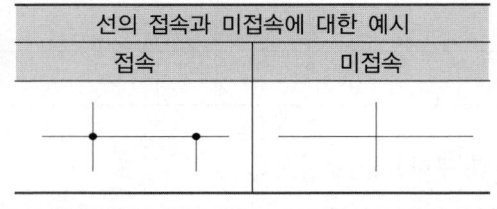

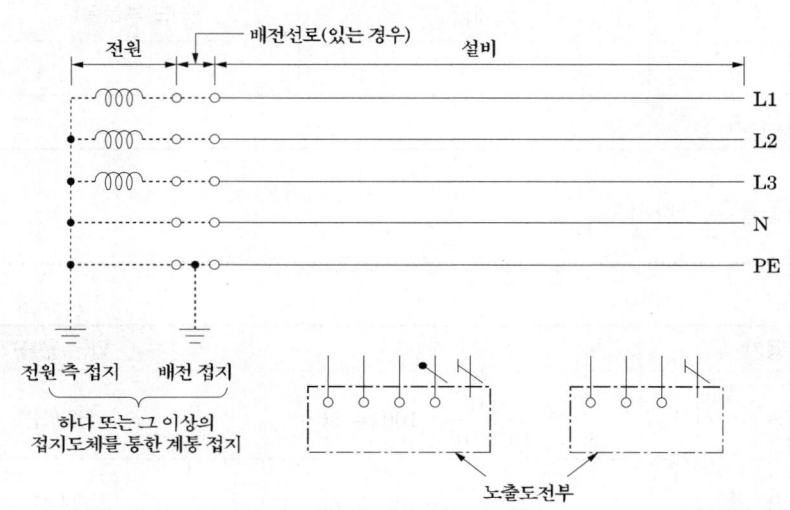

[작성답안]

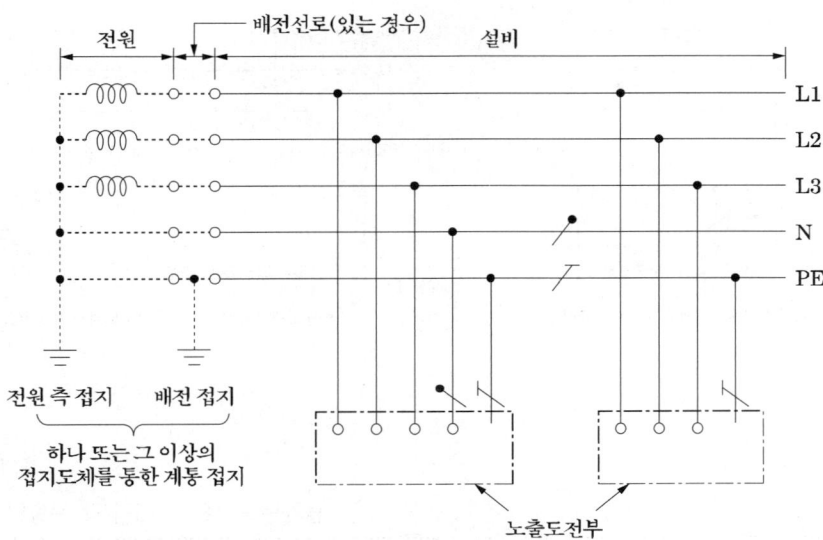

[핵심] 접지방식

① TN-C방식

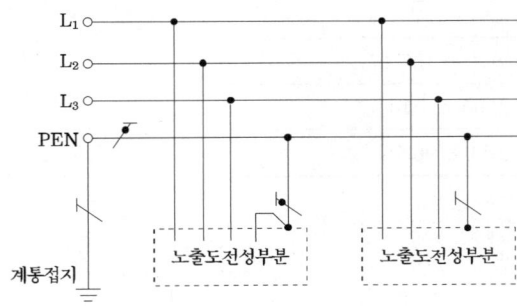

② TN-C-S 방식

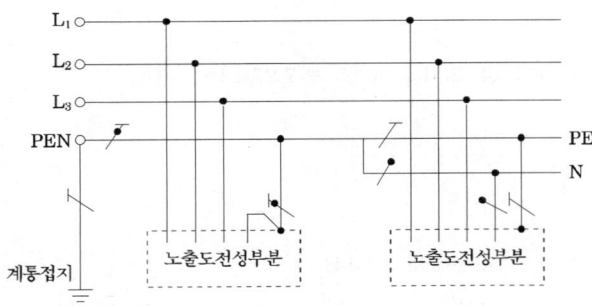

③ TN-S 방식

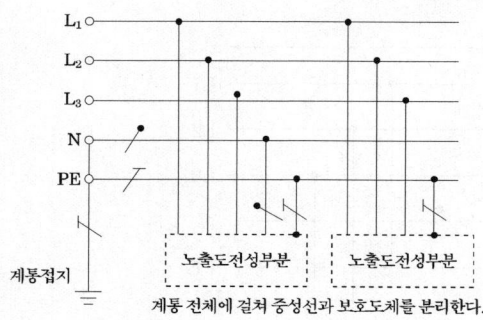
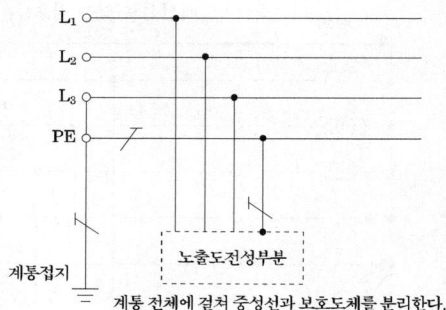

11

출제년도 18.23.(6점/각 문항당 2점)

상순이 a b c 인 불평형 3상 교류회로에서 대칭분전류가 다음과 같을 경우 각상의 전류 I_a, I_b, I_c를 구하시오.

영상분	1.8 ∠ -159.17
정상분	8.95 ∠ 1.14
역상분	2.51 ∠ 96.55

(1) I_a 는 몇 [A]인가?

(2) I_b 는 몇 [A]인가?

(3) I_c 는 몇 [A]인가?

[작성답안]

(1) 계산

$I_a = I_0 + I_1 + I_2$ = 1.8 ∠ -159.17 + 8.95 ∠ 1.14 + 2.51 ∠ 96.55 = 7.27 ∠ 16.23°[A]

답 : 7.27 ∠ 16.23°[A]

(2) 계산

$I_b = I_0 + a^2 I_1 + a I_2$ = 1.8 ∠ -159.17 + (1 ∠ 240)(8.95 ∠ 1.14)
                                    + (1 ∠ 120)(2.51 ∠ 96.55) = 12.80 ∠ -128.80°[A]

답 : 12.80 ∠ -128.80°[A]

(3) 계산

$$I_c = I_0 + aI_1 + a^2I_2 = 1.8\angle-159.17 + (1\angle 120)(8.95\angle 1.14)$$
$$+ (1\angle 240)2.51\angle 96.55 = 7.23\angle 123.65°[A]$$

답 : $7.23\angle 123.65°[A]$

12 출제년도 23.(6점/각 문항당 2점)

어느 수용가의 수전설비에 변압기가 그림과 같이 설치되어 있다. 각 변압기에 연결된 수용가 군의 설비용량과 수용률, 수용가군 내 수용가 간의 부등률 및 변압기 상호간의 부등률이 다음 표와 같다. 다음 각 물음에 답하시오.

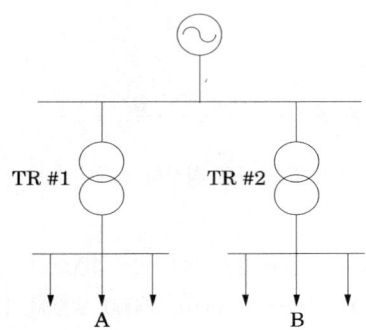

	A군	B군
설비용량	50[kW]	30[kW]
수용률	0.6	0.5
역률	1.0	1.0
수용가 간의 부등률	1.2	1.2
변압기 간의 부등률	1.3	

(1) A군에 전력을 공급하기 위해 필요한 TR#1변압기 용량[kVA]을 구하시오.
(2) B군에 전력을 공급하기 위해 필요한 TR#2변압기 용량[kVA]을 구하시오.

(3) 간선에 걸리는 최대부하[kW]를 구하시오.

[작성답안]

(1) 계산 : 변압기 용량 $= \dfrac{\text{설비 용량} \times \text{수용률}}{\text{부등률}} = \dfrac{50 \times 0.6}{1.2} = 25$ [kVA]

답 : 25 [kVA]

(2) 계산 : 변압기 용량 $= \dfrac{\text{설비 용량} \times \text{수용률}}{\text{부등률}} = \dfrac{20 \times 0.5}{1.2} = 12.5$ [kVA]

답 : 12.5[kVA]

(3) 계산 : 최대부하 $= \dfrac{25 + 12.5}{1.3} = 28.85$ [kW]

답 : 28.85[kW]

[핵심] 변압기 용량

① 변압기 용량

변압기 용량[kW] ≥ 합성 최대 수용 전력 $= \dfrac{\text{부하 설비 합계[kW]} \times \text{수용률}}{\text{부등률}}$

역률을 적용하여 [kW]의 부하를 [kVA]의 부하로 환산하여 구한다.

② 표준용량

3, 5, 7.5, 10, 15, 30, 50, 75, 100, 150, 200, 300, 500, 750, 1000, 1500, 2000, 3000, 4500, (5000), 6000, 7500, 10000, 15000, 20000, 30000, 45000, (50000), 60000, 90000, 100000, (120000), 150000, 200000, 250000, 300000   ( )는 준표준 규격이다.

13

출제년도 23.(4점/각 항목당 2점)

다음은 전기안전관리자 직무에 관한 고시의 내용이다. 전기안전관리자는 해당 사업장의 특성에 따라 점검종류에 따른 측정 주기 및 시험항목을 반영하여 전기설비의 일상점검 및 정기점검과 정밀점검의 절차 및 방법과 기준에 대한 안전관리규정을 작성하고 매년 점검계획을 세워 점검을 실시하고 그 결과를 기록해야 한다. 점검실시에 따른 기록서류 보존 및 제출에 대한 다음 (   )의 알맞은 내용을 쓰시오.

"전기안전관리자는 점검에 관한 기록 보존에 따라 기록한 서류(전자문서를 포함한다)를 전기설비 설치장소 또는 사업장마다 갖추어 두고, 그 기록서류를 (①)년간 보존하여야 한다.

전기안전관리자는 정기검사시 점검실시에 따라 기록한 서류(전자문서를 포함한다)를 제출하여야 한다. 다만, 전기안전종합정보시스템에 매월 (②)회 이상 안전관리를 위한 확인·점검 결과 등을 입력한 경우에는 제출하지 아니할 수 있다."

[작성답안]
① 4년
② 1회

[핵심] 전기안전관리자직무고시

제6조(점검에 관한 기록·보존) ① 전기안전관리자는 제3조제2항에 따라 수립한 점검을 실시하고, 다음 각 호의 내용을 기록하여야 한다. 다만, 전기안전관리자와 점검자가 같은 경우 별지 서식(제2호~제8호)의 서명을 생략할 수 있다.

1. 점검자

2. 점검 연월일, 설비명(상호) 및 설비용량

3. 점검 실시 내용(점검항목별 기준치, 측정치 및 그 밖에 점검 활동 내용 등)

4. 점검의 결과

5. 그 밖에 전기설비 안전관리에 관한 의견

② 전기안전관리자는 제1항에 따라 기록한 서류(전자문서를 포함한다)를 전기설비 설치장소 또는 사업장마다 갖추어 두고, 그 기록서류를 4년간 보존하여야 한다.

③ 전기안전관리자는 법 제11조에 따른 정기검사 시 제1항에 따라 기록한 서류(전자문서를 포함한다)를 제출하여야 한다. 다만, 법 제38조에 따른 전기안전종합정보시스템에 매월 1회 이상 안전관리를 위한 확인·점검 결과 등을 입력한 경우에는 제출하지 아니할 수 있다.

14

출제년도 23.(5점/각 항목당 1점)

일반인이 접촉할 우려가 있는 장소에 주택용 배선용차단기를 설치해야 한다. 한국전기설비규정에서 정하는 주택용 배선용차단기의 순시트립범위에 따른 차단기 유형을 쓰고, 과전류트립장치의 동작시간에 대한 부동작전류와 동작전류의 배수를 쓰시오. (단, I_n은 차단기 정격전류이다.)

순시트립에 따른 구분(주택용 배선용차단기)

형	순시트립범위
①	$3[I_n]$ 초과 ~ $5[I_n]$ 이하
②	$5[I_n]$ 초과 ~ $10[I_n]$ 이하
③	$10[I_n]$ 초과 ~ $20[I_n]$ 이하

과전류 트립 동작시간 및 특성(주택용 배선차단기)

정격전류의 구분	시간	정격전류의 배수 (모든 극에 통전)	
		부동작전류	동작전류
63 [A] 이하	60분	④ 배	⑤ 배
63 [A] 초과	120분	④ 배	⑤ 배

①	②	③	④	⑤

[작성답안]

① B

② C

③ D

④ 1.13

⑤ 1.45

[핵심] 배선용차단기

과전류차단기로 저압전로에 사용하는 산업용 배선차단기(「전기용품 및 생활용품 안전관리법」에서 규정하는 것을 제외한다)는 [표 212.3-2]에 주택용 배선차단기는 [표 212.3-3] 및 [표 212.3-4]에 적합한 것이어야 한다. 다만, 일반인이 접촉할 우려가 있는 장소(세대내 분전반 및 이와 유사한 장소)에는 주택용 배선차단기를 시설하여야 하고, 주택용 배선차단기를 정방향(세로)으로 부착할 경우에는 차단기의 위쪽이 켜짐(on)으로, 차단기의 아래쪽은 꺼짐(off)으로 시설하여야 한다.

[표 212.3-3] 순시트립에 따른 구분(주택용 배선차단기)

형	순시트립범위
B	$3[I_n]$ 초과 ~ $5[I_n]$ 이하
C	$5[I_n]$ 초과 ~ $10[I_n]$ 이하
D	$10[I_n]$ 초과 ~ $20[I_n]$ 이하

비고
1. B, C, D : 순시트립전류에 따른 차단기 분류
2. I_n : 차단기 정격전류

[표 212.3-4] 과전류트립 동작시간 및 특성(주택용 배선차단기)

정격전류의 구분	시간	정격전류의 배수 (모든 극에 통전)	
		부동작전류	동작전류
63 [A] 이하	60분	1.13배	1.45배
63 [A] 초과	120분	1.13배	1.45배

15

출제년도 14.23.(5점/부분점수 없음)

3,150/210 [V]인 변압기의 용량이 각각 250 [kVA], 200 [kVA]이고 [%]임피던스 강하가 각각 2.7 [%]와 3 [%]이다. 두 변압기를 병렬로 운전하고자 할 때 병렬 합성 용량 [kVA]은?

[작성답안]

계산 : 부하분담비 $\dfrac{P_A}{P_B} = \dfrac{[\text{kVA}]_A}{[\text{kVA}]_B} \times \dfrac{\%Z_B}{\%Z_A} = \dfrac{250}{200} \times \dfrac{3}{2.7} = \dfrac{25}{18}$

$P_B = \dfrac{18}{25} \times P_A = \dfrac{18}{25} \times 250 = 180 \,[\text{kVA}]$

두 대가 공급할 수 있는 용량 $= 250 + 180 = 430 \,[\text{kVA}]$

답 : 430 [kVA]

16

출제년도 23.(6점/각 문항당 2점)

다음 그림은 브리지 정류회로(전파 정류회로)의 미완성 회로도이다. 이 회로도의 미완성 부분을 완성하고, 이 회로에 전압 $V = 220\sqrt{2}\sin(120\pi t)\,[\text{V}]$의 교류 전압이 입력되었을 경우 출력측 직류전압 V_{DC}를 구하고 직류전류 $= I_{DC}$를 구하시오. 단, 저항 $R = 20\,[\Omega]$이고 변압기의 권수비가 1:1 이며, 직류측에 평활회로가 없는 경우이다.

(1) 브리지 정류회로를 완성하시오

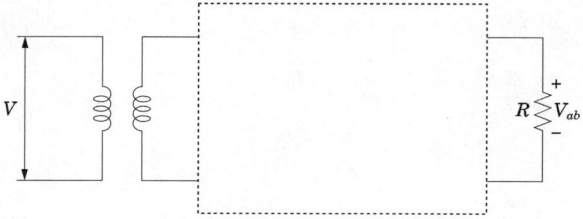

(2) 출력측 전압의 평균값 $V_{DC}[\text{V}]$를 구하시오.

(3) 출력측 전류의 평균값 $I_{DC}[\text{A}]$를 구하시오.

[작성답안]

(1)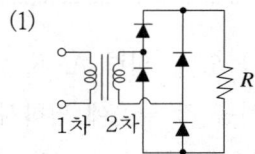

(2) 계산 : $V_{DC} = \dfrac{2\sqrt{2}}{\pi} \times 220 = 198.07 [\text{V}]$

답 : 198.07[V]

(3) 계산 : $I = \dfrac{V_{DC}}{R} = \dfrac{198.07}{20} = 9.903 [\text{A}]$

답 : 9.9[A]

17 출제년도 91.96.97.03.15.16.23.(4점/부분점수 없음)

1선지락사고시 지락전류가 100[A]이고, 사용전압이 35[kV] 이하인 특고압 전로에 접속된 변압기의 저압측 중성점 접지공사를 할 때 접지 저항값[Ω]의 최대값을 구하시오. (단, 1초 초과 2초 이내에 자동적으로 전로를 차단하는 장치를 설치한 경우이다.)

[작성답안]

계산 : $R = \dfrac{300}{I_{g1}} = \dfrac{300}{100} = 3 [\Omega]$

답 : 3[Ω]

[핵심] 중성점 접지 저항값

- $\dfrac{150}{1선 \; 지락전류 \, I} [\Omega]$ 이하
- 자동 차단하는 장치가 1초 이내 동작하면 $600/I [\Omega]$
- 자동 차단하는 장치가 1초를 넘어 2초 이내 동작하면 $300/I [\Omega]$

18

출제년도 22.23.(6점/ (1)2점, (2)(3)없음)

스위치 S_1, S_2, S_3에 의하여 직접 제어되는 계전기 A, B, C가 있다. 입력 A, B, C에 대한 출력 Y_1, Y_2를 진리표와 같이 동작 시키고자 할 경우 다음 각 물음에 답하시오. (단, 최소 접점수로 접점 표시하시오. 단, 회로 작성시 선의 접속과 미접속에 대한 예시를 참고하여 작성하시오.)

진리표

A	B	C	Y_1	Y_2
0	0	0	1	1
0	0	1	0	0
0	1	0	0	1
0	1	1	0	1
1	0	0	1	1
1	0	1	0	0
1	1	0	1	1
1	1	1	0	1

선의 접속과 미접속에 대한 예시	
접속	미접속

(1) 출력 Y_1, Y_2의 간략화한 논리식을 쓰시오. (단, 간략화한 논리식은 최소 간략화의 논리게이트 및 점점수를 고려한 논리식으로 한다.)

(2) (1)의 논리식을 논리회로로 그리시오.

(3) (2)의 논리식을 유접점 시퀀스회로로 그리시오.

[작성답안]

(1) $Y_1 = \overline{A}\,\overline{B}\,\overline{C} + A\overline{B}\,\overline{C} + AB\overline{C}$

$= \overline{A}\,\overline{B}\,\overline{C} + A\overline{C}(\overline{B}+B)$

$= \overline{A}\,\overline{B}\,\overline{C} + A\overline{C} = \overline{C}(\overline{A}\,\overline{B}+A) = \overline{C}(\overline{A}+A)(\overline{B}+A) = \overline{C}(\overline{B}+A)$

$Y_2 = \overline{A}\overline{B}\overline{C} + \overline{A}B\overline{C} + \overline{A}BC + A\overline{B}\overline{C} + AB\overline{C} + ABC$

$= \overline{A}\overline{B}\overline{C} + \overline{A}B\overline{C} + A\overline{B}\overline{C} + AB\overline{C} + ABC + \overline{A}BC + AB\overline{C} + \overline{A}B\overline{C}$

$= \overline{C}(\overline{A}\overline{B} + \overline{A}B + A\overline{B} + AB) + B(AC + \overline{A}C + A\overline{C} + \overline{A}\,\overline{C})$

$= \overline{C} + B$

(2)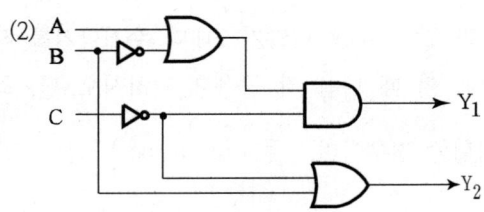

(3)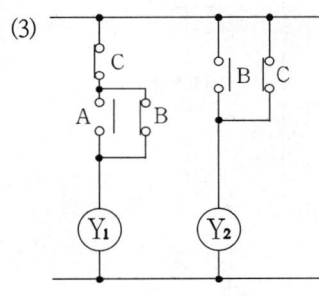

2023년 3회 기출문제 해설

※ 다음 물음에 답을 해당 답란에 답하시오.

1 출제년도 96.96.01.03.08.23.(8점/각 항목당 2점)

현장에서 시험용 변압기가 없을 경우 그림과 같이 주상 변압기 2대와 수저항기를 사용하여 변압기의 절연내력 시험을 할 수 있다. 이 때 다음 각 물음에 답하시오.(단, 최대 사용 전압 6,900 [V]의 변압기의 권선을 시험할 경우이며, $\dfrac{E_2}{E_1}=105/6{,}300[V]$임)

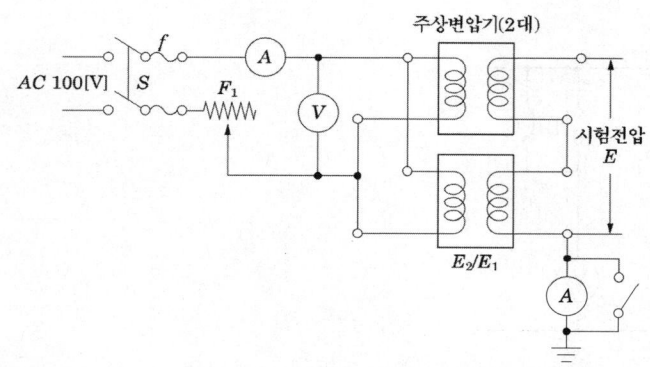

(1) 절연내력시험전압은 몇 [V]이며, 이 시험전압을 몇 분간 가하여 이에 견디어야 하는가?

　　① 절연내력시험전압

　　② 가하는 시간

(2) 시험시 전압계 Ⓥ로 측정되는 전압은 몇 [V]인가?

(3) 도면에서 오른쪽 하단의 접지되어 있는 전류계는 어떤 용도로 사용되는가?

[작성답안]

(1) ① 절연내력시험전압

　　계산 : 절연 내력 시험 전압　$V = 6{,}900 \times 1.5 = 10{,}350$ [V]

　　답 : 10,350 [V]

　② 가하는 시간 : 10분

(2) 계산 : $V = 10,350 \times \dfrac{1}{2} \times \dfrac{105}{6,300} = 86.25$

　　답 : 86.25 [V]

(3) 누설 전류를 측정한다.

출제년도 09.11.12.23.(3점/부분점수 없음)

2

다음 조건의 ①에 알맞은 내용을 써 넣으시오.

【조건】

그림과 같이 분기회로(S_2)의 보호장치(P_2)는 (P_2)의 전원 측에서 분기점(O) 사이에 다른 분기회로 또는 콘센트의 접속이 없고 단락의 위험과 화재 및 인체에 대한 위험성이 최소화되도록 시설된 경우, 분기회로의 보호장치 (P_2)는 분기회로의 분기점(O)으로부터 ①까지 이동하여 설치할 수 있다.

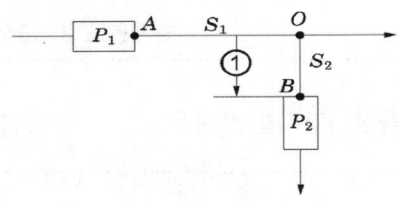

[작성답안]

① 3[m]

[핵심] 한국전기설비규정 212.4.2 과부하 보호장치의 설치 위치

1. 설치위치

가. 과부하 보호장치는 전로 중 도체의 단면적, 특성, 설치방법, 구성의 변경으로 도체의 허용전류 값이 줄어 드는 곳(이하 분기점이라 함)에 설치해야 한다.

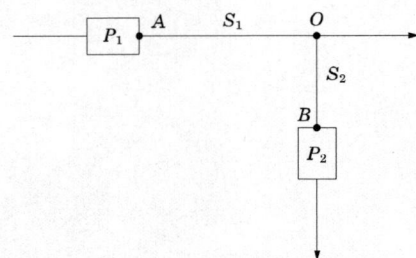

나. 분기회로 (S_2)의 보호장치 (P_2)는 (P_2)의 전원 측에서 분기점(O) 사이에 다른 분기회로 또는 콘센트의 접속이 없고, 단락의 위험과 화재 및 인체에 대한 위험성이 최소화 되도록 시설된 경우, 분기회로의 보호 장치 (P_2)는 분기회로의 분기점(O)으로부터 3 [m] 까지 이동하여 설치할 수 있다.

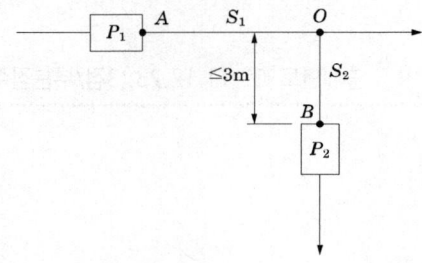

3 출제년도 23.(5점/각 항목당 1점, 모두 맞으면 5점)

연료전지(Fuel cell)발전의 특징 3가지를 쓰시오.

[작성답안]
- 시스템의 크기에 비해 운전효율이 높다.
- 소규모 발전이 가능하다.
- 다양한 형태로 설계가 가능하다.

그 외
- 화석연료에 비해 친환경적 발전설비이다.
- 소음이 매우 적고, 진동이 거의 없다.
- 회전부분이 없어, 발전시스템의 신뢰도가 높다.
- 현재 수소를 대량 생산하는 것에 제한이 있다.
- 현재 수소의 저장 및 운송에 관한 인프라 구축이 부족하다.

[핵심] 연료전지(fuel cell)란?
연료가 가진 화학에너지를 전기화학반응을 통해 직접 전기에너지로 바꾸는 에너지 변환 장치로서, 배터리와는 달리 연료가 공급되는 한 재충전 없이 계속해서 전기를 생산할 수 있고, 반응 중 발생된 열은 온수생산에 이용되어 급탕 및 난방으로 가능하다.

출제년도 20.23.(5점/부분점수 없음)

4 소선의 직경이 3.2 [mm]인 37가닥의 연선을 사용할 경우 외경은 몇 [mm]인가?

[작성답안]
계산 : $N = 3n(n+1) + 1 = 3 \times 3(3+1) + 1 = 37$
  소선의 가닥수가 37인 경우 3층이므로
  $D = (1+2n)d = (1+2 \times 3) \times 3.2 = 22.4$ [mm]
답 : 22.4 [mm]

[핵심] 연선
전선은 단선(solid wire)과 연선(stranded wire)이 있으며, 단선은 형이며, 굵기의 단위는 지름 [mm]로 나타낸다. 연선은 나전선으로서 소선을 수수십 가닥을 꼬아서 만든 연선이 사용된다.

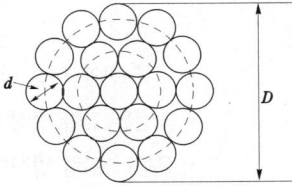

연선의 가닥수
$N = 1 + 1 \times 6 + 2 \times 6 + 3 \times 6 + \cdots n \times 6 = 1 + 6(1+2+3 \cdots n)$
$\quad = 1 + 6(1+n)\dfrac{n}{2}$
$\quad = 1 + 3n(n+1)$

연선의 지름은
$D = (1+2n)d$ 가 된다.

출제년도 23.(6점/각 항목당 2점)

다음 차단기의 트립방식에 대한 설명을 보고 빈칸에 들어갈 내용을 쓰시오.

트립방식	설명
①	차단기의 주회로에 접속된 변류기의 2차 전류에 의해 트립되는 방식
②	충전된 콘덴서의 에너지에 의해 트립되는 방식
③	부족 전압 트립 장치에 인가되어 있는 전압의 저하에 의해 트립되는 방식

①	②	③

[작성답안]

① 과전류 트립 방식 (변류기 2차전류 트립방식)

② 콘덴서 트립 방식 (CTD방식)

③ 부족 전압 트립 방식

[핵심] 차단기 트립방식

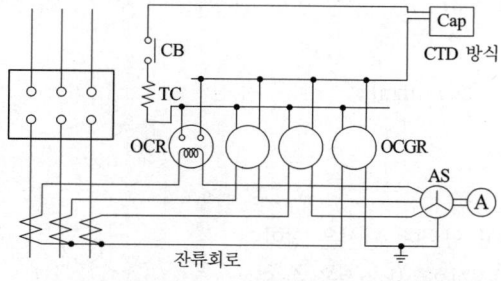

- 직류 전압 트립 방식 : 별도로 설치된 축전지 등의 제어용 직류 전원에 의해 트립되는 방식
- 과전류 트립 방식 : 차단기의 주회로에 접속된 변류기의 2차 전류에 의해 트립되는 방식
- 콘덴서 트립 방식 : 충전된 콘덴서의 에너지에 의해 트립되는 방식
- 부족 전압 트립 방식 : 부족 전압 트립 장치에 인가되어 있는 전압의 저하에 의해 트립되는 방식

6

출제년도 23.(6점/부분점수 없음)

6,600/220 [V]인 두 대의 단상 변압기 A, B가 있다. A는 30 [kVA]로서 2차로 환산한 저항과 리액턴스의 값은 $r_A = 0.03\ [\Omega]$, $x_A = 0.04\ [\Omega]$이고, B의 용량은 20 [kVA]로서 2차로 환산한 값은 $r_B = 0.03\ [\Omega]$, $x_B = 0.06\ [\Omega]$이다. 이 두 변압기를 병렬 운전해서 40 [kVA]의 부하를 건 경우, A기의 분담 부하 [kVA]는 대략 얼마인가?

[작성답안]

$$\%Z_A = \frac{PZ_{21}}{10\,V_2^2} = \frac{30 \times \sqrt{0.03^2 + 0.04^2}}{10 \times 0.22^2} = 3.1\ [\%]$$

$$\%Z_B = \frac{PZ_{21}}{10\,V_2^2} = \frac{20 \times \sqrt{0.03^2 + 0.06^2}}{10 \times 0.22^2} = 2.77\ [\%]$$

$\dfrac{P_A'}{P_B'} = \dfrac{\%Z_B \cdot P_A}{\%Z_A \cdot P_B}$ 에서 $\dfrac{P_A'}{P_B'} = \dfrac{2.77}{3.1} \times \dfrac{30}{20} = 1.34$

∴ $P_A' + P_B' = 40\ [\text{kVA}]$이며, $P_A' = 1.34 P_B'$이므로 $\dfrac{P_A'}{1.34} + P_A' = 40$

∴ $P_A' = 22.91\ [\text{kVA}]$

답 : 22.91[kVA]

7

출제년도 90.06.96.10.14.23.(6점/각 문항당 3점)

어떤 공장의 어느 날 부하실적이 1일 평균전력량 192 [kWh]이며, 1일의 최대전력이 12 [kW]이고, 최대전력일 때의 전류값이 34 [A]이었을 경우 다음 각 물음에 답하시오. (단, 이 공장은 220 [V], 11 [kW]인 3상 유도전동기를 부하 설비로 사용한다고 한다.)

(1) 일 부하율은 몇 [%]인가?
(2) 최대 공급 전력일 때의 역률은 몇 [%]인가?

[작성답안]

(1) 계산 : 일부하율 = $\dfrac{\text{평균전력}}{\text{최대전력}} \times 100 = \dfrac{\frac{192}{24}}{12} \times 100 = 66.666\ [\%]$

답 : 66.67 [%]

(2) 계산 : $\cos\theta = \dfrac{P}{P_a} \times 100 = \dfrac{12 \times 10^3}{\sqrt{3} \times 220 \times 34} \times 100 = 92.623\,[\%]$

답 : 92.62 [%]

[핵심] 부하율

공급 설비가 어느 정도 유효하게 사용되는가를 나타내며 부하율이 클수록 공급 설비가 유효하게 사용된다. 부하율은 다음 식에 의해 계산한다.

$$\text{부하율} = \dfrac{\text{평균 수요 전력 [kW]}}{\text{최대 수요 전력 [kW]}} \times 100\,[\%]$$

부하율은 각 단위별(변압기, 전주, 수용가 등), 시기, 범위, 기간에 따라 달라지며, 부하율을 표시할 경우 기간, 범위를 반드시 명기한다. 예를 들어 일부하율, 월부하율 등으로 표시하여야 하며, 부하율은 기간이 길어질수록 작아진다. 부하율이 적다의 의미는 다음과 같다.

- 공급 설비를 유용하게 사용하지 못한다.
- 평균 수요 전력과 최대 수요 전력과의 차가 커지게 되므로 부하 설비의 가동률이 저하된다.

8

출제년도 23.(5점/부분점수 없음)

정격차단전류가 24 [kA], VCB의 정격전압이 170[kV]일 때 정격차단용량은 몇 [MVA]인가?

차단기의 정격 용량[MVA]				
5,800	6,600	7,300	9,200	12,000

[작성답안]

계산 : $P_s = \sqrt{3} \times 170 \times 24 = 7066.77\,[\text{MVA}]$

∴ 표에서 7,300[MVA] 선정

답 : 7,300[MVA]

출제년도 23.(4점/각 항목당 2점)

> $\Delta-\Delta$ 결선으로 운전하던 중 한상의 변압기에 고장으로 제거되어 V-V결선으로 공급할 때 변압기의 출력비와 이용률은 각각 몇 [%]인가?
>
> ① 출력비[%]
>
> ② 이용률[%]

[작성답안]

① 출력비 : $\dfrac{V}{\Delta} = \dfrac{\sqrt{3}\,VI\cos\phi}{3\,VI\cos\phi} ≒ 0.5774$

답 : 57.74[%]

② 이용률 : $\dfrac{\sqrt{3}\,VI}{2\,VI} = 0.8660$

답 : 86.6[%]

[핵심] V결선

① V결선

△-△ 결선에서 1대의 단상변압기가 단락, 또는 사고가 발생한 경우를 고장이 발생된 변압기를 제거시킨 결선법으로 즉, 2대의 단상변압기로서 3상 변압기와 같은 전력을 송배전하기 위한 방식을 V결선이라 한다.

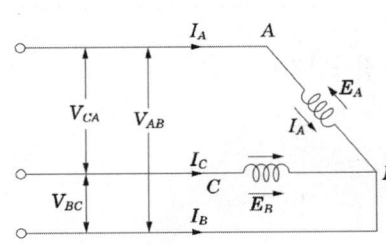
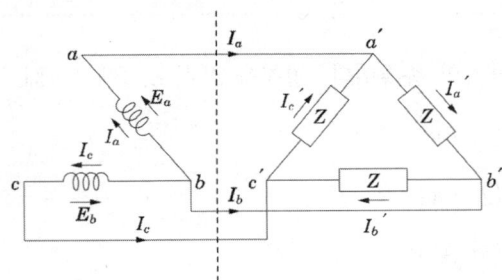

$P_v = VI\cos\left(\dfrac{\pi}{6}+\phi\right) + VI\cos\left(\dfrac{\pi}{6}-\phi\right) = \sqrt{3}\,VI\cos\phi\ [\text{W}]$

$P_v = \sqrt{3}\,P_1$

출력비 : $\dfrac{V}{\Delta} = \dfrac{\sqrt{3}\,VI\cos\phi}{3\,VI\cos\phi} ≒ 0.577$

이용률 : $\dfrac{\sqrt{3}\,VI}{2\,VI} = 0.866$

10
출제년도 23.(4점/각 항목당 2점)

다음은 한국전기설비규정의 과전류에 대한 보호에 관한 설명이다. 다음 빈칸에 알맞은 내용을 쓰시오.

> 중성선을 (①) 및 (②)하는 회로의 경우에 설치하는 개폐기 및 차단기는 (①) 시에는 중성선이 선도체보다 늦게 (①)되어야 하며, (②) 시에는 선도체와 동시 또는 그 이전에 (②)되는 것을 설치하여야 한다.

[작성답안]
① 차단
② 재폐로

[핵심] 한국전기설비규정 212.2.3 중성선의 차단 및 재폐로
중성선을 차단 및 재폐로하는 회로의 경우에 설치하는 개폐기 및 차단기는 차단 시에는 중성선이 선도체보다 늦게 차단되어야 하며, 재폐로 시에는 선도체와 동시 또는 그 이전에 재폐로 되는 것을 설치하여야 한다.

11
출제년도 23.(4점/각 문항당 1점)

차단기의 종류이다. 명칭을 쓰시오. (예 : ELB 누전차단기)

(1) OCB
(2) GCB
(3) ABB
(4) MBB

[작성답안]
(1) 유입차단기
(2) 가스차단기
(3) 공기차단기
(4) 자기차단기

12

출제년도 23.(5점/부분점수 없음)

다음 논리회로를 보고 다음과 같은 진리표를 완성하시오. (단, L은 Low이고, H는 High이다.)

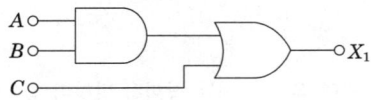

A	L	L	L	L	H	H	H	H
B	L	L	H	H	L	L	H	H
C	L	H	L	H	L	H	L	H
X								

[작성답안]

A	L	L	L	L	H	H	H	H
B	L	L	H	H	L	L	H	H
C	L	H	L	H	L	H	L	H
X	L	H	L	H	L	H	H	H

13

출제년도 89.97.98.05.23.(4점/각 항목당 1점)

동기 발전기를 병렬 운전시키기 위한 조건을 4가지만 쓰시오.

[작성답안]

기전력의 크기가 같을 것
기전력의 위상이 같을 것
기전력의 주파수가 같을 것
기전력의 파형이 같을 것

[핵심] 발전기 병렬운전

① 발전기의 병렬운전 조건
- 기전력의 크기가 같을 것
- 기전력의 위상이 같을 것
- 기전력의 주파수가 같을 것
- 기전력의 파형이 같을 것

이 외에도 3상 동기 발전기의 병렬 운전 시에는 상회전 방향이 같아야 한다.

② 병렬 운전 조건 불만족 시 현상
- 기전력의 크기가 같지 않은 경우(여자의 변화)

$$I_c = \frac{E_1 - E_2}{2Z_s} = \frac{E_r}{2Z_s} [A]$$

$$\theta = \tan^{-1}\frac{2x_s}{2r_a} = \tan^{-1}\frac{x_s}{r_a} \fallingdotseq \frac{\pi}{2} \ (x_s \gg r_a \text{이므로})$$

기전력의 크기가 같지 않은 경우 무효 순환 전류가 흐른다. A, B 두 대의 발전기가 병렬 운전 중에 A기의 여자를 증대하면 A기의 역률이 저하 하며 B기의 역률이 향상된다.

- 기전력의 위상이 다른 경우(원동기 출력의 변화)

동기화 전류가 흘러 G_1 발전기의 기전력 E_1과 G_2 발전기의 기전력 E_2의 위상을 동일하게 한다.

동기화 전류 $I_s = \dfrac{E_1}{x_s}\sin\dfrac{\delta}{2}$

수수전력 $P_s = \dfrac{E_1^{\,2}}{2x_s}\sin\delta$

- 기전력의 주파수가 다른 경우

동기화 전류가 교대로 주기적으로 흐른다. 즉 난조의 원인이 된다. 난조방지법으로는 제동권선이 사용된다.

- 기전력의 파형이 같지 않은 경우

각 순시의 기전력의 크기가 다르기 때문에 고조파 무효 순환 전류가 흐른다.

14

출제년도 06.10.23.(5점/각 문항당 2점, 모두 맞으면 5점)

그림은 전자개폐기 MC에 의한 시퀀스 회로를 개략적으로 그린 것이다. 이 그림을 보고 다음 각 물음에 답하시오.

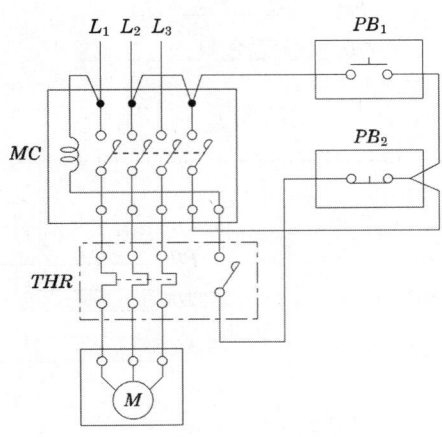

(1) 그림과 같은 회로용 전자개폐기 MC의 보조 접점을 사용하여 자기유지가 될 수 있는 일반적인 시퀀스 회로로 다시 작성하여 그리시오.

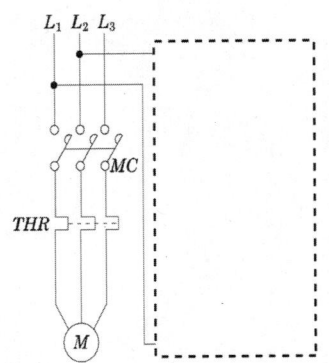

접속점 표기	
접속	비접속

(2) 시간 t_3에 열동계전기가 작동하고, 시간 t_4에서 수동으로 복귀하였다. 이 때의 동작을 타임차트로 표시하시오.

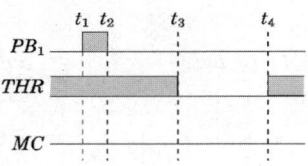

[작성답안]

(1)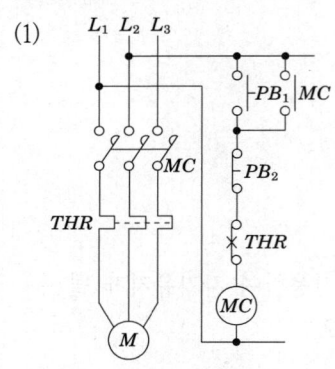

(2)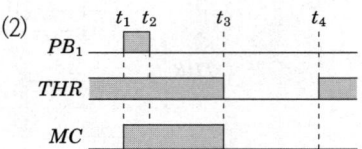

15 출제년도 89.01.15.19.23.(13점/(1)(2)1점, (3)3점, (4)2점, (5)2점, (6)4점)

도면과 같이 345 [kV]변전소의 단선도와 변전소에 사용되는 주요 재원을 이용하여 다음 각 물음에 답하시오.

(1) 도면의 345 [kV]측 모선 방식은 어떤 모선 방식인가?

(2) 도면에서 ①번 기기의 설치 목적은 무엇인가?

(3) 도면에 주어진 재원을 참조하여 주변압기에 대한 ①번 등가 %임피던스(Z_H, Z_M, Z_L)를 구하고 ②번 23 [kV]VCB의 차단용량을 계산하시오. (단, 그림과 같은 임피던스 회로는 100 [MVA] 기준)

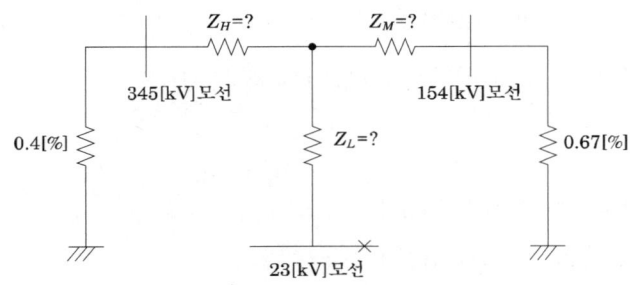

① 등가 %임피던스

② VCB 차단용량

(4) 도면의 345 [kV] GCB에 내장된 계전기 BCT의 오차계급은 C800이다. 부담은 몇 [VA]인가?

(5) 도면의 ③번 차단기의 설치 목적을 설명하시오.

(6) 도면의 주변압기 1Bank(단상×3)을 증설하여 병렬 운전시키고자 한다. 이때 병렬 운전 4가지를 쓰시오.

【주변압기】

- 단권변압기 345 [kV]/154 [kV]/23 [kV] (Y – Y – △)
  166.7 [MVA] × 3대≒500 [MVA]

- OLTC부 %임피던스 (500 [MVA]기준) : 1차~2차 : 10 [%]
  1차~3차 : 78 [%]
  2차~3차 : 67 [%]

【차단기】

- 362 [kV] GCB 25 [GVA] 4,000 [A]~2,000 [A]
- 170 [kV] D.S 4,000 [A]~2,000 [A]
- 25.8 [kV] VCB (   ) [MVA] 2,500 [A]~1,200 [A]

【단로기】

- 362 [kV] D.S 4,000 [A]~2,000 [A]
- 170 [kV] D.S 4,000 [A]~2,000 [A]
- 25.8 [kV] D.S 2,500 [A]~1,200 [A]

【피뢰기】

- 288 [kV] LA 10 [kA]
- 144 [kV] LA 10 [kA]
- 21 [kV] LA 10 [kA]

【분로 리액터】

- 22 [kV] sh.R 30 [MVAR]

【주모선】

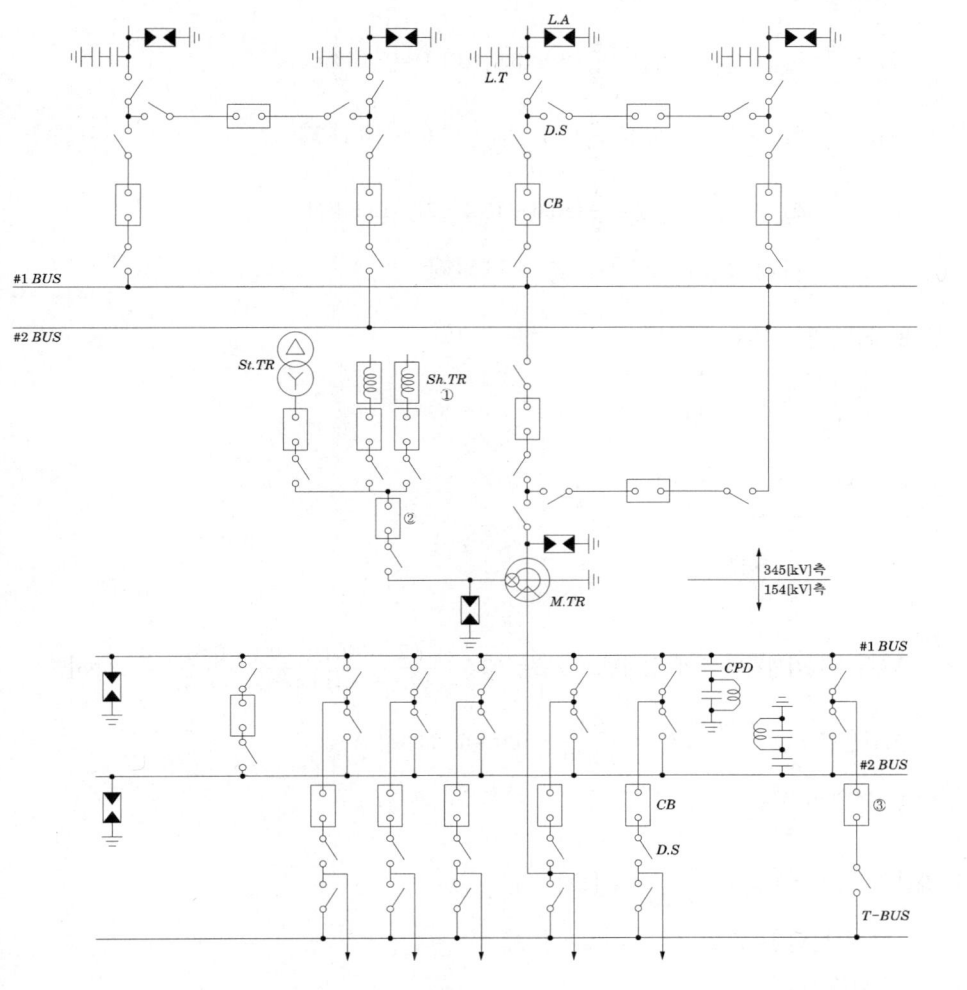

[작성답안]

(1) 2중 모선방식의 1.5차단방식

(2) 페란티 현상방지

(3) ① 등가 %임피던스

계산 : 100 [MVA] 기준이므로 환산하면

$$Z_{HM} = 10 \times \frac{100}{500} = 2\,[\%]$$

$$Z_{HL} = 78 \times \frac{100}{500} = 15.6\,[\%]$$

$$Z_{ML} = 67 \times \frac{100}{500} = 13.4\,[\%]$$

%등가임피던스로 등가 임피던스 값을 계산

$$Z_H = \frac{1}{2}(Z_{HM} + Z_{HL} - Z_{ML}) = \frac{1}{2}(2 + 15.6 - 13.4) = 2.1\,[\%]$$

$$Z_M = \frac{1}{2}(Z_{HM} + Z_{ML} - Z_{HL}) = \frac{1}{2}(2 + 13.4 - 15.6) = -0.1\,[\%]$$

$$Z_L = \frac{1}{2}(Z_{HL} + Z_{ML} - Z_{HM}) = \frac{1}{2}(15.6 + 13.4 - 2) = 13.5\,[\%]$$

답 : Z_H = 2.1 [%], Z_M = -0.1 [%], Z_L = 13.5 [%]

② VCB 차단용량

계산 :

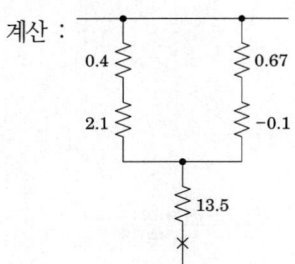

VCB 설치점까지의 전체 임피던스 $\%Z = 13.5 + \dfrac{(2.1+0.4)(-0.1+0.67)}{(2.1+0.4)+(-0.1+0.67)} = 13.96\,[\%]$

차단용량 $P_s = \dfrac{100}{\%Z} \times P_n = \dfrac{100}{13.96} \times 100 = 716.33\,[\text{MVA}]$

답 : 716.33 [MVA]

(4) 계산 : C800에서 $Z = \dfrac{800}{5 \times 20} = 8\,[\Omega]$

∴ 부담 [VA] $= I^2 Z = 5^2 \times 8 = 200\,[\text{VA}]$

답 : 200 [VA]

(5) 모선절체 또는 모선을 무정전으로 점검하기 위해

(6) ① 극성이 같을 것

② 정격전압(권수비)이 같을 것

③ %임피던스가 같을 것

④ 내부 저항과 누설리액턴스 비가 같을 것

[핵심]

① 1.5 차단방식

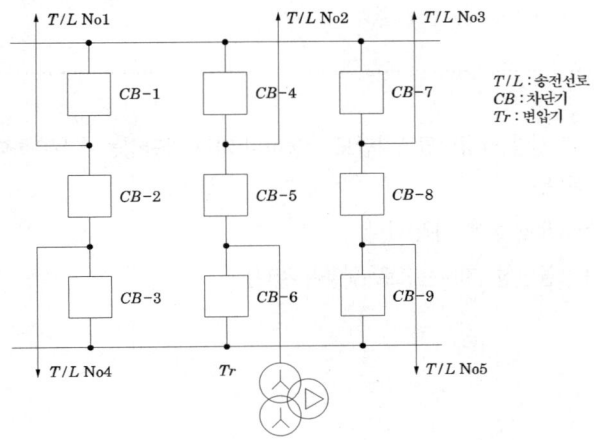

2개 선로당 3대의 차단기를 설치하는 방식으로 모선고장시에도 계통에 전혀 영향이 없고 차단기 점검시 해당 선로의 정전이 필요하지 않기 때문에 특별히 고신뢰도를 요구하는 대용량 계통에서 많이 채택하고 있다.

그러나 모선측 차단기 차단 실패시 해당선로와 모선의 절반이 정전되고 중앙차단기 차단 실패시에는 2개 선로가 정전되는 단점이 있다. 따라서 동일 Bay에서 동일루트 2회선 선로의 인출은 피해야 한다. 이 방식은 우리나라의 765 [kV], 345 [kV] 계통에 적용하고 있는 모선구성방식으로서 특히 #1, 2모선이 모두 정전되어도 중앙 차단기를 이용하여 계통연결이 가능한 잇점 등으로 인해 세계적으로도 대용량 변전소에 널리 쓰이고 있다.

16

출제년도 19.23.(6점/각 항목당 2점)

VCB의 특징을 3가지를 적으시오.

[작성답안]
- 차단시간이 가장 짧으며(빠른개폐로 인해 서지전압 발생), 탈조차단도 가능하며 가장 차단성능이 우수하다. (고속도 개폐가 가능하고 차단성능이 우수하다.)
- 기름이 사용되지 않아 화재에 가장 안전(building 등에 최적)하다.
- 수명이 가장 길며 보수는 거의 불필요하다. (불연성, 저소음으로 수명이 길다)

그 외
- 차단시 소음이 작다.
- 외부 기체에 영향을 받지 않는다.
- 추가로 오일이나 가스를 채울 필요가 없다. 정기적인 보충이 필요하지 않다.
- 특정 범위의 낮은 자화 전류 차단을 위해 추가 서지억제기(서지흡수기)를 필요로 한다.
- 소형 경량이다.
- 고진공도의 유지등의 문제가 있다.
- 진공도의 열화판정이 곤란.
- 개폐서지가 발생한다.

[핵심] 차단기의 종류

① 진공차단기 (VCB : Vacuum Circuit Breaker)
진공을 소호매질로 하는 VI(Vacuum Interrupter)를 적용한 차단기로서 전력의 송수전, 절체 및 정지 등을 계획적으로 수행하는 외에 전력 계통에 고장 발생시 신속히 자동 차단하는 책무를 보호장치로 사용된다.

② 자기차단기 (MBB : Magnetic Blast Circuit Breaker)
대기 중에서 전자력을 이용하여 아크를 소호실내로 유도해서 냉각차단
- 화재 위험이 없다.
- 보수 점검이 비교적 쉽다.

- 압축 공기 설비가 필요 없다.
- 전류 절단에 의한 과전압을 발생하지 않는다.
- 회로의 고유 주파수에 차단 성능이 좌우되는 일이 없다.

③ 가스차단기(GCB : Gas Circuit Breaker)
고성능 절연특성을 가진 특수가스(SF_6)를 이용해서 차단한다. SF_6 가스 차단기의 특징은 다음과 같다.
- 밀폐구조이므로 소음이 없다.
- 절연내력이 공기의 2~3배, 소호 능력은 공기의 100~200배
- 근거리 고장 등 가혹한 재기전압에 대해서도 성능이 우수
- SF_6는 무독, 무취, 무해, 가스이므로 유독가스를 발생하지 않는다.

④ 공기차단기(ACB : Air Blast Circuit Breaker)
압축된 공기를 아크에 불어 넣어서 차단

⑤ 유입차단기(OCB : Oil Circuit Breaker)
소호실에서 아크에 의한 절연유 분해 가스의 흡부력을 이용해서 차단

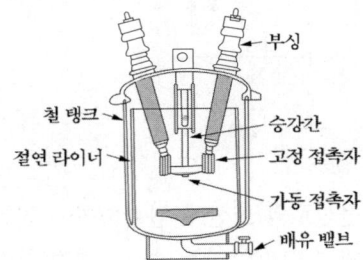

- 보수가 번거롭다.
- 방음설비가 필요 없다.
- 공기보다 소호 능력이 크다.
- 부싱 변류기를 사용할 수 있다.

17

출제년도 14.(6점/각 문항당 3점)

22.9 [kV-Y] 중성선 다중접지전선로에 정격전압 13.2 [kV], 정격용량 250 [kVA]의 단상 변압기 3대를 이용하여 아래 그림과 같이 Y-△ 결선하고자 한다. 다음 물음에 답하시오.

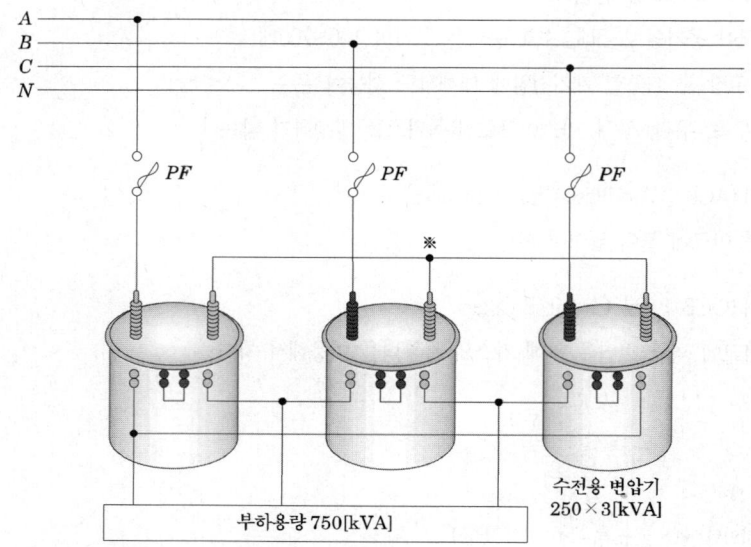

(1) 변압기 1차측 Y결선의 중성점(※표부분)을 전선로의 N선에 연결하여야 하는가? 연결하여서는 안 되는가? 연결하여야 하면 연결하여야 하는 이유, 연결하여서는 안 되면 안 되는 이유를 설명하시오.

(2) PF 전력퓨즈의 용량은 몇 [A]인지 선정하시오. 단, 퓨즈는 전부하전류의 1.25배로 선정한다.

- 퓨즈용량 10 [A], 15 [A], 20 [A], 30 [A], 40 [A], 50 [A], 65 [A], 80 [A], 100 [A], 125 [A]

[작성답안]

(1)
- 연결하지 않는다.
- 이유 : 임의의 1상의 PF 용단시 변압기가 역V결선이 되어 과부하로 소손이 될 수 있다.

(2) 계산 : 전부하전류 $= \dfrac{750}{\sqrt{3} \times 22.9} = 18.91\,[\text{A}]$

∴ 퓨즈용량 $= 18.91 \times 1.25 = 23.64\,[\text{A}]$

답 : 30 [A]

18

출제년도 23.(5점/부분점수 없음)

다음 표와 같은 부하설비가 있다. 여기에 공급할 변압기 용량[kVA]을 구하시오.

수용가	설비용량 [kW]	수용률 [%]	부등률	역률 [%]
전등	60	80	–	95
전열	40	50	–	90
동력	70	40	1.4	90

단상 변압기 표준용량

표준용량 [kVA]	50, 75, 100, 150, 200, 300

[작성답안]

계산

① 수용률 부등률 적용 유효전력

전등부하 $60 \times 0.8 = 48\,[\text{kW}]$

전열부하 $40 \times 0.5 = 20\,[\text{kW}]$

동력부하 $\dfrac{70 \times 0.4}{1.4} = 20\,[\text{kW}]$

② 수용률 부등률 적용 무효전력

전등부하 $60 \times 0.8 \times \dfrac{\sqrt{1-0.95^2}}{0.95} = 15.78\,[\text{kVar}]$

전열부하 $40 \times 0.5 \times \dfrac{\sqrt{1-0.9^2}}{0.9} = 9.69\,[\text{kVar}]$

동력부하 $\dfrac{70 \times 0.4}{1.4} \times \dfrac{\sqrt{1-0.9^2}}{0.9} = 9.69\,[\text{kVar}]$

③ 변압기 용량

$P_a = \sqrt{(48+20+20)^2 + (15.78+9.69+9.69)^2} = 94.76\,[\text{kVA}]$

∴ 100[kVA] 선정

답 : 100[kVA]

2024년 1회 기출문제 해설

| 전기기사 실기 과년도

※ 다음 물음에 답을 해당 답란에 답하시오.

1 출제년도 97.21.24.(5점/부분점수 없음)

연축전지의 정격용량 200[Ah], 상시부하 10[kW], 표준전압 100 [V]인 부동충전 방식의 2차 충전전류값은 얼마인지 계산하시오.

[작성답안]

계산 : 충전기 2차 전류[A] = $\dfrac{축전지\ 용량[Ah]}{정격방전율[h]} + \dfrac{상시\ 부하용량[VA]}{표준전압[V]}$

$$I = \dfrac{200}{10} + \dfrac{10 \times 10^3}{100} = 120\ [A]$$

답 : 120[A]

[핵심] 부동충전방식

전지의 자기 방전을 보충함과 동시에 상용 부하에 대한 전력 공급은 충전기가 부담하도록 하되 충전기가 부담하기 어려운 일시적인 대전류 부하는 축전지로 하여금 부담하게 하는 방식

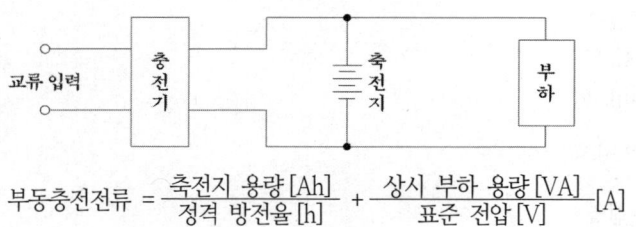

부동충전전류 = $\dfrac{축전지\ 용량[Ah]}{정격\ 방전율[h]} + \dfrac{상시\ 부하\ 용량[VA]}{표준\ 전압[V]}$ [A]

2

출제년도 08.16.24.(4점/각 문항당 2점)

욕실 등 인체가 물에 젖어있는 상태에서 물을 사용하는 장소에 콘센트를 시설하는 경우에 설치하여야 하는 인체감전보호용 누전차단기의 정격감도전류와 동작시간은 얼마 이하를 사용하여야 하는가?

(1) 정격감도전류 : ( ) 이하
(2) 동작시간 : ( ) 이하

[작성답안]
(1) 정격감도전류 : 15[mA]
(2) 동작시간 : 0.03[sec]

[핵심] 한국전기설비규정 234.5 콘센트의 시설
욕조나 샤워시설이 있는 욕실 또는 화장실 등 인체가 물에 젖어있는 상태에서 전기를 사용하는 장소에 콘센트를 시설하는 경우에는 다음에 따라 시설하여야한다.
(1) 「전기용품 및 생활용품 안전관리법」의 적용을 받는 인체감전보호용 누전차단기(정격감도전류 15 [mA] 이하, 동작시간 0.03초 이하의 전류동작형의 것에 한한다) 또는 절연변압기(정격용량 3 [kVA] 이하인 것에 한한다)로 보호된 전로에 접속하거나, 인체감전보호용 누전차단기가 부착된 콘센트를 시설하여야 한다.
(2) 콘센트는 접지극이 있는 방적형 콘센트를 사용하여 211과 140의 규정에 준하여 접지하여야 한다.

3

출제년도 90.24.(5점/부분점수 없음)

어떤 램프의 소비 전력이 200 [V], 1000 [W]이고 램프에서 나오는 광속이 2,000 [lm]이라면 이때 램프의 효율은 얼마인가? 단, 단위는 반드시 쓰도록 한다.

[작성답안]
계산 : $\eta = \dfrac{F}{P} = \dfrac{2,000}{1,000} = 2$ [lm/W]
답 : 2 [lm/W]

[핵심] 전등효율과 발광효율

(1) 전등효율

전력소비에 대한 발산광속의 비를 전등효율이라 한다.

$\eta = \dfrac{F}{P}$ [lm/W]

(2) 발광효율

방사속에 대한 광속의 비를 발광효율이라 한다.

$\eta = \dfrac{F}{\phi}$ [lm/W]

---

4 출제년도 02.04.98.10.12.13.14.15.20.24.(6점/각 문항당 2점)

그림과 같은 논리 회로의 명칭을 쓰고 진리표를 완성하시오.

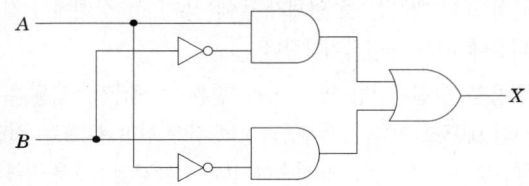

(1) 명칭을 쓰시오.

(2) 출력식을 쓰시오.

(3) 진리표를 완성하시오.

A	B	X
0	0	
0	1	
1	0	
1	1	

[작성답안]

(1) 명칭 : 배타적 논리합 회로(Exclusive OR)

(2) 논리식 : $X = A\overline{B} + \overline{A}B$

(3) 진리표

A	B	X
0	0	0
0	1	1
1	0	1
1	1	0

5 출제년도 24.(4점/각 항목당 1점)

다음은 전력퓨즈의 용단 및 동작특성에 관한 표이다. 괄호 안에 알맞은 내용을 쓰시오.

정격전류의 배수	불용단시간	용단시간
4배	(①)	-
6.3배	-	(③)
8배	0.5초 이내	-
10배	(②)	-
12.5배	-	0.5초 이내
19배	-	(④)

[작성답안]

정격전류의 배수	불용단시간	용단시간
4배	① 60초 이내	-
6.3배	-	③ 60초 이내
8배	0.5초 이내	-
10배	② 0.2초 이내	-
12.5배	-	0.5초 이내
19배	-	④ 0.1초 이내

[핵심] 한국전기설비규정 212.3.4 보호장치의 특성

1. 과전류 보호장치는 KS C 또는 KS C IEC 관련 표준(배선차단기, 누전차단기, 퓨즈등의 표준)의 동작특성에 적합하여야 한다.
2. 과전류차단기로 저압전로에 사용하는 범용의 퓨즈(「전기용품 및 생활용품 안전관리법」에서 규정하는 것을 제외한다)는 [표 212.3-1]에 적합한 것이어야 한다.

[표 212.3-1] 퓨즈(gG)의 용단특성

정격전류의 구분	시 간	정격전류의 배수	
		불용단전류	용단전류
4 A 이하	60분	1.5배	2.1배
4 A 초과 16 A 미만	60분	1.5배	1.9배
16 A 이상 63 A 이하	60분	1.25배	1.6배
63 A 초과 160 A 이하	120분	1.25배	1.6배
160 A 초과 400 A 이하	180분	1.25배	1.6배
400 A 초과	240분	1.25배	1.6배

6 출제년도 21.24.(5점/부분점수 없음)

자동차단을 위한 보호장치의 동작시간이 0.2초 이며, 보호장치를 통해 흐를 수 있는 예상 고장전류 실효값이 10,000[A]인 경우 보호도체의 최소 단면적을 구하시오. (단, 보호도체, 절연, 기타 부위의 재질 및 초기온도와 최종온도에 따라 정해지는 계수는 143이며, 동선을 사용하는 경우이다.)

전선규격 [mm²]

1.5	2.5	4	6	10	16	25	35	50

[작성답안]

계산 : $S = \dfrac{\sqrt{t}}{K} I_g = \dfrac{\sqrt{0.2}}{143} \times 10{,}000 = 31.27 [\text{mm}^2]$

∴ 표준규격 35[mm²] 선정

답 : 35[mm²]

[핵심] 보호도체

보호도체의 굵기 $S = \dfrac{\sqrt{t}}{K} I_g [\text{mm}^2]$

여기에서, t : 고장계속시간[sec]

I_g : 고장점의 최대지락전류[A]

K : 보호도체의 절연물의 종류 및 주위온도에 따라 정해지는 계수

7 출제년도 24.(5점/각 항목당 1점)

전력시시설물 공사감리업무 수행지침에서 정하는 전기공사업자는 공사현장에서 공사업무 수행 상 필요한 서식을 비치하고 기록·보관하여야 한다. 서식의 종류 5가지를 쓰시오.

[작성답안]

1. 하도급 현황   2. 주요인력 및 장비투입 현황   3. 작업계획서
4. 기자재 공급원 승인현황   5. 주간공정계획 및 실적보고서

그 외

6. 안전관리비 사용실적 현황   7. 각종 측정 기록표

8 출제년도 08.13.24.(5점/부분점수 없음)

계약부하 설비에 의한 계약최대 전력을 정하는 경우에 부하설비 용량이 900 [kW]인 경우 전력 회사와의 계약 최대전력은 몇 [kW]인가? (단, 계약최대전력 환산표는 다음과 같다.)

구분	승률
처음 75 [kW]에 대하여	100 [%]
다음 75 [kW]에 대하여	85 [%]
다음 75 [kW]에 대하여	75 [%]
다음 75 [kW]에 대하여	65 [%]
300 [kW] 초과분에 대하여	60 [%]

[작성답안]

계산 : 계약전력 $= 75 + 75 \times 0.85 + 75 \times 0.75 + 75 \times 0.65 + (900 - 75 \times 4) \times 0.6 = 603.75$ [kW]

답 : 604 [kW]

[핵심] 한국전력공사 기본공급약관 제 20 조 (계약전력 산정)

① 사용설비에 의한 계약전력은 다음과 같이 산정합니다.

1. 사용설비 개별 입력의 합계에 다음 표의 계약전력 환산율을 곱한 것으로 합니다. 이때 사용설비 용량이 입력과 출력으로 함께 표시된 경우에는 표시된 입력을 적용하고, 출력만 표시된 경우에는 세칙에서 정하는 바에 따라 입력으로 환산하여 적용합니다.

구분	승률	비고
처음 75 [kW]에 대하여	100 [%]	계산의 합계 끝수가 1[kW] 미만일 경우에는 소수점 이하 첫째자리에서 반올림합니다.
다음 75 [kW]에 대하여	85 [%]	
다음 75 [kW]에 대하여	75 [%]	
다음 75 [kW]에 대하여	65 [%]	
300 [kW] 초과분에 대하여	60 [%]	

2. 사용설비 1개의 입력이 75[kW]를 초과하는 것이 있을 경우에는 초과 사용설비의 개별입력이 제일 큰 것부터 하나씩 계약전력 환산율을 100[%]부터 60[%]까지 차례로 적용하고, 나머지 사용설비의 입력합계에는 하나씩 적용한 계약전력 환산율이 끝나는 다음 계약전력 환산율부터 차례로 적용합니다.
3. 위 제1호, 제2호에도 불구하고 모든 사용설비가 동시에 사용될 가능성이 있는 경우에는 환산율을 적용하지 않을 수 있으며, 세부기준은 세칙에서 정하는 바에 따릅니다.

② 변압기설비에 의한 계약전력은 한전에서 전기를 공급받는 1차변압기 표시용량의 합계 (1[kVA]를 1[kW]로 봅니다)로 하는 것을 원칙으로 합니다. 다만, 154[kV] 이상으로 수전하는 고객은 최대수요전력을 기준으로 고객과 협의하여 결정할 수 있습니다.

9

출제년도 10.14.24.(5점/부분점수 없음)

총 양정 25 [m], 양수량 18 [m³/min] 물을 양수하는데 필요한 펌프용 전동기의 소요동력은 몇 [kW]인가? (단, 펌프의 효율은 82 [%]로 하고, 여유계수는 1.1로 한다.)

[작성답안]

계산 : $P = \dfrac{HQK}{6.12\eta} = \dfrac{25 \times 18 \times 1.1}{6.12 \times 0.82} = 98.64$ [kW]

답 : 98.64[kW]

[핵심] 펌프용 전동기용량

$$P = \dfrac{9.8 Q' HK}{\eta} = \dfrac{KQH}{6.12\eta} \ [\text{kW}]$$

여기서, P : 전동기의 용량 [kW] Q : 양수량 [m³/min]
Q' : 양수량 [m³/sec] H : 양정(낙차) [m]
η : 펌프의 효율 [%] K : 여유계수(1.1 ~ 1.2 정도)

10 출제년도 89.93.95.96.22.24.(5점/각 항목당 2점, 모두 맞으면 5점)

그림과 같은 단상 3선식 회로에서 중성선이 ×점에서 단선되었다면 부하 A 및 부하 B의 단자 전압은 몇 [V]인가?

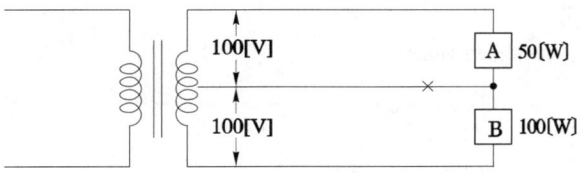

① V_A
② V_B

[작성답안]

① 계산 : 부하 A의 $R_A = \dfrac{100^2}{50} = 200\ [\Omega]$

부하 B의 $R_B = \dfrac{100^2}{100} = 100\ [\Omega]$

∴ $V_A = \dfrac{200}{200+100} \times 200 = 133.33 [V]$

답 : $V_A = 133.33 [V]$

② 계산 : $V_B = \dfrac{100}{200+100} \times 200 = 66.67\ [V]$

답 : $V_B = 66.67 [V]$

11 출제년도 90.99.00.05.14.18.24.(12점/각 문항당 2점)

도면은 어느 154[kV] 수용가의 수전 설비 단선 결선도의 일부분이다. 주어진 표와 도면을 이용하여 다음 각 물음에 답하시오.

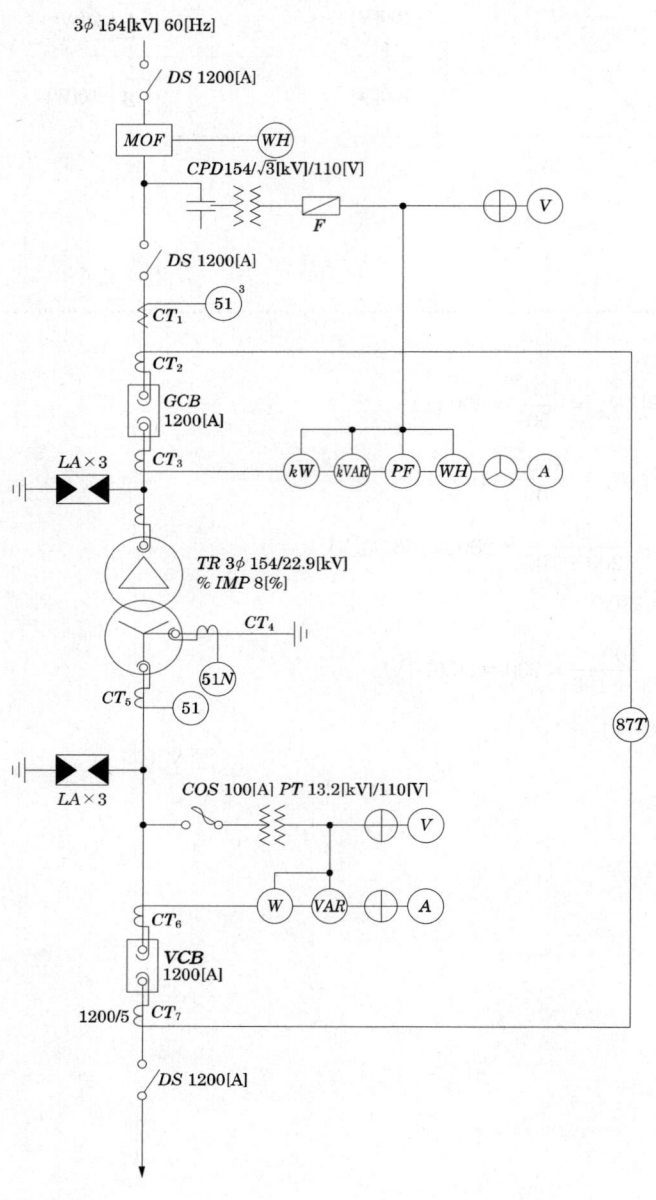

변압기 표준용량

표준용량 [MVA]	30, 40, 50, 75, 100

변류기 표준규격

1차 정격 전류 [A]	200	400	600	800	1,200	1,500
2차 정격 전류 [A]	5					

(1) 변압기 2차 부하 설비 용량이 51 [MW], 수용률 70 [%], 부하 역률이 90 [%]일 때, 도면의 변압기 용량은 몇 [MVA]인가? 표준용량으로 답하시오.

(2) 변압기 1차측 DS의 정격 전압은 몇 [kV]인가?

(3) CT_1의 비는 얼마인지를 계산하고 표에서 선정하시오. 단, 여유율은 1.25배를 준다. (단, (1)에서 구한 표준용량을 참고하여 계산한다.)

(4) VCB의 정격 차단 전류가 23 [kA]일 때, 이 차단기의 차단 용량은 몇 [MVA]인가?

(5) 과전류 계전기의 정격 부담이 9 [VA]일 때 이 계전기의 임피던스는 몇 [Ω]인가?

(6) CT_7 1차 전류가 600 [A]일 때 CT_7의 2차에서 비율 차동 계전기의 단자에 흐르는 전류는 몇 [A]인가? (비율차동계전기는 위상차를 보정하는 기능이 없다.)

[작성답안]

(1) 계산 : 변압기 용량 $= \dfrac{\text{설비용량} \times \text{수용률}}{\text{부등률} \times \text{역률}} = \dfrac{51 \times 0.7}{1 \times 0.9} = 39.67$ [MVA]

∴ 표준용량 40 [MVA] 선정

답 : 40 [MVA]

(2) 170 [kV]

(3) 계산 : $I_1 = \dfrac{P}{\sqrt{3}\,V} \times 1.25 = \dfrac{40 \times 10^3}{\sqrt{3} \times 154} \times 1.25 = 187.45$ [A]

∴ 표에서 CT 정격 200/5 선정

답 : 200/5

(4) 계산 : 차단 용량 $P_s = \sqrt{3}\, V_n I_s = \sqrt{3} \times 25.8 \times 23 = 1027.8$ [MVA]

　답 : 1027.8 [MVA]

(5) 계산 : $P = I_n^2 \cdot Z$ [VA]

$$Z = \frac{P}{I_n^2} = \frac{9}{5^2} = 0.36\,[\Omega]$$

　답 : 0.36 [Ω]

(6) 계산 : $I_2 = I_1 \times \dfrac{1}{CT비} \times \sqrt{3} = 600 \times \dfrac{5}{1,200} \times \sqrt{3} = 4.33$ [A]

　답 : 4.33 [A]

[핵심]
(5) I_n은 CT의 2차 정격 전류인 5 [A]를 대입한다.
(6) CT가 △결선일 경우 비율 차동 계전기 단자에 흐르는 전류(I_2)는 상전류의 $\sqrt{3}$ 배가 됨을 주의한다.

12

출제년도 15.24.(5점/각 항목당 1점, 모두 맞으면 5점)

사용 중인 UPS의 2차 측에 단락사고 등이 발생했을 경우 UPS와 고장회로를 분리하는 방식 3가지를 쓰시오.

[작성답안]
① 배선용차단기에 의한 것
② 반도체보호용 한류형퓨즈에 의한 것 (속단퓨즈)
③ 사이리스터를 사용한 반도체차단기에 의한 방법

[핵심] UPS
① 블록 다이어그램

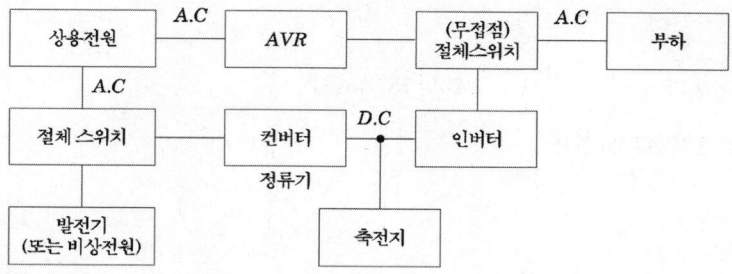

② UPS의 2차측(출력측) 고장회로의 분리
- 배선용차단기에 의한 것
- 반도체보호용 한류형퓨즈에 의한 것 (속단퓨즈)
- 사이리스터를 사용한 반도체차단기에 의한 방법

③ UPS의 구성
- 컨버터(정류기) : 교류전원이나 발전기의 전원을 공급받아 직류전원으로 변환하여 축전지를 충전하며, 인버터에 공급하는 장치
- 인버터 : 직류전원을 교류전원으로 바꾸어 부하에 공급하는 장치
- 무접점 절환 스위치 : 인버터의 과부하 및 이상시 예비 상용전원으로(bypass line)절체시켜주는 장치

13

출제년도 24.(6점/각 항목당 3점)

변압비 3,500/100 [V]인 단상 변압기 2대의 고압측을 그림과 같이 직렬로 5,500 [V] 전원에 연결하고, 저압측에서 각각 3 [Ω], 5 [Ω]의 저항을 접속하였을 때, 고압측의 단자 전압 E_1, E_2는 몇 [V]인가?

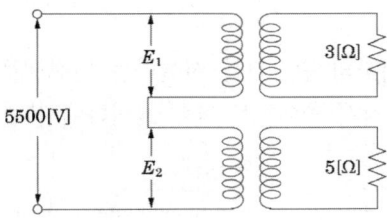

① E_1

② E_2

[작성답안]

① 계산 : $E_1 = \dfrac{Z_1}{Z_1 + Z_2} \times E = \dfrac{3}{3+5} \times 5,500 = 2062.5$ [V]

   답 : 2062.5[V]

② 계산 : $E_2 = \dfrac{Z_2}{Z_1 + Z_2} \times E = \dfrac{5}{3+5} \times 5,500 = 3437.5$ [V]

   답 : 3437.5[V]

14

출제년도 24.(4점/부분점수 없음)

연면적 70,000[m²]의 빌딩에 조명설비 20[VA/m²], 동력설비 35[VA/m²], 냉방설비 40[VA/m²]인 경우 이 빌딩에 전력을 공급하는 변압기의 용량은 몇 [kVA]인가?

[작성답안]

계산 : 부하설비용량 = 부하밀도 [VA/m²] × 연면적 [m²] = $(20+35+40) \times 70{,}000 \times 10^{-3} = 6{,}650$[kVA]
답 : 6,650[kVA]

15

출제년도 24.(6점/각 항목당 3점)

다음은 한국전기설비규정에 관한 내용이다 상주 감시를 하지 않는 변전소에 관하여 알맞은 내용을 빈칸에 넣으시오.

변전소(이에 준하는 곳으로서 (①)[kV]를 초과하는 특고압의 전기를 변성하기 위한 것을 포함한다. 이하 같다)의 운전에 필요한 지식 및 기능을 가진 자(이하 "기술원"이라고 한다)가 그 변전소에 상주하여 감시를 하지 아니하는 변전소는 다음에 따라 시설하는 경우에 한한다.

사용전압이 (②)[kV] 이하의 변압기를 시설하는 변전소로서 기술원이 수시로 순회하거나 그 변전소를 원격감시 제어하는 제어소(이하에서 "변전제어소"라 한다)에서 상시 감시하는 경우

[작성답안]

① 50
② 170

[핵심] 한국전기설비규정 351.9 상주 감시를 하지 아니하는 변전소의 시설

변전소(이에 준하는 곳으로서 50 [kV]를 초과하는 특고압의 전기를 변성하기 위한 것을 포함한다. 이하 같다)의 운전에 필요한 지식 및 기능을 가진 자(이하 "기술원"이라고 한다)가 그 변전소에 상주하여 감시를 하지 아니하는 변전소는 다음에 따라 시설하는 경우에 한한다.

가. 사용전압이 170 [kV] 이하의 변압기를 시설하는 변전소로서 기술원이 수시로 순회하거나 그 변전소를 원격감시 제어하는 제어소(이하에서 "변전제어소"라 한다)에서 상시 감시하는 경우

나. 사용전압이 170 [kV]를 초과하는 변압기를 시설하는 변전소로서 변전제어소에서 상시 감시하는 경우

16

출제년도 93.94.98.24.(5점/부분점수 없음)

송풍기용 유도 전동기의 운전을 현장인 전동기 옆에서도 할 수 있고, 멀리 떨어져 있는 제어실에서도 할 수 있는 시퀀스 제어 회로도를 완성하시오.

(단, • 그림에 있는 전자개폐기에는 주접점 외에 자기유지접점이 부착되어 있다.
- 도면에 사용되는 심벌에는 심벌의 약호를 반드시 기록하여야 한다.
  (예 : PBS-ON, MC-a, PBS-OFF)
- 사용되는 기구는 누름 버튼 스위치 2개, 전자 코일 MC 1개, 자기 유지 접점 (MC-a) 1개이다.
- 누름 버튼 스위치는 기동용 접점과 정지용 접점이 있는 것으로 한다.

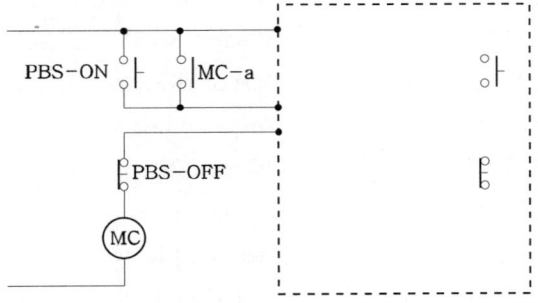

[작성답안]

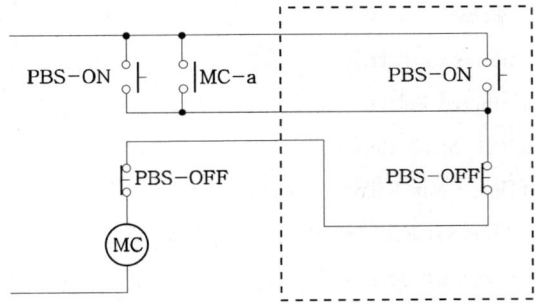

17

출제년도 93.94.95.99.00.01.02.03.07.24.(5점/각 항목당 1점)

다음 계전기 약어의 명칭을 쓰시오.

① OCR ② GR ③ OPR
④ OVR ⑤ PWR

[작성답안]

① 과전류계전기 ② 지락계전기 ③ 결상계전기
④ 과전압계전기 ⑤ 전력계전기

[핵심] 계전기 약어

약 어	명 칭	
CLR	한류계전기	(Current Limiting Relay)
CR	전류계전기	(Current Relay)
DFR	차동계전기	(Differential Relay)
FR	주파수계전기	(Frequency Relay)
GR	지락계전기	(Ground Relay)
OCR	과전류계전기	(Overcurrent Relay)
OSR	과속도계전기	(Over-speed Relay)
OPR	결상계전기	(Open-phase Relay)
OVR	과전압계전기	(Over voltage Relay)
PLR	극성계전기	(Polarity Relay)
POR	위치계전기	(Position Relay)
PRR	압력계전기	(Pressure Relay)
RCR	재폐로계전기	(Reclosing Relay)
SPR	속도계전기	(Speed Relay)
SR	단락계전기	(Short-circuit Relay)
TDR	시연계전기	(Time Delay Relay)
THR	열동계전기	(Thermal Relay)
TLR	한시계전기	(Time-lag Relay)
TR	온도계전기	(Temperature Relay)
UVR	부족전압계전기	(Under-voltage Relay)
VR	전압계전기	(Voltage Relay)

18

출제년도 24.(8점/부분점수 없음)

다음 PLC 래더다이어그램을 보고 프로그램을 완성하시오.

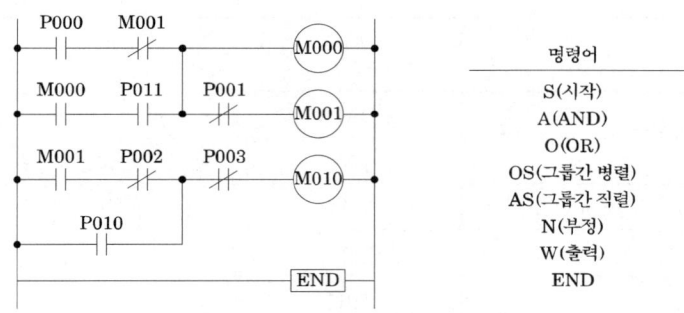

명령어
S(시작)
A(AND)
O(OR)
OS(그룹간 병렬)
AS(그룹간 직렬)
N(부정)
W(출력)
END

ADD	OP	DATA
0	S	P000
1	AN	M001
2	(①)	(②)
3	A	P011
4	(③)	–
5	(④)	M000
6	AN	P001
7	W	M001
8	(⑤)	(⑥)
9	AN	P002
10	(⑦)	P010
11	AN	P003
12	W	M010
13	(⑧)	

①	②	③	④	⑤	⑥	⑦	⑧
S	M000	OS	W	S	M001	O	END

[작성답안]

①	②	③	④	⑤	⑥	⑦	⑧
S	M000	OS	W	S	M001	O	END

[핵심]

ADD	OP	DATA
0	S	P000
1	AN	M001
2	S	M000
3	A	P011
4	OS	–
5	W	M000
6	AN	P001
7	W	M001
8	S	M001
9	AN	P002
10	O	P010
11	AN	P003
12	W	M010
13	END	

2024년 2회 기출문제 해설

※ 다음 물음에 답을 해당 답란에 답하시오.

1 출제년도 84.87.89.98.02.06.07.21.24 (5점/부분점수 없음)

송전단 전압이 6,600[V]인 배전선로에서 수전단 전압을 6,300[V]로 유지하고자 한다. 부하 전력 2,000[kW], 역률 0.8, 배전선의 길이 3[km]이며, 경동선의 인덕턴스와 정전용량은 무시한다면 이에 적당한 경동선의 굵기는 몇 [mm²]인가? (단, 경동선의 굵기는 전선의 공칭 단면적으로 표시하시오.)

공칭단면적
1.5, 2.5, 4, 6, 10, 16, 25, 35, 50, 70, 95, 120

[작성답안]

계산 : 전압강하 $e = 6,600 - 6,300 = 300[\text{V}]$

∴ $e = \sqrt{3}\,I(R\cos\theta + X\sin\theta)$에서 리액턴스를 무시하면 $e = \sqrt{3}\,IR\cos\theta$

∴ $R = \dfrac{e}{\sqrt{3}\,I\cos\theta} = \dfrac{300}{\sqrt{3} \times \dfrac{2,000 \times 10^3}{\sqrt{3} \times 6,300 \times 0.8} \times 0.8} = 0.945[\Omega]$

∴ $A = \rho\dfrac{l}{R} = \dfrac{1}{55} \times \dfrac{3,000}{0.945} = 57.72[\text{mm}^2]$

∴ 70[mm²] 선정

답 : 70[mm²]

[해설] KSC IEC 전선규격

1.5, 2.5, 4, 6, 10, 16, 25, 35, 50, 70, 95, 120, 150, 185, 240, 300, 400, 500, 630 [mm²]

2

출제년도 17.24.(4점/각 문항당 2점)

다음 기기의 명칭을 쓰시오.

(1) 가공 배전선로 사고의 대부분은 조류 및 수목에 의한 접촉과 강풍, 낙뢰 등에 의한 플래시오버 사고로서 이런 사고 발생 시 신속하게 고장 구간을 차단하고 사고점의 아크를 소멸 시킨 후 즉시 재투입이 가능한 개폐장치이다.

(2) 보안상 책임 분계점에서 보수 점검 시 전로를 개폐하기 위하여 시설하는 것으로 반드시 무부하 상태에서 개방하여야 한다. 근래에는 ASS를 사용하며, 66 [kV] 이상의 경우에 사용한다.

[작성답안]
(1) 리클로저
(2) 선로개폐기

[핵심]리클로저와 섹쇼널라이저
Recloser, Sectionalizer는 방사상의 배전선로의 보호계전방식에 적용되는 기기로 22.9 [kV] 배전선로에서 적용되고 있다.

① 리클로저

가공 배전선로 사고의 대부분은 조류 및 수목에 의한 접촉과 강풍, 낙뢰 등에 의한 플래시오버 사고로서 이런 사고 발생시 신속하게 고장 구간을 차단하고 사고점의 아크를 소멸 시킨 후 즉시 재투입이 가능한 개폐장치이다.

② Sectionalizer

보안상 책임 분계점에서 보수 점검 시 전로를 개폐하기 위하여 시설하는 것으로 반드시 무 부하 상태에서 개방하여야 한다. 근래에는 ASS를 사용하며, 66 [kV] 이상의 경우에 사용한다. 다중접지 특고 배전선로용 보호장치의 일종으로 사고전류를 직접 차단할 수 없다. 따라서 후비에 반드시 차단기나 리클로져를 설치해야 보호장치로 사용할 수 있다. 즉, 고장시 후비 보호장치의 동작횟수를 기억하고 미리 정정된 횟수가 되면 후비 보호장치에 의해 무전압이 된 순간에 접점을 개방한다.

3 출제년도 24.(4점/각 항목당 1점)

한국전기설비규정에서 정하는 다음 용어의 정의에 대하여 ( )안에 알맞은 내용을 쓰시오.

- PEN 도체(protective earthing conductor and neutral conductor)
  : (①) 회로에서 (②) 겸용보호도체
- PEL 도체(protective earthing conductor and a line conductor)
  : (③) 회로에서 (④) 겸용보호도체

[작성답안]
(1) (① 교류회로)에서 (② 중성선) 겸용 보호도체
(2) (③ 직류회로)에서 (④ 선도체) 겸용 보호도체

[해설]
"PEN 도체(protective earthing conductor and neutral conductor)"란 교류회로에서 중성선 겸용 보호도체를 말한다.

"PEM 도체(protective earthing conductor and a mid-point conductor)"란 직류회로에서 중간선 겸용 보호도체를 말한다.

"PEL 도체(protective earthing conductor and a line conductor)"란 직류회로에서 선도체 겸용 보호도체를 말한다.

4 출제년도 07.24.(5점/각 항목당 1점)

전류계 붙이개폐기의 기호 중에서 다음 기호가 의미하는 것은 무엇인지 모두 쓰시오.

3P50 :

f20A :

A5 :

[작성답안]
3P50 : 3극 50 [A]
f20A : 퓨즈 정격 20 [A]
A5 : 전류계 정격 5 [A]

출제년도 24.(6점/(1)3점, (2)각 항목당1점)

다음 접지에 관한 내용이다. 각 물음에 답하시오.

(1) 피뢰기 접지공사를 실시한 후, 접지저항을 보조 접지 2개(A와 B)를 시설하여 측정하였더니 본 접지와 A사이의 저항은 86[Ω], A와 B사이의 저항은 156[Ω], B와 본 접지 사이의 저항은 80[Ω]이었다. 피뢰기의 접지 저항값을 구하시오.

(2) 다음 빈칸에 들어갈 내용을 보기에서 골라 적으시오.

【보기】
접지도체, 보호도체, 접지시스템, 내부피뢰시스템, 계통접지, 보호접지

(가)	계통, 설비 또는 기기의 한 점과 접지극 사이의 도전성 경로 또는 그 경로의 일부가 되는 도체를 말한다.
(나)	감전에 대한 보호 등 안전을 위해 제공되는 도체를 말한다.
(다)	기기나 계통을 개별적 또는 공통으로 접지하기 위하여 필요한 접속 및 장치로 구성된 설비를 말한다.

[작성답안]

(1) 계산 : $R_x = \frac{1}{2}(R_{xa} + R_{bx} - R_{ab}) = \frac{1}{2}(86 + 80 - 156) = 5[\Omega]$

답 : 5[Ω]

(2) (가) 접지도체
    (나) 보호도체
    (다) 접지시스템

[핵심] 접지저항 측정

① 콜라우시 브리지법

콜라우시 브리지법은 미끄럼줄 브리지의 원리와 동일한 방법으로 사용하나 내부 전원으로 직류 전원과 배율기를 가지고 있어 측정 소자의 특성을 고려한 측정을 할 수 있다.

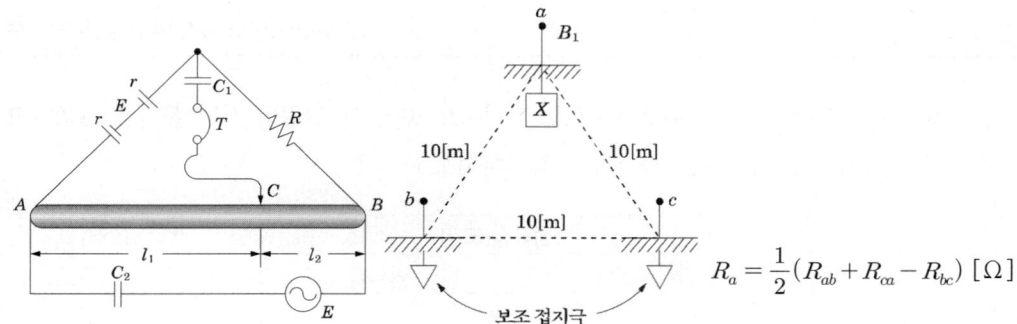

$$R_a = \frac{1}{2}(R_{ab} + R_{ca} - R_{bc}) \ [\Omega]$$

② 접지저항계법

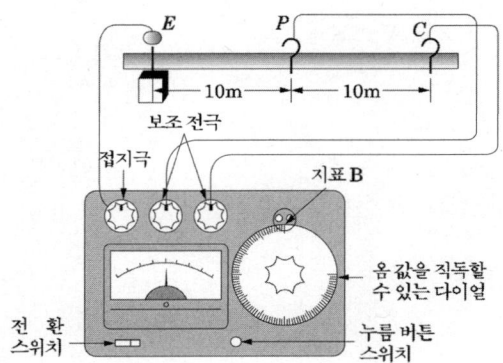

그림과 같이 접지저항계를 연결한다. E는 접지단자, P는 전압, C는 전류단자로 각각 연결하며, 보조접지 전극은 10 [m] 거리에 이격하여 시설하고 누름버튼 스위치를 눌러 눈금으로 접지저항을 측정한다.

[핵심] 한국전기설비규정 용어

"접지도체"란 계통, 설비 또는 기기의 한 점과 접지극 사이의 도전성 경로 또는 그 경로의 일부가 되는 도체를 말한다.

"보호도체(PE, Protective Conductor)"란 감전에 대한 보호 등 안전을 위해 제공되는 도체를 말한다.

"접지시스템(Earthing System)"이란 기기나 계통을 개별적 또는 공통으로 접지하기 위하여 필요한 접속 및 장치로 구성된 설비를 말한다.

출제년도 07.24.(4점/부분점수 없음)

논리식이 다음과 같을 경우 유접점회로를 그리시오. (단, 각 접점의 식별 문자를 표기하고, 접속점 비접속점 표기방식을 참고하여 작성하시오.)

접속점 표기	
접속	비접속

논리식 : $L = (\overline{X} + Y + \overline{Z})(X + \overline{Y} + \overline{Z})$

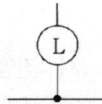

[작성답안]

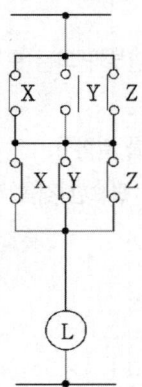

7

출제년도 94.01.06.11.12.20.22.24.(7점/각 문항당 2점, 모두 맞으면 7점)

가로 10 [m], 세로 16 [m], 천장 높이 3.85 [m], 작업면 높이 0.85 [m]인 사무실에 천장 직부 형광등 F32×2를 설치하려고 한다.

(1) F32×2의 심벌을 그리시오.

(2) 이 사무실의 실지수는 얼마인가?

(3) 이 사무실의 작업면 조도를 300 [lx], 천장 반사율 70 [%], 벽 반사율 50 [%], 바닥 반사율 10 [%], 형광등(F32×2) 1개의 광속 3,150 [lm], 보수율 70 [%], 조명율 61 [%]로 한다면 이 사무실에 필요한 형광등(F32×2)의 개수는 몇 개인가?

[작성답안]

(1) ▭◯▭
   F32×2

(2) 계산 : 실지수$(R.I) = \dfrac{XY}{H(X+Y)} = \dfrac{10 \times 16}{(3.85-0.85) \times (10+16)} = 2.05$

   답 : 2.05

(3) 계산 : $N = \dfrac{EAD}{FU} = \dfrac{300 \times (10 \times 16)}{3,150 \times 0.61 \times 0.7} = 35.69$ [개]

   답 : 36 [개]

[핵심] 조명설계

① 실지수

방의 면적이 같은 2개의 방에 같은 수의 광원을 설치하여도 방의 모양이 다른 경우에는 작업면상의 조도는 다르게 된다. 그래서 천정, 바닥이 장방형인 방은 가로 X, 세로 Y 두 변의 평균을 한 변으로 하는 정방형인 방과 동일하다고 하는 이론에 의해 실지수 $R.I$를 다음 식과 같이 결정한다.

$R.I = \dfrac{XY}{H(X+Y)}$

실지수	5.0	4.0	3.0	2.5	2.0	1.5	1.25	1.0	0.8	0.6
기호	A	B	C	D	E	F	G	H	I	J

② 조도계산

N개의 램프에서 방사되는 빛을 평면상의 면적 $A[m^2]$에 모두 집중 조사할 수 있다고 하고 램프 1개당 광속을 F [lm]이라 하면, 그 면의 평균조도를

$$E = \frac{F \cdot N}{A} \text{ [lx]}$$

로 나타낸다. 이러한 평균조도 계산은 광속법과 설계여건에 따라 ZCM (Zonal Cavity Method)법을 채택할 수 있다.

$$E = \frac{F \cdot N \cdot U \cdot M}{A}$$

여기서, E : 평균조도 [lx]　　F : 램프 1개당 광속 [lm]　　N : 램프수량 [개]
　　　　U : 조명률　　　　　M : 보수율, 감광보상률의 역수
　　　　A : 방의 면적 [m²] (방의 폭×길이)

8

출제년도 88.89.98.04.24.(12점/각 문항당 3점)

그림과 같은 배선평면도와 주어진 조건을 이용하여 다음 각 물음에 답하시오.

【조건】
- 사용하는 전선은 모두 450/750 [V] 일반용 단심 비닐절연전선 4 [mm²]이다.
- 박스는 모두 4각 박스를 사용하며, 기구 1개에 박스 1개를 사용한다. 2개연등인 경우에는 각 1개씩을 사용하는 것으로 한다.
- 전선관은 콘크리트 매입 후강금속관이다.
- 층고는 3 [m]이고, 분전반의 설치 높이는 1.5 [m]이다.
- 3로 스위치 이외의 스위치는 단극 스위치를 사용하며, 2개를 나란히 사용한 개소는 2개소이다.

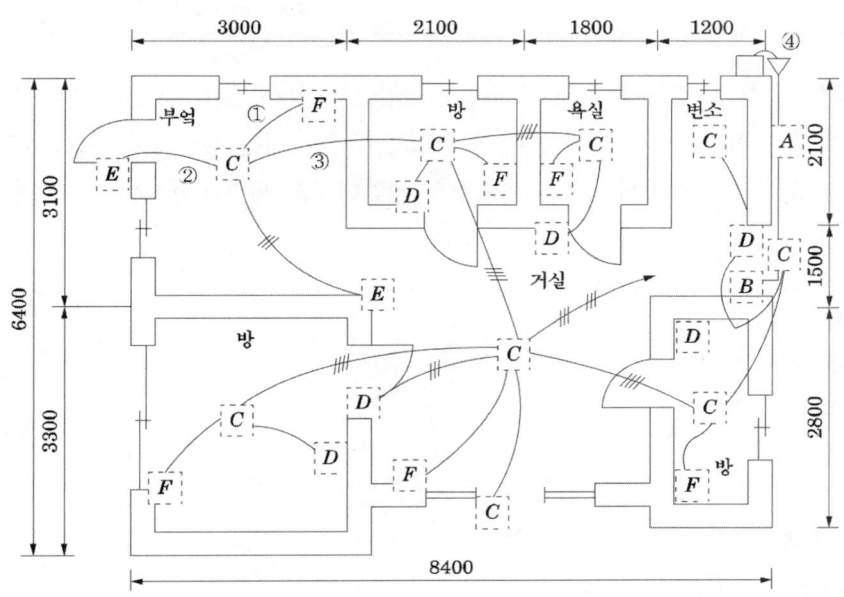

A : 적산전력계 (전력량계)　　B : 배전반 (전등용)　　C : 백열전등
D : 덤블러 스위치　　E : 덤블러 스위치 (3로 스위치)　　F : 15 [A]콘센트

(1) 점선으로 표시된 위치(A~F)에 기구를 배치하여 배선평면도를 완성하려고 한다. 해당되는 기구의 그림기호를 그리시오.
(2) 배선평면도의 ①~③의 배선 가닥수는 몇 가닥인가?
(3) 도면의 ④에 대한 그림기호의 명칭은 무엇인가?
(4) 본 배선평면도에 소요되는 4각 박스와 부싱은 몇 개인가?
(단, 자재의 규격은 구분하지 않고 개수만 산정한다.)

[작성답안]

(1) Ⓐ WH　　Ⓑ ◥　　Ⓒ ○
　　Ⓓ ●　　Ⓔ ●₃　　Ⓕ ⊙

(2) ① 2가닥　　② 3가닥　　③ 4가닥
(3) 케이블 헤드
(4) 4각 박스 25개, 부싱 46개

9 출제년도 05.13.20.24.(6점/각 항목당 2점)

전력계통의 발전기, 변압기 등의 증설이나 송전선의 신·증설로 인하여 단락·지락전류가 증가하여 송변전 기기에의 손상이 증대되고, 부근에 있는 통신선의 유도장해가 증가하는 등의 문제점이 예상되므로, 단락용량의 경감대책을 세워야 한다. 이 대책을 3가지만 쓰시오.

[작성답안]
- 모선계통 계통분리 운용
- 한류리액터의 설치
- 직류연계

그 외
- 캐스캐이드방식
- 한류퓨즈에 의한 백업차단
- 계통연계기(직류연계)
- 계통전압 격상
- 고장전류 제한기 사용
- 변압기 임피던스조정

10 출제년도 24.(6점/각 항목당 1점)

중성점직접 접지방식의 장단점을 각각 3가지씩 적으시오.

(1) 장점

(2) 단점

[작성답안]
(1) 장점

　1선지락시 전위상승이 낮다.

　지락전류검출이 확실하여 보호계전기동작이 확실하다.

　선로 및 기기의 절연레벨을 경감 시킬수 있다.

(2) 단점

유도장해가 크다.

지락전류가 매우 크기 때문에 기기에 기계적충격을 주기 쉽다.

안정도가 나쁘다.

11 출제년도 09.24.(5점/부분점수 없음)

그림과 같이 환상 직류 배전 선로에서 각 구간의 왕복 저항은 0.1 [Ω], 급전점 A의 전압은 100 [V], 부하점 B, D의 부하전류는 각각 30 [A], 50 [A]라 할 때 부하점 B의 전압은 몇 [V]인가?

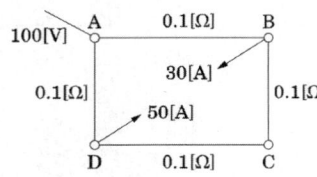

[작성답안]

계산 :

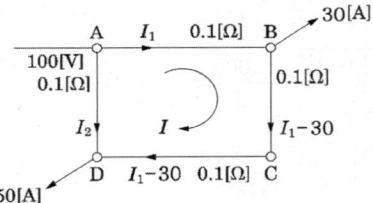

전류 방향을 가정하여 키르히호프의 전압법칙을 적용하면

$0.1 I_1 + 0.1 (I_1 - 30) + 0.1 (I_1 - 30) - 0.1 I_2 = 0$

$0.3 I_1 - 0.1 I_2 = 6$

$I_1 + I_2 = 80$ [A] 에서 $I_1 = 80 - I_2$ 이므로

$0.3(80 - I_2) - 0.1 I_2 = 6$

$24 - 0.3 I_2 - 0.1 I_2 = 6$

$\therefore I_2 = \frac{24 - 6}{0.4} = 45$ [A]

$I_1 = 80 - I_2 = 80 - 45 = 35$ [A]

B의 전압 $V_B = V_A - I_1 R = 100 - 35 \times 0.1 = 96.5$ [V]

답 : 96.5 [V]

출제년도 16.24.(5점/각 문항당 2점, 모두 맞으면 5점)

3상 3선식 3,000 [V], 200 [kVA]의 배전선로의 전압을 3,100 [V]로 승압하기 위해서 단상 변압기 3대를 그림과 같이 접속하였다. 이 변압기의 1차, 2차 전압 및 용량을 구하여라. (단, 변압기의 손실은 무시한다.)

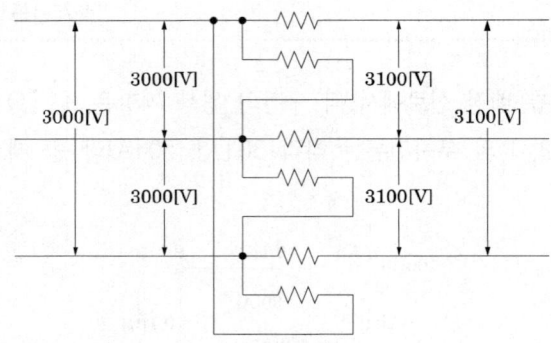

(1) 변압기 1, 2차 전압

(2) 변압기 용량 [kVA]

[작성답안]

(1) 계산 : $e_2 = \sqrt{\dfrac{4V_2^2 - V_1^2}{12}} - \dfrac{V_1}{2} = \sqrt{\dfrac{4 \times 3{,}100^2 - 3{,}000^2}{12}} - \dfrac{3{,}000}{2} = 66.31$ [V]

답 : 1차전압 : 3,000 [V]
　　2차전압 : 66.31 [V]

(2) 계산 : $\dfrac{\text{자기용량}}{\text{부하용량}} = \dfrac{3e_2 I_n}{\sqrt{3}\, V_n I_n}$ 에서

$\text{자기용량} = \text{부하용량} \times \dfrac{3e_2}{\sqrt{3}\, V_2} = 200 \times \dfrac{3 \times 66.31}{\sqrt{3} \times 3{,}100} = 7.409$ [kVA]

답 : 7.41 [kVA]

[핵심] 변연장 델타 결선

(1) 변압기 1대의 1차전압과 2차전압을 구하는 것에 주의 해야 한다.

(2) 단권변압기
- 1권선 변압기이므로 동량을 줄일 수 있어 경제적이다.
- 동손이 감소하여 효율이 좋아진다.
- 부하 용량이 등가 용량에 비하여 커져 경제적이다.

- 누설자속 감소로 전압 변동률이 작다.
- 누설 임피던스가 적어 단락 전류가 크다.
- 1차측에 이상전압이 발생시 2차측에도 고전압이 걸려 위험하다.
- 단락전류가 크게 되므로 열적, 기계적 강도가 커야 된다.

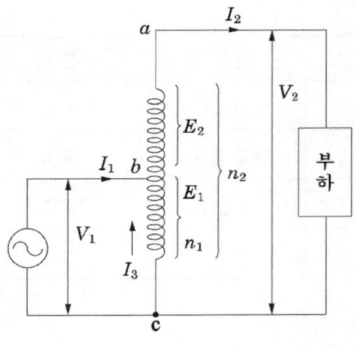

$$V_2 = V_1 + V_1 \frac{1}{a} = V_1 \left(1 + \frac{1}{a}\right)$$

$$\frac{자기용량}{부하용량} = \frac{(V_2 - V_1)I_2}{V_2 I_2} = 1 - \frac{V_1}{V_2} = 1 - \frac{저압}{고압}$$

$$자기\ 용량\ (P) = 부하\ 용량(P_L) \times \frac{고압(V_2) - 저압(V_1)}{고압(V_2)}$$

$$부하\ 용량\ P_L = P \times \frac{V_2}{V_2 - V_1}$$

출제년도 08.24.(5점/부분점수 없음)

13

연동선을 사용한 코일의 저항이 0 [℃]에서 4,000 [Ω]이었다. 이 코일에 전류를 흘렸더니 그 온도가 상승하여 코일의 저항이 4,500 [Ω]으로 되었다고 한다, 이 때 연동선의 온도를 구하시오.

[작성답안]

계산 : 0℃에서 연동선의 온도계수 $\alpha_o = \dfrac{1}{234.5}$

$$R_t = \{1 + \alpha_o(T-t)\}R_o\ [\Omega]$$

$$\therefore 4,500 = \{1 + \frac{1}{234.5}(T-0)\}4,000$$

$$\therefore T = \left(\frac{4,500}{4,000} - 1\right) \times 234.5 = 29.31\ [℃]$$

답 : 29.31 [℃]

14

출제년도 14.24.(5점/부분점수 없음)

다음의 PLC 프로그램을 보고, 래더 다이어그램을 완성하시오. 단, 접속점 비접속점 표기방식을 참고하여 작성하시오.

차례	명령어	번지	차례	명령어	번지
1	STR	P00	5	AND STR	-
2	OR	P01	6	AND NOT	P04
3	STR NOT	P02	7	OUT	P10
4	OR	P03	-	-	-

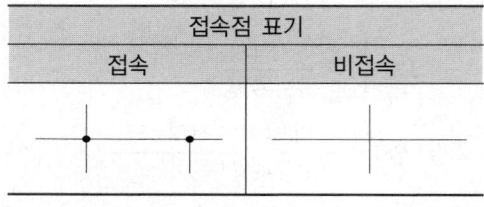

[작성답안]

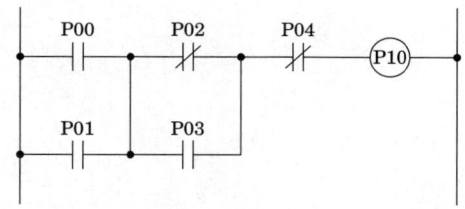

15 출제년도 24.(5점/각 항목당 1점)

고휘도 방전램프(High Intensity Discharge Lamp)의 종류를 3가지만 쓰시오.

[작성답안]
고압 수은등
고압 나트륨등
메탈 핼라이드 램프

[핵심] HID (High Intensity Discharge Lamp)
고압가스 또는 증기중의 방전에 의한 발광을 이용한 발광관의 관변부하가 3[W/cm²] 이상의 고휘도 방전램프를 의미한다.

16 출제년도 17.21.24.(5점/각 문항당 2점, 모두 맞으면 5점)

그림과 같은 Y결선에서 기본파와 제3고조파 전압만이 존재한다고 할 때 전압계의 눈금이 $V_p = 150$ [V], $V_l = 220$ [V]로 나타났다면 다음 물음에 답하시오. (단, 부하측의 전압은 평형상태이다.)

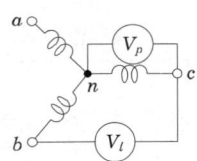

(1) 제3고조파 전압 [V]은?

(2) 왜형률을 구하시오.

[작성답안]
(1) 계산 : $V_p = \sqrt{V_1^2 + V_3^2}$, $150 = \sqrt{V_1^2 + V_3^2}$

V_l은 제3고조파 전압은 존재하지 않으므로

$V_l = \sqrt{3}\, V_1$ 에서 $220 = \sqrt{3}\, V_1$

$V_1 = \dfrac{220}{\sqrt{3}} = 127.02$ [V]

$\therefore V_3 = \sqrt{150^2 - V_1^2} = \sqrt{150^2 - 127.02^2} = 79.79$ [V]

답 : 79.79 [V]

(2) 계산 : 왜형률 $= \dfrac{\text{전 고조파의 실효값}}{\text{기본파의 실효값}} \times 100 = \dfrac{79.79}{127.02} \times 100 = 62.82\,[\%]$

답 : 62.82 [%]

[핵심] THD (Total harmonics distortion)
비정현파에서 기본파에 대해 고조파 성분이 어느 정도 포함되었는가를 나타내는 지표로서 왜형률(distortion factor)이 사용된다. 이는 비정현파가 정현파를 기준으로 하였을 때 얼마나 일그러졌는가를 표시하는 척도가 된다.

$$\text{왜형률} = \dfrac{\text{고조파 실효값의 합}}{\text{기본파 실효값}} = \dfrac{\sqrt{(V_2^2 + V_3^2 + \cdots)}}{V_1}$$

17

출제년도 87.99.00.04.05.13.20.24.(6점/각 문항당 1점)

그림은 변류기를 영상 접속시켜 그 잔류 회로에 지락 계전기 DG를 삽입시킨 것이다. 선로의 전압은 66 [kV], 중성점에 300[Ω]의 저항 접지로 하였고, 변류기의 변류비는 300/5 [A]이다. 송전 전력이 20,000 [kW], 역률이 0.8(지상)일 때 a상에 완전 지락 사고가 발생하였다. 물음에 답하시오.(단, 부하의 정상, 역상 임피던스 기타의 정수는 무시한다.)

(1) 지락 계전기 DG에 흐르는 전류 [A] 값은?

(2) a상 전류계 A_a에 흐르는 전류 [A] 값은?

(3) b상 전류계 A_b에 흐르는 전류 [A] 값은?

(4) c상 전류계 A_c에 흐르는 전류 [A] 값은?

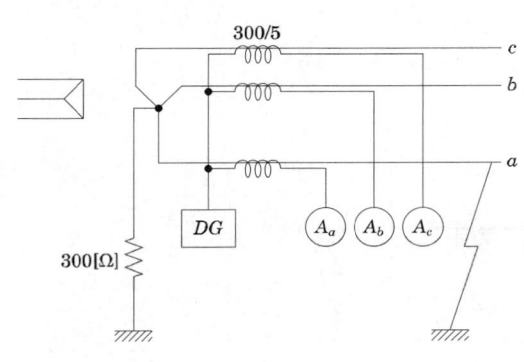

[작성답안]

(1) 계산 : 지락전류 $I_g = \dfrac{V_n}{R} = \dfrac{66,000}{\sqrt{3} \times 300} = 127.02\,[\text{A}]$

$\therefore I_{DG} = I_g \times \dfrac{1}{CT\text{비}} = I_g \times \dfrac{5}{300} = 127.02 \times \dfrac{5}{300} = 2.117\,[\text{A}]$

답 : 2.12 [A]

(2) 계산 : 부하전류 $I_L = \dfrac{20,000}{\sqrt{3} \times 66 \times 0.8} \times (0.8 - j0.6) = 174.95 - j131.22$

a상의 전류 $I_a = I_L + I_g = 174.95 - j131.22 + 127.02 = \sqrt{(127.02 + 174.95)^2 + 131.22^2}$

$= 329.248\,[\text{A}]$

전류계 A의 전류 $i_a = I_a \times \dfrac{1}{CT\text{비}} = I_a \times \dfrac{5}{300} = 329.248 \times \dfrac{5}{300} = 5.487\,[\text{A}]$

답 : 5.49 [A]

(3) 계산 : 부하전류 $I_L = \dfrac{20,000}{\sqrt{3} \times 66 \times 0.8} = 218.693\,[\text{A}]$

$i_b = I_L \times \dfrac{5}{300} = 218.639 \times \dfrac{5}{300} = 3.644\,[\text{A}]$

답 : 3.64 [A]

(4) 계산 : 부하전류 $I_L = \dfrac{20,000}{\sqrt{3} \times 66 \times 0.8} = 218.693\,[\text{A}]$

$i_c = I_L \times \dfrac{5}{300} = 218.639 \times \dfrac{5}{300} = 3.644\,[\text{A}]$

답 : 3.64 [A]

[핵심] 지락전류의 흐름

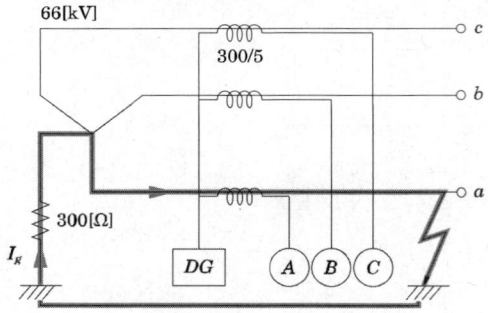

① 지락전류는 $I_g = \dfrac{V_n}{R}$ 이며, 지락 계전기에 흐르는 전류는 $I_{DG} = I_g \times \dfrac{1}{CT비}$ 가 된다.

② 부하전류는 $I_L = \dfrac{P}{\sqrt{3} \times V \times \cos\theta}$ 가 된다.

③ a상의 전류는 $\dot{I}_a = \dot{I}_L + \dot{I}_g$ 로 벡터계산 한다.

18   출제년도 88.91.94.24.(5점/부분점수 없음)

그림과 같이 A 변전소에서 B 변전소로 1회선 송전을 하고 있다. 이 경우 B 변전소의 (a) 차단기의 차단 용량을 계산하시오. (단, 계통의 %임피던스는 10[MVA] 기준으로 그림에 표시한 것으로 한다.)

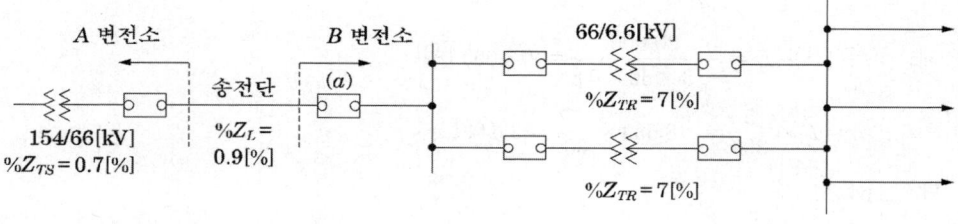

[작성답안]

합성 $\%Z = 0.7 + 0.9 = 1.6[\%]$

차단용량 $P_S = \dfrac{100}{\%Z} P_n = \dfrac{100}{1.6} \times 10 = 625 \,[\text{MVA}]$

답 : 625[MVA]

2024년 3회 기출문제 해설

전기기사 실기 과년도

※ 다음 물음에 답을 해당 답란에 답하시오.

1 출제년도 98.00.01.04.09.24(8점/부분점수 없음)

그림과 같은 전자 릴레이 회로를 미완성 다이오드매트릭스 회로에 다이오드를 추가시켜 다이오드매트릭스로 바꾸어 그리시오.

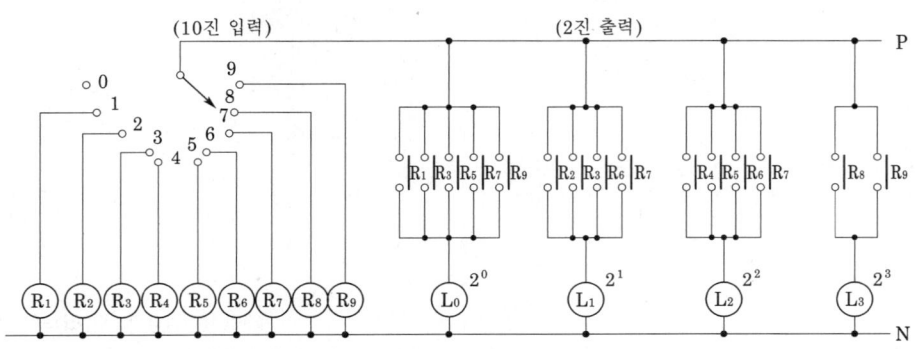

전자 릴레이 회로

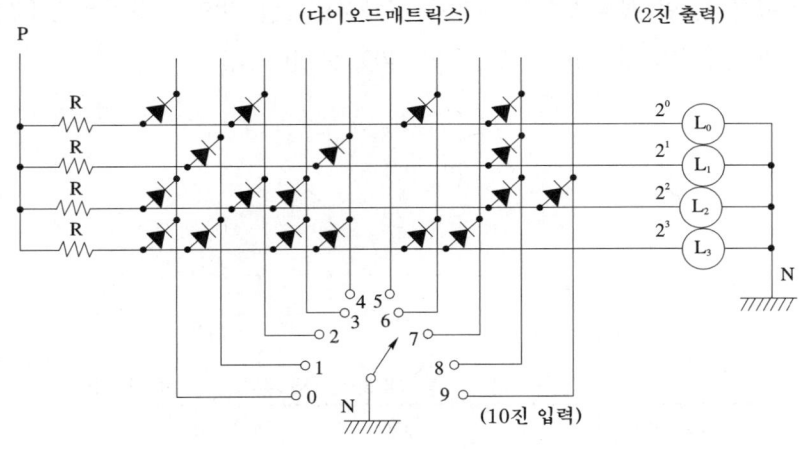

[작성답안]

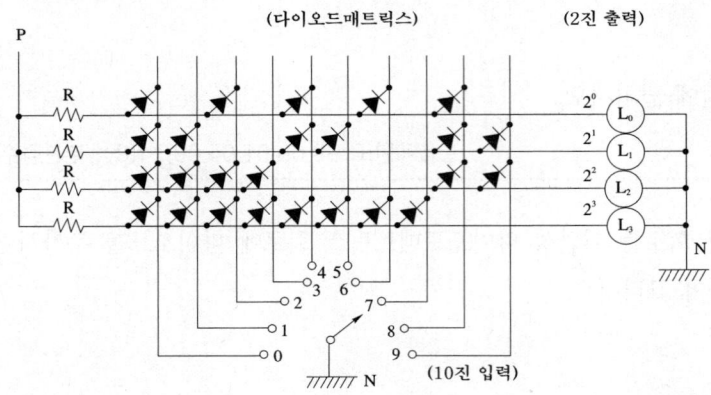

2

출제년도 19.24.(5점/부분점수 없음)

전등부하 130[kW], 동력부하 230[kW], 하계부하 130[kW], 동계부하 70[kW]이며 역률은 0.85, 부등률 1.3인 경우 변압기 용량을 구하시오. (단, 변압기 용량은 20[%] 여유를 둔다. (변압기 표준용량 50, 100, 250, 300, 400, 500[kVA]))

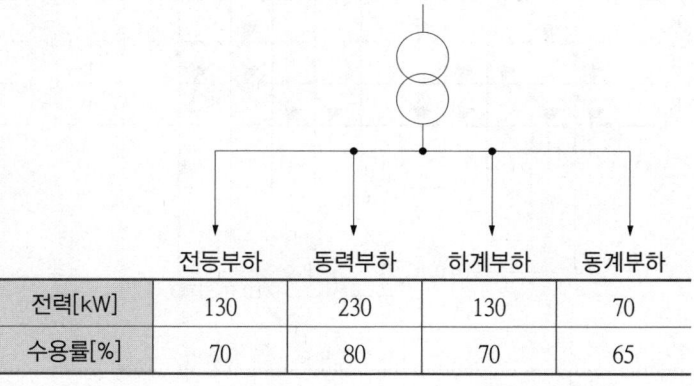

	전등부하	동력부하	하계부하	동계부하
전력[kW]	130	230	130	70
수용률[%]	70	80	70	65

[작성답안]

계산 : 계절부하는 동시에 사용되지 않으므로 전력이 큰 하계부하를 기준으로 구하면

$$P = \frac{설비용량 \times 수용률}{부등률 \times 역률} \times 여유율$$

$$= \frac{130 \times 0.7 + 230 \times 0.8 + 130 \times 0.7}{1.3 \times 0.85} \times 1.2 = 397.466\,[\text{kVA}]$$

∴ 표준용량 400 [kVA] 선정

답 : 400 [kVA]

[핵심] 변압기 용량

변압기 용량 [kW] ≥ 합성 최대 수용 전력 = $\dfrac{부하\ 설비\ 합계\,[\text{kW}] \times 수용률}{부등률}$

역률을 적용하여 [kW]의 부하를 [kVA]의 부하로 환산하여 구한다.

3

출제년도 11.24.(3점/부분점수 없음)

고압용의 개폐기·차단기·피뢰기 기타 이와 유사한 기구 동작 시에 아크가 생기는 것은 목재의 벽 또는 천장 기타의 가연성 물체로부터 얼마 이상 떼어놓아야 하는가?

[작성답안]

1[m]

[핵심] 한국전기설비규정 341.7 아크를 발생하는 기구의 시설

고압용 또는 특고압용의 개폐기·차단기·피뢰기 기타 이와 유사한 기구(이하 이 조에서 "기구 등"이라 한다)로서 동작 시에 아크가 생기는 것은 목재의 벽 또는 천장 기타의 가연성 물체로부터 [표 341.8-1]에서 정한 값 이상 이격하여 시설하여야 한다.

[표 341.8-1] 아크를 발생하는 기구 시설 시 이격거리

기구 등의 구분	이격거리
고압용의 것	1 [m] 이상
특고압용의 것	2 [m] 이상(사용전압이 35 [kV] 이하의 특고압용의 기구 등으로서 동작할 때에 생기는 아크의 방향과 길이를 화재가 발생할 우려가 없도록 제한하는 경우에는 1 [m] 이상)

4

출제년도 24.(5점/각 항목당 1점)

한국전기설비규정에 의해 발전기는 다음의 경우 자동적으로 이를 전로로부터 차단하는 장치를 시설하여야 한다. 다음 빈칸의 알맞은 내용을 쓰시오.

가. 발전기에 과전류나 과전압이 생긴 경우

나. 용량이 (①) 이상의 발전기를 구동하는 수차의 압유 장치의 유압 또는 전동식 가이드밴 제어장치, 전동식 니이들 제어장치 또는 전동식 디플렉터 제어장치의 전원전압이 현저히 저하한 경우

다. 용량이 (②) 이상의 발전기를 구동하는 풍차(風車)의 압유장치의 유압, 압축 공기장치의 공기압 또는 전동식 브레이드 제어장치의 전원전압이 현저히 저하한 경우

라. 용량이 (③) 이상인 수차 발전기의 스러스트 베어링의 온도가 현저히 상승한 경우

마. 용량이 (④) 이상인 발전기의 내부에 고장이 생긴 경우

바. 정격출력이 (⑤)를 초과하는 증기터빈은 그 스러스트 베어링이 현저하게 마모되거나 그의 온도가 현저히 상승한 경우

[작성답안]

① 500 [kVA]

② 100 [kVA]

③ 2,000 [kVA]

④ 10,000 [kVA]

⑤ 10,000 [kW]

[핵심] 한국전기설비규정 351.3 발전기 등의 보호장치

1. 발전기에는 다음의 경우에 자동적으로 이를 전로로부터 차단하는 장치를 시설하여야 한다.

가. 발전기에 과전류나 과전압이 생긴 경우

나. 용량이 500 [kVA] 이상의 발전기를 구동하는 수차의 압유 장치의 유압 또는 전동식 가이드밴 제어장치, 전동식 니이들 제어장치 또는 전동식 디플렉터 제어장치의 전원전압이 현저히 저하한 경우

다. 용량이 100 [kVA] 이상의 발전기를 구동하는 풍차(風車)의 압유장치의 유압, 압축 공기장치의 공기압 또는 전동식 브레이드 제어장치의 전원전압이 현저히 저하한 경우

라. 용량이 2,000 [kVA] 이상인 수차 발전기의 스러스트 베어링의 온도가 현저히 상승한 경우

마. 용량이 10,000 [kVA] 이상인 발전기의 내부에 고장이 생긴 경우

바. 정격출력이 10,000 [kW]를 초과하는 증기터빈은 그 스러스트 베어링이 현저하게 마모되거나 그의 온도가 현저히 상승한 경우

5

출제년도 18.21.24.(6점/각 문항당 2점)

다음에 주어진 표에 절연내력 시험전압은 몇 [V]인가? 빈 칸에 채워 넣으시오.

공칭전압 [V]	최대사용전압 [V]	접지방식	시험전압 [V]
6,600	6,900	비접지	①
13,200	13,800	중성점 다중접지	②
22,900	24,000	중성점 다중접지	③

[작성답안]

① $6,900 \times 1.5 = 10,350$ [V]

② $13,800 \times 0.92 = 12,696$ [V]

③ $24,000 \times 0.92 = 22,080$ [V]

[핵심] 절연내력시험

구분	종류(최대사용전압을 기준으로)	시험전압
①	최대사용전압 7 [kV] 이하인 권선 (단, 시험전압이 500 [V] 미만으로 되는 경우에는 500 [V])	최대사용전압 ×1.5배
②	7 [kV]를 넘고 25 [kV] 이하의 권선으로서 중성선 다중접지식에 접속되는 것	최대사용전압 ×0.92배
③	7 [kV]를 넘고 60 [kV] 이하의 권선(중성선 다중접지 제외) (단, 시험전압이 10,500 [kV] 미만으로 되는 경우에는 10,500 [V])	최대사용전압 ×1.25배
④	60 [kV]를 넘는 권선으로서 중성점 비접지식 전로에 접속되는 것	최대사용전압 ×1.25배
⑤	60 [kV]를 넘는 권선으로서 중성점 접지식 전로에 접속하고 또한 성형결선의 권선의 경우에는 그 중성점에 T좌 권선과 주좌 권선의 접속점에 피뢰기를 시설하는 것 (단, 시험전압이 75 [kV] 미만으로 되는 경우에는 75 [kV])	최대사용전압 ×1.1배
⑥	60 [kV]를 넘는 권선으로서 중성점 직접 접지식 전로에 접속하는 것, 다만 170 [kV]를 초과하는 권선에는 그 중성점에 피뢰기를 시설하는 것	최대사용전압 ×0.72배
⑦	170 [kV]를 넘는 권선으로서 중성점 직접접지식 전로에 접속하고 또는 그 중성점을 직접 접지하는 것	최대사용전압 ×0.64배
(예시)	기타의 권선	최대사용전압 ×1.1배

6

출제년도 24.(6점/각 문항당 3점)

다음 그림을 보고 물음에 답하시오. (단, 문제에 주어지지 않은 조건은 고려하지 않는다.)

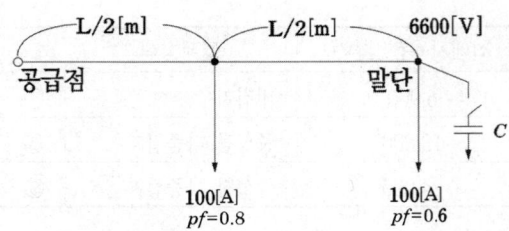

(1) 공급점의 역률을 90[%]로 개선하는 경우 콘덴서 용량을 구하시오.

(2) 선로의 전력손실이 최소가 되는 콘덴서 용량을 구하시오. (단, 말단의 전압은 6,600[V]로 일정하고, $r\,[\Omega/\mathrm{m}]$이다.)

[작성답안]

(1) 계산 : 공급점전류 $I = \sqrt{(80+60)^2+(60+80)^2} = 197.99$[A]

공급점역률 $\cos\theta = \dfrac{140}{197.99} \times 100 = 70.71$[%]

부하전력 $P = \sqrt{3}\,VI\cos\theta = \sqrt{3} \times 6{,}600 \times 140 \times 10^{-3} = 1600.414$[kW]

콘덴서용량 $Q_C = 1600.41 \left(\dfrac{\sqrt{1-0.7071^2}}{0.7071} - \dfrac{\sqrt{1-0.9^2}}{0.9} \right) = 825.327$[kVA]

답 : 825.33[kVA]

(2) 계산 : 전체선로 L의 선로의 손실을 최소로 하기 위해서는 역률을 1로 개선하여야 한다.
따라서 무효전력만큼의 콘덴서 용량이 필요하다. 전체 선로 L의 무효전류를 구하면

$I = \dfrac{140}{2} + \dfrac{80}{2} = 110$[A]

무효전력 $P = \sqrt{3}\,VI\sin\theta = \sqrt{3} \times 6{,}600 \times 110 \times 10^{-3} = 1257.468$[kVar]

답 : 1257.47[kVA]

출제년도 18.24.(5점/부분점수 없음)

다음 그림은 TN-C-S 계통접지이다. 중성선(N), 보호선(PE), 보호선과 중선선을 겸한 선 (PEN)을 도면을 완성하고 표시하시오.(단, 중성선은 ⊤, 보호선은 ⊤, 보호선과 중성선을 겸한 선 ⊤로 표시한다.)

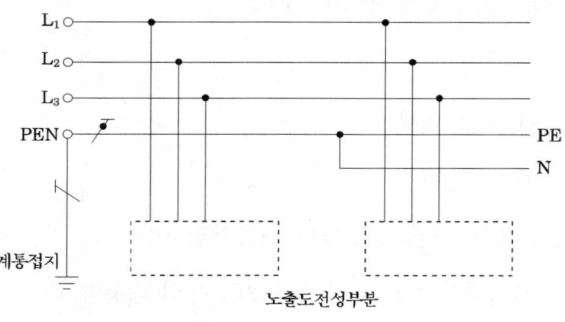

[작성답안]

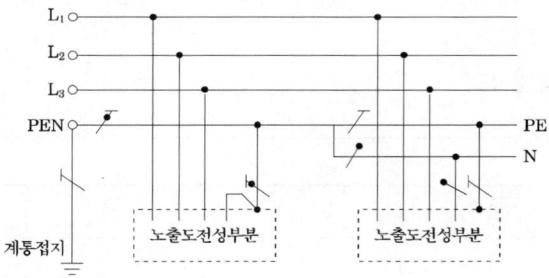

[핵심] 접지방식

① TN-C방식　　　② TN-C-S 방식

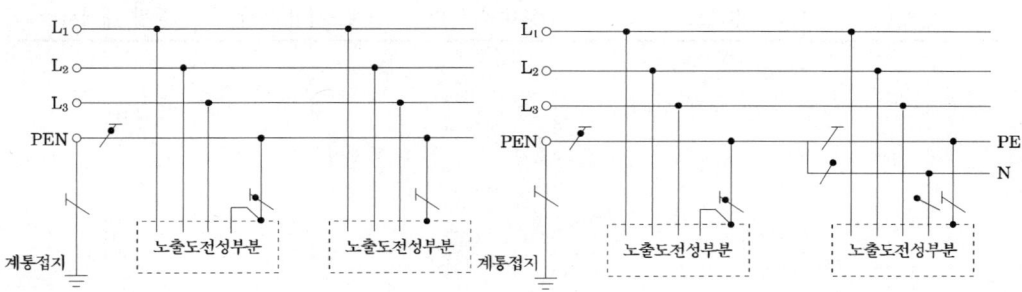

8 출제년도 17.24.(5점/각 항목당 1점)

감리원은 설계도서 등에 대하여 공사계약문서 상호 간의 모순되는 사항, 현장 실정과의 부합여부 등 현장 시공을 주안으로 하여 해당 공사 시작 전에 검토하여야 하며 검토결과 불합리한 부분, 착오, 불명확하거나 의문사항이 있을 때에는 그 내용과 의견을 발주자에게 보고하여야 한다. 다음 괄호 안을 완성하시오.

1. 현장조건에 부합 여부
2. 시공의 (①) 여부
3. 다른 사업 또는 다른 공정과의 상호부합 여부
4. (②), 설계설명서, 기술계산서, (③) 등의 내용에 대한 상호일치 여부
5. (④) 오류 등 불명확한 부분의 존재여부
6. 발주자가 제공한 (⑤)와 공사업자가 제출한 산출내역서의 수량일치 여부
7. 시공 상의 예상 문제점 및 대책 등

①	②	③	④	⑤

[작성답안]

①	②	③	④	⑤
실제가능	설계도면	산출내역서	설계도서의 누락	물량 내역서

출제년도 95.05.13.17.24.(5점/각 하목당 1점)

다음은 컴퓨터 등의 중요한 부하에 대한 무정전 전원공급을 위한 그림이다.
"(가) ~ (마)"에 적당한 전기 시설물의 명칭을 쓰시오.

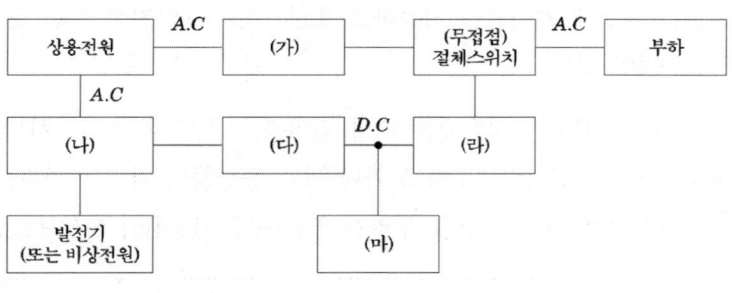

[작성답안]
(가) 자동전압조정기(AVR)
(나) 절체용 개폐기
(다) 정류기(컨버터)
(라) 인버터
(마) 축전지

[핵심] UPS
① 컨버터(정류기) : 교류전원이나 발전기의 전원을 공급받아 직류전원으로 변환하여 축전지를 충전하며, 인버터에 공급하는 장치
② 인버터 : 직류전원을 교류전원으로 바꾸어 부하에 공급하는 장치
③ 무접점 절환 스위치 : 인버터의 과부하 및 이상시 예비 상용전원으로(bypass line)절체시켜주는 장치
④ 축전지 : 정전시 인버터에 직류전원을 공급하여 부하에 일정 시간동안 무정전으로 전원을 공급하는데 필요한 장치

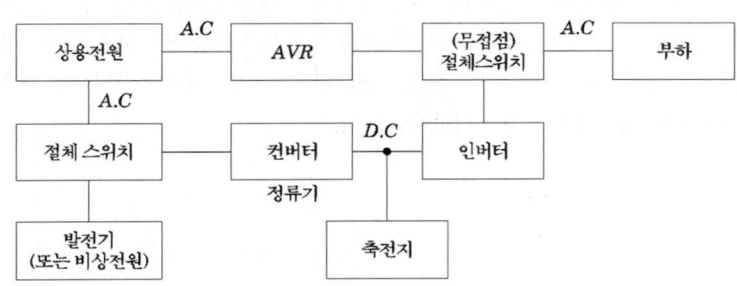

출제년도 24.(6점/각 항목당 1점, 모두 맞으면 6점)

한국전기설비규정 지중전선로의 시설에 관한 내용이다. 다음 괄호안에 알맞은 내용을 쓰시오.

(1) 지중 전선로는 전선에 케이블을 사용하고 또한 (①)·암거식(暗式) 또는 (②)에 의하여 시설하여야 한다.

(2) (①)에 의하여 시설하는 경우에는 매설 깊이를 (③) 이상으로 하되, 매설 깊이가 충분하지 못한 장소에는 견고하고 차량 기타 중량물의 압력에 견디는 것을 사용할 것. 다만 중량물의 압력을 받을 우려가 없는 곳은 0.6 [m] 이상으로 한다.

[작성답안]
(1) ① 관로식　　② 직접 매설식
(2) ① 관로식　　③ 1.0 [m]

[핵심] 한국전기설비규정 지중전선로의 시설

1. 지중 전선로는 전선에 케이블을 사용하고 또한 관로식·암거식(暗渠式) 또는 직접 매설식에 의하여 시설하여야 한다.

2. 지중 전선로를 관로식 또는 암거식에 의하여 시설하는 경우에는 다음에 따라야 한다.
   가. 관로식에 의하여 시설하는 경우에는 매설 깊이를 1.0 [m] 이상으로 하되, 매설 깊이가 충분하지 못한 장소에는 견고하고 차량 기타 중량물의 압력에 견디는 것을 사용할 것. 다만 중량물의 압력을 받을 우려가 없는 곳은 0.6 [m] 이상으로 한다.
   나. 암거식에 의하여 시설하는 경우에는 견고하고 차량 기타 중량물의 압력에 견디는 것을 사용할 것.

3. 지중 전선을 냉각하기 위하여 케이블을 넣은 관내에 물을 순환시키는 경우에는 지중 전선로는 순환수 압력에 견디고 또한 물이 새지 아니하도록 시설하여야 한다.

4. 지중 전선로를 직접 매설식에 의하여 시설하는 경우에는 매설 깊이를 차량 기타 중량물의 압력을 받을 우려가 있는 장소에는 1.0 [m] 이상, 기타 장소에는 0.6 [m] 이상으로 하고 또한 지중 전선을 견고한 트라프 기타 방호물에 넣어 시설하여야 한다. 다만, 다음의 어느 하나에 해당하는 경우에는 지중전선을 견고한 트라프 기타 방호물에 넣지 아니하여도 된다.

11 출제년도 93.00.02.12.19.24.(14점/(2)각 항목당 1점, (1)(3)각 항목당 2점, 모두 맞으면 13점)

그림은 통상적인 단락, 지락 보호에 쓰이는 방식으로서 주보호와 후비보호의 기능을 지니고 있다. 도면을 보고 다음 각 물음에 답하시오.

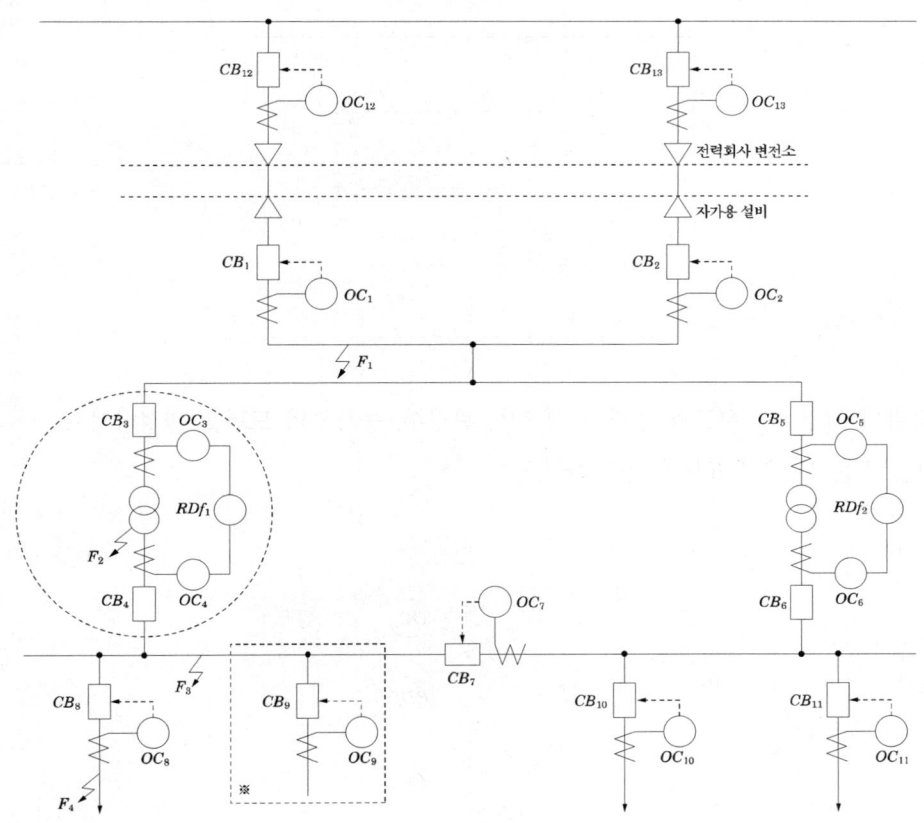

(1) 사고점이 F_1, F_2, F_3, F_4 라고 할 때 주보호와 후비보호에 대한 다음 표의 ( ) 안을 채우시오.

사고점	주보호	후비보호
F_1	$OC_1 + CB_1$ And $OC_2 + CB_2$	①
F_2	②	$OC_1 + CB_1$ And $OC_2 + CB_2$
F_3	$OC_4 + CB_4$ And $OC_7 + CB_7$	$OC_3 + CB_3$ And $OC_6 + CB_6$
F_4	$OC_8 + CB_8$	$OC_4 + CB_4$ And $OC_7 + CB_7$

(2) 그림은 도면의 * 표 부분을 좀 더 상세하게 나타낸 도면이다. 각 부분 ①~④에 대한 명칭을 쓰고, 보호 기능 구성상 ⑤~⑦의 부분을 검출부, 판정부, 동작부로 나누어 표현하시오.

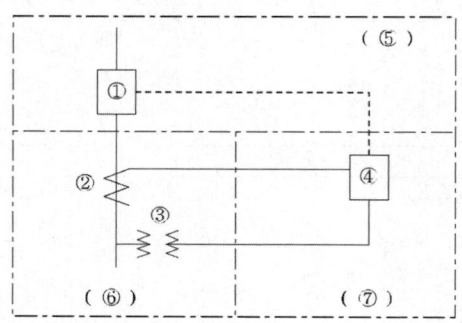

(3) 답란의 그림 F_2 사고와 관련된 검출부, 판정부, 동작부의 도면을 완성하시오.
(단, 질문 "(2)"의 도면을 참고하시오.

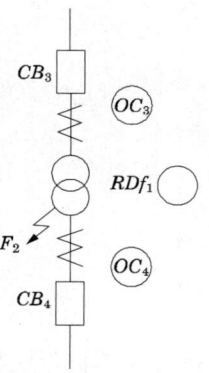

[작성답안]

(1) ① $OC_{12} + CB_{12}$ And $OC_{13} + CB_{13}$
② $RDf_1 + OC_4 + CB_4$ And $OC_3 + CB_3$

(2) ① 교류 차단기   ② 변류기   ③ 계기용 변압기
④ 과전류 계전기   ⑤ 동작부   ⑥ 검출부
⑦ 판정부

(3)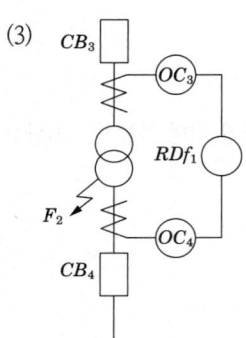

[핵심] 주보호와 후비보호

① 주보호

보호 System을 계통구분개소마다 설치하여 사고 발생시에 사고점에 가장 가까운 위치부터 가장 빨리 동작하여 이상부분을 최소한으로 분리하는 것

② 후비 보호

주 보호가 오동작하였을 경우 Back-up 동작하는 것

12

출제년도 90.94.95.97.24.(4점/각 항목당 1점)

한류형 전력 퓨즈의 단점을 4가지 쓰시오.

[작성답안]
- 재투입을 할 수 없다.
- 과도전류로 용단하기 쉽다.
- 동작시간-전류특성을 계전기처럼 자유로이 조정 할 수 없다.
- 한류형 퓨즈에는 녹아도 차단하지 못하는 전류범위를 갖는 것이 있다.

그 외
- 비보호영역이 있으며, 사용 중에 열화하여 동작하면 결상을 일으킬 염려가 있다.
- 한류형은 차단시에 과전압을 발생한다.
- 고 임피던스 접지계통의 접지보호는 할 수 없다.

[핵심] 전력퓨즈

① 전력퓨즈

전력퓨즈는 고압 및 특고압의 선로에서 선로와 기기를 단락으로부터 보호하기 위해 사용되는 차단장치이다.
- 부하전류를 안전하게 통전한다.
- 일정치 이상의 과전류는 차단하여 선로나 기기를 보호한다.

② 전력퓨즈의 장·단점

장점	단점
① 가격이 싸다.	① 재투입을 할 수 없다.
② 소형 경량이다.	② 과도전류로 용단하기 쉽다.
③ 릴레이나 변성기가 필요 없다.	③ 동작시간-전류특성을 계전기처럼 자유로이 조정 할 수 없다.
④ 밀폐형 퓨즈는 차단시에 무소음 무방출이다.	④ 한류형 퓨즈에는 녹아도 차단하지 못하는 전류범위를 갖는 것이 있다.
⑤ 소형으로 큰 차단용량을 갖는다.	⑤ 비보호영역이 있으며, 사용 중에 열화하여 동작하면 결상을 일으킬 염려가 있다.
⑥ 보수가 간단하다.	⑥ 한류형은 차단시에 과전압을 발생한다.
⑦ 고속도 차단한다.	⑦ 고 임피던스 접지계통의 접지보호는 할 수 없다.
⑧ 한류형 퓨즈는 한류효과가 대단히 크다.	
⑨ 차지하는 공간이 적고 장치 전체가 싼 값에 소형으로 처리된다.	
⑩ 후비보호가 완벽하다.	

퓨즈의 단점 보안대책은 다음과 같다.
① 용도를 한정한다. 퓨즈의 동작을 단락고장으로 정격전류를 선정하며, 과부하를 차단하는 경우, 차단 후 재투입하는 경우 등은 퓨즈를 사용하지 않는다.
② 과소정격을 배제한다. 최소 차단전류 이하에서 전력퓨즈가 동작하지 않도록 큰 정격전류를 선정하며, 최소 차단전류 이하에서는 차단기 등으로 보호한다.
③ 과도전류가 안전하게 통전하기 위해서는 안전통전 특성 안에 들어가도록 큰 정격전류를 선정한다.
④ 퓨즈가 용단된 경우는 3상을 모두 교체하는 것이 바람직하다.
⑤ 회로의 절연강도가 퓨즈의 과전압 값보다 높아야 한다.

13 출제년도 96.15.19.24.(6점/각 항목당 2점)

> 스폿네트워크 수전방식에 대하여 특징 3가지만 쓰시오.

[작성답안]
- 배전선 1회선, 변압기 뱅크 사고시에도 무정전 공급이 가능하다.
- 배전선 정지 및 복구시 변압기 2차측 차단기의 개방 및 투입이 자동적으로 이루어진다.
- 설비 중에서 고가인 1차측 차단기가 필요하지 않는다.

그 외
- 부하 증가와 같은 수용 변동의 탄력성이 좋다.

[핵심] 스폿네트워크 배전방식

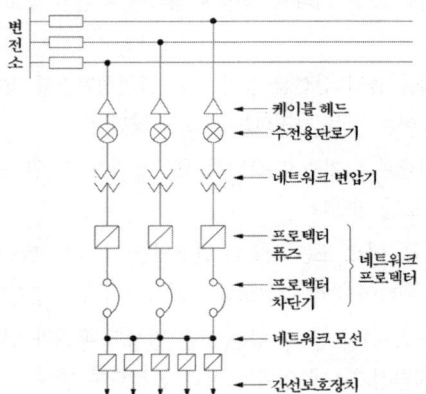

① 네트워크 변압기용량

- 네트워크 변압기용량 = $\dfrac{\text{최대수요전력 [kVA]}}{(\text{수전회선수} - 1)} \times \dfrac{1}{1.3}$

② 특징
- 배전선 1회선, 변압기 뱅크 사고시에도 무정전 공급이 가능하다.
- 배전선 보수시 1회선이 정지하여도 구내 정전은 발생되지 않는다.
- 배전선 정지 및 복구시 변압기 2차측 차단기의 개방 및 투입이 자동적으로 이루어진다.
- 설비 중에서 고가인 1차측 차단기가 필요하지 않는다.
- 차단기 대신에 단로기로 대치한다.
- 1회선 정지시에도 나머지 변압기의 과부하 운전으로 최대수요전력 부담한다.
- 표준 3회선으로서 67 [%]까지 선로 이용률을 올릴 수 있다.
- 부하 증가와 같은 수용 변동의 탄력성이 좋다.
- 대도시 고부하밀도 지역에 적합하다.

14

출제년도 01.07.22.24.(4점/각 항목당 1점)

전기설비를 방폭화한 방폭기기의 구조에 따른 종류 4가지만 쓰시오.

[작성답안]
① 내압 방폭구조
② 유입 방폭구조
③ 안전증 방폭구조
④ 본질안전 방폭구조

[핵심] 방폭전기설비
① 본질(本質)안전방폭구조란 상시 운전 중이나 사고시(단락·지락·단선 등)에 발생하는 불꽃, 아크 또는 열에 의하여 폭발성가스에 점화가 되지 않는 것이 점화시험 또는 기타의 방법에 의하여 확인된 구조를 말한다.
② 내압방폭구조(內壓防爆構造)란 용기 내부에 보호기체, 예를 들면 신선한 공기 또는 불연성가스를 압입(壓入)하여 내압(內壓)을 유지함으로써 폭발성가스가 침입하는 것을 방지하는 구조를 말한다.
③ 내압방폭구조(耐壓防爆構造)란 전폐(全閉)구조로서 용기내부에 가스가 폭발하여도 용기가 그 압력에 견디고 또한 외부의 폭발성가스에 인화될 우려가 없는 구조를 말한다.
④ 안전증가방폭구조(安全增加防爆構造)란 상시운전 중에 불꽃, 아크 또는 과열이 발생되면 안 되는 부분에 이들이 발생되는 것을 방지하도록 구조상 또는 온도상승에 대하여 특히 안전도를 증기시킨 구조를 말한다.
⑤ 유입방폭구조(油入防爆構造)란 불꽃, 아크 또는 점화원(點火原)이 될 수 있는 고온 발생의 우려가 있는 부분의 유중(油中)에 넣어 유면상(油面上)에 존재하는 폭발성가스에 인화될 우려가 없도록 한 구조를 말한다.

15

출제년도 18.24.(6점/각 문항당 3점)

공칭전압이 140 [kV]인 송전선로가 있다. 이 선로의 4단자 정수는 $A = 0.9$, $B = j70.7$, $C = j0.52 \times 10^{-3}$, $D = 0.9$이라고 한다. 무부하 송전단에 154 [kV]를 인가하였을 때 다음을 구하시오.

(1) 수전단 전압 [kV] 및 송전단 전류 [A]를 구하시오.

　① 수전단 전압

　② 송전단 전류

(2) 수전단의 전압을 140 [kV]로 유지하려고 할 때 수전단에서 공급하여야할 무효전력 Q_c [kVar]를 구하시오.

[작성답안]

(1) ① 수전단 전압

계산 : 무부하이므로 $I_r = 0$이고, 4단자 정수의 방정식에 의해

$$\begin{bmatrix} \frac{154}{\sqrt{3}} \\ I_s \end{bmatrix} = \begin{bmatrix} 0.9 & j70.7 \\ j0.52 \times 10^{-3} & 0.9 \end{bmatrix} \begin{bmatrix} \frac{V_r}{\sqrt{3}} \\ I_r \end{bmatrix}$$

$$\therefore \begin{bmatrix} \frac{154}{\sqrt{3}} \\ I_s \end{bmatrix} = \begin{bmatrix} 0.9 & j70.7 \\ j0.52 \times 10^{-3} & 0.9 \end{bmatrix} \begin{bmatrix} \frac{V_r}{\sqrt{3}} \\ 0 \end{bmatrix}$$

$$V_r = \frac{154}{0.9} = 171.11 \text{ [kV]}$$

답 : 171.11 [kV]

② 송전단 전류

$$I_s = j0.52 \times 10^{-3} \times \frac{171.11}{\sqrt{3}} \times 10^3 = j51.37 \text{ [A]}$$

답 : 51.37 [A](진상전류)

(2) 계산 : 수전단 전압을 140 [kV]로 유지하기 위해 설치한 조상기로부터의 전류를 I_c라 하면

$$\begin{bmatrix} \dfrac{154}{\sqrt{3}} \\ I_s \end{bmatrix} = \begin{bmatrix} 0.9 & j70.7 \\ j0.52 \times 10^{-3} & 0.9 \end{bmatrix} \begin{bmatrix} \dfrac{140}{\sqrt{3}} \\ I_c \end{bmatrix}$$

$$\dfrac{154}{\sqrt{3}} = 0.9 \times \dfrac{140}{\sqrt{3}} + j70.7 \times I_c$$

$$I_c = \dfrac{(88.91 - 72.75)}{j70.7} \times 10^3 = -j228.57 \text{ [A]}(지상전류)$$

무효전력 $Q_c = \sqrt{3}\, V_r I_c = \sqrt{3} \times 140 \times 228.57 = 55425.28$ [kVar]

답 : 55425.28 [kVar]

[핵심] 4단자 정수

송전선로 4단자 정수의 기본식 $\begin{cases} E_S = AE_R + BI_R \\ I_S = CE_R + DI_R \end{cases}$

16

출제년도 84.87.98.02.06.24.(5점/부분점수 없음)

송전단 전압이 3,300 [V]인 변전소로부터 5.8 [km] 떨어진 곳에 있는 역률 0.9 (지상) 500 [kW]의 3상 동력 부하에 대하여 지중 송전선을 설치하여 전력을 공급코자 한다. 케이블의 허용 전류(또는 안전 전류) 범위 내에서 전압 강하가 10 [%]를 초과하지 않도록 심선의 굵기를 결정하시오.(단, 케이블의 허용 전류는 다음 표와 같으며 도체(동선)의 고유저항은 $\dfrac{1}{55}$ [Ω/mm²·m]로 하고 케이블의 정전 용량 및 리액턴스 등은 무시한다.)

심선의 굵기와 허용 전류

심선의 굵기 [mm²]	16	25	35	50	60	70	95	120
허용 전류 [A]	50	70	90	100	110	140	180	200

[작성답안]

계산 : 전압 강하율 $\epsilon = \dfrac{V_S - V_R}{V_R} \times 100 = 10\,[\%]$ 에서 $V_R = \dfrac{V_S}{1+\epsilon} = \dfrac{3{,}300}{1+0.1} = 3{,}000\,[V]$

전압강하 $e = V_S - V_R = 3{,}300 - 3{,}000 = \sqrt{3}\,I\,(R\cos\theta + X\sin\theta)$ 에서

$I = \dfrac{P}{\sqrt{3}\,V\cos\theta} = \dfrac{500 \times 10^3}{\sqrt{3} \times 3{,}000 \times 0.9} = 106.92\,[A]$

리액턴스를 무시하면 $e = \sqrt{3}\,IR\cos\theta$ 에서 $R = \dfrac{e}{\sqrt{3}\,I\cos\theta}\,[\Omega]$

$\therefore R = \dfrac{300}{\sqrt{3} \times 106.92 \times 0.9} = 1.8\,[\Omega]$

$R = \rho\dfrac{l}{A}$ 에서 $A = \rho\dfrac{l}{R} = \dfrac{1}{55} \times \dfrac{5{,}800}{1.8} = 58.59\,[\text{mm}^2]$

$\therefore 60\,[\text{mm}^2]$ 선정

답 : $60\,[\text{mm}^2]$ 선정

[핵심] KSC IEC 전선규격

1.5, 2.5, 4, 6, 10, 16, 25, 35, 50, 70, 95, 120, 150, 185, 240, 300, 400, 500, 630 [mm²]

17

출제년도 24.(3점/각 문항당 1점, 모두맞으면 3점)

다음 심벌의 명칭과 용도를 쓰시오.

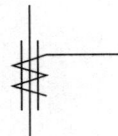

(1) 명칭
(2) 용도

[작성답안]
(1) 영상변류기
(2) 지락전류검출 또는 영상전류검출

18

출제년도 24.(4점/각 항목당 2점)

한류저항기의 설치목적을 2가지만 쓰시오.

[작성답안]
- 선택및 방향지락계전기(SGR, DGR)를 동작시키는데 필요한 유효전류를 발생
- 제3고조파전압의 발생을 방지

그 외
- 중성점 불안정현상등의 이상 현상을 억제

[핵심] 한류저항기

한류저항기는 선택및 방향지락계전기(SGR, DGR)를 동작시키는데 필요한 유효전류를 발생시키고 개방 삼각결선회로의 각상 전압 중 제3고조파전압의 발생을 방지하며, 중성점 불안정현상 등의 이상 현상을 억제하는데 필요하다.

20개년 기출문제/7개년 무료 동영상 강의
전기기사 실기

定價 43,000원

저 자 김 대 호
발행인 이 종 권

2023年 3月 16日 초 판 발 행
2024年 2月 28日 1차개정1쇄발행
2024年 6月 19日 1차개정2쇄발행
2025年 1月 23日 2차개정발행

發行處 (주) 한솔아카데미

(우)06775 서울시 서초구 마방로10길 25 트윈타워 A동 2002호
TEL : (02)575-6144/5   FAX : (02)529-1130
〈1998. 2. 19 登錄 第16-1608號〉

※ 본 교재의 내용 중에서 오타, 오류 등은 발견되는 대로 한솔아카데미 인터넷 홈페이지를 통해 공지하여 드리며 보다 완벽한 교재를 위해 끊임없이 최선의 노력을 다하겠습니다.
※ 파본은 구입하신 서점에서 교환해 드립니다.
www.inup.co.kr / www.bestbook.co.kr

ISBN 979-11-6654-619-8 13560

전기 5주완성 시리즈

전기기사 5주완성
전기기사수험연구회
2,140쪽 | 42,000원

전기산업기사 5주완성
전기산업기사수험연구회
1,964쪽 | 42,000원

전기공사기사 5주완성
전기공사기사수험연구회
1,688쪽 | 42,000원

전기공사산업기사 5주완성
전기공사산업기사수험연구회
1,606쪽 | 42,000원

전기(산업)기사 실기
대산전기수험연구회
748쪽 | 43,000원

전기기사실기 20개년 과년도
대산전기수험연구회
992쪽 | 38,000원

전기기사 완벽대비 시리즈

정규시리즈①
전기자기학

전기기사수험연구회
4×6배판 | 반양장
406쪽 | 22,000원

정규시리즈②
전력공학

전기기사수험연구회
4×6배판 | 반양장
328쪽 | 22,000원

정규시리즈③
전기기기

전기기사수험연구회
4×6배판 | 반양장
430쪽 | 22,000원

정규시리즈④
회로이론

전기기사수험연구회
4×6배판 | 반양장
388쪽 | 22,000원

정규시리즈⑤
제어공학

전기기사수험연구회
4×6배판 | 반양장
248쪽 | 21,000원

정규시리즈⑥
전기설비기술기준

전기기사수험연구회
4×6배판 | 반양장
336쪽 | 22,000원